化学工业出版社"十四五"普通高等教育规划教材

南开大学"十四五"规划精品教材

能源化学

第3版

陈军　陶占良　编著

化学工业出版社

·北京·

内容简介

《能源化学》（第 3 版）主要介绍能源化学的反应原理、技术类型、应用特征及功能作用，重点介绍了能源领域国内外研究工作进展及发展前景，体现理论与实验、基础与应用、前沿与主流的结合。全书共 12 章，包括能源简介、煤炭、石油、天然气、核能、太阳能、风能、地热能、生物质能、海洋能、储能技术、氢能和燃料电池。

本书图文并茂、深入浅出，可以作为能源、化学、化工、材料、电力、石油、环境等专业研究生和本科生的教学用书，也可供广大科技工作者和政府管理人员参考，还可作为科学爱好者的科普读物。

图书在版编目（CIP）数据

能源化学 / 陈军，陶占良编著. -- 3 版. -- 北京：化学工业出版社，2025.9. --（化学工业出版社"十四五"普通高等教育规划教材）（南开大学"十四五"规划精品教材）. -- ISBN 978-7-122-48664-6

Ⅰ. TK01

中国国家版本馆 CIP 数据核字第 2025M92N61 号

责任编辑：汪　靓　　　　　　　装帧设计：韩　飞
责任校对：李露洁

出版发行：化学工业出版社（北京市东城区青年湖南街 13 号　邮政编码 100011）
印　　装：河北鑫兆源印刷有限公司
787mm×1092mm　1/16　印张 41　字数 1075 千字　2025 年 9 月北京第 3 版第 1 次印刷

购书咨询：010-64518888　　　　　　售后服务：010-64518899
网　　址：http://www.cip.com.cn
凡购买本书，如有缺损质量问题，本社销售中心负责调换。

定　　价：98.00 元

前 言

　　能源，包括煤炭、石油、天然气等不可再生的化石能源，以及核能（核裂变和核聚变）、太阳能、风能、地热能、海洋能、生物质能和氢能等新能源和可再生能源，是人类生存和发展的重要物质基础，是国民经济的重要引擎，为经济增长和人类文明发展提供原始动力。目前我国已成为世界最大的能源生产国和能源消费国。煤炭、油气、电力、新能源和能源装备产业全面繁荣，多个领域在规模和技术上都领先全球。在人类活动中，能源活动是温室气体排放的最主要贡献来源，近年来全球气候变化引发了一系列的极端天气事件（如高温热浪、暴雨洪水、干旱等），直接影响到人们的生产生活和生命安全，能源转型已成为减缓全球气候变化的首要议题。

　　自《巴黎协定》签署以来，碳中和逐渐成为全球各主要经济体的重要目标。习近平主席在2020年9月联合国大会宣布，中国将提高国家自主贡献力度，采取更加有力的政策和措施，二氧化碳排放力争于2030年前达到峰值，努力争取2060年前实现碳中和。碳中和作为全球主要经济体应对气候变化的重要战略目标，其核心是实现能源系统转型。当今世界，百年未有之大变局加速演进，新一轮科技革命和产业变革深入发展，新能源和信息技术紧密融合，能源转型正如火如荼地快速推进，生产生活方式加快转向低碳化、智能化，能源体系和发展模式正在进入非化石能源主导的崭新阶段。能效技术、可再生能源电力、电动汽车、氢能汽车、氢冶金等技术的发展与推广为能源转型提供了技术选项，电力生产的零碳化和终端用能的电气化将是全球应对气候变化的首要切入点。

　　可再生能源（特别是非水可再生能源）发电技术不同于化石能源发电技术，前者的供应表现出高度的波动性与不确定性，而后者则可以实现稳定供应和灵活调节。新型电力系统需实现电能的大规模存储，"储能＋"技术将在供给侧保障可再生能源提供可控、稳定输出的绿色电力，在电网侧大幅提升电力系统在多时间尺度下的灵活调节能力，在需求侧则赋能用户的需求弹性。储能行业是高科技战略产业，是国家构建新型电力系统、达成"双碳"战略目标的重要技术保障。发展新质生产力是实现我国能源绿色低碳转型、保障能源安全的关键路径，为发展新质生产力、推动高质量发展培养急需人才，教育部办公厅、国家发展改革委办公厅、国家能源局综合司联合发布了《关于实施储能技术国家急需高层次人才培养专项的通知》，以增强产业关键核心技术攻关和自主创新能力，推动储能高科技战略产业向高质量发展。

　　为此，在吸收能源化学的新进展和科研成果的基础上，此次再版，增补、修订和完善了有关内容。例如，在第1章，针对"碳达峰碳中和"目标和党的二十大报告，删除原1.5.3"中国的能源环境"内容，重新编写。针对实现中国式现代化目标，修改1.7.4"结构变化趋势"及1.8.3"中国提高能源供应能力的措施"内容。第2章，针对煤炭在我国能源安全的压舱石作用，以及洁净煤技术面向2035年的发展战略目标，增加减碳方式及CO_2转化等内容。第5章，增加自主开发的"华龙一号"和CAP1400先进压水堆（"国和一号"）等内容。第6章，增加"钙钛矿太阳能电池"等内容。针对储能行业作为高科技战略产业，第11章增加非补燃压缩空气储能、超级电容器储能、固态聚合物电解质、钠离子电池、储能系统的消防管理等内容。第12章，增加"耦合CCUS制氢""液氨储氢""甲醇储氢""氢储能"等内容。以更好地适应时代和科技的发展，助力高层次人才培养和行业发展。

党的二十大报告明确提出，要"全面建成社会主义现代化强国、实现第二个百年奋斗目标，以中国式现代化全面推进中华民族伟大复兴"。自然资源、环境等越来越成为约束经济社会发展的内在因素，加快构建现代能源体系，深入贯彻落实"四个革命、一个合作"能源安全新战略，力争如期实现碳达峰、碳中和，是推动实现经济社会高质量发展的重要支撑，也是实现中国式现代化绿色发展的内在要求和必须承担的国际义务。能源化学作为新兴交叉学科领域，其高速、健康发展将对推动能源产业结构升级、国家能源安全、国民经济和人民生活水平提高产生重要的积极影响，也对培养支撑能源化学领域核心技术突破和产业发展高层次紧缺人才，提升能源化学领域自主创新能力和战略核心科技作出更大贡献。

本书自2004年面世以来，得到很多同行及读者的关心与支持，已被一些高校与研究所选为学生的教材或主要参考书，许多读者对再版提出了不少宝贵意见，我们在2014年进行了修订再版，此次为第三版。在再版修订过程中，许多读者和化学工业出版社的编辑提出了很多宝贵的意见和建议，在此向他们表示最真挚的谢意和衷心的感谢。

本书虽经努力修订，但仍难免有不当之处，敬请广大读者继续批评指正。

编著者
2024 年 8 月于天津

第1版前言

能源是人类生存和发展的重要物质基础，是人类从事各种经济活动的原动力，也是人类社会经济发展水平的重要标志。能源、材料与信息被称为现代社会繁荣和发展的三大支柱，已成为人类文明进步的先决条件。从人类利用能源的历史中可以清楚地看到，每一种能源的发现和利用都把人类支配自然的能力提高到一个新的水平。能源科学技术的每一次重大突破也都带来世界性的产业革命和经济飞跃，从而极大地推动着社会的进步。国家的经济发展中能源先行，而能源供应水平（包含能源的人均占有量、能源构成、能源使用率和能源对环境的影响因素等）也标志着一个国家的发达程度。

能源的分类方法有很多种，按其形成方式不同可分为一次能源和二次能源，按其可否再生可分为可再生能源和非再生能源，按其使用成熟程度不同可分为新能源和常规能源，按其使用性质不同可分为含能体能源和过程性能源，按其是否作为商品流通可分为商品能源和非商品能源，按其是否清洁可分为清洁（绿色）能源和非清洁能源。以可再生能源和非再生能源为例，前者包括太阳能、生物质能、水能、氢能、风能、地热能、海洋能等，而后者包括煤炭、石油、天然气等化石能源。

化学作为一门中心科学与化学工业作为一门关键技术已在 20 世纪为人类的科学发展和社会进步做出了重大贡献。能源化学作为化学的一门重要分支学科，是利用化学与化工的理论与技术来解决能量转换、能量储存及能量传输问题，以更好地为人类生活服务。"物质不灭，能量永恒"。但物质可以从一种形式转化为另一种形式，而能量也可以从一种能量转化为另一种能量。在这些转化、转换过程中，能源化学因其化学反应直接或通过化学制备材料技术间接实现能量的转换与储存。

化学变化都伴随着能量的变化，而能源的使用实质就是能量形式的转化过程。能量转化包括同种能量转化和不同种能量转化，又包括能量的直接转化和间接转化。化学反应是能量转化的重要技术。能量的化学转化主要利用热化学反应、光化学反应、电化学反应和生物化学反应等。例如，化学电源中的燃料电池是一种避开卡诺循环的发电装置，可通过电化学反应将化学能直接、高效、清洁地转化为电能，因而燃料电池被认为是今后首选的洁净高效发电技术。

中国现代能源工业的出现至今虽已有百年的历史，但是在鸦片战争之后，旧中国在相当长的时期内一直处于半封建半殖民地的社会状态，工业化进程非常缓慢，经济和社会发展水平低下，商品能源的开发利用水平也很低。

新中国成立以来，中国能源工业在许多领域已接近或赶上世界先进水平。中国自然资源总量排世界第七位，能源资源总量居世界第三位，水力的可开发装机容量居世界首位。新能源与可再生能源资源丰富，而太阳能、生物质能、海洋能等储量更是属于世界领先地位。目前中国能源工业已经形成了以煤炭为主、多能互补的能源生产体系。中国的一次能源消费已排在世界第二位。但因我国人口众多，能源资源相对匮乏，且分布极不均衡，人均能源资源占有量不到世界平均水平的一半，石油仅为 1/10。因此，为保持可持续发展战略，一方面要充分利用已有的能源供应体系，另一方面又要积极开发新能源与可再生能源。

能源的高效、清洁利用将是 21 世纪化学科学与工程的前沿性课题，这也正是能源化学面临的光荣而又艰巨的任务。

化石能源要高效与清洁生产，材料需不断改进；核能要得到不断发展，材料是关键之一；可再生能源（特别是太阳能、氢能、生物质能）的利用虽然诱人，材料是瓶颈。能源生产与节能的先进技术无一不建立在新材料不断发展的基础之上。新能源的发展一方面靠利用新的原理（如核聚变反应、光伏效应、酶催化等）发展新的能源系统，另一方面还必须靠新材料的开发与应用，才能使新的系统得以实现，并进一步提高效率，降低成本。因此，新能源材料已成为材料、化学、物理、生物、能源、环境等诸多学科相互交叉渗透的热点研究领域。新能源材料的最大特点是在提供能量的高效转化与储存时实现清洁生产，即充分利用参与反应的原料原子实现"零排放"，以获得最佳原子经济性，因而新能源材料对解决能源危机及其所造成的环境污染起着关键作用。而新能源材料的组成与结构、合成与加工、性质与现象、使用性能等都是以能源化学为基础出发点。因此，能源化学不论是在常规能源的综合利用还是在新能源的研究开发中均担当重任。

应该指出，我国广大的科技工作者在能源化学领域开展了比较深入、系统的研究，并取得了许多新成果，从而为国家发展及科技进步做出了重要贡献。为适应未来能源发展的需求，很有必要对现有的能源知识进行总结。作者在总结国内外最新能源科学研究成果的基础上，结合自己的科研成果与积累，探索性地编写了这本《能源化学》。本书包含 10 章，分别介绍能源、煤炭、石油、天然气、太阳能、氢能、核能、生物质能、地热能及燃料电池。本书较全面地反映了国内外能源及能源化学领域的基本概念、基本理论等基本知识，概括了其研究、开发、应用及前景。希望本书有助于读者较好地了解能源化学所起的关键作用及进行新能源开发的必要性。

作者对南京大学化学化工学院陈洪渊院士之推荐及化学工业出版社之约深表感谢，对课题组李锁龙、徐丽娜等同志在资料整理及编写过程中的大力帮助也要说谢谢，同时对教育部、国家自然科学基金委员会、南开大学给予的支持深表谢意，最后对给予本书以启示及参考的有关文献作者及多功能化信息网络予以致谢。

科技发展日新月异，文献浩如烟海，难以全面收集与一一注明，再由于编著者水平有限，书中难免有疏漏与不妥之处，敬请专家与读者予以批评指正。

编著者

2004 年 1 月于天津

第2版前言

《能源化学》(第1版)于2004年3月出版至今已经十年了,在这期间能源化学作为重要科技,与清洁能源、节能环保、新兴产业等紧密融合,在推动科技进步,改善产业结构,促进经济发展,提高人民生活质量和满足社会重大需求方面都担当重任,能源化学也因此得到发展并不断充实和提高。

能源是人类生存和发展的重要物质基础,包括煤炭、石油、天然气等不可再生的化石能源,以及核能(核裂变和核聚变)、太阳能、风能、地热能、海洋能、生物质能和氢能等新能源和可再生能源。限于篇幅,已经成稿的风能和海洋能部分未在第1版收录。随着我国能源结构的调整,这一部分所占比重有增加的趋势。

在2009年底哥本哈根世界气候大会前夕,我国提出到2020年单位GDP二氧化碳排放量将比2005年下降40%～45%,通过大力发展可再生能源、积极推进核电建设等行动,争取到2020年非化石能源占一次性能源消费比重达到15%左右等自主减排行动目标,这是我国统筹国内可持续发展和应对气候变化所作的战略选择。要实现这两个刚性指标,一是从总量上合理控制能源消费,提高能源效率,促进节能;二是改善能源结构,大力发展新能源和可再生能源,促进GDP能源强度和CO_2强度较大幅度的下降,努力建设以低碳排放为特征的产业体系和消费方式,实现绿色、低碳发展。

为此,在吸收能源化学的新进展和科研成果的基础上,此次再版,增补、修订和完善了有关内容。例如,考虑到大力发展的风能、太阳能等可再生能源在未来能源中的重要地位,以及实施海洋战略、建设海洋强国的发展战略,特地新增了风能(第7章)、海洋能(第10章);针对可再生能源发展面临电力品质差和并网难、建设坚强智能电网和微电网等电网新技术的瓶颈问题,新增储能技术(第11章)。同时,对于低碳技术的研究和应用,在其他章节的研究内容也做了相关修改补充,如在第1章的能源与经济、碳排放与减排,第2章的洁净煤技术、CO_2的捕集与封存技术,第3章的能源安全,第4章的非常规天然气、页岩气,第5章的核燃料循环等都是新增的内容;原来的第6章氢能与第10章燃料电池合并为现在的第12章氢能与燃料电池。这样全书共12章,对人类社会所使用的能源及对通过化学反应、化工制备材料技术直接或间接地实现能量转换与储存的能源化学进行较为全面系统的介绍。

本书自2004年面世以来,得到很多同行及读者的关心与支持,已被一些高校与研究所选为学生的教材或主要参考书,许多读者对再版提出了不少宝贵意见;在再版修订过程中,化学工业出版社的编辑提出了宝贵的意见和建议,在此向他们表示最真挚的谢意。

本书虽经努力修订,但仍难免有不当之处,敬请广大读者批评指正。

陈军

2014年2月于南开大学

天津化学化工协同创新中心

目 录

第 3 章　石油

第4章　天然气

第5章　核能

第6章 太阳能

第7章 风能

第8章　地热能

第9章　生物质能

第10章　海洋能

第 11 章　储能技术

第 12 章　氢能和燃料电池

结束语

参考文献

第1章 | 能源简介

能源是人类生存和发展的重要物质基础，是从事各种经济活动的原动力，也是社会经济发展水平的重要标志，被称为经济发展、社会进步的"生命之血"，攸关国计民生和国家安全。目前，能源与材料、生物技术、信息技术被称为现代社会繁荣和发展的四大支柱，已成为人类文明进步的先决条件。从人类利用能源的历史中可以清楚地看到，每一种能源的发现和利用，都把人类支配自然的能力提高到一个新的水平。能源科学技术的每一次重大突破，也都带来世界性的产业革命和经济飞跃，从而极大地推动着社会的进步。当今世界，百年未有之大变局加速演进，新一轮科技革命和产业变革深入发展，新能源和信息技术紧密融合，生产生活方式加快转向低碳化、智能化，能源体系和发展模式正在进入非化石能源主导的崭新阶段。加快构建现代能源体系是保障国家能源安全，力争如期实现碳达峰、碳中和的内在要求，也是推动实现经济社会高质量发展的重要支撑。

1.1 能源的定义及分类

关于能源的定义有多种，例如根据英国《牛津词典》，"能源"一词首次出现于1599年，意指"力量或活力的表现"，能源的词根来源于希腊文"ERGON"，意思是"工作"；《大英百科全书》说："能源是一个包括所有燃料、流水、阳光和风的术语，人类用适当的转换手段便可让它为自己提供所需的能量"；美国《科学技术百科全书》说："能源是可从其获得热、光和动力之类能量的资源"；我国的《能源百科全书》说："能源是可以直接或经转换提供人类所需的光、热、动力等任一形式能量的载能体资源"。可见，能源是一种呈多种样式的，且可以相互转换的能量源泉。简单地说，能源是自然界中能为人类提供某种形式能量的物质资源，包括已开采出来可供使用的自然资源和经过加工或转换的能量来源。而尚未开采出来的能量资源一般则称为资源，这些资源在经济上具有开发利用价值，或在可预见的时期内具有经济价值。

"万物生长靠太阳"，这是因为地球上的绝大部分能源最终来源于太阳热核反应释放的巨大能量。另外，还有地球在形成过程中储存下来的能量和太阳系运行的能量。能源按其形态特性或转换和利用的层次可分为以下类别：固体燃料、液体燃料、气体燃料、水能（一般指水力发电）、核能（包含核裂变能与核聚变能）、电力、太阳能、氢能、风能、生物质能、地热能、海洋能。

能源的分类很多，根据不同的划分方式，能源可以分为以下不同的类型，如表1-1所示。

表 1-1　能源划分类型

根据地球上能量的来源分类	1. 地球本身蕴藏的能量,通常指与地球内部的热能有关的能源(地热能)和原子核能(包括核裂变能、核聚变能)
	2. 来自地球外天体的能量,人类所需能量的绝大部分都直接或间接来自太阳。煤炭、石油、天然气等化石能源实质是由古代生物固定下来的太阳能;此外,水能、风能、波浪能、海流能等也都是由太阳能转换来的
	3. 地球与月球、太阳等天体相互作用产生的能量,地球、月亮、太阳之间有规律的运动造成彼此间相对位置周期性的变化,使海水涨落而形成潮汐能

根据产生的方式以及获得的方法分类	1. 一次能源，指的是自然界现实存在的、可直接利用的能源。如煤炭、石油、天然气、水能、天然铀矿等。其中煤炭、石油及天然气三种能源是一次能源的核心，它们是全球能源的基础。此外，太阳能、风能、地热能、海洋能、生物质能以及核能等能源也被包括在一次能源的范围内 2. 二次能源，是一次能源经过加工、转换得到的能源。如电力、煤气、汽油、柴油、焦炭、蒸汽、氢能和沼气等能源
根据使用类型及被开发利用程度分类	1. 常规能源，常规能源的开发利用时间长、技术成熟，已被人类广泛利用，并在人类生活和生产中起着重要作用。如煤炭、石油、天然气等资源以及水能、生物质能中的薪柴等。核能中的核裂变能由于技术成熟，已划分为常规能源 2. 新能源，新能源是相对于常规能源而言的，目前开发利用较少，正处于研发之中，有待于进一步研究发展的能源资源。在不同的历史时期和科技水平情况下，新能源所指是不同的。当今社会新能源通常包括太阳能、风能、地热能、海洋能、生物质能等资源
根据能源是否可以再生分类	1. 可再生能源，可再生能源是指在自然界中可以不断再生、永续利用、取之不尽、用之不竭的资源，它对环境无害或危害极小，而且分布广泛，适宜就地开发利用。包括太阳能、生物质能、水能、氢能、风能、地热能、波浪能、海流能、潮汐能和温差能等 2. 非再生能源，如煤炭、石油、天然气等化石能源，会随着人类的利用越来越少
根据能源使用性质分类	1. 含能体能源，含能体能源是指能够提供能量的物质，即储存起来的能源，其特点是可以保存且可储运输，如草木燃料、矿物燃料、核燃料、高位水库中的水等 2. 过程性能源，过程性能源是指能够提供能量的物质运动形式，它不能直接储存，存在于"过程"之中，如太阳能、风能、潮汐能、电能等
根据能源是否商品流通分类	1. 商品能源，商品能源是指经过流通环节大量消费的能源，主要有煤炭、石油、天然气、电力等 2. 非商品能源，非商品能源是指不经流通环节而自产自用的能源，如农户自产自用的薪柴、秸秆，牧民自用的牲畜粪便等。非商品能源在发展中国家的农村地区能源供应中一般占有较大比重。

此外，从环境保护的角度，人们根据能源在使用中所产生的污染程度，也可将能源分为清洁能源和非清洁能源。有时人们把清洁能源称为绿色能源。"绿色能源"有两层含义：一是利用现代技术开发干净、无污染的新能源，如太阳能、氢能、风能、潮汐能等；二是化害为利，将发展能源同改善环境紧密结合，充分利用先进的设备与控制技术来利用城市垃圾、淤泥等废物中所蕴藏的能源，以充分提高这些能源在使用中的利用率。表1-2给出了常见能源的分类情况。

表1-2　能源的分类

分类		可再生能源	非再生能源
一次能源	常规能源	水能(大型水电站) ……	煤炭、石油、天然气、核能(核裂变) ……
	新能源	太阳能、风能、生物质能、地热能、海洋能 ……	核能(可控核聚变)
二次能源		氢能、沼气等	电力、煤气、汽油、柴油、焦炭等

1.2 能源利用史

迄今为止，人类利用能源的历史经历了三个重要时期：即以薪柴、木炭等植物燃料为主的"植物能源时代"；以煤炭为主的"煤炭时代"；以石油、天然气为主的"石油时代"。

目前，世界能源的生产及消费又在向以太阳能、风能为主体的多元化的新能源时期过渡，能源结构低碳化转型加速推进。

（1）植物能源时代

人类自出现之日起，就要靠食用自然界中的动植物维持自己生命的能源。火的发现和火的使用使人类学会了通过燃烧有机物取得热能。原始人能猎取到大动物，并能取暖御寒和驱逐野兽，从而扩大了原始人的活动范围（见图1-1），能源成为人类发展的重要物质基础。更重要的是原始人在学会使用火之后，变生食为熟食。这不但促进了原始人体质的改善，更进一步加速了原始人的进化。新石器时代，人们就已经利用燃烧木材制取木炭烧制陶器，进而掌握了利用木炭来冶炼青铜的技术，开始制造各种青铜生产工具、武器和生活用具。冶铜业的出现具有划时代的意义，它标志着人类开始进入使用金属工具的阶段，这是人类社会生产力的一次新突破。继青铜时代后，人们又逐步掌握冶铁技术。金属的冶炼和加工促进了冶金、建筑、运输及工具制造等行业的发展，使手工业从农业、畜牧业中逐渐分离出来。

图1-1 原始人取火、用火

随着社会的进步、生活的富裕、人口的增加，能源的需求量不断提高，需要有充足的燃料来保证大规模发展冶金业以生产机器所需的金属材料。

到18世纪中叶，木材在世界一次能源的消费结构中居于首位。工业化在发现木材的新用途的同时，加剧了木材供应紧张的局面。因为木材不仅是一种重要的燃料，还是盖房子、制作家具、造船所必需的材料。而且随着铁路的普及，大量木材被用作铁路枕木。这样一来，对木材的需求增加更快，与建设用材相竞争的燃料用材的供应更加困难了。森林资源不断地被砍伐，木材资源越来越少，冶金工业的能源危机越来越危及生产力的发展。这时历史的车轮已经走到了18世纪末，这是一个以土地为依托的植物能源时代结束的过程，是一个需要新能源支撑的新时代——需要大量的新能源推动蒸汽机、冶炼金属、开发矿山、开动舰船……煤炭作为一种比木炭更适应工业化需要的能源开始崭露头角。

（2）煤炭时代

18世纪60年代从英国开始的产业革命，促使世界能源结构发生第一次转变，即从薪柴转向煤炭。从18世纪末到20世纪初的100多年时间里，以煤为主要能源的世界发生了科学、技术、经济和社会的巨变。今天这个高度现代化的世界，就是在以煤为主要能源的基础上建立起来的。

煤炭的少量使用，历史悠久。直至17世纪中叶，煤炭被制成了耐压除烟的焦炭，才取代木炭作为铁矿石的还原材料，得到了广泛使用。在英国，1709年，开始用焦炭炼铁，

1765年瓦特（James Watt，1736～1819）发明了蒸汽机（见图1-2），1814年史蒂芬森（George Stephenson，1781～1848）发明蒸汽机车，1825年世界第一条铁路通车，人类迈入了"火车时代"。蒸汽机的推广，冶金工业的勃兴，以及铁路和航运的发展，无一不需要大量的煤炭。以此为基础建立的现代化机器制造业为英国社会劳动生产率的提高奠定了物质基础，英国也由此迅速成为世界上最强大的国家。继英国之后，美国、德国、法国、俄国和日本都在产业革命的同时，迅速地兴起近代煤炭工业。在整个19世纪，煤炭成为资本主义工业化的动力基础。

图1-2　瓦特蒸汽机模型

由于蒸汽机能够普遍应用到各种行业和各种工业中，因而强有力地推动了所有工业部门的发展。从此，发动机、传动机、工作机就组成了工业生产的系列，这是人类生产技术的一次重大飞跃。科技的发展扩大了煤炭的用途。以煤炭为燃料的蒸汽机将热能转换成机械能来代替人力、畜力，它不受时间地域变化的干扰而能持续工作，使其成为工业生产的主要动力机械。蒸汽机在工业、交通运输等领域内的广泛应用，大大促进了对煤炭的开发利用，煤炭的消费量逐渐增加，煤炭在世界能源消费中的地位也越来越重要。1860～1920年，世界煤产量由136兆吨标准煤（standard coal）增至1250兆吨标准煤❶，增加了8.2倍。1920年煤炭占世界商品能源构成的87%。

19世纪末，电灯照明逐步代替了传统的油灯和蜡烛，电力成为工矿企业的基本动力及生产和生活照明的主要来源。电力进入社会的各个领域，进一步扩大了煤炭在能源消费中的比重，因为煤炭是火力发电的主要原料。然而，随着煤炭的广泛应用，由烧煤产生的大量烟尘、飘尘和有害气体，污染了环境。适逢其时，内燃机的发明使工业化的能源需求逐渐转向了比煤炭更优越的新能源——石油。

（3）石油时代

石油具有热值高、灰分少、便于运输和使用等特点。它的发现要早于煤炭，但由于技术原因，石油在19世纪后期才开始作为提取煤油的原料得以利用。20世纪初，内燃机的发明

---

❶　标准煤，也称标煤，能源的度量单位。由于能源的种类很多，燃料燃烧时所释放的能量也各不相同，为了便于相互对比和在总量上进行研究，我国把每千克含热值29307kJ（7000kcal）的煤定为标准煤。

为石油开辟了新的市场。随后汽车工业的发展，内燃机的应用，使石油中原来被废弃的成分得到利用。从 20 世纪 20 年代开始，世界能源结构发生第二次大转变，即从煤炭转向石油和天然气。这一转变首先在美国出现。

1859 年，美国的德雷克（Edwin Drake，1819~1880）用顿钻打出世界上第一口油井，开创近代石油工业的先河（见图 1-3）。1876 年，德国的奥托（Nikolaus August Otto，1832~1891）发明火花点火四冲程内燃机。1885 年，戴姆勒（Gottlieb Daimler，1834~1900）和本茨（Karl Benz，1844~1929）发明汽油车。1892 年，美国的弗罗希利奇制造出第一台拖拉机。1903 年，莱特兄弟（Wilbur Wright，1867~1912；Orville Wright，1871~1948）制成第一架飞机。内燃机的发明，使汽油馏分成为动力机车、飞机、坦克、军舰的重要燃料。石油作为动力能源首先应用于汽车工业，美国石油工业的发展为汽车工业的兴起提

图 1-3　德雷克打出的世界上第一口油井

供了充足的动力，汽车工业的发展又为石油工业从灯油市场转向汽油市场提供了坚实的保证，石油的消费因此迅速增加。

第一次世界大战前，由于争霸世界的需要，以英、德为主的欧洲列强纷纷将军事装备由使用煤炭改为使用石油，大大刺激了对石油的需求。而且，因为石油的战略价值已在第一次世界大战中充分体现出来，所以在第二次世界大战期间石油成为异常重要的战略物资，其需求量远远超过以往任何时期。以内燃机为动力的移动式机械设备获得了广泛应用，尤其是拖拉机、汽车、内燃机车、飞机等发展迅速，一些新型的军事装备也以石油产品为动力。由于石油使用量的大大增加，使得世界能源消费结构中煤炭的比重逐渐下降。1965 年，在世界能源消费结构中，石油首次取代煤炭占据首位。1967 年，石油在一次能源消费结构中的比例达到 40.4%，超过了煤炭的 38.8%。至此，人类社会完成了由煤炭向石油的转变，世界进入了"石油时代"。

石油和天然气之所以替代煤炭，有多方面的原因，主导因素是技术的进步。20 世纪 20 年代发明的管线焊接技术，制成大口径有缝钢管，为石油特别是天然气的远距离输送创造了条件。同煤炭相比，石油和天然气热值高，加工、转换、运输、储存和使用方便，效率高，而且又是理想的化工原料。同时，随着油田勘探规模的扩大和开采技术的改进，其生产成本在不断下降；而煤炭经过长期大规模开采，易采煤层减少，开采条件恶化，污染不易控制，使生产成本不断上升。这就使得除了冶金焦炭以外的所有原来用煤的部门，都在不同程度上改用石油、天然气。以美国的铁路部门为例，第二次世界大战前一直是煤炭的最大用户。1920~1960 年，美国一次能源消费量增长 90%，其中石油增长 5 倍，天然气增长 11.5 倍，煤炭则下降 33%。1960 年同 1920 年相比，石油和天然气替代的煤大约有 1000 兆吨标准煤。

能源结构从煤炭转向石油、天然气，对社会经济的发展具有十分重要的意义。20 世纪

50～60 年代，许多国家正是依靠充足的石油供应，特别是廉价的中东石油，实现了经济的高速增长。

近代化石燃料工业的发展和产业技术的进步，为电力的应用创造了条件。1831 年法拉第（Michael Faraday，1791～1867）发现电磁感应定律并制出第一台电磁式发电机。1866 年，西门子公司制成自激式发电机。1879 年，爱迪生（Thomas Alva Edison，1847～1931）发明碳丝灯泡，并于 1882 年在纽约建成世界上第一座正规的直流发电厂。1888 年，特斯拉（Nikola Tesla，1856～1943）发明三相感应电动机和交流电传输系统。进入 20 世纪，设计、材料和制造工艺的进步，飞速推动了电力的生产和应用。

电力与其他形式的能（机械能、热能、化学能、核能、光能等）相比，可以方便而经济地远距离输送；它可以与其他形式的能直接相互转换，而且和机械能之间的转换效率高；电力更易于控制，可以广泛用于信息传递和生产过程的自动化。电力成为现代社会使用最广、增长最快的能源。电力的开发及其广泛应用成为继蒸汽机的发明和应用之后，近现代史上第二次技术革命的核心。

石油取代煤炭完成了能源的第二次转换，但是地球上石油的储量有限，石油在未来会面临严重的供给约束。石油的大量消费，使能源供应严重短缺，世界能源向石油以外的能源物质转换已势在必行。因此，在 20 世纪 70 年代世界石油危机以后，人们开始考虑开发和利用新能源问题，世界开始了第三次能源革命的求索。

（4）过渡时期——后化石能源时代新能源的求索

能源过渡时期的主要特点是：油气和煤炭仍然是消费最多的能源，但消费比重呈逐渐降低趋势，能源消费结构开始从以石油为主的化石能源逐步向多元能源结构过渡，特别是新能源和可再生能源的开发利用。在能源科技进步推动下，水能、风能、太阳能、生物质能、地热能、海洋能等开发利用技术水平不断进步，经济性逐渐显露。

第三次能源革命以核能的和平利用为标志，也就是开发核电技术。1942 年 12 月 2 日，费米（Enrico Fermi，1901～1954）等一批科学家在美国芝加哥大学建成了世界上第一座人工核反应堆并运行成功（见图 1-4）。虽然从反应堆发出的功率只有 0.5W（后来达到 200W），还不足点亮一盏灯，但其意义非同小可，它标志着人类从此进入了核能时代。1954 年，苏联建成了世界上的第一座商用核电站。从此，开辟了人类核能和平利用的新纪元。

核能是 20 世纪出现的新能源，核科技的发展是人类科技发展史上的重大成就。核能的和平利用，对于缓解能源紧张、减轻环境污染具有重要意义。

人类利用太阳能、风能有悠久的历史，但是将太阳能和风能转化为电能则是现代能源革命的内容。将太阳能进行采集、转换，使其变为可控电能的系统，即太阳能光伏发电。20 世纪末，在一些国家实施"太阳能屋顶计划"等推动下，世界太阳能光伏发电产业发展迅速，光伏发电应用进入规模化时期。据中国光伏协会预测，到 2025 年，全球光伏新增装机量有望达到 330GW$_p$❶。从光伏发电应用形式来看，并网型光伏发电系统发展迅速。

风能具有蕴藏量巨大、可再生、分布广、无污染等优点，通过风机可将风能转换成电能、机械能和热能等，其利用形式主要有风力发电、风力提水、风力制热以及风帆助航等，风力发电是风能规模化开发利用的主要方式。与传统能源相比，风力发电不依赖矿物能源，没有燃料价格风险，发电成本稳定，也没有碳排放等环境成本。风电作为目前成本最接近常

---

❶ W$_p$，太阳能电池峰值功率的缩写，即 W$_p$ = W$_{peak}$，每天随着太阳照射的角度不同，输出的功率也不相同。W$_p$ 表示最大的输出功率。

图 1-4　费米和世界第一座核反应堆

规电力、发展前景最大的可再生能源发电品种，受到世界各国的重视。在某些国家和地区，如丹麦、葡萄牙和西班牙，风力发电已经成为最重要的电力来源之一。

　　能源是科学技术进步的前提，而新技术的应用则是加速能源开发和提高能源利用效率的关键。从历史上看，能源技术的每次突破，都伴随着生产技术的重大变革，甚至引起社会生产方式的革命。从能源结构的历史发展趋势可以看出，经过农耕文明——植物能源时代、现代文明——化石能源时代、未来文明——后化石能源时代，世界能源结构已经开始向多元化的方向发展。当今世界，百年未有之大变局加速演进，新一轮科技革命和产业变革深入发展，新能源和信息技术紧密融合，生产生活方式加快转向低碳化、智能化，构建现代能源体系，如期实现碳达峰、碳中和是推动实现经济社会高质量发展的重要支撑，能源体系和发展模式正在进入非化石能源主导的崭新阶段。

1.3　能源化学

　　在能源的开发和利用方面，无论是化石能源的高效清洁利用，还是太阳能等可再生能源的高效化学转化，都涉及重要的化学基元反应问题，都不可避免地依赖于化学基础研究的发展。能源的高效、清洁利用将是 21 世纪化学科学研究的前沿性课题，化学学科中的一个新分支——能源化学也应运而生。

　　能源化学作为化学的一门重要分支学科，是利用化学与化工的理论与技术来解决能量转换、能量储存及能量传输问题，探索能源新技术的实现途径，以更好地为人类经济和生活服务。能源化学在能源开发和利用方面扮演着重要的角色。第一，要研究化石能源的清洁利用技术、高效洁净转化技术和控制低品位燃料的化学反应，使之既能保护环境，又能降低能源的成本。这不仅是化工问题，也有基础化学问题。例如，要解决煤、石油、天然气的高效洁净转化，就要研究它们的组成和结构、转化过程中的反应，研究高效催化剂，以及如何优化反应条件以控制过程。第二，要开发和利用核能、氢能、太阳能、生物质能源、海洋能等新能源，必须满足高效、洁净、经济、安全的要求。新材料和新技术等重大科学问题不断对化学提出新的挑战。第三，开发清洁高效的能源存储与转换材料，开拓能源存储与转换新体系，提高能量转换效率。研制新型绿色化学电源和能量转换效率高的燃料电池，构建节油乃至部分替代石油的新一代交通体系和用于大规模储能和分布式储能的电池体系，以上这些都离不开能源化学这一学科的参与。能源化学学科的高速、健康发展将对国家能源安全、国民经济和人民生活产生重要的积极影响。

绝大多数的能源利用实质上是能量和物质不同形式之间的转化过程。能量可以从一种形式转化为另一种形式，或者从一种物体转移到另一种物体。能量的转化是能量最重要的属性，也是能量利用中最重要的环节。能量利用的实质是能量的传递过程，它主要包括能量转化、能量传输和能量储存等环节。在这些转化、转换过程中，能源化学因其化学反应直接或者通过化学制备材料技术间接实现能量的转换与储存。

1.3.1 能量转化

能源和能量既有联系又有区别。能源是一种物质，是一种可以提供能量的物质，如煤、石油、天然气等通过燃烧，提供热能；也有些物质只有在运动中才能提供能量，如空气和水，只有在运动中，才能提供动能——风能和水能。能量是指物体做功的能力，是量度物质运动形式和量度物体作功的物理量，它包括机械能、热能、电能、电磁能、化学能、原子能等。能量来自能源，如煤蕴藏着大量的化学能，通过燃烧释放出热能，即化学能转变成热能；如果通过内燃机、发电机等机械，可以将热能进一步转变为机械能或电能，就可以做功。能源转换成有效能量，主要包括电力、热能和燃料三种方式。

物质不同的运动形式，各有对应的能量，各种形式的能量可以互相转化。在一次能源中，风、水、海流和波浪等是以机械能（动能和势能）的形式来提供能量。因此，可以利用各种风力机械（如风力机）和水力机械（如水轮机）将风能与水能转化为动力或电力。煤、石油和天然气等常规能源的燃烧可以将化学能转化为热能，热能可以直接利用，但多是将热能通过各种类型的热力机械（如内燃机、汽轮机和燃气轮机等）转换为动力，然后带动各类机械和交通运输工具工作；或是带动发电机送出电力，以满足人们生活和工农业生产的需要。化学能可与电能互相转化（化学电池和电解就是实现这种转化的两种过程）。不同形式的能量之间的转化如表 1-3 所示。

表 1-3   不同形式的能量之间的转化

从 \ 到	热能	化学能	电能	光能	动能	核能	势能
热能		吸（放）热反应	热过程	白炽灯	内燃机		
化学能	燃烧		电池	萤火虫	肌肉		
电能	电阻	电解		电致发光	电发动机		抽水蓄能
光能	太阳能集热器	光合作用	光伏电池		太阳帆		
动能	摩擦	辐射反应	发电机	加速电子			目标上升
核能	核裂变（聚变）	电离	电池	核武器	放射性衰变		
势能					水轮机		

能源的使用其实就是能量形式的转化过程。在能量相互转化过程中，尽管做功的效率因所用工具或技术不同而有差别，但是折算成同种能量时，其总值不变，能量在生态系统内的流动服从热力学第一定律和热力学第二定律。

热力学第一定律认为，能量可以从一种形式转化为另一种形式，在转化过程中，能量既不会消失，也不会增加。在能量转化过程中，未能做有用功的部分称为"无用功"，通常以热的形式表现，而环境条件下能量中能够转化变为有用功的那部分能量称为㶲。物质体系中，分子的动能、势能、电子能量和核能等的总和称为内能。内能的绝对值至今无法直接测定，但体系状态发生变化时，内能的变化以功或热的形式表现，它们是可以被精确测量的。体系的内能、热效应和功之间的关系式为：

$$\Delta E = Q + W$$

式中，ΔE 是体系内能的变化；Q 是体系从外界吸收的热量；W 是外界对体系所做的功。这是热力学第一定律的数学表达式，也是能量守恒定律的数学表达式。它说明一个体系的能量发生变化时，环境的能量也必定发生相应的变化。如果体系的能量增加，环境的能量就要减少，反之亦然。生态系统可通过光合作用将太阳辐射能转化为化学潜能输入到系统之中，系统增加的能量等于环境中太阳辐射能减少的能量，总能量仍保持不变。

化学变化都伴随着能量的变化。在化学反应中，拆散化学键需要吸收能量，而形成新的化学键则放出能量。由于各种化学键的键能不同，所以当化学键改组时，必然伴随着能量的变化（吸热或放热）。在化学反应中，如果反应放出的能量小于吸收的能量，则此反应为吸热反应。如果反应放出的能量大于吸收的能量，则此反应为放热反应。燃烧反应所放出的能量通常叫作燃烧热，在化学上它的定义是指为1mol纯物质完全燃烧所放出的热量。从理论上讲，根据某种反应物已知的热力学常数（如反应物分子的键能或生成热）可以计算出它的燃烧热。

化学反应的能量变化可以用热化学方程式表示，如甲烷燃烧反应的热化学方程式为：

$$CH_4(g) + 2O_2(g) \longrightarrow CO_2(g) + 2H_2O(l) \qquad \Delta H^{\ominus} = -890.36 kJ/mol$$

式中，$\Delta H^{\ominus}$ 表示标准状态下的恒压反应热，又称反应焓变，负值表示放热反应，正值表示吸热反应。对于工业上用的燃料，如煤和石油，由于它们不是纯物质，所以反应热值常常笼统地用发热量（热值）来表示。由于煤、油、气等各种燃料所含热值不同，为了便于对各种能源进行计算、对比和分析，须统一折合成标准燃料。标准燃料是计算能源总量的一种模拟的综合计算单位。在能源使用中主要利用它的热能，因此，习惯上都采用热量作为能源的共同换算标准，包括标准煤、标准油、标准气等。国家规定（GB/T 2589—2020）用能单位实际消耗的燃料能源以其低（位）发热量为计算基础折算为标准煤量。低（位）发热量等于29307kJ，即7000kcal的燃料称为1kg标准煤（1kgce）。按标准油的热当量值计算各种能源量时所用的综合换算指标，又称油当量。凡是低位发热量等于41.82MJ或10000kcal的能源量称1千克标准油。凡是低位发热量等于41.82MJ或10000kcal的气体燃料称1立方米标准气。标准煤、标准油和标准气之间可以相互折算。

燃烧是常见的释放能量的化学反应，H和O生成水的燃烧热是142885kJ/kg(285.77kJ/mol)；C和O生成二氧化碳的燃烧热是32793kJ/kg(393.51kJ/mol)。根据盖斯定律，化学反应的热效应只与起始状态和终了状态有关，而与变化的途径无关。例如：

$$C(s) + O_2(g) \longrightarrow CO_2(g) \qquad \Delta H_1^{\ominus} = -393.51 kJ/mol$$

$$C(s) + 1/2O_2(g) \longrightarrow CO(g) \qquad \Delta H_2^{\ominus} = -110.59 kJ/mol$$

$$CO(g) + 1/2O_2(g) \longrightarrow CO_2(g) \qquad \Delta H_3^{\ominus} = -282.92 kJ/mol$$

$$\Delta H_1^{\ominus} = \Delta H_2^{\ominus} + \Delta H_3^{\ominus} = (-110.59 kJ/mol) + (-282.92 kJ/mol) = -393.51 kJ/mol$$

如果用C和O化合生成一氧化碳，一氧化碳再和氧化合生成二氧化碳，后者两步加起来的燃烧热总和，仍然是−393.51kJ/mol。

氢气燃烧的反应为：

$$H_2(g) + 1/2O_2(g) \longrightarrow H_2O(l) \qquad \Delta H^{\ominus} = -285.77 kJ/mol$$

由此看出，C氧化燃烧的最终结果是生成了CO_2，按照质量计算的发热量比较低，只有32793kJ/kg，不到H氧化燃烧（142885kJ/kg）的1/4；另一方面生成的CO_2，是导致温室效应的主要气体。既发热量高、又环境友好的燃料，应该是氢和碳比值高的燃料，这也是"低碳经济"的理论基础。

能量转化包括同种能量和不同种能量转化，又包括能量的直接转化和间接转化。化学变化是能量转化的重要技术。柴草、煤炭、石油和天然气等常用能源所提供的能量都是随化学变化而产生的，多种新能源的利用也与化学变化有关。化学变化的实质是化学键的改组，所以了解化学键及键能等基本概念，将有助于加深对能源问题的认识。

能源化学涉及的能量转化主要包括热化学反应、光化学反应、电化学反应和含有微生物的生物化学反应等。

表 1-4 列出了能量的化学转化途径。

表 1-4　化学反应进行的能量转化

能量的化学转化	现象	能量的化学转化	现象
化学能→热能	燃烧反应、反应热	化学能→电能	电化学反应、燃料电池
热能→化学能→热能	化学热管、化学热泵	电能→化学能	电解
化学能→化学能	汽化反应、液化反应、化学平衡	光能→生物能	光合作用、生物化学反应
光能→化学能	光化学反应	生物能→化学能	生物化学反应、发酵
光能→化学能→电能	光化学电池		

自然界的一切宏观过程包括化学反应，都是不能简单逆转、不能完全复原的不可逆过程，都具有方向性。由于预知反应在某种条件下能否自发和进行到什么限度对我们设计和利用该反应获取产品或能量十分重要，因此需要找到一个具有普遍性的自发过程判据，以表征化学反应进行的方向。作为化学反应方向和限度的判据，则依赖于热力学第二定律。

热力学第二定律和第一定律一样，都是人们经过大量实践而归纳出的自然界的普遍规律。第二定律的建立源于对蒸汽机效率的研究。蒸汽机是一种将热转化为功的机器，它必须在两个热源——高温热源（锅炉）和低温热源（冷却介质）之间运转。经过长期实践，从中归纳出热力学第二定律。德国的克劳修斯和英国的开尔文分别从两个不同的角度，以两种等价的形式叙述了这个定律。

克劳修斯表述为：热从低温物体传给高温物体，而不产生其他变化是不可能的。开尔文表述为：从一个热源吸热，使之完全转化为功，而不产生其他变化是不可能的。以上叙述表明，自然界的一切宏观过程包括化学变化和相变化，具有方向性的实质均归结于热从高温传给低温或功转变为热的不可逆性。这实质上指出了能量的退化性。1824 年，法国工程师卡诺对一种理想热机（也称卡诺热机或可逆热机）进行了研究，从中得出了热机效率有一个极限的结论。

热力学第二定律认为，能量的流动总是从集中到分散，从能量高向能量低的方向传递，在传递过程中，总会有一部分能量成为热能释放出去。

使用能量的过程中能量质量下降是能量的基本属性。能量数量的守恒性和能量质量的贬值性，使人们认识到，在能量利用中，除了毫无意义的能量流失和漏损外，能量的数量并没有减少。因此能量利用实际上就是利用能量的质量，尽可能使高质量的能尽其所用和做到合理用能——按质用能，这是能量利用的重要问题。例如煤燃烧时可产生上千度的高温，如果直接用来取暖，就是"大材小用"，造成很大浪费，相反如果用高温的热产生高温的蒸汽，先用来带动发电机发电，再用来取暖，就能提高热能的利用率，使煤蕴含着的能量得到充分利用。

1.3.2　能量储存

能量不仅可以以电和热的形式储存，还可以以机械能或化学能的形式储存。适合特定应用的储存形式将取决于能源技术和最终用途。储存形式包括固定式储存和移动式储存。对于固定式储存，能量可以由一种形式转化成另一种形式。例如，在常规的抽水蓄能电站，电能通过将大量的水提升到更高的高度而转化成势能。新开发的固定式储能设施的一个重要功能是补偿间歇性能源（如太阳能和风能），使其不论时间上是规则的还是随机的，能量都可以平稳输出，以保证能源输出的连续性，不受制于天气、气候和季节的变化。可移动的能量储存以电池的形式，用于电动汽车。这时需要一种轻便并且能够储存足够电量的能量储存技术，以满足通常小汽车和卡车所希望的速度和行驶里程的需求通常以比功率或比能量的形式表示，单位分别为 W/kg 和 W·h/kg。比功率将决定电动汽车的速度（或加速度），而比能量将决定可行驶里程。

能量储存系统的基本任务是克服在能量和需求之间的时间性或局部性的差异。产生这种差异主要有两种情况，一种是由于能量需求量的突然变化引起的，即存在高峰负荷问题，采用储能技术可以在负荷变化率增高时起到调节或者缓冲的作用。另一种是由于一次能源和能源转换装置之类的原因引起的，而储能系统（装置）的任务则是使能源产量均衡，即不但要削减能源输出量的高峰（即削峰），还要填补输出量的低谷（即填谷）。常用的评价指标有储能密度、储能功率、储能效率以及储能价格、对环境的影响等。对于一个良好的储能系统，要求具有以下特征。

① 单位质量（体积）所储存的能量（即储能密度）高，系统尽可能储存多的能量。

② 具有良好的负荷调节能力。储能系统在使用时，需要根据用能一方的要求调节其释放能量的大小，负荷调节能力的好坏决定着系统性能的优劣。

③ 能源储存效率高。能量储存时离不开能量传递和转换技术，所以储能系统应能不需过大的驱动力而以最大的速率接收和释放能量。同时尽可能降低能量储存过程中的泄漏、蒸发、摩擦等损耗，保持较高的能量储存效率。

④ 系统成本低，长期运行可靠。

储能主要包括热能、动能、电能、电磁能、化学能等能量的存储，根据功能和形式，储能技术的分类如表 1-5 所示。

表 1-5　储能技术的分类

按功能性分类		按形式分类	
功率品质和可靠性	电容器 超级电容器 超导磁储能系统 飞轮 电池	电能	电容器 超级电容器 电/磁储能
能量管理	抽水蓄能 压缩空气 大规模电池 燃料电池 太阳能及燃料电池 热储能	机械能	动能（飞轮） 势能（抽水蓄能 压缩空气）
		化学能	电储能（传统二次电池、液流电池） 化学储能（燃料电池、金属空气电池） 热化学储能（太阳能氢分解-再结合、 太阳能甲烷分解-再结合）
		热能	低温储能（冰蓄冷） 高温储能（潜热蓄热、显热蓄热）

　　大多数固定式能量储存技术是储存电能或热能，将电力或热能转化成其他形式的能量，并在需要的时候释放出来。目前，储能技术主要包括三方面：一是物理储能，代表技术有抽水储能、压缩空气储能、飞轮储能、蓄冰储能等，该种储能方式储能媒介不发生化学变化；二是化学储能，代表技术为各类蓄电池（如铅酸电池、锂电池、钒电池等）、可再生燃料电池、超级电容器等，此种方式的充放电过程伴随储能介质的化学反应；三是电磁储能，如超导电磁储能等。

　　物理储能中最成熟、应用最普遍的是抽水蓄能，主要用于电力系统的调峰、填谷、调频、调相、紧急事故备用等。抽水蓄能的释放时间可以从几个小时到几天，其能量转换效率为 $70\%\sim85\%$。抽水蓄能电站的建设周期长且受地形限制，当电站距离用电区域较远时输电损耗较大。压缩空气储能早在1978年就实现了应用，但由于受地形、地质条件制约，没有大规模推广。飞轮储能利用电动机带动飞轮高速旋转，将电能转化为机械能存储起来，在需要时飞轮带动发电机发电。飞轮储能的特点是寿命长、无污染、维护量小，但能量密度较低，可作为蓄电池系统的补充。

　　化学储能种类比较多，技术发展水平和应用前景也各不相同。蓄电池储能是目前最成熟、最可靠的储能技术，根据所使用化学物质的不同，可以分为铅酸电池、镍氢电池、锂离子电池、钠硫电池、液流电池等。铅酸电池具有技术成熟，可制成大容量存储系统，单位能量成本和系统成本低，安全可靠和再利用性好等特点，已在小型风力发电、光伏发电系统以及中小型分布式发电系统中获得广泛应用，但其能量密度低，且要注意重金属铅的回收利用等。锂离子电池具有储能密度高、充放电效率高、响应速度快等优点，是目前发展最快的新型储能技术，但锂离子、钠硫电池等先进蓄电池成本较高，大容量储能技术还不成熟。液流储能电池具有能量转换效率较高，运行、维护费用低等优点，是并网发电储能、调节的技术之一。液流储能技术在美国、德国、日本、英国和中国等国家已有示范性应用。大规模可再生燃料电池投资大、价格高，循环转换效率较低，目前尚不宜作为商业化的储能系统。超级电容器是20世纪80年代兴起的一种新型储能器件，由于使用特殊材料制作电极和电解质，这种电容器的存储容量是普通电容器的 $20\sim1000$ 倍，同时又保持了传统电容器释放能量速度快的优点，目前已经不断应用于高山气象站、边防哨所等电源供应场合。

　　超导电磁储能利用超导体制成线圈储存磁场能量，功率输送时无需能源形式的转换，具有响应速度快、转换效率高、比容量/比功率大等优点，可以充分满足输配电网电压支撑、功率补偿、频率调节、提高电网稳定性和功率输送能力的要求。和其他储能技术相比，超导电磁储能仍很昂贵，除了超导体本身的费用外，维持系统低温导致维修频率提高以及产生的费用也相当可观。目前，在世界范围内有许多超导电磁储能工程正在运行或者处于研制阶段。

　　各种储能技术的系统规模及应用环节比较如图1-5所示。

　　在转变发展方式、发展低碳经济的要求下，新能源和可再生能源拥有着广阔前景。通过建造能源使用的创新体系，推动新能源和可再生能源产业的快速发展，能够高效利用清洁能源，改变我国能源构成比例，促进节能减排。同时，利用以信息化、数字化、自动化、互动化为标志的智能电网技术彻底改造现有的能源利用体系，最大限度地开发电网体系的能源效率。通过数字化信息网络系统将能源资源开发、输送、存储、转换（发电）、输电、配电、供电、售电、服务以及蓄能与能源终端用户的各种电气设备和其他用能设施连接在一起，通过智能化控制实现精确供能、对应供能、互助供能和互补供能，将能源利用效率和能源供应安全提高到全新的水平，将污染与温室气体排放降低到环境可以接受的程度，使用户成本和投资效益达到合理状态。电动汽车作为一种广泛的社会储能系统，是解决新能源利用问题的

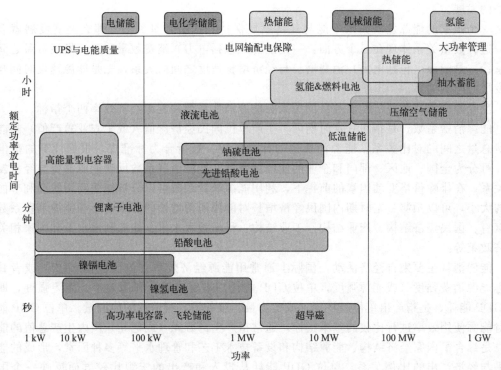

图 1-5　各种储能技术及其适应规模（UPS 为不间断电源）

重要方式，电动汽车的研发应用推广又基于智能电网的建设，可以把新能源和智能电网结合起来发展。而新能源、智能电网、电动汽车，这未来三大新兴产业的发展瓶颈都指向了同一项技术——能量储存（储能）技术。

　　总之，储能技术是一项可能对未来能源系统发展及运行带来革命性变化的技术。储能技术的发展和应用，将有助于打破风电、光伏发电等新能源的接入和消纳瓶颈问题，降低配套输电线路容量需求，缓解电网调峰压力。同时还能够消除风电、光伏发电的波动，改善电力质量，降低离网电力系统的运行成本和碳排放。这也是未来智能电网的重要组成部分，对推动节能环保、新能源、增强国家电网能力、提高国家竞争力具有重要的战略意义。发展新质生产力是我国实现能源绿色低碳转型、保障能源安全的关键路径。为发展新质生产力、加快培养储能领域"高精尖缺"人才，2020 年，教育部、国家发展改革委、国家能源局联合印发《储能技术专业学科发展行动计划（2020—2024 年）》，以增强产业关键核心技术攻关和自主创新能力，推动储能高科技战略产业向高质量发展。

1.4　能源与经济

　　能源是工业的血液，是经济增长和社会发展的动力源。在现代社会中，任何产品的生产，都必须投入一定数量的能源。在生产过程中，能源的作用一般是提供热（或冷）和动力，或者使投入的材料转变为其他形式。能源具有商品属性、金融属性和政治属性，其本质是商品属性，受经济规律制约。从经济学的角度分析，能源与经济增长的关系，表现在两个方面，一方面是经济增长对能源有依赖性，即经济增长离不开能源；另一方面，能源的发展要以经济增长为前提。因为经济增长可以促成能源的大规模开发与利用。但能源作为经济动力因素的同时也是一种障碍。能源的逐渐耗竭及能源带来的生态、环境问题，都将严重阻碍经济的发展。

一个国家的能源发展如果不能与经济发展保持相应的数量关系，那么经济发展就会受阻，这种数量关系体现在三个方面：一是能源（包括电力）消费数量和经济发展数量之间的关系；二是能源（包括电力）消费增长与经济增长速度之间的关系，三是能源建设时间与经济发展时间的关系。

反映能源消费和经济发展数量的关系有能源消费系数和能源经济效率两个指标。

能源消费系数，是指在一定时期内，生产单位国民经济产值（或工农业总产值）与能源消费总量之间的对比关系。能源消费量的计量单位一般折合为标准煤，根据计算的范围不同，可分为全国、地区、部门和企业的能源消费量。能源消费系数反映能源消费与经济发展的关系，在排除价格变动因素的前提下，利用能源消费系数可以分析能源利用状况和节能潜力的大小，可以预测一定时期内国民经济增长对能源消费增长的需求。影响能源消费系数的因素有：国民经济结构、产业结构、工业结构、科学技术水平、能源利用水平和国家相关的经济政策等。

能源消耗主要来自经济活动，国际上通常用能源经济效率（单位能耗 GDP）或者其逆指标能源消费强度（或能源强度，单位 GDP 能耗）来反映能源利用效率。能源强度，即单位 GDP 能耗，是指产出单位经济量（或实物量、服务量）所消耗的能源量。单位 GDP 能耗是对能源使用效率进行比较的基本指标，通常指产生每万元（或亿元）国内生产总值的能耗量，是综合了国家经济结构、能源结构和设备技术工艺和管理水平等多种因素，形成的能耗水平与经济产出的比例关系。单位 GDP 能耗从投入和产出的宏观比较方面反映一个国家（或地区）的能源效率，具有宏观参考价值。能源强度越低，能源经济效率越高。反之，能源强度越高，表明相应的能源经济效率越低。

能源消费量和经济发展数量之间有很密切的关系，反映其比例关系的能源消费系数也不是固定不变的，在不同的历史时期和不同的条件下，有着很大的差别。但是对于全世界每个国家来说，一般都要经历低能源消费系数→能源消费系数上升→能源消费系数下降→低能源消费系数稳定发展的变化过程。在农业经济阶段，以传统的农业经济为主，生产用商品能源很少，生活用能也很少，自然资源消费主要是满足人的基本生活需要。因此，每单位经济价值所消耗的能源数量很少，能源消费系数长期维持在一个较低的水平上。进入工业社会阶段，在经济快速增长的工业化过程中，产业结构逐渐发生变化，社会财富有大部分依靠消耗大量能源产生，因此，每单位经济价值消耗的能源数量增加，能源消费系数上升。工业化进入加速阶段，自然资源消费成倍增长。到了工业比重达到一定数量，第三产业得到发展，并由于科学技术的进步和管理的改善，以及其他种种因素（如能源价格上涨），能源消费系数不再无止境地上升，而逐渐下降。最后能源消费系数将在一个比较合适的水平上稳定发展。工业化完成后，多数资源消费增长需求开始趋缓。图 1-6 给出了不同时间，代表性国家的单位 GDP 能耗（能源强度）图，大多数国家的单位 GDP 能源消耗量（能源强度）稳步下降。工业发达国家，现正处在能源消费系数下降，以至进入低能源消费系数稳定发展的时期。

能源消费增长速度与国民经济增长速度之间的比例关系可用能源消费弹性系数表示，它等于能源消费量年平均增长速度与国民经济年平均增长速度之比。能源消费弹性系数的发展变化与国民经济结构、技术装备、生产工艺、能源利用效率、管理水平乃至人民生活等因素密切相关。能源消费弹性系数是反映能源消费增长速度与国民经济增长速度之间比例关系的指标，能够反映经济增长对能源的依赖程度。计算与分析能源消费弹性系数，主要为了研究国民经济发展与能源消费间的关系，预测今后能源消费与国民经济的增长速度。从上面能耗的发展变化规律可以看到，在工业化过程中，由低收入向中高收入发展时期，当国民经济中

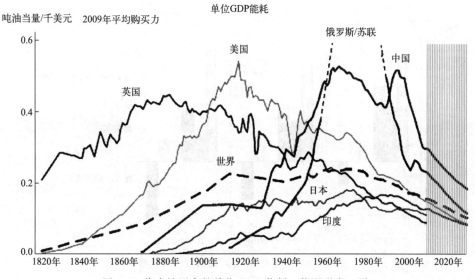

图 1-6　代表性国家的单位 GDP 能耗（能源强度）图

耗能高的部门（如重工业）比重大，科学技术水平还很低的情况下，能源消费增长速度总是比国民生产总值的增长速度快，即能源消费弹性系数大于 1。而随着科学技术的进步，能源利用效率的提高，国民经济结构的变化和耗能工业的比重降低，能源消费弹性系数会普遍下降。世界各国由于经济发展水平与所处工业化阶段不同，能源弹性系数会出现起伏，但总的趋势是逐渐下降。目前世界能源消费弹性系数总体上在 0.5 以下的水平上，相比之下，中国的能源消费弹性系数较高。进入 21 世纪，我国提出坚持资源开发与节约并重，把节约放在首位的方针，"十一五"规划《纲要》首次提出将单位 GDP 能耗降低率作为约束性指标。"十一五"期间（2006～2010 年）中国以能源消费年均 6.6% 的增速支持了国民经济年均 11.2% 的增速，能源消费弹性系数由"十五"时期（2001～2005 年）的 1.04 下降到 0.59，能源供需矛盾有所缓解。2012～2022 年，我国以年均 3% 的能源消费增速支撑了年均 6.2% 的经济增长，能源消费弹性系数平均值为 0.54，比上个十年同比下降 37%。电力规划设计总院发布的《中国能源发展报告 2023》显示，我国能源消费仍呈现刚性增长态势。2022 年我国能源消费总量达 54.1 亿吨标准煤，同比增长 2.9%，"十四五"前两年平均能源消费弹性系数为 0.74，与"十二五""十三五"相比呈上升态势。非化石能源消费比重提高至 17.5%，能源低碳转型稳步推进。

　　能源是国民经济运行的血脉。能源生产建设的周期比较长，而国民经济各部门能源消费的增长很快，所以必须考虑能源生产建设在时间上的配合和留有储备。我国国民经济持续快速发展的背后，是快速发展的能源建设所提供的坚实支撑。

　　在能源与经济增长的关系中，人口和收入增长是能源需求的两个最强大推动因素。自 1900 年以来，世界人口已经增长四倍多，实际收入增长了 25 倍，一次能源消费增长了 22.5 倍。在过去 20 年，世界人口增加了 16 亿，预计未来 20 年将增加 14 亿。世界的实际收入在过去 20 年增长了 87%，而未来 20 年可能还会增长 100%。随着全球化的进程，未来 20 年中低收入经济体将快速增长，人口增长呈下降趋势，而收入增长呈上升趋势。能效的提高和长期结构转变（从工业转向低能耗活动）将抑制一次能源消费的总体增长，这一趋势将首先出现在富裕国家，然后是新型工业化经济体强化。同时，价格、经济发展（工业部门的兴衰）和能源政策（促进能效）在改变经济持续发展所需的技术和能源中将发挥重要作用。图 1-7 给出了人口、GDP 与能源消费的变化趋势。

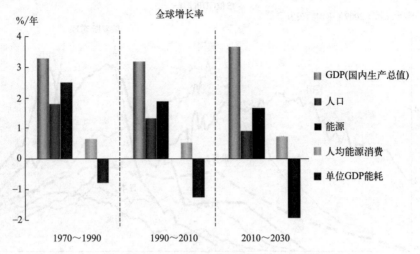

图 1-7　人口、GDP 与能源消费的变化趋势

另外，能源消费量和二氧化碳排放量与 GDP 的变动方向是一致的，说明前两者是由 GDP 的迅速增长带动的；GDP 的迅速增长同时也使人们收入、消费水平和福利的迅速增长，也必然导致对能源消费总量的增加；能源消费量和二氧化碳排放量的增长与 GDP 的增长之间有着较大幅度的差异（见图 1-8）。虽然经济体的人均碳排放水平同人均 GDP 之间总体上呈现正相关，但已有部分国家开始出现脱钩趋势。长期以来，我国二氧化碳排放量与经济增长保持同步态势，表明经济增长主要还是依靠粗放型资源消耗推动，未实现与碳排放脱钩，中国式现代化在减排方面面临严峻挑战，"双碳"目标是中国式现代化的重要约束条件。

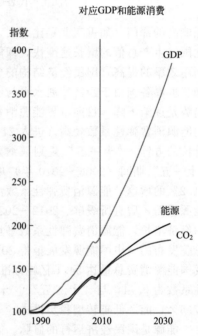

图 1-8　能源消费量和二氧化碳排放量与 GDP 的变动方向

1.5　能源与环境

在能源（energy）、经济（economy）、环境（environment）的 3E 体系中，环境是经济发展的基础，经济是环境的主导，能源是经济增长必需的生产要素和投入因子。人类的社会生产活动从环境中获取自然资源，生产出消费品的同时产生大量的废物并排放到环境中。物质从环境到能源，再到经济，又回到环境完成一个循环。虽然起点和终点都是环境，但出环境的"物质"和入环境的"物质"却截然不同。前者是有能量的资源，后者是无能量的污染物。环境在能源-经济-环境系统中同时表现了提供资源和消纳废物两种功能。图 1-9 具体表示了物质和能量的流动关系。

由于生态环境是热力学上的封闭体系，因此人类在环境系统中的经济活动，包含生产和消费，不应超过环境容量所能提供的服务，也就是说人类经济社会活动不应超过环境容量，否则就会诱发生态环境问题。能源环境问题是一国能源效率高低的尺度，也是能源利用能否满足可持续发展的综合指标。

煤、石油、天然气是所有能源中最重要的能源，也是全球经济发展的基础能源。伴随着

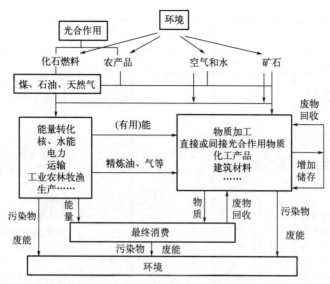

图 1-9 物质和能量流动关系

能源的开发利用，特别是化石燃料的燃烧，也带来了全球性的环境问题，主要是大气污染和温室效应。

1.5.1 大气污染和温室效应

大气中的污染物是由于人类活动或自然过程排入大气，并对人和环境产生有害影响的物质，其来源可分为自然污染源和人为污染源两类。全球几种主要大气污染物的来源、发生量、背景浓度和主要反应如表 1-6 所示。

表 1-6 污染物来源与发生量

物质	人为源	自然源	发生量/($\times 10^9$ t/a)		大气中背景浓度	推算在大气中的留存时间	迁移中的反应和沉降	备注
			人为源	自然源				
SO_2	煤炭和石油的燃烧	火山活动	1.5	1.48	0.2×10^{-9}	4d	由于臭氧或固体和液体天然气溶胶的吸收而被氧化为硫酸盐	与 NO_2 和 HC 发生光化学氧化，使 SO_2 迅速转化为 SO_4^{2-}
H_2S	化学过程污水处理	火山活动、沼泽中生物活动	0.03	1	0.2×10^{-9}	2d	氧化为 SO_2	只有一组背景浓度是可用的
CO	机动车和其他燃烧过程中排气	森林火灾、海洋、萜烯反应	3.04	0.33	10^{-7}	<3a	很可能是土壤中的有机体	海洋提供的资源是很小的
NO/NO_2	燃烧过程	土壤中的细菌作用	0.53	NO:4.3 NO_2:6.58	NO:(0.2~2) $\times 10^{-9}$ NO_2:(0.5~14) $\times 10^{-9}$	5d	由于固体和液体气溶胶的吸着、HC 和光化学反应被氧化为硝酸盐	关于自然源所做的工作很少
NH_3	废物处理	生物腐烂	0.04	11.6	(6~20)$\times 10^{-9}$	7d	与 SO_2 反应形成 $(NH_4)_2SO_4$，被氧化为铵盐	NH_3 的消除主要是形成铵盐

物质	人为源	自然源	发生量/($\times10^9$t/a)		大气中背景浓度	推算在大气中的留存时间(d，a)	迁移中的反应和沉降	备注
			人为源	自然源				
N_2O	无	土壤中的生物作用	无	5.90	0.25×10^{-6}	4a	在平流层中光离解，在土壤中的生物作用	还未提出用植物吸收 N_2O 的报告
HC	燃烧和化学过程	生物作用	0.88	CH_4:16 萜烯:2	CH_4:1.5×10^{-6} 非 CH_4<10^{-9}	4a(CH_4)	与 NO 或 NO_2、O_3 发生光化学反应；CH_4 必然被大量消除	从污染源排出的"活性"HC 为 0.27 亿 t
CO_2	燃烧过程	生物腐烂海洋释放	140	10000	320×10^{-6}	2～4a	生物吸附和光合作用，海洋的吸收	大气中体积分数增长率为每年 0.7×10^{-6}
颗粒物	燃料燃烧、工农业生产	火山活动、森林火灾、风沙、海盐	2.4 (<$5\mu m$)	6.3 (<$5\mu m$)		对流层：7～14d 平流层：1～3a	参与 SO_2、NO_x、HC 的化学或光化学反应，生成硫酸盐或硝酸盐，降水冲刷	

注：资料来源于郝吉明，马广大.大气污染控制工程.3版.北京：高等教育出版社，2023。

SO_2 是大气的主要污染物之一，主要来自矿物燃料燃烧、金属冶炼、石油炼制、含硫矿石冶炼和硫酸、磷肥生产等过程。火电厂排烟中的 SO_2 浓度虽然低，但总排放量却很大。

NO_x 主要来源于高温燃烧，在燃烧过程中，N_2 和 O_2 化合形成 NO，NO 在空气中进一步氧化形成 NO_2。NO 直接排放的浓度越高，外界环境温度越高，NO_2 的转化速率越高。一般来说，冬季燃料消耗增多，NO 排放浓度较高，而夏季温度较高，NO_2 浓度较高。NO_x 的 70% 来自于煤炭直接燃烧，其余主要来自机动车尾气低空排放，此外一些工业生产过程也有 NO_x 的排放。

SO_2 和 NO_x 排放量随着化石能源消费量的增长而增加，SO_2 和 NO_x 在大气中形成硫酸和硝酸，又以雨、雪、雾等形式返回地面，形成"酸沉降"。酸雨的危害是破坏森林生态系统和水生态系统，改变土壤性质和结构，腐蚀建筑物，损害人体呼吸道系统和皮肤等。欧洲、北美及东亚地区的酸雨危害较严重，中国的西南、华南和东南地区的酸雨危害也相当严重。由于高烟囱，使原来集中在城市的大气污染转化为区域性大气污染，这样就使酸雨（由 SO_2 和 NO_x 转化而来）成为跨国界的区域性环境问题。

由温室气体引起的全球变暖是当前全球环境问题中最引人关注的热点。地球的温度是由太阳辐射照到地球表面的速率和吸热后的地球将红外辐射线散发到空间的速率决定的。从长期来看，地球从太阳吸收的能量必须同地球及大气层向外散发的辐射能相平衡。大气中的水蒸气（H_2O）、二氧化碳（CO_2）和其他微量气体，如甲烷（CH_4）、臭氧（O_3）、氟利昂（CFC）等，可以使太阳的短波辐射几乎无衰减地通过，但却可以吸收地球的长波辐射。因此，这类气体有类似温室的效应，被称为"温室气体"。温室气体吸收长波辐射并再反射回地球，从而减少向外层空间的能量净排放，大气层和地球表面将变得热起来，这就是"温室效应"。温室效应是人为改变地球气候，导致全球热危机的重要原因，是全球性的环境问题。例如：海水增温而膨胀，以及两极冰川融化等导致海平面上升，海洋生态系统遭破坏，沿海或地势低洼地区的人类生存受到严重威胁。干旱、飓风、暴雨、洪水次数增多，影响农业、林业及畜牧业。这些都对人类健康直接带来威胁。

1.5.2　碳排放和减排

大气中能产生温室效应的气体已经发现近 30 种，其中二氧化碳起重要的作用，甲烷、氟利昂和氧化亚氮也起着相当重要的作用。从长期气候数据比较来看，在气温和二氧化碳之间存在显著的相关关系。目前国际社会所讨论的气候变化问题，主要是指因温室气体增加产生的气候变暖问题。自工业化时代以来，由于人类活动已引起全球温室气体排放增加，全球平均地面温度已比工业化前水平高 1.1℃，气候变化对人类福祉构成明显威胁。气温每出现些微上升，就会导致破坏性极端气候事件发生显著增加。

化石燃料燃烧排放的 CO_2 是主要的温室气体源，占全球 CO_2 总排量的 75％以上，其中火力发电厂排放的占 40％左右。目前，世界每年排放超过 340 亿吨 CO_2。自 1751 年以来，世界累计排放了超过 1.5 万亿吨 CO_2。表 1-7 给出了一些燃料的碳排放系数。

表 1-7　燃料的碳排放系数

燃料种类		碳排放系数(tC/TJ)	二氧化碳排放系数(tCO₂/TJ)
液态燃料	初级燃料		
	原油	20	73
	奥里油(重质沥青原油)	22	81
	液化天然气	17.2	6.3
	二次燃料产品		
	汽油	18.9	69
	航空煤油	19.5	72
	其他煤油	20	73
	汽/柴油	20.2	74
	残余燃料油	21.1	77
	LNG(液化石油气)	17.2	63
	乙烷	16.8	62
	石脑油	20	73
	沥青	22	81
	润滑剂	20	73
	石油焦	27.5	101
	炼油厂原料	20	73
	炼厂气	18.2	67
	其他油	20	73
固态燃料	初级燃料		
	无烟煤	26.8	98
	焦炭	25.8	95
	烟煤	25.8	95
	次烟煤	26.2	96
	褐煤	27.6	101
	油页岩	29.1	107
	泥煤	28.9	106
	二次燃料产品		
	褐煤/泥煤	25.8	95
	煤球		
	焦炉煤/气焦炭	29.5	108
	焦炉气	13	48
	高炉煤气	66	242
气态燃料	天然气(干)	15.3	56
生物质	固态生物质	29.9	110
	液态生物质	20	73
	气态生物质	30.6	112

注：资料来源于 IPCC Guidelines for National Greenhouse Gas Inventories。

　　国际社会为控制温室气体的排放量和保护全球气候，1992 年 6 月在巴西里约热内卢召开了联合国环境与发展大会，通过了《联合国气候变化框架公约》，公约将参加国分为工业化国家、发达国家和发展中国家三类，公约的核心是节约能源、提高能源利用率，以达到控制和减少 CO_2 排放的目的。此后在 1995 年于柏林召开了《气候变化框架公约》缔约国的第一次会议，在 1997 年 12 月京都会议上通过了削减发达国家 CO_2 排放量的具体目标。2000 年 11 月份在海牙召开的第 6 次缔约方大会期间，因世界上最大的温室气体排放国美国坚持要大幅度削减它的减排指标，而使会议陷入僵局。2002 年 10 月，在印度新德里通过的《德里宣言》，强调应对气候变化必须在可持续发展的框架内进行。2007 年 12 月，在印度尼西亚巴厘岛通过了"巴厘岛路线图"，启动了加强《公约》和《京都议定书》全面实施的谈判进程。2009 年 12 月在哥本哈根举行的联合国气候变化大会，设定了一个不具约束力的目标，即把全球气温上升限制到比工业化时代之前高 2℃，还为工业化国家用于帮助发展中国家缓解和适应气候变化用的资金确立了目标，它重申了双轨制和共同但有区别的责任原则，这是继《京都议定书》后又一具有划时代意义的全球气候协议书。2010 年 12 月在墨西哥坎昆会议，坚持了共同但有区别的责任原则，确保了 2011 年的谈判继续按照巴厘岛路线图确定的双轨方式进行，向国际社会发出了比较积极的信号，重建了哥本哈根会议后人们对对话和多边机制逐渐丧失的信心。2011 年在南非德班会议上达成共识，同意对《京都议定书》第二承诺期做出安排，同时宣布启动旨在帮助发展中国家应对气候变化的绿色气候基金。2012 年多哈气候大会确定了 2013～2020 年为《京都议定书》第二承诺期，写入了欧盟比 1990 年减排 20％等部分发达国家的温室气体减排目标。2013 年华沙气候大会发展中国家的一些合理要求并未全部满足，而发达国家极力推卸历史责任，为今后的谈判带来了负面影响。尽管大会成果不尽如人意，但中方表示，节能减排是中国可持续发展的内在要求，无论谈判进展如何，中国都将坚定不移地走绿色低碳发展之路。2015 年，联合国 195 个成员国在巴黎举行的联合国气候变化框架公约第 21 次缔约方大会上达成协议，为 2020 年后全球应对气候变化行动作出安排。《巴黎协定》是继《京都议定书》后第二份有法律约束力的气候协议，对全球应对气候变化有着重要意义。2021 年，《联合国气候变化框架公约》第二十六次缔约方大会（COP26）在英国格拉斯哥最终完成了《巴黎协定》实施细则，包括市场机制、透明度和国家自主贡献共同时间框架等议题的遗留问题谈判。2023 年，第二十八次缔约方大会（COP28）达成"历史性协议"，首次在气候谈判中明确呼吁各国进行转型，以"公正、有序、公平"的方式减少能源系统对化石燃料的依赖。

　　《联合国气候变化框架公约》的目标是减少温室气体排放，减少人为活动对气候系统的危害，减缓气候变化，增强生态系统对气候变化的适应性，确保粮食生产和经济可持续发展。为实现上述目标，公约确立了五个基本原则：一、"共同但有区别的责任"原则，要求发达国家应率先采取措施，应对气候变化；二、要考虑发展中国家的具体需要和国情；三、各缔约国方应当采取必要措施，预测、防止和减少引起气候变化的因素；四、尊重各缔约方的可持续发展权；五、加强国际合作，应对气候变化的措施不能成为国际贸易的壁垒。

　　在 20 世纪的 100 年中，占世界人口 15％的发达国家先后实现了工业化，但是他们消耗了世界 60％的能源、50％的资源。在新世纪开始的这 100 年，另外 85％人口的国家有相当一部分，包括中国、印度也要陆续完成工业化的任务，这就面临着资源支撑和环境问题的挑战。当今世界正处于百年未有之大变局，气候变化对人类发展、生存构成严峻挑战和现实威胁，从气候大会的谈判历程可以看出，气候谈判就像接力赛，也许有一段跑得不好，但终归还是往前跑，发达国家和发展中国家的博弈还会继续下去。

1.5.3　中国的能源环境

能源的生产和消费是人类经济活动的基本条件，现代经济系统的正常运行高度依赖于能源，并进而从总量和结构两个方面影响碳排放量。以煤炭为主的能源生产结构是中国能源资源禀赋所决定的，而煤炭行业作为碳排放的"大户"，其碳排放总量高、强度大。经济全球化给中国经济发展带来了强劲动力，但 CO_2 排放量也开始加速上升。同时，中国是贸易隐含碳排放的最大净出口国，作为商品出口大国，其账户中的碳排放量最终出口到其他国家或地区使用或消费。碳税征收和碳排放量账户均是基于生产方，而不是基于消费侧，改变这一格局短期内也有很大困难。中国现阶段碳排放仍处于"总量高、增量高"的阶段，是世界上最大的能源消费国，碳排放总量居世界第一位，中国在能源绿色低碳转型中面临国际国内双重压力，能源安全面临新挑战。

习近平总书记深刻洞察世界能源发展的大趋势，提出推动能源消费革命、能源供给革命、能源技术革命、能源体制革命和全方位加强国际合作的能源安全战略思想，加快构建清洁低碳、安全高效的现代能源体系，为全面建设社会主义现代化国家提供坚实可靠的能源保障。

作为负责任的发展中大国，中国政府多次向国际社会作出碳减排承诺。早在 2009 年就提出单位 GDP 的能耗和碳排放控制指标，明确承诺到 2020 年单位国内生产总值 CO_2 排放较 2005 年下降 40％～45％，并作为约束性指标纳入国民经济和社会发展中长期规划。2015 年，又进一步作出碳排放达峰的时限，到 2030 年中国单位 GDP 总值 CO_2 排放比 2005 年下降 60％～65％，并在 2030 年达到峰值。2020 年 9 月，习近平主席代表中国向世界作出承诺，力争 2030 年前 CO_2 排放量达到峰值，努力争取 2060 年前实现碳中和。"双碳目标"是探寻环境和气候变化与经济社会发展矛盾的这一世界性难题的"中国方案"，是中国式现代化对人类现代化在当代世界发展意义上的积极贡献，也是推动人类命运共同体构建的必然选择。

党的二十大报告明确提出，要"全面建成社会主义现代化强国、实现第二个百年奋斗目标，以中国式现代化全面推进中华民族伟大复兴"。自然资源、环境等越来越成为约束经济社会发展的内在因素，与发达国家历史上先污染后治理的路径不同，中国式现代化坚持边发展边治理，系统性地将环境保护纳入经济社会发展过程。

目前，中国温室气体排放总量已居世界首位，深入贯彻落实"四个革命、一个合作"能源安全新战略，降低碳排放是中国式现代化实现绿色发展的重要约束条件，也是实现中国式现代化的内在要求和必须承担的国际义务。

1.6　能源与材料

能源是国民经济发展和人类生活所必需的重要物质基础，而材料又是发展能源和信息技术的物质基础。自古以来，人类文明的进步都是以新材料的发明、开发和利用为标志。材料是人类进行生产的最根本的物质基础，也是人类衣食住行及日常生活用品的原料，具有十分鲜明的应用目的。有了高分子材料，就有了合成纤维，有了轮胎，有了塑料用品；有了半导体材料，就有了电视，电子计算机和信息产业等。可以说一种新材料的出现和使用就可能导致许多产业面貌焕然一新。随着人类进步对新材料的要求越来越高，不仅在功能上提出更高的要求，而且综合方面也要考虑能源、环境、安全等与可持续发展有关的问题。

能源材料，广义地说，是指能源工业及能源技术所需的材料。但在新材料领域，能源材料往往指那些正在发展的、可能支持建立新能源系统满足各种新能源的转化和利用，以及节能技术的特殊要求的材料。能源材料的分类在国际上尚未有明确的规定，可以按材料种类来分，也可以按使用用途来分。大体上可分为燃料（包括常规燃料、核燃料、合成燃料、炸药及推进剂等）、能源结构材料、能源功能材料等几大类。按其使用目的又可以分成能源工业材料、新能源材料、节能材料、储能材料等大类。目前，比较重要的新能源材料有裂变反应堆材料（如铀、钍等核燃料、反应堆结构材料、慢化剂、冷却剂及控制棒材料等）、聚变堆材料（包括热核聚变燃料、第一壁材料、氚增值剂、结构材料等）、高能推进剂（包括液体推进剂、固体推进剂）、电池材料（锂离子电池、太阳能电池、燃料电池电极材料、电解质等）、氢能源材料（固体储氢材料及其应用技术）、超导材料（传统超导材料、高温超导材料及在节能、储能方面的应用技术）、其他新能源材料（如风能、生物质能、地热、磁流体发电技术中所需的材料等）。

世界经济的现代化与全球化，得益于化石能源（如石油、天然气、煤炭）和核裂变能的广泛应用。或者说世界经济是建筑在化石能源的基础之上的。然而，这一经济的资源载体将面临枯竭，而且矿物燃料燃烧造成了环境污染，使得人类将面临着能源危机。

解决能源危机的关键是能源材料的突破。其方法包括：一是提高燃烧效率以减少资源消耗；二是开发新能源，积极利用可再生能源；三是开发新材料、新工艺，最大限度地实现节能。这三个方面都与材料有着密切的关系。

相关资料显示，我国将 2010~2050 年作为能源体系的转型期，在此期间，能源体系要从目前的粗放、低效、高排放、欠安全的能源体系，逐步转型为节约、高效、清洁、多元、安全的现代能源体系。因为我国以燃煤为主的局面很难改变（到 2050 年煤炭在一次能源构成中仍将占有 40% 的比例），因此煤的清洁高效利用是中国式低碳经济的关键。从发电的角度看，目前国内煤炭清洁利用主要有两个方向，一个方向是超临界、超超临界燃煤发电技术。这种技术旨在让煤更有效率地燃烧，产生温度更高的蒸汽和压力。蒸汽被用来推动涡轮发电。该技术对污染物采取的是"尾部处理"的治理方式，即通过安装脱硫、脱尘及脱硝等设施实现排放达标。另一个方向是整体煤气化联合循环（integrated gasification combined cycle，IGCC）。与上述技术不同的是，IGCC 采取的是先治理后发电的污染物控制策略，即先将煤进行气化处理，把气态煤中的污染物脱除后再燃烧发电。因此，IGCC 能够更有效地控制二氧化硫、氮氧化物、粉尘和汞等污染物的排放。无论哪个方向，洁净煤燃烧的关键技术就是要除去硫化物与氮化物，这就需要耐蚀、抗磨蚀的合金钢及廉价的催化剂制造技术。超临界发电技术和整体煤气化联合循环技术都对材料有十分苛刻的要求，只有高质量的合金钢及高温合金才能满足高温（>580℃）、高强（>300atm）、抗蠕变、疲劳、耐蚀和长期工作（30 万小时）的要求。为了保证安全，还要建立材料的长期实验数据库及长期寿命评估体系。从国际发展趋势来看，为了提高热效和增加机动性，需要发展大功率（>100MW）工业燃气轮机组，这就对材料提出了更高的要求。虽然已有制造航空发动机的基础，但工业燃气轮机的工作条件更为苛刻。以涡轮叶片为例，因采用劣质燃料，加上地面工况条件差，因此需要耐热腐蚀、抗冲刷的高温合金和涂层，特别是要其在高温（>1300℃）下连续工作时间很长（以万小时计），其难度大为增加。燃气轮机叶片在尺寸上是航空叶片的 10 倍到几十倍，使用单晶叶片制作工艺会产生很大的难度。因此，工业燃气轮机的发展有可能推动工程陶瓷的应用。

另外，太阳能、风能、氢能、核能等新能源与可再生能源的开发利用也都依赖于先进材料的研究开发。太阳能光伏电池是将太阳能直接转换成电能的装置。因此，研制高效、长寿命、廉价的太阳能光伏转换材料，特别是纳米半导体材料、有机光伏转换薄膜材料及钙钛矿材料已成为太阳能新材料领域的重要课题。风车材料是风力发电的关键。在风能的开发利用中，要求风力发电的风车叶片必须具有足够的强度和抗疲劳性能。在氢能领域，围绕氢的制备、储存、应用的新材料开发也已成为研究的热点。特别是安全、高效的储氢材料与技术更是氢能规模利用的瓶颈。正在研究的纳米材料储氢能力高，受到广泛关注。在核能的开发方面，核电站的安全与废料处理均与材料有关，如核裂变反应堆中的包壳材料和抗辐射材料以及核聚变反应的耐超高温（10^8K）和抗氢脆材料等。

综上所述，化石能源要实现高效与清洁生产，材料需不断改进；新能源及可再生能源〔如核能（核聚变）、太阳能、生物质能等〕的利用虽然诱人，材料是关键之一；能量储存（储能）材料与技术是制约新能源、智能电网、电动汽车产业发展的瓶颈，能源生产与节能的先进技术无一不建立在新材料不断发展的基础之上。新能源的发展一方面靠利用新的原理（如核聚变反应、光伏效应等）来发展新的能源系统，而另一方面还必须靠新材料的开发与应用，才能使新的系统得以实现，并进一步地提高效率、降低成本。

在航空航天方面，能源与材料的关系显得越发密切。20 世纪，人类在航天科技领域取得了辉煌成绩。而在 21 世纪，人类对宇宙的探索亦没有穷尽，航天领域有着更大的发展空间和广阔的应用前景。不管是百姓生活还是综合国力，都离不开航天科技，它需要有支撑从事这种研究活动的工业基础和经济能力。例如，在航天运输领域，需要体积小、质量轻、发热量大的火箭燃料，这样才能减轻运载火箭的质量，使卫星快速地送上轨道。液体燃料放出的能量大，产生的推力也大，而且燃料比较容易控制，燃烧时间较长，因此发射卫星的火箭大都采用液体燃料。液体火箭发动机是指液体推进剂的化学火箭发动机，常用的液体氧化剂有液态氧、四氧化二氮等，燃烧剂有液氢、偏二甲肼、煤油等。但推进剂（如偏二甲肼/四氧化二氮）和燃烧产物的毒性都很大，污染严重、价格高、性能低，其不足是很明显的。随着全世界对环境保护的日益重视，需要实现无毒、无污染、大推力的新一代运载火箭产业化发展；航天所需的高温材料，要能耐 2000℃ 的高温，而一般材料几百度就熔化了，这是对材料工业的考验。空间科学技术和航天工程是集材料、能源、通信、生物、自动控制、精密制造以及管理、服务等综合性高科技的系统工程。航天工程前景十分广阔，它将带动新能源、新材料、信息科学技术等一大批高技术群体的发展。而依靠新能源，可以为探索和开发太空打下基础。

1.7　能源储量及消费

1.7.1　计量单位及换算

能量是量度物质运动形式和量度物体做功的物理量，它有很多表现形式，包括化学能、机械能、热能、电能、光能、核能等，可以通过做功、传热等方式进行转换。描述能量有许多不同的单位，国际单位是焦耳（J），除焦耳外还有卡（cal）、千瓦时（kW·h），除此之外在物理中，尤其在原子物理和粒子物理中还常使用电子伏特（eV）等。常用计量单位如表 1-8 所示。

表 1-8　常用能量计量单位

符号	意义
J	焦耳。1J 是指用 1 牛顿力把 1kg 物体移动 1m 所需的能量
GJ	吉焦，10^9J。1GJ=2.389×10^6kcal=277.77kW·h
cal	卡。1cal=4.1868J

符号	意义
W·h	瓦时。1W·h＝3600J
kW·h	千瓦时
GW·h	百万千瓦时
TW·h	10亿千瓦时
MW	千千瓦（兆瓦）
GW	百万千瓦（吉瓦）
TW	10亿千瓦（太瓦）
Tce	吨标准煤（吨煤当量）。标准煤是按煤的热当量值计算各种能源的计量单位。1kgce＝29307kJ＝7000kcal
Mtce	百万吨标准煤
kgce	千克标准煤
gce	克标准煤
Toe	吨油当量。油当量是按石油的热当量值计算各种能源的计量单位。1kgoe＝41816kJ＝10000kcal＝4500kW·h
Btu	英热单位。1Btu＝1055J＝250cal
quadrillion Btu	1quadrillion Btu＝10^{15}Btu
Mt	百万吨
st	短吨。1st＝907.185kg＝2000lb（英镑）

一些主要的能量单位换算如表1-9所示。

表1-9　常用能量单位换算

从＼到	TJ	Gcal	Mtoe	MBtu	GW·h
TJ	1	238.8	2.388×10^{-5}	947.8	0.2778
Gcal	4.187×10^{-3}	1	10^7	3.968	1.163×10^{-3}
Mtoe	4.187×10^4	10^7	1	3.968×10^7	11630
MBtu	1.055×10^{-3}	0.252	2.52×10^{-8}	1	2.931×10^{-4}
GW·h	3.6	860	8.6×10^{-5}	3412	1

1.7.2　储量

世界能源储量分布是不平衡的。能源储量是指通过地质与工程信息以合理的肯定性表明，在现有技术和经济条件下能够生产取得的能源资源。能源储量分为地质储量和探明储量两类，前者指按照能源的地质储藏、形成与分布规律推算出的储量，后者是根据地质勘探报告统计而计算出的储量。在现阶段条件下，前者明显大于后者。探明储量在不同国家具有不同的评价标准。在我国，探明储量指矿产储量分类中开采储量、设计储量与远景储量的总和；在苏联，探明储量相当于工业储量；在美国，探明储量相当于确定储量与推定储量之和。能源储量的储产比，即储量/产量（R/P）比率，是在假设将来的产量继续保持在某年度的水平，那么该年年底的储量除以该年度所得出的计算结果就是剩余储量的可开采年限。自1952年起，英国石油公司（BP）每年都发布《世界能源统计年鉴》，为产业、政府、学界和媒体提供全面的数据与分析结果，助力认知和理解全球能源市场的发展情况。2023年英国石油公司终止发布《BP世界能源统计年鉴》，全权转交给英国能源学会 Energy Institute。

（1）煤炭

随着国民经济的快速发展，全球能源需求不断增加，煤炭工业也取得了突飞猛进的发展，满足了世界经济发展日益增长对煤炭需求不断增加的需要。目前，煤炭依然是全世界储量最丰富的化石燃料。世界煤炭资源非常丰富，全球近 80 个国家拥有煤炭资源，截至 2020 年年底，全球已探明的煤炭储量为 1.07 万亿吨。分地区来看，主要分布在亚太地区（42.8%），北美地区（23.9%），独联体国家（17.8%）和欧盟地区（7.3%），这四个地区的煤储量总量超过全球煤炭资源的 90%。分国家来看，超过 70% 的煤炭资源集中在以下少数几个国家：美国（23.2%）、俄罗斯（15.1%）、澳大利亚（14%）、中国（13.3%）和印度（10.3%）。

（2）石油

世界石油资源的地区分布是不平衡的。从东西半球来看，约 3/4 的石油资源集中于东半球，西半球占 1/4；从南北半球看，石油资源主要集中于北半球；从纬度分布看，主要集中在北纬 20°～40° 和 50°～70° 两个纬度带内。波斯湾及墨西哥湾两大油区和北非油田均处于北纬 20°～40° 内，该带集中了 51.3% 的世界石油储量；50°～70° 纬度带内有著名的北海油田、俄罗斯伏尔加及西伯利亚油田和阿拉斯加湾油区。作为全世界最重要的战略物资，石油供需形势经常受战争、政治波动及国际投机资本等非市场因素影响而不断出现剧烈动荡，各能源大国为保障本国能源安全对全球石油资源的争夺将日益激烈，许多国际矛盾和冲突也由此引发。目前全球石油可采石油储量为 1.757 万亿桶，储备量最多的是委内瑞拉，其次是沙特阿拉伯、加拿大、伊朗、伊拉克、俄罗斯和阿联酋。虽然委内瑞拉的石油储备量非常大，但是它的油质并不是很好（主要以稠油为主），石油开采和冶炼成本比较高昂；而沙特、俄罗斯这些国家的石油主要以轻质油为主，其开采成本比较低，油品质量比较高，基本上开采出来就可以直接出口。

（3）天然气

截至 2023 年 1 月，全球天然气可采储量估计为 211.11 亿立方米，主要分布在苏联、中东及东欧地区。天然气储量前 5 强为俄罗斯、伊朗、卡塔尔、美国和土库曼斯坦，5 国总储量占全球储量的 63% 左右。

1.7.3　消费

随着世界经济规模的不断扩大、世界人口的剧增和人民生活水平的不断提高，能源消费量持续增长。

自 19 世纪 70 年代的产业革命以来，化石燃料的消费量急剧增长。初期主要以煤炭为主，进入 20 世纪以后，特别是第二次世界大战以来，石油和天然气的生产与消费持续上升，石油丁 20 世纪 60 年代首次超过煤炭，跃居　次能源的主导地位。虽然 20 世纪 70 年代世界经历了两次石油危机，但世界石油消费量却没有丝毫减少的趋势。此后，石油、煤炭所占比例缓慢下降，天然气的比例上升。同时，核能、风能、水力、地热等其他形式的新能源逐渐被开发和利用，形成了目前以化石燃料为主和可再生能源、新能源并存的能源结构格局。

随着世界经济、社会的发展，未来世界能源需求量将继续增加。石油和天然气是国际交易量最大的两类燃料，但能源短缺和地缘政治事件影响引发全球对能源安全重视程度加深，促使各国和各区域努力降低依赖进口能源，转而消费更多国内生产的能源，这将大大推动能源效率的提高。2023 版《BP 世界能源展望》预测了到 2050 年世界能源转型的大趋势和不确定性，全球能源消费需求变化将呈现出四大趋势：石油和天然气地位逐渐下降、可再生能源消费快速增长、电气化程度提高，以及低碳氢能的大规模应用。

2021年，欧盟、中国和印度进口量共占全球石油进口总量的45%左右、天然气进口总量的50%左右，上述地区对能源安全关注度提升，将导致进口油气在一次能源中占比持续下降。同时，交通领域能效提高和可替代能源的逐渐普及将削减部分石油需求，预计到2030年，全球石油需求或达峰值，随后下降。然而，在未来15～20年，石油仍将在全球能源体系保持继续主导地位。

由于成本下降和政策支持，未来风能和太阳能将快速发展，成为低碳电力来源和绿氢生产的重要支撑。包括固体生物质燃料、生物燃料和沼气等现代生物质的使用量将迅速增长，这有助于支持碳减排困难的行业和工业生产实现脱碳。随着可持续航空燃料（SAF）使用量的增加，在加速转型情景和净零情景下，到2050年，生物航煤和氢衍生燃料将成为主要的可持续航空燃料（SAF）。

新兴经济体日益繁荣、全球能源系统日趋电气化，电力消费将快速增长，预计到2050年，终端电力需求将增加75%左右。电气化程度的提升主要由风能与太阳能的快速增长加以支撑。电动汽车将成为新车销量的绝对主力。在新动力情景下，预计到2035年，电动轿车在新车销量中的占比约为40%，2050年约为70%。中国、欧洲和北美将成为全球电动汽车销量增长的主要地区。到2035年，中国、欧洲和北美的电动汽车总销量在世界电动汽车新增销量中的占比为60%～75%，到2050年占比为50%～60%。目前仍依赖柴油的中卡、重卡和公共汽车将逐渐实现电气化并转向氢燃料。

随着世界向更可持续的能源系统过渡，低碳氢的使用会越来越多。预计到2030年，绿氢在低碳氢能供应中的占比将达到60%，到2050年将达到65%，其余大部分为蓝氢，还有一小部分来源于采用BECCS（生物质能-碳捕集与封存技术）的生物质制氢。低碳氢能将在能源系统脱碳进程中发挥关键作用，尤其是在工业和交通等领域。氢衍生燃料，包括氨、甲醇和合成柴油等，将成为石油基船用燃料的主要替代品。

能源安全关注度的提升加大了本地非化石能源消费量，这有助于加快能源转型。预计可再生能源在全球一次能源消费中的占比将从2019年的10%左右提升至2050年的35%～65%。

1.7.4　结构变化趋势

工业革命以来，煤炭、石油、天然气、水电、核能与可再生能源等相继大规模地进入了人类活动领域。能源结构的演变推动并反映了世界经济发展和社会进步，同时也极大地影响了全球二氧化碳排放量和全球气候。人类活动引起的二氧化碳排放主要来自于化石能源的利用。在新一轮工业革命与碳中和愿景下，未来世界能源供应和消费结构将向多元化、清洁化、智能化、全球化和市场化方向发展。

（1）多元化

资源禀赋决定了能源的多元化，而可持续发展、环境保护、能源供应成本和可供应能源的结构变化决定了全球能源多样化发展的格局。世界能源结构先后经历了以薪柴为主、以煤为主、以石油和天然气为主的时代，现在正在向以水能、风能、太阳能等新能源和可再生能源转变。能源系统形态呈分散化、扁平化、去中心化的趋势和特征日益明显，分布式能源快速发展，能源生产逐步向集中式与分散式并重转变。

（2）清洁化

随着世界能源消费量的增大，二氧化碳、氮氧化物、灰尘颗粒物等环境污染物的排放量逐年增大，化石能源对环境的污染和全球气候的影响将日趋严重。煤炭直接用于终端消费，不仅利用效率低，而且会造成严重的环境污染问题。随着世界能源新技术的进步及环保标准的日益严格，未来世界能源将进一步向清洁化的方向发展，不仅能源的生产过程要实现清洁低碳化，而且能源工业要不断生产出更多、更好的清洁能源。清洁低碳能源占能源消费中的比例逐步增大，构建新能源占比逐渐提高的新型电力系统蓄势待发。

（3）智能化

互联网、大数据、云计算、人工智能、物联网、区块链等现代信息技术加快与能源产业深度融合，系统灵活性与可靠性显著提升，能源系统向智能灵活调节、供需实时互动方向发展，能源产业智能化升级进程加快。数字化、智能化产业规模化发展，将推动能源生产消费方式深刻变革，未来世界能源利用效率将日趋提高，能源强度将逐步降低。

（4）全球化

由于世界能源资源分布及需求分布的不均衡性，世界各个国家和地区已经越来越难以依靠本国的资源来满足其国内的需求，越来越需要依靠世界其他国家或地区的资源供应，世界贸易量将越来越大，贸易额呈逐渐增加的趋势。世界能源供应与消费的全球化进程将加快，世界主要能源生产国和能源消费国将积极加入到能源供需市场的全球化进程中。

2015 年，习近平主席在联合国发展峰会倡议"构建全球能源互联网，推动以清洁和绿色方式满足全球电力需求"。2016 年，全球能源互联网发展合作组织成立，这是我国发起成立的首个能源领域国际组织，以"推动构建全球能源互联网，以清洁和绿色方式满足全球电力需求"为宗旨，以"推动能源革命，促进绿色低碳可持续发展"为使命。全球能源互联网将推动能源生产向"清洁主导"转变，能源配置向"全球互联"转变，能源消费向"电为中心转变"，开启了世界清洁能源发展新道路，是实现能源转型升级、减排提效的重要载体。全球能源互联网"中国倡议"成为引领世界能源转型和可持续发展的一面旗帜，成为应对气候变化等重大挑战的全球性解决方案。全球能源互联网理念得到国际社会广泛认同，全球能源互联网已纳入联合国可持续发展领域多个工作框架以及"一带一路"、中阿、中非等合作机制。

（5）市场化

由于市场化是实现国际能源资源优化配置和利用的最佳手段，故随着世界经济的发展，特别是世界各国市场化改革进程的加快，世界能源利用的市场化程度越来越高，世界各国政府直接干涉能源利用的行为将越来越少，而政府为能源市场服务的作用则相应增大，特别是在完善各国、各地区的能源法律法规并提供良好的能源市场环境方面，政府将更好地发挥作用。能源行业由资源、资本主导向技术、资本主导转变。能源基础设施加速升级，传统能源向高质量发展，能源技术体系加快创新，新一轮材料革命必然提速。

1.8　中国的能源发展

能源是人类赖以生存和发展的重要物质基础，是国民经济和社会发展的重要战略物资。经济、能源与环境的协调发展，是实现中国式现代化目标的重要前提。中国很久以前就开始开发和利用自然界中各种形态的能源，但是，能源的社会化和大规模的商业化开发利用还是在新中国成立以后才真正开始。中国现代能源工业的出现至今虽已有百年的历史，但是由于中国在鸦片战争之后相当长的时期内一直处于半殖民地半封建的社会状态，工业化的进程非常缓慢，经济和社会发展水平低下，商品能源的开发利用水平也很低。

1949 年新中国成立时，全国一次能源的生产总量只有 2400 万吨标准煤。到 1953 年，经过建国初的经济恢复，一次能源生产总量已经达到 5200 万吨标准煤，一次能源消费也达到了 5400 万吨标准煤。随着中国社会主义经济建设的展开，中国的能源工业得到了迅速的发展，到 1980 年一次能源生产和消费分别达到了 6.37 亿吨和 6.03 亿吨标煤，同 1953 年相比，平均年增长 9.7% 和 9.3%。

改革开放以后，中国能源工业无论从数量上还是质量上均取得了空前的进步，进入了世界能源大国的行列。在能源供给方面，中国能源供给能力由弱变强，已经成为世界第一大能源生产国。陆上油气海上油气的开发、西气东输、西电东送等重大能源运输通道的建成，使得中国能源自给率始终保持在 90% 以上，保障了国家能源安全。能源供应持续增长，为经济社会发展提供了重要的支撑。能源消费的快速增长，为世界能源市场创造了广阔的发展空间。进入 21 世纪以来，能源供应紧跟需求拉动，出现超高速的增长，中国已成为世界能源消费第一大国。近年来，我国深入推进能源革命，煤、油、气、核、可再生能源多轮驱动的能源供应体系不断完善，能源自给率保持在 80% 以上，确保能源饭碗牢牢端在自己手里，立足我国能源资源禀赋，积极稳妥推进碳达峰碳中和，为促进经济社会高质量发展提供坚实保障。中国作为世界能源市场不可或缺的重要组成部分，对维护全球能源安全，正在发挥着越来越重要的积极作用。

1.8.1 中国能源资源的特点

能源资源是能源发展的基础。新中国成立以来，不断加大能源资源勘查力度，组织开展了多次资源评价。中国能源资源有以下特点。

（1）能源资源总量比较丰富

中国地大物博、资源丰富，自然资源总量排世界第七位，能源资源总量约 4 万亿吨标准煤，居世界第三位。中国拥有较为丰富的化石能源资源。从能源资源禀赋看，我国具有富煤、贫油、少气的特点，其中煤炭占主导地位。已探明的石油、天然气资源储量相对不足，油页岩、煤层气等非常规化石能源储量潜力较大。目前，我国商运核电机组 54 台，在建核电机组 23 台，在建规模保持世界领先。中国拥有较为丰富的新能源与可再生能源资源。水力资源理论蕴藏量居世界首位，可开发利用的风能资源 7 亿～12 亿千瓦。地热资源的远景储量为 1353.5 亿吨标准煤，探明储量为 31.6 亿吨标准煤。太阳能、生物质能、海洋能等储量更是属于世界领先地位。

（2）人均能源资源拥有量较低

中国人口众多，人均能源资源拥有量在世界上处于较低水平，能源资源相对匮乏。我国人口占世界总人口的 22%，煤炭和水力资源人均拥有量相当于世界平均水平的 50%，石油、天然气人均资源量仅为世界平均水平的 1/15 左右。耕地资源不足世界人均水平的 30%，制约了生物质能源的开发。随着我国经济的快速发展和人民生活水平的不断提高，我国年人均能源消费量将逐年增加，到 2050 年将达到 2.38 吨标准煤左右，相当于目前世界平均值，远低于发达国家目前的水平。人均能源资源相对不足，是中国经济、社会可持续发展的一个限制因素。

（3）能源资源赋存分布不均衡

中国能源资源分布广泛但不均衡。煤炭资源主要赋存在华北、西北地区，水力资源主要分布在西南地区，石油、天然气资源主要赋存在东、中、西部地区和海域。中国主要的能源消费地区集中在东南沿海经济发达地区，资源赋存与能源消费地域存在明显差别。大规模、长距离的北煤南运、北油南运、西气东输、西电东送，是中国能源流向的显著特征和能源运输的基本格局。

（4）能源资源开发难度较大

与世界相比，中国煤炭资源地质开采条件较差，大部分储量需要井工开采，极少量可供露天开采。石油天然气资源地质条件复杂，埋藏深，勘探开发技术要求较高。未开发的水力资源多集中在西南部的高山深谷，远离负荷中心，开发难度和成本较大。非常规能源资源勘探程度低，经济性较差，缺乏竞争力。

1.8.2 中国能源资源开发面临的挑战

随着中国经济的较快发展和工业化、城镇化进程的加快，能源需求不断增长，推进能源革命，构建清洁低碳、安全高效的现代能源体系面临着重大挑战，突出表现在以下几方面。

（1）资源约束突出，能源效率偏低

中国优质能源资源相对不足，制约了供应能力的提高；能源资源分布不均，也增加了持续稳定供应的难度；经济增长方式粗放、能源结构不合理、能源技术装备水平低和管理水平相对落后，导致单位国内生产总值能耗和主要耗能产品能耗高于主要能源消费国家的平均水平，进一步加剧了能源供需矛盾。单纯依靠增加能源供应，难以满足持续增长的消费需求。

（2）能源消费以煤为主，环境压力加大

煤炭是中国的主要能源（见图1-10），以煤为主、石油和天然气短缺的能源结构在未来相当长时期内难以改变。相对落后的煤炭生产方式和消费方式，加大了环境保护的压力。煤炭消费是造成煤烟型大气污染的主要原因，也是温室气体排放的主要来源。随着中国机动车保有量的迅速增加，部分城市大气污染已经变成煤烟与机动车尾气混合型。这种状况持续下去，将给生态环境带来更大的压力。

（3）市场体系不完善，应急能力有待加强

中国能源市场体系有待完善，能源价格机制未能完全反映资源稀缺程度、供求关系和环

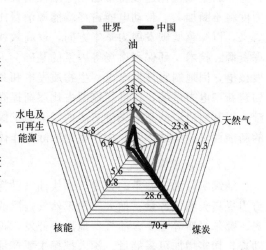

图1-10　中国与世界能源结构比较

境成本。能源资源勘探开发秩序有待进一步规范，能源监管体制尚待健全。煤矿生产安全欠账比较多，电网结构不够合理，石油储备能力不足，有效应对能源供应中断和重大突发事件的预警应急体系有待进一步完善和加强。

1.8.3 中国提高能源供应能力的措施

党的十八大以来，以习近平同志为核心的党中央统筹两个大局、统筹发展与安全，提出"四个革命、一个合作"能源安全新战略，推进能源消费革命、供给革命、技术革命、体制革命，全方位加强国际合作，推动我国能源生产和利用方式发生重大变革，能源生产和消费结构不断优化，能源利用效率显著提高，生产生活用能条件明显改善，能源安全保障能力持续增强，为打赢脱贫攻坚战和全面建成小康社会提供了重要支撑。

当今世界，百年未有之大变局加速演进，新一轮科技革命和产业变革深入发展，全球气

候治理呈现新局面，新能源和信息技术紧密融合，生产生活方式加快转向低碳化、智能化，能源体系和发展模式正在进入非化石能源快速发展的新阶段。在中国式现代化进程中，中国提高能源供应能力的措施包括如下几条。

（1）稳妥有序利用化石能源

煤炭是我国的基础能源，能源消费严重依赖煤炭。这一特点决定了煤炭在我国一次能源生产和消费中的主导地位长期不会发生改变，而煤炭应用带来的生态环境问题同样不容忽视。因此，要立足以煤为主的基本国情，坚持先立后破、通盘谋划。煤炭等化石能源主要以清洁高效开发利用为发展方向，推动煤炭生产向资源富集地区集中，推进煤电灵活性改造。积极推动化石能源的绿色低碳革命，降低碳排放。做好煤制油气战略基地规划布局和管控，加大国内油气勘探开发力度。加强煤气油储备能力建设，推进先进储能技术规模化应用，增强快速调配和运输能力，为经济平稳发展提供能源保障。

（2）积极发展电力

电力是高效清洁的能源，建立经济、高效、稳定的电力供应体系，是保证国民经济和社会稳定发展的基本要求。电力需求保持刚性增长，终端用能电气化水平持续提高。新旧动能转换、高技术及装备制造业快速成长、战略性新兴产业迅猛发展、传统服务业向现代服务业转型、新型城镇化建设将带动用电刚性增长，电能在工业、建筑、交通部门替代化石能源的力度将不断加大，带动电能占终端能源消费比重持续提高。中国坚持以安全可靠发展为核心要义，以绿色低碳发展为基本方向，以高效智慧发展为主要特征，优化电源结构。在综合考虑资源、技术、环保和市场等因素的基础上，加快发展风电、太阳能发电，积极安全有序发展核电，因地制宜开发水电、生物质发电和其他可再生能源，增强清洁能源供给能力。推动构建新型电力系统，促进新能源占比逐渐提高。加大力度规划建设以大型风电光伏基地为基础、以其周边清洁高效先进节能的煤电为支撑、以稳定安全可靠的特高压输变电线路为载体的新能源供给消纳体系。构建电力国际合作体系，推进"一带一路"电力基础设施建设。

（3）加快发展油气

继续实行油气并举的方针，加快油气勘探开发与新能源融合发展，稳定增加原油产量，努力提高天然气产量。加大石油天然气资源的勘探开发力度，重点加强渤海湾、松辽、塔里木、鄂尔多斯等主要含油气盆地勘探开发，积极探索陆地新区、新领域、新层系和重点海域勘查，切实增加可采储量。深入挖掘主要产油区的发展潜力，加强稳产改造，提高采收率，延缓老油田产量递减。在经济合理的条件下，积极开发煤层气、油页岩、油砂等非常规能源。继续加快石油和天然气管网及配套设施建设，逐步完善全国油气管网。以油气产业为基础加强新能源开发利用，推动传统油气生产基地向清洁电力生产、地热能开发利用、碳埋存利用等基地转型发展，提升油气生产终端电气化率和绿电消纳比例，有效实现油气生产控排减排。

（4）大力发展可再生能源

可再生能源是中国能源优先发展的领域。可再生能源的开发利用，对增加能源供应、改善能源结构、促进环境保护具有重要作用，是解决能源供需矛盾和实现可持续发展的战略选择。中国已经颁布《中华人民共和国可再生能源法》和《"十四五"可再生能源发展规划》，要坚持可再生能源优先发展、大力发展，锚定碳达峰、碳中和目标，有效支撑清洁低碳、安全高效的现代能源体系建设。大力推进风电和光伏发电基地化开发，积极推进风电和光伏发电分布式开发，统筹推进水风光综合基地一体化开发，稳步推进生物质能多元化开发，积极推进地热能规模化开发，稳妥推进海洋能示范化开发。

（5）加强农村能源建设

在全面建成小康社会之后，我国开启了全面建设社会主义现代化国家新征程，"三农"工作重心从脱贫攻坚转向全面推进乡村振兴。"民族要复兴，乡村必振兴"。农业农村现代化离不开能源支撑，发挥可再生能源分布式创新发展优势，加快推进农村能源革命，对保障农村地区能源安全、助力实现碳达峰碳中和目标任务、全面推进乡村振兴具有重要意义。农村有大量生物质、分布式光伏以及固废等资源，在农村发展光伏，尤其是分布式户用光伏，通过农村闲置的屋顶即可将光能转化为电能，其最大优势在于不需占用农业用地，无论是自发自用还是发电上网都能为农村创造绿色经济价值。在农民经济可承受范围内，以县域为基本单元统筹城乡因地制宜发展分布式光伏、风电、生物质能等清洁能源，提升清洁能源供给能力和消费水平，形成以清洁能源为主体、多能互补的农村能源发展新格局。

为了保障中国经济与社会的可持续发展和现代化建设进程，必须建立符合中国发展需求和资源特色的能源科技创新体系。在中华民族伟大复兴的进程中，能源事关中国经济社会发展。以能源的可持续发展支持经济社会的可持续与快速发展，是一项长期而又艰巨的任务。我国经过几十年的努力，能源结构持续优化、质量不断提升，形成了煤、油、气、核、新能源和可再生能源多轮驱动的多元供应体系。加快构建现代能源体系，引领能源生产和利用方式进行重大变革，力争如期实现碳达峰、碳中和，是保障国家能源安全的内在要求，也是推动实现经济社会高质量发展的重要支撑。

1.9 能源发展趋势

人类利用能源的历史，也就是人类认识和征服自然的历史。人类文明的每一次重大进步都伴随着能源种类的更替和能源技术的重大进步。人类在能源的利用史上主要有三次大的转换：第一次是煤炭取代木材等成为人类利用的主要能源；第二次能源结构从煤炭转向石油、天然气，汽车、飞机、轮船等重工业取得快速发展，极大地推动了产业进步和社会变革；20世纪 70 年代以来，世界能源结构开始经历第三次大转变，即从以石油、天然气为主的能源系统，开始转向以可再生能源为基础的持续发展的能源系统。

之所以会发生这种转变是因为现今以石油、天然气、煤炭为主的化石能源是不可再生的，供应也过于集中。过去的 100 多年，发达国家先后完成了工业化，工业化进程加速了地球上化石能源的大量消耗。当今，众多的发展中国家也正在步入工业化进程，这将使得全球的能源消费总量进一步增加，化石能源资源的紧缺已经成为全球经济发展的一个极为严峻的制约因素。同时，以化石燃料为主体的能源系统，造成了严重的全球环境问题。每年排放的数亿吨的 SO_2 和 NO_x、几十亿吨的 CO_2，其中大部分是燃煤、燃油所致。长期大量化石能源消费排放的温室气体蓄积在大气层中，造成的温室效应导致自然灾害和极端气候发生的频度显著增加，威胁着人类社会的可持续发展，这使得以化石能源为主的能源结构面临巨大的挑战。全球日益高涨的保护环境的呼声，是促进第三次能源结构大转变的重要因素。在这样的背景下，进入 21 世纪后，人类呼唤要大力发展新能源与可再生能源、构建高效、经济、清洁且符合低碳经济要求的可持续的能源供应体系，以此进一步推动技术革命和社会文明的进步。但是，更重要的原因是技术的进步，世界新的技术革命促成了新兴工业（如电子工业、信息产业、生物工程等）的蓬勃发展，它们终将形成新的生产体系。而这种新的生产体系要求采用可再生的、分散的和多样化的能源（见图 1-11）。

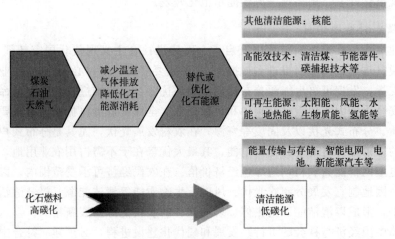

图 1-11　能源的发展趋势

　　碳达峰、碳中和目标引发的全球能源转型以及俄乌冲突推动了全球能源格局的发展演变，全球能源发展将呈现出四大趋势：油气作用下降、可再生能源快速扩张、电气化程度提高、低碳氢使用增多。未来以可再生能源为基础的持续发展的能源系统主要包括太阳能、地热能、水能、氢能、风能、海洋能、生物质能等，核电的发展将从目前的热中子裂变反应堆发电过渡到快中子增殖堆发电和核聚变发电。随着全球气候治理呈现新局面，新能源和信息技术紧密融合，生产生活方式加快转向低碳化、智能化，能源体系和发展模式将进入非化石能源主导的崭新阶段。

　　构建高效、经济、清洁且符合低碳经济要求的可持续能源供应体系，无疑需要解决非常多的科技问题。

　　① 在节能与提高能源效率方面，要开发清洁高效的能源转换材料，开拓清洁能量转换材料的新体系，提高能量转换效率，发展具有安全、长效功能的隔热材料、环境净化材料和抗菌材料，大幅度降低建筑能耗、控制建筑能耗的增长。发展电动汽车、替代能源车、新型轨道交通等电气化交通技术，构建节油及替代石油的新一代交通体系。

　　② 在化石能源开发与利用方面，要实现煤炭的高效清洁利用，解决碳氢比可调的技术、新型清洁煤的燃烧技术中的催化燃烧及反应控制问题、煤化工转化过程中产物定向转移控制问题、煤与可再生能源组合应用的过程设计与工艺集成技术和二氧化碳的捕集和储存技术等问题。探讨石油、天然气资源高效开采和利用的新理论与新方法，以石油加工与石油化工工艺为对象，研究相关的新反应、新转化机理、新催化剂及新反应过程。

　　③ 在电网安全和储能新技术方面，需加强电力输配及电网运行安全技术的研究，进一步提高电力系统自动化、信息化和现代化水平。发展新型储能材料和储能技术，发展大容量电力储能技术和分布式电力系统技术，建设"安全、自动恢复、经济、清洁"智能电网系统。

　　④ 在可再生能源规模化利用技术方面，风力发电要实现大规模风力发电机组的国产化，加强风电场接入系统、近海风电技术和恶劣气候环境下的风电技术的研发；太阳能发电要解决高效、低成本的光电转换材料、太阳能热发电的工艺和载热介质、并网、储能等技术问题；生物质能是唯一能生产气、固、液三种形态燃料的可再生能源，其规模化发展要解决能源植物筛选与培育、含油微藻的筛选与培育、定向转化与合成、高效低成本催化剂制备与表征、纤维素转化等技术问题；海洋能要在复杂海洋环境下进行开发，需要解决能量转换装

置、材料耐腐蚀及海上电力传输等关键问题；地热能需增强地热系统资源评估、钻井、储层设计与激发及热能转化为电能等技术问题。

⑤ 在核电和核废料处理技术方面，要解决新型核电技术、加速器驱动次临界反应堆系统和核聚变技术等问题。积极发展以提高核电站安全性、经济性、核废物最小化为主要目标的"第四代"核能技术，改进和提高热堆核能系统水平，发展快堆核能系统及其燃料闭合循环技术，实现铀资源利用的最优化。发展高放射性核废物处置技术，发展次锕系核素和长寿命裂变产物焚烧（嬗变）技术。

⑥ 在新能源利用的基本理论和技术途径方面，由于新型电力系统、安全高效储能、氢能、二氧化碳捕集利用与封存、天然气水合物、核聚变都是有可能影响未来能源发展的重要科学技术，尚处于基础性研究或技术性研究阶段，需着力解决关键核心技术"卡脖子"问题。氢能大规模应用需突破氢能规模、无污染制备、输运和高密度存储等关键问题；核聚变研究沿着磁约束与惯性约束两个主要途径，要积极探索聚变反应堆技术；天然气水合物作为一种清洁替代能源，要解决资源调查评价、开采技术、安全与环境影响等问题。

世界能源结构转变到以可再生能源为主，从现在起需要经历 100 多年的时间。到那时，煤炭、石油和天然气将主要用作化工原料，而太阳能发电、风力发电、核聚变反应堆发电及其他新能源发电，将为全球人口提供取之不竭而又用之不尽的能源。科学家们设想，未来的大规模太阳能电站，主要将建在世界上阳光充足的地区和太空，并利用太阳能从水中制取氢，通过管道或大油轮把氢气或液态氢输送到世界各地来使用。这就使得特殊的自然资源将被无限的普通物质所代替，也使得能源不再成为社会发展的负担。相信那时人类在享受高度的物质文明时，也一定会享受更多的蓝天、白云、青山、绿水。

第 2 章 | 煤炭

煤炭是能源世界的主角，是传统的能源，它被誉为工业的粮食，并且也是重要的化工原料。随着世界经济规模的不断增大，全球能源需求不断增加，煤炭工业也取得了突飞猛进的发展。目前，煤炭依然是全世界储量最丰富的化石燃料，在能源结构中占据重要地位。

燃煤火力发电装置排放的主要污染物有粉尘、硫氧化物（SO_2、SO_3）、氮氧化物（NO_x）及二氧化碳（CO_2），对人类生存环境及全球气候构成直接危害。面对全球越来越严峻的气候问题，发展以高效和低污染排放为特征的洁净煤利用技术，推动煤炭清洁高效利用，以及减少二氧化碳排放量的存储技术，将是双碳背景下煤炭资源未来的发展趋势。

2.1 煤的形成

煤是一种固体可燃有机岩，主要由古代植物遗体埋藏在地下，经历了复杂的生物化学、物理化学和地球化学作用转变而成的固体可燃性矿物。

有人说煤的样子像石头，甚至把质量不好的煤称为"石煤"，而认为煤是由石头变来的。但是只要仔细观察一下，在有些煤块上还可看到植物的叶和根茎等形状的痕迹，在高倍显微镜下可清楚地看到，在泥煤和褐煤等年轻煤种的有机组分中，还保留着高等植物的一些组织，如植物的细胞结构和比较稳定的树脂、树蜡、孢子、花粉和角质层等物质。此外，在层理发育的某些煤层中以及接近煤层的顶、底板岩层中，经常能找到保存完整的植物化石。在某些年轻褐煤中，有时还能找到外形保存颇为完整的树干——矿化木。这一切都表明煤主要是由古代植物演变而来的。远古植物遗体在地表湖沼或海湾环境中，随着地壳的变动被埋入地下，长期处在温度、压力较高的环境中，原植物中的纤维素、木质素经脱水腐蚀，其含氧量不断减少，而碳质不断增加，逐渐形成化学稳定性强、含碳量高的固体碳氢燃料——煤。

在地球的演变过程中，并不是每个地质时代、每个地区都可以成煤。煤田的形成必须具备一定的条件：①必须有繁茂的植物，以及植物死亡后大量残骸的堆积；②气候温暖潮湿，为植物的繁茂生长创造了有利条件；③有适宜的植物残骸堆积地形，如广阔的滨海、湖泊、沼泽地、盆地和地堑等低洼地带，有利于植物群落的发展及植物残骸浸没水中，受厌氧菌作用，发生变化并保存下来；④必须有地壳运动。如地壳缓慢下降或海平面升高，植物残骸容易积聚，并逐渐被泥沙等沉积物覆盖，从而发生一系列生物化学和地球化学作用，逐渐形成煤炭。按成煤植物可把煤分为腐植煤和腐泥煤两大类，由高等植物生成的煤称为腐植煤，由低等植物生成的煤称为腐泥煤。

在古生代泥盆纪（距今约 4 亿年）以前，地球上只生长菌藻类低等植物，它是单细胞或多细胞构成的丝状和叶片状植物。菌藻类植物死亡以后，在缺氧的环境中经厌氧菌的作用，逐渐变得富含沥青质和胶冻状物质，并与泥沙混合成为腐泥。地壳运动过程中，腐泥受其上部泥沙堆积层的压力和地下温度增高的作用，碳含量增加，氧含量减少，氢含量不断增加，形成不同变质阶段的腐泥煤。我国南方许多地方如浙江、江西、湖南等地，在原生代末期，古生代早期如寒武纪、奥陶纪、志留纪等地层中发现的石煤，就是由腐泥质转变而成的。

古生代石炭纪（约 3 亿年前）以后，陆地面积增大，干旱气候带扩大，逐渐代替了前期的潮湿气候，菌藻类植物减少，高度植物发育繁茂。高等植物是由纤维素 $\left[(C_6H_{10}O_5)_n\right]$、半纤维素、木质素（$C_{50}H_{49}O_{11}$）、蛋白质和脂肪等组成，植物的表皮则是由木栓细胞组成，树叶的表皮有树脂和树蜡等厚膜保护，这些是低等植物所不具备的。高等植物死亡后，残骸堆积在泥炭沼泽带，由于被积水淹没，各种厌氧菌不断地分解破坏植物残骸，死亡植物中的有机质逐渐分解，产生硫化氢、二氧化碳和甲烷等气态产物，植物残骸中氧含量越来越少，碳含量逐渐增加，变成泥炭类物质。由泥炭经受进一步的地质作用而转变成的煤，称为腐植煤。目前人们开采的煤层，绝大部分都是腐植煤。

此外，还有腐植煤和腐泥煤的混合体，有时单独分类成与腐植煤和腐泥煤并列的第三类煤，称为腐植腐泥煤。主要有烛煤和煤精，前者与藻煤很相似，宏观上几乎难以区分，易燃，用火柴即可点燃，燃烧时火焰明亮，好像蜡烛一样；煤精盛产于我国抚顺，结构细腻，质轻而有韧性，因能雕琢工艺美术品而驰名。

由于储量、用途和习惯上的原因，除非特别指明，人们通常所说的煤就是指腐植煤。

成煤过程包括泥炭化阶段和煤化阶段。随着地壳下沉，泥炭层的表面被黏土、泥沙等覆盖，逐渐形成上覆岩层。当泥炭层被其他沉积物覆盖时，泥炭化作用阶段结束，生物化学作用逐渐减弱以至停止。接下去是在以温度和压力为主的物理化学作用下，泥炭经过褐煤、烟煤转变为无烟煤（或者暂停在某一阶段）的煤化作用阶段。煤化作用阶段包括先后进行的成岩作用阶段和变质作用阶段。由褐煤开始的变质程度称为煤化程度。

泥炭层在上覆岩层的压力下，原来疏松多水的泥炭受到压实、脱水、胶结、增碳、聚合，孔隙度减小而变得致密，细菌的生物化学作用消失，碳含量进一步增加，氧和腐殖酸含量逐渐降低，从而变成水分较少、密度较大的褐煤。由泥炭变成褐煤的过程称为成岩作用。我国一些地方第三纪的煤层就常常是褐煤。褐煤层一般离地表不深，厚度较大，适于露天开采。

随着地壳的继续下沉及上覆岩层不断加厚，褐煤在地壳深部受到高温、高压作用，进入了变质阶段，褐煤中的有机物分子进一步增高聚合程度，含氧量进一步降低，碳含量继续增高，物理、化学性质进一步发生变化，外观色泽和硬度也发生了较大变化，褐煤变成烟煤。烟煤由于其燃烧时有烟而得名。由于已无游离的腐殖酸，全部转化为腐黑物，所以颜色一般呈黑色。

由于更强烈的地壳运动或岩浆活动，使煤层受到更高温度和压力的影响，烟煤还可以进一步变成无烟煤，甚至变成半石墨和石墨。

成岩阶段、变质阶段、煤化阶段与成煤过程的相互关系参见图 2-1。

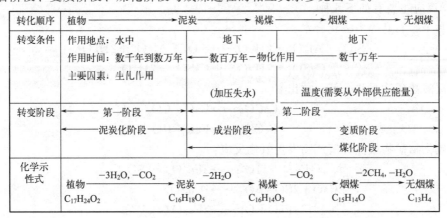

图 2-1　煤的转变过程

2.2 煤的基本分析指标及分类

2.2.1 基本分析指标

为了对煤质进行评价、分类和利用，必须对煤的化学、工艺性质进行检测。通过对煤的工业分析和元素分析，可以了解煤的主要化学性质和基本使用特点。

2.2.1.1 工业分析

煤的工业分析是对煤的水分、灰分、挥发分和固定碳四个分析项目的总称。水分和灰分可反映出煤中无机质的数量，而挥发分和固定碳则初步表明了煤中有机质的数量和性质。由于发热量和煤中硫含量是燃料煤的重要指标，通常在进行煤的工业分析时，也测定这两项分析指标。煤的工业分析是了解煤质特性的主要指标和评价煤质的主要依据，根据工业分析的各项测定结果可以初步判断煤的性质、种类和各种煤的加工利用效果及其工业用途。

煤是多孔性固体，含有或多或少的水分，其含量随煤化程度增加而降低，到无烟煤又略有回升。煤中的水分按其存在状态分为外在水分和内在水分。附着在煤粒表面的水为外在水分，大多在煤炭开采和运输过程中产生，其蒸气压与纯水的蒸气压相同，在常温下容易挥发失去；吸附在煤体中毛细孔内的水分为内在水分，一般是成煤自身固有的，其蒸气压低于纯水的蒸气压，需要在高于水的正常沸点温度下才能完全除去。一般来说，水分是煤中有害无利的无机物质，对煤的运输、机械加工和利用有不同程度的危害。在运输时水分增加了运输负荷；在机械加工时，水分过多将造成粉碎、筛分困难，降低生产效率，损坏设备；在燃烧时吸热而蒸发，降低煤的有效热值。

煤中矿物质（mineral matter，MM）是除水分以外的所有无机质的总称。在采出的煤中，矿物质一般有三个来源：原生矿物质，指存在于成煤植物中的矿物质，主要是碱金属和碱土金属的盐类，如钾、钠、钙、镁的盐类；次生矿物质，指成煤过程中，由外界混入煤层中的矿物质，如高岭土、方解石、黄铁矿、长石、云母等；外来矿物质，指在采煤过程中混入煤中的顶、底板岩石和夹矸层中的矸石，主要成分是 SiO_2、Al_2O_3、$CaCO_3$、FeS_2 等。矿物质燃烧时发生分解、氧化变成灰分，也是降低煤的有效热值的有害成分。原生和次生矿物质难以用洗选方法排除，外来矿物质可通过洗选排除。

灰分是指煤在高温燃烧时，煤中矿物质发生化学变化后留下的残留物占原煤样的质量分数。煤灰的化学成分主要是 SiO_2、Al_2O_3、Fe_2O_3、CaO、MgO、TiO_2、K_2O、Na_2O 等，这些化学反应主要有如下几种。

① 黏土、石膏等失去化合水：

$$SiO_2 \cdot Al_2O_3 \cdot 2H_2O \longrightarrow SiO_2 \cdot Al_2O_3 + 2H_2O \tag{2-1}$$

$$CaSO_4 \cdot 2H_2O \longrightarrow CaSO_4 + 2H_2O \tag{2-2}$$

② 碳酸盐矿物受热分解，放出 CO_2：

$$CaCO_3 \longrightarrow CaO + CO_2 \tag{2-3}$$

$$FeCO_3 \longrightarrow FeO + CO_2 \tag{2-4}$$

③ 硫化物矿物或热分解产物发生氧化反应：

$$4FeS_2 + 11O_2 \longrightarrow 2Fe_2O_3 + 8SO_2 \tag{2-5}$$

$$2CaO + 2SO_2 + O_2 \longrightarrow 2CaSO_4 \tag{2-6}$$

$$4FeO + O_2 \longrightarrow 2Fe_2O_3 \tag{2-7}$$

④ 碱金属氧化物和氯化物在温度为 700℃ 以上时部分挥发。

挥发分（volatile matter）是煤有机质在规定的高温下热解析出的气态产物（包括煤气和焦油蒸气）对原煤样品的质量分数。挥发分是反映煤本质的重要指标，也是煤炭分类的主要指标。

固定碳（fixed carbon）是煤中的有机质热解后留下的固态产物。它的元素组成以碳为主，还含有少量氢、氧、氮、硫等元素。因此，固定碳与煤中碳含量是不相同的两个概念。

煤的发热量是单位质量的煤完全燃烧时所产生的全部热量，也称为热值。发热量可以用氧弹式量热计直接测定，也可以根据元素分析值近似计算。

2.2.1.2 元素分析

煤主要由有机质和无机矿物质的混合物组成，此外还有含量不同的水分。煤的组成以有机质为主体，煤的工艺用途主要是由煤中有机质的性质决定的。煤的元素分析和元素组成仅指煤中有机质而言，它包含碳、氢、氧、氮和硫 5 种元素，一些含量很少的元素如磷、氯和砷等不列入"元素分析"的组成之内。煤的元素组成对煤的化学结构和加工利用都很重要。

由于各种煤中的碳、氢、氧、氮和硫等主要元素的比例不同，导致煤的组成结构不同。

① 碳：碳是煤中有机质的主要组成元素，在煤炼焦时，它是形成焦炭的主要物质基础。是燃烧过程中产生热量的重要元素，其热值达 34.1MJ/kg。煤中碳含量随煤化程度的加深而增高。例如泥炭含碳仅 60% 左右，而无烟煤在 93% 以上。

② 氢：在煤中的重要性仅次于碳。煤中氢的质量分数一般不超过 6%，由于氢的相对原子质量最小，其原子个数与碳在同一数量级。氢的燃烧热约为碳的 4.2 倍。氢含量随煤化程度的提高，逐渐降低。

③ 氧：煤中的氧多以含氧官能团的形态存在，如羧基、羟基、羰基、甲氧基和醚基等，氧在煤中存在总量和形态直接影响煤的性质。氧含量随煤化程度的提高而降低。氧反应能力很强，在煤的加工利用中起着较大的作用。如低煤化度煤液化时，因为含氧量高，会消耗大量的氢，氢与氧结合生成无用的水；在燃烧时，氧和煤中的氢元素结合生成水，煤中氧不参与燃烧，却约束本来可燃的碳和氢等元素。

④ 氮：氮来源于成煤植物的蛋白质，煤化程度越高，氮含量越低。在煤的转化过程中，煤中的氮可生成胺类、含氮杂环、含氮多环化合物等。在燃烧和气化时，氮转化成污染环境的 NO_x。煤液化时，需要消耗部分氢才能使产品中的氮含量降到最低限度。

⑤ 硫：煤中的硫通常以有机硫和无机硫的状态存在。有机硫来源于成煤植物的蛋白质和微生物的蛋白质，有机硫与煤中有机质共生，结为一体，分布均匀，很难用洗选方法脱除。无机硫主要来自矿物质中各种含硫化合物，如混入煤中的黄铁矿、石膏和硫酸亚铁等，可用洗选方法脱除。煤中的硫对于炼焦、气化、燃烧和贮运都十分有害，煤在炼焦时，硫的存在使生铁具有热脆性，用这些生铁炼制钢不能轧制成材；煤气化时，由硫生成的二氧化硫不仅腐蚀设备，而且易使合成催化剂中毒，影响操作和产品质量；煤燃烧时，煤中硫转化为二氧化硫排入大气，腐蚀金属设备和设施，污染环境，形成酸雨，因此硫含量是评价煤质的重要指标之一。

我国各种牌号煤的元素组成举例列于表 2-1 中，随煤阶增加，C、H、O 均呈现一定规律的变化，而 N 和 S 则无一定规律。碳随煤阶增加基本上均匀增加，氧则相反。

表 2-1　我国各种牌号煤的元素组成　　　　　　　　　　　　单位：%

煤的牌号	C	H	O	N
泥炭	55～62	5.3～6.5	27～34	1～3.5
褐煤				
低煤化程度褐煤	60～70	5.5～6.6	20～23	1.5～2.5

煤的牌号	C	H	O	N
高煤化程度褐煤	70~76.5	4.5~6.0	15~20	1~2.5
烟煤				
长焰煤	77~81	4.5~6.0	10~15	0.7~2.2
气煤	79~85	5.4~6.0	8~12	1~1.2
肥煤	82~89	4.8~6.0	4~9	1~2.0
焦煤	86.5~91	4.5~5.5	3.5~6.5	1~2.0
瘦煤	88~92.5	4.3~5.0	3~5	0.9~2.0
贫煤	88~92.7	4.0~4.7	2~5	1.7~1.8
无烟煤				
低变质程度无烟煤	88~93	3.2~4.0	2~4	0.8~1.6
中变质程度无烟煤	93~95	2.0~3.2	2~3	0.6~1.0
高变质程度无烟煤	95~98	0.8~2.0	1~2	1.0~1.6

注：资料来源于吴春来.煤炭直接液化.北京：化学工业出版社，2010。

煤中除有机质外，还有一定量的水分和矿物质存在，故对同一试样如以不同的基准计算分析结果，其数值会有相当大的区别，所以对煤的工业分析和元素分析数据必须同时注明基准，否则就失去了意义。

煤质分析中常用的基准有：收到基——以收到的状态的煤为基准（ar——as received，又称应用基）；空气干燥基——以与空气湿度达到平衡状态下的煤样为基准（ad——air dry，又称分析基）；干燥基——以假想无水状态的煤为基准（daf——dry ash free）和干燥无矿物质基——以假想无水且无矿物状态的煤为基准（dmmf——dry mineral matter-free，又称有机基）。不同基准之间可以进行换算。

2.2.2　煤的分类

煤炭分类是煤化学的一个主要研究内容。人们从不同的研究目的出发，对煤炭进行过不同的分类。主要的有如下三种。

① 按成煤的原始物质和堆积环境，将煤分为腐植煤、腐泥煤，称为煤的成因分类，这种分类法在地质上用得较多。

② 按煤的元素组成、各种基本性质和现代工业用途，对全部煤炭进行系统的分类，称为科学分类，以 1924 年英国煤化学家塞勒（C. A. Seyler）提出的分类法比较著名。

③ 将煤的成因与工业利用结合起来，以煤的变质程度和工艺性质为依据进行分类，称为技术分类，因其最具工业实用意义，故也称为实用分类或工业分类。

1998 年，《中国煤层煤的分类标准》（GB/T 17607—1998）颁布，标志着中国煤炭分类形成了由技术分类、商业编码和煤层煤分类三个国家标准组成的完整体系。2009 年，我国又颁布了第三个煤炭分类《中国煤炭分类》（GB/T 5751—2009），在本分类体系中，先根据干燥无灰基挥发分等指标，将煤炭分为无烟煤、烟煤和褐煤；再根据干燥无灰基挥发分及黏结指数等指标，将烟煤划分为贫煤、贫瘦煤、瘦煤、焦煤、肥煤、1/3 焦煤、气肥煤、气煤、1/2 中黏煤、弱黏煤、不黏煤及长焰煤。各类煤的名称可用下列拼音字母为代号表示。

WY——无烟煤；YM——烟煤；HM——褐煤。PM——贫煤；PS——贫瘦煤；SM——瘦煤；JM——焦煤；FM——肥煤；1/3——1/3 焦煤；QF——气肥煤；QM——气煤；1/2ZN——1/2 中黏煤；RN——弱黏煤；BN——不黏煤；CY——长焰煤。

各类煤用两位阿拉伯数码表示。十位数系按煤的挥发分分组，无烟煤为 0（V_{daf} ≤10.0%），烟煤为 1~4（即 V_{daf} >10.0%~20.0%，>20.0%~28.0%，>28.0%~

37.0％和＞37.0％），褐煤为 5（V_{daf}＞37.0％）。个位数，无烟煤为 1～3，表示煤化程度；烟煤类为 1～6，表示黏结性；褐煤类为 1～2，表示煤化程度。无烟煤、烟煤及褐煤的划分，见表 2-2。

表 2-2　无烟煤、烟煤及褐煤分类表

类别	代号	编码	分类指标	
			V_{daf}/％	P_M/％
无烟煤	WY	01,02,03	≤10.0	—
烟煤	YM	11,12,13,14,15,16	＞10.0～20.0	—
		21,22,23,24,25,26	＞20.0～28.0	—
		31,32,33,34,35,36	＞28.0～37.0	—
		41,42,43,44,45,46	＞37.0	—
褐煤	HM	51,52	＞37.0	≤50

注：资料来源于中国煤炭分类，中华人民共和国国家标准 GB/T 5751—2009。

由表 2-2 可见，无烟煤、烟煤和褐煤的主要区分指标是表征煤化度的干燥无灰基挥发分 V_{daf}。当 V_{daf}＞37.0％，黏结性指数 G≤5，再用透光率 P_M 来区分烟煤和褐煤（在地质勘查中，V_{daf}＞37.0％，在不压饼的条件下测定的焦渣特征为 1～2 号的煤，再用 P_M 来区分烟煤和褐煤）。

凡 V_{daf}＞37.0％，P_M＞50％者为烟煤；30％＜P_M≤50％的煤，如果恒湿无灰基高位发热量 $Q_{gr,maf}$＞24MJ/kg，划分为长焰煤，否则为褐煤。恒湿无灰基高位发热量 $Q_{gr,maf}$ 的计算方法见下式：

$$Q_{gr,maf} = Q_{gr,ad} \times \frac{100 \times (100 - MHC)}{100 \times (100 - M_{ad}) - A_{ad}(100 - MHC)} \tag{2-8}$$

式中　$Q_{gr,maf}$——煤样中恒湿无灰基高位发热量，J/g；

　　　$Q_{gr,ad}$——一般分析试验煤样的恒容高位发热量，J/g；

　　　M_{ad}——一般分析试验煤样水分的质量分数，％；

　　　MHC——煤样最高内在水分的质量分数，％。

褐煤是泥炭经成岩作用形成的腐植煤，因外表呈褐色或暗褐色而得名。一般暗淡或呈沥青光泽，不具黏结性。褐煤是最低品位的煤，形成年代最短，煤化程度最低。水分大、挥发分高、密度小（1.10～1.40g/cm³），含有腐殖酸，氧含量常达 15％～30％，在空气中易风化碎裂，发热量低，热值为 12.54～16.72MJ/kg。其物理、化学性质介于泥炭和烟煤之间。按透光率 P_M 大小将褐煤分为两小类：P_M 为 30％～50％的为年老褐煤，P_M≤30％的为年轻褐煤。褐煤可作燃料或气化原料，也能作提取褐煤蜡和制造腐殖酸盐类的原料。含油率达到工业要求时可用于低温干馏，制取焦油及其他化工产品。

烟煤形成年代较褐煤长，煤化度低于无烟煤而高于褐煤，因燃烧时烟多而得名。一般烟煤具有不同程度的光泽，绝大多数呈明暗交替条带状。所有的烟煤都是比较致密的，真密度较高（1.20～1.45g/cm³），硬度较大。烟煤是自然界最重要、分布最广、储量最大、品种最多的煤种。其碳含量 75％～90％，成焦性较强。挥发分在 10％～40％之间，热值为 17.56～31.35MJ/kg。根据煤化度的不同，我国将其划分为贫、贫瘦煤、瘦煤、焦煤、肥煤、1/3 焦煤、气肥煤、气煤、1/2 中黏煤、弱黏煤、不黏煤及长焰煤。

长焰煤是高挥发分的微黏结或弱黏结性煤。在烟煤中变质程度最低，单独炼焦时生成焦炭呈长条状，强度甚差，粉焦率高，主要作为动力燃料和气化原料。

不黏煤、弱黏煤和 1/2 中黏煤为成煤初期的原始物质受强烈氧化作用，为低到中等变质程度煤。挥发分中等，可做动力和民用燃料或气化原料。

气煤变质程度介于1/2中黏煤与气肥煤之间。主要特征是挥发分高，加热时具有中等黏结性，单独炼焦时焦炭细长易碎，焦炭强度优于长焰煤，低于焦煤、肥煤。主要作为炼焦配煤，也是制造干馏煤气的原料。

气肥煤是高挥发分的特强黏结性煤。性质介于气煤和肥煤之间，单独炼焦时能产生大量液体和气体产品。气肥煤适合于制造干馏煤气，也可作为炼焦配煤以增加化学产品。

1/3焦煤为中高挥发分的强黏结性煤。特性介于焦煤、肥煤和气煤间的过渡煤，单独炼焦时能得到强度较好的焦炭。炼焦时其配入量可在较大范围内变化而获得强度高的焦炭，它是炼焦配煤中的基础煤。

肥煤为中等及中高挥发分的特强黏结性煤。变质程度中等，加热时能产生较多胶质体，单独炼焦时能产生熔融性良好、强度较高的焦炭，但出焦困难，且焦炭有较多横裂纹和蜂焦，故不适宜单独炼焦，是炼焦配煤中的重要煤种。

焦煤是中等变质程度烟煤。挥发分中等或较低，结焦性好，是炼焦生产中的主要煤种，单独炼焦时可炼成块度大、熔融性好、裂纹少、强度高的焦炭，是优质炼焦原料。

瘦煤是烟煤中变质程度较高的煤种。挥发分较低，在炼焦时具有中等黏结性，单独炼焦时能得到块度大、裂块少、强度较好的焦炭，但其耐磨性较差。一般作为炼焦配煤使用。

贫瘦煤为弱黏结性、低挥发分煤。单独炼焦时，黏结性比瘦煤差，因而焦炭粉焦甚多，但作为炼焦配煤，能起到瘦化作用。也可作为动力和民用燃料。

贫煤是烟煤中变质程度最高的煤种。贫煤挥发分低，一般无黏结性，因此不能结焦，其燃烧时火焰短，耐烧。主要做民用或动力燃料。

无烟煤是煤化度最高的煤种，因燃烧时无烟而得名。无烟煤外观呈灰黑色，带有金属光泽，无明显条带。在各种煤中，它的含碳量最高（高于93%），挥发分最低（小于10%），真密度最大（$1.35\sim1.90\mathrm{g/cm^3}$），硬度最高。燃点高达$360\sim410℃$以上，无黏结性，成焦性差，热值为$17.56\sim31.35\mathrm{MJ/kg}$。无烟煤主要用作民用、发电燃料，又是合成氨和碳化学产品的重要原料。低灰、低硫无烟煤是制造碳素材料和活性炭的原料，变质程度较低的无烟煤还可以做高炉喷吹和烧结铁矿的燃料，以代替部分焦炭。

2.3 煤的结构模型

由于煤的结构本身极为复杂，更由于煤的非晶态、强吸收及物理化学异构等特性，因此在很大程度上限制了许多分析仪器在煤科学研究中的应用。许多常规的光谱及质量分析方法只能得到很少甚至得不到真实反映煤结构的信息。近20年来，由于一些新的高性能仪器及计算机图像处理技术的飞速发展，才使人们得以对煤的结构进行深入的研究。

煤的结构模型是为了解释煤的性质与煤炭加工转化过程中的现象而建立的模型，包括化学结构模型和物理结构模型。建立煤的结构模型是研究煤的化学结构的重要方法。科学家们用多种化学的或物理的方法综合论证煤的化学结构，至今已有几十种模型。这些模型反映了当时对煤化学结构的认识观点和研究水平。煤结构模型的建立与煤结构的研究方法密切相关。各种模型只能代表统计平均概念，而不能看作煤中客观存在的真实分子形式。

20世纪60年代以前的经典模型如图2-2所示，是由德国W. Fuchs提出，Krevelen于1957年进行了修改的煤结构模型。

由图2-2可见，该模型将煤描绘成由很大的蜂窝状缩合芳香环和在其边缘上任意分布着以含氧官能团为主的基团所组成。大量的环状芳烃缩合交联在一起，并且夹着含S和含N

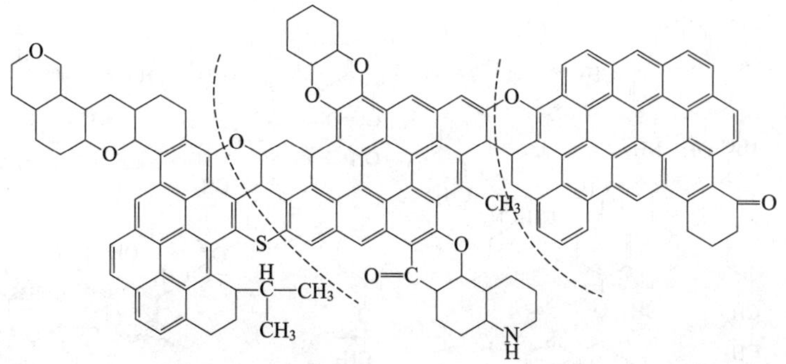

图 2-2　煤的经典结构模型（Fuchs 模型，经 Krevelen 修改）

的杂环，通过各种桥键相连。所以煤可以成为环芳烃的重要来源。同时在煤燃烧过程中有 S 或 N 的氧化物产生，污染空气。

20 世纪 60 年代以来，在煤化学研究中采用了各种新型的现代化仪器，如傅里叶变换红外光谱和高分辨核磁共振波谱等，提出了更为准确、详细的煤结构信息。根据这些信息建立的众多新的结构模型在很多方面显示出一致性。英国 P. H. Given 的煤结构模型（见图 2-3）表示出低煤化度烟煤是由环数不多的缩合芳香环，主要是由萘环构成的。在这些环之间以氢化芳香环相互连接，构成无序的三维空间大分子（折叠的）。氮原子以杂环形式存在，亦有酚羟基和醌基。但此模型中没有含硫的结构，也没有醚键和两个碳原子以上的直链桥键。

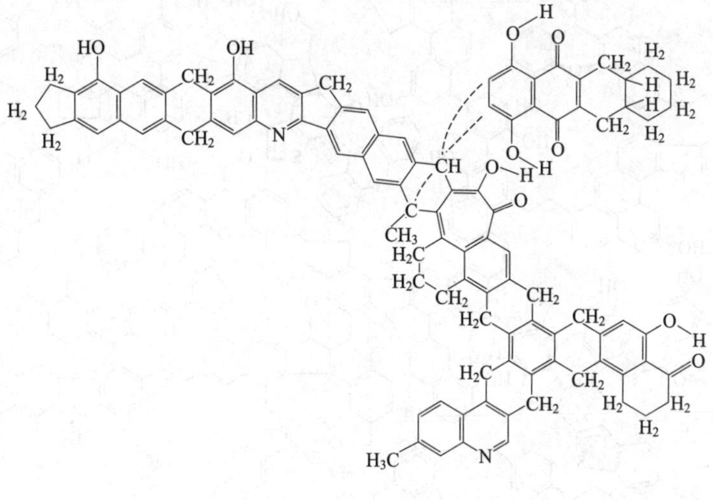

图 2-3　Given 模型［C 为 82%（质量分数）］

美国 W. H. Wlser 提出的煤化学结构模型（见图 2-4）被认为是比较全面、合理的现代结构模型。该模型也是对低煤化度烟煤的描绘，适合高挥发分烟煤，基本上反映煤分子结构的现代概念，可以合理解释煤的液化和其他化学反应性质。Wiser 化学结构模型的主要不足在于缺乏对立体结构的考虑。

Shinn 结构模型（图 2-5）是根据煤在一段和二段液化过程产物的分布情况而提出的，又叫反应结构模型。该模型的煤分子结构式为 $C_{661}H_{561}N_4O_{74}S_6$，分子量高达 1 万数量级（$M_r = 10023$），该结构假设：芳环或氢化芳环单元由较短的脂链与醚键相连，形成大分子的聚集体，小分子镶嵌于聚集体孔洞或空穴中，可通过溶剂抽提萃取出来。

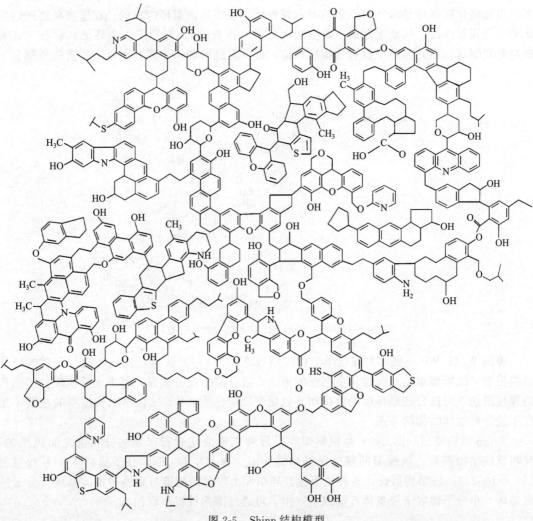

图 2-4　Wiser 模型

图 2-5　Shinn 结构模型

　　人们经过多年研究，形成了煤大分子结构的现代概念，其基本观点是：煤是三维空间高度交联的非晶质的高分子缩聚物，但不同于一般的聚合物，它没有统一的聚合单体，而是由许多结构相似但又不完全相同的基本结构单元通过桥键连接而成。结构单元的核心是缩合芳香核，缩合芳香核为缩聚的芳环、氢化芳环或各种杂环。结构单元之间由桥键连接。连接基本结构单元之间的桥键主要是亚甲基（—CH_2—）、醚键（—O—）、亚甲基醚键（—CH_2—O—）、硫醚键（—S—），以及芳香碳碳键（C_{ar}—C_{ar}）等。基本结构单元的周边有不规则部分。连接在缩合芳香核上的不规则部分包括烷基侧链和官能团，烷基侧链指甲基、乙基、丙基等基团，官能团包括含氧官能团（—OH，—COOH，>C=O，—OCH_3，—O—等）、含硫官能团（—SH，R—S—R'、—S—S—等）和含氮官能团（吡啶、喹啉的衍生物、胺基等）。此外，还有一些分子量小于 500 的非芳香结构的低分子有机化合物游离或镶嵌在煤大分子主体结构中。

　　低煤化程度煤含有较多的非芳香结构和含氧官能团，以苯环、萘环和菲环为主，芳香核的环数较少；由于年轻煤的规则部分小，侧链长而多，官能团也多，形成比较疏松的空间结构，具有较大的孔隙率和较高的比表面积。中等煤化程度的煤含氧官能团和烷基侧链少，芳核数有所增大，以菲环、蒽环和吡环为主，结构单元之间的桥键减少，煤的结构较为致密，孔隙率低，故煤的物化性质和工艺性质发生转折。年老煤的缩合环显著增大，大分子排列有序化增强。在无烟煤阶段，基本结构单元核的芳香环数急剧增大，逐渐向石墨结构转变。

　　煤的化学结构模型仅能表达煤分子的化学组成和结构，一般不涉及煤的物理结构和分子间的联系。煤的物理结构模型反映了分子间的堆垛结构和孔隙结构，主要有 Hirsch 模型、交联模型和两相模型等。描述煤的物理结构模型中，以 Hirsch 模型和两相模型最具代表性。Hirsch 模型是由 XRD 研究结果提出的物理结构模型，认为煤中有紧密的微晶、分散的微晶、直径小于 500nm 的孔隙。Hirsch 模型将不同煤化程度的煤划分为三种物理结构：敞开式结构、液态结构和无烟煤结构，直观地反映了煤化过程的物理结构变化特征。两相模型（又称为主-客体模型）由 NMR 谱研究提出，认为煤中有机物大分子多数是交联的大分子网络结构，为固定相；低分子因非共价键力的作用陷在大分子网状结构中，为流动相。煤的多聚芳环是主体，对于相同煤种主体是相似的，而流动相小分子作为客体掺杂于主体之中。煤分子既有共价键结合（交联），又有物理缔合（分子间力）。采用不同溶剂萃取可以将主客体分离。在低阶煤中，非共价键的类型主要是离子键和氢键；在高阶煤中，π-π 电子相互作用和电荷转移力起主要作用。

　　利用对煤结构特征的准确认识，采用物理的、化学的、生物的方法在燃烧前脱硫、脱硝、脱灰的技术，对于实现煤炭资源的合理利用，开展煤的液化、气化、炭化和可溶化（溶剂萃取）都具有重要意义。

2.4　煤的开采与运输

　　煤是化石燃料的一种，是太阳能的一种积蓄物。从发现煤到学会有效地利用煤，中间经过了一个漫长的历史过程。

　　中国是世界上最早认识、开采和利用煤炭的国家。1973 年，辽宁新乐古文化遗址出土的一批煤精（一种质地细密的烛煤）雕刻工艺品，说明中国早在 6800～7200 年前的新石器时代，就已经采到了煤炭。经煤岩鉴定，认为原料应为抚顺西露天煤，系烛煤。这些煤制品现在点火，仍燃烧旺盛。中国有文字记载的开采和利用煤的历史，可追溯到 2000 多年前的战国时代，在《山海经》中称为"石涅"，产地在今山西南部、陕西凤翔、四川双流和通江

图 2-6 《天工开物》中的采煤图

一带。魏晋时期，我国古代煤炭开发和利用有了初步进展。当时称煤为石墨。宋代我国的煤炭事业在开采技术、规模和应用方面都出现了兴旺发达的势头。在西方，有关煤炭的最早的文字记载始于公元 315 年，比中国晚了几百年。元朝来我国旅行的意大利人马可·波罗，回国后所写的一部《游记》中描写中国有一块黑石头，像木柴一样能够燃烧，火力比木柴强，从晚上燃到第二天早上还不熄灭。价钱比木柴便宜，于是欧洲人把煤当做奇闻来传颂。到 14 世纪的明代，中国的采煤业已相当发达。宋应星的自然科学名著《天工开物》，对当时的地下采煤工艺和煤炭加工利用技术作了系统的总结，详细记叙了中国古代采煤技术："凡取煤经历久者，从土面能辨有无之色，然后掘挖。深至五丈许，方始得煤。初见煤端时，毒气灼人。有将巨竹凿去中节，尖锐其末，插入炭中，其毒烟从竹中透上，人从其下施镬拾取者。或一井而下，炭纵横广有，则随其左右阔取。其上支板，以防压崩耳。"（见图 2-6）。书中描绘了找煤、开拓、支护、运输、提升、通风、排水、照明等技术，这说明当时中国手工采煤技术已日臻成熟。

煤成为人类的主要能源以后，煤的开采更是受到了极大的重视。采煤向来是一项最艰苦的工作，各国都投入了大量的人力和设备，改善工作条件，以获得更多的煤炭。经过无数人的总结和改进，人类的采煤技术越来越成熟。由于煤炭资源的埋藏深度不同，通常采煤有两种方法：一种是露天开采，一种是矿井开采。

对于埋藏较浅的煤矿，可以采用露天开采的方式（见图 2-7）。移去煤层上面的表土和岩石（覆盖层），开采显露的煤层。这种采煤方法，习惯上叫剥离法开采，这是因为露出地面的煤已开采殆尽，有必要剥离表土，使煤层显露出来。此法在煤层埋藏不深的地方应用最为合适，许多现代化露天矿使用设备足以剥除厚达 60 余米的覆盖层。露天采煤通常将井田划分为若干水平分层，自上而下逐层开采，在空间上形成阶梯状。

图 2-7 露天采煤

（1）露天开采

中国最早的露天矿为抚顺西露天矿，建于 1914 年。阜新海州露天矿是新中国成立后第一座现代化露天煤矿，也是当时亚洲最大的露天煤矿。该矿 1953 年投产，2014 年关闭，累计生产煤炭 2.47 亿吨。在欧洲，褐煤矿广泛用露天开采。在美国，大部分无烟煤和褐煤亦用此法。露天开采用于地形平坦，矿层作水平延展，能进行大范围剥离的矿区最为经济。当矿床地形起伏或多山时，采用沿等高线剥离法建立台阶，其一侧是山坡，另一侧几乎是垂直的峭壁。露天开采使地面受到损害或彻底的破坏，应采取措施，重新恢复地面。

可露天开采的资源量在总资源量中的比重大小，是衡量开采条件优劣的重要指标。我国采煤以矿井开采为主，如山西、山东、徐州及东北地区大多数采用这一开采方式。

（2）矿井开采

矿井开采适用于埋藏过深、不适于用露天开采的煤层。煤层在形成时，一般都是水平或者近水平的，在一定范围内是连续完整的。但是，在长期的地质历史中，地壳发生了各种运动，使煤层的空间形态发生了变化，形成了单斜构造、褶皱构造和断裂构造等地质构造。因此，采煤时要注意煤层的走向倾向和倾角。可用 3 种方法取得通向煤层的通道，即竖井、斜井、平硐（见图 2-8）。生产系统包括采煤系统、掘进系统、通风系统、排水系统、供电系统、辅助运输系统和安全系统等。

竖井是一种从地面开掘以提供到达某一煤层或某几个煤层通道的垂直井。从一个煤层下掘到另一个煤层的竖井称盲井。在井下，开采出的煤倒入竖井旁侧位于煤层水平以下的煤仓中，再装入竖井箕斗从井下提升上来。

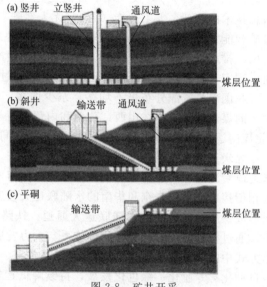

图 2-8　矿井开采

斜井是用来开采非水平煤层或是从地面到达某一煤层或多煤层之间的一种倾斜巷道。斜井中装有用来运煤的带式输送机，人员和材料用轨道车辆运输。

平硐是一种水平或接近水平的隧道，开掘于水平或倾斜煤层在地表露出处，常随着煤层开掘，它允许采用任何常规方法将煤从工作面连续运输到地面。

世界近代煤炭工业的兴起是从 18 世纪 60 年代英国的产业革命开始的。蒸汽机的推广，冶金工业的勃兴，交通运输的发展，需要大量的煤炭，各国都在进行产业革命的同时，迅速兴起近代煤炭工业。19 世纪 80 年代三相感应电机的发明，促进了煤矿生产的机械化。1902 年第一台电动提升机安装成功，1907 年德国首创摩擦式金属支柱，技术进步扩大了煤矿生产规模，提高了劳动生产率。现代煤炭工业始于 20 世纪 20 年代，但由于世界能源结构发生重大变化，煤炭的地位不断下降，石油和天然气的使用率越来越高。1966 年煤炭终于被石油超过而退居第二位。1973 年第一次石油危机以后，煤炭重新受到重视，生产和利用都有很大发展。以微电子技术为先导的世界新技术革命的成果，迅速渗透到煤炭领域，使这一古老的传统产业发生巨大的变革，从根本上改变煤炭工业的面貌，劳动生产率成倍提高，生产成本明显下降，安全状况大为改善。20 世纪 70 年代，由于计算机和遥测系统的发展，使采煤自动化逐步成为现实。当今，煤矿智能化已经成为煤炭行业高质量发展的核心，其目标是提升采煤效率，解决生产安全问题。

按中国煤矿的地质情况及实际生产状况，将机械化采煤分为三级。①普通机械化采煤，简称普采，采煤工作面装有采煤机、可弯曲链板输送机和摩擦式金属支柱、金属顶梁设备，可完成前三工序的机械化，但功率较小，一般工作面年产量 15 万～20 万吨。②高档普通机械化采煤，简称高档普采。采煤工作面装有采煤机，可弯曲链板输送机，液压支柱和金属顶梁，可使前三工序机械化。由于有液压支柱，因此顶板维护状况良好，支护和控顶虽为手工操作，但劳动强度大为减轻，功率亦较大，年产量为 20 万～30 万吨。③综合机械化采煤，简称综采，可完成五个工序的机械化。我国从 2015 年开始抓煤矿"四化"（机械化、自动化、信息化和智能化）建设，之后又发布了《关于加快煤矿智能化发展的指导意见》（发改能源〔2020〕283 号）及《煤矿智能化建设指南（2021 年版）》。政策上的引导，叠加 5G 信息技术的革新，人工智能（AI）、无人驾驶、云建设等关键核心技术的支撑，使得近年来煤矿智能化建设取得了长足的发展，实现矿井地质保障、煤炭开采、巷道掘进、主辅运输、通风、排水、供电、安全保障、洗选运输、生产经营管理等全过程的安全高效智能运行。目前，国家首批智能化示范煤矿已有约 30 处通过验收，验收结果达到中级智能化水平。

我国煤炭资源分布极不均衡。东少西多，南少北多，是我国煤炭分布的特点。60％～70％的煤炭储量集中在山西、陕西和内蒙古西部，而消费重心在东部和中南地区。因此，在"北煤南运、西煤东调"的格局下，煤炭生产同煤炭运输之间存在较突出的矛盾。

煤炭运输有铁路、水运、公路等多种方式。经过多年的建设，基本形成了晋陕蒙宁能源基地煤炭外运、北煤南运、出关以及进出西南四大运输通道。东西横向铁路、公路与沿海运输相衔接形成供应华东和华南的水陆联运大通道；南北纵向铁路与长江干线、京杭运河相沟通形成供应沿江地区的水陆联运大通道。铁路是我国的主要运煤方式，公路运煤以短途为主。通过构建现代综合交通运输体系，大力发展多式联运（由公路、铁路、水路、管道等运输方式中的两种或以上有机结合），提高铁路、水路在综合运输中的承运比重，推动联运装备自动化、专业化、绿色化发展，持续降低运输能耗和 CO_2 排放强度。目前，沿海主要港口煤炭集港全部改由铁路和水路运输，实现铁水联运全覆盖。

铁路运输具有运力大、速度快、成本低、节能低碳等显著优势，是我国煤炭的主要运输方式。铁路运力不足是影响煤炭供应的重要因素之一。我国煤炭铁路运输横向通道由大秦线、朔黄线、石太线、侯月线、陇海线、宁西线等组成，纵向通道由京沪线、京九线、京广线、焦柳线等组成，两大通道构成了"西煤东调"、"北煤南运"的铁路运输格局。尽管近年来煤炭铁路运量较快增长，但仍是制约煤炭外运的"瓶颈"。

我国水上煤炭运输系统主要由北方沿海秦皇岛港、天津港、京唐港、黄骅港、青岛港、日照港、连云港七个煤炭装船港，沿长江"三口一枝"（指的是长江干线港口中的浦口、汉口、裕溪口和枝城）和京杭大运河等煤炭下水港，江苏、上海、浙江、福建、广东等省市煤炭接卸港组成。

公路煤炭运输作为铁路煤炭运输的重要补充，以机动灵活的方式缓解了煤炭运力的不足，尤其在小批量、短途煤炭运输中更是发挥了其特有的优势。许多地方煤矿，特别是乡镇煤矿生产规模小、布点分散，大量煤炭靠汽车集运到铁路车站。我国的公路煤炭运输主要集中在晋陕蒙地区。山西、陕西、内蒙古地区是我国主要的煤炭产地和煤炭调出区，也是我国大气污染防治的重要地区，需加大煤炭运输"公转铁"力度，推进公路运输车辆新能源化和封闭化，降低煤炭运输污染物和碳排放，推动晋陕蒙地区煤炭运输绿色低碳转型。

管道输煤作为一种运输方式，它可以减少运输污染，提高发电用煤的质量，综合效益显著。用管道输煤，或输送其他固体矿物质，是以液体为介质，也就是固体加液体制成浆体后，再利用管道输送。管道输煤系统由制浆厂、管道与泵站、终端脱水厂三个主要部分构成，同时还包括供水、供电、通信和自动控制等有关配套设施。首先在原煤厂内，通过初步分选和破碎矿石，在泵驱机中加工成粒度、浓度符合管道输送要求的煤水混合浆体（煤水比例各占 50％），然后采用多级泵站，把煤浆压入管道，并选择一定的流速，以稳流输送方式输送煤浆，最后利用专门的脱水设备，把煤浆制成含水 15％左右的粉煤供电厂使用。管道输煤，可以实现长距离、大运量、低成本地运输煤炭。管道埋没于冻土之下，具有施工周期短，地形适应性强（不用开山打隧道），占用耕地少，无污染，无损耗等优点，而且自动化程度高。但管道输煤也存在单品种，单向运输和运量固定等局限。

2021 年 11 月陕西煤业化工集团有限责任公司投资建设的我国首条管道输煤项目——神渭输煤管道全负荷输煤成功。该管线北起陕西省神木市南至蒲城县，全长 727 公里，年输煤量 1000 万吨，也是世界上最长的输煤管线工程，打造了煤炭——煤化工——精细化工产业链循环经济发展模式。

2.5　我国煤炭资源和消费特点

2.5.1　煤炭资源特点

我国煤炭资源具有以下特点。

（1）储量大，人均剩余探明可采储量少

我国煤炭资源总量丰富，全国煤炭查明资源储量排在俄罗斯和美国之后，居世界第三位，但由于勘察程度较低，且人口众多，人均占有煤炭储量低于世界平均水平（人均157t）。

（2）煤种全，优质煤种资源较少

我国煤炭资源包括了从褐煤到无烟煤各种不同煤化阶段的煤种，但其数量分布极不均衡。褐煤和低变质烟煤数量较大，占查明资源储量的 55％；中变质炼焦煤数量较少，占查明资源储量的 28％，且大多为气煤，肥煤、焦煤、瘦煤仅占 15％；高变质的贫煤和无烟煤数量最少，仅占查明资源储量的 17％。褐煤资源主要分布在内蒙古东部和云南，由于其发热量低，水分含量高，不适于远距离长途运输，在一定程度上制约了这些地区煤炭资源开发。高硫煤资源主要分布在四川、重庆、贵州、山西等省（市）。

（3）区域分布不平衡

我国煤炭资源的总体分布格局是北富南贫、西多东少。昆仑山-秦岭-大别山以北的北方地区，查明资源储量占全国的 90％以上，且集中分布在内蒙古、山西、陕西、宁夏、新疆等（约占北方地区的 80％）；昆仑山-秦岭-大别山以南的南方地区，查明资源储量占全国的比重不足 10％。华东、中南是主要的煤炭消费地区，但资源贫乏，查明资源储量仅占全国的 7％。煤炭资源分布的固有特征决定了北煤南运、西煤东调的基本格局。

（4）煤炭富集地区水资源短缺，生态环境脆弱

中国淡水资源贫乏，人均占有量仅相当于世界人均占有量的 1/4，而且分布极不均衡。昆仑山-秦岭-大别山以北地区，面积约占全国 50％，水资源量仅占全国的 21.4％；而太行山以西煤炭资源富集区水资源量仅占全国的 1.6％。昆仑山-秦岭-大别山以北地区，大部分为大陆性干旱、半干旱气候带，尤其是大兴安岭和太行山以西地区，气候干旱少雨，土地荒漠化十分严重；黄土高原地区水土流失十分严重，泥石流、滑坡等地质灾害频繁，植被覆盖率低，生态环境十分脆弱。在煤炭开发利用中，由于不合理的开采，忽视环境保护、生态恢复和污染治理，矿区开采往往造成大面积的地表破坏、水土流失、土地沙化，大量堆积的矸石山、煤炭自燃以及废污水的排放等正在严重破坏着矿区的生态环境。水资源短缺和生态环境脆弱是制约北方地区煤炭资源开发和就地转化的最重要因素。

（5）资源开采条件中等偏下

中国煤田地质条件总体上是南方复杂、北方简单，东部复杂、西部简单，与世界主要产煤国家相比为中等偏下。地质构造简单的煤田主要分布在山西、陕西、内蒙古、宁夏、新疆五省（区），其他地区的煤田构造大多复杂。国有重点煤矿中，高瓦斯和煤与瓦斯突出矿井数量占 50% 以上，严重影响煤矿安全。中国煤炭资源埋藏较深，目前平均开采深度 400m 左右，露天煤矿产量比重仅 8% 左右。

（6）原煤入选率低、煤炭资源综合利用率低

我国以销售原煤为主的消费习惯使得我国原煤入洗比重相对较低。我国煤炭资源综合利用率相对较低，尤其对煤炭共伴生矿产资源的综合勘探、开发和利用水平低下，缺乏有效的监管机制和先进的技术支持。在现有技术条件下，一些共伴生矿物还无法进行大规模具有经济效益的开发利用，综合利用产品的科技含量与附加值较低。煤炭是我国的基础能源，也是我国能源安全的基本保障，鉴于我国目前面临的减排压力，煤炭清洁高效利用成为必然选择。

2.5.2 煤炭消费特点

随着经济的发展，我国煤炭的生产量与消费量节节攀升，目前我国已经成为世界上最大的煤炭生产国和消费国。我国的一次能源消费以煤炭为主，"富煤、贫油、少气"能源资源禀赋特征使得以煤为主的能源供应未来较长时间内格局不会改变。可以说，煤炭是我国国民经济生产和人民生活的主要驱动力。反之，我国经济的高速增长也是煤炭需求增长的主要原因。从煤炭需求与国民经济增长的相关关系来看，特别是进入 21 世纪以来，随着国民经济的高速增长，我国对煤炭的消费量也大幅度增长，煤炭消费增长与国民经济增长基本同步，说明在能源消费结构未发生重大改变的情况下，GDP 是引导煤炭需求的主要原因。

"十三五"以来，我国经济发展稳中有进、稳中向好，经济增长向高质量发展转变，煤炭需求和消费逐步回升。煤炭消费量由 2015 年的 40 亿 t 增加至 2021 年的 42.7 亿 t（见图 2-9）。2021 年煤炭消费占我国一次能源消费的 56%，煤电以 47% 的装机容量贡献了 60% 的电量、满足了超 70% 的高峰负荷需求。

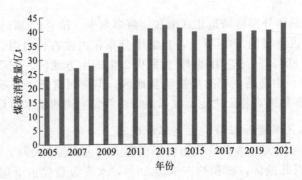

图 2-9　全国年度煤炭消费量变化（来源：中国煤炭市场网）

国民经济的各部门对煤炭的需求有较大的差异。目前，我国的煤炭消费主要集中在电力、钢铁、建材、化工等几大行业中，这些行业的产品都直接成为人民的生活消费品和重要的中间产品。四大行业耗煤总量占国内煤炭总消费量的比重超过 90%。我国煤炭消费结构中，电力用煤比例最大，耗煤量占我国煤炭消费总量的 50% 左右。在工业部门中，钢铁、建材、化工是主要耗煤行业。

煤炭是我国能源安全的压舱石，在保障我国能源安全中发挥着重要的主体功能和兜底作用。我国煤炭消费仍处于达峰过程中，煤炭仍是我国主体能源，并逐步向基础能源和调峰能源转变。考虑能源转型和新型电力系统建设先立后破及煤炭兜底保供的要求，根据国家能源集团技术经济研究院联合中国科学院、清华大学开发的中国能源系统预测优化模型（CES-FOM），我国煤炭消费将在 2028 年达到 45 亿 t 左右的峰值，此后经历 10 年左右峰值平台期后进入较为明显的下降通道。

（1）达峰阶段（2028 年之前）。为实现 2030 年前二氧化碳排放达峰目标，煤炭消费尽快达峰是关键。为此，国家明确提出"十四五"控煤、"十五五"减煤的要求。从下游行业用煤趋势看，发电供热用煤在社会用电量继续攀升的推动下仍处于持续增长阶段，炼焦用煤和其他终端用煤下降，其中现代煤化工用煤保持增长一定程度上减缓了"其他终端用煤"的降速。由于该阶段发电供热和化工用煤的增量高于其他领域用煤的减量，煤炭消费持续增长至 2028 年的 45 亿 t 左右。

（2）峰值平台期（2029～2037 年）。发电供热用煤继续增长，到 2034 年达到峰值后缓慢下降，炼焦用煤和其他终端用煤继续下降。由于该阶段发电供热用煤仍有增长，煤炭总体消费下降并不明显，整体处于峰值平台期，2037 年前煤炭消费量始终保持在 40 亿 t 以上。

（3）较为明显的下降阶段（2038～2050 年）。2038 年后发电供热用煤、炼焦用煤和其他终端耗煤均进入较为明显下降阶段，2050 年煤炭消费总量降至 25 亿 t。

（4）面向碳中和的快速下降阶段（2051～2060 年）。在碳中和目标约束下，2050 年后所有用煤环节均进入快速下降阶段，2060 年煤炭消费总量降至 8 亿～10 亿 t。

2.6 煤的综合利用与洁净煤技术

2.6.1 煤炭综合利用

煤炭综合利用的内容包括煤炭本身作为能源、煤炭作为制造二次能源、化工原料及工农业用原材料的原料等几个方面，目前煤炭综合利用正处在崭新的黄金时代。煤化学家将煤炭综合利用制成系统图（见图 2-10）。由图可见，煤炭的综合利用与能源、环保、化工、冶金、碳素材料、农业等关系非常密切，在国民经济中具有举足轻重的位置。

煤炭的早期用途与主要用途是直接作为燃料使用。现代工业以煤做燃料，可用于发电、生产水泥与钢铁冶炼等，作用很大，但经济效益并不高。无论是从资源的合理利用，或是从提高经济效益的角度考虑，都应该加强煤的非燃料使用，即煤的综合利用。煤炭综合利用并制取高附加值化工产品的方法是多种多样的，其中包括煤的干馏（焦化）、加氢、液化、气化、氧化、磺化、卤化、水解、溶剂抽提等。煤炭还可以直接用作还原剂、过滤材料、吸附材料、塑料和碳素材料等。煤炭综合利用的主要工艺方法有干馏、气化、液化、碳素化与煤基材料和煤基化学品。

（1）干馏

干馏是将煤料在隔绝空气的条件下加热炭化，以得到焦炭、焦油和煤气的工艺过程。按加热终温的不同，煤的干馏可分为三类：低温干馏（干馏终温 500～550℃）、中温干馏（干馏终温 600～800℃）和高温干馏（干馏终温 950～1050℃）。其中，煤的高温干馏，即炼焦是技术最成熟、应用最广泛的煤炭综合利用方法。

（2）气化

气化是将煤（煤的半焦、焦炭）在气化炉中加热，并通入气化剂（空气、氧气、水蒸气

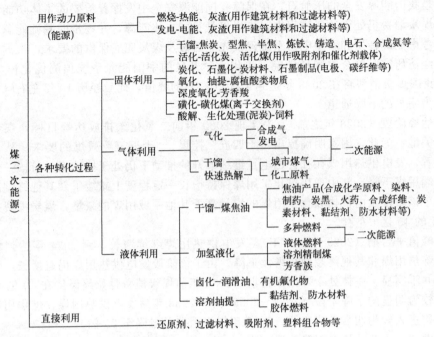

图 2-10　煤炭综合利用系统图

或氢气），使煤中的可燃成分转化为煤气的工艺过程。煤气化工艺技术分为固定床气化、流化床气化和气流床气化三大类。固定床（慢移动床）常见的有间歇式气化（UGI）和鲁奇（Lurgi）连续式气化两种；流化床，常见有温克勒（Winkler）、灰团聚（U-gas）、循环流化床（CFB）、加压流化床（PFBC）等；气流床气化是一种并流式气化，从原料形态分为水煤浆、干煤粉两类。

（3）液化

液化采用溶解、加氢、加压与加热等方法，将煤中的有机物转化为液体产物的工艺过程。煤的液化有两个途径：一是使（脱硫）煤在高温、高压条件下与 H_2 反应，直接转化为液体燃油，即煤的直接加氢液化；二是先使（脱硫）煤气化生成（$CO+H_2$）合成气，再由合成气合成液体燃油，即煤的间接液化。

（4）碳素化

碳素化是以煤及其衍生物为原料，生产碳素材料的工艺过程。无烟煤、焦炭用作生产电极糊、砖块、炭块的骨料。煤沥青用作碳纤维、针状焦的原料，用作炭和石墨材料的黏结剂。煤焦油、蒽油用作黏结剂成分。

（5）煤基材料与煤基化学品

煤基材料与煤基化学品是通过化学加工，利用煤及其衍生物生产化工原料或化工产品的工艺过程。煤基材料包括高分子合成单体、功能高分子材料和煤基复合材料等。煤基化学品包括从煤液中获取高附加值的苯酚、萘、菲、联苯、BTX（苯、甲苯、二甲苯）及其衍生物，这些 1～4 环的芳烃都是重要的有机化工原料。

为了体现规模效益，提高产品的附加值，提高企业的经济效益和社会效益，现代化的煤化学综合利用工业，应该采取大型化、基地化、多联产模式，其组织形式是各种各样煤炭利用部门的联合。其中包括：采煤-电力-建材-化工；采煤-电力-城市煤气-化工；钢铁-炼焦-化工-煤气-建材；炼焦-煤气-化工；煤气化-发电-城市煤气-化工等联合体。

2.6.2 洁净煤技术

煤直接作燃料时的低效率、高污染引起了人们的广泛重视，在生态学的推动下，提出了洁净煤技术。

"洁净煤技术"（clean coal technology，CCT）一词源于美国，是指从煤炭开发到利用的全过程中旨在减少污染排放与提高利用效率的加工、燃烧、转化和污染控制等一系列燃烧用煤新技术的总称。它将经济效益、社会效益与环保效益结合为一体，成为能源工业中国际高新技术竞争的一个重要领域。洁净煤技术的意义在于可以大幅度减少大气污染物的排放，在生态环境允许的条件下扩大煤炭的利用；大幅度提高煤炭利用效率与经济效益，降低煤炭需求的增长速度；加快煤电清洁、高效、低碳转型化步伐，促进能源供应向多元化方向发展，推进碳达峰、碳中和。

洁净煤技术强调治污从源头"减排"开始，控制全过程污染，涉及煤炭的开采、运输、加工、转化、利用等各个环节（见图 2-11）。根据中国的国情，CCT 由五大领域构成：燃前技术（pre-combustion）、燃中技术（combustion）、燃后技术（post-combustion）、转化技术（conversion）、煤层气及煤系废弃物的利用（utilization）。

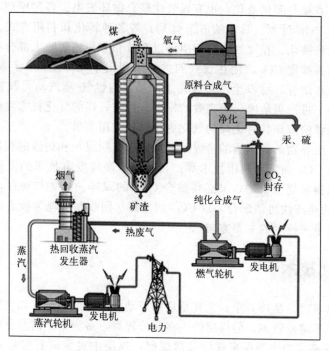

图 2-11　洁净煤技术示意

煤的燃前技术包括：煤炭洗选、型煤及水煤浆等新型煤基燃料的制备；煤炭洗选包括常规选煤、化学选煤、微生物脱硫等使用前的煤炭清洁方式；型煤的制备包括民用型煤和特种型煤两大方面；而水煤浆的制备包括普通水煤浆和精细水煤浆两大方面，其中普通水煤浆可供工业炉窑、工业锅炉和电站锅炉等场合应用，而精细煤浆（超净超细）的应用领域可以拓展到柴油机、汽油机、燃气轮机等使用轻油的场合。煤的燃前净化处理技术，可以降低原煤中的灰分与硫分等杂质的含量，改进煤炭的品质，提高燃煤效率，减少污染物排放。

煤的燃中技术是实现高效洁净燃烧的一个重要技术措施，主要是洁净煤发电技术。在燃煤过程中排放的众多污染物中，危害很大的 NO_x 是唯一可以通过改进燃烧方式来降低其排放量的气体污染物，通过合理组织煤的燃烧过程，来减少在燃料燃烧阶段 NO_x 的生成量，通常，煤的洁净燃烧技术又称为低氮氧化物燃烧（或低 NO_x 燃烧）技术，包括两个主要领域：一是采取新型燃烧方法和先进燃烧器的低 NO_x 燃烧技术；二是新型的煤燃烧与发电技术，目前主要有循环流化床燃烧技术、增压流化床燃烧、整体煤气化联合循环发电、增压流化床联合循环发电、超超临界机组发电、燃料电池技术等。其中一些技术不仅可以大幅度减少 NO_x 的排放，还具有易于脱除 SO_2 和 CO_2 的技术优势，同时，燃煤发电效率也得到不同程度的提高。

煤的燃后技术包括烟气净化、余热利用、灰渣清除与利用、燃后综合技术等。对常规燃煤粉的电站锅炉，在炉膛内的燃烧环境下，几乎所有煤中的可燃硫分均会迅速转化为 SO_2。就目前的技术水平和现实能力而言，烟气脱硫是降低电站锅炉 SO_2 排放量的比较有效的技术手段。此外，还包括烟气脱硝技术、颗粒物控制技术和以汞为主的痕量重金属控制技术等。世界各国烟气净化技术正朝着进一步简化烟气净化装置、减少投资、降低运行和维护费用的目标努力。实现脱硫脱氮一体化的联合烟气净化技术是目前的重要课题，也是未来烟气净化的发展方向。

煤的转化技术包括的范围很广，既有煤的焦化（大焦炉及干熄焦、副产品化工工艺等）、地上与地下气化、直接与间接液化，也有煤气化联合循环发电、各种原理的燃料电池及磁流体发电（如美国的 POC 计划、日本的 Fuji 计划）等各种转化和利用方式。煤的转化利用方式主要是煤的气化和液化。在煤气化过程中可以有效和方便地脱除大部分有害物质，也能够以较低的成本分离并捕集 CO_2，使在煤气的进一步利用中大幅度减少污染物的排放。煤气化工艺与煤化工过程结合，可以生产多种化工产品，与燃气-蒸汽动力装置相结合，组成整体煤气化联合循环，进行更洁净、更高效的发电。目前，煤的气化技术发展与应用已经超过煤的液化技术，但煤的液化具有比煤的气化更长远的应用前景。

煤层气及煤系废弃物的利用指的是煤泥、煤矸石、粉煤灰和炉渣的利用以及相关工厂的污染控制技术以及 CO_2 固定和利用技术等。在未来洁净煤发电技术的发展中，既要提高能源的转换效率，减排常规污染物，又必须整合 CO_2 的减排、捕集与封存，需要考虑减排污染物、汞与 CO_2 的经济性协调配合，以 CO_2 的分离、回收和填埋为核心的污染物近零排放燃烧技术已成为洁净煤技术的主要方向。

2.7 煤的净化技术

我国煤炭资源丰富，品种齐全，尤其是适用于动力用煤的煤种，如气煤、长焰煤、不粘煤、褐煤、无烟煤等储量较多，但煤层的内在灰分较高，多为中、高灰分煤，内在灰分一般在 $10\%\sim20\%$。煤矿多为中等厚度煤层和薄煤层，煤层中夹带矸石层较多，开采时混入矸石的比例较大，使生产的原煤外在灰分含量显著增加。另外硫分分布不均匀，只有东北、内蒙古东部及新疆、青海等少数地区的煤属低硫和特低硫煤，其他地区煤矿的硫分普遍偏高。例如，山西煤的硫分介于低硫和中硫之间，河北、山东、河南等地的煤也主要为低硫、中硫煤，贵州、四川、重庆等地为中高硫煤。难选煤多，高灰、高硫煤的比重大是我国动力用煤的赋存特点。因此，开发洁净煤技术，人们首先想到的是能否在煤的燃烧或转化之前将煤中的有害物质通过某种方法分离出去，以达到排矸降灰和脱硫的主要目的。

这类方法就是煤的净化技术，也称为煤的燃烧前净化技术，它包括煤炭分选、加工（型煤、水煤浆）等。煤炭净化可以提高煤炭质量，减少燃煤污染物排放；降低单位能量的运输费用，增加输运效率，降低煤炭用户的废物处理费用；提高锅炉效率，减少锅炉结渣，提高发电能力；优化产品结构，提高产品竞争力等。煤炭洗选可脱除煤中 50%～80% 的灰分、30%～40% 的全硫（或 60%～80% 的无机硫），入洗 1 亿 t 动力煤一般可减排 60 万～70 万 t SO_2，去除矸石 1800 万 t。

2.7.1　煤炭分选

煤炭分选就是除去或减少原煤中所含的灰分、矸石、硫等杂质，并按不同煤种、灰分、热值和粒度分成不同品种和等级，以满足不同用户需要。根据原煤的有机质和其他杂质的密度、物理化学性质及颜色、形状等的不同，选煤方法可分为物理方法、化学方法和微生物方法等。

传统的商业选煤工艺方法分为重力选煤法和浮游选煤法。属于重力选煤法的有重介质选煤、跳汰选煤等，均是比较成熟的物理选煤工艺，在煤炭行业和冶金行业应用已经十分广泛。浮游选煤法是一种常用的物理化学选煤方法。选煤工艺也可以按湿法分选和干法分选进行分类。湿法分选时，用于块煤排矸的方法有重介质选、定筛跳汰选、斜槽选、螺旋滚筒选、动筛跳汰选等；适合于处理末煤的方法有定筛跳汰选、重介旋流器、水介旋流器、摇床以及螺旋分选机等。湿法选煤工艺也称为洗选煤工艺。

重介质选煤是采用密度介于煤和矸石之间的重液或悬浮液作为分选介质，利用被选煤颗粒间密度、粒度和形状的不同，在液体（重悬浮液）中运动时产生运动速率和方向差异的原理，而彼此分离的选煤方法，其主要目的是排除煤中的矸石，并同时脱出部分无机硫分。重悬浮液的制备是按分选的要求，将磁铁矿粉等物质和水混合制成一定密度的重介质悬浮液，悬浮液的密度精确控制在 1.34～1.6 之间。

跳汰选煤的基本原理是：煤层在上下运动的流体介质（或称为脉动液体）的直接作用下，由于液体的周期运动，导致煤粒按密度由顶至底逐渐增加的顺序进行分层，从而达到分选的目的。密度小的精煤浮到上层，而密度大的矸石沉到下层，上层精煤由水流带走，矸石等重产品通过排渣机排出。脉动液体一般为水，并用空气或活塞来产生脉动。跳汰过程主要有两个作用：一是分层，要求尽量按密度分层；另一是排渣，力求精确地切割床层，将已分好层的物料分开。跳汰选煤法居各种选煤方法之首，全世界每年入选的原煤中，50% 以上是采用跳汰机处理的。

浮游选煤又称为浮选，它是利用煤和矿物质的表面物理化学性质的差别及对水呈现不同的润湿性，分选细粒煤（<0.5mm）的选煤方法。浮选是在气、固、液三相的系统中完成的，它能有效处理的物料粒度范围正好是一般重力选煤方法效率低、分选速度慢甚至无效果的粒度范围。因此，浮选的出现使煤炭全粒级分选得以实现。该法在动力用煤常规分选中采用不多，通常用于水煤浆制造工艺。

在我国，广泛采用的选煤方法是跳汰法、重介质选煤法和浮选法。这几种选煤方法在理论和工艺上日趋完善，选煤设备向着大型化和多层次化发展。干法选煤在介选过程不使用水，一般包括人工挑选、智能光电干选、风力煤矸分选、复合式干选、空气重介质流化等，其中得到大规模工业化应用的主要为复合式干法选煤（复合式的定义是干法选煤设备利用风力和机械振动力的共同作用来实现煤和矸石基本按密度差分离）和射线选煤。

煤的物理净化，只能降低煤炭中灰的含量和黄铁矿中硫含量。从原理上讲，化学法可以脱除煤中大部分的黄铁矿硫，还可以脱除煤中的有机硫，这是物理方法无法做到的。根据煤的结构模型，煤炭中含有的有机硫主要官能团为硫醇、硫化物、二硫化物和噻吩。要脱除有机的硫化物，必须部分破坏煤的有机基体。脱除有机硫的方法有溶剂分解法、热分解法、酸-碱中和法、还原法、氧化法和亲核取代法。这些方法的共同特点是均可以将煤炭中的有机硫变成小的、可溶的或可挥发的，含有绝大部分硫的分子而脱除。实现上述方法的关键是要加入脱硫剂，脱硫剂必须有选择性，除了硫化物以外，与煤炭的其他组分应无明显反应，脱硫剂应当可以再生。

微生物净化在国内外引起广泛关注，是因为它可以同时脱除其中的硫化物和氮化物，与物理和化学法相比，该法可专一性地除去极细微分布于煤中的硫化物和氮化物，减少环境污染。煤炭中的硫有 60%～70% 为黄铁矿硫，30%～40% 为有机硫，而硫酸盐硫的含量极少且易洗脱。黄铁矿的微生物脱除，是由于微生物的氧化分解作用，目前一般认为其脱除机理有两个方面：一是直接氧化机理，认为微生物直接溶化黄铁矿，表现为裸露的原煤与空气接触，经微生物的作用发生氧化反应：

$$4FeS_2 + 15O_2 + 2H_2O \longrightarrow 4H^+ + 8SO_4^{2-} + 4Fe^{3+} \tag{2-9}$$

二是间接作用机理，认为细菌起着类似化学上催化剂的作用，即细菌不间断地将浸出液中的 Fe^{2+} 氧化为 Fe^{3+}，Fe^{3+} 与黄铁矿迅速反应，生成更多的 Fe^{2+} 和 H_2SO_4：

$$FeS_2 + 7Fe_2(SO_4)_3 + 8H_2O \longrightarrow 15FeSO_4 + 8H_2SO_4 \tag{2-10}$$

微生物氧化黄铁矿过程中，既有微生物的直接作用，又有通过 Fe^{3+} 氧化的间接作用，即复合作用理论，这是迄今为止绝大多数研究者都赞同的细菌作用机理。

由于有机硫在煤中与碳原子间存在共价键，目前一般以二苯并噻吩（DBT）作为有机硫的模型化合物进行研究，在微生物的作用下，DBT 分解有以下两种途径：①专一性地切断 DBT 的键，不破坏碳骨架，将硫变成硫酸而脱除；②Kodamakht 途径，通过微生物的作用，使碳环开环，把不溶于水的 DBT 转化成水溶性有机物 3-羟基甲酰基苯并噻吩。这种途径由于破坏了碳结构，使得煤质结构有较大的破坏，热值损失明显。

相比于煤炭物理净化，煤炭化学净化和微生物净化尚处于研究阶段，还需要大量的研究工作。

在新型、高效选煤方法的研究和工艺设备的开发方面，一些先进的物理、化学和微生物选煤技术，例如微细磁铁矿粉重介脱硫、高压静电选煤、高梯度磁选法脱硫、化学脱硫、电磁脱硫、细菌脱硫、微波脱硫、液态二氧化碳选煤法、微泡浮选、油团选和选择性絮凝等，可以生产出灰分小于 3%、硫分小于 0.5% 的洁净精煤。煤炭洗选加工能改善和稳定煤质，提高后续煤炭利用效率，是煤炭清洁高效利用的前提和基础。基于我国煤炭资源条件，要实现原煤应选尽选。

2.7.2 型煤和水煤浆技术

型煤是用一定比例的黏结剂、固硫剂等添加剂，采用特定的机械加工工艺，将粉煤和低品位煤制成具有一定粒度和形状的煤制品。高硫煤成型时可加入适量固硫剂，大大减少二氧化硫的排放。如在煤中加入适量的生石灰，利用下列反应可起到净化固硫的作用，反应产物硫酸钙固体残留在灰渣中：

$$2SO_2 + O_2 + 2CaO \longrightarrow 2CaSO_4 \tag{2-11}$$
$$SO_3 + CaO \longrightarrow CaSO_4 \tag{2-12}$$

根据其用途，型煤可分为工业型煤和民用型煤（蜂窝煤、煤球）。工业型煤是适合我国中小型工业锅炉及窑炉多而分散格局的有效的洁净煤燃前技术之一，它分为型焦、锅炉型煤和气化型煤。

国内多年实践已证明，型煤加工技术在经济上是合理的，而且环境、社会效益显著。我国民用型煤比烧散煤热效率提高一倍，一般可节煤 20%～30%，烟尘和二氧化硫减少40%～60%。在工业炉窑中使用可节煤 15%，烟尘减少 50%～60%，二氧化硫减少 40%～

50％，氮氧化物减少 20％～30％。我国民用型煤加工技术已达到国际水平，但工业型煤的发展比较缓慢，尚未形成产业化、规模化，对于其推广还缺乏统一规划和良好的组织管理。

水煤浆是 20 世纪 70 年代发展起来的一种以煤代油的液体燃料，国际上称为 CWM (coal water mixture) 或 CWF (coal water fuel)，它是把灰分很低而挥发分高的煤，研磨成 $250～300\mu m$ 的微细煤粉，按 65％～70％的煤粉、30％～35％的水，及 0.5％～1.0％的分散剂和 0.02％～0.1％的稳定剂配制而成的一种新型浆体燃料（见图 2-12）。水煤浆既保持了煤炭原有的物理化学特性，又具有和石油类似的流动性和稳定性。CMW 技术把煤变成液态燃料，其热值相当于燃料油的一半，可用来替代重油或煤粉燃烧，用于锅炉、电站与工业炉窑，具有燃烧效率高、负荷调整便利、环境污染小、改善劳动条件、节省用煤等优点。水煤浆可以像燃料油一样用管道运输、在槽罐里贮存。水煤浆技术可进一步改善煤炭企业的产品结构，具有很强的实用性和商业推广价值。

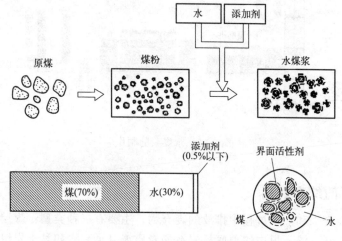

图 2-12　水煤浆成浆原理

水煤浆作为一种替代燃料，除了具有原有煤的特性以外，还具有一些特殊的性质要求，如水煤浆浓度、水煤浆中煤的粒度、水煤浆的流变特性、水煤浆的稳定性等，需要根据水煤浆的实际用途，来协调各个性质参数。目前主要的水煤浆的种类、特性及用途如表 2-3 所示。据原煤的灰分高低，水煤浆又可分为超低灰、低灰、中灰和高灰煤浆。其中高灰煤浆又叫作煤泥水煤浆，它是用洗煤泥与水混合而成的，可作为矿区工业锅炉替代优质煤的代用燃料。

表 2-3　水煤浆的种类、特性及用途

水煤浆种类	特性	用途
中浓度水煤浆	50％煤，50％水	终端缩脱水后供燃煤锅炉
高浓度水煤浆	70％煤，29％水，1％添加剂	替代油直接作为锅炉燃料
超细超低灰煤浆	煤粒度＜10μm，灰分＜10％，50％煤	替代油做内燃机燃料
高、中灰煤泥浆	煤灰分 20％～50％，50％～65％煤	供燃煤锅炉
超纯煤浆	煤浆灰分很低，0.1％～0.5％	供燃油或燃气锅炉
原煤煤浆	原煤就地、炉前制备	燃煤锅炉或工业窑炉燃料
脱硫型水煤浆	加脱硫剂	供燃煤锅炉

水煤浆的制备过程直接决定了水煤浆的特性。制作水煤浆主要包括以下几个部分，如图 2-13 所示。

① 湿磨。将原料煤湿磨至需要的颗粒尺寸，一般为 $50\sim200\mu m$。

② 浮选净化。含有合格煤粉的煤浆被送到浮选净化段，通过浮选工艺除去其中大部分灰分和硫分。

③ 过滤和脱水。从浮选段出来的煤浆送至一过滤器（常用真空浓缩过滤器），把水煤浆制成相对干燥和清洁的煤饼状，以使最终的水煤浆产品达到所要求的固体浓度。

④ 混合和储存。由浓缩过滤器出来的清洁煤浆的滤饼被送到连续搅拌的混合器，在混合器中加入化学添加剂，以满足所需要的水煤浆特性。当混合过程完成以后，水煤浆就制备好了，可以泵送去储存或直接输送到用户。

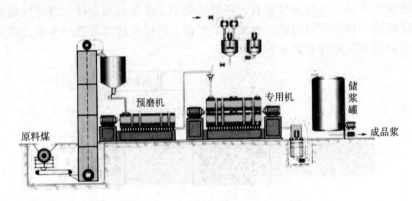

图 2-13　水煤浆的制作

2.7.3　煤矸石的综合利用

煤矸石是煤炭开采和加工过程中排放的废弃物，主要有三种类型：煤层开采产生的煤矸石，由煤层中的夹矸、混入煤中的顶底板岩石如炭质泥（页）岩和黏土岩组成；岩石巷道掘进（包括井筒掘进）产生的煤矸石，主要由煤系地层中的岩石如砂岩、粉砂岩、泥岩、石灰岩、岩浆岩等组成；煤炭洗选时产生的煤矸石（即洗矸），主要由煤层中的各种夹石如黏土岩、黄铁矿结核等组成。煤矸石产出量一般要占到煤炭产量的 $10\%\sim20\%$。每生产 1 亿吨煤炭，排放矸石 1400 万吨左右；每洗选 1 亿吨炼焦煤，排放矸石 2000 万吨；每洗选 1 亿吨动力用煤，排放矸石量 1500 万吨。煤矸石是我国排放量最大的工业废物，约占我国工业固体废物排放总量的 40% 以上，目前全国累计堆存量已超过 70 亿吨。2020 年我国原煤入洗率达到 74.1%，到"十四五"末，原煤入洗率将达到 85% 以上，煤矸石堆存问题将更加突出，每年将以约 5 亿～8 亿吨的增加量逐年增加。以煤矸石为代表的煤基固废合理处置及资源化问题，已经成为影响矿区环境的制约因素之一。

煤矸石的大量堆放，不仅压占土地，影响生态环境，矸石淋溶水将污染周围土壤和地下水，而且煤矸石中含有一定量的可燃物，在适宜的条件下发生自燃，排放二氧化硫、氮氧化物、碳氧化物和烟尘等有害气体污染大气环境，影响矿区居民的身体健康。因此，推动煤矸石综合利用最大化，是构建清洁低碳、安全高效的煤炭工业体系，形成人与自然和谐共生的煤矿发展格局的必然要求。

① 回收煤炭和黄铁矿。通过简易工艺，从煤矸石中洗选出好煤，通过洗选或筛选从煤矸石中选出煤炭，同时拣出黄铁矿。或从选煤用的跳汰机——平面摇床流程中回收黄铁矿、洗混煤和中煤。回收的煤炭可作动力锅炉的燃料，洗矸可作建筑材料，黄铁矿可作化工原料。

② 用于发电。主要用洗中煤和洗矸混烧发电。目前，煤矸石发电向循环流化床燃烧技术方向发展，逐步改造现有的煤矸石电厂，提高燃烧效率，提高废弃物的综合利用率和利用水平，实现污染物达标排放。

③ 制造建筑材料。代替黏土作为制砖原料，利用煤矸石本身的可燃物，可以节约煤炭。

④ 煤矸石可以部分或全部代替黏土组分生产普通水泥。自燃或人工燃烧过的煤矸石，具有一定活性，可作为水泥的活性混合材料，生产普通硅酸盐水泥（掺量小于 20%）、火山灰质水泥（掺量 20%～50%）和少熟料水泥（掺量大于 50%）。还可直接与石灰、石膏以适当的配比，磨成无熟料水泥，可作为胶结料，以沸腾炉渣作骨料或以石子、流化床炉渣作粗细骨料制成混凝土砌块或混凝土空心砌块等建筑材料。

⑤ 煤矸石可用来烧结轻骨料。用煤矸石作主要原料制造轻骨料，用于建造高层楼房，建筑物质量减轻 20%。

⑥ 用盐酸浸取可得结晶氯化铝。浸取后的残渣主要为二氧化硅，可作生产橡胶填充料和湿法生产水玻璃的原料。剩余母液内所含的稀有元素（如锗、镓、钒、铀等），视含量决定其提取价值。

此外，煤矸石还可用于生产低热值煤气，制造陶瓷，制作土壤改良剂，或用于铺路、井下充填、地面充填造地。在自燃后的矸石山上也可种草造林，美化环境。

中国煤炭工业将大力发展循环经济，按照减量化、再利用、再循环的原则，重点治理和利用煤矸石、矿井水和粉煤灰。我国煤矸石堆存量巨大，矸石综合利用途径主要以生态修复为主，而高技术含量、高价值的资源化（煤矸石发电、建筑材料利用、化工产品、有价元素提取等）利用率依然偏低，应加强煤矸石资源化利用技术的研究。

2.8 煤的先进燃烧技术

从煤炭中获取能量，主要是通过燃烧。煤的燃烧是将煤直接燃烧，并把化学能转换成热能进行直接利用或转化为其他能量形式（如电能），它是煤作为能源使用应用最广的一种能源转换技术。尽管当前煤炭消费占比逐渐降低，但是直接燃烧利用占煤炭消费总量的 80% 以上。煤炭作为主要的常规能源，特别是在发电能源方面对国民经济发展作出了巨大贡献。

2.8.1 燃烧反应

煤炭中对燃烧有影响的主要成分是挥发分、含碳量、水分和灰分。挥发分影响煤炭着火的难易，含碳量与发热量有关。

煤的燃烧大体上经历加热干燥、挥发分析出、着火燃烧、剩余焦炭的着火和燃烧等一系列过程。焦炭燃烧在煤燃烧中占有相当重要的地位，它的燃烧时间约占煤炭燃烧时间的90%。煤炭中的含碳量越高，煤燃尽时间越长，焦炭发热量所占的比例越大。焦炭的燃烧反应是一个复杂的物理、化学过程，是发生在焦炭表面和氧化剂之间的气固两相反应。其反应机理相当复杂，一般分为一次反应和二次反应两种。

一次反应为：

$$C(s)+O_2(g)\longrightarrow CO_2(g)+409.15kJ/mol \tag{2-13}$$

$$C(s)+1/2O_2(g)\longrightarrow CO(g)+110.52kJ/mol \tag{2-14}$$

二次反应为：

$$C(s)+CO_2(g)\longrightarrow 2CO(g)-162.53kJ/mol \tag{2-15}$$

$$2CO(g)+O_2(g)\longrightarrow 2CO_2(g)+571.68kJ/mol \tag{2-16}$$

总反应为：

$$xC(s)+yO_2(g) \longrightarrow mCO_2(g)+nCO(g) \tag{2-17}$$

其中式(2-16)是在焦炭表面附近进行的气相反应，式(2-13)、式(2-14)和式(2-15)都是在焦炭表面发生的气固两相反应。式(2-13)、式(2-14)和式(2-16)是放热的氧化反应，反应产物为CO和CO_2；而式(2-15)为吸热的还原反应，反应产物为CO。可见，高温有利于式(2-15)还原反应的进行。一般当温度大于1200℃时，温度越高，n值就越大，即炭表面的CO增大。如果在炭表面附近的空间中有足够的O_2，则CO就转化成CO_2，此时就能看到CO燃烧时发出的蓝色火焰。

煤中的硫分别以黄铁矿硫（FeS_2）、硫酸盐硫（MSO_4）、元素硫和有机硫（$C_xH_yS_2$）四种形态存在。除硫酸盐以外，其他含硫成分在600℃以上都能分解，放出二氧化硫、三氧化硫和硫化氢等有害气体。煤中硫分燃烧时的主要化学反应如下：

$$3S+4O_2 \longrightarrow SO_2+2SO_3 \tag{2-18}$$

$$4FeS_2+11O_2 \longrightarrow 8SO_2+2Fe_2O_3 \tag{2-19}$$

$$C_xH_yS_2+(2+x+y/4)O_2 \longrightarrow 2SO_2+xCO_2+y/2H_2O \tag{2-20}$$

应该说，煤炭利用过程中的污染物主要产生于其燃烧过程。煤中的灰分在燃烧过程中会形成细的颗粒物，直接排入大气形成颗粒物污染；煤中的硫分在燃烧中会形成SO_2，排入大气中会形成二氧化硫污染，是酸雨的主要来源；煤中的氮在燃烧中会形成氮氧化物污染；燃烧过程还会有少量或痕量的重金属和有机污染物产生，对地球生态环境和人类健康形成极大威胁。

燃烧过程是包括流体流动、传质过程、传热过程及化学动力学在内的一种系统工程，要综合考虑。通过在燃烧过程中改变燃料性质、改进燃烧方式、调整燃烧条件、适当加入添加剂等方法来控制污染物的生成，从而实现污染物排放量的减少，既高效燃烧，又清洁而不污染环境。这已成为洁净煤技术的一个重要组成部分。

2.8.2 常规燃煤的低氮氧化物燃烧技术

氮氧化物（NO_x）是煤中含有的氮化合物和空气中的氮气与燃烧空气中的氧气在高温燃烧过程中生成的，锅炉排放的氮氧化物与锅炉的容量和结构、锅炉的燃烧设备、燃烧的煤种、炉内温度水平和氧浓度分布、锅炉的运行方式等因素有关。在燃煤锅炉中生成的NO_x主要是NO，约占95%，NO_2仅占5%左右，以及很少量的N_2O等。

2.8.2.1 煤燃烧中NO_x的生成机理

根据NO_x中氮的来源及生成途径，燃煤锅炉中NO_x的生成机理可以分为热力型、燃料型和快速型三种类型。

（1）热力型NO_x

热力型NO_x是参与燃烧的空气中的氮在高温环境下氧化产生的，也称为温度型，其生成过程可由一个不分支的链式反应原理来描述，又称为Zeldovich机理：

$$O_2+M \longrightarrow 2O+M \tag{2-21}$$

$$O+N_2 \longrightarrow NO+N \tag{2-22}$$

$$N+O_2 \longrightarrow NO+O \tag{2-23}$$

$$N+OH \longrightarrow NO+H \tag{2-24}$$

由于N≡N三键键能很高，式（2-22）反应活化能较高，因此该化学反应步骤控制NO的生成。热力型NO_x的生成速率满足Arrhenius定律，其主要控制因素是温度，另一个主要因素是反应环境中的氧浓度，NO_x 生成速率与氧浓度的平方根成正比。

（2）燃料型 NO_x

由燃料中的氮生成的 NO_x 称为燃料型 NO_x，是煤粉燃烧过程中的主要来源，占总量的 $60\%\sim80\%$。燃料型 NO_x 是燃料中含有的氮化合物在燃烧过程中发生热分解，并进一步氧化生成的，同时，还存在着 NO 的还原反应。煤中的氮化合物存在两种不同的化合状态，即挥发分氮与焦炭氮。在煤燃烧初始阶段的挥发产物析出过程中，大部分挥发分氮（含氮有机化合物）随其他挥发产物一起释放出来，裂解生成 NH_i（$i=1$，2，3）、CH、HCN、CN 等中间产物，其中主要是 NH_3 和 HCN。在氧气存在的条件下，含氮的中间产物会进一步氧化生成 NO_x；在还原性气氛中，则 HCN 会生成多种胺（NH_i）。胺在氧化气氛中既可以进一步氧化成 NO_x，又能与生成的 NO_x 进行还原反应。焦炭中的燃料氮在燃烧过程中转化生成 NO_x。NO_x 既可以被 HCN 还原，也可以被焦炭还原生成 N_2：

$$HCN+NO \longrightarrow N_2+CO+H \tag{2-25}$$

$$C+NO \longrightarrow 1/2N_2+CO \tag{2-26}$$

$$CO+NO \longrightarrow 1/2N_2+CO_2 \tag{2-27}$$

在煤粉燃烧的一般环境下，挥发分氮生成的 NO_x 通常占燃料型 NO_x 总量的 $60\%\sim70\%$，而焦炭氮所生成的 NO_x 仅占到 $30\%\sim40\%$。

（3）快速型 NO_x

快速型 NO_x 中的氮也来源于空气，它是由燃烧过程中产生的中间产物 CH_i 撞击 N_2 分子，生成 CN 类化合物，再进一步氧化成 NO_x。在煤的燃烧过程中，煤炭挥发分中的碳氢化合物在高温条件下发生热分解，生成活性很强的碳氢自由基（·CH、·CH$_2$），这些活化的 CH_i 和空气中的氮反应生成 HCN、NH 和 N，随后进一步氧化成 NO_x。这个反应在反应区附近进行得很快，故称为快速型 NO_x，又称为 Fenimore 机理。在煤粉燃烧过程中快速型 NO_x 生成量很小，且和温度的关系不大。

一般来讲，热力型、燃料型和快速型 NO_x 的生成量随火焰温度的变化规律可由图 2-14 初步定性描述。

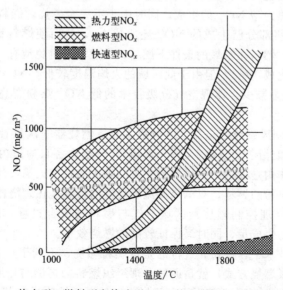

图 2-14　热力型、燃料型和快速型 NO_x 的生成量与火焰温度的关系

2.8.2.2　低 NO_x 的燃烧技术措施

由燃煤过程中 NO_x 的生成机理可知，不同类型的 NO_x 在煤粉燃烧过程中生成规律是有显著区别的。对常规的煤粉燃烧设备，NO_x 主要是通过燃料型 NO_x 的生成途径而产生的，同时热力型 NO_x 生成的影响因素和控制的技术措施也比较明确，因此，在具体实施燃烧技术措施时，主要是控制和减少燃料型 NO_x 的生成。

在工程实践中，炉内降低 NO_x 的燃烧技术措施需要体现抑制和还原 NO_x 的基本策略，从合理组织燃烧的角度控制 NO_x 的生成和排放，现有的各种技术措施均具有不同程度降低 NO_x 排放的效果，且成本较低、技术成熟。降低 NO_x 排放的主要措施有低 NO_x 燃烧器技术、空气分级燃烧技术、燃料分级燃烧技术（又称再燃技术）和烟气再循环技术。各项技术的利用方式不同，在燃煤锅炉的布置位置也不同。

根据降低 NO_x 生成的基本原理，降低燃烧器区域的火焰峰值温度可以抑制 NO_x 的生成量，可行的技术措施主要有燃烧器区域的烟气再循环和降低预热空气温度两种。烟气再循环是指将一部分燃烧后的烟气再返回燃烧区循环使用的方法。由于这部分烟气的温度较低（140~180℃）、含氧量也较低（8%左右），因此炉膛燃烧的火焰峰值温度将有所降低，使热力型 NO_x 减少。同时，烟气稀释了燃烧空气中的氧气，降低了局部的氧浓度，使燃料型 NO_x 降低。循环烟气可以直接喷入炉内，或用来输送二次燃料，或与空气混合后掺混到燃烧空气中，工业实际中最后一种方法效果最好，应用也最多。在燃烧气体燃料的条件下，适当降低预热空气温度，也可以起到降低火焰峰值温度的作用，从而降低热力型 NO_x 的生成量。

空气分级燃烧技术是国内外燃煤锅炉上采用最广泛、技术上比较成熟的主流低 NO_x 燃烧技术之一。近年来，在我国 300MW 以上的电站锅炉上均已得到采用，并取得了良好的效果。空气分级技术分为燃烧器上的空气分级和炉内空气分级，可以在燃烧器的设计中单独采用或在整体炉膛配风设计中同时采用。空气分级技术是通过调整燃烧器及其附近的区域或整个炉膛区域内空气和燃料的混合状态，在保证总体过量空气系数不变的基础上，使燃料经历"富燃料燃烧"和"富氧燃尽"两个阶段，以实现总体 NO_x 排放量大幅下降的燃烧控制技术。其基本原理可以描述为：在富燃料区，燃料在缺氧条件下燃烧，其燃烧速度和燃烧温度均降低，从而抑制了热力型 NO_x 的生成，同时由于不完全燃烧，燃料中释放的含氮中间产物 HCN 和 NH_i 等会将部分已生成的 NO_x 还原成 N_2，从而使燃料型 NO_x 的排放有所减少。在富氧燃烧阶段，燃料在富氧的条件下燃尽，虽然不可避免地有一部分残留的氮会在燃尽区的富氧条件下氧化成 NO_x，但由于此区域的火焰温度较低，NO_x 生成量有限，因此总体上 NO_x 的排放量明显减少。体现空气分级技术的低 NO_x 煤粉燃烧器有直流燃烧器、旋流燃烧器等。

图 2-15 所示为双调风旋流燃烧器空气分级示意，燃烧器一次风管的外围设置了两股二次风，即内层二次风和外层二次风（又称三次风），分别由各自通道内的调风器控制其旋流强度，内层二次风的作用是促进一次风煤粉气流的着火和稳定火焰，外层二次风的作用是在火焰下游供风以保证煤粉的燃尽。双调风旋流燃烧器的特点是在燃烧器的出口实现空气逐渐混入煤粉空气气流，合理控制燃烧器区域空气与燃料的混合过程，以阻止燃料氮转化为 NO_x 和热力型 NO_x 的生成量，同时又保证较高的燃烧效率。

在空气分级燃烧技术中，煤粉先进行的是富燃料燃烧，不利于点燃和稳定燃烧，为此，在炉膛内采用燃料分级燃烧方式，就是通过合理组织燃料的再燃与还原 NO_x 的过程，即煤粉先经过完全燃烧，生成 NO_x，然后再利用燃料中的还原性物质将其还原，从而减少 NO_x 排放。与空气分级燃烧技术类似，燃料分级技术有通过燃烧器实现燃料分级和炉膛内燃料再

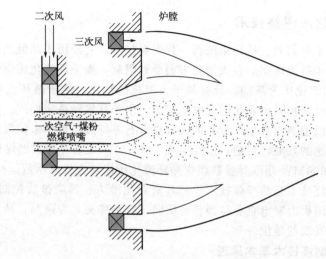

图 2-15　双调风旋流燃烧器空气分级示意

燃两类。燃料分级燃烧器原理就是在燃烧器内将燃料分级供入，使一次风和煤粉入口的着火区在富氧条件下燃烧，提高了着火的稳定性，然后再与上方喷口进入的再燃燃料混合，进行再燃，此类燃烧器应用不是很广。炉膛内燃料再燃技术是将这个炉膛分成主燃烧区、再燃还原区和燃尽区三个部分，如图 2-16 所示。在主燃烧区，约 80% 的燃料经主燃烧器送入燃烧器区域，在富氧条件下点燃并完全燃烧，此处总的过量空气系数保持大于 1，生成一定 NO_x；其余 20% 左右的燃料作为还原燃料，在再燃还原区送入，与主燃烧区生成的烟气及未燃尽煤粒混合，形成还原性气氛，此处总的过量空气系数小于 1。燃料中的 C、CO、烃及部分还原性氮，将 NO_x 还原成氮分子，如：

$$2C+2NO \longrightarrow N_2+2CO \tag{2-28}$$

$$2CO+2NO \longrightarrow N_2+2CO_2 \tag{2-29}$$

$$2NO+2C_nH_m+(2n-1+m/2)O_2 \longrightarrow N_2+2nCO_2+mH_2O \tag{2-30}$$

最后在其上部再送入过量的空气作为燃尽风，使总的过量空气系数大于 1，使未燃尽的燃料完全燃烧。由于此时的温度已经降低，NO_x 生成量并不大。

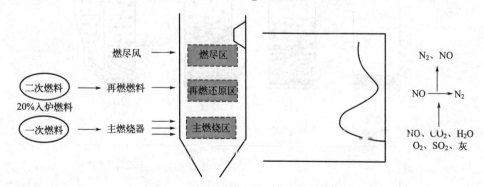

图 2-16　炉膛内燃料分级燃烧技术示意

燃料分级燃烧技术的再燃燃料可以选用煤粉、天然气或燃料油等。如果选用煤粉，通常采用高挥发分的煤种，且磨制成超细粉，这往往使工艺复杂，成本提高。所以采用天然气再燃，工艺就比较简单，同时天然气中杂质氮很少，本身燃烧不会增加 NO_x 的生成，是比较有效的二次燃料。

2.8.3　循环流化床燃烧技术

流化床燃烧技术是高效、低污染的新一代燃煤技术，它经历了从鼓泡流化床到循环流化床的发展过程。由于鼓泡床锅炉在大型化方面受到限制，而循环流化床燃烧技术以处于快速流化状态下的气-固流化床为基础，具有易于大型化的特点。基于循环流化床燃烧技术的循环流化床燃煤锅炉已能投入商业化燃煤发电运营，由于其煤种适应性广、燃烧效率高，以及炉内脱硫脱氮、可以消纳煤炭生产带来的大量煤矸石等特点，近年来，大容量的循环流化床燃煤锅炉取得了迅速的发展。目前，已经实现了 300MW 亚临界参数燃煤循环流化床锅炉的商业化，在我国，600MW 超临界参数燃煤循环流化床锅炉也投入示范运行。

循环流化床燃烧技术是洁净煤技术中最具商业化潜力、污染排放控制成本最低的技术，其突出优越性在我国火力发电企业得到普遍认同，应用势头尤为强劲，预计将在我国洁净煤发电方面处于优先发展的地位。

2.8.3.1　流化床燃烧技术基本原理

流化床燃煤锅炉与其他类型锅炉的最主要区别在于其处于流化状态下的燃烧过程。燃烧煤的气-固流化床，按所处的流化阶段可分为鼓泡流化床燃烧和循环流化床燃烧；按锅炉燃烧室的压力又可分为常压流化床燃烧和增压流化床燃烧。

流化床燃烧技术的核心是在炉膛内形成一种特殊的气-固两相流动状态，即流态化。固体燃料在此状态下与气体、或与受热面、或在固体颗粒之间发生强烈的传质或传热作用，并剧烈燃烧，从而具备了有别于其他常规燃烧技术的特点。当气体自下而上穿过固体颗粒随意填充状态的床层时，固体颗粒（如煤粒和惰性床料）在气流作用下被吹起，与气体接触混合并进行类似流体的运动过程，从而实现流态化。当通过固体颗粒层的气流速度发生变化时，气-固系统的混合状态也会发生变化，整体床层将依气体流速的不断增大而出现完全不同的状态，依次经过固定床、起始流态化、鼓泡流态化、湍流流化、快速流化、最终达到气力输送状态，见图 2-17。床层内颗粒间的气体流动状态也由层流开始，逐步过渡到湍流。一般来讲，从起始流化到气力输送，气流速度将增大达 10 倍（对粗颗粒）至 90 倍（对细颗粒）。

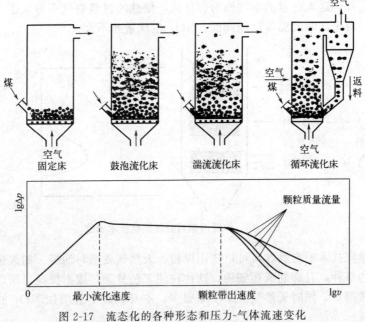

图 2-17　流态化的各种形态和压力-气体流速变化

在这一宽广的速度范围内的流化床，依操作气速、颗粒及气体性质的不同而呈不同的流化状态。

气体通过布风板自下而上穿过随意填充状态的颗粒床层且流速又较低时，床层内的颗粒不动，为固定床阶段。随流速的增加，床层高度并不改变，但气体在床层上下两端的压力降将增大。当流速达到某一极限时，颗粒不再由布风板支持，而全部由气体的升举力所承托。对单个颗粒来讲，不再依靠与其他邻近颗粒的接触来维持它的空间位置。床层空隙率或多或少加大，开始进入流态化，床层压降将维持不变。固定床与流化床的分界点称为起始流态化点，或临界流态化点。

当继续增加气体流量时，多余的气体在床层内以气泡的形式上行，在上行过程中气泡聚合长大。在气泡之外的部分成为乳化相。当气泡上升到床层表面时即发生爆破而溢出，并将其夹带的部分颗粒抛入床层上部的空间，这种现象通常称为鼓泡。在鼓泡流化床中，颗粒在一定床层高度的范围内上下翻滚，类似于液体在沸腾时的状态，所以又俗称沸腾床。当流化床的高径比较大时，气泡会增大至占据整个床截面，将固体颗粒一节节地向上栓塞式地推动，直到某一位置崩溃，形成腾涌现象。

在鼓泡流化床之后，随气体流速增至足够高时，压力波动幅度在达到峰值后开始下降，气泡或腾涌被破坏而进入湍流流化状态。此时，气体流经弯弯曲曲的沟道迅速穿过床层，固体颗粒组成线状或带状颗粒团，以很高的速度上下移动，各方穿透，但仍能维持可分辨的床界面。流态化的两相性质依然存在，只是床内气泡直径较小，分布甚密，气泡边界较为模糊或不规则。与鼓泡流化床不同，湍流流化床的气泡尺寸几乎不随气速而变，气速增加时，只观察到气泡数迅速增加。在湍流流化区域，气固接触大大改善，混合强烈。

当气速再增加，颗粒带出速率大增，床层界面趋于弥散，床中全部颗粒可以被吹空，必须连续不断地向床层底部补充与带出速率相同的颗粒，从而形成快速流化。床层充满整个容器空间，适当调节固体循环量可以保持有足够的颗粒浓度，处于这一状态下的快速流化床也可以称为循环流化床。

当气速再加大到气力输送速度时，颗粒携带速率突然增大到气体饱和携带容量，快速流化被破坏而进入气力输送状态。

维持快速流化的条件之一是流化速度介于初始流化速度和气力输送速度之间，固体颗粒循环量应大于最小循环量。快速流态化为气固流化床实现高效而又易于放大开辟了新途径，迅速发展起来的循环流化床燃烧技术就是基于快速流化的原理。

2.8.3.2　循环流化床燃煤锅炉构成及原理

循环流化床燃煤锅炉基于循环流态化的原理组织煤的燃烧过程，以大量的高温固体颗粒物料的循环燃烧为重要特征。其典型的燃烧与烟气流程如图 2-18 所示。其基本构成有供料设备、布风板、流化床燃烧室、飞灰分离器、回料机构以及各类受热面等，有的还配置有外部流化床热交换器。除了燃烧部分外，循环流化床锅炉其他部分的受热面结构和布置方式与常规煤粉炉大同小异。

在循环流化床燃烧过程中，经过预热的一次风经过风室由炉膛底部穿过布风板送入炉膛，将布风板上方的固体床料流态化，因此一次风又称为流化风。炉膛内的固体处于快速流化状态，燃料在充满整个炉膛的惰性床料中燃烧，炉膛下部为颗粒浓度较大的密相区，上部为颗粒浓度较小的稀相区，较细小的颗粒被气流夹带飞出炉膛，并由飞灰分离器收集装置分离收集，收集的飞灰颗粒通过分离器下的回料管和飞灰回送器（返料器）送回炉膛循环燃烧。烟气和未被分离器捕捉的细颗粒进入尾部烟道，与尾部受热面进行对流换热，并进行相关烟气净化处理后排出锅炉系统。

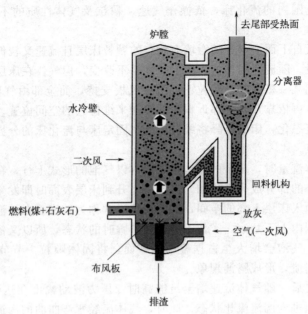

图 2-18   循环流化床锅炉炉内燃烧与烟气流程

循环流化床燃煤锅炉炉内高速流动的烟气与其携带的湍流扰动极强的固体颗粒密切接触，燃料的燃烧过程发生在整个固体循环通道内。在这种燃烧方式下，燃烧室内的温度水平受到燃煤结渣和最佳脱硫温度的限制，必须维持在 850℃ 左右，远低于常规煤粉炉炉膛的温度水平。在较低温度下燃烧，具有低污染物排放和避免燃烧过程中结渣等优点。由于采用高温固体颗粒物料的循环流化燃烧方式，炉内的温度分布十分均匀，炉内的热容量很大，因此，循环流化床锅炉对燃料的适应性优于常规煤粉炉，燃烧效率也基本相当。

2.8.3.3   循环流化床燃烧与污染控制

物料循环是循环流化床最突出的特点，也是影响其燃烧和运行的主要因素。带高温分离器的循环流化床锅炉，煤的燃烧发生在炉内 3 个区域。

① 燃烧室下部燃烧区域。该燃烧区域一般界定在布风板以上、二次风口以下，也就是流化的密相颗粒区。新鲜煤粒和从高温分离器分离下来的未燃焦炭颗粒被送入燃烧室下部密相区域，该区域的送风量占总风量的 $40\% \sim 80\%$，一般处于还原性气氛，所以也称为还原燃烧区。为防止在还原性状态下管壁金属的腐蚀，布置在该区域炉壁上的受热面要采用耐高温耐磨材料覆盖。在这一区域布置有燃料、石灰石和循环灰的进口以及排渣口等。

② 燃烧室上部燃烧区域。该区域在二次风口以上，炉膛出口以下。该区为流化的稀相颗粒区，其中颗粒掺混仍然比较强烈。由于二次风的加入，此区域的煤燃烧处于氧化燃烧状态，大部分的煤燃尽过程发生在此区域。为了达到所要求的炉膛出口烟气温度，该区域除了必须在炉墙壁面上布置受热面以外，还需要在炉膛空间布置一定数量的受热面。

③ 高温气固分离器。对采用高温分离器的锅炉，虽然分离器中的氧气浓度很低，焦炭颗粒停留时间短暂，但由于温度较高，部分可燃气体（挥发分、CO 等）和分离下来的细灰中的可燃物也会在此区域燃烧，但燃烧份额通常很小。

从流态化的特点来看，循环流化床锅炉的床料在整个炉膛内温度和浓度近似均匀分布，上述特点使得燃烧过程通常在整个炉膛，甚至高温分离器中进行。因此循环流化床锅炉内不同区域的燃烧情况及其热量释放规律（燃烧份额），对于锅炉内组分分布及设计过程中受热面的布置都有很大的影响，其主要的燃烧特性如下。

（1）强化燃烧

在循环流化床锅炉床料中，95％以上是灼热的惰性灰渣或石英砂，可燃物在 5％以下，这使得流化床本身成为一个蓄热量很大的热源，而且床层内物料上下翻腾，掺混极为强烈，热质交换条件好，燃烧环境优越，因此，流化床锅炉可以用来燃烧各种不同性质的煤种和燃料。

（2）循环燃烧

由于在循环流化床燃烧室内颗粒物料多次循环，使未燃尽颗粒处于反复循环的燃烧工况中，因此，燃料的燃尽率很高，脱硫剂的利用率也高。同时，通过调节循环物料的量，可以有效地改变整个锅炉内燃烧份额的分布，从而使锅炉适应不同的燃料。例如当煤质好时，加大飞灰再循环量；煤质变差时，减少飞灰再循环量。这样可以使锅炉烧高品位煤时不会发生床内温度过高而结渣，烧低品位煤时不会发生床内温度降低而灭火。

（3）低温燃烧

循环流化床燃煤锅炉的燃烧温度为 850～950℃，在这样的温度下燃烧不仅可以防止床层内结渣，而且还使得与高温燃烧密切相关的气体污染物的生成量很小。此外，脱硫的最佳温度范围与流化床燃烧的温度范围基本相同，有利于提高脱硫效率。但是，也带来了燃烧效率略低、飞灰含碳量较高及 N_2O 生成量较大的问题。

流化床燃烧一般是把经过破碎的石灰石或人造脱硫剂随燃煤送入流化床密相区，以实现在燃烧中脱硫的目的。通常采用的脱硫剂为石灰石或白云石，粉碎成粒径小于 1mm 的颗粒，根据燃煤中的硫分、锅炉的负荷和所要求的脱硫效率，按一定的比例与燃料一起送入炉内。石灰石在炉内脱硫的机理可以分成煅烧和固硫两部分。

石灰石首先受热分解（煅烧）生成高活性的 CaO，石灰石分解时逸出的 CO_2 在生成的 CaO 颗粒上留下了大量的微孔，SO_2 和 O_2 通过这些微孔向颗粒内部扩散，并与 CaO 发生反应生成硫酸钙，这就是通常所说的脱硫反应，又称固硫反应。化学反应式如下：

$$CaCO_3 \longrightarrow CaO + CO_2 \tag{2-31}$$

$$CaO + SO_2 + 1/2O_2 \longrightarrow CaSO_4 \tag{2-32}$$

一般情况下，碳酸钙煅烧的分解速率大于氧化钙固硫反应的速率，因此用石灰石固硫反应实际上是属于固体氧化钙与二氧化硫和氧气的气固反应。影响脱硫率的主要因素为钙硫（Ca/S）物质的量比、温度、脱硫剂的性质、粒径等。

燃煤过程中产生的氮氧化物主要以 NO 和 NO_2 为主，还有少量的 N_2O。其生成机理主要是热力型和燃料型 NO_x。对于流化床燃烧而言，其床层温度较低，几乎没有热力型 NO_x 生成，燃料型 NO_x 的生成量也有所降低，因此具有很好的排放性能。常压流化床燃烧时，烟气中 NO 的浓度一般为 200～400mg/m³，比常规粉煤炉低得多。

但是，在流化床燃烧中，NO 与还原性物质发生反应会生成 N_2O，虽然其生成量并不很多，但比粉煤炉高 40～50 倍。对循环流化床燃烧中 N_2O 生成的研究表明，N_2O 的生成量与煤种、温度、过氧量、流化速度、脱硫剂的应用等诸多因素有关。N_2O 在较低的温度下生成，但在高温下会被破坏而消失。通过温度和过氧量的控制来减少 N_2O 的排放量是目前所采取的主要措施。

2.8.4 水煤浆燃烧技术

水煤浆的燃烧过程，首先是通过喷嘴将其雾化成细小的浆滴，一个浆滴通常包括若干个细小的煤粉颗粒。进入炉膛之后，液滴在高温炉膛中迅速蒸发掉水分，然后就像煤粉燃烧那样，析出挥发分、着火和焦炭粒燃烧和燃尽。由于水煤浆的水分含量为 30%～35%，因此其燃烧的首要问题是在燃烧器根部保证稳定地着火。

由于加入了 30%～35% 水，水煤浆的着火和燃烧特性与常规煤的着火发生了一些变化。水煤浆经过煤浆喷嘴，以蒸汽或压缩空气为雾化介质，雾化形成煤浆雾炬，同时液雾的周围喷入供煤浆燃烧所需的空气。从总体来看，在雾化器喷口处，水煤浆呈雾炬燃烧。进入炉膛后雾炬燃烧一般要经历以下过程，首先雾炬在高温烟气对流及辐射作用下，迅速升温，并开始水分蒸发，其中的煤粉颗粒发生结团。当浆滴温度升高到 300～400℃ 时，其中的挥发分开始析出并率先着火，形成火焰；此后进入强烈燃烧阶段，同时焦炭开始燃烧，直至彻底燃尽。图 2-19 显示了水煤浆雾化、结团、挥发分析出、着火以及燃烧和燃尽的完整过程。

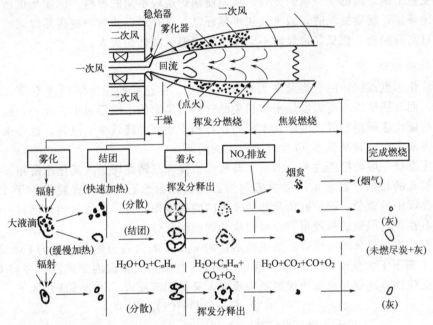

图 2-19　水煤浆的雾炬形成燃烧

保证水煤浆的稳定着火和燃烧，除了正确设计喷嘴和保证雾化质量外，还要能在燃烧器出口火焰根部维持一个高温区，以保证水煤浆雾化炬具有很高的升温速率，以使水煤浆液滴中的水分能迅速蒸发和使挥发分析出并着火。

与一般煤粉燃烧相比，水煤浆具有以下燃烧特点。

① 由于水煤浆中含有 30%～40% 的水分，在燃烧过程中首先必须有一个蒸发过程。水煤浆着火前需要多余的热量蒸发水分，使煤浆所需着火热量增加，大约是同种煤粉的 66%～87%。由于存在水分蒸发过程而使煤浆的着火大大延迟是水煤浆着火与煤粉着火特征的一个显著区别。

② 水煤浆以喷雾方式进入燃烧区域，为达到良好的雾化，喷嘴出口速度往往高达 200～300m/s，而煤粉则以一次风混合带入，速度较低，一般为 20～30m/s。所以尽管水分蒸发很快，但仍存在 0.5～1m 的脱火距离，这也是水煤浆燃烧组织的关键。水煤浆雾炬本身具有很高的动量，这对燃烧室流场组织会产生影响。通过提高雾化质量、合理安排配风等措施组织好燃烧，水煤浆可以表现出非常好的着火及燃烧特性。

③ 虽然水分蒸发会浪费部分热值（3%～4%），但从其后的挥发分析出燃烧及焦炭燃烧来看，水煤浆的燃烧特性要优于普通煤粉燃烧。这是因为水分蒸发时，煤粒之间发生结团形

成了多孔性结构,其比表面积和微孔容积都要比煤粉颗粒大,从而有利于挥发分的析出,提高焦炭燃烧的速度。

④ 水煤浆的燃烧火焰稳定,但燃烧火焰温度低。水煤浆的雾化燃烧可以使其流动组织更加稳定,而能达到良好的稳定着火与燃烧。同时由于水分的存在,使得其火焰温度平均比煤粉火焰低 $100 \sim 200 ℃$。

⑤ 水煤浆具有与煤粉一样的燃尽水平和燃烧效率,水煤浆的燃烧效率除了受煤质自身因素影响外,还与雾化质量、水煤浆水分、受热条件等因素有关。由于水分蒸发的影响,即使在较低的火焰温度下,水煤浆的燃烧速度也要比煤粉高,其燃烧效率与煤粉燃烧相当,对于大型水煤浆锅炉可以稳定达到 99% 以上。

水煤浆燃烧同其他燃煤过程一样,也会产生飞灰颗粒物、SO_2、NO_x 等大气污染物。但由于水煤浆中的煤粒在制备过程中经过了洗选,以及水煤浆燃烧温度较低等原因,使得水煤浆燃烧的污染情况要好于普通煤粉燃烧。通过洗选煤,可降灰 30%~40%,降硫 30%。

我国科研工作者已经完成了从水煤浆的理论基础、制浆、添加剂技术到水煤浆燃烧的一系列课题的研究,并取得大量的工业应用,经过多年的实践研究,针对我国燃料的特点,无论是在结构设计还是在参数选取上,都发展了具有自身特色的较为成熟的水煤浆燃烧技术。水煤浆的应用领域包括电力、石油、石化、建材、冶金和市政民用等行业,用于电站锅炉、工业锅炉和工业窑炉代油、代气、代煤燃烧,以及宾馆、住宅、酒店、办公楼等各种建筑物供暖和生活热水,应用地区主要在东北、山东和广东地区。燃用示范工程主要有:山东白杨河发电厂改烧水煤浆系统工程、枣庄八一水煤浆热电有限责任公司燃用水煤浆系统工程、燕山石化燃用脱硫型水煤浆系统工程,茂名热电厂、汕头热电厂等。山东白杨河、广东茂名、汕头万丰电厂以水煤浆代油的实践证明锅炉效率达到 90%,烟尘排放达到环保标准。SO_2 排放相当于燃用低硫油,由于水煤浆的火焰温度比烧油低,并且水蒸气有还原作用,比燃油可显著减少 NO_x 排放。

水煤浆可泵送、雾化、储存与稳定着火燃烧,2t 左右水煤浆可替代 1t 燃料油。燃用水煤浆与直接烧煤相比,具有燃烧效率高、节能和环境效益好等优点,是洁净煤技术中的重要分支。但对于水煤浆技术的发展还应该认识到以下几点:

① 水煤浆技术是一项涉及多门学科的技术,包括煤浆的制备、储运、装卸、燃烧等技术,它作为一种特定的技术,其应用范围是有一定限制性的。

② 水煤浆是洁净煤技术的一种,具有许多优越性,但水煤浆的缺点也很突出,如水煤浆的制备和运输要消耗较多的电力和水。

③ 水煤浆制备对煤的质量有较高要求,需低灰、低硫精煤,只有替代油料才能体现出其经济效益。

2.9 煤的燃后净化技术

虽然通过煤的洗选、燃烧中降低污染物排放等措施,但还是有相当多的大气污染物在燃烧后形成并排入大气中。燃煤烟气中的主要污染物包括颗粒物、SO_2、NO_x、CO_2、非金属物质(如氟化物、氯化物等)、痕量重金属和有机污染物等,因此在烟气排入大气之前将其净化,脱除其中的有害物质成为燃煤污染控制的最后一道关口。

烟气净化是指从烟气混合物中除去上述主要污染物,将其转化为无污染或是易回收的产物的过程。一般的气体净化技术主要是通过以下操作实现的:①分离,使颗粒物离开烟气;②吸收,烟气中的气相组分向含有脱除剂的液相传质的过程;③吸附,烟气中的一个或多个气相组分被多孔固体表面选择性吸附的过程；④膜渗透，烟气中的一个或多个气相组分从聚合物膜的一边选择性渗透到另一边的过程；⑤化学转化，通过化学反应（催化或非催化）将污染物转化的过程；⑥凝缩，将烟气温度冷却到一定温度，使其中的有机挥发物冷凝出来的过程。

　　工业上，最常见的燃煤烟气净化技术有颗粒物的脱除技术（即除尘技术）、烟气脱硫技术和烟气脱硝技术，最常用的净化工艺是颗粒物分离、气体吸收（吸附）和催化转化。

2.9.1　烟气除尘技术

　　煤炭在燃烧过程中会产生大量颗粒物，可分为固体微粒和微小液滴两种形式。其中固体微粒有飞灰和煤烟两类，飞灰通常为煤中不可燃的矿物质组分，而煤烟则是含碳固体颗粒，主要是由于煤的不完全燃烧产生的。除尘技术的种类众多，不同的除尘技术利用的原理也不相同。除尘技术可归结为机械力作用和静电力作用两大类，其特征是当含颗粒物的气体通过某力场或电场时，场对颗粒物和气体有不同的作用而使颗粒物从气体中分离出来，主要包括重力作用、惯性作用、离心力作用和电场力作用等。在工业实际中，根据利用的除尘机理，人们习惯上将除尘技术分为 4 类。

　　① 机械式除尘技术。利用机械力（重力、惯性力和离心力）作用进行除尘的技术。包括重力沉降、惯性除尘和旋风除尘技术等。

　　② 静电除尘技术。利用电力作用进行除尘的技术，包括干式静电除尘（干法清灰）和湿式静电除尘（湿法清灰）两类。

　　③ 过滤除尘技术。使烟气通过织物或多孔的填料层，利用过滤机理进行除尘的技术，包括袋式除尘技术和颗粒层除尘技术两类。

　　④ 湿式除尘技术。利用液滴或液膜洗涤烟气进行除尘的技术，包括低能洗涤技术和高能文氏管除尘技术两类。

　　能满足现行大工业固定污染源烟尘排放标准要求的除尘设备主要是静电除尘器和布袋除尘器，这两种除尘器在控制烟尘污染，改善环境方面起到了越来越重要的作用。

　　静电除尘技术具有除尘效率高、阻力低、耗能少，能够高效收集大流量气体和高温或腐蚀性气体中的粉尘，自动化程度高及维修容易等优点，已经广泛应用于电力、冶金、建材等诸多工业领域。尤其是燃煤电厂，静电除尘器已经成为烟气颗粒物排放控制的主要手段。

　　静电除尘器（electrostatic precipitator，ESP）的工作原理（见图 2-20）是：含有粉尘颗粒的气体，在接有高压直流电源的阴极线（又称电晕极）和接地的阳极板（又称集尘极或

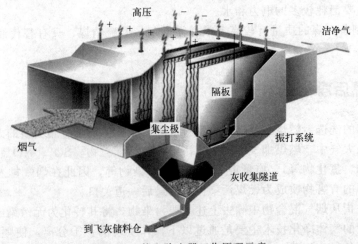

图 2-20　静电除尘器工作原理示意

集电极）之间所形成的高压电场通过时，由于阴极发生电晕放电，气体被电离。此时，带负电的气体离子，在电场力的作用下，向阳极板运动，在运动中与粉尘颗粒相碰，则使尘粒荷以负电，荷电后的尘粒在电场力的作用下，亦向阳极板运动，到达阳极板后，放出所带的电子，尘粒则沉积于阳极板上，从而实现悬浮粉尘从气体中的分离。当电极表面粉尘沉积到一定厚度时，通过振打等方式将电极上的粉尘振落到灰斗中。净化后的气体从电除尘器上部排出，达到净化烟气的目的。

　　静电除尘器本体结构由收尘极、放电极、烟箱、壳体、灰斗、振打清灰系统、支座及辅助系统组成。目前国内常见的静电除尘器型式可概略地分为以下几类：按气流方向分为立式和卧式，按沉淀极型式分为板式和管式，按沉淀极板上粉尘的清除方法分为干式和湿式等。

　　静电除尘器具有净化效率高、设备阻力损失小、能耗低、处理烟气量大、适用范围广、自动化程度高、运行可靠等优点。但也存在一次性投资大、场地占用面积和空间大、受运行工况条件影响大、对制造和安装要求高等缺点。

　　袋式除尘技术是过滤式除尘技术的一种，过滤式除尘技术是指利用多孔过滤介质捕捉分离颗粒物进行除尘的技术。过滤介质又称滤料，可以是纤维层（滤纸、滤布、滤袋或金属绒）、颗粒层（矿渣、石英砂、活性炭等）或是液滴，其基本除尘原理都是过滤机理。袋式除尘技术具有很高的除尘效率（一般可达99.9%），应用广泛，是目前烟气净化的主要方法。

　　简单的袋式除尘器如图2-21所示，含尘气流从下部进入圆筒形滤袋，在通过滤料的孔隙时，粉尘被滤料阻留下来，透过滤料的清洁气流由净气室排出，沉积于滤料上的粉尘层，在机械振动的作用下从滤料表面脱落下来，落入灰斗中。

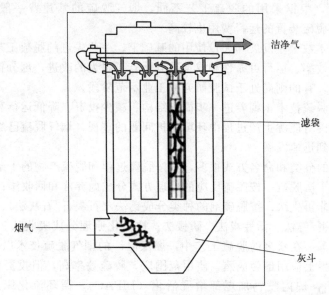

洁净气

滤袋

烟气

灰斗

图 2-21　袋式除尘器工作原理示意

　　袋式除尘器的滤尘机制包括筛分、惯性碰撞、拦截、扩散和静电吸引等作用，筛分作用是袋式除尘器的主要滤尘机制之一。在各种除尘装置中，袋式除尘器是滤尘效率很高的一种，几乎在各种情况下滤尘效率都可以达到99.7%以上。如果设计、制造、安装、运行得当，特别是维护管理适当，不难使其滤尘效率达到99.9%。在许多情况下，袋式除尘器的排尘浓度可以达到每立方米数十毫克以下，甚至$0.1mg/m^3$。

　　在除尘器中，袋式除尘器种类最多，根据其特点可进行不同分类。如按袋式除尘器清灰方式可分为机械振动式、逆气流清灰式、脉冲喷吹清灰式、气环反吹式及复合清灰式；按滤袋形状可分为圆袋和扁袋；按滤尘方向可分为外滤式和内滤式；按通风方式可分为吸出式和压入式；按进气口位置可分为上进风和下进风等。

影响袋式除尘器滤尘效率的因素包括粉尘特性、滤料特性、运行参数（主要是粉尘厚度、压力损失和过滤速度等）以及清灰方式和效果等。

研究表明，不带电的粉尘在滤袋表面形成密实平整结构，而预荷电的粉尘或在电场中的粉尘沉积在滤袋表面呈现松散的凹凸不平的结构，这种松散结构有利于降低气流的通过阻力。因此，若能在静电场的有效收尘区域内同时实现烟气过滤，将使收尘效率递增且有利于减小布袋除尘器压降。电袋一体化除尘技术，就是基于静电除尘和布袋除尘两种成熟的除尘理论而提出的一种新型除尘技术，也称为静电增强袋式过滤除尘。它的一般形式是烟气通过一段预荷电区，使颗粒物带电，带电颗粒物随烟气进入过滤段被滤袋过滤层收集。这种布置带来的直接好处是：在烟气到达滤料表面之前，静电除尘器已脱除其中大部分颗粒，大大降低了滤料过滤的灰负荷，而且这种布置克服了传统静电除尘中大量细颗粒逃逸的问题，同时解决了传统布袋过滤清灰时二次扬尘和反复收集的问题，除尘效率高（排放浓度可以低于 $1mg/m^3$）。

2.9.2 烟气脱硫技术

烟气脱硫技术（flue gas desulfurization，FGD）是降低常规燃煤电厂硫氧化物排放的比较经济和有效的手段，也是目前世界上火力发电厂应用最广泛的一种控制 SO_2 排放的技术。由于燃煤电厂所产生的烟气量巨大，一般可达每小时几十万到几百万立方米，锅炉排烟的温度通常为 $120\sim150℃$，而烟气中的 SO_2 浓度却十分低，通常每标准立方米烟气中只有数千毫克的 SO_2。因此，根据采用的脱硫工艺不同，烟气脱硫的基建费一般占电厂总投资的 $10\%\sim20\%$，而且脱硫装置的运行费用也较高。

在烟气脱硫技术数十年发展和大量使用的基础上，一些先进的脱硫工艺随着技术的发展而不断改善，脱硫效率、运行可靠性和成本等方面有了很大的改进，部分技术已经成熟并步入商业化应用阶段，有的则尚处于试验研究或工业示范阶段。

世界各国烟气脱硫技术正朝着进一步简化结构、减少投资、降低运行和维护费用的目标努力，随着世界各国对能源生产过程中环境保护问题的重视，烟气脱硫已成为一项新兴的洁净煤发电产业而得到迅速发展。

烟气脱硫技术的分类和命名方式很多，如按脱硫过程和脱硫产物的干湿状态分为湿法脱硫、干法脱硫和半干法脱硫；按脱硫反应的处理方式分成抛弃法和回收法；按脱硫剂的使用情况分成再生法和非再生法；按脱硫剂的种类分成钙法（石灰石/石灰法）、氨法、镁法、钠法、碱铝法、氧化铜/锌法、活性炭法、磷铵法；按净化原理分成吸收法、吸附法、催化氧化法和催化还原法等。在众多的脱硫工艺中，燃煤电厂的烟气脱硫技术以石灰石-石膏湿法工艺为主流，在世界上应用最为成熟，使用范围广，脱硫效率高，但投资和运行费用也高。喷雾干燥法（SDA）、炉内喷钙加尾部增湿活化（LIFAC）、循环流化床烟气脱硫（CFB-FGD）、电子束辐照烟气脱硫脱氮工艺、氨洗涤脱硫和海水洗涤脱硫等也得到进一步的发展，并趋于成熟，开始占有一定的市场份额。

根据不同的脱硫工艺，脱硫装置可布置在锅炉的炉膛内或尾部烟道后。其中，在尾部烟道后，脱硫装置又可布置在除尘器前或除尘器后，见图 2-22。

2.9.2.1 脱硫剂的种类和特点

烟气中脱除 SO_2 的方法和工艺虽然很多，但其最主要的区别在于脱除机理和脱硫剂。在实际工艺中，狭义的脱硫剂是指通过气体吸收脱除 SO_2 的吸收剂，广义的脱硫剂还包括通过吸附脱除 SO_2 的吸附剂。常见的脱硫剂种类及其特点如表 2-4 所示。

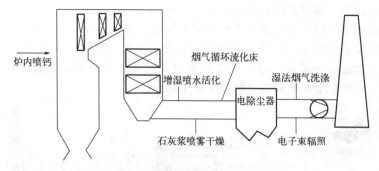

图 2-22　各种脱硫装置的布置

表 2-4　烟气脱硫工艺中常用的脱硫剂及其特点

脱硫工艺	脱硫剂及其特点
钙基	碳酸钙($CaCO_3$):石灰石主要成分,有效吸收烟气中 SO_2 的理想吸收剂,但不能有效脱除 SO_3。储量丰富,作脱硫剂时必须磨制成颗粒粉末,或者制成浆液
	氧化钙(CaO):生石灰主要成分,作为吸收剂比石灰石具有更高的活性,是一种高效的吸收 SO_2 同时也能吸收 SO_3 的脱硫剂,主要用在石灰-石膏湿法脱硫、喷雾干燥法脱硫和循环流化床脱硫工艺等。容易吸收空气中的水分,储运时注意防潮
	氢氧化钙[$Ca(OH)_2$]:也称消石灰或熟石灰,石灰加水经消化反应后的生成物。在温度较低时具有很高的与 SO_2 及 SO_3 的反应活性,在脱除 SO_2 的同时,几乎能够脱除烟气中全部的 SO_3。消石灰一般应用在旋转喷雾干燥、炉内喷钙加尾部增湿活化、循环流化床烟气脱硫等工艺,也可作为管道喷射脱硫工艺的吸收剂
氨基	一般为液氨、氨水和碳酸氢铵,主要用于氨洗涤脱硫工艺和电子束辐照脱硫脱氮工艺。在同样条件下,氨基脱硫剂的用量比其他脱硫剂少,活性好,采用氨基脱硫工艺的副产品为硫酸铵,可用作农用化肥。但氨成品的价格较高,来源受限,存在氨泄漏会造成环境污染问题
钠基	主要有 Na_2CO_3、$NaHCO_3$ 等,分别应用于湿式洗涤烟气脱硫工艺和用于炉内喷射与管道喷射等工艺的脱硫吸收剂,脱硫效果好,且有一定的脱氮作用。钠基脱硫剂可以再生,可循环使用。但钠基脱硫剂的来源困难,价格相对较高,另外,脱硫产物中的钠盐易溶于水,造成灰场水体的污染
活性炭吸附剂	活性炭孔隙结构优良,比表面积大,吸附其他物质的容量大且具有催化作用,一方面能使被吸附的物质在其孔隙内积累,另一方面又能够在一定的条件下将其解吸出来,使活性炭得到再生。活性炭可单独来脱硫或脱氮(借助于氨),或用来联合脱硫脱氮,近年来已开始应用于火电厂的烟气净化
其他脱硫吸收剂	如 MgO、ZnO 等碱性物质作为脱硫剂;海水法脱硫等

对燃煤电厂脱硫系统使用的脱硫剂来说,在某种意义可以类比于燃料。现阶段,大部分脱硫项目均需配套建设脱硫剂成品制备系统。

按照吸收剂和脱硫产物的状态进行分类可以分为三种:湿法烟气脱硫(石膏湿法脱硫、海水脱硫、氨水洗涤脱硫等)、半干法烟气脱硫(烟气循环流化床脱硫、循环半干法脱硫、喷雾干燥脱硫、炉内喷钙加增湿活化器脱硫等)和干法烟气脱硫。

2.9.2.2　湿法烟气脱硫

湿法烟气脱硫工艺是采用液体吸收剂洗涤 SO_2 烟气以脱除 SO_2。常用方法为石灰/石灰石吸收法、钠碱法、铝法、催化氧化还原法等,湿法烟气脱硫技术以其脱硫效率高、适应范围广、钙硫比低、技术成熟、副产物石膏可做商品出售等优点成为世界上占统治地位的烟气脱硫方法。湿法烟气脱硫技术以石灰石或石灰浆洗涤法为代表,是目前世界上应用最多、脱硫效率最高、技术最为成熟的脱硫方式。但湿法烟气脱硫技术具有投资大、动力消耗大、占地面积大、设备复杂、运行费用和技术要求高等缺点。

湿法脱硫系统位于锅炉烟气除尘器和锅炉引风机之后，石灰石（石灰）/石膏湿法脱硫的基本工艺流程如图 2-23 所示。工艺系统主要由烟气系统、吸收氧化系统、浆液制备系统、石膏脱水系统、排放系统组成。湿法烟气脱硫的最主要设备是脱硫吸收塔和气-气换热器，脱硫的主要化学反应发生在吸收塔及循环浆液槽内。

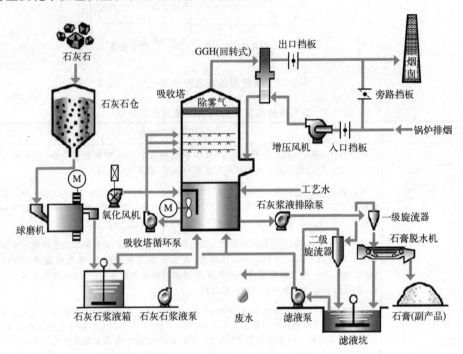

图 2-23　湿法脱硫系统工艺流程

锅炉烟气经除尘器除尘后，通过增压风机、气-气换热器（GGH，可选）降温后进入吸收塔。一定浓度的石灰石或石灰洗涤浆液连续从吸收塔顶部（或底部）喷入，与进入吸收塔的烟气发生接触。在吸收塔内烟气向上流动且被向下流动的循环浆液以逆流方式洗涤。循环浆液则通过喷浆层内设置的喷嘴喷射到吸收塔中，以便脱除 SO_2、SO_3、HCl 和 HF，与此同时在"强制氧化工艺"处理下，反应的副产物被导入的空气氧化为石膏（$CaSO_4 \cdot 2H_2O$），并消耗作为吸收剂的石灰石。循环浆液通过浆液循环泵向上输送到喷淋层中，通过喷嘴进行雾化，可使气体和液体得以充分接触。每个泵通常与其各自的喷淋层相连接，即通常采用单元制。

脱硫的主要化学反应发生在脱硫吸收塔内，发生的主要化学反应如下。

① SO_2、SO_3 和 HCl 的吸收。烟气中的 SO_2 和 SO_3 溶于石灰石浆液的液滴中，SO_2 被水吸收后生成 H_2SO_3，H_2SO_3 电离成 H^+ 和 HSO_3^-，一部分 HSO_3^- 被烟气中的氧氧化成 H_2SO_4；SO_3 溶于水生成 H_2SO_4，HCl 也极易溶于水，即

$$SO_2 + H_2O \longrightarrow H_2SO_3 \longrightarrow HSO_3^- + H^+ \longrightarrow SO_3^{2-} + 2H^+ \qquad (2\text{-}33)$$

$$SO_3 + H_2O \longrightarrow H_2SO_4 \qquad (2\text{-}34)$$

② 与石灰石的反应。溶于浆液液滴中的 SO_2、SO_3 和 HCl 与浆液中的石灰石反应，生成 Ca^{2+}，Ca^{2+} 再进一步反应

$$CaCO_3 + 2H^+ \longrightarrow Ca^{2+} + CO_2 + H_2O \qquad (2\text{-}35)$$

$$Ca^{2+} + 2HSO_3^- \longrightarrow Ca(HSO_3)_2 \tag{2-36}$$

$$Ca^{2+} + SO_3^{2-} \longrightarrow CaSO_3 \tag{2-37}$$

$$Ca^{2+} + SO_4^{2-} \longrightarrow CaSO_4 \tag{2-38}$$

③ 氧化反应。吸收塔下部是装有搅拌器的再循环浆液池,向循环浆液中鼓入空气使亚硫酸钙氧化为硫酸钙

$$Ca^{2+} + 2HSO_3^- + O_2 \longrightarrow CaSO_4 + H_2SO_4 \tag{2-39}$$

$$HSO_3^- + H^+ + 1/2O_2 \longrightarrow SO_4^{2-} + 2H^+ \tag{2-40}$$

④ $CaSO_4$ 结晶。由于浆液在反应器内有足够的停留时间,可以促成硫酸钙晶体 ($CaSO_4 \cdot 2H_2O$) 的生长。浆液中所残余的 HSO_3^- 也被空气氧化生成 H_2SO_4 后再与浆液中的 $CaCO_3$ 反应生成 $CaSO_4 \cdot 2H_2O$, 即

$$CaSO_4 + 2H_2O \longrightarrow CaSO_4 \cdot 2H_2O \tag{2-41}$$

$$2H^+ + SO_4^{2-} + CaCO_3 + H_2O \longrightarrow CaSO_4 \cdot 2H_2O + CO_2 \tag{2-42}$$

在吸收塔出口,烟气一般被冷却到 $46 \sim 55℃$, 且为水蒸气所饱和。通过 GGH 将烟气加热到 $80℃$ 以上,以提高烟气的抬升高度和扩散能力。最后,洁净的烟气通过烟道进入烟囱,排向大气。

湿法烟气脱硫的主要工艺系统设备包括如下。

(1) 烟气系统

烟气系统包括烟道、烟气挡板、密封风机和气-气加热器 (GGH) 等关键设备。吸收塔入口烟道及出口至挡板的烟道,烟气温度较低,烟气含湿量较大,容易对烟道产生腐蚀,需进行防腐处理。

烟气挡板是脱硫装置进入和退出运行的重要设备,分为 FGD 主烟道烟气挡板和旁路烟气挡板。前者安装在 FGD 系统的进出口,它是由双层烟气挡板组成的。当关闭主烟道时,双层烟气挡板之间连接密封空气,以保证 FGD 系统内的防腐衬胶等不受破坏。旁路挡板安装在原锅炉烟道的进出口。当 FGD 系统运行时,旁路烟道关闭,这时烟道内连接密封空气。旁路烟气挡板设有快开机构,保证在 FGD 系统故障时迅速打开旁路烟道,以确保锅炉的正常运行。

经湿法脱硫后的烟气从吸收塔出来一般在 $46 \sim 55℃$, 含有饱和水汽、残余的 SO_2、SO_3、HCl、HF、NO_x, 其携带的 SO_4^{2-}、SO_3^{2-} 盐等会结露,如不经过处理直接排放,易形成酸雾,且将影响烟气的抬升高度和扩散。为此,湿法 FGD 系统通常配有一套气-气换热器 (GGH) 烟气再热装置。气-气换热器是蓄热加热工艺的一种,它用未脱硫的热烟气 (一般 $130 \sim 150℃$) 去加热已脱硫的烟气,一般加热到 $80℃$ 左右,然后排放,以避免低温湿烟气腐蚀烟道、烟囱内壁,并可提高烟气抬升高度。另外,从除尘器出来的烟气温度高达 $130 \sim 150℃$, 因此进入 FGD 前要经过 GGH 降温器降温,避免烟气温度过高,损坏吸收塔的防腐材料和除雾器。烟气再热器是湿法脱硫工艺的一项重要设备,由于热端烟气含硫最高、温度高,而冷端烟气温度低、含水率大,故气-气换热器的烟气进出口均需用耐腐蚀材料。

(2) 吸收系统

吸收系统的主要设备是吸收塔,它是 FGD 设备的核心装置,系统在塔中完成对 SO_2、SO_3 等有害气体的吸收。湿法脱硫吸收塔有许多种结构,如填料塔、湍球塔、喷射鼓泡塔、喷淋塔等,其中喷淋塔因为具有脱硫效率高、阻力小、适应性好、可用率高等优点而得到较广泛的应用,因而目前喷淋塔是石灰石/石膏湿法烟气脱硫工艺中的主导塔型。

氧化空气系统是吸收系统内的一个重要部分，氧化空气的功能是保证吸收塔反应池内生成石膏。氧化空气注入不充分将会引起石膏结晶的不完善，还可能导致吸收塔内壁的结垢，因此，对该部分的优化设置对提高系统的脱硫效率和石膏的品质显得尤为重要。

吸收系统还包括除雾器及其冲洗设备，吸收塔内最上面的喷淋层上部设有二级除雾器，它主要用于分离由烟气携带的液滴，采用阻燃聚丙烯材料制成。

（3）浆液制备系统

浆液制备系统的任务是向吸收系统提供合格的石灰石浆液。浆液制备通常分湿磨制浆与干粉制浆两种方式，不同的制浆方式所对应的设备也各不相同。至少包括以下主要设备：磨机（湿磨时用）、粉仓（干粉制浆时用）、浆液箱、搅拌器、浆液输送泵。

（4）石膏脱水系统

石膏脱水系统包括水力旋流器和真空皮带脱水机等关键设备。水力旋流器作为石膏浆液的一级脱水设备，其利用了离心力加速沉淀分离的原理，浆液流进入水力旋流器的入口，使其产生环形运动。粗大颗粒富集在水力旋流器的周边，而细小颗粒则富集在中心。已澄清的液体从上部区域溢出（溢流）；而增稠浆液则在底部流出（底流）。真空脱水机将已经水力旋流器一级脱水后的石膏浆液进一步脱水至含固率达到90%以上。

（5）排放系统

排放系统主要由事故浆池、区域浆池及排放管路组成。

（6）热工自控系统

为保证烟气脱硫效果和烟气脱硫设备的安全经济运行，系统可装备完整的热工测量、自动调节、控制、保护及热工信号报警装置。其自动化水平将使运行人员无需现场人员配合，在控制室内即可实现对烟气脱硫设备及其附属系统的启、停及正常运行工况的监视、控制和调节，系统同时具备异常与事故工况时的报警、连锁和保护功能。

湿法脱硫工艺的全部化学反应均是在脱硫吸收塔（包括下部浆液池）喷淋洗涤过程中进行的，加之脱硫浆液的循环和强烈的搅拌，脱硫工程的反应温度均低于露点，温度适中，具有气相、液相、固相三相反应的特点，并有足够的停留时间。因此，脱硫反应速率快，脱硫效率高，钙的利用率高，在 Ca/S 略大于 1 时，脱硫效率可达 90% 以上。该工艺易于大型化，适合于大型电站锅炉的烟气脱硫。另一方面，由于脱硫过程的反应温度均低于露点，即均在湿态下进行，所以，锅炉来的烟气一般需要冷却降温，脱硫后的烟气需经再加热后才能从烟囱排出，否则将会造成下游设备的腐蚀和影响烟气抬升高度。在脱硫反应过程中均需用水，因此有废水处理问题。

该工艺的脱硫效率受烟气流速、吸收剂浓度、pH 值、液气比等运行参数影响。

2.9.2.3 半干法/干法脱硫

石灰石-石膏湿法脱硫工艺的一个突出问题是耗水量很大，需设置大规模的废水处理装置。因此，寻求技术上经济上更为可行的、无废水排放的且无需烟气再热的干法或半干法烟气脱硫工艺。干法或半干法烟气脱硫技术适用于燃用中低硫煤（含硫小于1.5%）的中小机组（小于 200MW）电站锅炉。

喷雾干燥法烟气脱硫技术属于半干法脱除锅炉排烟中 SO_2 的脱硫工艺，以石灰为脱硫剂，技术比较成熟，工艺流程较简单，占地较少，可靠性较高，初期投资较低，脱硫效率一般在 80% 左右，最高可达 85%，而且不产生废水。

喷雾干燥脱硫工艺根据所采用的喷雾雾化器的形式不同，可分为两类：旋转喷雾干燥脱硫和气液两相喷雾干燥脱硫。目前，已经投入商业化运行的以旋转喷雾干燥脱硫工艺为多。喷雾干燥脱硫工艺商业应用市场占有量列于湿法之后。

喷雾干燥脱硫系统由脱硫剂灰浆配置系统、SO_2 吸收和吸收剂灰浆蒸发系统、收集飞灰和副产品的粉尘处理系统组成，如图 2-24 所示。

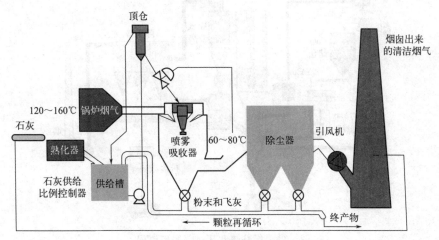

图 2-24　喷雾干燥脱硫系统工艺流程

首先，石灰经熟化制成消石灰浆液。

$$CaO + H_2O \longrightarrow Ca(OH)_2 \tag{2-43}$$

消石灰浆液经过滤后由泵输入到吸收塔内的雾化装置，在吸收塔内，浆液被雾化成细小液滴的吸收剂与烟气混合接触，与烟气中的 SO_2、SO_3 发生化学反应生成亚硫酸钙（$CaSO_3$）和硫酸钙（$CaSO_4$），同时，脱硫剂带入的水分迅速被蒸发而干燥，形成粉末状副产品（大部分为亚硫酸钙），烟气温度随之下降并增湿，但仍然高于酸露点，可以直接排放，且不产生废水。整个反应分为气相、液相和固相三种状态反应，反应步骤及方程式如下：

$$SO_2(g) + H_2O \longrightarrow H_2SO_3(l) \tag{2-44}$$

$$Ca(OH)_2(l) + H_2SO_3(l) \Longleftarrow CaSO_3(l) + 2H_2O \tag{2-45}$$

$$CaSO_3(l) + 1/2O_2(g) \Longleftarrow CaSO_4(l) \tag{2-46}$$

$$Ca(OH)_2(l) + SO_3(g) \Longleftarrow CaSO_4(l) + H_2O \tag{2-47}$$

液滴中 $CaSO_3$ 和 $CaSO_4$ 达到饱和后，即开始结晶析出。

从整个吸收反应来看，SO_2 和其他酸性组分的吸收反应主要发生在浆液雾滴还未被干燥之前的气-液两相之间，但干燥之后的气-固两相接触仍然会发生吸收反应，即 SO_2 与烟气中悬浮的喷淋干燥后的多孔颗粒进行的反应，气-固反应在下游的颗粒收集器中还在进行。特别是布袋除尘器中，吸收反应更为显著。

由于在该工艺过程中，脱硫产物的氧化不彻底，从除尘器收集下来的粉尘主要是含亚硫酸钙的脱硫灰，一般采用抛弃法，通过电厂的除灰系统排入灰场。

喷雾干燥脱硫工艺的脱硫效率虽然没有湿法烟气脱硫那样高，但它不必处理大量废水，可使系统简化，降低造价。

循环流化床烟气脱硫是一种采用石灰作为吸收剂、以循环流化床作为脱硫吸收反应器的新型半干法脱硫工艺。该工艺以循环流化床的反应原理为基础，充分利用了循环流化床的特点，包括气固两相间优越的传热与传质，吸收剂多次循环且接触反应时间长等。因此，脱硫吸收剂的利用率大大提高，能在较低的钙硫摩尔比（Ca/S＝1.1～1.5）下达到 90% 以上的脱硫效率，与湿法烟气脱硫的效率相当。

循环流化床烟气脱硫工艺如图 2-25 所示，与其他脱硫工艺比较，具有的技术优势包括工艺简单，无需烟气冷却和加热；设备基本无腐蚀、无磨损、无结垢，无废水排放，脱硫副

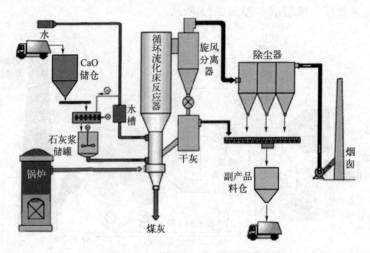

图 2-25　循环流化床烟气脱硫流程

产品为干态；占地少，节省空间，设备投资低；钙的利用率高，运行费用不高；对煤种适应性强，既适用于不同硫分的燃煤电厂，也适用于现有电厂增设脱硫装置的改造等。近年来，该脱硫工艺在火电厂烟气脱硫中得到了比较迅速的推广，已应用于 300MW 燃煤电站锅炉烟气脱硫中。但是，该脱硫工艺需要采用较高纯度和活性的石灰作为脱硫剂，脱硫产物的综合利用也受到一定的限制。

单独采用炉内喷钙（石灰石）的干法脱硫技术具有投资省的特点，但其脱硫效率较低。炉内喷钙加尾部增湿活化技术是在炉内喷钙的基础上发展起来的一种半干法脱硫工艺。该技术除保留通常的炉内喷射石灰石粉脱硫装置以外，还在空气预热器与除尘器之间的烟道上增设了一个独立的活化反应器，将炉内未反应完全的 CaO 脱硫剂，通过雾化水增湿进行活化后，再次与烟气中 SO_2 发生反应，进行二次脱硫。然后，将经收集下来的部分粉尘（含有未反应的脱硫剂）和脱硫灰渣循环使用。从活化反应器排出的烟气经除尘、再热后由引风机排入烟囱。炉内喷钙尾部增湿活化脱硫工艺流程如图 2-26 所示。

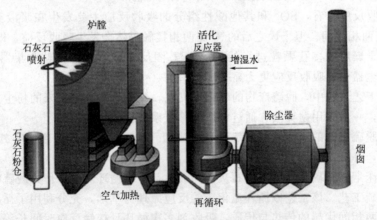

图 2-26　炉内喷钙尾部增湿活化脱硫工艺流程

该工艺过程可分成两个主要阶段：炉内喷钙和炉后活化。在第一阶段，将石灰石粉磨至 150 目左右，用压缩空气喷射到炉内最佳温度区，并使脱硫剂石灰石与烟气有良好的接触和反应时间，石灰石受热分解成氧化钙和 CO_2，再与烟气中 SO_2 反应生成亚硫酸钙，最终被氧化成硫酸钙。

$$CaCO_3 \longrightarrow CaO + CO_2 \tag{2-48}$$

$$CaO + SO_2 \longrightarrow CaSO_3 \tag{2-49}$$

$$CaO + SO_2 + 1/2O_2 \longrightarrow CaSO_4 \tag{2-50}$$

在第二阶段，烟气经特制的活化器，活化器内喷水增湿，烟气中未反应的氧化钙，与水反应生成低温下有很高活性的 $Ca(OH)_2$，这些 $Ca(OH)_2$ 与烟气中剩余的 SO_2 反应，最终也生成硫酸钙等稳定的脱硫产物。

$$CaO + H_2O \longrightarrow Ca(OH)_2 \tag{2-51}$$

$$SO_2 + Ca(OH)_2 \longrightarrow CaSO_3 + H_2O \tag{2-52}$$

$$SO_2 + Ca(OH)_2 + 1/2O_2 \longrightarrow CaSO_4 + H_2O \tag{2-53}$$

炉内喷钙尾部增湿活化脱硫工艺无废水排放，但脱硫效率仍低于湿法脱硫，而且脱硫系统的投运与锅炉的运行工况密切相关，能应用的机组容量也受到一定的限制。

2.9.3　烟气脱硝技术

同烟气脱硫类似，烟气脱硝（脱氮）技术也分为干法和湿法两类。干法脱硝技术是利用气态反应使烟气中的 NO_x 和吸收剂反应，生成 N_2 和 H_2O。目前，选择性催化还原法、选择性非催化还原法是最为常用的脱硝技术。

由于锅炉排烟中的 NO_x 主要是 NO，而 NO 极难溶于水，因此，常用湿法脱除烟气中的 NO_x 时，不能像脱除 SO_2 一样采用简单的直接洗涤方式进行吸收，必须先将 NO 氧化为 NO_2，然后再用水或其他吸收剂进行吸收脱除。湿法脱硝主要有气相氧化液相吸收法、液相氧化吸收法等，工艺过程包括氧化和吸收，并反应生成可以利用或无害的物质。因此，必须设置烟气氧化、洗涤和吸收装置，工艺系统比较复杂，在燃煤锅炉上很少采用。目前，已经在火力发电厂采用的烟气脱硝（脱氮）技术主要是前述的两种干法脱硝技术，其中采用最多的主流工艺是选择性催化还原法。

2.9.3.1　选择性催化还原技术

选择性催化还原（selective catalytic reduction，SCR）是用烃类化合物（如甲烷、丙烯等）、氨（NH_3）、尿素 [$CO(NH_2)_2$] 等作为还原剂，在一定温度和催化剂存在的情况下，把烟气中 NO_x 的还原为 N_2。工业应用的还原剂主要是氨，以氨为还原剂的主要反应方程式如下：

$$4NH_3 + 4NO + O_2 \longrightarrow 6H_2O + 4N_2 \tag{2-54}$$

$$4NH_3 + 2NO_2 + O_2 \longrightarrow 6H_2O + 3N_2 \tag{2-55}$$

$$4NH_3 + 6NO \longrightarrow 6H_2O + 5N_2 \tag{2-56}$$

$$8NH_3 + 6NO_2 \longrightarrow 12H_2O + 7N_2 \tag{2-57}$$

当反应条件改变时，还可能发生以下副反应

$$4NH_3 + 3O_2 \longrightarrow 6H_2O + 2N_2 + 1267.1kJ \tag{2-58}$$

$$2NH_3 \longrightarrow 3H_2 + N_2 - 91.9kJ \tag{2-59}$$

$$4NH_3 + 5O_2 \longrightarrow 6H_2O + 4NO + 907.3kJ \tag{2-60}$$

发生 NH_3 分解的反应和 NH_3 氧化为 NO 的反应都在 350℃ 以上才能进行，450℃ 以上反应速率明显加快。温度在 300℃ 以下时仅有 NH_3 氧化为 N_2 的副反应发生。

SCR 脱硝过程是一个受物理化学因素综合影响的过程，其影响因素主要有催化剂性能、反应温度、反应时间、NH_3/NO_x 摩尔比等。催化剂不同，催化还原反应的温度也不相同，一般在 250～420℃ 之间。

催化剂是 SCR 装置中最关键的部件，用于 SCR 系统的催化剂主要有贵金属催化剂、金属氧化物催化剂、沸石催化剂和活性炭催化剂。SCR 反应的工业催化剂一般使用 TiO_2 为载体的 V_2O_5-WO_3（MoO_3）/TiO_2 系列金属氧化物催化剂，在该型催化剂中，V_2O_5 作为活性组分具有效率高和选择性好的优点；锐钛矿型 TiO_2 本身是比表面积较高、抗硫中毒性良好、稳定性强的脱氮催化剂，而且可与 V_2O_5 和 WO_3（MoO_3）发生协同效应，提高催化剂的脱氮性能；WO_3（MoO_3）作为助催化剂可提高催化剂酸度、热稳定性和力学性能，并有助于抑制 SO_2 的转化。

V_2O_5/TiO_2 催化剂的制备方法有多种，如共混法、浸渍法等。由于活性组分 V_2O_5 不溶于水，浸渍法采用 V_2O_5 的前驱体 NH_4VO_3 配制浸渍液，载体 TiO_2 经充分浸渍后进行煅烧，得到成品催化剂。研究表明，浸渍法制备的催化剂中活性组分 V_2O_5 在载体 TiO_2 表面以单分子层的形式分布，分布得更均匀，因而更常用。

实际使用时，催化剂通常制成板状、蜂窝状的催化元件，再将催化元件制成催化剂组件，组件排列在催化反应器的框架内构成催化剂层。烟气中的 NO_x、NH_3 和 O_2 在流过催化剂层时，经历以下几个过程（见图 2-27）：①NO_x、NH_3 和 O_2 扩散到催化剂外表面并进一步向催化剂的微孔表面扩散；②NO_x 和 O_2 与吸附在催化剂表面活性位的 NH_3 反应生成 N_2 和 H_2O；③N_2 和 H_2O 从催化剂表面脱附到微孔中；④微孔中的 N_2 和 H_2O 扩散到催化剂外表面，并继续扩散到主流烟气中被带出催化层。其中，过程①～③为速率控制步骤，因此，脱氮装置的性能不但受到化学反应速率的制约，还在很大程度上受反应物扩散速率的影响。

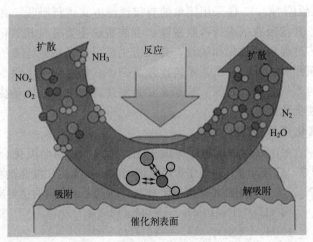

图 2-27　SCR 催化剂工作原理示意

从结构形式上看，商业 SCR 催化剂有板式、蜂窝状和波纹板式三种类型，如图 2-28 所示。这三种类型催化剂的平行通道有利于飞灰的通过，具有开口面积大、压降小、不易堵塞等优点。板式催化剂为非均质催化剂，以玻璃纤维和 TiO_2 为载体，涂敷 V_2O_5 和 WO_3 等活性物质，其表面遭到灰分等的破坏磨损后，不能维持原有的催化性能，催化剂几乎不可能再生。板式催化剂以金属板网为骨架，Ti-Mo-V 为主要活性材料，采取双侧挤压的方式将活性材料与金属板结合成型，具有较强的抗腐蚀和防堵塞特性，特别适用于含灰量高及灰黏性较强的烟气环境。板式催化剂的市场占有份额仅次于蜂窝式催化剂。

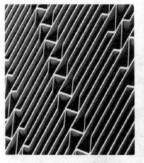

(a) 板式SCR催化剂　　　　　(b) 蜂窝状SCR催化剂　　　　　(c) 波纹板式SCR催化剂

图 2-28　商业 SCR 催化剂类型

蜂窝式催化剂属于均质催化剂，以 TiO_2、V_2O_5 和 WO_3 为主要成分，催化剂本体全部是催化剂材料，因此其表面遭到灰分等的破坏磨损后，仍然能维持原有的催化性能，催化剂可以再生。蜂窝式是目前市场占有份额最高的催化剂形式，它以 Ti-W-V 为主要活性材料，采用 TiO_2 等物料充分混合，经模具挤压成型后煅烧而成。单位体积催化剂活性高，达到相同脱硝效率所用的催化剂体积较小，适合于灰分低于 $30g/m^3$、灰黏性较小的烟气环境。

波纹板式催化剂以玻璃纤维或陶瓷纤维作为骨架，结构非常坚硬。这种催化剂的孔径相对较小，单位体积的催化效率与蜂窝式催化剂相近，相对荷载小一些，反应器体积普遍较小，支撑结构的荷载低，因而与其他型式催化剂的互换性较差，一般适用于含灰量较低的烟气环境。波纹板式催化剂的市场占有份额较低，多用于燃气机组。

波纹板式催化剂成型工艺与板式催化剂类似，区别在于载体替换为波纹状的陶瓷/玻璃纤维板。

全世界大部分燃煤发电厂（95%）使用蜂窝式和板式催化剂，其中蜂窝式催化剂由于其强耐久性、高耐腐性、高可靠性、高反复利用率、低压降等特性，得到广泛应用。从目前已投入运行的 SCR 看，75% 采用蜂窝式催化剂，新建机组采用蜂窝式的比例也基本相当。

在选择性催化还原脱氮系统中，主要设备有催化反应器、氨/空气混合器和喷氨混合装置等。图 2-29 是 SCR 反应器示意，催化剂和反应器是 SCR 系统的核心部件，为了防止颗粒堵塞，反应器一般垂直设置在锅炉烟道中，还原剂 NH_3 均匀分布到 $300\sim400℃$ 的烟气中，一般反应器内串联布置若干个催化剂层，每一层通常设计为蜂窝状或是板状结构，且是可更换的，以利于当催化剂在反应过程中逐渐失去活性时方便地更换床层。

SCR 工艺适用温度范围广，脱硝效率可达 90% 以上，可实现 NO_x 排放浓度小于 $50mg/m^3$，无需排水处理，无副产品，但脱氮装置的运行成本很高，系统复杂，烟气侧的阻力会增加。此外，采用 SCR 方法，要消耗昂贵的 NH_3，而反应产物却是无用的 N_2，不能实现废物利用，也是这一方法的不足之处。

2.9.3.2　选择性非催化还原技术

选择性非催化还原（selective non-catalytic reduction，SNCR）是在不采用催化剂存在的条件下，氨作为还原剂，将 NO_x 转化为 N_2 和 H_2O，以降低 NO_x 的排放量。由于没有催化剂，氨还原 NO_x 的反应只能在 $950\sim1100℃$ 这一温度范围内进行，因此需将氨气喷射注入炉膛出口区域的相应温度范围内的烟气中，将 NO_x 还原为 N_2 和 H_2O，也称炉膛喷氨脱硝法，SNCR 反应器如图 2-30 所示。如果加入添加剂（氢、甲烷或超细煤粉），可以扩大其反应温度的范围。当以尿素为还原剂时，脱氮效果与氨相当，运输和使用比 NH_3 安全方便，但可能会有 N_2O 生成。

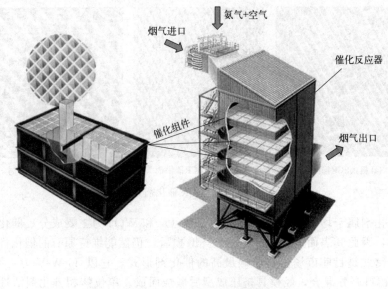

图 2-29 SCR 反应器示意

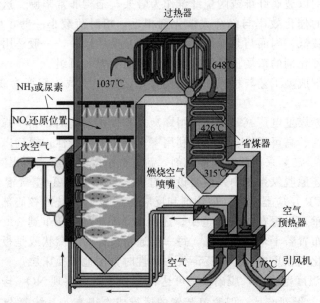

图 2-30 SNCR 反应器示意

SNCR 法对反应所处的温度范围很敏感，高于 1100℃ 时，NH_3 会与 O_2 反应生成 NO，反而造成 NO_x 的排放量增加；低于 700℃ 则反应速率下降，造成未反应的氨气随烟气进入下游烟道，这部分氨气会与烟气中的 SO_2 发生反应，很容易造成空气预热器的堵塞并存在腐蚀现象，另外也使排入大气的氨量显著增加，造成环境污染。为了适应锅炉的负荷变化而造成炉膛内烟气温度的变化，需要在炉膛上部沿高度开设多层氨气喷射口，以使氨气在不同的负荷工况下均能喷入所要求的温度范围的烟气中。

SNCR 法的脱氮率为 40%～60%，其主要特点是无需采用催化反应器，系统简单，投资少，费用低，具有较好的经济性，适合于中小锅炉的改造。但存在下游设备易堵塞和腐蚀，氨逃逸量较大的问题。

2.9.3.3　联合脱硫脱硝技术

烟气联合脱硫脱硝是近年来国内外竞相研制和开发的新型烟气净化工艺,目前仍处于试验研究或工业装置示范阶段,世界上只有很少的联合脱硫脱硝装置投入商业化运行,而且工艺系统复杂、运行费用昂贵。联合脱硫脱硝技术和经济性明显优于单独脱硫和单独脱氮技术,是一种很有发展前途和推广价值的新一代烟气净化技术。近年来,火电厂烟气 SO_x/NO_x 排放标准的相关法律法规更加严格,联合脱硫脱硝工艺的技术经济性优势将相当显著。

目前,大部分联合脱硫脱硝技术是将烟气脱硫和脱硝工艺组合串联,在不同的反应器中分别实现脱硫和脱硝过程,所以并非本质上的联合脱硫脱硝工艺。真正意义上的联合脱硫脱硝是指可以在同一反应器内联合脱除烟气中 SO_x/NO_x 的工艺,如电子束烟气辐照脱硫脱硝工艺、活性炭联合脱硫脱硝工艺和脉冲电晕等离子体法等。

电子束氨法烟气处理(electron beam with ammonia,EBA)法是新型的烟气净化技术,已经达到工业示范阶段。其基本原理是利用高能电子束辐射的能量使烟气中产生 OH、O、HO_2 等大量的自由基,同时瞬间氧化烟气中的 SO_2 和 NO_x,然后同烟气中的水分和注入的氨反应,生成可以用于农业生产化肥的硫酸铵 $[(NH_4)_2SO_4]$、硝酸铵(NH_4NO_3)和混合粉体。在反应器底部的排出口和通过电除尘器分离与捕集这些粉体微粒,经造粒处理后直接作为化肥产品。

由反应器排出的净化烟气的温度一般在 70℃ 左右,在烟气脱硫率较高的情况下,烟气的酸露点温度一般为 50℃ 左右。由于烟气温度高于酸露点温度,不至于引起烟气下游各个设备和烟道的腐蚀,所以一般情况下不需要设置烟气再加热系统,烟气直接经引风机通过烟囱排入大气。

活性炭法可单独用来脱硫或脱硝(喷入氨),或用来联合脱硫脱硝。由于活性炭可以直接吸收烟气中的 SO_2,而脱除烟气中的 NO_x 则需要喷氨,氨对 SO_2 同样也有脱除作用,因此 SO_2 脱除反应需在喷氨脱除 NO_x 之前,以减少氨的消耗。锅炉排烟经过除尘器后,在进入吸附器之前,一般需要喷水来冷却至 90~150℃。吸附器分为上下两级炭床,烟气自下而上流过吸附器的一级和二级炭床。

一级炭床的主要作用是脱除 SO_2。烟气中的 SO_2 被活性炭的表面所吸附,并在活性炭表面催化剂的催化作用下氧化成 SO_3,SO_3 再与烟气中的水分结合形成硫酸,活性炭的吸附和催化反应的动力学过程很快。该阶段的反应如下:

$$SO_2 + 1/2O_2 \longrightarrow SO_3 \tag{2-61}$$

$$SO_3 + H_2O \longrightarrow H_2SO_4 \tag{2-62}$$

同时,在一级炭床中,占烟气总量约 5% 的 NO_2 几乎全部被活性炭还原成 N_2。

$$2NO_2 + 2C \longrightarrow 2CO_2 + N_2 \tag{2-63}$$

烟气流经第二级炭床时,与喷入混合室的氨混合,烟气中的 NO 与氨发生催化还原反应,生成 N_2 与 H_2O。

$$6NO + 4NH_3 \longrightarrow 6H_2O + 5N_2 \tag{2-64}$$

在二级炭床中还发生以下副反应:

$$6NO_2 + 8NH_3 \longrightarrow 12H_2O + 7N_2 \tag{2-65}$$

$$2NO + 2NH_3 + 1/2O_2 \longrightarrow 3H_2O + 2N_2 \tag{2-66}$$

$$NH_3 + H_2SO_4 \longrightarrow NH_4HSO_4 \tag{2-67}$$

$$2NH_3 + H_2SO_4 \longrightarrow (NH_4)_2SO_4 \tag{2-68}$$

吸附了 H_2SO_4、NH_4HSO_4 和 $(NH_4)_2SO_4$ 后的活性炭送至解吸器,在约 400℃ 的温度条件下进行解吸和再生。解吸器导出的气体产物为富含 SO_2 的气体。解吸后的活性炭经冷却与筛分后，大部分还可以重复循环利用。解吸过程的化学反应如下：

$$H_2SO_4 \longrightarrow SO_3 + H_2O \tag{2-69}$$

$$(NH_4)_2SO_4 \longrightarrow 2NH_3 + SO_3 + H_2O \tag{2-70}$$

$$2SO_3 + C \longrightarrow 2SO_2 + CO_2 \tag{2-71}$$

$$3SO_3 + 2NH_3 \longrightarrow 3SO_2 + 3H_2O + N_2 \tag{2-72}$$

在活性炭联合脱硫脱硝工艺中，SO_2 的脱除率可以达到 98% 左右，NO_x 的脱除率在 80% 左右。

2.10 煤的现代化利用技术

煤的直接燃烧带来的环境问题到目前为止还不能经济有效地解决，人们就想到是否可能将煤转化为清洁的气体或液体燃料来利用？答案是肯定的，煤的现代化利用主要包括煤液化技术、煤气化、整体煤气化联合循环发电（IGCC）以及煤气化多联产能源系统等。

由于石油和天然气相对贫乏，根据我国的情况，通过煤炭转化，发展基于煤气化的煤基能源及化工系统是实现高效、环保和经济目标的最有效的技术途径，实施"以煤代油"和"以煤造油"是实现能源供应多元化和保证能源安全的根本措施，是我国社会和经济可持续发展的需要。

2.10.1 煤的液化

煤的液化技术，简单地说是一种将煤转化为液体的技术。如果从工艺角度来看，它是指在特定的条件下，利用不同的工艺路线，将固体原料煤转化为与原油性质类似的有机液体，并利用与原油精炼相近的工艺对煤液化油进行深加工以获得动力燃料、化学原料和化工产品的技术系统。

煤的液化是煤具有战略意义的一种转换，其目标是将煤炭转换成可替代石油的液体燃料和用于合成的化工原料。与石油相比，煤炭具有 H/C 比小、氧含量高、分子大、结构复杂的特点，此外煤中还含有较多的矿物质和氮、硫等杂原子，因此煤液化的过程实质上就是提高 H/C 比，破碎大分子和提高纯净度的过程，即需要加氢、裂解、提质等工艺过程。

对煤的液化的研究开发，始于 20 世纪上半叶的德国。德国人 Bergius 于 1913 年发明了煤直接液化技术，该技术把煤先磨成粉，再和自身产生的液化重油（循环溶剂）配成煤浆，在高温（430～465℃）和高压（17～30MPa）下直接加氢，将煤转化成汽油、柴油等石油产品。1927 年，德国 IG 公司在 Leuna 开始建设第一座工业化规模的煤炭液化厂，1931 年投入运转，生产能力为产油 100kt/a。第二次世界大战期间德国一度建立了 12 家煤炭直接液化生产厂，总规模达到 4230kt/a。之后南非、荷兰、美国、日本也都曾相继进行过研究，尝试利用这一技术将煤炭转化为汽、柴油。

目前，该项技术开发应用最为成功的国家是南非。南非是典型的贫油国家，但煤炭资源十分丰富，由于南非曾因推行种族隔离政策而遭经济制裁，特别是石油禁运，使得南非煤液化研究更具商业化，不仅能从煤炭中提炼汽油、柴油、煤油等普通石油制品，还能提炼出航空煤油和润滑油等高品质的石油产品，已经成为南非大规模、高营利的产业。

煤的液化技术主要有直接液化和间接液化两种方式。

2.10.1.1 直接液化

直接液化就是煤在高温高压下进行催化加氢，从而使煤直接转化为液体燃料。将煤在高温高压下与氢反应，使其降解和加氢，从而转化为液体油类（如汽油、柴油、航空燃料和化工原料等）的工艺，又称加氢液化。

煤在加氢液化过程中，并不是直接与煤分子反应使煤的大分子裂解，而是煤分子在受热时分解生成不稳定的自由基碎片。在加热到 300℃ 以上时，煤结构单元之间的桥键中弱键（芳环网状结构的薄弱交联处，如醚键、亚甲基键等）开始断裂，随着温度的进一步升高，键能较高的桥键也会断裂。桥键的断裂产生了以结构单元为基础的自由基。此时，如果有足够的氢存在，自由基就能饱和并稳定下来，此时煤中氢也会发生重排转移生成前沥青烯，最后氢解成油及其他低分子产物，包括水和气体。在此同时，煤中的重化合物和聚合物进行不同程度的氢解，其中间产物也是前沥青烯、沥青烯，最终产物为油及其他低分子产物。如果没有加氢或加氢不足，则自由基之间相互结合转变为不溶性的焦。所以，在煤的液化过程中，煤的有机质热解和加氢是缺一不可的。图 2-31 表示了煤热解产生自由基以及溶剂向自由基供氢、溶剂和前沥青烯、沥青烯催化加氢的过程。

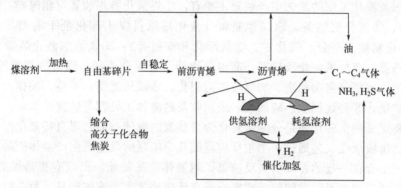

图 2-31　煤液化自由基产生和反应过程

不同种类的煤炭直接液化工艺中，单就基本化学反应而言，都非常接近。在实际煤直接液化的工艺中，通常先把粉碎的煤与溶剂混合，通氢气，然后再把这种混合物加热到溶解。煤分子结构单元之间的桥键断裂和自由基稳定的步骤是在高温（450℃ 左右）、高压（17～30MPa）氢气环境下的反应器内实现的。在这种条件下，煤结构深度破坏，在溶剂介质中，形成的自由基碎片非常不稳定，在高压氢气环境和有供氢溶剂存在的条件下，自由基碎片加氢而生成稳定的低分子产物（液体的油和水以及少量气体）。煤炭经过加氢液化后剩余的无机矿物质和少量未反应的煤还是固体状态，可应用各种不同的固液分离方法从液化油中分离出去，常用的有减压蒸馏、加压过滤、离心沉降、溶剂萃取等固液分离方法。

整个过程可分成三个主要工艺单元：①煤浆制备单元，将煤破碎至 <0.2mm 以下，与溶剂、催化剂一起制成油煤浆（或称煤糊）；②反应单元，煤浆中的煤在反应器内，在高温高压下进行加氢反应，生成液体产物；③分离单元，将反应生成的气体、液体产物与残渣分离（主要包括气-液分离、固-液分离），煤直接液化工艺流程简图如图 2-32 所示。

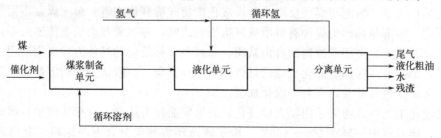

图 2-32　煤直接液化工艺流程简图

煤的液化产物是非常复杂的混合物，从气体到固体，从低沸点到高沸点，分子量的分布也很广。煤炭经过加氢液化产生的液化油含有较多的芳香烃，并含有较多的氧、氮、硫等杂原子，必须再经过一次提质加工才能得到合格的汽油、柴油产品。液化油提质加工的过程还需进一步加氢，通过加氢脱除杂原子，进一步提高 H/C 原子比，把芳香烃转化成环烷烃甚至链烷烃。表 2-5 列出了煤炭直接液化的步骤和功能之间的关系。

表 2-5　煤发生直接液化的步骤和功能之间的关系

步　骤	条　件	功　能
加氢液化	高温、高压、氢气环境	桥键断裂、自由基加氢
固液分离	减压蒸馏、过滤、萃取、沉降	脱除无机矿物质和未反应煤
提质加工	催化加氢	提高 H/C 原子比、脱除杂原子

一般煤加氢液化工厂的工艺生产装置主要有：①煤液化备煤装置（粗破碎、细破碎、粉碎及干燥等）；②催化剂制备；③煤浆制备（液化用原料煤＋催化剂＋溶剂，充分混合搅拌）；④煤气化制氢（空分、气化炉、煤气净化和变换等）；⑤煤加氢液化装置（煤浆预热器、氢气预热器、煤加氢液化反应器、高温分离器、低温分离器、残渣冷却器等）；⑥液化粗油的提质加工（加氢精制稳定、加氢改质与裂化、常减压蒸馏、重整、抽提、异构化等）；⑦循环溶剂加氢；⑧轻烃回收、硫回收、酚回收及残渣加工处理等装置。

根据原料煤是一步转化还是分两步转化为可蒸馏的液体产品，煤直接液化工艺分为单段和两段两种。单段液化工艺通过一个主反应器或几个串联的反应器生产液体产品。这种工艺也可以包含一个合在一起的在线加氢反应器，对液体产品提质，但没有提高煤的总转化率。两段液化工艺通过两个不同功能的反应器或两套反应装置生产液体产品。第一段的主要功能是煤的热解，在此段中不加催化剂或加入低活性可弃型催化剂，第一段的反应产物于第二段反应器中在高活性催化剂存在下加氢再生产出液体产品。

影响煤直接液化技术的关键因素包括以下几方面。

（1）原料煤

与煤的气化、干馏和直接燃烧等转化方式相比，直接液化属于比较温和的转化方式，反应温度和压力都较低，因此它受所用煤种的影响很大。对不同的煤种进行直接液化，其所需的温度、压力和氢气量以及其液化产物的收率都有很大的不同，但是由于煤中的不均一性和煤结构的复杂性，人们在考虑煤种对直接液化的影响时，目前也仅停留在煤的工业分析、元素分析和煤岩显微组分含量分析的水平上。

（2）供氢溶剂

煤的直接液化必须有溶剂存在，这也是其与加氢热解的根本区别。在煤直接液化中，溶剂的作用主要是使煤溶胀和软化、热解或热解煤、溶解氢气、供氢和传递氢、稳定和保护煤热解产生的自由基、溶剂与煤质反应，对煤液化产物起稀释作用等。由于煤在不同溶剂中的溶解度不同，溶剂与热解的煤种有机质或其衍生物之间，存在着复杂的氢传递关系，受氢体可能是缩合芳环，也可能是游离的自由基团，而且氢转移反应的具体方式又因所用催化剂的类型而异，因此溶剂在加氢液化反应的具体作用十分复杂。一般认为好的溶剂应该既能有效溶解煤，又能促进氢转移，有利于催化加氢。

在煤液化工艺中，通常采用煤直接液化后的重质油作为溶剂，且循环使用，因此又称为循环溶剂，沸点范围一般在 $200 \sim 460\,^\circ\!C$。由于该循环溶剂组分含有与原料煤有机质相近的分子结构，如将其进一步加氢处理，可以得到较多的氢化芳烃化合物，使供氢能力得到提高。另外，在液化反应时，循环溶剂还具有加氢作用，同时增加煤液化的产率。

（3）催化剂

催化剂在煤直接液化过程中起着极其重要的作用，对催化剂的基本要求是：对煤中桥键断裂和芳烃加氢活性高，成本低，用量少，对可弃性催化剂而言还要求弃后不污染环境。有工业价值的煤加氢液化催化剂主要有：金属催化剂（主要是镍、钼催化剂）、铁系催化剂（含氧化铁的矿物或铁盐，也包括煤中含有或伴生的含铁矿物）和金属卤化物催化剂，由于金属卤化物回收困难且对设备有腐蚀性，在工业上很少应用。

按使用成本和方法的不同，煤加氢液化催化剂分为廉价可弃型催化剂和可再生型催化剂。廉价可弃型催化剂由于价格便宜，在直接液化过程中与煤一起进入反应系统，并随反应产物排出，经过分离和净化过程后存在于残渣中。最常用的催化剂为含有硫化亚铁或氧化铁的矿物或冶金废渣，如天然黄铁矿（FeS_2）、高炉飞灰（Fe_2O_3）等，铁系可弃型催化剂活性稍差，用量较多，但来源广且便宜，通常常用于煤的一段加氢液化反应中，反应完不回收。

可再生型催化剂的催化活性一般优于廉价可弃型催化剂，主要有 $Co\text{-}Mo/Al_2O_3$、$Ni\text{-}Mo/Al_2O_3$ 和 $(NH_4)_2MoO_4$，活性高，用量少，但价格昂贵。因此在实际工艺中往往以多孔氧化铝或分子筛为载体，使之能在反应器中停留较长时间。在运行过程中，随着时间的增加，催化剂的活性会逐渐下降，所以必须设有专门的加入和排出装置以更新催化剂，对于直接液化的高温高压反应系统，这无疑会增加系统的技术难度和成本。

大量的实验表明，金属硫化物的催化活性高于其他金属化合物，因此无论铁系催化剂还是钼（镍）系催化剂，在进入系统前，最好转化为硫化态形式。同时为了在反应时维持催化剂活性，高压氢气中必须保持一定的硫化氢浓度，以防止硫化态催化剂被氢气还原成金属态。

（4）操作条件

温度和压力是直接影响煤液化反应进行的两个因素，也是直接液化工艺两个最重要的操作条件。

煤的液化反应是在一定温度条件下进行的，通常在 400℃ 以上开始热解，但如果温度过高，则一次产物会发生二次热解，生成气体，使液体产物的收率降低。在氢气压、催化剂和溶剂存在的条件下，适宜液化的煤加热到最适合的反应温度，就可以获得理想的转化率和油收率。煤液化反应温度要根据原料煤性质、溶剂质量、反应压力及反应停留时间等因素综合考虑，一般温度最佳值在 420～450℃ 范围内。

反应压力对煤液化反应的影响主要是指氢气分压，大量试验研究证明煤液化反应速率与氢分压的一次方成正比，所以氢分压越高越有利于煤的液化反应。对压力而言，理论上压力越高对反应越有利，但这样会增加系统的技术难度和危险性，降低生产的经济性，因此新的生产工艺都在努力降低压力条件。目前常用的反应压力已经降到了 17～25MPa，大大减少了设备投资和操作费用。

典型的煤直接液化工艺一般是指已通过 50t/d 以上规模的工业性试验验证的较成熟工艺，主要有德国的 $IGOR^+$ 工艺（鲁尔煤炭，德国）、美国 H-Coal 氢煤法工艺（HRI，美国）以及属于加氢溶剂抽提的美国 SRC 溶剂精炼煤工艺（海湾石油，美国）、美国 EDS 供氢溶剂工艺（Exxson，美国）和日本 NEDOL 工艺（NEDO，日本）等。

$IGOR^+$ 工艺是将煤与循环溶剂及可弃型铁系催化剂配成煤浆，与氢气混合后预热。预热后的化合物一起进入液化反应器，典型操作温度 470℃，压力 30MPa，空速 0.5t/($m^3 \cdot h$)。反应产物进入高温分离器。高温分离器底部液化粗油进入减压闪蒸塔，减压闪蒸塔底部产物为液化残渣，顶部闪蒸油与高温分离器的顶部产物一起进入第一固定床加氢反应器，反应条件为温度 350～420℃，压力与液化反应器相同，液体空速（LHSV）0.5h^{-1}。第一固定床反应器产物进入中温分离器。中温分离器底部重油为循环溶剂，用于煤浆制备。中温分离器顶部产物进入第二固定床加氢反应器，反应条件为温度 350～420℃，压力与液化反应器相同，LHSV 0.5h^{-1}。两个固定床加氢反应器内均装有 Mo-Ni 型载体催化剂。第二固定床反应器产物进入低温分离器，低温分离器顶部富氢气循环使用。低温分离器底部产物进入常压蒸馏塔，在常压蒸馏塔中分馏为汽油和柴油馏分。图 2-33 为 IGOR$^+$ 工艺流程简图。

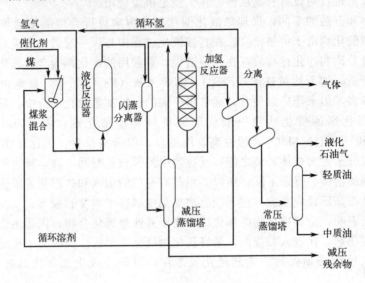

图 2-33　IGOR$^+$ 工艺流程

　　IGOR$^+$ 工艺的操作条件在现代液化工艺中最为苛刻，适合于烟煤的液化。当对烟煤进行液化时，煤的转化率可大于 90%，液体收率为 50%～60%（干基无灰煤）。

　　H-Coal 液化工艺由 HRI 公司（即目前的 Hydrocarbon 技术公司，HTI）根据商业化的用于改善重质油性能的 H-Oil 工艺研制的。根据 H-Coal 液化工艺，美国于 1980 年在肯塔基州的 Catlettsburg 建造了一座 200t/d 的中试厂。该试验厂一直生产到 1983 年。随后，美国设计了一座可进行商业化生产的液化厂，准备建在肯塔基州的 Breckinridge，但由于当时油价的下跌建设计划最终放弃。H-Coal 液化工艺的特征是采用沸腾床（Ebullated）催化反应器，这是区别于其他液化工艺的显著特点。沸腾床反应器比固定床反应器有许多优点，因为前者反应器中的物质被充分混合，并易于进行温度监测和控制。另外，沸腾床反应器可以在运行期间更换其催化剂，这样可以保持催化剂良好的活性。这一点对于使用载体的催化剂尤其重要。与其他液化工艺相比，H-Coal 液化工艺的产率随煤种的不同而不同。当使用合适的煤种时，总转化率可以超过 95%，液体产率达到 50%（干基煤）。美国能源部资助的大部分液化项目是以 H-煤液化工艺为基础的，该工艺也被有效地应用到催化两段液化（CTSL）工艺中。

　　Exxon 公司于 20 世纪 70 年代开始 EDS 液化工艺的开发，在得克萨斯州 Baytown 建造了一座 250t/d 的小规模液化厂，完成了 EDS 工艺的研究开发工作。煤与可蒸馏的循环溶剂混合配成煤浆，循环溶剂已被再加氢，恢复其氢供给能力，加氢后的循环溶剂在反应过程中释放出活性氢提供给煤的热解自由基碎片。通过对循环溶剂的加氢提高溶剂的供氢能力，增强溶剂的效率，这是 EDS 液化工艺的关键特征。EDS 液化工艺的初期投资成本较大，明显缺乏竞争力。位于 Baytown 的试验厂的生产维持到 1982 年，随后继续进行的研究工作持续到 1985 年。

NEDOL 是 20 世纪 80 年代日本在"阳光计划"的研究基础上开发的一项直接液化工艺，如图 2-34 所示，在流程上与 EDS 工艺类似，都是先对液化重油进行加氢后再作为循环溶剂。

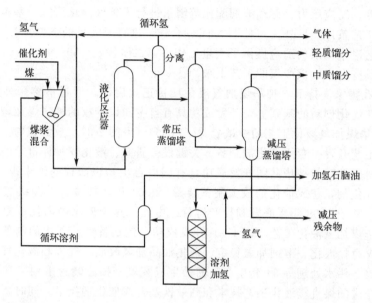

图 2-34　NEDOL 工艺流程

在铁系催化剂质量比为 2%～4% 的条件下，将煤、催化剂与循环溶剂配成煤浆。煤浆与氢气混合，预热后进入液化反应器。该反应器是一个简单的管式液体向上流动的反应器，操作温度为 430～465℃，压力为 17～19MPa。煤浆的表观平均停留时间约 1h，实际的液相煤浆平均停留时间为 90～150min。从液化反应器中出来的产品经冷却、减压后至常压蒸馏塔，蒸出轻质产品。

常压蒸馏塔底物进入减压蒸馏塔，脱除中质和重质馏分。大部分的中质油和全部重质油经加氢后作为循环溶剂。减压蒸馏塔底部的残余物中含有未发生反应的煤、矿物质和催化剂，可作为制氢原料。从减压蒸馏塔中生产出的中质和重质油被混合之后，加入到溶剂加氢反应器。反应器是流体向下流动的固定床催化加氢反应器，操作温度为 320～400℃，压力为 10～15MPa。使用的催化剂是在传统石油工业加氢脱硫催化剂的基础上改进而成。平均停留时间大约 1h。从反应器中出来的产品被减压后进入闪蒸塔中，在此取出加氢后的石脑油产品。闪蒸得到的液体产品作为循环溶剂至煤浆制备单元。

使用不同的煤进行液化时，产品的收率将发生变化，通过调整液化反应器中的工作条件尽量减小这种变化。对所有煤种而言，馏出产品的收率为 50%～55%（干基无灰煤）。

中国煤炭科学研究总院与日本新能源产业技术开发机构和煤炭利用中心签订合作协议，进行了液化示范厂建设的可行性研究。NEDOL 工艺 1t/d PSU 装置利用黑龙江省依兰煤（黑龙江省西林硫铁矿为催化剂）和神华煤（内蒙古临河口硫铁矿为催化剂）进行了试验，分别考察了不同反应压力、煤浆浓度、G/L 比等对液化反应的影响。试验证明，依兰煤的液化转化率达到了 98%，油收率也达到 60%；神华煤的液化油收率达到了 54%，说明 NEDOL 工艺对依兰煤和神华煤是适合的。

20世纪70年代末，我国开始煤炭直接液化技术研究，目的是应对当时的世界石油危机，重点由煤生产汽油、柴油等运输燃料和芳香烃等化工原料。国内煤炭直接液化工艺研究可以分成两个阶段。第一阶段在1996年之前，工艺研究着重在引进工艺的消化吸收，在已有引进试验装置上进行液化反应条件的最佳化研究。在引进的德国液化试验装置上，选择了四种具有代表性的煤——兖州北宿煤、甘肃天祝煤、陕西神木煤和云南先锋煤，对反应停留时间、反应温度、反应压力、循环溶剂配比等因素进行了条件优化研究，基本上获得了上述四种煤的最佳工艺条件。另外，与日本NEDO合作，进行了大量的NEDOL工艺条件试验，为NEDOL工艺对中国煤的适应性做了大量工作。第二阶段在1996年以后，工艺开发的重点转移到开发具有自主知识产权的工艺上来。

2002年，在国家支持下，神华煤加氢液化项目正式启动，通过借鉴国外煤加氢液化工艺技术特点，在优化创新的基础上，开发成功具有自主知识产权的神华煤加氢液化工艺，并建成6t/d的神华煤加氢液化工艺的中试装置（PDU）（见图2-35）放大试验。该装置的建设为煤直接液化工艺开发、专用催化剂制备、关键设备研究、液化煤种评价等的研发平台。同时，煤炭科学研究总院与神华共同开发成功具有国内自主知识产权的纳米级"863"高效合成煤加氢液化催化剂，建成催化剂放大制备装置。2004年，神华百万吨级煤直接液化示范工程开始建设，并于2008年年底顺利投产运行。由此，完全依靠国内技术力量的具有自主知识产权的神华煤加氢液化工艺（CDCL）开发成功，包括备煤、催化剂制备、空分、干煤粉气化制氢、煤直接液化、溶剂加氢稳定、液化油品加氢改质、气体和液化气脱硫、酸性水汽提、硫黄回收、污水处理等54套生产和辅助生成装置，核心装置采用了具有自主知识产权的世界上最先进的煤直接液化工艺技术和高效铁基合成催化剂技术，同时高度重视环境保护工作。

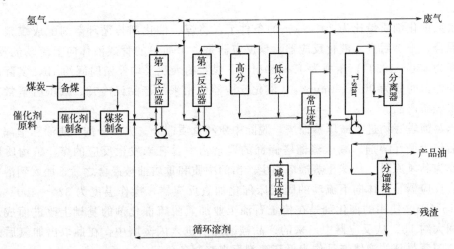

图2-35 神华煤直接液化工艺示意

2008年底，神华煤直接液化百万吨级示范工程试车成功，神华煤加氢液化工艺（CDCL）主要特点有：采用高活性铁系液化催化剂、循环溶剂预加氢、强制循环悬浮床反应器、减压蒸馏分离沥青和固体等，标志着我国成为世界上唯一掌握百万吨级煤直接液化关键技术的国家，使我国煤制油技术实现里程碑式跨越，被评为2009年中国10项重大工程进展之一。

2.10.1.2 间接液化

煤液化的另一条技术路线就是间接液化，其主要工艺是以煤为原料，先气化制成合成气，在一定的工作条件下，通过催化剂作用将合成气转化成烃类燃料、醇类燃料和化学品的过程。

间接液化主要分两种生产工艺，一是费-托（Fischer-Tropsch）工艺，将原料气直接合成油；二是摩比尔（Mobil）工艺，由原料气合成甲醇，再由甲醇转化成汽油。其中费-托合成是煤间接液化的核心。

1926 年，德国的 Fischer 和 Tropsch 合作，发表了题为"常压下由煤气化产物合成汽油"的文章，开始了煤的间接液化，并于 1936 年在鲁尔化学公司实现工业化。在催化剂和适当条件下，以合成气为原料，合成以石蜡烃为主的液体燃料的工艺过程被称为费-托合成法。费-托合成反应作为煤炭间接液化过程中的重要反应，一直受到各国学者的广泛重视，已经成为煤间接液化制取各种烃类及含氧化合物的重要方法之一。

煤间接液化的发展主要经历了早期迅速发展阶段、受石油冲击发展平缓阶段，以及受能源战略影响而成熟发展的阶段。第二次世界大战期间，基于军事的目的，德国建成了 9 个 F-T 合成油厂，总产量达 57 万吨，此外在日本、法国和中国锦州还共有 6 套合成油装置，世界总生产能力超过 100 万吨。20 世纪 50 年代，随着廉价石油和天然气的供应，以上 F-T 合成油因竞争力差而全部停产。但南非比较例外，南非富煤缺油，长期受到国际社会的政治和经济制裁，被迫发展煤制油工业。煤炭间接液化的大规模商业化生产是在南非实现的。20 世纪 50 年代初成立了 Sasol 公司，1956 年建成了煤间接液化制油工厂 Sasol-Ⅰ，其后在 80 年代又相继建成 Sasol-Ⅱ 和 Sasol-Ⅲ 厂。南非 Sasol 公司是目前世界上最大的煤间接液化企业，年耗原煤近 5000 万吨，生产油品和化学品 700 多万吨，其中油品近 500 万吨。该公司在发展中不断完善工艺和调整产品结构，开发新型高效大型反应器。1993 年又投产一套 2500lb/d(1lb＝0.4539kg) 的天然气基合成中间馏分油的先进浆态床工业装置。

煤的间接液化分两步进行，其主要反应如下。

第一步，由煤制成合成气的煤气化反应：

$$C+H_2O \longrightarrow CO+H_2 \tag{2-73}$$

$$C+1/2O_2 \longrightarrow CO \tag{2-74}$$

第二步是一氧化碳的加氢催化反应，即费-托合成反应，主要有以下一些反应。

甲烷化反应 $\qquad CO+3H_2 \longrightarrow CH_4+H_2O \tag{2-75}$

烷烃化反应 $\qquad nCO+(2n+1)H_2 \longrightarrow C_nH_{2n+2}+nH_2O \tag{2-76}$

甲醇化反应 $\qquad CO+2H_2 \longrightarrow CH_3OH \tag{2-77}$

高级醇反应 $\qquad nCO+2nH_2 \longrightarrow C_nH_{2n+1}OH+(n-1)H_2O \tag{2-78}$

可见费-托合成反应本身是一个复杂体系，反应产物多达数百种以上，具有合成产品碳数分布宽、目的产品选择性差、温度敏感性大、强放热等特点。费-托合成反应十分灵活，因此需要通过控制反应条件及 H_2/CO 比，选择适宜的高选择性催化剂使反应定向进行，调整反应产物的分布。每一类反应都有自己相应的催化剂，如甲烷化反应的催化剂是以氧化铝为载体的金属镍；甲醇化反应的催化剂是锌-铜氧化物；合成汽油的烃类化反应的催化剂是铁，现在已经工业化。

在大多数情况下，费-托合成反应的主要产物是烷烃和烯烃。烃类一般为 C_3 及以上烃类，甲烷等低碳烃是高温时出现的产物。与此同时，费-托合成还可以控制含氧化合物的生成，如醇、醛、酮及少量的酸和酯等，这些一般作为工艺的副产物。

费-托合成的工艺流程分为煤的气化、合成气净化、F-T 合成、产物分离和产品精制五部分（见图 2-36）。F-T 合成工艺的关键在于合成反应器内的反应过程。

在不同的条件下，F-T 合成法可以获得多种产物，但其存在的主要问题恰恰是其合成产

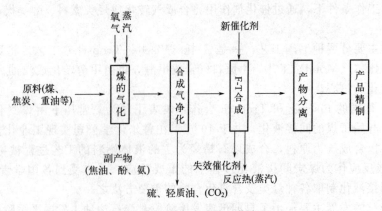

图 2-36　F-T 合成法的工艺流程

品太复杂，而且选择性差。为了提高 F-T 合成技术的经济性，改进产品的性质，出现了复合型催化剂的应用和改进的 FT 法，即 MFT（modified FT），其基本原理流程如图 2-37 所示。

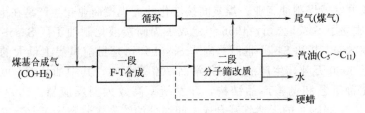

图 2-37　MFT 基本原理流程

在 MFT 中，一段合成的反应产物是 $C_1 \sim C_{40}$ 的烃类混合物，为了提高汽油馏分的产率，将一段合成的产物，通过设有分子筛催化剂的二段反应器中进行反应，使一段反应产物发生裂解、脱氢、环化、低分子烯烃聚合等反应，最终得到主要是 $C_5 \sim C_{11}$ 的汽油馏分。其与传统 FT 合成法的产物分布区别如图 2-38 所示，可以看出 MFT 法可以把产物分布在很窄的汽油馏分范围内。

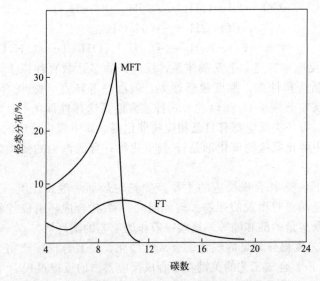

图 2-38　传统 F-T 合成与 MFT 合成法的产物分布

间接液化工艺的核心是 F-T 合成反应器，合成反应器的设计和选择主要考虑以下问题：一是为了使合成反应达到最好的选择性，应保持反应温度的恒定，即反应产生的大量热必须能顺利排出；二是需要考虑与催化剂相关的问题，如催化剂的更换、催化剂与液体产物的分离等。从 Sasol 公司煤液化的发展来看，合成反应器技术经历了固定床反应器阶段（1950～1980 年）、循环流化床阶段（1970～1990 年）、固定循环流化床阶段（1990 年～）和浆态床反应器阶段。图 2-39 给出了上述反应器的结构，由于不同反应器所用催化剂和反应条件有所不同，反应器内传热、传质和停留时间等工艺条件不同，反应产物也有很大差别。浆态床

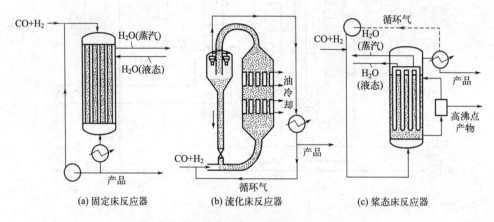

图 2-39　F-T 合成器结构

反应器是 Sasol 公司在 20 世纪 90 年代初开发研究并投入工业应用的新型反应器。它是一个三相流化床，用来生产石蜡和重质燃料油。其最大的优点是适应现代气化炉产生的合成气 H_2/CO 较低，不用变换即可通入浆态床，因为有液相存在，传热良好，可以控制反应不致催化剂失活。与流化床相比，浆态床的反应温度较低，操作条件和产品分布的弹性大。然而由于反应物需要穿过床内液层才能到达催化剂表面，所以其传质阻力大，传递速度小，表现为催化剂活性低。同时在技术上还需解决液固分离的问题。

催化剂的活性对间接液化的转化率和产品分布有着极其重要的影响。F-T 合成催化剂的活性金属主要是Ⅷ族过渡金属元素，目前工业化的催化剂主要是 Fe 系和 Co 系催化剂。Fe 系催化剂对水煤气变换反应具有高活性，链增长能力较差，利于生成低碳烯烃，反应温度高时催化剂易积碳中毒。Co 系加氢活性与 Fe 系相似，具有较高的链增长能力，反应过程中稳定且不易积碳和中毒，产物中含氧化合物极少，水煤气变换反应不敏感等特点，但 Co 系催化剂必须在低温下操作，使反应速率下降，而且价格较高。目前 F-T 合成中使用的催化剂主要是多金属复合型催化剂。

针对传统的 F-T 方法存在的缺陷，由金属氧化物（$ZnCrO_x$）和多孔 SAPO 沸石（MSAPO）组成的双功能催化剂 OX-ZEO（Oxide-Zeolite），可以将 CO 活化和 C—C 键形成这两个过程分开，开创了煤制烯烃新捷径。CO 和 H_2 在金属氧化物表面上被活化，形成含有 CH_2 的化合物，并随后形成烯酮化合物（CH_2CO），后者又从气相中扩散出来进入沸石，在分子筛的纳米孔道里发生受限偶联反应，转化为低级烯烃。该过程的低碳烃类产物（$C_2～C_4$）的选择性达到 94%，其中低碳烯烃（乙烯、丙烯和丁烯）的选择性大于 80%，并且对 CO 的转化率达到 17%。同时，反应过程完全避免了水分子的参与。

南非 Sasol 厂三套煤间接液化系统以当地煤气化制成的合成气为原料，生产汽油、柴油和蜡类等产品。除此以外，其他合成油工艺如 MFT 等也在工业性试验和开发阶段。Sasol-

Ⅱ和Sasol-Ⅲ厂是在20世纪70年代两次石油危机的背景下兴建的，根据Sasol-Ⅰ厂的实践经验确定采用Synthol合成工艺，并扩大了生产规模。图2-40为Synthol流化床合成工艺流程。

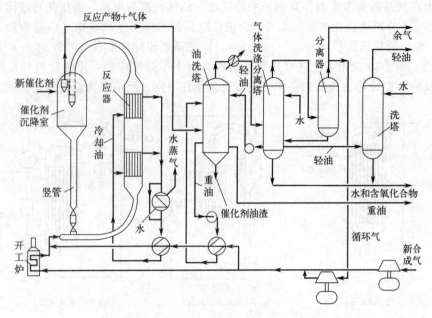

图2-40　Synthol流化床合成工艺流程

当装置开车时，需要点火加热反应气体。当转入正常操作后，气体通过与重油和循环油换热，升温至160℃，然后进入反应器的水平进气管，与沉降室下来的热催化剂混合，进入提升管和反应器内进行反应，温度迅速升至320~330℃。部分反应热由循环冷却用油移出。产物气体通过热油洗塔，析出的重油部分作为循环油加热反应器，其余作为重油产物。在热油洗塔顶部出来的气体产物经过洗涤分离进一步冷凝成轻油、水和有机氧化物。余气经过洗涤加压后，作为循环气进入反应器。

费-托合成已从CO开始拓展到从甲醇开始，如美国飞马公司利用新材料沸石催化剂可以从甲醇开始直接合成主要是汽油的产品，而一般费-托合成的汽油产率仅为50%左右。以甲醇生产为中间过程，利用甲醇合成汽油、二甲醚等液体燃料，又称为甲醇转化油工艺（methanol to gasoline，MTG）。甲醇转化成汽油的原理并不复杂，甲醇发生放热反应，生成二甲醚和水，然后二甲醚和水又转化为轻烯烃，然后至重烯烃。示意方程式如下：

$$2CH_3OH \longrightarrow CH_3OCH_3 + H_2O \longrightarrow 轻烯烃 \longrightarrow 重烯烃（大于 C_5）$$

在催化剂作用下，烯烃可以重整得到脂肪烃、环烷烃和芳香烃，但一般所得烃的碳原子数不会超过10。在Mobil开发的MTG工艺中，催化剂为沸石催化剂ZSM-5，转化反应发生在固定床反应器内，工艺采用两段反应器，一段为二甲醚反应器，另一段为转化反应器，此时反应器温度在340~407℃，压力2.0MPa。

甲醇在化工领域有着广泛的应用，除制备液体燃料外，也可生产乙烯等化工原料，或是直接作为发动机燃料，其工艺流程比较灵活。

国际上有丰富廉价的天然气资源的国家也集中于开发气转液（gas to liquid，GTL）技术，世界各大石油公司均投入巨大的人力物力研究这一过程，通过F-T合成将合成气在钴催化剂作用下最大限度地转化为重质烃，再经过加氢裂化与异构化转化为优质柴油和航空煤油，同时生成高附加值的副产物硬蜡。荷兰壳牌公司研制开发的新型钴基催化剂在马来西亚实现了年产 50 万吨中间馏分油（包括柴油、航空煤油和石脑油）的商业运行，其寿命长达 1 年，且可再生利用。

20 世纪 80 年代初，受世界石油危机影响，考虑到煤炭资源丰富的国情，我国重新恢复了煤制油技术的研究与开发。中国科学院山西煤炭化学研究所（山西煤化所）在分析甲醇制汽油（MTG）和 Mobil 浆态床工艺的基础上，提出将传统的 F-T 合成与沸石分子筛相结合的固定床两段合成工艺（MFT 工艺），1989 年在山西代县建成煤基甲醇合成汽油中试装置，完成了百吨级中间试验，并于 1993~1994 年间在山西晋城第二化肥厂进行了 2000t/a 的煤基甲醇合成汽油工业试验，生产出合格的 90 号汽油，为万吨级的工业化生产奠定了基础。2000 年，国家计委批准，在神府煤田和先锋煤田兴建两个煤液化项目，总投资约 200 亿元，年产石油 200 万吨。中国科学院山西煤化所又进一步开发出新型高效 Fe/Mn 超细催化剂，使汽油收率和品质得到较大幅度的提高，并进行了催化剂制备放大的验证，对浆态床技术中催化剂分离和磨损问题的研究也取得一定进展，完成了第一代万吨级煤制油工业软件包的开发，同时研制出高性能新型钴基催化剂。除山西煤化所外，兖矿集团也进行了大量工作，设计和建设了规模为万吨级 F-T 合成中试装置，所开发的低温 F-T 合成流程操作简单，工艺参数易于控制，成品收率高，已进入工业化实施阶段，应该说，我国自主开发的 F-T 技术已基本形成。神华内蒙古鄂尔多斯、山西潞安、内蒙古伊泰三个 16 万~18 万 t/a 示范工程均已建成投运，神华宁夏煤业集团 400 万 t/a 煤炭间接液化示范项目建成并产出合格油品。作为世界上唯一同时掌握百万吨级煤间接液化和直接液化两种煤制油技术的国家，我国目前煤制油年产能已超 900 万吨，相当于辽河油田一年的原油产量。2016 年 7 月，习近平总书记视察神华宁夏煤业集团 400 万吨/年煤炭间接液化项目时指出："在我国西部建设这样一个能源化工基地，特别是建设一个目前世界上单体规模最大的煤制油项目，具有战略意义。"在煤制油项目现场发出了"社会主义是干出来的"伟大号召。

与直接液化相比，间接液化的柴油馏分插合物的直链烃多，环烷烃少，十六烷值高，如表 2-6 所示。同时其不含氮硫杂质，凝点高，所以两者的柴油馏分都需要经过加氢提质工艺才能得到合格的柴油产品。

表 2-6　直接液化和间接液化合成馏分组成与性质　　　　单位：%

生成物	直接液化馏分油		间接液化馏分油（浆态床）	
	汽油	柴油	汽油	柴油
烷烃	16.2	1	60	65
烯烃	5.5		31	25
环烷烃	55.5	7	1	1
芳烃	18.6	60	0	0
极性化合物	4.2	24	8	7
沥青烯	—	8		2
合计	100	100	100	100
辛烷值（无铅）	80.3		35~40	
十六烷值	—	<20		65~70

表 2-7 为两种液化技术比较，直接液化装置的规模相对较小、投资较少、原煤消耗较低，汽油、柴油等目标产品的选择性较高，但直接液化的操作条件苛刻、合成的油品质量较差，而且对煤炭的种类依赖性强，只有褐煤、次烟煤等煤种才能适用，这就大大限制了直接液化技术的应用范围，这使得间接液化的应用空间更为广阔。

表 2-7　直接液化和间接液化技术比较

项目	直接液化	间接液化
煤种适应性	差	强
反应及操作	苛刻	适度
温度/℃	435~445	270~350
压力/MPa	12~30	2.5
油收率	较高	一般
设备材质	要求高，部分设备需进口	要求较低，设备可以全部国产化
技术成熟程度	小型试验，比较成熟	工业化，相当成熟
目标产品	柴油、汽油或石脑油	汽油、柴油、煤油等烃类产品，或高附加值有机化工产品
合成汽油辛烷值	高达 80，合成柴油的十六烷值 20，需要加氢裂化改质	仅 35~40，柴油十六烷值高达 70
耗水量	较少	较大

煤制油项目原料是煤、产品是油，因此会受到煤价、油价双重影响，但作为国家能源战略技术储备和产能储备，煤制油肩负保障能源安全重任。

2.10.2　煤的气化

煤炭气化的历史悠久。1780 年丰塔纳（Felice Fontana）在赤热的煤上通以水蒸气制得水煤气，1792 年威廉·孟都克（William Murdoch）制得煤气用于照明。1832 年，彼索夫用空气使泥炭气化，得到发生炉煤气。1861 年建成了第一台阶梯式炉箅的西门子煤气发生炉。1909 年世界上发表了第一个煤炭地下气化的专利。1926 年第一台工业化的温克勒（Winkler）流化床气化炉建于德国哈雷的洛伊纳厂，同时开始了煤加压气化的研究。1936 年第一台加压固定床鲁奇气化炉实现了工业化。1952 年第一台工业化的气流床——K-T 炉在芬兰建成投产。现在煤气化技术的应用已相当广泛。20 世纪 70 年代以来，由于洁净煤技术的发展，煤气化联合循环发电技术的出现，把煤气化技术的开发提到了一个新的高度，显示出广阔的前景。

煤炭气化技术不仅是煤炭间接液化过程中制取合成气的先导技术，而且是煤炭直接液化过程中制取氢气的主要途径，可以说煤炭气化技术是未来煤的洁净利用技术的基础。煤炭气化产物在电力生产、城市供暖、燃料电池、液体燃料和化工原料合成等方面有着极其广泛的应用，能够达到充分利用煤炭资源的目的，是未来洁净煤技术的主要工艺单元和核心（见图 2-41）。

2.10.2.1　煤炭气化的定义

煤炭气化是一种热化学过程，它以煤或煤焦为原料，在空气（氧气、富氧或纯氧）、蒸汽等作气化介质（或称气化剂）的情况下，在高温条件下通过部分氧化反应将原料煤从固体燃料转化为气体燃料（即气化煤气，或简称煤气）的工艺过程。因为是把固体的煤变成气体，所以叫气化。从工艺上讲，煤气化工艺往往还包括气化净化过程，即通过净化设备除去气化煤气中灰和含硫物质等杂质，以得到清洁、易运输的气体燃料的过程。

从化学反应角度，煤的气化和燃烧都属于氧化过程。当煤点燃时，其潜在化学能就会以热的形式释放出来，即空气中的氧气和煤中的碳、氢反应生成 CO_2 和 H_2O，并放出热量。在氧气充足的情况下，煤将发生完全氧化反应，其所有的化学能最终都转化为热能，这个过

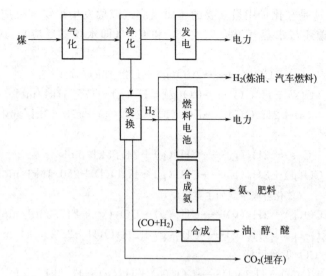

图 2-41　以气化为基础的煤炭利用

程就是燃烧。但如果减少氧气量,煤中潜在化学能就会转移到生成的气体产物中,如 H_2、CO、CH_4 等,释放出的热量减少。煤的气化过程实质上是煤的部分燃烧与气化过程的组合,通过控制供氧量,使煤通过部分氧化反应,转化成具有一定潜在化学能的气体燃料的过程。

煤的气化也不同于干馏。干馏是煤炭在隔绝空气的条件下,在一定的温度范围内发生热解,生成固体焦炭、液体焦油和少量煤气的过程,它是一个全热解过程(分为低温、中温和高温干馏)。而气化不仅具有高温热解的过程,同时还通过与气化剂的部分氧化过程将煤中碳转化为气体产物。从转化角度来看,干馏技术将煤本身不到10%的碳转化为可燃气体混合物,而气化则可将碳完全转化。

2.10.2.2　煤炭气化原理

煤炭气化反应是一个复杂的物理化学过程,涉及的化学反应包括温度、压力、反应速率、化学反应平衡及移动等问题,物理过程包括物料及气化剂的传质、传热、流体力学等问题。煤的气化大致可分为两个阶段:煤的干燥与部分燃烧阶段和煤的气化阶段,在煤的气化过程中,煤的干燥与部分燃烧作为煤气化前的准备阶段。

煤的主要干燥阶段发生在150℃以前,在此阶段煤失去大部分水分。当煤粒温度升高到350~450℃时,开始发生煤的热解,释放出挥发分,主要是煤中可燃物热解生成的气体、焦油蒸气和有机化合物,以及热解水等。由于少量氧气的存在,部分可燃气体发生燃烧。煤在热解过程中产生挥发分的数量和质量主要与原料煤的煤阶、煤料的升温速率以及煤料在气化炉内的运动方式等因素有关。

煤的气化反应是热解生成的挥发分、焦炭或半焦与气化剂发生的复杂反应。与燃烧过程中保持一定的过氧量相反,气化反应是在缺氧状态下进行的,气化反应的主要产物是 CO、H_2 和 CH_4,只有小部分碳被完全氧化为 CO_2,可能还有少量的 H_2O。煤炭气化的主要化学反应过程有以下 4 种。

① 氧化燃烧反应

$$C(s)+O_2(g)\longrightarrow CO_2(g)+393.51kJ/mol \tag{2-79}$$

$$C(s)+1/2O_2(g)\longrightarrow CO(g)+110.54kJ/mol \tag{2-80}$$

$$H_2+1/2O_2(g)\longrightarrow H_2O(l)+241.8kJ/mol \tag{2-81}$$

② 气化反应。这是气化炉中最重要的还原反应（或称发生炉煤气反应），在有水蒸气参与反应的条件下，碳还与水蒸气反应生成 H_2 和 CO（即水煤气反应），这些均为吸热化学反应。

$$C(s) + CO_2(g) \longrightarrow 2CO(g) - 172.43kJ/mol \qquad (2-82)$$

$$C(s) + H_2O(l) \longrightarrow CO(g) + H_2(g) - 175.31kJ/mol \qquad (2-83)$$

$$C(s) + 2H_2O(l) \longrightarrow CO_2(g) + 2H_2(g) - 178.19kJ/mol \qquad (2-84)$$

③ 甲烷化反应

$$C(s) + 2H_2(g) \longrightarrow CH_4(g) + 74.85kJ/mol \qquad (2-85)$$

$$CO(g) + 3H_2(g) \longrightarrow CH_4(g) + H_2O(l) + 250.16kJ/mol \qquad (2-86)$$

（催化合成甲烷的主要反应）

$$2CO(g) + 2H_2(g) \longrightarrow CH_4(g) + CO_2(g) + 247.28kJ/mol \qquad (2-87)$$

$$CO_2(g) + 4H_2(g) \longrightarrow CH_4(g) + 2H_2O(l) + 253.04kJ/mol \qquad (2-88)$$

④ 水煤气平衡/CO 变换反应

$$CO(g) + H_2O(l) \longrightarrow CO_2(g) + H_2(g) + 41.2kJ/mol \qquad (2-89)$$

除了以上反应外，煤中存在的其他元素如硫、氮等，也会与气化剂发生反应，生成一些含硫和氮的气态产物，如 H_2S、COS、NH_3 及 HCN 等，这些产物必须在煤气使用前的净化过程中脱除。

一般情况下，煤的气化过程均设计成使氧化和挥发裂解过程放出的热量与气化反应、还原反应所需的热量加上反应物的显热相抵消。总的热量平衡采用调整输入反应器中的空气量和/或蒸气量来控制。

在煤的气化过程中，根据气化工艺的不同，上述基本反应过程可以在反应器空间中同时发生，或不同的反应过程限制在反应器的各个不同区域中进行，亦可以在分离的反应器中分别进行。

2.10.2.3 煤气化过程的影响因素

影响煤气化过程的因素很多，如原料煤的性质、煤中矿物质及操作条件等。

（1）煤的性质

气化用煤的性质主要包括反应活性、黏结性、结渣性、热稳定性、机械强度、粒度组成及煤的水分、灰分和硫分等。

煤的反应活性是指在一定的外部条件下，与气化剂（氧气、水蒸气）相互作用并发生反应的能力。一般煤化程度越低，挥发分含量越高，干馏后焦炭化比表面积越大，其反应活性就越好。煤的反应活性与煤气化效果有着直接关系。反应活性越好，其起始气化的温度就越低，而低温条件对生成 CH_4 有利，也能减少氧耗。

黏结性是指煤被加热到一定温度时，因受热分解而变成塑性状态，颗粒之间受胶质体及膨胀压力的作用相互黏结在一起的性能。煤的黏结性对气化操作及其设备的选择影响很大。对于黏结性煤，由于容易发生聚合，导致气流分布不均匀，在固定床中会阻碍料层下移，在流化床中会破坏流态化，从而影响气化效果。因此，最适于气化用的原料煤是无黏结性或黏结性较弱的煤种。

煤的热稳定性是指煤在高温燃烧和气化过程中对热的稳定程度。对于移动床气化炉来说，热稳定性差的煤将会增加炉内阻力和带出物量，降低气化效率。

（2）煤中矿物质

煤中矿物质在气化和燃烧过程中，由于灰分的软化熔融而转变成炉渣。矿物质的影响主要涉及两个方面：对气化反应速率的影响和对结渣、排渣的影响。对移动床气化炉，大块的炉渣将会破坏床内均匀的透气性，严重时炉算不能顺利排渣；对流化床来说，即使少量的结渣也会破坏炉内正常的流化状况。因此移动床和流化床气化炉需考虑煤灰的结渣性。

（3）操作条件

操作条件主要是指气化温度和压力。温度增高有利于提高煤的反应活性和碳的转化率，同时不同的操作温度还会影响产物的生成，如低温条件有利于 CH_4 的生成。对于固态排渣的气化方法，为了防止结渣，应将气化温度控制在煤的灰熔点以下。

相比于气化温度，压力对气化的影响更为重要。它不仅直接影响化学反应的进行，还会对煤的性质产生影响，从而间接影响气化效果。一般来讲，在加压情况下，气体密度增大，化学反应加快，有利于生产能力的提高，从化学平衡来看，加压有利于 CH_4 的生成，不利于 CO_2 的还原和水蒸气的分解，从而导致水耗量增大，煤气中 CO_2 浓度有所增加。

对于气化反应平衡来讲，低温高压的条件，有利于 CH_4 的生成，因此在生产高热值煤气时，往往采用加压降温的方式。

2.10.2.4　煤气化产物分类

一般将煤气化生成的气体产物称为煤气，其中气化炉出口处未经净化的煤气常称为粗煤气。采用不同的气化剂和气化工艺，所得到的煤气成分和热值也不同。根据其性质，煤气可以广泛地应用在各个工业和民用领域，如作为气体燃料的城市煤气、工业用发生炉煤气、水煤气和替代合成气，以及可进行液体燃料和化工产品合成的合成气等。通常煤气按其热值和组成进行以下分类。

按照煤气在标准状态下的热值分类，可以分为低热值煤气（$3.8 \sim 7.6 MJ/m^3$）、中热值煤气（$10 \sim 20 MJ/m^3$）和高热值煤气（$>21 MJ/m^3$）。中热值煤气是用氧气或富氧气体代替空气作为气化剂，煤气中可燃成分的比例较高，可以管道输送，适于民用或工业用，还特别适用于就地发电。目前世界上已经运行的整体煤气化循环电站多采用富氧（纯度 $85\% \sim 95\%$）气体作为气化剂来得到中热值煤气，经过净化后直接用于燃烧并驱动燃气轮机进行联合循环发电。高热值煤气是中热值煤气经过进一步甲烷化工艺过程而制得，主要成分是甲烷，也称为合成天然气。

根据采用的气化剂和煤气成分的不同，按其热值高低可细分为：发生炉煤气、水煤气、合成气、城市煤气以及替代天然气等。

发生炉煤气是用空气和水蒸气作为气化剂得到煤气，主要成分为 CO、H_2、N_2、CO_2 等，由于混入了大量氮气，所以其热值很低，又称贫煤气或混合煤气。

水煤气一般是在气化炉中交替吹送空气和水蒸气，由水蒸气作为气化剂与炽热的无烟煤或焦炭作用得到的。主要成分为 CO 和 H_2，空气起热载体作用，因此氮气含量较低，煤气热值高于发生炉煤气。

合成气是指具有特定组分要求，在化工领域为了合成某种化工产品而作为合成原料的煤气。合成气的组成与用途有关，如合成氨、合成甲醇、合成醋酸等都有不同的成分要求，合成氨所用的合成气必须是氮和氢的混合物，且 H_2/N_2 约等于 3，合成甲醇用合成气要求 CO 含量较高。

作为民用燃料气，我国城市煤气要求热值大于 $14.64 MJ/m^3$，H_2S 含量少于 $20 mg/m^3$，氧体积含量少于 1%。

替代天然气是气体成分和热值天然气类似的煤气，一般要求 CH_4 含量在 75% 以上，热值在 $41.8 MJ/m^3$ 左右，属高热值煤气，可在工业应用中作为天然气的替代品使用。

综上所述，煤气的有效成分主要是 H_2、CO、CH_4 和其他气态烃类化合物，采用不同的气化剂和不同的气化工艺方法可以得到不同组成成分的煤气，当然也与煤质有关。

2.10.2.5 煤气化的基本工艺流程

由于煤炭的性质和煤气产品用途不同，所采用的气化工艺流程也不一样，很难用一种系统流程把众多的气化工艺加以概括。图 2-42 所示为最基本的煤炭气化工艺流程，由原料制备、煤的气化、粗煤气净化及脱硫、煤气 CO 变换、煤气精制及甲烷化 6 个基本单元组成。

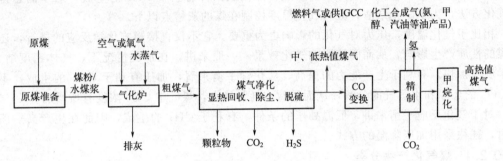

图 2-42　煤炭气化工艺的基本流程

在生产中低热值煤气时，一般只需要前三个工艺单元，即原料准备、煤气的生产和净化。在需要生产高热值煤气时，为了在煤气生产过程中获得富氢和甲烷含量较高的气体产物，还需要煤气变换、精制和甲烷合成三个环节。在生产合成氨原料时，则往往只需进行 CO 变换，调节煤气中的 H_2 和 CO 比例即可。

煤炭气化技术分地面和地下两种。地面气化指采出煤炭后进行热加工的一种过程，使煤炭转化成为一氧化碳、氢和甲烷等可燃性气体。在整个煤炭气化系统中，其核心设备是气化炉部分。气化炉是进行煤气化过程的场所，不同的气化方法往往对应不同的气化炉设计和操作条件，从而影响煤的气化效率和粗煤气的组成。

2.10.2.6 煤气化炉的种类

煤气化炉是气化工艺中最主要的设备，气化炉的最早使用功能是生产城市煤气和化工原料，近年来开始用于整体煤气化联合循环发电系统中。已经商业化的十几种气化工艺均有几十年的发展历史，并根据其特点适用于不同的场合。根据气化炉的结构特点和物料在气化炉中进行转化时的运动方式，煤的气化工艺分为移动床（固定床）、流化床和气流床三种气化工艺。按气化炉的进料方式不同，又分为湿法和干法进料。基于以上各种工艺，世界上不同的厂家提供的工艺设备和系统结构在细节上也有所不同。

移动床气化法的原料是块煤，原料煤和气化剂逆流接触，煤在炉内的停留时间较长，约为 $1 \sim 1.5h$，反应温度较低，碳的转化率和气化效率较高，但煤气的生产能力较小。若使用黏结性煤，还需在炉内增加搅拌设备。

与移动床气化法相比，流化床气化法采用粒度较小的煤，与气化剂的接触面大，反应速率快，因此使得单炉的生产能力得到提高。但流化床气化技术的灰渣和飞灰含碳量均较高，其飞灰的回收和循环还存在一定的技术问题。

气流床气化法的原料煤粒度更低，一般极细的原料煤颗粒与气化剂顺流接触，反应速率十分迅速。炉内温度很高，其碳的转化率和单炉生产能力都很高。

（1）固定床气化炉

固定床气化炉又分为常压和加压气化炉两种，运行方式上有连续式和间歇式的区分。固定床气化炉代表炉型有 W-G 型炉、原苏联的Ⅱ型炉、UGI、水煤气两段炉、发生炉两段炉等。

在固定床气化过程中，由于原料煤和气化剂的逆流接触，使得沿床层高度方向上有一明显变化的温度分布。在不同温度区域内所进行的物理化学过程也不一样，对于常压固定床气化法来讲，一般自上而下可分为预热干燥层、干馏层、气化层/还原层、燃烧层/氧化层以及灰渣层。常压固定床气化炉历史悠久、技术成熟、操作简单、工艺可靠、投资费用低，在我国，以 Ⅱ 型炉和间歇式水煤气炉为代表的常压固定床气化炉普遍应用于甲醇和合成氨生产、冶金、玻璃、纺织等领域。但在实际应用中存在以下问题：①由于以空气为气化剂，其煤气中 N_2 的比例较高，因此煤气热值较低，属于低热值煤气；②以块煤为原料，在炉内停留时间较长，虽然碳的转化率较高，但反应速率较慢，炉内温度和气化强度都较低，单炉生产能力较差；③生成的粗煤气在离开气化炉之前经过干馏层，使得其含有一定量的干馏产物和煤粉杂质，给后续的煤气净化和加工造成不便。

在发达国家，常压固定床气化炉已经应用很少，主要应用的是以鲁奇（Lurgi）和 BGC-Lurgi 为代表的加压固定床气化炉。

加压固定床气化炉是一种在高于大气压的条件下（1～2MPa 或更高压力）进行煤的气化操作，以氧气、水蒸气为气化介质的气化炉。Lurgi 工艺以褐煤或长焰煤、不黏煤等块煤为气化原料，煤由气化炉顶部加入，气化剂由气化炉底部通入。在气化炉内，煤料与气化剂逆流接触，气体产物的大部分显热供给煤气化前的干馏与干燥，煤气从气化炉顶部排出的温度较低；而排渣的显热又预热了入炉的气化剂，灰渣在较低的温度下从气化炉底部排出。所以，该工艺的热量利用比较合理，气化过程进行得比较完全，气化效率高，是一种比较理想的完全气化方式。升高操作压力可以使煤气中 CO_2 和 CH_4 含量增加，通过选用适当的变换工艺，可以创造适宜高热值可燃气体 CH_4 生成的条件，从而提高煤气中的 CH_4 含量和热值。加压气化除了一般常压气化发生的碳燃烧、二氧化碳还原、水煤气反应和水煤气平衡反应外，还主要发生一系列甲烷化反应，而这些反应在常压下是需要催化剂参与才能发生的。

加压固定床气化和常压气化过程一样，煤入炉后从上向下经过原料煤的干燥、干馏、煤气化、燃烧及灰渣的排出等物理、化学及物理化学过程，因此煤料层自上而下分成干燥层、干馏层、甲烷层、气化层（还原层）、氧化层和灰渣层。沿气化炉的床层高度方向，煤料和煤气的温度是变化的，床层内有一个温度的最高点，如图 2-43 所示。

加压固定床气化炉内的煤料层与层之间并不存在明确的界限，气化炉内的反应也是十分复杂且大部分反应相互交融在一起，所谓分层只是依据其主要反应和特性加以区分。

加压固定床气化炉操作温度较高（但一般不超过 1100℃），气化中会产生酚类、焦油等有害物质，因此煤气净化处理工艺较复杂，易造成二次污染，另外，只能用块煤，不能用粉煤，设备维护和运行费用较高。

（2）流化床气化炉

流化床气化炉是基于流态化原理的气化反应器。其原理和流化床燃烧具有相同之处，都是利用煤的流态化来实现特殊的流动状态来实现煤的化学反应，在这里用气化剂代替了燃烧用的空气。流化床气化经过多年的发展，形成了多种气化工艺。如 U-gas、KRW、HY-gas、CO-gas、旋流板式的 JSW、温克勒（Winkler）、高温温克勒（HTW）、循环流化床气化炉（CFBG）、喷射床气化炉（spout bed gasifier）、灰熔聚气化、双器流化床、分区流化床、循环制气流化床、水煤气炉及加压流化床等。

一般流化床气化炉不能从床层中排出低碳灰渣，这是因为要保持床层中高的碳灰比和维持稳定的不结渣操作，流化床内必须混合良好。因此，排料的组成与床内物料的组成是相同的，造成排出灰渣中含碳量就比较高。为了解决这一问题，提出了熔聚排灰方式。所谓灰熔

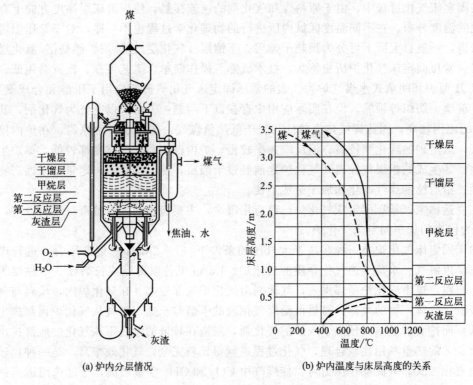

(a) 炉内分层情况　　　　　　　　　(b) 炉内温度与床层高度的关系

图 2-43　加压固定床分层及炉内温度与床层高度的关系

聚是指在一定的工艺条件下，煤被气化后，含碳量很少的灰分颗粒表面在软化而未熔融的状态下团聚成球形颗粒，当颗粒足够大时即向下沉降并从床层中分离出来。其主要特点是灰渣与半焦的选择性分离，即煤中的碳被气化成煤气，生成的灰分熔聚成球形颗粒，然后从床层中分离出来。

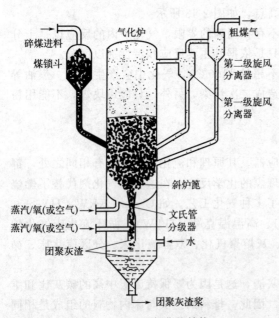

图 2-44　U-gas 气化炉结构

U-gas 气化工艺就是一种灰熔聚加压流化床气化工艺。U-gas 气化炉的结构如图 2-44 所示，气化炉要完成四个过程：煤的破黏脱挥发分、煤的气化、灰的熔聚和分离。经过粉碎和干燥的煤料均匀稳定地加入炉内。煤脱黏时的压力与气化炉的压力相同，温度一般为 370~430℃，吹入的空气使煤粉颗粒处于流化状态，并为煤部分氧化提供热量，同时进行干燥和浅度炭化，使煤粉颗粒表面形成一层氧化层，达到脱黏的目的。脱黏后的煤粒在气化过程中，可以避免黏结现象的发生。

在流化床内，煤与气化剂在 950~1100℃和表压 0.69~2.41MPa 下接触反应。其中一部分气化剂从气化炉底部分布板进入气化炉以维持煤料床层的正常流化，其余气化剂则通过炉底锥形顶部的排灰管进入团聚区，使得此处温度高于周围的床层温度，且接近原料煤的灰熔融性（ST）。此时，含灰量高的粒子相互团聚，并逐渐长大和增重，直到能克服自下而上气流的阻力时，便从床层中分离出来而落入气化炉底部充水的灰斗内。随粗煤气从流化床顶部带出的固体颗粒经过两级旋风分离器，从第一级分离器出来的较粗固体颗粒返回流化床内气化，从第二级分离器出来的较细固体颗粒进入炉内排灰区，经过进一步气化和灰团聚后排入气化炉底部灰斗。

U-gas 气化工艺的突出优点是它气化的煤种范围较宽，碳的转化率高。气化炉的适应性广，对于一些黏结性不太大或者灰分含量较高的煤也可以作为气化原料。

（3）气流床气化炉

气流床气化是以极细的粉煤为原料，氧气-过热蒸汽作为气化介质，煤的气化过程在悬浮状态下进行，细颗粒粉煤分散悬浮于高速气流中，并随之并行流动，这种状态称为气流床。气流床气化属于高温、加压或常压的煤气化工艺。通常使用氧气和过热水蒸气作为气化剂，因此炉内气化反应区温度可达 2000℃，出炉煤气温度都在 1400℃左右。由于煤被磨得很细，具有很大的比表面积，气化反应速率极快，气化强度和单路气化能力比前两类气化技术都高。气流床气化的最大特点在于煤粒各自被气流隔开，每个颗粒单独膨胀、软化、烧尽及形成熔渣，而与邻近的颗粒几乎毫不相干。由于煤料颗粒不易在塑性阶段凝聚，因而煤料的黏结性对气化过程无影响。

已工业化的气流床工艺有常压气流床粉煤气化，如 Koppers-Totzek（K-T）气化；水煤浆加压气化，如 Texaco（德士古）和 Destec（现 E-gas）气化；粉煤加压气化，如 SCGP（Shell 煤气化）和 Prenflo（加压气流床）气化等。

图 2-45 为 Shell 气化系统流程简图。Shell 气流床加压气化技术以干粉煤为气化原料，高压 N_2 输送。粉煤、氧气及蒸汽在气化炉内高温加压条件下发生部分气化反应，煤气化炉炉壁为冷却常压水冷膜式壁结构，并采用挂渣措施保护气化炉壁。气化炉顶约 1600℃的高温煤气出炉后由除尘冷却后的冷煤气激冷至 900℃左右进入合成气冷却器。经回收热量后的合成气进入干法除尘和湿法洗涤系统。其中合成气冷却器产生的高（中）压蒸汽配入粗合成气中，气化炉水冷壁副产的中压蒸汽可供压缩机透平使用。

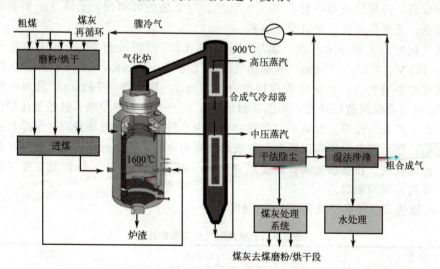

图 2-45　Shell 气化系统流程

从工业运行的表现来看，Shell 气化炉具有如下特点：①煤种适应性广，可使用烟煤、褐煤和石油焦等原料，对原料的灰熔融性适应范围宽，也可气化高灰分、高水分和高含硫量的煤种；②碳转化率高，一般可达99%，冷煤气效率80%～85%，热煤气效率超过95%；③单台生产能力大，目前已投入运行的气化炉，在气化压力3MPa下，日处理煤量达2000t，更大的规模装置正在工业化。

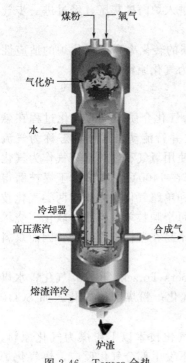

图2-46　Texaco全热回收型气化炉结构

Texaco气化炉是最典型的水煤浆进料的加压气流床气化炉，是由美国德士古石油公司在以重油和天然气为原料制造合成气的德士古工艺基础上开发的。该炉有两种不同的炉型，根据粗煤气采用的冷却方法不同，可分为激冷型和全热回收型，两种炉型下部合成气的冷却方式不同，但炉子上部气化段的工艺是相同的，图2-46给出了Texaco全热回收型气化炉的结构简图。德士古加压水煤浆气化过程是并流反应过程。原料煤经湿磨破碎后，与水或油混合制成煤浆，以液力输送的方式进入煤浆槽，合格的水煤浆原料同氧气从气化炉顶部进入燃烧器。煤浆由喷嘴导入，在高速氧气的作用下雾化。氧气和雾化后的水煤浆在炉内受到高温衬里的辐射作用，迅速进行一系列的物理、化学变化：预热、水分蒸发、煤的干馏、挥发物的裂解燃烧以及碳的气化等。气化后的煤气中主要是CO、H_2、CO_2和H_2O，以及少量的CH_4、N_2、H_2S等。气体夹带灰分并流而下，粗合成气在冷却后，从炉子的底部排出。在全热回收型炉中，粗合成气离开气化段后，在合成气冷却器中从1400℃被冷却到700℃，回收的热量用来生产高压蒸汽。熔渣向下流到冷却器被淬冷，再经过排渣系统排出。合成气由淬冷段底部送下一工序。

Texaco气化炉是水煤浆气化工艺的代表之一。经过多年的发展，已进入商业化运行，最突出的优势在于它的运行经验丰富。采用的水煤浆浓度通常为60%～65%，使得该工艺的氧耗量较高，冷煤气效率一般在70%～75%。与干法进料相比，水煤浆进料系统相对较简单、安全、无灰尘排放、变负荷更容易。

加压气化炉型主要分为三类：加压固定床气化炉（如Lurgi炉）、加压流化床气化炉（Winkler/HTW，KRW，U-gas）和加压气流床气化炉（Texaco，DOW，Shell，Prenflo）。这三类气化炉各有特点。产业化程度以鲁奇（Lurgi）、德士古（Texaco）最为成熟，Shell和Prenflo也已完成示范厂开发，都已达到日处理400～2500t的量级，这些气化炉的发展都以服务于化工产业为先导。鲁奇炉以弱黏结块煤为原料，冷煤气效率最高，但净化系统复杂（焦油处理）；德士古气化炉需以低灰、低灰熔点煤为原料，高温操作，虽气化强度和气体品质较高，但氧耗高、设备投资高；高温温克勒炉（Winkler/HTW）操作温度相对较低，尚只适用于年轻烟煤或褐煤。

表2-8概括了三种典型气化工艺的比较。

表2-8　三种典型气化工艺的比较

项目	固定床	流化床	气流床	
气化工艺	BG/Lurgi	U-gas	Shell	Texaco
进料方式	干式	干式	干式	水煤浆
气化剂	氧气/蒸汽	氧气/蒸汽	氧气/蒸汽	氧气
适用煤种	烟煤	烟煤	烟/褐煤	烟煤

续表

项目	固定床	流化床	气流床	
粒度/mm	5～50	＜6	＜0.1	＜0.5
操作压力/MPa	2.5	0.4～3.2	3.0	3.0～6.5
操作温度/℃	＞2000	950～1090	1500～2000	1260～1540
耗氧量/[kg(氧)/kg(煤)]	0.52	0.6	0.86	0.9
耗汽率/[kg(汽)/kg(煤)]	0.36	—	0.3	0
碳转化率/%	99.9	95.3	99	97.2
冷煤气效率	89	69.6	81	74.3

高效洁净煤气化技术已实现商业化，例如 Texaco 气化技术的 Tampa（日处理 2000t 煤，发电能力为 250MW）；Shell 气化技术的 Buggenum（日处理 2000t 煤，发电能力 250MW）；Kropp 技术的 Puertollano（日处理 2600t 煤与石油，发电能力 300MW）。煤气化技术的大容量示范电站与商业化运行表明，气流床气化炉代表着发展趋势，目前世界上已经商业化的大型（250MW 以上）电站都采用气流床。

虽然国外已开发成功多种煤气化技术，但目前在国内较为成熟的仍然是常压固定床气化技术。它广泛用于冶金、化工、建材、机械等工业行业和民用燃气，以 UGI、水煤气两段炉、发生炉两段炉等固定床气化技术为主。常压固定床气化技术的优点是操作简单，投资小；但技术落后，能力和效率低，污染重，急需技术改造。浙江大学热能工程研究所开发的循环灰载热流化床气化与燃烧技术，它是在循环流化床锅炉旁设置一个干馏气化炉，利用该锅炉的高温灰使气化炉气化吸热，燃料首先送气化炉裂解和蒸汽气化，产生中热值煤气，经净化后供作民用燃料。气化后的半焦灰送循环流化床锅炉燃烧产气、发电。实现燃气、蒸汽联产，热、电、气三联供。这样综合利用，燃料利用率高于 90%，而且对环境污染小，特别适合中小城镇进行煤炭的综合利用，它对煤种的适应性也较强，可采用褐煤、烟煤，甚至加入各种可燃的生物质燃料，如农林废弃物等，以节约煤炭。

2.10.2.7 煤气的净化处理

从气化炉中导出的是粗煤气，含有粉尘、雾状焦油、硫化物和含硫的有机物、氮化物、碱金属及水蒸气等物质。此外，还有极少量的重金属。各种物质的含量多少与煤炭的性质和气化工艺有关。粗煤气中的杂质对煤气的加压、输送和燃烧设备等均存在有害的影响。因此，煤气化的产物必须经过净化处理。

煤气净化的目的是采取技术与经济可行的技术措施，清除煤气中污染或危害下游设备和环境的成分（主要为除尘、脱硫、脱氮等），回收其中有价值的各种副产品，同时提高有效燃气的浓度，还包括有效利用粗煤气所携带的物理显热。

煤气净化工艺顺序一般为先除尘、后脱硫。煤气的除尘包括脱除粗煤气中固体颗粒和液滴的过程，一般多是物理过程。由于煤气中含有一定量的焦油，且煤气中的粉尘量也比较多，因此一般不适宜用过滤的方法除尘。工业实际中常见工艺有旋风分离法、湿式洗涤法和静电除尘法等。

粗煤气中的硫化物主要以 H_2S 的形式存在，还有很少量的 COS。由于 H_2S 的浓度比燃煤锅炉排烟中的 SO_2 浓度高数倍，而且 H_2S 的反应性比 SO_2 强，因此从煤气产物中脱除硫化物比较容易且脱除率高。另外，气化过程通常在高压下进行，气体的比体积小，煤气脱硫装置的尺寸比燃烧产物的烟气脱硫净化装置要小得多，成本比烟气脱硫的成本低 1/3 以上，并且煤气脱硫的产物能够以硫元素的形式直接回收。

煤气脱硫技术分为湿式常温脱硫和干式高温脱硫。湿法脱硫工艺种类很多，其基本原理可以概括如下：用对 SO_2 等酸性气体有吸收能力（溶解或反应）的溶液，在适宜的条件下，洗涤粗煤气，从而使其中的酸性气体与其他气体分离，吸收溶液再经过提高温度、降低压力或其他措施，使被吸收的酸性气体重新释放出来并回收，从而使吸收剂得到再生。因此湿法工艺一般可分为吸收和再生两大阶段。按其吸收和再生的原理，湿法脱硫主要有物理吸收法、化学吸收法和物理化学吸收法等。

醇胺类溶剂是应用很广泛的脱硫化学吸收溶剂。N-甲基二乙醇胺（MDEA）吸收性好、凝固点低、蒸气压小，有较好的化学稳定性和热稳定性，因此获得广泛的应用。MDEA 与 H_2S 反应原理为：

$$2RNH_2 + H_2S \longrightarrow (RNH_3)_2S \tag{2-90}$$

$$(RNH_3)_2S + H_2S \longrightarrow 2(RNH_3)HS \tag{2-91}$$

原料气进入两段吸收塔的下层，与向下流的吸收溶液逆向接触，气相中的 H_2S 和 CO_2 大部分在下层被吸收，在吸收塔上段将气体洗涤到要求的最终纯度。以上反应在溶液加热时，极易发生逆反应，因此在再生器中可以通过蒸汽汽提将 H_2S 和 CO_2 解吸出来。

干式高温脱硫采用金属氧化物作为脱硫剂，脱硫效率可达到 $98\% \sim 99\%$。目前，工业实验的脱硫剂为 Zn-Fe 系和 Zn-Ti 系金属氧化物，与煤气中的硫化物发生反应，吸收了 H_2S 和 COS 的脱硫剂进入再生装置再生，再生后的脱硫剂再返回脱硫设备循环使用。

在气化炉中，燃料及空气中的部分氮会转化为氮的化合物（主要是 NH_3），其中一部分在煤气脱硫工艺中可以除去，因此在煤气燃烧过程中 NO_x 的排放量比常规火电厂减少 2/3 以上。

2.10.2.8 煤的地下气化

煤炭地下气化（UCG）是一种有利于深层煤炭资源商业化勘探的技术，同时避免了地面上与煤炭开采和燃烧相关的问题。地下气化是集绿色开采与清洁转化为一体的洁净能源技术，是将固体煤层通过燃烧热化学作用就地转化为流体煤气的化学采煤方法，是地下煤制气生产化工合成原料气的煤化工先导技术，也是大规模、低成本、环保型的地下煤水气化制氢工程的高新技术。这种新技术集建井、采煤、转化工艺于一体，大大减少了煤炭生产和使用过程中所造成的环境破坏，并可大大提高煤炭资源的利用率。

地下气化的原理与地上气化基本一致，区别仅在于地下气化是在未经开采的煤层中进行的。通过从地面钻进一批特定钻孔，在煤层中靠下部用一条水平巷道将钻孔连接起来，这样三条巷道所包围的整个体柱，就是将要气化的区域，称之为气化盘区，或称地下发生炉。最初，要在水平巷道中用可燃物质将煤引燃，并在该巷形成燃烧工作面。从一条斜巷把气化介质送进煤层，空气通过燃烧的工作面，使煤炭在地下进行"发生炉煤气"反应，生成的煤气从另一批特定钻孔排出地面。

这种有气流通过的气化工作面称为气化通道，整个气化通道因反应温度不同，可以分为燃烧区、还原区、干馏区和干燥区四个区。随着煤层的燃烧，燃烧工作面逐渐向煤层上方移动，使气化反应不断地进行，这就形成了煤炭地下气化的全过程。在气化通道内生成气体的过程中，工作面下方的采空区被烧剩的煤灰和顶板垮落的岩石所充填，只存在一个不大的空间供气流通过，利用鼓风压力一般可使风流到达其反应表面。通常燃烧 1kg 煤约产生 $3 \sim 5m^3$ 的煤气。

煤炭地下气化方法通常可分为有井式和无井式两种。所谓有井式地下气化法就是从地表沿煤层相距一定距离，开掘两条倾斜巷道，然后在煤层中靠下部用一条水平巷道将其贯通，形成气化盘区。有井式气化法需要预先开掘井筒和平巷等，准备工作量大，成本高，坑道不易密闭，漏风量大，气化过程不稳定，难以控制，而且在建地下气化发生炉期间，仍然避免不了要在地下进行工作。无井式地下气化是应用定向钻井技术，由地面钻出进、排气孔和煤层中的气化通道，构成地下气化发生炉。无井式气化法用钻孔代替坑道，以构成气流通道，避免了井下作业，使煤炭地下气化技术有了很大提高。

对于煤炭地下气化技术，苏联地区、美国、加拿大、欧洲、澳大利亚、新西兰、南非、中国等均建有地下煤气化中试装置。自 20 世纪 50 年代以来，我国进行了煤地下气化技术研究，先后在徐州新河、唐山刘庄、新汶孙村、乌兰察布等地开展了煤炭地下气化技术工业性试验，并进行民用及内燃机发电。

现代煤炭地下气化技术开发模式，从钻孔式开发，到直井式开发，再到 U 型水平井、楔形水平井和多分支井开发模式，开发方法越来越精细。但 UCG 工程也面临产气稳定性差、存在环保问题、全生命周期运行成本高等风险，现在的示范装置都是中试装置，还没有达到商业运行的程度。

2.10.2.9　煤代油—MTO

MTO（methanol to olefin，MTO）是指以煤基或天然气基合成的甲醇为原料，借助类似催化裂化装置的流化床反应形式，生产低碳烯烃的化工工艺技术。MTO 工艺提供一种把具有低成本优势的原料（煤或天然气）转化为高附加值低级烃——乙烯和丙烯产品的途径。

乙烯工业是石油化工的龙头，其发展水平已成为衡量一个国家经济实力的重要标志之一。丙烯是仅次于乙烯的一种重要有机石油化工原料，主要用于生产聚丙烯、苯酚、丙酮、丁醇、丙烯腈、环氧丙烷、合成甘油、丙烯酸及异丙醇、烷基化油、高辛烷值汽油调和料等。乙烯和丙烯等低碳烯烃在石化工业乃至国民经济发展中占有重要地位。传统上乙烯和丙烯的来源主要是石油烃类蒸气裂解，其原料主要是石脑油，依赖于石化路线生产。随着煤经合成气生产甲醇的工艺技术日趋成熟，甲醇制乙烯、丙烯等低碳烯烃成为最有希望替代石脑油制烯烃的工艺路线。MTO 技术的工业化，将开辟由煤炭或天然气经气化生产基础有机化工原料的新工艺路线，有利于改变传统煤化工的产品格局，是实现煤化工向石油化工延伸发展的有效途径。

甲醇制烯烃技术主要分两步，首先由煤或天然气转化生成粗甲醇，该过程已实现工业化；然后甲醇转化生成烯烃，主要是乙烯和丙烯，不同的工艺生成的乙烯和丙烯的比例也不相同。

甲醇制烯烃的反应比较复杂，MTO 主要发生如下放热反应：

$$2CH_3OH \longrightarrow CH_3OCH_3 + H_2O \tag{2-92}$$

$$12CH_3OH \longrightarrow C_2H_4 + 2C_3H_6 + C_4H_8 + 12H_2O \tag{2-93}$$

$$6CH_3OCH_3 \longrightarrow C_2H_4 + 2C_3H_6 + C_4H_8 + 6H_2O \tag{2-94}$$

甲醇首先脱水为二甲醚（DME），形成的平衡混合物包括甲醇、二甲醚和水，然后转化为低碳烯烃，低碳烯烃通过氢转移、烷基化和缩聚反应生成烷烃、芳烃、环烷烃和较高级烯烃。催化甲醇制备烯烃的机理目前有 20 多种，包括碳正离子机理、卡宾机理、自由基机理、氧鎓离子机理和碳池（烃池）机理等，目前普遍被人接受的是碳池机理。碳池是指分子筛孔内性质类似焦炭的吸附物 $(CH_x)_n$，其中 $x < 2$。该机理认为甲醇在催化剂中首先生成一些较大分子量的烃类物质并吸附在催化剂孔道内。这些大分子烃类物质作为活性中心与甲醇反应，引入甲基基团的同时不断进行脱烷基化反应生成乙烯和丙烯等低碳烃类物种。甲醇转化反应初始活性很低，反应一开始只有少量烃类生成，存在一个反应活性逐渐增加的动力学诱导期。当反应进行到一定程度时，烃类物质的产量突然增大，并保持相对稳定。

低碳烯烃合成的关键技术是催化剂。甲醇制烃（碳氢化合物）的转化反应最初使用的是 ZSM-5 催化剂。20 世纪 70 年代初，美国美孚（Mobil）公司在研究采用沸石催化剂利用甲醇制汽油（MTG）工艺的过程中发现并发展了甲醇制烯烃（MTO）工艺。Mobil 对反应机理进行了细致研究，优化催化剂，合成了针对 MTO 和 MTG 反应的新型沸石催化剂

ZSM-5。但 ZSM-5 分子筛结构的孔口较大（大约 0.55nm），酸性太强，轻烯烃的收率较低（约 6%），主产物为丙烯基 C_4^+ 烃类，同时得到大量的芳烃和正构烷烃，反应结焦快。20 世纪 80 年代初，美国联合碳化物公司（UCC）开发了硅铝磷系列分子筛 SAPO-n（n 代表结构型号，其中最为人们瞩目的是 SAPO-34），可以有效地将甲醇转化为低碳烯烃。后来 UCC 将相关技术转让给了环球油品（Universal Oil Products，UOP）公司。

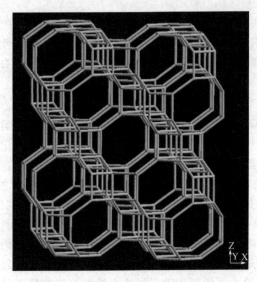

图 2-47　SAPO-34 结构示意

SAPO 分子筛是将 Si 原子引入磷酸铝骨架中得到，骨架由 SiO_2、AlO_2^- 和 PO_2^+ 三种四面体单元相互连接而成，具有负电性和表面质子酸性中心，具备可交换的阳离子。改变合成条件和 Si 含量，可制备出具有不同拓扑结构和酸性的硅铝磷酸盐分子筛。SAPO-34 为类菱沸石（CHA）结构（见图 2-47），具有三维交叉孔道、八元环孔口直径和中等强度酸中心，孔口（大约 0.4nm）比 ZSM-5 分子筛小，限制了大分子或带支链分子的扩散，属于小孔沸石。在用于催化甲醇制烯烃（MTO）反应时，甲醇转化的气态产物只有 $C_1 \sim C_5$ 烃类，其八元环孔口对大分子形成较大的扩散阻力，唯有 C_2 和 C_3 烃类可以很容易地扩散出晶体外。另外，酸性太强的酸中心倾向于生成分子量较大的烃，而 SAPO-34 所具有的中等强度的酸中心，限制了乙烯、丙烯的进一步反应，使 SAPO-34 在甲醇转化制烯烃的反应中表现出突出的优越性，低碳烯烃选择性高达 90%，C_5 以上产物和支链异构物很少。

SAPO-34 还具有较好的吸附性能、热稳定性和水稳定性，测定的骨架崩塌温度为 1000℃，在 20% 的水蒸气环境中，600℃下处理仍可保持晶体结构。这一点对 MTO 工艺的连续反应和催化剂再生操作具有十分重要的作用，SAPO 的发现使 MTO 工艺取得突破性的进展。通过对 SAPO-34 进行适当改性，将各种金属元素引入 SAPO-34 分子筛骨架上，可以改变分子筛酸性和孔口大小，有利于提高低碳烯烃的选择性。

由于 SAPO-34 优化的酸功能，混合转移反应而生成的低分子烷烃副产品很少，MTO 工艺不需要分离塔就能得到纯度高达 97% 左右的轻烯烃，使 MTO 工艺很容易得到聚合级烯烃，只有在需要纯度很高的烯烃时才需要增设分离塔。

目前，世界上具备进行中试或万吨级 MTO/MTP（methanol to propylene，MTP）工业示范技术主要有美国 UOP 公司和挪威 Hydro 公司共同开发的 MTO 工艺、德国 Lurgi 公司的甲醇制丙烯 MTP 工艺、中国科学院大连化学物理研究所的甲醇制低碳烯烃 DMTO 工艺、中国石化集团石油化工研究院和上海石油化工研究院甲醇制低碳烯烃 SMTO 工艺以及清华大学的流化床甲醇制丙烯 SMTP 等。

1995 年，美国 UOP 与挪威 Norsk Hydro 合作建成一套甲醇加工能力为 0.75t/d 的中试装置。装置使用流化床反应器，并配一台流化床再生器，采用自欧洲市场购买的 AA 级甲醇为原料，在 0.1～0.3MPa 压力和 400～450℃ 温度条件下，采用以 SAPO-34 分子筛为主要成分的 MTO-100 型催化剂，在连续运转期间，甲醇转化率近 100%，乙烯和丙烯选择性分别在 45% 和 37% 左右。通过改变反应条件，乙烯与丙烯之比可在 (1.5:1)～(0.75:1) 之间调整，乙烯和丙烯产品可以达到聚合级。UOP/Hydro 的 MTO 工艺流程如图 2-48 所示。

其反应温度由回收热量的蒸汽发生系统来控制，失活的催化剂被送到流化床再生器中烧碳再生，并通过发生蒸汽将热量移除，然后返回流化床反应器继续反应。由于流化床条件和混合均匀催化剂的共同作用，反应器几乎是等温的，反应物富含烯烃。

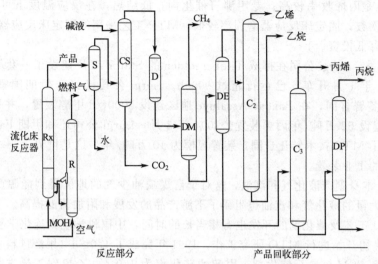

图 2-48　UOP/Hydro 的 MTO 工艺流程

Rx—反应器；R—再生器；S—分离器；CS—碱洗塔；D—干燥塔；DM—脱甲烷塔；DE—脱乙烷塔；

C₂—乙烯分离器；C₃—丙烯分离器；DP—脱丙烷塔

2008 年，欧洲化学（Eurochem）技术公司（新加坡）旗下的 Viva 甲醇公司在尼日利亚的 Lekki 建设 330 万吨/年甲醇装置，下游配套建设 MTO 装置，采用 UOP/Hydro 公司的 MTO 技术和 UOP 烯烃裂解工艺技术（OCP），组成 MTO-OCP 价格技术方案，年产 130 万吨烯烃，这是将烯烃裂解技术与 MTO 工艺一体化的首套工业规模装置。

20 世纪 90 年代，德国鲁奇（Lurgi）公司成功地开发了甲醇制丙烯（MTP）技术，该工艺采用南方化学（Süd-Chemie）公司提供的沸石分子筛催化剂（改性 ZSM-5 分子筛）和固定床反应器。Lurgi 公司的 MTP 工艺流程如图 2-49 所示。

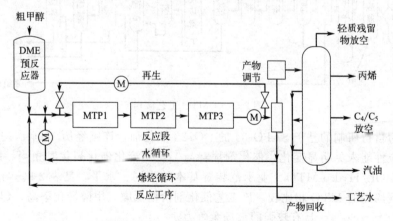

图 2-49　Lurgi 公司的 MTP 工艺流程

反应装置主要由 3 个绝热固定床反应器组成，2 个反应器串联在线生产，在温度 380～480℃和压力 0.13～0.26MPa 下操作，在第一个反应器中，甲醇转化成二甲醚；在第二个反应器中，未反应的甲醇蒸气与二甲醚转化为丙烯。另一个反应器进行再生，这样可以保证生产的连续性和催化剂的活性。产物的典型组成为：丙烯（71.0%）、乙烯（1.6%）、丙烷（1.6%）、$C_4 \sim C_5$（8.5%）、焦炭（＜0.01%）、C_6（16.1%）。由南方化学（Süd-Chemie）公司提供的沸石分子筛催化剂曾在试验装置上运行8000h，以确认其稳定性。Lurgi公司的MTP技术特点是丙烯收率较高；专用沸石催化剂，低结焦，在反应温度下可不连续再生，降低再生循环次数；固定床反应器磨损率较低。MTP工艺采用的固定床反应器，易于放大、风险小，并能降低投资。

2001年夏季，Lurgi公司在挪威Tjldbergolden的Statoil工厂建设了一套示范装置，示范装置于2002年1月开车，已运行超过9000h。Lurgi公司已经与伊朗国家石油公司的Zagros子公司签署合同，在Bandar Assaluye地区建设5000t/d甲醇装置，并采用Lurgi公司MTP技术建设52万吨/年丙烯装置。2004年3月，Lurgi公司还和伊朗Fanavaran石油公司正式签署了MTP技术转让合同，装置规模为10万吨/年，这是世界上第一套以甲醇为原料生产丙烯的工业装置。

MTP工艺本身副产液化气和汽油，这对于富煤缺油少气的地区得到能源产品有很好的现实意义，但大量的液化气和汽油也阻碍了下游产品的发展和附加值的提高。

我国MTO工艺及催化剂的开发也有相当长的时间，中国科学院大连化学物理研究所在20世纪80年代初开始进行MTO研究工作，1991年完成了1.0t/d（甲醇进料）固定床中试装置，采用中孔ZSM-5沸石催化剂，甲醇的转化率为100%，乙烯到丁烯选择性为86%，其结果达到同期国际先进水平。90年代发明了以三乙胺（TEA）和二乙胺（DEA）为模板剂及用TEA加四乙基氢氧化铵（TEAOH）为双模板剂制备SAPO分子筛的经济实用方法，采用流化床反应器进行了以小孔SAPO-34和改性SAPO分子筛为催化剂的甲醇/二甲醚制乙烯（DMTO法）技术研究，工艺流程如图2-50所示。

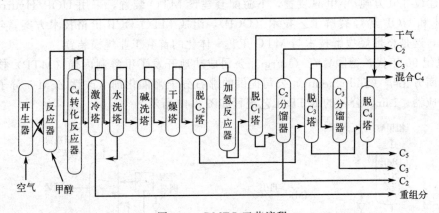

图2-50　DMTO工艺流程

催化剂为自行研制的基于SAPO-34的DO123催化剂，连续经历1500次左右的反应再生操作，反应性能未见明显变化，催化剂损耗与工业用流化催化裂化时相当。DMTO工艺中试结果和UOP/Hydro MTO工业示范装置基本处于同一水平，见表2-9。与传统合成气经甲醇制低碳烯烃的MTO相比较，该工艺催化剂价格低廉，甲醇转化率高，建设投资和操作费用节省50%～80%，具有较强的市场竞争力。

表2-9　DMTO技术和UOP/Hydro MTO技术对比

项目	DMTO	UOP/Hydro MTO
原料	二甲醚	甲醇
反应器	流化床	流化床

续表

项目	DMTO	UOP/Hydro MTO
催化剂	SAPO-34(DO-123)	SAPO-34(MTO-100)
产品/%		
乙烯	约 50	45～50
乙烯+丙烯	>80	>80
乙烯+丙烯+丁烯	约 90	约 90

　　2006 年，由中国科学院大连化学物理研究所与陕西新兴煤化工科技发展有限责任公司（现新兴能源科技有限公司）、中国石化集团洛阳石油化工公司合作，建成世界上第一套万吨级甲醇制取低碳烯烃 DMTO 示范装置——陕西榆林 20 万吨/年煤基烯烃工业化示范项目，在规模为甲醇处理量 50t/d 的工业化装置上，甲醇转化率大于 99.8％，乙烯+丙烯选择性约为 80％～78.16％。乙烯和丙烯产出比例为 1∶1，二者之比可通过工艺参数调整，在 0.8～1.5 之间变换，累积平稳运行近 1150h，催化剂物化指标和粒度分布数据合理，水热稳定性良好，可满足大型化流化床工业装置要求。2007 年，中国科学院大连化学物理研究所与神华集团在内蒙古包头市建立了一条年加工甲醇 180 万吨、年产烯烃 60 万吨的大型生产线。2008 年，年产 2000t 的 DMTO 催化剂商业化生产装置开工，为 MTO 商业化装置连续供应催化剂提供了保证。这标志着我国拥有自主知识产权的"甲醇制取低碳烯烃（DMTO）工艺"开始迈向工业化道路。目前，DMTO 技术已发展到第三代，DMTO-Ⅲ 使得单套工业装置甲醇处理量大幅增加，甲醇单耗明显下降。

　　目前，我国已在多个地区计划建设甲醇制烯烃工业化装置，以此发展石油化工，包括内蒙古蒙西高新技术集团公司以天然气为原料经甲醇制烯烃项目，采用德国 Lurgi 公司的甲醇合成技术和该公司的甲醇制丙烯（MTP）专有技术，生产丙烯、聚丙烯，并副产汽油和液化石油气（LPG）；神华宁夏煤业集团 50 万吨/年甲醇制烯烃项目，采用德国 Lurgi 公司的甲醇制丙烯先进工艺，利用甲醇原料加工生产聚丙烯烃产品，实现多联产、多品种、多收益；陕西榆神煤化学工业区年产 60 万吨丙烯的 MTP 项目、榆横煤化学工业区年产 80 万吨烯烃的 MTO 项目、和彬长煤化学工业区年产 27.3 万吨乙烯和 22.75 万吨丙烯的 MTO 项目，原料均为低灰、低硫、低磷、高热量的优质动力用煤和化工用煤；中海石油化学有限公司与香港建滔化工集团合资，采用德国 Lurgi 公司的 MTP 技术建设的 45 万吨丙烯装置等。同时，我国也与道达尔集团等国外有关企业签订煤制烯烃项目框架协议，开展煤基甲醇为原料的聚烯烃项目可行性、煤制烯烃项目产生的二氧化碳捕集和封存等研究。国内煤制烯烃产能快速扩张，已成为国内烯烃产能和原料路线多元化重要组成部分。

　　在其他煤化工中，煤制乙二醇逐渐受到人们的关注。乙二醇是我国需求量非常大的一种化工原料，可用于制造合成纤维、化妆品、炸药、吸湿剂、增塑剂及表面活性剂等，其中合成聚酯（包括涤纶长丝、涤纶短丝、PET 瓶片、聚酯切片）是其主要需求。随着世界对中国纺织品进口需求大增，纺织原料——聚酯行业进入了高速增长的阶段。而在乙二醇消费结构中，聚酯占比高达 95％以上，因此聚酯供应的变化将直接影响乙二醇市场消费量。世界上乙二醇生产主要采用石油路线，即乙烯法（环氧乙烷水合技术），该技术基本由英荷 Shell 化学、美国科学设计公司（SD）和美国 DOW 三家公司垄断。聚酯行业的高速扩张，刺激了乙二醇消费量大幅增加。

　　乙二醇的生产工艺主要有乙烯法和草酸酯法，分别为石油制乙二醇和煤制乙二醇。我国以石油制乙二醇为主流工艺路线，2021 年石油制乙二醇的产能占比超过 60％；其次是煤制乙二醇技术，产能占比超 30%。由于我国先天贫油富煤的能源结构，国内煤制乙二醇发展迅速，投产比例逐年增加。中国科学院福建物质结构研究所与江苏丹化集团、上海金煤化工新技术有限公司联手合作，成功开发了"万吨级 CO 气相催化合成草酸酯和草酸酯催化加氢合成乙二醇"（简称"煤制乙二醇"）成套技术。国内煤制乙二醇重点企业包括阳煤集团、神华榆林能源化工、华鲁恒升化工、内蒙古通辽金煤化工、内蒙古鄂尔多斯新杭能源、中盐安徽红四方股份等企业。此外，国内研发煤制乙二醇工艺的单位还包括天津大学、华东理工大学、上海石化研究院、浙江大学等，主要是力图攻克催化剂技术难点。

2023 年 12 月 28 日，全球规模最大的乙醇生产装置在安徽淮北启动试生产，每年可产出无水乙醇 60 万吨，开创了一条煤炭清洁高效低碳利用的新路线，为国家"双碳"目标的实现提供了强有力的技术支撑。该工艺路线以合成气为原料，经甲醇脱水、二甲醚羰基化和乙酸甲酯加氢合成无水乙醇（工艺名称"DMTE"，"合成气制乙醇"），合成气部分来源于每年回收的约 2 亿立方米的煤炼焦尾气，可有效减排二氧化碳。该项目由中国科学院大连化学物理研究所和陕西延长集团合作，经过多年的技术迭代和催化剂工艺升级，实现了经济性的大幅提升。

2.10.3　洁净煤发电技术

火力发电，尤其是燃煤发电，是目前综合经济性最好、技术成熟度最高的发电形式，随着"双碳"目标的提出，煤电装机比例进一步降低的趋势不可逆转，但电力工业以燃煤发电为主的格局在很长一段时期内难以改变。发电本质上是一个碳排放行业，而且排放量占比很大。发电行业的技术进步，尤其是低碳化技术的突破是实现我国"30·60 碳达峰碳中和"目标的关键支撑。洁净煤发电技术就是尽可能高效、清洁地利用煤炭资源进行发电的相关技术，它的主要特点是提高煤的转化效率、降低燃煤污染物的排放。目前在提高机组发电效率上主要有两个方向，一个是在传统煤粉锅炉的基础上通过采用高蒸汽参数来提高发电效率，如超超临界发电技术；另一个是利用联合循环来提高发电效率，如增压流化床燃煤联合循环、整体煤气化联合循环等。在降低燃煤污染物上有两个方向，一个是利用高效的烟气净化系统脱除或回收污染物；另一个是以煤气化技术为核心，对煤气净化后进行清洁利用。

2.10.3.1　超超临界发电

火电厂超临界（SC）机组和超超临界（USC）机组指的是锅炉内工质的压力。锅炉内的工质都是水，水的临界压力是 22.115MPa、347.15℃，在这个压力和温度时，水和蒸汽的密度是相同的，即水的临界点。通过升高蒸汽参数一直是提高燃煤锅炉蒸汽机组发电效率的主要方法，超过 22.115MPa 的主蒸汽压力称为超临界压力，超过 29.5MPa 的主蒸汽压力或炉内蒸汽温度不低于 593℃，称为超超临界压力，相应参数的机组分别称为超临界机组和超超临界机组。

世界上超临界和超超临界发电技术的发展过程大致可以分成三个阶段：第一个阶段是从 20 世纪 50 年代开始，以美国和德国等为代表，当时的起步参数就是超超临界参数；第二阶段大约是从 20 世纪 80 年代初期开始，由于材料技术的发展，尤其是锅炉和汽轮机材料性能的大幅度改进，以及对电厂水化学方面认识的深入，克服了早期超临界机组所遇到的可靠性问题；第三个阶段大约是从 20 世纪 90 年代开始，超超临界发电技术进入了新一轮的发展阶段，即在保证机组高可靠性、高可用率的前提下采用更高的蒸汽温度和压力，主要以日本（三菱、东芝、日立）、欧洲（西门子、阿尔斯通）的技术为主。超超临界机组的发展有以下三个特点。①蒸汽压力取得并不太高，多为 25MPa 左右，而蒸汽温度取得相对较高，主要以日本技术发展为代表。欧洲及日本生产的新机组大多数压力保持在 25MPa 左右，进汽温度均提高到 580～600℃。②蒸汽压力和温度同时都取较高值（28～30MPa，600℃左右），从而获得更高效率，主要以欧洲技术为代表。压力的提高不仅关系到材料强度及结构设计，而且由于汽轮机排汽湿度的原因，压力提高到某一等级后，必须采用更高的再热温度或二次再热循环。③更大容量等级的超超临界机组的开发。为尽量减少汽缸数，大容量机组的发展更注重大型低压缸的开发和应用。日本几家公司和西门子、阿尔斯通等公司在大功率机组中已开始使用末级钛合金长叶片。

经过多年的不断完善和发展，目前超临界机组的发展已进入成熟和实用阶段，具有更高参数的超超临界机组也已经成功投入商业运行。全世界煤电机组的蒸汽参数稳定在 600℃ 等级，机组容量基本上以 600MW 和 1000MW 为主。

超超临界火电机组研制的技术难点和关键技术集中在锅炉、汽轮机、汽轮发电机部件强度研究以及机组高参数、大型化后各大主机、辅机的结构设计；高温材料和铸锻件的技术开发等方面。

未来火电建设将向高效率、大容量、高参数的超超临界火电机组和超临界 CO_2 循环高效燃煤发电方向发展，将燃煤发电机组参数从现在的 600℃ 等级进一步提升至 650℃ 等级乃至 700℃ 等级，从而提升发电效率。700℃ 超超临界燃煤发电机组三个国际研发计划中，设定的最低起步参数为压力≥35MPa，温度≥700℃/720℃。超临界 CO_2 循环高效燃煤发电技术是通过采用超临界 CO_2 代替水作为循环工质，采用布雷顿循环代替朗肯循环作为动力循环的一种新型燃煤发电技术。在 600℃ 等级，超临界 CO_2 循环燃煤发电机组供电效率可比传统水循环发电机组提高 3%～5%。700℃ 等级，超临界 CO_2 循环燃煤发电机组供电效率可比传统水循环发电机组提高 5%～8%。

2.10.3.2 燃煤联合循环发电

洁净煤发电技术的一个重要方向就是燃煤联合循环。燃气-蒸汽联合循环发电技术具有循环效率高、对环境污染小、耗水量少、调峰性能好等突出优点，已发展成为一种成熟、可靠的发电技术。燃气-蒸汽联合循环发电装置的主要设备为燃气轮机、余热锅炉和蒸汽轮机，以天然气、煤气或轻质柴油作为其燃料的来源，近年来，随着洁净煤发电技术的迅速发展，燃气-蒸汽联合循环已经逐步扩展到了燃煤发电的领域。

另外，在电网中配置一定比例的燃气-蒸汽联合循环机组，有利于电网的安全运行，在某些工业发达国家，这一比例达到 8%～10% 以上。由于电力系统中燃气轮机所携带的负荷性质不同，燃气轮机的类型和功率等级也是多种多样的，因此，电力系统中可分别配备大型高效率的燃气-蒸汽联合循环型机组，具有快速启动和加载能力的中型燃气轮机以及适用于分布式能源系统的微、小型燃气轮机及其联合循环机组。随着西气东输、进口液化天然气和近海油气资源项目的全面建设，我国燃气轮机及其联合循环发电将进入一个新的发展阶段。

图 2-51 所示为燃气-蒸汽联合循环的 T-S 图。联合循环的思路是避开单一动力循环效率提高的种种限制，利用燃气轮机循环和蒸汽动力循环在工作温度上的互补性，将两者有机地结合起来以获得更大的循环效率。在联合循环中，燃气轮机循环又称顶循环，蒸汽动力循环又称底循环。燃烧产生的烟气先在燃气轮机中做功，然后底循环的工质从顶循环的高温排气中回收热量，从饱和给水变为水蒸气，然后进入蒸汽轮机做功。既可增加系统总的输出功率，又充分利用两循环的各自优点，使循环热效率得到很大的提高。由于燃气轮机对高温进气要求很高，因此联合循环发展初期是以燃油或天然气为燃料，目前相应技术已经比较成熟，循环效率可达 48%～49%。

燃气-蒸汽联合循环的形式很多，包括增压流化床燃煤联合循环、整体煤气化联合循环、

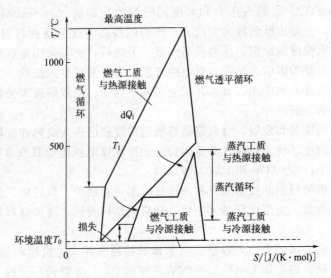

图 2-51 燃气-蒸汽联合循环的 T-S 图

整体煤气化湿空气透平以及煤气化—燃料电池—燃气蒸汽联合循环等。

2.10.3.3 整体煤气化联合循环发电

整体煤气化联合循环（integrated gasification combined cycle，IGCC）是将煤气化与燃气-蒸汽联合循环发电结合起来的一项新型燃煤发电技术，既能高效地利用煤炭资源，又有很好的环保效果，是极具发展前途的洁净煤发电技术。

整体煤气化联合循环的基本形式如图 2-52 所示。在目前典型的整体煤气化联合循环系统中，煤和来自空气分离装置的富氧气化剂送入加压（2~4MPa）气化装置中气化生成合成煤气，煤气经过净化（除去煤气中 99% 以上的硫化氢和接近 100% 的粉尘）后作为燃气轮机的燃料进入燃烧室。燃烧室产生的高温高压燃气进入燃气轮机中膨胀做功、带动发电机发

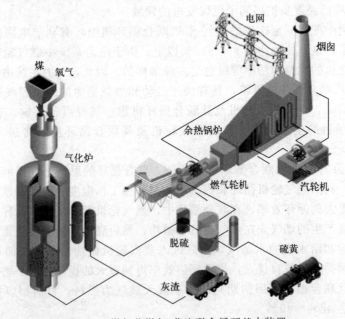

图 2-52 煤气化燃气-蒸汽联合循环基本装置

电，并驱动压气机。压气机输出的压缩空气的一部分送入燃气轮机燃烧室作为燃烧所需空气，另一部分供空气分离装置用于制备富氧氧体。燃气轮机的排气进入余热锅炉产生蒸汽并送入汽轮机做功发电，实现了在燃气-蒸汽联合循环发电中间接地使用了固体燃料煤的目的，提高系统热效率。

典型的 IGCC 技术包括气化岛、燃机岛和常规岛三个组成部分。气化岛产生洁净的煤基合成气，主要设备包括气化炉、空气分离单元、灰渣和黑水处理单元、合成气显热回收单元、除尘单元、脱硫单元以及 CO_2 减排单元。燃机岛主要设备为燃气轮机。常规岛主要由余热锅炉和蒸汽轮机构成，实现蒸汽循环发电。在包含了 IGCC 多联产技术的 IGCC 系统中，还包括了合成气变换单元、化工产品合成单元，也称为合成岛。

和常规的燃煤发电技术相比，IGCC 技术具有以下特点。

(1) 燃料适应性广

就目前已投运的整体煤气化联合循环电站和示范装置运行情况来看，燃料的适应范围是比较广的，几乎所有的含碳固体或液体燃料均可以气化，可利用高硫分、高灰分、低热值的低品位煤。因为 IGCC 机组的合成气净化工艺可以将煤中的硫直接转化成硫黄，填补硫资源短缺，也避免高硫煤的污染，因此，IGCC 采用高硫煤的优势更大。也可用于对燃油联合循环机组及老燃煤电厂的改造，达到提高效率、改善环保、延长寿命的多重目的。

(2) 发电效率高

整体煤气化联合循环的净效率主要取决于燃气透平的进口温度、煤气化显热的利用程度、电站系统的整体化程度以及厂用电率等。先进的煤气化技术可达到 99% 的碳转化率，气化炉的总效率可达 94%。但由于在煤气化和粗煤气的净化过程中能量转换所造成的损失，再加上目前采用富氧作为气化剂，空气分离装置所消耗电力，使整体煤气化联合循环的效率低于燃气-蒸汽联合循环机组的效率。

净效率目前可达到 45% 以上，近期有望达到 50%。随着 IGCC 关键设备技术的进步，并逐步融合多联产技术、燃料电池技术，IGCC 技术的能源转换效率有望达到 60% 以上。

(3) 优良的环保性能

整体煤气化联合循环发电系统在将固体燃料比较经济地转化成燃气轮机能燃用的清洁气体燃料的基础上，很好地解决了燃煤污染严重且不易治理的问题，因此，它具有大气污染物排放量少、废物处理量小等突出优点。目前已经建成的 IGCC 示范机组，NO_x 排放可达到 $80 mg/m^3$ 以下，等同于天然气，SO_2 排放可达到 $10 mg/m^3$ 左右，脱硫率达 98%～99% 以上，粉尘排放浓度可达到 $10 mg/m^3$ 以下的水平。

(4) 节水效果显著

因为 IGCC 属于联合循环，其耗水量大约相当于同容量燃煤电厂的 40%～50%，适宜于缺水地区和建设坑口电站。

(5) 适合发展基于煤气化的多联产和多联供

通过水煤气变换、F-T 合成等工艺，可利用 IGCC 合成气生产 H_2、甲醇、二甲醚等清洁能源或者化工原料，与联合循环工艺相结合，可实现 IGCC 多联产技术，形成能源的梯级利用。

(6) 利于实现 CO_2 减排

目前的 IGCC 系统由于采用纯氧气化，产生的合成气中几乎不含有 N_2。如果经过变换反应将合成气中的 CO 转换为 CO_2 和 H_2，将获得高浓度的 CO_2，这十分有利于 CO_2 的分离和捕集。IGCC 系统被认为是未来非常有前景的 CO_2 减排系统，据估算，其减排成本约为常规超临界煤粉锅炉发电系统的一半。

当然，IGCC 系统还存在以下尚需解决的问题：

① 系统复杂，运行难度大。该系统是化工与发电两大行业的综合体，各项技术不仅自身技术水平高，而且相互关联并耦合在一起，对系统优化设计和安全运行管理都提出了很高的要求。

② 初期投资和运行成本高。初期基建投资费用比较高，建设与调试工期需要 4～5 年，运行和发电成本也较高。

由此可见，过高的系统整合度和技术要求从某种意义上限制了 IGCC 系统性能的发挥，因此在设计、运行和评价 IGCC 的系统的时候，必须从系统的整体性能（发电效率、系统结构、投资等）来衡量各项技术和分系统的影响。

从 20 世纪 70 年代开始，一些工业发达国家就有计划地开展了 IGCC 技术的开发研究。世界上最早的工业规模 IGCC 电站于 1972 年在德国 Kellerman 电厂建成，该示范装置容量为 170MW。由于设计和运行中有很多不成熟的地方，因此循环的输出功率和效率（34%）都低于设计值，在试验完成后停运。第一个真正试运行成功的 IGCC 电站是 1984 年在美国加州建成的冷水（Coolwater）电站，机组功率 100MW，采用水煤浆供料的德士古气化法，以纯度 99% 的氧气为气化剂，以及独立的空分装置和常温湿法脱硫技术，成功运行了 27100h，以出色的环保表现，被誉为"世界上最清洁的电站"。与之同期，美国另一个示范电站 LGTI 采用的是水煤浆供料的 Destec（现称为 E-gas）气流床气化技术，到 1994 年停运，累计运行达 33637h。Coolwater 和 LGTI 电站的成功充分证明了 IGCC 作为洁净煤发电技术的可行性。运行超过 10 年的 IGCC 示范电厂如位于美国印第安纳州的 Wabash 电厂、佛罗里达州的 Polk 电厂、荷兰的 Buggenum 电厂和西班牙的 Puertollano 电厂等，这些 IGCC 电站为未来电站建设积累了丰富的经验。

IGCC 技术主要表现在朝着大型化、高效率、多联产和多联供等方面发展。从 IGCC 的发展看，可大致分为三代：第一代 IGCC 以美国冷水电站为代表，主要目的是验证 IGCC 的可靠性。第二代 IGCC 电站以目前正在商业化运行的 IGCC 电站为代表，例如美国的 Tampa 电站和荷兰的 Buggenum 电站，采用水煤浆或者干煤粉纯氧气化技术，全热回收，常温湿法＋部分高温净化，F 级燃机，双压/三压蒸汽系统，部分/整体化空分。第三代 IGCC 目前正处于研发中，其特点是将常温净化改为高温净化，采用 G/H 级燃气轮机，并对整体系统进行优化，从而使全厂热效率进一步提高 1～2 个百分点。

图 2-53 是 Tampa IGCC 电厂的主要系统结构。

Tampa IGCC 机组的规模达到了总功率 315MW，其中净功率 260MW。该系统采用的是 Texaco 加压气化法，其特点是水煤浆进料，以来自空分装置的富氧气为气化剂进行液态排渣，由气化产生的煤气属中热值煤气。粗煤气离开气化炉后进入一段对流式冷却装置，并在另一侧产生高压蒸汽。然后煤气进入湿式洗涤除尘器，其中的大部分颗粒在污水中脱除，接下来煤气进入 COS 转化反应器（又称水解反应器），将 COS 转化为更易脱除的 H_2S。在随后的常温 MDEA 脱硫系统中将含硫物质脱除并回收，此时净化的煤气既可作为燃气-蒸汽联合循环的燃料使用，从空气分离装置出来的氮气也同时喷入燃烧室以控制 NO_x 的排放。在蒸汽侧，给水在气化炉内的辐射换热装置或炉外的对流冷却器中吸热转化为主蒸汽，与余热锅炉中利用燃气轮机排气产生的高压蒸汽一起进入蒸汽轮机进行发电。

IGCC 能够较好地解决提高效率和减少污染物排放矛盾，是未来先进的煤基能源（电

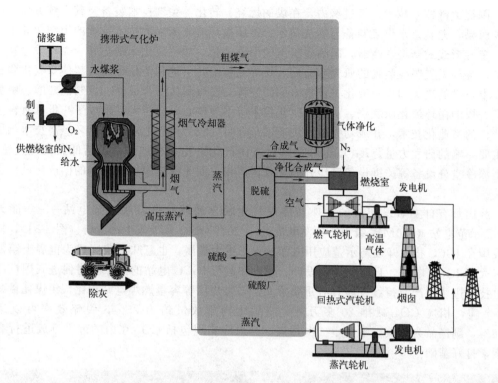

图 2-53　Tampa IGCC 电厂示范工程工艺流程

力、H₂ 和液体燃料）多联产系统的重要基础，代表了未来世界清洁煤基能源的发展方向。煤气化联合循环发电是美国洁净煤技术计划的重点。美国分别于 1999 年和 2003 年提出了两项洁净煤技术的长期计划——Vision 21 和 Future Gen 计划，旨在 2015 年左右开发出全方位利用煤炭资源，以满足电力、热、燃料和各类化学品的需求，并可以实现包括 CO_2 在内的污染物近零排放的煤基多联产系统。对于洁净煤技术，无论是历史的投入和取得的成就，还是对未来方向的把握，美国都走在了世界的前列。

　　由美国兴起的洁净煤技术，逐渐引起了国际社会的普遍重视。欧盟也制定了兆卡计划——Thermic Program，投入几十亿美元来控制煤炭燃烧的排污问题。欧盟发展洁净煤技术的主要目标是减少各种燃煤污染物以及 CO_2 和其他温室气体排放，使燃煤发电更加洁净，通过提高效率减少煤炭消费。日本也将洁净煤技术作为日本煤炭利用技术发展的重点，在新能源综合开发机构（NEDO）内组建了"洁净煤技术中心"，专门负责 21 世纪的煤炭利用技术，进行提高热效率，降低废气排放，以及煤炭的预处理和烟气净化、煤炭有效利用等技术开发。

　　我国的能源格局和可持续发展战略决定了我国更需要 IGCC。IGCC 技术不仅促进我国低碳核心技术的研发、推广和相关装备制造业的发展；而且有利于促进我国工业结构的转型升级，抢占低碳经济和绿色能源技术制高点，增强我国在低碳经济领域的话语权，提升未来我国参与制定全球新的经济规则的主动权。

　　发展洁净煤技术，是我国能源发展的战略需求，也是"十二五"期间发展先进能源技术的重要方向。在《洁净煤技术科技发展"十二五"专项规划》中，部署了高效洁净燃煤发电、先进煤转化、先进节能技术、污染物控制及二氧化碳捕集与封存和资源化利用技术四个洁净煤的重点方向。

围绕关键核心技术，经过努力，在煤的燃烧、转化等关键技术装备及其系统方面取得了不少成果，尤其是水煤浆制备与燃烧技术、常压循环流化床锅炉技术持续的大型化和推广应用，多种形式的新型燃烧器，超临界机组的引进消化，增压流化床锅炉联合循环发电技术的中试，各种烟气脱硫装置的研究和应用，煤气化技术的引进和消化吸收，整体煤气化联合循环发电技术的攻关和煤炭液化关键技术的研究等。在煤间接法合成油、煤制乙二醇、甲醇制烯烃、煤的循环流化床燃烧、灰熔聚气化技术等多项核心单元技术上形成了一批具有自主知识产权的产业化技术，并成功完成了工业示范项目，成为世界上煤化工循环经济技术领域具有重要影响的研发力量。IGCC电站关键设备国产化进程正在加快，包括低热值燃气轮机、大型深冷空分设备等关键设备已经开始实现国产化，而关键技术煤气化炉的国产化进程也在加快。

我国具有自主知识产权的首座整体煤气化联合循环发电系统示范电站——华能天津IGCC示范电站（250MW级IGCC发电机组），2012年12月投入生产运行（图2-54），标志着我国在IGCC技术开发与示范应用方面取得了重大进展，也意味着我国成为世界上第四个拥有大型IGCC电站，且能够自主设计、建设和运行IGCC电站的国家，对促进我国洁净煤发电技术进步及产业持续发展具有重要意义。与常规同等容量燃煤电站相比，年煤耗量减少7万余吨，相应CO_2减排20多万吨，氮氧化物排放量约为25%，脱硫效率可以达到99.8%，副产品为硫黄，不产生二次污染，为最终实现包括CO_2在内的近零排放进行有益探索，打好基础。

图2-54　华能天津IGCC示范电站

根据我国资源和燃煤污染的状况，以及我国的洁净煤技术多年来的发展，制定了洁净煤技术面向2035年的发展战略目标及技术路线图（图2-55），确立了以煤炭洗选为源头、以煤炭气化为先导、以煤炭洁净燃烧和发电为核心的技术体系。

2.10.3.4　燃煤磁流体发电

燃煤磁流体（magnets hydrodynamics，MHD）发电是一种将热能直接转换成电能的新型的发电方式，其基本原理和传统的发电机一样，基于法拉第电磁感应定律，即导体切割磁力线产生感应电势，所不同的是磁流体发电机中导电流体（气体或液体）取代了普通发电机中的金属流体。图2-56为磁流体发电示意。

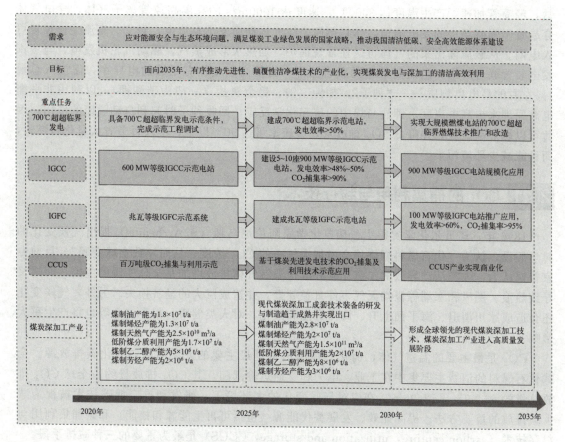

需求	应对能源安全与生态环境问题，满足煤炭工业绿色发展的国家战略，推动我国清洁低碳、安全高效能源体系建设		
目标	面向2035年，有序推动先进性、颠覆性洁净煤技术的产业化，实现煤炭发电与深加工的清洁高效利用		

重点任务			
700℃超超临界发电	具备700℃超超临界发电示范条件，完成示范工程调试	建成700℃超超临界示范电站，发电效率>50%	实现大规模燃煤电站的700℃超超临界燃煤技术推广和改造
IGCC	600 MW等级IGCC示范电站	建设5~10座900 MW等级IGCC示范电站，发电效率>48%~50% CO₂捕集率>90%	900 MW等级IGCC电站规模化应用
IGFC	兆瓦等级IGFC示范系统	建成兆瓦等级IGFC示范电站	100 MW等级IGFC电站推广应用，发电效率>60%，CO₂捕集率>95%
CCUS	百万吨级CO₂捕集与利用示范	基于煤炭先进发电技术的CO₂捕集及利用技术示范应用	CCUS产业实现商业化
煤炭深加工产业	煤制油产能为1.8×10⁷ t/a 煤制烯烃产能为1.3×10⁷ t/a 煤制天然气产能为2.5×10¹⁰ m³/a 低阶煤分质利用产能为1.7×10⁷ t/a 煤制乙二醇产能为5×10⁶ t/a 煤制芳烃产能为2×10⁶ t/a	现代煤炭深加工成套技术装备的研发与制造趋于成熟并实现出口 煤制油产能为2.8×10⁷ t/a 煤制烯烃产能为2×10⁷ t/a 煤制天然气产能为1.5×10¹¹ m³/a 低阶煤分质利用产能为2×10⁷ t/a 煤制乙二醇产能为8×10⁶ t/a 煤制芳烃产能为3×10⁶ t/a	形成全球领先的现代煤炭深加工技术，煤炭深加工产业进入高质量发展阶段

2020年　　　　　　　　2025年　　　　　　　　2030年　　　　　　　　2035年

图 2-55　洁净煤技术面向 2035 年的发展战略目标及技术路线图

因为磁流体发电机结构紧凑，启动迅速，本身不需要转动部件，所以可以大大提高其工质的温度。初温越高，热效率越高。一般涡轮机的工质温度不超过 1300℃，而磁流体发电机工质温度可高达 3000℃。在发电通道中部分高温热能转换成电能后，排气温度高达 2000℃，余热可通过锅炉产生蒸汽供蒸汽透平发电，即组成磁流体-蒸汽动力联合循环，一次燃烧两级发电，磁流体发电部分效率一般可达 20%，蒸汽部分为 35%，总效率为 48%。这种磁流体-蒸汽联合循环电站，比现有火力发电站的热效率高 10%～20%，节省燃料 30%。

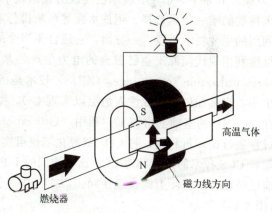

图 2-56　磁流体发电示意

磁流体发电按工质的循环方式分为开式循环系统、闭式循环系统和液态金属循环系统。最简单的开式磁流发电机由燃烧室、发电通道和磁体组成。按工质分为液态金属磁流体发电和等离子体磁流体发电两种。从目前世界各国技术水平和我国研究状况看，后者比较成熟。

等离子体发电，是极高温度并高度电离的气体高速流经强磁场直接发电的新型发电技术。在燃料燃烧后产生的高温燃气中，加入一种低电离种子，使流体导电，此物质一般用钾盐，经喷管加速，产生温度达 3000℃、速度达 1000m/s 的高温高速等离子气体，导电气体穿越置于强磁场中的发电通道，作切割磁力线的运动而发出直流电，经交、直流变换装置可入电网。从磁流体出来的气体可送往常规锅炉，加热水形成蒸汽，驱动汽轮机发电，与蒸汽发电装置联合起来，组成高效率的联合循环。为使高温气体有足够的电导率，需加入总量 1％左右的易电离物质——"种子"，如钾、钠、铯金属盐（一般为碳酸钾），以利用非平衡电离原理来提高电离度。钾盐与煤中的硫起化学反应，回收种子时起到自动脱硫的作用，因此可以燃烧高硫煤，并降低 SO_2 排放量，脱硫率可达 90％以上，不仅可节省大量化石燃料，而且能减少环境污染。

2.11 CO_2 的捕集利用与封存技术

1896 年，诺贝尔化学奖得主、瑞典化学家阿伦尼乌斯（S. Arrhenius）提出气候变化的科学假设，认为"化石燃料燃烧将会增加大气中的 CO_2 浓度，从而导致全球变暖"。目前专家普遍认为，人类活动导致的二氧化碳和其他温室气体排放增加是全球变暖的主因，而这又导致热浪、飓风和寒潮等极端天气事件日益频繁，并造成巨大的经济损失。另外，气候变化还会造成冰川消退、海平面上升、海洋升温和酸化，对人类健康、粮食安全等也将产生重大影响。

CO_2 是最主要的温室气体，而化石能源消费是最主要的人类活动二氧化碳排放源。全球化石燃料的消费主要集中在工业、电力和交通运输部门，其 CO_2 排放量约占全球 CO_2 排放总量的 63.09％～72.96％。在应对气候变化的大环境下，研发和推广低碳技术被视为减少碳排放的重要方法。提高能效、发展替代能源（包括可再生能源和核能）和碳捕集利用与封存技术（carbon capture, utilization and storage, CCUS）是最为重要的三种减排手段。

在各类低碳技术中，CCUS 被认为是近期内减缓 CO_2 排放较为可行的方案与技术。在"双碳"背景下，CCUS 技术已经成为我国碳中和技术体系的重要组成部分，是化石能源近零排放的唯一技术选择、钢铁水泥等难减排行业深度脱碳的可行技术方案、未来支撑碳循环利用的主要技术手段。一方面，它适合于当今的科学技术发展水平，另一方面，可以使人们继续利用现代能源工业已健全的电力生产的基本格局。CO_2 捕集利用和封存（carbon capture, utilization and storage, CCUS）技术是指将 CO_2 从工业过程、能源利用或大气中分离出来，直接加以利用或注入地层以实现 CO_2 永久减排的过程。CCUS 在二氧化碳捕集与封存（CCS）的基础上增加了"利用（Utilization）"，把捕获的 CO_2 提纯后投入到新的生产过程进行循环再利用，将 CO_2 资源化不仅可实现碳减排，还能产生经济效益。这一理念是随着 CCS 技术的发展和对 CCS 技术认识的不断深化，在中美两国的大力倡导下形成的，目前已经获得了国际上的普遍认同。CCUS 技术包括 CO_2 捕集、运输、利用以及封存等环节（图 2-57）。

CO_2 在运输和储存时需要以较高的纯度存在，而在大多数情况下工业尾气中 CO_2 的浓度不能达到这个要求，所以必须从尾气中将 CO_2 分离出来。CO_2 捕集是指将 CO_2 从工业生产、能源利用或大气中分离出来的过程。捕集是 CCUS 技术的第一步。与汽车尾气和居民生活排放的 CO_2 相比，发电行业有能耗高、CO_2 排放量大且集中等特点。这种来源固定、量大且集中的 CO_2 排放源易于统一处理，在世界范围内，发电行业是 CCUS 技术应用的主要领域。在电力和热力生产中进行 CO_2 捕集的技术主要有三类：燃烧前捕集、燃烧后捕集和富氧燃烧技术。

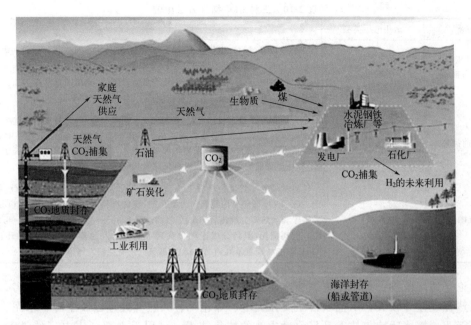

图 2-57　CCUS 系统示意

（1）燃烧前分离并捕集 CO_2

该方法适合于将煤气化后进行燃烧的电力生产过程。煤炭原料气化后，产物主要是 CO 和 H_2，是高含碳量的燃料，其燃烧产物主要是 CO_2。可在燃烧前从燃气中分离和除去 CO_2，从而转化成不含碳的气体燃料。这种方法的优越性在于，需要处理的气体量较小，同时 CO_2 的浓度较高，而且在增压气化工艺条件下，可直接采用物理方法分离 CO_2，其成本比化学方法要低得多。这一技术与具有较高循环效率的整体煤气化联合循环发电装置（IGCC）相结合，在经济上的优越性较为突出。

（2）燃烧后分离并捕集 CO_2

常规燃烧产物中的 CO_2 含量较低，比如燃气电厂的烟气中 CO_2 体积含量为 4%～8%，燃煤电厂的烟气中 CO_2 体积含量为 12%～15%，因此回收 CO_2 的第一步必须要采用有效方法将 CO_2 分离出来。CO_2 捕集通常采用化学溶剂洗涤法（如 MEA、MDEA 等氨基溶剂）分离 CO_2，有时结合膜分离技术。但随后的溶剂再生过程需要消耗大量的蒸汽，而且分离出的 CO_2 压力较低（常压），压缩到临界状态需要消耗大量的压缩功。从以氮气为主要成分的混合气体中分离较低浓度的 CO_2 气体的难度很大，工艺复杂，分离成本较高。

（3）采用富氧燃烧技术直接从烟气中捕集 CO_2

从常规燃烧方式的烟气中捕集 CO_2 的主要问题是由于烟气中的 CO_2 浓度较低，分离设备复杂，成本高，因此，如果能在燃烧过程中大幅度提高燃烧产物中的 CO_2 浓度，将会使回收成本降低。富氧燃烧工艺是碳氢化合物在近乎纯氧状态下进行燃烧，纯氧利用空气分离装置获得，由于在制氧过程中绝大部分氮气已被分离掉，其燃烧产物中 CO_2 的含量将达到 95%左右，可不必进行分离而将大部分烟气直接采取液化的方法进行回收处理。

表 2-10 给出了适用于电厂的三种捕集方法的比较。

表 2-10 三种 CO_2 捕集方法比较

技术	适用电厂类型	特点
燃烧后捕集	煤粉电厂	在燃烧设备（锅炉、燃气轮机等）的烟气中捕集 CO_2，可以从已建成的电厂排气中回收 CO_2，无需对动力发电系统本身作太多改造，几乎可以适用于所有类型电厂，其优势在于可移植性较好。但适合低浓度 CO_2 分离的化学吸收工艺需要消耗较多的中低温饱和蒸汽用作吸收剂再生，导致系统效率损失
燃烧前捕集	IGCC 电厂	CO_2 分离在燃烧过程前进行，燃料气尚未被氮气稀释，待分离合成气中的 CO_2 浓度可以高达 30% 以上，分离能耗相对于燃烧后捕集有所下降。IGCC 电厂中燃烧前 CO_2 分离过程可以采用物理吸收工艺，其能量利用效率通常高于化学吸收，采用燃烧前捕集的动力发电系统热转化效率通常只下降 7%～10%
富氧燃烧	煤粉电厂	针对常规空气燃烧会释放 CO_2 的缺陷，提出了纯氧燃烧的 O_2/CO_2 循环概念。O_2/CO_2 循环采用纯氧作为氧化剂，燃烧产物主要为 CO_2 和 H_2O，通过透平膨胀和余热锅炉放热后剩余的 CO_2 浓度为 80%～90%，易于分离。几乎没有 CO_2 分离能耗，但将分离能耗转移到了氧气生产过程。O_2/CO_2 循环比常规 IGCC 系统的耗氧量高约 2.6 倍，分离氧气仍需耗费大量能源

　　无论是适用范围、效率损失、成本，还是技术发展阶段，这几类方法都各有优劣，捕集技术成熟程度差异较大，示范项目主要在火电、煤化工、天然气处理以及甲醇、水泥、化肥生产等行业。燃烧后捕集技术是目前最成熟的捕集技术，可用于大部分火电厂的脱碳改造，燃烧前物理吸收法已经处于商业应用阶段，燃烧后化学吸附法尚处于中试阶段，其他大部分捕集技术处于工业示范阶段。

　　运输是连接 CO_2 排放源和封存地（利用地）的纽带，CO_2 运输方式主要有罐车运输、管道运输和船舶运输，其中罐车运输又分为公路罐车和铁路罐车两种方式。CO_2 在气态下可以通过管道和船只来运输，液态可以通过管道、船只和油槽汽车运输。罐车运输和船舶运输技术已达到商业应用阶段，主要应用于规模 10 万吨/年以下的 CO_2 输送。管道输送尚处于中试阶段。三种 CO_2 运输方式的成本主要由资金成本、运营成本和运（航）次成本构成，在大规模的 CO_2 运输过程中，管道和轮船两种运输方式均呈现出明显的规模效应。在管道中运输超临界 CO_2 是一种成熟的少量运输技术，CO_2 管道类似于天然气管道，CO_2 需要脱水以减少腐蚀性，CO_2 管道为钢铁所制，不会被干燥的 CO_2 所腐蚀。目前全球有 CO_2 运输管道接近 9000km，主要集中在北美地区。CO_2 内部压力、体积和温度特性（PVT）使得无论是在半冷藏箱（约 $-50℃$ 和 0.7MPa）还是以压缩天然气（CNG）形式都可以运输。船舶运输 CO_2 弹性较大，可以收集中小规模的碳源并减少基础设施投资成本，也可以根据封存要求改变时间和数量，例如，当通过 CO_2 提高石油采收率采油后，油田接近枯竭时，可以改变 CO_2 的输送地点。

　　为了更好地捕集、封存与利用 CO_2，有必要了解 CO_2 的物理性质。CO_2 在标准状况下是无色无味的气体，分子量为 44.01，密度为 $1.977kg/m^3$。图 2-58 是 CO_2 的相图，CO_2 的三相点温度为 216.592K，压力为 0.51795MPa。CO_2 的临界点温度为 304.1282K，临界点压力为 7.3773MPa，临界点密度为 $465kg/m^3$。当把压力提高到 7.3773MPa、温度提高到 304.1282K 以上时，CO_2 则变成超临界状态。超临界 CO_2 流体是一种高密度流体。从物理性质上，它兼有气体和液体双重特性，即密度远高于气体，接近于液体，黏度与气体相似，比液体大为减少；扩散系数接近于气体，大约为液体的 10100 倍，因而具有较好的流动性和传输特性。当把 CO_2 注入地下 800m 以下时，其体积随之急剧变小，因此，采用 CO_2 地质封存从技术角度是完全可行的。

　　CO_2 利用是指通过工程技术手段将捕集的 CO_2 实现资源化利用的过程。根据资源化利用方式的不同，可分为物理利用、地质利用、化工利用、生物利用和矿化利用等。其中，CO_2 的物理利用主要包括食品、制冷、发泡材料等行业，只是延迟了 CO_2 的释放时间，最终还是要排入大气。地质利用是将 CO_2 注入地下，进而实现强化能源生产、促进资源开采的过程，如提高石油、天然气、驱替煤层气（ECBM）采收率，开采地热、深部咸（卤）水、铀矿等多种类型资源。化工利用是以 CO_2 为原料，与其他物质发生化学转化，产出附加值较高的化工产品。矿化利用是指利用富含钙、镁的大宗固体废弃物（如炼钢废渣、水泥窑灰、粉煤灰、磷石膏等）矿化 CO_2 联产化工产品，在实现 CO_2 减排的同时得到具有一定价值的无机化工产物，以废治废、提高 CO_2 和固体废弃物资源化利用的经济性。

CO_2 封存是指通过工程技术手段将捕集的 CO_2 注入深部地质储层，实现 CO_2 与大气长期隔绝的过程。按照封存位置不同，可分为陆地封存和海洋封存；按照地质封存体的不同，可分为咸水层封存、枯竭油气藏封存等。

生物质能碳捕集与封存（BECCS）是指将生物质燃烧或转化过程中产生的 CO_2 进行捕集、利用或封存的过程，直接空气碳捕集与封存（DACCS）则是直接从大气中捕集 CO_2 并将其利用或封存的过程，作为负碳技术，BECCS 和 DACCS 受到高度重视。DACCS 可对小型化石燃料燃烧装置以及交通工具等分布源排放的 CO_2 进行捕集处理，并有效降低大气中 CO_2 浓度，随着吸附剂和技术工艺的发展完善，DACCS 成本会不断下降，将在助力碳减排和实现碳中和方面具有巨大的应用潜力。

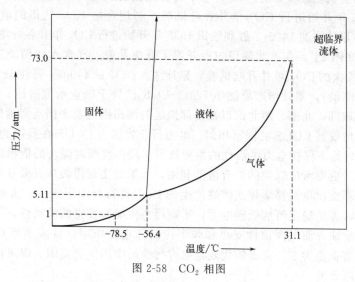

图 2-58 CO_2 相图

CO_2 驱油提高收率（EOR）主要分为混相驱和非混相驱两种方式。混相驱是指 CO_2 在温度高于临界温度和压力高于临界压力的条件下，进入超临界状态。在一定条件下，CO_2 超临界流体与原油形成混相，使得原油性质发生改变，如黏度降低、原油膨胀，甚至油藏性质也会得到改善，达到提高采收率的目的。非混相驱指 CO_2 在非混相状态下驱油，其原理与气驱的原理一致。一般而言，根据注入条件的不同（非混相或混相），每注入 $2.5 \sim 4.1t$ CO_2 能增产 $1t$ 石油，注入的 CO_2 要多于增产的石油燃烧后释放的 CO_2，在石油增产的同时实现了 CO_2 的负排放。

国内外已开展的一系列 CO_2 驱油的现场应用，为 CO_2 在油气藏和其他地质结构的封存做好了工程实践的准备。在美国，CO_2 混相驱已成为一项成熟的提高采收率的方法。2005年，美国实施注气方法生产的原油年产量首次超过热采年产量，成为其最主要的驱油方法。

美国目前注入油藏的 CO_2 量为 2000～3000 万吨/年，其中有 300 万吨 CO_2 来源于煤气化厂和化肥厂的尾气。加拿大 Weyburn 的 CO_2 驱油项目中，在 Dakota 捕集的 CO_2 通过管道输送 300km 运到 Weyburn 油田用于 EOR，在项目的执行期内额外生产了 15500 万桶石油并封存了 3000 万吨 CO_2。该项目的主要目标是预测和验证石油储层是否能够安全和经济地用于 CO_2 地质封存，并查明 CO_2 在特定环境中的长期流动情况。俄罗斯在 CO_2 驱油技术上也取得了一定成果，在工业试验基础上，奥利霍夫等油田开发中采用了 CO_2 段塞驱油技术，包括液态 CO_2 驱、混相驱和非混相驱。混相驱油试验结果表明，使用较大的 CO_2 段塞体积时驱油效率高，最高可达 94%～99%。此外，土耳其最大的稠油油田 Batiraman 油田（储量达 $7.018×10^{11} m^3$）因其 CO_2 气源充足，采用 CO_2 吞吐技术开采，共采出原油 $1.3116×10^{10} t/d$，增加原油产量 $8.112×10^9 t/d$。

长期来看，深部盐水层成为最大的潜在碳汇。挪威的 Sleipner 项目和阿尔及利亚的 Salah 天然气项目正在研究如何在盐水层中大规模封存 CO_2。在 Sleipner 项目中，从 Sleipner 地区天然气生产中分离的 CO_2，封存在天然气田下的 Utsira 含水层。自 1996 年底以来，每年该项目封存 100 万吨 CO_2，从普遍的时移地震和气田监测技术得出的结果表明，CO_2 没有渗漏，封存技术是可行的。

国内对 CO_2 驱油方法研究起步较晚，与国外尚有一定差距，但随着稠油和低渗油藏的开采，CO_2 驱油呈快速发展态势。1963 年中国首先在大庆油田对利用 CO_2 驱油进行研究。吉林油田自 1995 年开始进行 CO_2 单井吞吐试验，利用金塔 CO_2 气田的液态 CO_2 吞吐和 CO_2 泡沫压裂，累计增油 1420t。胜利油田 1998 年开始进行 CO_2 单井吞吐增油效果的试验，平均单井增产 200t 以上。在苏北油田先后开展了低渗低效、高含水和稠油三类复杂断块油藏 11 口井、12 井次的 CO_2 单井吞吐试验，累计注入 CO_2 量 4490t，每注 1t CO_2 多出 2.39t 油（属于第一次驱油），累计增产原油 10724t。EOR 已处于工业示范阶段，CO_2-EOR 项目主要集中在我国东部、北部、西北部以及西部地区的油田附近及中国近海地区。

与世界上其他发展 CCUS 的国家相似，电力行业将成为 CCUS 在我国的主要应用领域。CCUS 是碳中和目标下保持电力灵活性的主要技术手段。我国对煤炭的依赖决定了不仅要实现煤的清洁发电，更要考虑煤炭的综合清洁利用，如果能实现煤炭从开采开始的煤炭利用全过程的清洁化，那么比单纯捕集煤炭燃烧产生的 CO_2 更符合中国国情。火电加装 CCUS 可实现近零碳排放，提供稳定清洁低碳电力，平衡可再生能源发电的波动性，并在避免季节性或长期性的电力短缺方面发挥惯性支撑和频率控制等重要作用。目前涉足 CCUS 示范项目的企业以国有大型企业为主，突出的代表是电力行业的中国华能集团、煤炭行业的神华集团和石油行业的中国石油。

华能集团 CCUS 的活动主要集中在 CO_2 捕集和非封存的商业化利用。继 2008 年华能北京热电厂年捕集量 3000t CO_2 的装置成功运行后，华能启动了第二个 CO_2 捕集示范项目，位于上海石洞口第二电厂Ⅱ期项目，年捕集能力达 12 万吨 CO_2。这两个项目采用的都是燃烧后捕集技术，捕集到的 CO_2 主要用于工业用途，如精制食品级 CO_2 用于制造碳酸饮料，以及出售给化工厂作为原料等。另外，华能集团绿色煤电 IGCC 电厂（天津）引入燃烧前捕集技术，年捕集 CO_2 能力达到 10 万吨，并测试 IGCC＋CCUS 的技术可行性。我国首套 1000 吨/年相变型 CO_2 捕集工业装置在华能长春热电厂成功实现连续稳定运行，如果应用于燃煤电厂 100 万吨/年 CO_2 捕集装置，相对于传统乙醇胺溶液吸收法，使用相变型 CO_2 捕集技术每年可减少蒸汽热耗成本约 5000 万元。

神华集团是世界上最大的煤炭生产企业和煤炭供应商。神华在内蒙古鄂尔多斯市的煤制油示范工程配套项目上展开 CCUS 的示范项目，该项目采用的是燃烧前捕集技术。因为

CO_2 本身作为煤制油过程的副产品存在，基本不因为捕集 CO_2 消耗能源和产生成本，因此在捕集成本方面享有巨大的优势。国家能源集团的鄂尔多斯 10 万吨/年的 CO_2 咸水层封存已于 2015 年完成 30 万吨注入目标。国家能源集团国华锦界电厂 15 万吨/年燃烧后 CO_2 捕集与封存全流程示范项目 2021 年 1 月安装建设完成，连续生产出纯度 99.5％的工业级合格液态 CO_2 产品，成功实现了燃煤电厂烟气中 CO_2 大规模捕集，拟将捕集的 CO_2 进行咸水层封存。

2022 年 8 月，中石化启动建设的我国首个百万吨级 CCUS 项目——"齐鲁石化-胜利油田百万吨级 CCUS 项目"正式注气运行，该项目由齐鲁石化捕集 CO_2，并将其运送至胜利油田进行驱油封存，实现了 CO_2 捕集、驱油与封存一体化应用，预计 15 年累计注入 CO_2 1000 余万吨，增油近 300 万吨，采收率提高 12 个百分点以上，将为我国大规模开展 CCUS 项目建设提供更丰富的工程实践经验和技术数据。中石化华东油气田液碳公司与南化公司合作建设的 CCUS 示范基地分两期建设每年 10 万吨的捕集装置，截至 2021 年 4 月已累计回收 CO_2 16.5 万吨，应用到油田企业驱油增产约 5 万吨。

中石油是中国最大的石油企业，在利用 CO_2 提高石油采收率方面已做了一些实验。如大庆油田自 2002 年开始推广 CO_2 驱油，部署 40 口井，涉及含油面积 2.5km^2，截至 2009 年 5 月，CO_2 驱油技术累计增产原油 4000t。中原油田在 2002 年开始利用炼油废气生产 CO_2，2006 年中国石化重点科研项目——低渗透油藏 CO_2 驱油提高采收率先导试验，落户中原油田，自开展先导实验以来，已经将近万吨液态 CO_2 注入地下，累计增产石油 2700 多吨。

中石油吉林油田 EOR 项目是全球正在运行的 21 个大型 CCUS 项目中唯一一个中国项目，也是亚洲最大的 EOR 项目，该项目包括 5 个 CO_2 驱油与埋存示范区，年产油能力 10 万吨，年埋存能力 35 万吨，累计已注入 CO_2 超过 250 万吨。

石化和化工行业是 CO_2 的主要利用领域，通过化学反应将 CO_2 转变成其他物质，然后进行资源再利用，主要包括无机产品和有机产品。在传统化学工业中，CO_2 大量用于生产纯碱、小苏打、白炭黑、硼砂以及各种金属碳酸盐等大宗无机化工产品，这些无机化工产品大多主要用作基本化工原料。合成尿素和水杨酸是最典型的 CO_2 资源化利用，其中尿素生产是最大规模的利用。有研究采用浓氨水喷淋烟气吸收 CO_2 并生产碳酸氢铵肥料，同时实现 CO_2 的捕获和利用。CO_2 转化制造高附加值的碳基新材料（碳纳米管和石墨烯等）也将成为煤电厂等碳中和有效路径的一部分。在有机化工利用方面，以 CO_2 为原料合成有机产品的开发研究十分迅速，主要聚焦在能源、燃料以及大分子聚合物等高附加值含碳化学品：①合成气：CO_2 与甲烷在催化剂作用下重整制备合成气，其中 H_2/CO 比值为 1，更适合费托合成与烯烃生产等用途。催化剂是提高 CO_2 转化率和目标产物选择性的关键。②低碳烃：CO_2 与 H_2 在催化剂的作用下制取低碳烃，主要挑战在于催化剂的选择。③各种含氧有机化合物：以 H_2 与 CO_2 为原料，在一定温度、压力下，通过不同催化剂作用，可合成不同的醇类、醚类以及有机酸等。另外 CO_2 与环氧烷烃反应可合成碳酸乙烯酯和碳酸丙烯酯（锂电池电解液主要成分），碳酸乙烯酯可与甲醇反应可得到碳酸二甲酯（DMC），与 H_2 反应制成乙二醇、甲醇等高附加值化工产品。此类技术较为成熟，均已实现了较大规模的化学利用。④高分子聚合物：在特定催化剂存在下，CO_2 与环氧化物共聚合成高分子量聚碳酸酯，脂肪族聚碳酸酯具有资源循环利用和环境保护的双重优势。另外以 CO_2 为原材料制成聚氨酯的技术条件也基本成熟，已有工业示范装置。⑤电/光化学利用：通过调控 CO_2 反应途径和采用不同电极材料和催化剂，将 CO_2 电/光化学转化为高附加值产品。CO 和乙醇是两种理想的 CO_2 还原产物，既可以升级为燃料，也可以直接用作替代品，其高效率和转化率取决于优化的催化剂设计、反应器结构和工艺条件。目前，铜基催化剂是在电化学 CO_2 还原生产 C2＋产品中唯一兼具高活性和高选择性的金属类催化剂，通过掺杂、合金化、表面分子修饰等策略可以提高铜基催化剂的性能。此外，通过太阳能、电催化与生物固碳技术相结合，建立微生物电合成（MES）系统，可以将 CO_2 还原为乙酸等产物。⑥生物利用：生态系统中植物的光合作用是吸收 CO_2 的主要手段，因此利用植物吸收 CO_2 是最直接的一种手段，并具有固有的有效性和可持续性。生物利用主要集中在微藻固碳和 CO_2 气肥使用上。目前微藻固碳技术主要以微藻固定 CO_2 转化为液体燃料和化学品，生物肥料、食品和饲料添加剂等；CO_2 气肥技术是将来自能源和工业生产过程中捕集的 CO_2 调节到一定浓度注入温室，来提升作物光合作用速率，以提高作物产量。受天然生物固碳启发，通过解析天然生物固碳酶的催化作用机理，研究人员试图创建全新的人工固碳酶和固碳途径，实现高效的人工生物固碳。

总之，理论上，组成 CCUS 技术的捕集、运输、利用和封存等环节均有较为成熟的技术可以借鉴，如化工领域的捕集技术、石油行业采用的运输和注入技术等，不同的技术其成熟度也不尽相同，总体还处于研发和示范的初级阶段。CCUS 技术面临的考验不仅来自技术自身的效率问题，更来自经济成本，以及可能带来的环境成本、健康危害和安全风险等问题。

2.12 结语

煤炭在我国能源生产与消费结构中一直占主导地位，同时煤炭的开发和加工利用已经成为我国环境污染物排放的主要来源。煤炭作为我国主体能源，要按照绿色低碳的发展方向，对标实现碳达峰、碳中和目标任务，立足国情、控制总量、兜住底线，有序减量替代，推进煤炭消费转型升级。高效节能技术和洁净煤技术是最现实、最经济和最有效地减少环境污染和温室气体排放的途径，也是缓解石油供需不足的压力，保证能源安全供应，提高企业及产品竞争力、实施可持续发展的必然要求和现实选择。煤炭从资源上讲是可靠的能源，从经济上讲是廉价的能源，从环境上讲是可以洁净利用的能源。

发展煤炭洁净利用技术，目前主要集中在以下方面。

① 煤炭清洁开采、洗选和型煤加工技术的成果推广应用。煤炭洗选是国际上公认的实现煤炭高效、洁净利用的首选方案，加快发展选煤技术对于实现煤炭资源的综合利用、节约能源、减少环境污染具有重要的作用。型煤是适合中国用煤特点的洁净煤技术，现阶段包括民用型煤、造气用石灰炭化煤球、工业锅炉、窑炉燃料在内的型煤等，市场前景广阔。煤炭工业应立足行业特点，将开发高强度、高固硫型煤作为发展方向。

② 水煤浆是洁净煤技术的一种，具有燃烧效率高、污染物排放低等特点，可用于电站锅炉、工业锅炉和工业窑炉代油、在矿区用中高灰煤浆替代优质煤燃烧，亦可作为气化原料，用于生产合成氨、合成甲醇等。水煤浆技术是我国现阶段成熟的可以推广的一项代油、环保、节能技术。

③ 煤炭液化技术由理论上升到实践。煤炭液化为煤炭高效、洁净利用提供了长远的生机。有两种技术方法：一是煤间接液化技术，即将煤首先经气化制造出合成气，合成气再经催化转化为汽柴油，其液化条件对煤炭种类几乎没有要求，已形成大规模、高赢利的产业。二是煤直接液化技术，即不经过气化过程，直接将煤液化为汽柴油，其液化条件苛刻，对煤炭的种类依赖性强。我国正在进行液化煤的性能和工艺条件试验以及商业化可行性研究。

④ 煤炭气化前景广阔。煤炭气化可将煤转化为洁净的气态产品，包括民用煤气、工业

燃烧气。煤炭气化能较好地减少污染物的排放，使煤的硫、氮化物等杂质基本上被脱除（脱硫率 90％以上）。我国煤炭气化技术比较成熟，是城市民用燃气的重要组成部分，发展煤炭气化是提高煤炭利用效率、降低污染排放的主要技术途径，有广阔的前景。

⑤ 以采用高蒸汽参数的超超临界发电、利用联合循环的增压流化床燃煤联合循环和整体煤气化联合循环发电（IGCC）等为代表的洁净煤发电技术，提高了煤的转化效率，降低了燃煤污染物的排放。以可实现 CO_2 排放控制技术，CO_2 的捕集、利用和封存技术（CCUS），与其他先进发电技术如燃料电池等结合，并形成风光一体化制氢、煤化工等多联产系统耦合为特点的煤基近零排放多联产系统，将是洁净煤技术发展的最终目标。

现代科学技术的飞速发展为我国煤炭行业带来了无限生机，随着煤炭工业技术水平的提高，一大批技术含量高、生产效率高、经济效益好的现代化矿井先后建成投产，大大提升了煤炭行业的整体生产水平。煤炭的综合利用是今后的发展方向，煤炭将因洁净煤技术的推广，煤炭液化、煤炭气化技术的开发而变成比较清洁的能源，成为过渡时期能源结构中一大主要支柱。毫无疑问，化学在实现这些目标的过程中将起着重要的作用。

第 3 章 | 石油

石油俗称工业的"血液"，是当今世界的主要能源。20 世纪 60 年代以来，由于石油的广泛应用，促成了西方社会的"能源革命"，使石油在世界能源消费结构中的比重大幅度上升，成为推动现代工业和经济发展的主要动力，在国民经济中占有非常重要的地位。

3.1 石油的重要性

石油是具有广泛用途的矿产资源，石油的利用随着人类生产实践和科学技术水平的不断提高而逐步扩大。从远古时代开始并在相当长的历史时期，古人只是将石油直接、简单、零星地用在燃料、润滑、建筑、医药等方面。初期的石油炼制用于生产煤油。19 世纪以来，由于内燃机的发明，扩大了对石油产品的利用，有力地推进了石油加工技术的发展。此后，随着内燃机技术的迅速发展，各类以内燃机作动力的现代交通工具如汽车、内燃机车、飞机、轮船等数量剧增。同时，军事上坦克、装甲车、军舰的相继出现，不仅对油品的质量要求日趋严格，而且用量也大为增加，石油的用途不断扩大。石油产品不仅是优质动力燃料（汽油、煤油、柴油）的原料，也是提炼优质润滑油的原料。一切转动的机械，其"关节"中添加的润滑油都是石油制品。

石油还是主要的化工原料。20 世纪中叶，石油化工的高速发展，进一步拓宽了石油的应用范围。石油化工厂利用石油产品可加工出 5000 多种重要的有机合成原料，化工产品主要包括合成纤维、合成橡胶、塑料、化肥、农药、炸药、化妆品、合成洗涤剂等，产品产量增长迅速，应用潜力巨大。合成纤维（尼龙、涤纶、维尼纶和丙纶等），由于能够织成各种花色的纺织品，拥有广阔的市场。合成橡胶既可制造汽车、飞机、拖拉机轮胎及一般橡胶产品，也可制造一些适应特殊需要的橡胶，如耐酸碱腐蚀、耐油性能强的氯丁橡胶、丁腈橡胶等特种橡胶。我国天然橡胶产地地域有限（海南、云南部分地区），因而只能通过合成橡胶作为补充。以石油为原料生产的多种塑料制品，是市场上最为普遍的商品之一。石油化工产品如聚氯乙烯塑料、聚乙烯塑料、聚丙烯塑料、酚醛塑料（电木）等广泛应用于工农业及日常生活中。以石油、天然气为原料可制造合成氨并进一步生产硝酸铵、硫酸铵、尿素等农业生产用化肥。石油产品几乎在人类社会的各个方面都显示其作用和存在，随着科学技术的发展，其应用范围还将继续扩大。

石油工业带动了机械、炼油、化工、运输业以及为这些产业部门提供原料和动力的钢铁、电力和建材等产业的发展。石油贸易在世界贸易中也占有极为重要的地位，对世界进出口贸易平衡、国际收支平衡和世界金融市场发挥着重要作用。今天，石油已成为现代工业社会最具有战略意义的能源与基础原料。石化产业也已经成为国家的支柱产业，石油消费水平更成为衡量一个国家综合国力和经济发展程度的重要标志，成为国家安全、繁荣的关键和文明的基础。由于石油是一种有限的、不可再生的矿产资源，而且分布极不均衡，控制或争取石油资源成为军事竞争中的重要焦点。

　　石油作为一种与人类生活密切相关的商品，已经渗透到人们衣食住行的各个方面，构成了现代生活方式和社会文明的基础。

3.2　石油的生成和聚集

　　地球上蕴藏着丰富的石油，据估计它的蕴藏量为 10000 多亿吨，其中 700 多亿吨蕴藏在海洋里。根据目前世界需求的增长趋势，石油在 35～40 年内可保持较高的供应水平。但石油资源分布是极不均衡的，主要分布在中东各国（如沙特阿拉伯、伊拉克、伊朗），约占世界总探明剩余开采储量的 50% 左右。

　　石油、天然气是重要的流体矿产，和其他矿产一样，人们关心它的生成问题。这个问题之所以被重视，因为它是人们据以寻找石油和天然气的理论根据之一。世界上对石油的成因存在着不同的观点，这不仅因为石油的成分复杂，而且它们是流体能够流动，它们的储藏地往往不是它们的出生地，这与其他煤、铁等固体矿藏显著不同。从 18 世纪 70 年代到现在，先后提出了几十种假说，大致可分为无机生成学说和有机生成学说两大派。

　　当前，石油地质学界普遍承认，石油和天然气的生源物是生物，特别是低等的动物和植物。它们死后聚集于海洋或湖沼的黏土底质之中，如果生源物的来源主要是在海洋中生活的生物，就称之为海相生油；反之，如果生源物的来源主要是非海洋生物，即生活于湖沼中的生物，则称之为陆相生油。

　　海相沉积和陆相沉积均可生成石油。特别是陆相沉积生油是我国著名科学家李四光首先提出的，对开发我国石油具有极为重要的意义。中国绝大部分的石油属于陆相生油的范围。我国最早的玉门油矿，就是在陆相沉积盆地中开发的。海相和陆相都具有大量生成油气的适宜环境和条件，都能形成良好的生油区。但是，由于地质条件的差异，它们的生油条件也有较大的不同。

　　大量生产实践和科学研究证实，已发现石油中的绝大部分，都是由保存在岩石中的有机质经过长期复杂的物理-化学变化逐渐转化而成的。图 3-1 为石油的形成示意图。有机质转变为石油的过程，既和含有机质的沉积物形成岩石的过程相联系，又与细菌、温度、时间和催化剂等促使有机质演化成油的因素相联系。有机物质沉积在被水体覆盖的海盆湖盆中，水层起了隔绝空气的作用。虽然水中也有一定量的氧，但当这些氧在氧化一部分有机物后就消耗光了，绝大部分有机质得以保存下来。而陆地上经常往这些低洼地区输入大量的泥砂及其他矿物质，迅速地将其中的有机体埋藏起来，形成与空气隔绝的还原性环境。随着地壳的运动，边沉降边沉积，水生和陆生生物死亡以后，同大量的泥砂和其他物质一起沉积下来。沉积盆地不断地沉降，沉积物一层一层地加厚，有机淤泥所承受的压力和温度不断地增大，同时在细菌、压力、温度和其他因素的作用下，处在还原环境中的有机淤泥经过压实和固结作用而变成沉积岩石，形成生油岩层。沉积物中的有机物在成岩阶段中，经历了复杂的生物化学变化及化学变化，逐渐失去了 CO_2、H_2O、NH_3 等，余下的有机质在缩合作用和聚合作用下，通过腐泥化和腐殖化过程，于是形成干酪根，它是生成大量石油和天然气的先驱。这就是现今普遍为人们所接受的石油有

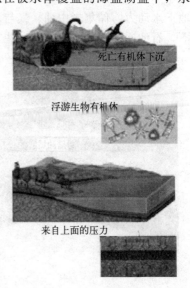

死亡有机体下沉

浮游生物有机休

来自上面的压力

图 3-1　石油形成示意

机成因晚期成油说（或称干酪根说）。

干酪根分为腐泥型、腐殖型和腐泥-腐殖型。它们在成岩阶段中，由于温度的升高，有机质发生热催化作用，大量地转化成石油和天然气。通常情况下，石油和天然气伴生。在后生阶段中，温度进一步升高，于是发生裂解作用，使得干酪根主要转化为天然气。在后生阶段原已生成的石油，在裂解作用下，逐渐变轻，也大量地转变为天然气。在后生阶段后期，绝大部分石油都转为天然气，而缺失原油。这些过程就是有机成因说形成石油的现代概念。

在 19 世纪石油工业开始时期曾有无机成因说，主要以碳化物说及宇宙说为代表。碳化物说认为，地球核心部分的重金属碳化物和从地表渗透下来的水发生作用，可以产生烃类。宇宙说认为，当地球处于熔融状态时，烃类就存在于它的气圈里。随着地球的逐渐冷凝，烃类被岩浆吸收，就在地壳中生成了石油。无机成油理论认为烃类化合物可在地下深处产生，并沿裂缝周期性上升，不仅在沉积层内，而且在岩浆岩和多孔火山岩内积聚。为了证明无机成油理论，已经有科学家通过实验室模拟地球深处的条件无机合成出了石油。另外，在绝无生命存在的空间星体上，也已发现类似于石油和可燃气的物质。这似乎在证明无机生成石油的理论并非没有根据。

生成了石油并不就等于有了油田，因为还需要漫长的运移和聚集过程。开始生成的石油是微小的油滴，分散在生油层泥质岩的孔隙中。生油层都是泥质岩，在一定压力下比砂质岩易于压缩，孔隙度变小，渗透性也变差，没有"成家"（储集油气）的基本条件。因此，生油岩中的油气，在外力作用下运移到砂质岩（储集层）中集中，从而形成有工业价值的油气藏。人们把这一过程叫作"油气运移"。油气从生成到形成矿藏一般要经过两次大的运移才能完成。第一次是从生油层向储集层里的运移，叫作"初次运移"；第二次是在储集层内的运移，叫作"二次运移"。

在盆地的沉积过程中，由于沉积物不断增厚，压力不断加大，在生油层的压缩成岩过程中生成的油气就在压力作用下向储集层进行纵向和横向的初次运移。在油气的初次运移中，毛细管力促使油气从生油层的较小孔隙里运移到储油层的较大孔隙里。油气的第二次运移，是油气在储集层中的再运移。由于与油气有关的沉积岩是在水域地带中形成的，这就使得油气从生成到形成矿藏总是和水密切联系在一起。在沉积岩层的静压力、地壳变化的动压力、地下水动力、储集岩中油、气与水本身的重力以及细粒层的毛细引力等多种力的作用和影响下，石油逐渐运移、聚集在一些非渗透层组成的圈层里，形成储油层。在二次运移中，只有碰到适合储存油气的地方才能形成储油层。否则就会出现两种情况：一是在流动运移中流失跑掉；二是在储集层呈水平状态的情况下，地下水处于停顿状态，浮在水上部的油气不能集中起来。

集中储存油气的地方叫做"储油构造"。图 3-2 为储油构造示意。它由 3 部分组成：一是有油气居住的空间，叫储油层；二是覆盖在储油层之上的不渗透层，叫盖层；三是四面封堵的条件，叫封闭。储油构造的形成，主要是由于地壳运动的结果，形成了具有一定压力的油气藏。因此石油资源专家认为，一个油气田的六大要素条件就是生（油层）、储（油层）、盖

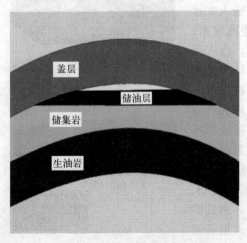

图 3-2　储油构造示意

（油层）、运（移）、圈（闭）、保（存）。

3.3 石油的开采

人们从发现石油、了解石油形成的机理到开发利用石油，是能源发展史上的一次革命。

对一个盆地进行油气勘探的基本程序和步骤是：进行地质勘查，了解油田的大小、储量、油层性质和分布规律等自然条件；对盆地作出综合评价，并选择有利的钻探地区；钻参数井或预探井，证实所选地区的含油气性及经济价值等。寻找石油的方法有：地面地质调查法、地球物理勘探法、地球化学勘探法、放射性勘探法和钻井勘探法等。实际工作中，一般是多种方法的综合应用。随着科学技术的发展，目前石油天然气的勘探手段已经越来越先进。

石油多集中在被不透水岩层包围或限制的砂岩内，一般位于构造凸起处。在多孔的岩石中石油浮在盐水层的上面，采用钻孔进行开采。在环绕大陆的浅海底有许多产油地层，在这里可以把支柱架固定在大陆架岩石上搭建海上钻井平台。但是在较深的地方必须采用系于固定位置的海上浮动钻台。

钻井是石油工业的"龙头"，石油和钻井的关系密不可分。不但勘探石油要钻井，开采石油也要钻井，埋藏在地层深处的石油，正是顺着钻凿出的井眼源源地"流"到地面的。

中国是世界上最早发展钻井的国家。四川省自贡市一带的盐井历史悠久、举世闻名。早在两千年前的汉朝，中国古代劳动人民已经在那里钻凿了很深的火井和盐井，并用开采出来的天然气熬煮采自井下的盐水以制取食盐。1859 年 8 月，美国人德雷克在宾夕法尼亚州的太特斯维尔设置了一台石油钻机，钻出了世界上第一口油井。德雷克打出的这口油井，揭开了近代石油工业大规模商业开发的序幕。

石油钻机包括动力系统、传动系统、起升系统、压缩空气源及气动控制系统、仪器仪表及检测系统、钻井液循环及净化系统、供电系统、液压系统、井口工具。根据钻井工艺中钻井、洗井、起下钻具各工序以及处理钻井事故的要求及现代化技术水平的条件，整套转盘旋转钻机必须具备下列设备：旋转设备（转盘、水龙头等地面旋转设备和钻杆、钻铤、钻头等井下旋转设备）、循环系统设备（钻井泵、地面管汇、钻井液池和钻井液槽等）、起升系统设备（主绞车、辅助绞车、辅助刹车、游动系统、悬挂游动系统的井架及起下钻操作使用的工具及设备等）、动力驱动设备（柴油机及其供油设备、交流、直流电机及其供电、保护、控制设备等）、传动系统设备。最初的旋转钻头只适用于钻较软的岩层。1909 年发明了钻岩钻头。19 世纪 20 年代又发明了硬合金表面旋转切削钻头，可钻透各种岩石。早期的旋转钻井利用蒸汽作为动力，20 世纪 40 年代以后普遍改用柴油机作动力。用柴油机或燃气轮机带动发电机供电，或从电网供电的交直流驱动钻机，可用于工业电网的油田内部钻井和海上钻井。

早期的石油钻井方法只能是一直往地下钻，不能中途改变钻井方向。从 1895 年开始有了更新的办法，只要加上一个楔尖式钻孔导向器，并在钻杆上装上转向接杆，钻头就可以随意转向，以转变钻井的方向。到 20 世纪 90 年代，普遍应用导向钻井法，只要从一个中央井口钻出几个孔眼，就可吸取陆地和海洋深处整个油田的石油。

从美国人德雷克揭开石油商业开采的序幕开始，油田开发活动逐渐由浅入深，由易而难，由陆地向海洋，走过了一条漫长的发展道路。就油田开发技术而言，世界油田开发史大致可以归纳为三个阶段：一是从盲目采油到确立油田开发理论，进行科学开采；二是向油层注水，保持油层压力，称为二次采油；三是提高采收率技术，在对油田进行注水的同时，加注表面活性剂和高聚合物等，以便采出更多的石油。这种方法通称为提高石油采收率方法，或称三次采油。

当传统开采石油的油田产量逐渐萎缩时，需要采用新的方法来开采石油，下面介绍石油技术的进展。

（1）四维地震勘探石油

1927 年，地质学家根据反射声波转换成地壳的详尽剖面图，并据此拼合成一种三维模型，它能揭示多孔岩层中的石油蕴藏状况，从而将石油的发现率和收获率提高 20％。三维地震勘探作业是以一个面展开，通过从平原到山地、沼泽、沙漠的延伸，从简单的地下地质构造勘探发展为岩性和储层勘探，为最大限度地获取地下石油资源创造了条件。由于石油资源有限，勘探的难度在逐步增大，特别是老油田剩余油的开采问题，用传统三维无法描述油藏开采的动态变化。为满足油藏开发的需要，从 20 世纪 80 年代开始，发达国家开始尝试随时间推移的四维地震勘探。

四维地震勘探是由三维地震勘探发展演变而来的，是由通常的三维空间和时间组成的总体，勘探作业使用空间的三个坐标和时间的一个坐标，通过随时间推移观测的勘探数据间的差异来描述地质目标体的属性变化。四维地震勘探模型不仅能勘测出油田中石油、气体和水之所在，还能预测出它们下一步的流向。地质学家们利用这一技术朝地下发出震动声呐，从地表产生的声波在普通岩层和含油岩层、含水岩层或含气岩层之间的界面上反射，反射回来的声波经计算机处理转换成图像，推算对声波产生反射的地质结构特性及位置，通过岩石特性可以分析出有无石油，最终形成一个能指导钻井操作的模型。图 3-3 为地震勘探石油示意，图中异常地层、岩层疏松度及密度等井道数据由一台送入井道采集岩石特性数据的机器采集，通过岩石特性就可以分析出有无石油。

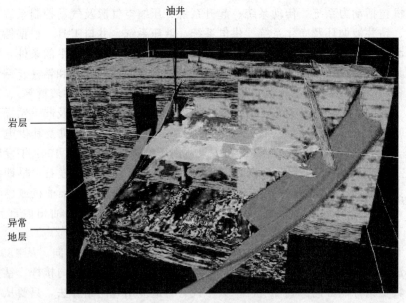

图 3-3　四维地震勘探示意

四维地震勘探并不是适用于所有的油井，其产生效果的基本条件是：在随时间推移的地震勘探观测过程中，被观测地质目标体应存在明显的储层属性变化，如储层温度、储层压力、岩石孔隙流体性质等，并能引起岩石物理性质的变化，使地震波穿越地质目标时，可引起反射时间、反射振幅、反射频率的变化等。

四维地震勘探最大的优势，是通过随时间推移观测的地震数据间的差异来描述地质目标体的属性变化，达到认识储层动态变化来有效寻找剩余油气资源，有效提高油气田的采收率。国内四维地震勘探成功的实例之一，是 20 世纪 90 年代在内蒙古二连油田吉尔嘎郎图锡林吉 20 井的作业。这口井所钻达的含油地层中主要是稠油，常规方法难以获得高产油流，于是进行稠油热采气驱油，并以四维地震勘探驱油情况予以监测。许多油田在二次开采、三次开采以及水驱、聚驱、气驱等开采技术已达到或接近世界先进水平的情况下，运用四维地震勘探对驱油过程进行有效观测，是进一步提高采收率的重要一环。

（2）注气抽油

地质学家们发现大多数油井都具有复杂的分形流动模式，这种模式使得石油同气体和水混合起来。传统方法对油井进行抽油，直到油流渐渐枯竭，时常使得 60% 或更多的油未被采出来。一种更为有效的方法是将天然气、蒸汽或液态二氧化碳注入枯井。随后，注入物便通过岩石上的微孔向下扩散，若是计划周密，注入物还会将被遗弃的石油推向相邻的油井。另一个办法是时常将水注到石油的下面以增大其压力，从而帮助它向上流到地表。其中 CO_2 强化石油开采，可在 CO_2 封存的同时提高石油采收率（EOR）。根据油田地质情况的不同，每增产 1t 原油需 $1\sim4.2$t CO_2，CO_2 强化石油开采可增产油田总储量 11% 左右的原油，增产石油的收入可抵消 CO_2 的分离和埋存费用，从而成为最具吸引力的 CO_2 封存手段之一。

（3）定向钻探

称为"定向钻探"的技术可以开发被遗忘的储油层，而成本却比注入法低。石油工程技术人员可以利用各种新设备来使油井在地下数千米处的储油层内从垂直走向变为完全水平走向。要改变和控制钻探方向，可以在泥浆驱动电机与钻头之间接上弯管接头，只转动起挖掘作用的带尖头的金刚石钻头。国际上一些公司已研制出先进的传感器，其精确度大为提高。传感器负责测定钻井周围岩石的电阻，其他一些传感器则发射出中子和射线，然后对被岩石和孔隙流体散射回来的中子和射线进行计数。上述测量结果以及钻头当前所在位置通过驱动电机和润滑井筒的泥浆流中的脉冲发送回地表。工程技术人员于是就能调整钻探的路径，从而使钻头迂回前进，到达构造带中最富油的部分。

（4）海洋石油开发

据专家测算，陆地约有 32% 的面积是可蕴藏石油、天然气的沉积盆地，而海洋里的大陆架（水深 300m 以内）则有 57% 的面积是可蕴藏油、气的沉积盆地，此外，大陆坡和大陆隆中也发现了油气资源。石油工业最后一大新领域在于深水油田，即海面以下 1000m 或更深的油田。面对如此深处的油田，人类先前只能是"望洋兴叹"，如今这一局面已经改观。遥控水下机器人已经能够在海底安装复杂的设备以防止井喷，在高压环境下调节油流量。海底成套设备把一群群水平式油井联为一体，然后，采得的石油既可以直接集中到海面的油库中，也可以通过长长的水下管道输送到浅水地带原有的平台上。妨碍开发海上油田和气田的并非只是深水，巨大的水平走向的盐层和玄武岩层有时也隐伏在大陆边缘深水中的海底下，从而阻碍海洋石油的开发。

开采深水下的石油耗资极大，然而，新发明和必要性已给该领域带来了新的探索高潮。图 3-4 为埃克森石油公司的钻井平台示意，通过漂浮平台可以用较低的成本完成钻井。平台上装有钻井、动力、通信、导航等设备，以及安全救生和人员生活设施。油井钻好后，生产、储存及装船一气完成，同时还可以在船上进行原油加工。由于石油可以直接卸到停泊的油轮上，因此没有必要铺设通向海岸的海底管道。万向钻头可以抵达地下深处的储油层，这些储油层中的水和石油分离后，还打回地下。深海及超深海水域钻井面临的难度是在遥不可及的高压低温环境中作业。由于海水太深，潜水员无法下潜作业，水下采油装置的建造和监控由机器人和遥控潜水器完成。

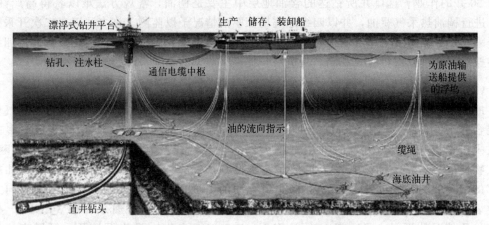

图 3-4　埃克森石油公司的深海钻井平台示意

从油井采出的原油，经过采油树的油嘴后，到水套加热炉加热，再进入油气分离器进行油气计量，然后进入集油干线，输往转油泵站。在转油泵站里，原油经脱水、脱硫、脱盐处理后，经输油泵加压进入输油管线，送进油库。天然气或油田气则通过低压输气管线，送到压气站加压，然后输送给炼油厂和石油化工厂进行综合利用，或者输送到钢铁厂作为冶炼的燃料，也可以输送给城市、乡村，以供民用。

石油由地下开采出来后，它的储藏和海上运输始终是国际上最受关注的焦点问题。用管道输送石油，是一种方便而又经济的方法。现在各产油国都铺设了纵横交错的管网，组成了强有力的工业动脉。输油管道的铺设使原油和成品油的输送成本大幅度降低。铁路上使用的油槽车，也是长距离运输石油的常用设备。同时采用万吨以上的油轮和各种油驳，可以将油田和各炼油厂及石油化工企业连接起来。

3.4　石油的组成

石油分为天然石油和人造石油两种。天然石油（即原油）是从油田（油矿）中开采出来的；人造石油则是油页岩或煤炭经干馏或合成的方法提炼出来的。从外表看，原油是一种有色、有味、黏稠状的可燃液体。石油的性质因产地而异，密度为 $0.8\sim1.0\text{g/cm}^3$，黏度范围很宽，凝固点差别很大（$-60\sim30℃$），沸点范围从常温到500℃以上，可溶于多种有机溶剂，不溶于水，但可与水形成乳状液，常伴有绿色或蓝色荧光。颜色不同是原油中沥青质和胶质的含量引起的。一般来说，含沥青质和胶质越多，颜色也就越深。原油的荧光性质在勘探中可以作为发现石油的依据之一。

世界各地所产的石油不尽相同，但无论何种原油或石油产品，其主要成分都是碳（83%~87%）、氢（11%~14%）两种元素，其余为硫（0.06%~0.8%）、氮（0.02%~1.7%）、氧（0.08%~1.82%）及微量金属元素（镍、钒、铁等）。通常把碳氢化合物称为"烃"。石油的主要成分是烃类有机物。大量研究发现各种石油或石油产品基本上由4类烃组成，即烷烃、环烷烃、芳烃和烯烃，它是一种碳氢化合物的混合物。最简单的烃是甲烷

CH_4，其结构如下：

$$
\begin{array}{c}
\text{H} \\
| \\
\text{H}-\text{C}-\text{H} \\
| \\
\text{H}
\end{array}
$$

随着烃中碳原子数的增多，烃类化合物的结构也越来越复杂。烷烃分子中各个碳原子可连接成直链，也可在直链上带有一些支链。通常把直链烷烃叫正构烷，把带支链的烷烃叫异构烷。在常温下，烷烃分子中含有 1～4 个碳原子的是气体，5～15 个碳原子的是液体，16 个碳原子以上的是蜡状固体。烷烃的化学性质很不活泼，不易和其他物质发生反应，但较大分子的烷烃可与发烟硫酸作用。把大分子烷烃加热到 400℃ 以上时，可以裂解成小分子烃。

烯烃分子结构式中碳原子间有双键，碳原子的化学键没有和氢原子完全结合，这就有能力和其他元素的原子相结合，所以烯烃的化学性质很活泼，可与多种物质发生反应。例如，在一定条件下可加氢转化为烷烃，小分子烯烃还能相互聚合成为大分子烃，这一反应称为烯烃的聚合反应。

环烷烃分子中碳原子连成环状，性质与烷烃相似，但稍活泼。如在一定条件下，环己烷可从分子中脱掉氢原子转化成苯。高温可使环烷烃结构断裂，生成烷烃和烯烃。

芳烃较烷烃性质活泼，可与一些物质发生化学反应。例如苯与浓硫酸反应生成苯磺酸；在一定条件下，苯加氢可转化为环己烷。

以上 4 种烃类在石油中的分布变化较大，所占的比例各不相同。含环烷烃和芳香烃较少的称为烷基石油，又叫石蜡基石油。这种油含直链烷烃（C_nH_{2n+2}）较多，加工石蜡基石油，可以得到黏度指数较高的润滑油，我国大庆油田就属于这种类型。含环烷烃较多的称为环烷基石油，又叫沥青基石油。这种油有利于炼制柴油和润滑油，但汽油产量不高，氧化稳定性不好。芳香基石油含单芳烃和稠芳烃较多，石油组分内有双键，故化学活泼性较强，容易加氢和发生取代反应转化成其他产品。我国台湾产的石油多属于芳香基石油。除极少地区所产的石油中含有微量烯烃外，大多数石油是没有烯烃的，但石油经过高温加工后会产生烯烃。

石油中含硫、氮、氧的化合物都是非烃类化合物。它们虽然含量不高，但对炼制过程和成品油的质量影响很大。例如硫化物除对金属有腐蚀作用外，还会恶化油品的使用性能，影响汽油的抗爆性。对这些有害的化合物，要加以清除，并设法进行综合利用。

石油的成分虽然如此复杂，但是，利用它们各自的沸点不同的特性，就可以用加热蒸馏的物理方法，辅之各种化学手段，把它们分开，生产出人们所需要的各种产品。

3.5　石油的炼制

石油虽然享有"乌金"的美称，但因为它是由许多种特性不一的碳氢化合物混合而成的，直接利用的途径很少。为了使石油中的各种组分都能发挥效能，必须通过炼制过程把它们一一提取出来。

从油井采出的原油中，常含有轻质气态烃类，并携带有少量水、盐和泥沙。因此，在进行炼制以前需要对原油进行预处理，将油气分开，沉降泥沙，并采用电法或化学法脱盐、脱水，然后将其运送到炼化厂，由炼化厂加工成人们需要的能源产品。在石油炼制过程中，主要工艺过程包括原油蒸馏、催化裂化、热加工、催化重整和加氢等。

原油直接蒸馏得到的汽油产率较少，且质量不高。催化裂化可以有效增大汽油在产物中的比例，而催化重整可以显著提高汽油质量。为防止催化剂中毒，催化裂化和催化重整前要对油品进行催化脱硫、催化脱氮等前处理，这就形成了现在石油炼制的主要反应网络，如图3-5所示。

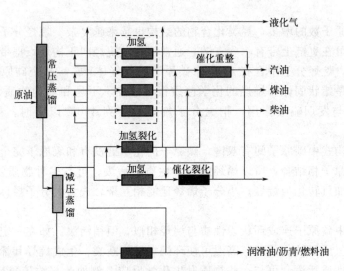

图 3-5 石油炼制的主要反应网络

3.5.1 石油的蒸馏

蒸馏是利用物理方法将原油中各种碳氢化合物进行分类。原油加热到一定温度，油中的碳氢化合物变成不同的气体，每种气体有不同的凝固点，在不同温度下凝结成为液体，利用这种方式可将石油分成各种组成部分。在蒸馏过程中，热原油装进近塔基部分，最重的碳氢化合物凝结沉到下层，其他碳氢化合物以气体形式上升通过塔板，直至冷却凝结形成液体，然后通过管道送去加工。蒸馏属于物理变化，包括常压蒸馏和减压蒸馏两种。常减压蒸馏的加工能力代表着炼油厂的加工能力，它是原油的第一道加工过程，也叫一次加工。

常压蒸馏是在常压下根据原油中各种烃分子的沸点不同，利用加热、蒸发、冷凝等步骤直接将原油分馏为轻油和重油两种成分。原油经过换热后达到300℃左右，进入常压加热炉，原油被加热到360～380℃进入常压塔进行蒸馏。轻油主要是指40～200℃的汽油或石脑油馏分和175～275℃的煤油馏分。重油是200～400℃的馏分，主要为润滑油和重质燃料油，残渣为沥青，图3-6为分馏塔工作及馏分使用的示意。表3-1给出了石油分馏的主要产品及其用途。

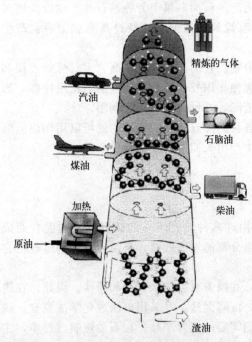

图 3-6 分馏塔工作及馏分使用示意

表 3-1　石油馏分的主要产品及用途

馏分	沸程/℃	组成和用途
气体	<25	$C_1 \sim C_4$ 烷烃
轻石脑油	20～150	主要是 $C_5 \sim C_{10}$ 的烷烃和环烷烃,用做燃料
重石脑油	150～200	汽油和化学制品原料
煤油	175～275	$C_{11} \sim C_{16}$,用做喷气式飞机、拖拉机和取暖燃料
粗柴油	200～400	$C_{15} \sim C_{25}$,用做柴油机和取暖燃料
润滑油/重质燃料油	350	$C_{20} \sim C_{70}$,用做润滑油和锅炉燃料
沥青	残渣	用于建筑方面

由于重油的沸点高达 350～500℃,如果在常压下蒸馏,则重油在这么高的温度下会裂解成轻油;在降低压力的条件下加热重油即进行减压蒸馏,则能使重油在较低的温度下沸腾蒸发成气体,从重油中分离出各种变压器油馏分、轻质润滑油馏分、中质润滑油馏分和重质润滑油馏分,所有这些馏分统称为馏分油。常压塔底油 350℃ 左右进入减压加热炉,被加热到 380～400℃ 进入减压塔进行蒸馏。在减压蒸馏塔中一般会残留一定量的油料,经丙烷脱沥青、脱蜡和精制后得到残留润滑油,可作为航空机油、汽缸油等使用,而且将它与馏分润滑油或将两种馏分润滑油按不同比例调和,还可生产出各种不同规格的润滑油,如黏度大的内燃机油等。

汽油是石油中的轻油馏分,石油常压蒸馏的 40～200℃ 馏分即为汽油,其主要成分为 $C_5 \sim C_{11}$ 的烷烃和环烷烃。由此得到的汽油称为直馏汽油,它是制取汽油的基本方法。

从原油的处理过程来看,上述常减压蒸馏装置分为原油初馏(预汽化)、常压蒸馏和减压蒸馏三部分,油料在每一部分都经历了一次加热—汽化—冷凝过程,故称之为"三段汽化"。

3.5.2　重油的裂化

一般原油经常减压蒸馏后可得到 10%～40% 的汽油、煤油及柴油等轻质油品,其余的是重质馏分和残渣油。如果不经过二次加工,它们只能作为润滑油原料或重质燃料油。为了将石油蒸馏过程中剩余的重组分裂解为轻组分,更多地获得价值较高的产品,还需要进行裂化。

3.5.2.1　重油裂化的方式

裂化是将重油等大分子烃类分裂成汽油、柴油等小分子烃类的一种炼制方法,由于内燃机的发展,汽油和柴油的用量猛增,直馏汽油和柴油已远远不能满足要求,重油裂化是制取高质量汽油的主要途径。常用的裂化方式有热裂化、催化裂化和加氢裂化 3 种。

最初的裂化是通过加热的方法把大分子烃类转化成小分子烃的热裂化,例如,$C_{15} \sim C_{18}$ 的烃类在 600℃ 下,可热裂化成汽油馏分和少量的烯烃化合物,其裂化过程用正己烷表示如下:

$$CH_3CH_2CH_2CH_2CH_2CH_3 \xrightarrow{\triangle} \begin{cases} H_2 + CH_2=CHCH_2CH_2CH_2CH_3 \\ CH_4 + CH_2=CHCH_2CH_2CH_3 \\ CH_3CH_3 + CH_2=CHCH_2CH_3 \\ CH_3CH_2CH_3 + CH_2=CHCH_3 \end{cases}$$

为防止大分子烃在高温下蒸发,热裂化常在加压的情况下进行,压力一般为 2MPa 左右,有的需 10MPa。热裂化所得的汽油和柴油与直馏所得的汽油、柴油相比,汽油的辛烷值高于直馏，柴油的凝固点低于直馏，但因产物组分中含有较多的不饱和烃，其安定性不好，易氧化变质形成胶质沉淀物，故不宜单独使用。由于该产品质量和产量都不理想，热裂化在国内外均被逐渐淘汰。

催化裂化是使重质馏分油或重油、渣油在催化剂存在下，在温度为 460～530℃和压力为 0.1～0.3MPa 的条件下，经过以裂解为主的一系列化学反应，转化成气体、汽油、柴油以及焦炭等的过程。在硅酸铝和合成沸石等催化剂作用下，重油裂化成小分子烃，可以有选择性地多生成一些汽油组分的产品，反应产物是 C_4～C_9 的烃类。催化裂化几乎在所有的炼油中都是最重要的二次加工手段，一般用减压馏分油、脱沥青油、焦化蜡油为原料。催化裂化是最大规模使用的催化反应装置，一般称 FCC（流化床催化裂化），但现代炼厂采用的是全悬浮的流动床。催化裂化是酸催化反应，分子筛不但能提供必不可少的酸性，且其特殊的多孔结构还可实现极好的产物选择性。催化裂化中发生的化学反应复杂，除去裂化反应（C—C 键断裂，使大分子变成小分子），还伴有异构化反应、芳构化反应和氢转移反应，因此产物中异构烃和芳烃含量高，不饱和烃含量少。所得汽油的辛烷值可达 80 左右，安定性也比热裂化汽油好。

催化裂化装置一般由三部分组成，即反应-再生系统、分馏系统、吸收-稳定系统。在处理量较大、反应压力较高（如 0.25MPa）的装置，常常还有再生烟气的能量回收系统。图 3-7 是一个高低并列式提升管催化裂化装置的工艺流程。

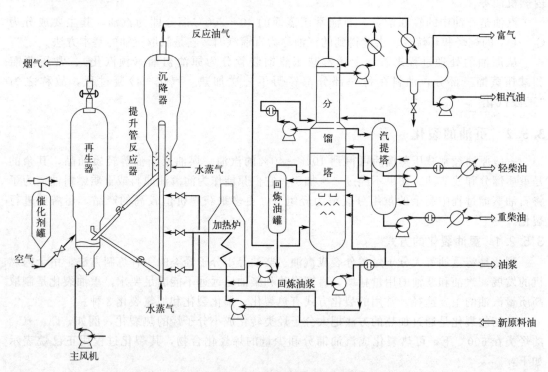

图 3-7　高低并列式提升管催化裂化装置的工艺流程

新鲜原料油经换热后与回炼油混合，经加热炉加热至 200～400℃后至提升管反应器下部的喷嘴，原料油由蒸汽雾化并喷入提升管内，在其中与来自再生器的高温催化剂（600～750℃）接触，随即汽化并进行反应。油气在提升管内的停留时间很短，一般只有几秒。反应产物经旋风分离器分离出夹带的催化剂后离开反应器去分馏塔。

积有焦炭的催化剂（称待生催化剂）由沉降器落入下面的汽提段。汽提段内装有多层人字形挡板并在底部通入过热水蒸气。待生催化剂上吸附的油气和颗粒之间的空间的油气被水蒸气置换出而返回上部。经气提后的待生剂通过待生斜管进入再生器。

再生器的主要作用是烧去催化剂上因反应而生成的积炭,使催化剂的活性得以恢复。再生用空气由主风机供给,空气通过再生器下面的辅助燃烧室及分布管进入流化床层。对于热平衡式装置,辅助燃烧室只是在开工升温时才使用,正常运转时并不烧油。再生后的催化剂(称再生催化剂)落入淹流管,再经再生斜管送回反应器循环使用。再生烟气经旋风分离器分离出夹带的催化剂后,经双动滑阀排入大气。在加工生焦率高的原料时,例如加工含渣油的原料时,因焦炭产率高,再生器的热量过剩,需在再生器设取热设施以取走过剩的热量。再生烟气的温度很高,不少催化裂化装置设有烟气能量回收系统,利用烟气的热能和压力能做功,驱动主风机以节约电能,甚至可对外输出剩余电力。

在生产过程中,催化剂会有损失及失活,为了维持系统内的催化剂的储量及活性,需要定期或经常向系统补充或置换新鲜催化剂。为此,装置内至少设两个催化剂储罐,装卸催化剂时采用稀相输送的方法,输送介质为压缩空气。

由反应器来的反应产物油气从底部进入分馏塔,经底部的脱过热段后在分馏段分割成几个中间产品:塔顶为汽油及富气,侧线有轻柴油、重柴油和回炼油,塔底产品是油浆。轻柴油和重柴油分别经汽提后,再经换热、冷却后出装置。

催化裂化装置的分馏塔有几个特点:①进料是带有催化剂粉尘的过热油气,因此分馏塔底部设有脱过热段,用经过冷却的油浆把油气冷却到饱和状态并洗下夹带的粉尘,以便进行分馏和避免堵塞塔盘;②一般设有多个循环回流,即塔顶循环回流、一至两个中段循环回流和油浆循环回流;③塔顶回流采用循环回流而不用冷回流。

吸收-稳定系统主要由吸收塔、再吸收塔、解吸塔及稳定塔组成。从分馏塔顶油气分离器出来的富气中带有汽油组分,而粗汽油中则溶解有 C_3、C_4 组分。吸收-稳定系统的作用就是利用吸收和精馏的方法将富气和粗汽油分离成干气($\leqslant C_2$)、液化气(C_3、C_4)和蒸气压合格的稳定汽油。

3.5.2.2 石油馏分中单体烃的反应行为

石油馏分是由多种烃类组成的混合物,各类单体烃的反应行为如下。

(1)烷烃

烷烃主要是发生分解反应,分解成较小分子的烷烃和烯烃。例如:

$$C_{16}H_{34} \longrightarrow C_8H_{16} + C_8H_{18}$$

生成的烷烃可以继续分解成更小的分子。烷烃中 C—C 键的键能随着其由分子两端向中间移动而减小,因此烷烃分解时多从中间的 C—C 键处断裂,而且分子越大也越易断裂。

(2)烯烃

烯烃的主要反应也是分解反应,但还有一些其他重要反应。

① 分解反应。分解为两个较小分子的烯烃。烯烃的分解反应速率比烷烃高得多,与烷烃分解反应的规律相似,大分子烯烃的分解反应速率比小分子快,异构烯烃的分解反应速率比正构烯烃快。

② 异构化反应。烯烃的异构化反应有两种,一种是分子骨架改变,正构烯烃变成异构烯烃;另一种是分子中的双键向中间位置转移。如:

$$C-C-C=C \longrightarrow C-C=C$$
$$|$$
$$C$$

$$C-C-C-C-C=C \longrightarrow C-C-C=C-C-C$$

③ 氢转移反应。氢转移反应是造成催化裂化汽油饱和度较高的主要原因。环烷烃或环烷-芳烃（如四氢萘、十氢萘等）放出氢使烯烃饱和而自身逐渐变成稠环芳烃。两个烯烃分子之间也可以发生氢转移反应，例如两个己烯分子之间发生氢转移反应，一个变成己烷而另一个则变成己二烯。氢转移反应的速率较低，需要活性较高的催化剂。

④ 芳构化反应。烯烃环化并脱氢生成芳烃。如：

$$C-C-C-C-C=C-C \longrightarrow \text{(苯环)}-C$$

（3）环烷烃

环烷烃的环可断裂生成烯烃，烯烃再继续进行上述各项反应。如：

$$\longrightarrow C-C-C-C=C-C-C$$

与异构烷烃相似，环烷烃的结构中有叔碳原子，因此分解反应速率较快。如果环烷烃带有较长的侧链，则侧链本身也会断裂。环烷烃也能通过氢转移反应转化为芳烃。

（4）芳香烃

芳香烃的芳核在催化裂化条件下十分稳定，例如苯、萘就难以进行反应。但是连接在芳核上的烷基侧链则很容易断裂生成较小分子的烯烃，而且断裂的位置主要发生在侧链和芳核连接的键上。多环芳香烃的裂化反应速率很低，它们的主要反应是缩合成稠环芳烃，最后成为焦炭，同时放出氢使烯烃饱和。

由以上列举的化学反应可以看到，在催化裂化条件下，烃类进行的反应不仅有大分子分解为小分子的反应，而且有小分子缩合成大分子的反应（甚至缩合至焦炭）。也不仅仅是分解反应，还进行异构化、氢转移、芳构化等反应。在这些反应中，分解反应是最主要的反应，催化裂化这一名称也因此而得。

表 3-2 为烃类的催化裂化反应与热裂化反应的比较。

表 3-2　烃类的催化裂化反应与热裂化反应的比较

裂化类型	催化裂化	热裂化
反应机理	正碳离子反应	自由基反应
烷烃	1. 异构烷烃的反应速率比正构烷烃快得多 2. 裂化气中的 C_3、C_4 多，$\geqslant C_4$ 的分子中含 α-烯少，异构物多	1. 异构烷烃的反应速率比正构烷烃快得不多 2. 裂化气中的 C_1、C_2 多，$\geqslant C_4$ 的分子中含 α-烯多，异构物少
烯烃	1. 反应速率比烷烃快得多 2. 氢转移反应显著，产物中烯烃尤其是二烯烃较少	1. 反应速率与烷烃相似 2. 氢转移反应很少，产物的不饱和度高
环烷烃	1. 反应速率与异构烷烃相似 2. 氢转移反应显著，同时生成芳烃	1. 反应速率比正构烷烃还要低 2. 氢转移反应不显著
带烷基侧链（$\geqslant C_3$）的芳烃	1. 反应速率比烷烃快得多 2. 在烷基侧链与苯环连接的键上断裂	1. 反应速率比烷烃慢 2. 烷基侧链断裂时，苯环上留有 1～2 个 C 的短侧链

催化裂化原料的范围很广泛，大体可分为馏分油和渣油两大类。大多数直馏重馏分油含芳烃较少，容易裂化，是理想的催化裂化原料。焦化蜡油、减黏裂化馏出油等由于是已经裂化过的油料，其中烯烃、芳烃含量较多，裂化时转化率低、生焦率高，一般不单独使用，而是和直馏馏分油掺和作为混合进料。渣油是原油中最重的部分，它含有大量胶质、沥青质和

各种稠环烃类，因此它的元素组成中氢碳比小，残炭值高，在反应中易于缩合生成焦炭，原油中的硫、氮、重金属以及盐分等杂质也大量集中在渣油中，在催化裂化过程中会使催化剂中毒，增加了催化裂化的难度，也影响产品分布。

3.5.2.3　影响催化裂化反应速率的主要因素

在一般工业条件下，催化裂化反应通常表现为化学反应控制，从化学反应控制角度来看，影响烃类催化裂化反应速率的主要因素包括如下几种。

（1）催化剂活性对反应速率的影响

提高催化剂的活性有利于提高反应速率，还有利于促进氢转移和异构化反应，所得裂化产品的饱和度较高、含异构烃类较多。催化剂的活性决定于它的组成和结构。

（2）反应温度对反应速率的影响

提高反应温度则反应速率增大。当反应温度提高时，热裂化反应的速率提高得比较快；当反应温度提高到很高时（例如到500℃以上），热裂化反应渐趋重要。但是在500℃这样的温度下，主要的反应仍是催化裂化反应，而不是热裂化反应。反应温度还通过对各类反应速率的影响来影响产品的分布和产品的质量。

（3）原料性质对反应速率的影响

对于工业用催化裂化原料，在族组成相似时，沸点范围越高越容易裂化。但对分子筛催化剂来说，沸程的影响并不重要，而当沸点相似时，含芳烃多的原料则较难裂化。

（4）反应压力对反应速率的影响

即反应器内的油气分压对反应速率的影响。油气分压的提高意味着反应物浓度提高，因而反应速率加快。但提高反应压力也提高了生焦的反应速率，而且影响比较明显。

3.5.2.4　催化裂化反应中使用的催化剂

工业催化裂化装置最初使用的是经过处理的天然白土，其主要活性组分是硅酸铝。其后不久，天然白土就被人工合成硅酸铝所取代。这两种催化剂都是无定形硅酸铝，其平均孔径为 $4\sim7nm$，新鲜硅酸铝催化剂的比表面积可达 $500\sim700m^2/g$。硅酸铝的催化活性来源于其表面的酸性。20世纪60年代，分子筛催化剂在催化裂化中的应用使催化裂化技术得到了重大发展。与无定形硅酸铝相比，分子筛催化剂具有更高的选择性、活性和稳定性，比表面积达 $600\sim800m^2/g$。它的出现，使催化裂化工艺发生了很大变化，装置处理能力显著提高，产品产率及质量都得到改善，因此很快就完全取代了无定形硅酸铝催化剂。

分子筛又名结晶型沸石，是一种具有规则晶体结构的硅铝酸盐，在它的晶格结构中排列着整齐均匀、大小一定的孔穴，只有小于孔径的分子才能进入其中，而直径大于孔径的分子则无法进入。由于它能像筛子一样将直径大小不等的分子分开，因而得名分子筛。分子筛化学组成可表示为 $M_{2/n}O \cdot Al_2O_3 \cdot xSiO_2 \cdot yH_2O$，其中 M 代表分子筛中的金属离子；$n$ 代表金属的化合价；x 代表 SiO_2 的分子数；y 代表结晶水的分子数，按其组成及晶体结构的不同可分为多种类型，表3-3列出了工艺应用中几种主要的分子筛。目前，应用于催化裂化的主要是 Y 型分子筛。

表3-3　几种分子筛的化学组成和孔径

类型	孔径/nm	单元晶胞化学组成	硅铝原子比
4A	0.42	$Na_2O \cdot Al_2O_3 \cdot 2SiO_2 \cdot 4.5H_2O$	1∶1
5A	0.5	$0.70CaO \cdot 0.30Na_2O \cdot Al_2O_3 \cdot 2.0SiO_2 \cdot 4.5H_2O$	1∶1

续表

类型	孔径/nm	单元晶胞化学组成	硅铝原子比
X	0.8~1.0	$Na_2O \cdot Al_2O_3 \cdot 2.45SiO_2 \cdot 6H_2O$	(1.5~2.5):1
Y	0.8~1.0	$Na_2O \cdot Al_2O_3 \cdot 4.85SiO_2 \cdot 9H_2O$	(2.5~5):1
丝光沸石	0.6~0.7	$Na_2O \cdot Al_2O_3 \cdot 10SiO_2 \cdot 6H_2O$	5:1

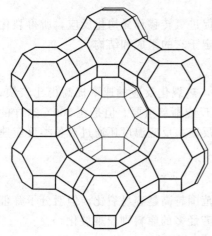

图 3-8　Y 型分子筛的单元晶胞结构

Y 型分子筛由多个单元晶胞组成，图 3-8 是它的单元晶胞结构。每个单元晶胞由八个削角八面体组成，削角八面体的每个顶端是 Si 或 Al 原子，其间由氧原子相连接。由八个削角八面体组成的空洞称为"八面沸石笼"，它是催化反应进行的主要场所。进入八面沸石笼的主要通道由十二元环组成，其平均直径为 0.8~1.0nm。

人工合成的分子筛是含钠离子的分子筛，这种分子筛本身没有催化活性，分子筛中的钠离子可以用离子交换的方式与其他阳离子交换。用其他阳离子特别是多价阳离子置换后的 Y 型分子筛具有很高的催化活性。目前工业上用作催化裂化催化剂的主要是以下四种 Y 型分子筛。

① 以稀土金属离子（如铈、镧、镨等）置换得到稀土-Y 型分子筛。因稀土元素可用 RE 符号表示，故又简写为 REY 型分子筛。REY 型分子筛催化剂具有裂化活性高、汽油收率高的特点，但其焦炭和干气的产率也高，汽油的辛烷值低。主要原因在于它的酸性中心多、氢转移反应能力强。REY 型分子筛催化剂一般适用于直馏瓦斯油原料，采用的反应条件比较温和。

② 以氢离子置换得到 HY 分子筛。置换的方法是先以 NH_4^+ 置换 Na^+，然后加热除去 NH_3 即剩下 H^+。

③ 兼用氢离子和稀土金属离子置换得到 REHY 型分子筛。REHY 型催化剂兼顾了 REY 和 HY 分子筛的优点，活性和稳定性低于 REY 分子筛，但通过改性可以大大提高其晶体结构的稳定性，因此，REHY 型催化剂在保持 REY 分子筛的较高活性及稳定性的同时，也改善了反应的选择性。REHY 型分子筛中的 RE 和 H 的比例可以根据需要调节，从而制成具有不同的活性和选择性的催化剂，以适应不同的要求。

④ 由 HY 型分子筛经脱铝得到更高硅铝比的超稳 Y 型分子筛（USY 型）。USY 型分子筛催化剂有较高的硅铝比、较小的晶胞常数，其结构稳定性提高、耐热和抗化学稳定性增强。而且由于脱除了部分骨架中的铝，酸性中心数目减少，降低了氢转移反应活性，使得产物中烯烃含量增加，汽油辛烷值提高，焦炭产率减少。USY 型分子筛催化剂在选择性上有明显的优越性，因而发展很快。

一般催化裂化催化剂含分子筛为 10%~35%。分子筛催化剂虽然可以分成几类，但其商品牌号却是不胜枚举。有些催化剂从类型和性能来看是基本相同的，但在不同的生产厂家却都有自己的商品牌号。表 3-4 列出了主要的国产分子筛裂化催化剂的牌号及其主要特点。

表 3-4　国产分子筛裂化催化剂

类型	牌号	活性组分/基质	特点
REY	偏 Y-15,共 Y-15	REY/SiO$_2$-Al$_2$O$_3$	沸石含量中等,用于瓦斯油裂化
	CRC-1,KBZ,LC-7	REY/白土	半合成、高密度,用于掺渣油裂化,抗重金属能力较强
	LB-1	REY/白土	高密度、水热稳定性好
USY	ZCM-7,CHZ	REUSY/白土	焦炭选择性优、轻油产率高,用于掺渣油裂化
	LCH	高硅 REUSY/白土	焦炭选择性优、轻油收率高,汽油辛烷值高
	CC-15	REUSY/SiO$_2$-Al$_2$O$_3$	焦炭产率低、轻油收率高,强度好
	RHZ-300	USY/白土	活性、选择性皆优,抗氮性好
REHY	LCS-7	REHY/白土	中等堆积密度,焦炭产率低,轻油收率高
	CC-14,RHZ-200	LREHY/白土	中等堆积密度,轻质油收率高,汽油选择性好

3.5.2.5　催化裂化中使用的助剂

起辅助作用的助催化剂（简称助剂）在裂化催化剂发展的同时也有了很大的发展。这些助剂主要以添加剂方式加入裂化催化剂中,起到补充裂化催化剂的某些方面不足的作用,而且使用灵活。主要的裂化催化剂的助剂有如下几种。

（1）辛烷值助剂

辛烷值助剂的作用是提高裂化汽油的辛烷值。它的主要活性组分是一种中孔选择型分子筛,最常用的是 ZSM-5 分子筛。ZSM-5 分子筛的骨架含有两种交叉孔道（见图 3-9）,一种是直的,另一种是"Z"形近似圆的,两种孔道相互交叉。这种结构的孔口由十元（氧）环构成,孔口直径为 0.6~0.7nm,交叉处的孔空间的直径约为 0.9nm。

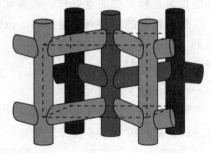

图 3-9　ZSM-5 分子筛的结构

ZSM-5 的主要功能是有选择地把一些裂化生成的、辛烷值很低的正构 C$_7$~C$_{13}$ 烷烃或带有一个甲基侧链的烷烃和烯烃进行选择性裂化,生成辛烷值高的 C$_3$~C$_5$ 烯烃,而且 C$_4$、C$_5$ 异构物比例大,从而提高了汽油的辛烷值。对石蜡基的原料油,其辛烷值的提高更明显。

（2）金属钝化剂

裂化原料中的重金属（以金属有机化合物的形式存在）会对催化剂起毒害作用。如镍会使催化剂的选择性变差,钒会在高温下使催化剂的活性下降等。在掺炼渣油时,由于原料含重金属较多,对催化剂的毒化更为严重。钝化剂的作用是使催化剂上的有害金属减活,从而减少其毒害作用。工业上使用的钝化剂主要有锑型、铋型和锡型三类,前两类主要是钝镍,而锡型则主要是钝钒。

（3）CO 助燃剂

CO 助燃剂的作用是促进 CO 氧化成 CO$_2$,减少排出烟气中 CO 的含量,有利于减少污染、回收大量热量,可使再生器的再生温度有所提高,从而提高了再生剂的活性和选择性,有利于提高轻质油收率。目前广泛使用的助燃剂的活性组分主要是铂、钯等贵金属,以 Al$_2$O$_3$ 或 SiO$_2$-Al$_2$O$_3$ 作为载体,在助燃剂中,一般铂含量为 300~800μg/g。CO 助燃剂的活性不仅取决于铂含量,还取决于铂的分散度和载体的性质,其加入量一般为催化剂量的万分之几。

自催化裂化技术工业化以来,裂化催化剂一直在不断地发展,从天然白土到合成硅酸铝，从 REY 分子筛到 USY 分子筛及 REHY 分子筛等，其催化性能不断改善。目前，裂化催化剂的研究仍然十分活跃，研究的热点主要在如何适应重质原料油裂化、如何提高汽油辛烷值等方向。此外，催化剂的发展还跨越了炼油行业本身，向石油化工方向发展。例如，以多生产气体烯烃为目标的 DCC 工艺 CRP 催化剂、以最大限度生产高辛烷值汽油和气体烯烃为目标的 MGG 工艺 RMG 催化剂、以多产气体异构烯烃为目标的 MIO 工艺 RMG 催化剂等。

3.5.3 催化加氢

催化加氢是指石油馏分在氢气存在下催化加工过程的通称。催化加氢是石油加工的重要过程，可以反映炼油水平的高低，对于提高原油加工深度，合理利用石油资源，改善产品质量，提高轻质油收率以及减少大气污染都具有重要意义。催化加氢目的主要有两个：一是通过加氢脱去石油中的硫、氮、氧及金属等杂质，即加氢精制，以改善油品质量及减少对环境的污染等，提高轻质油收率，改善油品使用性能；二是使较重的原料在氢压下裂解为轻质燃料或制取乙烯的原料，提高原油加工深度，合理利用石油资源，即加氢裂化。随着原油日益变重变劣，对中间馏分油的需求越来越多，催化加氢已成为石油加工的一个重要过程。目前炼油厂采用的加氢过程主要有两大类：加氢精制、加氢裂化。此外还有专门用于某种生产目的的加氢过程，如加氢处理、临氢降凝、加氢改质、润滑油加氢等。

加氢精制的原料有重整原料、汽油、煤油、各种中间馏分油、重油及渣油，根据其主要目的或精制深度的不同有加氢脱硫（HDS）、加氢脱氮（HDN）、加氢脱氧（HDD）和加氢脱金属（HDM）。

（1）加氢脱硫反应

加氢脱硫反应是在加氢精制条件下，石油馏分中的硫化物进行氢解，转化成相应的烃和 H_2S，从而将硫杂原子脱掉。例如

硫醇 $RSH + H_2 \longrightarrow RH + H_2S$

硫醚 $RSR + 2H_2 \longrightarrow 2RH + H_2S$

二硫化物 $RSSR + 3H_2 \longrightarrow 2RH + 2H_2S$

噻吩

苯并噻吩

对多种有机硫化物的加氢脱硫反应研究表明，硫醇、硫醚、二硫化物的加氢脱硫反应在比较温和的条件下容易进行。这些化合物首先在 C—S 键、S—S 键上发生断裂，生成的分子碎片再与氢化合。环状硫化物加氢脱硫比较困难，需要苛刻的条件。

各种有机含硫化合物在加氢脱硫反应中的反应活性，因分子结构和分子大小不同而异，按以下顺序递减：RSH＞RSSR＞RSR＞噻吩

噻吩类型化合物的反应活性，在工业加氢脱硫条件下，因分子大小不同而按以下顺序递减：噻吩＞苯并噻吩＞二苯并噻吩＞甲基取代的苯并噻吩，烷基取代的噻吩，其反应活性一般比噻吩低，但是反应活性的变化规律不很明显，而且与烷基取代基的位置有关，这表明了位阻效应对反应活性的影响。

（2）加氢脱氮反应

在加氢精制过程中，氮化物在氢作用下转化为 NH_3 和烃。石油馏分中的含氮化合物可分为三类：脂肪胺及芳香胺类；吡啶、喹啉类型的碱性杂环化合物；吡咯、茚及咔唑型的非碱性氮化物。脂肪胺及芳香胺类可发生如下反应：

$$R-CH_2NH_2+H_2 \longrightarrow R-CH_3+NH_3$$

六元杂环氮化物如吡啶和喹啉可发生如下反应：

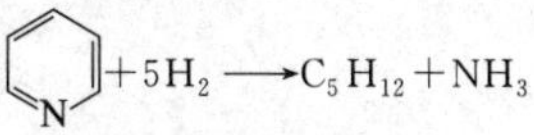

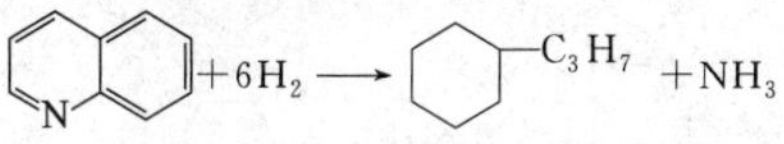

五元杂环氮化物如吡咯可发生如下反应：

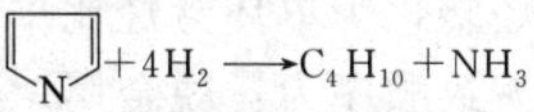

加氢脱氮反应基本上可分为不饱和系统的加氢和 C—N 键断裂两步。在各族氮化物中，脂肪胺类的反应能力最强，芳香胺类次之，碱性或非碱性氮化物，特别是多环氮化物很难反应。

（3）加氢脱氧反应

石油及石油产品中含氧化合物的含量很少，主要是环烷酸，二次加工产品中含有的酚类等，典型的氢解反应如下：

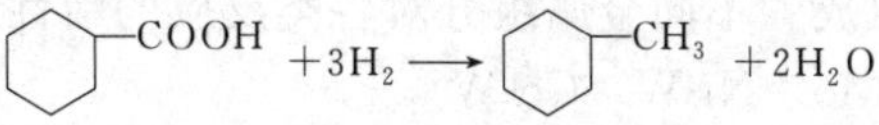

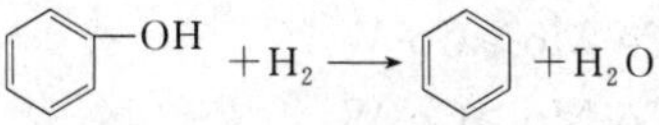

油品中通常同时存在含硫、氮和氧化合物。一般认为在加氢反应时，脱硫反应是最容易的，因为加氢脱硫时，无需对芳环饱和而直接脱硫，故反应速率大，氢耗低；含氧化合物与含氮化合物类似，需先加氢饱和，后碳-杂原子键断裂。

（4）加氢脱金属反应

随着加氢原料的拓展，尤其是渣油加氢技术的发展，加氢脱金属问题越来越受到重视。渣油中的金属可分为以卟啉化合物形式存在的金属和以非卟啉化合物形式（如环烷酸铁、钙、镍）存在的金属。以油溶性的环烷酸盐形式存在的金属反应活性高，很容易以硫化物的形式沉积在催化剂的孔口，堵塞催化剂的孔道。而对于卟啉型金属化合物，如镍和钒的络合物是直角四面体，镍或钒氧基配位于四个氮原子上。

渣油中的金属化合物在 H_2/H_2S 存在条件下，转化为金属硫化物沉积在催化剂表面上。

$$R-M-R' \xrightarrow{H_2,\ H_2S} MS_2+RH+R'H$$

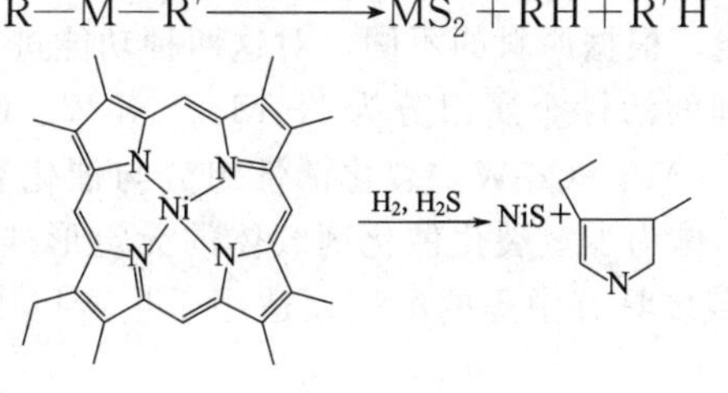

（5）烯烃加氢饱和反应

烯烃加氢饱和反应速率较快，易反应完全。

$$R\text{—}CH\!=\!CH_2 + H_2 \longrightarrow R\text{—}CH_2CH_3$$
$$R\text{—}CH\!=\!CH\text{—}CH\!=\!CH_2 + 2H_2 \longrightarrow R\text{—}CH_2\text{—}CH_2\text{—}CH_2\text{—}CH_3$$

由于烯烃加氢饱和反应是放热反应，且热效应较大，因此对不饱和烃含量高的油品进行加氢时，要注意控制反应温度，避免反应器超温。

（6）芳烃加氢饱和反应

在一般的工艺条件下，芳烃加氢饱和困难，尤其是单环芳烃，需要较高的压力及较低的反应温度。

$$\text{（萘）} + 5H_2 \rightleftharpoons \text{（十氢萘）}$$

$$\text{（菲）} + 7H_2 \rightleftharpoons \text{（全氢菲）}$$

在芳烃的加氢反应中，多环芳烃转化为单环芳烃比单环芳烃加氢饱和要容易得多。

上述加氢精制反应的反应速率大致顺序为：脱金属＞二烯烃饱和＞脱硫＞脱氧＞单烯烃饱和＞脱氮＞芳烃饱和，实际上，各类化合物的结果不同，其反应活性也有很大差别。但总体来看，加氢脱硫比加氢脱氮容易一些。

我国加氢精制技术主要用于二次加工汽油、柴油的精制以及重整原料的精制，还可用于劣质渣油的预处理。加氢精制催化剂一般是负载型的，由载体浸渍上活性组分而制成。活性组分一般是过渡金属及其化合物，如 VIB 族金属钼、钨和 VIIIB 族金属钴、镍、铁、钯、铂等，目前工业上常用的加氢精制催化剂活性组分由钼或钨的硫化物作为主催化剂，以钴或镍的硫化物作为助催化剂所组成。不同金属组分对各类反应的活性顺序为：

加氢脱硫 Co-Mo＞Ni-Mo＞Ni-W＞Co-W

加氢脱氮 Ni-W＞Ni-Mo＞Co-Mo＞Co-W

加氢脱氧 Ni-W≈Ni-Mo＞Co-Mo＞Co-W

加氢饱和 Ni-W＞Ni-Mo＞Co-Mo＞Co-W

最常用的加氢脱硫催化剂是 Co-Mo 型，而对于含氮较多的原料油则需选用 Ni-Mo 或 Ni-W 型加氢精制催化剂。也有用 Ni-Mo-Co、Ni-W-Co 等三元组分作为加氢精制催化剂的活性组分。

加氢催化裂化是在 370～430℃ 的高温、10～15MPa 的高压以及催化剂的作用下使直馏柴油、减压渣油等各种轻重油原料进行加氢反应。加氢催化裂化可把原料中的硫和氮的化合物转化成硫化氢和氨，从而通过水洗除去；同时，还可使不饱和烃及一些大分子烃发生裂化、加氢和异构化，从而获得各种高质量的油品，如高辛烷值汽油、低冰点喷气机燃料、低凝固点柴油、黏温性良好的润滑油等，而且产品的收率接近 100%。

加氢裂化过程具有加氢和裂化两种功能，需采用双功能催化剂，裂化与异构化功能由催化剂的酸性载体（载体硅的铝）提供，而催化剂的金属活性组分（Ni、W、Mo、Co 的氧化物或硫化物）提供加氢功能，根据原料的不同，对这两种功能进行协调，以使其能够很好匹配。常用的加氢裂化催化剂的活性金属组分为 Ni-Mo、Ni-W、Co-Mo，它们加氢活性大小顺序为：Ni-W＞Ni-Mo＞Co-Mo＞Co-W。裂化活性组分与催化裂化一样是固体酸，包括无定形硅酸铝和沸石分子筛。作为加氢裂化催化剂载体的无定形硅酸铝，其 SiO_2 的质量百分含量为 20%～50%，这种载体具有中等的酸度，适用于生产以中间馏分为主的加氢裂化催化剂。

烃类的加氢裂化反应是催化裂化反应与加氢反应的组合，所有在催化裂化过程中最初发生的反应在加氢裂化过程中也基本发生，不同的是某些二次反应由于氢气及具有加氢功能催化剂的存在而被大大抑制甚至停止了。

① 烷烃、烯烃的加氢裂化反应　烷烃的加氢裂化反应包括原料分子中某一处 C—C 键的断裂及其生成不饱和分子碎片的加氢，反应速率随着烷烃分子量增大而加快。

$$C_nH_{2n+2}+H_2 \longrightarrow C_mH_{2m+2}+C_{n-m}H_{2(n-m)+2}$$

例如在条件相同时，正辛烷的转化深度为 53%，而正十六烷则可达 95%。分子中间 C—C 键的分解速率要高于分子链两端 C—C 键的分解速率，所以烷烃加氢裂化反应主要发生在烷链中心部的 C—C 键上。烃类裂解和烯烃加氢饱和等反应化学平衡常数较大，不受热力学平衡常数的限制。

烷烃和烯烃的加氢裂化反应遵循正碳离子反应历程。在加氢裂化过程中，烷烃和烯烃均能发生异构化反应，从而使产物中异构烷烃与正构烷烃的比值较高，烷烃的异构化速率也随着分子量的增大而加快。在加氢裂化过程中，烷烃与烯烃会发生少部分的环化反应生成环烷烃。

② 环烷烃的加氢裂化反应　环烷烃在加氢裂化条件下发生异构化、断环、脱烷基侧链的反应，也会发生不显著的脱氢反应。

环烷烃加氢裂化时反应方向因催化剂的加氢活性和酸性活性的强弱不同而有区别。带长侧链的单环环烷烃主要是发生断侧链反应。六元环烷烃较稳定，在高酸性催化剂上加氢裂化时，一般是先通过异构化反应转化为五元环烷烃后再断环成为相应的烷烃。双六元环烷烃往往是其中一个六元环先异构化为五元环后再断环，然后才是第二个六元环的异构化和断环。这两个环中，第一个环的断环是比较容易的，而第二个环则较难断开。

③ 芳烃的加氢裂化反应　芳烃加氢裂化反应主要包括苯环的加氢、异构化成五元环烷烃，然后开环生成烷烃断链。

稠环芳烃的加氢裂化反应包括了上述各过程，只是它的加氢和断环反应是逐个依次进行的。在高酸性活性催化剂的作用下，还进行中间产物的深度异构化、脱烷基侧链和烷基歧化反应等。在一定条件下，单环芳烃和单环环烷烃稳定性比较高，而多环芳烃和多环环烷-芳烃的转化程度较大，稠环芳烃的转化程度最大。

加氢裂化产品与其他二次加工产品比较，液体产率高，C_5 以上液体产率可达 94%～95% 以上，体积产率则超过 110%；气体产率很低，通常 C_1～C_4 只有 4%～6%，C_1～C_2 仅 1%～2%；产品的饱和度高，烯烃极少，非烃含量也很低，故产品的安定性好。柴油的十六烷值高，胶质低。虽然加氢裂化有许多优点，但加氢催化裂化反应需要在高压下操作，条件比较苛刻，需较多的合金钢材，耗氢较多，设备投资高，技术操作要求严格，因此还没有像催化裂化那样普遍应用。

3.5.4　催化重整

催化重整是以石脑油为原料，在催化剂和氢气的作用下，对烃类分子结构进行重新排列的工艺过程。催化重整是石油加工过程中重要的二次加工手段，其主要目的：一是进行催化反应生产高辛烷值汽油组分；二是为化纤、橡胶、塑料和精细化工提供原料（苯、甲苯、二甲苯，简称 BTX 等芳烃）。除此之外，催化重整过程还生产化工过程所需的溶剂、油品加氢所需高纯度（75%～95%，体积分数）廉价氢气和民用燃料液化气等副产品。重整装置不仅是炼厂工艺流程中的重要组成部分，而且在石油化工联合企业生产过程中也占有十分重要的地位。

3.5.4.1　催化重整过程的主要反应

催化重整过程的主要反应是原料中的环烷烃及部分烷烃在含铂催化剂上的芳构化反应，同时也有部分异构化反应。这些反应产生芳香烃和异构烃，从而提高了汽油的辛烷值。在催化重整中发生的化学反应主要有：六元环烷烃脱氢生成芳烃；五元环烷烃脱氢异构生成芳烃；烷烃脱氢环化生成芳烃；烷烃的异构化，各种烃类的加氢裂化以及生焦（积炭）反应。前三种生成芳香烃的反应统称为芳构化反应，无论对于生产高辛烷值汽油还是芳香烃都是有利的。

（1）六元环烷烃的脱氢反应

$$\bigcirc \Longrightarrow \bigcirc +3H_2$$

（2）五元环烷烃的异构脱氢反应

$$\text{—}C_2H_5 \Longrightarrow \text{—}CH_3 +3H_2$$

（3）烷烃的环化脱氢反应

$$C_7H_{16} \Longrightarrow \text{—}CH_3 +4H_2$$

这三类反应的速率具有很大差异，六元环烷烃的脱氢反应进行得很快，在工业条件下能达到化学平衡，它是生产芳烃的最重要反应；五元环烷烃的异构脱氢反应比六元环烷烃的脱氢反应慢得多，因此五元环通常只能一部分转化成芳香烃；而烷烃环化脱氢反应最慢。一般在重整过程中，烷烃转化成芳香烃的转化率很低，需要用铂-铼等双金属催化剂或多金属催化剂来提高烷烃的转化率。

（4）异构化反应

$$n\text{-}C_7H_{16} \Longleftrightarrow i\text{-}C_7H_{16}$$

（5）加氢裂化反应

$$n\text{-}C_8H_{18}+H_2 \Longleftrightarrow 2i\text{-}C_4H_{10}$$

除了以上五类反应外，还有烯烃的饱和以及生焦反应等，生成的焦炭覆盖在催化剂表面，使其失活。生焦反应虽然不是主要反应，但是它对催化剂的活性和生产操作却有很大的影响，这类反应必须加以控制。

3.5.4.2 影响重整反应的主要操作因素

影响重整反应的主要操作因素有催化剂的性能、反应温度、反应压力、氢油比、空速等。

① 反应温度 催化重整的主要反应（如环烷烃脱氢、烷烃环化脱氢等）都是吸热反应，因此提高反应温度有利于反应的速率和化学平衡。

② 反应压力 较低的反应压力有利于环烷烃脱氢和烷烃环化脱氢等生成芳香烃的反应，也能够加速催化剂上的积炭，而较高的反应压力有利于加氢裂化反应。对于容易生焦的原料（重馏分、高烷烃原料），通常采用较高的反应压力。若催化剂的容焦能力大、稳定性好，则采用较低的反应压力。

③ 空速 空速反映了反应时间的长短。空速的选择主要取决于催化剂的活性水平，还要考虑到原料的性质。重整过程中不同烃类发生不同类型反应的速率是不同的，对于环烷基原料，一般采用较高的空速，而对于烷基原料则采用较低的空速。我国铂重整装置的空速一般采用 $3.0h^{-1}$，铂-铼重整装置一般采用 $1.5\sim2h^{-1}$。

④ 氢油比 重整过程中，使用循环氢是为了抑制催化剂结焦，它同时还具有热载体和稀释气的作用。在总压不变时，提高氢油比意味着提高氢分压，有利于抑制催化剂上的积炭，但会增加压缩机功耗，减小反应时间而降低转化率。一般对于稳定性较好的催化剂和生焦倾向较小的原料，可采用较小的氢油比，反之则采用较大的氢油比。催化重整中各类反应

的特点和操作因素的影响如表 3-5 所示。

表 3-5　催化重整中各类反应的特点和操作因素的影响

反应		六元环烷脱氢	五元环烷异构脱氢	烷烃环化脱氢	异构化	加氢裂化
反应特点	热效应	吸热	吸热	吸热	放热	放热
	反应热(kJ/kg 产物)	2000~2300	2000~2300	约 2500	很小	~840
	反应速率	最快	很快	慢	快	慢
	控制因素	化学平衡	化学平衡或反应速率	反应速率	反应速率	反应速率
对产品产率的影响	芳烃	增加	增加	增加	影响不大	减少
	液体产品	稍减	稍减	稍减	影响不大	减少
	C_1~C_4 气体	—	—	—	—	增加
	氢气	增加	增加	增加	无关	减少
对重整汽油性质的影响	辛烷值	增加	增加	增加	增加	增加
	密度	增加	增加	增加	稍增	减少
	蒸气压	降低	降低	降低	稍增	增大
操作因素增大时产生的影响	温度	促进	促进	促进	促进	促进
	压力	抑制	抑制	抑制	无关	促进
	空速	影响不大	影响不大	抑制	抑制	抑制
	氢油比	影响不大	影响不大	影响不大	无关	促进

3.5.4.3　催化重整对原料的要求

催化重整对原料的要求比较严格，对重整原料的选择主要有三方面的要求，即馏分组成（馏程）、族组成和毒物及杂质含量。

（1）馏分组成

根据生成目的不同，对重整原料馏分组成的选择也不一样。表 3-6 给出了目的产物和适宜馏程。以生产高辛烷值汽油为目的时，一般以直馏汽油为原料，馏分范围选择 80~180℃。馏分的终馏点过高会使催化剂上结焦过多，导致催化剂失活快及运转周期缩短，沸点低于 80℃的 C_6 环烷烃的调和辛烷值已高于重整反应产物苯的调和辛烷值，因此没有必要再去进行重整反应，否则会降低液体汽油产品收率，使装置的经济效益降低。

表 3-6　目的产物和适宜馏程

目的产物	适宜馏程/℃	目的产物	适宜馏程/℃
苯	60~85	苯-甲苯-二甲苯	60~145 或选 60~130
甲苯	85~110	高辛烷值汽油	80~180
二甲苯	110~145	轻芳烃-汽油	60~180

以生产苯、甲苯和二甲苯为目的时，宜分别采用 60~85℃、85~110℃和 110~145℃的馏分。生产苯-甲苯-二甲苯时，宜采用 60~145℃的馏分，但在实际生产中常用 60~130℃馏分做原料，因为 130~145℃馏分是在航空煤油的馏程范围内。当生产轻质芳香烃-汽油时，宜采用 60~180℃的馏分。二次加工所得的汽油馏分如焦化汽油馏分等适于作重整原料，因其含有较多的烯烃及硫、氮等非烃化合物。在反应条件下，烯烃容易结焦，硫、氮等化合物则会使催化剂中毒。

（2）族组成

一般以芳烃潜含量表示重整原料的族组成。芳烃潜含量是指将重整原料中的环烷烃全部转化为芳烃的芳烃量与原料中原有芳烃量之和占原料百分数（质量分数）。其计算方法如下：

$$芳烃潜含量（质量分数）=苯潜含量（质量分数）+甲苯潜含量（质量分数）+$$
$$C_8\text{芳烃潜含量（质量分数）}$$

$$苯潜含量（质量分数）=C_6\text{环烷烃（质量分数）}\times\frac{78}{84}+苯（质量分数）$$

$$甲苯潜含量（质量分数）=C_7\text{环烷烃（质量分数）}\times\frac{92}{98}+甲苯（质量分数）$$

$$C_8\text{芳烃潜含量（质量分数）}=C_8\text{环烷烃（质量分数）}\frac{106}{112}+C_8\text{芳烃（质量分数）}$$

式中，78、84、92、98、106、112分别为苯、六碳环烷烃、甲苯、七碳环烷烃、八碳芳烃和八碳环烷烃的分子量。

重整生成油中的实际芳烃含量与原料的芳烃潜含量之比称为"芳烃转化率"或"重整转化率"。

$$重整芳烃转化率（质量分数）=\frac{芳烃产率（质量分数）}{芳烃潜含量（质量分数）}\times100\%$$

芳烃潜含量越高，重整原料的族组成越理想。含环烷烃较多的环烷基原料是良好的重整原料，重整生成油的芳香烃含量高，辛烷值也高。含烷烃较多的混合基原料也是比较好的重整原料，但是其生成油的质量要比环烷基原料的低。重整原料中的烯烃含量不能太高，因为它会增加催化剂上的积炭，缩短生产周期。加氢裂化汽油和抽余油的烯烃含量很低，加氢裂化重汽油是良好的重整原料，而抽余油虽然也可作为重整原料，但是收益不会很大。

（3）杂质含量

重整催化剂对一些杂质特别敏感，砷、铅、铜、硫、氮等都会使催化剂中毒，氯化物和水的含量不恰当也会使催化剂中毒。其中砷、铅、铜等重金属会使催化剂永久中毒。

3.5.4.4　重整反应中所用的催化剂

重整反应中包括两类反应：脱氢和裂化反应、异构化反应，这就要求重整催化剂具有两种催化功能。按照活性金属的类别和含量的高低，重整催化剂可分为单金属、双金属和多金属催化剂三类。单金属催化剂一般是单铂催化剂；双金属催化剂，如铂-铼、铂-锡催化剂；多金属催化剂，如铂-铼-钛催化剂。

从重整催化剂的发展过程来看，大体上经历了三个阶段：第一阶段是从1940年至1949年。1940年在美国建成了第一套以氧化钼/氧化铝作催化剂的催化重整装置，以后又有使用氧化铬/氧化铝作催化剂的工业装置。这类过程也称为临氢催化重整过程，用于生产辛烷值达80左右的汽油。由于这类催化剂的性能及稳定性较贵金属低得多，目前工业上已淘汰。第二阶段是1949年美国环球油公司（UOP）开发出含铂重整催化剂，并建成和投产第一套铂重整工业装置。1950年后以贵金属铂为主要活性组分的重整催化剂在工业上被广泛使用。Pt/Al_2O_3催化剂活性高，稳定性好，选择性好，液体产物收率高，并且反应运转周期长，一般可连续生产半年以上不需要再生。第三阶段是1967年雪弗隆研究公司（Chevron Research Corp.）发明铂铼/氧化铝双金属重整催化剂并投入工业应用，自此开始了双金属和多金属重整催化剂及与其相关的工艺技术发展的时期，并且逐渐取代了铂催化剂。双金属催化剂和多金属催化剂具有良好的热稳定性、对结焦不敏感等优点，对原料适应性强，使用寿命长，可以在较高的温度和较低的氢分压下操作而保持良好的活性，从而提高了重整汽油的辛烷值，而且汽油、芳烃和氢气的产率也较高。目前，工业上广泛使用的是以贵金属铂为基本活性组分的双金属和多金属催化剂。

现代重整催化剂由基本活性组分（如铂）、助催化剂（如铼、铱、锡等）和酸性载体（如含卤素的 $\gamma\text{-}Al_2O_3$）所组成。铂重整催化剂是一种双功能催化剂，其中的铂构成脱氢活性中心，促进脱氢、加氢反应；而酸性载体提供酸性中心，促进正碳离子的裂化、异构化反应。

催化剂的脱氢活性、稳定性和抗毒能力随铂含量的增加而增强。工业用重整催化剂的含铂量大多是 $0.2\%\sim0.3\%$（质量分数），铂-铼催化剂主要用于固定床重整装置，铂-锡催化剂主要用于移动床连续重整装置。在铂-铼重整催化剂中，铼提高了催化剂的容碳能力和稳定性，铂-铼催化剂中铼与铂的含量比一般为 $1\sim2$。铂-锡重整催化剂在高温低压下具有良好的选择性和再生性能，而且锡比铼价格便宜，新鲜剂和再生剂不必预硫化，生产操作比较简便。虽然铂-锡催化剂的稳定性不如铂-铼催化剂好，但是其稳定性也足以满足连续重整工艺的要求，近年来已广泛应用于连续重整装置。

载体本身没有催化活性，但具有较大的比表面和较好的机械强度，它能使活性组分很好地分散在其表面上，从而更有效地发挥其作用，节省活性组分的用量，同时也提高了催化剂的稳定性和机械强度。载体应具有适当的孔结构。多数载体的外形是直径为 $1.5\sim2.5mm$ 的小球或圆柱状，也有为了改善传质和降低床层压降而采用异形条状、涡轮形等形状。现在重整催化剂几乎都是采用 $\gamma\text{-}Al_2O_3$ 作为载体。氧化铝载体本身只有很弱的酸性，甚至接近于中性，但含少量氯或氟的氧化铝则具有一定的酸性，从而提供了酸性功能。改变催化剂中卤素含量可以调节其酸性功能的强弱。随着卤素含量的增加，催化剂对异构化和加氢裂化等酸性反应的催化活性也增强。在卤素的使用上通常有氟氯型和全氯型。一般新鲜的全氯型催化剂含氯 $0.6\%\sim1.5\%$（质量分数），实际操作中要求含氯量稳定在 $0.4\%\sim1.0\%$（质量分数）。卤素含量太低时，由于酸性功能不足，芳烃转化率低（尤其是五元环烷和烷烃的转化率）或生成油的辛烷值低。虽然提高反应温度可以补偿这个影响，但是提高反应温度会使催化剂的寿命显著降低。卤素含量太高时，加氢裂化反应增强，导致液体产物收率下降。

对于催化剂的选择应当重视其综合性能是否良好。一般来说，可以从以下三个方面来考虑。

① 反应性能 对于固定床重整装置，重要的是有优良的稳定性，同时也要有良好的活性和选择性。对连续重整装置，则要求催化剂有良好的活性、选择性以及再生性能。

② 再生性能 良好的再生性能无论是对固定床重整装置还是连续重整装置都是很重要的。催化剂的再生性能主要决定于它的热稳定性。

③ 其他理化性质 如比表面积对催化剂保持氯的能力有影响；机械强度、外形和颗粒均匀度对反应床层压降有重要影响，催化剂的杂质含量及孔结构在一定程度上会对其稳定性有影响。

3.5.4.5 催化重整的工艺流程

根据生产的目的产品不同，催化重整的工艺流程也不一样。当以生产高辛烷值汽油为目的时，其工艺流程主要包括原料预处理和重整反应两部分；而当以生产轻质芳香烃为目的时，则工艺流程还包括芳香烃分离部分（包含芳香烃溶剂抽提、混合芳香烃精馏分离等几个单元过程）。图 3-10 是以生产高辛烷值汽油为目的产品的铂-铼重整工艺原理流程。

(1) 重整原料的预处理

原料的预处理包括预分馏、预脱砷、预加氢和脱水脱硫四部分，其目的是得到馏分范围、杂质含量都合乎要求的重整原料。预分馏的作用是根据目的产品的生产要求对原料进行精馏，以切取适当的馏分。生产芳烃时，一般只切 $<60\text{℃}$ 馏分，而生产高辛烷值汽油

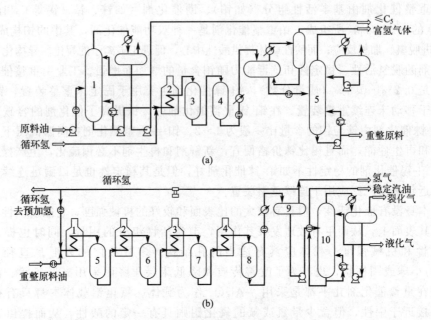

图 3-10　铂-铼重整装置工艺原理流程

(a) 原料处理部分：1—预分馏塔；2—预加氢加热炉；3,4—预加氢反应器；5—脱水塔

(b) 反应及分馏部分：1～4—加热炉；5～8—重整反应器；9—高压分离器；10—稳定塔

时，切<80℃的馏分，同时也脱去了原料油的部分水分。预脱砷即通过吸附、加氢、化学氧化等方法脱除原料中的绝大部分砷，延缓催化剂的中毒失活。预加氢的作用是通过加氢脱除原料中的硫、氮、氧等杂质和砷、铅等重金属，并同时使烯烃变为饱和烃以减少催化剂的积炭，从而延长运转周期。常用的预加氢催化剂包括钼酸钴、钼酸镍以及复合的 W-Ni-Co 催化剂等。脱硫脱水即通过汽提或者蒸馏等方式脱除原料中溶解的 H_2S 和 H_2O 等杂质。

（2）重整反应部分

经预处理后的原料油与循环氢混合，经过换热、加热后进入重整反应器。重整反应是强吸热反应，反应时温度下降。为了维持较高的反应温度，一般重整反应器由三至四个反应器串联，反应器之间用加热炉加热到所需的反应温度。各个反应器的催化剂装入量并不相同，其间有一个合适的比例，一般是前面的反应器内装入量较小，后面的反应器内装入量较大。反应器之间由加热炉加热到所需的反应温度。反应器入口温度一般为 480～520℃，第一个反应器的入口温度较低些，后面反应器的入口温度较高些。由最后一个反应器出来的反应产物经过换热、冷却后进入高压分离器，分离出的气体含有 85%～95%（体积分数）的氢气，经循环压缩机增压后大部分作为循环氢使用，少部分去预处理部分。分离出的重整生成油进入稳定塔，塔顶分出少量裂化气和液化石油气，塔底出高辛烷值汽油。当以生产轻质芳香烃为目的时，需要在稳定塔之前加一个后加氢反应器，使重整产物中的少量烯烃饱和。

（3）芳香烃分离部分

重整产物中的芳香烃和其他烃类的沸点很接近，难以用精馏方法分离，一般采用溶剂抽提的办法从重整产物中分离出芳香烃。溶剂是芳香烃抽提的关键因素，常用的溶剂有二乙二醇醚、三乙二醇醚、四乙二醇醚、二甲基亚砜和环丁砜等。重整产物的芳香烃抽提包括溶剂抽提、提取物汽提和溶剂回收三部分。芳香烃精馏分离是将混合抽提出的混合芳香烃通过精馏分离成单体芳香烃。

目前，石油炼制已由原来的一次加工逐渐发展为二次加工和三次加工。在整个石油炼制过程中，一次加工、二次加工的主要目的是生产燃料油品。通过二次加工，能够提高轻质油的收率，提高油品质量，增加石油产品的品种，提高炼油厂的经济效益。三次加工则是用前两次加工所得的石油产品或半成品来生产化工产品，通过分子的异构化、芳构化、聚合等反应制取基本有机化工原料，这就是平常所说的石油化学工业。由于加工石油所要求的产品结构不同，一般把炼油厂分为燃料型、燃料-润滑油型和燃料化工型。

3.6 石油化工——国民经济的支柱

石油化学工业简称石油化工，是指以石油和天然气为原料，生产石油产品和石油化工产品的加工工业。石油产品又称油品，主要包括各种燃料油（汽油、煤油、柴油等）和润滑油以及液化石油气、石油焦炭、石蜡、沥青等。它是化学工业的重要组成部分，在国民经济的发展中具有重要作用，是我国的支柱产业之一。石油化学工业是重要的能源基础工业，它的发展对汽车、材料、轻工、纺织、建筑、农业等相关行业具有强大的推动作用，历来被誉为"朝阳工业"。

石油化工的发展与石油炼制工业、以煤为基本原料生产化工产品和合成材料的发展密切相关。

石油炼制起源于19世纪20年代。20世纪20年代汽车工业的飞速发展，带动了汽油生产。为扩大汽油产量，以生产汽油为目的热裂化工艺开发成功，随后，40年代催化裂化工艺开发成功，加上其他加工工艺的开发，形成了现代石油炼制工艺。为了利用石油炼制副产品的气体，1920年美孚石油公司采用丙烯生产异丙醇，这被认为是第一个石油化工产品，此次开创了石油化学工业的历史。1940年，该公司又建成第一套用炼厂气为原料生产乙烯的装置。50年代，德、日、英、意、苏等国相继建立起石油化工企业。在20世纪30年代，高分子合成材料的大量问世也极大地促进了石油化工的发展。20世纪50年代，在裂化技术基础上开发了以制取乙烯为主要目的的烃类水蒸气高温裂解（简称裂解）技术，裂解工艺的发展为发展石油化工提供了大量原料。同时，一些原来以煤为基本原料（通过电石、煤焦油）生产的产品陆续改为以石油为基本原料，如氯乙烯等。20世纪60～70年代是石油化学工业飞速发展的年代，产品产量成倍增长，不断开辟新的原料来源和增加新的品种，不仅使化学工业的原料构成发生重大变化，而且促进和带动了整个化学工业，特别是有机化学工业的发展。

石油化工高速发展的原因是：有大量廉价的原料供应（20世纪50～60年代原油每吨约15美元），有可靠与具发展潜力的生产技术，产品有广泛应用的市场及新的应用领域。原料、技术、应用3个因素的综合，实现了由煤化工向石油化工的转换，完成了化学工业发展史上的一次飞跃。20世纪70年代以后，原油价格上涨（1996年每吨约170美元），石油化工发展速度下降，新工艺开发趋缓，并向着采用新技术、节能、优化生产操作、综合利用原料及向下游产品延伸等方向发展。20世纪90年代后，基于全球石油化工深加工的发展和高新技术的兴起，精细化工得到快速发展。进入21世纪，精细化工形成了产业集群，产品日益专业化、多样化和高性能化，新工艺、新领域的开发受到广泛重视。

石油化工产品以炼油过程提供的原料油经进一步化学加工获得。生产石油化工产品的第一步是对原料油和气（如丙烷、汽油、柴油等）进行裂解，生成以乙烯、丙烯、丁二烯、苯、甲苯、二甲苯为代表的基本化工原料。第二步是以基本化工原料生产多种有机化工原料及合成材料（塑料、合成纤维、合成橡胶）。

利用石油可以制造出很多有机化合物，如药品、染料、炸药、杀虫剂及人造纤维。裂化过程中产生的乙烯容易与其他化学物品化合，因此可用来制出大量石油化工产品。裂化过程中还有丙烯、丁烯、石蜡和芳香剂等其他主要产品，由这些产品又可制出数以百计的石油产品。把90L轻馏分石油炼成汽油，可供汽车行驶800km左右。但如果用这些石油原料进行生产的话，可制成20件聚酯（涤纶）衬衫、167m聚氯乙烯管、20件丙烯酸（腈纶）毛衣、13条人造胶脚踏车内外轮胎及500套尼龙紧身运动衣。利用石油还可以生产出优质的润滑材料，以减少摩擦，延长机械设备的使用寿命和节省动力消耗。石油炼制剩下的残渣——渣油，经过氧化制成沥青，可以用来铺设公路路面或制作油毡纸用于房屋建筑的防水，还可以用作电器绝缘物质或地下钢管、枕木的防腐保护材料等。石油化工产品的应用范围极其广泛，可用图3-11加以概括。

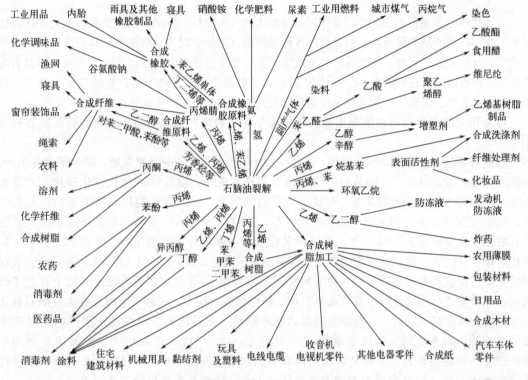

图 3-11　石油化工产品的应用范围

进入21世纪，石油工业迎来了转型新时代，石油化工行业向高端化、数字化、智能化、绿色化、低碳化方向发展。国际各大化学公司相继建立大型炼油装置和深加工的化工装置，向高附加值产品和精细化工产品发展，这是资源利用和经济成本所驱动的结果。在绿色化工方面，研究和开发新的化学反应过程，特别是以原子经济性为前提来设计新流程和改进原有的化工装置，以增加石油化工原料的利用率和创造更高的经济效益，同时减少和根治环境污染问题。

多年来的实践证实，世界石油科技进步不仅加快了石油、天然气资源发现，还提高了油气产品的加工深度和质量，为全球发展提供了更多的油气和石化产品，推动了世界石油工业的全面发展，为化学工业提供了充足、廉价的原料，在世界工业发展史上写下了光辉的一页。

3.7　工业的血液——流动的乌金

石油经过炼制后，绝大部分变成了汽油、煤油、柴油、燃料油、润滑油等油品。这些油品如同血液一样源源输入工业的脉管，大大加快了现代文明社会的生活节奏。

3.7.1　汽油的使用牌号和优质汽油的制备

汽油主要用于汽化器或发动机（汽油机），是汽车和螺旋桨式飞机的燃料。汽油质量的好坏，不仅对行驶（飞行）的里程有很大影响，而且也直接关系到发动机的使用寿命。汽油质量标准涉及许多方面，其中最重要的是蒸发性、抗爆性和安定性。

评价汽油蒸发性的指标是馏分组成和蒸气压。蒸气压过大，说明其中的轻组分太多，易于在输油管中挥发产生气泡，使管路发生气阻，中断供油，并迫使发动机停止运转。汽油的抗爆性是指汽油发动机的汽缸燃烧时抵抗爆炸的能力，可用辛烷值度量。汽油的辛烷值越高，其抗爆性越好。汽油的安定性是指汽油在常温和液相条件下抵抗氧化的能力。安定性不好的汽油，在贮存和运输过程中容易发生氧化和聚合反应，生成酸性物质和胶状物，致使汽油的颜色变深，辛烷值降低。

汽油的辛烷值常作为确定汽油牌号的根据。规定具有很高抗爆性的异辛烷的辛烷值为100，最容易产生爆震的正庚烷的辛烷值为0。汽油的辛烷值等于与其具有相同爆震倾向的参比燃料中所含的异辛烷的体积分数。比如90号汽油，就是爆震倾向相当于有90%的异辛烷和10%的正庚烷混合的汽油。汽油牌号的数值和辛烷值相同，而且汽油的牌号越大，表示汽油的抗爆性能越好，其质量也越高。提高辛烷值制取高质量的汽油是汽油改性的主要目标，为此有两种基本的方法：一种是在汽油中加入添加剂；另一种是通过石油馏分的化学转化来改变汽油的烃类组成以获得高辛烷值的汽油。随着石油炼制技术的发展和环境保护的要求，后者正逐渐成为提供优质汽油的根本方法。

最初，在汽油中添加抗爆剂四乙基铅是提高汽油辛烷值的主要方法。辛烷值的提高幅度与四乙基铅的用量和汽油的品种有关。例如，在直馏汽油中加入0.13%的四乙基铅，辛烷值可提高20～30单位。加入汽油中的四乙基铅实际上是以四乙基铅为主要组分的一种混合物，其中四乙基铅或四甲基铅的含量为60%，剩余的是35%～40%的二溴乙烷或二氯乙烷、2%的染料、溶剂和稳定剂。二溴乙烷或二氯乙烷可使铅转化成易挥发的铅卤化物，由发动机排入大气，也就帮助了汽缸中铅的除去，避免了PbO在汽缸中的沉积。四乙基铅是一种带水果味、有剧毒的油状液体，排入大气中的铅可通过呼吸道、食道或无伤口的皮肤进入人体，而且很难排泄出来。当人体内的含铅量积累到一定量，就会发生铅中毒危及肾脏和神经。由于四乙基铅对环境的污染、人体的毒害及车辆中的传感器、三效催化剂伤害十分严重，故目前已禁止使用。国内外已实行无铅化汽油，提高车辆尾气污染物排放标准，实现汽车质量升级。

无铅汽油（un-leaded petro，ULP）是一种在提炼过程中没有添加四乙基铅作为抗爆震添加剂的汽油，汽油中只含有来源于原油的微量的铅，一般每升汽油为百分之一克。我国车用汽油的无铅化始于20世纪90年代初，这些年来车用汽油质量标准有了较大提高。1991年首次颁布了SH 0041—1991无铅车用汽油标准，规定了汽油中铅含量不大于0.013g/L、硫含量不大于0.15%（质量分数）。1999年颁布的GB 17930—1999《车用无铅汽油》标准，2006年又颁布了车用汽油标准GB 17930—2006（国Ⅲ标准）。新标准将车用汽油牌号调为90、93和97三个牌号（即将原来的95这一牌号修改为97）。97牌号的车用油属于国际优质车用汽油，这有利于促进我国炼油工业水平的进一步提高，以使炼油企业生产出更高辛烷值的优质车用汽油，满足汽车工业的发展和环境保护的要求。随着汽车保有量的快速增长，汽车尾气排放对大气污染的影响日益增加，引发了社会对油品质量升级的关注。我国车用汽油、柴油清洁环保标准不断提升，燃油标准及燃油质量正在向国际标准靠拢。依据GB/T

1.1—2009 给出的规则，2012 年开始将原来第四阶段车用汽油中的辛烷值 90 号、93 号、97 号调整为 89 号、92 号、95 号，牌号变小了，但汽油品质有所提升，更加环保。2014 年 1 月 1 日我国将开始全面实施国Ⅳ汽油标准（GB 17930—2011），与国Ⅲ相比，汽油中硫含量由 150×10^{-6} 降到 50×10^{-6} 以下，烯烃含量指标也更为苛刻。2016 年 12 月 23 日国家发布了新的汽柴油国家标准（GB 17930—2016，GB 19147—2016），标准中规定了国Ⅵ阶段车用汽柴油的主要指标，其中柴油总污染物含量不大于 24×10^{-6}，汽油硫含量不大于 10×10^{-6}。该标准已经达到了欧洲现阶段车用汽柴油的质量要求，个别技术指标要求已经优于现行的欧盟标准。2023 年 1 月 1 日起，国ⅥB 标准车用汽油全国上线，我国汽油全面进入国ⅥB 时代。新标准的制度实施标志着我国汽油产品质量水平正在朝着世界水平加速前进。

流化催化裂化（FCC）是石油炼制中的重要过程，主要用于生产汽油、柴油、煤油等成品油。我国商品汽油约 80% 来自催化裂化过程，而汽油中 90%～95% 的硫和几乎全部烯烃都来自催化裂化汽油。我国汽油中催化汽油比例过大，烯烃含量过高，会导致尾气排放中有害物质的增加，降低烯烃含量势在必行。烯烃含量的减少是国ⅥB 相较于国ⅥA 最大的改变[国ⅥB 汽油中烯烃含量由 18%（体积分数）降低至 15%]。目前，人们一方面通过研究和开发新的提高汽油辛烷值的调和剂，例如甲基叔丁基醚（MTBE）、二茂铁 $[(C_5H_5)_2Fe]$、五羰基铁 $[Fe(CO)_5]$ 等，以此代替四乙基铅作为汽油的抗爆剂；另一方面通过改进炼油技术，发展能生产高辛烷值汽油组分的炼油新工艺，如采用催化裂化、催化重整、烷基化、异构化、加氢裂化等方法提高汽油辛烷值，尽可能降低汽油的含铅量。随着石油炼制技术的发展，尤其是各种高效催化剂的不断开发，石油的催化裂化、重整和小分子烷基化将成为高质量、高辛烷值和无环境污染的汽油生产的主要途径。

3.7.2　航空煤油

随着航空事业的发展，喷气式飞机的使用日益广泛，喷气燃料的消耗量迅速增加。喷气发动机是一种将燃料的热能转换为气体的动能，使气体高速喷出而产生推力的热力机。喷气式飞机具有较高的飞行高度、较远的飞行里程和较快的飞行速度等特性，因此对燃料提出了一系列严格的要求。

（1）良好的燃烧性能

要求燃料具有极好的燃烧性能，使燃料可以燃烧，这需要含氢较多的直链烷烃。烷烃作为喷气燃料有很好的燃烧性能和燃烧清洁性，环烷烃次之，芳烃最差。为达到良好的燃烧性能和不致生成游离碳，所以不希望含较多的芳烃，必须限制芳烃含量不大于 20%。

（2）良好的热安定性

喷气式飞机在大气层中高速飞行而摩擦生热，机体温度上升，从而要求燃料有较好的热安定性。热安定性关系到燃料系统的沉积物和油泥的生成数量，一般民用航空喷气燃料要求燃料温度到 150℃的动态热安定性良好。

（3）较低的结晶点

喷气飞机冬季在北方低温起动或急速拔高到高空同温层（温度 −54℃左右）要求油路系统能顺利供油。一般民航喷气机也时常在 −40℃的低温大气层里飞行，特别是一些亚音速飞机，由于受空气摩擦发热较小，要求在低温情况下燃料中不能析出冰块或石蜡结晶，否则会堵塞燃料滤清器及输油系统而造成危害。因此，必须保证燃料的冰点在 −47℃以下，以使油路系统顺利供油。由于煤油馏分在大气中可能吸收或溶解水分，为防止水分结冰，喷气燃料规定没有水分，即最多不许超过 0.002%～0.005%。为防止煤油结冰，一些喷气燃料都加入了体积分数为 0.10％～0.15％的乙二醇单甲醚等防冰剂。

　　（4）良好的雾化和蒸发性

　　喷气燃料的雾化性和蒸发性取决于燃料的馏程、蒸气压和黏度。同时，黏度直接关系到雾化性的好坏，这也是保证燃料油泵润滑的指标。燃料的黏度不能变得太大，以免燃料泵送困难和雾化不好而影响正常燃烧。因此，在喷气燃料标准中，对黏度规定不许大于某一限值。

　　此外，由于用油量大，飞机结构中的空间都用来做油箱，叫整体油箱。往油箱中加油速度很大，将产生大量的静电，而喷气燃料为不良导体，产生的静电不能很快传递，油面的静电电位过高则会引起静电着火的危险。为防止产生静电引起火灾和爆炸事故，常常向燃料中加入由烷基水杨酸铬盐、磺酰珀酸钙盐及甲基丙烯酸酯和甲基乙烯吡啶的共聚物组成的防静电剂，并在其质量标准中规定了导电率要求。

　　为提高喷气发动机燃烧室单位容积的热效率，延长飞机的航行距离，还要求燃料的发热量要高，同时要求密度合适。

　　燃料馏分越轻，燃烧性能越好，起动也越方便，还有利于降低燃料的冰点，但存在减少油箱质量加油量的缺点。馏分较重时，不但可以增加体积发热量，而且也有利于增大续航距离，同时还会有利于超音速飞机在大气层摩擦发热情况下不致油箱燃料蒸发或发生气阻，但由此带来不便起动或燃烧不完全而产生积炭的缺点，并且由于未完全燃烧的燃料在燃烧筒壁或透平叶片上积炭而产生局部过热现象，以致可能造成事故。因此，喷气燃料的馏分必须根据各有关因素选定，目前一般用 150～250℃ 的馏分。

　　航空煤油主要有 3 个来源：一是原油的初馏产物，包括 149～280℃ 的窄馏分和 60～280℃ 的宽馏分；二是掺和催化裂化的产物；三是利用加氢裂化装置生产的产物。在生产过程中产物要辅以必要的精制，再加入改善其性能所需的添加剂，如抗氧剂、金属钝化剂、抗静电添加剂、润滑性改进剂、腐蚀抑制剂、防冰剂和消烟剂等。

　　目前，喷气式飞机向超高音速发展，要达到 8 倍音速，将使喷气燃料的开发面临新的任务，主要是要解决燃料的吸热冷却性能和热氧化安定性问题。最有前景的燃料为液化甲烷和液氢，它们不仅热值高、安定性好，有很好的吸热冷却性能，另外它们还是很好的清洁燃料。

3.7.3　柴油

　　在我国的工业、农业、交通和国防事业中，柴油的用量相当可观。各种拖拉机、小型发电机、载重运输车辆、坦克、舰艇等，大多数都是用柴油发动机装备的。

　　柴油机为压燃式发动机，它与靠电火花塞外来能源点火燃烧的点燃式汽油发动机完全不同。在柴油机进气行程中，吸入的是纯净的空气，在压缩行程将要终了时（一般在上止点前 100°～350° 曲轴转角）才将燃料喷入汽缸内，燃料喷射延续的时间约相当于曲轴转角 100°～350°。压缩终了时，汽缸内空气压力一般不低于 3.0MPa，温度不低于 500～700℃。由于这个温度超过了柴油的自燃点，最初喷入汽缸内的部分雾化柴油很快受热蒸发，与空气混合汽化后燃烧，燃烧温度高达 1500～2000℃。继续喷入的柴油在高温下也随即蒸发燃烧，放出热量膨胀做功。当膨胀终了时温度下降到 700～1000℃，随即开始排气行程，排气终了时温度降到 300～500℃。要使柴油完全燃烧，必须使油雾在短时间内完全蒸发，并和压缩空气形成良好的混合气，因而要以较大的压力喷油。柴油发动机的燃烧室一般做成涡流形或球形，以获得具有涡流作用的混合气流，从而促使油雾更为细碎而加速蒸发，并在瞬间形成良好的混合气完全燃烧。在压燃式柴油机中，柴油喷入汽缸后迅速而平稳地自燃，这时间过程一般只有 0.6ms。柴油机在使用中最好不作低速运转，因为低速运转造成喷油压力下降而油雾粒子变大，且燃烧室温度下降，以致混合气不能燃烧完全而浪费柴油。另外，低速运转还会增加燃烧室及排气系统的结焦和积炭，使发动机磨损增大，具体体现就是排气冒黑烟而污染空气。

柴油发动机具有压缩比大、燃料转化为功的效率高、耗油少等优点。一般汽车用柴油机比相同的汽油机节约燃料 30%左右（按体积计）。此外，柴油机还可用较重而质量较差的燃料，以充分利用石油资源，并且柴油在贮存和使用上都较安全方便。柴油可分为轻柴油和重柴油两大类。轻柴油适用于转速较高的机械，重柴油适用于转速低、要求动力大的机械。

对柴油质量的要求，最主要的是要有良好的燃烧性能。如果燃烧初期生成的过氧化物不足，最初喷入的燃料不能迅速自燃，燃烧时滞燃期太长，就会使喷入燃烧室的柴油积聚，造成在汽缸内慢慢氧化自燃。这将与后面喷入的燃料同时燃烧，使汽缸内的压力急剧增加而发生爆震。燃烧性能越差的柴油，燃烧时滞燃期越长，压力增加越激烈，爆震也越严重。这就要求柴油具有较好的自动氧化链式反应能力，在这一点上正好与汽油相反。

评定柴油抗爆性的指标为十六烷值。自燃点为 205℃的正十六烷是抗爆性很好的柴油机标准燃料，将它的十六烷值定为 100；自燃点高达 529℃的 α-甲基萘是抗爆性很差的柴油机标准燃料，它的十六烷值定为 0。由于 α-甲基萘容易氧化变质，现在已选用自燃点为 427℃的 2,2,4,4,6,8,8-七甲基壬烷作为标准燃料，它的十六烷值为 15。柴油的十六烷值，也是通过各种比例混合的标准燃料，在标准的柴油发动机上对比来评定的。轻柴油的十六烷值要求不低于 45，重柴油的十六烷值则没有规定。

各种烃类的十六烷值的规律大体上也与辛烷值正好相反。一般高分子烷烃易于氧化而自燃，由于直链上的—CH$_2$—在较高的温度下氧化，所以烷烃的十六烷值较高（50～70），环烷烃次之（30～40），芳烃最低（5～20），特别是二环及三环以上的芳烃更低。石蜡基柴油的十六烷值一般都很高（60～75），催化裂化生产的柴油含烯烃和芳烃较多，十六烷值较低。

柴油的沸点范围有 180～370℃和 350～410℃两类。对石油及其加工产品，习惯上对沸点或沸点范围低的称为轻，相反称为重。故上述前者称为轻柴油，后者称为重柴油。商品柴油的牌号标志着凝固点的高低。例如，0 号表示该号柴油的凝固点是 0℃，只适用于最低气温在 4℃以上的地区。−35 号表示柴油凝固点是零下 35℃。柴油的用量很大，地区性的四季温差又很大，只有根据气温选用不同凝固点的柴油才能既保证供应又合理使用资源。直馏柴油中可以加入高分子聚合物作降凝剂来降低其凝固点，例如乙烯-醋酸乙烯酯共聚物，其作用是使油中的蜡析出时只形成微小的结晶，不会堵塞燃油过滤器，更不会凝固。一般加入质量分数为 0.05%的降凝剂就可使柴油的凝固点降低 10～20℃。

柴油的来源主要有 3 个方面：一是原油的直馏产物，二是催化裂化柴油，三是利用加氢精制的方法将有些质量较差的柴油精制成合格柴油。由于柴油需用量大增以及航空喷气燃料用去了大部分直馏组分，成品柴油中催化裂化柴油的比例很大。

3.7.4 燃料油和润滑油

远洋巨轮大都以燃料油为动力，因为燃料油比煤易于储存和运输，价格也较便宜。在冶金工业中，也可用燃料油代替焦炭冶炼金属。燃料油来源主要是减压渣油和裂化残油两种。这种燃料油黏度较小，凝点较低，因而稍加预热或不加预热就可使用。

船用燃料油要严格控制水分和机械杂质，否则会堵塞油路、滤油器或喷嘴而造成中途停船，甚至发生危险事故。安定性不好的燃料油会由于沉淀的沥青胶质油泥堵塞供油管线，或者停机后胶住油泵或喷嘴而无法启动。因此，船用燃料油都加入防油泥沉淀添加剂以提高其储存安定性。为使燃烧性能好，减少喷嘴和炉膛结焦，除要求有较好的安定性外，还要求含硬沥青少，最好用不含沥青质的燃料油。这样同时也是为了减少燃烧废气中炭尘含量，防止突冒黑烟，以节省燃料和防止污染空气。

　　节约机器设备所消耗的动力、延长机器和机件的寿命、提高它们工作的可靠性，一个重要方面就是设法降低摩擦和磨损。摩擦所导致的磨损是机械设备失效的主要原因之一。

　　在机械工业中，广泛使用以石油为原料制得的润滑油和润滑脂作为润滑材料，其中尤以润滑油的用量最大。润滑油一般是指在各种发动机和机器设备上使用的石油液体润滑剂。润滑油的主要作用是减少机械设备运转时的摩擦，同时还可以带走摩擦产生的热量，冲洗掉磨损的金属碎屑，并有隔绝腐蚀性流体，保护金属面的密封作用。因此人们常把润滑油称为"机器的血液"。

　　润滑油中最主要的 3 类为内燃机油、齿轮油和液压油，它们的消耗量占润滑油总消耗量的 60% 左右。其他品种的润滑油有全损耗系统用油（包括机械油、缝纫机油、织布机油和车轴油等）、压缩机油、金属加工油、汽轮机油和电气绝缘用油等。各种润滑油都有各自的特殊质量要求，如压缩机油应有良好的抗泡性，汽轮机油应有良好的抗乳化性能，而变压器油则应有良好的电绝缘性和导热性。

　　润滑油通常是从常压塔底流出的重油经过减压蒸馏制取。由减压塔获得的润滑油馏分，经过精制加工，可以生产出能够满足不同要求的各种成品。精制的方法主要有溶剂精制、酮-苯脱蜡、尿素脱蜡、丙烷脱沥青和加氢精制。加氢精制近年来发展较快，多用于生产高级润滑油。

　　润滑油的品种数以百计，不仅黏度千差万别，更多的是在使用性能中具有各种不同的要求，这要靠加入不同的添加剂来解决，但必须有黏度合适和黏温性能良好的基础油。从黏温性质来讲，少环长侧链的烃类是基础油的理想组分。石蜡基原油的相应馏分是生产高黏度指数基础油的理想原料。

　　润滑脂是由一种（或几种）稠化剂和一种（或几种）润滑液体所组成的具有可塑性胶体结构的固体或半固体的润滑剂，为了改善某些性能，还需要加入各种添加剂。润滑脂是一种可塑性润滑剂，具有液体和固体润滑剂的特点，在常温和静止状态下，润滑脂能黏附在被润滑的表面上，当温度升高和在运动状态下，润滑脂会变软，直至成为流体而润滑摩擦表面。日常生活中修理自行车常用的"黄油"就是一种钙基润滑脂。它由 3 部分组成：液体润滑剂（又称为基础油），占润滑脂总量的 70%～90%；稠化剂，占 10%～20%；添加剂，占 0～5%。润滑脂中所用添加剂与润滑油中所用的基本相同，但要注意选择那些不破坏润滑脂胶体结构的添加剂。例如石墨和二硫化钼等固体粉末的适量加入可提高润滑脂的耐磨耐压等性能。

3.8　我国的石油发展

　　我国人民发现和使用石油的时间为世界最早，在利用能源推进人类文明发展方面做出了重要贡献。

　　最早发现石油的记录源于《易经》："泽中有火，上火下泽"。泽，指湖泊池沼。"泽中有火"，是石油蒸气在湖泊池沼水面上起火现象的描述。世界上最早记载有关石油的文字见于我国东汉史学家班固所著的《汉书·地理志》，书中记载"高奴有洧水可燃"。高奴是指现在的陕西延安一带，洧水是延河的一条支流。这里明确记载了石油的产地，并说明石油是水一般的液体，可以燃烧。

最早采集和利用石油的记载，是南朝（公元 420～589 年）范晔所著的《后汉书·郡国志》。此书在延寿县（指当时的酒泉郡延寿县，即今甘肃省玉门一带）下载有："县南有山，石出泉水，燃之极明，不可食。县人谓之石漆"。"石漆"，当时即指石油。晋代（公元 265～420 年）张华所著的《博物志》和北魏地理学家郦道元所著的《水经注》也有类似的记载。《博物志》一书既提到了甘肃玉门一带有"石漆"，又指出这种石漆可以作为润滑油"膏车"（润滑车轴）。这些记载表明，我国古代人民不仅对石油的性状有了进一步的认识，而且开始进行了相关采集和利用工作。

我国古代人民，除了把石油用于机械润滑外，还用于照明和燃料。唐朝（公元 618～907 年）段成式所著的《酉阳杂俎》一书，称石油为"石脂水"："高奴县石脂水，水腻，浮上如漆，采以膏车及燃灯极明。"可见，当时我国已应用石油作为照明灯油了。随着生产实践的发展，我国古代人民对石油的认识逐步加深，对石油的利用日益广泛。到了宋代，石油被加工成固态制成品——石烛，且石烛点燃时间较长，1 支石烛可顶蜡烛 3 支。宋朝著名的爱国诗人陆游（公元 1125～1209 年）在《老学庵笔记》中，就有用"石烛"照明的记叙。

早在 1400 年以前，我国古代人民就已看到石油在军事方面的重要性，并开始把石油用于战争。石油最初用于军事，主要是制作"火球"和"猛火球"，作为火攻的燃料。《元和郡县志》中有这样一段史实：唐朝年间（公元 578 年），突厥统治者派兵包围攻打甘肃酒泉，当地军民把"火油"点燃，烧毁敌人的攻城工具，打退了敌人，保卫了酒泉城。石油用于战争，大大改变了战争进程。到了五代（公元 907～960 年），石油在军事上的应用渐广。北宋曾公亮的《武经总要》对如何以石油为原料制成颇具威力的进攻武器——"猛火油"有相当具体的记载。据康誉之所著的《昨梦录》记载，北宋时期，西北边域"皆掘地做大池，纵横丈余，以蓄猛火油"，用来防御外族统治者的侵扰。

最早给"石油"命名的是我国宋代科学家沈括。他在百科全书《梦溪笔谈》中，把历史上沿用的石漆、石脂水、火油、猛火油等名称统一命名为石油，并对石油作了极为详细的论述。"生于水际砂石，与泉水相杂，惘惘而出""延境内有石油……予疑其烟可用，试扫其煤以为墨，黑光如漆，松墨不及也。……此物后必大行于世，自予始为之。盖石油至多，生于地中无穷，不若松木有时而竭。""石油"一词，首用于此，沿用至今。事实证明，我国有大量的石油蕴藏。900 多年前，我国人民对石油就有了这样的评价，在世界上是罕见的，尤其是对未来石油潜力的预言更是难能可贵。国外迟至公元 1556 年才由德国人乔治·拜尔首先提出石油（petroleum）一词，在拉丁文中，petro 指岩石，oleum 指油，合在一起意即石中之油。

我国古代人民采集石油有十分悠久的历史，特别是通过钻凿油井来开采石油和天然气的技术在世界上也是最早的。晋代张华所著的《博物志》记载了四川地区从 2000 多年以前的秦代就开始凿井取气煮盐的情况。"临邛火井一所，纵广五尺，深二三丈"，"先以家火投之"，再"取井火还煮井水"。火井煮盐，成本低，产量高，被认为是手工业的一项重大发展。当时凿井是靠人工挖掘，公元 1041 年以后，钻井用的工具有了很大改进，方法也有所更新。据《蜀中广记》记载，东汉时期，"蜀始开筒井，用环刃凿如碗大，深者数十丈"。明代正德末年（公元 1521 年），嘉州地区（今四川乐山一带）用顿钻凿出一口深达千余米的井，并采出石油。1878 年清政府从国外购进设备，聘请技术人员，组成我国近代史上的第一个钻井队，开始开发台湾苗栗油矿。我国大陆地区第一口油井是 1907 年在陕西省延长油矿钻成的，中国陆上石油的近代工业化开采始于此。但是，由于种种原因，我国石油工业发展十分缓慢。虽然有开发利用石油的悠久历史，石油工业的真正发展却是新中国成立以后才开始的。

我国石油工业的发展经历了四个阶段：一是探索成长阶段（20 世纪 50 年代），以 1959

年发现大庆油田为标志；二是快速发展阶段（20 世纪 60～70 年代），主要是 1965 年结束对进口石油的依赖，实现自给，还相继发现并建成了胜利、大港、长庆等一批油气田，全国原油产量迅猛增长，1978 年突破 1 亿吨大关，我国从此进入世界主要产油大国行列；三是稳步发展阶段（20 世纪 80 年代），这一阶段石油工业的主要任务是稳定 1 亿吨原油产量。这十年间我国探明的石油储量和建成的原油生产能力相当于前 30 年的总和，油气总产量相当于前 30 年的 1.6 倍；四是战略转移阶段（20 世纪 90 年代至今），90 年代初我国提出了稳定东部、发展西部、开发海洋、开拓国际的战略方针，东部油田成功实现高产稳产，特别是大庆油田连续 27 年原油产量超过 5000 万吨，创造了世界奇迹；西部和海上油田、海外石油项目正在成为符合中国现实的油气资源战略接替区。随着世界石油工业从常规向非常规油气（非常规油气革命）、从化石燃料向新能源（新能源革命）、从机械化向智慧化能源（智慧化能源革命）转变，我国将抓住碳中和下能源转型新机遇，开辟油气与新能源融合发展新路径，坚持常规、突破非常规、开启新能源，加快布局"常规油气向非常规、国内油气向国外、油气产业向新能源"跨越，保障我国能源安全。

以"陆相成油理论与应用"为标志的基础研究成果极大地促进了石油地质科技理论的发现，石油天然气工业已经形成了比较完整的勘探开发技术体系。2011～2021 年十年间，我国新发现 23 个亿吨级大油田和 28 个千亿方级大气田，其中西部石油新增探明地质储量占全国一半以上，产量约占全国的 1/3；海域油气产量约占全国 1/4。特别是 2023 年渤海再获亿吨级大发现——渤中 26-6 油田，这是渤海油田连续三年勘探发现的亿吨级油田，海洋油气成为重要能源增长极。在对外合作方面，我国不仅引进国外资金、先进技术和管理经验，而且加快了国内油气勘探步伐，提高了油田开发水平。其中，中海油与菲利普斯公司合作开发的蓬莱 19-3 油田，是继大庆油田之后的中国第二大整装油田。同时，中国石油开展中亚油气合作，建成连接中亚与中国内地的油气管道，形成集油气勘探开发、管道建设与运营、工程技术服务、炼油和销售于一体的上中下游业务链，助力"一带一路"高质量建设。

最新一轮油气资源评价结果显示，我国石油地质资源量 1085 亿吨，可采资源量 268 亿吨，油气资源主要集中分布在渤海湾、松辽、塔里木、鄂尔多斯、准噶尔、珠江口、柴达木和东海陆架八大盆地，石油资源量、储量和产量贡献超过 80%。石油储量、产量进入平稳增长阶段，天然气储量、产量进入快速增长阶段，到 2030 年，石油产量可以保持在 2 亿吨水平，天然气产量可以达到 2500 亿立方米。同时，油页岩和煤层气资源潜力可观，未来可以对常规油气资源逐渐形成重要的补充。

石油化工行业既是能源工业，也是原材料工业，具有很强的产业发展关联效应，石油化工产品遍及生产、生活各个领域，是国民经济的支柱产业，对保证国家的能源安全和粮食安全，促进国民经济和社会健康发展都具有十分重要的意义。改革开放使我国的石油工业展现出勃勃生机的局面，中国经济持续平稳较快增长给国内炼化企业发展带来了难得的机遇，产业规模不断壮大，产值持续增长。经过石油石化工业的结构调整和技术改造，我国炼油工业的生产规模和技术装备水平进一步提升，总体上进入了世界炼油大国行列。"十一五"期间，我国炼油能力大幅提升，原油加工能力跃居世界第二位，一批千万吨级炼油、百万吨乙烯迅速崛起。截至 2022 年底，我国总炼油能力升至 9.24 亿吨/年，成为世界第一大炼油国。这也意味着依托原油为原料的下游产品，如乙烯、丙烯、成品油及其他化工品，也较大概率成为最大生产国。例如乙烯总产能达到 4953 万吨/年，首次超过美国，升至世界第一位。

石油化学工业是技术密集行业，经过近 60 年的艰苦创业，我国取得了举世瞩目的高速发展，建成了一批重要的炼油和石油化工生产装置。全球产能最大的五家炼油公司中，中国石化和中国石油天然气集团分别位居全球的第 1 位和第 2 位，我国成为石油炼化超级大国。

在大力促进科技进步的同时，努力实现资源的优化配置，推进了3个一体化，即"上下游一体化，产销一体化，内外贸一体化"，使我国石化工业发展上了一个新台阶。

我国石油和化学工业积极推进以企业为主体的技术创新体系建设，突破了一批行业急需和对行业技术进步有较大提升作用的新技术、新工艺，自主开发能力和科研成果转化能力进一步增强。石油化工技术在引进、消化、吸收的基础上，自行开发了一些成套的工业化生产技术，使石油化工技术和装备开始从单向引进转变为有进有出的双向交流与合作，发生了历史性转折。催化裂化家族工艺、重油加氢脱硫、加氢裂化、国产乙烯裂解炉、环管法聚丙烯、热塑性弹性体SBS等一批工业化技术开发成功，我国石化工业技术自主开发能力有了显著进步。化学工业在万吨有机硅、苯酐新工艺、大型磷石膏综合利用、反浮选-冷结晶法和兑卤脱钠法生产氯化钾、低压法甲醇、高速、低滚动阻力子午线轮胎等生产技术都在较高水平上取得了突破。农药、染料、涂料等传统精细化工产业稳居世界第一，新型电子化学品、高性能纤维材料、高端助剂、新能源材料、医用化学品、建筑用化学品等专用化学品产能快速增长。2022年，我国多晶硅、硅片、电池片和电池组件产量分别达到82.7万吨、357GW、318GW和289GW，再创历史新高，锂电池正负极材料、电解液和隔膜产量全球占比超过70%。产业结构加快向高端化、精细化、专用化迈进。

2022年，我国化工新材料产能超过4500万吨，产量超过3100万吨，产值首次超过1万亿元，近5年平均增速超过20%。

石油和化学工业也积极推进集群化、规模化、园区化发展模式，调整产业布局，东部地区形成了长三角、珠三角、环渤海三大石油化工积聚地，建立了以上海、宁波、惠州等为代表的产业先进紧密、特色突出、综合效益高的石油和化工产业园区。西部地区建成了甘肃、兰州北部湾等多个石化基地，以及内蒙古和宁夏煤化工基地，形成了云贵鄂磷肥产业区和青海钾肥的生产基地，推进了石油和化工产业结构向功能化、差异化和高端化发展。同时，各行业加强节能减排技术的研发和推广，如磷酸行业开发的预热回收系统、替代光气等原料化学技术、子午胎行业开发的技术等，已经广泛应用于各行业的工业冷水节能、废水零排放等技术，在推进行业节能减排中发挥了重要的作用。

目前，我国已基本形成了石油天然气开采、石油化工、化学矿山、化学肥料、无机化学品、纯碱、氯碱、基本有机原料、农药、燃料、涂料、精细化学品、橡胶加工、新型材料等主要行业门类比较完整、品种大体配套、具有相当规模和基础的石油和化学工业体系。从石油化工产业发展来看，因为电动汽车和储能技术将是传统燃料强有力的替代品，未来炼油在石化产业中的比例会越来越少，在这一能源迭代过程中，化工行业将迎来新的发展机遇。当前市场对有机化工原料的需求不断增多，尤其是烯烃、芳烃及其下游产品，需求端支撑炼化一体化的转型发展，由重成品油收率转向多产有机化工原料，并综合进行氢循环利用及炼化发电蒸汽一体化等多模式，向"油气热电氢"转型。石化行业将构建以能源资源为基础，以洁净油品和现代化工为两翼，以新能源、新材料、新经济为重要增长极的"一基两翼三新"的产业格局。

3.9 能源安全

能源是经济的命脉，是发展国民经济和提高人们生活水平的重要保障。能源安全是保障国家安全的基石。从国家安全角度看，能源资源的稳定供应和运输安全始终是一个国家，特别是依赖进口的国家关注的重点，是国家安全的核心内容。能源作为一种特殊的战略性物品，已经成为世界各国竞相争夺的对象。能源获取的多少，已经成为一个国家政治实力的体现。

在全球化条件下，能源安全是一个处于开放体系中并与世界相互依存的概念。在全球化条件下，一国的能源安全不仅是一个经济问题，同时也是一个政治和军事问题；它不仅与国内供求矛盾及其对外依存度相联系，同时还与该国对世界资源丰富地区的外交及军事影响和控制力相联系。因此，正确把握国内外能源发展态势，及时调整国家能源战略和政策，对于确保能源安全和经济安全，有着重要的战略意义。当今世界正经历百年未有之大变局，全球能源体系全面升级、国际政治秩序深度调整，能源安全面临绿色革命加速、新旧能源接力步调不一及国际环境恶化多变等多方面挑战。新形势下，能源安全的内涵也发生了重大变化，全领域能源供应安全、能源系统韧性、能源系统绿色低碳发展成为能源安全的重要内容。

纵观世界发达国家的发展历史，没有哪个国家是完全依靠本国能源资源支撑其经济社会的高速发展的。我国的能源资源禀赋和生产建设能力与巨大的能源需求相比，存在很大的缺口。能源稳定供给和安全问题日趋尖锐，将可能成为制约我国实现宏伟目标的重要因素之一。

气候变化已对人类经济社会发展构成了无法逆转的威胁，这一威胁在国际社会达到空前共识，并激励各国加速绿色低碳转型。能源绿色革命的加速推进致使我国能源转型面临空前压力。一是我国经济发展尚未达到高收入国家水平，能源作为经济发展的基础，在经济规模进一步发展背景下，能源消费仍将保持刚性增长；二是我国能源结构仍以高碳化石能源为主，新能源尚不足以替代传统化石能源，能源低碳转型任务重；三是与发达国家相比，中国达成"双碳"目标的时间窗口更紧，该过程对新旧能源的接力步调提出了极高要求。

传统的能源安全主要是指以可支付得起的价格获得充足的能源供应，其关注焦点多是油气等能源的供应。石油供应是能源安全供应的核心内涵，从长远和全球观点看，所谓"能源问题"，主要是"石油问题"。石油是创造社会财富的关键因素，也是影响全球政治格局、经济秩序和军事活动的最重要的一种商品。石油安全是指石油进口国始终处于一种能够以合适的价格和数量连续不断地获得外部石油资源，以满足本国经济和社会发展需要的状态。石油安全出现问题，如石油供应突然中断或短缺、价格暴涨，将对国家的经济安全产生损害，其损害程度主要取决于经济对石油的依赖程度、油价波动的幅度以及国家的应变能力。一国石油供应对外依赖的程度越高，其安全问题就越突出。

石油安全包含石油来源地的安全和石油运输线的安全两方面。几乎所有国家都把石油安全置于能源战略的核心位置。20 世纪末以来，特别是经过美国"九一一"事件、伊拉克战争、阿富汗战争、利比亚战争、俄乌冲突，发达国家不断调整自己的能源安全战略，推行新措施，这对我国既是一种有益的启示，同时也是一种挑战和威胁。借鉴发达国家对石油安全的对策，并结合我国的能源资源状况，找出符合国情的应对石油安全的措施和策略，是很有挑战性和现实意义的任务。

随着能源转型的加速推进以及地区局势的日趋复杂，能源安全的内涵不断拓展。面对当前能源安全形势的新变化，要以能源消费革命、能源供给革命、能源技术革命、能源体制革命和全方位加强国际合作的"四个革命、一个合作"能源安全新战略为指引，以全领域能源安全为基础，提升能源系统韧性，促进绿色低碳发展，实现能源结构绿色转型，引领人类由后工业文明走向生态文明。

3.10 结语

1949 年到 1992 年，我国长期坚持自力更生、自给自足的能源安全观，充分发挥了社会主义集中力量办大事的制度优势，为新中国工业的发展和改革开放后经济的稳步提升夯实了能源基础。20 世纪 60 年代大庆油田的发现，让中国人甩掉了"贫油"的帽子，铸就的大庆精神、铁人精神成为中华民族伟大精神的重要组成部分。1993 年，我国能源"自给自足"的局面首次打破，从石油净出口转变为净进口国家，目前石油消费的增长速度大大高于石油生产的增长速度——"产油赶不上用油"。受制于资源禀赋，我国能源安全矛盾突出体现在油气安全上，石油和天然气对外依存度分别达到 70% 和 45% 左右。

我国石油对外依存度过高，过半原油都需要从海外进口，而且进口来源地较单一，从中东地区进口原油占总进口量 50% 以上，对中东石油的依赖，受地缘政治风险和运输安全的影响较大，国际突发事件和国际石油市场的剧烈波动对我国石油的安全供应将产生重大影响。

我国经济的持续快速发展，已经并将继续导致能源需求和消费的急剧上升。在相当长时期内，化石能源仍是中国最主要的能源，而且石油和天然气的需求量将以较快速度增长。我国石油消费中，80% 以上用于石油加工业、化纤制造业及化学原材料行业，如果没有油料保证，这些行业将使我国经济可持续发展受到重大影响。石油问题是中国能源安全的核心问题，在原油勘探没有突破性进展的情况下，开拓海外原油勘探市场、拓宽原油进口渠道、建立石油战略储备，将成为保障我国油气供应安全的重要途径和战略选择。

建立战略石油储备作为保障石油供应的手段，是国家能源安全战略中的重要组成部分。要实现石油安全，除了建立石油战略储备以外，最关键、最根本的还是要靠国内资源保证。保持国产原油有稳定供应而尽可能多地获取国际资源，切实保证在剧烈的国际竞争中站稳脚跟，加强竞争能力，做到"手中有油，心中不愁"。

从石油登上能源舞台至今，石油的供需矛盾相当突出。石油供需矛盾对国家的能源安全已构成重大威胁，另外，石油不仅是一种优质燃料，而且也是乙烯、丙烯、丁二烯、苯、甲苯、二甲苯和甲醇等基本化工原料的原料。因此，要优化能源结构，构建煤、油、气、新能源、可再生能源多轮驱动的能源供应体系，实现能源多元战略，减少石油作为能源的使用，更多地用作化工原料，多产高效清洁油品、高性能合成材料和高端专用化学品，适应消费结构升级需求，满足人民日益增长的美好生活需要。无可置疑，能源化学将在石油和石化工业中发挥重要作用，并为国民经济的健康发展和国防安全提供有力保证。

第4章 | 天然气

天然气是世界上继煤和石油之后的第三大能源。在常规能源中，天然气是一种优质、清洁、成本低廉、分布广泛且开采比较方便的能源。

天然气不需要重复加工即可直接作为燃料，供发电、供暖、炊事之用，降低了生产成本。生产天然气的成本比生产烟煤低 97%；开采天然气的劳动生产率比开采烟煤高 54 倍，比开采原油高 5 倍；开采和运输天然气的投资比开采和运输原油低 4%，比开采和运输煤炭低 70%。由于其氢碳比高，因此天然气的热值、热效率均高于煤炭和石油。而且加热的速度快，容易控制，质量稳定，燃烧均匀，燃烧时比煤炭和石油更加清洁。用作车用燃料，二氧化碳排放量可减少近 1/3，尾气中一氧化碳含量可降低 99%，是目前世界上公认的优质高效能源。

天然气是目前人类社会消费的主导能源之一，近年来天然气在化石能源消费中，增速最快，增量最大。天然气主要应用于发电、工业、民用燃料和化工原料等领域，在全球应对气候变化和能源转型过程中备受世界各国青睐。

4.1 天然气的组成和分类

天然气是天然的可燃气体的统称，是以烷烃（C_nH_{2n+2}）为主的各种烃类和少量非烃类所组成的气体混合物。按其化学组成（以体积分数计），绝大部分是甲烷（CH_4）、乙烷（C_2H_6）、丙烷（C_3H_8），其中甲烷的体积含量高达 80%~90% 或更高；丁烷（C_4H_{10}）和戊烷（C_5H_{12}）含量不多，组分含量大都随烷烃碳原子数的增加而依次递减。天然气中也含有其他一些气体，如硫化氢（H_2S）、二氧化碳（CO_2）、氮气（N_2）及水汽（H_2O），有时还含有微量的稀有气体，如氦（He）和氩（Ar）等。在基准状态（101325Pa，0℃）下，在天然气中，从甲烷到丁烷的烃类以气态存在，戊烷以上的烃类是液态，即天然气油。蕴藏在地层中的烃和非烃气体的混合物，生成天然气的范围比生成液烃（石油）的范围宽得多。在低温条件下，有机质可由细菌作用形成生物生成气，在"液烃窗"内有与石油共生的伴生气；在超成熟阶段的高温变质作用下，可生成大量的甲烷气；在煤系地层中，可产生大量煤层气。

人们已发现和利用的天然气有六大类：油型气、煤成气、生物成因气、无机成因气、水合物气和深海水合物圈闭气。人们日常所说的天然气通常指天然气田、油田伴生气和煤田伴生气。天然气还可以分为干气（或贫气）和湿气（或富气）两类。含有较多的重于甲烷的烃类组分的天然气在用作燃料之前一般都要提取其中的重烃组分，这种气称为湿气或富气；反之，称为干气或贫气。天然气中除甲烷以外的组分，在低温高压下液化得到的液态产物称为天然气液体。而包括甲烷在内的各种天然气在 -160℃ 和相应的压力下液化处理后得到的产物称为液化天然气（liquefied natural gas，LNG）。

天然气的化学组成是天然气工程中的重要原始数据。各组分的含量和性质决定了天然气的性质，它是气田开发、气井分析、地面集输、净化加工及综合利用的设计依据。

4.2 天然气的开采和储运

天然气勘探方式与石油勘探相似，寻找油藏与油层试钻的技术基本上可用于勘探天然气，对天然气勘探评价的内容和方法也基本与石油相同。

把天然气从地层采出的全部工艺过程，简称采气工艺，它与自喷采油法基本相似，都是在探明的油气田上钻井，并诱导气流，使气体靠自身能量（源于地层压力）由井内自喷至井口。天然气密度极小，在沿着井筒上升的过程中，能量主要消耗在摩擦上。由于摩擦力与气体流速的平方成比例，因此管径越大，摩擦力越小。在开采不含水、不出砂、没有腐蚀性流体的天然气时，气井上有时甚至可以用套管生产。但在一般情况下，仍需下入油管。

天然气密度小，具有较大的压缩性和扩散性，采出后只需简单处理就可经管道输出作为燃料，也可压缩后灌入容器使用，或制成液化天然气。有时只进行化学处理，清除硫化氢和二氧化碳后，就可送入输气管道，作为燃料或石油化工及化肥原料。开采天然气的气井存在压力差，利用这种压力差可以在不影响天然气开采和使用的情况下进行发电。

天然气由油井到地面以后，需要把它们从一口口油井上集中起来，并把油和气分离，再经初步加工成为合格的原油和天然气分别储存起来或输送到加工厂，这通常称为"油气集输技术"和"油气地面建设工程"。

油气集输就是把油井生产的油气收集、输送和处理的工程，这一过程从油井井口开始，将油井生产出来的原油和伴生的天然气产品，在油田上进行集中和必要的处理或初加工。使之成为合格的原油后，再送往长距离输油管线的首站外输，或者送往矿场油库经其他方式送到炼油厂或转运码头；合格的天然气集中到输气管线首站，再送往石油化工厂、液化气厂或其他用户。天然气集输的生产过程，可用（图4-1）框图来说明。

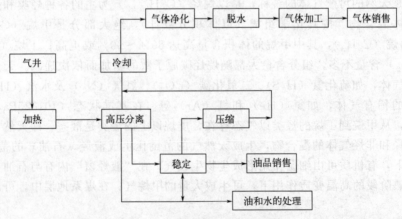

图4-1　天然气集输过程的框图

气田上大多数气井在高压下生产，为控制其流动需要安装节流阀。当气体流经节流阀时，气体产生膨胀，其温度降低。如果气体温度变得足够低，将形成水化物而导致管道和设备堵塞。因此，从井口出来的天然气在节流到分离器以前，通常需要水蒸气加热装置和间接明火式加热器来加热。

天然气集输系统是由气田集输管网、气体净化与加工装置、输气干线、输气支线以及各种用途的场站所组成，它是一个统一的、密闭的水动力系统（见图4-2）。

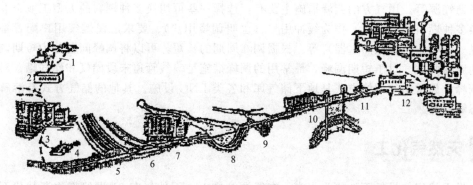

图 4-2　天然气集输系统示意

1—井场；2—集气站；3—天然气净化厂和压气站；4—到配气站的出口；5,6—铁路与公路穿越；7—中间压气站；
8—河流穿越；9—沟谷跨越；10—地下储气库；11—阴极保护站；12—终点配气站

其中①井场：井场一般设于气井附近，从气井出来的天然气，经节流调压后，在分离器中脱除游离水、凝析油及机械杂质，经过计量后送入集气管线。②集气站：一般将两口以上的气井用管线分别从井口连接到集气站，在集气站对各气井输送来的天然气分别进行节流、分离、计量后集中输入集气管线。③压气站：当气田开采后期（或低压气田）当地层压力不能满足生产和输送要求时，需设矿场压气站，将低压天然气增压至工艺要求的压力，然后输送到天然气处理厂或输气干线。天然气在输气干线中流动时，压力不断下降，这样就必须在输气干线沿途设置压气站，将气体压缩到所需的压力。压气站设置在输气干线的起点称为起点压气站，压气站设置在输气干线的中间某一位置则称为中间压气站，中间压气站的多少视具体工艺参数情况而定。④天然气处理厂：当天然气中硫化氢、二氧化碳、凝析油等含量和含水量超过管输标准时，则需设置天然气处理厂进行脱硫化氢（二氧化碳）、脱凝析油、脱水，使气体质量达到管输标准。⑤调压计量站（配气站）：其任务是接收输气管线来气。进站进行除尘、分配气量、调节压力、计量后将气体直接送给用户，或通过城市配气系统送给用户。⑥集气管网和输气干线：在矿场内部，将各气井的天然气输送到集气站的输气管道叫作集气管网。从矿场将处理好的天然气输送到远处的用户的输气管道叫输气干线。⑦清管站：为清除管内铁锈和水等污物以提高管线输送能力，常在集气干线和输气干线设置清管站，通常清管站与调压计量站设计在一起，以便于管理。⑧阴极保护站：为防止和延缓埋在土壤内的输气干线的电化学腐蚀，在输气干线上每隔一定距离设置一个阴极保护站。

天然气发现之初，由于生产井场都处于偏远地区，又缺乏长距离输送管道，天然气很难进入城市。直到 1925 年以后，有了大直径钢管，创建了长距离输气管线和大型的地上、地下储存设施，天然气工业才得到充分发展。随着现代科学和工程技术的发展，以及世界各国对天然气需求量的增加，天然气管道向大口径、高压力、长距离和向海洋延伸的跨国管网系统发展。陆上及近海天然气的输送一般采用管道输送，对于跨洋长距离天然气输送，当铺设管道难以实施时，多采用液化天然气方式进行输送。目前，世界天然气产量的 75% 依赖管线输送，其余 25% 以 LNG 形式用船舶进行运输，后者存在运营费用高的问题。

由于天然气的用户比较复杂，用气量波动很大，如何平稳供气与天然气田的平稳生产和储存就成为一个比较现实的问题。天然气的储存有时称作"天然气调峰"，在大多数供气系统的设计和运行管理中，调峰是一项必不可少的重要内容。供气调峰的措施很多，但不外乎从供气和用气两方面来调节供气与用气的平衡。供气方的主要调峰措施有：调整气田或人工燃气厂的产量、调整干线输气管道的工艺运行方案、输气管道末端储气、储气库、储气罐或地下储气管束、调峰型 LNG 厂、引进 LNG 或液化石油气（liquefied petroleum gas，LPG）

作为辅助气源等。用气方的调峰措施主要有：选择一些可切换多种燃料的大型工业企业（如可切换多种燃料的发电厂）作为缓冲用户（也叫调峰用户）、要求居民燃气用户配置备用加热装置（如电炊具、电热水器）等。根据调峰周期的长短，可以将调峰问题分为短期调峰和中长期调峰两类。对于短期调峰，最常用的调峰措施是输气管道末段储气和储气罐；对于中长期调峰，最常用的调峰方式是地下储气库和各类 LNG 设施。其他的储气方式有溶解储存和固态储存等。

4.3 天然气化工

世界天然气储量较石油更为丰富。在能源结构上，天然气在 21 世纪将逐渐替代石油成为能源的主力。天然气是优质、高效、清洁能源，也是石油化学工业宝贵的原料。但在化工利用方面，由于石油化工产品的经济成本低于天然气化工产品，天然气作为化工原料，目前主要用于生产合成氨和甲醇。这很容易从化学原理来解释，石油是多链碳烷烃，在加工时是将高碳烷烃裂解成低碳烷烃和烯烃；而天然气是以甲烷为主的，其化学加工是将一个碳的甲烷转化成两个或三个碳及以上的烷烃和烯烃。用一个比喻来讲，石油加工是拆房子；而天然气化工是建房子。所以从能量来讲对生产同一种产品，石油化工的成本要比天然气化工低一些。一般 C—H 键平均键能为 414kJ/mol，而甲烷中 CH_3—H 的离解能高达 435kJ/mol。因此如何对甲烷进行有效的化学转化，并且要能与石油化工产品相竞争，一直是化学家们的难题，关键问题在于高选择性和高催化活性的新型催化剂的研究。20 世纪 70 年代两次石油危机导致了天然气化工发展，尤其在寻找替代能源，即以天然气或煤转化为液体燃料和化工产品以替代石油资源方面，已经开发出一些有工业前景的新化工过程，具体如图 4-3 所示。

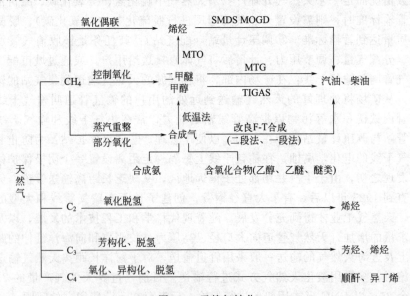

图 4-3 天然气转化

MTO—甲醇制烯烃；SMDS—Shell 中间馏分油工艺；MOGD—Mobil 烯烃聚合制汽油和中间馏分油工艺；
MTG—甲醇制汽油；TIGAS—托普索一体化汽油合成工艺

天然气化学转化主要有两个途径：一是直接化学转化，如氧化偶联、选择性氧化等可制成烯烃、甲醇、二甲醚等，进而提高附加值，合成液体燃料；另一途径是由天然气制造合成气（一氧化碳和氢气），在不同配比情况下可合成氨和各种含氧有机化合物（醇、醛和醚类化合物）。利用天然气化学转化，将从战略上改变我国石油化工原料主要依赖石脑油及轻柴油的局面。

天然气的主要用户是合成氨、尿素。自 20 世纪 20 年代第一座合成氨装置投产以来，到 20 世纪 60 年代中期，合成氨工业在欧洲、美国等地区已发展到相当高的技术水平。美国 Kellogg 公司首先开发出以天然气为原料、日产千吨的大型合成氨装置，与此同时，美国 Braun 公司、丹麦 Topsoe 公司、英国 ICI 公司等世界各大制氨公司，也都积极从事制氨技术的开发工作，形成了与 Kellogg 公司工艺各具特色的工艺路线，这是合成氨工业发展史上第一次技术革命和飞跃。20 世纪 70 年代中期，世界石油危机导致各合成氨大公司都以节能为目标，竞相开发出各种节能型新工艺流程，合成氨工业在 20 世纪 80 年代又经历了第二次突破性的技术革命。近年来，在继续开发节能型新技术、新设备、新催化剂的同时，又在装置操作灵活性、生产可靠性、节省投资上取得了新进展，在用新技术改造旧装置扩大生产能力、提高装置运转效率、降低能耗方面也在不断努力开拓。

用天然气生产甲醇的工序有天然气脱硫净化、制合成气、甲醇合成及精馏。甲醇合成是在一定温度、压力和催化剂作用下，CO、CO_2 与 H_2 反应生成甲醇。甲醇合成反应是可逆平衡反应，其主反应为：

$$CO + 2H_2 \rightleftharpoons CH_3OH \tag{4-1}$$

$$CO_2 + 3H_2 \rightleftharpoons CH_3OH + H_2O \tag{4-2}$$

副反应为：

$$2CO + 4H_2 \rightleftharpoons CH_3OCH_3 + H_2O \tag{4-3}$$

$$CO + 3H_2 \rightleftharpoons CH_4 + H_2O \tag{4-4}$$

$$4CO + 8H_2 \rightleftharpoons C_4H_9OH + 3H_2O \tag{4-5}$$

$$CO_2 + H_2 \rightleftharpoons CO + H_2O \tag{4-6}$$

有少量的高级醇和微量的醛、酮、酸等副产物生成。甲醇合成是一个强放热反应，必须在反应过程中不断地将热量移走，反应才能正常进行，否则易使催化剂升温过高，且会使副反应增加。

由于水蒸气转化和甲醇合成催化剂很容易受含硫化合物的毒害，原料天然气进入转化制合成气工序之前需要进行脱硫净化，要求净化后的天然气含硫量小于 $0.1 \sim 0.3 \mu g/mL$。天然气转化成合成气需在结构复杂、造价很高的转化炉中进行，在高温和催化剂的存在下进行甲烷水蒸气转化反应。甲醇合成是在一定温度和压力下进行的典型气-固相催化反应过程，反应后生成的粗甲醇中含有高级醇、醛、酮及水分等杂质，必须采用精馏法进行杂质分离，最后制得符合标准要求的精甲醇产品。

甲醇合成法分为高压法（$19.6 \sim 29.4 MPa$）、中压法（$9.8 \sim 12.0 MPa$）和低压法（$5.0 \sim 8.0 MPa$）三种，目前工业上常用中压法和低压法两种工艺，以低压法为主，这两种方法生产的甲醇占甲醇总产量的 90% 以上，尤以 ICI 和 Lurgi 低压甲醇合成工艺应用最为广泛。

二甲醚（dimethyl ether，DME）是重要的化工原料，可用于许多精细化学品的合成，同时在制药、燃料、农药等工业中有许多独特的用途，可以用作气雾剂的抛射剂、制冷剂、发泡剂，还可成为城市煤气和液化气的代用品，也可作为车用替代燃料。随着合成气一步法制备 DME 技术的不断发展进步，使得以装置的大型化降低 DME 成本成为可能。DME 作为替代柴油或液化气的新型清洁燃料得到大力推广，并逐渐进入了民用燃料市场和汽车燃料市场。DME 的生产方法最早由高压甲醇生产中的副产品精馏后制得，随着低压合成甲醇技术的广泛应用，DME 的工业生产技术很快发展到甲醇脱水（二步法）和合成气直接合成工艺（一步法）。

甲醇脱水法先由合成气制得甲醇，然后甲醇在固体催化剂作用下脱水制得 DME，其反应式为

$$2CH_3OH \longrightarrow CH_3OCH_3 + H_2O \tag{4-7}$$

由于催化剂与反应条件的不同，甲醇脱水法又分为液相法和气相法两种。

液相甲醇脱水法是生产 DME 最早采用的方法，该方法将甲醇与浓硫酸的混合物加热至一定温度后生成 DME。该过程存在装置规模小、设备腐蚀、环境污染、操作环境恶劣等问题，因此该工艺在国内外已逐渐被淘汰。

气相甲醇脱水法是从传统的浓硫酸脱水法的基础上发展起来的，其基本原理是将甲醇蒸气通过固体酸性催化剂，发生非均相反应脱水生成 DME。其工艺流程是：甲醇经换热变为甲醇蒸气，进入反应器；气相甲醇在 150℃、常压下，在固定床催化反应器中进行甲醇脱水反应，反应产物进入精馏塔进行分离提纯；在 0.1~0.6MPa 下精馏，DME 由塔顶采出；塔底甲醇和水进入汽提塔，在常压下得到分离，回收的甲醇循环使用。

气相甲醇脱水法以精甲醇为原料，脱水反应副产物少，DME 纯度达 99.9%，工艺比较成熟，可以依托老企业建设新装置，也可单独建厂生产。但该方法要经过甲醇合成、甲醇精馏、甲醇脱水和 DME 精馏等工艺，流程较长，设备投资大，产品成本较高。

合成气直接合成 DME 工艺（一步法）是在合成甲醇技术的基础上发展起来的，它是由合成气经浆态床反应器一步合成 DME。反应可分为以下几步：

$$CO + 2H_2 \longrightarrow CH_3OH \tag{4-8}$$

$$2CH_3OH \longrightarrow CH_3OCH_3 + H_2O \tag{4-9}$$

$$CO + H_2O \Longrightarrow CO_2 + H_2 \tag{4-10}$$

总反应式为

$$3CO + 3H_2 \longrightarrow CH_3OCH_3 + CO_2 \tag{4-11}$$

该方法以合成气（$CO + H_2$）为原料，在甲醇合成及甲醇脱水的复合催化剂（或双功能催化剂）作用下直接合成 DME。由于催化剂采用具有甲醇合成和甲醇脱水组分的双功能催化剂，因此甲醇合成催化剂和甲醇脱水催化剂的比例对 DME 生成速率和选择性有很大影响。该方法所用合成气可由煤、各种重油、渣油及天然气不完全氧化制得，生产过程较为简单，可获得较高的单程转化率，而且易形成大规模的生产以降低成本，但后处理较为复杂，产品主要用作醇醚燃料。

天然气经过氧化偶联直接制烯烃（OCM）的转化反应最初由美国联碳公司（UCC）于 1982 报道，其后立刻引起了催化界人士的普遍关注。因为它不仅可以将储量丰富的天然气转化为有机化学工业中最重要、最基本的原料——乙烯，而且开辟了非石油路线制乙烯这一具有战略意义的研究领域。目前，该反应在催化剂和反应工艺等方面仍存在一些困难，如反应温度太高（700~900℃）；产生大量的反应热难以移出；耐高温（>800℃）反应器材料的选择；乙烯的选择性和甲烷的单程转化率较低，在 25%~40% 间徘徊，造成产物较为复杂，难以分离利用等问题。尽管如此，由于该路线提供了一种甲烷一步转化制乙烯的全新途径，技术经济意义巨大，工业前景看好。

总之，天然气化学转化的方法很多，但是达到工业化水平并在经济上有竞争力的化学反应过程较少，天然气开发利用水平还有待提高。

4.4 天然气实用技术

随着天然气备受重视，天然气实用技术也开始发展起来。

（1）燃烧天然气的电厂日益增多

首先，让天然气燃烧，使气体发动机运转起来，接着排出的高温气体使蒸汽轮旋转，两者组合就构成了一个高效率的发电系统。在燃烧过程中温度越高，热效率就越高。例如，美国燃烧天然气的发电机组被列为实现《美国洁净空气法》第一阶段的重要措施之一。天然气发电也被确定为我国能源结构调整中的发展方向之一，考虑到燃气轮机在无外界电源的情况下能迅速启动，机动性能好，因此在电网中将广泛用它来承受尖峰负荷和作为应急备用机组。此外，天然气发电还具有设备简单、占地面积少、建设时间短、造价低等优势。

天然气应用系统能够得到高效率的能量综合应用。我们从能源中所获得的能量形态有两种，即电和热。气体内燃机和气体发电机在发电的同时，利用废气或冷却水的余热给冷水加热或作为蒸汽再次使用。可用于制冷、供给洗浴水或取暖等，这样就得到了高效综合的能源利用系统。天然气利用系统的普及对于节省能源及保护环境都是最佳办法。

（2）天然气用于燃料电池

燃料电池内部不具有化学能，而是通过从外部供给燃料（如氢、甲醇、天然气等）和化学氧化剂而使它放出电能。燃料电池是通过电化学反应将燃料自有的化学潜能转化成直接的电能的发电装置，在能量转换过程中损失较少，不管其容量多大，都能得到高达 40% 或更高的发电效率。这种转换过程不伴随燃烧，无机械运动，因此排出的气体清洁，噪声和振动也很小。对于燃料电池，以后将详细介绍。

（3）天然气汽车

与使用汽油车相比，天然气汽车颗粒物排放几乎为零，NO_x、CO 和 HC 的排放也显著降低，所以天然气汽车在改善空气质量方面有着重要意义。天然气汽车的车种比较齐全，从公共汽车、出租车、卡车到轻重型汽车，都可以用压缩天然气作燃料。我国已基本形成完整的天然气汽车产业发展的技术链和产业链，具备较完善的天然气汽车推广应用政策法律法规及运行管理、气源保障、价格调控体系，加气站设备、发动机和汽车配套零部件的国产化大幅降低了天然气汽车发展的投入。虽然天然气汽车具有多重优势，但电气化是汽车的发展主要方向之一，电动车是未来汽车的必然，与产销步入快速发展新阶段的新能源汽车相比，其市场份额较小。

（4）天然气空调机

天然气空调机与常规含氯氟烃的空调机相比，不仅成本低、运行费用少，而且不会排出破坏臭氧层的有害气体，对保护环境有利，还不消耗电力。天然气空调机是以锂溴溶剂为介质，当空气在天然气制冷装置内干燥后，直接与锂溴溶剂接触，然后再与干净的清水接触，这样不仅可得到冷空气，同时也可去掉霉菌、花粉和病毒等，从而就不会出现使用常规电空调机所带来的"空调综合征"。锂溴溶剂可循环使用，运行费用较低。

目前，我国的空调器主要由电力驱动，其耗电量随着空调器拥有量的不断增多而越来越大，已占到夏季用电负荷的 30%～40%，直接造成峰谷差加大，最大负荷增长的波动性进一步加大。发展以天然气为能源的空调，有利于保护环境，解决电力紧张和用电峰谷差增大的问题，同时也可以减小用气的季节不平衡性，提高天然气输送管道的利用率，降低天然气输送成本，还可以在"西气东输"工程全面供气时，更好地解决沿海大城市的"西气东用"

问题。随着天然气价格和电力价格趋于合理化，天然气空调将比电空调器具有更好的经济性。

4.5 非常规天然气

非常规天然气资源是指尚未充分认识、还没有可借鉴的成熟技术和经验进行开发的一类天然气资源，主要包括煤层气、页岩气、致密气和天然气水合物等，是化石能源中较洁净的能源。其特性如下：一是分子结构简单，80％～99％是甲烷气体；二是热值高，甲烷气体的热值是5000kJ；三是减少了高的碳排放，可实现低污染甚至无污染。

当前全球高品位的常规油气资源面临枯竭，非常规油气已成为油气资源的战略性接替领域，页岩气、致密气和煤层气等在全球油气产量中的贡献和地位愈发凸显。随着开采技术的创新性突破，页岩气、煤层气等非常规天然气已实现规模化商业化开采，成为常规天然气现实、可靠的补充资源。美国页岩气革命不仅使其实现了能源独立，改变了美国能源结构与能源战略，而且对国际天然气市场及全球能源格局产生重大影响，美洲页岩气和中东地区浅水天然气成为全球天然气产量的主要增长极。未来，天然气产业的持续发展将为非常规天然气快速发展奠定基础，非常规天然气和海域天然气（含天然气水合物）将成为天然气工业的主要发展方向。

4.5.1 煤层气及其利用

煤炭形成过程中，在高压和厌氧的条件下产生大量气体（85％以上成分是甲烷），吸附在煤体上，成为煤层气，通常称为"瓦斯"。在煤炭开采过程中，由于煤体卸压，煤层气在煤体上的吸附平衡条件受到破坏，大量的煤层气就会释放出来。长期以来，煤层气与煤矿安全事故息息相关。瓦斯爆炸和瓦斯突出事故是煤矿安全的最大威胁，所以瓦斯被认为是对煤矿开采最危险的有害气体。甲烷还是一种会产生强烈温室效应的温室气体，煤层气大量排入大气将导致气候变暖，影响全球环境。但是，煤层气又是洁净的高热值非常规天然气，是一种能源资源，考虑利用效率，利用1亿立方米的煤层气相当于20万吨标准煤，可以减排150万吨CO_2。如能综合利用，将会收到增加洁净能源供应、改善煤矿安全、保护全球环境等多重效益，自20世纪70年代以来，煤层气日益受到各个国家的重视。美国、加拿大和澳大利亚已实现煤层气的商业化开发。

煤层气开发利用技术的不断发展，为煤层气开发利用产业化发展提供了技术支撑。当前技术比较成熟的煤层气开发方式有3种，即地面垂直井、地面采动区井和井下水平孔（即煤矿井下瓦斯抽放）。

（1）地面垂直井开采

地面垂直井，是在地面打钻井进入尚未进行开采活动的煤层，通过排水降压使煤层中的吸附气解吸出来，由井筒流到地面。这种开采方式气产量大、资源回收率高、机动性强，可形成规模效益。它要求有厚度较大的煤层或煤层群，煤储层的渗透性要较好，以及较有利的地形条件等。

（2）地面采动区井

地面采动区井（gob well），是从地面打钻孔进入煤矿采动区上方或废弃矿井，利用自然压差或瓦斯泵抽取聚集和残留在受采动影响区的岩石、未开采煤层之中以及采空区内的煤层气。地面采动区井初期产量较大，但单井服务年限较短，一般为1～2年。采动区井严格受采煤活动的控制，并要求在主采煤层之上赋存多个煤层，以保证有足够的气源。

（3）井下瓦斯抽放

瓦斯抽放，是从煤矿井下采掘巷道中打钻孔，在地面通过瓦斯泵造成负压来抽取煤层中的气体。这种方式在煤炭系统称为矿井瓦斯抽放。矿井瓦斯抽放产量小，资源回收利用率低，井下作业难度较大，并受制于煤矿采掘生产的进程。但其适用条件比较广泛。它多以矿井安全生产为目的，并兼顾煤层气资源的回收利用。

煤层气是宝贵的资源，其储量与天然气相当。据国家煤层气资源评价，我国埋深 2000m 以内浅煤层气地质资源约 36.8 万亿立方米，主要分布在华北和西北地区，位居世界第三。全国大于 5000 亿立方米的含煤层气盆地（群）共有 14 个，其中含气量在 5000 亿～10000 亿立方米的有川南黔北、豫西、川渝、三塘湖、徐淮等盆地，含气量大于 10000 亿立方米的有鄂尔多斯盆地东缘、沁水盆地、准噶尔盆地、吐哈盆地、塔里木盆地、天山盆地群、海拉尔盆地，图 4-4 为部分资源分布情况。

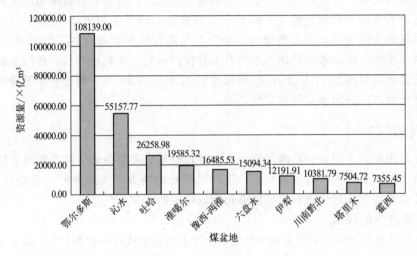

图 4-4　中国煤层气资源分布（单位：$10^{12}\,\mathrm{m}^3$）

20 世纪 80 年代以前，中国对煤层气的抽取主要是考虑煤矿安全生产问题，每年有大量煤层气作为矿井有害气体随煤炭开采排入大气，既浪费资源又污染环境。多数煤层都含有大量的瓦斯，生产 1t 煤涌出 $10\mathrm{m}^3$ 以上的高瓦斯矿井和煤与瓦斯突出矿井约占国有重点煤矿和地方国有煤矿的一半左右，它们的煤层气储量估计达 300 亿立方米以上。随着非常规天然气的加速开发利用，煤层气正在成为新一轮能源开发中的重要角色。

作为拥有煤层气全国总储量 1/3 的山西省，探索出一条"先采气后采煤，采气采煤一体化"的煤矿瓦斯治理模式，加快推进煤层气资源开发利用。该省沁水县具有国内最好的煤层气整装气田，从 2002 年年底开始将沁水煤层气运往 100km 之外的长治市销售，这是中国陆采煤层气产业首次实现商品化。2009 年 10 月，第一个国家级示范工程项目——沁南示范工程全面竣工投产并进入商业售气，日产量达到 80 万立方米，销售量稳定在 $60\times10^4\,\mathrm{m}^3/\mathrm{d}$ 以上，成为国内稳产时间最长的煤层气田。沁南示范工程是我国煤层气产业化发展的一个里程碑，标志着我国煤层气地面开发正式进入快速发展的商业化运营阶段。

对煤层气的利用方式主要是供居民生活用燃料，其甲烷含量在 35% 以上。其次，作为工业锅炉燃料和化工产品（炭黑、甲醛等）原料。为了扩大煤层气的利用范围，并代替常规天然气，需要提高煤层气的质量和减少气体的质量波动。改善煤层气质量的主要方法是加强监测和控制、增加采前抽放和进行气体富集。如果要将煤层气压缩后进入天然气管道长距离输送，甲烷含量要达到95%以上。高质量煤层气更适用于工业原料、汽车燃料和燃气轮机发电等用途。

西气东输工程为煤层气开发带来了机遇，已经具备了大规模开发非常规天然气的条件。与市场需求相对应，我国煤层气的资源和管网条件也有利于大规模开发。我国煤层气资源丰富，特别是华北富煤区煤层气地质结构简单、含气量高、含气质量好、含气饱和度高、资源丰度大，且毗邻东部经济发达地区，开发潜力大。西气东输管线经过新疆塔北煤田、淮南煤田、鄂尔多斯盆地、沁水盆地、豫西煤田和两淮（淮南、淮北）矿区6个主要煤层气富集区。陕京管线则从北部经过了山西河东煤田、沁水盆地北侧。西气东输管线和陕京管线为开发利用煤层气富集区资源提供了良好的输送条件。从西气东输主管道引出的天然气支线管道及由此新建的城市天然气管网，将为煤层气的市场利用提供设备保障。2022年12月，由中国海油下属中联煤层气有限责任公司统筹建设的中国最长煤层气长输管道——神木-安平煤层气管道工程（简称"神安管道"）全线贯通进入试生产，这将打开晋陕地区天然气外输通道，输送至雄安新区及京津冀地区，在与中国国家管网储气库和天津、沧州LNG（液化天然气）接收站码头联通后，可实现海气、陆气双气源互补和调峰保供。2023年8月，国家管网集团西气东输一线沁水分输压气站提升工程投产运行。工程投产后，西气东输一线外输山西煤层气量将从目前的12亿立方米/年提升至22亿立方米/年，将进一步畅通煤层气外输通道，有助于释放山西沁水盆地煤层气产能。

4.5.2　页岩气

页岩气是指储存于泥岩、高碳泥岩、页岩及粉砂质岩夹层中的一种非常规天然气。与常规天然气相比，页岩气具有开采寿命长、生产周期长的特点，大部分产气页岩分布范围广、厚度大，且普遍含气，这使得页岩气能够长期以稳定的速率产气。

4.5.2.1　页岩气的成藏

页岩气是从页岩层中开采出来的天然气，主体上以吸附或游离状态存在于暗色泥页岩、高碳泥页岩、页岩及粉砂质岩类夹层中。天然气赋存相态具有多样性的特点，其存在形式主要以吸附气体与游离气体为主。它以游离相态（大约50%）存在于页岩裂缝、孔隙及其他储集空间，以吸附状态（大约50%）存在于黏土矿物颗粒、有机质颗粒、干酪根颗粒及孔隙表面上，极少量以溶解状态储存于干酪根、沥青质、残留水以及液态原油中。吸附机理增强了天然气存在的稳定性，提高了页岩气的保存能力及抗破坏能力，但同时也导致页岩气具有产量低、周期长（可稳产30年，递减率小于5%）的开发生产特点。

页岩气与深盆、煤层气一样属于"持续式"聚集的非常规天然气。与其他聚集类型天然气藏相比（见表4-1），页岩气成藏机理兼具煤层吸附气和常规圈闭气气藏特征，显示复杂的多机理递变特点。页岩气藏按其天然气成因可分为两种主要类型：生物成因型和热成因型，此外还有上述两种类型的混合成因型（见图4-5）。

表 4-1　典型聚集类型天然气藏基本特点

特点	页岩气	煤层气	根缘气/深盆气	常规储层气	水溶气	天然气水合物/地压气
界定	主要以吸附和游离状态聚集于泥/页岩系中的天然气	主要以吸附状态聚集于煤系地层中的天然气	不受或部分不受浮力作用控制、游离相聚于致密储层中的天然气	浮力作用影响下，聚集于储层顶部的天然气	地层水中具有工业勘探开发规模的天然气	以笼状结构存在且具有似冰状特点的固态天然气

续表

特点	页岩气	煤层气	根缘气/深盆气	常规储层气	水溶气	天然气水合物/地压气
天然气来源	生物气或热成熟气	生物气或热成熟气	热成熟气为主	多样化	生物气或热成熟气	多样化
储集介质	页/泥岩及其间的砂质岩夹层	煤层及其中的碎屑夹层	致密储层及其间的泥、煤质夹层	孔隙性砂岩、裂缝性碳酸盐岩等	常规储层中的地层水	相对高压、低温环境中的地层水
天然气赋存	20%～85%为吸附,其余为游离和水溶	85%以上为吸附,其余为游离和水溶	吸附气量小于20%,砂岩底部含气、气水倒置	各种圈闭的顶部高点,不考虑吸附因素	充填或水合于地层水中	笼状封存于水分子之间
成藏主要动力	分子间作用力、生气膨胀力、毛细管力等	分子间吸附作用力等	生气膨胀力、毛细管力、静水压力、水动力等	浮力、毛细管力、水动力等	分子间充填及水合作用力等	分子间充填及水合作用力等
成藏机理特点	吸附平衡、游离平衡	吸附平衡	生气膨胀力与阻力平衡	浮力与毛细管力平衡	溶解平衡	温压关系及其平衡
成藏条件	生气页/泥岩、裂缝等工业规模聚气条件	生气煤岩,形成工业聚集的其他条件	直接上覆于生源岩之上的致密储层	输导体系、圈闭等	区域封闭性、滞留的地层水、温压条件	相对的高压低温环境、天然气来源
运聚特点	初次运移为主成藏	初次运移成藏	初次-二次运移成藏	二次运移成藏	以二次运移成藏为主	二次运移成藏
成藏条件和特点	自生自储	自生自储	致密层与烃源岩大面积直接接触	运移路径上的圈闭	邻近烃源岩的压力封闭区域	逸散通道上的相对低温高压区
主控地质因素	成分、成熟度、裂缝等	煤阶、成分、埋深等	气源、储层、源储关系等	气源、输导、圈闭等	温度、压力、气源等	气源、温度与压力
成藏时间	天然气开始生成之后	煤层气开始生成之后	致密储层形成和天然气大量生成之后	圈闭形成和天然气开始运移之后	天然气开始运移和封闭环境形成后	低温高压环境及气源条件满足后
分布特点	盆地古沉降-沉积中心及斜坡	具有生气能力的煤岩内部	盆地斜坡、构造深部位及向斜中心	构造较高部位的多种圈闭	烃源岩与区域盖层间的封闭区	极地及海底等
成藏及勘探有利区	4000m以浅的页岩裂缝带	3000m以浅的煤层成熟区、高渗带	紧邻烃源岩储层	正向构造(圈闭)的高部位	运移方向上的高异常压力区	成藏条件满足区内的天然气来源区

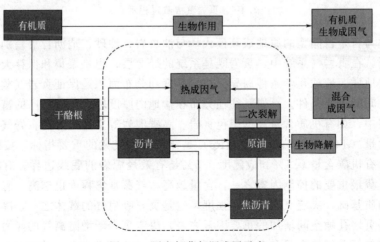

图 4-5 　页岩气藏气源成因示意

目前发现的生物成因型页岩气藏分为早成型和晚成型两类。早成型气藏的平面形态为毯状，从页岩沉积形成初期就开始生气，页岩气与伴生地层水的绝对年龄较大（可达6600万年）。晚成型气藏的平面形态为环状，页岩沉积形成与开始生气间隔时间很长，主要表现为后期构造抬升埋藏变浅后开始生气，页岩气与伴生地层水的绝对年龄接近至今。

页岩热成因气的形成有干酪根成气、原油裂解成气和沥青裂解成气3种途径。干酪根成气是由沉积有机质直接裂解形成天然气；原油裂解成气是有机质在液态烃演化阶段形成的、滞留在烃源岩中的液态烃，经深埋藏后的高温、高压作用，进一步裂解成气；沥青裂解成气的物质基础来源于两个方面：一方面是源岩中干酪根在各演化阶段生烃过程中形成的，另一方面是由原油裂解成气或遭破坏形成的。

页岩气成因多样性的特点延伸了页岩气的成藏边界，扩大了页岩气的成藏与分布范围，使通常意义上的非油气勘探有利区带成为需要重新审视并有可能获得工业性油气勘探突破的重要对象。

页岩气的成藏至少分为两个阶段：第一阶段是天然气的生成与吸附聚集，具有与煤层气相同的富集成藏机理；第二阶段是天然气的造隙富集及排出（包括活塞式推进或置换式运移）（见图4-6）。由于天然气的生成来自于化学能的转化，可以形成高于地层压力的排气压力，从而导致沿岩石的薄弱面产生小规模的裂缝，天然气就近在裂缝中保存。在该阶段中，天然气主体上受生气膨胀力的推动而成藏，近源分布且不受浮力作用，反映了活塞式的运聚特征，与根缘气具有相同的形成机理。

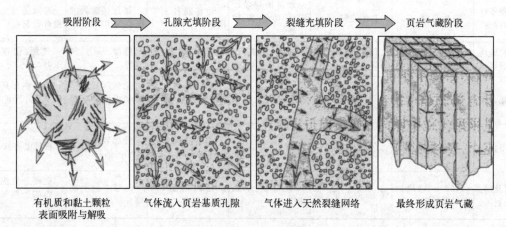

吸附阶段 → 孔隙充填阶段 → 裂缝充填阶段 → 页岩气藏阶段

有机质和黏土颗粒　　气体流入页岩基质孔隙　　气体进入天然裂缝网络　　最终形成页岩气藏
表面吸附与解吸

图4-6　页岩气成藏过程示意

页岩气藏为自生自储型的原地成藏模式，与油页岩、油砂、地沥青等差别较大。与常规储层气藏不同，在页岩气系统中，页岩既是系统的烃源层，也是聚集和保存天然气的储层和盖层，各产层地质、地球化学条件迥异。页岩厚度和分布面积是保证页岩气藏有足够有机质及充足储集空间的重要条件。页岩气往往分布在盆地内厚度较大、分布广的富含有机质的页岩烃源岩地层中，如有机质含量高的黑色页岩、高碳泥岩等常是最好的页岩气发育条件。

有机碳含量（TOC）和热成熟度（Ro）是评价页岩气藏的重要指标，按照常规的烃源岩评价指标，有机碳含量0.5%和成熟度0.5%是有效烃源岩的底线边界。有机碳含量作为页岩气聚集成藏最重要的控制因素之一，含量越高，气藏富集程度也越高。有机碳含量既是页岩生气的物质基础，决定页岩的生烃强度，也是页岩吸附气的载体之一，决定页岩的吸附气大小，还是页岩孔隙空间增加的重要因素之一，决定页岩新增游离气的能力。有机碳含量和气体含量（包括总气体含量和吸附气含量）有很好的正相关关系，生物成因型TOC平均为 6%，热成因型 TOC 平均为 3%。生产实践表明，页岩总有机碳含量大于 2% 才有工业价值。热成熟度也是一个重要的控制因素，一般页岩气的生成贯穿于整个有机质生烃的过程，Ro 一般为 0.4～2，生烃范围广。根据页岩成熟度可将页岩气藏分为对应的 3 种类型：高成熟度页岩气藏、低成熟度页岩气藏以及高低成熟度混合页岩气藏。低成熟度页岩气藏主要是生物成因，基本上为埋藏后抬升，经历淡水淋滤而形成的二次生气。高成熟度的页岩气藏是热成因型。对于热成因型气藏，随着页岩 Ro 的增高，含气量将会逐渐增大。页岩储层的孔隙度、渗透率以及裂缝的存在直接影响圈闭中含油气量的多少。孔隙度大小直接控制着游离态天然气的含量。渗透率是判断页岩气藏是否具有经济价值的重要参数，页岩基质的渗透率很低，但随着裂缝的发育而大幅提高。储集性能受矿物成分、裂缝等的控制，黏土矿物增加了吸附气体的吸附量，而石英、方解石等增加了岩石的脆性，有利于裂缝的形成。

实际上，裂缝对页岩气藏具有双重作用：一方面裂缝为天然气和地层水提供了运移通道和聚集空间，有助于页岩总含气量的增加。另一方面，如果裂缝规模过大，可能导致天然气散失。硅质含量越高，页岩脆性越大，越有利于形成裂缝。虽然断层和开启的宏观裂缝对热成因型页岩气藏保存不利，但硅质含量高利于后期的压裂改造，形成裂缝。而生物成因型页岩气藏则相反，越是断裂发育的地方，地层水越活跃，甲烷菌的生理活动也越积极，形成的气量越大。

页岩气成藏对盖层的要求比较宽松，但断裂对页岩气的保持影响巨大。热成因型页岩气藏主要靠微裂缝运聚，断层和宏观裂缝起破坏作用，因此强烈的构造活动不利于该类型气藏的保持。而生物成因型气藏的形成与活跃的淡水交换密切相关，裂缝不仅是地层水的通道，也是页岩气的运聚途径，故构造运动反而起积极作用。

页岩气藏和煤层气藏的比较如表 4-2 所示。

表 4-2　页岩气藏和煤层气藏的比较

类型	页岩气藏	煤层气藏
烃源岩	页岩,厚度大,分布广,低-高成熟度	煤层,厚度大,分布广,富含有机质
储集特性	裂缝充当储集空间,低孔、低渗	裂缝及微孔隙充当储集空间,裂缝决定渗透率的大小
排烃、运移、聚集	主要以吸附相、游离相形式存在,运移距离短或无,原地聚集	以游离气、吸附气和溶解气形式存在,以吸附气为主,运移距离短或无,原地聚集
封盖和圈闭	自身封盖,无特定圈闭	煤层气"圈闭"在煤层微孔隙中,部分扩散至周围的砂岩中成藏
压力特征	多具有异常低压,也有异常高压	多具有异常低压,有利于气体的吸附能力
分布特征	盆地边缘斜坡为主,盆地中心亦可能	克拉通盆地及前陆盆地,构造斜坡带或埋藏适中的向斜带

页岩气的地质储量丰富，影响其成藏的因素主要有总有机碳、有机质类型和成熟度、产层孔隙度、地层压力及裂缝发育程度等。页岩气成藏过程中，赋存方式和成藏类型的改变，使含气丰度和富集程度逐渐增加。成藏条件和成藏机理变化，岩性特征变化和裂缝发育状况均可对页岩气藏中天然气的赋存特征和分布规律有控制作用。

4.5.2.2　页岩气开发技术

页岩气并不形成类似于常规油气的圈闭，具有自生自储、无气水界面、大面积低丰度连续成藏、低孔、低渗等特征，存在局部的"富集区"。页岩气开发思路通常为排气、降压、解吸，产业链主要分为勘探、开采与储运、利用三个环节，勘探与开发技术的突破及规模推广应用是页岩气成功开发的关键因素。

页岩气勘探方法有地质、地球物理、地球化学勘探、钻井等方法，采用多学科综合勘探是页岩气勘探发展方向。地震勘探技术是页岩气地层解释和识别的一项关键技术，利用三维地震绘制页岩裂缝带图可准确认识复杂构造、储层非均质性和裂缝发育带，提高探井（或开发井）成功率；利用微地震监测技术对水力裂缝分布情况进行监测可确定微地震情况，结合录井、测井等资料可识别解释泥页岩，进行构造描述。目前，新开发的四维（4D）地震监测技术可测试页岩地层的声波和弹性对加压和减压的反应，这种分析能帮助找到被绕过的产层，从而优化开采，有助于提高作业效率，了解最终采收率和该区域的压力范围。

综合测井资料分析可在测井曲线上辨别有利的页岩气储层，而岩心分析则主要用来确定孔隙度、储层渗透率、泥岩的组分、流体及储层的敏感性，并分析测试 TOC 和吸附等温曲线。除此之外，由于页岩主要以裂缝和微孔隙赋存天然气，因此在录井过程中需现场进行页岩气含量测定和解吸、吸附等资料的录入，有助于页岩气资源量的评价。

水平井是页岩气藏成功开发的关键因素，水平井的推广应用加速了页岩气的开发进程。页岩气一般无自然产能或低产，需要大型水平井和水力压裂技术才能进行经济开采，单井生产周期长。页岩气层钻水平井，可以获得更大的储层泄流面积和更高的天然气产量。

在页岩气水平井钻完井中，国外主要采用的相关技术有：旋转导向技术，用于地层引导和地层评价，确保目标区内钻井；随钻测井（LWD）和随钻测量（MWD）技术，用于水平井精确定位、地层评价，引导中靶地质目标；控压或欠平衡钻井技术，用于防漏、提高钻速和储层保护，采用空气作循环介质在页岩中钻进；泡沫固井技术，用于解决低压易漏长封固水平段固井质量；套管开窗侧钻水平井技术，降低增产措施的技术难度；有机和无机盐复合防膨技术，确保井壁的稳定性。

另外，页岩气水平井钻井要考虑成本，垂直井段的深度不超过 3000m，水平段长度介于 500～2500m。考虑到钻井完成后，页岩气开发要进行人工压裂，水平井延伸方位要垂直地层最大应力方向，这样才能保证能沿着地层最大应力方向进行压裂。

页岩气固井水泥主要有泡沫水泥、酸溶性水泥、泡沫酸溶性水泥以及火山灰＋H 级水泥四种类型，火山灰＋H 级水泥成本最低，泡沫酸溶性水泥和泡沫水泥成本相当。火山灰＋H 级水泥体系通过调整泥浆密度来改变水泥强度，用来有效地防止漏失，同时有利于水力压裂造缝，流体漏失添加剂和防漏剂的使用能有效防止水泥进入页岩储层，这种水泥能承受比常规水泥更高的压力。泡沫水泥具有浆体稳定、密度低、渗透率低、失水少、抗拉强度高等特点，有良好的防窜效果，能解决低压易漏长封固段复杂井的固井问题，而且水泥侵入距离短，可以减小储层损害，因此页岩气井通常采用泡沫水泥固井技术。泡沫水泥固井比常规水泥固井产气量平均高出 23%。

页岩气井的完井方式主要包括套管固井后射孔完井、水力喷射射孔完井、组合式桥塞完井和机械式组合完井等。组合式桥塞完井是页岩气水平井最常用也最耗时的完井方法，在套管井中用组合式桥塞分隔各段，分别进行射孔或压裂。水力喷射射孔完井是以高速喷出的流体射穿套管和岩石的射孔完井方式，不用下封隔器或桥塞，可缩短完井时间，适用于直井或水平套管井。机械式组合完井采用特殊的滑套机构和膨胀封隔器，适用于水平裸眼井段限流压裂，一趟管柱即可完成固井和分段压裂施工。施工时将完井工具串下入水平井段，悬挂器坐封后，注入酸溶性水泥固井。井口泵入压裂液，先对水平井段末端第一段实施压裂，通过井口落球系统操控滑套，依次逐段压裂。目前一些新型完井技术也在涌现，如哈里伯顿（Halliburton）公司的 Delta Stim 完井技术等。

由于页岩气藏的储层一般呈低孔、低渗透率的物性特征，气流的阻力比常规天然气大，

90％的页岩气完井后需要人工压裂后才能获得产量，页岩气的最终采收率依赖有效的压裂措施。水力压裂是改善储层裂缝系统，增加渗流通道的最有效方法。通常埋深大、地层压力高的页岩储层必须进行水力压裂改造才能够实现经济性开采。压裂技术和开采工艺直接影响页岩气井的经济效益。页岩气开采技术主要有清水压裂技术、水平井＋多段压裂技术、重复压裂和同步压裂技术等。

以清水为压裂液的水力压裂技术，是指在清水中加入降阻剂、活性剂、防膨剂等或线性胶作为工作液进行的压裂作业，具有成本低、伤害低以及能够深度解堵等优点。由于岩石中的天然裂缝具有一定的表面粗糙度，闭合后仍能保持一定的缝隙，对低渗储层来说已有足够的导流能力，因此大部分地区完全可以不用泵增压，且可提供更长的裂缝，并将压裂支撑剂运到裂缝网络。较美国 20 世纪 90 年代实施的凝胶压裂技术，可以节约 50％～60％的成本，并能提高最终估计采收率。水力压裂对储层伤害小，增产效果明显，目前已成为美国页岩气开发最主要的增产措施。

分段压裂技术利用封隔器或其他材料段塞，在水平井筒内一次压裂一个井段，逐段压裂，压开多条裂缝（见图 4-7）。水平井分段压裂技术通常情况下分为三个阶段：第一阶段，将前置液（一种没有支撑剂的压裂液）泵入储层。第二阶段，将含有一定浓度支撑剂的压裂液泵入储层。第三阶段，使用含有更高浓度支撑剂的压裂液。随后，数量不定的压裂液泵入储层，且相继处理措施要比之前支撑剂浓度高。

图 4-7　水平井分段压裂示意

水平井分段压裂技术能有效产生裂缝网络，尽可能提高最终采收率，同时节约成本。该技术既可用于单一储层区域，也可用于储层中几个不相连区域，常被应用于垂直堆叠的致密气地层的增产。作业者可以使用桥塞、连续油管、封隔器以及整体隔离系统，从而达到短时间生产和低成本的要求。随着 2002 年 Devon 能源沃斯堡盆地的 7 口 Barnett 页岩气试验水平井取得巨大成功，业界开始大力推广水平钻井，水平井已然成为页岩气开发的主要钻井方式。最初水平井的压裂阶段一般采用单段或 2 段，目前已增至 7 段甚至更多，美国新田公司位于阿科马盆地 Woodford 页岩气聚集带的 Tipton-1H-23 井经过 7 段水力压裂措施改造后，增产效果显著，页岩气产量高达 $1.416 \times 10^5 \, \mathrm{m}^3/\mathrm{d}$。水平井水力多段压裂技术的广泛运用，使原本低产或无气流的页岩气井获得工业价值成为可能，极大地延伸了页岩气在横向与纵向上的开采范围，是目前美国页岩气快速发展最关键的技术。

重复压裂技术用于在不同方向上诱导产生新的裂缝，从而增加裂缝网络，提高生产能力。重复压裂技术是指同层第二次的或更多次的压裂，即第一次对某层段进行压裂后，对该层段再进行压裂，甚至更多次的压裂。要使重复压裂处理获得成功，必须在压裂后能够产生更长或者导流能力更好的支撑剂裂缝，或者使作业井具有能够比重复压裂前更好的连通净产层。因此，需要评估重复压裂前、后的平均储层压力、渗透厚度和有效裂缝长度与导流能力等，以便使工程师们确定重新压裂前生产井产能不好的原因，以及重复压裂成功或失败的因素。

同步压裂技术同时对配对井（offset wells）进行压裂，即同时对两口（或两口以上）的平行井同时进行压裂。在同步压裂中，它可使压力液及支撑剂在高压下从1口井向另1口井运移距离最短，使页岩受到更大的压力作用，从而增加水力压裂裂缝网络的密度，产生复杂的裂缝三维网格，同时也增加了压裂工作的表面积。同步压裂费用比较高，并且需要更多的协调工作以及后勤保障，作业场所也更大。同时，它的收效也大，因为压裂设备会更高效地应用，采用该技术的页岩气井短期内增产效果非常明显，可以快速提高页岩气井的产量。同步压裂最初是两口互相接近且深度大致相同水平井间的同时压裂，目前已发展到3口，甚至4口井间同时压裂。

图 4-8　高速通道压裂示意

高速通道压裂技术（见图 4-8）主要应用在美国、俄罗斯、南美和北非、中东等油气高产地区，已在世界范围内实施超过 3800 井次，取得良好增产效果。该工艺的主要目标是在人工裂缝内部造出稳定而敞开的油气流动网络通道，显著提高人工裂缝的导流能力，消除由于残渣堵塞、支撑剂嵌入等引起的导流能力损失，从而减小井筒附近的压降漏斗效应，提高压裂改造效果。通过综合多簇射孔、支撑剂段塞注入和拌注纤维等工艺技术，实现了支撑剂在裂缝内非均匀铺砂；经过优化研究，使高速通道保持长期有效。该工艺可提高铺砂效果、减少压裂材料的使用量，增加返排率，保持裂缝的清洁，并能有效减少施工中砂堵的风险。其适应性广，可用于砂岩、碳酸盐岩及页岩等各种油气藏，为解决低渗透油气藏压后普遍存在的返排困难和裂缝伤害等问题，提供了一种可行的技术方法。

4.5.2.3　页岩气开发现状

全球对页岩气的商业开采并不普遍，仅美国和加拿大在这方面做了大量工作。美是页岩气开发最早、最成功的国家，已进入页岩气商业化开发的快速发展阶段。加拿大是继美国之后第二个实现页岩气商业化开采的国家。1821 年，北美最早的页岩气井钻于美国东部纽约州泥盆系页岩中，1926 年在阿巴拉契亚盆地成功实现了页岩气商业开发。21 世纪以来，随着水平井大规模压裂技术的成功应用，美国页岩气开发利用快速发展。美国页岩气产量从 1995 年的 83 亿立方米，提高到 2010 年的 1379 亿立方米（见图 4-9），占全部天然气产量的 23%。2017 年美国页岩气产量达到了 4620 亿立方米，占其天然气开采总量一半以上。受页岩气开采量大幅上升影响，美国天然气价格大幅下滑，发电成本下降，在电力行业能源结构中，天然气占比提升。在国家政策、天然气价格、开发技术进步等因素的推动下，页岩气已成为重要的天然气开发目标。页岩气开发对其煤炭行业造成实质性的替换和冲击，在未来产量高速成长背景下，页岩气正在改写美国能源格局，这一突破被称为美国页岩气革命。

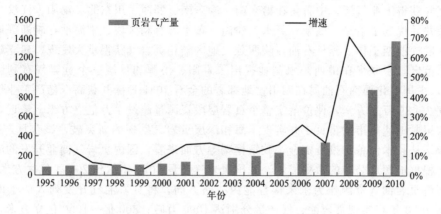

图 4-9 美国页岩气开采量（单位：亿立方米）

美国页岩气产气盆地已有 20 余个，目前，美国有 5 大商业性页岩气生产盆地：密歇根盆地（Antrim 页岩）、阿巴拉契亚盆地（Ohio 页岩）、伊利诺斯盆地（New Albany 页岩）、沃斯堡盆地（Barnett 页岩）和圣胡安盆地（Lewis 页岩）。同时，随着页岩气勘探开发的巨大成功，越来越多的美国油气生产商投身页岩气勘探开发中。美国已经获得成熟的开采技术，页岩气使美国成为世界第一天然气生产国。页岩气发展加速了美国再工业化进程，改善了美国能源消费结构。

美国已成功实现页岩气的商业开采与应用，获得了良好的经济效益，改变了其能源结构，其成功经验为我国的页岩气开发提供了宝贵的参考借鉴之处。从资源禀赋看，我国属于"富煤、贫油、少气"的国家，天然气储备量不高，人均拥有量仅相当于世界平均水平的 6.5%，资源匮乏和需求猛增导致我国天然气进口与日攀升，同时也导致我国进口天然气价格居高不下。加快调整优化能源结构的迫切需求和天然气管网的快速发展，为我国页岩气大规模开发提供了宝贵的战略机遇。

页岩气发育具有广泛的地质意义，存在于几乎所有的盆地中。由于埋藏深度、含气饱和度等差别较大，分别具有不同的工业价值。我国传统意义上的泥页岩裂隙气、泥页岩油气藏、泥岩裂缝油气藏、裂缝性油气藏等大致与此相当，但其中没有考虑吸附作用机理，也不考虑其中天然气的原生属性，并在主体上理解为聚集于泥页岩裂缝中的游离相油气，属于不完整意义上的页岩气。因此，我国的泥页岩裂缝性油气藏概念与美国现今的页岩气内涵并不完全相同，在烃类的物质内容、储存相态、来源特点及成分组成等方面存在较大差异。

我国页岩气资源丰富，主要盆地和地区的页岩气资源量约为 15 万亿～30 万亿立方米，可采资源量约为 26 万亿立方米，与美国页岩气资源量大致相当。依据地质历史及其变化特点，可将我国的页岩气发育区划分为大致与板块对应的四大区域，即华北-东北、南方（上扬子及滇黔桂区和中下扬子及东南区）、西北及青藏四大地区。我国各地质历史时期海相、陆相页岩分布广泛，元古界和古生界页岩分布面积达 $100 \times 10^4 km^2$ 以上，演化程度高，TOC 高，具备页岩气成藏的地质条件，与其他非常规类型气藏相比，开发潜力及经济价值巨大。

美国的页岩气，离地表比较近，容易开采，而我国的页岩气离地表 3000～5000m，开采难度相当大。我国对页岩气的研究和勘探开发仍处于早期阶段，页岩气勘探工作主要集中在四川盆地及其周缘，鄂尔多斯盆地、西北地区主要盆地。借鉴美国页岩气发展的历史，我国出台了多项关于页岩气行业的政策，积极推进页岩气勘探开发。截至 2011 年底，中石油在川南、滇北地区优选了威远、长宁、昭通和富顺-永川 4 个有利区块，完钻 11 口评价井，其中 4 口直井获得工业气流。中石化在黔东南、渝东南、鄂西、川东北、泌阳、江汉、皖南等地实施探井并优选了涪陵、威荣、彭水、建南、黄平等有利区块。中海油在皖浙等地区开展了页岩气勘探前期工作。延长石油在陕西延安地区陆相页岩气获得重大发现，建立延长陆相页岩气示范区。中联煤在山西沁水盆地提出了寿阳、沁源和晋城三个页岩气有利区。2022 年 12 月，中国石化西南石油局在四川盆地部署的金石 103HF 探井获高产稳产工业气流，日产天然气 25.86 万立方米，评价落实整个页岩层段资源量超过 1 万亿立方米。最近，中国石化又在四川盆地达州市的雷页 1 井实现了海相深层页岩气勘探的新突破，试获日产气 42.66 万立方米。从技术储备、投资资金、政策框架等方面来看，国内页岩气商业开发的时机已渐趋成熟。根据能源局公布的数据显示，我国页岩气产量 2020 年达到 200.4 亿立方米。

我国将页岩油气资源作为未来接替能源战略方向，将页岩油气开发列入"十四五"规划，规划 2030 年将实现页岩油、气产量分别达 1000 万吨、800 亿~1000 亿立方米，国内页岩油气资源有望进入大规模商业化开发阶段。

总之，页岩气的成功开发将直接提升天然气产能，改变各行业的能源消费需求，进而改善能源结构、保障能源安全。此外，天然气供需缺口、政府的鼓励政策以及页岩气资源所具备的高效清洁的特点都将成为支撑页岩气开发的有效驱动因素。加快页岩气勘探开发和利用，对满足我国经济社会发展对于清洁能源的需求，控制温室气体排放，改善居民用能环境具有重要意义。

4.5.3　天然气水合物

天然气水合物（可燃冰）是一种能量密度高、分布广的能源矿产，是目前尚未开发的、资源潜力最为巨大的非常规天然气资源之一。天然气水合物主要分布于水深大于 300m 深海陆坡区及陆地永久冻土带，其中海洋天然气水合物资源量约占全球总资源量的 97%。

4.5.3.1　天然气水合物的基本概念

天然气水合物（natural gas hydrate，NGH）早在 20 世纪 40 年代即已发现，它是由一种或几种烃类气体在一定的温度和压力下，和水作用生成的一种非固定化学计量的笼形晶体

化合物。形成天然气水合物主要以可燃的甲烷气体为主，由甲烷和水形成的水合物，在低温高压环境下，甲烷被包进水分子中，形成一种冰冷的白色透明结晶，外貌极像冰雪或固体酒精，点火即可燃烧，又叫可燃冰、气冰或固体瓦斯（见图 4-10）。由于甲烷在水合物中处于高压并冻结成固态，经测试 $1m^3$ 可燃冰可释放出 150~180m^3 的甲烷气体，是一种能量密度高、分布广的能源矿产。

近年来，一些国家在近海的海底油气勘探中，发现了一种冰冻状态的天然气水合物，这是一种新型能源。天然气水合物在世界范围内广泛存在。在地球上大约有 27% 的陆地是可以形成天然气水合物的潜在地区。勘探研究证明，海洋大陆架是天然气水合物形成的最佳场所，海洋总面积的 90% 具有形成气水合物的温压条件。已发现的天然气水合

图 4-10　可燃冰

物主要存在于北极地区的永久冻土区和世界范围内的海底、陆坡、陆基及海沟中。据潜在气体联合会（PGC，1981）估计，永久冻土区天然气水合物资源量为 $1.4 \times 10^{13} \sim 3.4 \times 10^{16} \, \text{m}^3$，包括海洋天然气水合物在内资源总量为 $7.6 \times 10^{18} \, \text{m}^3$。据估计，全球天然气水合物中甲烷的碳总量约是已探明的所有化石燃料（包括煤、石油和天然气）中碳总量的两倍。由于天然气水合物的非渗透性，常常可以作为游离天然气的封盖层。因而，加上气水合物层下的游离气体量，这种估计还可能会大些。有专家乐观地估计，当世界化石能源枯竭殆尽时，可燃冰能源将成为新的替代能源。

在许多天体中都存在天然气水合物。天文学家和行星学家已经认识到在巨大的外层天体（土星和天王星）及其卫星中存在天然气水合物。另外，天然气水合物也可能存在于包括哈雷彗星在内的彗星的头部。

4.5.3.2　天然气水合物的结构与性质

天然气水合物的结晶格架主要是由水分子构成，在不同的低温高压条件下，水分子结晶形成不同类型的多面笼形结构。水合物的笼形包合物结构是 1936 年由苏联科学院院士尼基丁首次提出，并被沿用至今（见图 4-11）。在水合物的笼形结构中间普遍存在空腔或孔穴，水分子（主体分子）形成一种空间点阵结构，气体分子（客体分子）则充填在点阵间的空穴中，气体和水之间没有化学计量关系。一般水合物的分子式表示为 $M \cdot nH_2O$，式中 M 表示甲烷等气体，n 为水分子数。天然气水合物中，形成点阵的水分子之间靠较强的氢键结合，而气体分子和水分子之间的作用力为范德华力。

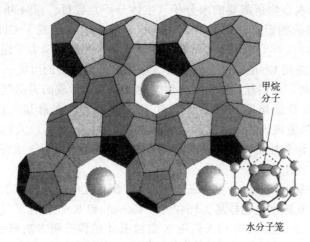

甲烷分子

水分子笼

图 4-11　天然气水合物结晶构造

到目前为止，已经发现的天然气水合物结构类型有三种，即 I 型、Ⅱ 型和 H 型。外来分子尺寸是决定其是否能够形成水合物、形成何种结构气体水合物以及气体水合物组分和稳定性的最重要因素。结构 I 型气水合物为立方晶体结构，仅能容纳甲烷（C_1）、乙烷这两种小分子的烃以及 N_2、CO_2、H_2S 等非烃分子，这种水合物中甲烷普遍存在的形式是构成 $CH_4 \cdot 5.75H_2O$ 的几何格架，即在 8 个 CH_4 分子和 46 个 H_2O 分子组成的甲烷水合物立方晶体结构中，甲烷分子充填在其中的 8 个空格中。结构 Ⅱ 型气水合物为菱形晶体结构，除包容甲烷、乙烷等小分子外，较大的"笼子"（水合物晶体中水分子间的空穴）还可容纳丙烷（C_3）及异丁烷（i-C_4）等烃类，理想分子式是 $24M \cdot 136H_2O$（或 $M \cdot 5\frac{2}{3}H_2O$）；结构 H 型气水合物为六方晶体结构，除能容纳 Ⅱ 型结构水合物所能容纳的烃类分子外，其大的"笼子"甚至可以容纳直径超过异丁烷（i-C_4）的分子，如异戊烷（i-C_5）和其他直径在 $0.75 \sim$

0.86nm 之间的分子，理想分子式是 $6M \cdot 34H_2O$（或 $M \cdot 5\frac{2}{3}H_2O$）。Ⅰ型天然气水合物在自然界分布最广，而Ⅱ型和 H 型水合物更为稳定。结构 H 型气水合物早期仅存在于实验室，1993 年才在墨西哥湾大陆斜坡发现其天然产物。在格林大峡谷地区也发现了Ⅰ、Ⅱ、H 型三种气水合物共存的现象。

在自然界发现的天然气水合物多呈白色、淡黄色、琥珀色、暗褐色等轴状、层状、小针状结晶体或分散状。天然气水合物的密度一般为 $0.8 \sim 1.0g/cm^3$，除热膨胀和热传导性质外，气体水合物的光谱性质、力学性质及传递性质同冰相似。它可存在于零下温度环境，又可存在于零上温度环境。从所取得的岩心样品来看，气水合物可以以多种方式存在：①占据大的岩石粒间孔隙；②以球粒状散布于细粒岩石中；③以固体形式填充在裂缝中；④大块固态水合物伴随少量沉积物。

4.5.3.3　天然气水合物的研究历史

早在 1778 年，英国化学家在实验室发现了二氧化硫的水合物。1810 年，Davy 在伦敦皇家研究院首次合成氯气水合物，并提出"气体水合物（gas hydrate）"这一概念。其后人们陆续在实验室合成了 Br_2、SO_2、CO_2、H_2S 等的气水合物。后来又提出了著名的 Debray 规则："在给定温度下，所有可分解成固体和气体的固态物质都有一个确定而随温度变化的分解压力"。1823 年，Faraday 对天然气水合物的组分进行了研究，认为其组成可由 $M \cdot nH_2O$ 表达，其中 M 表示形成水合物的外来气体分子（客体分子），n 表示每个气体分子为形成一个天然气水合物所需要的水分子（主体分子）数目。1884 年，Roozeboom 提出了天然气水合物形成的相理论。此后不久，Villard 在实验室合成了 CH_4、C_2H_6、C_2H_4、C_2H_2 等的水合物。1919 年，Scheffer 和 Meijer 建立了一种新的动力学理论方法来直接分析天然气水合物，他们应用 Clausius-Clapeyron 方程来推测水合物的组成。

19 世纪 30 年代初，人们开始注意到天然气输气管线中形成的天然气水合物。因为水合物造成的天然气输气管道堵塞问题给天然气工业带来了许多麻烦。1934 年，Hammerschmidt 发表了水合物造成天然气输气管线堵塞的有关数据。之后，人们开始更加详细地研究天然气水合物的结构和性质以及形成的物化条件，旨在预报天然气水合物在输气管道中的形成和消除堵塞管道的水合物。

随后，在北美加拿大西北部马更些三角洲 451m 深钻孔中的冰胶结永冻层内首次发现可见气水合物和可能的孔隙水合物样品。1942 年，Carson 和 Katz 研究了气水合物和富烃流体存在下的四相平衡。20 世纪 50 年代人们用 X 射线晶体结构分析方法研究了水合物的结构，后来又用中子衍射法研究，给出了水合物结构更完整的概念。1965 年，苏联在西西伯利亚北部的麦索雅哈气田区（现已关闭）首次发现了天然气水合物矿藏，并开始引起各国科学界的高度重视，形成了国际地质学研究的一个热点及前沿领域。1966 年，苏联出版了第一本有关水合物的论著，对调查原则、勘探方法、资源评价方法以及矿产开发提出了初步设想。

另外，1968 年开始的以美国为首的深海钻探计划（DSDP）和后来的大洋钻探计划（ODP）以及深水海底取样技术的提高，加快了对气水合物的研究。1979 年深海钻探计划第 66、67 航次在中美洲海槽的钻孔岩芯中发现天然气水合物。积极参加这项工作的还有英国、加拿大、挪威、日本、德国、法国等。1998 年 4 月，我国与美国国家科学基金会签署谅解备忘录，正式以六分之一成员国身份加入大洋钻探计划。

德国从 20 世纪 80 年代后期还曾利用"太阳号"调查船与其他国家合作，先后对东太平洋的俄勒冈海域以及西南太平洋和白令海海域进行了水合物的调查，在南沙海槽、苏拉威西海、白令海等地都发现了与水合物有关的地震标志并获取到水合物的样品。

在世界各国科学家的努力下，海底天然气水合物矿点的发现与日俱增。从 1995 年开始水合物进入了专项调查和研究阶段。1995 年冬，为更深入和全面了解布莱克海台水合物矿床的特征，ODP 专门组织了为期 3 个月的 164 航次调查，并完成一系列深海钻孔，证明了水合物矿层分布的广泛性和连续性，肯定其具有商业开发的可能；同时还指出在水合物矿层之下游离气体也具有经济意义。经初步估算，该区水合物天然气资源量可以满足美国 105 年的天然气消耗。在水合物取得一系列研究成果的基础上，美国地质学会主席莫尔斯于 1996 年把天然气水合物的发现作为六大成就之一。

鉴于布莱克海台天然气水合物中甲烷资源的巨大潜力，美国参议院能源委员会于 1998 年 5 月通过了一个为期 10 年的天然气水合物研究与资源开发计划。其内容包括资源详查、生产开发技术、开发水合物引起的全球气候变化、安全及海底稳定性五方面的问题。

东北亚海域是天然气水合物又一重要的富集区。20 世纪 80 年代末 ODP 127、131 航次在日本周缘海域进行钻探，获得了天然气水合物及 BSR 异常分布的重要发现。这一发现引起了日本通产省、科技界及企业界的高度重视，并认识到水合物有可能成为该国 21 世纪最重要的能源，进而制定了 1995～1999 年宏伟的天然气水合物研究计划，计划内容包括水合物的物理化学基础研究、重点海域的地质地球物理靶区调查，并在远景区进行实验钻探。1999 年日本石油公司已在日本的南海海槽完成两口钻井，在北海道近海也发现蕴藏量丰富的天然气水合物。根据初步调查评价，日本周缘气体水合物资源量可满足该国 100 年的能源消耗。

我国天然气水合物的研究和调查起步较晚，大致可分为资料收集和调查试点两个阶段。我国地质界从 1984 年开始，对国外有关水合物的调查状况及其巨大的资源潜力进行了较系统的信息汇集，了解到地震勘探特别是高分辨率的地震调查是寻找天然气水合物的最有效方法。中国科学院兰州冰川冻土研究所 20 世纪 60～70 年代在青藏高原 4700m 的五道梁永冻区钻探发现大量气水合物征兆。1990 年，中国科学院兰州冰川冻土研究所冻土工程国家重点实验室科研人员曾与莫斯科大学列别琴科博士进行合作成功地进行了天然气水合物人工合成实验。合成实验采用甲烷气体和蒸馏水为原料，在恒温恒压下高压容器中进行。合成后的水合物与现场勘探所得的水合物样品在外观、挥发性和可燃性等方面具有完全相同的特点。

广州海洋地质调查局的科技人员对 20 世纪 80 年代早、中期在南海北部陆坡完成的 2 万多千米的地震资料进行复查时，发现在南海北部陆坡区有似海底反射的显示。鉴于此，广州海洋地质调查局于 1999 年 10～11 月首次在西沙海槽区开展水合物的试点调查，利用海底摄像技术首次在中国南海北部发现天然气水合物的直接标志，初步证实天然气水合物在我国的存在。

2003 年 12 月，广州海洋地质调查局调查船在南海北部海域利用海底摄像技术，在 3000m 水深的海底首次获得了灰白色团块状的沉积物质影像记录。根据对这些记录的分析，这种灰白色团块状物质是深部地层中的可燃冰分解后甲烷气体沿海底断裂喷溢出海底后形成的"冷泉"。冷泉是可证实天然气水合物（可燃冰）存在的又一可靠标志。冷泉是来自海底之下的流体以喷溢或渗流的形式进入海底附近时产生一系列的物理和化学及生物作用的产物，而当含有饱和气体的流体从深部向上运移到海底浅部时快速冷却就形成天然气水合物。2007 年成功获取可燃冰的实物样品。此外，2009 年 9 月我国地质部门公布在青藏高原发现了天然气水合物（可燃冰），这是我国首次在陆域上发现可燃冰，使中国成为加拿大、美国之后，在陆域上通过国家计划钻探发现可燃冰的第三个国家。

从 2011 年开始，我国正式启动新的国家水合物计划。新的国家水合物计划长达 20 年，分两个阶段实施，其中 2011～2020 年为第一阶段，2021～2030 年为第二阶段，将分不同层次、不同程度对我国管辖海域、专属经济区、陆域冻土带、管辖外海域进行资源勘查与评价，重点加快南海北部和青藏高原水合物资源远景区勘查与进一步评价，并将选择重点目标实施水合物试验性开采，为这一资源的早日开发利用作好技术准备。2012年，"海洋六号"等4艘调查船采用高分辨率二维地震、准三维地震等调查手段，以及海底地震仪、水下机器人、海底可控源电磁等新方法和新手段，在西沙海槽、神狐、东沙及琼东南等海区开展了"可燃冰"资源地质取样、海底摄像、浅层剖面、多波束综合调查。2013年6～9月，我国海洋地质科技人员在广东沿海珠江口盆地东部海域首次钻获高纯度天然气水合物（俗称"可燃冰"）样品，此次发现的天然气水合物样品具有埋藏浅、厚度大、类型多、纯度高四个主要特点，并通过钻探获得可观的控制储量。2017年，我国在南海北部神狐海域成功试采可燃冰，实现了历史性突破。2020年在南海神狐海域可燃冰第二轮试采点火成功，创造了"产气总量86.14万立方米，日均产气量2.87万立方米"两项新的世界纪录，实现了从"探索性试采"向"试验性试采"的重大跨越。

专家认为，若能将天然气水合物充分利用，可大大缓解能源供需矛盾，保障能源安全，对改善我国的能源结构具有重要意义。

4.5.3.4 天然气水合物的形成条件

天然气水合物形成的最主要地质条件是必须有充足的烃类气体来源、适当的温压条件和地质构造环境。天然气水合物矿层的形成是由于自然界的气候变冷和岩层温度下降以及那些分散在矿藏内部的烃类化合物长期积累的结果。

水合物中的烃类气体主要为有机物形成。有机成因的烃类气体又可分成生物气和热解气。前者是指沉积物在堆积成岩早期，有机质在细菌的生物化学作用下转化形成的气体。由不同的细菌作用，主要的反应包括以下五种：

$$CH_2O + O_2 \longrightarrow CO_2 + H_2O \tag{4-12}$$

$$2CH_2O + SO_4^{2-} \longrightarrow 2CO_2 + S^{2-} + 2H_2O \tag{4-13}$$

$$CH_4 + SO_4^{2-} \longrightarrow CO_2 + S^{2-} + 2H_2O \tag{4-14}$$

$$2CH_2O \longrightarrow CH_4 + CO_2 \tag{4-15}$$

$$CO_2 + 8e^- + 8H^+ \longrightarrow CH_4 + 2H_2O \tag{4-16}$$

其中式(4-12)为细菌的氧化作用，式(4-13)和式(4-14)为硫酸盐的还原，式(4-15)为细菌的发酵作用，式(4-16)为碳酸盐的还原。产生的CH_4与水作用形成天然气水合物。

热解气是指沉积物在埋深加大、温度进一步升高的条件下，有机质受热演化作用形成CH_4和CO_2，CH_4通过多孔的渗透层与水结合形成天然气水合物。根据水合物中甲烷的碳同位素组成、甲烷与乙烷和丙烷总量的比例关系，可判断生物气和热解气。

研究表明，天然气水合物的形成严格受温度、压力、水、气组分相互关系的制约。一般说，水合物形成的最佳温度是0～10℃，压力则应大于10MPa。一旦温度升高或压力降低，甲烷气则会逸出，固体水合物便趋于瓦解。但具体到高纬度地区和海洋中情况是不同的，比较普遍的看法是：在极地，因其温度低于0℃，水合物形成的压力无需太高，在永久冻土带水合物的成藏深度可达150m；在海洋中，因为水层的存在使压力相应增加，导致水合物可形成于稍高的温度条件。世界上的许多大陆坡及海底高原就具有这种条件，在其中的许多地方已经找到了水合物或可证明水合物的存在。

海底天然气水合物主要产于新生代地层中，其中又以新第三系的上新统和第四系为主。海底沉积有各种海生动物的残骨和微生物的机体，这些沉积物分解后产生的甲烷气并不像人们想象的那样浮到水面逃逸到大气中去，而是转入了水合物，藏在质地疏松的沉积岩的微型空腔里。随着时间的推移，被水合物的晶粒所饱和的沉积物徐徐下沉，最后越出了水合物形成区的最低界限，水合物发生分解，其中的甲烷气以小气泡的形式沿着缝隙和孔洞向上钻动，又重新回到了水合物的形成区。这个过程在海底不断进行，历经数百万年之久，便产生了固态天然气这种矿层。水合物矿层厚度达数十厘米、数米至上百米，分布面积数千至数万平方千米；水合物储集层为粉砂质泥岩、泥质粉砂岩、粉砂岩、砂岩及砂砾岩，储集层中的水合物含量最高可达 95%；水合物广泛分布于内陆海和边缘海的大陆架（限于高纬度海域）、大陆坡、岛坡、水下高

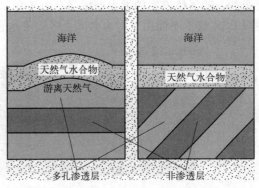

图 4-12　存在于海洋中的天然气水合物

原，尤其是那些与泥火山、盐（泥）底辟及大型构造断裂有关的海盆中。此外，大陆上的大型湖泊，如贝加尔湖，由于水深且有气体来源，温压条件适合，同样可以生成天然气水合物。图 4-12 为天然气水合物存在于海洋中的形式，因为天然气水合物的非渗透性，天然气被封盖在大块的水合物下面。

天然气水合物形成时，往往可与其周围的物质生成一种致密的岩层，这种致密岩层可作为天然气和石油聚集的极好封盖层，据报道，世界上已发现的许多大气田和超大型气田，如西西伯利亚乌连戈依气田，成因直接或间接地与天然气水合物层有关，国外目前已将普查天然气水合物作为探测气藏的标志层。因此，开展天然气水合物研究对进一步完善现代油气成藏理论和寻找油气资源也具有重要意义。

4.5.3.5　天然气水合物的勘探和开采

天然气水合物的勘探技术正朝着多样化方向发展，地球物理勘探和地球化学勘探技术日趋成熟，各种新的勘探技术也不断出现，对查明全球天然气水合物资源和分布发挥着重要作用。

目前，常用的天然气水合物勘探技术包括地震勘探法、地球物理测井法、地球化学法和标型矿物法等，其中前两种最常用。

地震勘探法是目前天然气水合物勘探最常用、也是最重要的一种勘探方法。在海底沉积物含有气水合物的情况下，弹性波的通过速度会增加若干倍。据此，寻找气水合物时可利用标准的地震和地声勘探方法。利用地震波反射资料可以检测到大面积分布的天然气水合物。

海洋沉积物中存在天然气水合物的最直接证据是具有异常地震反射层，其位于海底之下几百米处与海底地形近于平行，人们通常称这种异常地震反射层为似海底反射层（bottom simulating reflector，BSR，或海底模拟反射层）。20 世纪 70 年代初，美国地调所的科学家在美国东海岸大陆边缘进行的地震探测中发现了似海底反射层。1974 年在布莱克海台的深海钻探岩芯中获得天然气水合物样品，从岩芯中释放出大量甲烷，证实了似海底反射与天然气水合物有关。现在已证实 BSR 代表海底沉积物中天然气水合物稳定带基底。随着多道反射地震技术的普遍采用，BSR 现象在地震剖面上更为明显。在地震剖面中，BSR 一般呈现出高振幅、负极性、平行于海底和与活动沉积构造相交的特征，极易识别。BSR 随水深的增加而增加，随地热梯度的变化而变化。

BSR 曾被解释为由于自生含铁碳酸盐矿物薄层的反射等。BSR 与天然气水合物层之间有关的证据首先是在布莱克海岭进行的深海钻探计划（DSDP）航测线 II 上发现的，BSR 上部沉积物中释放出大量的甲烷（见图 4-13）。人们起初认为 BSR 现象与气水合物层和下部游离气层间的界面有关，但后来研究认为 BSR 的产生与游离气体层有关。BSR 不是由简单的某一界面引起的，而是由整个游离气体层造成的。BSR 的幅度与水合物层下游离气体的厚

度相关，随气体厚度的增大而增强。由于在冰胶结永冻层地震波传播速度与水合物层相当，因而 BSR 技术不能用于对永久冻土区的气水合物进行勘探。

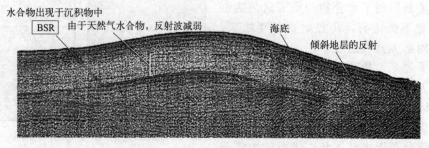

图 4-13　布莱克海岭的 BSR 现象

　　钻探技术和海洋深水取样技术的提高给人们提供了直接进行天然气水合物研究的机会。同时钻孔取芯资料也是证明地下气水合物存在的最直观和最直接的方法之一。用于研究的气水合物样品通常取自钻杆岩心或用活塞式取样器、恒压取样器采集的海底样品。在分析测试时，一般取一定量的样品（100～200g）放入无污染的密封金属罐中，再在罐中注入足够的水，并保留一定的空间（100cm^3）存放罐顶气。对罐顶气、样品经机械混合后放出的气体、样品经酸抽提后放出的气体组分进行气相色谱分析，以及对罐顶气进行甲烷 δ^{13}-C 和 δ-D 分析，不但可以推测气水合物的类型，而且还可以确定形成气水合物的气体成因。

　　地球物理测井法是在天然气水合物勘探中继地震反射法和钻孔取芯法之后又一有效手段。地球物理测井法早在 20 世纪 60～70 年代就用来预测北极大陆永冻区内油气田钻孔剖面中的天然气水合物聚集带，目前已成功应用于极地和深海天然气水合物的勘探中。Timothy S. Collett 提出利用测井方法鉴定一个特殊层含气水合物的四个条件：具有高的电阻率（大约是水电阻率的 50 倍以上）；短的声波传播时间（约比水低 131μs/m）；在钻探过程中有明显的气体排放（气体的体积浓度为 5%～10%）；必须在有两口或多口钻井区（仅在布井密度高的地区）。另外，由于形成天然气水合物的水为纯水，因而在 γ 射线测井时水合物层段的 API 值要比相邻层段明显增高。含水合物层还具有自然电场异常不大的特点。与气水饱和层相比，含水合物层的自然电位差幅度很低，这是因为水合物堵塞了孔隙，降低了扩散和渗滤作用的强度而造成的。在钻井过程中，钻遇气水合物层段后另一明显的变化是气水合物分解后引起含气水合物层段的井壁滑塌，反映在测井曲线上就是井径比相邻层位增大，含气水合物层段孔隙度相对较低，其中子测井曲线值则相对较高。根据地球物理测井资料勘探天然气水合物的方法包括井径、γ 射线、自然电位、声波、电阻率和中子孔隙度等测井方法，其中电阻率测井和声波测井方法最为有效，但它们也有一定的局限性。因此，在运用地球物理测井方法进行天然气水合物勘探时，还需与其他勘探方法结合。

　　随着科技的不断发展，勘探天然气水合物的新技术、新方法将不断涌现，而综合运用各种勘探技术已成为有效勘探天然气水合物的重要手段。

　　天然气水合物藏的开采原理是先将气水合物分解成气和水，然后再收集气。采掉游离气，层压下降，平衡被破坏，气水合物开始分解，层温迅速降低。继续采气或者补充热量提高层温，平衡还会被破坏。加注药剂，也可使气水合物温度的稳定性大大降低。从气水合物中提取天然气的方法目前主要有热激发法（注热法）、化学试剂法、减压法（降压法）和其他开采方法。实际上，就是通过改变可燃冰储层环境温度、压力使其相平衡得到改变，分解得到 CH_4。

（1）热激发法

主要是将蒸汽、热水、热盐水或其他热流体从地面泵入水合物地层，也可采用开采重油时使用的火驱法或利用钻柱加热器，总之，只要能促使温度上升达到水合物分解的方法都可称为热激发法。热激发法开采技术的主要不足是会造成大量的热损失，效率很低。特别是在永久冻土区，即使利用绝热管道，永冻层也会降低传递给储集层的有效热量。

近年来，为了提高热激发法的效率，人们采用了井下装置加热技术、井下电磁加热方法和微波开采等。实践证明电磁加热法是一种比常规开采技术更为有效的方法，其在开采重油方面已显示出它的有效性。这种方法就是在垂直（或水平）井中沿井的延伸方向在紧邻水合物带的上下（或水合物层内）放入不同的电极，再通以交变电流使其生热，直接对储层进行加热。储层受热后压力降低，通过膨胀产生气体。电磁热还很好地降低了流体的黏度，促进了气体的流动。

（2）化学试剂法

某些化学试剂，诸如盐水、甲醇、乙醇、乙二醇、丙三醇等，可以改变水合物形成的相平衡条件，降低水合物稳定温度，促进水合物分解。当将上述化学试剂从井孔泵入后，就会引起水合物的分解。近年来人们又发现了另外两种新型抑制化学技术，即以表面活性剂为基础的反聚结技术和阻止晶核生成的动力学技术。化学试剂法较热激发法作用缓慢，最大的缺点是费用太昂贵。由于大洋中水合物的压力较高，因而不宜采用此方法。化学试剂法曾被在俄罗斯的梅索雅哈气田使用过，并在美国阿拉斯加的潜永冻层水合物中做过实验，它在相边界的成功移动方面有效，可明显获得气体回收。

（3）减压法

通过降低压力引起天然气水合物稳定的相平衡曲线的移动，从而达到促使水合物分解的目的，这一方法称为减压法。一般是通过在一水合物层之下的游离气聚集层中"降低"天然气压力或形成一个天然气"囊"（由热激发或化学试剂作用人为形成），与天然气接触的水合物变得不稳定而分解为天然气和水。其实，开采水合物层之下的游离气是降低储层压力的一种有效方法，另外通过调节天然气的提取速度可以达到控制储层压力的目的，进而达到控制水合物分解的效果。减压法最大的特点是不需要昂贵的连续激发，因而其可能成为今后大规模开采天然气水合物的有效方法之一。目前减压法是相对比较成熟，应用最多的方法。但是，单用减压法开采天然气速度较慢。

此外，还有 CO_2 置换法和水力提升法等。CO_2 置换法的原理是：甲烷水合物所需的稳定压力较 CO_2 高，在某一压力条件下，甲烷水合物不稳定，而 CO_2 水合物却是稳定的，同时所释放的热量可用于分解天然气水合物。CO_2 水合物置换天然气在实验室已获得成功。水力提升法的基本思路是：在海底用集矿机对天然气水合物进行收集，并进行初步泥沙分离，然后采用固、液、气三相混输技术，将固态水合物及输送过程中分解出来的气体提升到海平面，利用海面的高温海水（20℃左右）对水合物进行分解并获得气体。

可燃冰的大规模开采尚在试验阶段，要真正做到大规模和商业化的生产还需要做很多研究，而且从以上各方法的使用来看，单单采用某一种方法来开采天然气水合物是不经济的，只有结合不同方法的优点才能达到对水合物的有效开采。若将减压法和热开采技术结合使用将会展现出诱人的前景，即用热激发法分解气水合物，而用减压法提取游离气体。

天然气水合物的开采使用还牵涉许多相关关键技术问题还不够成熟，商业化成本较高。如天然气水合物的环境效应和储存与运输技术等。甲烷是大气层中含量仅次于二氧化碳的温室气体，而且温室效应潜力比二氧化碳大 20 倍。若天然气水合物的开采一旦失控，甲烷会大量释放进入大气，这将严重助长全球变暖的趋势。天然气水合物层是仅由天然气水合物组成的准固结沉积层，具有极大的脆弱性和不稳定性。一旦脱离地下低温、高压环境，会突然释放气体而引发气爆或燃烧；而融化出来的水又会使沉积物突然"液化"变成泥浆，引发海底开采区的崩塌或滑坡事件，毁坏海底重要的工程设施，如海底输电或通信电缆、输油管线、海洋钻井平台等。由于天然气水合物特殊的物理化学性质，目前勘探所获取的样品一般都保持在低温充满氩气的封闭容器中，如果开始大规模的开采应用后，应着力去解决天然气水合物的储存与运输技术这一难题，以及防止天然气水合物的自然崩解、甲烷气的无序泄漏等环境保护关键技术。

4.6 中国的天然气发展及市场

中国是世界上最早开采和利用天然气的国家，早在 3000 多年以前，在我国古书《易经》中就有关于油气的记载。古代把天然气称作"火井"。据晋朝《华阳国志》记载，早在秦汉时代，我国不仅已发现了天然气，而且开始发掘和利用天然气，书中记载了在四川以天然气煮盐的情景，这比英国（1668 年）要早 1800 年。用天然气煮盐，在四川一直延续到现在。

1821 年开发的四川富顺县自流井气田是世界上最早的天然气田。1875 年左右，自流井气田采用当地盛产的竹子为原料，去节打通，外用麻布缠绕，涂以桐油，连接成现在所称的"输气管道"，总长二三百华里（1 华里＝500m）。在当时的自流井地区，绵延交织的管线翻越丘陵，穿过沟涧，形成输气网络，使天然气的应用从井的附近延伸到远距离的盐灶，推动了气田的开发，使当时的天然气达到年产 7000 多万立方米。

相比较，天然气的勘探生产活动远不如原油那么成熟。从我国的资源情况看，石油的增加将是有限的，而天然气和煤层气比较丰富，天然气资源的勘探和开发都有较大潜力，具备大幅度增产天然气的条件。

根据 2014 年全国油气资源潜力动态评价结果，天然气地质资源量 68 万亿立方米、可采资源量 40 万亿立方米，探明程度 18%，处于地质勘探早期。鄂尔多斯、塔里木、四川、海域四大气区的天然气资源量、储量和产量贡献超过 80%。天然气资源潜力大于石油，未来我国将进入天然气储量产量快速增长的发展阶段。随着我国国民经济的持续高速发展，天然气作为化工原料、工业燃料、城市燃气和发电等方面的优质能源，将会发挥越来越重要的作用，而供需差距将逐渐显现。

未来中国的天然气供应将呈现四种格局：西气东输，西部优质天然气输送到东部沿海；北气南下，来自中国北部包括引进的俄罗斯天然气，供应南部的环渤海、长三角、珠三角等区域；海气登陆，一方面是中国自己生产的天然气输送到沿海地区，另一方面是进口液化天然气优先供应沿海地区；就近供应，即各资源地周边地区就近利用天然气。

西气东输是我国实施西部大开发战略的标志性工程，主要是指新疆、青海、川渝和鄂尔多斯生产的天然气输往东部长江三角洲地区、珠江三角洲经济区等地的天然气管道工程。2002 年 7 月正式开工，2004 年 10 月 1 日全线建成投产。管道主干线西起新疆塔里木油田轮南，途经新疆、甘肃、宁夏、陕西、河南、安徽、江苏、浙江和上海，最终到达上海市白鹤镇，是我国自行设计、建设的第一条世界级天然气管道工程。干线管道直径 1016mm，年输气量 120 亿立方米，线路全长约 4000km。西气东输工程的目标市场在长江三角洲地区的江苏省、浙江省、上海市及沿途的河南省、安徽省等地，以城市燃气、工业燃料、发电及天然气化工为主要利用方向。

西气东输二线工程是我国第一条引进境外天然气资源的大型管道工程。西气东输二线工程与中国-中亚天然气管道衔接，西起新疆霍尔果斯口岸，东达上海，南至广州、香港，横跨我国 15 个省区市及特别行政区，管道主干线和八条支干线全长 9102km，设计输气能力 300 亿立方米/年，稳定供气 30 年以上。该工程以宁夏中卫为界分为东、西两段，霍尔果斯-中卫段干线和中卫-靖边联络线为西段，已于 2009 年底建成投产，中卫-广州段干线为东段。2011 年 6 月 30 日，西气东输二线东段工程投产，这标志着中亚-西气东输二线干线全线贯通送气，来自土库曼斯坦阿姆河右岸的天然气可以直达珠三角，而且实现了与先前建成的西气东输一线、陕京管道等多条已建管道的联网，随时可以调剂气源。

西气东输三线工程西起新疆霍尔果斯口岸，东至福建省福州市，目标市场进一步向华南延伸。三线工程以中亚天然气（土库曼斯坦、乌兹别克斯坦、哈萨克斯坦）为主供气源，补充气源为新疆煤三线工程制天然气，2015 年建成投产，年输气量 300 亿立方米。截至 2022 年底，西气东输一、二、三线管道累计输送超 8000 亿立方米天然气，服务人口近 5 亿人，可替代标煤超 10 亿吨，减少二氧化碳排放 11.7 亿吨、粉尘 5.8 亿吨，相当于种植阔叶林 36 亿公顷。

西气东输四线工程作为我国能源安全战略保障工程，起自新疆乌恰县，止于宁夏中卫市，管道全长约 3340 公里，是连接中亚和我国的又一条能源战略大通道。工程 2022 年开工建设，建成后将与西气东输二线、三线联合运行，届时西气东输管道系统年输送能力可达千亿立方米，将进一步完善我国西北能源战略通道，提升我国天然气能源供应保障能力。

作为"一带一路"倡议的先导项目和典型范例，2013 年 7 月中缅天然气管道正式投产并向中国输气。中缅油气管道包括原油管道和天然气管道，可以使原油运输不经过马六甲海峡，从西南地区输送到中国。

继中亚管道、中缅管道后，向中国供气的第三条跨国境天然气长输管道——中俄管道东线全线投产通气，2025 年时可向东北三省、京津冀、长三角等地区稳定供应天然气 380 亿立方米/年，相当于每年减少二氧化碳排放量 1.64 亿吨、减少二氧化硫排放量 182 万吨。"西气东输""北气南下"对优化我国能源消费结构、缓解天然气供应紧张局面、提高天然气管网运营水平、推动发展方式绿色转型、助力实现"双碳"目标具有十分重大而深远的意义。

我国海上天然气资源开发进展较快：南海已发现崖 13-1、东方 1-1、乐东 22-1 等大型气田，之后在莺歌海盆地相继发现了乐东 15-1 等超压大中型气田，正在陆续投入开发。崖城 13-1 气田及至香港管线，东海的天然气田正在开发建设，渤海的锦 20-2 气田也已经全面开发。天然气勘探开发逐步向深水、超深水迈进，产量稳健增长。

另外，我国还有丰富的煤层气资源。煤层气是中国常规天然气最现实、最可靠的补充能源，开发和利用煤层气可以有效弥补中国常规大然气在地域分布和供给量上的不足。虽然这类资源的勘探开发工作还处在起步阶段，但开发利用煤层气有着很好的开发前景，已引起国家有关决策部门的重视。目前，工业性开发试验和科学研究工作都在加紧进行，争取突破煤层气的开发技术，为增加我国优质能源开辟一个新领域。

同时，进口液化天然气（LNG）对国内天然气供应起到了一定的补充作用，同时也起到了调节天然气供应峰谷的作用。LNG 主要适用于市场需求较大、距离干线输气管道较远而近海气田开发又不能满足需求的地区。作为我国第一个引进 LNG 项目的试点，广东 LNG 试点项目分两期进行建设，一期工程接收能力为 370 万吨/年；二期工程规模初定 1200 万吨/年。增加中山、江门、珠海、惠州等城市以及新增电厂机组的用气。广东 LNG 项目对缓解珠江三角洲地区能源紧张局面、调整该地区的能源结构、改善生态环境，建设资源节约型和环境友好型社会起到了积极促进作用。目前中国已经在广东深圳、福建莆田和上海建立了液化天然气接收终端项目，今后还将在广东珠海、山东、天津、江苏等地建造液化天然气接收终端。山东液化天然气（LNG）三期项目是国家实施清洁能源战略的重要组成部分，包括外输扩能、LNG 码头、LNG 储罐工程三部分。投产后年接收 LNG 能力将达 1100 万吨，成为国内同期年接转能力最大的 LNG 接收站终端，将大幅提升华北地区区域调峰、应急储备和冬季保供能力。"十四五"现代能源体系规划中提出，要统筹推进地下储气库、液化天然气（LNG）接收站等储气设施建设，环渤海、长三角、东南沿海一批 LNG 接收站正在扩建或新建之中，国内 LNG 需求增长空间广阔。

近年来，通过调整天然气发展战略，加强天然气勘探并取得了较好的勘探效率和效益。我国实行"油气并举"的天然气发展战略，在继续加强石油勘探开发的同时，进一步加大天然气勘探开发力度，增加天然气探明储量和产量，同步加快输气管道和下游利用项目建设及市场开拓工作。同时，推进能源革命全方位加强国际合作思路，建立全面开放条件下油气安全体系。

4.7 结语

天然气是优质、高效、清洁能源，也是石油化学工业宝贵的原料。天然气作为一种重要的战略资源，是国家能源安全的重要组成部分，直接关系到一个国家的经济安全。天然气在发电、工业、民用燃料和化工原料等领域已占相当的比重，对促进社会进步、经济发展和人们生活质量提高起到积极的作用。天然气在城市燃料、工业燃料、发电燃料和化工方面都与成品油（包括燃料油）存在着相互替代的关系。成品油（包括燃料油）广泛应用于运输、电力、化工、建材等领域，以燃烧加热为主。天然气对成品油的替代，主要是家庭生活用燃料、宾馆饭店用燃料和城市公交及出租车用燃料等方面。随着环保要求趋苛和天然气的价格优势，天然气正在这些领域加紧对成品油部分替代，以缓解成品油供应持续紧张的压力，保障油品的平稳供应。

发电和民用是天然气用量增长最快的部门，在天然气需求总量中所占比例也最大。根据有关资料，民用天然气炉灶的热效率比燃煤炉灶高 2 倍以上；燃气工业锅炉的效率比燃煤工业锅炉的效率高 30%～40%；煤炭燃烧排放的污染物主要是二氧化硫和颗粒物，天然气燃烧则几乎不排放这两种物质；天然气燃烧过程中的二氧化碳排放比煤炭少得多。受人民生活水平日益提高、"双碳"目标等因素驱动，持续实施的"镇镇通""村村通"工程使我国城镇燃气天然气普及率持续增长，管道天然气铺设几乎囊括了目前大部分村镇。

目前顺应"低碳潮流"最有效也是最现实的做法之一就是大力发展天然气，无论从资源形势、生产能力，还是从管网建设、市场容量方面来看，天然气发展都拥有很大优势。中国政府已提出 2060 年非化石能源消费占比达到 80% 以上的目标，能源供应体系将由以煤炭、石油、天然气为主体向以可再生为主体转型。在绿色低碳转型过程中，可再生能源在电力体系的比例不断增加，但统筹考虑"双碳"目标、能源安全、资源禀赋、经济性等因素，调峰能力强、升降负荷快、受限制条件少的燃气发电仍具有较大发展空间。天然气作为一种清洁低碳的化石能源，以及碳达峰进程中助力新能源发电规模化发展的重要调峰能源，在现在的能源体系和未来的新型低碳能源体系中均将发挥重要作用。

第 5 章 | 核能

核能，又称原子能、原子核能，是指在核反应过程中原子核结构发生变化释放的能量。核能释放通常有两种方式：一种是重核原子（如铀、钍）分裂成两个或多个较轻原子核，产生链式反应，释放巨大的能量称为核裂变能；另一种是两个较轻原子核（如氢的同位素氘、氚）聚合成一个较重的原子核，释放出的巨大能量称为核聚变能。

无论从经济还是从环保角度而言，核能发电都具有明显优势。在 21 世纪能源组成中，核能将占有重要地位，核能为人类提供了广阔的发展空间。在确保安全的前提下高效发展核能，特别是利用核能发电将使人类得到更清洁、更经济的能源。

5.1 核能发现史话

原子核由质子和中子（统称核子）组成。原子核内的质子-质子、质子-中子、中子-中子之间存在着一种短程的具有很强吸引性质的作用力，称为核力。由于核力的存在，带正电荷的质子不会因静电斥力而飞散，核力把核子凝聚成原子核。核力具有短程、与电荷无关、饱和性等特点。一般来说，核力大于电磁力，所以大多数元素能稳定存在。原子核素可分为稳定核素和不稳定（又称为放射性）核素。著名的物理学家居里夫人等一批科学家发现了镁、镭、钍、钋等放射性强的元素，居里夫人并因此于 1903 年和 1911 年分别获得诺贝尔物理学奖和化学奖。在天然放射性现象被发现后，人们逐步意识到物质不仅由分子所组成，分子由一种或几种原子结合所构成，而且原子还可以再分为更小的粒子。这些粒子可以相互作用，使原子核内部发生变化，释放出蕴藏在原子核内的巨大能量。

爱因斯坦于 1905 年发表了狭义相对论的原始论文，作为相对论的一个推论，他又提出了质能关系。质能互变原理的发现使整个世界发生了巨大的变化，对解释原子能释放有重大意义。

在知道原子能以前，人们只知道世界上有机械能（如汽车运动的动能）、化学能（如燃烧酒精转变为二氧化碳气体和水并放出热能）、电能（如当电流通过电炉丝后会发出热和光）等。这些能量的释放，都不会改变物质的质量，只会改变能量的形式。

爱因斯坦发现质能关系后指出，质量也可以转变为能量，而且这种转变的能量非常巨大。例如，原子能比化学反应中释放的热能要大将近五千万倍：铀核裂变的这种原子能释放形式约为 200MeV，而碳的燃烧这种化学反应能量仅放出 4.1eV。原子能是怎样产生的呢？科学家们发现，铀核裂变以后产生碎片，所有这些碎片质量加起来少于裂变以前的铀核质量，少掉的质量转变成了原子能。物质和能量原来是同一事物的两种不同表现形式，它们之间可以相互转换，而相互转换的关系就是著名的物质-能量转换方程：

$$E = mc^2$$

即：能量（E）等于质量（m）乘以光速（c）的平方，所以质量转变为能量后会是非常巨大的数量。爱因斯坦的这个质能关系正确地解释了原子能的来源，奠定了原子能理论的基础。

在某些重原子核中，核力的控制能力弱，元素难以稳定，比如铀。根据原子核结构的"液滴模型"，原子核可以看成像一个球形的水珠。在铀核中，质子和中子的数目多，"水珠"直径也就大，核力限于"短长"与"饱和"，只能勉强保持原子核完整。当一个外来中子进入核时，受它携带的能量激发，铀原子核发生形变，渐渐被拉成哑铃状，最后从中间断开，裂解成两块碎片，并放出多余的中子。不同原子核发生分裂所需要的外界能量大小不同。

铀核裂变为两个碎片（两个新的原子核）的消息立即传遍了全世界，铀核分裂产生的能量比相同质量的化学反应放出的能量大几百万倍以上！就这样，人们发现了"原子的火花"，一种新形式的能量，就是原子核裂变能，也称核能或原子能。但当时，人们只注意到了释放出惊人的能量，却忽略了释放中子的问题。稍后，哈恩、约里奥·居里及其同事哈尔班等人又发现了更重要的一点，也是最引人注目的一点，就是：在铀核裂变释放出巨大能量的同时，还放出2～3个中子。1个中子打碎1个铀核，产生能量，放出2个中子；而这2个中子又打中另外2个铀核，产生2倍的能量，再放出4个中子；之后这4个中子又打中邻近的4个铀核，产生4倍的能量，再放出8个中子……，依此类推，形成一个链式反应。这样形成的自持链式反应可在瞬间把铀全部分裂，释放出巨额能量。哈恩因为发现了"重核裂变反应"，荣获1944年度的诺贝尔化学奖。

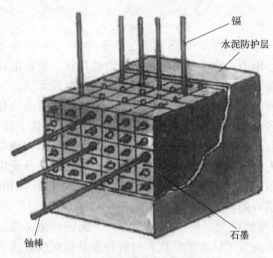

图 5-1　原子核反应堆结构

1939年3月，在美国哥伦比亚大学工作的费米等人通过实验表明，铀核在裂变时能够释放多于2个的中子，铀原子核一个接一个分裂的链式反应应该是可以实现的。由于纳粹德国也在沿着这一方向进行研究，聚集在美国的各国著名科学家们强烈地预感到，美国政府应该利用这一最新科研成果，研制一种威力强大的原子武器，而且必须赶在德国人前面。1941年7月，费米等人在哥伦比亚大学开始着手进行石墨-铀点阵反应堆的研究，确定实际可行的设计方案。图5-1为原子核反应堆结构示意。这些石墨-铀砖块堆到一定数目，就会发生链式反应。1942年12月2日15时25分，世界上第一座原子核反应堆——"芝加哥"第一号（CP-1），做到了人为地控制链式反应，宣告人类社会进入了"原子能时代"，迈出了核能应用的第一步。CP-1的建成对社会变迁具有重大意义，可以同蒸汽机的发明相提并论。这一伟大科学成就首先被应用于原子武器和潜艇核动力方面。然后，各种类型的核电站相继建成。

5.2　核能的利用

核能的利用，是人类开发利用能源历史上一次巨大的飞跃。在未来多元化能源结构中，核能成为未来能源发展的一个重要方向。

据科学家研究，世界上有比较丰富的核资源，核燃料有铀235、钚239、氘、锂、硼等等。世界上铀的储量约为417万吨。海水中也含有大量的铀，每吨海水约含3mg。随着人们提取技术水平的不断提高，铀的采集利用前途将十分广阔。如果地球上的核燃料资源能够得到充分开发，它所提供的能量将是矿石燃料的 10 多万倍。

核燃料在反应堆中"燃烧"时产生的能量远大于化石燃料。一个铀 235 核裂变能为 200MeV；一个氘核和一个氚核聚合成一个氦核释放出的核聚变能为 17.6MeV；而一个碳原子燃烧生成一个二氧化碳分子释放出的化学能仅为 4.1eV。以相同质量的反应物的释能大小作比较，核裂变能和核聚变能分别是化学能的 270 万倍和 1000 万倍，1kg 铀 235 相当于 2700t 煤，1kg 氘相当于 1 万吨煤。另外煤炭、石油等都是宝贵的化学工业原料，可以用来制造各种合成纤维、合成橡胶、塑料、染料、药品等。因此开发和使用核能还可以节约化石燃料。

核工业从早期为军用服务发展起来后，陆续转向为民用服务，如核能转换为电能、热能、机械动力等。核电已被公认为是一种重要的能源。核电站的燃料费用比火电站要低得多，对 1000MW 压水堆核电站，每年只需要补充 30～40t 的低浓铀核燃料，其中只消耗 1.5t 铀 235，其余的尚可回收，所以燃料运输是微不足道的。而对一座 1000MW 燃煤的发电厂，每年至少消耗 212 万吨标准煤，平均每天要有一艘万吨轮或 3 列 40 节车厢的火车运煤到发电厂，运输负担之沉重是可想而知的。此外，核工业和核技术还向国民经济各部门提供多种放射性同位素产品、射线仪器仪表以及辐射技术，在辐射加工、食品保鲜、辐射育种、灭菌消毒、医疗诊断、跟踪探测、分析测量等科研生产方面发挥越来越大的作用。

在 21 世纪能源组成中，核能以其独特的优势将占有举足轻重的地位，核能为人类提供了广阔的发展空间。在确保安全的前提下高效发展核能，特别是利用核能发电将使人类得到更清洁、更经济的能源。除利用铀原子核裂变反应得到能量的核电站继续得到广泛发展外，利用氘氚等轻原子核聚变为较重的核时放出能量的聚变能也将加快发展。

5.3　核裂变和核聚变

铀核分裂后，裂变碎片的原子量之和小于铀的原子量，出现质量亏损。根据爱因斯坦的质能关系式，亏损的质量转化成能量。重核分裂和轻核聚合都会出现质量亏损，释放能量。所以利用核能有两种方式：裂变反应和聚变反应。

5.3.1　核裂变

核裂变是指重金属元素的质子通过裂变而释放的巨大能量，目前已经实现商用化。要大规模和平利用重核裂变所释放出的能量，必须满足以下 3 个条件：

① 重核能够分裂为两个中等质量的原子核；

② 裂变反应能够自持地进行下去；

③ 裂变的速度能够人为地加以控制。

重核发生裂变的方式有两种：一种是原子核自发地发生裂变，叫作自发裂变；另一种是原子核在外来粒子的轰击下发生裂变，叫作诱发裂变。地球上现存的可自发裂变的核裂变速度都很慢。所以，利用自发裂变无法实现大规模的核能利用，而大规模利用核能只能采用诱发裂变。

由于中子不带电，与核之间没有库仑斥力，极易进入原子核使原子核发生裂变，所以诱发裂变中常用中子轰击原子核。轻核的质子数和中子数一般相等，中等大小的原子核中子数一般略微大于质子数，而重核的中子数则比质子数大得多，所以，在重核裂变为两个中等核的过程中伴随有多个中子的发射。另外，裂变产生的中子又可能引发其他重核发生裂变，导致产生更多的中子，最终形成了一连串的裂变反应。这种裂变反应称为链式反应（见

图 5-2）。只要一个核吸收一个中子发生裂变，且裂变释放的中子中有一个又能够引起一次新的裂变，就可以使裂变以链式反应持续下去。如果平均不到一个中子能引起裂变，则链式反应将逐渐停止。若超过一个中子引起裂变，则链式反应就会不断增强。这时，若链式反应得不到控制，就会使链式反应急剧增强，形成核爆炸，这就是原子弹的基本原理。因此，要控制裂变速度，就必须控制引起裂变的中子数目，这也是大规模利用核能的先决条件。

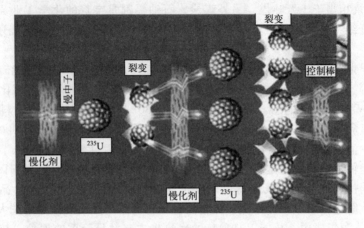

图 5-2　中子轰击原子核引发链式裂变反应示意

铀 235 可以被任何能量的中子特别是运动速度最慢的热中子分裂；铀 238 只能被运动速度很快的快中子分裂，对慢中子和热中子则只俘获，不分裂。通常所说的核裂变主要指铀 235 核分裂。

5.3.2　核聚变

核聚变是由两个或多个轻核聚合成一个较重的原子核并释放出能量的过程。参与核反应的轻原子核（氕、氘、氚等）具有必要的热运动动能，从而克服库仑斥力，发生热核聚变反应，也称为热核反应。轻核聚变时结合能的变化比重核裂变大得多，因而轻核聚变过程将伴随着更加巨大的能量释放。

自然界中最容易实现的聚变反应是氢的同位素——氘与氚的聚变（见图 5-3），这种反应在太阳上已经持续了 150 亿年。从获取核聚变能的角度看，目前主要以氘（D）、氚（T）反应为主，下面列出了相关的几种反应：

$$^{2}D + {}^{2}D \longrightarrow {}^{3}T(1.01MeV) + p(3.03MeV)$$
$$^{2}D + {}^{3}T \longrightarrow {}^{4}He(3.52MeV) + n(14.26MeV)$$
$$^{2}D + {}^{2}D \longrightarrow {}^{3}He(0.82MeV) + n(2.45MeV)$$
$$^{2}D + {}^{3}He \longrightarrow {}^{4}He(3.67MeV) + p(14.67MeV)$$

这 4 种反应均以 ^{2}D 为原料，在实际的聚变反应堆中都在进行。以 ^{2}D 为燃料，每消耗 6 个 ^{2}D，可获得 43.23MeV 能量；单位质量的氘释放能量为 3.6MeV，比单位质量的铀 235 裂变所释放的能量（0.85MeV）高得多。氘作为氢的同位素，在海水中的含量虽只有 1/6700，但总量很大，氘在地球的海水中藏量多达 40 万亿吨，如果全部用于聚变反应，释放出的能量足以保证人类长期能源的需求，而且反应产物是无放射性污染的氦。

核聚变的原料及其产物基本上无放射性，虽然氚处理工艺比较复杂，但它只是中间产物，只在厂房内循环，较易控制。适当处理辐照激活问题，聚变堆在工作过程中不会产生大量高放射性长寿命废料。同时，由于核聚变需要极高温度，一旦某一环节出现问题，燃料温

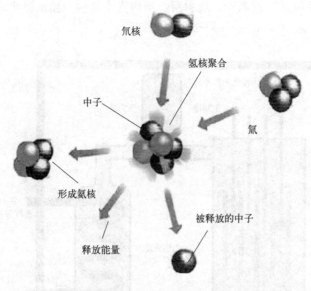

氘核

氢核聚合

中子

氚

形成氦核

被释放的中子

释放能量

图 5-3　氘与氚发生的核聚变反应示意

度下降，聚变反应就会自动中止。也就是说，聚变堆是次临界堆，没有裂变堆那种超临界爆炸的危险。因此，聚变能为人类未来的主要能源，具有安全、清洁、取之不尽用之不竭的特点。这就是世界各国尤其是发达国家不遗余力竞相研究、开发聚变能的原因所在。

5.4　核反应堆

核电站是怎样发电的呢？简而言之，它是以核反应堆来代替火电站的锅炉，以核燃料在核反应堆中发生特殊形式的"燃烧"产生热量，来加热水，使之变成蒸汽。蒸汽通过管路进入汽轮机，推动汽轮发电机发电。一般来说，核电站的汽轮发电机及电器设备与普通火电站大同小异，其奥妙主要在于核反应堆。核反应堆包括裂变堆、聚变堆、裂变聚变混合堆，但一般情况下仅指裂变堆。

5.4.1　裂变装置

核裂变反应堆是一种维持可控核裂变链式反应的装置，通过它可以将核反应释放出来的巨大能量加以利用。核反应堆的类型很多，有多种分类方法。按用途不同可分为研究堆、生产堆、动力堆；按中子能谱不同可分为热中子堆、中能中子堆、快中子堆；按慢化剂不同可分为轻水堆、重水堆和石墨堆；按冷却剂不同可分为水冷堆、气冷堆和液态金属冷却堆；按堆芯结构不同可分为非均匀堆和均匀堆；有时也按慢化剂和冷却剂的组合来划分，如石墨水冷堆，就是指石墨作慢化剂，水为冷却剂。轻水堆又分为压水堆和沸水堆，前者反应堆内水的温度低于对应压力下的沸点，后者反应堆内的水处于沸腾状态。

用于进行材料实验的反应堆需要有很高的中子密度，而进行中子物理试验则需要得到给定能量的中子束。生产堆主要用来生产钚 239 和放射性同位素，要求结构简单、装卸操作方便。动力堆则主要用来在堆内产生高温高压的水，并通过蒸汽发生器产生蒸汽（沸水堆在堆中直接产生蒸汽），用于驱动汽轮机转动，并带动发电机发电。动力堆也用作舰船，特别是核潜艇的牵引力。在动力堆中，由于历史发展的原因，压水堆得到了最广泛的应用。

核反应堆一般由堆芯、控制棒、反射层、堆内支承结构、控制棒驱动结构、反应堆容器等组成（见图 5-4）。

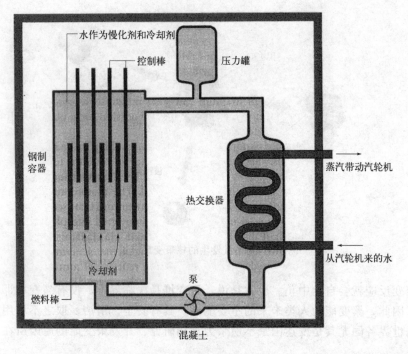

图 5-4　核反应堆结构示意

堆芯又称活性区，是反应堆的核心，主要包括核燃料、慢化剂（快中子堆除外）、冷却剂、中子吸收体、包壳材料、反射层材料和屏蔽材料。堆芯装有核燃料以维持链式裂变反应，由核燃料裂变产生的热量靠冷却剂带出堆外。

可作核燃料的三种基本元素为铀、钍和钚，其中铀 235、铀 233 和钚 239 为易裂变材料。自然资源中只有铀 235，在天然铀中仅占 0.714%。而铀 238 和钍 232 为可转换材料，即俘获中子后可变为钚 239 和铀 233。核燃料通常以二氧化物或金属的形式做成小圆柱、平板或圆管，放在包壳内并加以密封。将具有包壳的燃料棒按正方形、正三角形或同心圆排列组成燃料组件；也可由多层的具有包壳的板状燃料或套筒状燃料组成燃料组件（见图 5-5）。二氧化铀由于具有与包壳材料和冷却剂的良好相容性和辐照稳定性，已被广泛采用。

燃料元件的包壳材料应具有低的中子俘获截面、足够的机械强度、良好的抗腐蚀性能和辐照稳定性，并与芯体和冷却剂有良好的相容性。通常，在低温下可用铝合金；对于动力堆，则一般采用锆合金。快中子反应堆的燃料包壳用奥氏体不锈钢，而高温气冷堆则用石墨作包壳材料。

为了使裂变产生的快中子减速至慢中子以诱导下一次核裂变反应，可采用中子慢化剂。慢化剂材料应具有良好的中子慢化性能和低的中子俘获截面。轻水、石墨、重水和铍被用作慢化剂。这些慢化剂的质量数低且不易俘获中子，通过慢化剂的弹性散射将裂变反应中产生的高能中子慢化至热能范围。用移动中子吸收体——控制棒来改变堆芯内的中子密度。控制棒驱动机构是反应堆的重要运动部件，通过它的动作带动控制棒在堆芯内插入或抽出，即改变核裂变率以实现对反应堆的控制，包括起动、调节功率和安全停堆。目前，常见的驱动机构有磁阻电机型、磁力提升型、液压驱动型、齿轮齿条型及用钢丝绳驱动等。

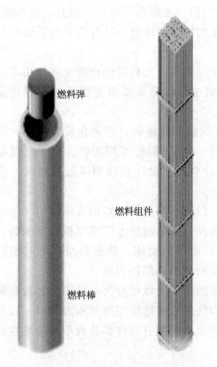

图 5-5　核燃料棒及燃料组件

图 5-6　控制棒驱动装置

控制棒应采用强中子吸收材料，通常用含硼材料，如硼钢、碳化硼，铪和银铟镉合金等做成吸收棒。其中含硼材料易产生辐照脆化和尺寸变化（肿胀）。银铟镉合金热中子吸收截面大，是轻水堆的主要控制材料。除铪外，其他吸收材料都要用一个能耐冷却剂腐蚀的包壳管，一般为不锈钢。若干根棒组成一束或呈十字形，用控制棒驱动机构将其插入或提出堆芯，来改变堆内的中子密度（见图 5-6）。当链式反应的强度太高时，就将控制棒插入活性区多一些，以利于中子的快速吸收；而当链式反应强度低时，就将控制棒提出一些，以增强中子的强度。控制棒的提升与下降是通过测量中子流强度的变化来实现的。有些研究堆是通过移动部分堆芯或反射层来改变中子从堆芯向外的泄漏率，以改变中子密度，实现对反应堆的控制。1942 年 12 月 2 日在世界第一座核反应堆上首次实现了自持核裂变链式反应。这座反应堆是由石墨柱块逐层堆积而成的，核燃料铀装在石墨柱块的孔洞中，这个结构因此得名为"堆"，核反应堆的术语也由此而来。

冷却剂材料是载热性能良好的流体，它流经堆芯，将堆内的热量载带出来，通过热交换器散热，使堆芯得到冷却，保持一定的工作温度。冷却剂是唯一既在堆芯中工作又在堆外工作的一种反应堆成分，这就要求冷却剂必须在高温和高中子通量场中工作是稳定的。冷却剂在热中子堆中不能过多吸收中子，而在快中子堆中不能过多慢化中子。同时，冷却剂应具有良好的导热性能、低的输送功率及与包壳和结构材料有良好的相容性。液态钠和钠钾合金具有大的热容量和良好的传热性能，而轻水堆中水既作为冷却剂又作为慢化剂，但两者是分开的：冷却剂是高温高压的水，慢化剂是低温低压的水。快中子反应堆一般采用液态金属钠作冷却剂，钠钾合金主要用于空间动力堆，高温气冷堆则用氦气作冷却剂。

由于核裂变反应是一个巨大的释热装置和放射源，所以还需要庞大而复杂的冷却系统。冷却剂通过活性区，在反应堆冷却剂回路系统循环流动，不断地将堆内的热量带出来，并在热交换器内产生蒸汽，再用蒸汽去推动汽轮发动机发电。整个核蒸汽供应系统称为"核岛"，蒸汽发电系统则称为"常规岛"，核电站由"核岛"和"常规岛"组成。因此，从本质上说，核电站和火力发电站相似，其区别就在于核电站是用核反应堆这一特殊的"原子锅炉"取代了火力发电站的普通锅炉。

为了减少中子的泄漏，在堆芯周围还设有中子反射层。反射层的作用是将泄出堆芯的中子反射回来，以减少中子的损失。因此，使用反射层可以降低易裂变物质的临界质量。石墨、铍、重水和轻水是常用的反射层材料。

为了保持核反应堆的安全工作，防护中子、γ射线和热辐射，必须在反应堆和大多数辅助设备周围设置屏蔽层，以阻挡裂变产物的放射性。屏蔽γ射线要用如铁、铅、重混凝土等高密度固体；屏蔽热中子要用如硼钢、B-C-Al复合材料。设计和使用屏蔽材料时，要充分考虑其受核辐射后发热引起的结构与性能的变化。

堆内支承结构起支承堆芯、定位对中等作用。以压水堆为例，堆内支承结构又称堆内构件，包括上部压紧组件和下部吊篮组件两大主要组件。压紧组件由压紧顶板、支承筒、控制棒导向筒和堆芯上栅板等主要部件组成。吊篮组件由吊篮筒体、热屏蔽层、堆芯围板、辐板、堆芯下栅板、吊篮底板、中子通量测量管和防断支承等部件组成。

反应堆容器是反应堆的一道安全屏障。视堆型的不同大致可分为厚壁压力容器和薄壁压力容器。压水堆和沸水堆采用厚壁压力容器，压力管式重水堆采用薄壁压力容器，高温气冷堆则采用带有钢衬里的预应力混凝土压力容器。反应堆的所有部件都放置于反应堆容器内。

5.4.2　聚变装置

核聚变过程与核裂变过程正好相反。核聚变堆是以轻核的聚变反应为基础，通过可控核聚变反应以释放核能的装置。核聚变是利用2个或2个以上较轻原子核，如氢的同位素氘、氚，在超高温（几千万或上亿摄氏度）等特定条件下猛烈碰撞，聚合成一个较重原子核，由于发生质量亏损，而释放出中子和巨大的能量。轻核聚变时结合能的变化比重核裂变大得多，因而轻核聚变过程将放出更大的能量。

1938年，H.A.贝特提出核聚变是太阳巨大能量的来源。人类首次实现的核聚变是以不可控的、瞬时的能量释放形式在氢弹中完成（见图5-7）。第二次世界大战结束不久，出于保密的原因，世界各先进国家都在秘密地研究可控核聚变。由于彼此独立的研究遭受到类似的挫折，人们开始认识到在核聚变能应用之前，首先对于核聚变产生与控制的物理基础——等离子体物理研究需要作长期的努力。实现聚变反应的条件就是要把等离子体加热到点火温度，并控制反应物的密度和维持此密度的时间，这使得实现核聚变能的应用远比核裂变能的应用要困难得多。

图 5-7　氢弹试验

1956年，在日内瓦召开的第二届和平利用原子能会议上，各国公开了他们的研究，从此核聚变等离子体物理研究在广泛合作的基础上稳步发展。1968年，苏联公布了T-3托卡马克的优异进展，从此核聚变研究进入了一个迅猛发展的阶段。1991年11月，在欧洲共同体的欧洲联合环状反应堆（JET）装置上成功地进行了首次聚变功率为兆瓦级的氘氚运行。2021年12月，JET在5s内产生了59MJ的持续能量，创造了新的纪录。由欧盟、美国、俄罗斯、中国、韩国、日本和印度合作承担的国际热核聚变实验堆（ITER）2006 年签署联合实施协定，启动实施 ITER 计划。该计划旨在建立世界上第一个受控热核聚变实验反应堆，为人类输送巨大的清洁能量。这一过程与太阳产生能量的过程类似，因此受控热核聚变实验装置也俗称为"人造太阳"。ITER 计划是仅次于国际空间站的全球第二大科研合作项目，是人类受控核聚变研究走向实用的关键一步，备受各国政府与科技界的高度重视和支持。

产生热核反应需要足够高的温度，如 1 亿摄氏度（℃），在这个温度下，一切物质都变为离子和电子构成的中性（不带电）或准中性的状态，称为等离子体，这是物质的第四态。等离子体物理是核聚变的物理基础，为了与空间等离子体、低温等离子体相区别，也称为聚变等离子体。

高温高密度等离子体本身具有很高的膨胀力（相当于几个大气压），由于任何材料制成的容器都不可能耐受上亿度的高温，因而自然想到用电磁场来约束等离子体。射频电磁场约束未得到发展，主要应用静磁场来实现约束，称为磁约束核聚变。在另一类方法中，用极高功率激光束或高能粒子束作驱动源，脉冲式地提供高强度能量，均匀地作用于装填氘氚燃料的微型球状靶丸外壳表面形成高温高压等离子体，由于惯性，靶面物质消融喷离产生的反冲力使靶内氘氚燃料快速地爆聚至超高密度和热核温度，在高温高密度热核燃料来不及飞散之前，进行充分热核燃烧，放出大量聚变能，称为惯性约束核聚变。磁约束堆和惯性约束堆产生电力的原理基本相同：聚变中子在包层冷却剂中转化为热能，经常规岛的热交换器、蒸汽发生器，推动汽轮机-发电机组发出电力。中子在包层中同锂反应产生自然界并不存在的氚，它被就地提取后送回，达到氚原料自给。

在地球上，聚变能最先是通过惯性约束在氢弹中大量产生的。在氢弹中，引爆用的原子弹所产生的高温高压使氢弹中的聚变燃料依靠惯性挤压在一起，在飞散之前产生大量聚变。但是氢弹爆炸时，每次释放的能量太大，使得人类难以利用。自 20 世纪 60 年代以来，由于激光的出现，在受控聚变的领域出现了一支新的强大的生力军——惯性约束。

惯性约束的原理是：由于惯性，被压缩到高温、高密度的等离子体在爆散之前可存在一小段时间，从而产生核聚变。图 5-8 为惯性约束核聚变的示意图。常用的外设驱动源是高功率激光或粒子束。它是应模拟核爆炸研究需要而发展起来的。激光惯性约束核聚变是利用高功率激光束辐照热核燃料组成的微型靶丸，在极短的时间里靶丸表面会发生电离和消融而形成包围靶芯的高温等离子体。由于惯性，等离子体在还未膨胀扩散以前就达到聚变反应条件，并能逐步加热热斑周围的其余燃料，使热核反应能够延续下去。与磁约束核聚变堆相

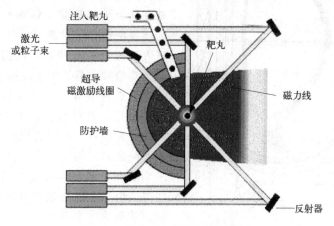

图 5-8　惯性约束核聚变装置示意

比，它有一个显著的优点：驱动器与堆芯等离子体的连接松散。驱动器虽复杂，但堆芯简单，易于更换、屏蔽。它的能量是瞬间（ns）内释放，对于平均功率百万千瓦的堆而言，瞬时功率高达 10^{19} W。

磁约束是利用一定强度和几何形状的磁场约束聚变等离子体。20 世纪 60 年代苏联科学家发明了著名的磁约束装置——托卡马克装置（Tokamak），使聚变研究进入快速发展期。该装置的结构如图 5-9 所示，其原理是沿环形磁场通电流，加以与之垂直的磁场，使氘、氚混合气体形成高温等离子体，在环形磁场约束下不与器壁接触而做螺旋运动，并被加热、压缩成细柱状，使之按人们的需要进行核聚变反应。反应产生的中子用锂吸收，产生氚再与引入的氘混合，在磁场中聚变。

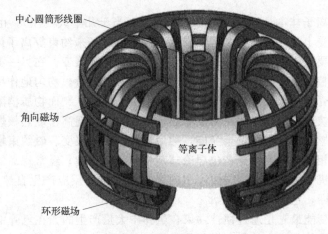

图 5-9　托卡马克装置

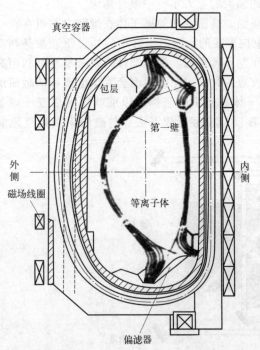

图 5-10　托卡马克聚变装置的剖面结构示意

图 5-10 为托卡马克聚变装置的剖面结构示意。装置的主要部件包括等离子体区域、偏滤器、包层、屏蔽部件、磁场系统、加料与辅助系统。在托卡马克装置中，核聚变堆材料主要包括聚变核燃料、增殖材料、中子倍增材料、强磁场等离子体的获得等方面，其反应能源是一个受热等离子体，聚变反应就在这个受热等离子体中发生。大约有 80% 的能量由快中子承载，并从等离子体中逸出，进入反应堆的减速区，从而将动能以热的形式转移给如水等的中子减速剂流体。

在磁约束方面，尽管有过各种位形堆的设计研究，但目前已集中于托卡马克堆作深入的工程设计。在工程试验堆的工程设计上，主要问题有采用哪一种加热及电流驱动方法；采用液态金属包层还是气冷固体燃料小球包层等。由于基础数据与具体工艺试验的不足，目前的努力主要集中在尽量利用现有的技术来演示聚变堆工程技术的可行性。商用堆的安全性与经济性密切相关，如安全性问题中结构材料的放射活化和高热负荷密度下的寿命问题。

我国的东方超环（EAST）装置先后实现了 1 兆安、1.6 亿度、1056 秒长脉冲高参数等离子体运行，创下全球托卡马克装置高温等离子体运行时间最长的纪录。

要使托卡马克装置达到商业运行，大致需要跨过四大技术节点。一是达成聚变演示，这一关已经跨过；二是产出能量超过输入能量，现在已逐步接近；三是持续稳定将产出能量转化为电能，这需要解决能量提取、燃料加入、抗辐照损伤等问题，当前还未有很好解决方案；四是在经济性上与其他可再生能源相当，由于还未出现商业实验堆，现今还无从论证和比较。可见，要使核聚变商业化运行仍然任重而道远。

5.4.3 核能发电原理

核能发电类似于火力发电。只是以核反应堆及蒸汽发生器代替火力发电的锅炉，以核裂变能或核聚变能代替矿物燃料燃烧的化学能。由于受控核聚变还没有达到实际应用的阶段，所以目前的核能发电均利用核裂变能。

核能发电的能量来自核反应堆中可裂变材料（核燃料）进行裂变反应所释放的裂变能。裂变反应指铀 235、钚 239、铀 233 等重元素在中子作用下分裂为两个碎片，同时放出中子和大量能量的过程。反应中，可裂变物的原子核吸收一个中子后发生裂变并放出两三个中子。若这些中子除去消耗，至少有一个中子能引起另一个原子核裂变，使裂变自持地进行，则这种反应为链式裂变反应。实现链式反应是核能发电的前提。

要用反应堆产生核能，需要解决以下 4 个问题。

① 为核裂变链式反应提供必要的条件，使之得以进行。

② 链式反应必须能由人通过一定装置进行控制。失去控制的裂变能不仅不能用于发电，还会酿成灾害。

③ 裂变反应产生的能量要能从反应堆中安全取出。

④ 裂变反应中产生的中子和放射性物质对人体危害很大，必须设法避免它们对核电站工作人员和附近居民的伤害。

图 5-11 为压水堆核电站发电示意图。核电站主要由核反应堆、一回路系统、二回路系统及其他辅助系统组成。反应堆是核电站的核心，安装在核电站主厂房的反应堆大厅内，通过环向接管与一回路的主管道相连。反应堆的全部重量由接管支座承受，即使发生大的地震，仍能保持其稳定位置。反应堆工作时放出的热能，由一回路系统的载热介质将热能传送到堆外，用于产生蒸汽。载热介质通常采用空气、氦气、水、有机化合物或者金属钠，其中水还可作为反应堆的慢化剂。一回路系统由核反应堆、主循环泵（又称冷却剂泵）、稳压器、蒸汽发生器和相应的管道、阀门及其他辅助设备组成。整个一回路系统被称为"核供汽系统"，它相当于火电厂的锅炉系统。为了确保安全，整个一回路系统装在一个被称为安全壳的密闭厂房内，这样，无论在正常运行或发生事故时都不会影响安全。

载热介质在反应堆内获得热量后，通过设在堆外的热交换器，把热量传给第二载热系统（也称二次回路）中的传热介质。第二载热系统的传热介质，一般是水，接受传热后变成蒸汽或热水，就可以用于发电或供热。二回路系统由汽水分离器、汽轮机、发电机、冷凝器、凝结水泵、给水泵、给水加热器、除氧器等设备组成，由蒸汽驱动汽轮发电机组进行发电的二回路系统，与火电厂的汽轮发电机系统基本相同。

为了保证核电站一回路系统和二回路系统的安全运行，核电站中还设置了许多辅助系统，按其所起的作用，大致可分为以下几类：

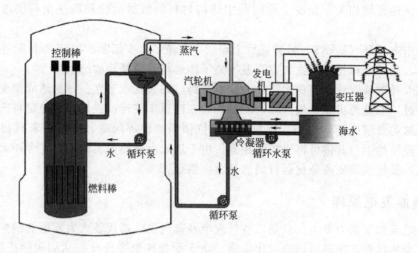

图 5-11　压水堆核电站发电示意图

① 保证反应堆和一回路系统正常运行的系统有化学和容积控制系统、主循环泵轴密封水等系统；

② 提供核电站一回路系统在运行和停堆时必要的冷却系统有停堆冷却系统、设备冷却水等系统；

③ 在发生重大失水事故时保证核电站反应堆及主厂房安全的系统有安全注射系统、安全壳喷淋等系统；

④ 控制和处理放射性物质，减少对自然环境放射性排放的系统有疏排水系统、放射性废液处理系统、废气净化处理系统、废物处理系统、硼回收系统、取样分析系统等。

一般在高压条件下，第二载热系统的水受热后产生高温高压蒸汽，高温高压蒸汽可先送入汽轮机组发电，发电后的较低参数蒸汽再用于供热，组成热电联供系统。这种热电联供系统可大幅度地提高核燃料的利用效率，满足各种供热参数的需求，但这种系统结构比较复杂，技术、工艺和材料的要求较高，投资也大，因此，一般核反应堆均不采用热电联供的运行方式。

低温核供热系统是把第二载热系统的水在接近常压的条件下加热成为低参数蒸汽和热水直接用于供热的系统。这种系统核燃料利用效率较低，但对技术、工艺和材料的要求相对较低，投资较低，适于分散建设，可用于有一定规模和比较稳定的热负荷地区，如北方城市的冬季采暖供热和南方城市空调制冷等。在北方城市利用核供热、采暖，在经济性能上可与集中锅炉供热相竞争。

在裂变反应堆中，除沸水堆外，其他类型的动力堆都是一回路的冷却剂通过堆芯加热，在蒸汽发生器中将热量传给二回路或三回路的水，然后形成蒸汽推动汽轮发电机。沸水堆则是一回路的冷却剂通过堆芯加热变成压力为 7MPa 左右的饱和蒸汽，经汽水分离并干燥后直接推动汽轮发电机。

核供热系统在运行过程中，基本不排放烟尘、二氧化硫、氮氧化物等有害气体，也不排放温室气体，因而具有较好的环境效益。反应堆正常运行时放射性废气和废液的排放量是很少的。反应堆在事故情况下的放射性泄漏问题在设计和建设过程中均有充分的保障措施，使其不致对公众和环境造成危害，因此，核供热系统将成为安全清洁的供热系统。

5.4.4　不同形式反应堆

核能利用主要是利用一座或若干座动力反应堆核裂变所产生的热能来发电或发电兼供热的动力设施。目前世界上核电站常用的反应堆有轻水堆、重水堆、石墨气冷堆、改进型气冷堆以及快堆等，它们相应地用于不同的核电站中，形成了现代核能发电的主体。对于不同类型的核反应堆，相应的核电站的系统和设备有较大差别，使用最广泛的是压水反应堆。

5.4.4.1　轻水堆

目前核电站中大多数使用的是轻水堆，它是以普通水作为冷却剂和慢化剂，轻水堆又分为压水堆和沸水堆。

（1）压水堆核电站

压水反应堆是从军用堆基础上发展起来的最成熟、最成功的堆型，占全世界总装机容量一半以上。压水堆核电站主要由核岛和常规岛组成，一回路系统与二回路系统完全隔开，是一个密闭的循环系统。该核电站的原理流程为：主泵将高压冷却剂（水）送入反应堆，一般冷却剂保持在 12～16MPa 压力下。在高压情况下，冷却剂的温度即使达 300℃ 也不会汽化。冷却剂把核燃料放出的热能带出反应堆，并进入蒸汽发生器，通过数以千计的传热管把热量传给管外的二回路水，使水沸腾产生蒸汽。冷却剂流经蒸汽发生器后，再由主泵送入反应堆。这样来回循环，不断地把反应堆中的热量带出并转换产生蒸汽。从蒸汽发生器出来的高温高压蒸汽，推动汽轮发电机组发电。做过功的废汽在冷凝器中凝结成水，再由凝结给水泵送入加热器，重新加热后送回蒸汽发生器（二回路循环系统）。

（2）沸水堆核电站

沸水堆与压水堆同属轻水堆，它是以沸腾轻水为慢化剂和冷却剂并在反应堆压力容器内直接产生饱和蒸汽的动力堆。沸水堆核电站（见图 5-12）工作流程是：冷却剂（水）从堆芯下部流进，在沿堆芯上升的过程中从燃料棒得到热量，使冷却剂变成了蒸汽和水的混合物，经过汽水分离器和蒸汽干燥器，将分离出的蒸汽推动汽轮发电机组发电。

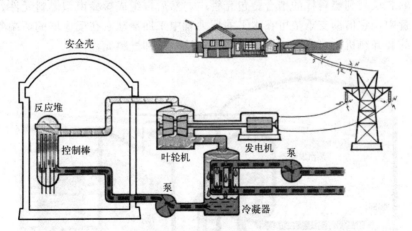

图 5-12　沸水反应堆发电示意

沸水堆由压力容器及其中间的燃料元件、十字形控制棒和汽水分离器等组成。汽水分离器在堆芯的上部，它的作用是把蒸汽和水滴分开，防止水进入汽轮机，造成汽轮机叶片损坏。沸水堆所用的燃料和燃料组件与压水堆相同。沸腾水既作慢化剂又作冷却剂。

沸水堆与压水堆不同之处在于冷却水保持在较低的压力（约为 7MPa）下，水通过堆芯变成约285℃的蒸汽，并直接被引入汽轮机。所以，沸水堆只有一个回路，省去了容易发生泄漏的蒸汽发生器，因而显得很简单。在目前全球所有核电厂中，沸水堆的数量仅次于压水堆。

总之，轻水堆核电站的最大优点是结构和运行都比较简单，尺寸较小，造价也低廉，燃料也比较经济，具有良好的安全性、可靠性与经济性。它的缺点是必须使用低浓铀，目前采用轻水堆的国家在核燃料供应上大多依赖美国和苏联国家。此外，轻水堆对天然铀的利用率低。

从维修来看，压水堆因为一回路和蒸汽系统分开，汽轮机未受放射性沾污，所以容易维修。而沸水堆是堆内产生的蒸汽直接进入汽轮机，这样汽轮机会受到放射性沾污，所以在这方面的设计与维修都比压水堆要麻烦一些。

5.4.4.2 重水堆

重水堆是以重水作慢化剂的反应堆，可以直接利用天然铀作为核燃料和连续在线不停地堆换料。重水堆按其结构形式可分为压力壳式和压力管式两种。压力壳式的冷却剂只用重水，它的内部结构材料比压力管式少，但中子经济性好，生成新燃料钚239的净产量较高。这种堆一般用天然铀作燃料，结构类似压水堆，但因栅格间距大，压力壳比同样功率的压水堆要大得多，因此单堆功率最大只能做到300MW。

管式重水堆的冷却剂不受限制，可用重水、轻水、气体或有机化合物。它的尺寸也不受限制，虽然压力管带来了伴生吸收中子的损失，但由于堆芯大，可使中子的泄漏损失减小。此外，这种堆便于实行不停堆装卸和连续换料，可省去补偿燃耗的控制棒。

压力管式重水堆主要包括重水慢化重水冷却和重水慢化沸腾轻水冷却两种反应堆。这两种堆的结构大致相同。

（1）重水慢化重水冷却堆核电站

这种反应堆（见图5-13）的反应堆容器不承受压力。重水慢化剂充满反应堆容器，有许多容器管贯穿反应堆容器，并与其成为一体。在容器管中放有锆合金制的压力管。用天然二氧化铀制成的芯块装到燃料棒的锆合金包壳管中，然后再组成短棒束型燃料元件。棒束元件就放在压力管中，它借助支承垫可在水平的压力管中来回滑动。在反应堆的两端各设置有一座遥控定位的装卸料机，可在反应堆运行期间连续地装卸燃料元件。

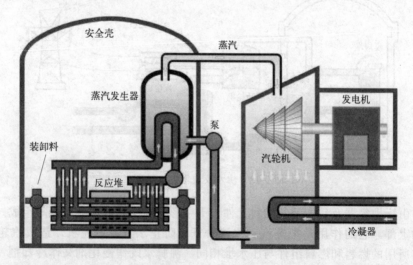

图 5-13　重水反应堆

　　这种核电站的发电原理是：既作慢化剂又作冷却剂的重水在压力管中流动，冷却燃料。像压水堆那样，为了不使重水沸腾，必须保持在高压（约 9MPa）状态下。这样，流过压力管的高温（约 300℃）高压的重水把裂变产生的热量带出堆芯，在蒸汽发生器内传给二回路的轻水，以产生蒸汽，带动汽轮发电机组发电。

　　（2）重水慢化沸腾轻水冷却堆核电站

　　这种堆是在坎杜堆（重水慢化重水冷却堆）的基础上发展起来的。加拿大所设计的重水慢化重水冷却反应堆的容器和压力管都是水平布置的，而重水慢化沸腾轻水冷却反应堆都是垂直布置的。它的燃料管道内流动的轻水冷却剂在堆芯内上升的过程中沸腾，产生的蒸汽直接送进汽轮机，并带动发电机。

　　因为轻水比重水吸收中子多，堆芯用天然铀作燃料就很难维持稳定的核反应，所以，大多数设计都在燃料中加入了低浓度的铀 235 或钚 239。

　　重水堆的突出优点是能最有效地利用天然铀，而且大量生产同位素。由于重水慢化性能好，吸收中子少，这不仅可直接用天然铀作燃料，而且燃料烧得比较透。钴 60 在工农业上和医学上的应用很广，全世界 90% 的钴 60 都是坎杜型重水堆生产的。重水堆比轻水堆消耗天然铀的量要少，如果采用低浓度铀，可节省天然铀 38%。在各种热中子堆中，重水堆需要的天然铀量最小。此外，重水堆对燃料的适应性强，能很容易地改用另一种核燃料。重水堆的主要缺点是体积比轻水堆大。建造费用高，重水昂贵，发电成本也比较高。

5.4.4.3　气冷堆核电站

　　气冷堆是指利用气体（二氧化碳或氦气）作冷却剂来传送反应堆内热量的一种核反应堆堆型。迄今世界上典型的气冷堆是使用石墨作慢化剂的石墨气冷堆，这种堆经历了 3 个发展阶段，产生了 3 种堆型：天然铀石墨气冷堆、改进型气冷堆和高温气冷堆。

　　（1）天然铀石墨气冷堆核电站

　　天然铀石墨气冷堆实际上是以金属天然铀作燃料，石墨作慢化剂，二氧化碳作冷却剂的反应堆。这种反应堆是英、法两国为商用发电建造的堆型之一，是在军用钚生产堆的基础上发展起来的，早在 1956 年英国就建造了净功率为 45MW 的卡德蒙尔核电站。因为它是用镁合金作燃料包壳的，英国人又把它称为镁诺克斯堆。

　　整个堆芯包容在一个钢制或预应力混凝土的压力壳内。该堆的堆芯大致为圆柱形，由很多正六角形棱柱的精纯石墨块堆砌而成。在石墨砌体中有许多装有燃料元件的孔道，以便使加压的冷却剂流过，将堆内的热量带出去。为了改善传热，燃料元件包壳上带有许多肋片。从堆芯出来的热气体在蒸汽发生器中将热量传给二回路的水，从而产生蒸汽。蒸汽发生器产生的蒸汽被送到汽轮机，带动汽轮发电机组发电。这些冷却气体借助循环回路将二氧化碳冷却剂压送回到堆芯。这就是天然铀石墨气冷堆核电站的简单工作原理。

　　这种堆的主要优点是采用价廉易得的天然铀作燃料，其缺点是功率密度小、堆芯体积大、装料多、造价高，天然铀消耗量远远大于其他堆。同时受金属铀和镁合金的温度限制而使冷却剂的出口温度只能达到 400℃左右，因而所产生的蒸汽参数较低，核电站的热效率仅为 30% 左右。

　　（2）改进型气冷堆核电站

　　改进型气冷堆是在天然铀石墨气冷堆的基础上发展起来的。设计的目的是改进蒸汽条件，提高气体冷却剂的堆芯出口温度和蒸汽发生器传热效率，从而提高二回路的蒸汽参数和热效率。这种堆中石墨仍然为慢化剂，二氧化碳为冷却剂，将燃料元件的包壳改用不锈钢，核燃料改用低浓度的二氧化铀（二氧化铀的浓度为 2%～3%），出口温度可达 670℃，反应堆的热效率提高到 41.8%。它的蒸汽条件达到了新型火电站的标准，其热效率也可与之相比。其堆芯结构与天然铀气冷堆类似，但蒸汽发生器布置在反应堆四周并一起包容在预应力混凝土压力壳内。这种堆也称为第二代气冷堆。

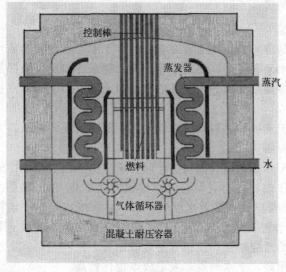

图 5-14　高温气冷堆

（3）高温气冷堆核电站

高温气冷堆是改进型气冷堆的进一步发展，也可称之为第三代气冷堆，它是以石墨作慢化剂，氦气作为冷却剂的堆（见图 5-14）。这里所说的高温是指气体的温度达到了较高的程度。因为在这种反应堆中，采用了化学惰性和热工性能好的氦气为冷却剂，以全陶瓷型包覆颗粒为燃料元件，用耐高温的石墨作为慢化剂和堆芯结构材料，使堆芯出口氦气温度达到 850～1000℃，甚至更高。同时，由于结构材料石墨吸收中子少，从而加深了燃耗。另外，由于颗粒状燃料的表面积大、氦气的传热性好和堆芯材料耐高温，所以改善了传热性能，提高了功率密度。这样，高温气冷堆成为一种高温、深燃耗和高功率密度的堆型。

它的简单工作过程是，氦气冷却剂流过燃料体之后变成了高温气体，高温气体通过蒸汽发生器产生蒸汽，从而带动汽轮发电机发电。

高温气冷堆的燃料元件有两种：一种是与压水堆相似的棱柱形的，另一种是球形的，使用这两种元件的高温气冷堆分别称为棱柱形高温气冷堆和球床高温气冷堆。两种元件虽然形状不同，但都由弥散在石墨基体中的包覆颗粒燃料组成。

高温气冷堆有特殊的优点：氦气是惰性气体，不能被活化，在高温下也不腐蚀设备和管道；由于石墨的热容量大，所以发生事故时不会引起温度的迅速增加；用混凝土做成压力壳，使反应堆没有突然破裂的危险，大大增加了安全性；热效率高达 40% 以上，从而减少了热污染。

高温气冷堆由于具有固有安全性的独特优点，易于为政府和公众所接受，它的厂址选择具有较大的自由度，可建在工业区内或人口稠密的城市附近。除此之外，模块式高温气冷堆用氦气直接驱动汽轮机发电效率高，比压水堆高近 50%，加之它单堆容量小、初始投资低、系统简化、建造周期短、电价比压水堆便宜、经济上竞争力强等，这对中、小电网的地区是尤其适合的。

高温气冷堆不仅可用来发电，而且在高温工艺热方面也有广泛的应用前景，有可能为钢铁、燃料、化工等工业部门提供高温热能，实现氢还原炼铁、石油和天然气裂解、煤的气化等新工艺，开辟综合利用核能的新途径。

5.4.4.4 快堆核电站

目前，世界上已商业运行的热中子堆核电站堆型，如压水堆、沸水堆、重水堆、石墨气冷堆等都是非增殖堆型，主要是利用天然铀内的少量铀 235，即使再利用反应堆生成的少量钚 239 等易裂变材料，热中子堆对铀资源的利用率也只有 2% 左右。世界上探明的铀资源难以保证核能的长期大规模利用，而且占天然铀绝大部分的铀同位素——铀 238 却不能在热中子的作用下发生裂变反应。

由快中子来产生和维持链式裂变反应的反应堆——快中子反应堆（简称快堆），有可能实现核燃料的增殖。快中子堆以钚 239 为裂变燃料，以铀 238 为增殖原料，钚 239 发生裂变时放出来的快中子被装在反应区周围的铀 238 俘获后又生成钚 239。由于一个钚 239 原子核裂变放出的中子数平均值比一个铀 235 核裂变放出的中子数还多，而且新生的钚 239 有可能比消耗的钚 239 还多，从而使堆中核燃料变多，这样就可以实现核燃料的增殖。

快堆堆芯与一般的热中子堆堆芯不同，它分为燃料区和增殖再生区两部分。燃料区由几百个六角形燃料组件盒组成。每个燃料盒的中部是由混合物核燃料芯块制成的燃料棒，两端是由非裂变物质天然（或贫化）二氧化铀束棒组成的增殖再生区。核燃料区的四周是由二氧化铀棒束组成的增殖再生区。反应堆的链式反应由插入核燃料区的控制棒进行控制。控制棒插入到堆芯燃料组件位置上的六角形套管中，通过顶部的传动机构带动。

在热中子反应堆内，中子的速度要通过慢化剂减速变慢以后，才能引起铀裂变放出能量，发电时，核燃料越烧越少。而快中子反应堆要求堆内中子能量较高，所以无需特别添加慢化中子的材料，即不需要慢化剂，它由快中子引发裂变，在发电的同时，核燃料越烧越多。

目前，快堆中的冷却剂主要有两种：液态金属钠或氦气。根据冷却剂的种类，可将快堆分为钠冷快堆和气冷快堆。气冷快堆由于缺乏工业基础，而且高速气流引起的振动以及氦气泄漏后堆芯失冷时的问题较大，所以目前仅处于探索阶段。

钠冷快堆用液态金属钠作为冷却剂，通过流经堆芯的液态钠将核反应释放的热量带出堆外。钠作为快堆中一种很好的冷却剂具有以下优点：钠的中子吸收截面小，导热性好，沸点高达 886.6℃，所以在常压下钠的工作温度高，快堆使用钠做冷却剂时只需 2～3 个大气压，冷却剂的温度即可达 500～600℃；比热大，因而钠冷堆的热容量大；在工作温度下对很多钢种腐蚀性小；无毒。世界上现有的、正在建造的和计划建造的都是钠冷快堆。

与一般压水堆回路系统相类似，钠冷快堆中通过封闭的钠冷却剂回路（一回路）最终将堆芯热量传输到汽-水回路，推动汽轮发电机组发电。所不同的是在两个回路之间增加了一个以液钠为工作介质的中间回路（二回路）和钠-钠中间热交换器，以确保因蒸汽发生器泄漏发生钠-水反应时的堆芯安全。

按结构来分，钠冷快堆有回路式和池式两种类型。回路式结构就是用管路把各个独立的设备连接成回路系统，优点是设备维修比较方便，缺点是系统复杂易发生事故。池式即一体化方案，池式快堆将堆芯、一回路的钠循环泵、中间热交换器，浸泡在一个很大的液态钠池内（见图 5-15），通过钠泵使池内的液钠在堆芯与中间热交换器之间流动。在钠池内，冷、热液态钠被内层壳分开，钠池中冷的液态钠由钠循环泵输送到堆芯底部，然后由下而上流经燃料组件，使它加热到550℃左右。从堆芯上部流出的高温钠流经钠-钠中间热交换器，将热量传递给中间回路的钠工质，温度降至400℃左右，再流经内层壳与钠池主壳之间，由一回路钠循环泵送回堆芯，构成一回路钠循环系统。中间回路里循环流动的液钠，不断地将从中间热交换器得到的热量带到蒸汽发生器，使汽-水回路里的水变成高温蒸汽。

两种结构形式相比较，在池式结构中，即使循环泵出现故障，或者管道破裂和堵塞造成钠的漏失和断流，堆芯仍然泡在一个很大的钠池内。池内大量的钠所具有的足够的热容量及自然对流能力，可以防止失冷事故。因而池式结构比回路式结构的安全性好。现有的钠冷快堆多采用这种池式结构，但是池式结构复杂，不便检修，用钠多。

快堆核电站是由快中子引起链式裂变反应所释放出来的热能转换为电能的核电站，快堆在运行中既消耗裂变材料，又生产新裂变材料，而且所产可多于所耗，能实现核裂变材料的

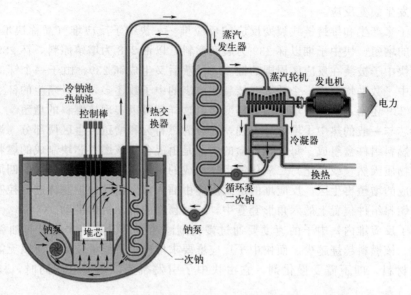

图 5-15　钠冷快堆

增殖。快中子堆在理论上可以利用全部铀资源，考虑到各种损耗，快堆可将铀资源的利用率提高到 60%～70%。

　　快中子增殖堆扩大了铀资源的利用率，是核动力工程的发展方向，目前国际上快堆已融入先进核能的发展体系。国际上快堆技术起步于 20 世纪 40 年代，美国建成世界上当时第一座按上述原理工作的新型核反应堆——快中子增殖堆。20 世纪末，法、德、意合作建成当时世界上最大的快中子增殖堆电站——Superphenix-1（超凤凰）经济验证快堆，装机容量 1200MW。2011 年 7 月，我国第一个由快中子引起核裂变反应的中国实验快堆成功实现并网发电。中国实验快堆是我国快中子增殖反应堆（快堆）发展的第一步。该堆采用先进的池式结构，核热功率 65MW，实验发电功率 20MW，实验快堆充分利用固有安全性并采用多种非能动安全技术，安全性已达到第四代核能系统要求。钠冷快堆是目前运行经验最丰富的先进核能系统。

5.4.5　核能技术发展趋势

　　美国能源部（DOE）从技术角度提出了 4 代核能系统的划分，见图 5-16。第 1 代核能系统是指 20 世纪 50 年代末至 60 年代初，世界上建造的第一批原型电站，包括 Shipping-port、Dresdon、Dragon 等，证明了利用核能发电的技术可行性。第 2 代核能系统是指在 20 世纪 60～70 年代世界上大批建造的单机容量在 600～1400MW 的标准型核电站，主要有压水堆核电站、沸水堆核电站、CANDU 重水堆核电站、俄罗斯 VVER 等，它们构成了世界上运行的核电站的主体。第 3 代核能系统指的是 20 世纪 80 年代开始发展，90 年代末开始投入市场的先进轻水堆核电站。目前已经商业化或接近商业化的产品有 ABWR、System80＋、AP600、AP1000 以及欧洲的 EPR，前三者获得了美国 NRC 颁发的标准设计证书。此后，DOE 又进一步提出了第 3＋代核能系统的概念，是在目前第 3 代核能系统的基础上加以改进，显著提高了反应堆系统安全性和经济性。第 4 代核能系统是目前已开始规划发展，在 2030 年以后投入市场的新一代核能系统。这一系统要求在经济性、安全性、核废物处理和防止核扩散方面有重大的发展，成为未来核能复兴的主要技术。

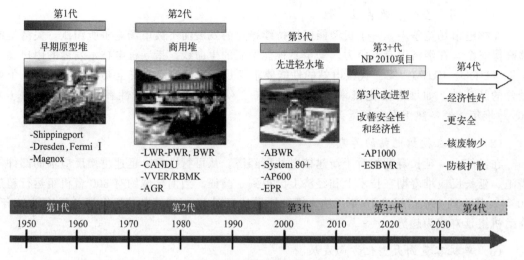

图 5-16 4 代核能系统的划分

目前世界核能技术的研究主要包括第 2 代核能改进技术、第 3 及 3＋代核能技术、第 4 代核能技术、聚变技术、先进燃料循环技术和核能的综合利用技术。

① 第 2 代核能改进技术。目前世界上商业运行的 400 多座核电机组绝大部分属于第 2 代核电技术，第 2 代核能改进技术符合核能安全、先进、成熟和经济的原则，基本上满足先进轻水堆用户要求文件（URD）和欧洲核电用户要求文件（EUR）的能动（安全系统）压水堆核电站的要求，但是对一些目前尚不成熟的严重事故对策如堆芯熔融物冷却设施可以暂不考虑。

② 第 3 及 3＋代核能技术。派生于目前运行中的反应堆，包括了 ABWR、AP600/AP1000、IRIS、System80＋、EPR、SWR1000、ESBWR、VVER-91 等，这些反应堆在概念设计上满足 URD 和 EUR 文件，具体体现在以下三方面性能的提高：抗事故能力、防止堆芯损坏和缓解事故能力。EPR 是法国法玛通公司与德国西门子公司联合开发的第 3 代压水堆核电站，是渐进型反应堆，与最近建设的核电机组没有技术断代。法国的弗拉芒维尔核电站、芬兰的奥尔基卢奥托核电站以及中国广东台山核电站属于 EPR 型核电站。AP1000 是西屋公司开发的一种两环路 1000MW 反应堆，属于一种先进的非能动压水反应堆核电技术。采用 AP1000 技术的浙江三门、山东海阳依托项目已成功商运多年，验证了三代核电技术的安全性和可靠性。韩国基于 System80＋开发了 APR1400 核电站。

③ 第 4 代核能技术。与前三代核电技术相比，第 4 代具有良好的经济性、更高的安全性、核燃料资源的持久性、核废物最小化和可靠的防扩散性。目前入选的 6 种方案中（钠冷快堆、铅冷快堆、气冷快堆、超临界水堆、超高温气冷堆和熔盐堆）的 4 种是快中子堆，5 种采取闭式燃料循环，并对乏燃料中所含锕系元素进行整体再循环。第 4 代核能技术多数考虑能量的综合利用，采用先进的热循环生产电力，可同时进行氢气生产、海水淡化等。第 4 代反应堆的出口温度在 550～1000℃，靠近温度范围低端的 SCWR（超临界水冷堆）和 SFR（钠冷快堆）主要用于发电，高端的 VHTR（超高温气冷堆）用于氢气生产，中间的 GFR（气冷快堆）、LFR（铅冷快堆）、MSR（熔盐堆）既可发电又可生产氢。如果真能大部分实现第 4 代核能的目标，在成本上具有强竞争力，在安全性上被公众所接受，那么未来的能源供应格局将会发生很大变化。

世界核电技术发展的趋势主要体现在以下方面。

（1）提高安全性、改善经济性

在核电市场竞争中，一个机型能保持持续稳定的发展而不被市场竞争所淘汰，关键是能够确保安全、在经济上有竞争力。安全是核能发展的生命线。指导核电技术发展的用户要求文件（URD、EUR）、第4代核电站的性能要求都是在满足确定的安全要求的条件下，争取最好的经济性。如堆芯熔化概率小于 1.0×10^{-5}/堆年，大量放射性释放概率小于 1.0×10^{-6}/堆年，燃料热工安全裕量 $\geqslant 15\%$ 等。

（2）延长在役核电站的寿期

在经济上，延长寿期相对于新建核电站更经济。从可行性看，迅速更换反应堆的部件等措施、延长反应堆寿期在技术上和经济上已得到了验证。当前全球约有300台机组运行超过30年，其中约100台超过40年。绝大部分原设计寿期40年的核电站机组都可延长到60年，高龄机组延寿成为趋势。

（3）单机容量向大型化方向发展

为提高核电站的经济性，继续向大型化方向发展：俄罗斯提出建造1500MW的压水堆机组的概念；日本三菱公司提出建造1500~1700MW的压水堆机组；日本的东芝、日立提出建造1700MW的ABWR-Ⅱ；美国西屋公司也在AP600的基础上向AP1000发展，我国在消化吸收AP1000的基础上，研发1400MW的压水堆机组。

（4）采用非能动安全系统提高安全性，第三代核电成为主流技术

世界各国广泛采用自然循环、重力、冷凝等自然界存在的客观规律的非能动安全系统代替原有的主动安全系统，以提高核电厂的固有安全性。福岛核事故后，国际社会对新建核电机组的安全性提出了更高的要求，第三代先进压水堆将成为主流技术。

（5）施工建设的模块化和小型模块化反应堆研发

核电站的建设施工为缩短工期、提高经济性，都突破原有方式，向模块化方向发展。在设计标准化、模块化的条件下，加大工厂制造安装量，通过大模块运输、吊装、拼接，减少现场的施工量。

小型模块化反应堆（SMR）具有固有安全性好、单堆投资少、用途灵活的特点，有望替代大量即将退役的小火电机组。全球范围内提出了约50种SMR设计方法和概念，例如阿根廷的CAREM-25（一体化压水堆），中国的HTRPM（高温气冷堆），俄罗斯的KLT40S（海上浮动堆）等示范工程。

（6）发展快中子堆技术，建立闭式核燃料循环，使核电能可持续发展

全球乏燃料储存压力日益增加，核燃料循环后处理和废物处置需求日益迫切。采用先进燃料循环（advanced fuel cycle）体系，可以不作铀钚分离，直接处理出满足快堆核电站要求的铀、钚混合燃料，这样使核能发展既满足了可持续发展的要求，又满足了防止核扩散的要求。

（7）模块化高温气冷堆受到关注

模块化高温气冷堆设计采用耐高温包覆颗粒燃料，不会出现堆芯熔化事故，石墨慢化、氦气做冷却剂、全寿命的负温度系数，是安全性能很好的机型。由于采用高温氦气透平直接循环，热效率高；非能动安全系统，简化系统；采用一次通过循环，乏燃料不作后处理，因而有较好的经济性，得到了国际的关注。当然，这种机型的一些重大关键技术，如高温高压氦气透平、乏燃料后处理技术、裂变物质的转化和增殖等方面还有较多的不定因素。

5.5 核燃料循环

5.5.1 核燃料循环过程

核电站的发展，促进了核燃料的开发利用，加快了核燃料循环的深入发展。所谓核燃料循环（nuclear fuel cycle）是指与裂变材料在裂变堆中的利用有关的活动，即包括核燃料的获得、使用、处理、回收利用的全部过程（见图 5-17）。核燃料循环是核工业体系中的重要组成部分。

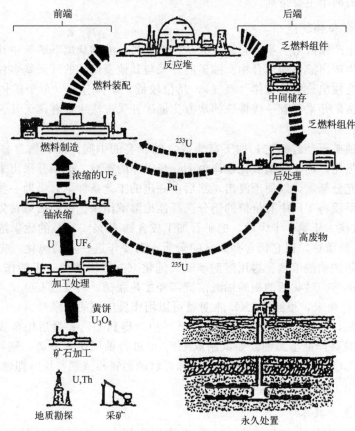

图 5-17　核燃料循环示意

反应堆是核燃料循环的中心环节。反应堆之前的部分包括铀矿开采、矿石加工（选矿、浸出、沉淀等多种工序）、铀的提取和精制、转换、铀浓缩、燃料元件制造等环节，统称核燃料循环的前端（front end）；反应堆之后的部分包括对反应堆辐照以后的乏燃料元件的中间储存、铀钚分离的后处理以及对放射性废物处理、贮存和处置，统称核燃料循环的后端（back end）。核燃料循环提供了从铀矿的能量资源到核电站，再到废物管理的物质流，即通过消耗资源、资本和劳动来生产电力并形成废物，因此核燃料循环系统的形成是核电生产的基础和先决条件。

核燃料循环包括以下工业流程。

（1）铀矿地质勘探

核燃料循环从开采铀资源开始。铀是核工业最基本的原料。铀矿地质勘探的任务，是查明和研究铀矿床形成的地质条件，阐明铀矿床在时间上和空间上分布的规律，运用铀矿床形成和分布的规律指导普查勘探，探明地下的铀矿资源。

铀矿物主要是形成化合物。目前已发现的铀矿物和含铀矿物有 170 种以上，其中只有 25～30 种铀矿物具有实际的开采价值。铀矿床是铀矿物的堆积体。铀矿床是分散在地壳中的铀元素在各种地质作用下不断集中而成的，也是地壳不断演变的结果。查明铀矿床的形成过程，对有效地指导普查勘探具有十分重要的意义。并不是所有的铀矿床都有开采、进行工业利用的价值。影响铀矿床工业评价的因素很多，有矿石品位、矿床储量、矿石技术加工性能、矿床开采条件、有用元素综合利用的可能性和交通运输条件等。其中矿石品位和矿床储量是评价铀矿床的两个主要指标。

（2）铀矿开采和铀提纯

铀矿开采是生产铀的第一步。它的任务是把工业品位的铀从地下矿床中开采出来，或将铀经化学溶浸，生产出液体铀化合物。铀矿的开采与其他金属矿的开采基本相同，但是由于铀矿有放射性，能放出放射性气体（氡气），品位较低，矿体分散（单个矿体的体积小）和形态复杂，所以铀矿开采又有一些特殊的地方。铀矿开采方法主要有露天开采、地下开采和原地浸出采铀三种方法。

开采出来的铀矿石经过精选，加工富集成含铀较高的中间产品，通常称为铀化学浓缩物，经过进一步强化，加工成铀氧化物作为下一步工序的原料。矿厂开采出来后，经过破碎磨细，使铀矿物充分暴露，以便于浸出，然后在一定的工艺条件下，借助一些化学试剂（即浸出剂）与其他手段将矿厂中有价值的组分选择性地溶解出来。铀的冶炼首先采用"水冶工艺"，沉淀物经洗涤、压滤、干燥后，把矿石加工成含铀 60%～70% 的化学浓缩物（重铀酸铵），呈黄色，俗称黄饼，但它仍含有大量的杂质，需要作进一步的纯化。先用硝酸将重铀酸铵溶解，得到硝酸铀酰溶液。再用溶剂萃取法纯化（一般用磷酸三丁酯作萃取剂），以达到所要求的纯度标准。纯化后的硝酸铀酰溶液需经加热脱硝，转变成 UO_3，再还原成 UO_2。UO_2 是一种棕黑色粉末，很纯的 UO_2 本身就可以用作反应堆的核燃料。

为制取金属铀，需要先将 UO_2 与无水 HF 反应，得到 UF_4；最后用金属钙（或镁）还原 UF_4，即得到最终产品金属铀。如欲制取 UF_6 以进行铀同位素分离，则可用 F_2 与 UF_4 反应。按要求将 UO_2 和金属铀制成一定尺寸和形状的燃料棒或燃料块（即燃料组件），就可以投入反应堆使用了。

（3）浓缩铀生产技术

压水堆核电站以含铀 235 约 3% 的低浓铀作为燃料，但天然铀的铀 235 含量只有 0.720%。为了把天然铀中铀 235 的含量提高到 3%，需要进行铀同位素分离即铀的浓缩。通过浓缩获得满足某些反应堆所要求的铀 235 丰度的铀燃料。现代工业上采用的浓缩方法是气体扩散法和离心分离法。浓缩处理是以 UF_6 形式进行的。此外，还有激光法、喷嘴法、电磁分离法、化学分离法等。对铀同位素进行分离，使铀 235 富集。这样得到的 UF_6 需再经过一个转化过程变为 UO_2，才能送至元件制造厂制成含铀 235 约 3% 的低浓铀燃料元件。分离后余下的尾料，即含铀 235 约 0.3% 的贫化铀可作为贫铀弹的材料等。

（4）燃料元件的制造和装配

经过提纯或同位素分离后的铀，还不能直接用作核燃料，还要经过化学、物理、机械加工等复杂而又严格的过程，制成形状和品质各异的元件，才能供各种反应堆作为燃料来使用。这是保证反应堆安全运行的一个关键环节。燃料元件按组分特征，可分为金属型、陶瓷型和弥散型三种；按几何形状分，有柱状、棒状、环状、板状、条状、球状、棱柱状元件；

按反应堆分,有试验堆元件、生产堆元件、动力堆元件(包括核电站用的核燃料组件)。

核燃料元件种类繁多,一般都由芯体和包壳组成。核燃料元件在核反应堆中的工作状况十分恶劣,长期处于强辐射、高温、高流速甚至高压的环境中,因此,芯体要有优良的综合性能。对包壳材料还要求有较小的热中子吸收截面(快堆除外),在使用寿期内不能破损。

至此,核燃料循环的前端完成。

(5) 乏燃料的后处理

辐照过的燃料元件从压水堆卸出时,无论是否达到设计的燃耗深度,总是含有一定量裂变燃料(包括未分裂和新生的)。如将这些易裂变核素分离出来,作为燃料返回反应堆,既可节约天然铀,又可节约分离功。据估计,将铀循环使用,可节约天然铀约 20%,节约分离功 4%左右。如将铀和钚都循环使用,可节约天然铀约 40%,节约分离功 15%左右。回收宝贵的裂变燃料(铀 235、铀 233 和钚)以便再制造成新的燃料元件或用做核武器装料,是后处理的主要目的。此外,所产生的超铀元素以及可用作射线源的某些放射性裂变产物(如铯 137、锶 90 等)的提取,也有很大的科学和经济价值。

乏燃料后处理具有放射性强、毒性大、有发生临界事故的危险等特点,因而必须采取严格的安全防护措施。后处理工艺可分为下列几个步骤。①冷却与首端处理。刚从反应堆中卸出的乏燃料放射性太强,一般需要在冷却水池中存放 3~5 年,使放射性大大衰减之后,才送到后处理厂去处理,这个存放步骤称为中间储存。冷却后将乏燃料组件解体,脱除元件包壳,溶解燃料芯块等。②化学分离。即净化与去污过程,将裂变产物从 U-Pu 中清除出去,然后用溶剂萃取法将铀-钚分离并分别以硝酸铀酰和硝酸钚溶液形式提取出来。③通过化学转化还原出铀和钚。④通过净化分别制成金属铀(或二氧化铀)及钚(或二氧化钚),以便制成燃料元件。

(6) 放射性废物的处理与处置

在核工业生产和核科学研究过程中,会产生一些具有不同程度放射性的固态、液态和气态的废物,简称为"三废"。从后处理厂出来的放射性废物,均需经过妥善处理和处置,以确保在长期储存条件下也不转移到生物环境中。

在放射性废物中,放射性物质的含量很低,但带来的危害较大。由于放射性不受外界条件(如物理、化学、生物方法)的影响,在放射性废物处理过程中,除了靠放射性物质的衰变使其放射性衰减外,无非是将放射性物质从废物中分离出来,使浓集放射性物质的废物体积尽量减小,并改变其存在的状态,以达安全处置的目的。

对"三废"的处理与处置,一般采取多级净化、去污、压缩减容、焚烧、固化等措施处理和处置。例如,对占全部废物放射性约 99%的高放废液的处理和处置,根据其放射性水平区分为低、中、高放废液,可采用净化处理、水泥固化或沥青固化、玻璃固化。固化后存放到专用处置场或放入深地层处置库内处置,使其与生物圈隔离。

至此,核燃料循环的后端就完成了。

5.5.2 核燃料循环体系

按照所使用核燃料的性质,可分为两种核燃料循环体系,即铀-钚循环体系和钍-铀循环体系。

铀-钚循环体系是指由铀系燃料所构成的核燃料循环体系。天然铀中易裂变材料铀 235 只占大约 0.7%,其余绝大部分是铀 238。但在受到中子辐照的时候,铀 238 可以经由如下的核反应转变成易裂变材料钚239。

$$^{238}U(n,\gamma)\longrightarrow {}^{239}U\xrightarrow[23min]{\beta} {}^{239}Np\xrightarrow[2.3d]{\beta} {}^{239}Pu$$

所产生的钚239的一部分在反应堆的运行中被"烧"掉，提供了反应堆产生能量的大约20%，其余部分则留在乏燃料中。将这部分钚提取出来，就可再制成核燃料使用，从而实现再循环。

铀-钚循环可用于压水堆（轻水堆），更主要面向快中子增殖堆（快堆）。在快堆中将铀238转化为钚239，并通过后处理把钚分离出来，作为快堆的燃料循环使用，这样可将占天然铀99%以上的铀238也利用起来。在发展初期，可用压水堆后处理得到的钚作为燃料，发展到一定规模后就可用快堆自己增殖的钚作为燃料。从最大限度地利用铀资源的角度来看，应发展铀-钚循环的快中子增殖堆。

铀-钚核燃料循环的主要技术环节都是在20世纪40～50年代期间发展的。起初的目的是军用，即生产核武器材料钚和为舰船提供核动力。在第二次世界大战后，逐渐转向电力生产，目前在世界上已经建立了完整的商用铀-钚核燃料循环体系。

钍-铀循环是指由钍系燃料构成的核燃料循环体系。天然钍并不是易裂变材料，但钍232吸收中子后会转变成易裂变材料铀233：

$$^{232}Th(n,\gamma)\longrightarrow {}^{233}Th\xrightarrow[22min]{\beta} {}^{233}Pa\xrightarrow[27d]{\beta} {}^{233}U$$

经过后处理将铀233提取出来就可制成核燃料使用。由于在自然界钍的蕴藏量是铀的3倍，因此采用钍-铀循环可以扩大燃料资源。适于采用这种核燃料循环的堆型是高温气冷堆，其科研开发工作现已接近商业化阶段。在重水堆甚至轻水堆中，也可采用这种燃料循环方式，科研工作尚处于开始阶段。

5.5.3 核燃料循环方式

由于核工业既是高投资行业，又是技术密集型行业，核燃料循环包括相当多的环节，其中铀的浓缩和乏燃料的后处理又与核扩散密切相关，因此核燃料循环方式的选择要考虑多种因素，核燃料循环战略即核燃料循环方式的选择因国而异。

核燃料循环方式的选择，通俗地讲就是选择"烧"什么样的燃料，用什么样的反应堆来"烧"燃料和对"烧"过的燃料（乏燃料）如何处理。按照对乏燃料的处置方式的不同，核燃料循环分为一次通过（once through）和再循环（recycle）两种方式。

一次通过又称为开式燃料循环，是指反应堆运行产生的乏燃料不进行后处理，即不回收乏燃料中剩余的铀和在反应堆运行过程中产生的钚，而将其作为废物直接包装或经切割后包装，然后送到深地层的最终处置库永久储藏起来（但保留将来进行回收的可能性）的运行方式。美国是采取这种方式的代表。

再循环方式又称为闭合（closed）燃料循环，就是对反应堆乏燃料进行后处理，回收乏燃料中剩余的铀和钚，裂变产物和除钚之外的超铀因素（镎、镅、锔，又称次要锕系，MA）则进入后处理形成高放废液（high level liquid waste，HLLW）。回收的铀和钚制成燃料再循环，高放废液则进行最终处置，即经玻璃固化后送入地库永久储存。目前法国、日本和俄罗斯等国家采取这种方式，乏燃料的后处理普遍采用以磷酸三丁酯（TBP）为萃取剂的萃取流程——PUREX流程。

后处理形成的高放废液是超铀α废物，由于含有半衰期很长的超铀核素和长寿命裂变产物，其安全处置受到高度关注，需保持长期与生物圈隔离，避免对环境的危害。从20世

70 年代起，世界上就开展了旨在解决这一问题的研究工作，即高放废液中的长寿命核素的分离-嬗变，就是将高放废液中的长寿命核素分离出来，加入燃料或制成靶送入反应堆或加速器驱动的嬗变系统（ADS）辐照，通过核反应使这些长寿命核素转变成短寿命核素或稳定核素，同时还可以获得能量增益。如果将高放废液中的主要发热核素——裂变产物铯 137 和锶 90 也分离出来，剩余的废液就可以作为中、低放废物处置。

分离嬗变领域研究工作的进展使得未来有采用第三种燃料循环方式的可能，这就是锕系完全再循环（或者叫超铀元素完全再循环），即对所有的乏燃料都进行后处理，并把所有的锕系都多次再循环，以完全消耗掉裂变材料和 MA，同时将一种或几种长寿命裂变产物（^{99}Tc、^{129}I 等）也进行再循环。通俗地讲，这种燃料循环方式是烧"脏"的燃料（即燃料中含有 MA）和产生"清洁"的废物（即废物中只含裂变产物），这种包括分离嬗变在内的燃料循环又称为先进燃料循环。

核燃料循环方式的选择与核能的可持续发展密切相关，在第 4 代核能系统中核能可持续目标是资源的最大利用、废物的最少化及其安全处置。

5.6 核能利用与环境

与化石燃料对环境产生的明显污染相比，核能是一种较清洁、安全的能源。核电站不排放任何温室气体，建设一座 1000MW 的核电站，每年就可减少 CO_2 排放量 600 万吨左右。改变能源结构，加快核能利用，对缓解环境污染有着重要意义。由于采取多重保护、多道屏障、纵深设防的设计原则，核电站一般不会发生事故，特别是发生严重事故的可能性极小。核电站对环境的影响主要是流出物中放射性物质对周围居民产生的辐射照射。其影响通常用归一化集体剂量表示，其典型值为 1 人·希/（吉瓦·年）。由于煤中均含有微量天然放射性物质，故燃煤电站流出物中也含有放射性物质，对周围居民同样产生辐射。例如对煤中放射性物质的含量进行较系统的测量，估算燃煤电厂产生的归一化集体剂量约为 50 人·希/（吉瓦·年），比核电站产生的归一化集体剂量约高 1 个数量级。如果考虑煤中还含有其他微量有害物质，则燃煤电厂产生的危害就更高了。

第二次世界大战末期，1945 年 8 月 6 日和 9 日，美军在广岛、长崎投下了名为"小男孩"和"胖子"（见图 5-18）的两颗原子弹，摧毁了日本的两座城市，致使原子弹爆炸的巨大杀伤力一直在人们的心头成为阴影。"冷战"时期大肆渲染的核恐怖以及在生物圈内进行核试验对环境和生物遗传的破坏作用，使许多人将核电与核武器视作同样危险的东西。

原子弹爆炸的能量和核反应堆的能量虽然都来自原子核裂变，但这是两种不完全相同的过程。如做一个对比，原子弹就好像把一根火柴丢进一桶汽油中引起猛烈的燃烧和爆炸，而核反应堆犹如将汽油注入汽车发动机慢慢消耗一样。原子弹是由高含量（大于 93%）的裂变物质铀 235 或钚 239 和复杂而精密的引爆系统所组成的，通过引爆系统把裂变物质压紧在一起，达到超临界体积，于是瞬时形成剧烈的不可控的链式裂变反应，在极短时间内释放出巨大的核能，从而产生核爆炸。

图 5-18　原子弹"胖子"模型

而核反应堆的结构和特性与原子弹完全不同，反应堆大都采用低浓度裂变物质作燃料，这些燃料都分散布置在反应堆内，在任何情况下都不会像原子弹那样将燃料压紧在一起而发生核爆炸。而且，反应堆有各种安全控制手段，以实现受控的链式裂变反应。即当核能意外释放太快，堆芯温度上升太高时，链式裂变反应就会自行减弱乃至停止。

人们担心利用核能给环境带来的主要问题是安全问题。回顾核能发展历史，不难看出核能的安全记录总体是良好的。在迄今为止的反应堆年运行历史中，对公众产生明显影响的事故有三次。一次是 1979 年 3 月美国发生的三里岛核泄漏事件，另一次是 1986 年 4 月苏联发生的切尔诺贝利核事故，第三次是 2011 年 3 月 11 日日本福岛地震海啸引发的核泄漏危机。在三里岛核事故中，由堆芯熔化和破损的元件中释放出大量的放射性物质，但这些物质基本上滞留在安全壳内，释放到环境中的量很小。厂址周围 80km 内居民所受的平均剂量小于天然辐射所致年剂量的一半。可见三里岛核事故对公众产生的辐射剂量是可以忽略的。切尔诺贝利核电站事故是人类利用核能以来一次最严重的事故，对工作人员的健康和电站周围环境造成了严重的影响。值得注意的是，切尔诺贝利事故是在特定堆型和条件下发生的，切尔诺贝利核电站是压力管式石墨慢化沸水堆，这种堆型的安全性本身存在一些值得研究的问题，反应堆本身又没有完整的安全壳。日本福岛第一核电站受大地震影响，发生了放射性物质泄漏事件。日本方面将福岛第一核电站事故的严重程度评价提高到国际核能事件分级表（INES）中最严重的 7 级。尽管 7 级事故等级同史上最严重的核事故——苏联切尔诺贝利核事故相同，但这两起事故有着显著区别。在切尔诺贝利核事故中，正在运行的机组发生了强烈爆炸，持续数日的大火和烟尘将大量放射性物质推至高空以及周边大范围环境。相比之下，福岛核电站的各个机组在大地震发生时已经停闭，而且爆炸地点在包容堆芯的压力容器外。通过这三起事故的教训，世界各国均对其正在运行的核电站的基本安全特性进行了仔细的重新检验，采取了一些加强安全和可靠性的措施，制定更加周全的应对重大自然灾害的安全预案。

人们担心利用核能对环境带来的另一问题是放射性废物的安全处置。对放射性高废物处置，各国已经做了大量研究，结果也说明完全可以实现安全处置。2023 年 8 月 24 日，日本政府无视国际社会强烈质疑和反对，单方面强行启动福岛核事故污染水排海，严重损害了周边国家人民健康和海洋环境权益，严重损害了全球核能事业安全与发展利益，成为生态环境破坏者和全球海洋污染者，公然向全世界转嫁核污染风险，必将长期受到国际社会谴责。

5.7 迅速发展的核电事业

核能发电是将核反应堆中核裂变或核聚变所释放出的能量转变成电能的发电方式。利用核能产生的电能，通常称为核电。

5.7.1 简史

核能发电的历史与动力堆的发展历史密切相关，而动力堆的发展最初出于军事需要。纵观人类和平利用核能的历程，全球核电发展可分为以下阶段。

（1）实验示范阶段

20 世纪 50 年代中期至 60 年代初。在利用核能发电的领域内，起步最早的是美国和苏联。前者于 1951 年在一座 100kW 的快中子试验堆上首次获得源自核裂变的电能，后者于 1954 年建成世界上第一座发电的反应堆并正式启用，这是一座用石墨做减速剂的试验核电站，核反应堆建在奥博尼斯克（Ohninsk），发电量 5MW，可供 6000 居民的小镇用电。在取得上述进展后，这两个国家迅即开展了以下两项相辅相成并对以后实现核电商业化具有奠基意义的活动：设计、建造原型动力堆；组建核电基础结构。通过原型堆的建造和运行实践的全面验证，显示出所选择的动力堆堆型可适应电力生产的要求，并在技术和经济上均具有推广前景，两国的电力工业开始接受这种发电方式。1957 年，美国在世界第一艘核潜艇"鹦鹉螺"号使用的反应堆型基础上，建成了一座压水堆型的核电站，从而将军事技术成功地转为民用。

在此期间，世界共有 38 台机组投入运行，属于早期原型反应堆，即"第 1 代"核电站。除 1954 年苏联建成的第一座核电站外，还包括 1956 年英国建成的 45MW 原型天然铀石墨气冷堆核电站、1957 年美国建成的 60MW 原型压水堆核电站、1962 年法国建成的 60MW 天然铀石墨气冷堆和 1962 年加拿大建成的 25MW 天然铀重水堆核电站。

（2）高速发展阶段

20 世纪 60 年代中期至 80 年代初。由于核燃料浓缩技术的发展，核能发电的成本已低于火力发电的成本，核能发电真正迈入实用阶段。其间，世界共有 242 台核电机组投入运行，属于"第 2 代"核电站。由于受石油危机的影响以及被看好的核电经济性，核电经历了一个大规模高速发展阶段。德国 1974 年建成的高压水汽压水堆核电站，是当时世界最大的核电站（见图 5-19）；美国成批建造了 500～1100MW 的压水堆、沸水堆，并出口其他国家；苏联建造了 1000MW 石墨堆和 440MW、1000MW·VVER 型压水堆；日本、法国引进、消化了美国的压水堆、沸水堆技术，其核电发电量均增加了 20 多倍。这一代的核电机组类型主要由美国设计的压水堆核电机型（PWR，System80）和沸水堆核电机型（BWR）、法国设计的压水堆核电机型（P4、M310）、俄罗斯设计的轻水堆核电机型（VVER），以及加拿大设计的重水堆核电机型（CANDU）等。

图 5-19　高压水汽压水堆核电站

（3）减缓发展阶段

20 世纪 80 年代初至 21 世纪初。由于 1979 年的美国三里岛核电站事故以及 1986 年的苏联切尔诺贝利核泄漏，全球核电发展迅速降温。在此阶段，人们开始重新评估核电站的安全性和经济性。为确保核电站的安全，世界各国加强了安全设施，制定了更严格的审批制度。

（4）开始复苏阶段

21 世纪以来，随着世界经济的复苏以及越来越严重的能源危机，核能作为清洁能源的优势重新受到青睐。同时，经过多年的技术发展，核电的安全可靠性进一步提高，世界核电的发展开始进入复苏期，世界各国制定了积极的核电发展规划。美国、欧洲、日本开发的先进的轻水堆核电站，即"第三代"核电站取得重大进展。第三代核电站重在增加事故预防和缓解措施，降低事故概率并提高安全标准。第三代核电机型主要有 AP1000、EPR、AB-WR、APR1400、AES2006、ESBWR、CAP1400、华龙一号等。

由此可见，在世界核电发展史上，美国的三里岛核电站事故以及苏联切尔诺贝利核泄漏事故曾令核电发展迅速降温，而近期日本福岛重大核安全事故也再次引发人们对核电安全的担忧，但"谈核色变"并非第一次，核能作为一种清洁、稳定且有助于减缓气候变化影响的能源正为越来越多的国家所接受。未来新一代（第四代）先进核能系统，无论是在反应堆还是在燃料循环方面都有重大的革新和发展。第四代核能系统的发展目标是增强能源的可持续性、核电厂的经济竞争力、安全性和可靠性，以及防扩散和外部侵犯能力。各国核电装机容量的多少，很大程度上反映了各国经济、工业和科技的综合实力和水平。核电与火电、水电、风电、光伏发电一起作为当代电力支柱之一，在世界能源结构及电力供应脱碳中将发挥重要作用。

5.7.2 我国的核电发展

我国一次能源以煤炭为主，随着经济发展对电力需求的不断增长，大量燃煤发电对环境的影响也越来越大，全国的大气状况不容乐观。我国作为 CO_2 排放量大国，必须要对气候变暖承担与国际地位相应的责任，减排压力很大。与火电相比，核电作为一种技术成熟的清洁能源，不排放 SO_2、烟尘、氮氧化物和 CO_2。以核电替代部分煤电，不但可以减少煤炭的开采、运输和燃烧总量，而且是电力工业减排污染物的有效途径，是减排 CO_2 的最有效途径之一。核燃料的能量高度集中，在现阶段的实际应用中，1kg 天然铀可代替 20～40t 煤，采用核供热可以大大减少煤炭运输压力。核电发展的重点是在沿海能源供应短缺、经济比较发达的地区。

我国是世界上少数几个拥有比较完整核工业体系的国家之一。早在 1955 年中央制定的原子能发展计划 12 年大纲中就提出："用原子能发电是动力发展的新纪元，是有远大前途的。"周恩来总理 1970 年 2 月听取了上海市关于缺电的汇报后说："从长远看，要解决上海和华东用电问题，要靠核电。"20 世纪 70 年代末，我国改革开放新时期之初，核工业实施战略转移，把重点转向核能技术的和平利用上，使核能技术为国民经济建设、人们生活和国际合作服务。经过 30 多年的努力，我国核电从无到有，得到了很大的发展。1983 年确定了压水堆核电技术路线，在压水堆核电站设计、设备改造、工程建设和运行管理等方面积累了经验，为实现规模化发展奠定了基础，核工业在中国国民经济建设和国防现代化建设中占有十分重要的地位。

图 5-20　大亚湾核电站

我国自行设计建造的 300MW 秦山核电站在 1991 年底投入运行。它的建成发电，结束了我国无核电的历史。利用香港特别行政区的有利条件，内地与香港合营的广东大亚湾核电站（见图 5-20），两台 900MW（电）压水堆机组，分别于 1994 年 2 月和 5 月并网发电。它的建成，缓解了华南及香港的缺电状况，为我国培养了一大批科技人员和建设人员，为我国进一步发展大型压水堆核电站提供了有利条件。

秦山核电站和大亚湾核电站的建成，标志着我国发展核电的准备阶段已经结束，发展核电已正式起步。与此同时，秦山二期工程两台 650MW（电）压水堆核电站分别于 2002 年和 2004 年并网发电。我国首座重水堆核电站——秦山三期核电站自 1998 年 6 月开工，该工程是从加拿大引进的坎杜 6 商用重水堆核电站，装机容量为两台 700MW，设计寿命 40 年，设计年容量因子 85%，分别于 2002 年和 2003 年成功并网发电。清洁、安全的核电，源源不断进入华东电网，将部分缓解华东地区电力紧张的局面，促进地方经济持续快速发展。

岭澳核电站位于美丽的大亚湾畔，是继大亚湾核电站投产后，贯彻"以核养核，滚动发展"方针，投资 40 多亿美元在广东地区建造的第二座大型商用核电站，建设规模为 4 台 1000MW 核电机组，2002～2010 年均已投入商业运行，对缓解广东省和深圳市日益紧张的用电局面，起到了重要作用。江苏田湾核电站一期工程建设两台单机容量 106MW 的俄罗斯 AES-91 型压水堆核电机组，设计寿命 40 年，年发电量达 140 亿 kW·h，1、2 号机组分别于 2007 年 5 月 17 日和 8 月 16 日投入商业运行。

我国自主开发的"华龙一号"和 CAP1400 先进压水堆（"国和一号"），具有完善的严重事故预防和缓解措施，全面贯彻纵深防御原则，设置多道实体安全屏障，确保实现放射性物质包容。

全球首座四代核电站石岛湾高温气冷堆示范工程进展顺利，该核电站的主要技术特征是球床模块式高温气冷堆。高温气冷堆采用氦气来冷却，氦气出口平均温度可达 750℃，并具备提高至 950℃ 以上的潜力，热效率可达到 40%～50%。与压水堆相比，高温气冷堆的发电能力相当于一座同等热功率压水堆发电能力的 1.5 倍。2021 年 12 月 20 日，华能石岛湾 1 号堆并网成功。2022 年 12 月 9 日，1、2 号反应堆达到初始满功率，实现了"两堆带一机"模式下的稳定运行，为工程投产商运奠定了基础。据测算，石岛湾核电站满功率运行每年可发电 14 亿 kW·h，为 200 万居民提供生活用电，相对燃煤发电可减少 90 万吨二氧化碳排放。我国目前已并网三个四代堆项目，包括 2 个高温气冷堆项目、1 个钠冷快堆项目和 1 个熔盐堆项目。

核能在我国未来能源系统中占重要地位，核电的振兴将成为新时期能源多元化发展的重点之一。在提高非化石能源占一次能源消费比重的约束目标下，我国的核电发展不可或缺。日本大地震引发的核电站事故引起了全球对核电安全的担忧。日本核事故进一步强化了安全第一的理念，我国目前在运的 30 余台核电机组安全水平不低于国际上绝大多数运行机组，福岛核事故后，我国立即开展了核电厂安全大检查，切实吸取福岛核事故经验反馈。截至目前，我国核电站的安全、运行业绩良好，运行水平不断提高，运行特征主要参数好于世界均值；核电机组放射性废物产生量逐年下降，放射性气体和液体废物排放量远低于国家标准许可限值。我国要吸取日本方面的一些教训，在核电的发展战略和发展规划上进行适当地吸收，但是不会改变我国的核电中长期战略，发展核电的决心和发展核电的安排是不会改变的。

发展核电，应贯彻"积极推进核电建设"的电力发展基本方针，统一核电发展技术路线，注重核电的安全性和经济性，坚持以我为主、中外合作，以市场换技术，引进国外先进技术，国内统一组织消化吸收并再创新，加快核电设备国产化。充分利用我国已经形成的核电设计、制造、建设和运营能力，以有竞争力的电价为目标，实现核电国产化。在《核电中长期发展规划（2005～2020 年）》中，确定了我国的核电发展战略，坚持发展百万千瓦级先进压水堆核电技术路线，按照热中子反应堆-快中子反应堆-受控核聚变"三步走"的步骤开展工作。近中期目标是优化自主第三代核电技术；中长期目标是开发以钠冷快堆为主的第四代核能系统，积极开发模块化小堆、开拓核能供热和核动力等利用领域；长远目标是实现快堆闭式燃料循环，压水堆与快堆匹配发展，发展核聚变技术，力争建成核聚变示范工程。图 5-21 按照压水堆、第四代堆、聚变技术三个领域的技术成熟度给出了核能技术发展路线图。

总之，核能是安全、清洁、低碳、高能量密度的战略能源。发展核能对于我国突破资源环境的瓶颈制约，保障能源安全，实现绿色低碳发展具有不可替代的作用。核电具有持续稳定电力供应的能力，可以有效缓解新能源波动对电网的冲击，在构建以新能源为主体的新型电力系统中发挥更大的作用。根据我国政府宣布的到 2030 年我国非化石能源将占一次能源消耗20%左右的承诺，结合国内核电设计、建造、装备供应能力，预计届时核电运行功率将达到$1.5×10^8$ kW，发电量约占10%～14%。核科技的发展是人类科技发展史上取得的重大成就。核能的和平利用对于缓解能源紧张、减轻环境污染和造福人类生活具有重要的意义。我们相信，核技术会在人类新的文明控制下释放出更多的灿烂光芒。

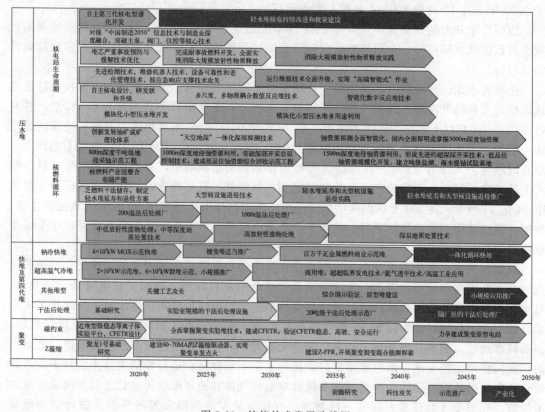

图 5-21　核能技术发展路线图

第 6 章 太阳能

太阳能是一种人类赖以生存与发展的能源，地球上多种形式的能源皆起源于太阳能。太阳发射的宽频电磁波给地球带来的能量可以转化成热、电或者用于生产燃料。转化的太阳热能可用于家庭热水和工业过程供热等。太阳辐射还可以通过热电厂（利用阳光加热的蒸汽）产生电能，或者直接转化成直流电。同时还可以通过光驱动的化学反应或者光电池驱动的电解反应生成氢气，替代传统的化石燃料。太阳能作为一种能源，无疑是清洁的、可持续能源的代表。

6.1 太阳能简介

太阳表面的有效温度为 5762K，而内部中心区域的温度则高达几千万度，压力为 3×10^{16} Pa。组成太阳的物质中 75% 是氢，在这样高的温度下，原子失去了全部或大部分的核外电子，因而使得太阳中最丰富的氢原子只剩下了它的原子核——质子。粒子在这样高的温度下热运动速度非常大，以致它们互相碰撞而发生核反应。太阳是一座核聚合反应器，它在持续地把氢变成氦，不断放出巨大的能量来维持太阳的光和热辐射。太阳能是判断太阳内部连续不断的氢核聚变反应过程产生的能量。科学家们认为太阳上的核反应是：

$$4{}_1^1\mathrm{H} \longrightarrow {}_2^4\mathrm{He} + 2\beta^+ + \Delta E$$

式中，β^+ 为正电子的符号。太阳内部持续进行着氢聚合成氦的核聚变反应，所以不断地释放出巨大的能量，并以辐射和对流的方式由核心向表面传递热量，温度也从中心向表面逐渐降低。氢在聚合成氦的过程中释放出巨大的能量。在核聚变反应过程中，每 1g 氢变成氦时质量将亏损 0.00729g，释放出 6.48×10^{11} J 的能量，这样，太阳每秒将 657×10^6 t 氢借热核反应变成 653×10^6 t 氦，即每秒亏损四百万吨质量，产生的功率为 390×10^{21} kW。太阳虽然经历了几亿年的发展，但还处于其中年时期。根据目前太阳产生核能的速率估算，其氢的储量足够维持 600 亿年，因此太阳能可以说是用之不竭的。

地球轨道上的平均太阳辐射强度为 $1367\mathrm{kW/m^2}$，地球赤道的周长为 40000km。从而可计算出，太阳辐射到地球大气层的能量可达 173000 TW，这仅为其总辐射能量的 22 亿分之一。也就是说太阳每秒钟照射到地球上的能量就相当于 500 万吨煤。同时，不同的地理位置、季节和气象等因素也直接影响到达地表的太阳辐射能量。太阳光在穿透大气层到达地球表面的过程中要受到大气各种成分的吸收及大气和云层的反射，最后以直射光和散射光的形式到达地面，在海平面上的标准峰值强度为 $1\mathrm{kW/m^2}$，地球表面 24h 的年平均辐射强度为 $0.20\mathrm{kW/m^2}$，相当于有 102000TW 的能量。大气中的水汽对太阳光的吸收最为强烈，其次臭氧对紫外线的吸收也很强。地球上的风能、水能、海洋温差能、波浪能和生物质能以及部分潮汐能都是来源于太阳；即使是地球上的化石燃料（如煤、石油、天然气等），从根本上说也是远古以来储存下来的太阳能，所以广义的太阳能所包括的范围非常大，狭义的太阳能则限于太阳辐射能的光热、光电和光化学的直接转换。

人类对太阳能的利用只是对能源利用方式的改进，是通过不同的介质将太阳的能量加以储存并再利用。太阳能资源分析是判断太阳能利用是否可行的基础。从利用角度来看，太阳能有两个主要缺点：一是能流密度低，二是其强度受各种因素（季节、地点、气候等）的影响不能维持常量。这两大缺点大大限制了太阳能的有效利用。但太阳能作为一次能源，又是可再生能源，有着其独特的优点，主要表现在：

① 相对于常规能源的有限性，太阳能有着无限的储量，取之不尽，用之不竭；

② 有着存在的普遍性，可就地取用；

③ 作为一种清洁能源，在开发利用过程中不产生污染；

④ 从原理上讲技术可行，有着广泛利用的经济性。

因此，太阳能将在世界能源结构的调整中担当重任，必将成为理想的替代能源。

地球上太阳能资源的分布与各地的纬度、海拔高度、地理状况和气候条件有关。

资源丰度一般以全年总辐射量［单位为 $kJ/(cm^2 \cdot a)$ 或 $kW/(cm^2 \cdot a)$］和全年日照总时数表示。就全球而言，美国西南部、非洲、澳大利亚、我国西藏、中东等地区的全年总辐射量或日照总时数最大，为世界太阳能资源最丰富的地区。

我国的太阳能资源十分丰富，从而为太阳能的综合利用提供了巨大的市场。据估算，我国陆地表面每年接收的太阳辐射能约为 $50 \times 10^{18} kJ$，全国各地太阳年辐射总量达 $335 \sim 837 kJ/(cm^2 \cdot a)$，中值为 $586 kJ/(cm^2 \cdot a)$。根据各地接收太阳辐射总量的多少，将全国划分为如下 5 类地区，如表 6-1 所示。

表 6-1　我国太阳能资源划分

类型	地区	年日照时间数/h	年辐射总量/[$kJ/(cm^2 \cdot a)$]
1	西藏西部、新疆东南部、青海西部、宁夏北部、甘肃西部等地	3200~3300	668~840
2	西藏东南部、新疆南部、青海东部、宁夏南部、甘肃中部、河北西北部、山西北部、内蒙古南部等地	3000~3200	585~668
3	新疆北部、甘肃东南部、山西南部、河北东南部、山东、河南、吉林、辽宁、云南、广东南部、福建南部、江苏北部、安徽北部、天津、北京和台湾西南部等地	2200~3000	501~585
4	湖南、湖北、广西、江西、浙江、福建北部、广东北部、山西南部、江苏南部、安徽南部、黑龙江、台湾东北部等地	1400~2200	418~501
5	四川、贵州、重庆等地	1000~1400	334~418

一、二、三类地区，年日照时数大于 2200h，太阳年辐射总量高于 $501 kJ/(cm^2 \cdot a)$，是中国太阳能资源丰富或较丰富的地区，面积约占全国总面积的 2/3 以上，具有利用太阳能的良好条件。尤其是青藏高原地区，那里平均海拔高度在 4000m 以上，大气层薄而清洁，透明度好，纬度低，日照时间长。例如被人们称为"日光城"的拉萨市太阳辐射值最大，其太阳辐射值与太阳能资源丰富的沙特阿拉伯、阿曼等国家基本持平。即使是太阳辐射值较小的地区，也要比已建有太阳能利用系统且利用效果良好的日本某些地区好。总之，从全国来看，我国是太阳能资源相当丰富的国家，具有得天独厚的优越条件，这无疑为太阳能资源的利用开发提供了极为有利的研究前提。

太阳能作为可再生能源的一种，是指太阳能的直接转化和利用。人类对太阳能的利用有着悠久的历史。我国早在 2000 多年前的战国时期就知道利用铜制凹面镜聚焦太阳光来取火，利用太阳能来干燥农副产品。发展到现代，太阳能的利用已日益广泛，包括太阳能的光热利用、太阳能的光电利用和太阳能的光化学利用等。

通过转换装置把太阳辐射能转换成热能利用属于太阳能热利用技术，如已广泛使用的太阳能热水器、太阳灶、空调机、被动式采暖太阳房、干燥器、集热器、热机等。利用太阳热能进行发电称为太阳能热发电，也属于太阳能热利用技术领域。而通过转换装置将太阳辐射能转换成电能属于太阳能光发电技术，目前这一领域已成为太阳能应用的主要方向。如已制作出各种太阳能电池、制氢装置及太阳能自行车、汽车、飞机等，并在开展建造空间电站的前期工作。在多种太阳能电池中，硅太阳能电池已进入产业化阶段。光电转换装置通常是利用半导体器件的光伏效应原理进行光电转换，因此又称太阳能光伏技术。

20 世纪 50 年代，太阳能利用领域出现了两项重大技术突破：一是 1954 年美国贝尔实验室研制出 6% 的实用型单晶硅光电电池；二是 1955 年以色列 Tabor 提出选择性吸收表面概念和理论，并研制成功选择性太阳光吸收涂层。这两项技术的突破，为太阳能利用进入现代发展时期奠定了技术基础。20 世纪 70 年代以来，鉴于常规能源供给的有限性和环保压力的增加，世界上许多国家掀起了开发利用太阳能和可再生能源的热潮。1973 年，美国制定了政府级的阳光发电计划，促进太阳能产品的商业化。1980 年又正式将光伏发电列入公共电力规划。1992 年，美国政府颁布了新的光伏发电计划，制定了宏伟的发展目标。日本在 20 世纪 70 年代制定了“阳光计划”，1993 年将“月光计划”（节能计划）、“环境计划”、“阳光计划”合并成“新阳光计划”。德国等欧盟国家及一些发展中国家也纷纷制定了相应的发展计划。20 世纪 90 年代以来，联合国召开了一系列有各国领导人参加的高峰会议，把环境与发展纳入统一的框架，确立了可持续发展的模式，讨论和制定世界太阳能战略规划、国际太阳能公约，设立国际太阳能基金等，以推动全球太阳能和可再生能源的开发利用。开发利用太阳能和可再生能源已成为国际社会的一大主题和共同行动，也已成为各国制订可持续发展战略的重要内容。

进入 21 世纪以后，随着全球能源结构的转型，世界太阳能利用尤其是光伏发电产业迅猛发展，光伏发电应用已经进入规模化时期。根据中国光伏行业协会最新数据，2022 年全球新增光伏装机量预计为 230GW，拉动了光伏产业链制造端产能进一步扩大。亚洲已经成为光伏生产中心，而我国是产能聚集地，硅片产能占全球硅片总产能的比重高达 98%，电池片、组件产量占全球总产量的比重均在 85% 以上，在全球光伏电池生产大国的地位进一步巩固。

6.2　太阳能的光热利用

太阳能-热能转换历史悠久，开发也普遍。太阳能热利用包括：太阳能热水器、太阳能热发电、太阳能制冷与空调、太阳能干燥、太阳房等。鉴于太阳能热利用对节能减排工作的重要意义，国家相关部委发布了太阳能热利用相关政策，在“十四五”可再生能源发展规划中，指出要“有序推进太阳能热发电发展，推动太阳能热发电与风电、光伏发电基地一体化建设运行，提升新能源发电的稳定性可靠性”。在国务院发布的《2030 年前碳达峰行动方案》中明确：积极发展太阳能光热发电，推动建立光热发电与光伏发电、风电互补调节的风光热综合可再生能源发电基地。

根据集热器的不同，太阳能热利用可分为低温技术（<80℃）、中温技术（80～250℃）和高温技术（≥250℃），目前只有低温集热器及其应用技术最成熟。低温集热器通常是玻璃的，用于加热水和加热通风空气，其中太阳能热水器已形成相当规模。中温集热器通常也为平板状，用于住宅和商业/工业水或空气加热。高温集热器使用镜子或透镜聚集阳光，通常用于工业和电力生产，以满足高达 300℃/2 MPa 压力的热要求。

6.2.1 太阳能热水系统

太阳能热水器（系统）是太阳能热利用产业发展的主要内容之一，其技术已趋成熟，是目前我国新能源和可再生能源行业中最具发展潜力的品种之一。随着城乡居民生活水平的提高，对生活热水需求量将大大增加，太阳能热水器使用范围逐步由提供生活用热水向商业用和工农业用热水方向发展。太阳能热利用产业发展至今，经历了"从热水到热能""从民用到工业""从散乱到一体化"的技术进步。太阳能热利用与建筑一体化技术的发展使得太阳能热水供应、空调、采暖工程成本逐渐降低，太阳能热利用行业已经具备从"中高温热利用""工业热能利用"到"太阳能建筑一体化"产业升级的条件，太阳能热水器存在着潜在的巨大市场。

6.2.1.1 热水器发展简史

太阳能热水器（或系统）是现实的、比较经济的、已得到广泛应用的太阳能热利用装置。从美国马里兰州的肯普于1891年发明第一台热水器以来已经有一百多年的历史。

1891年，美国马里兰州的肯普发明了第一台热水器。这台热水器被他命名为"顶峰"热水器，它的基本构造是在一个白松木盒内放置4个涂黑的铁罐，罐与罐之间用管道相连，木盒四周及底部用油毛毡衬垫隔热，顶部盖有玻璃板，向南倾斜安装在屋顶上。水罐最下面有冷水进口，下面有热水出口。用热水时，打开室内冷水阀，流入的冷水即把热水从上面顶出。

"顶峰"热水器问世后，在煤、油、电力价格都十分昂贵的当时简直成了美国一条轰动一时的新闻，1895年在加利福尼亚州的亚帕萨迪纳组建了一个太阳能热水器公司。1898年，美国人弗兰克·沃克对"顶峰"热水器进行了改革，设计了沃克热水器，这种热水器把水罐从4个减少为1~2个，并把热水出口置于罐的顶部，冷水出口置于罐的底部，从而保证能够使用最热的水。另外，水罐下部还安装了一块抛光金属板，把直射光反射到热水器上，以提高装置的热性能。这种热水器于1902年6月获得美国专利，成为世界上继"顶峰"之后的第二个太阳能热水器专利，并在美国加利福尼亚州的南部得到了相当广泛的应用。

无论"顶峰"热水器还是"沃克"热水器，水的加热速度都比较慢。1905年，美国人查尔斯·哈斯克尔将热水器中的水罐改为扁形，提高了水的加热速度，于1907年1月获得美国专利权，称为"改进的顶峰"热水器。这种热水器的扁形水罐被分成许多流槽，冷水沿着槽的底管流入，底管上开有许多小孔，水由小孔进入流槽，热水由槽顶的有孔管道汇集流出。

上述几种热水器的缺点是，一到晚上，热水器里的热水逐渐变凉，以致无法洗澡。美国一名叫贝利的工程师对上述热水器进行了改进，研制成功一种昼夜都可用的太阳能热水器，其特点是增设了一个密封的隔热性能极好的储水装置，被加热的热水进入储水装置内，可留到晚上或次日清晨使用。

昼夜热水器于1913年因为一场大雪，芯体因寒冷而冻裂了。于是，贝利又发明了防冻热水器，它由两个独立的集热器的循环系统、储水箱及供水系统构成。集热器的管路与储水箱内的盘管相连，防冻液体（水与酒精的混合物）作为传热介质，在集热器与储水箱内的盘管中循环，从而不断加热储水箱内的冷水。这种热水器曾得到了广泛的应用。

天然气和石油的大规模开采使油价大大下降，曾使热水器的发展在一个相当长时间内缓慢了下来。到了20世纪70年代，随着世界性能源危机的日趋严重及环境意识的增强，人们对太阳能的利用重新重视起来，许多国家都花了不少投资用于太阳能的研究和开发，使热水器技术有了很大的发展。

6.2.1.2　热水装置的类型

屋顶上的太阳能家庭热水（SDHW）集热器（见图 6-1）是太阳能技术利用的最常见形式。该集热器大多数用于太阳能家庭热水系统，用来为房屋提供热水，或者为游泳池提供温水。

图 6-1　太阳能家庭热水集热器

太阳能热水系统主要元件包括集热器、储存装置及循环管路 3 部分。此外，还有辅助的能源装置（如电热器等）以供无日照时使用，另外尚可能有强制循环用的水，控制水位、控制电动部分或温度的装置及接到负载的管路等。若按照流体的流动方式分类，可将太阳能热水系统分为三大类：循环式、直流式和闷晒式。按照形成水循环的动力，循环方式又分为自然循环式和强制循环式两种。

（1）自然循环式

图 6-2 为自然循环式太阳能热水装置。此种型式的储水箱置于集热器上方。其工作原理是：在以集热器、储水箱、上下循环管组成的闭式回路中，水在集热器中接受太阳辐射后被加热，温度上升而密度降低。由于浮升力的作用，热水沿着管道上升，使上循环管中的水成为热水。集热器及储水箱中由于水温不同而产生密度差，形成系统的热虹吸现象（thermo-siphon），促使水在储水箱及集热器中自然流动。在流动过程中，上循环管中的热水不断流入储水箱，储水箱底部的冷水不断通过下循环管流入集热器下集管，如此不断循环，集热器工作一段时间后，水箱上部的热水就可使用。由于密度差的关系，水流量与集热器对太阳能的吸收量成正比。水流经集热器是以热虹吸压头作为动力的，因而不需要安装专用水泵。安装维护甚为简单，故已被广泛采用。

（2）强制循环式

自然循环式热水系统是靠温差产生的很

图 6-2　自然循环式太阳能热水器

小的压差进行循环的，所以对集热器的蓄热水箱的相对位置、连接管的管径及配制方式均有一定要求和限制。对于大型供热水系统，应采用强制循环式。强制循环式太阳能热水系统主要由集热器、储水箱、水泵、控温器和管道组成。热水系统使水在集热器与储水箱之间循环。当集热器顶端水温高于储水箱底部水温若干度时，控制装置将启动，使水流动。水入口处设有止回阀（check valve），以防止夜间水由收集器逆流，引起热损失。此种型式的热水系统的流量可知，容易预测性能，亦可推算在若干时间内的加热水量。在同样设计条件下，较自然循环方式具有可以获得较高水温的长处。但存在控制装置时动时停、漏水等问题。因此，除大型热水系统或需要较高水温的情况下才选择强制循环式外，一般大多用自然循环式热水器。图 6-3 为强制循环式热水器装置示意。

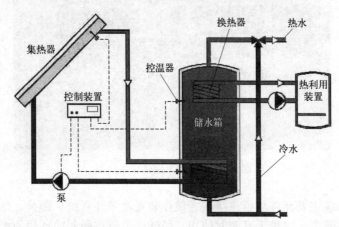

图 6-3　强制循环式热水器装置示意

太阳能热水器具有安全、环保、节能的特点，广泛应用于家庭、厂矿机关、公共场所的生活用热水和采暖等。据统计，我国太阳能热水器平均每平方米每个正常日照日可产生相当于 2.5kW·h 电的热量，每年可节约 0.1～0.2t 标准煤，可以减少约 0.7t CO_2 的排放量，同时减少了大量有害气体的排放，其使用寿命为 8 年以上。20 世纪 70 年代后期，我国开始开发家用热水器，使太阳能热水器得到了快速发展和推广应用。目前，我国已成为世界上最大的太阳能热水器生产国和最大的太阳能热水器市场，截至 2020 年底，我国太阳能集热系统保有量 5.38 亿平方米，累计减排二氧化碳 17.283 亿吨，对节能减排、改善环境做出了重要贡献。目前在市场上占主导地位的热水器主要有平板型和真空管型两种。

6.2.2　太阳能热发电

太阳能热发电，也叫聚焦型太阳能热发电（concentrating solar power，CSP），是利用集热器将太阳辐射能转换成热能并通过热力循环进行发电的过程，是太阳能热利用的重要方面，是除光伏发电技术以外另一有着很大发展潜力的太阳能发电技术。

除了水力发电外，差不多所有的电能都产生于采用朗肯循环的热力电站。太阳能热发电的热源采用太阳能向蒸发器供热，工质（通常为水）在蒸发器（或锅炉）中蒸发为蒸汽并被过热，进入透平，通过喷管加速后驱动叶轮旋转，从而带动发电机发电。离开透平的工质仍然为蒸汽，但其压力和温度都已大大降低，成为（温）饱和蒸汽，然后进入冷凝器，向冷却介质（水或空气）释放潜热，凝结成液体。凝结成液体的工质最后被重新泵送回蒸发器（或锅炉）中，开始新的循环。

20 世纪 80 年代以来，美国、欧盟、澳大利亚等国家和地区相继建立起不同型式的示范装置，促进了热发电技术的发展。目前，太阳能热发电站遍布美国、西班牙、德国、法国、阿联酋、印度、埃及、摩洛哥、阿尔及利亚、澳大利亚等国家。太阳能热发电系统由集热系统、热传输系统、蓄热与热交换系统和汽轮机发电系统组成。到目前为止，根据太阳能聚光跟踪理论和实现方法的不同，太阳能热发电主要有太阳能槽式聚焦系统、太阳能塔式聚焦系统、太阳能碟式聚焦系统和反射菲涅尔聚焦系统四种方式。

槽式太阳能热发电系统是利用抛物线形曲面反射镜的槽式聚光系统（见图 6-4）将阳光聚焦到管状的接收器上，并将管内传热工质加热，在换热器内产生蒸汽，推动常规汽轮机发电。槽式系统以线聚焦代替了点聚焦，并且聚焦的吸收器管线随着柱状抛物面反射镜一起跟踪太阳而运动。美国 Luz 公司 1980 年开始开发此类热发电系统，5 年后实现了商业化。1985 年起先后在美国加利福尼亚州的 Mojave 沙漠上建成 9 个发电装置，总容量 354MW，年发电总量 10.8 亿 kW·h，9 个电站（SEGS）都与南加州爱迪生电力公司联网。目前 1990 年投运的 80MW SEGS 9 号槽式电站仍在服役运行。西班牙是全球太阳能热发电装机容量最多的国家，槽式技术约占本国太阳能热发电总装机容量的 97%，Andasol 槽式光热电站是全球首个

图 6-4 槽式抛物面聚光集热器

配置了大规模熔盐储热系统的商业化光热电站，由三个 50MW 装机项目组成，储能时长 7.5 h。2009 年实现并网投运，已稳定运行 14 年，远超目前投运的锂离子储能系统运行年限。

塔式太阳能热发电系统（见图 6-5）是在空旷的地面上建立一高大的中央吸收塔，塔顶上安装一个接收器，塔的周围安装一定数量的定日镜，通过独立跟踪太阳的定日镜，将阳光聚焦到塔顶部的接收器上，用于产生高温蒸汽。然后由传热介质将得到的热量输送到安装在塔下的透平发电装置中，推动透平、带动发电机发电。美国在南加州建成了第一座塔式太阳能发电系统装置——Solar One。起初，太阳塔采用水-蒸汽系统，发电功率为 10MW。1992 年 Solar One 经过改装，用于示范熔盐接收器和储热系统。由于增加了储热系统，使太阳塔输送电能的负载因子可高达 65%。熔盐在接收器内由 288℃ 加热到 565℃，然后用于发电。第二座太阳塔 Solar Two 于 1996 年开始发电，Solar Two 发电的实践不仅证明熔盐技术的正确性，而且将进一步加速 30~200MW 范围的塔式太阳能热发电系统的商业化。西班牙大力推行塔式太阳光能发电技术，先后建造了 CESA1、TSA、Solar Ires、PS10、PS20 等电站。当前世界最大的塔式太阳能光热电站为 2013 年美国的伊凡帕（Ivanpah）电站，该电站总容量达 392MW，采用水蒸气为传热介质，不带储热。美国还在内华达州沙漠地区建设了世界最大的熔融盐塔式光热电站——新月沙丘电站（Crescent Dunes），容量为 110MW，可储热 10h，这在光热发电产业具有重要意义。

碟式太阳能热发电系统（见图 6-6），又称盘式太阳能热发电系统，是世界上最早出现的太阳能动力系统，是目前太阳能发电效率最高的太阳能发电系统，最高可达到 29.4%。碟式/斯特林系统是由许多镜子组成的抛物面反射镜组成，主要特征是采用碟（盘）状抛物面

镜聚光集热器，该集热器是一种点聚焦集热器，可使传热工质加热到 750℃ 左右，驱动发动机进行发电。这种系统可以独立运行，作为无电边远地区的小型电源，一般功率为 10～25kW，聚光镜直径 10～15m；也可用于较大的用户，把数台至十台装置并联起来，组成小型太阳能热发电站。太阳能碟式发电尚处于中试和示范阶段，但商业化前景看好，它和塔式以及槽式系统，既可单纯应用太阳能运行，也可安装成为与常规燃料联合运行的混合发电系统。

图 6-5　西班牙 PS10 塔式电站

图 6-6　碟式抛物面镜点聚焦集热器

　　我国太阳能热发电技术的研究开发开始于 20 世纪 70 年代，但光热项目多为 2016 年首批 20 个太阳能热发电示范项目后开工建设，项目总计装机容量 134.9 万 kW，分别分布在青海、甘肃、河北、内蒙古和新疆。塔式熔盐储能光热发电因其较高的系统效率、较大的成本下降空间，更适于太阳能独立发电，因此不同于全球大部分国家/地区光热装机以槽式为主，我国光热发电以塔式为主（塔式占据 60% 的装机容量）。截至 2022 年底，并网发电太阳能热发电示范项目共 9 个，总容量 55 万 kW。其中，塔式项目 6 个，槽式项目 2 个，线菲式 1 个。通过光热发电示范项目实施，我国已掌握了拥有完整知识产权的聚光、吸热、储换热、发电等核心技术，高海拔、高寒地区的设备环境适应性设计技术，以及电站建设与运营技术，为后续光热发电技术大规模发展奠定了坚实基础。

　　光热发电与常规化石能源在热力发电上的原理相同，电能质量优良，可直接无障碍并网。同时，光热发电可储能、可调峰。由于大规模储热系统的存在，光热发电系统在白天将部分太阳能通过加热熔盐的方式存储一部分热量，保存在特制的保温储罐以转化成热能储存，在晚上或电网需要调峰时用以发电以满足电网需求，可以实现连续、稳定、可调度的高品质电力输出，有利于电力系统稳定运行，因而具备广阔的发展前景。

6.2.3　太阳能制冷与空调技术

　　太阳能制冷可以通过太阳能光电转换制冷和太阳能光热转换制冷两种途径实现。太阳能光电转换制冷，就是先将太阳能转换为电能，再用电能进行制冷，制冷的方式主要包括常规电力驱动的压缩制冷和半导体制冷两种。太阳能光热转化制冷，是先将太阳能转化为热能（或机械能），再利用热能（或机械能）作为外界的补偿，使系统达到并维持所需的低温。太阳能光热制冷系统主要类型有太阳能吸收式制冷、太阳能吸附式制冷、太阳能蒸汽压缩式制冷和太阳能喷射式制冷等。

　　根据吸收剂的不同，太阳能光热制冷分为氨-水吸收式制冷和溴化锂-水吸收式制冷两种。由于造价、工艺、效率等方面的原因，这种制冷机不宜做得太小。所以，采用这种技术的太阳能空调系统一般适用于中央空调，系统需要有一定的规模。利用水、蒸汽或其他热源驱动的溴化锂吸收式制冷机将逐渐成为一种趋势，尤其是在中央空调方面。太阳能空调系统就是以太阳能来驱动制冷机工作，以达到节约常规能源消耗、降低系统运行费用的目的。

　　太阳能空调系统主要由热管式真空管太阳能集热器、热水型单效溴化锂吸收式制冷机、储热水箱、储冷水箱、生活用热水箱、循环水泵、冷却塔、空调箱和自动控制系统等几大部分组成。在夏季，太阳能空调首先将被太阳能集热器加热的热水储存在储热水箱中，当储热水箱中的热水温度达到一定值时，就由储热水箱向制冷机提供所需的热水，从制冷机流出的热水温度降温后再流回储热水箱，并由太阳能集热器再加热成高温热水。而制冷机产生的冷水首先储存在储冷水箱中，再由储冷水箱分别向各个空调箱提供冷水，以达到空调制冷的目的。当太阳能不足以提供足够高温度的热水时，可以由辅助的直燃型溴化锂机组工作，以满足空调的要求。在冬季，太阳能空调同样是将太阳能集热器加热的热水先储存在储热水箱中，当热水温度达到一定值时，就由储热水箱直接向各个空调箱提供所需的热水，以达到供热的目的。当太阳能提供的热量不能够满足要求时，就由辅助的直燃型溴化锂吸收式冷热水机组直接向空调箱提供热水。图 6-7 为利用太阳能运行的制冷系统。

图 6-7　太阳能制冷的冷藏柜

　　传统的制冷与空调技术大部分是以电为动力，制冷时把热空间的热量用制冷剂转移到大气中去。这一过程使环境温度更高，空调负荷增大。作为比较，利用太阳能作为能源用于空调制冷，其最大优点是具有很好的季节匹配性。即在夏季太阳辐射强的时候，环境气温越高，人们的生活越需要制冷。空调使用率高的同时太阳能的利用率也最高，两者相辅相成。另外，利用太阳能不含任何破坏大气层的有害物质，保护了环境。1998 年 6 月，中国科学院广州能源研究所成功研制我国首座太阳能空调热水系统，该系统利用 $500 m^2$ 太阳能平板集热器产生 $65℃$ 左右的热水作为热源，以推动两级吸收式制冷机制冷，能为 $600 m^2$ 整层楼房进行空气调节和提供全年热水，已在广东省江门市投入使用。随着太阳能制冷空调关键技术的成熟，特别在太阳能集热器和制冷机方面取得了迅猛发展，太阳能空调将得到快速发展。

6.2.4　太阳房

　　太阳能温室又称太阳能暖房，简称太阳房，它是直接利用太阳辐射能的重要方面。人类利用太阳能供暖具有十分悠久的历史。我们的祖先将房屋砌向朝阳，开一个巨大的窗户，自然地将太阳热引入室内用于供暖，这就是所谓的"太阳房"。但是，这样的太阳房，由于没有专设的集热装置、隔热措施及储热设备，既不能充分利用太阳能，也不能将白天的太阳热量保留到晚上，应该说这是一种最原始的设计。

　　现代技术上的太阳房已经超过了上述含义，通常要在建筑物上装设一套集热、蓄热装置，有意识地利用太阳能。把房屋看作一个集热器，通过建筑设计把高效隔热材料、透光材料、储能材料等有机地集成在一起，使房屋尽可能多地吸收并保存太阳能，达到房屋采暖的目的。太阳房与建筑结合形成了"太阳能建筑"技术领域，可以节约75%～90%的能耗，并具有良好的环境效益和经济效益，已成为各国太阳能利用技术的重要方面。欧洲在太阳房技术和应用方面处于领先地位，特别是在玻璃涂层、窗技术、透明隔热材料等方面居世界领先地位。日本已利用这种技术建成了上万套太阳房，节能幼儿园、节能办公室、节能医院也在大力推广，中国也正在推广综合利用太阳能，使建筑物完全不依赖常规能源的节能环保性住宅。太阳能暖房系统（space-heating）是由太阳能收集器、热储存装置、辅助能源系统及室内暖房风扇系统所组成，分被动式和主动式两类。

所谓被动式自然采暖太阳房（见图6-8），就是不用任何其他机械动力，只依靠太阳能自然供暖的建筑物。它是通过建筑朝向和周围环境的合理布置，内部空间和外部形体的巧妙处理，以及建筑材料和结构、构造的恰当选择，从而解决建筑物的采暖问题。白天直接依靠太阳辐射供暖，多余的热量为热容量大的建筑物本体（如墙壁、天花板、地基）、蓄热槽内的卵石、水等吸收，夜间通过自然对流放热，使室内保持一定的温度，达到采暖的目的。被动式太阳房不需要辅助能源，结构简单，造价较低，因此应用较多。我国从20世纪70年代末开始这种太阳房的研究示范，已有较大规模的推广。北京、天津、河北、内蒙古、辽宁、甘肃、青海和西藏等地，均先后建起了一批被动式太阳房，各种标准设计日益完善，并开展了国际交流与合作，受到联合国太阳能专家的好评。被动式太阳房特色明显，发展迅速，设计规范合理，选型多样，节能明显。除住房外，特别适合于寒冷地区的中小学教室。由于太阳房冬暖夏凉，已逐渐由北向南发展。在长江和黄河之间通常不供暖的地区，冬冷夏热，太阳房更易发挥效益。

图6-8　被动式自然采暖太阳房

主动式太阳房是指需要花费一定的动力进行热循环的系统。这种太阳能供暖系统大致由集热器、传热流体、蓄热槽、散热器、循环泵、辅助锅炉以及连接这些设备的管道和自动控制设备构成（见图6-9）。主动式太阳房室温能主动控制，使用适宜。目前中国的太阳房正在朝主被动结合式太阳房方向发展。1997年建成的南宁中日友好太阳房夏天可降温10℃左右，符合南方地区的要求。2000年在常州研制成功的太阳能建筑系统样板房使用面积90m^2，可提供生活、办公用电，使用期限大于30年。另外，北京市太阳能研究所有限公司建在亚运村的一座总投资为 4000 万元的示范基地，装有 $1000m^2$ 的太阳能电池和 $2000m^2$ 的热管太阳能集热器，可满足大楼三分之一的用电及夏天空调、冬天采暖和生活热水的需要。2003 年 5 月投入使用的北京首座全太阳能建筑，其室内的洗浴、供热、供电等所有能源都由太阳能来提供。建筑南墙、屋顶坡面等位置都安装着数个太阳能集热器，这些集热器在夏季可为空调设备提供驱动热源，在冬季可为采暖提供保障。该建筑内还安装了太阳能发电系统，以满足日常用电所需。建筑院内的路灯、草坪灯也都采用太阳能，在阳光充足情况下，基本不需要外来能源。

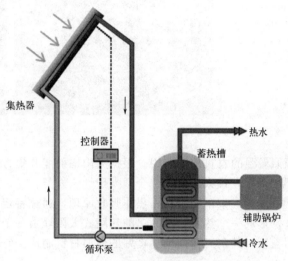

图 6-9　主动式采暖太阳房构成原理

目前，太阳能温室、塑料大棚和地膜不仅在瓜果蔬菜、花木苗圃等种植业广为应用，在水产养殖、禽畜饲养等方面的应用也不断扩大，对提高农牧业产量，增加农民收入起了很大作用。

6.2.5　其他太阳能热利用技术

其他太阳能热利用技术主要包括太阳能干燥器、太阳灶、太阳池、太阳能海水淡化等。

6.2.5.1　太阳能干燥器

太阳能干燥是人类利用太阳能历史最悠久、应用最广泛的一种形式。所谓"干燥"，主要是利用热和质量传输把需要干燥的物品中所含有的水分或其他液体除去，以防止物品变质和便于长期保存，因此，干燥过程实际上是一个传热、传质的过程。一般来说，只要在水沸点以下的温度，就可把物品中的水分蒸发而脱水。

太阳能干燥通常采用空气作为干燥介质。在太阳能干燥器中，空气与被干燥物料接触，热空气将热量不断传递给被干燥物料，使物料中水分不断汽化，并把水汽及时带走，从而使物料得以干燥。

我国研制的太阳能干燥器可以归纳为三种类型：温室（辐射）型、集热器型和集热-温室型。它们均属于低温干燥器，干燥温度在 70℃ 以下。太阳能干燥器具有节省燃料、大大缩短干燥时间、提高产品质量等优点。太阳能干燥方式，大体上可分为两种，一种是"吸收式"太阳能干燥器，它通过透明罩直接暴晒待干燥物品，由物品表面吸收太阳能而使水分蒸发，最终达到干燥的目的。温室型属于这一类干燥器。另一种是"对流式"太阳能干燥器（见图 6-10），它利用太阳能空气集热器，将加热后的空气直接或间接用于加热待干燥物品，热空气与待干燥物品之间产生对流热交换，从而达到干燥的目的。集热器型和集热-温室型属于这一类干燥器。两者各有优缺点。

6.2.5.2　太阳灶

太阳灶作为一种炊事装置，是利用太阳辐射能，通过聚光、传热、储热等方式获取热量，将辐射热传给食物，增高其温度，并加以烹调，或者使食物产生化学变化而供食用的一种装置。太阳灶的结构都比较简单、制造工艺要求也不算高，适合在缺乏常规能源且在太阳

图 6-10 "对流式"太阳能干燥器

辐照较强的农村地区使用。根据太阳辐射能收集方式的不同，太阳灶基本上可分为热箱式太阳灶、聚光式太阳灶和综合型太阳灶三大类。

热箱式太阳灶是利用黑体吸收原理，通过特定装置的温室效应将太阳辐射能不断积蓄起来，形成一个热箱。最简单的热箱式太阳灶由一个密闭的箱体构成，其顶面为封装严密的透明盖板，其余三面由绝热良好的保温材料制成。它的外形像一个箱子，所以称为热箱式太阳

图 6-11 热箱式太阳灶

灶。阳光通过透明玻璃盖板进入保温箱，在箱体内部进行光热转换，并将热量储存在箱体内，使箱体温度达到 150～200℃，将食物用蒸、焖方式烹熟。为了提高热箱式太阳灶内的温度，可在箱式太阳灶的朝阳玻璃盖板四周，加装 1～4 块平面反射镜，如图 6-11 所示。这样太阳辐射透射到反射镜后，有很大一部分能量会进入玻璃面，使箱式太阳灶获得的有效能量提高 1～2 倍。热箱式太阳灶具有结构简单、成本低廉、使用方便等优点，但功率有限，箱温不高，只适合于蒸、烤食物，而且蒸烤时间较长，在使用上受到一定限制。

聚光式太阳灶是利用聚焦太阳辐射进行炊事的装置，主要由曲面反射镜、锅圈等组成。利用曲面镜反射太阳辐射，并聚集到位于曲面镜焦点附近的锅圈，在锅圈处的锅具吸收太阳辐射并转换成热，使锅具的温度大为提高，即可进行炊事操作。根据聚光方式的不同，又分为旋转抛物面太阳灶、球面太阳灶、抛物柱面太阳灶、圆锥面太阳灶和菲涅尔反射镜太阳灶等，其中以旋转抛物面太阳灶使用最为广泛。

旋转抛物面太阳灶（见图 6-12）利用抛物面聚光的特点，大大提高了太阳灶的功率和聚光度，锅底处可达 500℃左右的高温，便于煮、炒食物及烧开水等多种炊事作业，缩短了煮食时间。聚光太阳灶的基本结构包括聚光器、跟踪器以及吸收器三大部分。其中聚光器是最基本的部件之一。聚光器将其截获的太阳辐射能经反射后聚焦到一个较小的面积——焦平面上，从而使得在这块小面积上达到较高的辐射能流密度，再由安置在焦平面上的接收器将聚焦后的辐射能转换成有用的热能。跟踪器的作用是调节聚光器对称轴，使其与太阳辐射方向大体上保持平行，以保证最佳转换效率。吸收器一般采用锅、壶等，把来自反射面的高密度的太阳辐射能转换成有用的热能。为了改善使用效果，人们往往对吸收器采取保温措施，以减少热损失。

太阳灶广泛应用于中国西北地区的西藏、青海、甘肃、新疆、内蒙古等地，也适合旅行、野外作业人员等在室外环境中使用。据统计，一台采光面积为 $2m^2$ 的聚光式太阳灶，每年进行炊事工作 300～600h，可以节省 400～1200kg 农作物秸秆，相当于为农户节约 15%

左右的燃料。太阳灶的普及不仅可缓解农村地区燃料缺乏的状况，还可减少 CO_2 排放量，减少环境污染，改善和提高农牧民生活水平。

图 6-12　聚光太阳灶

太阳灶一般不能在室内、晚上或阴天情况下使用。近年来，随着蓄热技术的发展，有可能解决这个问题。蓄热太阳灶的优点是在室内、晚上或阴天情况下也可用来烧饭。利用化学热泵储能，可以在环境温度下长期储存太阳热而没有热损失，并且一旦需要时就可以释放出热量来。美国学者霍尔（C. A. Hall）等人提出了一种蓄热太阳灶，它是把氨和氯化镁释放出来的热量用于炊事，而用分解氯化镁的氨合物把能量储存起来。系统包括两部分，一部分是公用的室外中心太阳能加热器，主要由聚焦太阳热的透镜组成。另一部分是蓄热箱，主要包含一个能吸收与储存太阳能的化学系统，并在需要热时放出热量。蓄热箱完全密封。

这种蓄热太阳灶在低温盐床里存有 $CaCl_2 \cdot 4NH_3$，在高温盐床里存有 $MgCl_2 \cdot 2NH_3$。将蓄热箱放到太阳能加热器下面，并让阳光折射聚焦到蓄热箱上。高温盐床经加热后发生反应：

$$MgCl_2 \cdot 2NH_3 \longrightarrow MgCl_2 \cdot NH_3 + NH_3 - Q$$

这个反应要吸收大量热能，并把能量储存起来。产生的氨气通过阀门进入低温盐床，发生如下反应：

$$CaCl_2 \cdot 4NH_3 + 4NH_3 \longrightarrow CaCl_2 \cdot 8NH_3$$

当需要用热量进行炊事时，可以稍稍加热低温盐床，于是发生以下反应：

$$CaCl_2 \cdot 8NH_3 \longrightarrow CaCl_2 \cdot 4NH_3 + 4NH_3$$

在这个过程中，氨从低温盐床分解出来，打开阀门，产生的氨气进入高温盐床，与那里的 $MgCl_2 \cdot NH_3$ 反应而放出热量，温度可达 300℃。反应式为：

$$MgCl_2 \cdot NH_3 + NH_3 \longrightarrow MgCl_2 \cdot 2NH_3 + Q$$

放出的热量可用于各种炊事。当所有的氨与 $MgCl_2$ 化合后，可将蓄热箱再送回太阳能聚光器下加热，使氨重新分解出来，重新充热。

除了上述太阳能热利用技术以外，我国还在太阳能海水淡化，太阳能热水地板辐射采暖等方面进行了研究，并在太阳能热利用功能材料的研究方面取得了一定成就，有许多研究单位还申请了国内外专利。

总之，随着在世界范围内环境意识和节能意识的普遍提高，太阳能热利用领域将得到最大限度的扩展，其普及程度将会有较大的提高。

6.3 太阳能的光电利用——太阳能电池

太阳能转换为电能有两种基本途径：一种是把太阳辐射能转换为热能，即"太阳热发电"；另一种是通过光电器件将太阳光直接转换为电能，即"太阳光发电"。光发电到目前为止已发展成为两种类型：一种是光生伏特电池，一般俗称太阳能电池；另一种是正在探索之中的光化学电池。

6.3.1 太阳能电池简介

太阳能电池虽然叫作电池，但与传统的电池概念不同的是它本身不提供能量储备，只是将太阳能转换为电能，以供使用。所以太阳能电池只是一个装置，它是利用某些半导体材料受到太阳光照射时产生的光伏效应将太阳辐射能直接转换成直流电能的器件，一般也称光电池。在制作太阳能电池时，根据需要将不同半导体组件封装成串并联的方阵。另外，通常需要用蓄电池等作为储能装置，以随时供给负载使用。如果是交流负载，则还需要通过逆变器将直流电变成交流电。整个光伏系统还要配备控制器等附件。

太阳能电池使用的是太阳光波的能量，同时作为电能的来源，具有很多独特的优点，包括：

① 太阳能取之不尽，用之不竭；

② 太阳能随处可得，可就近供电，不必长距离输送，因而避免了输电线路等电能损失；

③ 太阳能发电系统可采用模块化安装，方便灵活，建设周期短；

④ 太阳能发电安全可靠，不会遭受能源危机或燃料市场不稳定的冲击；

⑤ 太阳能不用燃料，运行成本很小；

⑥ 太阳能发电没有运动部件，不易损坏，维护简单；

⑦ 太阳能发电不产生任何废弃物，没有污染、噪声等公害，对环境无不良影响，是理想的清洁能源。

安装 1kW 光伏发电系统，每年可少排放二氧化碳约 2000kg，氮氧化物 16kg，硫氧化物 9kg 及其他微粒 0.6kg。一个 4kW 的屋顶家用光伏系统，可以满足普通家庭的用电需要，每年少排放的二氧化碳数量相当于一辆家庭轿车的年排放量。

采用太阳能光伏发电也存在一些缺点，主要体现在以下 3 方面。

① 地面应用时有间歇性，发电量与气候条件有关，在晚上或阴雨天就不能发电或很少发电，与负荷用电需要常常不相符合，因此通常要配备储能装置。

② 能量密度较低，在标准测试条件下，地面上接收到的太阳辐射强度为 $1000W/m^2$。大规模使用时，需要占有较大面积。由于各地太阳辐射强度不同，所以在应用时要经过较复杂的设计计算。

③ 目前价格仍较高，为常规发电的 2～5 倍，初始投资高。

太阳光发电技术今后的主要目标是，通过改进现有的制造工艺，设计新的电池结构，开发新颖电池材料等方式来降低制造成本，并提高光电转换效率。

1954 年，美国贝尔实验室研究人员发现了 Si 晶体中 p-n 结能够产生光伏效应，并根据这个原理制造出了世界上第一个实用的太阳能电池（图 6-13 中长方形平板状装置），效率仅为 4%。后经过改进，于 1958 年应用到美国的先锋 1 号人造卫星上。

由于太阳能发电的特殊优越性，各国普遍将其作为航天器的首选动力。迄今为止各国发射的数千颗航天器中，绝大多数都用太阳能电池（见图 6-14）。太阳能电池在人类对空间领域的探索中发挥了十分重要的作用。

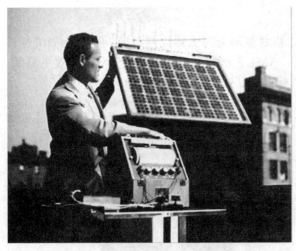

图 6-13　第一个实用太阳能电池阵　　　　　图 6-14　太阳能电池用于航天器

　　由于价格昂贵,早期的太阳能电池只是在空间应用。后来由于材料、结构、工艺等方面的不断改进,产量逐年上升,价格也在逐渐下降。太阳能电池进入地面起初是在航标灯、铁路信号等特殊用电场合应用,后来逐渐发展到在微波通信中继站、防灾应急电源、石油及天然气管道阴极保护电源系统等较大规模的工业应用中。在无电地区的乡村,太阳能家用电源、光电水泵等也已经广泛使用,并且有了很好的社会效益和经济效益。中小型独立(离网)太阳能光伏电站迅速增加,在不少地方已经可以取代柴油发电机,满足边远地区居民用电的问题。而对于并网的太阳能发电系统也已在很多地区推广应用。

　　进入 21 世纪以来,世界太阳光伏发电产业发展非常迅速,光伏发电应用已经进入规模化时期。从光伏发电应用形式来看,离网型光伏发电系统所占世界光伏市场份额正在逐年减少,并网型光伏发电系统已经成为世界光伏系统最为重要的发展方向。

6.3.2　太阳能光谱

　　太阳光以电磁波的形式照射到地球上时,一部分光线被反射或散射,一部分光线被吸收,只有约 70% 的光线能透过大气层,以直射光或散射光到达地球表面。到达地球表面的太阳光一部分被表面物体所吸收,另外一部分又被反射回大气层。考虑太阳所发出能量,太阳光在其到达地球的平均距离处的自由空间中的辐射强度密度被定义为太阳能常数(solar constant),根据美国国家航空航天局和美国材料试验学会(NASA/ASTM)的数据,取值为 $1353 W/m^2$。然而,下降到地球上某一地点的太阳光线,根据此地的纬度、时间和气象状况的不同会发生不同的变化,例如同一地方的直射日光随着四季不同而不同,通过的空气量也在变化。太阳光穿过大气层到达地球表面的太阳辐射主要与大气层厚度和成分有关,大气对地球表面接收太阳光的影响程度被定义为大气质量(air mass,AM)。

　　大气质量为零的状态(AM0),是指在地球外空间接收太阳光的情况,适用于人造卫星和宇宙飞船等应用场合;大气质量为 1 的状态(AM1),是指太阳光直接垂直照射到地球表面的情况,相当于晴朗夏日在海平面上所承受的太阳光。这两者的区别在于大气对太阳光的衰减,主要包括臭氧层对紫外线的吸收、水蒸气对红外线的吸收以及大气中尘埃和悬浮物的散射等。当太阳位于其他位置时,可以根据太阳光入射角与天顶角所成的夹角 θ 来计算大气质量(见图 6-15):

$$AM = \frac{1}{\cos\theta}$$

当 $\theta = 48.2°$ 时，大气质量为 AM1.5，是指典型晴天时太阳光照射到一般地面的情况，这个入射角在大部分地区很容易见到。因此，AM1.5 被规定为太阳能电池和组件效率测试和比较的标准，为了方便，AM1.5 太阳光的辐射强度被规定为 1kW/m^2。

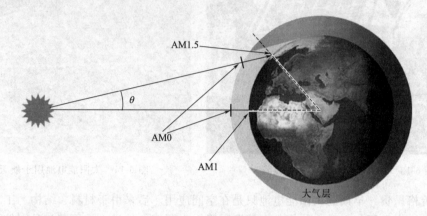

图 6-15 大气质量示意

太阳光的波长并不是单一的，其范围为 $10 \text{pm} \sim 10 \text{km}$，但主要集中在 $0.2 \sim 100 \mu m$ 的范围（从紫外到红外），而波长在 $0.3 \sim 2.6 \mu m$ 范围的辐射占太阳能的 95% 以上。图 6-16 为太阳光辐射的波长分布图，可以看出，由于大气中不同成分气体的作用，在 AM 1.5 时，相当一部分波长的太阳光已被散射和吸收。其中，臭氧层对紫外线的吸收最为强烈，水蒸气对能量的吸收最大，约占到 20%，而灰尘既能吸收也能反射太阳光。太阳光波长的分布，对于太阳能电池的设计有很重要的指导意义，要提高光电转换效率，要尽量利用较多的太阳光。

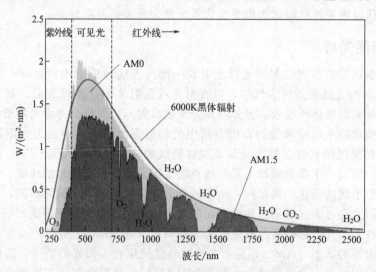

图 6-16 太阳辐射光谱波长分布曲线

6.3.3 太阳能电池发电原理

太阳能电池的工作原理就是将某些半导体材料的光伏效应放大化。半导体材料是介于导体和绝缘体之间，电导率在 $10^{-10} \sim 10^4 \Omega^{-1} \cdot cm^{-1}$ 之间的物质。半导体的主要特征是能隙的存在，其电学、光学的性质归根结底是由于存在能隙而导致的。

半导体的能带模型如图 6-17 所示。当外部不给半导体以任何能量时，半导体中的电子充满价带，而导带中不存在电子。在这种状态下，半导体不显出导电性，而是绝缘体。但是，如果半导体的温度上升，价带的电子则由于接受热能而激发至导带，这将有助于以传导的形式导电。价带中失去电子后，成为带正电荷的空穴。这些传导电子总称为"自由载流子"。在某一温度下处于热平衡状态下的半导体中，电子和空穴同时存在。半导体按照载流子的特征可分为本征半导体、n 型半导体和 p 型半导体。本征半导体中，载流子是由部分电子从价带激发到导带上产生的，形成数目相等的电子和空穴。n 型和 p 型半导体属于掺杂半导体，n 型半导体是施主向半导体导带输送电子，形成多电子的结构，导电主要由电子决定；p 型半导体是受主接受半导体价带电子，形成多空穴的结构，导电主要由空穴决定。应用于太阳能电池的半导体材料是 n 型半导体和 p 型半导体的结合体。

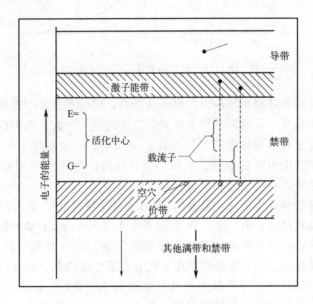

图 6-17 半导体的能带模型

在一定温度下，半导体中载流子（电子、空穴）的来源，一是电子从价带直接激发到导带、在价带留下空穴的本征激发；二是施主或受主杂质的电离激发，与载流子的热激发过程相对应，还会伴随有电子与空穴的复合过程。这两部分均是温度的函数。最终系统中的产生与复合将达到热力学平衡的过程，此平衡下的载流子为热平衡载流子。电子作为费米子，服从费米-狄拉克统计分布，费米分布函数 $f(E)$ 表示能量为 E 的能级上被电子填充的概率：

$$f(E) = \frac{1}{\exp \dfrac{E - E_F}{k_B T} + 1}$$

空穴在能量为 E 能级上填充的概率是能级未被电子填充的概率，空穴的分布函数为：

$$f(E) = \frac{1}{\exp \dfrac{E_F - E}{k_B T} + 1}$$

式中，E_F 为费米能级，是系统中电子的化学势，在一定意义上代表电子的平均能量；k_B 为玻尔兹曼常量。费米能级位置与材料的电子结构、温度及导电类型等有关，对于一定的材料它仅是温度的函数。费米函数随温度的变化情况如图 6-18 所示。有了导带和价带的态密度分布及电子与空穴的分布函数，就可计算在能带内的载流子浓度。

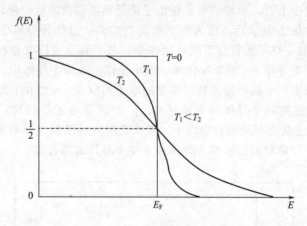

图 6-18 费米函数随温度的变化

当具有一定能量的光照射半导体时，电子被激发，同时在价带中形成空穴。为此需要的光能比禁带宽度的能量高。众所周知，太阳光可以认为是一种波，也可以当做一种运动的粒子，即光子。一个光子在半导体中产生一个电子-空穴对。一定温度下半导体具有的电子-空穴数取决于该温度下自由电子的数目。光照射半导体时，电子-空穴对被激发，这种超过热平衡状态存在的载流子，称为"过剩载流子"。

若以某种方法在半导体中形成"势垒"，则可能将受激的电子-空穴对分开，从而可向外回路供电。这种势垒就是 p-n 结。图 6-19 表示半导体中产生的 p-n 结的能量图。在外部不加电压的热平衡状态下，n 型半导体的费米能级靠近导带，而 p 型半导体的费米能级靠近价带，在 p-n 结处形成势垒。由于势垒的存在，在 p 型层产生的电子向 n 型层移动，而在 n 型层产生的空穴向 p 型层移动。当扩散与漂移运动达到热平衡时，p-n 结有统一的费米能级，对外不呈现电流。在外电路未与元件连接时，如此分离出的过剩载流子分别储存在 p 型层和 n 型层中。在 p 型层中由于带有正电荷的空穴数目增多而带正电，在 n 型层中由于带负电荷的电子数目增多而带负电，于是在半导体元件两端产生电压。当电压在某一状态下达到平衡稳定时，产生的电压称为太阳电池的开路电压，其大小往往等于禁带宽度的 1/2 左右。当外部回路短路时，电流在外部回路中流动，不储存在半导体中。

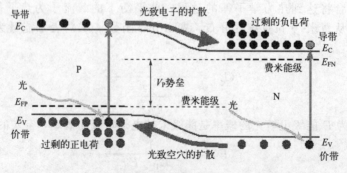

图 6-19 p-n 结的能量

通过 p-n 结来分离电荷时，过剩载流子必须从它产生的地方移动到 p-n 结，这种移动是由扩散或"漂移"效应引起的。但激发的电荷并不一定全部都到达 p-n 结而分离，即只有一部分到达 p-n 结而分离，这一效率称为收集效率。显然，要得到大的光电流，必须尽可能多地将远离 p-n 结地方产生的过剩载流子集中到 p-n 结，也就是说获得高的收集效率。

同一种材料但掺杂类型不同所形成的 p-n 结称为同质结，两种具有不同带隙宽度材料形成的结称为异质结。在异质结的表示方法中，用小写符号表示窄带隙材料，用大写符号表示宽带隙材料。结的两边可以是同类型的 nN、pP 同型异质结，如 n-GaAs/N-Al$_x$Ga$_{1-x}$As，也可以是不同掺杂类型的 nP、pN 异型异质结，如 n-GaAs/P-Al$_x$Ga$_{1-x}$As。

光照下 p-n 结的基本特征是光生伏特效应（简称光伏效应）。光伏效应指光照使不均匀半导体或半导体与金属结合的不同部位之间产生电位差的现象。太阳能电池就是利用光伏效应产生电力输出的半导体器件。当能量大于半导体材料（如硅等）禁带宽度的一束光线垂直入射到 p-n 结表面时，光子将在离表面一定深度 $1/\alpha$ 的范围内被吸收，α 为光吸收系数。光子的能量足以把价带中价电子的价键打断，使它成为自由电子，从价带跃迁到导带，同时在价电子的位置上留下一个空穴，形成光生电子-空穴对。如 $1/\alpha$ 大于 p-n 结厚度，入射光在结区及结附近的空间激发电子-空穴对。产生在空间电荷区内的光生电子与空穴在结电场作用下分离，产生在结附近扩散长度范围内的光生载流子扩散到空间电荷区，也在电场作用下分离，在 p-n 结两侧集聚形成了电位差。当外部接通电路时，在该电压的作用下，n 区的空穴漂移到 p 区，p 区的电子漂移到 n 区，形成了自 n 区向 p 区的光生电流，电流流过外部电路产生一定的输出功率。完成光子能量转换成电能的过程，如图 6-20 所示。

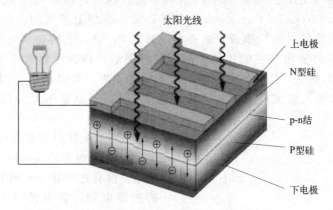

太阳光线

上电极

N型硅

p-n 结

P型硅

下电极

图 6-20　光伏电池发电原理

半导体材料中存在着被称为价带（E_V）和导带（E_C）的能带，两个带之间相隔一个间隙，称为带隙，用 E_g 表示。由光生载流子漂移并堆积形成一个与热平衡结电场方向相反的电场（$-qV$），并产生一个与光生电流方向相反的正向结电流，它补偿结电场，使势垒降低为 qV_D-qV（qV_D 指热平衡结内建电场）。当光生电流与正向结电流相等时，p-n 结两端建立稳定的电势差，即光生电压。p-n 结开路时，光生电压为开路电压。开路电压的最大值由内建电场 qV 决定，即取决于 p、n 区的费米能级之差。如外电路短路，p-n 结正向电流为零，外电路的电流为短路电流，理想情况下也就是光电流。图 6-21 给出了热平衡和光照时 p-n 结能带的比较。

能产生光伏效应的材料有许多种，如单晶硅、多晶硅、非晶硅、砷化镓、铜硒铟等。它们的发电原理基本相同。

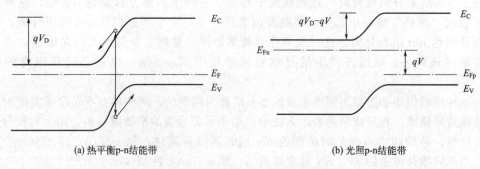

(a) 热平衡p-n结能带   (b) 光照p-n结能带

图 6-21 热平衡和光照时 p-n 结能带

6.3.4 太阳能电池效率和评价参数

太阳能电池的能量转换效率（energy conversion efficiency）是从太阳能电池的端子输出的电力能量与输入的太阳辐射光能量之比，用百分数来表示。也就是说，转换效率 η 可定义为：

$$\eta = \frac{\text{太阳能电池的输出功率}}{\text{进入太阳能电池的太阳能}} \times 100\%$$

然而以此来评价太阳能电池性能使用时会有些不方便。例如同样的太阳能电池如果输入光的光谱发生变化，或者即使接收到同样的输入光，太阳能电池的负荷发生变化，那么输出的电功率就会变化，从而得到不同的效率值。因此，国际电气规格标准化委员会（International Electrotechnical Commission，IEC）关于地面上使用的太阳能电池，定义太阳光线通过的空气质量（大气质量）条件为 AM 1.5，输入光的功率为 $100\,\mathrm{mW/cm^2}$，在负荷变化时最大电力输出与其的比值，用百分率表示，称为标称效率（nominal efficiency）。以标称效率为基础，计算出太阳能电池的输出效率，可以求得实用的太阳能电池的性能评价指标，如最大输出电压 $V_{\max}$、输出电流 $I_{\max}$、开路电压 V_{OC} 以及短路光电流密度 J_{SC} 等。

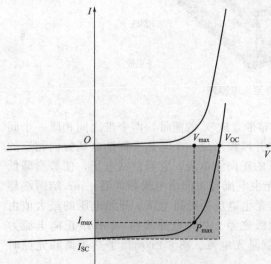

图 6-22 太阳能电池无光照和有光照时的电流-电压输出特性曲线

在没有光照射和光照射状态下的太阳能电池的电流-电压特性（I-V 曲线）如图 6-22 所示。没有光照射时的暗电流相当于 p-n 结的扩散电流，其电流-电压特性可用下式表示：

$$I = I_0 \left[\exp\left(\frac{qV}{nk_BT}\right) - 1 \right]$$

式中，q 为电子电量；V 为结电压；k_B 为玻尔兹曼常数；n 为二极管理想因子（1～3 之间的经验系数）；T 为热力学温度；I_0 为逆饱和电流，由 p-n 结两端的少数载流子和载流子的扩散常数决定。

短路光电流（I_{SC}）是在短路条件下的工作电流，等于光子转换成的电子-空穴对的绝对数量，此时电压输出为零，单位面积的短路光电流即短路光电流密度（J_{SC}）。开路电压（V_{OC}）是指电路处于开路（即电阻为无穷大，电流为零）时电池产生的最大电压，与辐射光强度相对应产生的开路电压为：

$$V_{OC} = \frac{nk_B T}{q} \ln\left(\frac{I_{SC}}{I_0} + 1\right)$$

电池在不同的负载条件下，输出的功率是不同的。在给太阳能电池接入最适宜的负载电阻时，电池的输出功率可达到一个最大值（P_{max}）。此时，电池输出的工作电流和工作电压分别为最大输出电流（I_{max}）和最大输出电压（V_{max}），输出功率表示为

$$P_{max} = V_{max} I_{max}$$

在 I-V 曲线中输出功率可看作一个长方形的面积。

在实际测定太阳能电池的标称效率时，使用事先准备好的模拟太阳辐射光谱的光模拟装置，其输出功率在地面用太阳能电池中为 AM 1.5、100mW/cm^2，空间太阳能电池可用预先准备好的入射条件 AM 0、135mW/cm^2 进行测定。如果用地面用太阳能电池的入射光条件，测定最大输出功率点 $P_{max}(V_{max}, I_{max})$ 及 V_{OC}、I_{SC}，则转换效率 η_n 为：

$$\eta_n = \frac{V_{max} I_{max}}{P_{in}} \times 100\% = \frac{V_{OC} I_{SC} FF}{P_{in}} \times 100\%$$

式中，FF 称为填充因子：

$$FF = \frac{V_{max} I_{max}}{V_{OC} I_{SC}}$$

相当于两个长方形的面积之比，是表示太阳能电池好坏的重要指标。

当有效光照面积用 $S(\text{cm}^2)$ 表示时，则

$$\eta_n = \frac{V_{OC} I_{SC} FF}{100(\text{mW/cm}^2) S} \times 100\% = \frac{V_{OC} I_{SC} FF}{S}\%$$

理想情况和实际的太阳能电池的等效电路如图 6-23 所示。可以看出，无论在理想情况，还是实际的太阳能电池中，都有一个恒流源和 p-n 结并联，电流源 I_{ph} 是太阳光照射生成的过剩载流子产生的，I_{ph} 为光生电流，I_d 为 p-n 结的正向注入电流，I 为太阳能电池提供的负载电流。但是，在实际的太阳能电池中，还存在着并联（泄漏）电阻 R_p 和串联电阻 R_s。

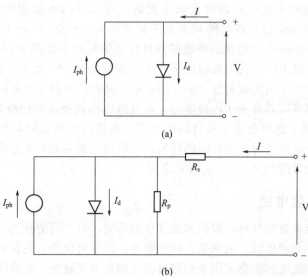

图 6-23　理想（a）和实际（b）p-n 结太阳能电池的等效电路

电池短路电流 I_{SC} 是与入射光子能量有关的。引入量子效率 QE（quantum efficiency）或称收集效率（collection efficiency）来表征光电流与入射光的关系。QE 描述不同能量的光子对短路电流 I_{SC} 的贡献。QE 是能量的函数，有两种表述方式。一个是外量子效率 EQE（external quantum efficiency），它的定义为对整个入射太阳光谱，每个波长为 λ 的入射光子能对外电路提供一个电子的概率，用下式表示：

$$EQE(\lambda) = \frac{I_{SC}(\lambda)}{qAQ(\lambda)}$$

式中，$Q(\lambda)$ 为入射光子流谱密度；A 为电池面积；q 为电荷电量。它反映的是对短路电流有贡献的光生载流子密度与入射光子密度之比。

量子效率的另一种描述是内量子效率 IQE(internal quantum efficiency)，它定义为被电池吸收的波长为 λ 的一个入射光子能对外电路提供一个电子的概率。内量子效率反映的是对短路电流有贡献的光生载流子数与被电池吸收的光子数之比：

$$IQE(\lambda) = \frac{I_{SC}(\lambda)}{qA(1-s)[q-R(\lambda)]Q(\lambda)[e^{-\alpha(\lambda)}W_{opt}-1]}$$

式中，W_{opt} 是电池的光学厚度，它与工艺有关。若电池采用表面光陷结构或背表面反射结构，W_{opt} 可以大于电池的厚度。

比较这两个量子效率的定义，外量子效率的分母，没有考虑入射光的反射损失、材料吸收、电池厚度和电池复合等过程的损失因素，因此 EQE 通常是小于 1 的。而内量子效率的分母考虑了反射损失、电池实际的光吸收等，因此对于一个理想的太阳能电池，若材料的载流子寿命 $\tau \rightarrow \infty$，表面复合 $s \rightarrow 0$，电池有足够的厚度吸收全部入射光，IQE 是可以等于 1 的。内量子效率与外量子效率的关系为：

$$IQE(\lambda) = \frac{EQE(\lambda)}{1-R(\lambda)-T(\lambda)}$$

式中，$R(\lambda)$ 是电池半球反射；$T(\lambda)$ 是电池半球透射，如果电池足够厚，$T(\lambda)=0$。

电池常用与入射光谱相应的量子效率谱来表征光电流与入射光谱的相应关系，量子效率谱从另一个角度反映电池的性能，分析量子效率谱可了解材料质量、电池几何结构及工艺等与电池性能的关系。

根据半导体材料的光吸收光谱与太阳光光谱，可以求出太阳能电池的理论极限效率（theoretical limit efficiency）。肖克利-坤塞尔限制（Shockley-Queisser limit）或细致平衡限制（detailed balance limit）的电池效率极限和材料带隙的关系如图 6-24 所示，它的获得是建立在双能级模型基础上的，认为在载流子产生与发射之间的平衡中，存在两个基本条件：第一是光生载流子的产生与无辐射复合的分离，第二是有良好的无损电接触收集。只要达到这两个条件的器件都可以具有光伏转换能力，而且可以得到很高的转换效率。对于一个 p-n 结电池，图 6-24 提供了选择合适光伏材料的依据。在传统单结太阳电池的设计上，通常选用带隙大小位于整个太阳辐射光谱中间的材料，才可以达到最大的理论效率。也就是说，最佳的太阳电池材料的带隙约为 1.4~1.5eV 之间。

6.3.5　几类太阳能电池

目前用于太阳能电池的材料，根据制造方法的不同，有不同的种类。除硅系列外，还有许多半导体化合物，如砷化镓、铜铟硒、碲化镉等，以及有机物、钙钛矿材料等都可用于制备太阳能电池。太阳能电池根据采用不同的材料类型可分为硅系、化合物半导体系和有机系三大类。硅系太阳能电池又可分为单晶硅、多晶硅等结晶型太阳能电池和非晶硅、微晶硅等

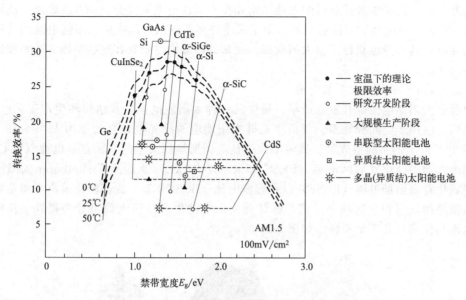

图 6-24　各种 p-n 结太阳能电池室温下的理论极限效率

薄膜型太阳能电池；化合物半导体太阳能电池包括铜铟镓硒/铜铟硒（CIGS/CIS）、Ⅱ-Ⅵ族（CdTe、CdS 等）和Ⅲ-Ⅴ族（GaAs 等）薄膜太阳能电池；而有机系太阳能电池又分为有机半导体系太阳能电池和染料敏化太阳能电池。钙钛矿太阳能电池属于有机-无机杂化太阳能电池，是基于染料敏化太阳能电池发展起来的。按照太阳能光伏电池发展历程，太阳能电池可分为晶硅电池、薄膜电池和新型高效电池三个阶段。太阳能电池大致分类如图 6-25 所示。

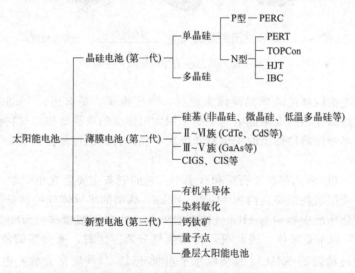

图 6-25　太阳能电池技术分类

　　以下分别对晶硅（单晶与多晶）太阳能电池、非晶硅太阳能电池、化合物半导体太阳能电池、有机太阳能电池及钙钛矿太阳能电池加以介绍。

6.3.5.1　晶体硅太阳能电池

　　晶体硅太阳能电池发电功率高、前期投资低技术发展成熟，是光伏发电（简称 PV 系统）市场上的主导产品。晶体硅电池既可用于空间，也可用于地面。在早期晶体硅太阳能电池的研究中，人们探索各种各样的电池结构和技术来改进电池性能，如背表面场、浅结、绒面、Ti/Pd 金属化电极和减反射膜等。由于采用许多新技术，晶体硅太阳能电池的效率有了很大的提高，其本身也获得了很大的发展，后来的高效电池就是在这些早期实验和理论基础上发展起来的。

6.3.5.1.1　单晶硅太阳能电池

单晶硅太阳能电池是开发得最早、最快的一种太阳能电池，其结构和生产工艺已定型，产品已广泛应用于空间和地面。目前单晶硅太阳能电池的光电转换效率为 15%～18%，也有可达 20% 以上的实验室成果。其典型代表是美国斯坦福大学的背面点触电池（PCC）、新南威尔士大学的钝化发射区电池（PESC，PERC，PERL）及德国 Fraumhofer 太阳能研究所的局域化背表面场电池（LBSF）以及埋栅电池（BCSC）等。提高转化效率主要是靠单晶硅表面微结构处理和分区掺杂工艺。晶体硅太阳电池生产过程大致可分为提纯、拉棒、切片、电池制作和封装 5 个步骤，如图 6-26 所示。

图 6-26　单晶硅太阳电池生产过程

这种太阳能电池以高纯的单晶硅棒为原料，纯度极高，要求达到 99.999%。为了降低生产成本，现在地面应用的太阳能电池主要采用太阳能级的单晶硅棒，材料性能指标有所放宽。目前可使用半导体器件加工的头尾料和废次单晶硅材料经过复拉制成太阳能电池专用的单晶硅棒。

硅主要是以 SiO_2 形式存在于石英和沙子中。它的制备主要是在电弧炉中用碳还原石英砂而成。该过程能量消耗很高，约为 14kW·h/kg。典型的半导体硅的制备过程是采用粉碎的冶金级硅在流化床反应器中与 HCl 气体混合并反应生成三氯氢硅（$SiHCl_3$）和氢气。由于 $SiHCl_3$ 在 30℃ 以下是液体，因此很容易与氢气分离。接着，通过精馏使 $SiHCl_3$ 与其他氯化物分离，经过精馏的 $SiHCl_3$ 的杂质水平可低于 10^{-12}（质量分数）电子级硅的要求。提纯后的 $SiHCl_3$ 通过化学气相沉积（CVD）原理制备出多晶硅锭。当前制备单晶硅主要有两种技术，根据晶体生长方式不同，可分为悬浮区熔法（float zone method）和直拉法（czochralski method）。这两种方法制备的单晶硅具有不同的特性和不同的器件应用领域，区熔单晶硅主要应用于大功率器件方面，而直拉单晶硅主要应用于微电子集成电路和太阳能电池方面，是单晶硅的主体。

在加工工艺中，要求将单晶硅棒切成硅薄片，薄片厚度一般约为 0.3mm。硅薄片经过成型、抛磨、清洗等工序，制成待加工的原料硅片。在加工太阳能电池薄片时，要在硅片上进行微量掺杂，并进行扩散处理。一般掺杂物为微量的硼、磷、锑等，而扩散是在石英管制成的高温扩散炉中进行的，在硅片上形成 p-n 结。然后采用丝网印刷法，将精配好的银浆印在硅片上做成栅线，经过烧结，同时制成背电极，并在有栅线的面上涂覆减反射膜，以防止大量的光被光滑的硅片表面反射掉。至此，单晶硅太阳能电池的单体片就制成了。单体片经过抽查检验，即可按所需要的规格组装成太阳电池组件（太阳电池板），用串联和并联的方法构成一定的输出电压和电流。用户通过系统设计，可将太阳能电池组件组成各种大小不同的太阳能电池方阵，亦称太阳能电池阵列（见图 6-27）。中国科学院上海微系统与信息技术研究所成功开发了一项柔性单晶硅太阳电池技术。该技术能使柔性单晶硅太阳能电池像纸一样进行弯曲、折叠，光伏转换效率大于 24％，且能够实现商业化大规模生产。

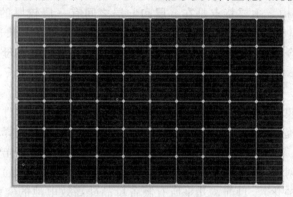

图 6-27　单晶硅太阳能电池组件

6.3.5.1.2　多晶硅太阳能电池

单晶硅太阳能电池转换效率无疑是最高的，在大规模应用和工业生产中仍占主要地位，但由于单晶硅太阳能电池的生产需要消耗大量的高纯硅材料，而且制造这些材料的工艺复杂，耗电量很大，在太阳能电池的生产总成本中已超过一半。另外，拉制的单晶硅棒一般呈圆柱状，因而切片制作的太阳能电池也是圆片状，使得制备太阳能电池组件的平面利用率低。

多晶硅太阳能电池的效率略低于单晶硅电池，多晶硅太阳能电池实验室效率已达 18％，而效率高于非晶硅薄膜太阳能电池。技术进步缩小了单晶硅和多晶硅类型之间的效率差距，而且生产成本低。因此，自 20 世纪 80 年代铸造多晶硅发明和应用以来，增长十分迅速。它以相对低成本、高效率的优势不断挤占单晶硅市场，成为最有竞争力的太阳能电池材料。

浇铸多晶硅技术是降低成本的重要途径之一，该技术省去了昂贵的单晶拉制过程，也能用较低纯度的硅作投炉料，材料及电能消耗方面都较节省。多晶硅太阳能电池制造过程中消耗的能量要比单晶硅太阳能电池少 30％ 左右。浇铸多晶硅的铸锭工艺主要有定向凝固法和浇铸法两种。定向凝固法是将硅料放在坩埚中加以熔融，然后将坩埚从热场中逐渐下降或从坩埚底部通上冷源以造成一定的温度梯度，使固液界面从坩埚底部向上移动而形成晶锭。浇铸法的工艺过程是选择电阻率为 $100 \sim 300 \Omega \cdot cm$ 的多晶块料或单晶硅头尾料，经破碎，用 1∶5 的氢氟酸和硝酸混合液进行适当的腐蚀，然后用去离子水冲洗呈中性，并烘干。用石英坩埚装好多晶硅料，加入适量硼硅，放入浇铸炉，在真空状态下加热熔化，熔化后再保温约 20min，然后注入石墨铸模中，待慢慢凝固冷却后，即得多晶硅锭。这种硅锭可铸成立方体，以便切片加工成方形太阳能电池片，可提高材料利用率和方便组装。

硅片加工技术是采用内圆切片机将常规的硅片切割，其切损为 0.3～0.35mm，使晶体硅切割损失较大，且大硅片不易切得很薄。现在主流的切割方法是金刚石线切割机，切损只有 0.22mm，硅片可切薄到 0.2mm，且切割损伤小。也有人建议用电解液和激光束的方法进行切割。

目前，制备多晶硅薄膜的工艺方法主要有以下几种：化学气相沉积法（CVD 法）、等离子体增强化学气相沉积法（PECVD 法）、液相外延法（LPE）和等离子体溅射沉积法（PSM）。化学气相沉积法是将衬底加热到适当的温度，然后通以反应气体（如 Si_2Cl_2、$SiHCl_3$ 等），在一定的保护气氛下反应生成硅原子，并在衬底表面沉积 $3\sim5\mu m$ 厚的硅薄膜。这些反应的温度较高，通常在 $800\sim1200℃$ 之间。等离子增强化学气相沉积法是在非硅衬底上制备晶粒较小的多晶硅薄膜的一种方法。硅粉在高温等离子体中熔化，熔化的粒子沉积在衬底上，等离子体由氩和少量的氢构成，沉积多晶薄膜厚度为 $200\sim1000\mu m$。该薄膜是一种 PIN 结构，主要特点是在 p 层和 n 层之间有一层较厚的多晶硅的本征层（I 层）。该方法的制备温度低（$100\sim200℃$），制得晶粒小。但存在生长速度太慢以及薄膜极易受损等问题，有待今后研究改进。液相外延法就是通过将硅熔融在母液里，降低温度使硅析出成膜的一种方法。液相外延法可使硅在平面和非平面衬底上生长，以获得结构完美的材料。

除了上述制备薄膜的方法外，在用多晶硅薄膜制备太阳能电池器件方面，人们也采取了一系列工艺步骤，以提高效率。这些工艺步骤包括：衬底的制备和选择、隔离层的制备、籽晶层或匹配层的制备、晶粒的增大、沉积多晶硅薄膜、制备 p-n 结、光学限制（上下表面结构化，上下表面减反射）、电学限制（制备背场和前后电极的欧姆接触）、制备电极钝化（晶粒间界的钝化和表面钝化）。目前，几乎所有制备单晶硅高效电池的实验室技术均已用在制备多晶硅薄膜太阳能电池的工艺上，甚至还包括一些制备集成电路的方法和工艺。

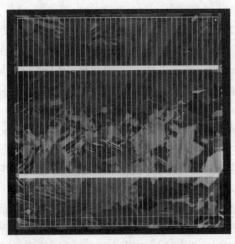

图 6-28　多晶硅太阳能电池组件

多晶硅电池与单晶硅相同，性能稳定，也主要用于光伏电站建设，作为光伏建筑材料，如光伏幕墙或屋顶光伏系统。多晶结构在阳光作用下，由于不同晶面散射强度不同，可呈现不同色彩。此外，通过控制氮化硅减反射薄膜的厚度，可使太阳能电池具备各种各样的颜色（见表 6-2），如金色、绿色等，因而，多晶硅电池具有良好的装饰效果（见图 6-28）。

晶硅电池先后经历了多晶和单晶之争、N 型和 P 型之争。在成本和转换效率的此消彼长之下，单晶硅迅速崛起。2022 年单晶硅片（P 型＋N 型）市场占比约 97.5%，实现了对多晶硅片的全面替代。2022 年，规模化生产的 P 型单晶电池均采用 PERC 技术，平均转换效率达到 23.2%。

由于最初的太阳能开发大部分是为了在太空中使用，P 型电池的抗辐射能力要强得多，过去 40 年来，P 型电池（P 型硅片作为太阳能电池的基片）一直主导着市场。然而，N 型电池的效率明显高于 P 型电池，并且具有更好的耐热性。此外，P 型电池容易因光诱导降解（LID）而降低性能，随着时间的推移，其效率最多会降低 10%。对于 N 型电池来说，LID 的问题要小得多。N 型电池更耐用、使用寿命更长，普遍的转化效率已经超过 24% 的水平，电池的开发和改进将会推动 N 型电池价格下降。目前主要的 N 型电池可分为 TOPCon、HJT 以及 IBC 三大类。

光伏电池片的现有技术路线多且复杂，除了主流的单晶硅 PERC 技术路线，新一代 N

型电池在快速崛起，有望接替 PERC 电池成为下一代主流产品。硅基光伏电池各技术路线对比见表 6-3。

表 6-2　氮化硅厚度对不同颜色的多晶硅太阳能电池

颜色	厚度/nm	颜色	厚度/nm
绿色	410	金色	150
红色	210	蓝色	80

表 6-3　硅基光伏电池各技术路线

路线	PERC	TOPCon	HJT	IBC
释义	发射极钝化和背面接触（passivated emitter and rear contact）——利用特殊材料在电池片背面形成钝化层作为背反射器，增加长波光的吸收，同时增大 p-n 极间的电势差，降低电子复合，提高效率。	隧穿氧化层钝化接触（tunnel oxide passivated contact）——在电池背面制备一层超薄氧化硅，然后再沉积一层掺杂硅薄层，二者共同形成了钝化接触结构。	具有本征非晶层的异质结（heterojunction technology）——在电池片中同时存在晶体和非晶体级别的硅，非晶硅的出现能更好地实现钝化效果。	交指式背接触（inter-digitated back contact）——把正负电极都置于电池背面，减少置于正面的电极反射一部分入射光带来的阴影损失。
量产效率	22.8%	23.5%	23.8%	23.6%
实验室效率	24%以上	24.6%以上	26%	25%以上
工艺成熟度	非常成熟	可量产但工艺难度大	可量产但工艺难度大	无法量产
技术难度	低	很高	高	极高
生产工序	中等	多	最少	非常多
设备投资	少	较贵	贵	非常昂贵
兼容性	当前主流生产线	可由现有生产线升级	与当前产线不兼容	与当前产线不兼容
存在问题	光电转换效率见顶，发展潜力有限	工序多，工艺复杂，良品率偏低	与现有设备不兼容，前期投资大	技术难度大，成本极高，距离商业化比较遥远

6.3.5.2　非晶体硅及微晶硅薄膜太阳能电池

非晶硅对太阳光的吸收系数大，因而非晶硅太阳能电池可以做得很薄。最具代表性的材料是氢化非晶硅（α-Si：H），其物性上的最大特点是禁带宽度通常为 $1.7\sim1.8eV$，比结晶硅要宽，使其在可见光范围内具有相当大的光吸收系数。也就是说，仅 $1\mu m$ 以下的厚度，就可以吸收可见光范围内的太阳光子。通常硅膜厚度仅为 $1\sim2\mu m$，大约是单晶硅或多晶硅电池厚度的 1/500，所以制作非晶硅电池资源消耗少。在太阳能电池使用的 α-Si：H 中化合氢的含量，用原子百分数表示约占 10%，这些氢原子会直接对悬空键（dangling bond）缺陷进行补偿，或者缓和坚固的四配位网络，以达到低缺陷密度。

非晶硅太阳能电池一般是用高频辉光放电等方法使硅烷（SiH_4）气体分解沉积而成。辉光放电法是将石英容器抽成真空，充入氢气或氩气稀释的硅烷，用射频电源加热，使硅烷电离形成等离子体，非晶硅膜沉积在被加热的衬底上。若硅烷中掺入适量的氢化磷或氢化硼，即可得到 n 型或 p 型的非晶硅膜。衬底材料一般用玻璃或不锈钢板。这种制备非晶硅薄膜的工艺主要取决于严格控制气压、流速和射频功率，衬底的温度也很重要。由于分解沉积温度低（200℃左右），因此能量消耗少，成本比较低。这种方法比较适合于大规模生产，且单片电池面积可以做得很大（例如 0.5m×1.0m），整齐美观。非晶硅电池的另一特点是它可以做在玻璃、不锈钢板、陶瓷板，甚至柔性塑料片等基板上，还可以制成建筑屋顶用的瓦状太阳能电池，应用前景广阔。

非晶硅中的原子排列缺少结晶硅中的规则性，因而在单纯的非晶硅 p-n 结中缺陷多，使得隧道电流往往占主导地位。这种材料一般呈电阻特性，而无整流特性，也就不能制作太阳能电池。为此要在 p 层与 n 层之间加入较厚的本征层 I，以扼制其隧道电流，因此非晶硅太阳能电池一般具有 PIN 结构。为了提高效率和改善稳定性，有时还制作成 PIN/PIN/PIN 等多层结构式的叠层电池，或是插入一些过渡层。

非晶硅太阳能电池是在玻璃、不锈钢片或塑料等衬底上沉积透明导电膜（TCO），然后依次用等离子体反应，先沉积一层掺磷的 n 型非晶硅，再沉积一层未掺杂的 I 层，然后再沉积一层掺硼的 p 型非晶硅，最后用电子束蒸发一层减反射膜，并蒸镀金属电极铝。此种制作工艺可以采用一连串沉积室，在生产中构成连续程序，以实现大批量生产。太阳光从玻璃面入射，电池电流则从透明导电膜和铝中引出。在非晶硅太阳能电池中可采用非晶硅窗口层、梯度界面层、微晶硅 p 层等来明显改善电池的短波光谱响应，以增加光在层中的吸收以及分段吸收太阳光，达到拓宽光谱响应，提高转换效率的目的。

非晶硅太阳能电池很薄，制成叠层式，或采用集成电路的方法制造，在一个平面上用适当的掩模工艺一次制作多个串联电池，以获得较高的电压。在提高叠层电池效率方面还可采用渐变带隙设计、隧道结中的微晶化掺杂等，以改善对载流子的收集。

1975 年，Spear 等利用硅烷的直流辉光放电技术制备出 α-Si：H 材料，即补偿了悬空键等缺陷态，才使非晶硅材料在太阳能电池上的应用成为可能。1978 年研制出第一个效率为 1%～2% 的非晶硅太阳能电池，1980 年非晶硅太阳能电池实现商品化。日本三洋电器公司利用非晶硅太阳能电池率先制成袖珍计算器电源，之后其应用领域不断扩大，已由计算器扩展到其他领域，如太阳能收音机、路灯（见图 6-29）、微波中继站、交通道口信号灯、气象监测以及光伏水泵、户用独立电源等。随着非晶硅太阳能电池产量的增长，以及非晶硅电池性能的不断提高，电池成本在逐年下降。

图 6-29　太阳能路灯

非晶硅由于其内部结构的不稳定性和大量氢原子的存在，具有光疲劳效应（又称为光辐射性能衰退效应，Staebler-Wronski effect，SWE）。即非晶硅经过长期光照后，其光电导和暗电导同时下降，光电转换效率会大幅衰退，衰退的程度约为 10%～30%。光照下非晶硅太阳能电池的长期稳定性存在问题，是其实用化的最大障碍。目前，非晶硅太阳能电池的研究主要着重于提高非晶硅薄膜本身的性能，特别集中于减少缺陷密度，控制各层厚度，改善各层之间的界面状态以及精确设计电池结构等方面，以获得高效率和高稳定性。

在薄膜的生长过程中，如果供给高密度原子状态的氢，则非晶薄膜就会形成 Si 的结晶微粒（尺寸为直径数纳米～数十纳米），这样的材料称为微晶硅（microcrystalline silicon，μc-Si）。在光学性质上，微晶硅可得到非晶与结晶中间的特性，由于在基底上结晶粒具有较高的制膜效率，因此可得到低电阻（高导电率）特性。微晶硅的低光吸收和高光导电率特性，在 α-Si：H 太阳能电池中作为电极或者窗口一侧的结合层来利用。近期研究表明，微晶硅太阳能电池几乎没有光致衰退现象（SWE 问题），应用在电池中也几乎不受后氧化的影响，而且微晶硅的光谱吸收特性与非晶硅具有一定的互补性，应用于叠层电池可以获得更高效率的电池。

根据各层沉积顺序的不同，微晶硅太阳能电池可分为 p-i-n 和 n-i-p 型两种结构，由于其制膜顺序完全相反，各有自己的特点。p-i-n 结构用的是与非晶相类似的集成化技术，有可能形成超级线性集成结构，这是其优点。n-i-p 结构可以沉积在不锈钢和塑料等不透明的柔性衬底上，大大扩展了微晶硅太阳能电池的应用范围，同时，由于不受氢还原的影响，在高温下也可以成膜，扩大了最佳条件宽度。在微晶硅的沉积过程中，随着厚度的增加，薄膜会发生从非晶相到微晶相的转变，当沉积条件靠近微晶/非晶相变区时，这种结构演变更加明显。微晶硅薄膜结构不仅依赖于沉积条件，还强烈依赖于衬底状况。

由微晶硅薄膜太阳能电池和非晶硅薄膜太阳能电池组合成非晶/微晶硅叠层电池，一方面可以将光响应不同的电池片进行组合，吸收更宽幅度的光谱，更有效利用光；另一方面也提高了电池的开路电压和稳定性，由于光致衰减效应引起的 α-Si 系材料光电转换效率下降也得到某种程度的抑制。

微晶硅薄膜作为太阳能电池重要组成部分，可用于制造晶体硅异质结太阳电池（HJT 电池）。HJT 电池具有抗光衰能力强、运维压力小、可实现双面钝化、适应能力强等优势，未来伴随技术进步，其有望成为光伏 N 型电池市场主流产品。随着 HJT 电池行业景气度提高，微晶硅薄膜市场需求将日益旺盛。

6.3.5.3 化合物半导体太阳能电池

薄膜太阳能电池可以使用在价格低廉的陶瓷、石墨、金属片等不同材料当基板来制造，薄膜厚度仅数 μm。薄膜太阳能电池除了平面之外，也可以制作成非平面构造，可与建筑物结合或是变成建筑体的一部分，应用非常广泛。当前工业化制作太阳能薄膜电池的材料除了非晶硅外，主要是化合物半导体太阳能电池。化合物半导体太阳能电池研究、应用较多的有砷化镓（GaAs）、铜铟硒（CuInSe$_2$）、碲化镉（CdTe）、磷化铟（InP）等太阳能电池。因为化合物半导体材料大多是直接禁带材料，光吸收系数较高，因此仅需要数微米厚的材料就可以制备成高效率的太阳能电池。而且，化合物半导体材料的禁带宽度一般较大，其太阳能电池的抗辐射性能明显高于硅太阳能电池。目前全球薄膜电池的年出货量也达到 GW 量级，成为光伏市场的重要补充。

6.3.5.3.1 砷化镓太阳能电池

砷化镓（GaAs）是周期表中Ⅲ族元素和Ⅴ族元素形成的化合物，简称为Ⅲ-Ⅴ族化合物。Ⅲ-Ⅴ族化合物是继锗（Ge）和硅（Si）材料以后发展起来的半导体材料。最主要的是砷化镓（GaAs）及其相关化合物（GaAs 基系Ⅲ-Ⅴ族化合物），其次是以磷化铟（InP）和其相关化合物组成的 InP 基系Ⅲ-Ⅴ族化合物。磷化铟（InP）太阳能电池具有特别好的抗辐照性能，因此在航天应用方面受到重视。

GaAs 太阳能电池出现于 1956 年，紧接着开展了同质结 GaAs 太阳能电池的研究，一般采用同质结 p-GaAs/n-GaAs 太阳能电池。但由于 GaAs 衬底表面复合速率大于 10^6 cm/s，入射光在近表面处产生的光生载流子除一部分流向 n-GaAs 区提供光生电流外，其余则流向表面产生表面复合电流损失，使同质结 GaAs 太阳能电池的光电转换效率较低，其效率和成本都无法与硅太阳能电池竞争，应用和发展受到限制。直到 20 世纪 70 年代初，异质结 GaAs 太阳能电池的研制才引起人们的普遍关注。1977 年，由 J. M. Woodall 和 H. J. Hovel 设计研制的 p-Al$_x$Ga$_{1-x}$As/p-GaAs/n-GaAs 三层结构异质结太阳能电池，效率达 21.9%。他们建议在 p-GaAs 上外延一层薄的 p-Al$_x$Ga$_{1-x}$As 异质窗口层，使界面处形成导带势垒，用于阻止光生电子向表面运动。由于 Al$_x$Ga$_{1-x}$As 与 GaAs 有很好的晶格匹配，该异质面间的复合速率可低于 10^4 cm/s，从而将 GaAs 的高表面复合变为低表面复合，使 GaAs 太阳能电池的光电转换效率大为提高。随后，更多的 GaAs 异质外延技术得到发展，如在 GaAs 上外延 Ga$_x$In$_{1-x}$P，或者在 Ge 衬底、GaSb 衬底上外延 GaAs 薄膜等。虽然 GaAs 在材料成本方面仍比硅昂贵，但其禁带宽度适中，耐辐射和高温性能比硅强，人们对它的兴趣仍在不断加强。

砷化镓太阳能电池的制备有晶体生长法、直接拉制法、气相生长法、液相外延法、分子束外延法、金属有机化学气相沉积法等，目前大多用液相外延法或金属有机化学气相沉积技术制备，因此成本高，产量受到限制，降低成本和提高生产效率已成为研究重点。砷化镓太阳能电池目前主要用在航天器上。

GaAs 是一种很理想的太阳电池材料，禁带宽度 1.42 eV，处于太阳电池材料所要求的最佳带隙宽度范围，与太阳光谱的匹配较适合，耐辐射，且高温性能比硅强，在 250℃ 的条件下，光电转换性能仍良好，其最高光电转换效率约 30%，特别适合做高温聚光太阳能电池。

6.3.5.3.2　聚光型太阳能电池

用太阳能电池供电，所需的投资由太阳的辐射强度、单位面积太阳能电池的成本以及太阳能电池的转换效率决定。其制作成本太高，转换效率又太低，导致电池的单位功率输出成本比常规发电方法要高。而另辟蹊径，用凸透镜和反射镜的太阳光聚光技术，能够提高太阳能电池的转换效率，使太阳能电池材料的使用量下降，可大大降低电池的单位输出功率成本。

聚光型太阳能电池作为降低太阳电池利用总成本的一种措施，其发电原理如图 6-30 所示。它通过聚光器而使较大面积的阳光会聚在一个较小的范围内，形成"焦斑"或"焦带"，并将太阳电池置于"焦斑"或"焦带"上，以增加光强，克服太阳辐

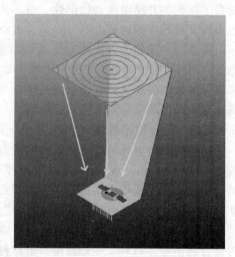

图 6-30　聚光光伏发电原理

射流密度低的缺陷，提高光电转换效率，因此可以用较小面积的太阳电池获得较高的电能输出。特别是对于得到大面积基片困难的高价Ⅲ-Ⅴ族化合物半导体，用其作为超高效率太阳能电池时特别有用。聚光型太阳电池的光电转换效率，一般大于 20%。

聚光型太阳能电池的特点为效率高、发电多、造价低。表 6-4 为太阳能聚光电池与平板电池性能对比。

表 6-4　聚光电池与平板电池性能比较

电池类型	电池面积/(mm×mm)	最大电压/V	最大电流/A	最大功率/W	效率/%
聚光电池	15.1×15.1	0.7	13.3	9.31	26
平板电池	100×100	0.5	2.22	1.11	12

聚光光伏发电系统由聚光太阳能接收器、聚光器、太阳跟踪机构组成。聚光太阳能接收器包括聚光太阳能电池、旁路二极管和散热系统等。聚光型太阳能电池分为低倍率聚光和高倍率聚光两类。聚光倍率在 2～100 倍的称为低倍率聚光，一般低倍率聚光采用晶体硅太阳能电池，适当考虑散热条件即可，但聚光倍率低。聚光倍率在 100～1000 倍的称为中高倍率聚光，高倍率聚光太阳能电池系统采用Ⅲ-Ⅴ族多结聚光电池，聚光倍率通常在 200 倍以上，效率高，但价格昂贵。

散热系统分为主动式冷却和被动式冷却两种。主动式冷却是指用流动的水或其他介质将聚光组件工作时产生的热量带走，以达到冷却太阳能电池的目的；被动式冷却是指太阳能电池方阵产生的热量通过散热器直接散发到大气中。主动式冷却可以更好地降低太阳能电池的温度，但这种方法存在可靠性的问题，如果冷却系统出现问题，太阳能电池组件可能由于过高的温度而烧毁，被动式冷却有较高的可靠性，在聚光倍率小于 100 倍的情况下，都可以考虑使用被动冷却方式。聚光太阳能电池发电效率目前最高可达 46%，仍然有大于 50% 的太阳能转化为电池的废热。解决聚光光伏（CPV）系统中电池的散热问题是提升 CPV 系统发电效率的核心。

聚光器依光学原理可采用反射式或透镜式结构。反射式有槽形平面聚光器和抛物面聚光器；透镜式则多选用费涅尔透镜，这种透镜具有质量轻、厚度薄的特点，更适合大面积使用。随着聚光倍数的提高，各类新型聚光系统不断推出，这类聚光系统通常在聚光器下增加一个二次聚光器，以达到使射入电池表面光谱更均匀、减少光损失、缩减聚光器到电池距离等目的。聚光器的跟踪一般用光电自动跟踪，确保跟踪的精度和可靠性。

用于聚光太阳能电池的单体与普通太阳能电池略有不同。因需耐高倍率的太阳辐射，特别是在较高温度下的光电转换性能要得到保证，故在半导体材料选择、电池结构和栅线设计等方面都要进行一些特殊考虑。在电池结构方面，普通太阳能电池多用平面结，而聚光电池的 p-n 结要求较深，故常采用垂直结，以减少串联电阻的影响。同时，聚光电池的栅线也较密，典型的聚光电池的栅线约占电池面积的 10%，以适应大电流密度的需要。

太阳光光谱可以分成连续的若干部分，用能带宽度与这些部分有最好匹配的材料做成电池，并按能隙从大到小的顺序从外向里叠合起来，让波长最短的光被最外边的宽带隙材料电池利用，波长较长的光能够透射进去，让较窄带隙材料电池利用，这就有可能最大限度地将光能变成电能，这种电池结构就是叠层电池，可以大大提高电池的性能和稳定性。叠层太阳能电池的制备可以通过两种方式得到，一种是机械堆叠法，先制备出两个独立的太阳能电池，一个是宽带隙的，一个则是窄带隙的。然后把宽带隙的堆叠在窄带隙的电池上面；另一种是一体化的方法，先制备出一个完整的太阳能电池，再在第一层电池上生长或直接沉积在第一层电池上面。

GaAs 太阳能电池无论是单结电池还是多结叠层电池所获得的转换效率都是至今所有种类太阳能电池中最高的。美国 Spectrolab 公司（光谱实验室）多年来一直保持着Ⅲ-Ⅴ族多结电池转换效率的高纪录，2006 年年底研制出了效率高达 40.7% 的三结聚光 GaInP/GaIn-As/Ge 叠层太阳能电池（见图 6-31），采用了一种新的分光光学结构后，效率进一步提升到了 42.7%。美国 Emcore 公司是为太阳能发电和光纤市场提供基于复合半导体元件和系统的主要供应商，其生产的多结高效 GaAs 电池主要应用于卫星和聚光光伏发电系统。目前美国是实现 GaAs 薄膜太阳能电池光电转换效率最高的国家，也是最大生产基地，其空间和地面聚光用 GaAs 太阳能电池的实际产量约占全球 50%，技术上处于全球领先地位，Emcore 公司和 SpectroLab 公司是全球最主要的 GaAs 薄膜太阳能电池制造商。美国 Amonix 公司生产的高效率聚光硅太阳能电池发电系统采用 250 倍菲涅耳透镜聚光，使 $10mm^2$ 点接触背栅硅太阳能电池的光电转换效率高达 25％～27％，已经应用到很多场所。

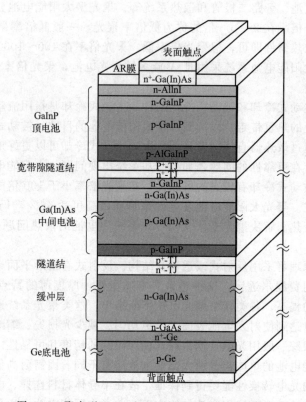

图 6-31　聚光型 GaInP/GaInAs/Ge 叠层电池结构示意

2009 年，德国 Fraunhofer（弗朗和费）太阳能研究所采用 Ge 作为衬底，$Ga_{0.35}In_{0.65}P$ 和 $Ga_{0.83}In_{0.17}As$ 薄层附于其上制成的 GaInP/GaInAs/Ge 叠层太阳能电池，在太阳光聚光倍数为 454 倍，GaInP/GaInAs/Ge 叠层太阳能电池面积为 $5mm^2$ 时，得到了 41.1％的太阳能光电转换效率（见图 6-32）。德国 Azur Space 太阳能公司与 Fraunhofer 太阳能研究所长期合作，共同开发多结太阳能电池新的制造工艺，使其成为全球领先的Ⅲ-Ⅴ族太阳能电池制造商。欧洲航天局的木星冰月探测器 Juice 采用了 Azur 的三结 GaInP/GaAs/Ge 太阳能电池（3G28）提供动力，美国宇航局前往木星卫星的 Europa Clipper 任务也采用了 Azur 的 3G28 太阳能电池。

现阶段我国 GaAs 太阳能电池的应用领域仍以空间应用为主。在国内航天产业发展需求的带动下，我国空间用 GaAs 太阳能电池的研发和生产取得快速发展，空间用三结 GaAs 太阳能电池的光电转换效率已经接近国际先进水平。

当聚光型太阳能电池以电池阵的形式应用时，往往把光电转换与光热转换相结合，原来需要的散热装置可用有效的集热装置代替，即利用光电转换的冷却获取太阳能热水，从而可获得电能、热能的双重效益，带来更大的经济效益。从技术角度上来说，聚光型太阳能电池突破了普通太阳能电池高成本的制约因素，为太阳能以及太阳能电池的普及开辟了一条新的道路。

6.3.5.3.3　碲化镉太阳能电池

碲化镉（CdTe）是Ⅱ-Ⅵ族化合物半导体，是公认的高效廉价的薄膜电池材料。作为直接带隙材料，其带隙结合能为 1.45eV，与太阳光谱非常匹配，适合于光电能量转换。其光

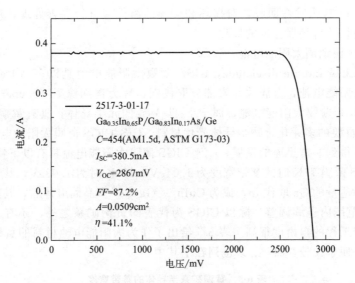

图 6-32　GaInP/GaInAs/Ge 叠层太阳能电池的光照 *I-V* 曲线

吸收系数极大，如厚度为 1μm 的薄膜可以吸收大于 99% 的 CdTe 禁带辐射能量，因而降低了对材料扩散长度的要求。

CdTe 结构与 Si、Ge 有相似之处，晶体主要靠共价键结合，但又有一定的离子性。与同一周期的ⅣA 族半导体相比，CdTe 的结合强度很大（结合能大于 5eV），电子摆脱共价键所需能量更高。因此，常温下 CdTe 的导电性主要由掺杂决定。薄膜组分、结构、沉积条件、热处理过程对薄膜的电阻率和导电类型有很大影响。

CdTe 多晶薄膜的制备方法主要有：丝网印刷烧结法、周期性电脉冲沉积法、高温喷涂法、真空蒸发、CVD 和原子层外延（ALE）等技术。CdTe 薄膜太阳能电池通常以 CdS/CdTe 异质结为基础，尽管 CdS 和 CdTe 的晶格常数相差 10%，但它们组成的异质结电学性能优良，制成的太阳电池的填充因子（*FF*）高达 0.75。以 CdTe 为吸收层、CdS 作窗口层的 n-CdS/p-CdTe 半导体异质结电池的典型结构为：减反射膜（MgF_2）/玻璃/（SnO_2：F）/n-CdS/p-CdTe/背电极。

美国的第一太阳能（FirstSolar）公司是全球最大的碲化镉太阳能电池制造商，生产基地分布在美国、越南、马来西亚、印度等地，生产的碲化镉薄膜电池占全球产量 95% 以上。同时，First Solar 建立了一套镉回收系统，打消投资商和用户对于后续组件回收的顾虑。得益于 First Solar 在量产技术上的持续突破，碲化镉成为当前最主流的薄膜电池。作为 CdTe 薄膜电池全球龙头，2022 年产能约为 9.4GW。国内的碲化镉薄膜电池产业化技术也取得了可喜的进步。国内量产企业主要为成都中建材、中山瑞科、杭州龙焱三家，分别现有 100/100/130MW 碲化镉薄膜电池组件产能，产能规模相对较小。中建材光电材料有限公司建成了国内首条拥有完全自主知识产权的年产 100 MW 大面积（1.92m²）碲化镉发电玻璃生产线，光电转换效率超 16%。杭州龙焱小面积电池转换效率达到 20.61%，组件全面积最高转换效率 17.19%（7200cm²），最高输出功率达到 123.73W。中建材投资建设碲化镉发电薄膜组件基地，一期项目产能合计 1.9GW，总体规划 4.9GW，将有望成为仅次于美国 First Solar 的薄膜发电组件公司。

CdTe 类太阳能电池作为大规模生产与应用的光伏器件时，最值得关注的是环境污染问题。有毒元素 Cd 对环境的污染和对操作人员健康的危害是不容忽视的。因此，对破损的玻璃片上的 Cd 和 Te 应去除并回收，对损坏和废弃的组件应进行妥善处理，对生产中排放的废水、废物应进行符合环保标准的处理。

6.3.5.3.4 铜铟硒太阳能电池

铜铟硒（copper indium diselenide，CIS）薄膜太阳能电池是以多晶 $CuInSe_2$ 半导体薄膜为吸收层的太阳能电池，金属镓元素部分取代铟，称为铜铟镓硒（copper indium gallium diselenide，CIGS）薄膜太阳能电池，属于 I-III-VI 族四元半导体，具有黄铜矿的晶体结构。CIS/CIGS 是最重要的多元化合物半导体光伏材料。CIS/CIGS 薄膜太阳能电池自 20 世纪 70 年代出现以来，得到非常迅速的发展。CIS/CIGS 薄膜太阳能电池具有以下特点。

① 三元 CIS 薄膜 77K 时的禁带宽度为 1.04eV，300K 时为 1.02eV，其带隙对温度的变化不敏感，通过适量的 Ga 取代 In，成为 $CuIn_{1-x}Ga_xSe_2$ 多晶固溶体后，其禁带宽度可以在 1.04～1.67eV 范围内连续调整。除以 CIGS 为代表的黄铜矿系之外，还有 Al 系、S 系等，种类丰富，能带工程的自由度很高。表 6-5 给出了作为太阳能电池材料的黄铜矿系半导体的禁带宽度，为了便于比较，将 Ag 系也列在了其中。

表 6-5　黄铜矿系半导体的禁带宽度

材料	禁带宽度/eV	材料	禁带宽度/eV
$CuInSe_2$	1.04	$CuInS_2$	1.5
$CuGaSe_2$	1.68	$CuGaS_2$	2.43
$CuAlSe_2$	2.7	$CuAlS_2$	3.5
$AgInSe_2$	1.25	$AgInS_2$	1.9
$AgGaSe_2$	1.85	$AgGaS_2$	2.7

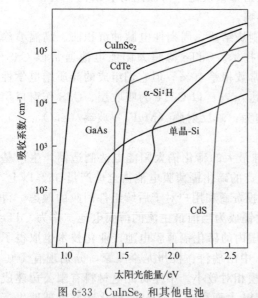

图 6-33　$CuInSe_2$ 和其他电池
材料吸收系数的比较

② CIS 是一种为直接带隙半导体材料，其吸收系数高达 $10^5 cm^{-1}$ 量级（见图 6-33），非常适合于太阳能电池的薄膜化。在可见光区域，吸收层厚度只需 1.5～2.5μm 就能充分吸收太阳光，整个电池的厚度也就在 3～4μm。

③ 与结晶 Si 不同，CIS 多晶粒界没有少数载流子的拦截，因此粒径为 1μm 大小的 CIS 也有高的效率。

④ CIS 的电子亲和势为 4.58eV，与 CdS 的电子亲和势（4.50eV）相差很小（0.08eV）。这使得它们形成的异质结没有导带尖峰，降低了光生载流子的势垒。

CIS/CIGS 太阳能电池是在玻璃或其他廉价衬底上分别沉积多层薄膜而构成的光伏器件，其代表性结构为：光/金属栅状电极/减反射膜/窗口层（ZnO）/过渡层（CdS）/光吸收层（CIS/CIGS）/金属背电极（Mo）/衬底，如图 6-34 所示。CIGS 太阳能电池的顶电极采用真空蒸发法制备 Ni-Al 栅状电极，Ni 能很好地改善 Al 与 ZnO：Al 的欧姆接触，同时还可以防止 Al 向 ZnO 中的扩散，从而提高电池的长期稳定性。太阳能电池表面的光反射损失大约为 10%，为减少这部分光损失，通常在 ZnO：Al 表面上用蒸发或溅射方法沉积一层减反射膜，目前仅有 MgF_2 减反膜广泛应用于 CIGS 薄膜电池领域。CIGS 太阳能电池有不同结构，主要差别在于窗口材料的选择。最早是用 CdS 作窗口，其禁带宽度为 2.42eV。CdS 薄膜广泛应用于太阳能电池窗口层，并作为 n 型层，与 p 型材料形成 p-n 结，从而构成太阳能电池。一般而言，本征 CdS 薄膜的串联电阻很高，不利于作窗口层。在 300～350℃ 之间，将 In 扩散入 CdS 中，把本征 CdS 变成 n-CdS 以改变电阻性能。近年来窗口层改用 ZnO，其带宽可达到 3.4eV，而 CdS 只作为过渡层，其厚度大约几十纳米。ZnO 窗口层包括本征氧化锌（i-ZnO）和铝掺杂氧化锌（ZnO：Al）两层。它既是太阳能电池 n 型区与 p 型 CIGS 组成异质结成为内建电场的核心，又是电池的上表层，与电池的上电极一起成为电池功率输出的主要通道。ZnO 是一种直接带隙的金属氧化物半导体材料，自然生长的 ZnO 是 n 型，与 CdS 薄膜一样，属于六方晶系纤锌矿结构，与 CdS 之间有很好的晶格匹配。

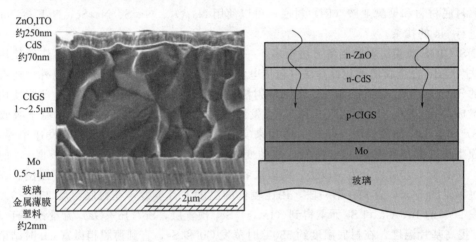

图 6-34　CIGS 太阳能电池的结构

由于 n 型 ZnO 和 CdS 的禁带宽度都远大于作为太阳能电池吸收层的 CIGS 薄膜的禁带宽度，太阳光中能量大于 3.4eV 的光子被 ZnO 吸收，能量为 2.4～3.4eV 之间的光子会被 CdS 吸收。只有能量大于 CIGS 禁带宽度而小于 2.4eV 的光子才能进入 CIGS 层并被它吸收，对光电流有贡献，这就是异质结的"窗口效应"。可以看出，CIGS 太阳电池似乎有两个窗口，由于薄层 CdS 被更高带隙且均为 n 型的 ZnO 覆盖，所以 CdS 层很可能完全处于 p-n 结势垒区之内，使整个电池的窗口层从 2.4eV 扩大到 3.4eV，从而使电池的光谱响应得到提高。

高效率 CIGS 电池大多在 ZnO 窗口层和 CIGS 吸收层之间引入一个过渡层（缓冲层），目前使用最多且得到最高效率的过渡层是Ⅱ-Ⅵ族化合物半导体 CdS 薄膜，它在低带隙的 CIGS 吸收层和高带隙的 ZnO 层之间形成过渡，减少了两者之间的带隙台阶和晶格失配，调整导带边失调值，对于改善 p-n 结质量和电池性能具有重要作用。CdS 层还有两个作用：①防止射频溅射 ZnO 时对 CIGS 吸收层的损害；②Cd、S 元素向 CIGS 吸收层中扩散，S 元素可以钝化表面缺陷，Cd 元素可以使表面反型。

金属背电极是 CIGS 薄膜电池的最底层，它直接生长于衬底上。在背电极层上直接沉积太阳能电池的吸收层材料，因此背电极层的选择必须要求与吸收层之间有良好的欧姆接触，尽量减少两者之间的界面态，同时承担着电池输出功率的重任，要求有优良的导电性能。大量的研究和实用证明，金属 Mo 是 CIGS 薄膜太阳能电池背接触层的最佳选择。Mo 的结晶状态对 CIGS 薄膜晶体的形貌、成核、生长和择优取向等有直接的关系。一般来说，希望 Mo 层呈柱状结构，以利于玻璃衬底中的 Na 沿晶界向 CIGS 薄膜中扩散，也有利于生长出高质量的 CIGS 薄膜。

在一般的半导体中，避免 Na 的混入是重要的技术课题，而在 CIGS 系太阳能电池中，Na 的存在对于高效率化是必不可少的部分。多年来，人们对 Na 在 CIGS 薄膜太阳能电池中的作用进行了广泛深入的研究，提出了许多看法，目前尚无统一认识，主要有以下几种作用：①Na 将取代 Cu 形成更加稳定的 $NaInSe_2$ 化合物，$NaInSe_2$ 比 $CuInSe_2$ 有更大的带隙。同时，作为沿着 c 轴 [111] 取向的层状结构，$NaInSe_2$ 的存在可以改变 $CuInSe_2$ 的微观形态，使它具有 (112) 的择优取向；②Na 的掺入会形成点缺陷，增加光吸收层的有效空穴浓度；③在很宽 Cu/(In＋Ga) 比的区域内仍具有高效率，使 CIGS 薄膜对组分失配的容忍度大大增加，提高了大面积基片的均一化。如果采用不含 Na 的其他材料做衬底，例如各种柔性金属衬底材料和聚酰亚胺（PI）衬底，可以使用 Na_2O_2、Na_2S、Na_2Se、NaF 等 Na 的化合物进行 Na 的掺杂。

CIS/CIGS 薄膜材料的制备方法很多，一般有真空和非真空沉积两大类，广泛使用真空蒸发法、CuIn 合金膜的硒化处理法（包括电沉积法和化学热还原法），除此以外，还有封闭空间的气相输运法、喷涂热解法、射频溅射法等。多元共蒸发法是沉积 CIGS 薄膜使用最广泛和最成功的方法，Cu、In、Ga 和 Se 蒸发源提供成膜时需要的四种元素，原子吸收光谱（AAS）和电子碰撞散射谱（EEIS）等用来实时监测薄膜成分及蒸发源的蒸发速率等参数，对薄膜生长进行精确控制。Cu 蒸发速率的变化强烈影响薄膜的生长机制，根据 Cu 的蒸发过程，共蒸发工艺可以分为一段法、两段法和三段法，现在使用最广泛的是三段法。三段法工艺过程见图 6-35，首先在第一段，用比较低的温度进行蒸镀，在衬底温度 250～300℃ 时共蒸发 90% 的 In、Ga 和 Se 元素得到 $(InGa)_2Se_3$ 预置层，Se/(In＋Ga) 流量比大于 3；第 2 段，提高基片温度，在衬底温度约 550℃ 时蒸发 Cu 和 Se，直到薄膜稍微富 Cu 时结束第二步；第 3 段，保持第 2 段的衬底温度，在稍微富 Cu 的薄膜上共蒸发剩余 10% 的 In、Ga 和 Se，在薄膜表面形成富 In 的薄层，并最终得到接近化学计量比的 $CuIn_{0.7}Ga_{0.3}Se_2$ 薄膜。三段法是目前制备高效率 CIGS 太阳能电池最有效的工艺，所制备的薄膜表面光滑、晶粒紧凑、缺陷少、尺寸大且存在着 Ga 的双梯度带隙，多用于高效率电池片的制作。为了使这一过程的重复性好，得到高品质的 CIGS 膜，从第 2 段到第 3 段的切换要高精度进行。

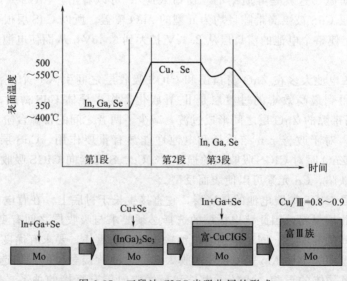

图 6-35　三段法 CIGS 光吸收层的形成

一般来说，所有薄膜太阳能电池都可以做成以金属箔或高分子聚合物做衬底的柔性电池。柔性太阳能电池通过使用柔性基板和卷对卷制造，可以降低生产成本，更适合与建筑结合，实现建筑光伏一体化（building integrated photovoltaic，BIPV）。

柔性 CIGS 薄膜太阳能电池除衬底和 CIGS 吸收层略有不同之外，其他各层与玻璃衬底 CIGS 电池工艺基本相同。金属衬底主要指不锈钢、钼、钛、铝和铜等金属箔材料，美国、日本和德国的研究机构在柔性金属衬底 CIGS 电池研究方面处于领先水平，美国国家可再生能源实验室（NREL）研制的小面积不锈钢电池达到了 17.5% 的转换效率。日本富士胶片公司与产业技术综合研究所（AIST）共同开发出了采用柔性衬底的 CIGS 型太阳能电池（见图 6-36），采用 Al 和不锈钢（SUS）的复合板为基材，在 Al 表面形成了绝缘层的柔性基板，提高了耐热性，在采光面积（aperture area）0.488cm^2 时的转换效率达 18.1%，采光面积 70.4cm^2 时的子模块的转换效率达到了 15.0%。与玻璃基板相比，质量可降低一半，还具备 CIGS 型太阳能电池生产工序所要求的 500℃ 以上的耐热性。日本 Solar Frontier 是目前市场中最大的 CIGS 厂家，产能超过 1GW。

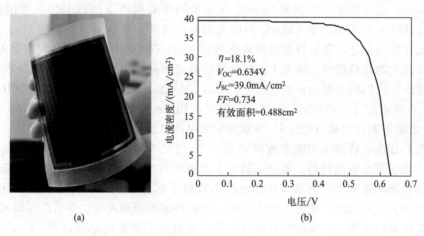

图 6-36 柔性衬底的 CIGS 电池（a）及电池特性（b）

与柔性金属衬底的 CIGS 薄膜太阳能电池相比，聚合物衬底质量更轻，适合于大规模生产的卷对卷工艺，是柔性电池研究发展的热点。目前，在聚合物衬底 CIGS 薄膜太阳能电池研究领域，聚酰亚胺（PI）是研究最多的衬底材料，这主要是由于这种聚合物衬底相对较强的耐高温能力和低的热胀系数。由于聚酰亚胺薄膜表面平整且具有较好的绝缘性能，在其使用温度下性能稳定，无任何杂质向 CIGS 吸收层中扩散，因此无须考虑不锈钢等衬底所考虑的粗糙度和绝缘阻挡层问题。Na 掺入问题与不锈钢衬底一样，也是通过含 Na 预制层、Na 共蒸发和后处理三种方法来解决。由于性能最好的聚酰亚胺也只能承受 450℃ 左右的温度，因此柔性聚酰亚胺衬底 CIGS 薄膜太阳能电池只能采用低温沉积工艺。沉积温度低导致 CIGS 薄膜的结晶质量差，晶粒细小并产生大量晶界，降低了光生载流子的扩散长度，使太阳能电池的性能变差。瑞士联邦工学院（ETH）制备的聚酰亚胺衬底 CIGS 电池的转换效率达到了 14.1%，比功率超过 1400kW/kg，其 CIGS 吸收层采用低温三步共蒸发工艺。德国 Solarion 公司已经完成了 "PI 衬底 CIGS 薄膜太阳能电池" 中试技术开发，200mm 宽绕带 PI 衬底 CIGS 薄膜太阳能电池，最高转换效率达到 13.4%。一直以来，Na 被认为是在 CIGS 吸收层生长工序期间或之前对电池性能影响最大的碱金属元素。但是，在吸收层生长工序之后 K 元素的引入促使基于柔性聚酰亚胺衬底的太阳能电池效率提升至 20.4%，实验证明该元素有助于提升 CIGS 吸收层和 CdS 缓冲层之间界面的质量。

In、Ga 等稀有金属元素的资源及 Se 较高的价格因素、Cd 元素对环境的影响在一定程度上制约着 CIGS 薄膜太阳能电池的发展，因此，人们进行了大量研究和试验，采用无 Cd 材料作缓冲层和用其他材料代替 CIGS 方面都取得了许多新成果。缓冲层选取需要考虑以下因素：①缓冲层材料应该是高阻 n 型或本征的，以防止 p-n 结短路；②和吸收层间要有良好的晶格匹配，以减少界面缺陷，降低界面复合；③需要较高的带隙，使缓冲层吸收最少的光；④缓冲层和吸收层之间的工艺匹配。许多无 Cd 的缓冲层相继被开发出来，主要分为含 Zn 的硫化物、硒化物或氧化物，以及含 In 的硫化物或硒化物两大类，制备方法主要是化学水浴法（CBD）。目前所用的无镉缓冲层包括 ZnS、ZnSe、(Zn, Mg)O、In(OH)$_3$、In$_2$S$_3$、In$_2$Se$_3$、ZnInSe$_x$、SnO$_2$、SnS$_2$ 等。能够用于生产大面积的 CIGS 薄膜电池的有化学水浴法制备的 ZnS 和原子层化学气相沉积（ALCVD）法制备的 In$_2$S$_3$，遗憾的是还没有在性能上能超过 CdS 系的缓冲层。

在 S 系、Al 系等新材料的开发方面，人们对 CuInS$_2$ 表现出较高的兴趣。CuInS$_2$ 带隙为 1.5eV，更接近太阳能电池的理想带隙，且无毒。CuInS$_2$ 材料的研究始于 20 世纪 70 年代，与 CuInSe$_2$ 电池同步。小面积 CuInS$_2$ 电池的转换效率可以达到 12%，德国哈恩-迈特纳研究所（HMI）已经建立了 CuInS$_2$ 薄膜太阳能电池的中试线，采用溅射 Cu、In 预置层后进行硫化处理的工艺，其组件的转换效率达到 9% 左右。CuInS$_2$ 薄膜必须在富 Cu 条件下生长才能得到大的晶粒尺寸，而富 Cu 相会导致电池短路，因此需要使用富 Cu 相的表面刻蚀工艺。此外，人们感兴趣的材料还有 Cu(In, Al)Se$_2$ 系，由于 Al 容易被氧化，目前只得到与 Ga 系接近的 16.9% 的转换效率。此外，用 Zn 和 Sn 代替稀有金属 In 和 Ga，从 CIGS 衍生出来的铜锌锡硫（CZTS）薄膜太阳能电池也处于研究之中。

我国的 CuInSe$_2$ 薄膜太阳能电池研究始于 20 世纪 80 年代中期，南开大学最早开展了 CI 的研究，在 CIGS 电池材料、器件的研究上及相应的工程技术上取得了多项突破，玻璃衬底、不锈钢和聚酰亚胺柔性衬底 CIGS 电池均取得了标志性成果。其他研究单位如北京大学、清华大学、上海大学、中电集团十八所、上海空间电源研究所、中科院深圳现代技术研究院、上海技术物理所、上海硅酸盐研究所等，也进行了大量的基础研究。CIGS 薄膜电池近年来转换效率提升较快，国内已有汉能、中建材、国家能源集团等企业进行薄膜电池产品的研发和产业化。

CIS/CIGS 存在价格高和制作困难等问题，但具有比硅系节省原料、寿命长、发光效率高等优势。CIGS 材料不论是膜的具体结构还是成膜的化学反应过程都比较复杂，制备工艺控制的参数较多，有些参数之间还互相影响，这直接影响了 CIGS 电池的重复性。但是也正是由于这种复杂性，才使得 CIGS 电池的工艺具有更大的灵活性。进一步提高电池的转化效率、制作过程的可重复性和研究大面积电池的制作过程，是 CIGS 薄膜电池实现规模商业化的有效途径。

6.3.5.4 有机系太阳能电池

目前用作太阳能电池的材料主要有单质半导体材料、无机陶瓷半导体材料和固溶体。因为无机材料发展起步早，所以研究比较广泛。但是由于无机半导体材料本身的加工工艺非常复杂，材料要求苛刻，以及某些材料具有毒性，大规模使用会受到成本和资源分布的限制。人们在 20 世纪 70 年代起开始探索将一些具有共轭结构的有机化合物应用到太阳能电池，从而发展了有机系太阳能电池（organic photovoltaic solar cells）。有机系太阳能电池具有以下几个优点：①有机化合物的种类繁多，有机分子的化学结构容易修饰，电池材料易于选择；②化合物的制备提纯加工简便，设备成本低，可以通过纳米化学技术合成；③原材料用量少，有机太阳能电池只需要 100nm 厚的吸收层就可以充分吸收太阳光谱，而晶体硅电池需

要 $200\sim300\mu m$ 的半导体吸收层，无机柔性电池和无机薄膜电池也需要 $1\sim2\mu m$ 的半导体吸收层；④电性能可调，可以按照需要合成有机物质，以调节吸收光谱和载流子的输运特性；⑤用于制作电池的材料结构类型可以多样化，适于制作大面积柔性光伏器件。有机系太阳能电池制造工艺简单、成本低廉、可以卷曲、适宜制成大面积的柔性薄膜器件，拥有未来成本上的优势以及资源的广泛分布性。

有机系太阳能电池主要分为有机半导体太阳能电池和染料敏化太阳能电池。

6.3.5.4.1　有机半导体太阳能电池

有机半导体太阳能电池是用有机半导体（有机聚合物）材料制成的太阳能电池，图 6-37 为不同公司有机半导体太阳能电池组件。近年来，以有机小分子化合物和聚合物为光伏材料的太阳能电池已经成为有机光电子功能材料与器件研究领域中的活跃前沿。

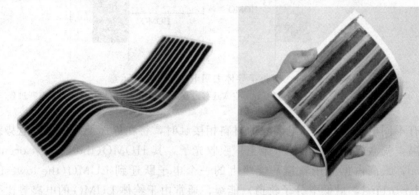

(a) 美国Konarka公司　　　　　　(b) 厦门惟华光能有限公司

图 6-37　有机半导体太阳能电池组件

(1) 原理和分类

太阳能电池的工作原理是基于半导体的异质结或金属半导体界面附近的光生伏特效应。由于材料不同，电流的产生过程也会有所不同。目前无机半导体的理论研究比较成熟，对于绝大多数无机光电池而言，光生载流子的理论解释是基于半导体材料的能带理论。典型的无机光电池是由两种不同半导体材料即 p 型半导体和 n 型半导体材料相接触而成，在两材料的结合处形成半导体的 p-n 结。在结区由 n 型扩散过来的电子能填充 p 型中的空穴形成一个耗尽层和本征电势。光激发产生的电子空穴对在本征电势的驱动下扩散通过 p-n 结，并继续朝着相反的方向运输到电极被收集，无机半导体 p-n 结的制备是很关键的环节。而有机半导体体系的电流产生过程仍有许多值得探讨的地方，也是目前的研究热点。

有机半导体太阳能电池的工作原理可用图 6-38 加以说明。当一定波长的光照射到有机光伏器件后，具有能量 $h\nu>E_g$ 的光子被有机半导体层吸收，产生电子空穴对（激子），激子的结合能为 $0.2\sim1.0eV$，高于相应的无机半导体激发产生的电子空穴对的结合能，所以激子不会自动解离形成自由移动的电子和空穴，需要电场驱动激子进行解离。激子是被束缚的电子空穴对，按照自旋状态可分为单线态激子（singlet exciton）和三线态激子（triplet exciton）。单线态激子中，被激发的电子和留在基态的电子，自旋方向反对称，自旋叠加为零，在太阳光照下只产生单线态激子，能量较大，可以产生载流子。但是单线态激子复合寿命较短，在纳秒（ns）量级，之后产生复合发出荧光（photoluminescence）。三线态激子中，被激发的电子和留在基态的电子自旋方向对称，有三种方式，自旋叠加不为零，能量较低，不能产生载流子。但是三线态激子复合寿命较长，在毫秒（ms）量级，发出磷光（phosphorescence）。

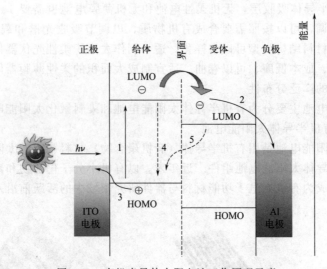

图 6-38   有机半导体太阳电池工作原理示意
1—分子受激过程；2—电子迁移过程；3—空穴迁移过程；4—电子跃迁过程；5—系间窜跃过程

两种具有不同电子亲和能和电离势的材料相接触时，将在界面处产生接触电势差，这将驱动激子解离。受激发的电子给体（施主）吸收光子，其 HOMO(the highest occupied molecular orbital，最高占据分子轨道) 能级上的一个电子跃迁到 LUMO(the lowest unoccupied molecular orbital，最低空分子轨道) 能级，通常由于给体 LUMO 的电离势比受体 LUMO 的电离势低，电子就由给体转移到受体，再沿着受体形成的通道传输到负极，而被分离的空穴沿着给体形成的通道传输到正极。空穴和电子分别被相应的正极和负极收集以后形成光电流和光电压，即产生光伏效应。

从上面的工作原理可以看出，有机半导体太阳能电池工作过程可分为以下 5 个步骤：

① 给体材料吸收入射光子产生激子；

② 激子从给体材料向给体/受体界面扩散，即给体-受体的异质结；

③ 激子在给体/受体界面上的电荷分离，产生受体 LUMO 能级上的电子和给体 HOMO 能级上的空穴；

④ 光生电子和空穴分别向负极和正极的传输；

⑤ 在活性层/电极界面上电子和空穴分别被负极和正极收集，驱动外电路。

器件的能量转换效率受这五个步骤效率的影响。

值得注意的是，由于有机（包括共轭聚合物）半导体材料具有较小的介电常数和分子间弱的相互作用，受入射光激发而形成的电子和空穴以具有较强束缚能的电子空穴对（即激子）形式存在，其电子和空穴之间的距离小于 1nm，其结合能在 0.4eV 左右。由于激子受激子寿命及传输距离的影响而具有高度的可逆性，它们可通过发光、弛豫等方式重新回到基态，不产生光伏效应，并且共轭聚合物中的激子扩散长度一般认为小于 10nm，因此，要求本体异质结活性层中聚合物聚集尺度必须小于 20nm。另外，给体的 LUMO 和 HOMO 能级必须分别高于受体的 LUMO 和 HOMO 能级，否则界面上发生的将不是电荷分离而是激子的能量转移。不仅如此，给体和受体的 LUMO 和 HOMO 能级之差也必须大于 0.4eV，否则在界面上的电荷分离效率也会受到影响。

有机半导体太阳能电池上电极采用透明导电玻璃（ITO 等），是正极；下电极通过溅射铝、钙或镁薄膜等材料，是负极。有机吸收介质在上下电极之间，与 OLED 结构类似。目前，有机半导体太阳能电池可以分为三类。

① 肖特基型（单层结构）有机太阳能电池　世界上首例有机光电转换器件是由 Kearns 和 Calvin 在 1958 年制备的，其主要材料为镁酞菁（MgPc）染料，染料层夹在两个功函数不同的电极之间。在光照条件下，有机半导体器件中的电子从 HOMO 能级激发到 LUMO 能级，产生一对电子和空穴。电子被低功函数的电极提取，空穴则被来自高功函数电极的电子填充，由此在光照下形成光电流。当有机半导体膜与两个不同功函数的电极接触时，会形成不同的肖特基势垒，这是光致电荷能定向传递的物理基础。因而此种结构的电池通常被称为肖特基型有机太阳能电池。

在这个器件上，他们观测到了 200mV 的开路电压，光电转化效率很低，但它开创了有机光伏太阳能电池的先河。此后 20 多年中，由于没能找到适宜的光电转换材料，因此有机太阳能电池的研究进展缓慢。由于肖特基型有机太阳能电池是单纯由一种纯有机化合物夹在两层金属电极之间制成的，因此效率比较低，现在已经被淘汰。

通过对肖特基型有机太阳能电池的研究，人们发现对有机材料进行 I_2 等掺杂，可以提高有机材料的电导率，利用表面离子极化激发技术以增加光吸收量也可以提高电池的能量转换效率。Grätzel 等通过在纳米 TiO_2 半导体上涂覆单层电荷转移染料（联吡啶钌）借以敏化薄膜，制备了一种低成本和高效率的有机太阳能电池。在模拟太阳光照射下，该电池的转换效率为 7.1%～7.9%；在漫射的白光照射下可达 12%。由于纳米 TiO_2 薄膜具有大的表面积，染料具有良好的光谱响应特性以及染料分子与 TiO_2 分子的直接接触，因而使其具有优异的光吸收系数和光电转换特性，并发展成为染料敏化太阳能电池。

② 双层结构异质结型有机太阳能电池　单纯将一种有机化合物夹在两层金属电极之间制成的肖特基电池效率很低，后来人们发现将 p 型半导体材料（电子给体，施主，donor，以下简记为 D）和 n 型半导体材料（电子受体，受主，acceptor，以下简记为 A）共同组成的高聚物体系复合，激子在这两种材料界面的解离非常有效。因为它可以使光激发单元的发光复合-退活过程得到有效抑制，从而导致高效的电荷分离，在本质上可以获得像半导体一样的 p-n 结，形成有机 p-n 异质结型太阳能电池。

异质结结构可以提高激子的分离概率，而且也增加了器件对太阳光谱的吸收带宽。1986 年，在肖特基型有机太阳能电池的基础上，柯达公司的华人科学家邓青云（Tang C. W.）博士采用具有高可见光吸收效率的有机染料，制备了 p-n 异质结型有机太阳能电池，实现了行业内里程碑式的突破。该器件的核心结构是由四羧基苝的一种衍生物（又称作 PV）和铜酞菁（CuPc）组成的双层膜。在双层膜结构中，p 型半导体材料（电子给体，CuPc）和 n 型半导体材料（电子受体，PV）先后成膜附着在正负极上，形成双层异质结结构。D 层或者 A 层受到光的激发生成激子，激子扩散到 D 层和 A 层界面处发生电荷分离生成载流子，然后电子经 A 层传输到电极，空穴经 D 层传输到对应的电极，功率转换效率（η_p）约为 1%。他认为电池的光伏性能是由两种有机材料形成的界面决定，而非电极/有机材料的接触界面。界面区域是光生电荷的主要产区，电极仅仅提供欧姆接触而已。

目前，D 和 A 的组合有三种结构：双层膜、共混膜体系和层压膜体系。不同的材料根据自身特点采用不同的结构，以使光电转换效率达到最高。在双层膜结构中，激子的扩散距离一般为 10nm，所以双层结构中膜的有效厚度在 20nm 左右。这样，载流子需要在两层中传输一段距离之后，才能到达电极进行收集。由于双层膜结构所能提供的界面接触面积有限，而且有机半导体的电阻也比较大，故电荷在输运的过程中很容易复合，从而严重限制了光电转换效率的提高。

共混膜体系是将 D 和 A 按照一定的比例混合，溶解于同一种溶剂中制成的薄膜。由于

D 相和 A 相二者之间相互渗透，各自形成网络状连续相，所以光诱导产生的电子和空穴可以分别在各自的连续相中传输，到达各自所对应的收集电极。给体和受体的接触面积增加，使得光生载流子在到达电极之前复合的概率大为降低。在该体系中，微相分离的互相渗透连续网络对其光电特性有着直接影响。

层压体系是先将 D 和 A 分别附着在相应的电极和玻璃衬底上，让 D 和 A 先形成自己的连续相，保证与对应收集电极的有效接触，然后再将二者通过压力黏合在一起。在层压膜结构中，D 和 A 互相渗透，形成微相分离的连续网络结构，提供了电荷分离所需的大量界面。但是，这种体系需要特殊的层压技术，操作工艺相对比较复杂。

为了扩大给受体的接触面积，获得更多的光生载流子，人们专注于电子给体和受体的选择和匹配研究。1992 年，研究发现用共轭聚合物作为电子给体和 C_{60} 作为电子受体的体系，在光诱导下可发生快速电荷转移且该过程的速率远远大于其逆向过程。也就是说，在有机半导体材料与 C_{60} 的界面上，激子可以以很高的速率实现电荷分离，而且分离之后的电荷不容易在界面上复合。这是由于 C_{60} 的表面是一个很大的共轭系统，电子在由 60 个碳原子轨道组成的分子轨道上离域，可以对外来的电子起到稳定作用。因此 C_{60} 是一种良好的电子受体材料。1993 年，在此发现的基础上，制成了以聚对苯亚乙烯基（PPV）作电子给体，C_{60} 作电子受体的 PPV/C_{60} 双层膜异质结太阳能电池。PPV 是一种典型的 p 型有机半导体材料，此后，以 PPV 为电子给体、C_{60} 为电子受体的双层膜异质结型太阳能电池得到了快速发展。

③ 体异质结/混合异质结型有机太阳能电池　双层膜太阳能电池中，虽然两层膜的界面有较大的面积，但有机双层膜电池结构有一个不可回避的缺陷。为了充分吸收太阳光，有机半导体介质的厚度必须达到 100nm 的吸收长度（absorption length），这比激子 10nm 的扩散长度（diffusion length）长得多。如果有机电池的半导体吸收层太薄了，就不能完全吸收入射光；如果半导体吸收层太厚了，则激子还没有充分地分离为载流子就已经复合了。而且有机材料的载流子迁移率通常很低，在界面上分离出来的载流子在向电极运动的过程中大量损失。这两点限制了双层膜电池的光电转化效率。

20 世纪 90 年代初，体异质结/混合异质结（bulk heterojunction，BHJ）太阳能电池应运而生。BHJ 太阳能电池概念主要针对光电转化过程中激子分离和载流子传输这两方面的限制，实现了光子吸收长度和激子扩散长度的平衡。在 BHJ 太阳能电池中，电子给体材料和受体材料的界面不再是平面，它们混合在一起，形成了复杂的界面。其给体和受体在混合膜里形成一个个单一组成的区域，在任何位置产生的激子都可以通过很短的路径到达给体与受体的界面，电荷分离的效率得到提高。同时，在界面上形成的正负载流子亦可通过较短的途径到达电极，从而弥补载流子迁移率的不足。

本体异质结可通过旋涂（spin coating）、快速溶剂蒸发（fast solvent evaporation）或共蒸发（co-evaporation）的方式制备，也可通过热处理的方式将真空蒸镀的平面型双层薄膜转换为本体异质结结构。本体异质结太阳能电池由于载流子传输特性所限，对材料的形貌、颗粒的大小较为敏感，且填充因子相应较小。

（2）有机太阳能电池材料

有机太阳能电池包括电极材料、电子和空穴传输层材料、活性层材料、衬底材料和封装材料等，典型的本体异质结有机太阳能电池的器件如图 6-39 所示。

① 电极材料　有机太阳能电池器件一般具有平面层状结构，有机光吸收层夹在两个电极之间。为了提高太阳能电池中电子和空穴的输出效率，要求选用功函数尽可能低的材料作为阴极和功函数尽可能高的材料作为阳极。其中阳极材料应该是透明的，以保证光的有效透

图 6-39 本体异质结有机太阳能电池结构示意

过。ITO 导电玻璃是目前比较常用的阳极材料，它在可见光区是透明的导体。阴极一般常用的是金属电极，如 Al、Ca、Mg 等。

② 电子和空穴传输层材料 常用的空穴传输层材料为聚 3,4-乙烯二氧噻吩/聚苯乙烯磺酸（PEDOT：PSS），它是一种透明的有机金属导电聚合物，作为 ITO 的修饰层（空穴传输层），其作用是可以提高 ITO 电极的功函数，分子结构式如图 6-40 所示。

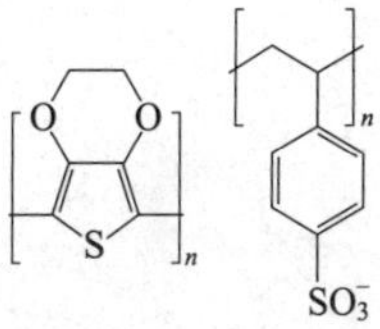

常用的电子传输材料为 LiF。LiF 修饰层（电子传输层）的引入，可以大大提高器件的开路电压和填充因子，借以改善器件的能量转换效率。

图 6-40 PEDOT：PSS 的结构式

③ 活性层材料 太阳能电池活性层材料主要包括电子给体和电子受体材料两大类，由它们构成体异质结，用于太阳能电池的光活性层。异质结界面处的光诱导电荷转移，是有机太阳能电池工作的主要机制。为了形成具有电荷分离作用的异质结，材料体系的选择非常重要。基本的要求是给体具有较强的给出电子能力，受体具有较强的接受电子能力，且给体与受体的能级要匹配。由于太阳能电池活性层材料不但可以方便地制得大面积器件，还可以制作超薄柔性太阳能电池。因此，近些年来，导电聚合物在太阳能电池方面的应用引起了人们的关注。

a. 电子给体材料 电子给体材料种类很多，包括聚乙烯咔唑类、聚苯胺、聚吡咯、聚对苯亚乙烯基（PPV）及其衍生物、聚噻吩（PT）及其衍生物、聚芴（PF）及其衍生物等。

噻吩类材料是有机太阳能电池中广泛研究的电子给体材料，包括聚合物、小分子、寡聚物以及含有过渡金属的聚合物等。噻吩材料作为给体，C_{60} 或者衍生物作为受体是目前最好的有机太阳能电池体系，有大量的研究工作，目前光电转换效率最好的有机太阳能器件就是由噻吩类给体与 C_{60} 及其衍生物受体构成的体系。常见的噻吩类电子给体材料的分子结构式如图 6-41 所示。

噻吩类材料最大的特点是可以通过"头尾"连接形成有序性薄膜，从而具有较高的迁移率。由于聚 3-烷基噻吩（P3HT）的链状结构倾向于通过链之间的堆叠形成自组织的二维薄膜，当活性层薄膜的生长速度很慢时，自组织程度高，薄膜迁移率高，可提高器件效率（$\eta_p = 4.4\%$）。另外，热处理可以改善含噻吩类活性材料的薄膜形貌和增加结晶度等，使 η_p 提高到 $5\% \sim 6.1\%$。溶剂对噻吩薄膜性能也有一定的影响，当噻吩类材料由线性结构变为枝化结构时，膜的有序性降低导致导电性降低，所构成太阳能电池器件的效率大大降低。

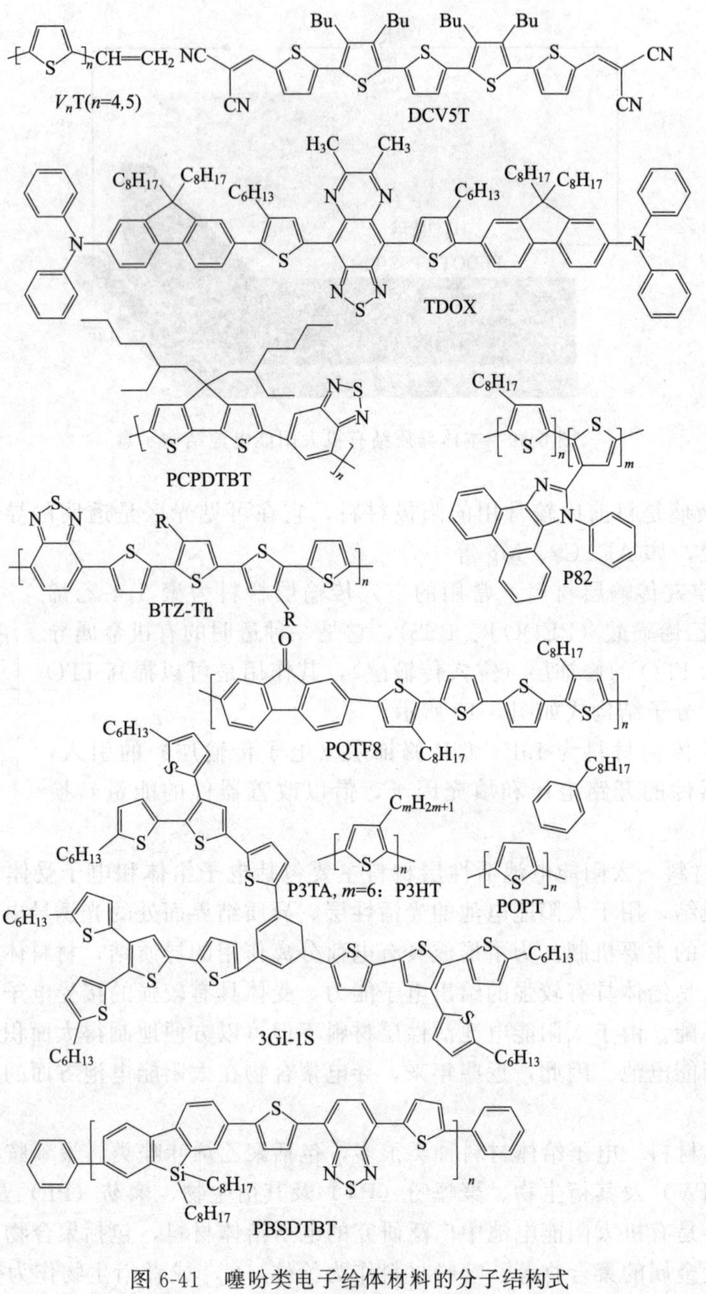

图 6-41 噻吩类电子给体材料的分子结构式

图 6-41 中 DCV5T 材料，由于强吸电子基二氰基乙烯基（DCV）的引入，在分子内产生受体-给体-受体体系，使寡聚噻吩的能隙由原来的 2.5eV 降到 1.77eV，它与受体 C_{60} 一起制作的双层异质结器件中 η_p 可达 3.4%。同时，由于 DCV 基团将材料的电离能增加，器件的开路电压也有所提高。TDOX、PCPDTBT、P82、BTZ-Th 等噻吩类给体材料，由于能隙较低，与太阳光谱较为匹配，有利于太阳光的吸收。PQTF8 由于芴酮的引入使吸收光谱展宽，从而提高器件的 η_p。

除了噻吩类材料，聚对苯亚乙烯基 [poly(phenylene vinylene)，PPV] 及其衍生物也是一类研究较多的材料。通常地，基于 PPV 类材料的器件会受制备温度、溶剂、给体与受体比例、溶液浓度、热处理等制备参数影响。一些常用的 PPV 太阳能电池材料的结构如图 6-42 所示。

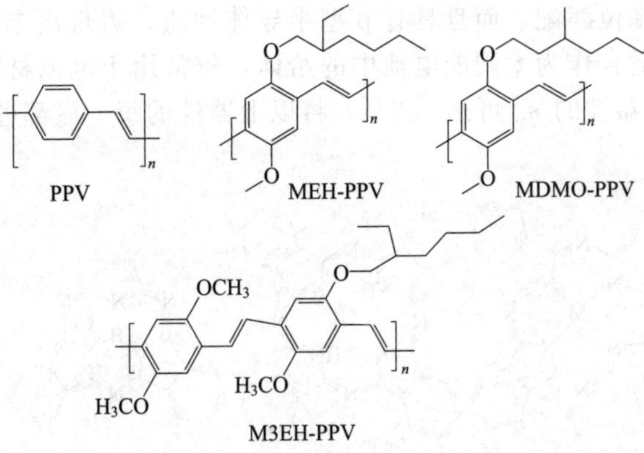

图 6-42 PPV 类电子给体材料的分子结构式

PPV 类材料的一个缺点是有光氧化倾向。广为接受的机理认为光照产生激子后，单线态激子通过系间窜跃跃迁至三线态，氧与 PPV 材料中三线态激子发生能量转移反应，产生单线态的氧。单线态的氧通过闭环加成反应氧化 PPV 材料中乙烯基团的双键，破坏了 PPV 的骨架，导致 PPV 材料半导体性能的降低以及对可见光吸收的减弱，同时，伴随产生的深能级陷阱会进一步降低材料的载流子输运能力。当 PPV 材料混入 C_{60} 及其衍生物时，PPV 材料中单线态激子可以在跃迁到三线态之前被解离，因此 C_{60} 及其衍生物可减少 PPV 材料的光氧化过程。作为太阳能电池中的给体，目前性能最好的基于 PPV 材料的电池是 MEH-PPV 或 MDMO-PPV 与受体 PCBM 构筑的本体异质结器件，η_p 约为 2.5%。

芳香胺类化合物是典型的空穴传输材料。在有机太阳能电池结构中通常作为电子给体，芳香胺类电子给体材料的分子结构式如图 6-43 所示。由非晶态 TPD 等芳香胺类材料与 C_{60} 构成的双层异质结太阳能电池，经过高温处理后，器件效率可增加到原来的 3 倍。由于聚芴基苯胺 (TFMO) 的解离能较小 (5.2eV)，与 PCBM 混合时形成的电荷转移态能级在 PCBM 的第一激发态的下面，有利于自由电荷的生成。由噻吩基与三级苯氨基构成的小分子材料 (TPA-Th-CN) 也表现出较好的器件效率。

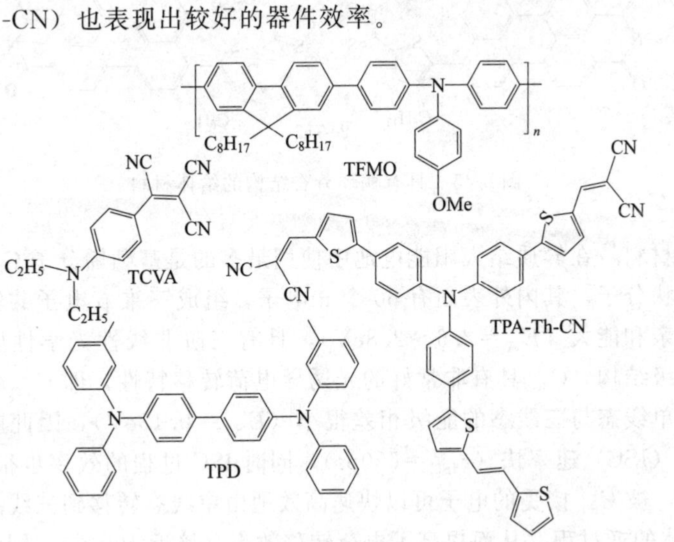

图 6-43 芳香胺类电子给体材料的分子结构式

金属酞菁染料（MPc，分子结构如图 6-44，M 代表金属）是平面型分子，包含 4 个异吲哚（isoindole）单元，有 18 个离域电子。一般地，MPc 材料在 700nm 附近有很强的吸收，与太阳光谱的最大峰位匹配，而且具有 p 型半导体性质，表现出丰富的氧化还原特性、热稳定性好，因此比较适合作为太阳能电池中的给体，较常用于电池材料的有 Cu、Zn、Sn 等。基于（CuPc）/C_{60} 器件的 η_p 可达 4.2%。将以上器件的每一层都进行掺杂，η_p 可提高至 5.58%。

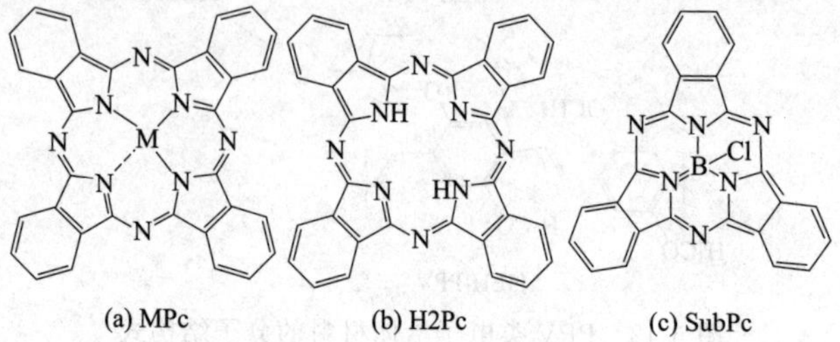

图 6-44　酞菁类电子给体材料

稠环芳香化合物由于具有大环共轭平面结构，有活跃的 π 电子体系，半导体特性较强且易形成有序薄膜。双层异质结的概念就是基于稠环芳香材料四羧基苝衍生物 PV（又称为 PTCBI）和酞菁铜（CuPc）的器件而提出的。利用有机气相沉积方法，制备出可控生长的 CuPc/PV 本体异质结器件，η_p 可提高到 2.7%。一些具有稠环芳香结构的给体材料结构示于图 6-45。给体材料 Tetracene 与受体 C_{60} 组成的双层异质结器件经过热处理后，由于 Tetracene 部分结晶，使 η_p 达 2.2%；给体材料 Pentacene 与受体 C_{60} 组成的双层异质结器件 η_p 为 1.6%；材料 Pe-Th2 是具有受体-给体-受体三元功能团的化合物，它作为给体与 PCBM 组成的本体异质结器件效率为 0.2%。

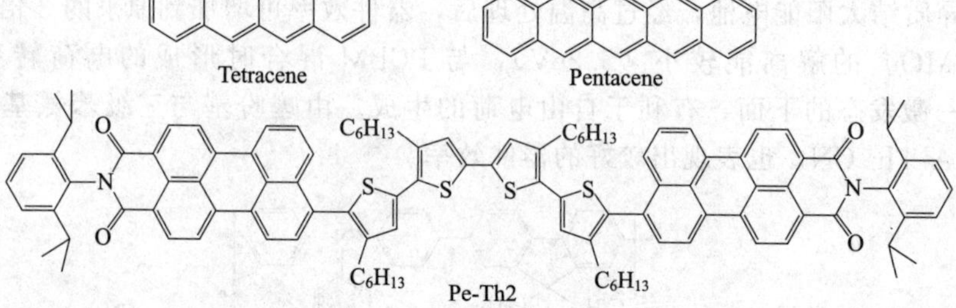

图 6-45　具有稠环芳香结构的给体材料

b. 电子受体材料　在异质结太阳能电池中使用最多的是富勒烯分子 C_{60}。C_{60} 是由 60 个碳原子组成的球状分子，其内外表面有 60 个 π 电子，组成三维 p 电子共轭体系，具有很强的还原性，电子亲和能大（$E_A = 2.6 \sim 2.8eV$），具有三阶非线性光学性质。球状共轭结构产生了特殊的能级结构，C_{60} 具有非常好的光诱导电荷转移特性，即 C_{60} 分子中轨道与自旋的偶合常数大，单线态与三线态的能级相差很小（$E_{ST} = 0.15eV$），因此电子由单线态到三线态的系间窜跃（ISC）速率快（$\tau_{ISC} = 650ps$），同时 ISC 过程的效率也很高（96%）。在给体和 C_{60} 的界面，被 C_{60} 接受的电子可以快速高效地由单线态转移到三线态，防止电子再由 C_{60} 分子回到给体的逆过程，从而提高了电荷转移效率（接近 100%）。同时，由于三线态具有较长的寿命（大于 $1\mu s$），使基于 C_{60} 的太阳能电池中电子扩散长度较长（$8 \sim 14nm$），有利于电荷传输和收集，从而可提高电荷引出效率。

富勒烯分子 C_{60} 除了具有很高的电子亲和势以外，在可见光区几乎无吸收，是目前最好的受体材料。图 6-46 为有机太阳能电池中一些 C_{60} 及其衍生物的结构。

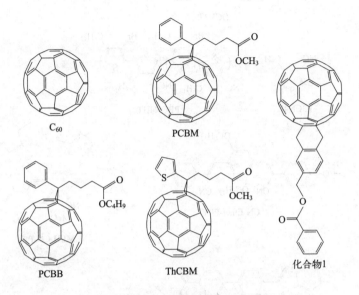

图 6-46　一些 C_{60} 及其衍生物的结构

当在 C_{60} 球体中央再加入一个六角圆环，可形成英式橄榄球形状的 C_{70}。C_{70} 与 C_{60} 一样，都是很好的电子受体，它们既可以与小分子匹配（包括酞菁及其衍生物和噻吩寡聚物等），也可以与共轭聚合物匹配（包括聚噻吩和聚对苯亚乙烯基衍生物等），形成电池的活性层。

虽然 C_{60} 较小的溶解性限制了它在以溶液方式加工的聚合物太阳能器件中的应用，但它在真空中可以稳定地蒸镀，可用来制备双层异质结器件。经过改良的 C_{60}、PCBM（[6,6]-苯基-C_{61}-丁酸甲酯）具有较好的溶解性，被广泛地应用于聚合物器件中。除 PCBM 外，图 6-46 中的材料 1 是另一种具有高溶解性的 C_{60} 类化合物，基于该材料的器件 η_p 高达 4.5%。材料的溶解性可随分子中烷基链长的增加而提高，其中 PCBB 具有比 PCBM 优越的光敏特性，得到的器件性能较好。将 PCBM 中的苯基以噻吩基取代得到 ThCBM 材料，该材料具有与 PCBM 类似的电子输运特性，基于该材料的本体异质结太阳能电池器件 η_p 可达 3.0%。值得注意的是，由于材料 C_{60} 及其衍生物在可见-近红外区的光吸收很小，以它们为受体材料设计器件时，应选取材料吸收性能较强的给体材料，或以其他方法提高对太阳光的吸收。

除了 C_{60} 及其衍生物，噻吩类、聚苯亚乙烯基和稠环芳香烃类材料也可以作为太阳能电池器件的受体材料（见图 6-47）。DCV3T、P3CN4HT 和 PBCN4HT 都是含有强吸电子基—CN 的噻吩材料，—CN 基的引入，一方面增加了材料的电子亲和能，一方面由于 LUMO 能级的降低而减小材料的能隙，使这些材料可以作为电子受体应用于太阳能电池器件，同时能隙的降低有利于太阳光谱的吸收。与噻吩类材料类似，当分子中引入强吸电子基团—CN 时，PPV 类材料也可作为器件中的受体，如图 6-47 中的 MEH-CN-PPV。稠环芳香烃类材料 PTCDA 在 $400 \sim 700nm$ 范围内有吸收，LUMO 能级为 $-4.66eV$，可作为太阳能电池器件的受体材料；BBL 作为受体与 PPV 构成的双层异质结器件由于能级匹配，吸收光谱互补，可得到较好的性能。

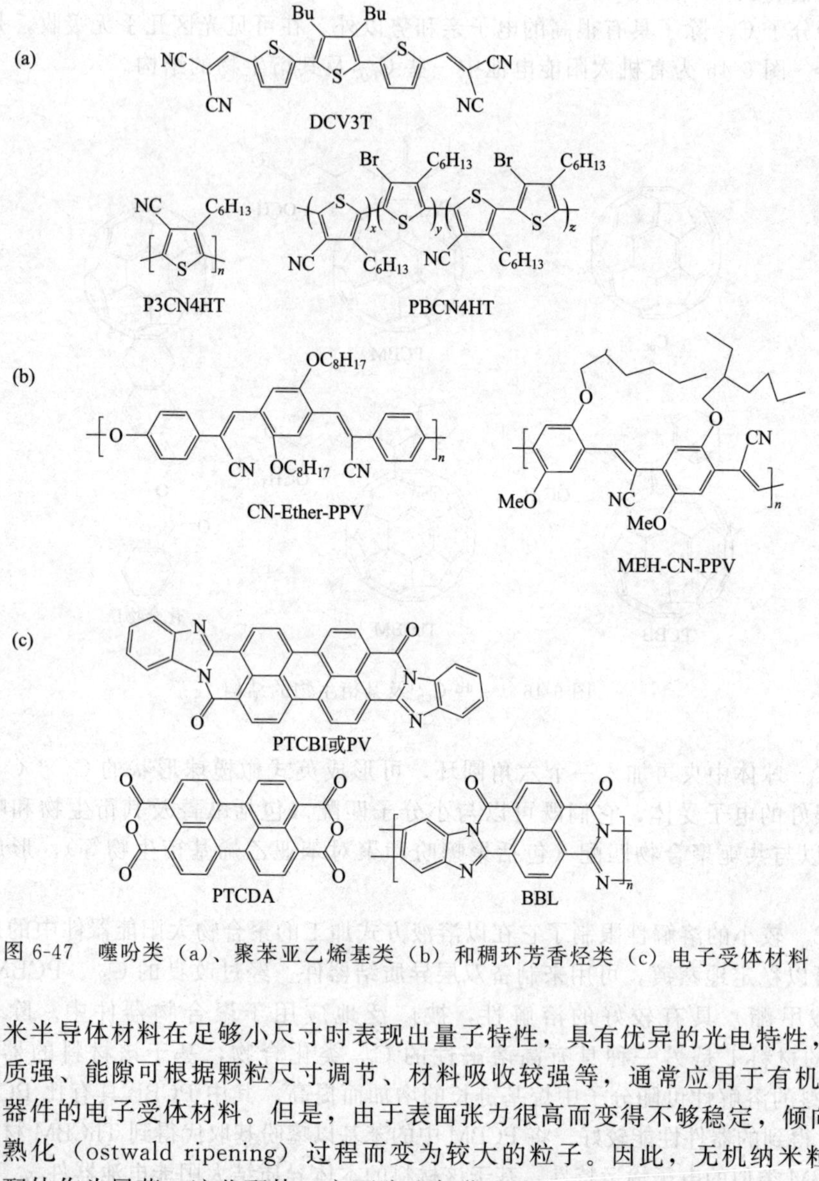

图 6-47　噻吩类（a）、聚苯亚乙烯基类（b）和稠环芳香烃类（c）电子受体材料

　　无机纳米半导体材料在足够小尺寸时表现出量子特性，具有优异的光电特性，如迁移率高、光导性质强、能隙可根据颗粒尺寸调节、材料吸收较强等，通常应用于有机/无机杂化太阳能电池器件的电子受体材料。但是，由于表面张力很高而变得不够稳定，倾向于通过奥斯特瓦尔德熟化（ostwald ripening）过程而变为较大的粒子。因此，无机纳米粒子的表面通常以有机配体作为屏蔽，这些配体一方面防止氧化和聚集，另一方面可以改变粒子在有机溶剂中的溶解性。但是它们会阻碍电荷由纳米粒子到纳米粒子的输运。

　　碳纳米管（CNTs）具有独特的电学和力学性能，化学性质稳定，能级结构与导电聚合物的能级可以较好地匹配，使得高度离域的 CNTs 共轭电子体系与相对定域的有机 π 共轭体系有相互作用的可能性。CNTs 中的多壁碳纳米管（MWCNTs）具有金属性，功函数在 4.5～5.1eV 之间，与聚合物的 HOMO 相匹配，有利于空穴的引出；而单壁碳纳米管（SWCNTs）中部分具有金属特性，部分具有半导体特性。具有半导体特性的 SWCNTs，功函数在 3.4～4.0eV 之间，与聚合物的 LUMO 相匹配，有利于电子的引出，是有效的电子受体。因此，在有机太阳能电池中引入 CNTs，一方面由于有机物与 CNTs 界面形成的内建电场有利于激子的解离，另一方面 CNTs 高迁移率的特性，可提高传输特性，抑制载流子复合。另外，CNTs 的加入，在不干扰聚合物结构的同时，可增加聚合物薄膜的平整性，提高迁移率，有利于电荷的引出。

　　碳纳米管的溶解性较小，会影响有机太阳能电池光电转换效率。石墨烯作为一种电性能可以和碳纳米管媲美，且可通过功能化改性的碳薄层材料，替代有机太阳能电池中的 PCBM 作为受体材料，用于柔性太阳电池及透明太阳能电池的设计和研究。通过对石墨烯进行化学或非化学修饰，使其和 P3HT 或 P3OT（聚 3-辛基噻吩）一起溶于有机溶剂中，或者将 C_{60} 接枝到石墨烯表面然后将其作为受体材料，制备成太阳能电池。但是，当石墨烯作为电子受体材料时，表面接枝的官能团会影响石墨烯的分子结构和电性能。其结构上的缺陷将会降低电子传输能力，增加电子复合，进而无法显著提高电池光电转换效率。因此，需要优化石墨烯的制备方法，减少石墨烯缺陷，增加其他元素掺杂，同时还要考虑石墨烯与给体材料的相互作用和匹配。

　　④ 衬底和封装材料　目前制作的太阳能电池，大部分是利用玻璃作衬底。通过改善太阳能电池的光伏性能、降低制造成本、使用柔性衬底以及减少大规模生产对环境造成的影响，这是未来太阳能发展的主要方向。

　　封装材料主要包括刚性封装材料、柔性封装材料和边缘缝隙封装材料。为了获得柔性有机光伏器件，前后基板必须具有足够的柔性，同时能有效隔绝湿气和氧气。柔性封装不仅能满足折叠和弯曲的要求，而且具有一定的强度，以保证产品的实际应用要求。柔性封装材料的特点是在发生很大弯曲变形时，仍然可以保证材料的有效使用。对于这种封装材料，目前研究最多的主要有超薄玻璃、聚合物和金属箔。考虑对介电性能的要求，聚合物柔性薄膜可以在很宽的范围内选取，如聚对苯二甲酸乙二醇酯（PET）、聚对萘二甲酸乙二醇酯（PEN）、聚碳酸酯（PC）、聚氯乙烯（PVC）、聚苯乙烯（PS）、聚甲基丙烯酸甲酯（PM-MA）、聚对苯二甲酸丁二醇酯（PBT）以及聚对苯二乙基砜（PES）等。

　　在制作有机太阳能电池时，常用的封装技术是在干燥的惰性气体环境中，用玻璃将电池密封，而后再用紫外线固化的环氧树脂固定。玻璃能很好地隔离潮气和空气，而唯一侵入封装内的途径就是边缘的环氧树脂密封。

　　（3）有机太阳能电池优化

　　在体异质结电池的概念被提出之后，涌现出不少优化有机电池的方法。通过 Shockley-Queisser 转换效率极限理论的计算，有机电池的转换效率低于无机电池。通常有机材料具有光吸收能力强、吸收光谱窄、材料能隙随共轭长度的增大而减小的特点，吸收一般在可见光区域，因此大部分材料对太阳的吸收利用不超过 40%，这是有机太阳能电池转换效率比无机太阳能电池低的原因之一。加之由于有机材料迁移率太小，限制了有机光伏器件活性层的厚度在几百纳米左右，使光吸收能力进一步减少。为了实现最理想的转换效率，需要开发吸收光谱更宽的给体材料和受体材料，以满足尽可能地扩展吸收光谱和便于载流子的输运。

　　针对提高太阳光谱的吸收问题，除了通过分子结构的功能设计来提高活性材料自身吸收外，还可以在器件结构中引入具有强吸收特性的材料，利用它们吸收部分太阳能量，通过激子扩散将其转移给活性材料，在活性材料上发生激子解离过程产生电流。有机太阳能电池的短路电流较低的原因，在很大程度上是由于材料载流子传输能力较低所导致的光电流损失。由于有机材料中如氧等陷阱普遍存在，迁移率一般低于 $10^{-4}\ \mathrm{cm^2/(V \cdot s)}$，载流子迁移率低，电荷向电极输运时由于复合导致的电流损失大，因此设计具有高迁移率的活性材料是提高有机太阳能电池性能的另一条途径。通过改变给体材料和受体材料的能级，可以减小载流子输运过程中的能量损失。另外，在活性材料中掺入载流子输运能力高的纳米材料也可提高器件效率。例如双层碳纳米管对有机材料的掺杂可以增加空穴的传输能力，从而提高器件的性能；在基于聚 3-辛基噻吩/富勒烯（P3OT/C_{60}）的本体异质结器件中掺杂金或银纳米粒子，由于提高了导电率，器件的效率可增加 50%～70%。

混合异质结薄膜是互渗双连续网络结构，微观上是无序的，因此网络结构上存在着大量的缺陷，阻碍了电荷的分离和传输，从而降低了电荷分离和传输效率。将具有电子给体性质的单元以共价键方式连接到受体聚合物或者小分子上，可以获得微相分离的互渗双连续网络结构，形成 D-A 体系材料，即同质双极材料。以这种材料为活性层制作的单层器件，为单层分子 D-A 结器件，如图 6-48 所示。此类材料能克服混合异质结薄膜的结构缺陷，应用到器件中有望提高器件效率。

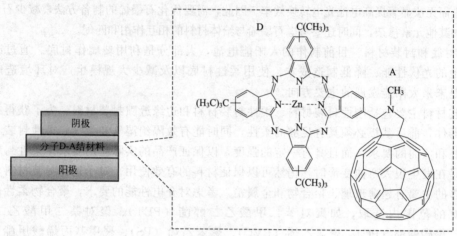

图 6-48　单层分子 D-A 结器件

D—给体基团；A—受体基团

与单层 Schottky 器件的激子解离机制不同，分子 D-A 结器件中激子解离的动力来源于光诱导下分子内由于给体和受体的同时存在而产生的化学势梯度。该化学势梯度主要取决于分子内 D 基团与 A 基团的链接模式，它不但促进分子内激子解离，同时驱动电荷的迁移。而 D 与 A 的连接模式，与它们各自的电子结构特性有关，也受 A 与 D 之间的距离、比例、空间相对位置等影响。

理想状态下，D-A 结器件在分子内产生激子解离，可从根本上避免给体和受体材料之间的相分离，以及由于给体或受体分子的聚集现象而导致的电荷分离效率降低的问题。但是，与相应的本体异质结器件相比，在 D-A 分子内伴随着光诱导电荷转移的发生，电荷复合概率也得到增强。因为分别分布在 D 单元和 A 单元的电荷需要通过链间的跃迁来防止复合，这个过程相对于链内的复合显然要困难些。材料中光诱导电荷转移与能量转移的竞争可进一步降低 D-A 结器件的效率。根据 D-A 结分子的概念，人们提出了"双轴"材料的设想，即从分子水平上控制材料的排列，将具有线性结构的 D-A 聚合物或者寡聚物以有序方式排列，使得材料中的 D 单元与 A 单元分别排列在一起，形成 A 结构单元和 D 结构单元。这样，电子可以沿 A 结构单元输运，而空穴可以沿 D 结构移动，如图 6-49 所示。可以预计，"双轴"材料可以大大提高激子的解离和电荷的输运效率。

提高材料本身的光吸收能力，并不是优化有机电池性能的唯一途径。还可以制备级联形式的多结的叠层电池结构。级联电池是一种串联的叠层电池，是将两个或以上的器件单元以串接的方式做成一个器件，以便最大限度地吸收太阳光谱，提高电池的开路电压和效率。众所周知，材料的吸收范围有限，而太阳光谱的能量分布很宽，单一材料只能吸收部分太阳光谱能量。另外，由于电池中未被吸收的太阳能量可使材料产生热效应，使电池性能退化。级联电池可利用不同 p-n 结材料的不同吸收范围，增加对太阳光谱的吸收，提高效率和减少退化，级联电池的基本结构如图 6-50 所示。

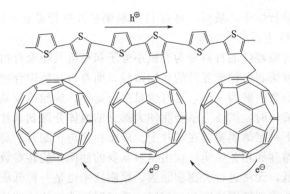

图 6-49 D-A 结分子以有序方式排列形成的"双轴"材料

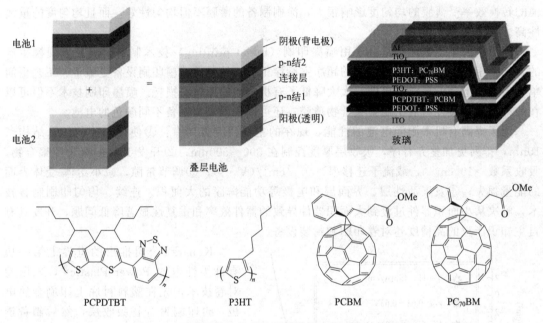

图 6-50 两个子电池组成的级联叠层有机电池结构示意

电池器件单元按活性材料能隙不同，采取从大到小的顺序从外向背电极串联，即与电池非辐射面（背面）最近的结构单元，其活性材料的能隙最小。由于串联的缘故，级联电池的开路电压一般大于子单元结构的开路电压（理想情况下，总的开路电压等于各个子单元开路电压之和），其转换效率主要受光生电流的限制。因此，级联电池设计的关键是合理地选择各子电池的能隙宽度和厚度，并保证各个子电池之间的欧姆接触，以达到高转换效率的目的。在两个子电池单元之间使用以溶胶方法制备的透明 TiO_x 作为连接层，以采用窄能隙结构单元作为第一层的级联器件（图 6-50）。通过调节两个 p-n 结的厚度，可以优化光生电流。

（4）有机太阳能电池的制备

和晶体硅电池相比，有机电池生产更容易、质量更轻、在建筑上更容易集成。首先，要对导电和透光性能良好的导电玻璃（通常使用 ITO 玻璃）进行严格的清洗，其流程可以根据实验要求和条件自行调整。通常的清洗步骤是：先用普通或专用清洁剂和中等硬度的刷子或百洁布刷洗，然后用去离子水冲洗干净，将 ITO 基片先后置于丙酮、乙醇、去离子水反复超声清洗多次，此后用高速喷出的 N_2 吹干基片上的去离子水，或者用甩胶机把水甩干，或者在真空干燥箱中进行烘干，最后，再对 ITO 玻璃基片进行臭氧处理和氧等离子体处理。这样，有利于除去 ITO 表面的碳污染。

通常，制备光电转换器件的材料分为有机小分子和有机共轭聚合物，有机小分子材料一般用真空蒸发沉积的方法制备构成器件的多层薄膜，而有机共轭聚合物主要通过旋涂或甩胶的方法制备，聚合物层数一般为一层，也有少量多层器件。旋涂甩胶是将一小滴液体放在基片中央，当基片高速旋转时，离心力就会驱使大部分的液体分散到基片的边缘，最后将大部分材料甩出基片，留下一层薄膜覆盖在基片上。旋涂程序包含配料、高速旋转和溶剂挥发成膜三个步骤，薄膜的厚度和相关性质往往由材料本身的性质和旋转参数决定。采用旋涂方式制膜，其设备成本较低，无法进行大面积制膜。涂刷技术也是一种低成本制备有机柔性电池的方法，将浸润了聚合物的涂刷快速扫过衬底，通过温度控制使溶液快速脱水并固化，形成厚度均匀的薄膜。涂刷制备的体异质结电池，其伏安特性优于旋涂等其他印刷技术。柔性电池的转换效率受薄膜的均匀度影响很大，涂刷制备的薄膜不但均匀性好，而且均匀度的重复性高。

异质结的柔性电池也适合于用喷墨印刷（inkjet printing）技术制备，满足大规模生产的要求。相比半导体产业中使用的超净室旋涂工艺，卷对卷喷墨印刷设备更廉价、工艺更简单、生产更迅速、耗电量更低，大大降低了有机电池的原材料损耗。喷墨印刷技术不但可以在各种材质的柔性衬底上制备聚合物薄膜，还可以根据需要制备不同颜色的电池。

为了提高有机太阳能电池的性能，现在的主要研究方向有：①使聚合物的纳米结构＜10nm，排列更加整齐有序，吸收层厚度控制在 300～500nm；②开发 1eV 的窄带隙聚合物，吸收系数＞10^5cm^{-1}，载流子迁移率＞$10^{-4} \text{cm}^2/(\text{V} \cdot \text{s})$；③调节带隙，减小给体-受体界面的能量损失；④发展活性层、界面层和电极等功能薄膜的大面积、连续、均匀印刷制备技术，解决从小面积器件过渡到大面积器件导致的器件效率和重复性显著降低问题，开发具有自主知识产权的高精度卷对卷印刷和封装设备。

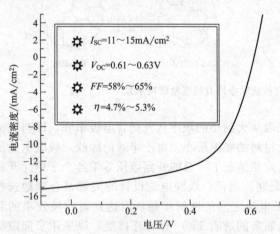

$I_{SC}=11～15\text{mA/cm}^2$

$V_{OC}=0.61～0.63\text{V}$

$FF=58\%～65\%$

$\eta=4.7\%～5.3\%$

图 6-51 Power Plastic® 柔性电池的转换效率

Konarka 公司推出的世界上第一块有机柔性电池 Power Plastic®，采用卷对卷技术，先在塑料衬底上印刷金属电极，再印刷聚合物吸收层，然后制备透明阳极和透明封装层，总厚度仅为 50～250μm。Power Plastic® 面积为 10cm^2，转换效率达到 5% 左右（见图 6-51）。其吸收光谱以短波长为主，长波长的红光和红外光几乎不吸收。

日本科学技术振兴机构（JST；Japan Science and Technology Agency）携手东京大学，在厚度仅 1.4μm 的超薄塑胶薄膜基板上均匀涂上溶有有机半导体的墨水（ink），研发出全球最薄、最轻的有机太阳能电池（截至 2012 年 4 月），其厚度仅有 1.8～1.9μm，仅为家用保鲜膜的 1/5 厚，该款太阳能电池转换率为 4.2%。该款产品可像头发一样弯曲，且弯曲后转换率不会受到任何影响（转换率仍可维持在 4.2%），生产该款产品无需复杂工程，也无需高价生产设备。

德国 Heliatek 公司采用低温沉积小分子技术制备了叠层有机太阳能电池，经德国弗朗霍夫学会太阳能研究所（ISE）认证，1.1cm^2 的串联电池效率达 10.7%，有望将高性能电池运用于建筑一体化的玻璃和外墙面等领域。

近年来，以芳酰亚胺和稠环电子受体为代表的非富勒烯受体领域不断取得突破。非富勒烯受体的合成通常采用偶联构筑单元的方式，各构筑单元分别设计合成，因而可以精准合成具有确定结构的受体分子，兼具明确的分子结构和良好的批次重复性，在保持良好稳定性的同时表现出显著增强的光伏性能。因稠环电子受体（ITIC 类、Y 系列）的发明，非富勒烯有机太阳能电池的效率从不到 7％快速提升到高于 17％。非富勒烯受体的快速发展，使单结有机太阳能电池最高光电转换效率已突破 19％，大大超越传统的富勒烯受体，吸引了越来越多的研究力量投入到非富勒烯受体领域。

有机光伏材料具有质轻、柔性、半透明等特性，可采用喷墨打印、涂布印刷、卷对卷加工等低成本工艺制造大面积薄膜器件。虽然有机半导体太阳能电池还未实现大规模应用，但有机太阳能电池的轻、薄、柔性、半透明特性将使其在光伏建筑一体化、汽车窗户和便携式电子设备等方面具有广阔的市场前景。

6.3.5.4.2　染料敏化太阳能电池

（1）简介

染料的光伏效应可以追溯到 19 世纪。1837 年，Vogel 发现用染料处理过卤化银颗粒的光谱响应从 460nm 拓展到红光甚至红外线范围，这一发现奠定了所谓"全色"胶片的基础，是有机染料敏化半导体的最早报道。1839 年，Becquerel 发现把两个相同的涂覆卤化银颗粒的金属电极浸在稀酸溶液中，当光照一个电极时会产生光电流，意识到光电转换的可能性。1887 年维也纳大学的 Moser 首次提出了染料敏化的光电效应，这个结果很快被研究照相的科学家应用，并最终实现了彩色照相。20 世纪 60 年代，人们开始将染料敏化的光电效应应用于太阳能转化方面的研究。研究表明，只有直接吸附在半导体表面的染料分子能够产生光伏效应，紧密堆积在表面的单层分子最有利于光电产生。但是由于半导体表面的单层分子染料的光吸收效率非常低，所以这种光电装置的转化效率也非常低，只有不到 0.1％，而且光稳定性差。染料敏化单晶半导体的低光电转换效率限制了染料敏化半导体在太阳能电池转化中的应用。为了克服单层染料的缺点，人们曾试图利用多层吸附来增大光的捕获效率，但在外层染料的电子转移过程中，内层染料起到了阻碍作用，因此降低了光电转化量子效率。该领域里出现的第一次突破是在 1976 年，当时 Tshubomura 等用多孔的多晶 ZnO 代替单晶半导体，染料敏化剂是 rose Bengal。与单晶相比，多晶 ZnO 膜的表面积大大增加，表面吸附了更多的单分子层染料，对光的吸收显著增强，其光电转换效率达到 1.5％。Tshubomura 等还发现在染料敏化太阳能电池中用 I^-/I_3^- 电对优于其他氧化还原电解质。

到了 20 世纪 80 年代中期，瑞士联邦工学院 Grätzel 研究组已经成为染料敏化太阳能电池研究领域中的一支主要力量。他们在导电玻璃上制备了高表面积的 TiO_2 纳米晶薄膜电极，纳米 TiO_2 的多孔性使得它的总表面积远远大于其几何面积。染料吸附在这种膜的表面，可以有效吸收入射光线。1991 年，通过在纳米 TiO_2 半导体上涂覆单层电荷转移染料（联吡啶钌）借以敏化薄膜，在模拟太阳光照射下，该电池的转换效率为 7.1％～7.9％，在漫射的白光照射下可达 12％。1997 年，该电池的光电转换效率提高到 10％～11％，短路电流达到 18mA/cm^2，开路电压达到 720mV。从此，染料敏化纳米晶太阳能电池（dye-sensitized solar cells，DSSC，也称为 Grätzel 电池）随之诞生并得以快速发展。

染料敏化太阳能电池最吸引人的特点是其廉价的原材料和简单的制作工艺以及稳定的性能。纳米多孔 TiO_2 具有成本低廉、无毒、性能稳定且抗腐蚀性能较好等优点，同时染料良好的光谱响应特性以及染料分子与 TiO_2 分子的直接接触，使染料敏化太阳能电池具有优异的光吸收系数和光电转换特性，能在较广的可见光范围内工作，适合于非直射光、多云等弱光线以及光线条件不足的室内使用。染料敏化太阳能电池制造工艺简单，主要采用大面积丝网印刷技术和简单的浸泡方法，制作工艺大大简化，适用于大面积工业化生产。染料敏化太阳能电池的输出功率随温度的升高而上升，其高温下性能稳定，适用于高温热带地区。它对入射光角度的要求也很低，在折射光和反射光条件下仍有良好的电池性能。染料敏化太阳能电池还可以做成透明电池或彩色电池，具有很强的装饰性，而且由于有机染料分子设计合成的灵活性和纳米半导体技术的不断创新，DSSC 在技术发展和性能提高上有很大潜力，成为第三代新型电池之一。

（2）结构和原理

DSSC 是通过有效的光吸收和电荷分离把光能转变为电能，它类似于大自然中绿色植物的光合作用，所以被形象地称为"人造树叶"。在常规的 p-n 结光伏电池中，半导体具有捕获入射光和传导光生载流子两种作用。但在 DSSC 中，这两种作用是分开执行的。光的捕获由敏化剂完成，半导体收集和传导电子。染料敏化一般涉及 3 个基本过程：染料吸附到半导体表面，吸附态染料分子吸收光子被激发，染料分子从基态跃迁到激发态，激发态染料分子将电子注入半导体导带，注入导带中的电子可以瞬间到达膜与导电玻璃的接触面而流到外电路中，产生光电流。由于有机染料敏化剂对可见光具有强的吸收，从而大大提高了电池的光捕获效率。

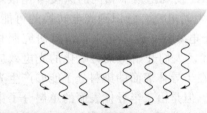

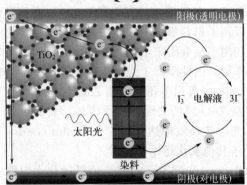

图 6-52 染料敏化太阳能电池的
结构和工作原理示意

典型的 DSSC 具有三明治式的结构，主要由沉积在透明导电玻璃基底上的纳晶多孔半导体光阳极（最常见的是 TiO_2）、光敏化剂、载流子传输材料（一般含有 I_3^-/I^- 氧化还原电对）、对电极（最常用的是金属 Pt 沉积在导电衬底上）4 种关键材料构成。其工作原理如图 6-52 所示，光电流的产生大致要经过以下几个正向过程。

① 在入射光的照射下，镶嵌在纳米二氧化钛表面的光敏染料分子（Dye）受到光激发吸收光子，由基态跃迁到激发态：

$$Dye + h\nu \longrightarrow Dye^*$$

② 处于激发态的染料分子向低能级的二氧化钛半导体的导带内注入电子（电子注入的速率为 fs 到 ps 的时间尺度），染料光敏剂分子自身转化成为氧化态的染料正离子（Dye^+），借以实现电荷分离，实现了光诱导电子转移：

$$Dye^* \longrightarrow Dye^+ + e^-(TiO_2)$$

③ 注入 TiO_2 导带中的电子在纳米晶网络中传输到后接触面（BC），在导电玻璃富集，而后流入到外电路中：

$$e^-(TiO_2) \longrightarrow e^-(BC)$$

④ I_3^- 扩散到对电极（CE）上得电子后再生：

$$0.5I_3^- + e^-(CE) \longrightarrow 1.5I^-$$

⑤ 处于氧化态的染料正离子（Dye^+）与电解液中的氧化还原电对（I^-/I_3^-）反应，获

得电子回到基态（Dye），使染料再生，从而完成一个光电化学反应循环：

$$Dye^+ + 1.5I^- \longrightarrow Dye + 0.5I_3^-$$

同时还存在以下不利过程：

⑥ 半导体导带上的一部分光生电子与氧化态染料分子的复合（电子回传）：

$$Dye^+ + e^- (TiO_2) \longrightarrow Dye$$

⑦ 半导体导带上的一部分光生电子将电解质中的 I_3^- 还原，形成暗电流（dark current）：

$$I_3^- + 2e^- (TiO_2) \longrightarrow 3I^-$$

⑧ 激发态染料分子经弛豫过程回到基态：

$$Dye^* \longrightarrow Dye$$

为了获得较高的光电转化性能，从热力学角度分析，激发态染料分子中的电子要具有比半导体的导带更负的电势，电解液中氧化还原电对的氧化还原电位要比基态染料分子氧化电位更正，只有这样才能实现电子的正向转移。从动力学角度分析，染料激发态的寿命越长，越有利于电子的注入，否则，激发态分子有可能来不及将电子注入半导体的导带中就已经通过非辐射衰减而返回到基态。②、⑥两步为决定电子注入效率的关键，电子注入速率常数（k_{inj}）与电子回传速率常数（k_b）之比越大，电子复合的机会就越小，电子注入的效率就越高。暗电流是造成电流损失的一个主要原因，要抑制这一过程，就要提高电子在纳米晶网络中的传输速率（过程③），降低过程⑦的速率。所以，要提高 DSSC 的工作效率，主要就是加强有效注入等正向过程和减少电子的复合以及暗电流的产生等不利过程。

（3）关键材料

纳米多孔薄膜是 DSSC 的核心之一，它是染料分子的载体，同时也起到传递光生电子的作用。在高效的染料敏化太阳能电池中，纳米多孔薄膜一般具有如下特点：①大的表面积和粗糙因子，从而能够吸附大量的染料。②纳米颗粒之间的相互连接，构成海绵状的电极结构，使纳米晶之间有很好的电接触。电子在薄膜中有较快的传输速度，从而减少薄膜中电子和电解质的复合。③氧化还原电对可以渗透到整个纳米晶多孔膜半导体电极，使被氧化的染料分子能够有效再生。④纳米多孔薄膜以吸附染料的方式保证电子有效注入薄膜的导带，使得纳米晶半导体和其吸附的染料分子之间的界面电子转移是快速有效的。⑤对电极施加负偏压，在纳米晶的表面能够形成聚集层。对于本征和低掺杂半导体来说，在正偏压的作用下，不能形成耗尽层（厚度为 100～1000nm）。

多孔纳米二氧化钛（TiO_2）是 DSSC 中使用最广泛的光阳极材料，它的优点是价格便宜、无毒、稳定，且抗腐蚀性能好。多孔膜能显著增加染料分子的吸附量，正是这种纳米晶多孔薄膜电极的引入，极大地促进了此类电池的发展，目前高效率的 DSSC 都是以 TiO_2 多孔薄膜为光阳极。为了得到 TiO_2 纳米多孔薄膜，可以采用溶胶-凝胶法来制备，或用买来的 TiO_2 粉通过丝网印刷技术把胶体印在导电玻璃上即可。这样就可将直径为 10～30nm 的 TiO_2 粒子涂覆在镀有 SnO_2 等透明导电膜的玻璃板上，形成 $10\mu m$ 厚的多孔膜。膜厚可通过丝网的数目来控制，一般为 4～20μm。这样制得的 TiO_2 膜具有很高的表面面积，粗糙因子在 1000 以上。为了防止在烧结过程中膜发生破裂，并增加膜的孔洞，可在纳米 TiO_2 胶体中添加一定比例的表面活性剂；为了提高电子的注入效率，从而提高染料敏化太阳能电池的光电转换效率，可采用阳极氧化水解法在 TiO_2 膜表面再电沉积一层致密的纯 TiO_2 纳米膜。

TiO_2 是一种多晶型化合物，主要有板钛矿型、锐钛矿型和金红石型。板钛矿型是不稳定的晶型，在 650℃ 以上会直接转化为金红石型。锐钛矿型在常温下是稳定的，但在高温下向金红石型转化，金红石型是 TiO_2 中最稳定的结晶形态。TiO_2 薄膜中存在大量的表面态，表面态能级位于禁带之中，是局域的。这些局域态构成陷阱，束缚了电子在薄膜中的运动，使得电子在薄膜中的传输时间增大。电子在多孔薄膜中停留的时间越长，和电解质复合的概率就越大，导致暗电流增加，从而降低了电池效率。因此降低电荷复合就成为改善光电转换效率的关键。为了提高 DSSC 半导体薄膜中电子的传输效率，需要对薄膜表面进行修饰，常用的方法有表面改性、半导体复合、离子掺杂以及紫外诱导等。例如通过 $TiCl_4$ 表面改性处理，处理后的 TiO_2 膜电子注入效率提高，单位体积内的 TiO_2 量增多，最终提高了电池的开路电压与短路电流。半导体复合敏化是在 TiO_2 膜表面包覆一层导带位置比较高的氧化物半导体，敏化后的薄膜能更有效地吸收光能，复合膜的形成能够改变薄膜中电子的分布，抑制载流子在传导过程中的复合，提高电子传输效率。例如，TiO_2 表面包覆 ZnO、Nb_2O_5、SrO、CdS、PbS 等金属氧/硫化物后电池效率均有提高。离子的掺杂会影响电极材料的能带结构，会抑制电子空穴对的复合，提高光生电荷的分离效率，离子掺杂一般是掺杂稀土元素与过渡金属元素。

ZnO 和 TiO_2 均为宽禁带半导体，导带电位相差很小，电子在 ZnO 中有较大的迁移率，有望减小电子在薄膜中的传输时间，而且 ZnO 具有更强的耐光腐蚀性能，是最有可能取代 TiO_2 的材料。但是，ZnO 纳米晶 DSSC 的转换效率相对较低，其主要原因是 ZnO 和染料之间的相互作用弱、染料团聚以及较低的量子注入效率等。未来膜电极的发展方向是优化薄膜制作条件，制备高度有序的薄膜结构，如纳米管、纳米棒、纳米线、纳米阵列等。这些氧化物半导体薄膜垂直平行排列于导电玻璃片的表面，其结构的有序性，利于电子空穴对的分离和传输且易于控制，有望减少复合，进一步提高短路电流和开路电压。

染料分子是染料敏化太阳能电池的光捕获天线，起吸收入射光并向载体转移电子的作用。敏化剂的性能直接影响 DSSC 的光电转换效率。一种理想的光敏染料应该具备以下几个条件：①染料的吸收光谱和太阳光谱匹配，包括吸收范围和吸收强度两方面，能够吸收 920nm 以下的光，这样才能充分利用太阳光；②具有较高的光电量子产率和较长的激发态寿命；③能以化学键形式牢固吸附于半导体表面，形成非聚集的单分子染料层，使染料激发生成的电子可以有效注入半导体的导带，降低电子转移过程中的能量损失；④染料分子的激发态能级（LUMO 能级）与半导体的导带匹配，有利于激发态染料分子电子注入导带中，从而减少因电子转移引起的能量损失；⑤染料分子的氧化电位（HOMO 能级）与电解质的氧化还原电对的电位匹配，可以较快地被电解质或空穴传输材料等电子供体还原，以保证染料分子的再生；⑥具有足够的光、热稳定性。

染料敏化剂种类很多，主要分为金属配合物染料敏化剂和纯有机染料敏化剂两类。金属配合物染料敏化剂一般都是以过渡金属的原子或离子为中心，再搭配能以配位形式结合的多种有机基团，常见的有机联吡啶钌配合物、卟啉配合物和酞菁配合物等。目前研究最为广泛的是钌基吡啶类染料，其光电性能也是最好的，尤以 N3、N719、Z907 及 Black dye 为代表。图 6-53 为几种钌配合物的结构及其光电转换效率。

1993 年，Grätzel 研究组合成并系统研究了形如 $cis\text{-}RuL_2X_2$（$L = 4,4'$-二羧酸-$2,2'$-联吡啶，$X = Cl$、Br、I、CN、NCS）结构染料的光电性能，其中以 $X = NCS$ 时，被称为"红染料"的 N3 具有突出的光电性能，基于 N3 的染料敏化太阳能电池光电转换效率达到 10%，成为敏化太阳能电池研究史上首个突破 10% 光电转换效率的染料。将 N3 的两个羧基与四丁基胺（TBA）作用，减少游离的氢，得到了染料 N719，增加了电池的开路电压，基于染料 N719 的敏化太阳能电池得到了创纪录的 11.18% 的光电转换效率。N3 和 N719 是两个研究较早，也是染料敏化太阳能电池研究中应用最多的光敏染料，经常被用作参比染料同新开发的染料作对比。

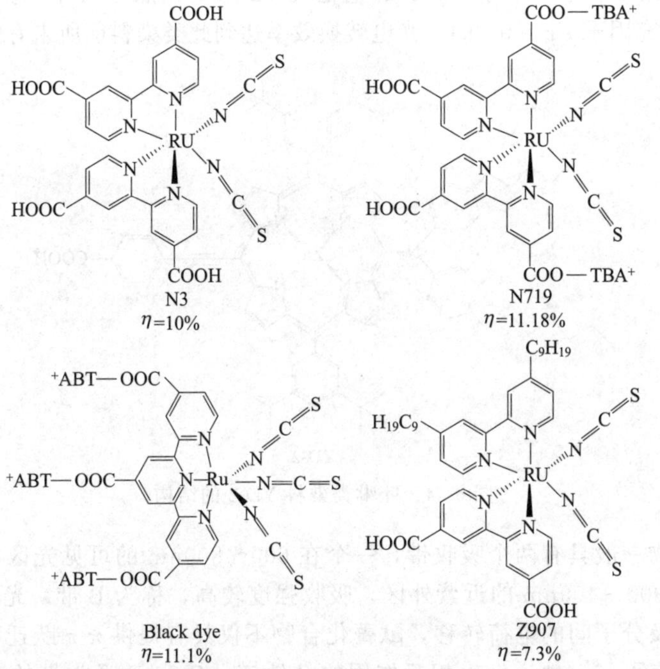

图 6-53　几种钌配合物染料的结构及光电转换效率

为扩展光响应范围，将联吡啶环扩大，增大共轭体系，使羧基合并到一个配体中，并且增加了硫氰根的数量，从而使染料在整个 920nm 的可见光范围内都有良好的吸收，并在很大波长范围内获得了超过 80% 的 IPCE 值，称为全吸收染料 Black dye。N3、N719 和 Black dye 性能优越，但都存在脱吸问题。为了克服这一缺点，又将烷基链引入联吡啶环，合成了具有两亲性的钌化合物，提出了两亲染料分子的概念，以 Z907 为代表。由于 4,4'-二羧酸-2,2'-联吡啶具有亲水性，烷基链具有憎水性，烷基链引入使得整个染料分子的 pK_a 值升高，因而这类化合物能够更牢固地吸附在 TiO_2 电极的表面，这种两亲性使得它们即便是在有少量水存在的情况下，仍能够维持电池的稳定性。另外，两亲性染料在纳米 TiO_2 半导体表面吸附后，避免了电极表面与电解质的直接接触，所形成的单分子层能够有效抑制电子回传，也就是说两亲性染料抑制了导带中的电子被电解质中的氧化成分 I_3^- 捕获，减小了暗电流，改善了电池的性能。使用 1-丙基-3-甲基咪唑碘、碘单质并辅以 1-癸烷基磷酸酯（DPA）的电解质体系，以 Z907 为染料的电池光电转换效率达到 7.3%。更引人瞩目的是 Z907 的稳定性，电池在 80℃ 下加热 1000h 后仍可保持 90% 的光电转换效率。

钌基染料的最大缺陷是在近红外区没有吸收，而卟啉和酞菁类染料在可见光区及近红外区均有强烈的光谱响应，具有良好的光和热稳定性，非常适合作光敏材料。卟啉及其衍生物广泛存在于自然界，绿色植物进行光合作用的叶绿素就是卟啉的一种衍生物。卟啉是一类由 4 个吡咯环通过次甲基相连形成共轭骨架的大环化合物，其中心的 4 个氮原子都含有孤电子对，可与金属离子结合生成 18 个 π 电子的大环共轭体系。大多数金属卟啉环内电子流动性非常好，具有较好的光学性质。由于卟啉的 LUMO 和 HOMO 能级差合适，并且在其 Soret 带（400～450nm）、Q 带（500～700nm）均具有强烈的吸收，因此卟啉可以作为全光谱响应的染料敏化剂。例如，以对己烷基二苯胺作为供体基团，锌卟啉作为 π 桥，对乙炔基苯甲酸作为吸附基团制备了光敏剂 YD-2（见图 6-54）。在 11μm 厚的 TiO_2 光阳极薄膜上涂覆一层 5μm 厚

400nm 颗粒大小的反射层，基于 YD-2 的电池在 AM1.5 光照条件下，$J_{SC} = 18.6\text{mA/cm}^2$，$V_{OC} = 770\text{mV}$，填充因子 $FF = 0.764$，光电转换效率达到此类染料前所未有的 11%。

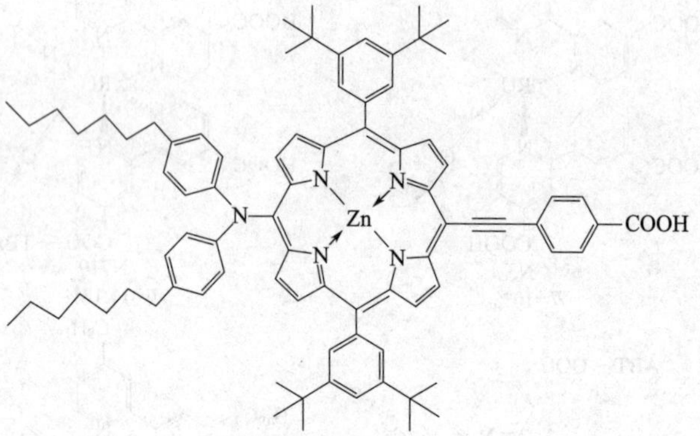

图 6-54　卟啉类染料 YD-2 的结构

酞菁类化合物一般具有两个吸收带，一个在 600～800nm 的可见光区，有中强吸收称为 Q 带；另一个在 300～400nm 的近紫外区，吸收强度较高，称为 B 带。光导材料的导电性本质特征是分子内及分子间的电荷转移，酞菁化合物不仅具有提供 π-π 跃迁和电荷转移的平面大环体系，还具有可与 π 轨道发生相互作用的 d 轨道。Q 和 B 吸收带的存在为酞菁类化合物的光敏性提供了内在因素，尤其是 Q 带的电子跃迁主要定域于酞菁环上，对分子的环境变化更为敏感，特别适合于做光敏材料。通过对不同结构的酞菁敏化剂研究表明，为了增加光电转换效率，应使吸附基团尽可能地靠近发色团。当发色基团与吸附基团之间被—O—、—CH$_2$—等基团隔开时，会使 IPCE 值降低一半左右。羧基以及磺酸基均可作为有效的吸附基团。金属对于敏化过程起着至关重要的作用，如酞菁锌呈现了 43% 的 IPCE 值，而在相同条件下，酞菁铝的 IPCE 值仅为 15%。在酞菁环的轴向以及环平面上引入体积较大的取代基可以有效地减少酞菁分子的聚集，从而提高光电转换效率。将酞菁类染料 TT1（见图 6-55）与三苯胺类染料复配吸附到纳米 TiO$_2$ 电极上，可得到 72% 的 IPCE 值（690nm），以及 7.74% 的光电转换效率。

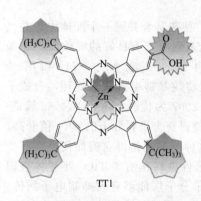

图 6-55　酞菁类染料 TT1 的结构

虽然钌基等金属配合物染料具有较好的光电性能，但是由于使用资源有限的贵金属钌，其成本较高，不利于 DSSC 大规模的实用推广。和金属配合物染料相比，纯有机染料具有分子结构多样性、摩尔吸光系数高、原料易得、成本低廉、易于降解等优点，是一类有很好发展前景的光敏染料。这类染料的发展有利于敏化太阳能电池的工业化和大规模推广。因此，纯有机染料的开发越来越受到人们的重视，发展潜力巨大。

纯有机染料的设计，主要是遵循电子给体-π 桥-电子受体的电子推拉体系（donor-π-acceptor，D-π-A）。电子给体主要是一些富含电子的基团。π 桥主要来自于一些具有共轭效果的基团，其作用是传输电子并扩大染料的吸收光谱。电子受体主要起到拉电子并与纳米半导体材料键合的作用，主要是由一些具有很强吸电子性和具备一定吸附功能的基团承担。通过改变不同的电子给体、π 桥和电子受体可以得到多种多样的 D-π-A 和 D-D-π-A 结构的光敏染料分子。随着研究的深入，纯有机染料的光敏性能已经得到很大幅度的提高，其中少数染料的光敏性能已经几乎可以和钌联吡啶基配合物染料相媲美。经过多年的发展，纯有机染料已经发展出包括多烯类、香豆素类、咔唑类、二氢吲哚类、芴类、三苯胺类在内的多种光敏染料。

以 N,N-二烷基苯胺为电子供体，多烯键作为 π 桥，氰基乙酸作为拉电子基团和吸附基团，可以合成多种多烯类染料（见图 6-56）。吸收光谱表明，增加供电子基和 π 桥键的数目均可引起染料的红移，光电转换效率也随之提高。以含有两个 N,N-二甲基苯胺为电子供体，三个乙烯键作为 π 桥的染料 NKX-2569 在 AM1.5 光照下，总的光电转换效率达到 6.8%。以噻吩基团取代 NKX-2569 的一个双键后，得到 NKX-2600，取得了 5.9% 的光电转换效率。这也是有机光敏染料取得重大进展的标志，后来开发的很多有机光敏染料均借鉴了此类染料的设计理念。

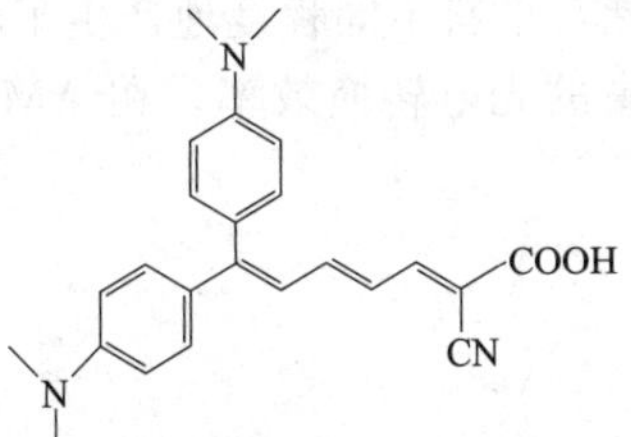

NKX-2569

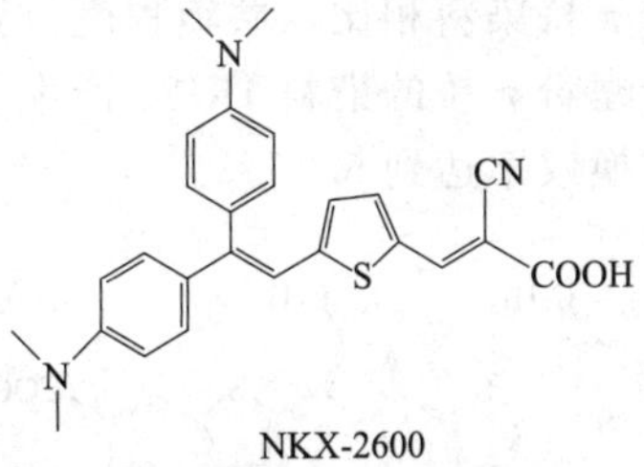

NKX-2600

图 6-56　多烯类染料 NKX-2569 和 NKX-2600 结构

香豆素类染料是纯有机染料中研究较多的一大类，其结构上一般具有一个苯并吡喃酮，其衍生物往往是对苯环或者是吡喃的修饰（见图 6-57）。香豆素基团具有较大的共轭面和良好的供电子能力，在 DSSC 染料中是一种理想的供体材料。其中，染料 C343 是最早用于敏化 TiO_2 的经典染料之一，但由于它吸光区域窄，导致敏化效率小于 1%。在此基础上，人们通过对染料 C343 中 π 桥键和拉电子基团的各种修饰，设计合成了许多 NKX 系列的香豆素类染料，并对其进行了系统研究。例如，通过延长 π 桥和增加吸电子氰基得到的染料 NKX-2311，由于次甲基（—CH）的增加，与 C343 相比，NKX-2311 的最大吸收峰产生了 62nm 的红移，摩尔吸光系数更是提高了 3.4 倍，说明增加 π 桥键确实可以有效地拓宽染料的光谱吸收范围和增加染料对可见光的吸收能力。以 NKX-2311 作为光敏剂的电池在 AM1.5 的光照下，总的光电转换效率达到 5.6%。在拉电子基团方面，具有强拉电子能力的氰基（—CN）在红移染料吸收光谱的同时，还促进了激发电子的快速注入。而采用绕丹宁乙酸作为拉电子基团的 NKX-2195 转换效率要比采用氰基乙酸作为拉电子基团的 NKX-2388 低一些，说明不同拉电子基团对染料的整体性能有不同程度的影响。

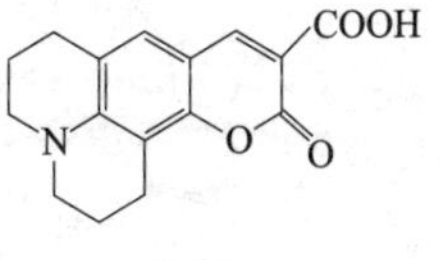

C343

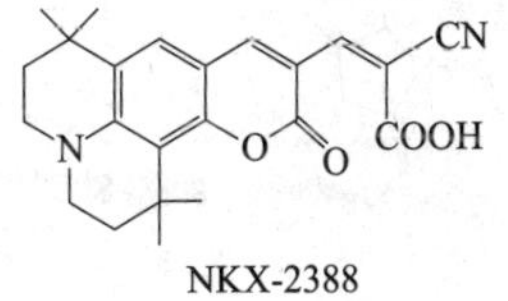

NKX-2388

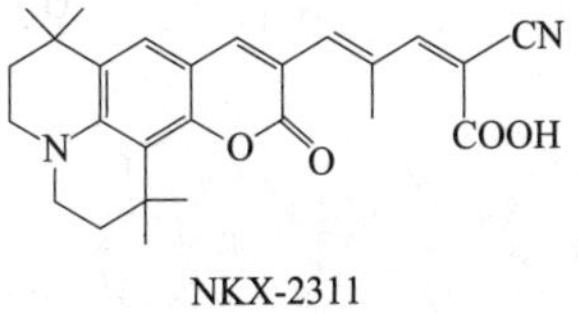

NKX-2311

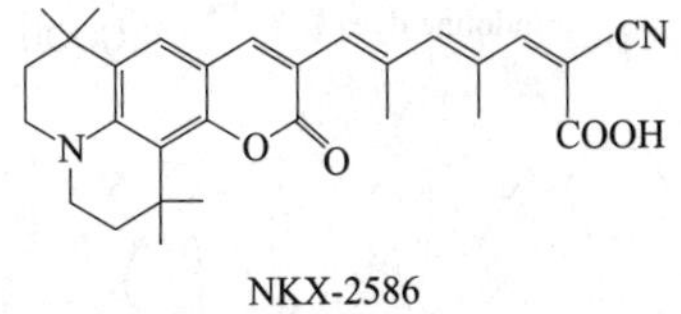

NKX-2586

图 6-57　部分香豆素类染料结构

咔唑具有良好的空穴传输能力和刚性结构，在光电材料中得到了广泛应用，部分咔唑类染料的结构如图 6-58 所示。以咔唑基团作为电子供体，以氰基乙酸作为电子受体和吸附基团，多联噻吩作为 π 桥合成的 MK 系列染料中，以含有 4 个正己烷基取代噻吩作为 π 桥的染料 MK-2 组装的电池表现出了最好的光电转换效率，通过提高电解质中碘的浓度，电池的 J_{SC} 和 FF 值均有很大程度的提高，在 AM1.5 的光照下，电池的 $J_{SC}=15.22\text{mA/cm}^2$、$V_{OC}=730\text{mV}$、$FF=0.75$，总的光电转换效率达到 8.3%。同等条件下，以 N719 为光敏染料的电池，其光电转换效率为 8.1%，显示出 MK-2 染料具备良好的光电性能。作为憎水基团的烷基链减弱了亲水性的 I_3^- 在 TiO_2 表面的吸附，从而降低了电解质和 TiO_2 导带中电子的复合。另外一个原因是烷基链降低了染料的重组能，提高了染料阳离子的再生速率，两个因素导致含有烷基取代噻吩 π 桥的染料具有更好的光电性能。在咔唑氮原子上引入芴并以此作为供电子基团，以噻吩和联噻吩作为 π 桥合成的 JK 系列染料中，以两个噻吩作为 π 桥的染料和一个噻吩 π 桥染料相比，共轭程度得到扩展，染料不同程度地产生了红移。光电测试发现，含有两个噻吩 π 桥的染料 JK-25 产生了最高的光电转换效率，在 AM1.5 的光照条件下，总的光电转换效率达到 5.15%。

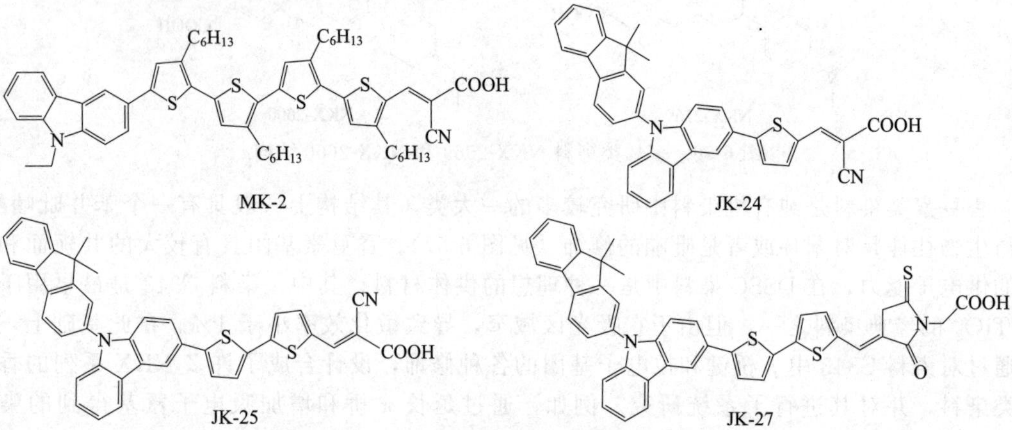

图 6-58　部分咔唑类染料的结构

虽然香料类吲哚衍生物作为染料（见图 6-59）用于太阳能电池的研究直到 2000 年以后才开始起步，但是却显示出很强劲的发展趋势。将二氢吲哚引入染料分子中，合成了染料 indoline dye 1，在 491nm 处的摩尔吸光系数高达 $5.58\times10^3\text{cm}^2/\text{mol}$，几乎是 N3 的 4 倍（541nm，$1.39\times10^3\text{cm}^2/\text{mol}$）。在 AM1.5 的光照下，基于 indoline dye 1 的电池获得了

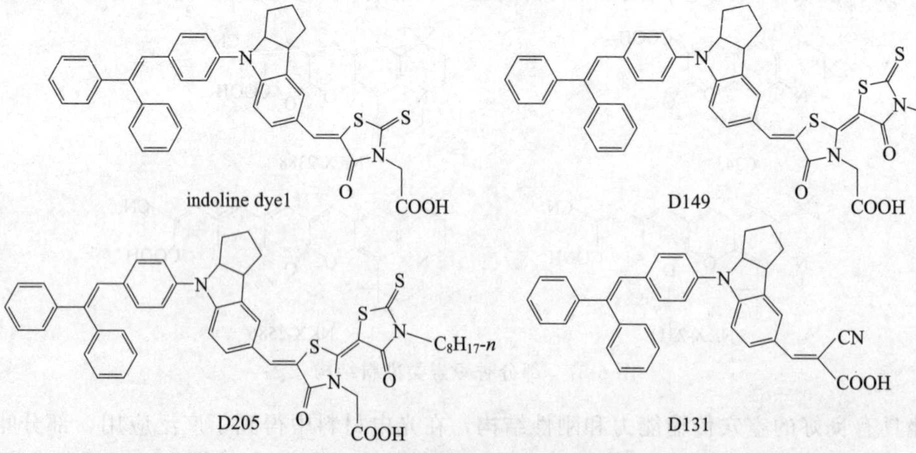

图 6-59　部分吲哚类染料的结构

6.1%的光电转换效率。在 indoline dye 1 分子的绕单宁乙酸基团上再引入一个 N-乙基绕单宁基团，合成了染料 D149。相对于含有一个绕单宁基团的染料，这个染料在 TiO₂ 表面的聚集作用减弱，有利于光电压的提高。以 D149 为染料的电池，其 IPCE 值在 445～600nm 范围内超过 85%，通过和鹅去氧胆酸（CDCA）共吸附来抑制染料在 TiO₂ 表面的聚集并在电解质中加入 4-叔丁基吡啶来优化电解质的组成，以 D149 为染料的电池在 AM1.5 光照下，其总的光电转换效率达到 8.0%。通过对以 D149 为光敏染料的电池进一步优化，改善抗反射层（ART），电池的光电转换效率在 AM1.5 光照下达到 9.03%。

以芴芳胺作为电子给体，改变不同的 π 桥结构，以氰基乙酸或三乙氧基硅作为电子受体和吸附基团可以合成出 JK 系列芴类染料（见图 6-60）。通过在芴芳胺电子供体和电子受体氰基乙酸之间引入一个噻吩基团和两个噻吩基团分别得到染料 JK-1 和 JK-2。随着噻吩 π 桥的延长，JK-2 相比 JK-1 产生了 16nm 的红移。在 AM1.5 光照条件下，以 JK-1 和 JK-2 为光敏剂的电池产生了 7.20% 和 8.01% 的光电转换效率。但延长 π 桥乙烯键得到的 JK-5 和 JK-6，由于丁二烯键所产生的异构化和染料在 TiO₂ 表面的聚集，影响了电池的光电转换效

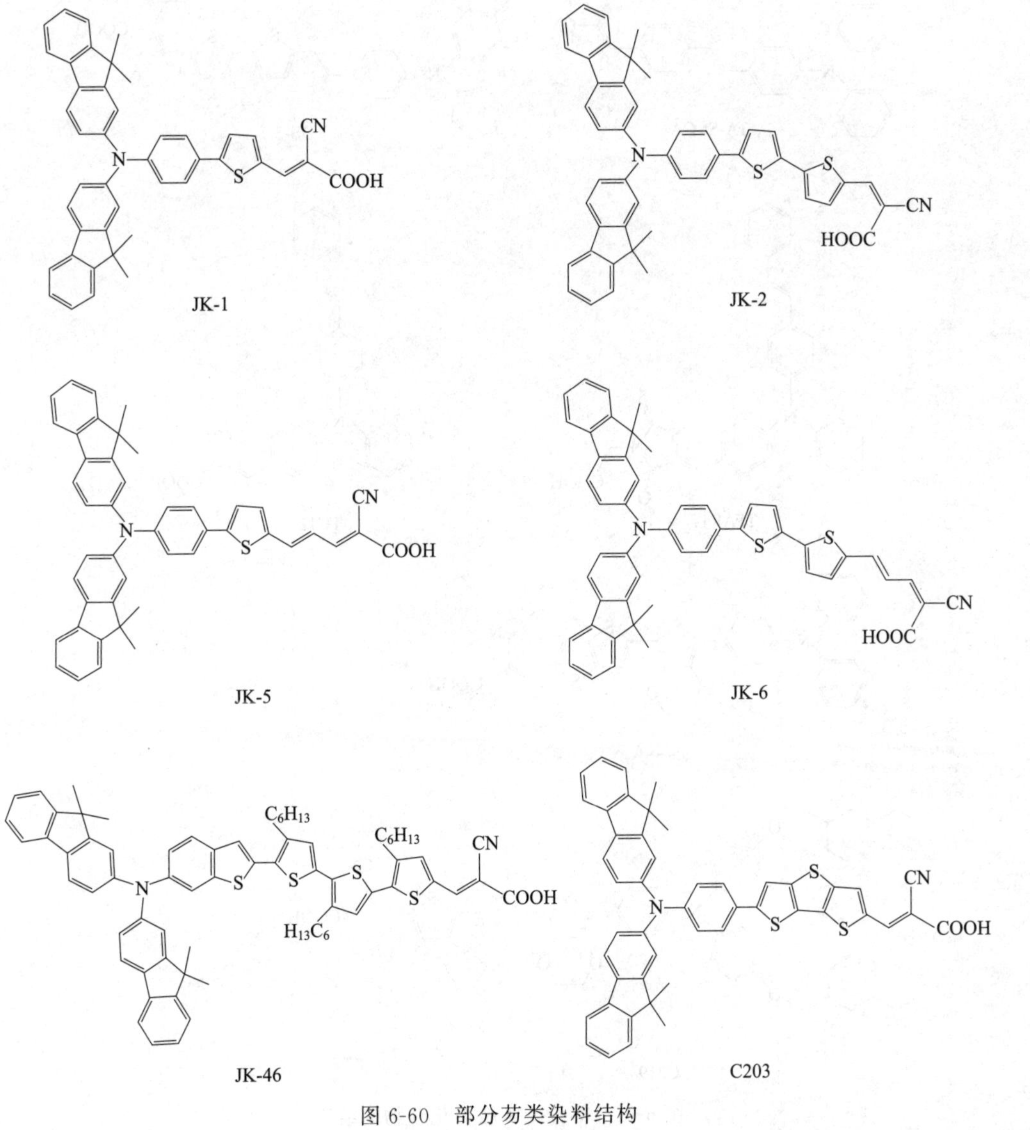

图 6-60　部分芴类染料结构

率。将苯并噻吩及3-正己烷基噻吩π桥引入染料分子中，合成了JK-46染料。以JK-46为光敏剂组装电池，在AM1.5光照下，液体电解质条件下$J_{SC}=17.45mA/cm^2$、$V_{OC}=664mV$、$FF=0.742$，光电转换效率达到8.60%。将并三噻吩基团引入到染料分子的π桥链上，合成了染料C203，以该染料为光敏剂组装的电池，IPCE值在410～590nm超过80%，在530nm处IPCE最大值达到93%。在AM1.5光照下，电池的$J_{SC}=14.33mA/cm^2$、$V_{OC}=734mV$、$FF=0.760$，光电转换效率达到8.0%。以离子液体作为电解质，光电转换效率达到7.0%。在60℃条件下，AM1.5光照1000h后，以离子液体作为电解质的电池，光电转换效率仅由6.7%下降到6.1%，显示出C203具备良好的光电稳定性。

三苯胺类化合物（见图6-61）由于具有优良的空穴传输能力，在光电材料领域得到广泛的应用。将三苯胺基团引入到光敏剂中可以扩大染料的吸收，三苯胺基团的非平面性还可以抑制染料在TiO_2表面的聚集。将苯环引入到染料的π桥中，得到染料TA-St-CA，光电性能测试显示基于TA-St-CA的电池，IPCE值在400～550nm超过80%，在AM1.5的光照

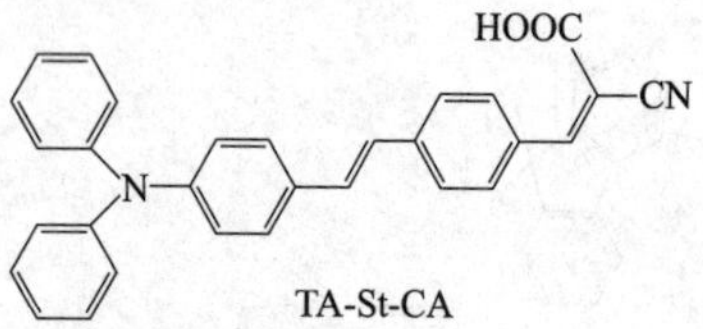
TA-St-CA

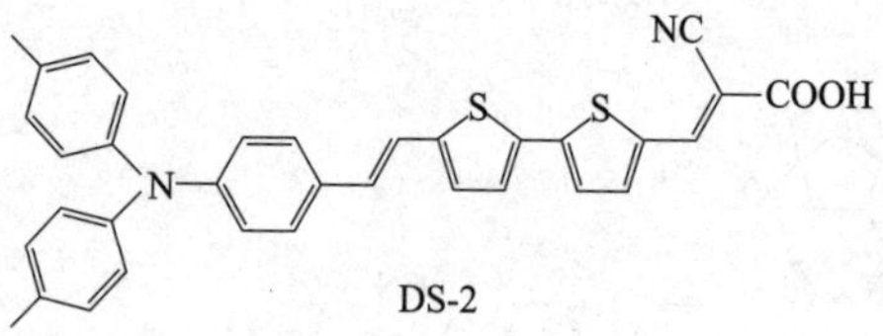
DS-2

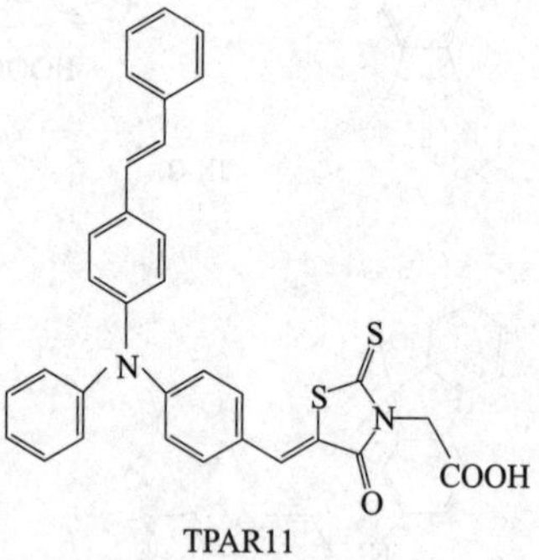
TPAR11

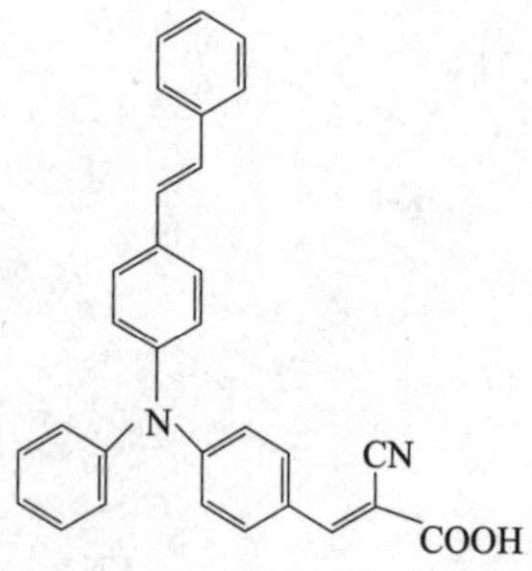
TC12

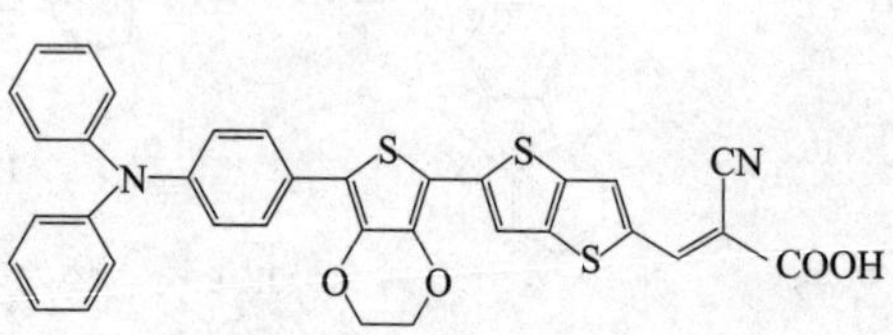
C217

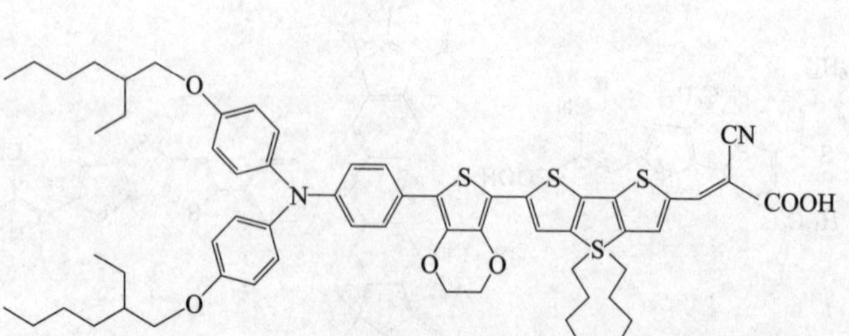
C219

图6-61 部分三苯胺类化合物的结构

条件下，电池的 $J_{SC}=18.1 \mathrm{mA/cm^2}$、$V_{OC}=743 \mathrm{mV}$、$FF=0.675$，光电转换效率达到 9.1%，TA-St-CA 以其结构简单、光电性能优异而得到广泛关注。和三苯胺相比，4,4′-二甲基三苯胺的供电子能力更高，空间位阻更大，有利于抑制染料的聚集。以 4,4′-二甲基三苯胺作为供电子基团，以联噻吩和乙烯键作为连接 π 桥，氰基乙酸作为电子受体和吸附基团合成了染料 DS-2。基于 DS-2 的电池光电转换效率达到 7.0%。以三苯胺或其衍生物为电子给体（D），次甲基（≡CH）链为 π 共轭桥，以氰基乙酸和绕丹宁-3-乙酸为电子受体（A）合成了系列具有光敏特性的三苯氨基染料，其中 TPAR11 有最高的短路电流密度，达到 $13.5 \mathrm{mA/cm^2}$；染料 TC12 所敏化的电池具有最高的转换效率，达到 5.05%。将 4,4′-二己烷氧基三苯胺基团作为电子供体，以 3,4-乙基二氧噻吩基团（EDOT）连接并噻吩作为 π 桥合成了染料 C217。基于 C217 的电池，其 IPCE 值在 $440\sim590 \mathrm{nm}$ 超过 90%，在 AM1.5 的光照条件下总的光电转换效率达到 9.8%，以离子液体为电解质的电池光电转换效率也达到了 8.1%，且在 60℃条件下，AM1.5 光照 1000h 后仍可维持 96% 的光电转换效率。C217 能有如此高的光电转换效率，主要是因为 EDOT 和所连接的苯环之间的扭转角度比较小，电子在供体基团和受体之间的传输较为便捷所致。在 C217 的供体基团上引入含支链烷氧基，以二噻吩噻咯（DTS）取代并噻吩合成的染料 C219 中，DTS 基团的引入没有破坏 π 桥的平面性，同时大大减少染料的聚集。另外，DTS 基团和受电子及吸附基团共轭可使染料保持合适的 LUMO 能级。由于扩大了染料分子的共轭体系，该染料在 493nm 处的最大摩尔吸光系数达到 $5.75\times10^3 \mathrm{cm^2/mol}$，在 AM1.5 的光照条件下，$J_{SC}=17.94 \mathrm{mA/cm^2}$、$V_{OC}=770 \mathrm{mV}$、$FF=0.73$，总的光电转换效率达到了 10.1%。更为重要的是，以离子液体为电解质、C219 为光敏剂的柔性电池，在 $14.39 \mathrm{mA/cm^2}$ 的弱光照射下，其光电转换效率可达 8.9%，显示出该电池具有在室内应用的潜力。

纯有机染料中三苯胺类有机染料发展较快，基于这类染料的电池也取得了几乎可以和钌配合物染料相媲美的光电效果。另外，研究多种染料的共敏化作用，扩大染料在可见光区的吸收，提高光电转换效率也是一条很好的途径。

电解质在染料敏化太阳能电池中主要起传输电子和再生染料的作用，并且对电池体系的热力学和动力学特性以及电池的光电压有很大影响。构成 DSSC 电解质的关键是载流子传输材料。具有代表性的电解质主要有三类：液态电解质、准固态电解质和固态电解质。长期以来，液态电解质作为染料敏化太阳能电池有效的电子传输材料，对于它的研究相当广泛。

液态电解质具有扩散速率快、光电转换效率高、组成成分易于设计和调节、对纳米多孔膜的渗透性好等优点，主要由有机溶剂、氧化还原电对和添加剂三部分组成。常用的有机溶剂是腈类和酯类，如乙腈、甲氧基丙腈、戊腈、碳酸乙烯酯（EC）、碳酸丙烯酯和 γ-丁内酯等。这些溶剂对电极是惰性的，不参与电极反应，具有较宽的电化学窗口，不易导致染料的脱附和降解，其凝固点低，适用的温度范围宽。此外，它们也具有较高的电导率和较低的黏度，能满足无机盐在其中的溶解和离解，尤其是乙腈，对纳米多孔膜的浸润性和渗透性很好，对许多有机物和无机物的溶解性很好，对光、热、化学试剂等十分稳定，是液体电解质中一种较好的有机溶剂。溶剂的极性对电解质的影响很大，极性越大，对电解质（碘盐）的电离越有利，然而溶剂极性过大，会导致染料的脱附。

液态电解质中的氧化还原电对主要是 I_3^-/I^-，主要是因为 I_3^-/I^- 电对的氧化还原电势与染料、对电极等能级相匹配，且复合反应速率慢。在 I_3^-/I^- 氧化还原电对中，由于 I_3^- 在液态有机溶剂中的扩散速率较快，通常 $0.1 \mathrm{mol/L}$ 的 I_3^- 就可以满足要求。但氧化态染料是通过 I^- 来还原的，因此 I^- 的还原活性和碘化物中阳离子的性质强烈影响太阳能电池的性能。

同时，I_3^-/I^- 电对也不是完美的载流子传输材料，主要存在以下问题：①对绝大多数金属都有腐蚀作用；②有一定的蒸气压；③碘在可见光区有一个比较宽的吸收带；④开路电压受到限制。因此，寻找新的氧化还原电对替代 I_3^-/I^- 是电解质研究的一个重要方向。近年来，人们提出了一些新颖的氧化还原电对体系，如钴的联吡啶衍生物、$SeCN^-/(SeCN)$、2,2,6,6-四甲基哌啶氧自由基、四甲基硫脲及其二聚物 $[TMTU/(TMFDS)^{2+}]$、1-甲基四唑-5-硫醇盐/联二硫醇等，但从目前的研究来看，基于这些非碘氧化还原电对的 DSSC 性能（短路电流、开路电压、光电转换效率、稳定性）还不够理想，难以和 I_3^-/I^- 相比。

离子液体是一种室温下呈液态的盐，它一般由有机阳离子和无机阴离子组成，具有不挥发性、热稳定性和电化学稳定性、对无机物和有机物有良好的溶解性等特点。将离子液体作为染料敏化太阳能电池的电解质能够有效地防止电解质的挥发，并且所组装电池的光电转换效率也能达到令人满意的水平。常用的离子液体的结构见图6-62，这些离子液体阳离子主要为咪唑类，按照阴离子不同，可以分为含有碘离子的离子液体和不含碘离子的离子液体两类。前一类可以直接作为碘离子源替代碘化锂，后者主要是作为溶剂使用。它们一般具有较低的黏度，电导率一般在 $10^{-3}\,S/cm$ 左右。

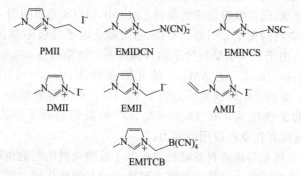

图 6-62　常用离子液体的结构

PMII—1-甲基-3-丙基咪唑碘；EMIDCN—1-乙基-3-甲基咪唑二氰胺；EMINCS—1-乙基-3-甲基咪唑异硫腈；DMII—1,3-二甲基咪唑碘；EMII—1-乙基-3-甲基咪唑碘；AMII—1-烯丙基-3-甲基咪唑碘；EMITCB—1-乙基-3-甲基咪唑四氰基硼

咪唑类阳离子不但可以吸附 TiO_2 颗粒的表面，而且也能在纳米多孔膜中形成稳定的 Helmholtz 层，阻碍了 I_3^- 与纳米 TiO_2 薄膜的接触，有效抑制了导带电子与电解质溶液中 I_3^- 在纳米 TiO_2 颗粒表面的复合，从而大大提高了电池的填充因子、输出功率和光电转换效率。此外，由于咪唑类阳离子的体积大于碱金属离子的体积，因此增大碘盐中阳离子的体积，导致阳离子对 I^- 的束缚力减弱，这样，一方面可以提高碘盐在有机溶剂中的溶解度，从而提高 I^- 的浓度；另一方面因阳离子对 I^- 的束缚力减弱，I^- 的还原活性和在有机溶剂中的迁移速率将会增强。两者均有利于提高氧化态染料再生为基态的速率，使得在连续光照条件下，基态染料仍能保持高浓度，有利于光的吸收和染料的稳定。所以咪唑类阳离子在染料敏化纳米薄膜太阳能电池中的应用十分重要。

在 DSSC 光阳极的 TiO_2 表面存在一些配位不饱和的钛，称为表面态。这些表面态可以作为陷阱捕获注入的电子而成为暗反应的活性位。通过添加可以和 Ti 配位的添加剂，能有效减少表面态的数量，达到抑制暗反应的目的。目前常用的添加剂大致可以分为碱性和酸性添加剂两类，碱性添加剂一般是含氮的杂环化合物，如4-叔丁基吡啶（TBP）、N-甲基苯并咪唑（NMBI）等；酸性添加剂一般是有机酸如醋酸、苯甲酸等。它们共同的作用机理是通过氮或氧等杂原子吸附在 TiO_2 表面配位不饱和的 Ti 上，减少暗反应活性位的数目，达到抑制暗反应的目的，同时吸附的添加剂也可以改变 TiO_2 的导带位置，可明显提高太阳能电池的开路电压、填充因子和光电转换效率。

液态电解质黏度低、渗透性好、电导率高，与纳米晶多孔薄膜有良好的界面接触，但是液态电解质也存在一些缺点，如封装工艺复杂、易挥发、容易出现漏液；有机溶剂一般都有毒性，对环境有一定影响；有机溶剂沸点比较低，使得太阳能电池的稳定性受到影响，造成电池寿命降低；太阳能电池的形状受到限制，不利于电池的普及。为了促进 DSSC 走向实用化，一方面要进一步解决封装问题，提高电池在实际工作环境中的使用寿命；另一方面要发展新型的固态/准固态电解质，从根本上解决液态电解质存在的问题。

根据固态 DSSC 的特点，固态/准固态电解质一般要满足以下条件：①在可见光范围内没有或只有较小的吸收，基本上是透明的；②电子-空穴迁移速度快，也就是说能够快速与氧化态染料发生反应，提高光电流；③稳定性好，尤其是光照条件下对电极材料不具有腐蚀性，同时也不破坏染料的化学性质；④氧化还原电势与染料能级相匹配；⑤能与 TiO_2 多孔薄膜保持良好的界面接触。固态/准固态电解质主要包括空穴传输材料、聚合物电解质等。在液态电解质中加入有机小分子凝胶剂或有机高分子化合物，可形成凝胶网络结构而使液态电解质固化，得到准固态的溶胶-凝胶电解质。常用的有机小分子凝胶电解质包括氨基酸类、酰胺类、长脂肪链的有机小分子和多羟基化合物等，它们利用有机小分子间的相互作用，如氢键、π-π 堆积、离子相互作用、长脂肪链间的分子间力等形成三维的网络结构，将液体电解质固化得到凝胶状态。小分子凝胶电解质的优点在于，电池性能基本上与液体电解质的相当，而稳定性有明显提高。聚合物凝胶电解质是利用聚合物作为骨架支撑起整个电解质体系而得到准固态电解质，常用的聚合物有聚氧乙烯（PEO）、聚甲基丙烯酸甲酯（PMMA）、偏氟乙烯与六氟丙烯的共聚物 [P(VDF-HFP)]、聚丙烯腈（PAN）等。图 6-63 所示为常见的凝胶剂的结构。

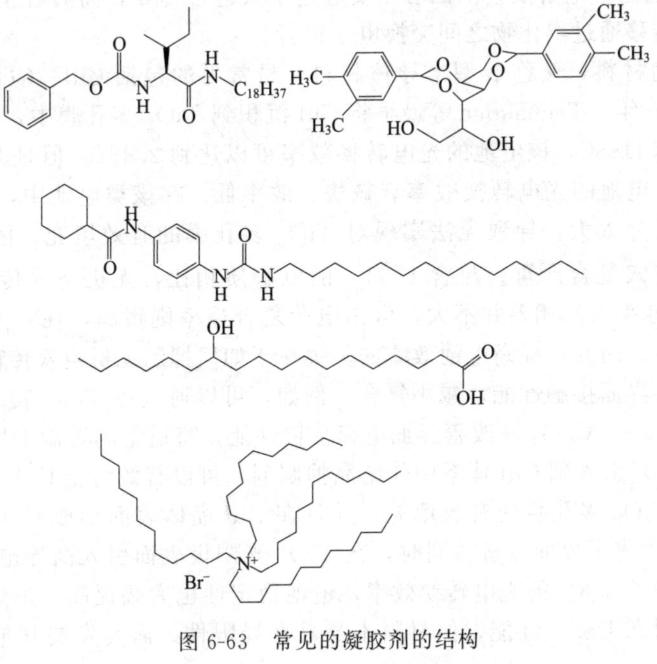

图 6-63　常见的凝胶剂的结构

与液态电解质溶液的胶凝相似，离子液体也可通过加入小分子交联剂、无机纳米颗粒或有机小分子凝胶剂等方法进行固化，形成准固态电解质。由离子液体形成的准固态电解质太阳能电池，具有较好的化学稳定性及较宽的电化学窗口，可以有效防止电解质的泄漏和挥发，其光电转换效率接近液态电解质太阳能电池。离子液体的另一个优点是结构丰富，通过引入不同的基团，可以实现对离子液体的状态、性能进行调控，合成出一系列具有特殊功能的离子液体。将 I_2、N-甲基苯并咪唑（NMBI）和离子液体 1-甲基-3-丙基咪唑碘混合，并加入纳米二氧化硅进行固化，固化后的电解质同液体电解质相比，扩散系数和光电转换效率并没有明显区别。而将胍盐离子液体 1,3-二甲基-2-N''-甲基-N''-辛基咪唑胍碘用于 DSSC 电池中，通过纳米 SiO_2 进一步固化，电池效率达到 5.85％。研究表明该离子液体分子的不对称性和较强的电子离域化能够有效地抑制电子复合，SiO_2 的引入有助于 I^-/I_3^- 按照 Grotthuss 机理进行电荷传递。其他的无机物，如层状钛酸盐、具有导电性的 TiC 纳米颗粒加入离子液体中不仅能够制备准固态电解质，对电解质本身的物理化学性能也有一定的改善。将三种不同链长的离子液体混合制备三元组分的准固态电解质，效率可以达到 8％ 以上，而且电池的稳定性显著提高。

离子液体同传统的有机溶剂相比有很多优点，但是 I^-/I_3^- 氧化还原电对在其中的扩散系数往往偏低，这样使得基于离子液体的电池光电转换效率要低于传统的液态电解质，虽然人们尝试用低黏度离子液体来降低电解质的黏度来解决这个问题，但总的来讲，低黏度的离子液体无论从数量上还是种类上还不尽如人意，需要开发低黏度、高稳定性、高电导率的离子液体来推动此类电解质实用化。

虽然准固态电解质能在一定程度上防止电解质的挥发泄漏问题，但由于在准固态电解质中包含了大量的液态电解质，当长时间照射时，电池的温度升高，使得内部的液态电解质蒸气压增大，流动性增强，依然会存在有机溶剂的挥发损失问题，从而影响电池寿命，因此开发全固态电解质是十分必要的。

染料敏化太阳能电池所用固态电解质中研究较多的是无机 p 型半导体、有机空穴传输材料和含 I^-/I_3^- 的全固态电解质。前两者主要通过空穴进行传导，而后者主要通过 Grotthuss 机理，即电子的转移通过碘化物之间交换电子进行。

无机空穴传输材料，又称 p 型半导体材料，最常见的包括 CuI、CuSCN、$4CuBr \cdot 3S$ (C_4H_9)$_2$ 等。1995 年，Tennakone 等最早将 CuI 沉积到 TiO_2 多孔膜中，以 Ru 配合物作为染料，组装成固态 DSSC，该电池的光电转换效率可以达到 2.4％。但是 CuI 不稳定，长时间光照会被氧化，电池的光电转换效率衰减快、效率低。在该类电池中，CuI 或 CuSCN 结晶速度快、晶体尺寸太大，导致无法实现对 TiO_2 多孔膜的有效填充，因此界面接触性能差、光生电子与空穴复合严重。与含 I^-/I_3^- 的电解质相比，无机空穴传输材料（如 CuSCN）的电荷传输速率虽然相差并不大，但是电荷复合速率则很高，在开路情况下大约是液态电解质的 100 倍。因此，提高电池效率的关键在于如何抑制无机空穴传输材料的结晶速度和晶体尺寸、改善界面接触性能，减小复合。例如，可以通过在 TiO_2 表面进行修饰，如表面包覆 MgO、ZnO 或 Al_2O_3 来改善界面电荷传输性能。将适量的熔盐 1-甲基-3-己基咪唑硫氰酸盐（EMISCN）引入到 CuI 体系中作结晶抑制剂，可以有效防止 CuI 晶体生长。这样不仅有利于 CuI 对 TiO_2 多孔膜的有效填充，并且在 CuI 晶体表面形成 CuI/EMISCN 包覆的"过渡层"结构，改进了界面接触。同时，在 TiO_2 光阳极表面引入高导电性 ZnO 来改善电子传输，最终获得了 3.8％ 的光电转换效率，电池稳定性也大幅提高。虽然人们一直在努力提高 p 型半导体固态 DSSC 性能，但材料本身具有局限性，需要发展其他类型的空穴传输材料。

相比于无机物，有机材料的优点在于种类繁多，通过化学修饰可实现性能调控。此外，如果能够大规模使用，成本低廉的优势也将体现出来。有机空穴传输材料主要是取代三苯胺类的衍生物和聚合物，以及噻吩和吡咯等芳香杂环类衍生物的聚合物，如 spiro-OMeTAD、P3OT、PEDOT 等。

第一个用于 DSSC 的高效有机空穴传输材料是 $2,2',7,7'$-四（N,N-二对甲氧基苯基氨基)-$9,9'$-螺环二芴 [spiro-OMeTAD，见图 6-64(a)]。通过在电解质中添加 $N(PhBr)_3SbCl_6$ 和 $Li[(CF_3SO_2)_2N]$ 使得电池的 IPCE 达到 33%，但是光电转换效率只有 0.74%。为了提高此类固态电池的光电转换效率，人们尝试协同优化光阳极、染料或电解质的制备方法来改善界面的电荷传输性能。如选择电子迁移率高的 ZnO 作为光阳极；通过水热法合成 TiO_2 时改变无机物和有机物的比例来改变 TiO_2 的亚能带结构，在不影响电子传输和复合的前提下增加光电流；采用原子层沉积法在纳米晶 TiO_2 薄膜表面沉积一层 ZrO_2，减少界面电子复合，钝化 TiO_2 纳米颗粒的表面态，提高短路电流；减少膜的厚度，加入叔丁基吡啶、采用烷氧基取代的钌基染料等。

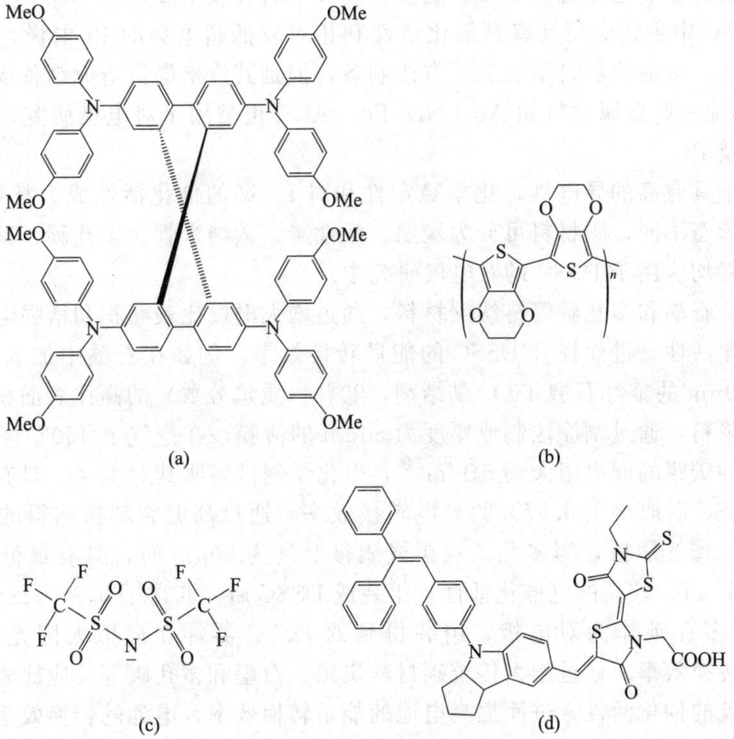

图 6-64　几种有机空穴传输材料和染料的结构示意

(a) spiro-OMeTAD；(b) PEDOT；(c) $TFSI^-$；(d) D149

PEDOT（聚 3,4-二氧乙基噻吩）是一种高效的有机空穴传输材料 [见图 6-64(b)]，它具有分子结构简单、能隙小、电导率高等优点，被广泛用于聚合物太阳能电池、有机发光二极管、电致变色材料等领域，目前已经有工业化的商品出售。最早采用化学方法制备的 PEDOT 应用于 DSSC 电池中，由于聚合物同 TiO_2 界面接触差，电池效率很低。经过不断优化 PEDOT 的制备方法，提高 PEDOT 同 TiO_2 的界面接触性能，电池的光电转换效率逐渐提高。如通过原位光电聚合 PEDOT 时掺杂 $TFSI^-$ [双（三氟甲基磺酰）亚胺离子，见图 6-64(c)]，并采用钌染料 Z907，电池效率达到 2.85%。采用有机染料 D149 [见图 6-64(d)] 替换钌基染料，电池光电转换效率大幅度提高到 6.1%。

有机空穴传输材料对 TiO_2 多孔薄膜的填充不充分，导致 TiO_2/dye/HTM（空穴传输材料）界面电子复合严重。此外，所使用的染料和空穴传输材料难以匹配，造成全固态染料敏化太阳能电池光电转换效率偏低。开发吸收光谱更宽、摩尔吸收系数更大的染料分子，实现电解质与光阳极之间良好的界面接触性能，提高空穴传输速率，降低有机空穴传输材料自身的电阻，是提高固态电解质太阳能电池光电转换性能的关键。寻求解决上述问题的过程，成就了全固态高转换效率的钙钛矿太阳能电池的发现。

对电极作为电池的阴极，其主要作用是：①收集和输运电子（接收电池外回路的电子并把它传递给电解质中的氧化还原电对）；②吸附并催化 I_3^- 还原；③反射透过光（把从工作电极透过的光反射回光阳极膜，提高太阳光的利用率）。对电极的特性和在其表面发生的还原反应速率显著影响电池的性能和能量转换效率，为减少能量损失，充分利用光阳极上染料所吸收的能量，提高电池的寿命，对电极必须具有如下几种性质：高电催化活性、大比表面积、很低的面电阻、高的电子传导率和稳定性以及能将未被染料吸收的太阳光反射回光阳极。提高对电极的性能也是提高 DSSC 能量转换效率的有效手段。

目前，DSSC 中主要应用具有高催化活性和相对较低超电势的 Pt 电极，主要采用热分解法、化学镀法、溅射法和自组装法等方法制备，但是其价格昂贵造成制备成本很高，为减少 Pt 用量，其他一些金属材料如 Au、Ni、Pd、Al 等也被用于对电极研究，但它们的电化学性能都远不及 Pt。

碳材料由于具有高的导电性，化学稳定性和对 I_3^- 高的催化活性成为替代 Pt 的理想材料。根据碳的形态不同，碳材料可分为炭黑、活性炭、碳纳米管、多孔碳、富勒烯和石墨烯等，这些碳材料均应用于 DSSC 的对电极研究中。

对于炭黑、石墨和多孔碳等传统碳材料，通过增大电极比表面积和增强电极导电性提高碳对电极的催化活性，进而提升 DSSC 的能量转换效率。例如在石墨中加入 15％（质量分数）、粒径为 20nm 的金红石型 TiO_2 黏结剂，20％（质量分数）的高比表面积的炭黑导电剂和少量水制成浆料，通过刮涂法制成厚度为 $50\mu m$ 的薄膜，在空气下 450℃烧结 10min 以除去有机物。这种碳膜的面电阻大约 $5\Omega/m^2$[❶]，电化学测试表明其对 I_3^-/I^- 具有较高的催化活性，组装成 DSSC 后取得了 6.67％的光电转换效率。通过高温裂解法制得的球形多孔乙炔黑（见图 6-65）作光阴极，当多孔乙炔黑光阴极厚度为 $20\mu m$ 时，具有最低的电荷传输电阻，表现出对 I^-/I_3^- 较高的电催化活性，组装成 DSSC 后，获得了 5.76％的光电转换效率。高比表面积的多孔碳作为对电极，组装得到的 DSSC 器件在模拟太阳光照射下达到了 7.36％的能量转换效率。通过增大传统碳材料炭黑、石墨和多孔碳等反应比表面积和电导率来提高碳对电极的催化活性，进而提高电池的能量转换效率，电池的转换效率随着碳层比表面积的增大而增大。

由于碳纳米管（CNTs）具有较大的比表面积，在与 I_3^-/I^- 电解质接触的过程中，可以有效地提高 I_3^-/I^- 与光阴极之间的接触概率，提高其电化学活性位，使得电解质中参与化学反应的离子变多，从而使短路电流值增大，提高整个 DSSC 的光电转化效率。例如采用化学气相沉积法在 ITO 导电玻璃表面制备碳纳米管对电极，组装的 DSSC 可以达到 10％的能量转换效率，高于同种实验条件下的模板印刷法制得的 CNTs 对电极和 Pt 对电极的能量转换效率。采用气溶胶化学气相沉积法合成了光学透明的 SWCNTs 对电极，用干法印刷法印在 PET 塑料基板上，用塑料和 SWCNTs 分别取代 ITO 玻璃基板和 Pt 对电极制备了柔性的染

---

❶ 面电阻（或方块电阻、薄层电阻），是指长、宽相等的一个方形半导体材料的电阻，理想情况下它等于该材料的电阻率除以厚度，单位 Ω/m^2。方块电阻有一个特性，即任意大小的正方形边到边的电阻都是一样的。不管边长是 1m 还是 0.1m，仅与导电膜的厚度和电阻率有关。

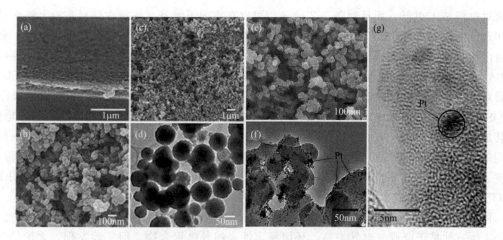

图 6-65　乙炔黑薄膜的 SEM 图（a）～（c）和多孔乙炔黑的 TEM(d)，
Pt/AB 光阴极的 SEM(e)，TEM(f)，HRTEM(g)

料敏化太阳能电池光阴极（见图 6-66）。这种薄膜不仅具有光催化性，也有导电性能，其电荷转移电阻和方块电阻分别为 $89\Omega \cdot cm^2$ 和 $60\Omega/m^2$，组装成 DSSC 后在 $8mW/cm^2$ 的太阳光模拟照射下，能量转换效率达到 2.5%。

图 6-66　柔性 SWCNTs 对电极
（a）光阳极；（b）柔性 SWCNTs 光阴极；（c）DSSC；（d）SWCNTs 光阴极薄膜 SEM

很多科研小组也将石墨烯运用到 DSSC 电极的制备中。通过纯化天然石墨得到石墨烯，采用液滴涂布方式在 Si/SiO_2 基板上得到石墨烯层，干燥后用离子溅射法在石墨烯层上溅射一层 6nm 的 Fe 薄膜，然后用低温化学气相沉积系统在 900℃下用 C_2H_2 在石墨烯层表面制备石墨烯基多壁碳纳米管（GMWNT）复合薄膜对电极。利用范德华力将 GMWNT 层转移到 ITO 导电玻璃表面制作 DSSC，该对电极组装得到的 DSSC 能量转换效率为 3.0%，填充因子为 0.6。随后用化学气相沉积等方法在石墨烯薄片上面生长碳纳米管，制得的 DSSC 器件能量转换效率提高到 4.46%。石墨烯及其复合材料因其高的比表面积和表面催化活性，并且对 I_3^-/I^- 氧化还原电对有很高的电催化活性。

除了金属和碳材料对电极外，多种导电聚合物也出现在对电极材料的行列之中。导电聚合物对电极成本很低，而且制备工艺简单，可以在室温下制备，使得在塑料基板上制作对电极实现低温制备柔性 DSSC 成为可能。目前导电聚合物对电极主要包括聚噻吩对电极、聚吡咯对电极和聚苯胺对电极等。聚(3,4-二氧乙基噻吩)（PEDOT）是一种高电导率、良好稳定性、对 I_3^- 具有催化活性，并且透明的导电聚合物。采用氧化聚合的方法制备了 PEDOT 薄膜对电极，PEDOT 对电极组装成 DSSC 能量转换效率为 7.44%，与溅射 Pt 对电极组装的 DSSC 的能量转换效率 7.77%相差很小，将多壁碳纳米管掺杂到 PEDOT 制备的对电极，组装成 DSSC 后测得了 8.08%的能量转换效率。当使用有机液体、离子液体和离子凝胶等不同的电解液时，PEDOT 对电极的性能明显改变，通过优化 PEDOT 的结构，如孔隙率、厚度、掺杂离子等，搭配合适的电解液，可以进一步提高聚合物对电极的电性能。用 PE-DOT 制备的对电极成本低、制备工艺简单，符合未来大尺寸对电极的生产要求。

除聚噻吩、聚吡咯导电聚合物外，聚苯胺（PANI）也用于 DSSC 的对电极研究中。PANI 是一种易于合成、电导率高、环境稳定性强的导电聚合物。但实验发现，无论是分散层还是致密层，纳米结构的聚苯胺的积累都会增加反应界面，这样就增强了界面的载流子传输并阻碍薄膜内电子转移，因此需要优化制备条件。例如运用无模板界面聚合工艺制备的聚苯胺纳米纤维（PANI NFs）和氨基磺酸掺杂聚苯胺纳米纤维对电极，这两种对电极组装成 DSSC 器件后，在 $100\,\mathrm{mW/cm^2}$ 模拟照射下，以 PANI NFs 对电极的 DSSC 能量转换效率达到 4.0%，而以氨基磺酸掺杂聚苯胺纳米纤维对电极的 DSSC 得到了 5.5%的能量转换效率，相对前者提高了 27%。这归因于引入氨基磺酸提高了对 I_3^-/I^- 的电催化活性。

除金属 Pt(Au，Ni)、纳米碳材料和有机导电聚合物对电极外，研究人员还在不断地寻找新的对电极材料，将其应用在非碘电解质的固态 DSSC 中。例如利用高功函数的 V_2O_5 和 Al 作为固态 DSSC 的对电极材料，这种对电极组装成固态 DSSC 得到了 2%的能量转换效率。将金属 Ti 箔基板阳极氧化后在氨气氛围中氮化制得 TiN 纳米管阵列作为 DSSC 的对电极，组装成 DSSC 器件，开路电压 0.760V，短路电流密度为 $15.78\,\mathrm{mA/cm^2}$，填充因子 0.64，能量转换效率为 7.73%，与 Pt/FTO 对电极组装的 DSSC 光伏特性非常接近。

（4）组装和应用

染料敏化太阳能电池的制备工艺如图 6-67 所示，主要包括 4 个步骤。①TCO 导电玻璃的激光刻划、打注入孔、清洗：2 片 TCO 分别作为阴极和阳极盖板，阳极盖板 TCO 需要打注入孔，可以注入染料和电解液。②TiO$_2$ 纳米晶、催化剂、金属网格的印刷、脱水、退火：在阴极 TCO 盖板上采用刮涂或丝网印刷的方法涂上 TiO$_2$ 浆料，得到约 $8\,\mu\mathrm{m}$ 厚的光学透明薄膜。经过 30min，450℃的退火，TiO$_2$ 纳米晶相互键联，晶界减少，体积收缩，密度增加，TiO$_2$ 纳米晶和导电玻璃的电接触、机械连接更加紧密。退火后缓慢地冷却可以防止玻璃的爆裂。在阳极 TCO 盖板上再分别制备催化剂、金属网格。③阳极和阴极盖板熔合、染料和电解液注入：把染料溶解在有机溶剂中（如乙醇、乙腈等），溶液通过阳极盖板的注入孔，注入退火后的电极。然后，根据 TiO$_2$ 薄膜的厚度，加热使有机溶剂挥发，染料浸入 TiO$_2$ 表面。④封装、接电极、测试：封装和接电极时，保证各种接触产生的串联电阻最小，可以采用热熔合或者用长尾夹进行简单封装。

以上制备的染料敏化太阳能电池单元，经过串联和并联，用防紫外的 EVA（乙烯-乙烯醋酸酯共聚物）或 PVB（聚乙烯醇缩丁醛）进行层压封装，可以得到 12V 或 24V 的标准电池组件，转换效率达 5%～7%，尺寸可以达到 $600\mathrm{mm}\times900\mathrm{mm}$。

染料敏化太阳能电池中的光吸收和载流子分离，都是在材料界面上发生的，所以对材料中的杂质和制备过程的纯净度要求不是很苛刻，可以用非真空、接近室温的设备生产，如丝

(a) 打注入孔　　　　　　　(b) 有注入孔的TCO　　　　　　(c) 镀有TiO₂层的光阳极

(d) Pt光阴极　　　　　　　(e) 注入染料和电解液　　　　　　(f) 吸附染料后的TiO₂层

(g) 封装　　　　　　　　　(h) 密封后的电池　　　　　　　(i) 简单封装后的电池

图 6-67　染料敏化太阳能电池制备工艺示意

网印刷、溅射、模压或卷对卷工艺。随着器件与模块发展的不断成熟，国内外越来越多的企业开始涉足 DSSC 的产业化。例如瑞士的 Solaronix 公司和澳大利亚的 Dyesol 公司。这两家公司的主要产品涵盖了包括 TiO₂ 浆料、染料、电解液、对电极和封装材料等在内的制备 DSSC 所需基本原料及相关的制备和测试设备。在销售这些基本原料的同时，这两家公司也积极提供制备的技术支持和供展示用的电池成品。

2003 年，澳大利亚 Dyesol 公司实现了染料敏化太阳能电池的产业化。Dyesol 公司的染料敏化电池组件，对电池单元进行串联和并联，用 2 片玻璃和防紫外聚合物封装，并将大型玻璃基底的染料敏化太阳能电池组件应用于光伏建筑一体化（BIPV）。此外，Dyesol 公司和韩国 Timo Technology 公司签订战略合作备忘录，同时与韩国 Acrosol 公司建立研发实验室，提供染料敏化太阳能电池的全方位培训，已为韩国首尔的人力资源开发中心安装了 DSSC 窗户（见图 6-68）。

2007 年，英国 G24 Innovations 公司经瑞士洛桑联邦高等产业学院（Ecole Polytechnique Federale de Lausanne，EPFL）的授权，使用卷对卷技术生产染料敏化太阳能电池（见图 6-69），卷对卷自动化生产线可以在 3h 内生产 45kg、长 0.8km 的金属箔片衬底染料敏化柔性太阳能电池，组件厚度小于 1mm，并推出了可以在室内或室外为手机、笔记本电脑、MP3、数码相机充电的便携式太阳能充电器。以色列 3G Solar 公司（即原 Orion Solar 公司）在塑料衬底上，把 TiO₂ 沉积在海绵状结构中，开发了低成本的染料敏化电池，组件尺寸为 15cm×15cm，适合热带地区的高温环境使用。世界上其他一些公司也在进行染料敏化电池的研发和生产，包括 Peccell、Nissha、G24 Power、GRENE、Exeger、Jintex、Ox-

图 6-68 DSSC 窗户

ford Photovoltaics、OPV Tech、SolarPrint、Solaris Nanosciences、Fujikura、Everlight Chemical 等，索尼和夏普开发出了专利保护的染料敏化太阳能电池技术和产品，具有各种颜色，并有柔性电池和玻璃衬底的薄膜电池两种封装形式。

图 6-69 染料敏化太阳能电池的卷对卷工艺

我国在染料敏化太阳能电池产业化开发方面也取得了突破，中国科学院合肥物质科学研究院完成了 0.5MW 染料敏化太阳能电池中试生产线建设，建立了 5kW 示范系统。中国科学院能量转换材料重点实验室依托上海硅酸盐研究所，建设完成了染料敏化太阳能电池幕墙建筑一体化应用示范工程。该示范工程染料敏化太阳能电池装机容量为 100.68kW，实现了相关技术从概念、材料、模组、部件、系统到应用示范的跨越。辽宁营口奥匹维特新能源科技有限公司能够生产以塑料片为衬底、可以弯曲的柔性染料敏化太阳能，并为科研院所生产小量的样品。青岛黑金热工能源有限公司是一家集染料敏化太阳能电池研发、生产、销售于一体的高科技企业，每年约有 $3000\sim4000m^2$ 的产能，形成了 1MW/年的生产能力。

到目前为止，染料敏化太阳能生产企业主要集中在研发以及少量的示范性项目，还没有进入广泛的商业化应用阶段。染料敏化太阳能电池在实验状态下的转换效率目前维持在 $12\%\sim14\%$ 之间，但小批量生产仅在 $6\%\sim8\%$ 之间，转换效率过低，因此基本没有企业将此产品批量投入生产。

6.3.5.5 钙钛矿太阳能电池

（1）简介

钙钛矿太阳能电池是利用钙钛矿型的有机金属卤化物半导体作为吸光材料的薄膜太阳能电池。钙钛矿并不是专指一种含钙和钛的某种化合物，而是一类具有 ABX_3 结构的晶体材料的总称。

钙钛矿（Perovskite）材料电池命名取自俄罗斯地质学家 Perovski 的名字，狭义的钙钛矿特指 $CaTiO_3$，广义的钙钛矿泛指与 $CaTiO_3$ 结构类似的 ABX_3 型化合物。钙钛矿材料晶体结构呈八面体形状，其中 A（A=Pb^{2+}，Na^+，Sn^{2+}，Sr^{2+}，K^+，Ca^{2+}，Ba^{2+}等）是大半径的阳离子，B（B=Ti^{4+}，Mn^{4+}，Zr^{4+}，Fe^{3+}，Ta^{5+}等）是小半径的阳离子，X（X=F^-，Cl^-，Br^-，I^-，O^{-2}等）为阴离子。

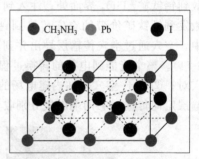

图 6-70　ABX_3 有机-无机钙钛矿材料晶体结构

早期发现的钙钛矿氧化物材料只具有优异的铁电、磁性和超导特性，并不具备优异的光电特性。1978 年，Weber 首次将甲铵离子引入晶体中，形成了具有三维结构的有机-无机杂化钙钛矿材料，该材料具有合适的能带结构、光电性能优异、合成方法简单等优势，与太阳光谱匹配，更适用于光伏领域。从钙钛矿材料具体形态结构来看，典型的 ABX_3 有机-无机钙钛矿材料中，A 位为有机阳离子，如甲铵离子（MA^+）、甲脒离子（FA^+），占据正方体的八个顶点；B 位为二价金属阳离子，如 Pb^{2+}、Sn^{2+} 等，处于正方体的体心；X 是卤素离子，如 Br^-、I^- 和 Cl^-，占据正方体的面心（图 6-70）。较为常见的钙钛矿太阳能电池原材料为碘铅甲胺（$MAPbI_3$）。

钙钛矿薄膜太阳能电池的发展起源于染料敏化太阳能电池，这种结构前身由日本横滨大学 Tsutomu Miyasaka（宫坂力）研究小组于 2009 年提出。针对当时无机半导体微粒量子点作为敏化材料存在的量子点效率低、电流反向流动等问题，他们将目光转向了 $CH_3NH_3PbI_3$。$CH_3NH_3PbI_3$ 不仅能高效吸收从可见光到波长 800nm 的广谱光，还具有能在 TiO_2 等多孔质材料上直接化学合成的特点，非常适合涂布工艺。将 $CH_3NH_3PbI_3$ 这种钙钛矿材料应用到染料敏化太阳能电池中，实现了 3.8% 的光电转换效率。2011 年，Park 研究组优化了氧化钛表面和钙钛矿的制作工艺，将钙钛矿敏化电池的效率提高到了 6.5%。由于 $CH_3NH_3PbI_3$ 在 I_3^-/I^- 电解液中的稳定性很差，在液态的有机溶剂中容易溶解，很大程度上降低了电池的稳定性与使用寿命。因此，需要寻找匹配的固态空穴传输材料来替代碘电解液。

早在 1998 年，Grätzel 及其合作者合成了一种用于固态染料敏化电池的有机空穴传输材料——Spiro-OMeTAD，正是替代碘电解液的选择之一，随后通过多重优化处理，全固态染料敏化太阳能电池的效率有所提升，但一直在 7% 左右徘徊。2012 年，Park 与 Grätzel 课题组合作，采用固态 Spiro-OMeTAD 作为空穴传输层以替代传统的液体电解质，钙钛矿型吸光材料（CH_3NH_3）PbI_3 作为敏化剂，制备出转换效率达到 9.7% 的全固态钙钛矿太阳能电池。同年，Snaith 等人开发了更为简单且高效的平面异质结电池结构，采用介孔 Al_2O_3 作为支撑层，钙钛矿吸光材料 $CH_3NH_3PbI_2Cl$ 作为光敏化剂、Spiro-OMeTAD 作为空穴收集层，电池转换效率首次超过 10%，摆脱了对染料敏化电池结构的依赖，使钙钛矿光伏电池自成一派体系。2013 年，Science 期刊把全固态钙钛矿太阳能电池列为 2013 年度的世界十大科技进展之一，并称其为太阳能技术中的一个重要突破。2013—2015 年，得益于两步沉积法、氧化铝取代二氧化钛、采用阳离子交换等途径，钙钛矿太阳能电池转换效率相继突破 15％和 20％。随后 5 年内，转换效率平均每年提升 1％～1.5％，2019 年实现了 25％的突破。2021 年，韩国 Seok 团队创造了 25.7％的单结钙钛矿电池转换效率纪录。

自钙钛矿太阳能电池诞生以来，光电转换效率实现了从 3.8％到 25.7％（不考虑叠层）的快速提升。从理论极限效率来看，单结钙钛矿太阳能电池最高转换效率有望达到 33％，超过晶硅电池 29.4％的极限效率。

（2）原理和组成

钙钛矿太阳能电池主要是利用钙钛矿型的有机金属卤化物半导体作为吸光材料，当入射光子能量高于半导体的能带间隙时，半导体材料吸收光子产生激子（电子-空穴对），激子被 N-I-P 结的内建电场分离成自由移动的载流子（电子和空穴），激发到钙钛矿导带的电子扩散到钙钛矿/TiO_2 界面处，注入到 TiO_2 导带中，电子经过电子传输层传输，被 FTO 收集；激发到钙钛矿价带的空穴传输到钙钛矿/空穴传输层界面，注入到 Spiro-OMeTAD 的价带中，空穴通过空穴传输层导出并到达 Au 电极，当器件外加负载便能够形成完整的回路（图 6-71）。整个光能到电能的转换过程可以分为以下四个步骤：①半导体吸收光子产生电子-空穴对；②电子-空穴对在内建电场的作用下分离；③电子和空穴分别在电子传输层和空穴传输层定向传输；④两端电极分别收集电子和空穴。

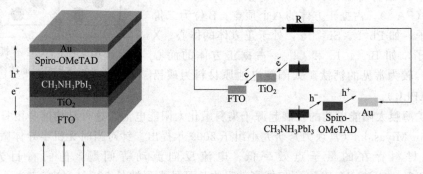

图 6-71　钙钛矿太阳能电池结构及原理示意

在钙钛矿器件中 P 型半导体常被用作空穴传输材料，包括有机材料 Spiro-MeOTAD、PTAA、PEDOT：PSS 和无机材料 NiO 等；N 型半导体常被用作电子传输材料，常见的材料包括有机材料 PCBM、C_{60} 和无机材料 SnO_2、TiO_2 等。钙钛矿在器件结构中被视作本征半导体。器件中各层材料的选择以及对层与层之间界面的处理会影响整个器件的性能和稳定性。钙钛矿太阳能电池包括正式 n-i-p 和反式 p-i-n 两种器件结构（图 6-72），n-i-p 器件结构从下至上分别是透明导电基底、n 型电子传输层、钙钛矿层、p 型空穴传输层和金属电极，p-i-n 又称反式平面结构，此器件结构从下至上分别是透明导电基底、p 型空穴传输层、钙钛矿层、n 型电子传输层和金属电极。其中 n-i-p 器件结构较为常见。但由于 p-i-n 结构制备工艺简单，可低温制备，成本低，可用于钙钛矿叠层器件的制备，因此越来越受到科研人员们的关注。目前反式平面结构为钙钛矿电池产业化进程中较为主流的选择。

（3）制备

有机金属卤化物钙钛矿展现了丰富的材料种类，其薄膜制备工艺也较为多样化，可通过温和条件制备，并在发展中逐步优化，如涂布法、气相沉积法以及混合工艺等。

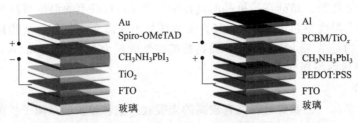

图 6-72 钙钛矿太阳能电池两种器件结构（左：n-i-p；右：p-i-n）

起初学术研究上以旋涂法为主，绝大部分器件的有效面积小于 $1cm^2$，远小于太阳能电池商业化所需的尺寸。对于大尺寸钙钛矿薄膜的制备，旋涂法不仅使薄膜的均匀性显著降低，也浪费了大量的原料。因此，近年来研究者们致力于开发制备大尺寸钙钛矿薄膜的工艺，大体上可以分为两类：①溶液法，如刮刀涂布法、喷涂法和狭缝涂布法等；②固相反应法，如热蒸法和化学气相沉积等。其中刮刀涂布和狭缝涂布法是目前产业化应用较多的工艺，而热蒸法是硅/钙钛矿叠层电池比较主流的工艺。

刮刀涂布是大规模制备钙钛矿薄膜广泛使用的方法之一。前驱体溶液被刀片在光滑的基底上刮过形成平整的湿膜，然后将湿薄膜干燥形成固态薄膜。薄膜厚度通常受几个因素控制：前驱体溶液的浓度和分散度、刀片的刮涂速度、刀片和基板之间的距离以及基板的温度等。通过调整初始油墨厚度和溶剂蒸发速率，可以制备成不同厚度的薄膜，与传统的旋涂方法相比，溶液浪费大大减少。采用这种方法制备 $2051cm^2$ 大小的钙钛矿太阳能电池模组，效率达到 15.3%。

在狭缝涂布的设备中，其核心部件是机械制造的流体模头，其中一侧连接泵以抽取前驱体溶液，另一侧是前驱体溶液的出口，以形成均匀的湿膜。与刮刀涂布相比，该方法具有更高的控制精度和更好的可重复性，但它需要更多的钙钛矿前驱体溶液，且对前驱体溶液的要求也较高。目前通过狭缝涂布的方式制备的 $300cm^2$ 的钙钛矿太阳能电池效率高达 18%。

（4）主要特点

与现有太阳能电池技术相比，钙钛矿材料及器件具有以下几方面的优点。

① 成本优势

材料用量少。钙钛矿光伏电池由于光吸收能力强，材料的用量非常低，钙钛矿组件中钙钛矿层厚度大概是 $0.4\mu m$，而晶硅组件中的硅片厚度通常为 $180\mu m$，差了 40～50 倍。降本空间十分可观。

组件价格低廉。钙钛矿光伏电池采用溶液法工艺，其前驱液的配制不涉及任何复杂工艺，对纯度要求不高。晶硅材料纯度必须达到 99.9999%（6 个 9）以上才能用于制造太阳能电池，而钙钛矿只需 98%（1 个 9）左右就可以用于制造效率达 20% 以上的太阳能电池。当下晶硅组件的制造成本在 1 元/W 以上，而钙钛矿组件成本只有一半，约为 0.5～0.6 元/W，其中钙钛矿材料成本占比仅为 5%，玻璃、靶材等占到另外的 60% 以上，钙钛矿组件未来仍有较大的降本空间。

投资成本低。以 1GW 产能投资来对比，晶硅的硅料、硅片、电池、组件全部加起来，需要 10 亿元的投资，而同等规模下，钙钛矿的投资约为 5 亿元，是晶硅的一半。

② 工艺优势

工艺简单，产业链缩短。对于晶硅来说，硅料、硅片、电池、组件需要 4 个以上不同工厂生产加工，一片组件的制造时间需要 3 天左右；而对于钙钛矿只需 1 个工厂，从玻璃、胶膜、靶材、化工原料进入，到组件成型，总共只需 45 分钟。

低温制备，能耗低。晶硅在拉单晶的过程中需要 900℃ 以上的温度将硅料融化，而钙钛矿各功能层的加工温度不超过 180℃，且大多数环节也无需真空条件。从能耗角度，单晶组件制造的能耗大约是 $1.52\ kW\cdot h/W$，而钙钛矿组件能耗为 $0.12\ kW\cdot h/W$，单瓦能耗只有晶硅的 1/10，能量回报周期短。

③ 性能优势

光电转化效率高。钙钛矿材料具有较高的光吸收系数和较长的载流子扩散距离。在可见光波长（380～800nm）范围内，钙钛矿的光吸收系数比硅高 1-2 个数量级，因此钙钛矿薄膜只需要几百纳米就有较强的吸光能力；钙钛矿材料吸收的光子转换成电子后，由于其载流子具有较长的扩散距离（几微米，远大于钙钛矿薄膜厚度），很容易被电极收集、损耗较小，因此能产生较高的光生电压和电流，综合表现出较高的光电转换效率。

弱光性能好。钙钛矿光伏电池弱光下具有优异的光电转化效率，未来有机会将室内照明的弱光和阴天时室外弱的太阳光利用起来发电，这也是钙钛矿光伏区别于传统硅基光伏的一大优势。理论研究表明，弱光下光伏电池的发电效率跟能带间隙有关，在接近 2eV 带隙时，光伏电池在弱光下的效率高达 52%。由于钙钛矿材料带隙可调、光吸收系数高、对杂质不敏感，对应的光伏电池对缺陷态的包容度较高，其在弱光下仍具有优异的光电转换效率。而晶硅的带隙约 1.1eV，偏离 2eV 较多，弱光下发电效率很低。相关的研究表明，钙钛矿光伏电池在 200Lux 的弱光下仍可输出 25% 以上的光电转换效率。夏季明朗的室内光照强度为 100～550Lux，而 100W 的白炽灯光照强度约 1200Lux，荧光灯的发光效率是白炽灯的 3～4 倍，这就意味着钙钛矿光伏未来有望在室内弱光条件下为一些低能耗电器提供可靠稳定的电力来源。

光伏特性可调。钙钛矿材料可以通过调节组分，使其能带间隙在 1.4～2.3eV 之间连续可调，因此可以衍生出区别于硅基光伏的应用。如调整带隙至 2eV 左右，使其适用于弱光下高效发电（室内光伏）；将钙钛矿薄膜做成不同颜色或者半透明的状态用在建筑玻璃上，汽车光伏或做在质轻的柔性基底上实现建筑光伏一体化（即 BIPV 或者 BAPV）；设计不同带隙的钙钛矿层，并彼此或是与其他光伏材料叠加，制成叠层电池，从而使不同波长的光能转化成电能，EcoMat 研究表明钙钛矿/硅叠层太阳能电池的理论效率极限为 46%，远高于传统单结晶硅电池（29.4%），这也是有望推动钙钛矿电池突破肖克利-奎瑟（Shockley-Queisser）极限的主要方式之一。

（5）基于钙钛矿的叠层电池

对于叠层电池，就是将钙钛矿电池和晶硅电池或者将宽带隙钙钛矿电池和窄带隙钙钛矿电池堆叠起来，利用两个子电池各自对不同光波长的吸收能力差异，宽带隙电池作为顶电池吸收较高能量光子，窄带隙电池作为底电池吸收较低能量光子，实现子电池对太阳光谱分段利用，从而避免高能光子的热化损失，提高太阳能利用率和电池光电转换效率。图 6-73 对比了不同组件类型理论极限电能转换效率。

连续可调的带隙宽度使得钙钛矿适合做叠层多结电池，是叠层电池顶电池最佳选择。叠层的技术方向主要分为两类，钙钛矿/晶硅叠层电池和钙钛矿/中窄带隙叠层电池。根据 NREL 统计的最新实验室数据，钙钛矿/晶硅叠层转化效率快速提升，明显超过单晶硅电池。

对于钙钛矿/晶硅叠层电池，由于化合物的物理化学特性，钙钛矿涂层更适合 N 型硅片的产品，也就是与 N 型 HJT、TOPCon 等晶硅电池组成叠层电池。简单来说，就是把钙钛矿电池串联在晶硅电池表面。钙钛矿/硅串联太阳电池结合了晶硅、薄膜电池的优点，通过优势组合，拓宽了吸收光谱，获得了比单纯晶硅电池或钙钛矿电池更高的光电转化效率。钙

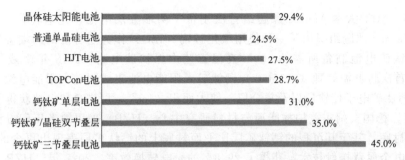

图 6-73　不同电池结构类型太阳能电池理论极限转换效率

钛矿/硅叠层太阳能电池有多种配置方式，常见的配置方法有二端叠层（2T）与四端叠层（4T）。

从工艺难度来看，较容易实现的是机械堆叠的四端叠层电池（图 6-74）。四端叠层电池的两个子电池独立制作，通过外电路连接。并且，两子电池仅在光学上存在联系，电路相互独立，因此可以分别设计两个子电池的最佳制造条件，且两个子电池可以相互独立地运行在它们的最大功率点上。但是，加倍的金属电极消耗和组件端工艺复杂性，限制了四端叠层电池大规模应用的前景。

首个钙钛矿/硅四端叠层电池 2014 年由斯坦福大学 Bailie 课题组开发，结合 MAPbI$_3$ 钙钛矿电池与多晶硅下电池获得了 17% 的效率。2016 年，Doung 等人首次将 ITO 透明电极用于四端叠层电池，使用了 ITO 电极的钙钛矿上电池拥有超过 80% 近红外光谱的透射率，效率达到 20.1%。2018 年，通过在 IBC 电池顶部加入近红外透射率 92% 的钙钛矿顶部电池，使四端叠层电池效率提升至 25.7%。2020 年宾夕法尼亚大学的 Yang Yang 课题组使用超薄金薄膜作为顶部电极，使四端叠层电池的效率记录提高到了 28.3%。2022 年 9 月，荷兰应用科学研究组织（TNO）、代尔夫特理工大学、埃因霍温理工大学和比利时研究机构 Imec 将半透明钙钛矿太阳能电池与晶体硅相结合，四端钙钛矿/硅叠层电池的转换效率达到创纪录的 30.1%。

两端叠层电池在硅电池上直接沉积钙钛矿电池制成，通过复合层或隧道结将两个子电池串联连接（图 6-75）。采用四端架构意味着四个电极中的三个需要使用透明电极，而这种两端架构只需要一个透明电极，由于更少的电极材料使用和更少的沉积步骤，极大降低了两端电池的制造成本。

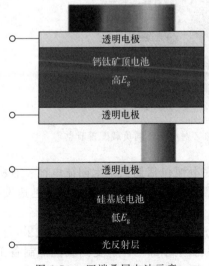

图 6-74　四端叠层电池示意

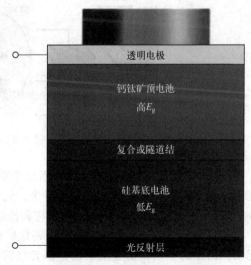

图 6-75　两端叠层电池示意

2015 年，MIT 大学 Mailoa 课题组首次制备了两端叠层电池，光电转化效率 13.7%。2016 年，Werner 课题组提出了一种使用氧化锌锡（IZO）作为复合层的两端叠层电池，在当时先进钙钛矿电池制备所需的 500℃ 高温工艺中保护硅电池。2018 年南威尔士大学的 Zheng 团队首次将低温处理（<150℃）钙钛矿太阳能电池集成到硅太阳能电池上，并使用 SnO_2 作为钙钛矿电子传输层以及复合层，使大面积（4cm²）两端叠层电池获得了 21% 的效率。2021 年，德国亥姆霍兹柏林能源与材料研究中心（HZB）采用纳米压印方法制备了正弦结构的硅衬底，基于其沉积的钙钛矿层比平面衬底上的钙钛矿层表现出更少的宏观针孔，通过叠加介电金属背接触技术，获得了 29.8% 的光电转换效率。2022 年，HZB 又将钙钛矿/硅串联太阳能电池效率提高到 32.5%。中国企业曜能科技也曾在 2023 年 1 月实现自主研发的小面积钙钛矿/晶硅两端叠层电池稳态输出效率 32.44%。2023 年，来自沙特的阿卜杜拉国王科技大学（KAUST）的科研团队实现了钙钛矿/硅叠层太阳能电池 33.7% 的能量转换效率。之后，中国光伏企业——隆基绿能科技股份有限公司自主研发的晶硅/钙钛矿叠层电池效率达到 33.9%，创造了叠层钙钛矿电池发电效率新的纪录。晶硅/钙钛矿叠层电池的理论效率极限可达 43%，被公认为突破单结晶硅电池效率极限的主流技术方案。

两端叠层电池也有一些限制：由于两个子电池串联连接，因为串联的子电池电流受电流较低的子电池限制，子电池必须被设计为在工作时有相似的光电流。电流匹配要求会将顶电池理想带隙限制在 1.7~1.8eV 的狭窄范围内，为制备高效率叠层电池带来较大的难度。电流匹配的限制使得设计两端叠层电池时需要针对不同地理位置的光谱条件做出细微调整，才能获得最大的功率输出。同时，由于直接在硅电池顶部沉积钙钛矿电池，硅电池顶部陷光结构的制作和表面钝化设计将会更加困难。因为不规则的表面不利于沉积规则的钙钛矿薄膜，沉积工艺也可能破坏硅的上表面钝化层。

为了克服 2T 和 4T 结构的弊端，近年来，三端结构（3T）（图 6-76）作为一种全新的设计思路逐渐进入了研究者的视野。2017 年 Werner 课题组提出了将叉指式背接触（IBC）硅电池与宽带隙顶部电池相结合制造的三端结构叠层电池，并通过二维器件物理模型研究了三端配置下叠层电池的运行。3T 结构能减少 2T 和 4T 本身的缺陷。但是，3T 结构通常需要交叉指式背接触技术，需要高质量的材料（例如具有较长扩散长度的 n 型材料），暂时难以大量生产低成本的电池。

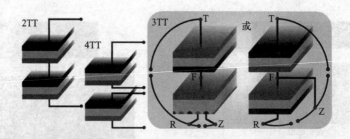

图 6-76　三端叠层电池示意（图中 T、F、R 和 Z 对应于不同负载配置节点）

在钙钛矿/中窄带隙叠层电池中，新型中窄带隙底电池包括钙钛矿太阳能电池、有机太阳能电池和 CIGS 太阳能电池等。近年来，钙钛矿/新型中窄带隙叠层电池技术迅速发展，表 6-6 概括了一些高效率叠层电池的结构和性能。

随着单结钙钛矿技术快速发展，全钙钛矿叠层电池技术也不断取得里程碑式成果，仁烁光能团队研发的全钙钛矿叠层电池稳态光电转换效率已达 29%，但受到底电池制备工艺及制备材料影响，其实验室最高效率仍然低于钙钛矿/晶硅叠层电池技术。

表 6-6　一些钙钛矿/中窄带隙叠层电池的结构和性能

底电池	结构	装置结构	面积/cm²	PCE/%	J_{sc}/(mA·cm^{-2})	V_{oc}/V	FF/%
PSC	n-i-p	ITO/TiO$_2$/Cs$_{0.15}$FA$_{0.85}$Pb(I$_{0.3}$Br$_{0.7}$)$_3$/TaTm/TaTm:F$_6$-TCNNQ/C$_{60}$:Phlm/C$_{60}$/MAPbI$_3$/TaTm/TaTm:F$_6$-TCNNQ/Au	—	14.80	9.60	2.132	72.20
	p-i-n	ITO/PTAA/FA$_{0.8}$Cs$_{0.2}$Pb(I$_{0.7}$Br$_{0.3}$)$_3$(1.75eV)/C$_{60}$/BCP/Ag/MoO$_x$/ITO/PEDOT:PSS/(FASnI$_3$)$_{0.6}$(MAPbI$_3$)$_{0.4}$:Cl(1.25eV)/C$_{60}$/BCP/Ag	0.105	21.00	14.00	1.922	78.10
	p-i-n	ITO/PTAA/Cs$_{0.4}$FA$_{0.6}$PbI$_{1.95}$Br$_{1.05}$(1.7eV)/C$_{60}$/SnO$_{2-x}$/Cs$_{0.05}$MA$_{0.45}$FA$_{0.5}$Pb$_{0.5}$Sn$_{0.5}$I$_3$(1.21eV)/C$_{60}$/BCP/Ag	5.900	24.30	15.20	2.030	78.80
	p-i-n	Glass/ITO/VNPB/Cs$_{0.2}$FA$_{0.8}$Pb(I$_{0.6}$Br$_{0.4}$)$_3$(1.77eV)/C$_{60}$/SnO$_2$/Au/PEDOT:PSS/FA$_{0.7}$MA$_{0.3}$Pb$_{0.5}$Sn$_{0.5}$I$_3$(1.22eV)/C$_{60}$/BCP/Ag	0.049	24.90	15.60	2.000	79.90
	p-i-n	ITO/NiO/VNPB/FA$_{0.8}$Cs$_{0.2}$Pb(I$_{0.62}$Br$_{0.38}$)$_3$/C$_{60}$/SnO$_2$/Au/PEDOT:PSS/FA$_{0.7}$MA$_{0.3}$Pb$_{0.5}$Sn$_{0.5}$I$_3$/C$_{60}$/BCP/Cu	0.049	26.70	16.50	2.030	79.90
	p-i-n	Glass/ITO/PTAA/Cs$_{0.2}$FA$_{0.8}$Pb(I$_{0.6}$Br$_{0.4}$)$_3$(1.77eV)/C$_{60}$/SnO$_2$/Au/PEDOT:PSS/FA$_{0.7}$MA$_{0.3}$Pb$_{0.5}$Sn$_{0.5}$I$_3$(1.22eV)/C$_{60}$/BCP/Ag	0.073	24.50	14.90	2.013	81.60
OPV	p-i-n	ITO/NiO$_x$/BPA/Cs$_{0.25}$FA$_{0.75}$Pb(I$_{0.6}$Br$_{0.4}$)$_3$(1.79eV)/C$_{60}$/BCP/CRL/MoO$_x$/OPV(1.36eV)/PNDIT-F$_3$N/Ag	0.080	23.60	14.83	2.060	77.20
	p-i-n	ITO/Poly-TPD/MA$_{1.06}$PbI$_2$Br(SCN)$_{0.12}$/PCMB/BCP/Au/MoO$_3$/PM6:Y6/PFN-Br/Ag	—	20.03	13.13	1.940	78.50
	n-i-p	ITO/SnO$_2$/CsPbI$_{2.1}$Br$_{0.9}$(1.79eV)/PBDBT/MoO$_3$/Ag/ZnO/PM6:Y6/MoO$_3$/Ag	—	18.06	12.77	1.890	74.81
CIGS	p-i-n	Glass/Si$_3$N$_4$/Mo/CIGS/CdS/ITO/PEDOT:PSS/Perovskite/PCBM/Al	0.400	10.98	12.70	1.450	56.60
		Glass/Mo/CIGS/CdS/ZnO/SAM/Cs$_{0.05}$(MA$_{0.23}$FA$_{0.77}$)Pb$_{1.1}$(I$_{0.77}$Br$_{0.23}$)$_3$(1.68eV)/C$_{60}$/SnO$_2$/IZO/LiF/Ag	1.040	24.20	18.80	1.770	71.20
		Glass/Mo/CIGS/CdS/i-ZnO/BZO/ITO/PTAA/Cs$_{0.09}$FA$_{0.77}$MA$_{0.14}$Pb(I$_{0.86}$Br$_{0.14}$)$_3$/PCBM/ZnON-Ps/ITO/MgF$_2$	—	22.43	17.30	1.774	73.10
		Glass/Mo/CIGS/CdS/ZnONiOX/PTAA/Cs$_{0.05}$(MA$_{0.17}$FA$_{0.83}$)Pb$_{1.1}$(I$_{0.83}$Br$_{0.17}$)$_3$/C$_{60}$/SnO$_2$/IZO/LiF	0.778	21.60	18.00	1.590	75.00

注：PSC——钙钛矿太阳能电池（perovskite solar cell）；OPV——有机光伏太阳能电池（organic photovoltaic solar cell）；CIGS——铜铟镓硒太阳能电池（copper indium gallium selenide cell）。

　　与全钙钛矿叠层电池相比，钙钛矿/有机叠层电池的优势之一在于使用正交溶剂制备钙钛矿和有机吸收剂，可以减少大面积溶液处理挑战。与其他底部电池吸收材料相比，有机材料具有更大的化学空间和更广泛的带隙可调性，为底电池吸收材料提供了更多选择性。由于钙钛矿层的紫外线过滤作用，钙钛矿/有机叠层电池的光稳定性比单结有机太阳电池更高，有机材料在叠层电池中将发挥更佳效果。目前钙钛矿/有机叠层电池的性能仍然偏低。此外，钙钛矿/有机叠层电池效率限制还在于宽带隙钙钛矿子电池的 V_{oc} 损失和互联层的光电损失。

CIGS 是传统商业薄膜太阳能电池技术之一，由于其可调的窄带隙宽度，与钙钛矿顶电池带隙匹配，可以实现高效率的钙钛矿/CIGS 叠层电池。此外，CIGS 属于直接带隙半导体，具有较高的光吸收系数，理论上可以获得比钙钛矿/晶硅叠层结构更高的光电性能。CIGS 电池的典型结构为衬底/Mo/CIGS（p 型）/CdS（n 型）/ZnO，这种极性结构限制了顶部钙钛矿只能是 p-i-n（反式）结构。钙钛矿/CIGS 叠层电池认证效率已高达 24.16%。高效的钙钛矿/CIGS 叠层电池面临最重要的挑战之一是在粗糙的 CIGS 电池表面保形生长钙钛矿顶子电池，或者通过增加表面后处理工艺或者优化 CIGS 吸收层的沉积工艺改善表面粗糙度。

要提高叠层电池的光电转换效率，关键是提高电池的开路电压、短路电流密度以及填充因子，减少电池的光学及电学损耗。其中，提高电池短路电流密度的方法主要是降低寄生吸收损耗及反射损耗，同时提高顶电池和底电池电流密度匹配度；提高开路电压的方法主要是提高宽带隙钙钛矿电池的开路电压；提高填充因子的方法是减少电阻损耗及漏电击穿。

除了叠层电池的高效化研究外，开展高效叠层电池的大面积均匀制备工艺以及稳定性研究也至关重要。目前，透明电极的磁控溅射或热蒸发技术，以及钙钛矿及载流子传输层的狭缝式涂布技术，都有望实现大面积均匀制备。在 156cm×156cm 的大面积晶硅电池上叠加钙钛矿组件，是大面积叠层电池切实可行的制备方法。另外，钙钛矿电池还面临稳定性的挑战，其容易受到光、热、水、氧等影响，特别是宽带隙钙钛矿电池的不稳定性尤为突出。因此，需要通过钙钛矿层及载流子传输层特性，以及有机无机界面特性的调控，抑制碘离子的迁移，提高宽带隙钙钛矿电池的稳定性，从而达到可与晶硅底电池匹配的寿命。

（6）应用及市场

钙钛矿太阳能电池作为第三代新型太阳能电池，具有高转换效率、低成本、应用场景广泛等优势，契合光伏行业降本增效的主旋律，获得了国家的认可。近年来，国家层面出台相关政策推动钙钛矿电池产业发展。

钙钛矿电池具备轻薄、透明度可调、颜色可调、弱光性能优异、可在柔性基材上制备的优点，基于这些特征，钙钛矿电池与晶硅电池存在差异化应用场景，其中 BIPV（光伏建筑一体化）和 CIPV（车载光伏）领域应用潜力最大。相关测算表明到 2025 年，BIPV 的安装量在 10GW 左右，按照碲化镉薄膜电池 4.2 元/W 的价格计算，对应的市场空间约 42 亿元，而室内弱光光伏的市场空间也在几十亿元左右。钙钛矿光伏具有低廉的成本以及优异的弱光性能，未来有机会使光伏走进千家万户，给室内电器提供能源。近年来，钙钛矿太阳电池的实验室效率不断突破，钙钛矿光伏技术产业化进程不断提速，钙钛矿商业化小组件和大组件的转换效率也提升迅速。长期来看，随着钙钛矿光伏技术走向成熟、规模化，产业链不断完善，钙钛矿光伏作为单结电池有可能会直面晶硅光伏的竞争。钙钛矿光伏还可以利用带隙可调的优势，与晶硅光伏合作做成叠层光伏组件，进一步提升整个组件系统的光电转换效率。钙钛矿太阳能电池也有望用于光伏发电站。

早在 2010 年，Henry Snaith 创立了全球首家钙钛矿光伏电池公司牛津光伏（Oxford PV），开启了钙钛矿光伏商业化的进程。目前在英国、德国设立两大研发中心，是钙钛矿电池领域研发实力很强的领军企业。同年，厦门惟华光能公司成立，2016 年并入协鑫光电，成为协鑫集团旗下控股子公司，2017 年建成 10MW 级别钙钛矿光伏组件中试线。与此同时，纤纳光电、极电光能、无限光能、万度光能、大正微纳、光晶能源、脉络能源、仁烁光能、曜能科技、黑晶光电等初创公司也纷纷成立。2022 年纤纳光电 100MW 钙钛矿产线建成投产，并率先发布了全球首款钙钛矿商用组件 alpha（1.2×0.6m^2），组件用于分布式电站，同时 GW 级产线也在做扩产准备。为推动钙钛矿光伏组件的应用和发展，探索大规模商业化运行实证，三峡能源依托库布齐光伏治沙项目，联合纤纳光电在"北部干热"典型气候环境下开展兆瓦级钙钛矿光伏项目的示范与研究。2023 年 11 月，为库布齐 200 万千瓦光伏治沙项目配套建设的 1 兆瓦钙钛矿地面光伏电站成功并网，该项目采用 11200 片纤纳光电自主研发和制造的钙钛矿 α 组件。

2023 年协鑫光电 100MW 产线达产，预计 2023 年底量产并实现 18% 以上的转换效率。2023 年极电光能 150MW 产线处于工艺调试和小批量出货阶段，$0.6 \times 1.2 \mathrm{m}^2$ 组件平均效率达到 16%，产品规划基于 BIPV 市场，2023 年 4 月，首条单 GW 钙钛矿产线开工。产业巨头隆基、宁德时代、华能、三峡集团等也开始布局钙钛矿光伏，共同助力钙钛矿光伏商业化。资本助力将加快推进产业化进程，截至 2022 年底，国内已有 3 条百兆瓦级钙钛矿中试线投产。预计近两年陆续落地 GW 级生产线，进一步推动钙钛矿太阳能电池规模化生产。基于钙钛矿 18% 以上的转化效率和 GW 级产能下的成本优势，钙钛矿光伏技术的商业化有望先在建筑光伏一体化场景上率先实现，并逐渐参与地面电站验证和示范。

（7）面临的主要问题

钙钛矿太阳能电池器件目前所面临的主要问题包括：

① 稳定性差：包括湿度稳定性和温度稳定性等。钙钛矿材料易在水、氧气、热、光等环境作用下加快分解，钙钛矿材料本身具有不稳定性是其决定性因素。光伏电池组件工作温度高，且非工作时间和工作时间温差大，高温和大温差都有可能造成化合物性能的不可逆损伤。钙钛矿光伏的实测寿命还不够长，与目前晶硅电池的理论寿命 25 年相比，仍然有很大差距。

② 大面积制备难：目前实现较高转换效率的钙钛矿电池均是较小的实验室尺寸（< $1 \mathrm{cm}^2$），单结钙钛矿太阳能电池转换效率记录 25.7% 实现于 $0.1 \mathrm{cm}^2$ 的尺寸，无法满足市场应用的要求。相比晶硅电池 182/210mm 甚至更大的组件尺寸，高效率的钙钛矿电池一般只能做到 10 平方厘米左右，做到更大尺寸的组件发电效率出现指数级下降。制备工艺的局限性导致大面积制备钙钛矿薄膜均匀性变差，缺陷增多，且尺寸增大时电池非光活性死区面积增大，有效光照面积减小。另一方面，钙钛矿光伏组件采用金属氧化物作透明电极，其方阻比金属电极的方阻大，尺寸放大后因阻抗导致的器件效率衰减较为明显。

③ 环保问题：化合物甲铵三碘化铅中的铅属于高毒性金属，对环境和人体有安全隐患，目前暂时还没有试验得到比铅更高效的金属。

6.4 太阳能光化学利用

利用光化学反应可以将太阳能转换为化学能（见图 6-77）。主要有 3 种方法：光合作用、光化学作用（如光分解水制氢）和光电转换（光转换成电后电解水制氢）。

6.4.1 光合作用

地球上数以万计的绿色植物在进行着光合作用，人类赖以生存的能源和材料都直接和间接地来自光合作用。粮食就是由太阳能和生物的光合作用生成的，石油、煤、天然气等化石燃料就是自然界留给人类的光合作用产物。

光合作用是绿色植物和藻类植物在可见光作用下将二氧化碳和水转化成碳水化合物的过程（见图 6-78），可近似地表示为：

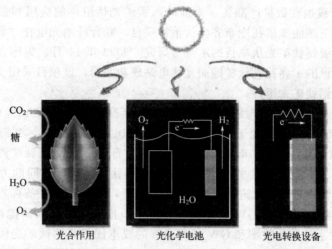

图 6-77 太阳能的光合作用、光化学作用和光电转换示意

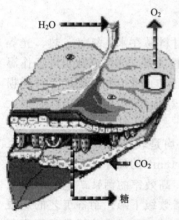

图 6-78 光合作用示意

$$nCO_2 + mH_2O \xrightarrow{h\nu} C_n(H_2O)_m + nO_2$$

生成的碳水化合物（糖类）维持着生命活动所需的能量。

光合作用是通过将光能转化为电能，继而将电能转化为活跃的化学能，最终将其转化为稳定的化学能的过程，这一过程为利用光合作用发电提供了基础。光合作用的第一个能量转换过程是将太阳能转变为电能，这是一个运转效率极高的光物理、光化学过程，而且光合作用是一个普遍的纯粹的生理过程，是纯天然的"发电机"，利用的原料（H_2O）成本很低，且不会对环境造成污染，如果能将这种生理过程应用到太阳能到电能的转化，将会使人们更高效地利用太阳能获得所需要的能量，获得经济效益和环境效益的双丰收。

由于光合作用能够相对高效地将太阳能转化成电能，而且在转化的过程中仅消耗水，对环境没有丝毫的污染，所以在其他自然能源日益匮乏、环境污染严重的今天，利用光合作用解决人类的能源需求问题已经成为科学家研究的热点问题。相信在不久的将来，人类能够通过这条途径源源不断地获取所需的能源，这也势必对今后人类社会的发展起着巨大的推动作用。

光合作用包括两个主要步骤：一是需要光参与的在叶绿体的囊状结构上进行的光反应；二是不需要光参与的在有关酶的催化下在叶绿体基质内进行的暗反应（碳固定或卡尔文循环）。光反应又分为两个步骤：原初反应（将光能转化成电能，分解水并释放氧气）；电子传递和光合磷酸化（将电能转化为活跃的化学能）。暗反应是以植物体内的 C_5 化合物（1,5-二磷酸核酮糖）和 CO_2 为原料，利用光反应产生的活跃的化学能，形成储存能量的葡萄糖。如表 6-7 所示。

表 6-7 光合作用的步骤

反应	光反应		暗反应
	原初反应	电子传递和光合磷酸化	
能量转化	光能——电能	电能——活跃的化学能	活跃的化学能——稳定的化学能

续表

反应	光反应		暗反应
	原初反应	电子传递和光合磷酸化	
储存能量	量子、电子——→三磷酸腺苷（ATP）和还原辅酶Ⅱ（NAD-PH）		使用 ATP 和 NADPH 将 CO_2 转化为糖
能量转变过程	光能的吸收、传递和转换	电子传递，光合磷酸化	碳同化
能量转换的位置	类囊体片层	类囊体片层	叶绿体基质

很显然，如果利用光合作用发电，一个研究的关键就是光反应，也就是在光反应结束之前（即电能转化为活跃的化学能之前）设法将电能输出。

原初反应是光反应的第一步，完成了光能向电能的转化。原初反应需要叶绿素分子的参与。在反应中不同的叶绿素（见图 6-79）有着不同的作用。中心色素，即少数处于特殊状态的叶绿素 a 分子，具有光化学活性，可以捕捉光能并转化光能；聚光色素，无光化学活性，只收集和传递光能，即将光能汇集，传入中心色素，包括大部分叶绿素 a 和全部的叶绿素 b、β-胡萝卜素和叶黄素等。中心色素中起关键作用的叶绿素 a 具有一个卟啉环的头部和一条叶醇链的尾部，其头部的卟啉环是由 4 个吡咯环和 4 个甲烯基（ ＞CH— ）连接而成，在环的中央有一个镁原子与氮原子结合。镁原子偏向于带正电荷，而与其相连的氮原子则偏向于带负电荷，因此卟啉环具有极性，是亲水的，可以和蛋白质结合。其尾部的叶醇基（$C_{20}H_{39}$—），是长链状的烃类化合物。

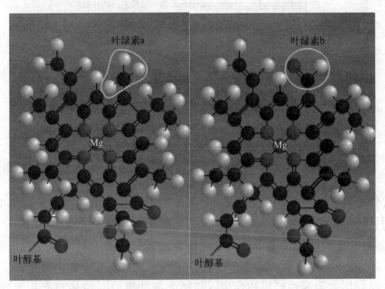

图 6-79　叶绿素 a 和叶绿素 b 结构示意

叶绿素 a 分子中，以金属镁配合的卟啉环是受光激发电子的关键部分。卟啉环具有庞大的共轭双键（C=C）体系，激发它们只需要相当少的激发能量，所以它们的吸收带在可见光区。当双键获得能量后，其中一个键断裂，释放出一个高能电子，余下的一个电子由相邻的其中一个碳接受，此时的共轭体系处于电子空穴的状态，为恢复稳定状态，将从电子供体中夺取电子，填补空穴。叶绿素 a 具有含有 56 个 π 电子的大环，这就说明了只需要相当低的能量就可以激发这个体系。

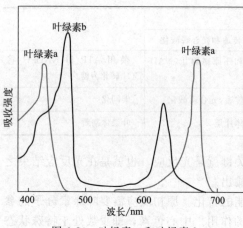

图 6-80　叶绿素 a 和叶绿素 b
在可见光的吸收光谱

在波长范围为 400～700nm 的可见光照到绿色植物上时，引起了色素分子的激发。不同的色素吸收不同波段的可见光（见图 6-80）。

由图 6-80 可知，存在于叶绿体中的叶绿素 a 分子，在红光区（640～660nm）和蓝紫光区（430～450nm）各有一个吸收峰。在光反应进行过程中，存在着两次电子的激发。叶绿素 a 吸收波长为 640～660nm 的红光时，叶绿素分子被激发到第一线态，产生氧化还原电位为 $-0.7V$ 的激发态电子。之后电子进行传递，在传递的过程中伴随着能量的损耗，氧化还原电位不断降低。而当吸收波长为 430～450nm 的蓝紫光时，叶绿素分子被激发到第二线态，氧化还原电位达到 $-1.0V$ 以上。很显然，第二线态所含的能量比第一线态要高（见图 6-81）。

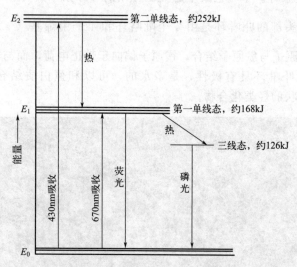

图 6-81　色素分子吸收光能量图解

中心色素分子（P）在进行原初反应时，受光激发，释放出高能电子，使 P 处于失电子状态。此时 H_2O（D）为 P 间接提供电子，使其恢复到原来的状态，而 H_2O（D）则分解成 O_2 和 H^+。P 释放出的高能电子进入电子传递链进行传递。整个原初反应的进行时间是 $10^{-15}～10^{-12}$ s。这一过程是不断循环进行的，完成了从光能到电能的转化。

光反应阶段利用太阳能经过原初反应（包括光能的吸收、传递与光化学反应）、同化力形成（包括光电子传递和光合磷酸化作用）产生生物代谢中的高能物质三磷酸腺苷（ATP）和还原辅酶 II（NADPH），水被分解，氧气作为副产物被释放出来。光反应过程如图 6-82 所示。简单来说，光反应阶段产生氧气，并释放出电子和质子，为接下来的暗反应准备能量载体（ATP）和辅酶（NADPH）。

在光反应中，原初反应是指从 D（原初电子供体）到 P（中心色素分子受光激发）的过程，而从 P 到 A（原初电子受体 NADP）则属于电子传递和光合磷酸化过程。

光合作用高效吸能、传能和转能的分子机理及调控原理是光合作用研究的核心问题。光

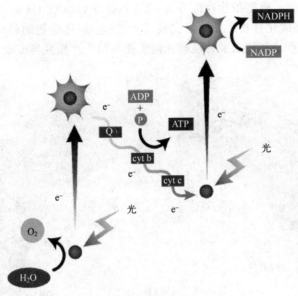

图 6-82　光反应示意

合作用发现至今已有 200 多年的历史。自 20 世纪 20 年代以来，关于光合作用的研究曾多次获得诺贝尔奖。但时至今日，光合作用的机理仍未被彻底了解，这也正是当今世界上许多科学工作者为之辛勤奋斗的原因。光合作用原初反应是包括能量传递和光诱导电荷分离的一个十分复杂的物理和化学过程，是一个难度大、探索性强的研究课题。其研究要取得突破性的进展，在很大程度上依赖于合适的、高度纯化和稳定的捕光及反应中心复合物的获得，以及当代各种十分复杂的超快手段和物理及化学技术的应用与理论分析。

此外，光合作用还可利用生化反应来进行能量的化学转换。生物质主要是由太阳能经光合作用生成的物质以及动物的残骸、废弃物等。它可通过微生物的生化反应转换成气体燃料（CH_4、H_2）等，其转换反应如下：

$$CO_2 + 4H_2 \xrightarrow{h\nu} CH_4 + 2H_2O$$
$$CH_3COOH \longrightarrow CH_4 + CO_2$$
$$4C_2H_5COOH + 2H_2O \longrightarrow 4CH_3COOH + 3CH_4 + CO_2$$
$$2C_3H_7COOH + CO_2 + 2H_2O \longrightarrow 4CH_3COOH + CH_4$$

在实际应用中，可用含糖类、淀粉较多的农作物（如高粱、玉米等）为原料，加工后经水分解和细菌发酵制成乙醇，可在汽油中混入 10%～20% 的此类乙醇，用作汽车燃料。

一般而言，淀粉主要由绿色植物通过光合作用固定二氧化碳进行合成。但通过光合作用生产淀粉的过程存在能量利用效率低、生长周期长的特点。例如玉米等常见农作物在将二氧化碳转变为淀粉的过程中，涉及 60 多步的代谢反应和复杂的生理调控。在这个过程中，太阳能的理论利用效率不超过 2%。并且，农作物的种植通常需要数月的周期，其间还需要大量的土地、淡水、肥料等资源。科研人员一直希望改进光合作用这一生命过程，通过提高二氧化碳的转化速率和光能的利用效率，最终提升淀粉的生产效率。人工合成淀粉涉及合成生物学，被公认为是影响未来的颠覆性技术。2021 年，中国科学院天津工业生物技术研究所在国际学术期刊《科学》发表论文，首次在实验室实现了从二氧化碳到淀粉的合成。受天然光合作用的启发，他们提出了一种颠覆性的淀粉制备方法，不依赖植物光合作用，以二氧化碳、电解产生的氢气为原料，进一步开发高效的化学催化剂，把二氧化碳还原成甲醇等更容易溶于水的一碳化合物，将整条途径拆分为 C1（一碳化合物）、C3（三碳化合物）、C6（六碳化合物）和 Cn（多碳化合物）模块，完成了光能-电能-化学能的转化，成功合成出淀粉（图 6-83），使淀粉生产从传统农业种植模式向工业车间生产模式转变成为可能。

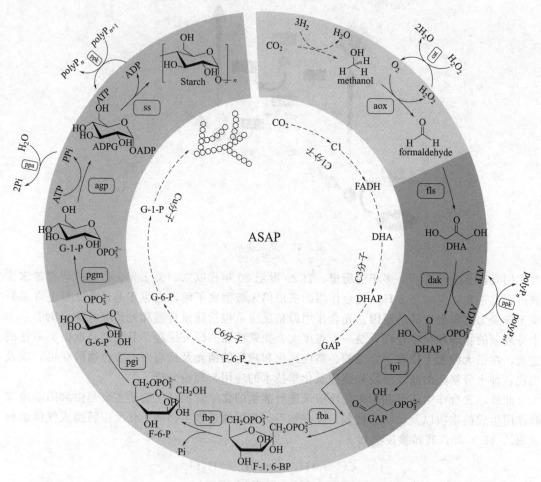

图 6-83　人造淀粉合成代谢途径的设计和模块化组装

6.4.2　光化学作用——光解水制氢

传统的工业制氢主要是通过甲烷重整制得，既消耗化石能源，同时又排放 CO_2 温室气体，给能源和环境问题带来压力。光解水制氢是太阳能光化学转化与储存的最好途径。这种方法的创新之处在于将取之不尽的太阳能通过光化学反应转换为储存于单质态氢中的化学能。氢是一种理想的高能物质，而地球上的水资源又极为丰富，因此光化学分解水制氢技术对氢能源的利用来说具有十分重要的意义。

水分解反应的方程式如下：

$$H_2O(l) \longrightarrow H_2(g,1atm) + 1/2 O_2(g,1atm)$$

其 $\Delta H = 285.85kJ/mol$，因此要实现分解水来制氢，至少需要提供 285.85kJ/mol 的能量，它相当于吸收 500nm 波长以下的光。

如果把太阳能先转化为电能，则光解水制氢可以通过电化学过程来实现。从太阳能利用角度看，光解水制氢过程主要是利用太阳能而不是它的热能，也就是说，光解水过程中首先应考虑尽可能地利用阳光辐射中的紫外线和可见光部分。由于水几乎不吸收可见光，从太阳辐射到地球表面的光不能直接将水分解。因此，需要借助有效的光催化剂才能实现光分解水制氢。光催化是含有催化剂的反应体系，即光照激发催化剂或激发催化剂与反应物形成络合物，从而加速反应进行的一种作用。当催化剂和光不存在时，该反应进行缓慢或不进行。

光催化分解水制氢过程主要包含以半导体为催化剂的光电化学分解水制氢和以金属配合物来模拟光合作用的光解水制氢。

6.4.2.1　半导体催化光解水制氢

20 世纪 70 年代初，Fujishima 和 Honda 在 Nature 杂志上发表了关于 TiO_2 电极上光分解水的论文，即在光电池中以光辐射 TiO_2 可持续发生水的氧化还原反应（见图 6-84），将光能转换为化学能储存起来，该实验成为光电化学发展史上一个重要的里程碑。这也是光电化学池的原型，即通过光阳极吸收太阳能并将光能转化为电能。光阳极通常为光半导体材料，受光激发可以产生电子-空穴对。光阳极和对电极（阴极）组成光电化学池，在电解质存在下光阳极吸光后在半导体导带上产生的电子通过外电路流向对电极，水中的质子从对电极上接受电子产生氢气。

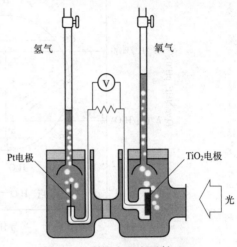

图 6-84　利用太阳光照射 TiO_2
电极分解水制氢

其电极反应如下：

负极（光阳极）：

$$(TiO_2) \xrightarrow{h\nu} e^- + h^+ \text{（空穴）}$$

$$H_2O + 2h^+ \longrightarrow 2H^+ + 1/2O_2$$

正极（阴极）：

$$2H^+ + 2e^- \longrightarrow H_2$$

总的光解水反应：

$$H_2O \xrightarrow{h\nu} H_2 + 1/2O_2$$

光电化学池的优点是放氢、放氧可以在不同的电极上进行，减少了电荷在空间的复合概率。其缺点是必须加偏压，从而多消耗能量。

此外，也可以在半导体微粒上担载铂。因为只有水作为电解质，没有"外电路"，光激发所产生的电子无法像在体系外的导体中一样有序地从"光阳极"流向"阴极"。铂的主要功能是聚集和传递电子，促进光还原水放氢反应。

半导体催化光解水的反应原理如图 6-85 所示。主要包括光吸收、光生电荷迁移和表面氧化还原反应 3 个过程。①光吸收。对太阳光谱的吸收范围取决于半导体材料的能带大小：带隙 band gap(eV)=1240/λ(nm)，即带隙越小吸收范围越宽。要实现半导体催化光解水，半导体的价带（valence band，VB）、导带（conduction band，CB）的氧化还原电势以及带隙宽度（E_g）需满足一定的条件：导带的电子应能使质子还原为氢（导带的位置应比 H^+/H_2 的电势更负），价带的空穴能使水氧化（价带的位置应比 O_2/H_2O 的电势更正），半导体的带隙宽度必须大于水的电解电压（理论值为 1.23V）。②光生电荷迁移。材料的晶体结构、结晶度、颗粒大小等因素对光生电荷的分离和迁移有重要影响。缺陷会成为光生电荷的捕获和复合中心，因此结晶度越好，缺陷越少，催化活性越高。颗粒越小，光生电荷的迁移路径越短，复合概率越小。③表面氧化还原反应。通常会选用 Pt、Au 等贵金属纳米粒子或 NiO 和 RuO$_2$ 等氧化物纳米粒子负载在催化剂表面作为表面反应活性位点，表面反应活性位点和比表面积的大小对这一过程有重要影响。

从以上可以看出，因外加电场的有无，光电催化和光催化分解水在反应过程上略有差异，但在这两个体系中核心的部分都是半导体材料。

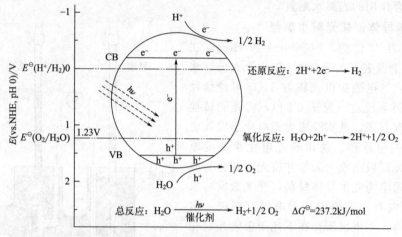

图 6-85　半导体催化光解水的反应原理

一些半导体的能带如图 6-86 所示。光解水效率与以下因素有关：①受光激励产生的自由电子-空穴对的数量；②自由电子-空穴对的分离、存活寿命；③再结合及逆反应抑制等。由于以上原因，构筑有效的光催化材料成为光解水制氢的关键。

TiO$_2$ 是一种具有半导体催化性能的材料。TiO$_2$ 光催化的机制与光电效应有关。光子激发原子所发生的激发和辐射过程称为光电效应，即当入射光量子的能量等于或稍大于吸收体原子某壳层电子的结合能时，光量子很容易被电子吸收，而获得能量的电子从内层脱出，成为自由电子，变成光电子，原子则处于相应的激发态。半导体 TiO$_2$ 的带隙能为 3.2eV，当以光子能量大于 TiO$_2$ 带隙能（3.2eV）的光波辐照 TiO$_2$ 时（波长≤387.5nm），处于价带的电子被激发到导带上而生成高活性的电子（e$^-$），并在价带上产生带正电荷的空穴（h$^+$），最终使同 TiO$_2$ 接触的水分子被光激发，发生分解。

TiO$_2$ 的晶体构型主要有正方晶系的金红石型（高温型）、锐钛矿型（低温型）和斜方晶系的板钛矿型。金红石与锐钛矿的结构对比如图 6-87 所示。对于体相 TiO$_2$，锐钛矿型和金红石型的带隙分别为 3.2eV 和 3.0eV，对应的吸收阈值分别为 390nm 和 415nm。理论上金红石型 TiO$_2$ 产氢显示出更高的活性，但由于键结构的不同，作为光催化剂使用的 TiO$_2$，主要是锐钛矿型。在 TiO$_2$ 表面负载 Pt 等贵金属，增加锐钛矿型 TiO$_2$ 的结晶程度，可以起到降低产氢的过电位，抑制电子和空穴再结合的效果。

TiO$_2$ 的禁带宽度较大，可采用一定方法使其禁带宽度变小，使得吸收波长延长至可见光范围，这以掺杂特定半导体材料及金属离子较为有效和实用。选用禁带宽度比 TiO$_2$ 小的半导体如 WO$_3$、ZnO 等与 TiO$_2$ 复合，可以延展催化剂吸收光谱的范围，使其较易被太阳光能激发。目前，研究的复合体系类型较多，比较简单的方法是将两种氧化物共同煅烧或共同附着于载体上。利用过渡金属离子的掺杂也可取得很好的效果。当有微量杂质元素掺入半导体晶体中时，可以形成杂质置换缺陷，杂质置换缺陷对催化剂的活性起着重要作用，有可能产生活性中心而增加反应活性。如掺杂过渡金属离子 Fe、Cu、Cr 等，可以在半导体

TiO$_2$ 表面引入缺陷位置或改变结晶度，成为电子或空穴的陷阱而延长 TiO$_2$ 寿命。除了阳离子掺杂，阴离子（如 N、C、S、F 和 B）也用于取代 TiO$_2$ 晶格中的 O 原子，以提升 TiO$_2$ 的可见光响应。O2p 和掺杂阴离子的 p 轨道结合，混合后的键能使 VB 向上移动、TiO$_2$ 的带隙变窄，而 CB 保持不变。这意味着阴离子掺杂后，TiO$_2$ 的氧化能力降低而还原能力几乎不变。这对于光解水制氢是非常重要的，因为 TiO$_2$ 的 CB 仅比水的还原电位稍高，但 TiO$_2$ 的 VB 远低于水的氧化电位，能更有效提升光催化剂的活性。

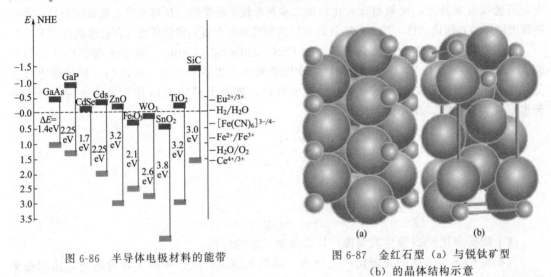

图 6-86　半导体电极材料的能带　　　　图 6-87　金红石型（a）与锐钛矿型（b）的晶体结构示意

作为光诱导电荷转移的材料，应该具有以下特点：有较强的电子亲和力，易与光敏材料结合，保证传递效率。纳米材料具有小的移动距离，电荷能快速转移到表面，减少了再结合的概率，同时 E_g 和其他的物理、化学性质也会发生改变，其中纳米材料的光诱导电荷转移已经成为人们研究的重点之一。

纳米 TiO$_2$ 与普通 TiO$_2$ 相比，具有很强的光催化能力。研究结果表明：当 TiO$_2$ 晶粒尺寸从 30nm 降至 10nm，其光催化的活性提高了 45%。当微粒尺寸减小到一定程度时，费米能级附近的电子能级由连续能级变成分立能级，吸收光波值向短波方向移动，这种现象就是纳米材料量子尺寸效应的表现。量子尺寸效应会使微粒禁带变宽，并使能带蓝移。TiO$_2$ 微粒中处于分立能级的电子波动性使超细 TiO$_2$ 材料比块状 TiO$_2$ 材料具有显著不同的物理、化学性质。

TiO$_2$ 和 Cu$_2$O、SiC、CdS、ZnO、CuO 和 Ta$_2$O$_5$ 等其他半导体结合，可以达到更有效的分离电荷，增加界面电荷转移效率和寿命的目的。在反应溶液中添加牺牲剂，也可以增加空穴或电子与水反应的机会，避免电子和空穴的直接结合。在牺牲剂存在下，电子受体如 Ag$^+$、Fe^{3+} 和 Ce^{4+} 作为氧化水析出 O$_2$ 的催化剂使用，以改善 O$_2$ 析出速率。对于产氢，由于是电子和 H$^+$ 反应，牺牲剂是电子供体，例如甲醇、乙醇、乳酸、甲醛、CN$^-$、EDTA 和一些生物质衍生物的碳水化合物等。一些硫化物如 S^{2-}（如 H$_2$S，Na$_2$S，K$_2$S）和 SO$_3^{2-}$（如 Na$_2$SO$_3$，K$_2$SO$_3$）也作为产氢的牺牲剂使用，因为 S^{2-} 能和 2h$^+$ 反应形成 S 单质。添加 SO$_3^{2-}$ 水溶液能溶解 S^0 形成 S$_2$O$_3^{2-}$，避免一些有害的 S^0 沉积在光催化剂表面，抑制硫属化合物本身的腐蚀。

另外，许多无机层状结构的材料，如氧化物（WO$_3$）、钛酸盐（SrTiO$_3$）、钽酸盐（KTaO$_3$、In$_{1-x}$Ni$_x$TaO$_4$）等，由于其层间可进行修饰，使其作为反应场所，从而显示出很好的光解水活性。将 Ni 离子导入到层状化合物 $K_4Nb_6O_{17}$ 中，经还原氧化处理后，得到高活性的光催化剂，所获得的 H_2 和 O_2 的比例为 2∶1，证明了水的完全分解。表面负载 Pt、RuO_2 的 $K_2Ti_6O_{13}$、$Na_2Ti_6O_{13}$ 以及 $BaTi_4O_{19}$ 等具有较高的光催化活性，负载催化剂的效果明显。$InVO_4$、$BiVO_4$、NiM_2O_6（M＝Nb，Ta）、Ga_2O_3 等系列催化剂也表现出较好的可见光光解水活性。氮化物应用于光分解水反应的有 Ge_3N_4、Ta_3N_5 等，其中 Ge_3N_4 是第一种被报道的具有全分解水能力的非金属氧化物。一般稳定的金属氧化物带隙相对较大，只能吸收紫外光，而氧氮金属化合物大多具有较小的带隙，具有可见光吸收的特性，并且展现出较高的光催化活性，如 TaON 就具有较高的光解水产氧的催化活性（在牺牲剂存在下）。

硫属化合物也可作为光催化体系，如 CdS、$ZnIn_2S_4$、$CdIn_2S_4$ 和 ZnS 等。CdS 的带隙能 E_g 为 2.25eV，与 TiO_2 的 E_g 相比，带隙能较小，更适于产氢。而且 CdS 的导带电势更负，在太阳光谱的可见光区域有更好的吸收特性。理论上利用 CdS 作为光催化剂进行光分解水制氢更有优势。其光化学反应如下：

$$CdS \xrightarrow{h\nu} h_{VB}^+ + e_{CB}^-$$
$$h_{VB}^+ + OH^- \longrightarrow 1/2O_2 + H^+$$
$$e_{CB}^- + H^+ \longrightarrow 1/2H_2$$

然而，下面的副反应也同时存在：

$$2h_{VB}^+ + CdS \longrightarrow Cd^{2+} + S$$

这个副反应使 CdS 发生光腐蚀，从而限制了它的应用。

为提高 CdS 半导体的光催化产氢效率，降低光腐蚀，人们采取了各种措施，比如在半导体中掺杂 Pt；采用硅胶、碱或碱土金属氧化物等催化剂载体；利用染料如三联吡啶钌 Ru $(bpy)_3^{2+}$ 敏化半导体；在半导体中混合宽带隙半导体，如 TiO_2、ZnS 等用于强化半导体光催化剂的催化活性。另外还使用如硫化物、亚硫酸盐、EDTA 等牺牲介质以减轻半导体的光腐蚀，使用甲酸盐和乙二酸盐作为空穴消除剂以及外加偏电压以提高 CdS 半导体的光催化分解水产氢的速率。

光催化分解水是将粉体催化剂分散在水中，为了减少电子-空穴的复合，往往加入牺牲剂来获得氢气或氧气，即对分解水的半反应进行研究。当研究产氢半反应时，可以向溶液中加入甲醇、乳酸、三乙醇胺、硫化钠和亚硫酸钠等比水更容易被氧化的物质，以快速地消耗掉半导体上的光生空穴，加速光生电子的还原过程；当研究产氧半反应时，可以加入比水更容易被还原的物质（如硝酸银或碘酸钠），以快速地消耗掉半导体上的光生电子，加速光生空穴的氧化过程。

利用半导体材料将水同时分解为氢气和氧气的反应称为全分解水反应。为了克服电子供体在产氢同时被消耗的问题，人们开始研究具有可逆氧化还原电对的双光催化体系，也称为 Z-Scheme 体系，类似于光合作用 "Z" 模型。该过程是将产氢光催化剂与跟它能级匹配的产氧光催化剂相耦合（两者之间能级错排），并通过一种氧化还原电对将这两种催化剂联系起来。两种催化剂有不同的带隙和能带位置，一个（PC1）产 O_2，另一个（PC2）产 H_2，H_2 和 O_2 在不同的催化剂上生成，抑制了 H_2 和 O_2 的逆反应。首先，在 PC1 上产生的电子将电子受体 A 还原到 R，然后在 PC2 上产生的空穴将电子受体 R 氧化形成 A。在这个体系中，光解水产生 H_2 和 O_2，没有牺牲剂（氧化还原电对）的消耗（见图 6-88）。目前已报道的 Z 机制全分解水体系中，产氢光催化剂主要是 Ta 基（TaON、$CaTaO_2N$、$BaTaO_2N$ 等）和 Ti 基（$SrTiO_3$ 等）半导体及其改性材料，产氧光催化剂主要是 WO_3 和 $BiVO_4$，氧化-还原电对主要是 IO_3^-/I^- 和 Fe^{3+}/Fe^{2+}，其他如 Ce^{4+}/Ce^{3+}、Br_2/Br^- 和 NO_3^-/NO_2^- 等氧化还原电对也用于 Z-Scheme 催化制氢反应体系的研究。Pt-ZrO$_2$/TaON 作为产氢光催化剂、Pt-WO$_3$ 作为产氧光催化剂、IO$_3^-$/I$^-$ 作为氧化还原电对的全分解水体系，在 420nm 单色光下表观量子效率达 6.3%；Pt-MgTa$_2$O$_{6-x}$N$_y$/TaON 作为产氢光催化剂、PtO$_x$-WO$_3$ 作为产氧光催化剂、IO$_3^-$/I$^-$ 作为氧化还原电对，该体系在 420nm 单色光下全分解水的表观量子效率高达 6.8%。为避免氧化-还原电对在 Z 机制全分解水体系中的副作用，也有无氧化-还原电对参与的 Z 机制全分解水体系的研究报道。

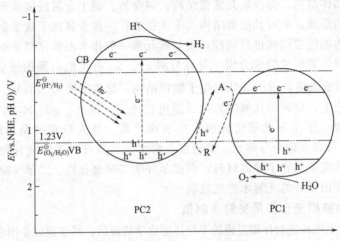

图 6-88　双光催化体系光解水示意

一步全分解水是指在单一光催化材料上同时进行产氢和产氧反应。目前报道较多的能进行一步全分解水的材料主要是负载助催化剂的宽带隙半导体，且大都是在紫外光照射下进行反应。这是因为：①紫外光激发宽带隙半导体所产生的电子-空穴具有高的还原-氧化能力，易于突破全分解水的热力学限制；②助催化剂可以促进半导体材料光生电子-空穴的有效分离，且有时可以抑制全分解水的逆反应（氢气和氧气化合成水）。研究表明，溶液的 pH 值对材料全分解水性能影响较大，某些材料体系在碱性环境中更有利于全分解水的进行。负载 NiO 助催化剂的 La-NaTaO$_3$ 光催化剂在 NaOH 溶液中、270nm 单色光下的一步全分解水量子效率可以达到 56%，是紫外光照射下、一步全分解水的标志性研究成果。

其他能进行一步全分解水的宽带隙半导体材料主要是包含 d^0 或 d^{10} 金属离子的氧化物及其盐类（如 SrTiO$_3$、K$_2$La$_2$Ti$_3$O$_{10}$、K$_4$Nb$_6$O$_{17}$、Ba$_5$Nb$_4$O$_{15}$、Cs$_2$Nb$_4$O$_{11}$、K$_3$Ta$_3$B$_2$O$_{12}$、Ba$_5$Ta$_4$O$_{15}$ 等），研究发现，利用晶体晶面的各向异性可以实现光生载流子的有效分离，例如在 18 个晶面暴露的 SrTiO$_3$ 中，在各向异性的晶面上分别负载产氢和产氧助催化剂后，可以大幅提高其全分解水效率。日本东京大学的研究人员基于改良的铝掺杂钛酸锶（SrTiO$_3$：Al）光催化剂，将面板反应器拓展为 100m^2 的太阳光催化分解水制氢系统，安全且大规模地实现了光催化水分解、气体收集及分离。该系统不仅能稳定运行数月，而且在商用聚酰亚胺膜的作用下能从湿润的气体混合物中回收氢气。

少数窄带隙半导体材料在可见光激发下也可进行一步全分解水反应，如钽基半导体 TaON、LaMg$_x$Ta$_{1-x}$O$_{1+3x}$N$_{2-3x}$、In$_{0.9}$Ni$_{0.1}$TaO$_4$、CaTaO$_2$N 等，以及铜基半导体 Cu$_2$O、CuFeO$_2$ 等。负载 Rh$_{2-x}$Cr$_x$O$_3$ 助催化剂的 GaN-ZnO 固溶体在 420～440nm 可见光照射下的全分解水表观量子效率达到 2.5%，对 GaN-ZnO 固溶体组成优化后表观量子效率可达 5.9%，这在光催化分解水研究领域是一个里程碑工作。

目前研究的大部分半导体催化剂具有比较宽的禁带宽度，只能够吸收紫外线。而太阳光谱中分布最强的成分集中在可见光区，紫外线只占太阳光中很小的部分。通过各种能带调控技术（金属阳离子掺杂、阴离子掺杂、固溶体）等方式调变光催化剂的吸收范围，设计在可见光区内具有高量子产率的催化剂是充分利用太阳能、降低光催化制氢成本的关键。从 TiO_2、过渡金属氧化物/硫化物、氮化物、磷化物、层状金属氧化物到能利用可见光的复合层状物的发展过程，也反映了光解水发展的主要进程。在已知的能够用于光催化过程的半导体材料的元素组成有以下的特点：利用具有 d^0 或 d^{10} 电子结构的金属元素和非金属元素构成半导体的基本晶体结构，并决定其能带结构；碱金属、碱土金属或镧系元素可以参与上述半导体晶体结构的形成，但对其能带结构几乎无影响；一些金属离子或非金属离子可以作为掺杂元素对半导体的能带结构进行调控；贵金属元素一般作为助催化剂使用。

完全由非金属元素组成的聚合物半导体材料 g-C_3N_4 有类似石墨的层状结构，C、N 原子通过 sp^2 杂化形成高度离域的 π 共轭电子能带结构，禁带宽度为 2.7eV，并且导带底在氢的氧化还原电位之上，价带顶在氧的氧化还原电位之下。因此，g-C_3N_4 可以在牺牲剂（如三乙醇胺或硝酸银）存在下光催化分解水产氢或产氧。令人惊喜的是，最近研究表明 g-C_3N_4 经过修饰后可以实现全分解水。共轭聚合物半导体具有可调的组分和电子结构，某些能带结构合适的共轭聚合物半导体材料，例如苯并噻二唑聚合物、二苯并噻吩聚合物、甲亚胺聚合物等都展现出良好的光解水产氢性能。

6.4.2.2　配合物模拟光合作用光解水制氢

自从在叶绿素上发现光合作用过程的半导体电化学机理后，科学家就企图利用所谓"半导体隔片光电化学电池"来实现可见光直接电解水制氢的目标，即人工模拟光合作用来分解水制氢。

在绿色植物中，吸光物质是一种结构为镁卟啉的光敏络合物，通过醌类传递电子。具有镁卟啉结构的叶绿素分子通过吸收 680nm 可见光诱发电荷分离，使水氧化分解而释氧，与此同时，质醌（质体醌）发生光还原。从分解水的角度而言，在绿色植物光合作用中，首先应该是通过光氧化水放氧储能，然后才是二氧化碳的同化反应。由于氧化放氧通过电荷转移储存了光能，在二氧化碳同化过程中与质子形成碳水化合物中间体只能是一个暗反应。若只从太阳能的光化学转化与储存角度考虑，光合作用无疑是一个十分理想的过程，因为在此过程中，不但通过光化学反应储存了氢，同时也储存了碳。但对于太阳能分解水制氢，所需要的是氢而不是氧，则不必从结构上和功能上去模拟光合作用的全过程，而只需从原理上去模拟光合作用的吸光、电荷转移、储能和氧化还原反应等基本物理化学过程。

科学家们发现三联吡啶钌合物的激发态具有电子转移能力，并从络合催化电荷转移反应提出利用这一过程进行太阳光分解水制氢。这种配合物是一种催化剂，它的作用是吸收光能、产生电荷分离、电荷转移和集结，并通过一系列偶联过程最终使水分解为氢和氧。在这一反应过程中，络合物既是电子供体，也是电子受体，本身作为一种催化剂，在过程中不断循环而无消耗。络合催化分解水的过程，可大致示意如下：

$$\text{Cat.（催化剂）} \xrightarrow{\text{吸收阳光}} \text{Cat.}^*$$

$$\text{Cat.}^* + H_2O \longrightarrow \text{Cat.} + H_2 + 1/2 O_2$$

Cat. 代表钌的配合物，Cat.* 代表吸收了光能而活化了的配合物。第二个反应则代表活化配合物 Cat.* 同水分子发生能量转移，使水分子分解的过程。催化剂担负着吸收光能、转移电荷、传递光能的多重任务，并同时实现水的还原产氢和氧化放氧两部分不同的反应，所以催化剂可能是个衔接的催化链，一种或几种催化组分吸收光能，激发起整个催化链工作。

三联吡啶钌受阳光照射时并不能直接分解水，必须借助于一个能和水迅速进行电子交换的中间体，例如甲基紫精，它能捕捉三联吡啶钌激发态的能量，并获得电子。这样，三联吡啶钉处于氧化态，甲基紫精处于还原态，从而还原水制氢。在实际系统中，为了防止逆反应和促使光敏物质迅速还原，需要向制氢溶液加入电子给体，如乙二胺四乙酸钠，它能将三联吡啶钉的氧化态还原为三联吡啶钉配合物。此外，为了使氢气从溶液中释放出来，还需加入铂催化剂。这样，就构成了光敏物质、中间体、电子给体和催化剂的复合太阳光络合催化分解水制氢体系（见图 6-89）。这种催化体系的溶液在阳光照射下会产生一连串不断的小气泡，1L 溶液每小时可产 1L 氢气，一天之中可收集 12L 之多。

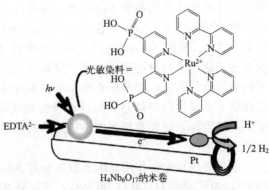

图 6-89　复合太阳光络合催化分解水制氢体系

光敏物质为磷酸盐化的三联吡啶钉；中间体为 $H_4Nb_6O_{17}$

电子传输介质；电子给体为 $EDTA^{2-}$；催化剂为 Pt

现在人们利用类似叶绿素分子结构的有机光敏染料设计人工模拟光合作用的光能转换体系，进行光电转换的研究。光电与光化学结合的这一高技术研究必将开辟光电转换与制氢技术的新途径，将是太阳能利用的一个新领域。由于有机光敏染料可以自行设计合成，与无机半导体材料相比，材料选择余地大，而且易达到价廉的目标。如金属卟啉和金属酞菁是大的共轭有机分子与金属组成的配合物，具有较高的化学稳定性，吸收可见光谱能力较强，这也是它们作为有机光伏材料目前被广泛研究的原因。

（1）单层有机光敏染料电极

用真空沉积、旋转涂布和电化学沉积等方法，将有机染料修饰在金属、导电玻璃或半导体表面上，在电解液中研究其光电性能。在不同金属卟啉化合物中，以 Zn，Mg 为中心金属的光电性能最佳。不同功能取代基如羟基、硝基、氨基、羧基等对光电性能有明显的影响，说明可以通过改变功能取代基的种类和位置来优化其光电性能。金属酞菁化合物的光电性能也与中心金属密切相关，3 价、4 价酞菁化合物（AlClPc、GaClPc、InClPc、TiOPc、VOPc）比 2 价金属酞菁化合物（ZnPc、MgPc、CoPc、SnPc、PbPc、FePc、NiPc）的光电性能优越。这是因为 3 价、4 价金属酞菁光谱响应较宽，而且分子中的氯原子和氧原子有利于电子传递。酞菁铜的电化学聚合膜由于聚合物分子比单体具有更大的共轭体系，电子更易于移动和迁移，而且电聚膜与衬底接触电阻小，因此表现出比其单体更佳的光电性能。除有机光敏染料外，影响光电性能的因素还有电解液的酸碱性和氧化还原性质以及环境中的氧化性和还原性气氛等。

（2）双层有机光敏染料电极

金属卟啉的最大吸收峰在 410nm 左右，大于 410nm 波长的光吸收较弱，金属酞菁则在 600～700nm 波长有较强的光吸收。将不同光谱响应的两种有机染料如四吡啶卟啉或四甲苯基卟啉与酞菁锌或酞菁铝组合形成双层结构电极，扩展了吸收太阳光谱响应范围，产生明显的光电性能加和效应。

（3）有机光敏染料分子的有序组合

有机光敏染料（S）和电子给体（D）或受体分子（A）键合的多元光敏偶极分子（S，D-A）作为模拟光合作用反应中心的模型化合物，近来研究非常活跃，如酞菁与球烯分子 C_{60} 构成电荷转移复合物。卟啉、酞菁与电子受体蒽酮键合的二元分子由于加速了分子内光敏电子转移速率，使光电流和光电压都比单元染料分子大。为更好地模拟植物光合作用在高度有序体系中进行的高效光能转换，可设计合成一系列的二元、三元及四元光敏偶极分子，如卟啉-紫精（S-A）、卟啉-紫精-咔唑（S-A-D）、卟啉-对苯二酯-紫精-咔唑（S-A$_1$-A$_1$-D）、酞菁-紫精-二茂铁（S-A-D）等。用 LB 膜技术将分子进行有序组合，研究不同结构的多元偶极分子通过多步电荷转移过程，提高电荷分离效率。进一步对分子的排列、空间取向和分子间距等优化可使电荷分离态寿命延长至微秒级。这不仅为人工模拟光合作用光能转换的研究提供了大量的科学信息，而且设计合成了一大批性能稳定、结构新颖的多元光敏偶极分子，从而为深入研究有机光敏染料体系的能量转换和发展有机/纳米半导体复合光电材料奠定了良好基础。

配合物模拟光合作用光解水制氢最简单的体系是光电化学池（photoeletrochemical cell，PEC），为了避免 H_2 和 O_2 再结合，可以在光电化学池中做出分离的阴极室，便于收集产生的 H_2，如图 6-90 所示。

TiO_2 是染料敏化半导体光解水制氢体系最常用的半导体材料，此外，ZnO、SnO_2、TaON、CdS、g-C_3N_4、BiOCl、铌酸盐、钛酸盐等半导体材料也可用于染料敏化光解水制氢体系。在染料敏化半导体光解水制氢体系中，三乙醇胺（TEOA）和乙二胺四乙酸（EDTA）是最常用的电子给体，而当电子给体利用 IO_3^-/I^- 或 Fe^{3+}/Fe^{2+} 氧化还原电对时，染料敏化半导体可以实现水的全分解。助催化剂是染料敏化半导体光解水制氢体系中至关重要的部分，除了广谱助催化剂贵金属 Pt 之外，一些电解水产氢用催化剂［如 Ni、Co、Cu(氢)氧化物、Mo 硫化物等］、Ni(Co) 类分子化合物以及氢化酶也可以起到助催化剂的作用。

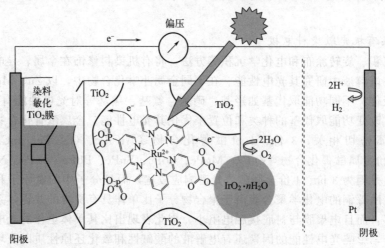

图 6-90　染料敏化光化学池光解水示意

与染料敏化剂相比，量子点敏化剂具有稳定、价廉的优势。在光解水领域，量子点敏化半导体更多的是应用于光电催化分解水。最常用的量子点是无机半导体材料，如 Cd、Sn、Pd 的硫化物、硒化物和碲化物，以及碳量子点与半导体的复合材料等。这些窄带隙半导体需要负载到宽带隙半导体后形成 II 型的异质结构，即敏化（窄带隙）半导体的导带底位置要高于宽带隙半导体的导带底位置，才能实现光生电子由敏化剂向宽带隙半导体的注入。研究发现，金属纳米粒子的等离子体共振也可以用来敏化半导体材料，以此提高其在可见光下的光催化性能。

6.4.3　光电-电解/热解制氢

太阳能电池一个最直接的应用就是将用其转换出的电能直接对水进行电解，在两极产生氢气和氧气（见图 6-91），在这一过程中实现太阳能、电能与化学能的转换。此过程中，转换效率与电极材料有密切关系。对于硅材料，单晶硅电池片实验室转换效率可达 24%，商品化的单晶硅太阳能电池的效率在 12%～18% 之间。对于电解水来说，所需电压要大于理论值 1.23V（25℃），一般电解的电能利用率约 60%，所以综合考虑光-电转换和电解两部分因素光解水制氢的总效率约为 10%。这样的系统一般可以有较长的使用寿命。其主要问题在于成本，因为这种方法制取氢气的成本与传统的从煤或天然气中经化学方法制备的氢相比仍没有竞争力。使用多晶硅或其他半导体材料（CdS、CdTe、$CuInSe_2$），并且添加催化剂，使用较高温度及优化电解装置，都可以获得更佳的性价比。降低成本也一直是这类系统的发展方向。

另一种模式是将半导体材料电极直接浸于水溶液中（见图 6-92）。这样至少节省了电池装置和连接装置的成本。电极通常包含一组或多组 p-n 结。这是因为单一的 p-n 结的电压较低，以 Si 晶体为例仅为 0.55V，至少使用三组串联才可产生分解水所需的电势。美国德州仪器公司的一个典型的 Si 单晶系统很早就申请了专利。其 p-Si/n-Si 是建立在 0.2mm 直径的 Si 球上。嵌于玻璃中，并在玻璃层一侧贴导电层，成为一个微型的单体光电池。每个单体电池可以产生 0.55V 电压。在使用中，还添加了贵金属催化剂（M/p-Si/n-Si 或 M/n-Si/p-Si）。将两个单体连接，可以将 HBr 分解产生 H_2 和 Br_2，效率约 8%。将多个这样的光电池串联即可用于光解水，且获得了较好的电解效率。

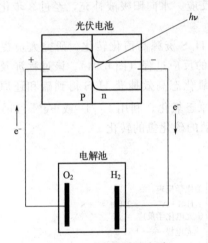

图 6-91　光伏电池电解水

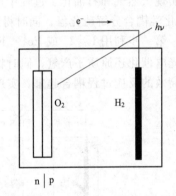

图 6-92　光电化学池光解/电解水

此外，也可以直接使用金属和单一类型的半导体（Au/n-GaP、Pt/n-Si 等）来产生电势差。与金属不同，半导体微粒能带之间缺少连续区域，电子-空穴对一般有皮秒级的寿命，足以使光生电子和光生空穴对经由禁带向来自溶液或气相的吸附在半导体表面的物种转移电荷。空穴可以夺取半导体颗粒表面被吸附物质或溶剂中的电子，使原本不吸收光的物质被活化并被氧化，电子受体通过接受表面的电子而被还原，而半导体保持完整。

为了提高光分解水制氢的效率，科学家设计了一个综合制氢的新方法。例如在 $FeSO_4$、H_2SO_4、I_2 的溶液中，通过吸收一定波长的太阳能来发生光催化氧化还原反应，生成 $Fe_2(SO_4)_3$ 和 HI，HI 电解产生 H_2 和 I_2，$Fe_2(SO_4)_3$ 电解产生 $FeSO_4$ 和 O_2。电由菲涅尔透镜对太阳光聚焦，照射在温差发电模块上，利用热电转换原理产生。I_2 和 $FeSO_4$ 可循环使用。如图 6-93 所示。

这个综合制氢流程的反应式为：

$$2FeSO_4 + I_2 + H_2SO_4 \xrightarrow{h\nu} Fe_2(SO_4)_3 + 2HI$$

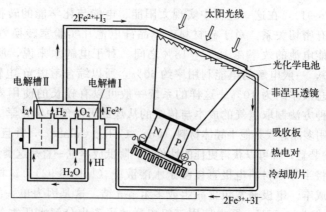

图 6-93　综合制氢流程的装置结构示意

$$2HI \longrightarrow H_2 + I_2$$
$$Fe_2(SO_4)_3 + H_2O \longrightarrow 2FeSO_4 + H_2SO_4 + 1/2O_2$$

总反应：

$$H_2O \longrightarrow H_2 \uparrow + 1/2O_2 \uparrow$$

第一步为光化学反应，第二、三步为电化学反应。水向阳极液补充，经过 3 步化学反应过程，最终分解为氢和氧。

为实现天然气和石油化工过程中产生的大量 H_2S 资源高值化转化，研究人员提出了光电催化-化学耦合分解硫化氢，同时得到氢气和硫的反应过程（图 6-94）。该过程涉及两个反应步骤，第一步利用 I_3^-/I^- 或 Fe^{3+}/Fe^{2+} 电对的氧化态高效捕获 H_2S 得到硫和还原态，第二步是光电催化还原质子产氢，同时将电对的还原态氧化。利用 I_3^-/I^- 或 Fe^{3+}/Fe^{2+} 循环，将两个高效的反应过程耦合起来，实现了光电驱动的硫化氢的转化。

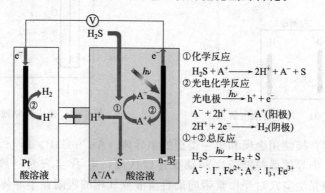

图 6-94　太阳能光催化-化学耦合分解硫化氢制氢原理示意

目前最成熟的太阳能分解水制氢方案是将太阳能光伏电池发电与水电解系统相结合，这也是最成熟的低排放制氢路线之一。随着电解槽和可再生能源预期成本降低，可再生电力电解水制氢占中国氢供应总量的比例将会逐步升高。

6.5 空间太阳能电站

太阳能电池首先应用于太空的人造卫星和宇宙飞船，主要是为这些飞行器提供电力。随着太阳能电池应用开发的逐步深入，人们在探索其更大的应用范围，并将其应用于地面。但是阳光在到达地面以前要经过大气的反射、散射和吸收，能量损失较大，再加上阴天、昼夜变化和雨雪等降水过程的影响，使目前地面上利用日光发电的活动受到一定限制。1968 年，美国科学家彼得·格拉泽（Peter·Glaser）博士提出一个大胆而天才的设想：既然人造卫星能利用太阳光照射获取电能，那么是否可以利用卫星建立起太空电站，向地面输送电能呢？科学家设想的空间太阳能发电有两种方案：一种是建立太阳能发电卫星，在卫星上用太阳能发电；另外一种是将月球作为基地，建立太阳能电站。这两种方案的基本构想相同，通俗地讲，空间太阳能电站就是在太空中接收太阳能，在地球外层空间利用太阳能发电，然后通过微波和激光将电能传输给地球上的接收装置，再将所接收的微波或激光能束转变成电能供人类使用的一种能源获取模式。空间发电有两大优点：一是可以充分利用太阳能，同时又不会污染环境，二是不用架设输电线路，可直接向空中的飞船和飞机提供电力，也可向边远的山区、沙漠和孤岛送电。

这个设想无疑具有相当大的诱惑力。因为，在宇宙空间利用太阳能要比在地球表面利用太阳能条件优越得多。首先，由于地球的自转，地球表面总有背朝太阳的一面，一天中将近一半时间无法充分利用太阳能，而宇宙空间基本没有白天和黑夜之分，即使有阴影，也是很短一段时间。同时没有重力和风力的影响，光电池的总面积可以尽量扩大。其次，太阳光穿过大气层到达地球表面时，辐射强度已经大大减弱，到达地面的阳光，又有相当一部分被反射回去。据专家推测，在宇宙空间接收的太阳能要比在地球上至少多 4 倍。仅在地球静止轨道（高度 3.6 万千米）上，一条 10km 宽、1000km 长的太阳能接收带，就可以连续接收高达 135 亿千瓦的太阳辐射，而地球同步轨道的带长达 26 万多千米。在太空建电站，不用考虑位置问题，不像在地球上会受到纬度、地理环境、云层等的影响，这也是太空电站的优势之一。所以，由卫星组成的太阳能发电站可以在高空轨道上大面积聚集阳光，通过高性能的光电池转换成电能，再通过微波发生器转换成微波并发回地面，地面的接收天线把收到的微波进行整流，送往通向各地的电力网，供广大用户使用。如果在太空中建起足够数量的太阳能电站，地球将会成为一个让煤和石油走进燃料博物馆的无烟世界，这是多么诱人的前景啊！

当然，设想要变成现实，需要经过艰苦的努力。但设想并不等于幻想，人类已经把太阳能电池送上了太空，已经掌握了一定的空间技术，建造太空电站并非天方夜谭。

空间太阳能发电站需要克服的主要问题有空间站的组建、太阳能发电设备、电能的储存以及传输、能量接收与利用终端等。20 世纪 70 年代，美国航天局曾进行建造太空电站的可行性研究，后来日本、苏联和欧洲一些国家都进行了研究。有几个国家已经提出了设计方案。方案之一就是在地球同步轨道上建立大型卫星发电站。在这个轨道上，卫星绕地球飞行一圈的时间正好与地球自转一周的时间相同，所以可以用它把收集到的太阳能转换成电能，再通过微波发生器 24h 不停地传给地面接收站。一般来说，空间太阳能电站主要由 4 部分组成，如图 6-95 所示。图中 1 是太阳能转换为电能的空间部分，利用连续大规模同步轨道太阳能电池板收集能量；2 是将电能发送到地面的空间天线部分，以微波或激光为介质将能源传回地面；3 是地面接收无线电力的大型接收天线站（或天线阵群）；4 是将接收整流后的电力输送到电网部分，最终转为基本电力。整个过程经历了太阳能-电能-微波（激光）-电能的能量转变过程。空间太阳能电站的建造和运行过程还需要包括大型的运载系统、空间运输系统及复杂的后勤保障系统。

在传输方式上，可采取微波或者激光两类技术。欧美主要以微波技术研发为主，而日本则主要以激光技术为主，微波技术也在进行研发。目前，高指向精度的激光传输技术已经被用于从卫星到地面的激光通信，但是激光在大气层中的传输容易受到云层和降水的影响。而利用微波传送电力的手段相对更加成熟。2023 年 6 月，美国加州理工学院宣布，其发射的

图 6-95　空间太阳能电站原理示意
1—太阳能转换为电能；2—电能发送到地面；3—地面接收无线；4—电力输送到电网

一颗卫星已将微波束的能量导向太空中的目标，甚至还将一部分能量发送到地球的探测器上的概念验证，以证明天基能源可信性。

由于现在太阳能电池的光电转换效率不高，所以建立大型太空电站的材料数量是相当可观的。据计算，建一座发电能力为 80000MW 的空间电站，要装配几百亿个电池片、$64km^2$ 面积的太阳能电池板、$2km^2$ 的输送天线，整个电站的质量数以万吨！把这样一个庞然大物发射上去并建造起来谈何容易！空间太阳能电站的质量相对于当前的火箭发射技术尚有难度。专家们的方案是采取化整为零的办法，用航天飞机往返于地球和太空，把零部件一个个运送到 3 万多千米高的卫星轨道进行组装，这绝对是一个史无前例的巨大工程！

美国历史上开展过几次影响较大的空间太阳能电站研究。在 1979 年完成了空间太阳能电站（SPS）基准系统（1979SPS），这是第一个比较完整的空间太阳能电站的系统设计方案，其设计方案为在地球静止轨道上布置 60 个发电能力各为 5GW 的发电卫星，考虑到微波对于生物的影响，该设计方案中微波波束到达地面时的功率密度很小，波束中心大约为 $23mW/cm^2$，边缘只有 $1mW/cm^2$。20 世纪 90 年代末，美国航空航天局（NASA）在 SERT 研究计划中提出了集成对称聚光系统方案，该方案采用位于桅杆两边的大型蚌壳状聚光器将太阳能反射到两个位于中央的光伏阵列，聚光器面向太阳，桅杆、电池阵、发射阵作为一体，旋转对地。聚光器与桅杆间互相旋转以应对每天的轨道变化和季节变化。2012 年，NASA 发布了 ALPHA 方案，通过多组六边形反射镜，将日光一次或多次反射到底部的光伏电池上。

日本从 20 世纪 80 年代就开始进行 SPS 概念和关键技术研究，为减小单个模块的复杂性和质量，日本宇宙航空开发机构（JAXA）提出了分布式绳系卫星系统的概念。其基本单元由尺寸为 $100m \times 95m$ 的单元板和卫星平台组成，单元板和卫星平台间采用四根 $2 \sim 10km$ 的绳系悬挂在一起。单元板是由太阳能电池、微波转换装置和发射天线组成的夹层结构板，共包含 3800 个模块。每个单元板的总质量约为 42.5t，微波能量传输功率为 2.1MW。由 25 块单元板组成子板，25 块子板组成整个系统。该设计方案的模块化设计思想非常清晰，有利于系统的组装与维护。但系统的质量仍显巨大，特别是利用效率较低。日本已启动研发空间电站，在 2009 年发布的《宇宙基本计划》中，其中一项就是"天基太阳能发电研究开发"。

欧洲在 1998 年开展了"空间及探索利用的系统概念、结构和技术研究"计划，提出了欧洲太阳帆塔的概念。该方案设计的基础是基于美国提出的太阳塔概念，但采用许多新技术。其中最主要的是采用了可展开的轻型结构——太阳帆，可以大大降低系统的总质量、减小系统的装配难度。每一块太阳帆电池阵为一个模块，尺寸为 150m×150m，发射入轨后自动展开，在低地轨道进行系统组装，再通过电推力器转移至地球同步轨道。为了实现 2050 年净零排放的目标，英国政府也在考虑在太空中建造一座太阳能发电站的提议。

我国从"十一五"正式开始空间太阳能电站研究，在系统设计和关键技术方面已经取得了部分重要成果。2018 年底，中国空间太阳能电站实验基地在璧山启动建设，"璧山空间太阳能电站实验基地"将重点进行空间太阳能发电站、无线微波传能以及空间信息网等技术的前期演示模拟与验证。2019 年，我国"空间太阳能电站系统项目"（简称逐日工程）开启，开展建设空间太阳能电站及地面接收验证的研究。西安电子科技大学段宝岩院士团队完成的逐日工程——世界首个全链路全系统 SSPS 地面验证系统，阐述了欧米伽 SSPS 创新设计方案、理论创新、技术突破、工程实现及实验结果。远距离高功率微波无线传能效率（距离 55m，发射 2081 W，波束收集效率 87.3%，DC-DC 传输效率 15.05%）与功质比等主要技术指标世界领先，被评为 2023 年中国十大科技进展新闻。目前，国内空间太阳能电站研究还处于起步阶段。

空间太阳能电站面临着不少困难和挑战，主要有以下三个方面：一是装备容易受损和老化。太空环境非常复杂，环境辐射强烈，温度变化剧烈，所以发电光伏板在太空中的老化速度远远超过在地球上的速度；二是难以组装、建设和维修。在地面维护和更换太阳能电池板是非常简单的事，但是在太空中往往需要通过遥控机器人来实现空间太阳能电站的组装和维修；三是微波传输可能干扰通信波段。发展空间电站首先要重视安全问题，其次要特别重视重型空间运输、高效率无线能量传输、组装和维修等共性关键技术的发展。

随着光电技术、航天技术和微波技术等高科技的飞速发展，这一设想的可行性正在增加。太空电站将从根本上改变人类利用和获取能源的方式，将会带来新能源、新材料、光电、电力技术等多个科学技术领域的重大创新，可能会引发一场新的技术革命和产业革命。

6.6 太阳能在我国的应用

在我国，太阳能作为一种新兴的清洁能源，对它的研究利用起步较晚。但由于太阳能具有的多种优势，加上国家的扶持政策，在我国已经形成了初步的太阳能产业链，并呈现出良好的发展前景。

6.6.1 我国太阳能利用发展历程

1973 年 10 月的中东战争引发了世界性的"能源危机"。许多国家，尤其是工业发达国家，加强了对太阳能及其他可再生能源技术发展的支持，在世界上掀起了开发利用太阳能的热潮。当年，美国政府就制定了阳光发电计划，并成立太阳能开发银行，促进太阳能产品的商业化。1974 年，日本政府也很快制定了"阳光计划"，对本国的太阳能研究利用给予大力支持。

世界上出现的开发利用太阳能热潮，对我国也产生了巨大的影响。1975 年在河南安阳召开了"全国第一次太阳能利用工作经验交流大会"，推动了我国太阳能的发展。太阳能研究和推广工作随后纳入我国的政府计划，获得了专项的经费和物资支持。

1992 年联合国在巴西召开了"世界环境与发展大会"，通过了《里约热内卢环境与发展宣言》等一系列重要文件。世界各国都加强了清洁能源技术的开发，将利用太阳能与环境保护结合在一起。世界环保大会以后，我国政府对环境与发展十分重视，提出 10 年对策和措施，明确要"因地制宜地开发和推广太阳能、风能、地热能、潮汐能、生物质能等清洁能源"，制定了《中国 21 世纪议程》，进一步明确了太阳能重点发展目标。1995 年，国家计委、国家科委和国家经贸委制定了《新能源和可再生能源发展纲要（1996～2010 年）》，明确提出了我国在 1996～2010 年新能源和可再生能源的发展目标任务以及相应的对策和措施。

1996 年 9 月在津巴布韦召开的"世界太阳能高峰会议"提出了在全球无电地区推行"光电工程"的倡议。对此，我国政府立即作出积极响应，制定实施"中国光明工程"计划，其内容是计划到 2010 年利用风力发电和光伏发电技术解决 2300 万边远地区人口的用电问题，达到人均拥有发电容量 100W 的水平，相当于届时全国人均拥有发电容量 1/3 的水平。同时还将解决地处边远地区的边防哨所、微波通信站、公路道班、输油管线维护站、铁路信号站的基本供电问题。

进入 21 世纪以来，随着国际油价不断高涨，传统能源面临枯竭，全球对能源消耗和环境保护的重视程度不断加深。受减排压力的影响，寻求可再生能源替代传统能源日益成为全球关注的重大课题，世界各主要国家相继出台了一系列的补贴政策和太阳能应用发展规划，鼓励光伏产业发展。在发展低碳经济的大背景下，各国政府对光伏发电的认可度逐渐提高。自 2009 年起，我国也相继提出了《太阳能光电建筑应用财政补助资金管理暂行办法》、金太阳示范工程等鼓励光伏发电产业发展的政策。2010 年国务院颁布的《关于加快培育和发展战略性新兴产业的决定》明确提出要"开拓多元化的太阳能光伏光热发电市场"，2011 年国务院制定的"十二五"规划纲要再次明确了要重点发展包括太阳能热利用和光伏光热发电在内的新能源产业。由国家能源局牵头编制的《可再生能源发展"十二五"规划》中，明确到"十二五"末，太阳能光伏发电装机容量要达到 14000MW、光热发电装机容量达到 1000MW 的目标。随着太阳能特许权招标、金太阳示范工程和光电建筑一体化示范项目的推进，以及各地方政府示范项目的驱动，再加上国家对太阳能产业发展定位升级，国内光伏市场装机容量保持持续增长。

"十三五"时期，我国能源结构持续优化，太阳能利用规模继续扩大，太阳能在能源结构中的比重不断提高，同时大力推进屋顶分布式光伏发电，拓展"光伏+"综合利用工程，太阳能发电装机容量达到 2.5 亿 kW。国际能源署发布的 2020 年可再生能源报告显示，截至 2020 年底，我国可再生能源累计装机容量达到 9.34 亿 kW，占全球可再生能源总装机规模的三分之一。我国风电、光伏成为全球可再生能源发展的中坚力量，为全球能源转型、应对气候变化作出了中国贡献。

"十四五"是我国加快能源绿色低碳转型、落实应对气候变化国家自主贡献目标的攻坚期、窗口期。在"十三五"基础上，"十四五"期间可再生能源年均装机规模将有大幅度提升。同时，将进一步发挥市场在可再生能源资源配置中的决定性作用，风电、光伏发展将进入平价阶段，摆脱对财政补贴的依赖，实现市场化发展、竞争化发展。可以说，在我国能源结构调整、服务国家绿色低碳发展战略方面，绿色能源发展"风光"无限。

光伏产品（硅片、电池片、组件）作为当今外贸出口"新三样"（光伏、电动汽车、锂电池）之一，经过 20 多年的发展，已从原材料、设备、市场"三头在外"，转变为产能、产量、技术"三项世界第一"。光伏行业作为中国对外的一张靓丽名片，对全球能源转型作出了重要贡献。

我国的民用光伏发电发展起步远落后于美国、日本、欧洲、澳大利亚等发达国家。彼时，河北英利、无锡尚德等一批早期光伏企业依靠着"光明工程"和海外订单摸索成长。2000 年，我国光伏产业从硅料多晶硅到硅片、电池和组件，设备、辅材等各个环节"一穷二白"，产业链根本无从谈起。2004 年，以德国为首的欧洲国家出台补贴政策，刺激了全球光伏市场爆发。此后两年里，光伏企业如雨后春笋般拔地而起，除无锡尚德外，河北英利、天合光能、河北晶澳、阿特斯、江西赛维、浙江昱辉等企业也大刀阔斧地进军光伏领域。短短几年时间，我国便搭建起了"硅片-电池-组件"光伏产业链，甚至包括相关辅材光伏胶膜、玻璃和浆料等。相比之下，光伏原料多晶硅的国产化进程较为缓慢。由于核心技术缺失，我国光伏原料长期依赖进口，没有话语权。为获取原料，国内企业必须签订长期采购合同，提前支付预付款，还要承担巨额违约金风险。2006 年，以协鑫科技为代表的中国企业进入技术门槛更高的多晶硅领域，投入首条产能为 1500 吨产线，并一鼓作气将规模扩大到万吨规划，中国光伏"原料在外"的局面开始逐渐扭转。2007 年，我国光伏电池组件产量达到 GW 水平，跃居全球首位。

2008 年，席卷而来的金融危机使全球经济陷入停滞，依赖海外市场的中国光伏行业一夜入冬。在此背景下，我国积极培育这一战略性新兴产业。2009 年，我国推行特许权招标、光伏建筑示范项目、"金太阳示范工程"，通过财政补助、科技支持和市场拉动方式，促进光伏产业技术进步和规模化发展。2011 年，中国光伏新增装机规模仅次于意大利和德国，位居全球第三位。

2011~2012 年，随着欧债危机深化、欧美"双反"调查，叠加国内光伏产业出现产能过剩，我国光伏市场再次遭遇严重冲击。其间，大量光伏企业面临倒闭破产，光伏产品出口额呈断崖式下跌。历经低谷，我国再一次出台了一系列政策文件支持光伏产业发展。得益于政策支持，自 2013 年起，我国新增光伏装机量蝉联全球第一，2015 年至今光伏累计装机量始终位居全球第一。统计数据显示，我国光伏产品实现了光伏制造业世界第一、光伏发电装机量世界第一、光伏发电量世界第一等多项纪录，组件占全球的 75% 以上，电池片占 80% 左右的市场份额，硅片的市场占有率更是达到 95% 以上。与此同时，我国企业海外市场多元化发展趋势明显，光伏产品遍布世界各地。世界光伏产业已经形成了以中国制造为主导的竞争格局，从多晶硅、硅片，到电池、组件，各制造环节全面领先。同时，我国光伏设备企业自主研发能力进一步提升，多晶硅、硅片、电池和组件的生产设备基本实现国产化，对促进我国光伏产业降本增效进而实现平价上网起到了重要作用。

2021 年，主流企业多晶硅指标持续提升，满足 N 型电池需求，硅片大尺寸、薄片化技术加快进步。电池效率再创新高，量产 P 型 PERC 电池效率达 23.1%，N 型 TOPCon 电池实验效率突破 25.4%，HJT 电池量产速度加快。随着技术不断迭代，光伏发电的成本优势越发凸显。中国光伏行业协会数据显示，十年来光伏系统成本下降超过 90%，光伏电价在越来越多的国家和地区已经低于火电电价，成为最具竞争力的电力产品。中国光伏产业实现了从被"卡脖子"到全球领先的重大跨越。

6.6.2　我国的太阳能资源及市场

我国拥有丰富的太阳能资源。据统计，我国年均辐射量约为 $5900MJ/m^2$，每年陆地接收的太阳辐射总量，相当于 24000 亿吨标准煤，全国总面积 2/3 地区年日照时间都超过 2000h，特别是西北一些地区超过 3000h。另一方面，随着当前世界光电技术及其应用材料的飞速发展，光电材料成本成倍下降，光电转换效率不断提高，带来了太阳能发电成本的大幅度下降。

我国太阳能发展将以边远、欠发达地区为先导。从经济性上来讲，对于边远地区的村落（或其他集体），年光照大于 2500h，在年平均风速大于 5m/s 的地区，当电网距离为 25km 以上时，常规电网供电成本大于光伏发电和风力发电的成本。在年光照大于 2500h 的地区，月用电量大于 2100kW·h 时，光伏发电系统的经济性优于柴油发电机组。而对于分散的用户来说，在边远地区常规电网和内燃机发电成本是无法与风力发电、光伏发电用户系统竞争的。在风、光资源良好的地区，用户可以按照自己的需求选择不同的配置，发挥光伏发电与用电负荷高峰相匹配的特点，采用风光互补或光水互补，实现与其他能源形式的结合。

从应用情况来看，屋顶电站或光伏建筑集成（BIPV）是城市发展的主要形式，而荒漠或边远地区，大型地面光伏电站的规模化建设是今后重要的发展趋势。推广与建筑结合的并网光伏发电应用，在商业建筑、居民小区、工业园区和公共设施等建筑屋顶安装光伏发电系统，这种应用方式不受电网输出能力的限制，位于负荷中心，可以就近上网，就近消纳，不会对电网造成冲击。

我国有着大片的沙漠、沙漠化土地和潜在沙漠化土地，总计约 108 万 km²，主要分布在光照资源丰富的西北地区。1km² 土地可以安装 100MW 太阳能电池，1% 的荒漠即可安装 1000GW！同时，探索荒漠化治理新路径，因地制宜地采用"光伏＋生态治理"的一体化发展模式，通过"板上发电、板下修复、板间种植"的方式，在治理沙地的同时促进节能降耗，实现生态、经济效益的有机统一。建设大规模并网光伏发电系统是大规模太阳能光伏发电的必由之路，该技术已经实践证明是切实可行的。随着电力输送技术和储能技术的发展，大规模荒漠光伏电站将必然成为未来的电力基地。

目前，我国已跻身于世界主要的能源消费国和温室气体排放国家之列。我国在全球能源市场上的重要性日益突出。加快发展可再生能源、实施可再生能源替代行动，是实现双碳目标、推进能源革命和构建清洁低碳、安全高效能源体系的重大举措，是保障国家能源安全的必然选择，风电、光伏成为支撑可再生能源跃升发展的主力。

从国际成熟的经验来看，发展光伏应用的途径主要有三种，即大规模发电、分布式发电以及离网式的应用。规模化应用是支持市场化的前提，因为太阳能发电是依赖于规模化发展盈利的技术，必须有足够的规模才能支持产业的发展和技术创新，必须有市场规模才能带动企业的投入。为此，一方面要通过加强国家的光伏奖励政策，促进光伏行业的良性发展；另一方面，更重要的则是必须从技术革新上着手，以低成本技术去提高电池的转换效率，真正降低光伏电池与组件的成本。通过制定规模化应用路线，带动太阳能光伏发电发展。在逐步免去国家补贴的同时，达到依靠市场调节定价的光伏平价上网。

2019 年，我国光伏产业通过开展平价项目和低价项目试点，拉开了平价上网的时代大幕，逐步摆脱补贴依赖。2022 年，光伏发电项目彻底告别了中央财政补贴的时代，并加快融入电力市场。当前，我国光伏产业已形成"以国内大循环为主体、国内国际双循环相互促进"的新发展格局，成为我国绿色高质量发展的重要样板和未来能源的主力之一。

第 7 章 | 风能

风即流动的空气，是一种常见的自然现象。由于各地接收太阳辐射能多少和散热快慢不同，大气温差和大气压差造成大气对流，形成风。风能是太阳能的一种转换形式，是一种重要的自然能源。早在 2000 多年前，人们就有了风车和风帆，利用风能做功。后来，随着煤炭大规模进入动力领域，风能的利用濒临淘汰。20 世纪 70 年代以来，因化石燃料短缺，而风能不会枯竭、没有污染、捕集较简易，人们又用现代科学技术对风能进行了重新开发。通过风力机可以将风能转换成电能、机械能和热能等，风能利用的主要形式有风力发电、风力提水、风力制热以及风帆助航等，其中风力发电是风能规模化开发利用的主要方式。风能发电作为辅助能源和无商业电网供电地区的独立电源，具有现实意义。随着技术成熟度越来越高，风电已可以适应工业化的要求，大规模、密集地供应电力。

7.1 风的形成及特点

人类生活的地球表面被大气所包围，来自太阳的辐射不断传送到地球表面。因太阳辐射受热情况不同，地球表面各处的气温不同，也就产生了气压的高低。在影响气压高低的因素中，气温起着最重要的作用。温度高的地区空气受热上升，气压减小；温度低的地方，空气下降，气压增大，于是产生了气压差。和水往低处流一样，空气也从气压高处向气压低处流动而形成风。简而言之，风是地球外表大气层由于太阳的热辐射而引起的空气流动，是太阳能的一种表现形式。

地球大气运动除受气压梯度力影响外，还受地转偏向力、海洋、地形的影响。地转偏向力使北半球气流向右偏转，南半球气流向左偏转。由于陆地的比热比海洋小，所以白天陆地上的气温比海面上的空气温度上升得快，这样，陆地上较热的空气就膨胀上升，而海面上较冷的空气便流向陆地，以补充上升的热空气，这种吹向陆地的风称为"海风"。在夜间，其风向恰恰相反，因为陆地比海洋冷却得快，所以陆地上的冷空气流向海面以补充上升的热空气，这种从陆地吹向海洋的风，称为"陆风"。海风和陆风总称为海陆风。海陆风的形成过程如图 7-1 所示。

图 7-1　海陆风的形成过程示意

在多山地区也会出现类似的地方性风。白天因为山顶比山谷热得早，所以山顶上的空气变轻上升，山谷里冷而重的空气就沿着山坡流向山顶以补充上升的空气，这种由山谷吹向山顶的风称为谷风。夜间则发生相反的过程，亦即风从山顶吹向山谷，称为山风，总称山谷风。

风作为一种自然现象，是既有大小又有方向的矢量，风速和风向是描述风的两个重要参数。风向是风吹来的方向，它是不断变化的，风向的测量一般采用风向标。风速则是指风移动的速度，是表示气流强度和风能的一个重要物理量，用单位时间内空气流动所经过的距离表示，计量单位一般为 km/h。

风向和风速都在不断地变化，而在变化的过程中又随时间和高度的差异而不同。在时间方面，有风的日变化和季节性变化：如地面上是夜间风弱，白天风强；高空中却是夜里风强，白天风弱。这个逆转的临界位置在高度为 100～150m 的空中。另外，由于太阳和地球的相对运动使地球上的温度呈季节性变化，因而也就产生了风的季节性变化规律。在我国，大部分地区是冬春两季风比较大，而夏秋两季风比较小，但也有例外，如沿海的温州地区，则是夏季风最强，春季风最弱。

通常所说的风速是指一段时间内各瞬时风速的算术平均值，即平均风速。风速随高度的变化而变化，其变化情况及大小因地形、地表粗糙度以及风通道上的气温变化情况不同而异，特别是受地表粗糙度的影响程度最大。一般来讲，从地球表面到 10000m 高空层内，空气的流动受到涡流、黏性和地面摩擦等因素的影响，风速随着高度的增大而增大。风随高度变化的经验公式很多，通常采用指数公式：

$$V_w(h) = V_{wi} \left(\frac{h}{h_i} \right)^n$$

式中，$V_w(h)$ 为距地面高度为 h 处的风速，m/s；V_{wi} 为高度 h_i 处的风速，m/s；n 为经验指数，取决于大气稳定度和地面粗糙度，其值约为 1/8～1/2。

在安装大型并网风力发电机时，塔架高达几十米，就必须考虑风速随高度的变化。风速一般是通过风速仪来测量。根据风速的大小，将风速划分为 13 个风力等级。

对风的描述还有风频这个指标。风频分为风速频率和风向频率。风速频率是指各种速度的风出现的频繁程度。风向频率在数量级上表示为，一定时间内某风向出现次数占各风向出现总次数的百分比。在计算出各风向频率的数值后，用极坐标方式将这些数值标在风向方位图上，将各点连线后形成一幅代表这一段时间内风向变化的风况图，称为"风向玫瑰图"。"风向玫瑰图"是各方位风向频率的百分数与相应风向平均风速立方数的乘积。在风能利用中，总是希望某一风向的频率尽可能地大，尤其是不希望在较短时间内风向出现频繁变化。

风能就是空气流动所产生的动能。风能具有能量巨大、利用简单、无污染、可再生等优点。风速 9～10m/s 的 5 级风，吹到物体表面上的力，每平方米面积上约有 10kg。风速 20m/s 的 9 级风，吹到物体表面上的力，每平方米面积可达 50kg 左右。台风的风速可达 50～60m/s，它对每平方米物体表面上的压力，竟可高达 200kg 以上。汹涌澎湃的海浪，是被风激起的，它对海岸的冲击力是相当大的，有时可达每平方米 20～30t 的压力，最大时甚至可达每平方米 60t 左右的压力。同时由于风多变的特征，也有能量密度低、不稳定性大、连续性和可靠性差、时空分布不均等缺点。当流速同为 3m/s 时，风力的能量密度仅为水力的 1/1000。气流的瞬息万变以及地形的影响，风的波动很大，极不稳定，风力的地区差异非常明显，一个邻近的区域，有利地形下的风力，往往是不利地形下的几倍甚至几十倍。

7.2 我国风能资源

在可再生能源中，风能是一种非常可观的、有前途的能源。M. R. Gustavson 于 1979 年推算了风能利用的极限。他认为风能从根本上来说是来源于太阳能，即可通过估算到达地球表面的太阳辐射有多少能够转变为风能，来得知有多少可利用的风能。据他推算，到达地球表面的太阳能辐射流是 $1.8\times10^{17}\mathrm{W}$，即 $350\mathrm{W/m^2}$，其中转变为风的转化率为 0.02，相对应的风能为 $3.6\times10^{15}\mathrm{W}$，即 $7\mathrm{W/m^2}$。在整个大气层中边界层占有 35%，也就是边界层中能获得的风能为 $1.3\times10^{15}\mathrm{W}$，即 $2.5\mathrm{W/m^2}$。较稳妥的估计，在近地层中的风能提取极限是它的 1/10，即 $0.25\mathrm{W/m^2}$，全球的总量就是 $1.3\times10^{14}\mathrm{W}$，一年中约为 $1.4\times10^{16}\mathrm{kW\cdot h}$（电）的能量，相当于目前全世界每年所燃烧能量的 3000 倍。可利用风能的数量是地球上可利用水力发电量的 10 倍。

我国位于亚洲大陆东南，濒临太平洋西岸，季风强盛，风力资源丰富，陆上加海上总的风能可开发量约 $1000\sim1500\mathrm{GW}$，风电具有成为未来能源结构中重要组成部分的资源基础。与其他国家相比，我国的风电资源与美国接近，远远高于印度、德国、西班牙，属于风能资源较丰富的国家。

我国的风能资源与煤炭资源的地理分布具有较高的重合度，与电力负荷则呈逆向分布。风能资源主要分布在两大风带，即沿海风带和三北风带。沿海风带主要覆盖东南沿海各省区，两广、福建、浙江、江苏、山东以及与这些省区相邻的华中各省，其有效风能密度在 $200\mathrm{W/m^2}$ 以上，$4\sim20\mathrm{m}$ 有效风力出现的时间频率为 80%～90%，这些地区人口众多，煤炭、石油资源相对短缺，而城镇密集、产业发达，风能利用的前景和意义很大。三北风带是指覆盖东北、华北、西北地区的风带，其范围超过国土面积的一半，地域广阔，从新疆、甘肃到内蒙古至东北一带有效风能密度一般大于 $200\mathrm{W/m^2}$，有效风力出现的时间百分率在 70% 左右。

从风能利用的意义上说，这两大风带及其交错、影响的地区基本上波及我国绝大部分省区，使我国绝大部分省区都存在利用风能的可能性。正是由于利用区域非常广阔，使得风能开发可以适时地弥补其他能源利用的不足，以充分展示风能利用的优越性。我国的风能资源有两个特点：一是风能资源季节分布与水能资源互补。丰富的风能资源与水能资源季节分布刚好互补，大规模发展风力发电可以一定程度上弥补中国水电冬春两季枯水期发电电力和电量的不足。二是风能资源地理分布与电力负荷不匹配。沿海地区电力负荷大，但是风能资源丰富的陆地面积小；北部地区风能资源很丰富，电力负荷却很小，给风电的经济开发带来困难。由于大多数风能资源丰富区，远离电力负荷中心，电网建设薄弱，大规模开发需要电网延伸的支撑。风电应是我国西部和海洋风资源丰富的沿海地区电力资源的重要组成部分。特别是中央制定的推进西部大开发战略，对于缺水和交通不便的边远地区来说，风电无疑是解决能源和保护环境的主要方法之一。

由于我国幅员辽阔，地形复杂，造成风能的地区性差异较大，即使在同一地区，风能也有较大的不同。我国风能资源的分布有以下五个特点：

① 东南沿海及相关岛屿为我国最大风力资源区，有效风能密度可达 $300\mathrm{W/m^2}$，有效风力出现的时间可达 90%；

② 内蒙古及甘肃北部为我国第二大风力资源区，有效风能密度可达 $200\sim300\mathrm{W/m^2}$，有效风力出现时间为 70%；

③ 东北地区的风力有效风能密度约为 $200\mathrm{W/m^2}$，有效风力出现时间约为 65%；

④ 青藏高原、黄土高原及沿海其他地区的有效风能密度为 $150\sim200\text{W/m}^2$，有效风力出现时间可达 50% 以上；

⑤ 西南、华中、华南山区等地区为我国最小风能资源区，有效风能密度一般低于 50W/m^2，而有效风力出现时间也仅为 20% 左右。

我国风能分区及占全国面积的百分比见表7-1。

表 7-1　中国风能分区及占全国面积的百分比

风能指标	丰富区	较丰富区	可利用区	欠缺区
年有效风能密度/(W/m²)	>200	200~150	150~50	<50
年≥3m/s 累计时间/h	>5000	5000~4000	4000~2000	<2000
年≥6m/s 累计时间/h	>2200	2200~1500	1500~350	<350
占全国面积的百分比/%	8	18	50	24

7.3 风能利用

风作为一种最古老的能源和动力，它的直接利用是将风能转变为机械能，如利用风帆行舟、多叶片风车带动深井泵抽水、风力机带动锯木机等。

人类利用风能的历史可以追溯到公元前。据文献记载，埃及人在 2800 年前就用风帆行舟，后来又以风力协助牲畜来磨谷、提水。作为文明古国的中国是世界上最早利用风能的国家之一。公元前数世纪我国人民就利用风力提水，灌溉、磨面、舂米，用风帆推动船舶前进。到了宋代更是我国应用风车的全盛时代，当时流行的垂直轴风车，一直沿用至今。特别是明代航海家郑和率领庞大的风帆船队七下西洋，成为千古佳话。1000 多年前，我国还最先发明风车并传入中东，12 世纪从中东传入欧洲。14 世纪已成为欧洲不可缺少的原动机。16 世纪，荷兰人用风车排水，与大海争地。只是由于蒸汽机的出现，才使欧洲风车数目急剧下降。

现如今，在常规能源告急和全球生态环境恶化的双重压力下，风能作为新能源的一部分重新有了长足的发展。与传统能源相比，风力发电不依赖矿物能源，没有燃料价格风险，发电成本稳定，也没有碳排放等环境成本。即使在风车制造过程中产生碳排放，也仅相当于风力发电 $3\sim6$ 个月的减排量，而风电机组平均使用寿命长达 20 年。在发电技术本身飞速发展的基础上，随着人们对风的特性和风能利用的进一步认识，风能发电已经成为风能利用的主力军。风能发电是目前成本最接近常规电力、发展前景最大的可再生能源发电品种，受到世界各国的重视。

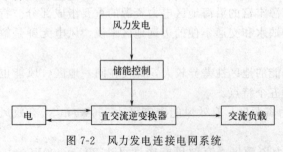

图 7-2　风力发电连接电网系统

风力发电是利用风能来发电。在发电过程中通过风力机把风能转化为机械能，并带动发电机发电，然后经整流器得到稳定的直流供电，最后通过逆变器输出交流电供用户使用。图 7-2 为风力发电连接电网系统。由于风的随机性很大，风力发电不能保证输出稳定的功率。因此，风力发电必须配备储能装置，同时也起到稳压作用。在各种储能装置中采用蓄电池储能是常用的方法，这就要求蓄电池（组）对负载响应速度快、性能稳定、寿命长、免维护、价格低廉。

7.3.1 风力发电概况

风电是目前技术较为成熟，价格极具竞争力的可再生能源之一，是实现碳减排的主力军。风能作为一种高效清洁的新能源日益受到重视，得益于技术进步和商业模式创新，全球的风力发电市场正以惊人的速度增长。自 2000 年以来，全球风电装机容量的年均复合增长率超过 21%。全球风能理事会（GWEC）指出，2021 年全球新增风电装机 93.6GW，比 2019 年增加了 53%，全球累计装机容量达 837.5GW。2022 年全球风电新增吊装容量达到 77.6GW（其中陆上风电装机 68.8GW，海上风电装机 8.8GW），全球累计风电装机容量为 923GW。预计到 2024 年，全球陆上风电新增装机将首次突破 100GW，到 2025 年全球海上风电新增装机将达到 25GW。

从风电类型来看，陆上风电拥有充足的风力和土地资源，较低的成本以及巨大的市场潜力，是目前风电的主力军。在风电部署的最初几年，欧洲是全球风电安装的关键推动者，截至 2010 年，欧洲具有 47% 的全球陆上风电装置。到 2018 年，中国超过欧洲成为最大的陆上风电市场，占全球装机容量的近三分之一。2021 年风电新增装机中，中国新增装机容量占到全球装机容量的一半（50.9%）。全球风电产业已形成亚太、欧洲和美洲三大风电市场，截至 2021 年底，中国、美国、德国、印度、英国为全球风电累计装机容量排名前五的国家，风电累计装机容量占全球风电累计装机容量的比例分别为 40.40%、16.05%、7.71%、4.79% 和 3.17%。在全球风电整机制造商中，金风科技以 12.7GW 的装机容量位居第一，成为首个新增装机容量登顶世界的中国整机制造商。维斯塔斯（Vestas）以 400MW 的微小差距位居第二，通用电气和远景能源分别排名第三、第四。在前十大整机制造商中，中国企业占据其中六席，中国风电已经成为可代表世界水平的生产基地。

相比于陆上风电，海上风电的优势更加显著。海上风电的风能资源的能量效益、发电效率、单机装机容量和平均使用寿命更高，且海上风电不占用土地资源，海上风湍流强度小、风切变小，受到地形、气候影响小。与此同时，海上风电一般建设于沿海地带，沿海区域的用电需求大，因此能够显著降低运电成本。截至 2021 年，海上风电仅占全球风电总装机容量的 6.83%，未来随着海上风电技术不断提高、造价成本的进一步下降，海上风电有望成为风电领域增长主力。相比于陆上风电，海上风电的优势更加显著。

我国大陆海岸线漫长曲折，长达 1.8 万 km，合计可利用海域面积 400 多万 km^2。从需求上分析，海上风能资源主要处于东部沿海地区。近海区域风能资源丰富，沿海城市可就近充分利用风电资源。上海东海大桥 100MW 风电场（图 7-3）的成功并网运行，使我国成功

图 7-3　海上风力发电

迈出了海上风电发展的第一步。我国是目前全球海上风电累计装机容量和新增装机量最大的国家，2022年海上风电新增装机6.8GW，占全球当年海上风电新增装机容量的72.34%。我国海上风电总装机容量达到了25.6GW，超过了英国（13.6GW）、德国（8GW）和荷兰（3GW）的总和。随着我国海上风电装机量逐步提升，未来几年，海上风电将迎来跨越式发展。

据国际可再生能源机构（IRENA）预测，到2050年，电力在全球最终能源中的比例将增至近45%，可再生电源占全球发电总量将增至85%，太阳能和风能等间歇性电源的占比将高达60%，仅风电就能够满足超过全球三分之一的总电力需求。

7.3.2 风力发电系统的种类

为了更加有效地利用风能发电，世界各国对风力发电形式进行了广泛深入的研究，归纳起来主要有以下四种基本形式。

（1）独立运行

独立运行的风力发电机组由于容量小，可以用蓄电池储能，而且使用风速范围较大，无精确调速控制系统。如果选用交流发电机，则需要经过整流后再接入蓄电池端，然后共同向负载供电。

当风能超过负载要求的容量，或风机有功率输出而负载为零时，则向蓄电池充电；低于负载要求容量则风机与蓄电池联合供电；当无风时由蓄电池单独供电。蓄电池接在线路上浮充，还可间接起到一定的稳压作用。独立运行解决了部分偏远地区的供电问题。一般蓄电池最高充电电压不超过14V（蓄电池额定电压为12V），放电到最低电压不得低于10V，因此在系统中要有过充过放保护装置。

1kW以下的微型风力发电机可以和风机直联，容量较大时可采用增速器连接，采用增速器可以提高发电机转速，减少发电机体积和材料消耗。

独立运行的风力发电机组要满足动力用电的需求，一般至少应具有5kW的容量，并具有稳压稳频措施，系统还要有负载分配和功率平衡控制。为了防止风能剩余而引起风机超速，应有一定容量的储能装置（一般可为发电机容量的1/3~1/2）或耗能设备。

（2）并网运行

这种运行方式是采用同步发电机或异步发电机作为风力发电机与电网并联运行，并网后的电压和频率完全取决于电网。并网后的风力发电机按风力大小自动输出大小不同的电能。

当风速低于一定值时，风机没有电功率输出，为防止功率逆流，这种方式必须具有并网和解列控制。只有风力发电机电压频率与电网一致时才能并网，当风力发电机因风速太小而不能输出电能时，就会从电网中解列。在有电网地区，采用并网运行比较合适。

（3）多台风力发电机组成风车田

由数十台甚至数百台风力发电机组成风电场联合向电网供电。风车田的运行一般用计算机监控，使各风机运行在最佳状态。风电场是大规模利用风能的发展方向，是集中解决和补充能源的一种有效方式，它能代表一个国家的风能利用水平。我国风电场行业发展经历了早期示范、产业化探索、产业化发展以及大规模发展的四个阶段。近年来，随着国家大力支持风电产业发展，我国风电场数量不断增长。目前，我国约有4000多个风电场。2020年，共有49家发电集团（投资）公司所属的2488家风电场参与了全国风电场的生产运行数据统计工作，其中集团风电场数量大于500个的有国家能源投资集团有限责任公司；集团风电场数量在300~500个之间的有大唐集团、国家电力、华能集团；集团风电场数量在100~300个之间的企业有华润电力、华电集团、长江三峡。从优胜风电场的区域分布来看，内蒙古的优胜风电场数量最多，达 50 个以上；其次是新疆、山东和河北，优胜风电场数量在 30～50 个之间。

河北省张北风电场（见图 7-4）是我国北方地区规模最大的风电场之一，作为国家第一个百万级风电场，为张家口乃至全国新能源建设起到了示范带动作用。并网后，张北风电场保持了较高的可利用率。"张北的风点亮北京的灯"的故事传遍全国，张北柔性直流电网工程将大规模、不稳定的可再生能源进行多点汇聚，形成稳定可控的电源，将绿电输送至北京，每年向北京输送绿电达 140 亿 kWh，相当于北京年用电量的十分之一。

图 7-4 张北风电场

（4）风力发电混合能源系统

一般来说，由两种或两种以上的能源组成的供电系统，称为混合能源系统。其中至少有一种能源相对稳定，才能保证系统供电的连续性和稳定性。如风-柴系统、太阳能系统与柴油机发电构成的系统、风-柴-蓄系统，都属于混合能源系统。在我国边远地区或边防哨所，大多使用柴油发电机组提供电能，为了节省柴油，降低电的价格，开发由电力和柴油构成的混合能源系统更符合实际情况。特别是在风能资源比较丰富的地区，开发风-柴混合能源系统更为必要。风-柴系统是风力发电混合能源系统的一种基本形式，目前世界各国对风-柴系统进行了大量的研究工作，取得了许多经验。

7.4 风力发电场的选择和风力发电机

7.4.1 风电场选择

利用风能发电，需要选择合适的风力发电场（简称风电场）。风能的大小与风速的立方值成正比，安装风力发电机应尽可能选择理想的风场。风场选址是风电场建设中应首先解决的问题，它直接关系到风电场经济效益的好坏。一个好的风电场首先应有经济上的可行性，同时还要符合环境要求和有关制度的限制。由于风况决定风电机的发电量，对于一个特定的风电场，风力发电的输出功率主要取决于平均风速、发电特性（如切入风速、切出风速等），所以风况是风电场选址必须考虑的主要因素。一般来说，应选择 10m 高层、年平均风速在 6m/s 以上，主风向较为稳定，风能功率密度在 300W/cm^2 以上，破坏性风少，交通运输便利，距离电网较近的地方。风电场都是设置在风能资源丰富的草原、山谷口、海岸边等场地，并由多台大型并网式风力发电机按照地形和主风向排成阵列，组成机群向电网供电，就像排在田地里的庄稼一样，故形象地称之为"风力田"。一般在建风电场以前，该风场要有一年以上完整的测风资料，以便进行风资源分析，确定各风力发电机的具体位置，还必须对风场的地质、地形、道路、上网条件、当地的经济情况等进行调查。

利用风能发电，还要对风电场与电网的匹配做深入的研究，充分考虑风电场容量与电网并网的稳态电能质量、最小线路损失及暂态稳定性等因素，从而达到既充分利用风能资源，又能保证电网的安全、可靠、经济运行。风力发电在并网运行时，在风力资源丰富地区，按一定的排列方式安装风力发电机组，产出的电能全部经变电设备送到电网。这种方式是目前风力发电的主要方式。风力还可以同其他发电方式互补运行，如风力与柴油互补方式运行，风力与太阳能电池发电联合运行，风力与抽水蓄能发电联合运行等，这些方式一般需配备蓄电池，以减少因风速变化带来的发电量突然变化所造成的影响。

7.4.2　风力机

风力机的种类和样式很多，按风轮结构和其在气流中的位置，大体可分为水平轴式和垂直轴式两种。水平轴式风轮机有双叶、三叶、多叶式，顺风式和迎风式，扩散器式和集中器式。垂直轴式风轮机有"S"型单叶片式、"S"型多叶片式、Darrieus 透平、太阳能风力透平、偏导器式。目前以水平轴式应用最广，技术最为成熟。风轮围绕一根水平轴旋转，工作时，风轮的旋转平面与风向垂直，如图 7-5 所示。水平轴式风力发电机主要由风轮（包括叶片、传动轴等）、增速齿轮箱、发电机、偏航装置、塔架、控制系统等组成。叶片数多的风力机通常称为低速风力机，它在低速运行时有较高的风能利用系数和较大的转矩。它的启动力矩大，启动风速低，因而适用于提水。叶片数少的风力机通常称为高速风力机，它在高速运行时有较高的风能利用系数，启动风速较高。由于其叶片数少，在输出同样功率的条件下，比低速风轮要轻很多，因此适用于发电。

图 7-5　水平轴式风力发电机

图 7-6　垂直轴式风力发电机

水平轴式风力发电机像一架无机翼的飞机，用铁塔高高托起，当风吹过叶片时，使叶片旋转，带动传动轴转动，增速齿轮会使这种低速旋转变成高速旋转，并将动力传递给发电机发出电流。为获得更大的风能，整个风力发电机往往用铁架高高托起，尾翼可以时时感受风向变化，迎风装置根据风向传感器测得的风向信号，由控制器控制偏航电机，驱动与塔架上大齿轮啮合的小齿轮转动,使风轮始终对着风的方向,保证最大限度地利用风能。

垂直轴式(立轴式)风力机的风轮围绕一个垂直轴旋转,其主要优点是可以接受来自任何方向的风,因而当风向改变时无需对风。由于不需要调向装置,结构设计得以简化。垂直轴式风力机的另一个突出优点是齿轮箱和发电机可以安装在地面,运行维修简便。

垂直轴式风力机有两个主要类别,一类是利用空气动力的阻力做功,典型结构是 S 型风轮,它由两个轴线错开的半圆柱形叶片组成。S 型风力机风能利用系数低于高速垂直轴式风力机或水平轴式风力机,在风轮尺寸、质量和成本一定的情况下,提供的功率较低,不适用于发电。另一类是利用翼形的升力做功,最典型的是 Darrieus 型风力机(见图 7-6)。Darrieus 型风力机有多种形式,如 H 型、△型、菱形、Y 型和 Φ 型等。Φ 型风力机的桨叶弯曲如抛物线,两端固定在立轴上,可自由旋转捕集任意方向的风能。弯叶片只承受张力,不承受离心力载荷,从而使弯曲应力减至最小。但 Φ 型叶片不便采用变桨距方法实现自启动和控制转速。

风力发电机的功率与桨叶直径的平方成正比,与桨叶数目多少无关。由于桨叶的长度有限,所以单机容量不可能很大。为获得大功率电力,科学家们提出许多新设想,马达拉斯(Madaras)系统和人造旋风系统是其中具有代表性的两种。马达拉斯系统由若干个安装在一辆辆小车上的圆筒组成。风使圆筒旋转,旋转的圆筒推动小车沿环形轨道运动,车轮带动发电机发电。用这种方式发电功率可达上万千瓦。人造旋风系统由完全透明的大面积塑料薄膜棚和居于中央的一座筒状高塔组成。在阳光照射下,塑料棚和地面之间的空气被晒热并流向高塔,气流在塔内形成旋风,使螺旋桨转动,带动发电机发电。这种装置的发电容量没有技术上的限制,只要棚足够大,塔足够高,气流速度可达 60m/s,相当于人造飓风,发电功率可达上百万千瓦。

风力发电机组按发电量大小可分为微型(1kW 以下)、小型(1~10kW)、中型(10~100kW)、大型(100kW 以上)几种。

小型风力发电机组一般由风轮、尾舵、限速器、发电机、塔架、蓄电池组成,其中风轮与发电机是最为重要的组成部件。风轮把风能转化为机械能,从而带动发电机发电。自然界风速的大小和方向在经常不断地变化,因此风力机组必须采取措施适应这些变化。尾舵的作用就是使风轮能随风向的变化做出相应的转动,以保持风轮始终与风向垂直。为了使小型风力发电机组在风速过高的情况下工作,可采用风轮摆动、风轮桨叶偏转等方法来控制风轮在规定的转速范围内工作。

小型风力发电机组主要采用交流永磁发电机、感应式发电机和直流发电机。交流永磁发电机包含铁锶氧磁性材料,是由氧化铁、氧化锶和添加剂经粉末冶炼法制成的,其价格比铝镍钴永磁材料低廉。感应式发电机是在铁芯上叠加经绝缘处理的硅钢片组成,但因其效率低,同永磁发电机相比,缺乏竞争力。直流发电机可以直接产生直流电,给蓄电池充电,不需要整流装置,并且本身含有换向器,一般采用三相无刷电机,使转速变化大时也可获得恒定的电流。小型风力发电机组一般选用结构简单、运行可靠的永磁式风力发电机。为了使发电机的体积小、重量轻和经济,在选择永磁材料时,必须保证发电机有足够大的气隙磁密,满足发电机的技术条件要求,并有良好的机械加工性能和适宜的价格。

小型风力发电机组多数为独立运行,由于风的随机性很大,不可能保证输出功率的稳定性。因此必须有储能装置,其作用除储能外,还有一定的稳压作用。蓄电池储能是比较简单常用的储能方法。对蓄电池性能总的要求是蓄电池对负载的响应速度快,造价低、维护和搬迁方便、性能稳定、寿命长。

风力发电机组独立运行的方式可供边远农村、牧区、海岛、边防哨所等电网达不到的地区使用。一般单机容量在几百瓦到几千瓦，为电网不能到达的地区基本解决了用电问题，使电灯、电视进入了寻常百姓家中，提高了人民的生活质量。

大中型风力发电机组是由叶片、轮毂、主轴（低速轴）、齿轮箱、发电机、塔架、电控系统及附件等组成（见图7-7），其中叶片、齿轮箱、发电机是关键部件。叶片一般采用二叶片或三叶片组成风轮，其中以三叶片居多。

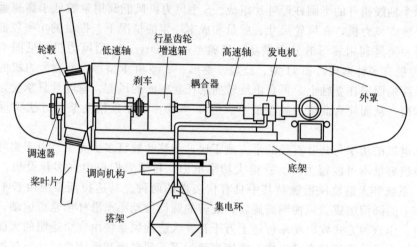

图 7-7　大中型水平轴式风力发电装置结构简图

设计叶片时首先要充分考虑强度和刚度，同时也要考虑振动、变形及热膨胀等因素的影响，以将危险部位的强度提高，使叶片抗疲劳，并有着良好的循环寿命，另外还要考虑防雷保护。叶片的主要承载是剪切力、拉力、变矩和扭矩，因而叶片有空腹薄壁、泡沫填充薄壁、C形梁、D形梁、矩形梁等结构（见图7-8）。

叶片材料从木材、金属发展到玻璃钢，其性能指标不断得到提高。木材易于加工成型，但来源紧张，且存在吸潮等问题。金属常用钢、铝、钛等，但易腐蚀，也难以承受损伤。玻璃钢有玻璃纤维加强树脂和碳纤维加强树脂，重量轻，抗拉强度高，耐疲劳性能好，是比较理想的叶片材料。玻璃纤维加强树脂是由玻璃纤维与合成树脂复合而成的材料，其中玻璃纤维的抗拉强度高，但耐磨性、耐疲劳性较差，而合成树脂（如环氧树脂和聚酯树脂等）的性能则正好相反，因此两者可互为补充。碳纤维加强树脂与玻璃纤维加强树脂类似，但在比强度（强度/密度）和比模量（模量/密度）等方面更优，不过其成本也很高，使其广泛应用受到限制。另外，也有采用多层木板与环氧树脂黏结而成的质轻和强度较高的复合材料，但其抗恶劣环境性能较差，且加工复杂，因而应用亦受到限制。玻璃钢叶片是我国目前正在进行的大型机组国产化要解决的关键部件之一。目前风电叶片对碳纤维的需求量占比最高，且需求增长幅度最大。

轮毂是连接叶片和主轴的零部件，它把风轮的力和力矩传递到主轴，其结构设计非常关键。轮毂有铰链轮毂和固定轮毂两种。二叶片风轮常用铰链轮毂，而三叶片风轮则采用固定轮毂。轮毂一般采用铸钢或由钢板焊接而成，在机械性能方面，要求其抗拉强度大于400MPa，硬度达到140HB，抗弯疲劳强度大于170MPa。

主轴是承受扭转力矩的部件，其材料一般选用40Cr或类似高强度的合金钢，并经调质处理以保证材料在强度、塑性、韧性等方面有着良好的综合性能。

齿轮箱是实现低转速的风力机和高转速的发电机之间的匹配装置，是包含齿轮、皮带

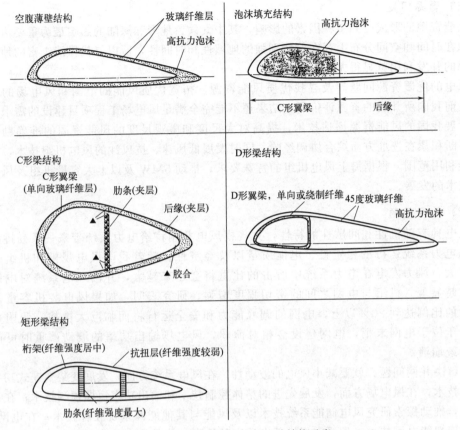

图 7-8　风力发电机叶片的五种结构示意

轮、链轮的增速装置。齿轮箱一方面要求体积小、重量轻、效率高、噪声小，而另一方面它还要求承载能力大、起动力矩小、寿命长。一般功率大于 500kW 的齿轮箱采用行星斜齿结构，噪声低，寿命长。

　　发电机是把机械能转化为电能的装置，其性能好坏直接影响到风力发电机组的效率和可靠性。常用的发电机有同步励磁发电机、永磁同步发电机、异步发电机、变速恒频发电机等。在大中型风力发电机组中，都采用同步励磁发电机和异步发电机，对于 600kW 以上的大型发电机组，可以采用变极方式。

　　塔架是支持风轮、发电机等部件的架子。它不仅要有一定的高度，以使风机处于理想的位置运转，而且还应具有相当高的强度与刚度，以经受狂风、暴雨、雷电的袭击。根据发电机组发电容量的不同，塔架可设计成不同的高度和形式。

　　电控系统是控制风力发电机组自动开启、关停、并网、保护的装置。

　　风力发电机组的工作环境恶劣，要求在使用过程中对整个系统采取多种维护措施，特别是要考虑防雷击保护、超速保护、机组振动保护、发电机过热保护等。

7.5　大规模风电发展面临的主要问题

　　随着风电规模的不断增加，风电发展出现了一些新的问题和挑战，大规模风电发展面临的主要问题是资源、并网和经济性，其中风电并网消纳问题和风电机组运行可靠性问题尤为突出。

（1）资源问题

风能资源的形成受到多种因素的影响，其中气候、地形和海陆的影响最为重要。由于风能资源在时间和空间分布上存在着特别强的地域性和时间性，所以寻找风能丰富的地带对风能资源的开发利用就显得尤为重要。

风电的优质资源问题涉及寻找优质风能资源、拓宽优质风能的范围和风电场的合理选址。目前我国所开展的资源评价研究结果还不能完全满足风电场工程项目建设的需求，需要大力发展我国的风能资源评估技术，提高对大尺度和微观尺度的风能资源的准确勘探及仿真，不断积累在选址方面综合协调经验。同时发展低风速、抗风沙的风电机组技术，不断拓宽风能利用范围。根据海上风电机组的特殊要求，推动5MW及以上大容量机组及风电基础结构技术的发展。

（2）并网问题

风电具有随机性和间歇性的特性，大规模风电并网将给电力系统带来一系列挑战，严重影响电力系统运行的稳定性、电能质量以及经济性。随着我国风电规模和机组容量的不断扩大，风力发电在电力系统中所占的比重将会越来越大，并网风电系统对电网的影响越来越显著，机组与电网之间的密切程度增强。研究表明，如果风电装机容量占电网总容量的比例达到20%以上，电网的调峰能力和安全运行将面临巨大挑战。我国多数风电场由于位于电网末梢，电网建设会相对薄弱，风电场输出功率的波动严重时可能导致电网系统崩溃。

为解决并网问题，就要减小风电的波动性。在风电系统方面，发展变桨变速式功率调节等驱动技术；在风电场方面，发展先进的整体控制技术和输出功率短期预测技术；在系统集成方面，推动探索研究风电储能系统技术以及风能与其他能源系统互补技术；在电网方面，通过发展智能电网技术，发展大规模低电压穿越技术，使其具有适应所有电源种类和电能储存的方式。

风电大规模发展必须有大规模先进储能技术作支撑。对于并网风电系统，通过配套适当容量的储能系统，可以在很大程度上解决风力发电的随机性、波动性问题，平滑风电输出功率，提高风电的可控性，保证风力发电的连续性和稳定性，减小风电输出功率波动性对电网的影响，使大规模风电能够方便可靠地并入常规电网，很好解除风电场难并网运行的瓶颈；通过合理配置还能有效增强风电机组的低电压穿越（LVRT）能力，增大风电穿透功率（WPP）；同时可以用于电网的"削峰填谷"，降低电网调峰负担，增加风电的经济效益和使用价值。对于风电离网系统，配套适当容量的储能系统，可以充分发挥风电分布式供电优势和风力发电的作用。同时，随着"互联网＋"、大数据处理、通信、人工智能、信息、云计算等技术以及风电技术的不断发展，为数字化智慧风电场建设提供了前提条件，也给智慧风电场的发展带来新的契机。

（3）经济性问题

国际上，经济性原则推动着风电单机容量增长。风电机组单机容量的大小直接决定着同等装机规模所需要的风电机组台数，进而影响风电场道路、线路、基础、塔架等的投资。同时，在风能资源及土地资源紧缺的情况下，采用大容量机组还可解决风电机组点位不足等问题，风机大型化是风电长期降本的有效途径。因此，需要推动大型兆瓦级风电机组的总体设计技术和重要零部件的设计制造技术水平，提高风电机组的可靠性和有效运行时间，从而降低风机整体造价和风电度电成本。

风电大规模发展所面临的主要问题，既是全球风电发展所面临的共同问题，也是风电发展中必然遇到的问题。风电市场的快速发展，迫切要求风电技术的快速跟进，并由此形成推动风电技术发展的动力。

　　在世界各国重视环保、强调能源节约的今天，风力发电对改善地球生态环境，减少空气污染有着非常积极的作用。风能资源的开发利用已经成为世界利用可再生能源的主要部分，是可持续发展的"绿色能源"。随着社会各界越来越重视风力发电，再加上广大风能科技工作者的辛勤工作，风力发电将在未来能源的结构中占有越来越重要的地位，风电发展的前景会更加广阔。

第8章 | 地热能

地热能是蕴藏于地球深处的热能，按照现有开发技术的可能性，地热能资源的范围一般指在地壳表层以下 5000m 以内岩石和地热流体所含的热量。与风能、太阳能等非人力控制的自然资源相比，地热能是一种在开采利用的时间上可人为调控使用的可再生能源。作为一种清洁能源，已经形成以取暖、水产养殖、浴疗、农业和医药等直接利用方式以及以发电为主的地热资源综合开发利用技术体系，地热能具有广阔的发展前景。

8.1 地热能简介

地热能是来自地球深处的可再生热能，它起源于地球的熔融岩浆和放射性物质的衰变。地球物质中放射性元素衰变产生的热量是地热的主要来源，而放射性元素有铀 238、铀 235、钍 232 和钾 40 等。在地球内部，放射性物质的原子核无需外力的作用就能自发地进行热核反应，并产生非常高的温度。地球中心的温度估计达 6000℃，而这样高温度的热量透过厚厚的地层，通过火山爆发、间歇喷泉和温泉等途径源源不断地以传导、对流和辐射的方式传到地面上来，这种地球物理现象叫做大地热流。由于地球的表面积很大，单位面积内放出的热量极其微小，所以全球平均大地热流量并不大，以致人们很难直接感觉出来。但是，其总量却非常大，而且不同地区的大地热流量不同，热流高的地区地热资源较丰富。按照地热资源的分布，世界著名的地热带有环太平洋地热带、大西洋中脊地热带、地中海及喜马拉雅地热带、中亚地热带、红海、亚丁湾与东非裂谷地热带等。按照现有开发技术的可能性，地热能资源的范围一般指在地壳表层以下 5000m 以内岩石和地热流体所含的热量。

图 8-1 地热蒸汽

地热资源有两种：一种是地热蒸汽（见图 8-1）或地热水（温泉）；另一种是地下干热岩体的热能。

目前一般认为，地热蒸汽和地热水主要是由在地下不同深处被热岩体加热的大气降水所形成（见图 8-2）。地壳中的地热主要靠传导传输，但地壳岩石的平均热流密度低，一般难以利用，只有通过某种集热作用才能开发。大盆地中深埋的含水层是天然集热的常见形式。岩浆侵入地壳浅处，是地壳内最强的热传导形式。侵入的岩浆体形成局部高强度热源，为开发地热能提供了有利条件。

岩浆侵入后，冷却的时间相当长，一般受下列因素影响：
① 侵入的岩浆总体积；
② 侵入的深度或岩浆体顶面的埋深；

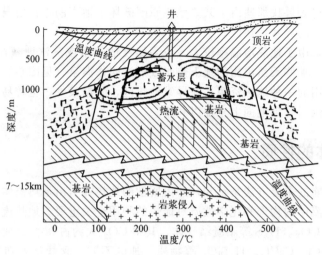

图 8-2　地表下的蒸汽来源

③ 侵入岩浆的性质。酸性岩浆温度较低，650～850℃；碱性岩浆温度较高，在1100℃左右；

④ 侵入体的形状及有无水热系统。

地热的扩散非常慢，这种热能是比较稳定的。一个天然的温泉可以长年不息地流出地热水，而且几百年来温度变化不大。

在地壳中，地热的分布可分为可变温度带、常温带和增温带三个带。可变温度带由于受太阳辐射的影响，其温度有着昼夜、年份、世纪，甚至更长的周期性变化，其厚度一般为15～20m。常温带的温度变化幅度几乎等于零，其深度一般为20～30m。增温带处于常温带以下，温度随深度增加而升高，其热量的主要来源是地球内部的热能。

地球每一层次的温度状况很不相同。在地壳的常温带以下，地温随深度增加而不断升高，越深越热。这种温度的变化以"地热增温率"来表示，也叫作"地温梯度"。各地的地热增温率差别很大，平均地热增温率为每加深100m温度升高8℃。当到达一定的温度后，地热增温率由上而下逐渐变小。根据各种资料推断，地壳底部至地幔上部的温度为1100～1300℃，地核的温度大约在2000～5000℃之间。按照正常的地热增温率推算，80℃的地下热水大致是埋藏在2000～2500m的地下。

按照地热增温率的差别，可以把陆地上的不同地区划分为"正常地热区"和"异常地热区"。地热增温率接近3℃的地区称为正常地热区，远超过3℃的地区称为异常地热区。异常地热区的形成有两种方式，一种是产生在近代地壳断裂运动活跃的地区，另一种则是形成于现代火山区和近代岩浆活动区。除这两种之外，还有其他原因所形成的局部异常地热区。在异常地热区，如果具备良好的地质构造和水文地质条件，就能够形成有大量热水或蒸汽的具有重大经济价值的"地热田"（"热水田"或"蒸汽田"的统称）。

在正常地热区，较高温度的热水或蒸汽埋藏在地壳的较深处。要想获得高温地

图 8-3　温泉

下热水或蒸汽，就得去寻找那些由于某些地质原因破坏了地壳的正常增温而使地壳表层的地热增温率大大提高了的异常地热区。

在异常地热区，由于地热增温率较大，较高温度的热水或蒸汽埋藏在地壳的较浅部位，有的甚至露出地表。那些天然出露的地下热水或蒸汽叫作温泉（见图8-3）。温泉是在当前技术水平下最容易利用的一种地热资源。在异常地热区，除温泉外，也较易通过钻井等人工方法把地下热水或蒸汽引导到地面上来加以利用。

8.2 地热流体的性质

目前开发地热能的主要方法是钻井，并由所钻的地热井引出地热流体——蒸汽和水而加以利用，因此地热流体的物理和化学性质对地热的利用至关重要。地热流体不管是蒸汽还是热水，一般都含有 CO_2、H_2S 等不凝结气体，其中 CO_2 大约占 90%。地热流体中还含有数量不等的 $NaCl$、KCl、$CaCl_2$、H_2SiO_3 等物质。地区不同，含盐量差别很大，以质量计地热水的含盐量在 0.1%～40% 之间。

在地热利用中通常按地热流体的性质将其分为以下几大类：

① pH 值较大、不凝结气体含量不太大的干蒸汽或湿度很小的蒸汽；

② 不凝结气体含量大的湿蒸汽；

③ pH 值较大、以热水为主要成分的两相流体；

④ pH 值较小，以热水为主要成分的两相流体。

在地热利用中必须充分考虑地热流体物理化学性质的影响。例如对热利用设备，由于大量不凝结气体的存在，就需要对冷凝器进行特别的设计；由于含盐浓度高，就需要考虑管道的结垢和腐蚀；如含 H_2S，就要考虑其对环境的污染；如含某种微量元素，就应充分利用其医疗效应等。

严格地说，地热能不是一种"可再生"资源，而是一种像石油一样可开采的能源，但其可采量依赖于所使用的勘探及钻井技术。如果热量提取的速度不超过补充的速度，地热能还是"可再生的"。地热能的勘探和提取技术一方面可借鉴石油工业的经验，另一方面为了适应地热资源的特殊性（例如资源的高温环境和高盐度）要求，又必须将这些经验和技术加以改进。通过联合国有关部门（联合国培训研究所和联合国开发计划署）的艰苦努力，许多成熟技术已在发展中国家得到推广。

8.3 地热开采技术

地热资源的开发从勘探开始，即先圈划和确定具有经济效益的可开发温度、储量及资源的位置。在勘探过程中，一般要利用地球科学（地质学、地球物理学和地球化学）来确定资源储藏区，同时对资源状况进行特征判别，并选择最佳的井位等。

地热开发中所用的钻井技术基本上是由石油工业派生出来的。为了适应高温环境下的工作要求，对某些石油钻井的关键技术例如泥浆钻井进行了改进。所使用的材料和设备不仅需要满足高温作业的要求，还必须能适应在坚硬、断裂的岩层构造中和多盐的、有化学作用的液体环境中工作。因此，现在钻探行业中已形成了专门从事地热开发的分支行业。研究人员也正在努力开发能适应高温、高盐度和有化学作用的地热环境的先进材料与方法以及能预报地热储藏层情况的更好方法。

大部分已知的地热储藏是根据温（热）泉那样的地表现象所发现，然而现在则是越来越依靠科学技术，例如火山学图集、评估岩石密度变化的重力仪、电子学法、电阻率法、磁力测量、地震仪、化学地热计、次表层测绘、温度测量、热流测量等。电阻率法与磁力测量是主要的方法，其次是化学地热测量法和热流测量法。在地热资源调查中，使用电阻率法的最大优点是它依靠实际被寻找的资源（热水本身）的电学性质的变化。其他方法则大部分依靠人们对地质构造的探索与了解，但有时并非所有的地热储藏都完全与特征地质构造模型相符。

勘探钻井和试采可以探明储藏层的性质。确定了适合的储藏层之后就是进行地热田的开发研究，如模拟储层的几何形状和物理学性质，分析热流和岩层的变化，通过数值模拟预报储藏的长期行为，确定生产井和废液回灌井的井位（回灌也是为了向储热层充水和延长它的供热寿命）。地热水既可以用自流井的方法开采（即凭借环境压力差将热流从深井压至地面），也可用水泵抽到地面。前一种情况下，热流会"闪电般"地变成气液两相；而用泵抽吸时，流体始终保持为液相。因此，选用何种生产方式，要视热流的特性和热能转换系统的设计而定。

地热田一般适合分阶段开发。在地热田的初期评估阶段，可建适度规模的工厂。其规模可以较小，以便根据已掌握的资源情况更有把握地使其运转起来。通过一段时间的运行，可获得更多的储层资料，从而为下一阶段开采铺平道路。

其他形式的地热能在勘探阶段还有许多特殊要求。例如，把流体从地热过压卤水储层中压到地表的力与把天然气和石油从油气层中压出的力有很大的区别，要预测地热过压储层的性能需要有专门的技术。勘测岩浆矿床除了地震方法外，还需要更好的传感测量技术。随着地热环境变得更热、更深及钻井磨削力的加大，对钻井技术要求就越高，所需经费也越多。开采地热过压储层需要高压技术和使用稠重型钻井泥浆，而勘探开采干热岩体资源需要在非常坚硬的岩体上钻深井，并需要制造一个可使液体在里面循环的人造的热交换断裂层构造，同时还需要有一个或多个便于流体进出的深井井口装置。岩浆开发需要专门的钻井技术，以解决钻头和岩浆的相互作用问题、溶解气体的影响问题和岩浆中的热传输机理等各方面问题。

8.4　地热能的利用

地球是一个大热库，蕴藏着巨大的热能。地热能的储量比目前人们所利用的总能量要多得多，据估计在地壳表层的可开采地热储量为 500EJ/a。因此，地热能资源具有巨大的开发利用潜力。地热能是一种综合性的有用矿产，作为一种洁净的新能源，它具有分布广、洁净、热流密度大、容易收集和输送、流量与温度参数稳定、使用方便等优点。地热资源集中分布在构造板块边缘一带，在世界很多地区应用已相当广泛。地热不仅是一种矿产资源，同时也是宝贵的旅游资源和水资源，已成为各国争相开发利用的热点，目前全世界探明拥有地热资源的国家达到 90 多个。

冰岛在地热能的开发利用方面走在了世界的前列。冰岛的地理特征十分特殊，既冰川林立，又火山绵延。据统计，境内火山多达 200 余座，其中活火山就有 30 多座，平均每 5 年就有一次火山喷发，因此冰岛的地热资源丰富。冰岛利用其境内丰富的地热资源，实现了首都雷克雅未克 100% 和全国 90% 的地热供暖，并满足了全国 55% 的能源供应。雷克雅未克是世界上唯一一座单纯依靠地热与温泉供暖，而无需其他燃料的城市，被称为"无烟之城"。其他国家如美国、菲律宾、墨西哥、意大利、新西兰、日本和印尼等，在地热资源用于发电方面，属于装机容量规模较大的国家。

我国是以中低温为主的地热资源大国，全国地热资源潜力接近全球的8%。据估算，我国深度2000m以内的地热资源所含的热能相当于2500万亿吨标准煤，初步估计可以开发其中的500亿吨。我国地热资源主要分为三类：①高温对流型地热资源，主要分布在滇藏及台湾地区，其中适用于发电的高温地热资源较少，主要分布在藏南、川西、滇西地区，可装机潜力约为600万千瓦；②中低温对流型地热资源，主要分布在东南沿海地区，包括广东、海南、广西，以及江西、湖南和浙江等地；③中低温传导型地热资源，主要埋藏在华北、松辽、苏北、四川、鄂尔多斯等地的大中型沉积盆地中。目前，北京、天津、西安等大中城市及广大农村开发利用的就是这类地热资源。

地热能的开发利用有着悠久的历史，早在几千年前人类就利用热泉治病和洗浴。随着人类社会的不断发展，地热能开发利用的范围越来越广。尤其是20世纪70年代以后，人口不断增长，世界性能源短缺，燃料价格不断上涨以及矿物能源消耗对环境危害的加深，使得人类更加重视开发利用地热能，这对于节能减排和应对气候变化、改善生态环境具有重要的现实意义。

地热能天生就储存在地下，不受天气状况的影响，因而既可作为基本负荷能使用，也可根据专门需要提供使用。地热能的开发利用包括发电和非发电利用两个方面。世界各国利用地热能的经验表明，高于150℃的高温地热资源主要用于发电，发电后排出的热水可进行逐级多用途利用；中温（90～150℃）和低温（90℃）的地热资源则以直接利用为主，多用于采暖、干燥、工业、农林牧副渔业、医疗、旅游及人民的日常生活等方面。从直接利用地热的规模来说，最常用的是地热水淋浴，占总利用量的1/3以上，其次是地热水养殖和种植，约占20%，地热采暖约占13%，地热能工业利用约占2%。利用地热能，占地很少，无废渣、粉尘污染，用后的弃（尾）水既可综合利用，又可回注到地下储层，达到增加压力、保护储层、保护地热资源的多重目的。除以上利用外，从热水中还可提取盐类、有益化学组分和硫黄等。

8.4.1 地热的直接利用

传统上的地热直接利用一直是小型的单项利用。随着利用技术的不断发展，在一些工业化国家已建成大规模工程，广泛应用于工业加工、民用采暖和空调、洗浴、医疗、农业温室、农田灌溉、土壤加温、水产养殖和畜禽饲养等各个方面，既节约了资源，又取得了良好的经济效益。发达国家最大的地热直接利用项目是地热采暖，其次是淋浴、游泳、浴疗，地热热泵空调、地热养殖和工业应用等。

近年来，随着国民经济的迅速发展和人民生活水平的提高，采暖、空调、生活用热的需求越来越大，成为一般民用建筑物用能的主要部分。建筑物污染控制和节能已是国民经济的一个重大问题。特别是冬季采暖用的燃煤锅炉的大量使用，给大气环境造成了极大的污染。因此，地热能直接利用，实现采暖、供冷和供生活热水及娱乐保健，建成地热能综合利用建筑物，已是改善城市大气环境、节省能源的一条有效途径，也是近年来全球地热能利用的一个新的发展方向和趋势。

目前，我国地热能的直接利用发展十分迅速，在供暖、供热、制冷、医疗、洗浴、水产、温室等方面的开发利用已形成一定规模与相应的产业，取得了较好的经济、社会与环境效益，对调整能源结构、促进经济发展、实现城镇化战略、保证可持续发展等具有重要的意义。

（1）地热采暖
将地热能直接用于采暖、供热和供热水是仅次于地热发电的地热利用方式。利用地热水采暖不烧煤、无污染，可昼夜供热水，可保持室温恒定舒适。地热采暖虽初步投资较高，但总成本只相当于燃油锅炉供暖的 1/4。这不仅节省能源、运输、占地等，又大大改善了大气环境，而且经济效益和社会效益十分明显。因此，地热能是一种比较理想的采暖能源。

地热采暖在我国北方城镇很有发展前途。北京、天津、辽宁、陕西等省市的采暖面积逐年增多，已具一定规模，天津、北京地区大规模的集中采暖是很好的地热直接利用技术的范例。值得一提的是，随着人民生活水平的提高，房地产开发商对地热开发产生了浓厚的兴趣，利用地热水供暖、洗浴、游泳的温泉公寓、温泉宾馆、温泉度假村十分看好。将房地产开发与地热资源利用相结合可吸引大量资金的投入，从而大大促进了地热的开发利用。中国石化在河北雄县成功打造了我国第一个地热供暖"无烟城"，在雄安新区的供暖能力已经超过 1000 万平方米。雄安电建智汇城地热集中供能项目采用"浅层地埋管地源热泵＋冷水机组＋空气源热泵"的复合式供能系统，为"雄安印象"场馆及其配套设施提供供暖、制冷和生活热水等多项服务。投用后预计每年可节约标准煤 3790 吨，减排二氧化碳 10080 吨、二氧化硫 75.8 吨、粉尘 37.9 吨、氮氧化物 142.12 吨，经济与环境效益显著，对雄安新区整体能源结构优化及绿色低碳发展具有重要意义。

（2）地热浴疗、洗浴、游泳

地热水本身具有较高的温度，含有多种化学成分、少量的生物活性离子以及少量的放射性物质，对人体可起到保健、抗衰老作用，对风湿病、关节炎、心血管病、神经系统疾病、妇女病等慢性疾病有特殊的疗效，具有很高的医疗价值。

利用温泉治疗疾病很多年前就被人类所认识，有许多温泉被供为"圣水""仙水"。世界上许多温泉出露的地方既是疗养区又是游览区，温泉的周围青山翠谷，溪水瀑布，加上温泉独特的疗效，吸引着成千上万的游人前来旅游疗养。日本位于环太平洋火山活动带上，有着丰富的地热资源，日本利用这一优势建起的温泉保健所有 700 多家，温泉旅馆 10000 多个，同时还利用地热与火山等独特景观开展旅游。欧洲匈牙利虽人口不多，但地热浴疗、疗养业却很发达，建有地热疗养院 200 多家。该国在温泉附近构筑风格各异的建筑群，与秀丽的自然风光相融合，使人乐而不疲。地热疗养院里设施齐全，技术先进，清洁舒适，再加上良好的服务和独特的疗效，吸引着众多的国外病人，是很好的创汇项目。

我国有温泉疗养院上千家，历史上著名的有西安华清池（见图 8-4）、大连的汤岗子、广东的从化、北京的小汤山等。咸阳是我国应用地热进行医疗的重要地区，其地热资源井水化学类型比较齐全，普遍含有氟、锶、碘、氡、锂、偏硅酸、偏硼酸、偏砷酸等对人体有益的成分。近年来地热浴疗发展很快，全国各地利用地热医疗与景观资源优势，大力发展地热旅游业已取得长足发展，目前正处于从观光旅游为主向观光与休闲度假旅游并重发展的转折期。广东恩平素有"中国温泉之乡"的美誉，在这里发现了四处温泉带，建成了锦江温泉、帝都温泉、金山温泉等众多在南粤享有盛誉的温泉。开发地热资源大大提高了恩平市的知名度和旅游品位，广东恩平地热国家地质公园是第一个以地热为主题命名的地热国家地质公园，地热资源成为恩平市第三产业的一朵耀眼金花，发挥着龙头带动作用。

（3）地热水在工农业方面的利用

地热水在农、林、牧、副、渔业方面有更广泛的利用。在农业上主要用于地热温室、培育良种、种植蔬菜、花卉、鱼苗越冬、孵化等方面。匈牙利的园艺和温室暖气系统 80% 依靠地热水供暖，每个温室都采用电子计算机控制和机械化作业。温室内种植的蔬菜和名贵花卉除内销外还大量出口，效益十分可观。

我国地热水在农业方面的利用主要集中在地热温室种植和水产养殖等方面，地热灌溉、

图 8-4　西安华清池

地热孵化禽类、地热烘干蔬菜、地热水加湿沼气池与牲畜洗浴池等其他形式也得到了较快的发展。地热温室兼有温度、湿度的自动调控，达到国际先进水平。北京小汤山地热联营开发公司用 5 公顷地热温室种植绿菜花、紫甘蓝、玻璃生菜等优特种蔬菜。地热水产养殖是我国地热养殖中最主要的领域。利用地热水养鱼，在 28℃ 水温下可加速鱼的育肥，提高鱼的出产率。湖北省英山地热开发公司地热养殖品种有尼罗非鱼、淡水白鲳、草胡子鲇、甲鱼、牛蛙等，每年向社会提供高规格优质鱼种。河北省黄骅的中捷友谊农场建成我国北方最大的地热越冬渔场。地热温室为调整养殖产业结构、丰富人民群众菜篮子及提高生活水平做出了很大贡献。

地热水在工业中的应用也很广泛，如纺织、印染、烤胶、制革、造纸、蔬菜脱水等。使用地热水印染、缫丝可以使产品的色泽鲜艳，着色率高，手感柔软，富有弹性。在生产过程中，由于节省了软化水处理费，也相应降低了产品的成本。此外利用地热给工厂供热，如用做干燥谷物和食品的热源，用作硅藻土生产、木材、造纸、制革、纺织、酿酒、制糖等生产过程的热源。

从我国的地热资源情况看，85% 是低于 100℃ 的地热水型热田，这就决定了我国的地热资源的利用主要以直接利用为主。地热能的另一种形式是地源能，包括地下水、土壤、河水、海水等。地源能的特点是不受地域的限制，参数稳定，其温度与当地的年平均气温相当，不受环境气候的影响。地源能的温度具有夏季比环境气温低、冬季比环境气温高的特性，因此是用于热泵夏季制冷空调、冬季制热采暖的比较理想的低温冷（热）源。

（4）地热（源）热泵

地热热泵（geothermal heat pump）也称为地源热泵（ground source heat pump），其工作原理与家用电冰箱相同，只不过电冰箱是单向输热，而地源热泵则可双向输热。地源热泵通过输入少量的高品位能源（如电源）实现低温位热能向高温位转移。地源热泵系统由地源能换热系统、热泵机组和室内采暖空调末端系统所组成（见图 8-5），它以地源能（土壤、地下水、地表水和低温地热水）或地热尾水作为热泵夏季制冷的冷却源（空调模式）、冬季采暖供热的高温热源（供热模式），从而实现采暖、制冷、供生活热水，替代传统的制冷和供热模式。地源能可作为夏季空调的冷源和冬季热泵供暖的热源，即在夏季，把室内的热量取出来，释放到地下去；冬季，把地源能中的热量"取"出来，提高温度后，供给室内采暖。

通常地源热泵消耗 1kW 的能量，用户可以得到 4kW 以上的冷量或热量供用户使用，即通过消耗少量电能，可从土壤、地表水、地下水等浅层地热中提取 4～6 倍于自身所消耗电能的能量进行利用。

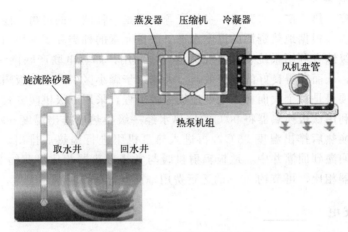

图 8-5　使用地热热泵系统示意

根据地热能交换系统形式的不同，地源热泵系统分为地埋管地源热泵系统、地下水地源热泵系统和地表水地源热泵系统。地源热泵系统减少了煤、石油等化石能源的利用，提高了能源的使用效率，可大大减少 CO_2 等温室气体的排放，减缓城市热岛效应，并避免由于使用锅炉和冷却塔而引发的空气污染和噪声污染，是改善城市大气环境、节约能源的一种有效途径，也是我国地源能利用的一个新发展方向。

我国浅层地热能应用潜力巨大，初步估算，287 个地级以上城市每年浅层地热能可利用资源量相当于 3.56 亿吨标准煤，扣除开发消耗的电能，净节能相当于 2.48 亿吨标准煤，减少 CO_2 排放 6.13 亿吨。根据自然资源部资料，全国地源热泵行业供暖/制冷建筑面积从 2010 年的 1 亿 m^2 左右，高速增长到 2020 年超过 8 亿 m^2，为我国节能减排、打赢蓝天保卫战做出了巨大的贡献。北京大兴国际机场地源热泵系统为 257 万 m^2 建筑提供供暖和制冷服务。北京城市副中心办公区通过热泵技术，率先创建"近零碳排放区"示范工程，为 150 万 m^2 建筑群提供夏季制冷、冬季供暖及生活热水。上海世博会期间建造的"一轴四馆"永久场馆之一的世博轴工程，采用土壤源热泵和江水源热泵的复合式系统，其中前者承担 1/3 负荷，是当今世界上最大的桩基地源热泵项目；后者承担 2/3 负荷，以黄浦江水作为冷热源。该地源热泵复合系统成功地实现了对自然可再生资源的科学利用，符合上海世博会"城市，让生活更美好"的主题。据测算，节能率约 40%，每年可节约运行费约 530 万元，节电约 660 万 kW·h，相当于节约煤炭 2640t，节水 26400t，减排 CO_2 5440t。

（5）地热制冷空调

地热制冷空调是以大于 70℃ 的地热水为动力，驱动以溴化锂-水为工质的热水型两级溴化锂吸收式制冷机，提供 7～9℃ 冷水，用于空调或工艺冷却。地热水经过制冷机后的排放温度为 60～62℃，可用于洗浴、桑拿、游泳等，实现地热资源的高效综合利用。地热能工程中心研制的热水型溴化锂两级吸收式制冷机，2002 年在广东省梅州市五华县汤湖投入运行，以 75℃ 地热水为驱动的地热制冷、采暖示范系统，机组制冷量为 100kW·h，耗电仅 18kW·h，系统节能效果显著。2008 年奥运会期间建造的北京奥运村污水源热泵项目，运行"城市再生水源"热泵中央空调系统，将城市污水源作为奥运村夏季制冷、冬天供暖的主要介质，实现了能源利用的多元化。实测表明，项目每年常规能源替代量为 1257 标准煤，年减排 CO_2 3105t，节约运行费用 125 万元。

（6）地热能梯级综合利用

地热是一种集"热、矿、水"于一身的资源，既是一种洁净的可再生能源，也是一种宝贵的旅游及水资源。根据地热资源的温度水平、微量元素的种类和实际使用要求，可以利用技术集成构建梯级综合利用系统，以实现资源高效利用，如热电联产联供、热电冷三联产、先供暖后养殖等，从而获得良好的经济效益。天津市华馨小区引入了地板辐射采暖和地热梯级利用技术，该项目是首个大面积住宅型地板采暖工程，采用三级供暖方式。系统采用两级换热一级提热，利用钛板换热器将 90℃ 的地热水经一级换热后排出温度 50℃，然后进入二级钛板换热器，换热后排出温度 25℃，再进入热泵机组进行提热后排出，排出温度 10℃，排出的地热尾水回灌到回灌井中。地板辐射供暖与常规散热器相比可节约 20% 左右的供热量，与铸铁散热器相比，可节约 30% 的运行费用，而且舒适、美观、卫生。

8.4.2　地热发电

1904 年，意大利人在拉德瑞罗地热田建立了世界上第一座地热发电站，功率为 550W，开地热能发电之先河。其后，意大利的地热发电发展到 500MW 以上。1924 年，日本开始试验 1kW 的地热蒸汽发电装置，并于 1966 年在松川建成第一座 20MW 的商用地热电站。1958 年新西兰的北岛开始用地热源发电。美国加州的喷泉热田，从 1960 年就开始发电，拥有世界上最大的地热电站和机组。我国最著名的地热电站，是西藏的羊八井地热电站，装机容量 25.18MW。至今，世界范围内利用地热资源发电的国家已达到 31 个，美国、印度尼西亚、菲律宾和土耳其是地热发电利用排名前四的国家。未来地热发电应用前景广阔。

地热发电是利用地下热水和蒸汽为动力源的一种新型发电技术。其基本原理与火力发电类似，也是根据能量转换原理，首先将蒸汽的热能在汽轮机中转换为机械能，再带动发电机发电，即实现机械能到电能的转换。所不同的是，地热发电不像火力发电那样要备有庞大的锅炉，也不需要消耗燃料，它所用的能源就是地热能。要利用地下热能，首先需要有载热体把地下的热能带到地面上来。目前能够被地热电站利用的载热体主要是地下的天然蒸汽和热水。通过打井可以找到正在上喷的天然热水流，水是从 1～4km 的地下深处涌上来，处于高压状态。通常一眼底部直径为 25cm 的井每小时可生产 200～800t 的地热水与蒸汽。由于水温的不同，5～10 眼井产出的蒸汽可使一个发电装置生产出 55MW 的电。

地热发电系统主要有 4 种。

（1）地热蒸汽发电系统

即利用地热蒸汽推动汽轮机运转来产生电能。将从热水井中抽出的带压地热水送入闪蒸器中抽气降压，使温度不太高的一部分地下热水（约占 35%，取决于它的温度）因气压降低而闪蒸（沸腾）为蒸汽，蒸汽进入汽轮发动机，带动发电机发电（见图 8-6）。涡轮的排气用传统冷却塔冷却。闪蒸罐内剩余的水在沸腾之后又注入地层，有助于维持地层的压力，并补充对流的水热系统。

地热蒸汽发电系统技术成熟、运行安全可靠，是地热发电的主要形式。西藏羊八井地热电站采用的便是这种形式。该电站发电量曾占拉萨电网的近一半，是国家地热开发的成功范例，为缓解拉萨地区供电紧张、促进经济发展做出了重大贡献。

汽轮发电机的制造和运行费用不高，但为了在高效率下操作，要求水温在 180～200℃ 以上。目前世界上多数正在运行的地热发电装置属于汽轮机型。

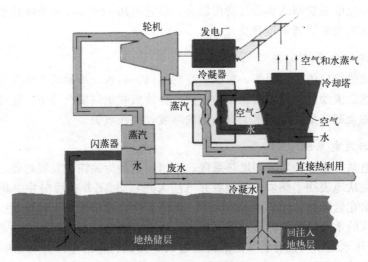

图 8-6　地热蒸汽发电系统

（2）双流体循环发电系统

也称为有机工质朗肯循环系统。在这种发电系统中采用两种流体：一种是采用地热流体作热源；另一种是采用低沸点工质流体作为工作介质，完成将地下热水的热能转变为机械能。

在双流体循环发电装置中，不是将热水闪蒸为蒸汽，而是以低沸点有机物如异丁烷或异戊烷作为工质。地热水送至热交换器，用于加热低沸点的工作介质，使工质在流动系统中从地热流体中获得热量，并产生有机质蒸汽，进而推动汽轮机旋转，带动发电机发电。在离开涡轮后工作介质冷凝为液体，流回热交换器再次被汽化，地热流体通过喷射井又回注到地层（见图 8-7）。这一点与汽轮发电机中的情况很相似。由于在双流体循环发电装置中所用的工作介质是在比水低的温度下蒸发的，它的发电效率比汽轮发电机高。这种系统设备紧凑，汽轮机的尺寸小，特别适合于含盐量大、腐蚀性强和不凝结气体含量高的地热资源。发展双循环系统的关键技术是开发高效的热交换器。

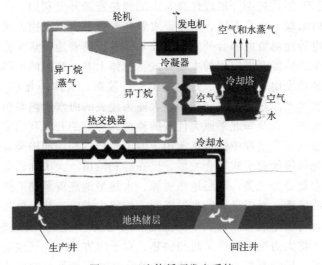

图 8-7　双流体循环发电系统

双流体循环发电装置制造和运行费用较高，但它可用 100℃ 或更低温的水发电。目前世界上双流体循环发电装置越来越普及。

（3）全流体发电系统

本系统将地热井口的全部流体，包括所有的蒸汽、热水、不凝结气体及化学物质等，不经处理直接送进全流动力机械中膨胀做功，然后排放或收集到凝汽器中。这种形式可以充分利用地热流体的全部能量，但技术上有一定的难度，尚在攻关。

（4）干热岩发电系统

干热岩发电系统也称为增强型地热系统，是国际上最为关注的发展趋势之一。干热岩发电系统的原理是从地表往干热岩中打一眼井（注入井），封闭井孔后向井中高压注入温度较低的水，高压水在岩体致密无缝隙的情况下，会使岩体大致沿垂直于最小地应力的方向产生许多裂缝，注入的水会沿着裂隙运动并与周边的岩石发生热交换，可以产生温度高达 200～300℃ 的高温高压水或水汽混合物，然后再通过人工热储构造的生产井将这些高温蒸汽提取用于地热发电和综合利用，利用后的温水又通过注入井回灌到干热岩中，从而达到循环利用的目的。

利用地下干热岩体发电的设想是美国人莫顿和史密斯于 1970 年提出的。1972 年，美国在新墨西哥州北部打了两口约 4000m 的深斜井，从一口井中将冷水注入干热岩体，从另一口井取出自岩体加热产生的蒸汽，功率达 2300kW。进行干热岩发电研究的还有日本、英国、法国、德国和俄罗斯等国家，但迄今尚无大规模应用。我国的干热岩资源主要集中在西藏羊八井地区、云南腾冲地区以及青海共和盆地等地。青海发现的干热岩矿藏能源位于地下几公里的深度，在青海共和盆地东部 GR1 地热井 3705 米深处钻获 236℃ 的高温岩体，是国内首次发现的埋藏最浅、温度最高的干热岩体。2022 年 1 月，在共和盆地成功实现国内首次干热岩试验性发电并网，取得历史性重大突破。从长远看，研究从干燥的岩石中和从地热增压资源及岩浆资源中提取有用能的有效方法，可进一步增加地热能的应用潜力。

8.5 我国地热能利用技术展望

我国从 20 世纪 70 年代初期开展现代意义上的地热资源开发利用，经过 50 多年的发展，在技术上已经形成以取暖、水产养殖、浴疗、农业和医疗等直接利用方式和油电地热与耦合利用、地热蒸气发电等地热资源综合开发利用技术体系。随着地源热泵技术的发展，浅层地热能利用目前是我国地热能开发应用的主要方式。总体上看，我国的地热能利用已形成以西藏羊八井为代表的地热发电，以河北、辽宁、山东、陕西、天津、北京为代表的地热供暖，以重庆为代表的地表水水源热泵供热制冷，以大连为代表的海水源热泵供热制冷，以东南沿海为代表的疗养与旅游，以及华北平原为代表的种植和养殖的开发利用格局。在油田地热与耦合利用方面，将油气开发过程中的地热能用于油田生产，利用油田废弃井提取热能，推进地热能与天然气、光伏等能源形式耦合发展，已在胜利油田、大庆油田等地落地。

我国地热资源主要分为三类：浅层地热资源、水热型地热资源和干热岩型地热资源。根据我国地热能资源的国情，对于已知的高温资源，将优先考虑地热发电技术；对于分布较广的中低温地热资源，将因地制宜地开发中低温地热发电技术，大力发展地热直接利用技术；对于气候寒冷地区，将大力推广地热采暖和供热；对于南方地区，气候炎热潮湿，将大力发展地热直接利用技术，用于夏季制冷空调和制备洗浴热水以满足日常生活需求；对于农产品丰富的地区，将利用地热水干燥农产品，获得良好的经济效益；对于两季较为分明的北方地区和江淮地区，将大力推广地源热泵冷热联供系统，选择具备条件的中低层建筑和别墅，大力推广应用。

　　总之，地热能是一种应用前景十分广阔的新能源。通过长期的利用实践，人们认识到在地热资源的开发利用中应根据资源条件，贯彻因地制宜，合理开采，避免浪费，综合利用，提高热能利用率的方针。国家《"十四五"可再生能源发展规划》提出，要积极推进地热能规模化开发，积极推进中深层地热能供暖制冷，全面推进浅层地热能开发，有序推动地热能发电发展。《关于促进地热能开发利用的若干意见》也明确，到 2025 年，地热能供暖（制冷）面积比 2020 年增加 50％，全国地热能发电装机容量比 2020 年翻一番。可以预见，在各方面的共同努力下，我国的地热能利用必将得到更好、更快的发展。

第9章 | 生物质能

生物质能是人类一直赖以生存的重要能源，是仅次于煤炭、石油和天然气而居于世界能源消费总量第四位的能源，在整个能源系统中占有重要地位。在可能替代化石燃料的能源中，生物质以其可再生、产量巨大、可储存、碳循环等优点而引人注目，有关专家估计，生物质能极有可能成为未来可持续能源系统的主要组成部分。发展生物质能将为推动碳减排与应对气候变化作出贡献。

9.1 生物质——最古老的能源

生物质是指通过光合作用而形成的各种有机体，包括所有的动植物和微生物。生物质能是以生物质为载体的能量，它是将太阳能转化为化学能而储存在生物质内部的能量形式。因此，生物质能是直接或间接地来源于植物的光合作用。在各种可再生能源中，生物质极为独特，它储存的是太阳能，是唯一可替代化石能源转化成气态、液态和固态燃料以及其他化工原料或者产品的碳资源，加之在其生长过程中吸收大气中的CO_2，构成了生物质中碳的循环（见图9-1）。煤、石油和天然气等化石能源也是由生物质能转变而来的。据估计，全世界每年由植物光合作用固定的碳达2000亿吨，含能量达3×10^{21}J，每年通过光合作用储存在植物的枝、茎、叶中的太阳能相当于全世界每年耗能量的10倍。生物质遍布世界各地，其蕴藏量极大，仅地球上的植物每年生产量就相当于目前人类消耗矿物能的20倍，或相当于世界现有人口食物能量的160倍，资源开发利用潜力巨大。

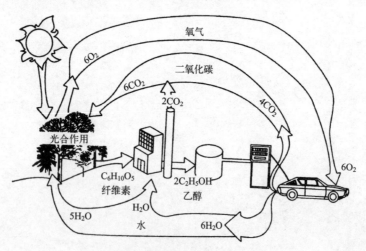

图 9-1 生物质燃料的碳循环

生物质能资源自古以来就是人类赖以生存的能源，在人类社会历史的发展进程中始终发挥着极其重要的作用。人类自从发现火开始，就以生物质的形式利用太阳能来做饭和取暖。

即使是今天，世界上薪柴的主要用途依然是在发展中国家供农村地区的炊事和取暖。

生物质原料具有区域性和分散性的特点。生物质储量分布广阔但极为分散，因此在收集和作为原料的稳定性上都存在一定的困难，对于城市垃圾来说也是如此。农作物的剩余物能量密度较低，运输也有一定困难，增加了运输成本。以农作物剩余物为燃料的电厂，由于原料来源的季节性和种类的多变性，需要设置较大的储料场和混料场，以保证电厂运行的稳定性，同时考虑到秸秆的易燃性，防火措施也要相应加强。此外，由于生物质的能量密度低，远距离运送是不合理的。根据以秸秆为原料的电厂可行性研究和运行实践证明，通常运送距离不超过 30km 为宜（预制成高密度固体燃料除外）。总的原则是，按单位能量计，生物质的价格应低于原煤价格，否则生物质电厂在经济上难以维持。

植物生物质所含能量的多少与下列诸因素有密切的关系：品种、生长周期、繁殖与种植方法、收获方法、抗病抗灾性能、日照时间与强度、环境温度与湿度、雨量、土壤条件等。世界上生物质资源数量庞大，形式繁多，大致可以分为传统和现代两类。传统生物质包括家庭使用的薪柴、木炭和稻草（也包括稻壳）、其他植物性废弃物和动物的粪便，农村烧饭用的薪柴便是其中的典型例子。传统生物质能主要在发展中国家使用，广义上包括所有小规模使用的生物质能，但也并不总是置于市场之外。现代生物质能是指由生物质转化成的现代能源载体，如气体燃料、液体燃料或电能，从而可大规模用来代替常规能源，巴西、瑞典、美国的生物能计划便是这类生物能的例子。现代生物质包括工业性的木质废弃物、甘蔗渣（工业性的）、城市废物、生物燃料（包括沼气和能源型作物）。

在能源的转换过程中，生物质是一种理想的燃料。生物质能的优点是燃烧容易，污染少，灰分较低，具有很强的再生能力；缺点是热值及热效率低，体积大而不易运输，直接燃烧生物质的热效率仅为 10%～30%。随着科技的发展，传统的利用方式逐渐被高效、清洁的现代生物质能所替代。目前世界各国正逐步采用如下方法利用生物质能。

① 热化学转换法。是将固体生物质转换成木炭、焦油和可燃气体等品位高的能源产品。热化学转换技术包括高效燃烧技术、气化技术、直接液化技术和生物柴油技术，按其热加工方法的不同，又分为高温干馏、热解、生物质液化等。

② 生物化学转换法。主要指生物质在微生物的发酵作用下生成沼气、乙醇等能源产品。生物化学转换技术分为沼气技术和乙醇技术。沼气是有机物质在一定温度、湿度、酸碱度和厌氧条件下经各种微生物发酵及分解作用而产生的一种混合可燃气体。乙醇可用作替代汽油的可再生燃料。

③ 利用油料植物所产生的生物油。

④ 其他新技术。主要包括微生物制氢、微生物燃料电池、合成气乙醇发酵、生物丁醇和产油微生物等。

9.2 生物质能资源

目前可供利用开发的资源主要为生物质废弃物，包括森林能源、农作物秸秆、禽畜粪便、工业有机废弃物和城市固体有机垃圾等。此外，高产能源作物作为生物质能资源近年来引起广泛关注，如甜高粱、甘薯、木薯、绿玉树、巨藻等，可为生物质能源产业化提供可靠的资源保障。

（1）森林能源

森林能源是森林生长和林业生产过程提供的生物质能源，主要是薪材，也包括森林工业的一些残留物等。薪材来源于树木生长过程中修剪的枝杈、木材加工的边角余料以及专门提供薪材的薪炭林。油料生物质能资源主要包括麻风树、黄连木、油桐、乌桕等木本油料树种，其种实可以用来生产生物柴油。木本淀粉植物如栎类果实、菜板栗、蕨根、芭蕉芋等，可用来加工生产燃料乙醇。

森林能源在我国农村能源中占有重要地位，目前相当部分的林木剩余物已被利用，主要是用作农民炊事燃料或复合木材制造业等工业原料。由于普通民用炉灶技术较落后，效率较低，污染环境，迫切需求采用高效清洁技术，以提高资源利用率。

（2）农作物秸秆

农作物秸秆是农业生产的副产品，也是我国农村的传统燃料。秸秆资源与农业主要是种植业生产关系十分密切。农作物秸秆除了作为饲料、工业原料之外，其余大部分还可作为农户炊事、取暖燃料。随着农村经济的发展和生活水平的提高，人们的消费观念、消费方式发生了巨大变化，为追求高质量的生活标准，农民已有条件和能力大量使用商品能源（如煤、液化石油气等）作为炊事用能。以传统方式利用的秸秆首先成为被替代的对象，致使被弃于地头田间直接燃烧的秸秆量逐年增大，既危害环境，又浪费资源。因此，加快秸秆的优质化转换利用势在必行。

农作物秸秆资源量主要取决于农作物产量、收集系数，以及还田、饲料和工业原料用途等消耗量。我国农作物秸秆的最大特点是既分散又集中，特别是一些粮食产区几乎都是秸秆资源最富裕的地区。黑龙江和华北地区的河北、山东、河南，东南地区的江苏、安徽，西南地区的四川、云南、广西、广东等省区，其秸秆资源量几乎占全国总量的一半。

（3）禽畜粪便

禽畜粪便也是一种重要的生物质能源。除在牧区有少量的直接燃烧外，禽畜粪便主要是作为沼气的发酵原料。我国主要的禽畜是鸡、猪和牛，根据这些禽畜品种、体重、粪便排泄量等因素，可以估算出粪便资源量。在粪便资源中，大中型养殖场的粪便更便于集中开发和规模化利用。

（4）工业有机废弃物

工业有机废弃物可分为工业固体有机废弃物和工业有机废水两类。我国工业固体有机废弃物主要来自木材加工厂、造纸厂、糖厂和粮食加工厂等，包括木屑、树皮、蔗渣、谷壳等。工业有机废水资源主要来自食品、发酵、造纸工业等行业。工业废弃物的利用途径有堆肥、焚烧以及厌氧发酵等处理方式，有机废水的处理方式主要为厌氧发酵生产沼气。

（5）生活垃圾

随着城市规模的扩大和城市化进程的加速，我国城镇垃圾的产生量和堆积量逐年增加。城镇生活垃圾主要是由居民生活垃圾，商业、服务业垃圾和少量建筑垃圾等废弃物所构成的混合物，成分比较复杂，其构成主要受居民生活水平、能源结构、城市建设、绿化面积以及季节变化的影响。中国大城市的垃圾构成已呈现向现代化城市过渡的趋势，具有以下特点：一是垃圾中有机物含量接近 1/3，甚至更高；二是食品类废弃物是有机物的主要组成部分；三是易降解有机物含量高。目前我国垃圾无害化的主要处理方式是卫生填埋、堆肥和焚烧，80％以上的城市生活垃圾采用卫生填埋的手段处理。

生活垃圾中的废弃动植物油脂包括：①餐饮、食品加工单位及家庭产生的不允许食用的动植物油脂，主要包括泔水油、煎炸废弃油、地沟油和抽油烟机凝析油等；②利用动物屠宰分割和皮革加工修削的废弃物处理提炼的油脂，以及肉类加工过程中产生的非食用油脂；

③食用油脂精炼加工过程中产生的脂肪酸、甘油酯及含少量杂质的混合物，主要包括酸化油、脂肪酸、棕榈酸化油、棕榈油脂肪酸、白土油及脱臭馏出物等；④油料加工或油脂储存过程中产生的不符合食用标准的油脂和废弃动植物油脂，由于没有建立完整的废油收集体系，废弃油脂既污染环境，又威胁饮食安全。因此，规定废弃油脂的回收、加工要求，控制其去向，防止进入食用领域，加以收集并利用废油生产生物柴油、肥皂等，是一种无害化处理、有效利用的最佳途径。

9.3 国内外生物质能发展现状及趋势

生物质能的发展主要受原油价格、农业原料价格和各国政策的推动。目前，各国推进生物能源发展的主要政策目标是为了缓解气候变化、提高自给率、保障本国能源安全和实现农业和农村社区的发展。一些国家的生物质能技术和装置多已达到商业化应用程度，实现了规模化产业经营，生物质转化为高品位能源利用已具有相当可观的规模。美国在开发利用生物质能方面处于世界领先地位。在生物质发电方面，美国从 1979 年就开始采用生物质燃料直接燃烧发电，截至 2020 年，生物质能发电的总装机容量已超过 16000MW，发电量 640 亿kWh。自 20 世纪 90 年代以来，以燃料乙醇和生物柴油为代表的第一代生物质能源发展迅速。2013 年，美国燃料乙醇和生物柴油产量排在了世界第一位。燃料乙醇和生物柴油产业在减少美国原油进口、提高能源自给率、增加就业岗位、增加农业收入以及降低农业生产成本等方面都发挥了积极作用。2023 年，美国能源部（DOE）宣布投资 5.9 亿美元更新其现有的四个生物能源研究中心（BRC），对下一代可持续、具有成本效益的生物产品和来自国内生物质资源的生物能源开展研究，扩大清洁能源的多样性和可靠性，确保美国实现 2050 年净零排放经济的目标。

巴西是乙醇燃料开发应用最有特色的国家，其燃料乙醇行业发展极为成熟，是第一个达到生物燃料可持续利用的国家，同时还是世界上唯一不使用纯汽油作为汽车燃料的国家。巴西的燃料乙醇产量一直处于世界前列，其燃料乙醇出口量位居世界第一。2013 年，巴西燃料乙醇产量排在了世界第二位。但是，巴西生产燃料乙醇的原料与美国不同，它主要以甘蔗为原料来生产燃料乙醇。巴西还集中各方面的科技优势，加速开发生物柴油，启动了生物柴油计划，宣布从 2007 年开始必须在矿物柴油中掺加 2% 的生物柴油，到 2025 年生物柴油强制掺混比例将增至 14%。

生物质能已成为欧盟最重要的可再生能源之一，占到欧盟终端能源需求的 12%。此外，欧洲通过修订《可再生能源指令》《生物能源可持续性影响评估》和出台《2030 欧洲气候和能源政策框架》等政策，进一步推进欧盟生产、利用生物质能。德国是生物柴油消耗量最大的国家，其生物柴油的使用量占石油基柴油市场的 3% 左右，占整个欧洲消费量的 46%。2013 年，德国生物柴油产量排世界第二位，其生产生物柴油的主要原料为菜籽油。生物质发电技术的应用主要集中在北欧，丹麦在生物质直燃发电方面成绩显著，大力推行秸秆等生物质发电，丹麦的 BWE 公司率先研究开发了秸秆生物燃料发电技术，使生物质成为丹麦的重要能源，2018 年丹麦生物质热力消费在全部热力消费中的占比达到 32%。芬兰生物质能源提供方式以建立燃烧站为主，较小规模的燃烧站仅提供暖气，大型燃烧站则同时提供暖气和电力。芬兰生物质能在一次能源消费中的占比达到 30%，在可再生能源消费中的占比高达 82%。瑞典燃用林业生物质，采用热电联合装置产热和供电，其联合气化（BIGCC）工艺处于世界领先地位。

我国的生物质能资源丰富，特别是非林木植物生物质资源非常丰富，仅农作物秸秆、蔗渣、芦苇和竹子等生物质总量已超过 10 亿吨。各类农作物秸秆、薪柴以及城市垃圾等资源量估计每年可达 650 兆吨标准煤以上。更为重要的是，除现有的耕地、林地和草地作为传统农业外，我国尚有大量不适合农耕的土地，可以种植速生林。将产出的木材用作生物质原料，既可以取代石油和煤等矿物原料，又能以经济利润推动大规模植树造林。

开发利用生物质能对中国农村更具特殊意义。改革开放以来，中国经济得到了前所未有的快速发展，拥有 14 多亿人口（占世界人口 18%）的中国正在由农业国向工业化国家转变，也会面临其他国家在工业化过程中曾遇到的经济、环境和社会方面的困难，特别是农村地区的能源安全、环境恶化以及城乡不平等问题。随着农村经济发展和农民生活水平的提高，农村对于优质燃料的需求日益迫切。传统能源利用方式已经难以满足农村现代化需求，生物质能优质化转换利用势在必行。广大农村地区生物质能等可再生能源资源丰富，是落实碳达峰目标、大力发展新能源的重要增长极。立足于农村现有的生物质资源，研究新型转换技术，不仅能够大大加快村镇居民实现能源现代化的进程和满足农民富裕后对优质能源的迫切需要，同时又可适应减少排放、保护环境、实施可持续发展战略的需要，有助于推动乡村经济、生态、社会的可持续发展。

在世界各国应对全球气候变化的大背景之下，能源转型已经成为全球能源发展的关键目标和趋势所在，生物质能将逐渐显示出气候、生态和环境价值，越来越多的国家将持续重视生物质能产业的发展，继续加大技术创新力度，在生物质能开发和利用领域提供更加先进和可行的技术路径和应用方案，扩大应用场景。生物质能源的未来发展趋势包括：

（1）积极发展非粮生物燃料。目前，以粮食为原料生产燃料乙醇和以油菜籽为原料生产生物柴油的发展规模最大，但随着开发生物质能源与粮食安全的关系成为国际争议焦点。发展非粮原料生物燃料已成为世界范围内生物燃料产业的发展趋势。许多国家都在寻找和发展新的非粮生物质能源植物进行生物质能源开发，例如，利用薯类、甜高粱、植物纤维（秸秆等）等转化乙醇，利用油料作物（油菜、蓖麻）、木本植物（小桐子、黄连木、麻风树）等发展生物柴油。国际上正加紧非粮生物燃料的开发与投入。

（2）研发纤维素乙醇技术，促进规模化生产。以木质纤维素生产的液体生物质燃料被认为是第二代生物质燃料。发展纤维素乙醇和新一代生物柴油不会产生传统玉米乙醇、油菜籽柴油引发的与人争粮的问题。第二代生物质燃料将成为解决世界能源危机，促进环境可持续发展，走出资源困局的有效手段。未来燃料乙醇发展将更多地转向纤维素类生物原料，积极探索并促进第二代生物燃料产业技术的研发。

（3）开发高产油藻，实现产业化。微藻不同于玉米、大豆等其他作物，微藻能在海水、废水、苦咸水等各种水源或者裸露的土地上密集生长，其生产能力高，比陆生植物单产油脂高出几十倍，而且所生产的生物柴油不会对环境造成污染。利用工程微藻法生产生物柴油，为柴油生产开辟了一条新的技术途径。高产油藻一旦开发成功，并投入产业化生产，将会使生物柴油的产量规模达到数千万吨。因此，工程微藻是未来生产生物柴油的一大趋势。

9.4 生物质的利用

开发利用生物质能有利于回收利用有机废弃物、处理废水和治理污染，生物质能中的沼气发酵系统能和农业生产紧密结合，可减缓化肥农药带来的种种对环境的不利因素，有效刺激农村经济的发展。生物质能源转换技术包括生物转换、化学转换和直接燃烧三种转换技术（见图 9-2）。生物质能源转换的方式有生物质气化、生物质固化、生物质液化（见图 9-3）。

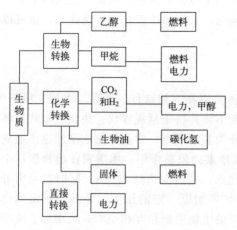

图 9-2　生物质能源转换技术

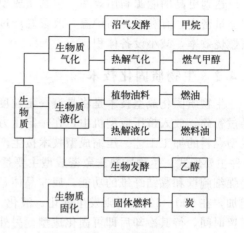

图 9-3　生物质能源转换方式

9.4.1　生物质直接燃烧

生物质燃料通过燃烧将化学能转化为热能，燃烧过程产生热量的多少，除与生物质本身的热值有关外，还与燃烧的操作条件和燃烧装置的性能密不可分。

9.4.1.1　省柴灶的推广

世界上生物质能源的开发利用技术长期以来主要是采用直接燃烧。尽管经过不断的技术改造，利用效率仍很低。而我国是个农业大国，绝大多数人口分布在乡村和小城镇，对生物质能的利用更是如此。旧式传统柴灶的燃烧热效率很低，为 8％～12％。开发研究高效的燃烧炉，提高使用热效率，仍将是应予解决的重要问题。农村省柴节煤炉、灶、炕技术是指针对农村广泛利用柴草、秸秆和煤炭进行直接燃烧的状况，利用燃烧学和热力学的原理，进行科学设计而建造或者制造出适用于农村炊事、取暖等生活领域的炉、灶和炕等用能设备。推广省柴节煤技术有利于缓解农村炊事用能的紧张状况，提高效率，减少排放，而且卫生、方便、安全。20 世纪 80 年代初期，我国将推广省柴节煤技术列入国民经济发展计划，省柴灶的热效率一般都超过 20％，较旧式灶效率提高了 1 倍，缓解了柴草不足的紧张局面。

省柴灶的外部由预制件制成的灶体、灶面和烟囱构成，其内部自上而下装有用铸铁制成的烟道圈（或环形热水器）、拦火圈、炉芯和炉箅构件，这些铸铁构件与灶体预制件之间填充有保温材料。与老式柴灶相比，省柴灶具有"两小"（灶门和灶膛较小）、"两有"（有灶箅和烟囱）、"一低"（吊火较低）的优点。这种炉灶灶形优良，容易组装成型，因而特别适宜在广大农村推广使用。省柴灶的进一步改进除可获得省柴效果好的特点外，还可以调节活门，以达到控制火势的目的。

现阶段，全社会更加关注生物质能的开发与利用，一些科研单位和生产企业开始自发研究生产以农作物秸秆、林业废弃物等为原料的颗粒、块状和棒状等生物质固体成型燃料，并研发与之相配套使用的生物质炉具以及炊事取暖用具。

9.4.1.2　高效燃烧技术

高效燃烧技术是高效率、低污染的工艺，其主要过程是将生物质与适量的空气在锅炉中进行高效燃烧，生成的高温烟气与锅炉的热交换器换热，产生高温高压蒸汽并通过蒸汽轮机发电机组发电。典型的发电厂规模一般在 MW 级到百 MW 级，甚至上千 MW 之间，发电效率可达 20％～40％，100MW 以上或与煤混烧时，可达到较高的效率，若采用热电联供系统可以达到更高的能源利用效率。生物质成型技术有利于燃料的储存、运输，也提高了单位体积能量密度，有利于提高炉温，改善燃烧过程。同时，采用加压流化床燃烧技术，也可以提高燃烧效率，减小设备体积。

9.4.2　生物质固化技术

生物质固化成型技术是将具有一定粒度的生物质原料（如秸秆、果壳、木屑、稻草等）经过粉碎，放入挤压成型机中，在一定压力和温度下将其挤压制成棒状、块状或粒状等各种成型燃料的加工工艺。压缩成型技术按生产工艺分为黏结成型、常温压缩成型和热压缩成型3种主要形式。生物质热压致密成型主要是利用木质素的胶黏作用。木质素在植物组织中有增强细胞壁和黏结纤维的功能，属非晶体，有软化点，当温度达到 70～110℃ 时黏结力开始增加，在 200～300℃ 时则发生软化、液化。此时如再加以一定的压力，并维持一定的热压滞留时间，待其冷却后即可固化成型。另外，粉碎的生物质颗粒互相交织，也增加了成型强度。其中热压成型的工艺流程为：原料→粉碎→干燥→混合→挤压成型→冷却→包装；黏结成型的工艺流程为：原料→粉碎除杂→碳化→混合黏结剂→挤压成型→产品干燥→包装。用于生物质成型的设备主要有螺旋挤压式、活塞冲压式和环模滚压式等几种类型。目前，国内生产的生物质成型机一般为螺旋挤压式。曲柄活塞冲压机通常不用电加热，成型物密度稍低，容易松散。环模滚压成型方式生产的是颗粒燃料，该机型主要用于大型木材加工厂木屑加工或造纸厂秸秆碎屑的加工，粒状成型燃料主要用作锅炉燃料。

原料经挤压成型后，体积缩小，密度可达 $1.1～1.4g/cm^3$，含水率在 12% 以下，热值约 16MJ/kg。成型燃料热性能优于木材，能量密度与中质煤相当，燃烧特性明显改善，而且点火容易，火力持久，黑烟小，炉膛温度高，并便于运输和贮存。生物质压制成型技术把农、林业中的废弃物转化成能源，使资源得到综合利用，并减少了对环境的污染。成型燃料可作为生物质气化炉、高效燃烧炉、小型锅炉、工业供热和小型发电设施等的燃料。

利用生物质炭化炉可以将成型生物质块进一步炭化，生产生物炭。由于在隔绝空气条件下，生物质被高温分解，生成燃气、焦油和炭，其中的燃气和焦油又从炭化炉中释放出去，最后得到的生物炭燃烧效果显著改善，烟气中的污染物含量明显降低，是一种高品位的民用燃料。优质的生物炭还可以作为冶金、化工等行业的还原剂、添加剂等。

将破碎和干燥处理的煤和农作物秸秆、杂草等生物质，按一定比例掺混，加入固硫剂，利用生物质中的木质素、纤维素、半纤维素等的黏结与助燃作用，经高压成型机压制成的生物质固硫型煤，兼具生物质和煤的特性。生物质固硫型煤在燃烧过程中，随着温度的升高，生物质比煤先燃烧完毕，形成的空隙起到膨化疏松的作用，使固硫剂 CaO 颗粒内部不易发生烧结，增大 SO_2 和 O_2 向 CaO 颗粒内的扩散作用，提高 Ca 的利用率；同时，有利于固硫反应中先生成的 $CaSO_3$ 迅速氧化为不易高温分解的 $CaSO_4$，从而提高了固硫效率。

9.4.3　生物质气化技术

生物质气化技术主要有热解气化技术和厌氧发酵生产沼气技术等。其中热解气化技术主要用于生物质发电，沼气生产技术主要用于农村家庭用燃气。热解气化技术是在高温下将生物质部分氧化、隔绝空气热分解，或者是在超临界水等介质中热分解转化为可燃气体的技术，即通过化学方法将固体的生物质转化为气体燃料。

生物质气化主要使用固定床、流化床、移动床、旋转锥等反应器，其操作压力由一般的常压（部分氧化、隔绝空气热分解）到高压（超临界水气化），生物质气化产生的可燃气体可直接通过燃气轮机机组发电，也可进一步转化制氢，为燃料电池提供氢源，或者经净化与重整转化为合成气，采用催化合成工艺生产液体燃料甲醇、二甲醚，或烃类液体燃料，替代汽油和柴油。由于气体燃料高效、清洁、方便，因此生物质气化技术的研究和开发得到了国内外广泛重视，并取得了可喜的进展。

热解气化技术在国外大都采用压力（常压/高压）和燃烧气化技术，用于驱动燃气轮机，也有发生炉煤气甲烷化、流化床或固定床热解气化等。我国主要研究开发了流化床、固定床和小型气化炉热解气化技术，可分别处理秸秆、木屑、稻壳、树枝、废木块等生物质，将其转换成气体燃料。

9.4.3.1　生物质热解综合技术

热解是把生物质转化为有用燃料的基本热化学过程，即在完全缺氧或只提供有限氧和不加催化剂的条件下，把生物质转化为液体（生物油或生物原材料，如乙酸、丙酮、甲醇）、固体（焦炭）和非压缩气体（气态煤气）。生物质热解后，其能量的 80%～90% 转化为较高品位的燃料，有很高的商业价值。可热解的生物质非常广泛，如农业、林业和加工时废弃的有机物都可作为热解的原料。热解后产生的固体和液体燃料燃烧时不冒黑烟，废气中含硫量低，燃烧残余物很少，因而减少了对环境的污染。如生物质转化成的焦炭具有能量密度高、发烟少的特性，是理想的家用燃料。而分选后的城市垃圾和废水处理生成的污泥经热解后体积大为缩小，在除去臭味、化学污染和病原菌的同时还获得了能源。

热裂解工艺有以下 3 种类型。

① 慢速热解（烧炭法）　也称为木材干馏或炭化，主要用于木炭的烧制。低温干馏的加热温度为 500～580℃，中温干馏温度为 660～750℃，高温干馏温度为 900～1100℃。将木材放在窑内，在隔绝空气的情况下加热，可得到占原料质量 30%～35% 的木炭。

② 常规热解。将生物质原料放在常规的热解装置中，经过几个小时的热解，得到占原料质量 20%～25% 的生物炭及 10%～20% 的生物油。

③ 快速热解。将磨细的生物质原料放在快速热解装置中，严格控制加热速率和反应温度，使生物质裂解成小分子化合物，之后再聚合成油类化合物，冷凝后即为生物质原油。热解产物的生物油一般可达原料质量的 40%～60%。所获得的生物质原油可直接用作燃油，也可进一步精炼出更好的液体燃料或化工产品。快速热解过程需要的热量可以用热解产生的部分气体作为热源供应。

生物炭、生物油和燃料气 3 种产品的比率及其热值因热解所用原料和工艺的不同而有所差异。

9.4.3.2　气化

气化也是裂解的一种，主要是为了在高温下获得最佳产率的气体。产生的气体主要含有一氧化碳、氢气和甲烷，以及少量的二氧化碳与氮气。产生的气体比生物质原材料易挥发，可以作为燃气使用。气化过程与常见的燃烧过程的区别在于燃烧过程中供给充足的氧气，使原料充分燃烧，目的是直接获取热量，燃烧后的产物是二氧化碳和水蒸气等不可再燃烧的烟气；气化过程只供给热化学反应所需的那部分氧气，尽可能将能量保留在反应后得到的可燃气体中，气化后的产物是含氢、一氧化碳和低分子烃类的可燃气体。

生物质气化与煤的裂解非常相似，气化的过程很复杂，随着气化装置的类型、工艺流程、反应条件、气化剂种类、原料性质等条件的不同，反应过程也不同，这些过程的基本反应包括：

$$C + O_2 \longrightarrow CO_2 \tag{9-1}$$

$$2C + O_2 \longrightarrow 2CO \tag{9-2}$$

$$CO_2 + C \longrightarrow 2CO \tag{9-3}$$

$$H_2O + C \longrightarrow CO + H_2 \qquad (9\text{-}4)$$
$$2H_2O + C \longrightarrow CO_2 + 2H_2 \qquad (9\text{-}5)$$
$$H_2O + CO \longrightarrow CO_2 + H_2 \qquad (9\text{-}6)$$
$$2CO + O_2 \longrightarrow 2CO_2 \qquad (9\text{-}7)$$
$$CO_2 + 4H_2 \longrightarrow CH_4 + 2H_2O \qquad (9\text{-}8)$$
$$C + 2H_2 \longrightarrow CH_4 \qquad (9\text{-}9)$$
$$CO + 3H_2 \longrightarrow CH_4 + H_2O \qquad (9\text{-}10)$$
$$2CO + 2H_2 \longrightarrow CH_4 + CO_2 \qquad (9\text{-}11)$$
$$2H_2 + O_2 \longrightarrow 2H_2O \qquad (9\text{-}12)$$

气化装置简称气化炉，不同的反应条件产生不同的气化反应，植物生物质能的气化装置按运行方式不同，可以分为固定床气化炉、流化床气化炉和旋转床气化炉 3 种类型。图 9-4 为固定床气化炉的常见结构类型，其中常见的为上吸式和下吸式气化炉。

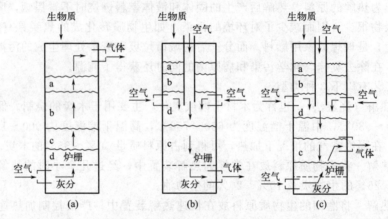

图 9-4　上吸式（a）、下吸式（b）和双层式（c）气化炉

a—干燥层；b—热解层；c—还原层；d—氧化层

不同气化炉的反应过程也有差异，以上吸式气化炉为例，气化反应可分为氧化层、还原层、裂解层和干燥层。各层的反应简介如下。

① 氧化反应。生物质在氧化层中的主要反应为氧化反应，气化剂由炉栅的下部导入，经灰渣层吸热后进入氧化层，在这里同高温的碳发生燃烧反应，生成大量的二氧化碳，同时放出热量，温度可达 $1000 \sim 1300\text{℃}$。反应式为式(9-1)。由于是限氧燃烧，因此，不完全燃烧反应［式(9-2)］同时发生。

在氧化层进行的燃烧均为放热反应，这部分反应热为还原层的还原反应、物料的裂解及干燥提供了热源。

② 还原反应。在氧化层中生成的二氧化碳和碳与水蒸气发生还原反应，生成 CO 和 H_2。由于还原反应是吸热反应，还原区的温度也相应降低，温度为 $700 \sim 900\text{℃}$，反应式包括式(9-3)～式(9-6)，还原层的主要产物为 CO、CO_2 和 H_2。

③ 裂解反应区。氧化区及还原区生成的热气体在上行过程中经裂解区，将生物质加热，使在裂解区的生物质进行裂解反应。在裂解反应中，生物质中大部分的挥发性组分从固体中分离出去，该区的温度为 $400 \sim 600\text{℃}$。裂解区的主要产物是炭、挥发性气体、焦油及水蒸气。

④ 干燥区。经氧化层、还原层及裂解反应区的气体产物上升至该区，加热生物质原料，使原料中的水分蒸发，吸收热量，并降低产气温度，气化炉出口温度一般为 $100 \sim 300\text{℃}$。

　　氧化区及还原区总称气化区，气化反应主要在这里进行。裂解区和干燥区总称为燃料准备区。

　　上吸式气化炉的特点是气体与固体呈逆向流动。在其运行过程中，湿的植物生物质原料从气化炉的顶部加入，被上升的热气流干燥而将水蒸气排出，干燥的原料下降时被热气流加热并分解，释放挥发组分，剩余的炭继续下降，与上升的 $CO_2(g)$ 及 $H_2O(g)$ 反应，CO_2 及 H_2O 等被还原为 CO 及 H_2 等，余下的炭被从底部进入的空气氧化，放出燃烧热为整个气化过程提供（热）能量。上吸式气化炉的主要优点是：碳转化率可高达 99.5%，几乎无可燃性固体剩余物，炉结构简单，炉内阻力小，加工制造容易。

　　下吸式气化炉的特点是气体与固体顺向流动。植物生物质原料由气化炉的上部储料仓向下移动，在此过程中完成植物生物质的干燥和热分解（气化）。该气化炉的优点是：能将植物生物质在气化过程中产生的焦油裂解，以减少气体中的焦油含量，同时还能使植物生物质中的水参加还原反应，提高气体产物中 H_2 的体积分数。

　　在发电规模较大的情况下，气化炉一般采用流化床炉型（见图 9-5）。它有一个热砂床，燃烧与气化都在热砂床上发生。木片、刨花等生物质原料放入燃料进料仓，经过处理系统除去金属杂质及太大的燃料，然后将一定颗粒状固体燃料送入气化炉，在吹入的气化剂作用下使物料颗粒、砂子、气化介质充分接触，受热均匀。燃料转化为气体，在炉内呈沸腾状态，并与蒸气一起进入旋风分离器，以获得燃料气。燃料气通过净化系统去燃料锅炉或汽轮机发电。

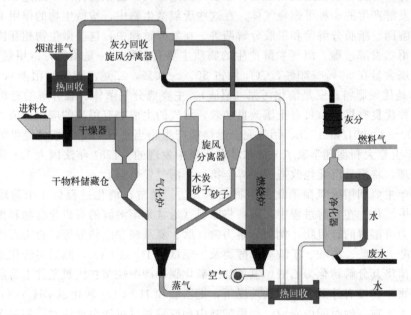

图 9-5　双循环流化床示意

　　由于循环流化床气化炉的流速较高，产出气中一般含有大量的固体颗粒，在经过旋风分离器或滤袋分离器后，将未燃尽的木炭和冷却的砂子再返回燃烧室，通过添加助燃空气进一步燃烧，这样就提高了碳的转化率。而热砂通过旋风分离器重新返回气化炉，保证了气化炉的热源。循环流化床气化炉的反应温度一般控制在 700～900℃。

　　循环流化床气化炉最大的特点是植物生物质能的各气化过程（燃烧、还原、热分解）非常分明。其中热分解是植物生物质能气化过程中最重要的一个反应过程，大约有 70%～75% 的植物生物质在热分解过程中转化为气体燃料，剩余的 25%～30% 主要是炭。15% 左右的炭在燃烧过程中被氧化，放出的燃烧热作为植物生物质气化所需的主要（热）能源。10％左右的炭则在还原（生成 H_2）的过程中被气化。在燃烧、还原和热分解这三个反应中，热分解反应发生得最快，燃烧反应次之，还原反应则需要较长时间才能完成。循环流化床气化炉的优点是：实现了快速加热、快速分解及炭的长时间停留，气化反应速率快，产气率和气体热值都很高，是目前最理想的植物生物质能气化装置，也是今后植物生物质能气化技术研究的方向。

将生物质固体原料置于高温、高压环境，通过热分解和化学反应将其转化为气体燃料和化学原料气体（合成气）等气态物质的过程称为加压气化。加压气化与常压气化的原理相同，可以使气化炉设计小型化。多数加压气化采取在 $0.5 \sim 2.5\text{MPa}$ 的加压状态下通过部分氧化直接气化的方式。

生物质气化产出物除可燃气外，还有灰分、水分及焦油等物质。在反应过程中，大部分灰分由炉栅落入灰室，可燃气中的灰分经旋风分离器或袋式分离器被分离出一部分，余下的细小灰尘在处理焦油的过程中被除掉。将收集到的灰分进一步处理，可加工成耐温材料，或提取高纯度的 SiO_2，也可用作肥料。

可燃气中还含有一定量的水蒸气，水蒸气遇冷将凝结成水。因此，在可燃气输送管网中，每隔一定距离要设一个集水井，以便将冷凝水排出。

9.4.3.3　生物化学法生产沼气

沼气是各种有机物质在适宜的温度、湿度并隔绝空气（还原条件）下经过多种厌氧微生物混合作用发酵产生的一种可燃烧气体。在这些厌氧微生物中，按微生物的作用不同，可分为纤维素分解菌、脂肪分解菌和果胶分解菌等。在发酵过程中，这些微生物相互协调、分工合作，完成沼气发酵过程。沼气发酵产生的物质主要有三种：一是沼气，以甲烷和 CO_2 为主，其中甲烷含量在 55％～70％，CO_2 约占 30％～40％；二是消化液（沼液），含可溶性 N、P、K，是优质肥料；三是消化污泥（沼渣），主要成分是菌体、难分解的有机残渣和无机物，是一种优良有机肥，具有土壤改良功效，沼气的生成物有很高的应用价值。沼气的发热量为 20800～23600J/m^3。1m^3 沼气完全燃烧能产生相当于 0.7kg 无烟煤提供的热量。沼气是 1776 年由意大利物理学家 A·沃尔塔在沼泽中发现的。1781 年法国人 L·穆拉根据沼气产生的原理，将简易沉淀池改造成世界上第一个沼气发生器。

沼气生产主要利用厌氧菌消化的生物化学方法。通常，消化过程分 3 个阶段发生：水解、酸化和甲烷化。在水解过程中，细菌将原料（通常是不溶解的有机化合物和聚合物）通过酶法转化为可溶解的有机物，例如分解为糖、肽、氨基酸和脂肪酸等，再将可溶性物质吸入细胞，发酵为乙酸、丙酸、丁酸等和醇类及一定量的 H_2 及 CO_2，然后将转化成的产物由产氢产乙酸菌将其分解转化为乙酸、氢气和二氧化碳，产甲烷菌在厌氧条件下将前三群细菌代谢的终产物，在没有外源受氢体的情况下，把乙酸和 H_2/CO_2 转化成 CH_4/CO_2。所有这些反应可在 1 天左右的时间内完成。如果酸被中和或稀释（可简单地通过添加更多的原料），则接着进行甲烷化过程，由有机酸发酵产生甲烷。一旦甲烷化细菌开始起作用，甲烷生产全过程会在 3～4 个星期内完成，这取决于分解池中的温度。在甲烷化阶段，消化池每天产生的气体体积大致相当于消化池的体积，可满足一个家庭的需要。目前公认的沼气发酵过程如图 9-6 所示。

典型的消化池在结构上十分简单（见图 9-7），由一个消化室、一个固体物进口和出口、一个混合搅拌器和一个气体输出室组成。消化室可以是一个铁桶，或者是在地下简单地由砖或石头砌成的坑。进出口是为了连续生产而设计的，搅拌装置可以是旋转叶片或螺旋机械的形式。大多数的气体出口都是一个很重的金属罩，用来收集浆液上部的生物质气体，并保持一定的气体压力，使之通过气体输出管道排出。

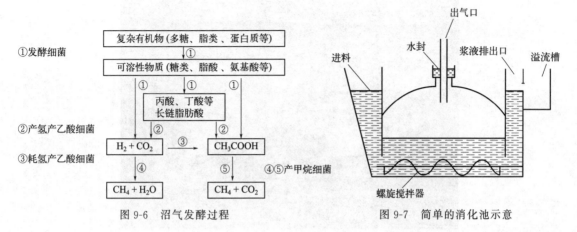

图 9-6　沼气发酵过程　　　　　　　图 9-7　简单的消化池示意

从 20 世纪 90 年代以来，国际上对沼气技术的研究重点逐步从环境保护向能源转化方面过渡。通过政府补贴、市场调控等宏观经济手段促进沼气产业良性发展，已形成了人造天然气产业，广泛替代石油与天然气用作炊事、发电和汽车燃料，节能减排成效显著。

瑞典在沼气开发与利用方面很有特色，利用动物加工副产品、动物粪便、食物废弃物生产沼气。还专门培育了用于产沼气的麦类植物，沼气中含甲烷 64％以上。瑞典的可再生能源中，发展最快的就是沼气。在瑞典，有超过一半的沼气被提纯为生物天然气后作为车用燃料，是世界上使用沼气作汽车燃料最先进的国家。德国在可再生能源发展的激励政策和引导机制下，有力地刺激了沼气及其发电供热工程等相关产业的快速发展。德国大多采用发酵料液固形物（TS）含量为 8％～10％的高浓度发酵，其中完全混合式中温厌氧消化工艺（CSTR）居多，部分采用 TS 含量≥30％的中温干式厌氧消化工艺，从原料输送设备、混合搅拌设备、沼气储存设备、热电联产设备等工程装备与设备实现了专业化、规模化生产，实现了设计标准化、产品系列化，形成了比较完善的沼气产业市场。德国将沼气作为替代天然气的一种可再生能源。经过处理和升级，沼气达到天然气质量标准后注入天然气管道系统，供应给居民和工业用户使用。美国在沼气方面主要集中在基础研究上，如产甲烷菌的基因排序、厌氧发酵生化过程、厌氧发酵微生物群结构及沼渣中的特殊生物酶，而应用技术研究相对较少。整体来看，美国沼气工程与欧洲相比总体上发展缓慢。

9.4.3.4　我国的沼气利用技术

我国地广人多，生物能资源丰富。研究表明，在 21 世纪无论在农村还是城镇，都可以根据本地的实际情况就地利用粪便、秸秆、杂草、废渣、废料等生产沼气，应用于集中供气、供热、发电方面。沼气技术是我国生物质能源利用最具特色和最成功的技术之一。20世纪 90 年代以来，沼气建设一直处于稳步发展的态势，沼气产品基本实现了标准化生产。随着 2015—2017 年国家发改委和农业农村部在全国范围内组织实施农村沼气转型升级试点项目，各地政府和企业将关注重点逐渐转移到大型沼气工程和生物天然气试点项目上，沼气工程逐渐向规模化和大型化方向发展。在大中型沼气工程（图 9-8）方面已掌握了几套技术先进、工艺可靠和设备配套的工程技术，并拥有一批专业科研人员和经验丰富的工程技术队伍，以及初步规模的产业体系，具备了在全国大规模推广条件。

以沼气利用技术为核心的综合利用技术模式由于具有明显的经济和社会效益而得到快速发展，这也成为中国生物质能利用的特色，如"四位一体"模式、"能源环境工程"等。北方"四位一体"沼气推广模式，以沼气为纽带的农村经济发展模式取得了显著的经济效益。

图 9-8　大中型沼气池

　　所谓"四位一体"就是一种综合利用太阳能和生物质能发展农村经济的模式，因地制宜地发展太阳能、沼气等多种技术组合，而形成小规模庭院式的能源-生态组合技术。其内容是在日光温室的一端建地下沼气池，池上建猪舍、厕所，形成一个封闭状态下的"四位一体"系统。它组合了厌氧消化的沼气技术和太阳能热利用技术，以充分利用太阳能和生物质能资源。这样，在一个系统内既提供能源，又生产优质农产品。"四位一体"把农业和人畜粪便等废弃物转变成洁净沼气和高效沼肥，实现了废弃物资源化利用；沼肥返田，增加了农田氮、磷、钾等有机质含量，可用于生产优质农产品；沼气用于炊事、点灯，替代了煤炭，改善了大气环境质量和室内污染；日光温室利用猪呼出的 CO_2，加上太阳光利用，促进了作物光合作用，实现了太阳能和生物质能多层次的利用，因此这种组合技术是一种资源优化配置、典型的生态农业模式，实现了种植业、养殖业和沼气产业的循环发展，生态效益十分明显。

　　"能源环境工程"技术是在原大中型沼气工程基础上发展起来的多功能、多效益的综合工程技术，既能有效解决规模化养殖场的粪便污染问题，又有良好的能源、经济和社会效益。它是将沼气生产、高效有机复合肥料生产和粪便污染物的处理有机结合在一起的粪便资源化综合利用工程模式。"能源环境工程"是以禽畜粪便的污染治理为主要目的，以禽畜粪便的厌氧消化为主要技术环节，以粪便的资源化为效益保障，集环保、能源、资源再利用于一体，将农、林、牧、副、渔各业有机地组合在生态农业之中的一项处于大农业中下游的系统工程。工程主要由前处理系统、厌氧消化系统、沼气输配及利用系统、有机肥生产系统以及消化液后处理系统组成。其中，前处理系统主要由固液分离、pH 值调节、料液计量等环节组成，作用在于去除粪便中的大部分固形物，按工艺的要求为厌氧消化系统提供一定数量、一定酸碱度的发酵原料；厌氧消化系统的作用是在一定的温度、一定的发酵时间内将前处理输送的料液通过甲烷细菌的分解进行厌氧发酵产生沼气，厌氧消化液和废渣经处理后则成为商品化的肥料和饲料。

　　北京德青源公司开创了可持续发展的生态农业模式，利用畜禽粪便制取沼气、沼气发电、沼气提纯制备压缩天然气（CNG）。每天生产 CNG10000m³，供应约 1 万户农民家庭生活用气。大型沼气发电工程每年可以生产沼气 700 万 m³、发电 1400 万 kW·h，被列为联合国"全球大型沼气发电技术示范工程"。

目前，生物质沼气技术的研发主要以提高能量转化效率为目标，包括规模的大型化、厌氧菌种的筛选和诱变、新型高效厌氧发酵反应器的设计等，其中利用各种微生物协同作用生产甲烷的研究和应用，正处于方兴未艾的阶段。

9.4.4　生物质液化技术

将生物质转化为液体燃料使用，是有效利用生物质能的最佳途径。生物质液化是以生物质为原料制取液体燃料的生产过程。其转换方法可分为热化法（气化、高温分解、液化）、生化法（水解、发酵）、机械法（压榨、提取）和化学法（甲醇合成、酯化）。生物质液化的主要产品是醇类和生物柴油。醇类是含氧的烃类化合物，常用的是甲醇和乙醇（酒精）。生物柴油是动植物油脂加定量的醇，在催化剂作用下经化学反应生成的性质近似柴油的酯化燃料。生物柴油可代替柴油直接用于柴油发动机上，也可与柴油掺混使用。

9.4.4.1　生物质热解液化

生物质热解液化是生物质在完全缺氧或有限氧供给的条件下热解生成生物质油（bio-oil）、生物气和生物炭的过程。液体产物生物质油容易储存、运输和处理，有望替代部分液体燃料或作为化工原料，因而越来越得到各国研究机构的重视。

生物质热解液化主要包括快速热解液化和加压液化。快速热解液化是在超快的加热速率、超短的产物停留时间及适中的裂解温度下，使生物质中的有机高聚物分子在隔绝空气的环境中迅速断裂为短链分子，最大限度地获得液体产品。这种液体产品称为生物质油，为棕黑色黏性液体，热值达 $20 \sim 22MJ/kg$，可直接作为燃料使用，也可经精制成为化石燃料的替代物。生物质快速热解的最大优点在于它具有很高的生物油收率，与原生物质比较，具有较高的体积能量密度。在生物质快速裂解技术中，循环流化床工艺使用最多，取得的液体产率最高。该工艺具有很高的加热和传热速率，且处理量可以达到较高的规模。热等离子体快速热解液化是最近出现的生物质液化新方法，它采用热等离子体加热生物质颗粒，使其快速升温，然后迅速分离、冷凝，得到液体产物。

生物质加压液化也称为 PERC 工艺，是在较高压力下的热转化过程，温度一般低于快速热解。该法始于 20 世纪 60 年代，将木片、木屑放入 Na_2CO_3 溶液中，用 CO 加压至 28MPa，使原料在 350℃反应，可以得到 40%～50% 的液体产物。近年来，人们不断尝试采用 H_2 加压，使用溶剂（如四氢萘、醇、酮等）及催化剂（如 Co-Mo、Ni-Mo 系加氢催化剂）等手段，使液体产率大幅度提高，甚至可以达 80% 以上，液体产物的高位热值达 $25 \sim 30MJ/kg$，明显高于快速热解液化。

超临界液化是利用超临界流体良好的渗透能力、溶解能力和传递特性而进行的生物质液化。和快速热解液化相比，目前加压液化还处于实验室阶段，但由于其反应条件相对温和，对设备要求不很苛刻，在规模化上很有潜力。

生物质油组成十分复杂，是由水、焦及含氧有机化合物（如羧酸、醇、烃、酚类）等组成的不稳定混合物，水分含量和氧含量高、热值和挥发性低、具有酸性和腐蚀性，不能直接作为交通燃料使用。因此，生物质油需要经过精制加工后才可以替代石油燃料使用，目前采用的精制提质方法主要有乳化技术、加氢脱氧及催化裂解 3 种，但改质提升方法成本较高、实用性较差，加氢脱氧及催化裂解用的高效催化剂还处于探索阶段，必须加强相关的基础研究，探索生物质油改质的新方法。

9.4.4.2　生物质间接液化

生物质间接液化是以 F-T（费-托）合成反应为基础，生产生物质液体燃料。生物质气化产生的燃气，通过 F-T 合成，制备烷烃（如作柴油发动机燃料的生物柴油）及含氧化合物（如甲醇、二甲醚等替代燃料）。合成燃料产品纯度较高，几乎不含 S、N 等杂质。系统能源转换效率可达 40%～50%，而且原料丰富，草和树的各个部分，如秸秆、树叶和果实等均可被利用。

美国、欧盟和日本等国政府对 Biomass To Liquid（BTL）技术的开发和推广方面给予了有力的支持，众多跨国公司和研究机构进行了生物质气化合成醇醚及烃类液体燃料技术的研究开发，并建立了示范装置，如美国的 Hynol Process 工程、美国可再生能源实验室的生物质-甲醇项目、瑞典的 BAL-Fuels Project 和 BioMeet-Project 及日本三菱重工的生物质气化合成甲醇系统等，其中德国 Choren 公司和瑞典 Chemrec 公司成功开发了生物质间接液化合成燃料生产技术，并建立了商业示范工厂。Chemrec 公司将气化技术与生产燃料的先进技术相结合，利用森林采伐残留物作为原料生产生物甲醇和生物二甲醚。Choren 公司是世界上生物质合成柴油和煤间接转化合成油生产领域的先驱者，其开发的合成柴油生产技术已完成年产万吨级工业示范，开始建设十万吨级商业示范装置，具有相当的市场竞争力和发展前景。

我国生物质间接液化合成燃料技术的研究尚处于起步阶段，主要涉及利用农林废弃物生产二甲醚、合成柴油和混合醇燃料等。通过引进消化生物质富氧气化技术，完成了生物质气化系统和燃气净化系统的优化设计，建成了生物质气化合成燃料中试示范系统，为开展工业装置和系统研究提供前期基础。

9.4.4.3 燃料乙醇技术

人类在很久以前就掌握了以粮食作为原材料通过发酵的方法酿酒的技术，并由此诞生了人类文明的重要组成部分"酒文化"。酿酒是一个典型的生物转化过程，其主要过程是 α-1,4-链接的葡萄糖淀粉链在酿酒酵母的作用下降解转化为酒精的过程。

甲醇可用木质纤维素经蒸馏获得。也可通过调节生物质气化产物 CO 与 H_2 的比例（1:2），再通过催化反应合成甲醇。用合成法，每吨木材可产出约 380L 甲醇，不仅满足了可持续发展的要求，还有极大的商业利润，很可能被广泛使用。生产甲醇的原料比较便宜，但设备投资较大。

乙醇可由生物质热解产物乙炔与乙烯合成制取，但能耗太高，而采用生物质经糖化发酵制取方法较经济可行。发酵是指以糖作为基质，在无氧条件下使用酵母菌生产乙醇和二氧化碳的过程。生物质乙醇技术是指利用微生物将生物质转化为乙醇的技术，按原料来源可分为糖类、淀粉类和木质纤维素等。糖类和淀粉类原料生产乙醇的技术已经非常成熟。淀粉质原料经过粉碎、蒸煮和糖化后，形成可发酵性糖（糖化醪），在糖化醪中加入酵母菌后，可将糖分转变为乙醇和二氧化碳。葡萄糖转化为乙醇的发酵反应是一个复杂的生物化学反应，反应过程可表示为：

$$C_6H_{12}O_6 \xrightarrow[\text{（酒化酶）}]{\text{酵母}} 2C_2H_3OH + 2CO_2$$

因为用粮食做原料成本太高，人们开始研究使用非粮食类生物质。

目前，国际上已开发出两类用非粮食类生物质中的木质纤维素制乙醇和甲醇的新工艺，一类是生物技术（发酵法）；另一类是热化学方法，即在一定温度、压力和时间控制条件下将生物质转化为气态和液体燃料。

发酵法是在酸催化剂或特殊的酶作用下，将纤维素水解为可发酵的糖（即糖化），进一步将发酵液发酵为乙醇的方法。图 9-9 为以生物质为原料，通过发酵方法制备乙醇的工艺流程示意。木质纤维素类生物质结构复杂，纤维素、半纤维素和木质素互相缠绕，难以水解为可发酵糖。为了使木质纤维素更易于分解，需要采取一些预处理措施，如机械粉碎（切碎、碾碎或磨细）、爆发性减压技术、高压热水、低温浓酸（或碱）催化的蒸汽水解及使用非离子表面活性剂等。通过预处理措施，除去木质素、溶解半纤维素或破坏纤维素的晶体结构。

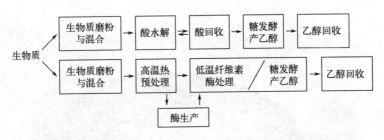

图 9-9　发酵法制备乙醇流程示意

酶水解是生化反应，使用的是微生物产生的纤维素酶，生产技术包括酶生产，原料预处理和纤维素水解等步骤。纤维素酶的主要成分包括内切-β-葡聚糖酶、外切-β-葡聚糖酶和β-葡糖苷酶。目前生产纤维素酶最成功的菌株来自木霉、曲霉、青霉、裂褶菌等属的一些真菌，研究最多的是木霉。纤维素酶将纤维素分解为单糖，但自然条件下微生物分解纤维素的速度很慢。

在发酵纤维素时需要重点考虑实现纤维素和半纤维素成分的同时水解。纤维素是葡萄糖的聚合体，可以被水解为葡萄糖（六碳糖，一种可发酵的糖类）。而半纤维素是其他几种糖类（主要是戊醛糖）的聚合体，这使得其水解的主要产物也是戊醛糖（五碳糖，主要是木糖和少量阿拉伯糖）。但戊醛糖（五碳糖）较难发酵，必须使用催化剂，开发专门发酵五碳糖生产乙醇的菌种和发酵新工艺。五碳糖的发酵效率是影响纤维素原料发酵的重要因素。因此，戊醛糖的高效率发酵转化是实现生物质转化工艺实用化的一个技术关键。

不同原料燃料乙醇生产工艺技术特性对比见表 9-1。

表 9-1　燃料乙醇生产工艺技术特性对比

步骤/种类	糖类	淀粉类	纤维素类
预处理	压榨、调节	粉碎、蒸煮、糊化	粉碎、物理或化学处理
水解	无水解过程，无发酵抑制物	酸或酶糖化，易水解，产物单一，无发酵抑制物	水解较难，产物复杂，有发酵抑制物
发酵	耐乙醇酵母发酵六碳糖	淀粉酶、酵母发酵六碳糖	专用酵母发酵六碳糖和五碳糖
提取	蒸馏、精馏、纯化	蒸馏、精馏、纯化	蒸馏、精馏、纯化
副产品	肥料、沼气、CO_2	饲料、沼气、CO_2	木质素（燃料）、CO_2

一般认为，藻类光合作用转化效率可达 10% 以上，通过微生物转化生产乙醇，可以达到高效率、低成本、规模化的目的。粮食乙醇、纤维素乙醇等生物质能源所需的农作物生产周期一般是一年一季，木本植物生长周期则更长。蓝藻固定 CO_2 生产乙醇燃料，可以实现完全的光合自养培养，不需要添加糖类等有机物，实现在微藻细胞内直接对固定的 CO_2 进行产品转化，醇类产物直接扩散到细胞外，避免了收集、破碎细胞、提取目标产物等复杂的生产工艺（图 9-10）。因此，几小时即可繁殖一代的海水光合细菌蓝藻，作为第三代先进生物能源的重要组成，引起了各国的广泛关注。

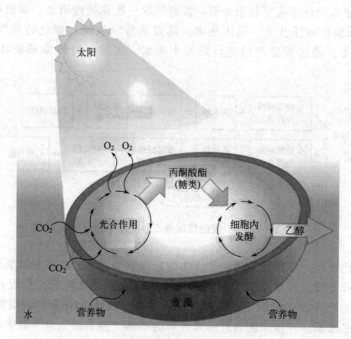

图 9-10　蓝藻固定 CO_2 生产乙醇燃料示意

国内外许多科学家在发现新的藻种、研制"工程微藻"方面进行积极的探索，希望能实现规模化养殖，从而降低成本。目前，已得到在细胞内直接将固定的 CO_2 转化为乙醇的蓝藻菌株，这为开发固定 CO_2 的大宗产品生产菌株、获取油脂资源提供了新的途径。

将乙醇进一步脱水再经过不同形式的变性处理后不能食用，成为变性燃料乙醇。它不是一般的酒精，而是可加入汽油中的品质改善剂。在汽油中混合一定比例的变性燃料乙醇而形成的一种新型混合燃料称为车用乙醇汽油，又称汽油醇（gasohol）。

乙醇作为燃料使用历史悠久，最初的内燃机曾用乙醇为燃料，后来才被汽油和柴油所取代。1900 年英国就出现了以乙醇为燃料的内燃机。20 世纪 70 年代以来的石油危机重新唤起了国际上对醇类燃料的重视。作为替代燃料，燃料乙醇具有以下特点：乙醇燃烧过程中所排放的 CO_2 和含硫气体均低于汽油燃烧所产生的对应排放物，燃烧过程比普通汽油更完全，CO 排放量可降低 30％左右；乙醇是燃油氧化处理的增氧剂，使汽油增加氧，燃烧更充分，达到节能和环保目的。而且，具有极好的抗爆性能，可有效提高汽油的抗爆指数；乙醇汽油的燃烧特性能有效消除火花塞、燃烧室、气门、排气管消声器部位积炭的形成，优化工况行为，避免因积炭形成而引起的故障，延长部件使用寿命。巴西通过实施国家燃料乙醇计划，旨在有效弥补本国石油供应的不足，节省石油进口开支。美国作为世界上最大的燃料乙醇生产国，90％以上的区域使用乙醇汽油，并连续多年成为燃料乙醇净出口国。澳大利亚利用桉树发酵工艺生产乙醇，用于汽车燃料。日本、德国、加拿大、印度、印度尼西亚、菲律宾等国也非常重视燃料乙醇的开发。

我国在 2001 年 4 月宣布推广车用乙醇汽油，并批准了吉林燃料乙醇有限责任公司、河南天冠燃料乙醇公司、安徽丰原生物化学股份有限公司和黑龙江华润酒精有限公司 4 家燃料乙醇试点企业，这些试点企业以消化陈化粮为主来生产燃料乙醇。2007 年广西北海年产 20 万吨木薯燃料乙醇项目建成投产和 2011 年核准中兴能源（内蒙古）有限公司年产 10 万吨甜高粱茎秆燃料乙醇生产工艺路线，在燃料乙醇向"非粮"作物多元化发展方面起到了很好的示范作用。我国的生物燃料乙醇产业，以玉米、木薯等为原料的生产技术工艺成熟稳定，以秸秆等农林废弃物为原料的先进生物燃料技术具备产业化示范条件，但在产业发展过程中还面临政策不稳定等诸多难题。

目前，国际上大规模产业化的生物乙醇产业主要有三种模式：以玉米为主要原料的美国模式，以蔗糖为主要原料的巴西模式和以木薯为主要原料的泰国模式。虽然到目前为止，木质纤维素生产燃料乙醇还没有到商业化生产，但从长远考虑，以木质纤维素废弃物替代粮食生产燃料乙醇并实现规模化生产，是解决燃料乙醇原料成本高、原料有限的根本出路。

9.4.4.4　生物柴油技术

生物柴油（biodiesel）这一构想最早由德国工程师 Rudolf Diesel 于 1895 年提出，并在 1900 年巴黎博览会上展示了使用花生油作燃料的发动机。但生物柴油较系统的研究工作，是从 20 世纪 70 年代开始的，美国、英国、德国、意大利等许多国家相继投入大量的人力、物力进行研究。1983 年美国科学家 Graham Quick 首先将亚麻籽油的甲酯用于发动机，燃烧了 1000h，并将可再生的脂肪酸单酯定义为生物柴油。1984 年美国和德国等国的科学家研究了采用脂肪酸甲酯或脂肪酸乙酯代替柴油作燃料燃烧。

生物柴油是以菜籽油、棕榈油等植物或动物的油脂、废弃的食用油等做原料，在酸性、碱性催化剂或生物酶的作用下，与甲醇或乙醇等低碳醇进行转酯化反应，生成相应的脂肪酸甲酯或脂肪酸乙酯，并产生副产品甘油。制造生物柴油的原料多种多样，既可以用各种废弃的动植物油，如地沟油、工业废油等，也可以用含油量高的油料植物，如油茶籽、大豆、小桐子树、黄连木等。生产生物柴油的原料往往根据各地区可以得到的原料种类不同而不同。生物柴油生产的一般工艺流程如图 9-11 所示。生物柴油是一种清洁可再生资源，具有高十六烷值，不含硫和芳烃，较好的发动机低温启动性能以及燃烧性能优于普通柴油等优点。生物柴油作为重要的柴油替代品，已成为新能源开发的重要途径之一。

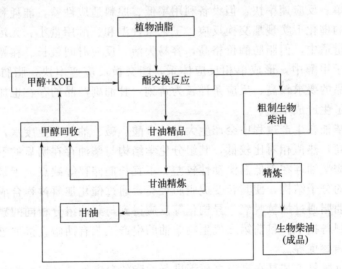

图 9-11　化学法生产生物柴油的一般工艺流程

生物柴油的发展以生产工艺区分，经历了以酯交换反应为代表的第一代生物柴油技术、加氢裂化工艺制备的第二代生物柴油技术和气体合成的第三代生物柴油技术。生物柴油的发展特点见表 9-2。

表 9-2　生物柴油的发展特点

技术分类	主反应	主反应分类	特点	应用
第一代生物柴油技术（酯基生物柴油，FAME）	酯交换反应	两步化学催化法	预酯化反应消除脂肪酸，碱催化效率高，设备费用低，催化剂易回收	已实现工业化生产，市场上主要的生产方式
		一步化学催化法	不易产生皂和水分	已实现工业化生产，但未广泛使用
		脂肪酶法	酶的成本较高，设备要求低，醇用量少	未实现工业化生产
		超临界法	反应时间短，甲酯转化率高，对设备要求高，能耗大	已实现工业化生产，但生产规模有限
第二代生物柴油技术（烃基生物柴油，HVO）	加氢裂化	—	有利于各组分转化率和总产量的提高；加氢裂化温度升高，会使杂原子的脱除速度增快	尚处于初步探索阶段，已有部分企业实现该技术
第三代生物柴油技术	气体合成	—	原料选择更为广泛，实现以微生物油脂制备生物柴油	尚处于研究阶段

　　第一代生物柴油产品以脂肪酸甲酯组分为代表，生产方法可以分为物理法和化学法两类。物理法包括直接混合法与微乳液法；化学法包括裂解法和酯交换法。物理法操作简单，但产品的物理性能和燃烧性能都不能满足柴油的燃料标准。化学法中的裂解法能使产品黏度降低，但仍不能符合要求。酯交换化法是将动植物油脂的基本组分甘油三酯与甲醇或乙醇等低碳醇进行反应合成脂肪酸酯，再经分离甘油、水洗、干燥等适当处理后获得生物柴油。根据生物柴油生产的技术路线，酯交换法可分为酸、碱催化法、生物酶法和超临界法等。酸、碱催化法工艺简单、反应速率快，但设备利用率低、原料适应性差，能耗和成本较高。生物酶法是在脂肪酶的催化下实现酯交换反应，工艺条件温和、醇用量小、无污染排放，对原料无选择性，醇用量适中，但脂肪酶价格高，容易失活，反应时间较长。在超临界状态下，甘油酯能够完全溶于甲醇中，形成单相反应体系，酯交换反应速率快，脂肪酸甲酯总收率提高，但对原料油品的要求较高、反应条件较为苛刻。甘油副产品的存在也加大了产品分离与提纯难度，增加了生产成本。

　　第一代生物柴油在生产过程中会产生大量的含酸、碱、油的工业废水，产品是混合脂肪酸甲酯，含氧量高，热值相对比较低，其组分化学结构与柴油存在明显的不同。从理化性质来看，第一代生物柴油存在着低温流动性较差、不宜长期储存等缺点。于是，人们将注意力转移到改变油脂的分子结构，使其转变成脂肪烃类，通过催化加氢过程合成生物柴油的技术路线，即动植物油脂通过加氢脱氧、异构化等反应得到与柴油组分相同的异构烷烃，形成了第二代生物柴油制备技术。目前第二代生物柴油的生产工艺有油脂直接加氢脱氧、加氢脱氧再异构、石化柴油掺炼等。

　　油脂直接加氢脱氧工艺是在高温高压下进行油脂的深度加氢过程，羧基中的氧原子和氢结合成水分子，而自身还原成烃。研究人员以葵花油、菜籽油、棕榈油等为原料，采用经硫化处理的负载型 Co-Mo 或 Ni-Mo 为催化剂，对不同植物油加氢过程的操作条件进行了研究，提出了植物油加氢脱氧制备生物柴油的工艺。该工艺简单，产物具有很高的十六烷值，但得到的柴油组分中主要是长链的正构烷烃，使得产品的浊点较高、低温流动性差，在高纬度地区受到抑制。加氢脱氧异构工艺是对直接脱氧工艺的改进，目的是增加柴油中支链烷烃的含量，从而提高产品的低温使用性能。该工艺是以动植物油脂为原料，经过加氢脱氧和临氢异构化两步法制备生物柴油。由此得到的生物柴油具有较低的密度和黏度，同样质量单位的发热值更高，不含氧和硫。油脂与石化柴油掺炼工艺是在炼油厂现有的柴油加氢精制装置基础上，通过在柴油精制进料中加入部分动植物油脂进行掺炼，提高柴油产品的收率和质量，改善产品的十六烷值。所掺炼的油脂可以是豆油、蓖麻油、棕榈油和花生油等，以蓖麻油为最好。反应催化剂可选择 $Ni-Mo/Al_2O_3$ 或 $Co-Mo/Al_2O_3$。得到的柴油产物比纯的石化柴油密度低，十六烷值更高，还可以节省油脂加氢装置的投资，是一种简单而又经济的技术路线。

与第二代生物柴油相比，第三代生物柴油主要是拓展了原料的选择范围，使可选择的原料从棕榈油、豆油和菜籽油等油脂拓展到高纤维素含量的非油脂类生物质和微生物油脂。目前主要包括两种技术：一种是以生物质原料通过气化合成生产柴油，即生物质间接液化制取生物柴油。另一种是以微生物油脂生产柴油。

许多微生物，如酵母、霉菌和藻类等，在一定条件下能将烃类化合物转化为油脂储存在菌体内，称为微生物油脂。一些产油酵母菌能高效利用木质纤维素水解得到的各种烃类化合物，包括五碳糖、六碳糖，生产油脂并储存在菌体内，油脂含量达 70% 以上。和当前乙醇发酵主要利用淀粉类和纤维素水解的六碳糖相比，微生物油脂发酵具有较明显的原材料资源优势。近年来生物技术的飞速发展使木质纤维素降解技术不断取得突破，为合理利用微生物资源奠定了良好的基础，加速了微生物油脂规模化生产进程。含油藻类也是潜在的油脂生产者，其储存的化学能以油类（如中性脂质或甘油三酸酯）形式存在，制油的原理是利用微藻光合作用，将化工生产过程中产生的 CO_2 转化为微藻自身的生物质，从而固定碳元素，再通过诱导反应使微藻自身的碳物质转化为油脂，然后利用物理或化学方法把微藻细胞内的油脂转化到细胞外，提取出的微生物油脂经过水化脱胶、碱炼、活性白土脱色和蒸汽脱臭等工序进行精炼，可得到品质较高的微生物油脂。微生物油脂再进行提炼加工生产出生物柴油。微藻的脂类含量最高可达细胞干重的 80%，发展富含油质的微藻或者"工程微藻"是生产生物柴油的一大趋势。该技术的核心步骤是菌种选育和反应器等工艺的开发，以及培养和萃取微生物油脂技术等。

各国对生物柴油都制定了相应的标准，以确保生物柴油在运输、储存和使用过程中的优良品质。我国颁布了 GB 25199—2017《B5 柴油》强制性国家标准，对 B5 调合燃料及生物柴油（BD100）的产品指标都做了详细的规定。B5 柴油按凝点分为 3 个牌号：5 号、0 号和-10 号。上海是国内首个规模化、市场化推广使用 B5 车用柴油的城市，近 6 年来累计销量逾 200 万吨，加注车辆超 2500 万辆次，助力实现碳减排近 20 万吨，为城市消纳餐厨废弃余油制生物柴油提供了实践样本。

9.4.4.5 生物航空燃油

为实现联合国政府间气候变化专门委员会（IPCC）提出的，所有行业、企业和国家/地区应将全球升温幅度控制在与前工业化时期相比上升 1.5℃ 以内，包括航空业在内的交通运输行业面临着更大压力。据统计，航空业二氧化碳排放量占全球二氧化碳排放量的 2%～3%，其中国际航空占到 60% 左右。航空业作为高空温室气体排放的主要来源，其碳排放愈来愈引起重视。为尽快实现碳中和，包括国际组织、区域力量和各国政府等在内的各方正积极倡导航空业转型，力求实现绿色飞行。可持续航空燃料（SAF）被视作传统航空燃料的低碳替代品。

根据制作方法不同，可持续航空燃料分为航空生物燃料和航空合成燃料。航空生物燃料可直接用于航空涡轮发动机。按航空业标准，生物燃料最多可在喷气发动机燃料中掺入五成，与传统化石航空煤油调合后使用，不仅可降低燃料成本，还可减少二氧化碳排放。从原料提取、加工、运输到最终使用的全生命周期来看，可持续航空燃料最多可比传统航空燃料减少 80%～85% 的二氧化碳排放量。这是因为传统化石燃料排放二氧化碳，而可持续航空燃料通过原料中的生物质回收二氧化碳，从而实现碳循环。国际航空运输协会（IATA）预测，到 2050 年，65% 的减排将通过使用 SAF 来实现。

航空生物燃料由废弃动植物油脂（"地沟油"）、棕榈油、麻风树油、蓖麻油、农林废弃物、城市废弃物、非粮食作物、藻类等有机生物质制成。航空合成燃料则以水和二氧化碳为原料，通过可再生电力电解水生产氢，用氢和捕获的碳制成合成燃料。生物航空燃油可分为可再生醇基（ATJ）航空燃油、生物质气化费托合成（BTL-FT）航空燃油和氢化可再生油脂（HRJ）航空燃油等。

ATJ 燃油是以糖、淀粉、纤维素等为原料，经酶解发酵转化为醇类，再通过脱水、低聚、加氢、分离等步骤转化而成的生物航空燃油，其生产工艺较为成熟。BTL-FT 合成主要以淀粉、木质纤维素等生物质为原料，生物质经气化、分离得到以 CO 和 H_2 为主的合成气，合成气经费托合成转化为 BTL-FT 航空燃油。HRJ 燃油是以甘油三酯、脂肪酸或脂肪酸酯为原料，通过加氢脱羧或加氢脱氧反应生成长链脂肪烷烃，再经加氢异构化和氢化裂解得到碳链为 C_9～C_{15} 烷烃产物，进一步异构化，裂解，分离后得到 HRJ 航空燃油。酯类和脂肪酸类加氢工艺技术路线已处于成熟水平，全球大多数可持续航空燃料的生产采用此技术。

由电解水产生氢气，再与 CO_2 合成转化为碳氢化合物燃料的电转液工艺（power to liquid，PtL）最具减排潜力。电解水过程可以通过光伏和风能提供电力，同时对从其他途径捕集来的 CO_2 加以利用。理论上来说，PtL 生产航油在全生命周期内最高可实现 99%～100% 的减排。但该技术仍在起步阶段，离商业化和规模化仍有一段距离。

在技术应用方面，波音公司、新西兰航空公司、美国大陆航空公司和日本航空公司等先后使用生物燃料进行试飞，包括来源于食用油和动物脂肪废物的燃油、麻风树的燃油、麻风树和藻类生物油的混合燃油、麻风树、藻类和亚麻籽的生物油的混合燃油等，实验结果认为，生物燃料冰点较低、热稳定性和能量较高。生物燃料作为"普适性"燃料，既能与传统航空煤油混合，也可完全代替传统的航空煤油，直接为飞机提供能量，目前最多可与传统喷气燃料混合 50%，而无需对飞机、发动机或加油基础设施进行改造。利用生物燃料替代传统航空燃料具有现实基础。

2014 年，中国民用航空局正式向中国石化颁发 1 号生物航煤技术标准规定项目批准书（CTSOA），这标志着国产 1 号生物航煤正式获得适航批准，并可投入商业使用。2017 年，我国自主研发生产的 1 号生物航煤首次跨洋商业载客飞行取得圆满成功。这次飞行的生物航煤以餐饮废油为原料，并以 15∶85 比例与常规航煤调合而成，表明我国生物航煤自主研发生产技术更加成熟。中国石化 SAF 已开始向欧洲空中客车（Airbus）天津基地供货，中国产燃料进入实用阶段。中国成为继美国、法国、芬兰之后第四个拥有生物航煤自主研发生产技术的国家。

国际航空公司对于 SAF 的应用更为积极。截止到 2022 年，全球已有超过 45 万架次的商业航班使用 SAF 运营。据国际航空运输协会（IATA）估计，到 2050 年，航空业通过使用 SAF，将能减少 65% 的碳排放。

发展可持续航空燃料面临的最大阻力之一就是成本，包括技术成本和环境成本。总体而言，不同技术路径生产可持续航空燃料的成本是当今喷气燃料价格的 2～6 倍。要获得合适的原料并构建起供应链是很难的，建造生产设施和炼油厂的成本也很高。"地沟油"是一种主流的生物燃料原料，但其来源分散，且收集成本高昂。其他植物油的生产、收集、运输和燃料转化成本也都很高。由于燃料成本占整个民航业运营成本的 25%～40%，使用可持续航空燃料替代当前的化石燃料，势必会增加航空公司的营运成本，因此航司也许会更愿意购买碳抵消，而不是投资可持续航空燃料。

9.5 生物质发电

生物质发电技术总体上是技术最成熟、发展规模最大的现代生物质能利用技术，主要包括生物质直接燃烧发电、生物质气化发电、与煤等化石燃料混合燃烧发电三种技术路线。

生物质直接燃烧发电是指利用生物质燃烧后的热能转化为蒸汽进行发电，在原理上，与燃煤火力发电没有什么区别。从原料上区分，生物质直接燃烧发电主要包括生物质（如农林废弃物、秸秆等）燃料的直接燃烧和垃圾焚烧发电。生物质直接燃烧发电在工业发达国家已有成熟的技术设备，并形成了一定的生产规模。图 9-12 为秸秆直燃发电工艺流程示意。在秸秆等生物燃料中含有大量的矿物质，使用生物质燃料面临的主要问题是腐蚀和结焦。

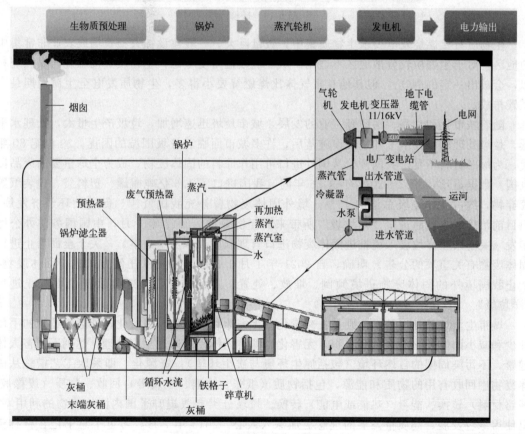

图 9-12　秸秆直燃发电工艺流程示意

1998 年 12 月，英国首座利用特殊培育的柳树为燃料的发电厂在西约克郡奠基。这座新型发电厂使用的主要燃料是生长速度很快的矮柳（见图 9-13）。该柳树 3～4 年便可成材，其种植和采伐将使用轮作方式，以保证电厂能获得持续的燃料供应。除了柳树外，电厂还可使用农业和渔业废物作为燃料。在美国，采用这种生物质能转化方式有 3 种技术的支持。一是能源林的生产技术，包括种子选型、培育和种植。二是有专用的加工设备，包括秸秆打捆机、粉碎机、木材削片机、整树粉碎机等设备和专用的运输工具等。三是生产设备，主要是燃烧炉、蒸汽发电装置等。

图 9-13　矮柳

生物质直接燃烧发电要求生物质集中，数量巨大，一般建设在大型农场或农业非常集中的地区，对于生物质较分散地区不适用。从环境效益角度考虑，生物质直接燃烧与煤燃烧相似，会放出一定的 NO_x，但其他有害气体比煤燃烧要小得多，生物质发电全生命周期是净零碳排放。

随着城市化和食品、医药等工业的发展，城市垃圾迅速增加，垃圾产生量大，处理水平低，垃圾处理的科技水平和基础设施落后，许多城市面临着垃圾围城的困扰。20 世纪 80 年代，为缓解材料不足，我国开始从国外进口可用作原料的固体废物，成为全球重要的废品回收国。数据显示，1992～2018 年这 26 年间，我国进口了 1.6 亿吨瓶罐、塑料袋、包装纸等废弃物，约占全球垃圾总量的 45%。境外固体废物曾补充我国资源、促进循环经济发展，但目前治理成本已超进口"洋垃圾"所带来的经济效益。2017 年 7 月，中国国务院办公厅印发《关于禁止洋垃圾入境推进固体废物进口管理制度改革实施方案》，《关于全面禁止进口固体废物有关事项的公告》明确，自 2021 年 1 月 1 日起，禁止以任何方式进口固体废物，禁止我国境外的固体废物进境倾倒、堆放、处置。这意味着，2021 年我国全面禁止进口"洋垃圾"。

城市生活垃圾处理基本原则是：减量化、无害化和资源化。减量化，即通过适宜的手段减少和减小固体废物的数量和容积；无害化，即将固体废物通过工程处理，达到不损害人体健康，不污染周围的自然环境（包括原生环境与次生环境）；资源化，即采取工艺措施从固体废物中回收有用的物质和能源，包括物质（纸张、玻璃、金属等）回收、物质（废橡胶-铺路材料）转换、能量（热能或电能）转换。垃圾分类有效提升了国内固体废物的利用率，也使得绿色发展、高质量发展的理念更加深入人心。2013 年 7 月，习近平总书记在格林美武汉公司考察时指出："垃圾是放错位置的资源，把垃圾资源化，化腐朽为神奇，是一门艺术。"这一重要论断，为我国相关行业发展指明了方向，我国已将资源循环利用产业列为战略性新兴产业之一。

目前我国对垃圾的处理手段主要集中在填埋和焚烧两种方式。填埋是大量消纳城市生活垃圾的有效方法之一，直接填埋法是将垃圾填入已预备好的坑中盖上压实，使其发生生物、物理、化学变化，分解有机物，达到减量化和无害化的目的。城市生活垃圾产生的气体包括二氧化碳和甲烷。浅表填埋气（LFG）因热值较低单独收集，送去火炬系统燃烧；深层LFG 则进入发电系统。深层 LFG 自垃圾填埋场收集系统收集后，经鼓风机加压，通过滤膜过滤除去大于 $5～10\mu m$ 的颗粒，再经冷凝器、分离器去除其所含水分，然后进入内燃发电机燃烧发电。发出的电部分自用（一般10%），其余可升压进入电网输出。采用垃圾沼气发电技术成熟，填埋气资源化减排及经济效益突出。

焚烧法是将垃圾置于高温炉中，对生活垃圾中可燃成分充分氧化的一种方法。通过高温焚烧处理，消除垃圾中大量的有害物质，同时产生的热量用于发电和供暖。

垃圾中的二次能源物质——有机可燃物所含热量多、热值高，每 2t 垃圾可获得相当于燃烧 1t 煤的热量。焚烧处理后的灰渣呈中性，无气味，不引发二次污染，且体积减小90%，质量减轻75%。如果方法得当，1t 垃圾可获 300~400kW·h 电力。

垃圾焚烧发电工艺流程是：生活垃圾由密闭式环卫车辆转运至焚烧厂，称重后通过卸料平台送入封闭式垃圾仓，垃圾在垃圾仓内堆放 5~7 天后，操作人员在垃圾吊控制室通过远程操作，将垃圾抓入给料斗，经推料炉排推入焚烧炉燃烧。垃圾在高温下焚烧和熔融，炉内温度高达 850~1100℃，垃圾中的病原菌被杀灭，达到无害化目的。垃圾仓内的有害臭气由锅炉蒸汽预热器送入炉内，在 850℃ 以上的温度条件下分解成无臭气体。垃圾仓内一直保持负压状态，臭气不外逸。由垃圾燃烧产生的热量制造蒸汽，以驱动蒸汽轮机发电。垃圾焚烧处理过程中产生的高温烟气经过余热锅炉产生高温高压蒸汽，推动汽轮发电机发电，实现能源回收，尾端进入烟气净化系统。净化系统采用"最先进的 SNCR 脱硝＋干法/半干法脱酸及湿法工艺脱酸＋活性炭吸附重金属和二噁英＋布袋除尘器除尘"等组合工艺，对烟气中粉尘、氮氧化物、酸性气体、重金属及二噁英等污染物进行处理，使烟气达到或优于生活垃圾焚烧发电污染物排放标准。

垃圾在高温下焚烧可灭菌，分解有害物质，但当工况变化，或尾气处理前渗漏，处理中稍有不慎等都会造成二次污染。因此垃圾焚烧要严防"二次污染"问题，包括垃圾焚烧后的二次污染、水资源的污染、残渣与粉尘的污染等，尤其是"二噁英"（多氯二苯并二噁英）会诱发癌症。因此，垃圾发电厂需要有严格的技术和环保监控系统相匹配。通过计算机控制系统可以实现垃圾焚烧、热能利用、烟气处理等过程的高度自动化，控制设定的燃烧条件（如炉膛温度高于 850℃，烟气停留时间大于 2 秒，保持烟气湍流流动和适度的过氧量），使焚烧系统在额定工况下运行，原始排放物浓度降到最低，并保证二噁英等有机物彻底分解。

垃圾焚烧发电作为世界主流的垃圾处理方式，实现了生活垃圾的减量化及资源化，既产生"环境效益"，又带来"能源效益"，是城市可持续发展的重要基础设施，全世界已普遍采用。

我国垃圾焚烧发电大致经历了探索期（1988—2005 年）、初步成长期（2006—2011 年）、高速发展期（2012—2020 年）和稳定发展期（2021 年起）四个阶段。2020 年，我国城市生活垃圾清运量达到 2.35 亿吨，无害化处理率稳步提升，截至 2020 年，城市生活垃圾无害化处理率已达到 99.7%，生活垃圾焚烧处理逐步替代填埋成为主要的生活垃圾无害化处理方式。截至 2021 年底，垃圾焚烧发电处理能力达到 70 万吨/日左右。根据"十四五"规划，到 2025 年城市生活垃圾焚烧处理能力将达到 80 万吨/日。随着对发展新能源，提倡环保型循环经济的进一步重视，垃圾焚烧发电技术将得到进一步推广。

生物质气化发电技术的基本原理是把生物质转化为可燃气，再利用可燃气推动燃气发电设备进行发电，包括内燃机发电、燃气轮机发电和蒸汽透平发电，或生物质整体气化联合循环发电（biomass integrated gasification combined cycle，BIGCC）。它既能解决生物质难以燃用而且分散的缺点，又可以充分发挥燃气发电技术紧凑而污染少的优点，是生物质最有效、最洁净的利用方法之一。

气化发电过程包括 3 个方面：一是生物质气化；二是气体净化；三是燃气发电。将生物质废弃物包括木料、秸秆、谷壳、稻草、甘蔗等固体废弃物转化为可燃气体，这些气体经过除焦净化处理后，再送到气体内燃机进行发电，达到以气代油，降低发电成本的目的。生物质气化发电过程由下面几部分组成：生物质预处理→气化炉→气体净化器→气体内燃机→发电并网。图9-14为生物质气化发电系统示意，关键技术包括生物质气化技术、焦油处理及气体净化、焦油废水处理及其循环使用、燃气发电及其系统控制技术等。

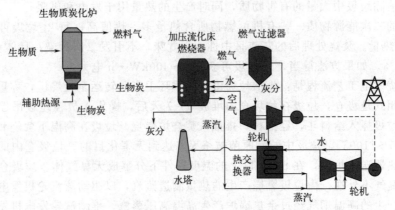

图9-14　生物质炭化和加压流化床燃烧发电系统

BIGCC采用整体生物质气化、燃气轮机发电和热量回收，能够取得较高的能源利用效率。规模的生物质气化发电厂，效率可达40%～50%，目前比较典型的BIGCC有美国Battelle（63MW）和夏威夷（6MW）项目、欧洲英国（8MW）和芬兰（6MW）的示范工程等。由于燃气轮机改造在技术上难度很大，特别是焦油的处理还存在很多有待进一步解决的技术问题。技术尚未成熟设备造价也很高，BIGCC技术的放大还缺乏经验，目前仍处于示范阶段。

混合燃烧发电技术是指将生物质原料应用于燃煤电厂中，使用生物质和煤两种原料进行发电。混合燃烧主要有两种方式：一种是将生物质原料直接送入燃煤锅炉，与煤共同燃烧，产生蒸汽，带动蒸汽轮机发电；另一种是先将生物质原料在气化炉中气化生成可燃气体，再通入燃煤锅炉，可燃气体与煤共同燃烧产生蒸汽，带动蒸汽轮机发电。无论哪种方式，生物质原料预处理技术都是非常关键的，使之符合燃煤锅炉或气化炉的要求。混合燃烧的关键技术还包括煤与生物质混燃技术、煤与生物质可燃气体混燃技术、蒸汽轮机效率等。

9.6　我国生物质能源发展战略

我国国家能源战略的一个重点是大力发展可再生能源，大力发展油气替代技术，实现煤、天然气、生物质等合成油气的规模化应用，保障我国中长期能源安全供应，缓解我国油气资源不足的矛盾。

近年来，我国加速能源结构调整，积极推进生物质能源开发利用，生物质发电、生物质燃气、生物质液体燃料等重点领域蓬勃发展。截至2022年年底，我国生物质发电量1824亿kW·h，占全部发电量的2.1%。按发电结构来看，主要包括垃圾焚烧发电、农林生物质发电和沼气发电三大类，其中垃圾焚烧发电占比最大（占总生物质发电量的57.7%），其次为农林生物质（发电量占比为39.3%），沼气发电占比最小，仅占总生物质发电量的3.0%。我国陆续突破了厌氧发酵过程微生物调控、沼气工业化利用、秸秆类资源高效生物降解、生物质液体燃料清洁制备与高值化利用等关键技术，建立了兆瓦级沼气发电、万吨级生物柴油、千吨级纤维素乙醇及气化合成燃料示范工程。

鉴于生物质转化技术的多样性和复杂性，以及生物质能应用模式的多样化，要稳步推进生物质能多元化开发，包括：

（1）稳步发展生物质发电。生物质发电是最成熟、发展规模最大的现代生物质能利用技术，要优化生物质发电开发布局，稳步发展城镇生活垃圾焚烧发电，有序发展农林生物质发电和沼气发电，探索生物质发电与碳捕集、利用与封存相结合的发展潜力和示范研究。开展生物质发电市场化示范，完善区域垃圾焚烧处理收费制度，还原生物质发电环境价值。

（2）积极发展生物质能清洁供暖。生物质能在提供清洁电力和清洁热力方面具有独特优势，一方面，有序发展生物质热电联产，因地制宜加快生物质发电向热电联产转型升级，为具备资源条件的县城、人口集中的乡村提供民用供暖，为中小工业园区集中供热。另一方面，合理发展以农林生物质、生物质成型燃料等为主的生物质锅炉供暖，鼓励采用大中型锅炉，在城镇等人口聚集区进行集中供暖，开展农林生物质供暖供热示范。在大气污染防治非重点地区乡村，可按照就地取材原则，因地制宜推广生物质固体成型燃料及户用成型燃料炉具供暖。

（3）大力发展非粮生物质液体燃料。在电气化无法解决的交通动力领域，生物液体燃料提供了宝贵的零碳解决方案，成为最具发展潜力的替代燃料之一。在守住"18 亿亩耕地红线"的基础上，严格遵守"不占用耕地，不与粮争地，不与民争粮"的生物质利用基本原则，建立多元化的生物质能洁净转化及高端利用系统。提升燃料乙醇综合效益，积极发展纤维素燃料乙醇、生物柴油、生物航空燃油等非粮生物燃料，鼓励开展醇、电、气、肥等多联产示范。支持生物柴油、生物航空煤油等领域先进技术装备研发和推广使用。

（4）加快发展生物天然气。生物天然气是电力、供热、交通等领域可以利用的一种重要零碳能源。在粮食主产区、林业三剩物富集区、畜禽养殖集中区等种植养殖大县，以县域为单元建立产业体系，积极开展生物天然气示范。统筹规划建设年产千万立方米级的生物天然气工程，形成并入城市燃气管网以及车辆用气、锅炉燃料、发电等多元应用模式。建立农村有机废弃物处理、有机肥生产和消费、清洁燃气利用的循环产业体系。

新时代我国实施的生态文明建设、乡村振兴、"碳达峰碳中和"战略，为生物质能产业发展注入新动力。"十四五"时期，国家和地方层面出台了多项支持生物质能行业发展的政策，如《"十四五"可再生能源发展规划》（2022 年）、《"十四五"生物经济发展规划》（2022 年）、《"十四五"现代能源体系规划》（2022 年）等综合性规划。根据现有情况分析，到 2030 年生物质发电装机容量将达到 5000 万 kW 左右，生物质清洁供热面积将达到 10 亿 m^2；生物天然气年产量将达到 30 亿 m^3。生物液体燃料将逐步应用于航运、海运，预计到 2030 年，年产量将达到 2500 万 t。而在社会价值方面，预计到 2030 年处理有机废弃物超过 7.6 亿 t，替代标煤量超 1.3 亿 t，可拉动上中下游投资近 6100 亿元，带动就业人数超 40 多万人。

生物质能作为重要的零碳可再生能源，在节能减排、减污降碳、促进能源安全等方面将发挥重要作用，其可通过发电、供热、供气等方式广泛应用于工业、农业、交通、建筑等领域。未来随着我国"双碳"目标、乡村振兴战略的持续推进，生物质能的开发利用水平将进一步提高。

第 10 章 | 海洋能

海洋能源通常指海洋中所蕴藏的可再生能源。海洋通过各种物理过程接收、储存和散发能量，这些能量以潮汐能、波浪能、海洋温差能、海洋盐差能和海流能（潮流能）等形式存在于海洋中。更广义的海洋能源还包括海洋上空的风能、海洋表面的太阳能以及海洋生物质能等。究其成因，潮汐能和潮流能来源于太阳和月亮对地球的引力变化，其他主要是直接或间接来源于太阳辐射。海洋能源按储存形式又可分为机械能、热能和化学能。其中，潮汐能、海流能和波浪能为机械能，海水温差能为热能，海水盐差能为化学能。潮汐能、波浪能和海洋温差能是海洋能开发利用的主要形式。

10.1 海洋能概况

海洋被认为是地球上最后的资源宝库，也被称作为能量之海。世界海洋面积达 $3.61 \times 10^8 \text{km}^2$，占地球表面积的 71%，整个海水的容积多达 $1.37 \times 10^9 \text{km}^3$。一望无际的汪洋大海，在 21 世纪将在为人类提供生存空间、食品、矿物、能源和水资源等方面发挥重要作用，而海洋能源也将扮演重要角色。

海洋能具有如下特点：

① 海洋能资源具有相当大的能量通量，而单位体积、单位面积、单位长度所拥有的能量较小。这就是说，要想得到大能量，就得从大量的海水中获得。资源中的大部分均蕴藏在远离用电中心区的海域。因此难以把上述全部能量取出，只能有一小部分海洋能资源能够得以开发利用。

② 具有可再生性。海洋能来源于太阳辐射能与天体间的万有引力，只要太阳、月球等天体与地球共存，这种能源就会再生，就会取之不尽，用之不竭。

③ 海洋能有较稳定能源与不稳定能源之分。较稳定能源为温差能、盐差能和海流能。不稳定能源分为变化有规律与变化无规律两种。属于不稳定但变化有规律的有潮汐能与潮流能。人们根据潮汐潮流变化规律，编制出各地逐日逐时的潮汐与潮流预报，预测未来各个时间的潮汐大小与潮流强弱。潮汐电站与潮流电站可根据预报表安排发电运行。既不稳定又无规律的是波浪能。

④ 海洋能属于清洁能源，海洋能开发对环境污染影响很小。

上述特点使海洋能利用与转换装置体积庞大、技术复杂，在实用中需要配备调节和蓄能装置，同时需具备抗海洋生物附着、防海水腐蚀和抗风暴的能力。

10.2 潮汐能

10.2.1 概述

潮汐能是以位能形态出现的海洋能，指海水潮涨和潮落形成的水的势能。海水涨落的潮汐现象是由地球和天体运动以及它们之间的相互作用而引起的。地表的海水除了受到地球运动离心力的作用外，同时还受到其他天体（主要是月球和太阳）的引力。这些引力和离心力的合力正是引起海水涨落的引潮力。当太阳、月球和地球在一条直线上时，就产生大潮；当它们成直角时，就产生小潮，涨潮落潮每天有规律地往复运动。

潮流能是月球和太阳的引潮力使海水产生周期性的往复水平运动时形成的动能，集中在岸边、岛屿之间的水道或湾口。潮汐和潮流是月球和太阳引潮力作用下产生的潮波运动中伴随的两个表现形态，潮汐为海水的周期性垂直升降，潮流为海水的周期性水平流动。一般情况下，涨潮时随着海水向岸边流动，使岸边水位升高；落潮时又随着海水的离岸流动，使岸边水位下降，势能与动能，潮汐与潮流就是这样相互转化。

受海岸、港湾地形的影响，海面的高度在高潮和低潮时有很大差别。在潮汐涨落过程中，海面上涨到最高位置时的高度称为高潮高，下降到最低位置时的高度称为低潮高，相邻的高潮高与低潮高之差称为潮差。潮汐能的能量与潮量（潮水质量）和潮差成正比。或者说，与潮差的平方和水库的面积成正比。即：

$$E = \rho V g A / T = \rho g F A^2 / T$$

式中，ρ 为海水密度；V 为水库平均有效库容积；g 为重力加速度；F 为水库面积；A 为平均潮差；T 为单潮周期。

伯恩斯坦于 1946 年提出潮汐电站的潮汐能年理论储量为 $E = 1.97 \times 10^6 F A^2 (\mathrm{kW} \cdot \mathrm{h})$，以后其他人也提过类似的公式。例如，对单向潮汐电站，按半日潮地区一年 705 个单潮，单向发电时间 5h，水库高低水位差为 0.5A，机组效率 0.75，平均水头取 0.57A，单向潮汐电站发电量为 $E = 0.44 \times 10^6 A^2 F (\mathrm{kW} \cdot \mathrm{h})$；装机容量由年发电量除以设备利用小时数 2000h，求得：$P = 220 A^2 F$。对双向潮汐电站，按半日潮地区一年 705 个单潮，双向发电时间 7.2h，水库高低水位差为 0.43A，机组效率 0.75，平均水头取 0.45A，求得双向潮汐电站发电量 $E = 0.55 \times 10^6 A^2 F (\mathrm{kW} \cdot \mathrm{h})$；装机容量由年发电量除以设备利用小时数 2800h，求得 $P \approx 200 A^2 F$。潮差查自当地历年潮汐表或实测资料，水库面积根据地形图量算。

潮差在大洋和内陆海较小，如里海、波罗的海、地中海只有几厘米。在水深变浅的港湾，尤其是海岸逐渐收缩的喇叭形海湾的顶部，潮差可达 10m 以上。世界上潮差的较大值约为 13～15m，加拿大的芬迪湾（Bay of Fundy）是世界上潮差最大的海湾区，平均潮差 14.5m，最高 17.3m。世界上著名大潮差的地方还有英国的塞汶河口（Severn Estuary），为 14.5m，法国圣马洛湾北侧的格朗维尔港（Granville），为 14.7m，俄罗斯鄂霍次克海的品仁湾（Penzhin），为 13.5m。另外，印度的坎贝湾（Cambay）为 10.3m，韩国的仁川湾（Inchon）为 9.5m，也都是潮差较大的地方。我国的最大潮差（杭州湾澉浦）为 8.9m。但一般来说，平均潮差在 3m 以上就有实际应用价值。

作为能源，潮汐能具有以下特点。

① 能量密度低，单位装机造价高，但总储量大，可再生。

潮汐能能量密度低，可利用的水头（平均潮差）小，仅 5～8m，为了获取较大的能量，则需用大流量来补偿，这就要求加大潮汐水轮机的直径，造成潮汐水轮机组体积庞大，钢材消耗量增多，也使电站厂房尺寸加大，因此单位千瓦造价较常规水电站高。

同时，潮汐能资源分布广、总储量巨大，很多沿岸地区适宜建设电站，离用电中心近，一般不存在远距离输电的设备投资和电力消耗。并且能源可靠，地球上的海水将永不间断地受到月亮和太阳引潮力的作用，潮汐能是可再生的，很少受气候、水文等自然因素影响，不像常规水力发电那样受到气候条件的影响。此外，潮汐电站一般具有较长的经济寿命。

② 能量不稳定，周期性地变化，但规律很强，可提前精确地预报。

由于潮差随着潮汐的涨落变化，不仅有半日循环变化，半个月中还有大潮、小潮期的变化，致使发电出力不断变化，不稳定、不连续，装机年利用小时数低，存在周期性间歇。但是，现代海洋科学可以提前并精确地预报潮汐涨落，从而可对经过调节后的发电出力做出预报，系统完全可以按预报的有效出力进行平衡调度，并有计划纳入电网运行。

③ 开发环境严酷，但不占用良田，不迁移人口，不污染环境。

潮汐电站的水库堤坝和厂房等水工建筑物通常在海底软基础上建造，在大风、巨浪、强流等恶劣环境中施工，机电设备常和海水、盐雾及海洋生物接触，在防腐和防污等方面有其特殊要求，也是电站造价高的另一个重要原因。但是，潮汐能电站建设一般在欠开发利用的海湾中进行，因此不占用良田，无需迁移人口。另外，潮汐电站库区还可以促淤围垦，发展水产养殖。

④ 资源分布不均，良好站址多在发达国家。

由于自然条件和天体条件的原因，北半球中纬度 45～55°N 间大陆沿岸潮差最大，是潮汐能资源最富集、最利于开发利用的地区。而这些地区均属于发达国家，如加拿大的芬迪湾，英国的布里斯托尔-塞汶河口，法国的圣马洛湾，俄罗斯的品仁湾等。

全世界海洋潮汐能的理论蕴藏量约为 30 亿 kW，若全部转换成电能，每年发电量大约为 1.2 万亿度。据最新的估算，有开发潜力的潮汐能量每年约 200TW·h。

潮汐能利用的主要方式是发电。潮汐发电就是在海湾或有潮汐的河口建一拦水堤坝，将海湾或河口与海洋隔开构成水库，再在坝内或坝房安装水轮发电机组。通过贮水库，在涨潮时将海水贮存在贮水库内，以势能的形式保存，然后，在落潮时放出海水，利用高、低潮位之间的落差，推动水轮机旋转，带动发电机发电（见图 10-1）。从能量的角度来看，就是将海水的势能和动能，通过水轮发电机组转化为电能的过程。潮汐发电原理和水力发电相似，但和水力发电相比，潮汐能的能量密度很低，仅相当于微水头发电的水平。潮汐电站的功率和落差及水的流量成正比。但由于潮汐电站在发电时贮水库的水位和海洋的水位都是变化的（海水由贮水库流出，水位下降，同时，海洋水位也因潮汐的作用而变化），因此，潮汐电站是在变工况下工作的。水轮发电机组和电站系统的设计要考虑变工况，低水头、大流量以及防海水腐蚀等因素，远比常规的水电站复杂，效率也低于常规水电站。

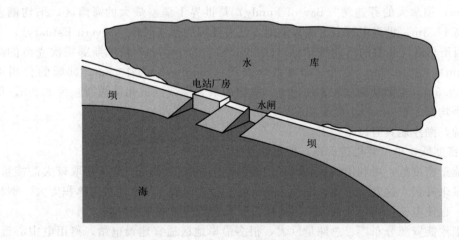

图 10-1　潮汐发电示意

10.2.2　潮汐电站的分类

由于潮水的流动与河水的流动不同，它是不断变换方向的。潮汐电站按照运行方式和对设备要求的不同，可以分成单库单向型、单库双向型和双库单向型三种。

① 单库单向型发电站，这种电站只有一个蓄水库，枢纽主要建筑包括大坝、进水闸、

厂房三大部分。单库单向型是在涨潮时将贮水库闸门打开，向水库充水，平潮时关闸；落潮后，待贮水库与外海有一定水位差时开闸，利用落潮驱动水轮发电机组发电，水轮发电机组只要满足单方向通水发电的要求就可以了。其优点是建筑物和发电设备的结构简单，投资少；缺点是发电断续，1 天中约有 65％以上的时间处于贮水和停机状态，潮汐能利用率低。

② 单库双向型有两种设计方案。第一种方案是利用两套单向阀门控制两条向水轮机引水的管道。在涨潮和落潮时，海水分别从各自的引水管道进入水轮机，使水轮机单向旋转带动发电机。第二种方案是采用双向水轮机组。这种潮汐电站的主要优点是除水库内外水位相平外，不管在涨潮还是在落潮时均能发电，其发电的时间和发电量都比单向潮汐电站多，能够比较充分地利用潮汐能量。单库双向型发电相对来说较为合理，而对发电机的特殊要求比较高，它必须在双向水流的推动下都可以工作。

③ 双库单向型需要建造两个毗邻的水库。涨潮时，向高贮水库充水；落潮时，由低贮水库排水，这样一来，前一个水库的水位便始终比后一个水库高，水轮发电机安放在两个水库之间的隔坝内，可以利用两个水库间的水位差，使水轮发电机组连续单向旋转发电。其优点是可实现潮汐能连续发电；缺点是要建两个水库，投资大且工作水头降低。

无库式潮汐能发电技术突破了常规发电的概念：借鉴风能发电的相关原理，利用潮流驱动转换为电能，同时兼顾风和海流的密度等条件的不同而开发设计。这种发电技术所用水轮机结构形式和传统有库式机组的结构形式有很多不同点。根据机组结构形式不同，目前潮汐能发电机组整体分为两类：潮汐栅栏和潮汐涡轮。潮汐栅栏（或潮篱，tidal fence）由独立的垂直轴式涡轮机、架设的围篱式结构体所组成（见图 10-2），使用自然流动潮流，没有使用水坝。其所有的电机设备（发电机和变压器）都可置于水面之上，并且由于渠道截面的减小，提高了水流通过涡轮的流速。

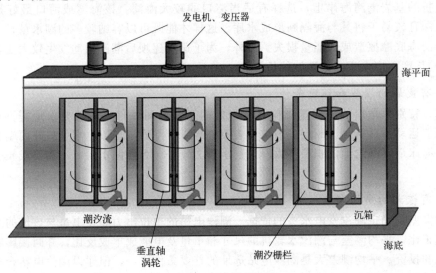

图 10-2　潮汐栅栏示意

潮汐涡轮看上去很像一个水下风力涡轮（见图 10-3），其在水下排成一列，就如同一些风场一般。潮汐涡轮具有许多优于潮汐栅栏的特点。它们对野生动植物的破坏极小，一些小型船可以通过它们所处的水域，并且在设备耗材方面要比潮汐栅栏经济得多。在潮水流速达到 2～2.5m/s 时，潮汐涡轮便可以正常工作。世界上有许多海域都适合设置潮汐涡轮，最为理想的地点是靠近海岸（在 1km 范围内）大约 20～30m 深的水中，在理想情况下，潮汐涡轮可以产生 $10MW/km^2$ 的电量。无论采用何种模式，潮汐发电的好处是显而易见的。

图 10-3 水下风力涡轮农场设想

10.2.3 潮汐电站的选址

潮汐电站选址首先要考虑有适合建库的海湾、海岸和潮汐类型、潮差。潮汐电站的开发、运行方式与站址的潮汐类型关系密切，潮差是潮汐强弱的标志，也是潮汐能量密度量度的指标。理想的潮汐电站站址应具备以下条件。

（1）有较大的海湾和适度的湾口

在曲折的基岩港湾海岸上，选择有适当湾口的较大海湾。该海湾或河口最好是面积较大、水较深且较易于将其与海隔断形成水库。这样才能既可以容纳较多的潮水量，又可减少因水较浅由海底摩擦造成的能量损失。另外，为了避免建坝后潮汐振动发生较大变化，海湾（水库）的长度不应大于当地潮波的长度。

（2）有良好的坝基和环境条件

海湾，特别是湾口的海底基础应具有稳定的工程地质条件，一般要求地震烈度小于 6 度，新构造运动不活跃，无断层、滑坡和岩石破碎带等不稳定地段。坝址最好两端有基岩出露，水下海床最好基岩上沉积层不太厚，且承载力较好，无渗漏水层，不需要或较少水下开挖等。

（3）有较大的平均潮差

平均潮差是确定潮汐发电水头的依据。潮汐电站的单位出力和发电量与该址的平均潮差的平方成正比，平均潮差与潮汐水轮机的尺寸和重量及电能成本成反比，并间接影响电站厂房的尺寸和投资。平均潮差大是潮汐电站选址的首要条件之一，但建设潮汐电站合理的最小潮差应由其所在地区和具体动能经济条件决定。

（4）距负荷中心和电网较近，社会经济和生态条件较好

潮汐电站站址最好距离大量用电中心较近，就近有电网可供潮汐电力连接。同时，该地区社会经济条件较好，对潮汐电能有适度需求，该地区生态环境不会因潮汐电站的建设而受到较大的影响。

（5）电力系统中有水电站与潮汐电站配合

规模较大的潮汐电站，要与电力系统中的火力、水力和核电站联合运行，系统中应有超

过潮汐电站容量的水电站，特别是抽水蓄能电站与之配合，以便对潮汐电站在昼夜间和大小潮期间的电力不稳定进行补偿。

潮汐电站主要由潮汐水库、堤坝、闸门和泄水道建筑、发电机组和厂房、输电、交通和控制设施、航道、鱼道等基本部分组成。潮汐发电的关键技术包括低水头、大流量、变工况水轮发电机组设计制造；电站的运行控制；电站和海洋环境的相互作用（包括电站对环境的影响和海洋环境对电站的影响，特别是泥沙冲淤问题）；电站的系统优化、协调发电量、间断发电以及设备造价和可靠性等之间的关系；水工建筑、电站设备在海水中的防腐等。

潮汐发电是海洋能利用中发展最早、规模最大、技术较成熟的一种。潮汐发电的实际应用应首推 1912 年在德国的胡苏姆兴建的一座小型潮汐电站，由此开始把潮汐发电的理想变为现实。世界各国已选定了相当数量的适宜开发潮汐能的站址。1966 年，法国在英吉利海峡沿岸的朗斯河河口建造的朗斯（Rance）潮汐电站，是第一座具有经济价值，而且也曾是世界上最大的潮汐发电站，它使潮汐电站进入了实用阶段。朗斯电站采用灯泡贯流式水轮发电机，发电机叶轮直径达 5.35m，装置容量为 10MW，24 台机组装机容量为 240MW，年均发电量为 5.44 亿 kW·h，约可供 25 万户家庭用电。法国还在圣马诺湾兴建了一座巨型潮汐电站，这座电站装机 1 万 MW，相当于朗斯电站的 40 倍；年发电量达到 250 亿 kW·h，几乎是朗斯电站的 50 倍。法国还准备在圣马诺湾 2000km² 的海面上建造三座拦潮坝，装配容量最大的水轮机组，使每年发电量达 350 亿 kW·h。1968 年投产的俄罗斯基斯洛潮汐电站装机容量 800kW，年发电量 230 万 kW·h，是早期的小型潮汐电站。俄罗斯拟建设的品仁纳湾潮汐电站（Penzhin Tidal Power Plant Project），装机容量达 87100MW，年发电量可达 200TW·h。1984 年，加拿大在芬迪湾口建成安娜波利斯（Annapolis）潮汐电站，电站采用全贯流水轮发电机组，涡轮发电机叶轮直径 7.6m，装置容量 20MW，日发电量 80～100MW·h。水轮机安装在水平的水流通道中，发电机转子固定在水轮机桨叶周边组成旋转体，定子安装在水轮机转轮外边，构成没有传动轴的直接耦合机组（见图 10-4）。全贯流式由于发电机的尺度不受限制，可以采用最优的转子直径，得到较高的转子转动惯量，以改进电网发生意外事故的动力稳定性。其结构紧凑，工程造价低，检查、维修也方便，这些都是优于灯泡式机组之处。机房设在人工岛上，由 100km 外的一座水电站遥控。

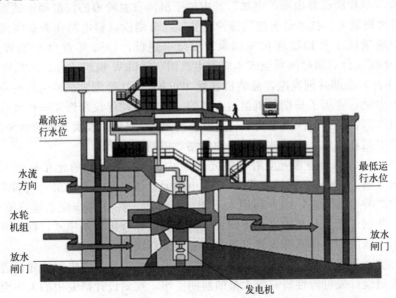

图 10-4　安娜波利斯潮汐电站厂房及全贯流水轮发电机组示意

2012 年 7 月，美国第一个并网潮汐能项目投入运营，该项目位于缅因州和加拿大之间的芬迪湾，将分几期完成，第一期工程已正式并网，目前每日可发电量 180kW·h，足以满足 25～30 户家庭的使用，最终将达到 4MW 的发电量，并能供应 1000 户家庭和商业机构使用。缅因州的这个潮汐能项目并非是北美洲第一个潮汐能项目（第一个是 1984 年加拿大的安娜波利斯潮汐能发电站），但它却是第一个不设置坝体的潮汐能发电机组，这样基本不会影响到海洋生物的正常生活。

英国、韩国、印度、澳大利亚和阿根廷等国对规模数十万到数百万 kW 的潮汐电站建设方案作了不同深度的研究。英国的斯旺西湾潮汐能项目是全球规模最大的潮汐发电项目之一，该项目已经成功建成并开始发电。韩国始华湖潮汐发电站是世界上最大的潮汐发电装置，装备有 10 台 25.4MW 浸没式灯泡涡轮发电机，总发电量 254MW，超过了朗斯潮汐电站（240MW）。日本九州电力系统的九电未来能源公司（福冈市）从 2022 年度开始将在长崎县五岛市进行输出功率为 1000kW 级的试验，给类似风力发电的螺旋桨加上底座，然后安装在海底，通过潮水涨落时的潮水流动来带动螺旋桨转动发电。

10.2.4　我国潮汐能的开发

我国潮汐能开发已经有 60 多年的历史。1958 年完成了第一次全国沿岸潮汐能资源普查。在第二次全国沿岸潮汐能资源普查基础上汇编成《中国沿海潮汐能资源普查》于 1985 年正式发布。1988 年又对我国潮汐能进行了普查，普查结果表明，全国沿岸单坝址装机容量 500kW 以上的 156 个海湾和 33 个河口可开发潮汐能资源，年发电量为 61.87TW·h，装机容量为 21.58GW。仅就海岸条件而言，自浙江杭州湾口南岸的镇海至广东雷州半岛东岸和辽东半岛、山东半岛的基岩港湾类海岸最适合潮汐能资源的开发利用。从潮差（能量密度）和海岸类型（地质条件）看，以福建、浙江沿岸最好。

我国在 20 世纪 50～80 年代修建了一批 100kW 左右的小型潮汐电站。20 世纪 80 年代具备运行条件的潮汐电站有江厦、白沙口、岳浦、浏河、海山、沙山、果子山、幸福洋和甘竹滩洪潮电站等。80 年代末，由于大电网向沿海农村扩展延伸，多数潮汐电站因社会作用下降、经济效益降低、设备老化等原因先后停止运行发电，目前在运行的潮汐电站只有浙江江厦潮汐试验电站和浙江海山潮汐电站。其中位于浙江省温岭市的江厦潮汐试验电站（见图 10-5）是我国规模最大、技术最先进的潮汐电站。江厦潮汐试验电站作为我国潮汐能开发利用的国家级试验项目，于 1972 年由原国家计委批准建设，1980 年首台 500kW 机组开始发电，至 1985 年底 5 台双向灯泡贯流式水轮发电机组（500kW 机组一台、600kW 机组一台和 700kW 机组 3 台）全部并网发电，总装机容量 3200kW。江厦潮汐试验电站是我国第一座单库双向型潮汐电站，经历了长期的机组运行考验。经过早期建设及近年来扩容升级，目前共安装 6 台双向灯泡贯流式潮汐发电机组，总装机容量 4.1MW，仅次于韩国始华湖潮汐电站、法国朗斯潮汐电站和加拿大安纳波利斯潮汐电站，位列世界第四。

2022 年 5 月，我国首座潮光互补智能光伏电站——浙江温岭潮光互补型光伏电站并网发电，总装机容量 100MW，设计布置 24 个发电单元。该电站与我国第一大潮汐发电站——温岭江厦潮汐试验电站互补，综合利用太阳能与潮汐能，并且同步配套建设安装 5MW·h 的储能设备，开创了光伏与潮汐完美协调发电的新能源综合运用新模式，标志着我国在海洋能源综合利用、新能源立体式开发建设等方面取得了新成效。

自 20 世纪 80 年代以来，浙江、福建等地对若干个大中型潮汐电站的建设进行了选址考察、勘测和规划设计或可行性研究等大量的前期工作，规划设计研究中的大中型潮汐电站站址包括乐清湾、长江口北支、钱塘江口、健跳港、黄墩港、大官坂、八尺门、马銮湾等。潮

图 10-5　江厦潮汐试验电站外景

汐发电技术经过 60 多年的实践，在潮汐电站规划选点、设计论证、设备制造安装、土建施工和电站运行管理等方面，都取得了较大技术进步和积累了丰富的经验。小型潮汐发电技术基本成熟，并已具备开发中型（万千瓦级）潮汐电站的技术条件。我国潮汐能资源的分布形式与我国沿海地区能源需求相吻合，如能开发沪浙闽的潮汐能资源，则可为缓解这里的能源供求矛盾做出贡献。

与潮汐能相比，潮流发电技术直接利用涨落潮水的水流冲击叶轮等机械装置进行发电，大部分设备"浸没"在海底，由于潮流发电机组的叶轮转速较低（根据水流速度的不同，潮流发电水轮转速为 10～30r/min），对水温环境以及海洋水上层特别是鱼类的影响轻微，具有良好的生态友好特性。此外潮流发电无需建造拦海堤坝，大大缩短了建设周期，经济性也更好。

对潮流能的开发，目前全世界基本处于试验示范阶段，并向预商业化阶段转变。从 2003 年英国在德文郡林恩茅斯（Lynmouth）外海安装首台 300kW 潮流能发电机组至今，国际潮流能技术已基本成熟。2015 年，英国、瑞士等国联合启动目前全球最大的潮流能发电项目 MEYGEN 的建设，该项目装机容量达 398MW，一期工程首阶段（6MW）潮流能发电阵列实现并网运行。项目的成功运行加速了全球潮流能发电市场发展，潮流能发电也从示范项目转向商业应用。从全球范围看，潮流能规模化利用是海洋能商业化的重点方向。在欧盟联合研究中心的《未来海洋能新兴技术：创新和改变规则者》报告中，四项潮流能专用技术、三项相关技术入选十大促进海洋能市场发展的新兴技术。

我国著名的潮流高能密度区包括渤海海峡老铁山水道、杭州湾北侧、舟山群岛的金塘、龟山和西堠门水道等。舟山群岛一带大部分海域潮流流速在 2～4m/s 之间，其可开发利用的潮流能占全国的 50% 以上。2005 年，岱山县建成潮流能发电实验站及配套的"海上生明月"灯塔，成为亚洲第一座潮流能发电站。2006 年，国内第一台新型潮流能源利用装置——"水下风车"原型样机在岱山港水道实验并发电成功。2013 年，我国首座漂浮式立轴潮流能示范电站——"海能-Ⅰ"号百千瓦级潮流能电站成功运行，电站经海底电缆为水道附近的官山岛居民提供源源不断的电能，为我国潮流能发电系统的总体设计、核心部件配套、机组安全运行及其优化控制方面等积累了经验。2016 年，装机容量 3.4MW 的大型海洋潮流能发电机组总成平台在浙江舟山下海，潮流能发电技术应用进入兆瓦时代，不仅可以发电并网，还能够支撑岛屿独立供电。2022 年，我国首台兆瓦级潮流能发电机组"奋进号"在舟山秀山岛实现并网，机组并网功率为 1.03MW，预计年发电量不少于 100 万度。

根据规划，舟山将布局多个万千瓦级潮流能发电厂区，通过若干个示范项目建设，力争在 2030 年实现全国规模最大且最具特色潮流能开发利用基地的目标。我国多数岛屿无电或缺电，潮流发电将对弥补能源短缺、缓解环境污染起到重要作用，潮流电站对于海岛和经济发达的沿海地区，有着广阔的应用前景。

潮流装置可以安装固定于海底，也可以安装于浮体的底部。由于潮流能装置需长期放于水下，因此有一系列的关键技术问题需要克服。例如，设备的安装维护、电力输送、海洋防腐、海洋环境中的载荷与安全性能等。

10.3　海流能

10.3.1　概述

海流（又称洋流）主要是指海水大规模相对稳定地流动。所谓"大规模"是指它的空间尺度大，具有数百、数千千米，甚至全球范围的流动。所谓"相对稳定"是指在较长的时间内，例如一个月、一季、一年或多年，其流动方向、速度和流动路径大致相似。海流能是指海水流动的动能，是另一种以动能形态出现的海洋能。与潮汐能不同的是，海流能可持续发电，而潮汐能只能半日发电。

海流的能量来源于太阳辐射。海洋和海洋上空的大气吸收太阳辐射，因海水和空气受热不均匀而形成温度、密度梯度，从而产生海水和空气的流动，并形成大洋环流。所谓大洋环流是指海洋中首尾相接的海流形成的相对独立的环流系统。海流的分类如表 10-1 所示。

表 10-1　海流的分类

海流类型		成因与特征	备注
按成因分类	风海流	风吹过海面时，对海面产生切应力，从而形成的海水水平流动，成为风海流。一般把由于大尺度和大范围内盛行风所引起的定常海流称为漂流(例如南北半球的信风和西风所形成的海流)，而将某一短期天气过程或阵风形成的海流称为风海流	东西向的基本为风海流，南北向的基本为补偿流，密度流分布在特殊的海区
	密度流	又称梯度流、地转流。由于各地海水的温度、盐度不同，引起海水密度的分布不均，从而导致海水流动。例如地中海由于蒸发旺盛，盐度大，而相邻的大西洋则相对盐度低、密度小，于是大西洋在水平压强梯度力作用下，表层海水经直布罗陀海峡流入地中海，地中海海水由海峡底层流入大西洋	
	补偿流	由风海流和密度流产生的海流使出发海区的海水减少，而由相邻海区的海水来补充产生的海水流动称为补偿流。补偿流有水平的(如赤道逆流)，也有垂直的。垂直补偿流又分为上升流和下降流，秘鲁附近的海区就是典型的上升流	
按性质分类	暖流	海流的水温比流经海区的水温高，称为暖流	暖流与寒流并不依某一水温值为标准来划分，仅是按其相对于周围海区的水温高低而定。暖流温度不一定比寒流温度高，反之，寒流温度不一定比暖流温度低
	寒流	海流的水温比流经海区的水温低，称为寒流	

海流及海流能的特征量主要是海流速度和海流能功率，海流能能量为海水流动所储存的动能，其能量与流速的平方和流量成正比，即：

$$E = \frac{1}{2}\rho A V^2$$

海流能的功率为：

$$P = \frac{1}{2}\rho A V^3$$

式中，ρ 为海水密度；A 为与海流垂直的迎流面积；V 为海水流速。

一般来说，最大流速在 2m/s 以上的水道，其海流能就有实际开发的价值。

海流能资源具有以下特点。

(1) 资源地域分布不均，富集区域开发条件优越

有较高利用价值的海流能，首推墨西哥湾流和黑潮等世界上最强劲海流的近岸段。墨西哥湾流是世界上最强大、影响最深远的一支暖流，它起源于墨西哥湾，经佛罗里达海峡流出，跨越北大西洋流向寒冷的北极海，海流流量相当于世界上所有淡水河川总流量的 50 多倍。黑潮是太平洋地区最强的暖流，它起源于我国台湾东南、巴布延群岛以东海域，是北赤道流向北的一个分支的延伸，黑潮从我国东侧流入东海，相对于它所流经的海域来讲，具有高温、高盐的特征。而其他众多海流因流速弱、离岸远，近期较难利用。

(2) 能量密度低，但远高于风能密度

所谓强海流是相对其他海流而言的，虽然它具有巨大的能量，但流速还是比较弱的，换算成当量水头仅为 0.05~0.3m，显然能量密度还是很低的。与风能相比，虽然可利用的最大风速约为海流速度的 10 倍，但海水密度是空气密度的 800 倍，因此海流能密度比风能要大得多。获得同样功率的转换装置，水轮机直径要比风机小得多。

(3) 开发环境严酷，应重视可能产生的环境影响

海流能转换装置必须置于海中，或漂浮于海面，或潜浮于水中。设置于海面的装置在安装施工和运行中均要经受强风、大浪的袭击。同时，还应研究转换装置布设于海洋中可能对航行船舶和大型海洋动物可能造成的伤害，并事先采取相应的防御、减免措施。

10.3.2　海流的涡轮发电机类型

海流的涡轮发电机一般分成水平轴式、垂直轴式、振荡水翼式和套管式等。

① 水平轴式（轴流式）装置类似于常规大型风力发电设备的运行方式，水流方向与旋转轴平行，利用水流推动叶轮桨叶旋转发电。这一技术路线的主要代表是英国的海流涡轮（Marine Current Turbines Ltd.，MCT）公司的 SeaGen 系列产品（见图 10-6）以及爱尔兰 OpenHydro 公司的 OCT（Open Centre Turbine）装置（见图 10-7），SeaGen 系列产品的最大单元装机容量已达 1.2MW，并已进入商业运行阶段。2016 年，MCT 公司被英国亚特兰蒂斯资源公司收购，继续研发 2~3MW 型 SeaGen U 漂浮式机组。OCT 装置特点在于"中心开口"，叶片被固定成圆盘状，内圈（中心）的内侧是一个空洞（开口），由安装在外圈的永久磁铁进行发电。2009 年 11 月，Open Centre Turbine 装置部署在芬迪湾的米纳斯通道（Minas Passage），2010 年 12 月涡轮回收，结构良好，但有 12 个叶片失踪。OpenHydro 公司还与法国合作开展实证实验，在布雷阿岛（Brehat）海域设置 4 台涡轮机，输出功率 2MW 以上。

② 垂直轴式（横流式）装置的运行原理和水平轴式叶轮相似，不过叶轮桨叶与旋转轴平行，水流方向与叶轮旋转轴垂直（见图 10-8）。海水经叶片产生垂直于海流方向的上升力，使叶片转动，利用机械传动，变速机驱动发电机工作发出电能。这一技术的主要代表是加拿大的蓝能（Blue Energy）公司，其水轮机采用 4 个固定偏角叶片，整个转子安装于一个固定在海底的沉体中耦合器、发电机及电力控制系统处于干燥环境中，额定功率 250kW。

图 10-6　MCT 公司的 SeaGen 发电机组

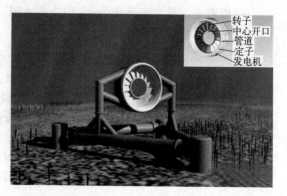

图 10-7　OpenHydro 公司的 OCT 发电机组

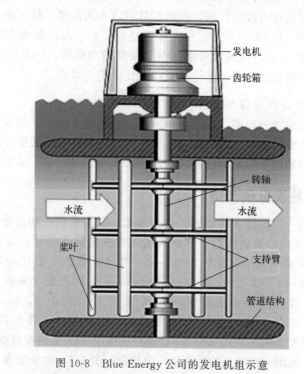

图 10-8　Blue Energy 公司的发电机组示意

③ 振荡水翼式（oscillating hydrofoil）装置（见图 10-9）由水翼、振荡悬臂和液压发电装置组成，水翼受其两侧的海流（或潮汐流）推动带动振荡悬臂摆动做功，通过振荡悬臂驱动高压液体流动，带动高压液流系统中的涡轮机发电（其实质是两级机械能转换，部分水平轴叶轮装置也采用这一技术）。相对于水平轴式或垂直轴式叶轮技术，振荡水翼技术可以在相对较浅的海域布置机组，因此预期的应用领域更广。这一技术的主要代表包括英国的脉动生能（PulseGeneration）公司以及澳大利亚的生物电力（BioPower）公司研制的产品。BioPower 公司已测试了商业规模的 250kW 装置 bioSTREAM™。

图 10-9　BioPower 公司的振荡水翼式装置

④ 套管式叶轮（venturi effect）装置
（见图 10-10）相当于在横轴或纵轴叶轮的外
部增加一个文丘里管，通过一个狭窄的管道
来驱动涡轮机发电，这可使通过涡轮的水流
能量更加集中，驱动转换效率更高。这一技
术的主要代表为英国月能（Lunar Energy）
公司的 RTT（the Rotech Tidal Turbine）技
术和海王星可再生能源（Neptune Renew-
able Energy）公司的 NP（the Neptune Pro-
teus）技术，Lunar Energy 公司已制备出
1MW RTT 发电机组原型样机。

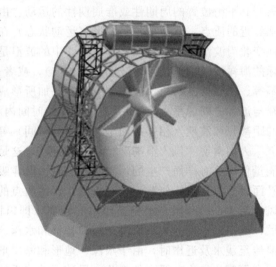

　　发电机组的固定方式国外主要采用重力
固定、桩基固定、浮动安装和舵板动力固定
等几种方式。重力固定利用装置本身的重
力，直接将发电机组固定在海床上。桩基固

图 10-10　Lunar Energy 公司 RTT 发电机组示意

定是采用类似于风电机组的安装方式，在海床上打桩，将发电装置与桩基相连，这种方式常
用于水平轴式（轴流式）叶轮机组的安装，更易于机组就地检修。浮动安装有 3 种安装方式，
第一种柔性系泊，即通过一根缆绳（链条或硬杆），将漂浮的设备系泊在海床上，这种固定
方式使设备可以在一定范围内随着海流流向的变化漂动，从而使设备在最佳工况下投入运
行。第二种刚性系泊，通过一组缆绳（链条或硬杆），将漂浮的设备系泊在海床上，仅允许
设备在固定点附近轻微移动。第三种浮动框架，将多个涡轮设备集中安装在一个漂浮的框架
平台上，整个框架可随水位的变化而浮动。舵板动力固定的原理类似于 F1 赛车翼板的作
用，它通过在设备框架上安装多个舵板，使海流对舵板产生向下的压力，抵消装置受海流的
倾覆力矩，从而固定装置。

10.3.3　海流能发电现状

　　一些发达国家组建海流发电技术研究机构，规划建设了潮流发电示范项目。2003 年，
MCT（Marine Current Turbines）公司在英格兰德文的 Lynmouth 外海安装了一台 300kW

的 Seaflow 海流涡轮原型机（SeaGen 技术的前身）。同年 11 月，Hammerfest Strom 公司在挪威哈默菲斯特（Hammerfest）以南的克瓦尔松（Kvalsund）外海安装了一台 300kW 的原型机。2008 年 4 月，MCT 公司采用 SeaGen 技术在北爱尔兰斯特朗福德湖（Strangford Lough）安装投运了一台全尺寸原型机，2008 年 12 月该机组达满发，单机容量超过 1.2MW，已经投入商业运行。自 2008 年并网以来，发电超过 900 万 kW·h。

我国在沿海研建了海流能试验电站，如山东省荣成市 4×300kW 大型海流能发电项目曾被财政部和国家海洋局确定为海洋能示范项目。荣成市成山头海域海水流速为 0.8～1.8m/s，完全符合海流能建站标准。

10.4 波浪能

10.4.1 概述

波浪能是指海洋表面波浪所具有的动能和势能。波浪是海面在外力的作用下，海水质点离开其平衡位置的周期性或准周期性的运动。由于流体的连续性，运动的水质点必然会带动其邻近的质点，从而导致其波形（运动状态）在空间传播。因此，运动随时间和空间的周期性变化为波浪的主要特征。实际海洋中的波浪是一种十分复杂的现象，人们通常近似地把实际的海洋波浪看作是简单波动（正弦波），或者是把实际波浪看作是由许多振幅不同、周期不等、位相杂乱的简单波动（分波）叠加所形成的。波浪可以用波形、波向、波高（相邻波峰与波谷之间的垂直距离）、波速（单位时间内波动传播的距离）、波长（相邻的两个波峰间的距离）和波期（相邻的两个波峰间的时间）等特征来描述，统称为波浪要素。

人们常说"风大浪高""无风不起浪"，这是对风与浪关系的一种描述。波浪能是由风把能量传递给海洋而产生的，它实质上是由海洋吸收了风传递的能量而形成的。水团相对于海平面发生位移时，使波浪具有势能，而水质点的运动，则使波浪具有动能。能量传递速率和风速有关，也和风与水相互作用的距离（即风区）有关。贮存的能量通过摩擦和湍动而消散，其消散速度的大小取决于波浪特征和水深。深水海区大浪的能量消散速率很慢，而当波浪传至浅水及近岸时，由于水深、地形和海岸形态变化的影响，波浪的波高、波长、波速及波向等都会发生一系列的变化，导致了波浪系统的复杂性。

波浪的能量与波高的平方、波浪的运动周期以及迎波面的宽度成正比。波浪能的大小可以用海水起伏势能的变化来进行估算，即 $P = 0.5TH^2$（P 为单位波前宽度上的波浪功率，kW/m；T 为波浪周期，s；H 为波高，m，实际上波浪功率的大小还与风速、风向、连续吹风的时间、流速等诸多因素有关）。因此波浪能的能级一般以 kW/m 表示，代表能量通过一条平行于波前的 1m 长的线的功率。

波浪能资源具有如下特点。

（1）波功率密度低，但适于密集，可再生，总储量大

波功率密度的高低取决于波高的大小，而波高大面积或长时间的平均值一般较小，单站点平均波高小者不足 1m，大者也不过 2m 左右，因此平均波功率密度是很低的。然而，波浪能又是海洋能中最适于密集的，可以通过共振、折射、反射、随时间积集及用收缩槽聚合等方法，实现能量的密集。波浪广泛存在于广阔的海洋上，波浪能总储量是巨大的，同时，由于有太阳辐射，风会不间断地为波浪提供能量，波浪能又是可再生的。通过适当的工程技术手段，提高功率密度可以提高波浪能的技术经济性。

（2）资源分布广泛，但分布不均

海洋上有风就有波浪，本地无风还有域外传来的波浪，因此，几乎可以说凡是有海洋的地方就有波浪，但世界海洋各处波浪能的分布是不均匀的。自然状态下，最大的波浪是发生在大洋海面上，因为在同样风速和风时的条件下，大洋中的风区长，水深大。太平洋和大西洋的东侧中纬度（30～50°N）及南部风暴带（55～65°S）波浪能资源最为富集，大西洋东北部的英国、爱尔兰沿岸和太平洋东北部的波功率密度可达 70～90kW/m，而世界大部分海域和沿岸为 20～50kW/m，还有一部分海域和沿岸仅在 10kW/m 以下。

（3）能量随时间变化剧烈，具有多向性

波浪能是海洋能源中能量最不稳定、随时间变化最剧烈的一种能源。它不仅有日、时、分、秒的短时间随机变化，还有月、季变化及年际间的长期变化。

受风向制约，以及近岸区海底地形、海岸形状和外域传来波浪的影响等原因，波浪具有多向性，且随时间、地域而变化。对开阔的外海而言，波浪既可以向各个方向传播，又可能来自各个方向。波浪及能量的多向性给波浪能的转换，特别是装置吸能效率造成一定影响，在波浪能开发利用中应充分注意。

波浪发电是波浪能利用的主要方式，为边远海域的国防及海洋设施等提供清洁能源。此外，波浪能还可以用于抽水、供热、海水淡化以及制氢等。通常波浪发电装置要经过 3 级能量转换系统：第一级能量转换机构（受波体）直接与波浪相互作用，将波浪能转换成装置的动能、水的位能或中间介质（如空气）的动能与压能等；第二级为中间转换装置，它优化第一级转换，将一级能量转换所得到的能量转换成旋转机械的动能，如水力透平、空气透平、液压电机等，产生出足够稳定的能量；第三级为发电装置，与其他发电装置类似，将旋转机械的动能通过发电机转换成电能。

10.4.2　波浪能发电装置的分类

根据波浪能发电装置的内在联系、外部特征、结构和用途等方面的不同，可将波浪能发电装置按不同的方式进行分类，如表 10-2 所示。

表 10-2　波浪能发电装置的分类

分类方式	种　类
按固定形式分	固定式、漂浮式
按能量传递方式分	气动式、液压式、机械式
按能量转换方式分	直接转换式、间接转换式
按结构形式分	"点头鸭"式、振荡水柱式、推摆式、聚波蓄能式、振荡浮子式、阀式

①"点头鸭"式波浪能发电装置是由于该装置的形状和运行特性酷似鸭的运动而得名，波浪入射波的运动使得动压力推动转动部分绕轴线旋转，流体静压力的改变使浮体部分作上升和下沉运动，动能和位能同时通过液压装置转化，再通过液力或电力系统把动能转换为电能。由于"点头鸭"式装置很多部件直接与海水接触，极易损坏，因此各国已经基本对其停止了使用和研究。

通过对多种波浪能装置进行的实验室研究和实际海况试验及应用示范研究，波浪能发电技术已逐步接近实用化水平，研究重点也集中于被认为是有商品化价值的装置，包括振荡水柱式装置、推摆式装置、振荡浮子式装置和聚波水库式装置等。

②振荡水柱式波浪能发电装置都利用空气作为转换的介质（见图 10-11 和图 10-12）。其一级能量转换机构为气室，二级能量转换机构为空气透平。能量的采集通过气室完成，气

室下部有一开口在水下与海水连通，使海水能够自由地进入气室内，气室上部也开口（喷嘴），与大气连通。装置内的水柱在波浪的作用下做上下往复运动，水柱的作用类似于活塞，水柱的不停运动导致水柱自由表面上部的空气柱产生振荡运动，压缩气室的空气往复通过喷嘴，将波浪能转换成空气的压能和动能。在喷嘴安装一个空气透平并将透平转轴与发电机相连，则可利用压缩气流驱动透平旋转并带动发电机发电。

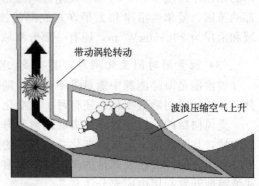

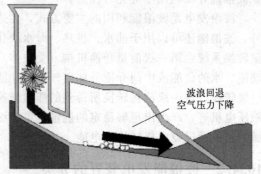

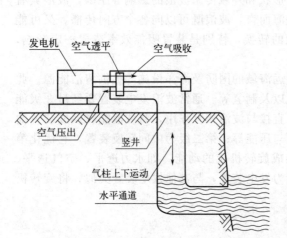

图 10-11　振荡水柱波能装置（一）　　　　图 10-12　振荡水柱波能装置（二）

　　振荡水柱波能转换装置的优点是转动机构不与海水接触，防腐性能好，安全可靠，且工作于水面，研究和维护方便。其缺点是二级能量转换效率较低。

　　振荡水柱式波浪能发电装置的系泊方式可分为漂浮式和固定式两种。漂浮式即一次转换装置由重物系泊漂浮于海上，而固定式（岸式）一般建在岸边迎浪侧，其在岸上施工较为方便，且并网与输电也更为简单。

　　③ 推摆式波浪能发电装置的一级能量转换机构是摆体，在波浪的推动作用下，摆体作前后或上下摆动，将波浪能转换成摆轴的动能。与摆轴相连的通常是液压装置，它将摆轴的动能转换成液力泵的动能，再由液压电机带动发电机发电。摆体的运动很适合波浪大推力和低频的特性。摆式装置的另一优点是可以方便地与相位控制技术相结合。相位控制技术可以使波能装置吸收到装置迎波宽度以外的波浪能，大大提高装置效率。因此，摆式装置的转换效率较高，但机械和液压机构的维护较为困难。摆式波能装置也可分为漂浮式和固定式两种。

　　④ 振荡浮子式波能转换装置是在振荡水柱式的基础上发展起来的波能转换装置，它用振荡浮子作为波浪能的吸收载体，将浮子吸收的波浪能转换成驱动液压泵的往复机械能，再通过能量缓冲区将不稳定的液压能转换成稳定的液压能，通过液压电机将稳定的液压能转换成稳定的旋转机械能，再通过发电机发出稳定的电能。振荡浮子式波能转换装置由浮子、连杆、液压传动机构、发电机和保护装置几部分组成，包括鸭式、阀式、浮子式、摆式、蛙式等诸多技术。

⑤ 聚波水库式装置（见图 10-13）是一种基于聚波理论的波能转换装置，它利用喇叭形的收缩波道作为一级能量转换机构，把广范围的波能聚集在很小的范围内。波道与海连通的一面开口宽，然后逐渐收缩通至一个比海平面高的高位水库。当海浪进入收缩波道时，由于收缩波道的波聚作用，使波高不断地被放大，直至波峰溢过边墙，将波浪能转换成势能贮存在高位水库中。收缩波道具有聚波器和转能器的双重作用，是一种提高能量密度的方式。水库与外海间的水头落差可达 3～8m，水库里的水通过一个低水头的水轮发电机组用来发电。聚波水库技术包括收缩波道技术、波龙技术和槽式技术（见图 10-14）等。聚波水库装置的优点是一级转换没有活动部件，输出稳定性、效率以及可靠性好，维护费用低，系统出力稳定。不足之处是电站建造对地形有要求，尺寸巨大、建造存在困难，不易推广。

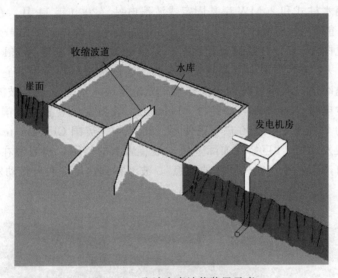

图 10-13 聚波水库波能装置示意

图 10-14 挪威的槽式聚波技术

10.4.3 国外波浪能的研究现状

据世界能源委员会的调查显示，全世界可利用的波浪能达到 2TW，相当于每年提供 17500TW·h 的能源。最早的波浪能利用机械发明专利是 1799 年由法国人吉拉德父子获得的。早期的海洋波浪能发电付诸实用的是气动式波力装置，就是利用波浪上下起伏的力量，通过压缩空气推动气筒中的活塞往复运动而做功。1910年，法国人布索·白拉塞克在其海滨住宅附近建了一座气动式波浪发电站，供应其住宅1000W的电力。目前积极从事波浪能研究的主要国家包括英国、美国、澳大利亚、日本和中国等，但因技术种类分散，波浪能利用整体仍处于工程样机测试阶段，距离商业化应用还有较大空间。

英国具有全世界最好的波浪能资源，2001年英国科学技术委员会在一份报告中就指出，仅在英国海域每年通过海浪发电装置可收集的海浪能资源达50TW·h，尤其在苏格兰北部地区。自20世纪70年代开始，英国就制定了能源多样化政策，鼓励发展包括海洋能在内的各种可再生能源，并把波浪发电研究放在新能源研究的首位。20世纪80年代初，英国就已成为世界波浪能研究中心。1990年和1994年，分别在苏格兰伊斯莱（Islay）岛和奥斯普雷建成了75kW振荡水柱式和20MW岸基固定式波浪电站。2000年11月，在Islay岛建成具有500kW岸式波能装置LIMPET（Land-Installed-Marine-Powered Energy Transformer）的波浪发电站（见图10-15）开始商业化运行，站址处波能功率密度为25kW/m。LIMPET是在Islay海岸的一个天然沟渠中由混凝土构成的。当波浪进入舱室时，它们通过涡轮机推动空气，波浪后退时通过涡轮机吸入环境空气。无论是吸入的空气还是被波浪推动的空气，都可以用于驱动发电机。2004年，海蛇号（Pelamis）波力发电装置在英国西南地区投入使用，其发电功率为750kW，供500户居民使用。2014年，英国Checkmate海洋能源公司设计了"巨蟒"波浪发动机，"巨蟒"实际上是一根装满水的管子，当海浪在上方经过对其产生挤压时，内部可产生一个"向外膨胀的波浪"，波浪在到达尾端时可带动发电机发电。

图10-15 LIMPET波浪发电站

日本的波浪能研究与开发也十分活跃，尤其着重于离岸型装置的建造和施用。1964年，日本开发了世界上第一台用于航标灯的小型气动式波浪能发电装置，并投入商业化生产。自20世纪60年代以来，日本就投运12台波力发电设备，除了用于验证试验外，还有4台作商业运营。其中兆瓦级的"海明"号波力发电船，安装10台单机功率为125kW的发电机，总装机容量达1250kW，特别适用于离岛的自给电源。此外，日本还在酒井港建造一座200MW的波力发电站，经海底电缆向陆地供电。1997年末，名为"巨鲸（Mighty Whale）"的可动式浮体型波力发电设备在三重县离岸海域下水，其容量为120kW，该装置不仅具有独立能源平台的功能，还起到平稳波浪的作用，有利于海洋开发。2010年，日本Mitusi公司与美国OPT公司开始在日本外海测试波浪能发电。

2017年，Wave Energy Technology公司在神户进行了世界首个悬浮式波浪发电（Green Power Island，GPI）试验，该公司技术可以利用低波浪，具有寿命长、不需要防污油漆处理、可远程监控操作情况等优点，可以用于零售、工厂等自主发电等场景。2018年4月，直径24米的GPI正式开始商业投产。

　　澳大利亚拥有丰富的海浪资源，为了充分利用这一绿色能源，2005 年，Energetech 公司在 Kembla 港建设了波浪发电系统，装机功率为 500kW。该装置利用振荡水柱原理将海浪的动能转化成电能，它可以将引入的海浪高度放大 3 倍左右。

　　挪威的波浪发电研究起始于 20 世纪 70 年代，起步虽晚但发展十分迅速。挪威在波浪发电装置的理论设计方面做出了较大贡献，提出了相位控制原理和喇叭口收缩波道式波能装置等。1985 年，挪威波能公司（Norwave）在 Toftestallen 岛建立了装机容量分别为 500kW 和 350kW 的振荡水柱式和聚波水库式波浪发电。2022 年，挪威波浪能公司 Havkraft 签署了一项项目协议，将在挪威西部 Svanøy 岛附近安装 Havkraft N 级波浪能发电厂。该项目将利用其波浪能技术为挪威近海的一个海洋牧场提供清洁能源，不再需要使用污染环境的柴油燃料，这标志着 Havkraft 公司振荡水柱技术（OWC）波浪能发电商业化的开始，也是挪威波浪能发电＋海洋牧场融合发展的重要一步。

　　葡萄牙的海浪发电研究起步较晚，技术以引进为主。但葡萄牙有着发展波浪发电得天独厚的自然条件优势，政府和科研机构对海浪能资源也越来越重视。2008 年 1 月葡萄牙政府就在葡萄牙西海岸的 Sao Pedro de Moel（水深 30～90m，总面积约为 320km^2）建立大型海洋实验区，进行远海海浪能的开发，其装机容量达 250MW。此外，葡萄牙还于 2008 年引进英国海蛇波浪发电有限公司（Pelamis Wave Power）的海蛇式发电机组（见图 10-16），海蛇式波浪能转换器是世界上第一个用于供电的海上波浪能转换器，这种装置通过铰接在一起的长管状部分组成，铰链使结构在海面上振荡，从而操作液压柱塞。通过 3 根 140m 长的"红色海蛇"和连接在葡萄牙北海面海床处的圆柱形波浪能转换器，将波浪能转化为电能，然后通过海底电缆中转站，最终注入电网，总输出功率为 750kW。由于问题不断，目前已经宣告失败。

图 10-16　海蛇式发电机组

　　美国西海岸的西北部处于全球高海浪能区域，美国也将目光投向波浪能资源的开发利用，政府和很多科研机构投入了大量资金用于波浪发电装置的研发。2019 年，美国能源部（DOE）为下一代海洋能源设备的项目研究提供资助，用于振荡浮子式转换器、多模式波能转换器等的研发制造，推动波浪能源技术走向商业化。20kW 的 Azura 原型波浪发电设备于 2015 年部署在夏威夷，并通过海底电缆传输到电网为夏威夷提供电网电力，实现了首次采用波浪能发电装置为美国电网供电。PowerBuoy 装置由美国海洋电力公司（Ocean Power Technologies，OPT）制造。这种设备占地面积小，在波涛汹涌的海域也能工作，并且适用于 OPT 的海上风电场，已经安装或计划安装在澳大利亚和美国的海岸上。

目前，全球范围内研发、海试和商业化进展较快的波浪能发电装置包括英国绿色能源公司的 Oyster 装置、美国的 PowerBuoy 装置、丹麦的 Wave Dragon 装置等，这些均已实现长时间海试，并开始向并网发电发展。

10.4.4 我国波浪能的研究现状

我国拥有广阔的海洋资源，波浪能的理论存储量约为 7000 万 kW。然而波浪能也是海洋能中最不稳定的一种能源，获取的难度比较大。全国沿岸波浪能源密度（波浪在单位时间内通过单位波峰的能量，单位为 kW/m）分布，以浙江中部、台湾、福建省海坛岛以北、渤海海峡为最高，达 5.11～7.73kW/m。这些海区平均波高大于 1m，周期多大于 5s，是我国沿岸波浪能能流密度较高、资源蕴藏量最丰富的海域。其次西沙、浙江的北部和南部、福建南部和山东半岛南岸等地的能源密度也较高，资源也较丰富。其他地区波浪能能流密度较低，资源蕴藏也较少。

我国波浪发电研究起始于 20 世纪 70 年代，主要对固定式和漂浮式振荡水柱波能装置以及摆式波能装置等进行研究。1975 年制成了 1kW 波电浮标，并在浙江省嵊山岛试验。1985 年中国科学院广州能源研究所开发成功利用对称翼透平的航标灯用波浪发电装置。这种装置能在波高为 0.3～2m、周期为 3～5s 的波浪下发电，为蓄电池充电。发电装置的输出电功率为 4～80W，使蓄电池可以向航标灯具稳定地提供电压 12V、功率为 10～100W 的电能，使航标灯明亮稳定地工作。经过多年发展，小型岸式波力发电技术已进入世界先进行列，航标灯所用的微型波浪发电装置在沿海海域航标和大型灯船上推广应用，已有 60～450W 的多种型号产品（见图 10-17）。与日本合作研制的后弯管型浮标发电装置已向国外出口，处于国际领先水平。

图 10-17　广州能源研究所开发的 BD104/4501 型航标灯用波浪发电装置

1990 年，在珠海市大万山岛研建的第一座多振荡水柱型岸式试验波浪电站试发电成功，电站装机容量为 3kW，电站总能量平均俘获宽度比（也称作发电的平均"总功率"，定义为电站的电力平均输出功率与一个气室开口宽度内来波的平均功率之比）大都在 10%～35%。广州能源研究所又将其改建成一座 20kW 的波力电站，并于 1996 年 2 月试发电成功。由天津国家海洋局海洋技术所研建的 100kW 摆式波力电站，于 1999 年 9 月在青岛即墨大官岛试运行成功。

　　在科技部科学技术攻关计划的支持下，广州能源研究所在广东汕尾市遮浪研建了100kW 岸式振荡水柱电站（见图 10-18），该电站装置包括气室、Wells 透平、异步发电机、测量控制系统和输配电控制系统等部分，具有较高的转换效率，2005 年 1 月成功实现把不稳定的波浪能转化为稳定电能。这是一座与电网并网运行的岸式振荡水柱型波能装置，电站设有完善的测量控制系统和各种自动保护功能，可以自动应付各种意外，工作时无需人工干预，在超出最大工作波况或电网断电时自动关机，气室内压力太大时自动卸载。电站还具有良好的并网系统与合理的结构。从总体来说，电站达到国际同时期的先进水平，使波能装置在实用化道路上迈出了坚实的一步。

图 10-18　100kW 岸式振荡水柱电站外观

　　2012 年，广州能源研究所成功研制了"鹰式一号"，该装置启动波高为 0.5m，最大工作波高 2.5m，总装机容量 20kW，鹰式波浪能发电装置实现了我国大型波浪能转换技术由岸式向漂浮式的成功转变。在海上既可以像船舶一样漂浮，也可以下潜至设定深度成为波浪能发电设备。2015 年，广州能源所研制的鹰式波浪能发电装置"万山号"（图 10-19）在珠海市万山岛并网发电。前期装机容量为 120kW，后续扩大到 200kW。2017 年，中国电科 38 所研制的岸崖浮摆式波浪能发电装置在海南岛进行了海浪发电试验，该装置前期装机容量 5kW，突破了波浪能液压转换、控制装置模块及千伏级动力逆变器关键技术，实现了波浪稳定发电，在小于 0.5m 浪高的波况下仍能频繁蓄能。2018 年，广州能源所建成的"先导一号"装机容量 260kW，通过 2000m 长的电缆由电站连接至岸上电力接入点，成功并入三沙市永兴岛电网。

图 10-19　"万山号"鹰式波浪能发电装置

2020年，"南海兆瓦级波浪能示范工程建设"项目首台500kW鹰式波浪能发电装置"舟山号"交付，开展波浪能发电技术的工程化、实用化和规模化研发工作。最近，由我国自主研发的首台兆瓦级漂浮式波浪能发电装置"南鲲"号（图10-20），在广东珠海投入试运行，实现了兆瓦级波浪能发电技术的工程应用。整个装置平面面积超过$3500m^2$，重量达到6000t。每天最多可发电2.4万$kW \cdot h$，相当于为3500户家庭提供绿色电源，发电容量在同类型设备中处于国际领先地位。

图10-20 "南鲲"兆瓦级漂浮式波浪能发电装置

由于海洋的特殊性，利用波浪能发电还存在能量分散不易集中、开发成本高、总转换效率低、装置运行的稳定性和可靠性差、发电功率小且质量差、社会效益好但经济效益差等问题。波浪能利用中的关键技术主要包括：波浪的聚集与相位控制技术；波能装置的波浪载荷及在海洋环境中的生存技术；波能装置建造与施工中的海洋工程技术；不规则波浪中的波能装置的设计与运行优化；往复流动中的透平研究；波浪能的稳定发电技术和独立发电技术等。

此外，如何在台风等灾害性海洋气候条件下确保波浪能装置的安全运行，以及如何提高转换效率也是当前波浪能开发利用的难点。振荡浮子式具有效率高、成本低、可靠性好且建造不受海况影响的优点，就现有的波能发电技术而言，可重点发展振荡浮子式波浪能发电装置。

目前，波浪能开发利用技术渐趋成熟，已进入商业化发展阶段，将向大规模利用和独立稳定发电方向发展，并且波浪能开发正逐渐由岸基发电装置转向远离近岸的深海区域。远海区域比起近海岸基区域蕴藏着更多更丰富的波浪能资源，需要的设备也相对简单，适合建大规模波浪发电场，单位发电效率较高，而且这些发电装置的装机容量一般也比岸基装置高很多，这一优点使其更适用于远距离输电以及一些岛屿的用电。远海区域波浪发电需要克服许多技术难点和恶劣的环境问题，最大的问题就是发电装置的维护问题。所以，如何研制出一种可靠性和可行性并存的装置是解决远海区域发电的关键技术。

10.5 温差能

10.5.1 概述

温差能是海洋表层海水和深层海水之间水温之差的热能。使海洋增温的因素很多，有太阳辐射（包括直接辐射和散射辐射）、大气回辐射、空气传导对流、暖性的降水和大陆径流、海面水汽的凝结、地球内部输送、海水中化学过程放出的热量、海水动能所转变的热量等。减温的因素有海面向外的长波辐射、蒸发以及与冷空气的湍流热交换等。一年中的不同时期，海洋的热收支是不平衡的，但整个海洋的年平均温度几乎没有变化，所以认为海洋的热收支大体是平衡的。

海洋的热量主要来自于太阳辐射能，海洋是地球上一个巨大的太阳能集热和蓄热器，温差能实际上是太阳能的一种存在形式。由太阳投射到地球表面的太阳能大部分被海水吸收，使海洋表层水温升高。另一方面，接近冰点的海水大面积地在不到1000m 的深度从极地缓慢地流向赤道（见图 10-21），在海洋深处 500～1000m 处海水温度却只有 3～6℃。由于海水的热导率较小，特别是海水在纵深方向上的运动比水平方向上要小得多，这样，表面热能难以传到深层，在许多热带或亚热带海域终年形成了20℃以上的垂直海水温差。这个垂直的温差就是一个可供利用的巨大能源。

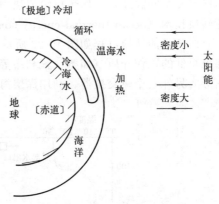

图 10-21　海洋温差能的形成

利用这一温差可以实现热力循环发电，此外，基于温差能装置可以建立海上独立生存空间并作为海上发电厂、海水淡化厂或海洋采矿、海上城市或海洋牧场的支持系统，实现温差能的综合利用。温差能具有如下特性。

(1) 资源分布广、蕴藏量大

海洋温差能实质是蕴藏的太阳能，世界上蕴藏海洋热能资源的海域面积达 6000 万平方米，海水温差能的理论储量高达 100 亿千瓦。一般认为海洋表、深层温差在 18℃以上是适合温差能利用的海区，这一温差基本上分布在 25°S～32°N 之间。考虑到一年中的温度变化，有用资源则主要在南、北回归线之间的广大海域。赤道附近太阳直射多，其海域的表层温度可达 25～28℃，波斯湾和红海由于被炎热的陆地包围，其海面水温可达35℃。在许多热带或亚热带海域终年形成 20℃以上的垂直海水温差。最有利的地点在太平洋上的东南亚和中国南海及大洋洲北部的岛屿地区等，那里有大面积的海域，温差达24℃以上。

(2) 能量密度较高且稳定

温差能是海洋能中最稳定、密度较高的一种。因为大洋低纬度的表层和深层水温全年保持在 24～28℃和 4～6℃，表层水温季节变幅仅仅 1～2℃，深层水温基本不变，表、深层温差很稳定，这是温差能的最大优点。

(3) 转换效率低，资源可再生

热能转换比机械能转换更困难。大洋表面层与 500～1000m 深层之间的较大温差仅 20℃左右，但以 20℃温差作为温差能电厂参考设计温差时，电厂总效率仅有 2.5%。冷热海水的温差小，循环效率低。海洋中有充足的冷、暖海水可供循环使用，永不枯竭，温差还会再生。

(4) 开发条件受限

较高的温差处于赤道及附近地区，但对于岸基式开发来说，除少数岛屿附近外，那些资源海区距离海岸均较远，很多在 90km 以上，给开发带来困难。能量转换系统（海水温差发电机组）的设置点主要依赖于海洋气象环境和海底地形等因素，必须充分检测海域环境。再有海水为电解质，具有腐蚀性，而且海水中含有许多微生物。

海洋温差发电是利用热交换的原理来发电，以海洋受太阳能加热的表层海水（25～28℃）作高温热源，以 500～1000m 深处的海水（4～7℃）作低温热源，利用海洋表层温水与底层冷水间温度差，用热机组成热力循环系统进行发电的技术，现在人们把它称为海洋热能转换技术（ocean thermal energy conversion，OTEC）。

海洋热能转换过程如图 10-22 所示，首先抽取温度较高的海洋表层水，将热交换器里面沸点很低的工作介质（如氨、氟利昂等）蒸发汽化，然后推动透平发电机而发出电力；再把它导入另外一个热交换器，利用深层海水将其冷凝返回液态，这样完成一个循环。

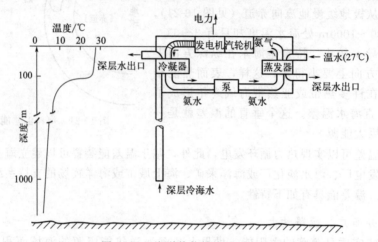

图 10-22 海洋热能转换的基本过程
（工作介质是氨，图中还示出了海洋热能转换资源区典型的垂直温度剖面）

热能转换为机械能采取热力循环法，海水温差发电热循环过程（兰肯循环）的温熵图如图 10-23 所示，此循环由工质被温海水加热成蒸汽的过程 2—3—4、工质蒸气膨胀做功的过程 4—5、乏气被冷海水冷凝成液态的过程 5—1、液态工质用泵加压的过程 1—2 所组成。在此循环过程中，利用工质的气相和液相的相变，从蒸汽的熵中得到有效功（机械能）。

兰肯循环效率为卡诺循环效率的 95％以上，彼此之间几乎没有差别。如果海洋温差发电循环所采用的总温度差为 20℃，则卡诺效率（以表层水温 20℃ 计算）$\eta_c = 20/293 \approx 6.8\%$。总温度差可分为工质向海水夺热的温度差（即海水传热给工质）和做有效功的温度差两种，根据传热面性能等计算结果表明，作有效功的温度差占总温度差的 50％～60％。因此，效率约为上述卡诺循环效率的一半，即 3.4％，加上辅助负荷后（如泵吸等），获得的效率在 2.5％左右，最大转换效率是相当低的。

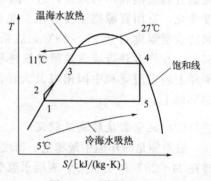

图 10-23 热循环过程

10.5.2 温差能发电装置分类

根据所用工作介质（工质）及流程的不同，一般可分为开式循环、闭式循环和混合式循环，目前接近实用化的是闭式循环方式。

（1）开式循环发电系统

开式循环发电系统，又称为克劳德循环发电系统，或闪蒸法和扩容法。该系统主要由真空泵、冷水泵、温水泵、冷凝器、蒸发器、汽轮机-发电机组等部分组成,其原理如图 10-24 所示。真空泵先将系统内抽到一定的真空,接着启动温水泵把表层的温海水抽入闪蒸器,由于系统内已保持有一定的真空度,所以温海水就在闪蒸器内沸腾蒸发,变为蒸汽。蒸汽经管道由喷嘴喷出推动透平运转,带动发电机发电。从透平排出的低压蒸汽进入冷凝器,被由冷水泵从深层海水中抽上的冷海水冷却,重新凝结为水,并排入海中。在该系统中作为工作介质的海水,由泵吸入闪蒸器蒸发——推动透平做功——经冷凝器冷凝后直排入海中,并未循环利用,故称此工作系统为开式循环系统。在开式循环系统中,用海水做工作流体和介质,闪蒸器和冷凝器之间的压差非常小。水在海洋热能温度条件下饱和压力极低 (0.01~0.03atm),其饱和蒸汽比容巨大 (达 $100m^3/kg$),单位容积流量比功率很小。因此,必须充分注意管道等的压力损耗,同时为了获得预期的输出功率,开式循环系统在高真空下工作,必须使用极大的涡轮机。开式循环的副产品是经冷凝器排出的淡水,可加以回收,这是它的有利之处。

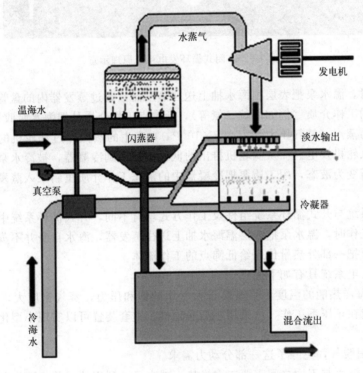

图 10-24　开式循环发电系统原理示意

由于开路循环系统使用低压水蒸气,在系统内漏入大量的空气,因此还要用除气器把溶解在海水中的气体去掉。为了除去空气,真空泵要消耗很大的电力。抽除漏入系统的不凝结气体及设计制造巨大的低压涡轮机是开路循环系统的特有难题。

(2) 闭式循环发电系统

闭式循环发电系统,又称为兰肯循环发电系统,或中间介质法。该系统主要由冷水泵、温水泵、冷凝器、蒸发器、工质泵、汽轮机-发电机组等部分组成。该系统不用海水而采用一些低沸点的物质 (如丙烷、异丁烷、氟利昂、氨等) 作为工作介质,在闭合回路内丙烷、氨等低沸点工作介质反复进行蒸发、膨胀、冷凝。因为系统使用低沸点的工作介质,蒸气的工作压力得到提高。其工作原理如图 10-25 所示。

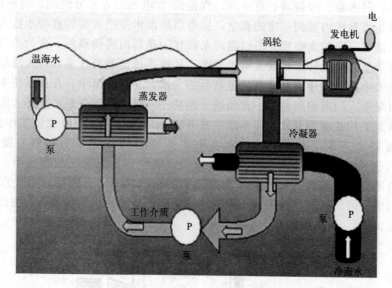

图 10-25　闭式循环发电系统原理示意

系统工作时，温水泵把表层温海水抽上送往蒸发器，通过蒸发器内的盘管把一部分热量传递给低沸点的工作介质（例如丙烷、氨等），低沸点工作介质从温海水吸收足够的热量后，开始沸腾并变为蒸汽（氨气压力约为 $9.5 \times 10^4 \, \text{Pa}$），产生的蒸汽经过涡轮机的叶片通道，膨胀做功，驱动汽轮机发电。而从涡轮机排出的低压蒸汽回到冷凝器，被冷水泵抽上的深层冷海水冷却后重新变为液态，用工质泵把冷凝器中的液态工作介质重新泵入蒸发器，以供循环利用。

闭式循环系统与开式循环系统组件及工作方式均有不同，开式循环系统中的闪蒸器改为蒸发器。系统工作时，温水泵把表层温海水抽上送往蒸发器，海水自身并不蒸发，而是通过蒸发器内的盘管把一部分热量传递给低沸点的工作流体。

闭式循环发电系统具有如下优点。

① 工质在海洋热能的温度下具有高于大气压的饱和压力，蒸气密度大，单位容积流量比功率大。系统在正压下工作，可采用小型涡轮机，整套装置可以实现小型化，特别是涡轮机组尺寸。

② 海水不用脱气，免除了这一部分动力需求。

其缺点是：海水与工质之间需要二次换热，减少了可利用的温差；因为蒸发器和冷凝器采用表面式换热器，导致这一部分体积巨大，金属消耗量大，维护困难。

闭式循环发电系统的工作介质要根据发电条件（涡轮机条件、热交换条件）以及环境条件等来决定，现在已用氨、氟利昂、丙烷等工作流体，其中氨在经济性和热传导等方面有突出优点，很有竞争力，但在管路安装方面还存在一些问题。

（3）混合循环发电系统

混合循环发电系统是在闭式循环发电系统的基础上结合开式循环改造而成的，混合式循环发电系统有两种形式，如图 10-26 所示。

图 10-26(a) 中热能首先用于生产淡水，然后才用于发电。温海水先闪蒸，闪蒸出来的蒸汽在蒸发器内加热工质的同时被冷凝为淡水。其优点是蒸发器内工质采用蒸汽加热，换热系数较高，可使换热面积减少，且淡水产量较高；缺点是闪蒸系统需要脱气，且存在二次换

热，闭路系统有效利用温差较低。

图 10-26(b) 所示系统则利用热能最大限度地进行发电，然后进行海水淡化。温海水通过蒸发器加热工质，然后在闪蒸器内闪蒸，闪蒸出来的蒸汽用从冷凝器出来的冷海水冷凝。其优点是没有影响发电系统的有效温差，而且可以根据需要调节进入闪蒸器的海水流量，从而控制淡水产率；缺点是与图 10-26(a) 相比，系统较复杂，需配备淡水冷凝器。

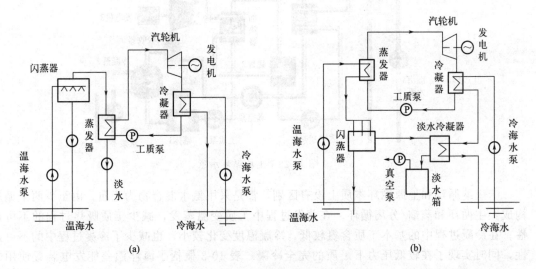

图 10-26　混合式循环系统

总的来说，混合循环发电系统综合了开式循环和闭式循环的优点，既可以发电，又可生产淡水。用温海水蒸发出来的低压蒸汽来加热低沸点工质，这样就减少了蒸发器的体积，节省了材料，便于维护，但是系统较复杂，系统初期投资较大。

兰肯循环系统（包括开式循环、闭式循环及混合式循环系统）效率比较低，发电效率为 3% 左右，美国的 Kalina 教授发明了使用氨及水混合物作为工质的卡里纳（Kalina）循环（见图 10-27），使发电效率有较大提高（4.5%～5.0%），日本的上原教授进一步优化了系统，发明了上原循环（见图 10-28），使发电效率提高到 4.97%。

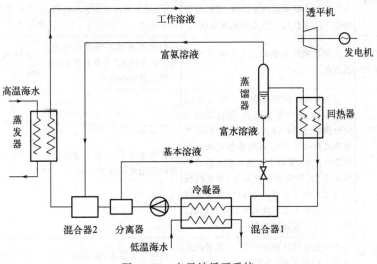

图 10-27　卡里纳循环系统

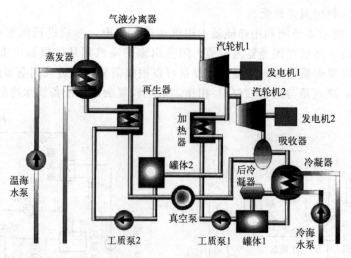

图 10-28　上原循环示意

卡里纳循环和上原循环本质上没有区别，都是采用氨水混合物为工质，由至少两个循环构成：主循环和蒸馏/分离循环。在蒸发过程中工质变温蒸发，减少工质吸热过程的不可逆性；在冷凝过程中的基本工质含氨较低，冷凝温度变化较小，也减少了冷凝过程中的不可逆性，同时实现了在较低压力下工质的完全冷凝。表 10-3 概括了海洋温差能发电装置使用的主要循环系统。

表 10-3　海洋温差能发电装置使用的主要循环系统

循环系统名称		系统工作原理	优 点	缺 点
兰肯循环（效率 3% 左右）	开式循环系统	以在真空下不断蒸发的温海水蒸气为工作流体，推动涡轮机做功，然后在冷凝器中被深层海水冷却	无需其他介质，无需海水与工质的热交换，结构相对简单；如采用间壁式冷凝器，还可以得到淡水	系统处于负压，汽轮机压降较低、效率低、尺寸大，海水需要脱气处理
	闭式循环系统	低沸点工质（如丙烷、氟利昂、氨等）吸收表层海水的热量而成为蒸汽，来推动涡轮机带动发电机发电，然后工质进入冷凝器中被深层海水冷凝，通过泵把液态工质重新打入蒸发器循环发电	装置（特别是透平机组）尺寸大大缩小；使用低沸点工质，没有不凝性气体对系统的影响；整个循环系统容易进行工业放大	海水与工质需要二次换热，减小了可利用温差；蒸发器和冷凝器体积增大，材料金属耗量大，维护困难；不能产生淡水
	混合循环系统	在闭式循环的基础上结合开式循环改造而成	混合式循环系统既可发电又可产生淡水，具有开式循环和闭式循环的优点	系统较复杂，工程造价较高
卡里纳循环（效率约 4.5%～5.0%）		采用氨和水的混合物为工质，工质通过蒸发器，部分变为蒸汽，蒸汽通过气液分离器之后再进入汽轮机做功；从气液分离器中分离出来的液态氨水在回热器内放热，预热将要进入蒸发器内的氨水工质，然后再进入冷凝器，和从汽轮机出来的氨水工质一起被深层海水冷却。冷却的工质再次被泵打入预热器，然后进入蒸发器进行下一次循环	相同条件下，卡里纳循环效率约是闭式循环的 2 倍	系统较复杂，工程造价较高
上原循环（效率 4.97%）		和卡里纳循环原理类似，仍以氨和水的混合物为工质，采用板型热交换器，增加了吸收器、加热器、蓄热器	结构更为紧凑，效率进一步提高	系统较复杂，工程造价较高

10.5.3　温差能发电装置的结构

构成温差能发电循环的设备包括：蒸发器、汽轮机-发电机（轴流式氨汽轮机）、冷凝器、工质循环泵、工质箱、工质、辅机（控制系统、除气器、预热器、轴封润滑装置、工质净化装置及生物污染清洗装置）。

海洋结构物包括：海洋结构物主体、冷水取水设备（冷水取水管、过滤网、冷水泵）、温水取水设备（过滤网、温水泵、取水管）、电站定位设备（锚、沉块、系留索）等。表10-4 给出了海水温差发电系统的构成和性能。

表 10-4　海水温差发电系统的构成和性能

名　　称	必　要　性　能
工质	在常温下焓降大。压力大、传热大、化学稳定、价格低
热交换器(蒸发器、冷凝器)	传热系数大。温差降小(≤2℃)。耐海水腐蚀性大、生物附着少、维修容易、寿命长、价格低,压力损失小
汽轮机-发电机	无泄漏轴封的高效率涡轮机
取水管(温水侧、冷水侧)	尺寸长(>500m)、口径大(>3m)、管壁传热小(冷水上升 0.5℃ 以下)。包括现场设置费在内的计划价格低。—50m 以内耐风
辅机、厂用管道	泵类(冷水、温水、工质用泵除外)、过滤网、轴冷系统及其他
运转维护用电气设备	启动用发电设备、控制系统、送变电设备除外
建筑、土木(陆地型)	—50m 左右水深处的耐波工程(陆地型)
船体(海洋型)	除耐波性、经济性外,作为能量变换设备(海洋型)

（1）工质

在闭式循环中，工质的选择是一个重要环节，至于选择哪一种工质，取决于发电站设备的形状和尺寸。反过来说，设备的材质、制造技术、费用和安全性，同样约束了工质的选择。在低温差发电循环中，工质要在低温下汽化，使绝热膨胀功有很高的效率，为此必须选择气体比容小，在给定温度范围内单位体积热降大，稳定、安全的低沸点物质作为工质。现在看来，闭式循环方式最好是用氨作工质，但氨不适用于高铜热交换器。

（2）热交换器（蒸发器和冷凝器）

闭式循环系统的主要费用项目是热交换器，蒸发器和冷凝器的费用占整个电站费用的 20%～50%。因为在低温差发电循环中，热交换中整个温差只有 20℃ 左右，由于传热温差极小的限制，所以每单位出力需有非常大的热流量通过热交换器。这样一来，由蒸发器和冷凝器组成的热交换器，对设备总投资和装置的整个体积有很大影响，与原有的热交换器相比，要求试制传热系数大的热交换器。海洋温差能发电装置使用的换热器主要有壳管式、板框式和板翘式 3 种类型，这 3 种换热器通常需要 2～3 年的时间来进行设计施工。采用传热面积大、结构紧凑的板式换热器，有利于提高发电效率。又因为换热系统在海水和氨/水混合介质中工作，所以从耐腐蚀考虑，使用钛作为换热器材料最为合适。

由于在海水中，海洋温差系统中的换热器容易被海水腐蚀和海洋生物附着，发生腐蚀和生物附着后，换热器的换热效率会大大降低，因此换热器的防腐蚀和防生物附着是换热器研究的主要内容。

（3）汽轮机、发电机、泵和保护网

发电机和泵的应用与原有的没有差别，无需重新设计，由于大量海水（每净兆瓦能量约 $4m^3/s$ 海水）要经过冷水管抽上来，同样数量的热水也要从热水口吸入，这就需要用重型海水泵，泵的造价大约占电站总造价的 10%。在某些设计中，泵被置于水下，这种情况会增加设计的复杂性和工程的成本。

汽轮机需采用焓降小的汽轮机，一般海水温差发电站采用轴流式单级单流汽轮机。

海上温差能发电装置采用的是已经成熟的氨透平技术，但目前很少有适宜于商业化规模的海洋温差能工程需求的氨透平装置。

海水温差电站冷、热水进口处需加保护网，防止鱼类和其他有机物进入损害生物本身及电站。

（4）冷水取水设备

由于深海冷水取水管道是海水温差发电站的一个重要设备，长度达数百米（200～1000m）的大口径管道敷设在海洋中，有关管道的材料、结构、布置等方面在技术上有许多困难要克服。冷水管是未来 OTEC 技术发展面临的极大挑战，因为海洋温差仅 20℃，所以冷热海水的流量要非常大才能获得所希望的功率。而为了减少海水在管内流动的压头损失，管道直径必须非常大，冷水管必须足够长，以便其入口能到达深层，尤其是陆地式系统要求冷水管长度达 2000m，才可到达 600～900m 深度。冷水管必须有足够的强度，以保证 30 年使用寿命。冷水管的保温性能也要好，以免冷海水温度升高影响热效率。

目前冷水管的材料主要包括 R-玻璃、高密度聚乙烯、玻璃纤维复合塑料和碳纤维化合物，并且通常采用拉挤成型技术将其加工成具有中空的"三明治结构管壁"的水管。目前应用于实践的冷水管的直径多数≤1m，适用于规模≤1MW 的海洋温差能发电装置。可以应用于 10MW 装置的直径为 7m 的冷水管的设计、建造和铺设现在已经有成型技术，而且这些技术很有可能被用来建设直径为 10m 的冷水管并为 100MW 规模装置服务。

冷水管的建造一种是漂流翻转就位法，在岸上建造后再把管道拖到 OTEC 平台上，然后转到垂直位置；另一种是在现场进行组装，和钻井方法相似，一节一节地把管道装好，然后下放。管道放好以后就要承受海流作用的巨大应力，如果不用弹性材料做成许多节相互连接的结构，管道就可能被这种应力破坏。可选用的材料有合成橡胶、钢料、轻质混凝土和玻璃钢等。

目前的技术可以使冷水管的使用寿命达到 30 年，冷水管的日常运行可以使用光纤技术进行监测。海上油气专业有多年的使用光纤监测管道的经验，并且具有在深海修复管道的经验。

（5）平台水管接口技术

材料科学的进展，使得应用质量更轻、强度更高、更耐久的材料来建造平台水管接口成为可能。目前平台水管接口技术主要有以下 3 种：软管连接（通过海面浮标固定相对位置）、固定连接和万向节连接。固定连接的建造、日常运营和维护都比较简单；万向节连接的建造相对比较容易实施，但在日常运营和维护时，需要进行定期的清理和润滑；相比前两种技术，软管连接的建造比较复杂，也相对较难操作，而且在日常维护的过程中需要对连接点做经常的修理。当铺设垂直管时，通常使用固定连接；当铺设水平管时，主要通过软管连接实现，铺设水平管比竖直管的难度更大。固定连接和万向节连接最具有工程放大的可能性，而软管连接在直径较大冷水管时技术可行性较低。

（6）电站的安装程序

将中央浮台、冷水管、浮筒及系泊设备中的秋千索、拖绳、横撑和转环等拖运到预定地点；从拖船上卸下系泊设备，悬挂于中央浮台上；把单系泊索串接起来，并与重力锚相连；将重力锚抛入海中固定；慢慢地放下冷水管，至预定水深。

电站的各部分组件放置妥当后，再从船上将电力输送至温海水及冷凝器的泵，使之启动。当表层温海水流经第一台发电组件的蒸发器时，电站即可发电，其他发电组件可用该组件产生的电力来启动，这时电站就可陆续全部运转，图 10-29 为 1MW 浮动式电站概念图。

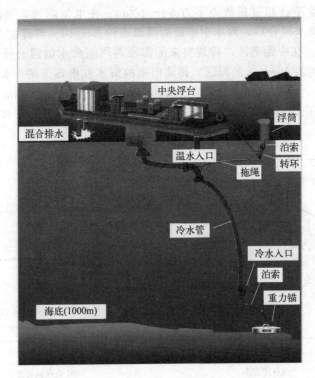

图 10-29　1MW 浮动式发电概念图

在闭式循环系统中，电站需安有防漏检测系统，以确定海水渗进冷凝器，或者氨气由蒸发器泄出的位置，并防止氨气污染站内空气。万一站内空气受到氨气污染，可用换气通风设备排除氨气而通入新鲜空气。此外，在有氨液或氨气的工作场所应备有防毒面具。电站也须遵守航海规定，必须装设显示灯和雾笛，以便向来往船只通知电站位置，防止碰撞。

海水温差电站的设计、规划和运行等各个阶段，需要重点考虑物理海洋学和海洋气象等方面因素。

在初步选择海水温差电站站址时，应测量、调查下列事项：海底地形；海水温度和海流的分布；波浪、风速、风向和潮流；地热或其他热源；水质（如盐度、溶解在海中的氧含量、酸碱度，营养物含量，光透射度以及海底的性质等）；电站在海上的生存；对环境可能造成的影响；环境对电站设计、运行的可能影响；海上后勤以及当使用海底电缆时，电站和海岸间的海底条件等。

10.5.4　温差能发电站的选址

选择站址时，还必须考虑物理环境及其他方面的因素。如电站排放的海水会引起混合层的温度结构发生变化，温差发电过程中形成的上升流会提高生物生产力。这种混合层温度结构的变化幅度及生物生产力的提供程度，均受混合层厚度的影响，因此混合层要厚，以保证进水口能够源源不断地得到温水。海洋温差电站附近海水的不断循环，一方面可使电站进水管附近的海水得到补充，另一方面可使电站排放的羽状流以对流的方式向外扩散。研究人员曾用瞬时羽状流模式，研究了温差电站排放的羽状热水流的对流与扩散。图 10-30 给出了典型的模式试验结果，从图中可以看出电站周围、距电站中等距离处以及远处的羽状热水流的扩散情况。模式研究表明，在温跃层以上排放的水不会沉至温跃层下方。在温跃层下方排放的水，下沉深度不会超过排放点下方 50～100m。在电站附近，当流速为 50cm/s 时，排放的海水与周围海水混合后，海水中排放的温海水约占 1/10。当流速为 75～100cm/s 时，排放海水约占 1/20。在中距离区，排放出来的海水与周围海水的混合程度及扩散速度也受流速的影响。在流速为 10cm/s 的海区，排放出来的海水在电站下游 10km 内形成的羽状流的最大宽度为 10km，厚为 20m。如果流速高达 100cm/s 时，下游 10km 处羽状流的宽度则较窄，仅为 1km。在 100km 的远处，排放的温水与周围海水混合后在水中所占比例仅为近区的 1/10。

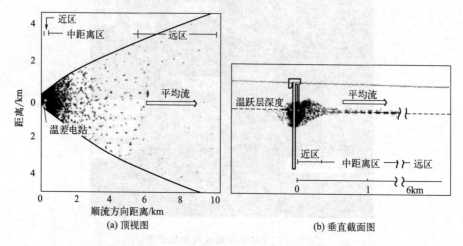

图 10-30 模拟的海洋温差电站羽状热水流的顶视图和垂直截面图（流速 100cm/s）

选择站址时也应考虑建站方式。利用海洋温差发电的工程设施，按其设置位置一般分为陆地式（岸基型）和离岸式（海上型）两类。陆地式电站是以滨海陆地或浅海水域为基地，把发电机设置在海岸，而把取水泵延伸到 500～1000m 或更深的深海处。岸式温差能发电系统目前已有多个示范装置，其优势是维护和修理简单，不受台风影响，长期使用经济性较好，如果抽取的海水可以用作其他用途，经济性还可提高。其局限性是建厂位置条件苛刻，电站会受海岸地形的限制，而影响发电容量。使用的冷水管包括水下竖直部分及陆上水平部分，长度较长，以及运转水泵需要较高能量。离岸式电站是在深水海域设置浮式结构，把吸水泵从船上吊挂下去，发电机组安装在船上，电力通过海底电缆输送。离岸式又可分成三类，即浮体式（包括船式、半潜式、潜水式）、着底式和海上移动式。离岸式电站装置需要用锚固定，需要具备抗风浪的能力，且需要电缆将电力输送出去，装机容量会遇到输电系统和能源运输上的困难，也增加了工程的难度和造价。船式温差能发电装置的建造技术可参考造船技术，比较成熟，目前已经有示范工程。半潜式和全潜式海洋温差能装置目前还处于概念设计阶段。

美国洛克希德·马丁（Lockheed Martin）公司构想了名为"Spar"的全潜式海上温差能发电系统，设计的海水温差电站由四个动力舱组成，电站容量为 16 万千瓦。设备布置如

图 10-31 所示。采用氨作工质，利用抽自 460m 以下深度的冷水对工质蒸汽进行冷凝。在不影响电站其他部分的条件下，每个动力舱都能和中央结构分开。为了检查、清洗、修理起见，曾考虑每经两年把动力舱运往工厂的可能性。在这个时间内可换上事先检查过的其他动力舱。舱重 9350t，用钢制造。

电站中央部分是一个长 180m、直径 76m、重 23.5 万吨的圆柱体。突出水面部分的直径为 18m，在其中布置电站维护人员舱和一些工作室。直升机机场设在突出部分的顶盖上。这个部分与氨贮槽均用钢制造，并设有钢筋混凝土外壳，厚度为 100mm，以此来防止钢的腐蚀及偶然和船舶相撞。

每个蒸发器和冷凝器均系由 12 万个直径 51mm、厚度 0.7mm 的钛管组成；水在管中的流速为 1.5~1.8m/s。热交换器的圆柱体直径为 22.2m，管长为 16m。在每个热交换器内部设置四台循环水泵。8 台动力舱泵的总功率为 285 万

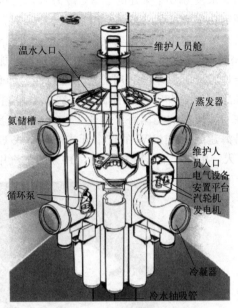

图 10-31　海水温差电站概念设计主要设备布置剖面图

m^3/h。汽轮机入口氨压为 $9.12 \times 10^5 Pa$，出口氨压为 $6.37 \times 10^5 Pa$。为了从中央部分对各个动力舱供给冷水与温水，每舱各设四个直径 8.5m 的孔。钢筋混凝土的可伸缩中央吸水管由五段组成，每段 61m，管壁厚度 450mm。上段外径为 39.4m，下段外径为 32m。保持电站在原地不动的锚重达 975t。

电站中央部分和吸水管的同心弓形部件可同时采用滑动模板方法在浮动平台上或淀泊港的驳船上制造。混凝土工厂与制造动力舱壳体的成套设备可布置在沿岸的栈桥上，而金属结构车间和仓库则可设在岸上。

10.5.5　国外温差能发电研究现状

首次提出利用海水温差发电设想的，是法国物理学家阿松瓦尔（Jacques Arsene d'Arsonval）。1926 年，阿松瓦尔的学生克劳德（Georges Claude）首次成功进行了海水温差发电的实验室原理试验。1930 年，克劳德在古巴的马但萨斯海湾（Matanzas Bay）建造了世界上第一座海水温差发电站，输出功率为 22kW，该装置采用开式循环发电，获得了 10kW 的功率，引起了人们对温差能的浓厚兴趣。但是，该装置发出的电力还小于为维持其运转所消耗的功率，温差能利用在技术上，特别是经济性能上存在很多问题和困难，开发工作一直受到冷遇。

1964 年，安德森（J. H. Anderson）父子在总结克劳德等人尝试利用海水温差发电的经验教训后，提出了不使海水降压沸腾，而仅仅使用在高压下比水沸点低、密度大的工质，再利用这种液体的蒸汽来发电的"闭式循环发电系统"。这样可以使整个装置体积变小，而且避免风暴破坏。安德森的专利在技术上为海洋温差发电开辟了新途径。

1973 年石油危机后，海洋温差能的研究工作开始取得实质性进展。1979 年，根据安德森父子设想的原理，美国在夏威夷建成了第一座闭式循环海洋温差发电装置（命名为 "Mini-OTEC"）（见图 10-32），该座温差发电试验台安装在一艘海军驳船上，用海面 28℃

温海水及 670m 深处的 3.3℃冷海水作为热源和冷源，1979 年 8 月开始连续 3 个 500h 发电，额定功率 50kW，实际发出功率 53.6kW，减去水泵等自耗电，净输出功率为 15kW。该项目是由美国洛克希德公司（Lockheed Corporation）、瑞典迪灵汉公司（Dillingharn Corporation）和夏威夷州共同资助的，这是温差能利用的一个里程碑，这座 50kW 级的电站不仅系统地验证了温差能利用的技术可行性，而且为大型化的发展取得了丰富的设计、建造和运行经验。1980 年，美国能源部建造了发电量为 1MW 的 OTEC-1，闭式循环 OTEC 系统装设在一艘改装的美国海军油轮上。此后，夏威夷官方自然能源实验室于 1993 年 4 月在夏威夷沿海建成了 210kW 的首个开式循环岸式 OTEC 系统，进行净电力生产实验。装置连续运转 8 天，生产了 50kW 的电力，10%的蒸汽用于产生淡水，每天成功产出 26.5m^3 淡水。

图 10-32　Mini-OTEC

日本在海洋温差能研究开发方面投资力度很大，把温差发电纳入其解决能源的"阳光计划"，并在海洋热能发电系统和换热器技术方面领先于美国。1981 年 10 月，日本在南太平洋的瑙鲁岛建成一座功率为 100kW 的岸式海水温差发电装置（闭式循环），用浮游拖曳法敷设长 900m 的冷水管，净输出功率 15kW。1982 年 9 月，在九州的德之岛还进行 50kW 混合型试验电站，发电运行至 1994 年 8 月。电站的热源不是直接抽取海洋表层的温海水，而是利用岛上的柴油发电机的发动机余热将表层海水加热后作为热源。2003 年，佐贺大学海洋能源研究中心建成了新的实验据点——伊万里附属设施，利用 30kW 的发电装置进行实证性实验。

此外，佐贺大学还于 1985 年建造了一座 75kW 的实验室装置，并得到 35kW 的净输出功率。印度政府与日本佐贺大学海洋能源研究中心进行技术合作，于 2001 年建造了一艘 1MW 的漂浮闭式循环示范电站——"Sagar-Shakthi"（见图 10-33）。2005 年，印度在 Kavaratti 岛建立了海水温差淡水生产设备，利用海水温差进行海水淡化满足岛上的淡水需要。

20 世纪后期，相关研究曾一度放缓，但在 2008 年后在全球新能源经济政策的推动下，关键技术的研究已有较大的突破，已示范运行的小规模温差发电装置也取得一定效果。

10.5.6　我国温差能发电研究现状

我国南海温差能储量巨大，近海及毗邻海域的温差能资源理论储量为 $1.44 \times 10^{19} \sim 1.59 \times 10^{19}$ kJ，可开发总装机容量为 $1.75 \times 10^9 \sim 1.83 \times 10^9$ kW，90%分布在南海。据卫星资料显示，南海海域海水表层温度平均值由北向南逐渐增高，海水等温线呈北东走向，与海

图 10-33　Sagar-Shakthi 漂浮闭式循环示范电站

水深度线走向趋势大体一致，近海大陆架海域的海水表层温度平均值在 24～26℃，而传统海疆以内包括南沙群岛在内的南海南部海域的海水表层温度达到 27～29℃。南海广大海域具有较高的海水表层温度，只要达到大于 1000m 的水深，使海水表深层温差达到 18℃，就有开发海洋温差能的潜力。我国海洋温差能的研究开发目前仍处于实验室理论研究以及实验阶段。

1980 年我国台湾电力公司计划将第 3、第 4 号核电厂余热和海洋温差发电并用，经 3 年的调查研究，认为台湾东岸及南部沿海有开发海洋温差能的自然条件，初步选择花莲县的和平溪口、石梯坪及台东县的樟原等三地作厂址，并与美国进行联合研究。1995 年，台湾曾经计划采用闭式循环设计建造一座岸式示范电站，后由于当局能源计划导向问题而搁置。2005 年后，在倡导环境保护与新能源开发的国际背景下，海洋大学在花莲县政府支持下与台肥公司在花莲海域布放海洋深层水管硬件建设，开展了新一轮的海洋温差发电开发研究，并开发了 OTEC 现场实验机组。

1985 年，中国科学院广州能源研究所开始对温差利用中的一种"雾滴提升循环"方法进行研究。1989 年，该所在实验室实现了将雾滴提升到 21m 高度的记录，同时还对开式循环过程进行了实验室研究，建造了 2 座容量分别为 10W 和 60W 的试验台。2004～2005 年，天津大学对混合式海洋温差能利用系统进行了研究，并就小型化试验用 200W 氨饱和蒸气透平进行理论研究和计算。2006 年以来，我国海洋局第一海洋研究所在海洋温差能发电方面做了比较多的工作，重点开展了闭式海洋温差能发电循环系统的研究，其设计的"国海循环"方案的理论效率达到了 5.1%，系统如图 10-34 所示。2008 年，海洋局第一海洋研究所承担了"十一五""国家科技支撑计划"重点项目"15kW 海洋温差能关键技术与设备的研制"，建成了利用电厂蒸汽余热加热工质进行热循环的温差能发电装置用于进行模拟研究，设计功率为 15kW，2012 年通过验收，实现了海洋温差能发电由原理向实际的转换。

2023 年 9 月，由中国地质调查局、广州海洋地质调查局牵头研发的 20kW 海洋漂浮式温差能发电装置，在南海水深 1900m 处海域成功完成海试。试验发电总时长超过 4h，最大发电功率 16.4kW，该装置可用于在实际海况条件下海洋温差能发电原理性验证和工程化运行。我国首套"50 千瓦海洋温差能发电系统陆上联调"试验在湛江湾实验室龙王湾园区成功进行，调试过程中发电系统输出功率大于 50kW，满足指标要求，标志着我国海洋温差能研究迈出了由理论研究到实际应用的重要一步。

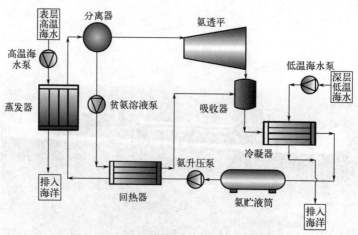

图 10-34　海洋局第一海洋研究所试验系统

温差能转换电站与波浪能和潮汐能电站不同之处在于它可提供稳定的电力。如果不是维修问题，这种电站则可无限期地工作，适合于基本负荷发电。除了发电以外，将海水淡化、空调制冷、海洋采矿、海洋种植或水产养殖等多项工作结合起来，实现温差能的综合利用，将展示出非常诱人的前景。

① 海水淡化和冷水空调。在 OTEC 发电技术的开式循环系统中，25～30℃的海表热水在低压锅炉里沸腾产生蒸汽，一方面可带动蒸汽机发电，另一方面在深海水（5℃左右）的作用下重新凝结带来丰富的淡水，还可利用这种冷水制冷。50MW 规模的混合循环海洋温差能发电装置每天可以生产 $62000 m^3$ 淡水。由 OTEC 系统得到的寒冷海水还可为附近居民提供相当数量冷却水作为冷水空调。如果将 15kW 的温差能系统自运行排掉的冷海水提供给南海岛屿建筑的空调制冷设备，空调使用建筑面积可达 1 多万平方米。按全年运行计算，总共可节省 22 万度电力。

② 燃料生产。从海洋能中生产燃料的途径有两种。第一种，利用 OTEC 电站排放的大量深海冷水中富含的营养盐类来养殖深海巨藻，再经厌氧消化产生中热值沼气，其转化率可达 80％以上；或经发酵生产酒精、丙酮、乙醛等；或使用超临界水，将高含水量的海藻汽化产生氢。第二种，利用海洋能产生的大量电力，以海水和空气为原料生产氢、氨或甲醇，用船把氢和氨运往陆地，作为汽车和火电厂的燃料。

③ 发展养殖业和热带农业。温差电站运行时，水泵将深层海水抽至表层。由于深海水中氮、磷、硅等营养盐十分丰富，有利于海洋种植和海水养殖。据计算，一座 4 万千瓦的 OTEC 电站，其深海水流量约为 $800 m^3/s$。这些深海水每年可输送约 8000t 氮到海洋表层，能增产 8 万吨干海藻或 800t 鱼。在夏威夷，由 OTEC 派生的海水养殖业已投入 5000 万美元，用于养殖龙虾、比目鱼、海胆和海藻。夏威夷大学的科学家还提出把深海水用于发展热带农业，即在耕地下埋设冷水排管，在热带地区创造一种冷气候环境，生产草莓和其他春季谷物、花卉等。另外，由于大气中的水分在冷水管表面凝结，还可产生滴灌效果。

④ 利用电站的电力从浓缩海水中回收铀和重水，送往陆地供原子能电站使用；利用电站电力从海水中提取稀有金属，例如 Li（锂）；向海上采油工程和锰矿开采工程提供电力。

图 10-35 为海洋温差能综合开发计划的一种可能的结构。如果单纯用温差电站发电，由于将深层海水抽至表层需要大量费用，因此用这种方法生产出来的电成本高，无法同常规能源竞争。如果将温差发电同淡化、养鱼和种植等工作结合起来，温差发电便在经济上具有很大的吸引力，对边远的海岛来说更是如此。

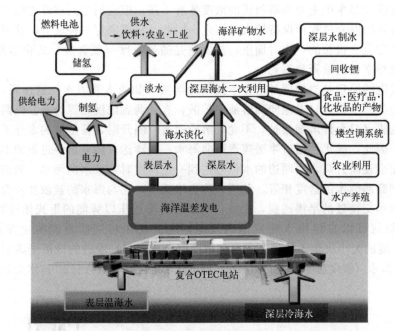

图 10-35　温差发电、水产养殖和淡化综合开发计划的结构

当然，OTEC 对环境并不是完全无害的，泄漏的微量氨等工作流体和添加的杀菌剂都会影响深海生物，此外，大量排放的温度较高的海水也会影响局部生态环境。因此，规划海水温差发电站要考虑下列经济因素：站址的取得、产品的销售市场、建站成本、运行和维修费用、对环境的影响等。

总之，海洋温差能开发利用的潜力巨大，海洋温差发电受到各国的普遍重视。温差能开发利用处于商业化开发前期阶段，目前设计建造规模为 10MW 的温差能发电装置的相关技术已经成熟，并且在现有条件下与其他可再生能源相比已经具有了一定的经济性，而发电规模为 100MW 级别的装置在技术上还存在着较多瓶颈问题。商业化的开发主要取决于示范装置的工业放大，以及关键技术问题的研发和投资成本的降低，通过解决装置整体结构设计、计算、选型优化、加工制造、模块组装、海上施工安装、安全防护、氨透平密封、设备管线耐腐蚀和防生物附着，以及维护管理等一系列技术问题，利用海洋温差能发电有望为一些地区提供大规模的、稳定的电力。从长远观点看，海洋热能转换对于"碳中和""碳达峰"目标的实现是有战略意义的。

10.6　盐差能

10.6.1　概述

盐差能是指海水和淡水之间或两种含盐浓度不同的海水之间的化学电位差能，它是以化学能形式出现的海洋能，主要存在于河海交接处。同时，淡水丰富地区的盐湖和地下盐矿也可以利用盐差能。海水盐度为海水中溶解盐的浓度，即溶解盐类质量的千分比，记为 S。例如在 1kg 的海水中含 35g 的溶解盐，则海水盐度为 35。国际物理海洋学协会的新定义盐度为在 1kg 的海水中溶解的用 g 表示的固体物质的总量（注意：不仅是盐的含量）。大洋海水的盐度一般为 33～38，平均盐度为 35（约相当于一杯水中加入一茶匙盐这样的盐度）。在大洋中的不同海区，海水中主要溶解物质的浓度各有不同，但它们之间质量的相对比例，却因海洋中极其有效的混合过程而保持惊人的恒定。因此，只要确定一种成分，就可用一个简单的系数得出盐度值。很长的一个时期里，盐度值是通过氯度（氯含量）的化学测量得到的，现在则根据电导率的测量资料得到。

盐差能发电的原理是当把两种浓度不同的盐溶液（如淡水和海水）倒在同一容器中时，浓溶液中的盐类离子就会自发地向稀溶液中扩散，直到两者浓度相等为止。当两种不同浓度的溶液用半透膜（只允许溶剂通过，不允许溶质通过）隔开时，稀溶液的水分子有向浓溶液扩散的趋势。因此，淡水会通过半透膜逐渐向海水一侧渗透，随着这一过程的不断进行，海水一侧的水面会逐渐升高，当两边的水位差达到一定高度时，淡水向海水一侧的渗透即行停止，此时达到膜两侧水的盐度相等。此压力称为渗透压，它与海水的盐浓度及温度有关。用置于海水和淡水交接处的半渗透膜，使海、淡水间的渗透压以势能的形式体现并加以利用，利用这一位差就可以直接由水轮发电机发电，这是现在利用盐差能的主要思路（见图10-36）。盐差能的大小决定于渗透压和向高浓度溶液（海水）渗透的低浓度溶液（淡水）的数量。通常，海水（假设盐度为35）和河水之间的化学电位差有相当于240m水头差的能量密度。

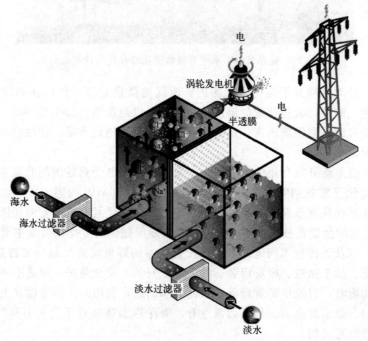

图 10-36　盐差能发电示意

10.6.2　盐差能发电方式分类

盐差能发电方式主要有渗透压法、反电渗析法和蒸汽压法等，其中渗透压法方案最受重视。

（1）渗透压法

渗透压法一般设在河流入海口处，淡水和海水经过预处理后分别进入装置的膜组件中的淡水室和海水室，由于半透膜两侧的渗透压差，80%～90%的淡水向海水渗透，从而使高浓度海水体积增大。目前提出的渗透压式盐差能转换方法主要有水压塔渗压系统和强力渗压系统两种。

① 水压塔渗透压系统　水压塔渗透压系统主要由水压塔、半透膜、海水泵、水轮机-发

电机组等组成。其中水压塔与淡水间由半透膜隔开，而塔与海水之间通过水泵连通。系统的工作过程如下：先由海水泵向水压塔内充入海水，在渗透压的作用下，淡水从半透膜向水压塔内渗透，使水压塔内水位上升。当塔内水位上升到一定高度后，便从塔顶的水槽溢出，冲击水轮机旋转，带动发电机发电。为了使水压塔内的海水保持一定的盐度，必须用海水泵不断向塔内打入海水，以实现系统连续工作，扣除海水泵等的动力消耗，系统的总效率约为 20%。

②　强力渗压系统　强力系统的能量转换方法是在河水与海水之间建两座水坝分别称为前坝和后坝，并在两水坝之间挖一低于海平面 $100\sim200m$ 的水库。前坝内安装水轮发电机组，使河水与低水库相连，而后坝底部则安装半透膜渗流器，使低水库与海水相通。系统的工作过程为：当河水通过水轮机流入低水库时，冲击水轮机旋转并带动发电机发电。同时，低水库的水通过半透膜流入海中，以保持低水库与河水之间的水位差。理论上这一水位差可以达到 $240m$。但实际上要在比此压差小很多时，才能使淡水顺利通过半透膜直接排入海中。此外，薄膜必须用大量海水不断地冲洗才能将渗透过薄膜的淡水带走，以保持膜在海水侧的水的盐度，使发电过程可以连续。

渗透压式盐差能发电系统的关键技术是膜技术和膜与海水界面间的流体交换技术。经过几十年的发展，渗透压法单位膜面积的发电功率从原来的不足 0.1W 已发展到了 3W，而商业化水平要求单位膜面积功率达到 5W，因此需要研制透水率高的渗透膜，提高膜的工作性能和单位膜面积的发电功率。目前，渗透压式盐差能发电的投资高达 36 美元/kW·h，延长膜的寿命是降低成本的一种手段。

（2）反电渗析法

反电渗析法也称浓淡电池法，这种方法采用阴离子渗透膜（只允许阴离子通过）和阳离子渗透膜（只允许阳离子通过），两种膜交替放置在中间的间隔处交替充以淡水和盐水。在界面处由于浓度差而产生电位，如果把多个这类电池串联起来，可以得到串联电压，形成电流（见图 10-37）。

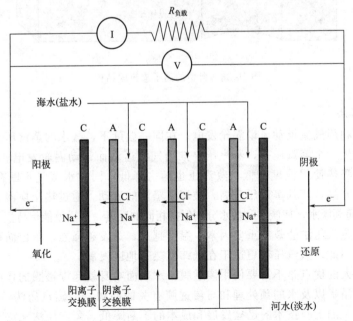

图 10-37　反电渗析法盐差能发电示意

反电渗析法中，电压随相邻电池的盐浓度比呈对数变化，整个电池组的电压受温度、溶液电阻和电极的影响，这涉及参数优化设计问题。淡水室的离子浓度低，整个电池组的电压就大，但是离子浓度太低会使淡水的电阻增大；膜之间的间隔越小电阻值越小，但是间隔太小又会增加水流的摩擦，增加水泵的功率（研究表明膜之间最佳距离为 0.1～1mm）。同时，膜材料在有高选择性的同时还必须要有低的电阻率。

典型的离子渗析膜结构如图 10-38 所示，膜技术是反电渗析法的核心所在，它的离子渗析膜要求对相应的离子有高选择透过性和高电导率。同时，有效降低装置的内电阻、短路电流和寄生电流等附带的能量损失。

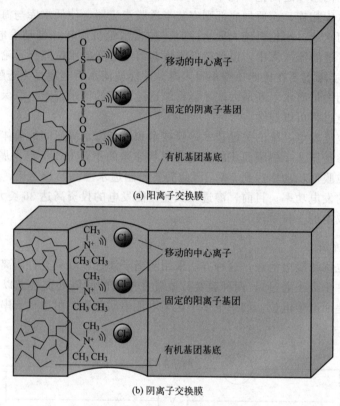

(a) 阳离子交换膜

(b) 阴离子交换膜

图 10-38　典型的离子渗析膜结构

（3）蒸汽压法

蒸汽压法是利用气流推动风扇涡轮发电。在同一温度下，盐水的蒸汽压比淡水的蒸汽压小，它们之间产生一个蒸汽压差，蒸汽压差推动气流运动而带动涡轮发电。在这个过程中，淡水不断地蒸发吸热使得温度降低，蒸汽压也随之降低；同时水蒸气不断在盐水里凝结放热，使盐水温度升高，使其蒸汽压升高，破坏了蒸汽的流动。通过热交换器（铜质）将热能不断地从盐水传递到淡水，使淡水和盐水分别保持相同的温度，这样就能保持蒸汽恒定的流动。

温度是影响蒸汽压法能效的重要因素，温度越高，蒸发越强烈，单位面积的热交换器发电功率就越高。因此，蒸汽压法更适于在低纬度热带地区发展。

蒸汽压法最大的优点是不需要使用渗透膜，水表面本身就起渗透膜的作用，因此不存在诸如退化、价格昂贵以及水的预处理和与渗透膜有关的问题。但蒸汽压法装置庞大、昂贵，消耗大量的淡水，加上膜技术的迅猛发展和成本的不断降低，蒸汽压法无法与渗透压法和反电渗析法竞争，因此蒸汽压法一直进展缓慢。

10.6.3　盐差能发电的研究现状

　　海洋盐差能发电的设想是 1939 年由美国人首先提出的。到 1973 年，以色列科学家首先研制出一台盐差能实验室发电装置，证明了发电的可能性，被能源界公认为是盐差能研究的开始。1985 年，我国在西安采用半渗透膜研制成干涸盐湖浓差发电实验室装置，半透膜面积为 $14m^2$。试验中溶剂（淡水）向溶液（浓盐水）渗透，溶液水柱升高 10m，水轮发电机组电功率为 $0.9\sim1.2W$。20 世纪末，各发达国家相继进行了基础理论研究和实验研究等工作，但都没有将盐差能转换技术纳入研究范畴，盐差能发电也没有得到进一步发展。直到 21 世纪初，盐差发电才逐渐进入实用领域。2002 年，荷兰政府资助的 KEMA 公司启动"blue energy"计划，致力于制造低成本的电渗析膜。挪威的 Statkraft 公司从 1997 年开始研究盐差能利用装置，2003 年建成世界上第一个专门研究盐差能的实验室。2008 年，Statkraft 公司在挪威的 Buskerud 建成世界上第一座盐差能发电站（见图 10-39），建设功率为 $2\sim4kW$。该工厂仍处于原型阶段，公司开发的世界第一台渗透发电机于 2009 年 12 月初已投入应用，但后来由于膜污染和净输出功率太小而停止运行。该项目证明了渗透压法发电的可行性。2014 年，利用反向电渗析（RED）技术的中试规模发电站在荷兰阿夫鲁戴克拦海大坝投入运营。

图 10-39　Statkraft 公司的盐差能发电站原型

　　盐差能是海洋能中能量密度最大的一种可再生能源，据估计世界各河口区的盐差能达 30TW，可供利用的功率可达 2.6TW。盐差能发电适合于小型或大型规模电厂，但开发利用的难度很大。随着高效、耐久、廉价渗透膜的研制，盐差能发电的成本将不断降低，能效和功率密度将不断提高，相信在不久的将来盐差能发电会得到大力发展。

10.7　我国海洋发展战略

　　海洋占地球面积的 71%，蕴藏着极其丰富的各类资源，在补充陆地资源和空间方面有着巨大潜力和广阔前景。海洋资源大体可以分成三大部分，一是海洋的物质资源，二是海洋的空间资源，三是海洋能源。海洋的物质资源又可以分为生物资源和非生物资源两类，生物资源包括海洋渔业资源、海洋生物代谢产物资源和海洋基因资源等，海洋中的非生物资源，包括油气资源和各类矿产资源。由海底、海洋水体、海洋上空和海岛组成的海洋空间资源是未来人类生存和拓展的巨大空间。海洋能源包括潮汐能、波浪能、温差能、海流能、盐差能、离岸风能等清洁的可再生能源。

海洋在政治、经济、军事、外交上都有举足轻重的战略地位，已经成为世界各个沿海国家争相开发的"蓝色疆土"。开发和利用海洋，是减轻人口、资源和环境压力的重要途径。当前许多沿海国家都在制定和实施新一轮的海洋发展战略，加大投入，抢占海洋科技的制高点。国际上的海洋竞争正在激烈地展开。

新中国成立以后，我国的海洋经济和海洋事业已经有了长足的进步。在《全国海洋经济发展规划纲要》、《国家中长期科学和技术发展规划纲要（2006～2020年）》、《全国科技兴海规划纲要》和《全国海洋经济发展"十二五"规划》、《全国海洋经济发展"十三五"规划》《"十四五"海洋经济发展规划》等引领和沿海各级海洋管理部门的共同努力下，我国海洋经济总量持续快速增长，海洋产业结构调整和产业升级步伐明显加快。同时，在海洋科技方面取得了丰硕的成果：相继建成并投入使用了"科学""探索""实验"和"向阳红"系列科考船，"深海勇士"和"奋斗者"号载人潜水器，"大洋号"大洋综合资源调查船，国家海底科学观测网和南海海洋观测网，以及国家级深海微生物资源库等。"蛟龙号"深海载人探测器已经进入7062m的海深，深度已经可以覆盖全球99.8%的海底；首颗海洋动物与环境监测卫星海洋二号成功发射；我国首座自主设计制造的第六代3000m深水半潜式钻井平台中海油"981"顺利交付使用；"大洋一号"全球考察船已在大洋开展多年的考察，极地考察破冰船"雪龙号"已经2次通过北极航道到了冰岛和北欧……。

我国的大陆沿海岸线长18000km，岛屿岸线14000多千米，面积在$500m^2$以上的岛屿有6500多个，根据《联合国海洋法公约》我们可以主张管辖的海域面积有300万km^2。海洋是我国经济社会发展重要的战略空间，是孕育新产业、引领新增长的重要领域，在国家经济社会发展全局中的地位和作用日益突出。作为一个发展中的海洋大国，我们必须站在战略高度上认识海洋、科学开发海洋，鉴于海洋在中华民族和平崛起的伟大进程中的重要地位，国家出台了一系列重要的海洋发展战略规划。从党的十八大报告首次明确提出"提高海洋资源开发能力，发展海洋经济，保护海洋生态环境，坚决维护国家海洋权益，建设海洋强国"，到十九大报告提出"坚持陆海统筹，加快建设海洋强国"，再到二十大报告提出"发展海洋经济，保护海洋生态环境，加快建设海洋强国"的战略部署，建设海洋强国已成为中国特色社会主义事业的重要组成部分，是实现中华民族伟大复兴的重大战略任务。

21世纪是海洋的世纪，人类正以新的姿态向海洋进军。在百年未有之大变局的现今，我国建设海洋强国的重要意义和作用更为突出。海洋已成为我国解放和发展社会生产力的重要领域。发展海洋经济成为我国社会可持续发展的新增长点，也是顺应时代潮流、占据未来世界经济发展制高点的新机遇。我国将坚持走依海富国、以海强国、人海和谐、合作共赢的发展道路，通过和平、发展、合作、共赢方式，实现建设海洋强国的目标。

第 11 章 储能技术

电力作为最重要的二次能源，是全球能源总消耗的关键组成部分。经济社会的发展需要充足的、安全可靠的电力供应。为了推动风电、光伏发电、生物质发电、燃料电池等分布式发电（含微电网）入网，需要进一步提高电网的保障能力。通过微型电网和智能电网的发展以及大规模储能技术的突破来解决风电、光伏发电不连续、不稳定和不可调度的问题，以实现规模化应用。其中，储能技术在推动低碳能源发展、确保区域能源安全、可再生能源规模化利用，尤其是在智能电网建设与运营上有着非常重要的作用。可以说，规模化储能技术是构建智能电网及实现低碳能源发展和利用不可或缺的关键环节。

11.1 发展储能技术的必要性

为了满足不断增长的电力需求，应对气候变化和能源安全的挑战，各国日益重视并持续加大对可再生能源领域的投入，全球发电正在由单一火力发电向传统发电技术和可再生能源发电技术混合应用，并逐渐提高可再生能源发电比例的趋势转化，其中分布式可再生能源发电的发展和应用日益受到国内外关注并得到快速发展。

分布式能源指分布式供能系统中的能源发生、转换和储存装置，包括微型原动机、微电源及储能装置等。按能源形式划分，分布式能源涵盖风力发电机组、太阳能光伏、热力发电机组（包括太阳能热发电、微型燃气轮机发电机组、微型内燃机发电机组）、燃料电池等。随着新能源形式的多样化，分布式能源系统的作用由相对集中的单一能量转换形式向多元化互补与集成的功能性方向发展，发挥与化石能源的互补作用，减少化石燃料消耗。分布式发电的推广是对传统供电模式的重大转变，通过分布式供电方式的规模化发展，实现微网和主网有机衔接与互补的运行方式，既能改善电源结构和供电效率，减轻电力工业对环境的影响，又能提高供电质量、弥补大电网在安全稳定性方面的不足，对于进一步提高电网运行供电的可靠性和经济效益都具有重要作用和现实意义。

在以可再生能源逐步替代化石能源的进程中，人们期望通过一个数字化信息网络系统将能源资源开发、输送、存储、转换（发电）、输电、配电、供电、售电、服务以及蓄能与能源终端用户的各种电气设备和其他用能设施连接在一起，通过智能化控制实现精确供能、互助供能和互补供能，将能源利用率和能源供应安全提高到全新的水平，将污染与温室气体排放降低到环境可以接受的程度，使用户成本和投资效益达到一种合理的状态，这就是智能电网的思想。在这一指导思想下，美国、欧盟和中国等国家均制定了智能电网计划。

智能电网是由发电、输电、变电、配电、用电、调度等环节组成的有机整体，如图 11-1所示。智能电网通过电力、用户双向互动的信息传递，改变用户的用电行为，以"削峰填谷"，实现资源的优化配置；整合多种发电方式和储能技术，实现分布式电源和储能装置（系统）的灵活接入；使用实时传感器和自动化的控制设备，实时掌握电网运行状态，预测电网运行趋势，及时发现、快速诊断故障隐患。"清洁能源＋智能电网"被誉为第四次工业革命，积极推动清洁能源大规模利用，发展智能电网，实现低碳经济，已成为当今世界能源科技发展的最新动向，适应未来可持续发展的要求。

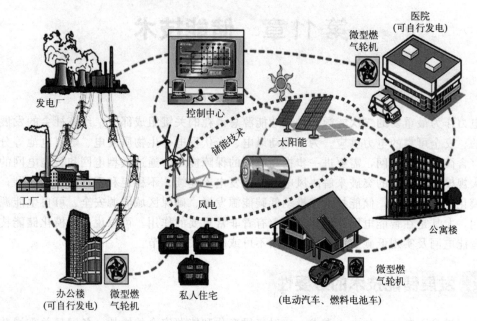

图 11-1　智能电网的基本结构示意

储能技术是智能电网和清洁能源发展和利用不可或缺的关键环节。储能技术作为智能电网中的重要节点，是智能电网实现各种功能的重要保证。在发电环节，可以支撑可再生能源发电安全高效地接入电网；在输配电环节，可以提高电网利用效率，延缓系统升级；在用电环节，通过负载管理，可以提高用户的能源利用灵活性和效率。因此，高效安全的智能电网需要储能技术的支持。风电及太阳能受自然条件影响，带有明显的间歇性和随机波动性，电能供应不稳定，可能造成如负荷跟踪、频率控制、备用容量、无功功率和电压调节等电网辅助服务负担，大规模风电/光伏发电并网对电网的调峰和安全稳定运行会造成很大影响，对电网调度提出了更高的要求，也影响了电网企业的效益。同时，受环境条件制约，不少风场、太阳能发电厂远离负荷中心，输电的经济性使配套电网建设相对滞后，导致并网困难，使风电/光伏发电上网受到很大限制。发展可再生能源发电，提高在能源供应结构中的比重同样需要储能技术的支撑。

在风/太阳能集中开发的地区建设大规模储能电站，可以利用储能电站的双向调节功能，低谷吸纳电网多余电力储能，将风电/太阳能转化为优质电能储存起来；在用电高峰期为电网提供快速优质的调峰电源，增强电网调峰能力，进而提高电网运行的安全稳定性和机组利用率，降低风电及太阳能间歇性及波动性对电网稳定性的影响，解决风电/光伏发电大规模开发的技术瓶颈。

电动汽车入网（vehicle to grid，V2G）技术作为智能电网的重要组成部分，可以将电动车的能量在受控状态下实现与电网之间的双向互动和交换。电动汽车电池的充放电被统一部署，车载电池作为一个分布式储能单元，在电网负荷非高峰时段自动充电，负荷高峰时段，在满足电动汽车用户行驶需求的前提下，将部分能量回馈电网。积极开发 V2G 技术，对于扩大电力终端用电市场，降低需求侧峰谷差，提高电力供需平衡和电力设备负荷效率具有重要意义。

可以看出，储能技术不仅是分布式供能系统稳定经济运行、向用户提供优质可靠能源供应的保障手段之一，还是常规电力能源系统削峰填谷、提高电网安全、发展可再生能源和智能电网的迫切需要。

储能技术还可以实现不同能源网络的耦合与协同。能源技术的不断突破，使能源结构发生了颠覆性改变。这个时代是"互联网＋"的时代，互联网与能源不断融合。正如杰里米·里夫金（Jeremy Rifkin）在《第三次工业革命》中描述的那样，能源互联网是以智能电网为核心、可再生能源为基础、互联网为纽带，通过能源与信息高度融合，实现能源高效清洁利用的新型能源体系。能源互联网涉及各种类型能源网络的互联互通。电网、气网、冷热网等不同的能源形式要实现互联必须有中间环节作为缓冲和能量解调。无论转换成何种形式，转换之后的能量存储都不可或缺。储能之后，原地或运输到某能源网络入口处按相应控制策略对外释能，实现不同能源网络的耦合。

11.2　储能技术发展

电力工业的可持续发展已经成为世界各国关注的重点问题之一，经济、安全、环保成为目前电力工业可持续发展的三大要素。由于效率低下，从一次能源到有效电力消费的整个能源链中，能源损失很大（约80％），包括发电、输电和用电在内的各个环节。用户用电需求和电网在不同时段的实际负荷情况每天按照波动情况可以划分为高峰、平段和低谷三个时段，一般白天出现高峰，晚上出现低谷。从整体的电量供应来看，电力紧张只出现在用电高峰时段，用电低谷期闲置了部分发电与输电设备，造成一定的资源浪费。一般地，电网的输送电量越大，系统运行就越接近稳定的极限，停电甚至较小的扰动，电网事故就会变得难以接受。频发的电力故障也暴露出现有电力供应系统的脆弱性。发生于2003年的北美"8.14"大面积停电事故涉及美国东北部的6个州和加拿大东部的两个省，共损失负荷61.8GW，受影响人数达到5000万，经济损失超过300亿美元。2004年11月4日，法国、德国、比利时、西班牙和意大利等西欧国家遭遇特大停电事故，大约有1000万人陷入黑暗，有些地方停电长达一个半小时，是欧洲30年来最严重的停电事故。2005年8月18日，印度尼西亚爪哇岛至巴厘岛的供电系统发生故障，造成首都雅加达至万丹的电力供应中断，雅加达全部停电，约1亿人口受到影响。2008年1月，我国南方地区连续遭受50年一遇的低温雨雪冰冻极端天气，持续的低温雨雪冰冻造成电网大面积倒塔断线，13个省（区、市）输配电系统受到影响，170个县（市）的供电被迫中断，3.67万条线路、2018座变电站停运。2019年更是发生了国际大停电事件，委内瑞拉、阿根廷和乌拉圭、美国纽约、英国，世界上陆续有5个国家和地区遭遇了短暂的黑暗"洗礼"。英国因为输电系统遭雷击，瞬间失去1.5GW发电容量，造成影响超过100万户住户大停电，50分钟后才恢复正常。而最新报告指出，若是没有电池储能系统救援，影响时间可能更久。停电事件表明，储能系统在助力电网安全运营上发挥了重要作用。

在上述背景下，美国、欧洲、日本和中国等国纷纷提出了智能电网的发展战略，建设更加安全、可靠的电网。储能技术作为智能电网运行过程中的重要组成部分，发挥着十分重要的作用。系统中引入储能环节后，可以有效地实现需求侧管理，消除昼夜间峰谷差，平滑负荷，不仅可以更有效地利用电力设备，降低供电成本，还可以解决新能源发电的随机性和波动性问题，促进可再生能源的应用，也可作为提高系统运行稳定性、调整频率、补偿负荷波动的一种手段，满足经济社会发展对优质、安全、可靠供电的要求。储能技术具有极高的战略地位，世界各国一直都在不断支持储能技术的研究和应用。

我国能源的可持续发展对大规模储能技术需求更为迫切。一方面，我国能源资源与能源需求呈逆向分布，风、光资源富集区远离负荷中心，当地电网无法全部消纳，需大规模、远距离输送至负荷地，而且风能、太阳能等可再生能源本身还具有间歇性等特征，其输送功率大范围波动将会严重影响区域电网的安全稳定运行。另一方面，用电结构已经并将继续发生根本性的变化，电网峰谷差日益增大，我国峰谷比远高于国外水平。而我国以煤电为主的电力结构，长时间很难改变，其调峰能力无法与水电、气电相比。新能源的发展加剧了这一趋势，风电具有反调峰特性，而核电不参与系统调峰。特别是多数风电富集地区煤电比例高，部分地区很大比例为调峰能力较差的供热机组，地方电网已不堪重负，已出现了低谷时段限制风电出力的情况，我国电网面临的调峰压力日趋严峻。发展新能源和缓解调峰压力迫切需要大规模储能技术的应用。

储能是构建新型电力系统的重要技术和基础装备，是实现碳达峰碳中和目标的重要支撑，也是催生国内能源新业态、抢占国际战略新高地的重要领域。近年来，我国对储能产业的关注度明显提升，国家制定了《关于加快推动新型储能发展的指导意见》《"十四五"新型储能发展实施方案》《储能技术专业学科发展行动计划（2020—2024年）》等政策文件，加强学科建设和人才培养，推动新型储能规模化、产业化、市场化发展。

11.3 储能技术分类

储能技术是指一种能量形式通过某种装置转化为其他形式的能量并且高效存储起来，需要时所存储的能量可以方便地转化成需要的能量形式。广义的储能技术，根据不同能量类型，基本分为四大类别，包括基础燃料的储存（如煤、石油、天然气等），中级燃料的储存（如氢、煤气、太阳能等），电能储存和后消费能量储存（如冰蓄冷储能等）。

能量不仅可以以电和热的形式储存，还可以以机械能或化学能的形式储存。适合特定应用的储存形式将取决于能源技术和最终用途。大多数固定式能量储存技术是储存电能或热能，并在需要的时候释放出来。

根据能量存储形式，储能技术主要分为物理储能和化学（电化学）储能两种类型，其中物理储能的代表技术有抽水储能（蓄能）、压缩空气储能、冰蓄冷储能等，该种储能方式储能媒介不发生化学变化，效率较低；电化学储能的代表技术为铅酸电池、锂电池、钒电池、钠硫电池等，此种方式的充放电过程伴随储能介质的化学反应或者变价，不足之处在于电池寿命相对有限。氢（氨）储能是一种新型储能技术，是将电能以常见化学品（如氢、氨等）的形式存储起来。超导储能、飞轮储能及超级电容器等方式可以将电能以电磁能、动能等形式进行储存，充放电速度快，效率非常高。表11-1给出了各种储能技术潜在的应用领域。

表11-1 各种储能技术潜在的应用领域

	储能类型	额定功率	反应时间	效率/%	应用方向
物理储能	抽水储能	100~2000MW	4~10h	70~85	能量管理 频率控制和系统备用
	压缩空气储能	100~1000MW	6~20h	68~75	调峰发电厂、系统备用电源
	微型压缩空气储能	10~50MW	1~40h	—	调峰
	飞轮储能	5kW~5MW	15s~15min	70~80	频率控制、不间断/应急电源（UPS/EPS） 系统、电能质量管理控制
	超导储能	10kW~20MW	1ms~15min	80~95	输配电系统暂态稳定性、提高输 电能力、电能质量管理

	储能类型	额定功率	反应时间	效率/%	应用方向
化学储能	电化学电容器	1～100kW	1s～1min	90～95	电能质量调节、可再生能源系统稳定性、输电系统稳定性
	铅酸电池	1kW～50MW	1min～3h	75～85	系统备用电源、黑启动、UPS/EPS
	液流电池	1MW～数十MW	1～20h	—	分布式、可再生能源系统稳定性、用户侧平滑负荷、备用电源
	其他先进电池技术,如Na-S电池、锂电池等	1kW～30MW	1min～数h	70～80	平滑负荷、备用电源、分布式、可再生能源系统稳定性

根据储能容量的不同，各种储能技术适宜的应用领域主要分为电源质量调节和不间断电源（power quality& UPS）、备用电源（bridging power）和能源管理（energy management）三个层次。各种二次电池、超级电容器、飞轮储能、铅酸电池等可用于电源质量调节和不间断电源，金属空气电池、钠硫电池、铅酸电池、氧化还原液流电池可用于备用电源，抽水储能、压缩空气储能、钠硫电池、铅酸电池、氧化还原液流电池可用于电网能源管理。适合于大规模储能的技术有抽水储能、压缩空气储能，以及化学储能中的先进铅酸电池、氧化还原液流电池、钠硫电池和锂离子电池。

11.4　物理储能

物理储能的代表技术有抽水储能和压缩空气储能，超导储能、飞轮储能和冰蓄冷储能因不涉及化学变化，一般也将其归为物理储能。

11.4.1　抽水蓄能

目前，在各种电力储能技术中，抽水蓄能是最成熟、应用最广泛的储能技术。抽水蓄能在电力系统中可以起到调峰填谷、调频、调相、紧急事故备用、黑启动和为系统提供备用容量等多重作用。

抽水蓄能（pumped hydroelectric storage，PHS）电站的运行原理（见图 11-2）是利用电力负荷低谷期的电能，把水从下池水库抽至上池水库，将电能转化成重力势能储存起来，

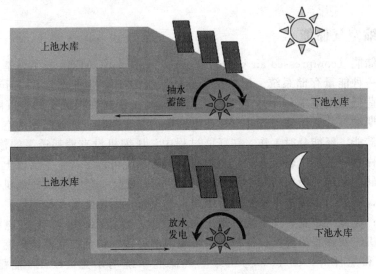

图 11-2　抽水蓄能电站运行原理示意

在电力负荷高峰期再释放上池水库中的水至下库发电，将水的势能转化为电能。它将电网负荷低谷时的多余电能，转变为电网高峰时期的高价电能，起到电网调峰的作用。很明显，抽水储能储存的能量受上下游水库的有效水头（高度）和库容的影响，具有大容量、长储存时间、较高效率和较低的每单位能量成本等优势，释放时间可以从几个小时到几天，综合效率为 70%～85%。

抽水蓄能电站从诞生至今已有 100 多年的历史。早期以抽水为主要目的，主要用于调节常规水电站出力的季节性不均衡，大多是汛期抽水、枯水期发电。20 世纪 50 年代开始，抽水蓄能电站迅速发展，西欧国家处于世界抽水蓄能电站建设主流，装机容量占世界抽水蓄能电站总装机容量的 40%。20 世纪 60 年代后期，美国抽水蓄能电站装机容量居世界第一。90 年代后，日本超过美国成为抽水蓄能装机容量最大的国家。全世界装机容量每年都在以较快的速度增加，截至 2022 年年底，全球抽水蓄能装机容量达到 175GW。

我国的抽水蓄能电站建设起步较晚，1986 年建成小型混合式抽水蓄能电站——河北省岗南水电站，20 世纪 80 年代起在广东、华东和华北等东部经济发展较快地区，以火电为主的电网开工建设一批大中型抽水蓄能电站。我国抽水蓄能电站的土建设计和施工技术已经处于世界先进水平，基本上实现了抽水蓄能电站机组设备的国产化，设备安装水平正在大幅度提高。河北丰宁抽水蓄能电站总装机 360 万 kW，是目前世界上装机容量最大的抽水蓄能电站，已有 6 台机组投入运行。截至 2022 年底，全国抽水蓄能电站投产总装机容量近 46GW，已建和在建抽水蓄能电站规模均位居世界首位，抽水蓄能在保障能源安全和促进能源转型方面的作用愈发凸显。在《抽水蓄能中长期发展规划（2021—2035 年）》中指出，预计到 2025 年，抽水蓄能投产总规模 6200 万 kW 以上；到 2030 年，投产总规模 1.2 亿 kW 左右；到 2035 年，形成满足新能源高比例大规模发展需求的、技术先进、管理优质、国际竞争力强的抽水蓄能现代化产业。

抽水蓄能技术的未来将呈现出更加智能化的趋势。利用人工智能、大数据分析等技术，不仅可以实现智能监控、远程控制等功能，还能够提升抽水蓄能设备的运行效率和可靠性，进一步降低成本并提高发电效率。

抽水蓄能电站的缺点是建设受地形限制，建设周期较长（典型约 10 年）、建设和环境成本高。响应时间较长，应对电网负荷波动能力较差。另外，当电站距离用电区域较远时输电损耗较大。

11.4.2 压缩空气储能

压缩空气储能（compressed air energy storage system，CAES）技术是基于燃气轮机技术发展起来的一种能量存储系统。压缩空气储能系统的压缩机和透平不同时工作，在储能时，将电网负荷低谷期电能用于压缩空气，把空气高压密封在报废矿井、沉降的海底储气罐、山洞、过期油气井或新建储气井中；在电网负荷高峰期时，释放压缩的空气，推动汽轮机发电。由于储能、释能分时工作，在释能过程中，压缩机没有消耗透平的输出功，因此，相比于消耗同样燃料的燃气轮机系统，压缩空气储能系统可以多产生 1 倍以上的电力。

压缩空气储能系统一般包括 6 个主要部件：①压缩机，一般为多级压缩机带中间冷却装置；②膨胀机，一般为多级透平膨胀机带级间再热设备；③燃烧室及换热器，用于燃料燃烧和回收余热等；④储气装置，地下或者地上洞穴或压力容器；⑤电动机/发电机，通过离合器分别和压缩机以及膨胀机连接；⑥控制系统和辅助设备，包括控制系统、燃料罐、机械传动系统、管路和配件等。图 11-3 为压缩空气储能系统的示意，CAES 能量储存效率为 68%～75%，建设成本依赖于地下储藏条件。

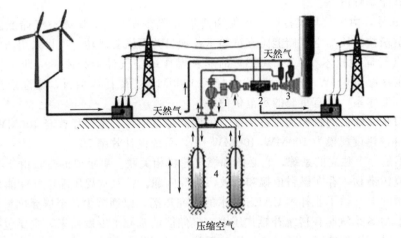

图 11-3　压缩空气储能系统示意

1—压缩机；2—电动机/发电机；3—燃气轮机；4—地下岩洞

自从 1949 年 Stal Laval 提出利用地下洞穴实现压缩空气储能以来，目前世界上已有两座大规模压缩空气储能电站投入了商业运行。第一座是 1978 年投入商业化运营的德国 Huntorf CAES 电站。机组的压缩机功率为 60MW，装机容量为 290MW，系统将压缩空气存储在地下 600m 的废弃矿洞中，矿洞总容积达 $3.1 \times 10^5 \mathrm{m}^3$，压缩空气的压力最高可达 10MPa。机组可连续充气 8h，连续发电 2h，其冷态启动至满负荷仅需 6min。该电站平均启动可靠性 97.6%。实际运行效率约为 42%。

第二座是于 1991 年投入商业运行的美国亚拉巴马州的 McIntosh CAES 电站，它把压缩空气储存在地下 450m 的废盐矿中，总容积为 $5.6 \times 10^5 \mathrm{m}^3$，压缩空气储气压力为 7.5MPa。该储能电站压缩机组功率为 50MW，发电功率为 110MW，可以实现连续 41h 空气压缩和 26h 发电，机组从启动到满负荷约需 9min。由于该机组改进燃气轮机循环，增加回热器用于吸收余热，以提高系统效率，其经济性有很大程度的提高，实际运行效率约 54%。

除了以上商业化运行的压缩空气储能电站外，多个国家开展了压缩空气储能电站的示范工程建设。2001 年日本在北海道建成了膨胀机输出功率为 2MW 的压缩空气储能示范工程，储气压力为 8MPa。位于英国曼彻斯特的 5MW/15MW·h 规模的液态空气储能示范项目于 2018 年投入运行，该项目利用电网过剩电能制备液态空气，液态空气在隔热真空储罐内储存备用，在电能释放阶段液态空气经过加压后气化，驱动膨胀机组输出电能。加拿大能源商 Hydrostor 公司在加拿大安大略湖建成了 1.75MW/10MW·h 的绝热压缩空气储能电站。在澳大利亚 Broken Hill 市规划建造的 200MW/1600MW·h 压缩空气储能电站，计划于 2025 年完成建设。

国内压缩空气储能研发团队主要包括中科院工程热物理研究所和清华大学等。2013 年，中科院工程热物理所在河北廊坊建成了国际首套 1.5MW 级非补燃超临界压缩空气储能系统示范工程，储能系统效率约 52%；后又于 2017 年在贵州毕节建成了 10MW 压缩空气储能示范平台，储能容量为 40MW·h，系统采用四级压缩储能和四级膨胀发电，储气压力＜10MPa，该系统在额定工况下的效率达到 60.2%。

在商业化道路上，山东肥城压缩空气储能调峰电站项目于 2020 年底开工建设，电站地下部分利用"东采 1-2-3-4"四口井建设 1 个总容量 50 万 m³ 盐穴腔体，可容载装机 200MW 以上。2021 年 9 月一期 10MW 机组建成并网，系统效率达 60.7%，是我国首座商业化运行的压缩空气储能调峰电站。

2021 年 9 月，由中盐集团控股、华能和清华大学参股建设的压缩空气储能国家示范项目——江苏金坛盐穴压缩空气储能国家试验示范项目并网试验成功，项目采用清华大学的基于先进绝热空气储能技术（AA-CAES）的非补燃压缩空气储能技术。一期工程发电装机 60MW，储能容量 300MW·h，远期建设规模 1000MW。依托该项目，逐渐形成了中国压缩空气储能标准体系，具有重要的示范价值。

在张家口张北建设的百兆瓦先进压缩空气储能示范项目，是国际首套 100MW 先进压缩空气储能项目，建设规模为 100MW/400MW·h，系统设计效率 70.4%。

CAES 不是一个独立的系统，它必须和燃气轮机相关联。更重要的是，由于必须燃烧化石燃料和排放污染物，存在燃料依赖和排放污染等问题。针对常规压缩空气储能系统面临的主要问题，国际上开始了非补燃 CAES 技术的研究热潮，以期减少乃至摒弃燃料补燃。

非补燃 CAES 系统是在传统补燃式压缩空气储能的基础上发展而来，主要包括 2 个核心技术环节：一是压缩储能时，通过增加回热系统，将压缩过程中产生的压缩热回收并储存；二是释能发电时，利用存储的压缩热加热进入透平的高压空气，以摒弃燃料补燃。通过压缩热的循环利用，非补燃 CAES 摒弃了传统压缩空气储能的燃料补燃技术路线，实现了系统运行过程中无燃烧、零碳排，是一种清洁的大规模物理储能技术。非补燃 CAES 的实现途径主要包括：先进绝热压缩空气储能技术（AA-CAES）、液态压缩空气储能及超临界 CAES 等。

压缩空气储能电站可对电网负荷起到削峰填谷、调峰调频作用，并可为电网提供电压支持、备用电源、黑启动等辅助服务，可提供长时储能服务，将在保障电网安全稳定运行、提高新能源消纳能力等方面发挥重要作用。同抽水蓄能类似，压缩空气储能电站的建设也会受到地形的制约，对地质结构有特殊要求。

11.4.3 飞轮储能

飞轮储能是利用互逆式双向电机（电动/发电机）实现电能与高速旋转飞轮的机械能之间相互转换的一种储能技术。飞轮储能（flywheel energy storage，FES）的外观类似于抽水蓄能发电机组，主要区别是以巨大的飞轮取代了水泵水轮机。其基本原理是在储能阶段，将发电电动机作为电动机运行，拖动飞轮使电能转换成旋转体的动能进行存储；在能量释放阶段，飞轮减速，发电电动机作为发电机运行，将动能转化为电能。电机的升速和降速由电机控制器实现。飞轮储能可运用在电网调频、城轨交通、风电与光伏发电并网、电动汽车充电桩等场景中。

飞轮储能系统主要包括 3 个部分：储存能量用的转子系统（飞轮）、支撑转子的轴承系统、转换能量和功率的电动机/发电机系统。另外还有一些支持系统，如真空、外壳和控制系统，主要部件如图 11-4 所示。

飞轮是飞轮储能系统中能量的载体，储存在飞轮质量内的动能为：$E = \frac{1}{2} I \omega^2$，式中 I 为飞轮的转动惯量；ω 为飞轮旋转角速度。而 $I = \frac{1}{2} r^2 m$，式中 r 和 m 分别为飞轮的半径和质量。由此可见，为了提高飞轮储能的储能量，有两个途径：一是增加飞轮转子的转动惯量，二是提高飞轮的旋转速度。前者可用于固定应用场合，后者在对质量有严格要求的前提下有很好的效果。飞轮采用的材料最好是高强度、低密度材料，如碳纤维增强塑料等，另外，还与飞轮形状有关。

轴承约束着飞轮绕中心轴旋转。为了减小飞轮在高速旋转中的摩擦损耗，需要设计摩擦系数较小的轴承来实现高效率的飞轮系统。同时轴承还承担了维持飞轮转子的稳定以及支撑

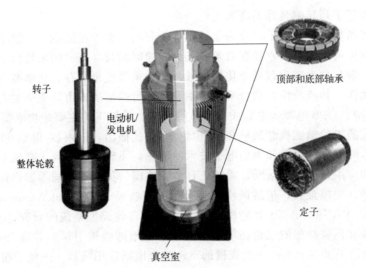

图 11-4　飞轮储能系统结构示意

飞轮转子质量的任务。在飞轮储能系统中用到的支撑方式主要有 4 种，各有优缺点，因此在实际应用中常将几种支撑方式组合使用。表 11-2 为四种轴承的特点。

表 11-2　四种轴承的特点

轴承种类	优点	缺点
超导磁轴承（SMB）	自稳定,高承载力,低损耗,无需精密控制	冷却成本较高
电磁轴承（AMB）	无磨损,能耗低,噪声小,无需润滑,可控性强	连续消耗电能,结构复杂,控制系统复杂
永磁轴承	卸载力大,能耗低,无需电源,结构简单	无法独立实现稳定悬浮
机械轴承	成本低,结构简单	机械磨损,能耗较大,寿命较短

电机是飞轮储能系统实现能量交换的关键，应能在不改变旋转方向的条件下实现电动机和发电机功能的转换。同时，由于在吸收能量时飞轮转速不断增加，而在释放能量时飞轮的转速不断降低，为维持电机输出端频率的恒定，需要采用变频技术，这一功能常通过电力电子装置实现。

辅助系统主要包括真空系统、冷却系统以及状态检测系统。真空系统包括真空泵、真空室（即外壳）和密封件，其主要作用：提供真空环境，降低风损、提高效率和屏蔽事故。高密封性能的真空保持只需要真空泵间歇工作。在飞轮储能电源系统中有很多发热因素，主要有电机损耗、飞轮风损及轴承损耗，需要冷却系统进行散热处理。常用的冷却方式有循环水冷、风冷和散热器冷却。状态检测对飞轮安全可靠运行具有重要意义，利用各类传感器和检测仪器对飞轮充放电运行状态变化，飞轮轴承振动，控制系统的电流、电压，飞轮电机的温度进行监测。

飞轮储能产品可以从不同的角度分为很多类型，如果从飞轮转子转速来分，可以分为低速飞轮产品和高速飞轮产品。低速飞轮储能产品中，转子主要由优质钢制成，转子边缘线速度一般不会超过 100m/s。产品主要靠增加转子的质量，这类产品可采用机械轴承、永磁轴承或者电磁轴承，整个系统功率密度较低，主要通过增加飞轮的质量来提高储能系统的功率和能量。高速飞轮产品的转子转速能够达到每分钟 5 万转以上，转子边缘线速度能够达到 800m/s 以上。如此高的转速要求高强度的材料，因此采用玻璃纤维、碳纤维等作为制造转子的主要材料。这类产品中无法采用机械轴承，只能采用永磁、电磁或者超导类轴承。目前，国外对永磁和电磁轴承的研究和应用已经比较成熟，最新的研究热点是提高能量密度的复合材料技术和基于超导磁悬浮的高速飞轮产品。

飞轮储能产品从飞轮特性上可分为能量型飞轮和功率型飞轮储能。能量型飞轮体积质量大，单独转子质量可达数吨，直径在数米。其加减速时间长，充放的频繁程度存在较大的限制，应用场合一般在功率需求缓慢变化的场景，适合平滑能量储存；功率型飞轮能快速充放电，适合频繁动作，转速较快，适合平滑功率波动，可以解决城市轨道交通再生制动能量利用、微电网/电网、UPS电源等电能质量调节等问题。目前飞轮主要是功率型产品。

现代意义上的飞轮储能概念最早在20世纪50年代提出，进入20世纪90年代以后，由于磁悬浮、碳素纤维合成材料和电力电子技术的成熟，飞轮储能进入了高速发展期。国际上飞轮储能技术和应用研究十分活跃，美国、日本、法国、英国、德国等国都在进行研究，其中美国投资最多，规模最大，进展最快。美国国家宇航局（National Aeronautics and Space Administration，NASA）在20世纪80年代开始卫星飞轮储能系统的研究，在90年代末期研制成兼有电源和调姿功能的飞轮储能系统，用于低地球轨道卫星。美国Beacon Power公司（BCON）建设了世界上第一个大规模的飞轮储能电网应用项目——位于纽约州的20MW飞轮储能项目，用来配合当地风场，能做到15min的储能规模。该技术可在城市用电量少时储存多余电力，并在用电需求上升时将电力注入电网，令更多太阳能、风力发电产生的电力不致浪费。

日本东芝公司研制了采用变频调速技术的飞轮蓄能发电系统，其容量为26.5MW，于1996年8月在冲绳电力公司中城变电所投入运行，主要用来抑制电力系统的频率变动。由于采用变频调速和矢量控制，实现了高速励磁控制，针对电力系统的频率变动，能够快速响应，迅速实现飞轮发电机的速度调节和有功功率的输入输出控制。日本在高强度碳纤维材料、高温超导材料等方面技术实力雄厚，为飞轮储能技术发展提供了有利条件。

从20世纪90年代开始，德国的Piller公司、美国的Active Power公司和Beacon Power公司、加拿大的Flywheel Energy System等多家公司陆续推出了商用的飞轮产品，应用领域主要包括企业级UPS、电力调频、航天、军事等领域。以UPS为突破点，飞轮储能设备从2000年开始实现商业示范应用。美国Active power公司是以UPS备用电源为主要市场的飞轮储能供应商，为数据中心提供应急备用电源，其用户包括谷歌、微软、雅虎、VISA、3M等国际知名企业。2010年8月，Active Power正式进入中国，其用户包括国家电网公司、南方电网公司等企业，产品已经在上海世博会、国庆庆典、亚运会、博鳌论坛等高规格活动中应用。2016年，德国Piller公司推出了双变换式飞轮UPS。

我国飞轮储能研究起步较晚，2010年左右开始出现相关技术开发公司，通过引进国外先进技术实现产品的批量生产。2011年，英利集团自主研发出1kW·h储能飞轮样机，同年，国内首台20kW·h磁悬浮飞轮储能样机也在英利下线。此后，由英利投资的北京奇峰聚能科技有限公司承担磁悬浮储能飞轮技术的研究工作。2018年，沈阳微控新能源技术有限公司引进VYCON公司的飞轮储能技术，在中国首先实现了高速磁悬浮飞轮的批量生产。2019年开始，我国飞轮储能项目开始装机。2019年7月，GTR飞轮储能装置在北京地铁房山线正式实现商用，这是飞轮储能首次在我国城市地铁中商用，填补了国内应用飞轮储能装置解决城市轨道交通再生制动能量回收方式的空白。

2020年中国首个飞轮储能系统团体标准发布，飞轮储能行业技术积累逐渐成熟，走向规范化发展。2022年4月，我国首台完全自主知识产权的兆瓦级飞轮储能装置在青岛地铁3号线投入使用。2022年9月，泓慧能源正式交付郑州地铁飞轮储能能量回馈系统。2023年1月，坎德拉新能源科技（佛山）有限公司自主研发的首套1000kW/35kW·h飞轮储能系统顺利出产，该产品成为当时全球功率最大的商业化飞轮储能系统。飞轮储能系统在城轨交通领域陆续展开示范应用，国内飞轮储能技术在功率上发展迅猛，处于全球领先地位。

针对新能源汽车充电的负荷特性，坎德拉新能源飞轮储能作为容量型储能系统应用在浙江湖州滨湖光储充电站，该项目 2021 年成功投运，是飞轮储能在国内超级充电桩辅助服务领域的首次应用。由贝肯新能源提供飞轮储能阵列的中国首座电网级飞轮储能调频电站（又称"山西鼎轮飞轮储能项目"）2025 年 7 月并网投产，项目接入山西电网，提供电网有功平衡等电力辅助服务。

与其他形式的储能技术相比，飞轮储能具有使用寿命长（可达 25 年）、高功率密度、不受充放电次数限制（可达百万次以上）、安装维护方便、对环境危害小等优点。一般飞轮储能系统充放电循环效率可以达到 80% 以上，磁悬浮轴承的飞轮储能系统可达 85% 以上。不过，飞轮储能的劣势也很明显，初始成本较高，与超级电容、电池等储能装置相比，飞轮储能是最昂贵的。能量密度不够高、空载损耗大（自放电率高）。一般而言，飞轮储能需要电能的持续输入，以维持转子的转速恒定。一旦断电，飞轮储能通常只能维持几十秒到一两分钟。这意味着，飞轮储能优势不在于时间的长短，而是充放的快捷，最适合高功率、短时间放电或频繁充放电的储能需求，与电网调频市场契合度高，其主要用途是改善电能质量和提供不间断电源（UPS）。在市电断电后利用飞轮惯性能量带动发电机发电，维持的时间足以使柴油发电机启动，从而实现不间断供电。

11.4.4 超导磁储能

超导磁储能系统（superconducting magnetic energy storage, SMES）的基本原理是利用电阻为零的超导磁体制成超导线圈，形成一个大的电感，超导储能在通入电流后，线圈的周围会产生磁场，超导线圈通过整流逆变器将电网过剩的能量以磁能形式储存起来，在需要时再通过整流逆变器将能量馈送给电网或作其他用途。SMES 直接存储电磁能，超导线圈在超导状态下无焦耳热损耗，同时其电流密度比一般常规线圈高 1～2 个数量级，因此具有响应速度快（ms 级）、转换效率高（80%～95%）、储能密度大（10^7～10^8 J/m^3）、比容量/比功率高等优点，可以实现与电力系统的实时大容量能量交换和功率补偿。SMES 主要组成单元是超导储能磁体、低温系统、电力电子控制器和监控保护系统，其拓扑结构如图 11-5 所示。

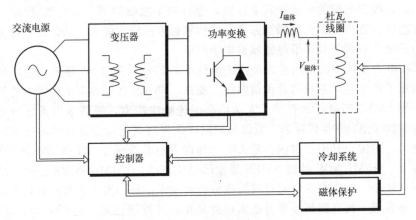

图 11-5 超导磁储能系统组成单元示意

超导线圈作为超导储能系统的核心单元，能够把电流以电磁能形式无损耗地存储于线圈中，存储的能量与电流的平方成正比，能量关系用方程描述为：

$$W = \frac{1}{2}LI^2$$

式中，L 为超导线圈的电感；I 为超导线圈中流过的电流；W 为超导线圈存储的能量。

SMES 实际存储能量的最大值由两个因素确定，即由超导线圈的尺寸和结构所决定的电感值，由超导体所决定的最大容许电流值。在超导线圈设计中最重要的考虑因素是超导体，因此一个重要的设计目标即是在单位数量的超导体中储存更多的容量。为了实现这个目标取决于很多因素，如超导体尺寸、超导材料的选择、背景电磁场和运行温度等，主要通过结构优化设计，从而更有效率地利用超导材料，提高最大允许运行电流。另外，超导线圈的耐受电压也是重要的影响因素，电压范围一般为 10~100kV。SMES 按照线圈材料分类，可分为低温超导储能和高温超导储能。构造超导储能磁体的高温超导材料虽然种类繁多，但由于材料自身特性及制备上的困难，实现产业化生产具有很大的难度。1997 年，铋系高温超导线材（铋锶钙铜氧，BSCCO）率先实现了产业化生产技术的突破，因此也常把 BSCCO 高温超导线材称为第 I 代高温超导材料，而把 2003 年前后实现产业化生产的钇钡铜氧（YBCO）高温超导线材称为第 II 代高温超导材料。

为了保证超导线的超导状态必须要求足够低的温度，这个温度需要特殊的低温制冷系统来维持，如利用液氦或者液氮作为制冷剂的制冷机。低温冷却装置由不锈钢制冷器、低温液体的分配系统及氦液化器 3 部分组成。

超导储能在设计时需要保证线圈内运行的电流和允许电压在安全运行范围内。因此功率变换单元的功率容量取决于 SMES 单元的额定容量。当能量从磁体释放时，电流降低，当磁体吸收能量时，电流逐渐增加。功率变换单元为超导线圈内的能量存储与交流电网提供了联系的平台，它主要将电网的能量缓存到超导储能线圈中，并在需要时加以释放，同时还可发出电网所需的无功功率，实现与电网的四象限功率交换，进而达到提高电网的稳定性或改善电能质量的作用。功率变换单元的结构设计取决于超导线圈的应用和结构设计，电流取决于超导线圈的放电状态，电压取决于与电网要求相匹配的电压。

监测控制系统可以监测制冷机和其他辅助设备的状态，控制系统接收电网侧的调度信号和超导线圈中的运行状态信息，保证系统的安全性并将实时状态信息发送至监控平台，对 SMES 系统通过网络进行远程监控。

SMES 不仅可用于解决电网瞬间断电对用电设备的影响，而且可用于降低和消除电网的低频功率振荡，改善电网的电压和频率特性，进行功率因数的调节，实现输/配电系统的动态管理和电能质量管理，提高电网暂态稳定性和紧急事故应变能力。因此在可再生能源发电并网、电力系统负载调节和军事等领域被寄予厚望。

SEMS 在电力系统中的应用首先是由法国科学家 Ferrier 在 1969 年提出的，最初设想是将超导储能用于调节电力系统的日负荷曲线。现在，SMES 在电力系统应用中的研究重点主要着眼于利用 SMES 四象限的有功、无功功率快速响应能力，提高电力系统稳定性、改善供电品质等。20 世纪 90 年代以来，低温超导储能在提高电能质量方面的功能被高度重视并得到积极开发，美国、日本、德国、意大利、韩国等也都开展了 MJ 级 SMES 的研发工作。目前，世界上 1~5MJ/MW 低温 SMES 装置已形成产品，100MJ SMES 已投入高压输电网中实际运行，5GW·h SMES 已通过可行性分析和技术论证。实用化超导材料的研究取得了重大进展，铋系第 I 代高温超导带材已实现商品化，其性能已基本达到了电力应用的要求，为高温超导电力技术应用研究奠定了基础。美国超导公司（AMSC）是全球领先的高温超导带材和大型旋转超导机械的生产厂商，也是动态无功电网稳定产品最主要的供应商，其产品主要包括低温超导储能的不间断电源和配电用分布式电源。日本中部电力公司研制了 5MJ/5MW SMES 用于补偿系统瞬时电压跌落，解决敏感工业用户的电能质量问题。中国科学院电工研究所与美国超导公司合作，2011 年 2 月，电工所承担研制的世界首座超导变电站在甘肃省白银市正式投入电网运行，其中，1MJ/0.5MW 超导储能系统是目前世界上并网运行的第一套高温超导储能系统。

和其他储能技术相比，超导电磁储能仍很昂贵，除了超导本身的费用外，维持系统低温导致维修频率提高以及产生的费用也相当可观，不利于 SMES 在电力系统的广泛应用。要实现超导储能的大规模应用，还需要提高超导体的临界温度、研制出力学性能和电磁性能良好的超导线材、提高系统稳定性和使用寿命。

11.5 化学储能

化学储能是将其他能量（如电能等）以化学能形式进行储存和转换，包括化学式储能［如氢（氨）储能、燃料电池等］和电化学式储能。随着分布式光伏、分散式风电等新能源在能源结构中的占比不断提高，电力系统对灵活性资源的需求愈发迫切，电化学储能凭借其受自然环境影响小、建设周期较短、安装便捷、使用灵活等优势，受到市场普遍关注，成为未来主流的储能技术发展方向。电化学储能以电池（一次/二次电池、燃料电池）或电化学电容器形式来体现。二次电池具有灵活方便的特点，同时减少了传输装置及传输损失，代表了化学储能的主要研究方向。二次电池以前发展主要是满足"为移动用户提供能量"，如在手机和汽车领域的应用。现今，二次电池急需满足"为智能电网提供长寿命、高功率、大容量、低成本"的分布式/固定式储能的设计和发展需要，包括铅酸电池、镍氢电池、镍镉电池、锂离子电池、钠硫电池、液流电池等。

各类电化学储能技术需针对其细分市场进行差异化发展。目前，技术成熟度较高的锂离子电池、全钒液流电池和铅炭电池等电化学储能技术都基本实现市场运营，表 11-3 列出了现有主要电化学储能技术的关键参数。

表 11-3　现有主要电化学储能技术的关键参数对比

储能技术	输出功率	放电时间/h	效率/%	建造成本/(元/kW·h)	寿命/年	装机容量/MW
铅炭电池	kW 级～百 MW 级	0.25～5	75～85	350～1500	8～10	～200
钠硫电池	百 kW 级～百 MW 级	1～10	75～85	2200～3000	10～15	～450
锂离子电池	kW 级～百 MW 级	0.25～30	80～90	800～2000	5～10	～400
全钒液流电池	kW 级～百 MW 级	1～20	75～85	2000～4000	>10	～250
锌基液流电池	kW 级～MW 级	0.5～10	70～80	1000～2000	>10	～30
钠离子电池	kW 级～MW 级	0.3～30	80～90	750～1500	5～10	～0.1

11.5.1　电化学电容器

电化学电容器是一种介于静电电容器和二次电池之间的储能产品，从电极材料和能量存储原理的角度，电化学电容器可以分为超级电容器（双电层电容器）、法拉第准电容器和混合电容器 3 类；按电极材料的不同，大致可分为活性炭、金属氧化物、导电高分子聚合物 3 类；按电解质的不同，又可分为液体电解质和固体电解质两种，其中液体电解质包括水溶液电解质和有机电液电解质两种。

超级电容器，也称为双电层电容器，是近年来受到国内外研究者们广泛关注的一种新型储能元件。双电层电容器的基本原理是利用电极和电解质之间形成的界面双电层来存储能量，如图 11-6 所示。当电极和电解液接触时，由于库仑力、分子间力或者原子间力的作用，

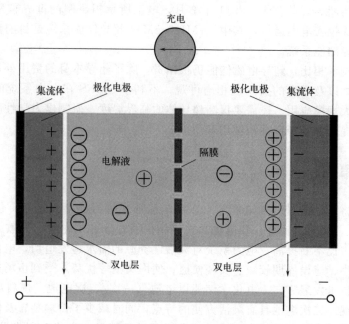

图 11-6 超级电容器基本原理示意

使固液界面出现稳定的、符号相反的两层电荷，称为界面双电层。双电层电容器的储能是通过使电解质溶液进行电化学极化来实现的，因此，并没有发生电化学反应。超级电容器与常规电容器的储能原理相同，但超级电容器具有更大的比电容，更适合于快速释放和存储能量。

法拉第准电容器（或称法拉第赝电容）是在电极表面或体相中的二维或准二维空间上，电活性物质进行欠电位沉积，发生高度可逆的化学吸附/脱附或氧化/还原反应，产生和电极充电电位有关的电容。法拉第准电容储存电荷的过程不仅包括双电层上的存储，而且包括电解液中离子在电极活性物质中由于氧化还原反应而将电荷储存于电极中。极化电极上的电压与电量几乎呈线性关系，而且当电压与时间呈线性关系时，电容器的充放电电流为一恒定值，此过程为动力学可逆过程。其充放电行为类似于电容器，而不同于二次电池。法拉第准电容器和双电层电容器的区别在于：双电层电容在充放电过程中需消耗电解液，而法拉第电容在整个充放电过程中电解液的浓度保持相对稳定。

法拉第电荷转移的电化学变化过程不仅发生在电极表面，而且可以深入电极内部，因此理论上可以获得比双电层电容器更高的电容量和能量密度。其最大充放电性能由电活性物质表面的离子趋向和电荷转移速度控制，可在短时间内进行电荷转移，即可获得更高的比功率。

混合电容器是结合法拉第准电容材料和超级电容材料的混合电容器产品，即采用不同的电极材料分别作为电容器的两极，使所制备的电容器同时具有双电层电容和法拉第准电容。

电化学电容器的发展始于 20 世纪 60 年代。20 世纪 90 年代，由于混合电动汽车的兴起，电化学电容器开始迅速发展起来。电化学电容器储存的能量为：$E = \frac{1}{2}CV^2$，即与电容量（C）和工作电压（V）的平方成正比。

电化学电容器的容值目前可达数万法拉第，而电压一般在 $1 \sim 3\text{V}$ 之间。

碳是最早被用来制造超级电容器的电极材料。碳电极电容器主要是利用储存在电极/电解液界面的双电层能量，其比表面积是决定电容器容量的重要因素。理论上讲，比表面积越大，容量也越大，但实际上这种关系并不是很明确。研究发现，电容值与表面积不一定呈线性关系，尤其是对具有孔径多变且孔非常细微的碳材料而言尤为显著。高比表面的碳材料虽然具有较大的比表面积，但实际利用率并不高，只有大于 2nm（水系）或 5nm（非水系）的孔才对形成双电层有利，所以在提高比表面积的同时要调控孔径分布。除此之外，碳材料的表面性能（官能团）、电导率、表观密度等对电容器性能也有影响。现在已有许多不同类型的碳材料被证明可用于制作超级电容器的极化电极，如活性炭、活性炭纤维、碳气溶胶、碳纳米管、石墨烯以及某些有机物的裂解碳化产物等。石墨烯（graphene）具有独特的二维纳米结构、高的室温电导率、优异的化学稳定性、高的热导率和比表面积，同时石墨烯片之间形成的微孔结构利于电解液的渗透和电子的传输，因而被认为是超级电容器理想的电极材料。清华大学研究人员曾报告了一种柔性石墨烯超级电容器，在 3V 的充放电电压窗口，经历 10000 次循环后其性能保留了近 99％。该超级电容器为几个小型电子设备供电，包括 LED 灯和计算器，但通常不会超过几秒钟。石墨烯基超级电容器是一项较新的技术，其生产尚未达到形成规模经济的程度。此外，由于质量要求更为严格，石墨烯的生产成本仍然比活性炭高。

法拉第准电容是金属氧化物、金属碳化物、导电聚合物超级电容器能量存储的主要机制。在金属氧化物电极材料中，全球研究比较深入的是氧化钌（RuO_2），但由于该材料价格过于昂贵，因此只是在军事等领域有小规模应用。近年来金属氧化物电极材料的研究主要围绕制备高比表面积的 RuO_2 活性物质、RuO_2 与其他金属氧化物复合和其他新材料开展工作，例如 RuO_2 与 MoO_x、VO_x、TiO_2、SnO_2 的混合物等活性物质，以及 Ni、Co、Mn、V、W、Pb、Mo 的氧化物电极材料等。

导电聚合物电极电容器是通过导电聚合物在充放电过程中的氧化还原反应，在聚合物膜上快速产生 n 型或 p 型掺杂。通过聚合物链共轭 π 键，电荷不仅在材料表面，还遍及整个聚合物，从而使其储存高密度电荷，产生很大的法拉第电容。因此导电聚合物储存的能量通常比双电层型的材料要高很多。聚吡咯（polypyrroles，PPY）、聚噻吩（polythiophenes，PTH）、聚苯胺（polyaniline，PAN）、聚对苯（polyparaphenylene，PPP）、聚丙苯（polyacenes，PAS）等可用作超级电容器电极材料。聚合物超级电容器结构有 3 类：①一个电极是 n 型掺杂，另一个是 p 型掺杂；②两个电极是两种不同 p 型掺杂的非对称结构；③两个电极是相同的 p 型掺杂的对称结构。其中结构①充电时两个电极都被掺杂，电导率高，掺杂时可充分利用电解液中阴离子和阳离子进行 n/p 型掺杂，因而电容器电极电压较高，电荷可完全释放，储能高。使用导电聚合物作为电容电极材料是近年来发展起来的一个新研究领域，但由于该电极材料寿命较短，因此尚未商业应用。今后将重点寻找具有优良掺杂性能的导电聚合物，提高聚合物电极的充放电性能、循环寿命和热稳定性。

锂离子电容器是混合型超级电容的典型代表，在一定程度上弥补了超级电容器能量密度低的缺点。其结构和工作原理与常见的超级电容器相似，它由一对电极和电解质组成，其中电极材料是碳基材料或金属氧化物，电解质是锂离子导体。典型的电解质中包含 $LiClO_4$ 等锂盐和 $TEABF_4$ 等季铵盐的复合盐，PC、ACN、GBL、THL 等有机溶剂作为溶剂，电解质在溶剂中接近饱和溶解度。其充放电过程涉及两种机制：锂离子嵌入/脱嵌（电池型阳极）和阴离子吸附/脱附（电容器型阴极）。

自从 20 世纪 80 年代由日本 NEC、松下等公司推出工业化产品以来，超级电容器已经在电子产品、电动玩具等消费类电子电源领域获得了广泛的应用。20 世纪 90 年代，Econd 和 ELIT 推出了适合于大功率启动动力场合的电化学电容器。以俄罗斯 Econd 公司、Elit 公司，美国 Maxwell 公司（已被特斯拉 Tesla 收购），日本 Elna 公司、Panasonic 公司、Nec-Tokin 公司（被 YAGEO 收购）等为代表的厂商将产品扩展到一些高峰值功率、低容量的应用领域，在电动汽车、轨道交通能量回收系统、小型新能源发电系统、军用武器等领域积极拓展市场。目前，美国、日本、俄罗斯的产品几乎占据了整个超级电容器市场。

储能技术是制动能量回收的关键技术之一。轨道交通客运列车的再生制动是将牵引电动机的电动工况转变为发电工况，将列车的动能转化为电能，电能通过变流器和受电弓反馈给供电网，供相邻运行列车使用的制动方式。制动能量可以通过双向变换器储存在储能装置中，储能装置包括超导、蓄电池、飞轮和超级电容器等。锂离子超级电容器应用于轨道交通能量回收系统中，可以更好地满足列车负载对电源系统能量密度和功率密度的整体要求，且工作温度范围更宽，具有很大优势。以超级电容并联蓄电池组成轨道交通车辆的制动能量回收利用系统，在车辆启动、加速、行进时储能系统提供所需的能量，在车辆制动时提供高效的能量回收存储单元，实现秒级快速充电，满足储能式有轨电车对电源系统的长寿命、高功率、高可靠的应用需求。

北京地铁 5 号线引进了西门子公司的 Sitras SES 系统，是我国第一条超级电容器储能系统线路。青岛地铁 4 号线供电系统采用中压逆变和超级电容储能相结合的复合储能技术，能够有效减少城市电网反送电，实现再生制动能量的合理利用。2014 年，我国首列完全自主化全线无接触网的"超级电容"现代有轨电车下线，其动力来源于 9500F 超级电容储能供电，车辆在站台区 30 秒内快速充电完成，一次可运行 3 至 5 公里，制动时能将大于 85% 以上的制动能量回收，并反馈至超级电容形成电能储存，实现能量的循环利用，其快充快放的特点非常适合在城市公共交通中应用。这种储能式有轨电车在广州的海珠线、淮安、武汉大汉阳、深圳龙华、东莞华为松山湖都有成熟的应用。

我国多家超级电容器研发厂家已初具规模，其中，宁波中车凭借中车集团在交通领域及风力发电的渠道优势及技术研发支持，已成为国内领先的超级电容厂商；锦州凯美产品以单体为主，在消费类超级电容和智能仪表领域形成竞争优势；江海股份凭借在工业电容领域的深厚积累，实现超级电容产品应用场景全覆盖；上海奥威与烯晶碳能则主要聚焦电车领域。但从整体来看，我国在超级电容器领域的体量仍然较小。

电化学电容器充放电速度快、功率密度高、循环寿命长、充放电效率高、操作安全，是优秀的功率型储能系统，适用于电动汽车、电网提供调频服务、改善电能质量，但也存在能量密度较低、放电时间短等缺点。蓄电池与电容器在技术上具有较强的互补性。蓄电池的能量密度大，但功率密度小，充放电效率低，循环寿命短，对充放电过程敏感，大功率充放电和频繁充放电的适应性不强，而电化学电容器则相反。如果将电化学电容器与蓄电池混合使用，无疑会大大提高储能装置的性能。

2022 年以来，超级电容器联合锂电池储能系统，实现了首次应用于火储一体化调峰调频（金湾电厂磷酸铁锂 16MW/8MW·h ＋ 超级电容 4MW/0.67MW·h 储能系统）、一次调频［黄河公司大庆基地 500kW/84kW·h 功率型储能单元（含飞轮、锂电池、超级电容）］、岸电储能一体化（江苏连云港岸电锂电池 4MW/4MW·h ＋ 超级电容 1MW * 15s 储能系统）、电源侧调频（华能西安混合储能工程磷酸铁锂 15MW/7.5MW·h ＋ 超级电容 5MW/0.33MW·h 储能系统）等项目，用于电源侧、电网侧和用电侧的调频需求。在能源系统中引入超级电容，可实现高功率瞬时响应，锂离子电池负责削峰填谷及响应调频持续分量，超级电容负责响应调频随机分量与脉动分量，尽可能减少电池介入调频响应的次数，延长电池使用寿命，从而降低能源系统的生命周期成本。

11.5.2 蓄电池

蓄电池也称为二次电池或储能电池。电池工作时,在两极上进行的反应均为可逆反应。因此可用充电的方法使两极活性物质恢复到初始状态,使电池得以再生,充电和放电能够反复多次,循环使用。

为了满足"为移动用户提供能量"和"储能"的需求,需要设计和发展高能二次电池。对于移动用户储能,要求电池具有大容量、长寿命和差异化的性能。例如,在以移动电话、笔记本电脑等便携式电子产品方面,要适应其电子产品"短、小、轻、薄"的趋势,需要电池具有高能量密度;在大力发展的电动汽车方面,则需要二次电池具有高比能、高输出功率、寿命长和价格低等特点;对于分布式/固定式储能,要求电池具有大容量、长寿命、快速响应能力、充放电转换时间短等特点。

11.5.3 铅酸蓄电池

从普兰特(Gaston Planté)发明铅酸电池至今,已有 160 多年的历史,是最古老也最成熟的储能技术,也是目前应用最广的二次电池(化学电源)体系之一,在将来很长时间内仍具有不可替代的作用。

铅酸蓄电池的正极活性物质是二氧化铅,负极活性物质是海绵状金属铅,电解液是稀硫酸,其电极和电池反应如下。

正极:

$$PbO_2 + 3H^+ + HSO_4^- + 2e^- \underset{充电}{\overset{放电}{\rightleftharpoons}} PbSO_4 + 2H_2O$$

负极:

$$Pb + HSO_4^- \underset{充电}{\overset{放电}{\rightleftharpoons}} PbSO_4 + H^+ + 2e^-$$

电池反应:

$$Pb + PbO_2 + 2H_2SO_4 \underset{充电}{\overset{放电}{\rightleftharpoons}} 2PbSO_4 + 2H_2O$$

电池的标准电动势为 2.105V,通常开路电压(额定电压)是 2.0V,放电的终止电压为 1.75V,理论质量比能量达 252W·h/kg。铅酸蓄电池的反应原理如图 11-7 所示。

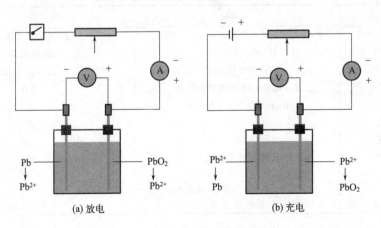

(a) 放电   (b) 充电

图 11-7 铅酸蓄电池工作原理示意

电池放电时，正、负极活性物质都生成了硫酸铅，铅酸蓄电池的成流反应也称为"双硫酸盐化"理论。硫酸在电池中不仅传导电流，而且参加电池反应。随着放电的进行，硫酸不断减少，与此同时电池中有水生成，这样就使电池中的硫酸浓度不断降低。而在充电时，硫酸不断生成，电解液浓度不断增加。因此，可以根据电解液浓度变稀的程度，判断（测出）放电程度，相反按电解液浓度升高，决定充电程度。

在充电过程中两个电化学反应是可逆的，在接近完全充电时，大部分的 $PbSO_4$ 都转化成 PbO_2 和 Pb，若进一步充电，就会在负极上析氢，正极上析氧。过充电反应如下：

负极：
$$2H^+ + 2e^- \longrightarrow H_2 \uparrow$$

正极：
$$H_2O \longrightarrow 1/2O_2 + 2H^+ + 2e^-$$

总反应：
$$H_2O \longrightarrow 1/2O_2 + H_2$$

这些反应会导致电池中水分的不断损失，因而要经常对电池补充纯水，使电池能正常工作。为了做到免维护，通过实现氧在电池内的氧-水循环，发展了阀控式密封铅酸蓄电池。

阀控式密封蓄电池（valve-regulated lead-acid，VRLA）采用阴极吸收式密封技术，密封的机理在于消氢灭氧，采用贫液设计，并将隔板改为具有良好吸液能力的多孔玻璃毡，在电池生产时，电池内没有自由电解液，而用于电池反应和导电用的硫酸电解液完全吸附在电极及玻璃毡孔隙中。玻璃毡隔板中仍有部分未充满液体的"空孔"，即气体通道，它使充电后期或过充电时产生的氧气通过玻璃毡中的气体通道扩散到负极表面，与海绵状金属铅进行化学反应或电化学反应，生成水回到电解液中，这就保证了电池内部压力不再增加，电池中的水不再消耗或者很少消耗。同时该种蓄电池还使用了催化剂，可以使氢和氧化合成水又回到电池槽，避免了电解质水的蒸发，实现了"免维护"功能。在负极上发生的反应可以概括为：

$$Pb + 1/2O_2 \longrightarrow PbO$$
$$PbO + H^+ + HSO_4^- \longrightarrow PbSO_4 + H_2O$$
$$PbSO_4 + H^+ + 2e^- \longrightarrow Pb + HSO_4^-$$
$$1/2O_2 + 2H^+ + 2e^- \longrightarrow H_2O$$

"贫液化"的电解液固定形式有吸附式玻璃纤维棉（absorbent glass mat，AGM）和凝胶（Gel）两种，AGM 和 Gel 密封电池的性能对比列于表 11-4。

表 11-4　AGM 与 Gel 密封电池性能对比

性能参数	AGM	Gel
电解液量	少（比 Gel 电池电解液量少 15%～20%）	多（相当于富液式）
热容量	低（液量相对变少）	高（液量多）
O_2 复合效率	高（有气体通道）	开始只有 85%～95%，而后逐渐增高
电解液分层现象	有层化现象（水平放置会改善）	没有
热失控现象	有，极端条件下趋势增大	无
深放电能力	一般	高
高倍率放电能力	高	较差
耐过充能力	较强，受电解液控制	强
自放电率	低	非常低
循环寿命	取决于合金与设计，一般较长	非常长
荷电保存时间	只有 12 个月	24 个月无荷电损失

我国铅酸蓄电池应用广泛，种类较多，主要按用途分类，但同一用途的蓄电池，可能用不同结构的极板，另外电解液和充电维护情况也会不同。根据用途和工作环境，铅酸蓄电池

主要分为固定型和移动型，固定型又可分为富液式和阀控密封式，其产品分类可用图 11-8 表示。

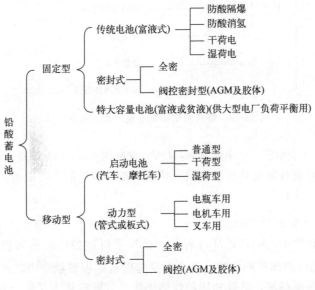

图 11-8 铅酸蓄电池产品分类

铅酸蓄电池的型号一般以汉语拼音字母来表示和区别，并且附带有各种数字，表示它的容量和极板数目之间的关系。根据机械行业标准 JB/T 2599—2012，产品型号共分三段，其排列和含义如图 11-9：

图 11-9 铅酸蓄电池型号

当电池数为 1 时，称为单体电池，第一段可略去。电池的类型是根据主要用途来划分的，代号用汉语拼音第一个字母，第二段电池特征为附加部分，仅在同类型用途的产品中具有某种特征而同型号中又必须加以区别时采用。表 11-5 列出了铅酸蓄电池产品系列中汉语拼音字母的含义。

表 11-5 用于蓄电池类型代号和特征代号

汉语拼音字母		含义(用途)	汉语拼音字母		含义(特征)
表示电池用途类型代号	Q	启(qi)动用	表示电池特征代号	M	密(mi)封式
	G	固(gu)定型		W	免维(wei)护
	D	电(dian)力牵引用		FM	阀(fami)控式
	N	内(nei)燃机车用		A	干(gan)荷电式
	T	铁(tie)路客车用		H	湿(shi)荷电式
	M	摩(mo)托车用		F	防(fang)酸式
	B	航标(biao)灯用		Y	液(ye)密式
	C	船(chuan)舶用			
	F	阀(fa)控式			
	CN	储(chu)能(neng)型			

根据国家标准，储能用铅酸蓄电池产品名称及定义表示如图 11-10 所示：

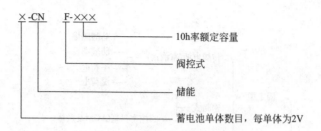

图 11-10　储能用铅酸蓄电池产品名称及定义

例如：6-CNF-100 表示有 6 个单体电池，12V，储能阀控式，10h 率额定容量为 100A·h。

铅酸蓄电池失效或寿命短是妨碍离网光伏系统推广应用的主要原因。影响铅酸蓄电池寿命的因素主要有如下几种。

（1）正极活性物质的软化脱落

电池正极活性物质 PbO_2 在循环过程中，经历了可逆的溶解再沉积过程，改变了多孔 PbO_2 的结构，可能引起体积的增加，由于本身与极板的板栅结合力较差，活性物质就会从板栅上脱落，放电深度越深，活性物质的收缩膨胀的程度就越大，结合力与接触状态的破坏程度就越大，就越来越逼近电池寿命终点。VRLA 电池在循环使用条件下，电池的失效主要是由正极活性物质的软化、脱落所致。

（2）放电电流对蓄电池寿命的影响

在光伏发电等储能系统中，蓄电池的放电电流非常小。在小电流条件下形成的 $PbSO_4$ 要比大电流条件下形成的 $PbSO_4$ 结晶颗粒粗大，粗大的 $PbSO_4$ 结晶颗粒减少了 $PbSO_4$ 的有效面积，这样在再充电时加速了极板极化，导致 $PbSO_4$ 转化困难，随着循环的继续，这种情况还会更加加剧，结果使得极板充不进电，最后导致蓄电池寿命终止。

（3）深度放电后蓄电池容量的恢复

在光伏系统中，蓄电池的放电率要比其他应用场合低。在许多光伏系统中，通常不会发生深度放电，除非充电系统出现故障或者持续长时间的坏天气。在这种情况下，如果蓄电池得不到及时的再充电，硫酸盐化问题将更加严重，进一步导致容量损失。

（4）酸分层对蓄电池寿命的影响

电解液分层现象是由于重力的作用在电池的充放电过程中产生的，分层现象的产生，加速了板栅的腐蚀和正极活性物质的脱落，导致负极板硫酸盐化，对蓄电池的使用寿命和容量均产生不利影响。

（5）电解液密度对铅蓄电池寿命的影响

电解液的浓度不仅与蓄电池的容量有关，而且与正极板栅的腐蚀和负极活性物质硫酸盐化有关。过高的硫酸浓度加速了正极板栅的腐蚀和负极活性物质硫酸盐化，并导致失水加剧。

（6）板栅合金的影响

蓄电池由于长期使用，正极板栅会在电解液的作用下逐步腐蚀并长大，板栅的长大使活性物质和板栅的结合性降低，从而导致电池容量逐渐丧失。同时，在蓄电池充电过程中，板栅和活性物质的界面上形成非导电层，这些非导电层或低导电活性层在板栅和活性物质界面引起了高的阻抗，导致充放电时发热和板栅附近活性物质膨胀，从而限制了电池的容量。

（7）极板厚度的影响

一般来说，较厚极板的循环寿命要长于较薄极板，而活性物质利用率相比之下要差一些，但有利于循环寿命的延长。

（8）装配压力的影响

装配压力对 VRLA 电池寿命有很大影响。AGM 隔板弹性差，组装时极板不加压或压力过小，隔板和极板之间不能保持良好的接触，电池容量大大下降。在循环过程中，活性物质的膨胀、疏松、脱落是电池寿命提前终结的原因之一，采用较高的装配压力，可以防止活性物质在深循环过程中的膨胀。若装配压力太低，还会导致隔板过早与极板分离，引起电解液传输困难、电池内阻迅速增大，导致蓄电池寿命终止。因此，采用较高的装配压力是电池具有长循环寿命的保证。

（9）温度的影响

高温对蓄电池失水干涸、热失控、正极板栅腐蚀和变形等都起到加速作用，低温会引起负极失效，温度波动会加速枝晶短路等，这些都将影响电池寿命。

综合上述影响寿命的因素，储能用铅酸蓄电池通常采用以下工艺和设计方法进行改进。

① 采用高性能、长寿命铅膏配方与固化工艺，在铅膏中选择加入四碱式硫酸铅，提高正极铅膏与板栅的结合紧密度。这有利于循环使用与浮充使用，消除容量衰减。

② 选择有极好深放电特性和再充电恢复能力的 Pb-Sb（低）合金作板栅，设计成较厚板栅，适应大功率光伏太阳能电站长寿命的要求。

③ 选择胶体电解液设计，胶体电池大大减少电解液分层现象，有非常优异的保液性能，具有比 AGM 阀控密封电池更好的深放电性能及深放电后的恢复能力。同时胶体电池对温度的敏感性很小，在较高较低温度下工作性能稳定，适合太阳能光伏系统等的使用。

④ 电池设计成矮型，避免电池电解液分层。

⑤ 合理设计充放电控制装置。

储能用铅酸电池大都是固定型蓄电池，包括富液式（排气式）电池、阀控式密封铅酸蓄电池（valve-regulated lead-acid，VRLA）和小型密封铅酸蓄电池，一般组成 $20 \sim 60 V$，最高达 $2000 V$，$200 \sim 1200 A \cdot h$，具有 $25 \sim 35 W \cdot h/kg$ 的质量比能量，以浮充方式使用。早期的太阳能光伏发电系统一般使用富液式铅酸蓄电池，使用过程中伴随有酸雾产生，污染环境。阀控密封铅酸蓄电池成功解决了电解液固定不流动，抑制了氢气的析出、槽盖密封与极柱密封可靠、阀的控压稳定等问题，从而实现氧在电池内的氧-水循环，达到免维护的目的。VRLA 蓄电池已经能达到 $35 W \cdot h/kg$ 的质量比能量和 $70 W \cdot h/L$ 的体积比能量，功率效率和能量效率分别达到 90% 和 75%，自放电率低于 $5\%/$ 月，在 $< 30\%$ 的放电深度（depth of discharge，DOD）和小倍率充电（0.07C）条件下，可达到 8 年和 1000 次循环的寿命。由于 VRLA 蓄电池具有不需补液、无酸雾析出、可任意放置使用、搬运方便、使用清洁等优点，广泛应用于电动车、汽车及能源存储等领域，我国中小型风力发电机和小型太阳能离网发电系统一般都采用阀控铅酸蓄电池组作为储能装置用作电力系统的备载容量和频率控制等。

铅酸蓄电池具有成本低、技术成熟、储能容量大等优点，缺点是储存能量密度低、可充放电次数少、制造过程中存在一定污染等。

近年来，全球很多企业致力于开发出性能更加优异、能满足各种使用要求的改性铅酸电池，主要包括双极性电池、超级电池、铅布水平电池、卷绕式电池、平面式管式电池、箔式卷状电池等。双极性电池是一种用双极性极板制作的铅酸电池，与普通铅酸电池相比具有更高比能量、高功率性能、长寿命和适合高电压设计的优点。美国 Arias 和 BPC 公司、瑞士爱立康（Oerlikon）公司处于领先地位，美国 BPC 公司开发的双极性电动车用铅酸蓄电池技术参数为：组合电压为 180V，电池容量为 60A·h，放电率比能量为 50W·h/kg，循环寿命可达到 1000 次。瑞典 Optlma 公司推出的卷式电动车用铅酸蓄电池，产品容量为 56A·h，启动功率可达到 95kW，比普通的 195A·h 的 VRLA 蓄电池启动功率还要大，而体积小四分之一。我国的几家传统铅酸电池公司如南都、风帆、双登等都在进行双极性电池的研发工作。

11.5.4 超级电池（铅碳电池）

虽然储能用铅酸蓄电池性能有了一些改进，但在循环寿命等方面还不能满足市场应用的需要。研究发现，通过在负极添加炭黑等类型的碳材料后，可防止硫酸铅在铅极板上的聚集，建立导电网络，促进电解液在极板附近的流通，形成双电容层、增加活性作用位点等，在减少铅用量的同时延长电池寿命，使电池性能得到综合提升。超级电池（铅碳电池，也称先进铅酸电池）是一种电容型铅酸电池，是从传统的铅酸电池演进出来的技术。电容器提供高功率（电流），在需要高倍率充放电时对电池加以保护。根据负极板碳材料的混合方式不同，可将铅碳电池分为铅碳（PbC）不对称电化学电容器和铅碳（PbC）超级电池。铅碳（PbC）不对称电化学电容器是用高比表面积的碳完全取代铅负极，而正极仍然使用 PbO_2 材料而构成的新的电化学装置。在充放电过程中，正极仍发生传统铅酸电池的电化学反应，其主要区别在于负极储能是通过双电层（非法拉第）储存，以及可能的 H^+ 赝电容（法拉第）储存，负极储能过程可表示为：

$$n\mathrm{C}_6^{x-}(\mathrm{H}^+)x \underset{\text{充电}}{\overset{\text{放电}}{\rightleftharpoons}} n\mathrm{C}_6^{(x-2)-}(\mathrm{H}^+)_{x-2}+2\mathrm{H}^++2e^-$$

在全充电态，H^+ 储存在碳负极中，在放电时 H^+ 移动到正极形成 H_2O。这样在负极排除了 $PbSO_4$ 的成核和生长，同时也减少了从充电态到放电态过程中酸浓度的波动，减少了正极板栅的腐蚀，从而延长循环寿命。碳负极也有利于实现氧的再循环，因此，可以使用贫液结构形式，组装成阀控密封装置。和碳-碳超级电容器相比，铅碳复合装置提高了能量输出；与传统铅酸电池比较，铅碳不对称电化学电容器提高了功率和循环性能。美国 Axion Power 公司 2001 年首先获得了 PbC 不对称电化学电容器储存系统的专利，其制造的 PowerCube™ 电池储能系统被用于美国电网运营商 PJM 公司的调频市场领域，为美国 13 个州和哥伦比亚地区提供电网服务。

铅碳（PbC）超级电池利用铅碳电化学电容器与铅负极极板相结合，添加的碳取代一半的铅负极，负极成为一个分裂的电极形式（见图 11-11）。即 PbO_2 极板作为电池正极，海绵状铅和碳材料共同作为电池的负极。在上述装置中，负极板的充电/放电电流有电容器电流和铅酸负极电流两种形式，电容器电极作为放电和充电电流的缓冲器，增强了部分荷电状态下电池在高倍率充放电时的应用性能。它由澳大利亚联邦科学与工业研究组织（CSIRO）设计，日本古河电池有限公司（Furukawa Battery Company）完成首批生产，美国东佩恩制造有限公司（East Penn Manufacturing Company）也获得了超级电池生产经营许可证。古河电池和东佩恩制造公司规模生产不同尺寸（7～2000A·h）、商标为"UltraBattery™"的超级电池，用于传统汽车、混合动力汽车和可再生能源储能应用。国内如浙江南都电源、天能动力、超威动力、双登集团、华富储能等企业都进行了铅碳电池的研发与生产。圣阳电源公司引进日本古河电池株式会社的铅碳技术和产品设计、制造经验，推出的能量型铅碳储能电池，具有深循环、长寿命的特点。

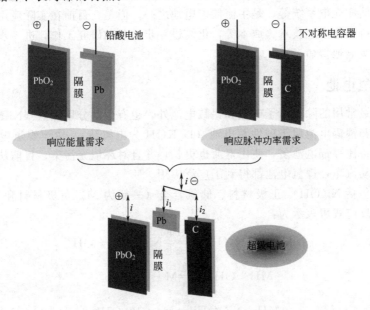

图 11-11　超级电池结构示意

超级电池能在较宽的放电深度窗口（30%～70% DOD）运行，并能够保持传统 VRLA 电池的功率水平。图 11-12 显示了传统的铅酸电池、碳掺杂 VRLA 电池和超级电池的循环性能，传统的铅酸电池在达到截止电压（1.77V）时，循环次数在 1300 和 1500 次左右，经过炭黑和石墨掺杂的 VRLA 电池达到 4000 次循环，比传统的铅酸电池循环长 2.7 倍，超级电池达到约 17000 次循环。东佩恩制造有限公司已经拥有 3MW 频率校准和 1MW/h 需求管理的超级电池制备技术。

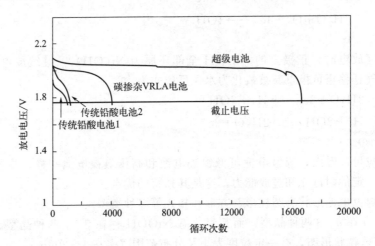

图 11-12　铅酸电池、碳掺杂 VRLA 电池和超级电池的循环性能对比

目前的铅炭电池建造成本在 0.35～1 元/W·h 左右，相较于锂离子电池 0.8～2 元/W·h 的成本而言具有较大的经济性优势。同时，由于锂离子电池事故多发，用户对电池安全性的

考量也进一步提升。铅碳电池因其成本低、安全性高等突出优势，大容量铅碳储能电池可广泛用于太阳能、风能、风光互补等各种新能源储能系统，智能电网、微电网系统、基站储能、无市电、恶劣电网地区的供电储能系统，电力调频及负荷跟踪系统、电力削峰填谷系统以及生活小区储能充电系统等，是主流储能电池之一。但是，目前在实际应用中还存在一些问题，包括材料、化学、技术、成本等，仍需进一步的基础研究工作，进一步降低铅炭电池成本，提高铅炭电池寿命。

11.5.5　镍氢电池

储能电池最常用的除锂离子电池和铅酸电池外，也有少部分用镍氢（Ni-MH）电池。

镍氢电池和镍镉电池属于碱性蓄电池（以 KOH 为电解液），由于镍氢电池比镍镉电池更轻，电量储备比镍镉电池多，使用寿命也更长，并且对环境无污染，目前从小型的家电产品到大型的电动汽车，镍氢电池都得到了广泛应用。

镍氢电池包括 $Ni(OH)_2$ 正极材料、储氢合金（表示为 M）负极材料和 KOH 电解液，电极和电池的反应式可表示为：

正极：
$$NiOOH + H_2O + e^- \xrightleftharpoons[\text{充电}]{\text{放电}} Ni(OH)_2 + OH^-$$

负极：
$$MH + OH^- \xrightleftharpoons[\text{充电}]{\text{放电}} M + H_2O + e^-$$

总反应：
$$MH + NiOOH \xrightleftharpoons[\text{充电}]{\text{放电}} M + Ni(OH)_2$$

从总反应看，放电时负极上的氢原子转移到正极成为质子，充电时正极的质子转移到负极成为氢原子，碱性电解质水溶液好像没有参加电池反应。实际上注入电池中的 KOH 电解质水溶液不仅起离子迁移电荷作用，而且 KOH 电解质水溶液中 OH^- 和 H_2O 在充放电过程中都参与了反应。

镍氢电池由镍镉电池改良而来，在设计中一般采用负极过量的方法。当电池过充电时，正极侧会放出氧气，氧气经过扩散在负极发生反应。正负极反应如下。

正极　　$4OH^- \longrightarrow 2H_2O + O_2 + 4e^-$

负极　　$2H_2O + O_2 + 4e^- \longrightarrow 4OH^-$

总反应　　0

当电池过度放电时，正极上的 NiOOH 全部还原为 $Ni(OH)_2$，继续放电则水被还原，产生氢气，氢气迁移至负极重新被氧化为水，反应式为：

正极　　$2H_2O + 2e^- \longrightarrow H_2 + 2OH^-$

负极　　$H_2 + 2OH^- \longrightarrow 2H_2O + 2e^-$

总反应　　0

从以上反应可以看出，镍氢电池可像镍镉电池和高压氢镍电池一样，将蓄电池进行密封。而且具有一定的耐过充和过放能力，这是其独特的优点。

目前商品镍氢电池形状有圆柱形、方形和扣式等多种类型。

$Ni(OH)_2$ 存在 α、β 两种晶型，而其氧化态 NiOOH 存在 β、γ 两种晶型。高密度球形 $Ni(OH)_2$ 具有球粒状形态，有一定粒度大小及分布范围（多在 $1 \sim 20\mu m$），具有高的振实密度（大于 $2.0g/cm^3$），且有良好的充填流动性，现已成为镍氢电池生产中广泛应用的正极材料。但 $Ni(OH)_2$ 是一种导电性不良的 p 型半导体，放电过程为固相质子扩散控制，在一定的放电深度时，由于 $Ni(OH)_2$ 增多，镍电极放电变成固相质子扩散和电荷传递混合控制，

在 $Ni(OH)_2$ 粒子与粒子间以及粒子与泡沫镍基体之间存在着较大的接触电阻。由于电子的传递受到影响，在充电过程中 Ni^{2+} 不能充分氧化，放电过程中 Ni^{3+} 不能充分还原，造成活性物质利用率很低［纯 $Ni(OH)_2$ 的利用率仅为 50% 左右］，因而 $Ni(OH)_2$ 的容量难以提高。

为了改善 $Ni(OH)_2$ 性能，提高活性物质的利用率和电池的放电电压平台，以及提高电池的大电流充放电性能和循环寿命，需要添加含 Co、Li、Zn、Ca 等元素的添加剂。另外，稀土氧化物作为镍氢电池的添加剂，在改善镍电极的高温工作性能方面也起到了重要的作用，如含量为 3.5%～5%（质量分数）La_2O_3 的加入可明显改善高温下正极的电荷接受能力。采用共沉淀方式，仅掺杂 1%（原子分数）的钇，就可使球形 $Ni(OH)_2$ 电极的高温充放电性能和放电比容量都较普通球形镍电极有较大提高。稀土添加剂之所以能够改善镍氢电池的高温工作性能，主要原因是这些添加剂改变了镍电极的氧化电位与析氧电位之间的差值。我国稀土资源丰富，其储量和产量均居世界首位，因此各电池生产厂家及研究机构在加大稀土添加剂研究和应用方面有着得天独厚的条件。

进入 20 世纪 90 年代，随着纳米材料科学技术的迅猛发展，纳米材料的研究逐渐扩展到化学电源领域。纳米 $Ni(OH)_2$ 材料是一种新型、高效的电池材料，将纳米 $Ni(OH)_2$ 用于镍电极，由于粒径小、比表面积大，不仅可以提高电极的填充密度，而且能够增加与电解质溶液的接触，减小质子在固相中的扩散距离，从而提高其质子扩散速度，有利于改善镍电极电化学性能，具有更优异的电催化活性、高的放电平台和高的电化学容量。

研究发现，在电池充放电过程中，还有可能经历 α-$Ni(OH)_2$/γ-NiOOH 的变化。在此过程中，二者之间的转换基本上不引起电极变形和产生应力，而且观察到有 1.66 个电子的转移。按此计算，其理论比能量将达到 $480mA \cdot h/g$，考虑到材料的掺杂因素，其比容量也将达到 $380mA \cdot h/g$。由于掺杂稳定的 α 型 $Ni(OH)_2$ 的出现，给镍系列电池的发展带来了希望。对于正极材料的研究与开发，重点在于研究材料的制备技术以控制氢氧化镍的形状、化学组成、粒度分布、结构缺陷、表面活性等，同时选择新型添加剂及成型工艺，以明显提高正极的放电容量与循环稳定性。

储氢合金是由易生成稳定氢化物的元素 A（如 La、Zr、Mg、V、Ti 等）与其他元素 B（如 Cr、Mn、Fe、Co、Ni、Cu、Zn、Al 等）组成的金属间化合物。

储氢合金负极的主流材料是含 Al、Co 等元素的 $LaNi_5$ 稀土镍系储氢合金，而 AB_2 型 Laves 相合金、AB 型 Ti-Ni 系合金、A_2B 型镁基储氢合金以及 V 基固溶体型合金等因具有更高的容量正受到更多研究者的瞩目，展现了良好的应用前景。表 11-6 为各种结构类型的储氢材料的容量密度对比。

表 11-6　各种结构储氢材料的容量密度对比

合金类型	典型氢化物	合金组成	储氢量（质量分数）/%	电化学容量/$(mA \cdot h/g)$	
				理论值	实测值
AB_5 型	$LaNi_5H_6$	$M_mNi_a(Mn,Al)_bCo_c$ ($a=3.5\sim4.0$, $b=0.3\sim0.8$, $a+b+c=5$)	1.3	348	330
AB_2 型	$Ti_{1.2}Mn_{1.6}H_3$, $ZrMn_2H_3$	$Zr_{1-x}Ti_xNi_a(Mn,V)_b(Co,Fe,Cr)_c$ ($a=1.0\sim1.3$, $b=0.5\sim0.8$, $c=0.1\sim0.2$, $a+b+c=2$)	1.8	482	420
AB_3 型	$LaNi_3H_5$	$LaNi_3$, $CaNi_3$	1.56	425	360

续表

合金类型	典型氢化物	合金组成	储氢量（质量分数）/%	电化学容量/(mA·h/g)	
				理论值	实测值
AB 型	$TiFeH_2$，$TiCoH_2$	$ZrNi_{1.4}$，$TiNi$，$Ti_{1-x}Zr_xNi_a$（$a=0.5\sim1.0$）	2.0	536	350
A_2B 型	Mg_2NiH_4	$(MgNi)$，$LaMg_2Ni_9$	3.6	965	500
固溶体型	$V_{0.8}Ti_{0.2}H_{0.8}$	$V_{4-x}(Nb,Ta,Ti,Co)_xNi_{0.5}$	3.8	1018	500

AB_5 型混合稀土储氢合金电极具有良好的性价比，制备和活化比较简单，是目前国内外镍氢电池生产中应用最为广泛的电池负极材料，$LaNi_5$ 系合金的电化学容量为 $310\sim330mA·h/g$。随着镍氢电池产业的迅速发展，对电池的能量密度和充放电性能的要求不断提高，进一步提高电池负极材料的性能已成为推动镍氢电池产业持续发展的技术关键。对合金的化学成分（包括合金 A 侧的混合稀土组成和 B 侧的合金元素组成）、表面特性及组织结构进行综合优化，是进一步提高 AB_5 型混合稀土系储氢电极性能的重要途径。从合金的综合性能及价格等因素考虑，在商品化合金中得到采用的合金元素目前仍主要是 Ni、Co、Mn、Al 等几种。稀土镍系储氢电极合金的抗氧化性能还可以通过 AB_x 的非整比化学计量来得到明显改善。由于多元合金化是提高合金性能的重要途径，而不同合金元素对合金电化学性能的影响比较复杂，在进一步优化合金 B 侧元素研究中，应加强对多元合金中不同元素之间的协同作用研究，使合金的综合性能及性价比不断得到提高。

AB_2 型合金的放电容量比 AB_5 型合金提高了 30% 左右，但 AB_2 型合金的活化性能明显不如 AB_5 型合金。因此，AB_2 型合金通常必须经过表面改性处理，合金的活化性能才能达到实用化的要求。研究开发的 AB_2 型多元合金容量可达 $380\sim420mA·h/g$，已在美国 Ovonic 公司生产的 Ni/MH 电池中得到应用。该公司研制的 Ti-Zr-V-Cr-Ni 合金为多相结构，电化学容量高于 $360mA·h/g$，且循环寿命较长。与一般的 Zr-Ti 系 AB_2 型合金相比，Ti 和 V 的含量较高以及在合金中包含有固溶体型非 Laves 相是 Ovonic 合金的主要特征，以这种合金作为负极材料研制的方形 Ni/MH 电池已在电动汽车中试运行。虽然 AB_2 型合金目前还存在初期活化困难、高倍率放电性能较差以及合金的原材料价格相对偏高等问题，但由于 AB_2 型合金具有储氢量高和循环寿命长等优势，被看作是 Ni/MH 电池的下一代高容量负极材料，对其综合性能的研究改进工作正在取得新的进展。

AB_3 型合金可看作是由三分之一的 AB_5 结构和三分之二的 AB_2 结构组成，因而其储氢性能介于两者之间，储氢量和稳定性优于 AB_5，而活化性能优于 AB_2。东芝公司在 2000 年发布了一种 $PuNi_3$ 型结构的 $LaMg_2Ni_9$ 三元贮氢合金，其最大容量为 $450mA·h/g$，比传统的 $LaNi_5$ 增加了 30%，如果实用化，其体积能量密度可超过锂离子电池。

以 Mg_2Ni 为代表的 A_2B 型镁基储氢合金具有储氢容量高（按 Mg_2NiH_4 计算，理论容量近 $1000mA·h/g$）、资源丰富及价格低廉等特点，其电化学应用的可能性问题一直受到广泛关注。但常规冶金方法制备的晶态 Mg_2Ni 吸氢生成的氢化物过于稳定，放氢需要在 $250\sim300℃$ 下进行，且放氢动力学性能较差，不能满足 Ni/MH 电池负极材料的工作要求。研究发现通过机械合金化等方法使 Mg-Ni 系合金非晶化，利用非晶合金表面的高催化性，可以显著改善 Mg 基合金吸放氢的热力学和动力学性能。目前非晶态 Mg-Ni 系合金的放电容量已达 $500\sim800mA·h/g$，显示出诱人的应用开发前景。因此，通过对合金制备方法、非晶态 Mg-Ni 系储氢材料的开发、多元合金元素替代及合金的表面改性处理等方面的研究，将不同类型储氢合金进行纳米复合，综合改善储氢合金的氢化性能，寻找新的适合 Mg-Ni 系储氢材料的电解液配方，如有机电解液等来消除含水电解液对 Mg-Ni 系储氢材料的不良影响，进一步提高合金的抗腐蚀性和循环稳定性，已成为非晶态 Mg-Ni 系合金实用化的重要研究方向。

钒基固溶体型合金具有可逆储氢量大、氢在氢化物中的扩散速率较快等优点，已在氢的储存、净化、压缩以及氢的同位素分离等领域较早地得到应用。通过在 V_3Ti 合金中添加适量的催化元素 Ni 并优化控制合金的相结构，利用在合金中形成的一种三维网状分布的第二相的导电和催化作用，可使以 V-Ti-Ni 为主要成分的钒基固溶体型合金具备良好的充放电能力。钒基固溶体储氢材料在成本上缺乏竞争优势，但通过合金成分与结构的优化、合金的制备技术及表面改性处理来进一步提高电极合金性能和降低合金成本，有望使钒基固溶体型合金发展成为一种新型的高容量储氢合金电极材料。

在众多类型的储氢合金中，真正作为镍氢电池负极活性物质工业化生产的依然是 La-Ni_5 系合金和少量的 AB_2 型合金，其他具有较高理论电化学容量的合金和纳米储氢材料，并没有真正得到实用化。随着熔炼、制粉手段的不断进步，可以加快高容量合金的实用化进程，同时，通过对电极合金的掺杂、表面处理等，镍氢电池的性能将会有进一步提高。

镍氢电池商品化初期，主要在笔记本电脑、移动电话等领域代替一部分镍镉电池。但是从高能量密度的锂离子电池商品化以来，锂离子电池已取代镍氢电池占领了便携式电子设备市场。随着人们对城市空气质量及地球石油资源危机等问题日趋重视，促使人们高度重视电动车及其相关技术的发展，电动自行车和电动汽车等也曾成为镍氢电池需求强劲的应用领域。镍氢动力电池的安全系数比锂动力电池高，容量比铅酸动力电池大，国际上制造混合动力汽车（HEV）的 6 大汽车集团如日本丰田、尼桑、本田、美国通用、福特、德国大众中，有 5 家公司选用过镍氢动力电池做电源系统。日本丰田公司的 Prius 混合动力汽车的 4 代车型均使用镍氢电池作为电源，车在高速行驶时采用汽油机动力，低速、启动、爬坡时采用电池动力，一次加油（50L）可行驶 1400km，是普通燃油汽车的 2 倍。与普通燃油汽车相比，其 CO_2 排放量减少 50%，CO、CH 及 NO_x 排放量减少 90%。

在固定式应用方面，日本 NTT 环境能源研究所使用 95A·h 的镍氢电池，开发了 80kW·h 的大容量、长寿命储能系统，用于通信备份系统，以 48V、400A 的输出可以维持 3h，取得了良好的放电特性，而且比铅酸蓄电池减少 40% 的占地面积。

镍氢电池领域国外的重要生产商包括美国 Ovonic 公司和 Cobasys 公司，德国 Varta 公司，法国 Saft 公司，日本松下（三洋）和川崎重工业株式会社等。美国 Ovonic 电池公司是世界上最重要的镍氢电池生产商，其产品占世界车用镍氢电池的 95%。国内镍氢动力电池的主要生产厂家包括春兰（集团）公司、科力远公司、格瑞普、包钢稀土、中炬高新及天津蓝天高科等。春兰（集团）公司在将镍氢电池运用于北京奥运会大巴后，又将其作为关键储能产品之一（100kW 镍氢电池储能系统）用于上海世博会的"储能电站"，起到了良好的展示与宣传作用。

深圳市三俊电池（TMK Battery）有限公司获得了美国 Ovonic 专利使用权，使用 Ovonic 公司的 $Ni(OH)_2$ 改善高温性能、MH 合金改善低温性能，组装的固定用镍氢储能电池具有长循环寿命和使用年限、耐高温（温度可达 70℃）和低温（温度可达 -30℃）能力强，维护保养成本低，可 80%～100% 放电深度等特点。通过在海拔高度为 4500m 的青海大坂山地区实验基站测试（见图 11-13），即使高寒地区压力和温度变化很大，TMK 镍氢备用电源仍能保持良好的性能。科力远公司研发的第四代镍氢电池具有"高安全，宽温域，超长寿命"特点，可实现 15C 以上大功率使用，95%DOD 充放，寿命超一万次，特别适应于大型储能市场。相对于动力电池和消费类电池而言，储能用电池对能量密度要求相对不是太高，但对安全性、循环寿命更为关注，对成本、价格更为敏感。随着储能市场对电池安全的重视程度不断提升，镍氢电池仍有望在车用动力电池和部分储能领域市场占有一席之地。

图 11-13　Ni/MH 储能电池用于中国电信基站测试

11.5.6　钠硫和钠-金属卤化物电池

钠硫电池和钠-金属卤化物电池属于高温电池体系。高温电池体系负极为碱金属，电池在 160～500℃ 的范围内工作。与大多数传统的常温体系电池相比，高温电池具有体积比能量高、质量比功率大，同时对环境温度状况不敏感等优点。由于碱金属与水发生反应，需要使用高温的熔融盐或固体电解质。

11.5.6.1　钠硫电池

钠硫电池（sodium sulfur battery，NAS）以钠和硫分别作阳极和阴极，beta-Al_2O_3 陶瓷起隔膜和电解质的双重作用，电能和化学能之间的转换通过下述反应进行。

阳极（负极）：
$$2Na - 2e^- \underset{充电}{\overset{放电}{\rightleftharpoons}} 2Na^+$$

阴极（正极）：
$$xS + 2Na^+ + 2e^- \underset{充电}{\overset{放电}{\rightleftharpoons}} Na_2S_x$$

电池反应：
$$2Na + xS \underset{充电}{\overset{放电}{\rightleftharpoons}} Na_2S_x$$

电池充放电时，钠离子在 Li^+ 或 Mg^{2+} 掺杂的 beta-Al_2O_3 固态电解质之间传输，为了使电阻最小化和达到满意的电化学活性，典型的操作温度为 $300 \sim 350℃$。图 11-14 是钠硫电池的结构示意，相应的设计为中心负极设计，即钠装载在 beta-Al_2O_3 电解质陶瓷管中形成负极。外管为合成材料或不锈钢金属材料，管内盛放的非金属硫（石墨毡作导电载体）为正极材料。除此之外，还有将硫装入电解质陶瓷管内形成正极的中心正极设计。

NAS 电池在 $350℃$ 时，根据电池化学反应不同（$x = 3 \sim 5$），其电压在 $1.78 \sim 2.208V$ 之间，其理论质量比能量高达 $760W \cdot h/kg$，且没有自放电现象，放电效率几乎可达 100%。

电解质是高温电池最关键技术，NAS 电池中的电解质是一种特殊的物质，它具有高度的选择性，除了钠离子外其他物质均不能通过，这种特点赋予电池得天独厚的优点——没有自放电发生。电解质管的材料为氧化铝（Al_2O_3），根据微观结构不同，氧化铝主要分为 α-Al_2O_3、beta-Al_2O_3、γ-Al_2O_3 和 θ-Al_2O_3 等。微观结构

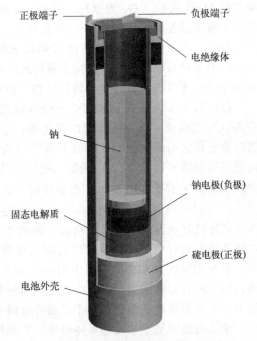

正极端子　　　　　负极端子

电绝缘体

钠

钠电极（负极）

固态电解质

硫电极（正极）

电池外壳

图 11-14　钠硫电池结构示意

的差异导致不同氧化铝的宏观特性存在明显差别，其中 beta-Al_2O_3 因具有高的钠离子传导率被广泛研究。beta-Al_2O_3 化合物实际上是一个家族，都属于非化学计量比的偏铝酸钠盐，研究最多和最重要的是 β-Al_2O_3（$P6_3mmc$，$a = 0.559nm$，$c = 2.261nm$）和 β''-Al_2O_3（$R3m$，$a = 0.560nm$，$c = 3.395nm$）这两种变体。

表征固态电解质膜性能的指标主要有传导率、机械强度和断裂强度等。在 β-Al_2O_3 和 β''-Al_2O_3 两种晶体结构中，与 β-Al_2O_3 相比，β''-Al_2O_3 中钠氧层的结构更加紧密。钠氧层的增加导致 β''-Al_2O_3 钠离子电导率增大，在相同温度下，β''-Al_2O_3 的钠离子电导率是 β-Al_2O_3 的 3 倍。在 $300℃$，β''-Al_2O_3 中 Na^+ 的传导率为 $0.2 \sim 0.4S/cm$，适于作传导 Na^+ 的固态电解质隔膜，是目前钠硫电池电解质普遍采用的材料。

β-Al_2O_3 的分子式为 $(Na_2O)_{1+x}Al_2O_3$，在 $x = 0$ 时满足化学计量比。实际上，制备时由于 Al 的损耗或 Na 的富集，得不到化学计量比的 β-Al_2O_3，在没有掺杂时 x 值可以达到 0.57。β-Al_2O_3 非化学计量比的 Na^+ 传导率高于化学计量比，进一步改善 Na^+ 传导率的方法是采用 Li^+、Mg^{2+} 取代 β-Al_2O_3 中的 Al^{3+}，其晶体结构也逐渐转化为高钠含量和高传导率的 β''-Al_2O_3。同时，Li^+、Mg^{2+} 的掺杂稳定了 beta-Al_2O_3 的结构，使其分解温度高于 $1600℃$，两种理想化学计量比的 β''-Al_2O_3 分子式分别为 $Na_{1.67}Al_{10.33}Mg_{0.67}O_{17}$（$Mg^{2+}$ 掺杂）和 $Na_{1.67}Al_{10.67}Li_{0.33}O_{17}$（$Li^+$ 掺杂）。

通常单晶材料的传导率高于多晶材料。例如单晶 β''-Al_2O_3 在 $300℃$ 时 Na^+ 的传导率几乎是多晶 β''-Al_2O_3 的 5 倍，这是由于单晶不存在粒子边界和 Na^+ 在 beta-Al_2O_3 中各向异性传导的结果。多晶 β''-Al_2O_3 的离子传导与 β''/β 的比、微结构（粒子尺寸、多孔性、纯度等）高度相关。

β''-Al_2O_3 是由 α-Al_2O_3 与钠化合物反应而成。在反应过程中，α-Al_2O_3 有可能转化成 β-Al_2O_3 或者 β''-Al_2O_3。β''-Al_2O_3 颗粒能通过传统的固态反应、溶胶-凝胶过程、共沉淀技术、喷雾干燥/冷冻干燥等方法合成。固态反应是典型的合成方法，它以 α-Al_2O_3、Na_2CO_3

和少量 MgO 或 Li_2CO_3 为原料，经过多步球磨、煅烧等步骤合成，最终煅烧温度在 1600℃ 以上。煅烧过程需要将 $\beta''-Al_2O_3$ 样品封装在铂或 MgO 的容器内以减少钠的蒸发。在高温煅烧过程中，由于难以控制钠的损失和粒子的长大，因此较难获得均匀的产物，制备的 $\beta''-Al_2O_3$ 中常混有 $\beta-Al_2O_3$，在粒子的界面处有 $NaAlO_2$ 残留。和固态反应路线比较，基于溶液的反应路线可以制备高度均匀的产物，但在最后的产物中也不能完全排除 $\beta-Al_2O_3$。

以高纯 $\alpha-Al_2O_3$ 或 $\alpha-Al_2O_3/YSZ$（钇稳定的氧化锆）为原料，采用气相方法也可用于 $\beta''-Al_2O_3$ 的合成。该方法具有以下优势：①$\alpha-Al_2O_3$ 能完全转化为 $\beta''-Al_2O_3$；②因为转化温度低于传统的煅烧温度，所以不需要封装；③转化的 $\beta''-Al_2O_3$ 粒子尺寸均匀，并且能抵抗潮汽的侵蚀。同时，ZrO_2 的加入可以降低 $\beta''-Al_2O_3$ 对水汽的敏感性，但由于 ZrO_2 在电池操作温度下不是 Na^+ 导体，会恶化电子性能，因此实际操作时要注意添加量。

$\beta''-Al_2O_3$ 电解质管的制备过程，一般是将原料与黏结剂混合，经过成型后制成胚体，再将胚体经过高温烧制后形成陶瓷。陶瓷中的 $\beta''-Al_2O_3$ 可以在粉体成型之前产生，也可以在胚体烧制过程中产生。电解质管加工过程中，成型的工艺也很重要，它会影响管的电导率。最常用的成型方法是等静压制法。为了缩短钠离子的传递路径，电解质管壁要尽可能薄，但太薄管容易破损，实际应用中电解质管的厚度一般是 1～3mm。在陶瓷管中，钠离子的电导率主要取决于晶粒电导率、晶界电阻和晶粒取向 3 个因素。

钠硫电池的基本单元为单体电池，大规模钠硫电池的制作，一般是将多个单体电池组合集成为模块，进行容量放大。一定数量的单电池规则排列在模块外壳中，单电池间用沙子填充，起到绝缘和固定电池的作用。模块内部安装有加热装置，外壳兼具真空保温性能（见图 11-15）。模块的功率通常为数十千瓦，可直接用于储能。多个模块叠加可获得更大的容量。钠硫电池的总体特性适合于大规模储能系统，根据电力输出的具体要求将模块进行叠加就可形成不同功率大小的储能电站。

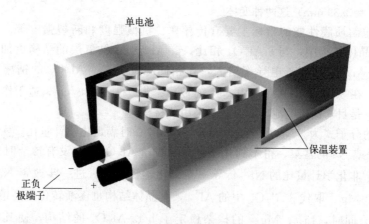

图 11-15　钠硫电池模块结构示意

钠硫电池最早由美国福特（Ford）公司发明公布，发明的初衷是以电动汽车为应用目标。日本碍子株式会社（NGK）是国际上钠硫储能电池研制、发展和应用的标志性机构。1983 年开始，日本碍子株式会社（NGK）和东京电力公司合作，使钠硫电池成功应用于城市电网的储能中，从 1992 年第一个示范储能电站运行至今，已有 250 余座钠硫电池储能电站，在日本等国家投入商业化运行，分别用于电网峰谷差平衡、电能质量改善、应急电源、风力发电等可再生能源的稳定输出等，电站的能量效率达到 80% 以上，总产量接近 5GW·h。NGK 公司部署的规模最大的电池储能项目是在阿联酋阿布扎比的 108MW/648MW·h

钠硫电池（NAS）储能项目，用于支持新能源发电的储能需求并供应备用电源，同时还减少对天然气发电厂依赖。钠硫电池在国外已是发展相对成熟的储能电池，其寿命可以达到10～15 年，是当今最成熟的长续航技术之一。钠硫电池在国外已是发展相对成熟的储能电池，其寿命可以达到 10～15 年，是当今最成熟的长续航技术之一。日本 NGK 公司目前是世界上唯一的钠硫电池供应商，且对外进行极其严格的技术保密和封锁，钠硫电池的核心专利技术由日本 NGK 独家掌握。

钠硫电池的研发在国内也具有较长的历史，早在 20 世纪 70 年代中国科学院上海硅酸盐研究所就开始从事钠硫电池技术的研究。进入 21 世纪，在国家电网、中国科学院、上海市政府的支持下，上海硅酸盐研究所与上海市电力公司合作，联合投资开发储能钠硫电池。2007 年制备成功 650A·h 的单体钠硫电池，并在 2009 年建成了我国第一条产能达 2MW 的储能钠硫电池中试生产线，可以小批量化制备容量为 650A·h 的单体电池，使我国成为继日本之后世界上第二个掌握大容量钠硫单体电池核心技术的国家。2010 年上海世博会期间，100kW/800kW·h 钠硫储能系统作为上海世博园智能电网综合示范工程的一部分在上海硅酸盐所嘉定南门产业化基地启动运行。2014 年实施了国内首个 1.2MW·h 钠硫储能电站工程化应用示范项目。但在钠硫电池性能的提升、产品一致性的提高、成本的降低以及规模化生产工艺和装备技术的研究方面与日本还存在较大差距。

钠硫电池在充放电过程中，正极的硫/多硫化物与 Na^+ 反应，硫/多硫化钠是电子绝缘体，需要附着在碳毡上作为电子导体以促进电子传输。一个主要的问题是熔化的硫/多硫化物具有高度的腐蚀性，同时会在界面层形成高阻抗的产物，阻碍钠离子的传递和硫的进一步还原，这使集流体和容器的选择受到限制。钼、铬和一些超级合金曾用来作为集流体，可是这些材料或是昂贵或是制作困难。随后，一些低成本、抗腐蚀的合金（如不锈钢）和非金属（如碳掺杂的 TiO_2 和 $CaTiO_3$）开始应用于抗腐蚀层。同时，在电解质管表面衬上一层氧化铝纤维毡，它对多硫化钠有良好的润湿性，使生成的多硫化钠可以快速扩散。另外一个问题是在钠硫电池的失效模式下，当固态电解质隔膜被破坏后，熔化的硫/多硫化物会直接与液态钠发生剧烈反应，引起着火甚至发生爆炸。作为另一种选择，采用与钠硫电池结构类似，金属卤化物替代硫的钠-金属卤化物储能电池开始进入人们的研究视野。

11.5.6.2 钠-金属卤化物电池

钠-金属卤化物储能电池也是采用液态钠作负极，管状的 β''-Al_2O_3 作电解质隔膜，金属氯化物作正极，正极材料中含有熔融的辅助电解质（$NaAlCl_4$）。加入辅助电解质的目的是使 Na^+ 能通过主电解质到达固态金属氯化物电极。与多硫化钠相比，金属氯化物具有较小的腐蚀性，因此易于选择集流体和电池容器。至今，金属氯化物多选择 $NiCl_2$ 和 $FeCl_2$，这是由于它们在熔融的辅助电解质（$NaAlCl_4$）中不溶解。充放电过程发生的反应如下。

阳极（负极）：

$$2Na - 2e^- \underset{充电}{\overset{放电}{\rightleftharpoons}} 2Na^+$$

阴极（正极）：

$$NiCl_2 + 2Na^+ + 2e^- \underset{充电}{\overset{放电}{\rightleftharpoons}} Ni + 2NaCl$$

电池反应：

$$2Na + NiCl_2 \underset{充电}{\overset{放电}{\rightleftharpoons}} Ni + 2NaCl$$

在 300℃，Na-$NiCl_2$ 电池标准电压达 2.58V，稍微高于钠硫电池，其理论质量比能量为 700W·h/kg。

Na-NiCl$_2$ 电池起源于 20 世纪 70 年代南非科学与工业研究院的一项研究计划（Zeolite Battery Research Africa Project，ZEBRA），也称为 ZEBRA 电池。与钠硫电池对比，ZE-BRA 电池最大的优势就是安全性，即使电解质膜被破坏，熔融的 NaAlCl$_4$ 会与液态钠反应生成 NaCl 和金属 Al，即：

$$3Na + NaAlCl_4 \longrightarrow 4NaCl + Al$$

氯化钠和金属铝会阻止正负极活性物质直接接触，不像钠硫电池那样剧烈反应，同时由于金属铝的存在，此时电池仍然是导电的，整个电池模块仍然可以运转，只不过电压有些降低。其次，ZEBRA 电池可以在待充状态下组装电池，装配时只需往正极内装入金属镍和氯化钠，然后对电池进行充电，便在负极生成液态钠，正极生成氯化镍，减少装配时操作液态钠的危险。

另外，ZEBRA 电池还具有较好的耐过充/过放性能。如果电池被过充电，辅助电解质就会被分解产生过量的 NiCl$_2$，反应为：

$$Ni + 2NaAlCl_4 \underset{\text{放电}}{\overset{\text{充电}}{\rightleftharpoons}} 2Na + 2AlCl_3 + NiCl_2 \qquad E_{OCV} = 3.05V$$

尽管在过充电过程中会引起正极的分解，但这一反应会阻止因电压导致的 β″-Al$_2$O$_3$ 电解质的破裂。在实际中，单体电池和组合电池模块都可以安全过充电 50% 以上。

ZEBRA 电池的容量设计采取正极过量的方法，正极镍金属的质量一般是理论质量的 3 倍，多余的金属镍起导电作用。

和钠硫电池一样，ZEBRA 电池也采取模块化设计，将单电池进行串并联组合后进行容量放大。单电池的容量一般为几十 A·h，组合后的模块最大电力容量可以达到 40kW·h。模块外的包装容器具有真空保温功能，中间填充泡沫 SiO$_2$。

目前，ZEBRA 电池存在的问题有：充电时，在镍表面会有 NiCl$_2$ 的形成和生长，增加了电阻，达到一定厚度时会阻碍进一步充电，减少了镍的使用和电池容量；第二个问题是在较高温度下，NiCl$_2$ 在 NaAlCl$_4$ 中的部分溶解，引起放电容量的损失；第三个问题是循环过程中镍和/或 NaCl 粒子的生长，会导致容量衰减。在熔融电解质和正极材料中添加 NaBr、NaI 和 S 等添加物会显著减少 NiCl$_2$ 在熔融状态下的溶解问题。

ZEBRA 电池具有高能量密度、高比功率、能够快速充放电、安全性能好等特点，长期以来被认为是较为理想的汽车动力电池之一，目前已开发了多种车型用 20～120kW·h 大小不等的 ZEBRA 电池。此外，ZEBRA 电池在舰艇电源方面也有应用前景。世界上 ZEBRA 电池最主要的研发商是瑞士的 MES-DEA 公司，MES-DEA 公司将钠-氯化镍电池技术产业化，用于商业市场，商标名称为 ZEBRA。目前，钠-氯化镍电池全球主要有美国 GE 运输系统集团和欧洲 FZ SoNick SA 公司两大生产商。FZ Sonick SA 公司推出了 FIAMM SONICK^{TM} 的钠-氯化镍电池，主要应用在电动车、备用电源等领域。GE 公司建造了年产能 1GW·h 的 ZEBRA 电池制造工厂，生产的 Durathon 电池自 2012 年开始实现了商业应用。官方数据表示，Durathon 电池至少可以深度放电 3500 次，每日充放电的情况下可以使用 10 年，循环使用寿命几乎比铅酸电池长了 10 倍。更重要的是，在 −20℃ 至 60℃ 的使用环境下，Durathon 电池的性能都不受影响。国内的浙江安力能源有限公司也开始钠氯化镍电池的商业化运营。该公司是超威集团和通用电气（GE）在新能源领域共同合作成立的一家合资公司，主要从事 Durathon 钠-氯化镍电池的生产、研发和销售。

钠硫电池和 ZEBRA 电池因其储能密度大、效率高、维护较容易、不污染环境、寿命长等优点，在负荷调控、功率稳定、电能质量、备用电源方面已经得到了应用，目前已实现电力储能和电动汽车领域的商业化运作，被认为是很具有发展潜力的化学储能技术。但由于工作温度高（300℃），还存在安全性相对较差、材料腐蚀和电解质破裂等问题。2010 年，日本碍子株式会社（NGK）制作的 200kW 钠硫电池发生火灾，说明钠硫电池的安全性能还需要进一步改进。另外，由于充放电过程中电池化学反应相应的吸热和放热作用，需要响应速度快、高稳定性的温控系统。温控系统的好坏将直接影响钠硫电池的工作状态和寿命。因此，需要进一步开发新材料，以及新的电池设计/工程，以降低操作温度、改善性能、降低成本、提高安全性。

11.5.7　液流电池

液流储能电池（redox flow battery，RFB）是一种适合于大规模蓄电的电化学储能装置，其蓄电基础是由正/负极活性物质——氧化还原电对组成的电化学体系。氧化还原反应发生在惰性电极上，活性物质（不同的氧化还原电对）用电解液罐储存在单体电池的外部，从原理上看更像燃料电池。液流储能电池流程示意如图 11-16 所示，液流储能电池系统由电堆、电解质溶液以及电解质溶液储供体系、系统控制体系、充放电体系等部分组成。与传统二次电池直接采用活性物质做电极不同，液流储能电池的电极均为惰性电极，只为电极反应提供反应场所，活性物质通常以离子状态存储于电解液中。正极和负极电解液分别装在两个储罐中，电池中正、负极电解液用离子交换膜分隔开，利用送液泵实现电解液在电池中的循环，在离子交换膜两侧的电极上发生氧化还原反应，电池外接负载和电源。

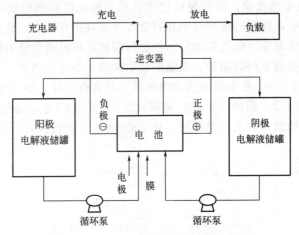

图 11-16　液流储能电池流程示意

液流储能电池系统的核心是电堆，由数十节乃至数百节进行氧化还原反应，实现充、放电过程的单电池按特定要求串、并联而成。液流储能电池系统具有以下特点。

① 功率和容量相互独立，储能容量由储存槽中的电解液浓度和体积决定，而输出功率取决于电池的反应面积、电池模块的大小和数量。由于两者可以独立设计，因此系统设计的灵活性大而且受设置场地限制小。

② 能量转化效率高，启动速度快。

③ 具有很强的过载能力和深度放电能力。

④ 部件多为廉价的碳材料、工程塑料，材料来源丰富，易于回收。

根据氧化还原电对的种类（受氢气、氧气析出限制）和标准电极电势（见图 11-17），液流储能电池可分为全钒液流电池（all vanadium redox flow batteries，VRBs）、多硫化物/溴液流电池（polysulphide/bromine flow batteries，PSBs）、Fe/Cr 液流电池（iron/chromium flow batteries，ICB）、Zn/Br 液流电池（zinc/bromine flow batteries，ZBB）、V/Ce 液流电

池（vanadium/cerium flow batteries）和新型铅酸液流电池等。

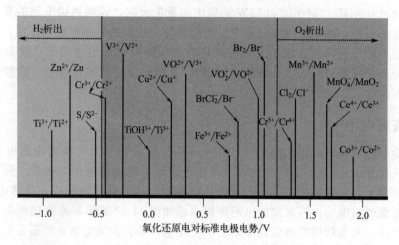

图 11-17　一些氧化还原电对电极电势/V（vs. 标准氢电极，H^+/H_2 是基于碳电极的超电势）

液流储能电池主要分为液-液型液流电池和沉积型液流电池两大类。运行过程中，全液态液流电池氧化还原反应表现为离子价态的变化，沉积型液流电池表现为金属的沉积与溶出。对于液-液型液流电池来说，正负极活性物质在充放电过程中均处于溶液状态，并完全保存在电解液储罐当中，这样电池的功率和容量可以实现相互独立，从而便于设计、管理和应用。对于沉积型液流电池，电池的部分活性物质需要在正极或负极表面进行沉积，此类液流电池的容量受电极表面空间的限制，电池的功率和容量不完全独立。

全钒液流电池（VRBs）在阳极和阴极电解液中只含有一种活性元素（V），正负极电解液是不同价态的钒硫酸盐，阳极（负极）电解液是 V(Ⅲ)/V(Ⅱ)，阴极（正极）电解液是 V(Ⅴ)/V(Ⅳ)，并以硫酸作为支持电解质。化学能/电能之间转换时，电极和电池反应如下。

阳极（负极）：

$$V^{2+} - e^- \underset{充电}{\overset{放电}{\rightleftharpoons}} V^{3+}$$

阴极（正极）：

$$VO_2^+ + 2H^+ + e^- \underset{充电}{\overset{放电}{\rightleftharpoons}} VO^{2+} + H_2O$$

电池反应：

$$VO_2^+ + V^{2+} + 2H^+ \underset{充电}{\overset{放电}{\rightleftharpoons}} VO^{2+} + V^{3+} + H_2O$$

电池在 25℃，单位浓度（标准状态）下，电压为 1.26V。实际使用中，由于正极五价钒可以形成 HVO_3、$H_2VO_4^-$ 等其他结构，因此电池的开路电压可达到 1.5～1.6V。全钒液流电池工作原理如图 11-18 所示。

一般认为，钒离子在碳毡上发生电化学反应时经历如下反应历程（以充电过程为例，放电时发生相反过程）。

① 在正极侧，VO^{2+} 从溶液扩散到电极表面，和电极表面的羟基交换 H^+，在电极表面发生键合：

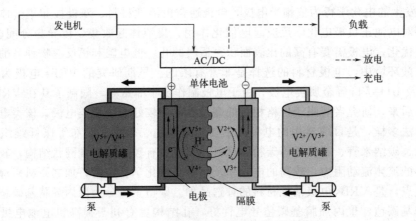

图 11-18　全钒液流电池工作原理示意

VO^{2+} 中的电子沿着 V—O—C 键转移至电极，H_2O 中的氧与 V 结合，生成 VO_2^+：

$$\text{V}=\text{O}+\text{H}_2\text{O} \longrightarrow \text{O}-\text{V}=\text{O} \quad +2\text{H}^++2e^-$$

VO_2^+ 和溶液中的 H^+ 发生交换，扩散回到溶液中：

$$\text{O}-\text{V}=\text{O} \quad +\text{H}^+ \longrightarrow \text{O}-\text{H}+\text{VO}_2^+$$

V—O—C 键的形成促进了电子和氧的传输过程，因此减少了 V(Ⅳ)/V(Ⅴ) 氧化还原过程的活化超电势。

② 在负极侧，V^{3+} 从溶液扩散到电极表面，和电极表面的羟基交换 H^+：

$$\text{OH}+\text{V}^{3+} \longrightarrow \text{O}-\text{V}^{2+}+\text{H}^+$$

然后，电子沿着 V—O—C 键从电极转移至 V^{3+}，以形成 V^{2+}：

$$\text{O}-\text{V}^{2+}+e^- \longrightarrow \text{O}-\text{V}^+$$

最后，V^{2+} 再与溶液中的 H^+ 交换，扩散回溶液：

$$\text{O}-\text{V}^++\text{H}^+ \longrightarrow \text{O}-\text{H}+\text{V}^{2+}$$

同样，V—O—C 键的形成促进了电子的传输过程，因此减少了 V^{2+}/V^{3+} 氧化还原过程的活化超电势。

可以看出，电极表面的含氧官能团为钒离子的反应提供了场所，羟基含量越高，越有利于反应的进行。

电池关键材料包括正负极电极材料、离子交换膜和活性电解液等。

电极是电池电化学反应发生的场所，电极材料的性能好坏直接影响活性物质扩散快慢以及电化学反应的本征速率，进而影响电极的极化程度和电池内阻，并最终影响到电池的能量转换效率。电极材料的稳定性也会影响到电池的使用寿命。

VRBs 发生的电化学行为依赖于电极，电极通常由活性材料、双极板和集流体组成，活性材料主要对电池正负极电化学反应起电催化作用，集流体起收集、传导与分配电流作用。为使性能最优化，电极需要有高的比表面积、适当的孔、低电阻和钒反应物种高的电化学活性位。在强酸环境中，电极材料的选择是非常有限的。早期研究的 VRBs 电极为 Au、Sn、Ti、Pt/Ti 及 IrO_x/Ti 等金属类电极，由于电极制作成本非常高，限制了其在 VRBs 中的大规模应用。后来，研究者着眼于价格相对低廉且导电性较好的碳素类电极，该类电极种类繁多，制备方法多样，是目前常用的电极，主要包括碳毡、碳纸、碳布等碳纤维织品以及石墨、活性炭、碳纳米管、石墨烯等碳粉体材料。碳毡具有较好的三维网状结构，较大的比表面积，较小的流体流动阻力，较高的电导率及化学、电化学稳定性，加之原料来源丰富，价格适中等优点，是 VRBs 电极活性材料的首选品种。碳毡主要分为聚丙烯腈基碳毡、沥青基碳毡和黏胶基碳毡，聚丙烯腈基碳毡导电性好，孔结构更有利于提高钒电池电极的催化活性，电化学性能优于其他两类碳毡。未处理的碳毡需要进行改性处理，包括碳毡纤维氧化处理和碳毡表面修饰活性基团等，以改善材料的亲水性，增加表面活性基团并提高材料的耐久性。

液流储能电池组一般按照压滤机的方式进行组装，双极板起到了导通电子，收集两侧电极反应所产生电流的作用，使多个单电池能够串联起来，实现单池之间的连接。分液框、双极板和离子交换膜构成的两个封闭空间就是电池的正负极室。将多孔隙率的碳毡压在双极板上，作为集流体分别放置在阳极侧和阴极侧，支持多孔电极和电解液的流动，具有低的体相电阻和接触电阻，电解液在碳毡的孔隙内流动并发生电化学反应。图 11-19 为典型的钒电池结构。

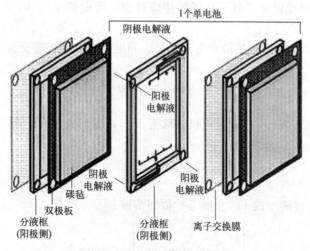

图 11-19　全钒液流电池结构示意

VRBs 双极板材料主要有石墨板和碳素板，包括植入聚合物的石墨极板、导电碳-聚合物的复合物和植入聚合物的柔性石墨极板等。植入聚合物的石墨极板具有低电阻和好的装配性能，但高成本和脆性限制了其实际应用。导电碳-聚合物的复合物具有成本较低和柔韧性等特点，可以选择应用于 VRBs 双极板，但在 VRBs 长期使用中其导电性及强度会出现一定程度的衰减。双极板经过一定的修饰处理，其活性可得到进一步的改善。修饰石墨极板的方法主要有热处理、化学处理、电化学氧化、掺杂其他金属或碳纤维等，以提高 VRBs 的能量效率。但在活化处理方式的选择上，从实用、方便及适合批量化生产的角度看应优先选用化学、电化学或热处理方法。目前，工程上广泛应用的是碳素类双极板。

隔膜是 VRBs 系统的关键组成部分，它不仅起隔离正负极电解液的作用，而且在电池充放电时形成离子通道，允许电荷载体（H^+、SO_4^{2-} 等）迁移，使电极反应得以完成并保持电中性。为减少电阻和功率损失，膜需要有高的离子传导性、低膜电阻、高选择性和足够的化学稳定性。隔膜具有快速的离子传输能力，且必须是高选择性的：通过的钒离子（渗透率）是最小，以减少容量和能量损失；水的渗透率也必须是有限的，以保持阴阳极电解液的平衡，减少维护。因此，需要选用离子选择性隔膜。

在强酸性和 V^{5+} 强氧化性环境中，离子选择性膜必须具有化学稳定性、机械稳定性和结构稳定性，研究最多的是用于低温质子交换膜燃料电池的 Nafion 膜。通常情况下，Nafion 膜具有高的质子传导性和强酸、氧化条件下的化学稳定性，可是在 VRBs 中，不同氧化态的钒离子有从一侧迁移到另一侧的趋势，由于反应物的交叉混合，钒离子之间直接反应，导致系统的容量和能量损失。钒离子的迁移速率主要与钒离子和硫酸的浓度、电解质的充电状态、膜的性质（如厚度、孔径等）和温度有关。为了改善离子选择性膜的性能，可以采用多种方法对膜进行修饰。一种方法是基于 Nafion 的杂化膜，包括 Nafion/吡咯膜、Nafion/硫代聚醚醚酮（SPEEK）膜、Nafion/聚乙烯亚胺（PEI）膜、Nafion-聚二烯丙基二甲基氯化铵-聚苯乙烯磺酸钠（[PDDA-PSS]$_n$）多层膜等。杂化膜减少了钒离子的渗透，提高了 VRBs 系统的库仑效率和能量效率。另一种方法是 Nafion 膜的无机物掺杂，如 SiO_2、硅酸盐、SiO_2 改良的 TiO_2、ZrP 等。理论上讲，由于阳离子交换膜的离子交换基团为阴离子，对 VRBs 溶液中的钒离子具有吸引力，虽然通过对膜的改性处理，可一定程度上降低钒离子的渗透率，但不能从根本上阻止钒离子的渗透。相比较而言，阴离子交换膜的离子交换基团为阳离子，其对钒离子有库仑排斥作用，钒离子的渗透将受到制约，因而选择性相对较高。

日本 Kashima-Kita 公司开发的聚砜阴离子交换膜在 VRBs 电堆中得到了应用，80mA/cm^2 电流密度下 1000 次循环电堆的平均能量效率为 80%，显示出聚砜膜具有优异的综合性能。将经丙酮清洗过的乙烯-四氟乙烯（ETFE）膜浸入二甲基氨基异丁烯酸酯（DMAEMA）溶液中，在 γ 射线辐射下将 DMAEMA 嫁接到 ETFE 上，然后在盐酸溶液中进行季铵盐化处理后得到阴离子交换膜（AEM）。所制得的阴离子交换膜的钒离子渗透率仅为 Nafion117 的 1/20～1/40。通过聚醚砜酮（PPESK）进行氯甲基化改性，将氯甲基化聚醚砜酮（CMPPESK）制备成膜，然后进行季铵盐化处理后得到季铵化聚醚砜酮（QAPPESK）阴离子交换膜，相同测试条件下，QAPPESK 膜的性能好于 Nafion 膜，显示出较好的综合性能及应用前景。

电解质（液）是 VRBs 电化学反应的活性物质，是电能的载体。它不仅决定了全钒液流电池系统的储能容量，而且直接影响系统的性能及稳定性。VRBs 的能量密度取决于钒电解质的浓度，较高的浓度可以带来高能量密度，但钒电解质的浓度太高会生成钒氧化物沉淀。由于全钒液流电池电解质溶液一直在系统中循环，一旦出现析出、沉积或汽化等相变，就会造成液体流动管道和电池组内部管道的堵塞，影响系统运行。在 H_2SO_4 支持的电解液中，当浓度超过 2mol/L 时，在 40℃ 以上含有 V(V) 的电解液会生成 V_2O_5，在 10℃ 以下含有 V(Ⅱ) 或 V(Ⅲ) 的溶液会生成 VO，沉淀的程度和速率依赖于温度、钒电解质的浓度、硫酸的浓度和电解质的充电状态 [V(V)/V(Ⅳ) 的比例]。钒电解质的溶解度随 H_2SO_4 浓度的增加而减小。因此，优化操作条件以改善正极和负极溶液的稳定性是非常重要的。

钒电解质的浓度和总 SO_4^{2-} 浓度通常分别控制在 2mol/L 和 5mol/L 以下，理论上 V(Ⅳ) 离子电解液可通过 $VOSO_4$ 溶解在 H_2SO_4 中直接配制，但此法成本较高。实际可行的制备方法是基于 V_2O_5 的还原溶解，包括化学法和电解法。化学法是指将钒的化合物或氧化物（主要是 V_2O_5）与一定浓度的硫酸混合，通过加热或加入还原剂的方法使其还原，制备成含一定硫酸浓度的钒溶液，此法的优点是不涉及电化学反应，工艺和设备均比较简单，但缺点是反应较慢，需要硫酸浓度很高才可以反应，而且产率低，所加入的添加剂完全去除较困难。随着 VRBs 技术的发展，电解法已逐渐成为 VRBs 电解液制备的主要方法。电解法是利用电解槽，在阴极加入含有 V_2O_5 或 NH_4VO_3 的硫酸溶液，阳极加入硫酸钠或硫酸溶液，在两极之间加上直流电，V_2O_5 或 NH_4VO_3 在阴极表面被还原，根据槽压不同，生产的产物有四价钒（VO^{2+}）、三价钒（V^{3+}）和二价钒（V^{2+}）溶液，生成的低价钒又加速了 V_2O_5 或 NH_4VO_3 的溶解。电解法的优势是可以根据需要生产不同价态的电解质溶液，但设备较复杂。

通过添加无机或有机材料作为稳定剂（如硫酸钾、硫酸锂、尿素等），可以较大提高钒离子的溶解度，改善钒电解质在硫酸溶液中的稳定性。大多数实际运行的 VRBs 系统中，钒电解质的浓度限制在 2mol/L 以下，温度在 10～40℃ 范围。

VRBs 输出功率由电极的尺寸和电池组的数目决定，储能容量由电解质溶液的浓度和体积大小决定。依赖于应用范围，能量和功率密度从几小时到几天很容易调整并可分别设计，在可再生能源综合利用方面具有很大优势。

变价同元素全钒体系推进了液流储能电池实用化进程，但正负极活性离子的相互渗透难以完全避免，且水转移严重，因此电化学体系的改进和新体系的探索具有重要意义。其他液流电池如 Fe/Cr 液流电池（ICB）通常采用碳纤维、碳极板或石墨作为电极材料。Fe^{3+}/Fe^{2+} 电对在碳电极材料上显示出非常高的可逆性、快的离子传导和高的交换电流密度，原料价格低廉，在酸性溶液中稳定且溶解度较高，但电极电位不甚适宜。因此，需要对 Fe^{3+}/Fe^{2+} 电对进行化学修饰，使电极电位正移。而 Cr^{3+}/Cr^{2+} 电对离子传导和交换电流密度则相对较低，因此需要采用催化剂以提高电极反应动力学。同时，由于氢气在催化剂上析出时具有较高的过电压，可以减轻在 Cr^{3+} 还原为 Cr^{2+} 过程中氢气的析出。催化剂包括 Au、Pb、Tl、Bi 及它们的氧化物，Pb 或 Bi 沉积在电极表面不仅提升了 Cr^{3+}/Cr^{2+} 反应的速率，也增加了氢的过电压。

多硫化物/溴液流电池（PSBs）以溴化钠（NaBr）和多硫化钠（Na_2S_x）的水溶液为电池正负极电解质溶液及电池电化学反应活性物质，Br_2 主要以 Br_3^- 形式存在于正极电解质溶液中，单质硫与硫离子结合形成多硫离子存在于负极电解质溶液中。电池正负极之间用离子交换膜隔开，电池充放电时由 Na^+ 通过离子交换膜在正负极电解质溶液间的电迁移而形成通路。其电极反应如下。

阳极（负极）：
$$(x+1)Na_2S_x \underset{充电}{\overset{放电}{\rightleftharpoons}} 2Na^+ + xNa_2S_{x+1} + 2e^- \quad x=2\sim4$$

阴极（正极）：
$$2Na^+ + Br_2 + 2e^- \underset{充电}{\overset{放电}{\rightleftharpoons}} 2NaBr$$

电池反应：
$$(x+1)Na_2S_x + Br_2 \underset{充电}{\overset{放电}{\rightleftharpoons}} 2NaBr + xNa_2S_{x+1} \quad x=2\sim4$$

正负极标准电极电位分别为 1.087V 和 -0.428V，PSB 电池的标准电动势为 1.515V。实际应用中，由于受电解质溶液浓度、温度及充放电状态等因素影响，电池的开路电压大多在 1.5～1.6V 之间。

PSBs 的结构与钒电池类似，也是由单电池叠加成堆进行容量放大。但是电极材料却有很大差别。全钒电池的正负极一般都采用比表面积高且导电性好的碳毡，而 PSB 电池负极发生的是硫单质和硫离子之间的氧化还原反应，不添加催化剂时，电对的可逆性较差，过电位大，因此负极一般采用负载有催化剂的碳纤维材料，催化剂一般是经过特殊处理的镍、钴单质或者镍、钴、铜和钼的硫化物。PSBs 正极发生的是溴离子和溴单质的氧化还原反应，活性较高，一般采用碳毡、碳布等碳纤维产品作为电极。其离子交换膜大多采用商业化的阳离子交换膜，如杜邦公司的 Nafion 系列全氟磺酸膜，并通过处理提高对阴离子的阻隔性能。除此以外的一些电堆部件，如分液框、极板框等的选材和全钒电池基本类似。

Zn/Br 液流电池（ZBB）属于半沉积型液流电池，它以 Zn/Zn^{2+} 为负极电对，Br_2/Br^- 为正极电对，正负极电解液均为 $ZnBr_2$ 水溶液。正负极充放电反应如下。

阳极（负极）：

$$Zn \underset{充电}{\overset{放电}{\rightleftharpoons}} Zn^{2+} + 2e^-$$

阴极（正极）：

$$Br_2 + 2e^- \underset{充电}{\overset{放电}{\rightleftharpoons}} 2Br^-$$

充电时，负极溶液中的 Zn^{2+} 在电极表面沉积为锌单质，包覆在电极表面。负极溶液中的 Br^- 被氧化为油状的溴单质，溴单质的密度比电解液密度大，沉在电解液底部。放电时，锌单质被氧化溶解，变为 Zn^{2+}，进入流动的电解液，溴单质则被还原为 Br^-，也随着电解液循环流动。ZBB 电池的负极反应为异相反应，锌要在电极表面不断地结晶、溶解；正极反应也是异相反应，因为电解液为水相，而充电产物溴单质为油相，两者互不相溶。电池标准电动势为 1.82V，理论质量比容量为 430W·h/kg。

不同于一般的液流电池，由于电极反应为异相反应，锌单质沉积占据电极表面，而不是随电解液流入储罐中，当电极表面被锌全部占据时，电池就不能继续充电了，所以电池的容量取决于沉积在负极上的锌的总量。异相反应的特点决定了 ZBB 电池容量只能根据电池大小来放大，而不能根据储罐大小来放大，这和一般定义的液流电池有所区别。

ZBB 电池正负极使用同一种电解液（$ZnBr_2$ 水溶液），不需用离子交换膜，解决了液相储能液流电池的隔膜问题。电极间放置微孔隔膜，电解液中加入季铵盐类配体来阻止溴单质扩散至负极。$ZnBr_2$ 电解液的浓度越高，电池的质量比能量越大，但是电解液的电导率越低，同时充电产物溴单质浓度越高，电池自放电也越严重。考虑到自放电，电解液的合适浓度一般为 2~5mol/L。

由于溴的强腐蚀性，电极一般采用添加高比表面积碳层的碳塑复合材料。为了使锌镀层均匀，降低锌的腐蚀速率，需严格控制溶液的 pH 值。此外，还需通过电池设计或电极保护的方法来减少漏电电流。

基于传统的铅酸蓄电池概念，人们发展了全沉积型铅酸液流电池体系。全沉积型铅酸液流电池采用酸性甲基磺酸铅（Ⅱ）作为电解质溶液，充电时溶液中的 Pb(Ⅱ) 在负极上还原形成沉积金属 Pb，正极氧化形成 PbO_2 沉积，其电极和电池反应可表示如下。

正极：

$$PbO_2 + 4H^+ + 2e^- \underset{充电}{\overset{放电}{\rightleftharpoons}} Pb^{2+} + 2H_2O$$

负极：

$$Pb \underset{充电}{\overset{放电}{\rightleftharpoons}} Pb^{2+} + 2e^-$$

电池反应：

$$Pb + PbO_2 + 4H^+ \underset{充电}{\overset{放电}{\rightleftharpoons}} 2Pb^{2+} + 2H_2O$$

全沉积型铅酸液流电池不同于传统的铅酸蓄电池。铅酸蓄电池充电时二价铅来源于不溶性的硫酸铅，因此正负极反应都涉及从一种固相到另一种固相的转换，这自然使电极反应复杂，降低了电池的活性，而全沉积型铅酸液流电池中的二价铅在甲基磺酸中是高度可溶的。与传统的液流电池相比，全沉积型铅酸液流电池以二价铅在甲基磺酸中的电极反应为基础，由于正负极电解液相同，因此不需要隔膜，只需要使正负极不接触，保持一定的距离即可。这样电池的结构更简单，而且消除了跟隔膜有关的花费，成本更低。

研究表明，通常情况下正极二氧化铅沉积层比较光滑均匀，但在某些情况下，负极上金属铅的沉积层并不十分光滑、均匀，甚至可能朝正极方向沉积。因此，应寻找具有整平作用的添加剂。已研究的整平剂有木质素磺酸钠（sodium ligninsulfonate）和聚乙二醇（polyethylene glycol）等，但会导致电池的电流效率和能量效率降低。充放电过程中，与负极 Pb^{2+}/Pb 电对的过电位以及溶液 IR 降相比，Pb^{2+}/PbO_2 氧化还原电对的过电位较大，正极 Pb^{2+}/PbO_2 电对的过电位是导致充放电过程中能量损失的主要因素。因此，寻求对 Pb^{2+}/PbO_2 电对电极反应具有催化作用的添加剂也是一个主要的研究课题。已报道的无机添加剂有 Bi(Ⅲ)、Fe(Ⅲ)、Ni(Ⅱ) 等，但实验结果并不令人满意。

液流电池具有能量效率较高、蓄电容量大、系统设计灵活、活性物质寿命长、可超深度放电而不引起电池的不可逆损伤等特点，成为大规模储能的候选技术之一，较成熟的有全钒、多硫化钠/溴和锌/溴体系。表 11-7 给出了主要的液流电池的技术比较。

表 11-7　主要液流电池技术比较

类型	开路电压/V	实际比能量/(W·h/kg)	20℃时每月自放电率/%	循环寿命/次	主要问题
VRB	1.3	15	5-10	5000	电极材料和离子交换膜的选择,离子渗透
ICB	1.2	<10	—	2000	催化剂的选择
PSB	1.5	20	5-10	2000	硫沉积
ZBB	1.8	65	12-15	2000	锌枝晶、溴的强腐蚀性和泄漏

全钒液流储能电池开始步入商业化示范运行，配备于可再生能源发电系统。全钒液流储能电池研究的先驱为澳大利亚新南威尔士大学（UNSW），1991 年开发出 1kW VRB 电池组，从此引起世界各国的研究和发展。国外从事全钒液流电池储能技术研发和产业化的单位主要有日本的住友电工集团、英国的 Invinity 公司、德国的 Fraunhofer UMSICHT、美国的西北太平洋国家实验室和 UNIEnergy Technology（UET）等企业与研究机构。加拿大 VRB Power Systems 公司在全钒液流储能电池系统的商业化开发方面也做出了大量卓有成效的工作，为澳大利亚 King 岛 Hydro Tasmania 建造了与风能及柴油机混合发电系统配套的钒电池储能系统（VRB-ESS），该系统容量为 800kW·h，输出功率 200kW。VRB-ESS 的使用优化了 King 岛上的混合发电系统性能，并使风力发电系统稳定供电，减少了对柴油机发电量的需求和燃料费用及向环境中排放的废气量。日本三菱化学公司和鹿岛电力公司采用 UNSW 的钒电池技术组建了大规模储能系统，用于负载均衡和太阳能电站储电。自 1999 年起，日本住友电工株式会社设立了多个用于风场储能的 VRB 系统。该公司安在日本北海道 30MW 风力发电场安装了 4MW/6MW·h VRB 储能电池系统，用于风电场的调频和调峰，平滑风力发电输出功率。运行超过 27 万次充放电循环，能量效率保持在 80% 以上。2021 年 12 月，牛津超级能源枢纽项目（ESO）进入带电调试阶段，该项目由 Invinity 公司制造的 5MW·h 全钒液流电池系统与 50MW 锂离子电池系统组成，其中全钒液流电池在系统投入

使用时充当第一线响应，只有在所需的响应超过全钒液流电池的容量后，锂离子电池才会被调用，从而充分利用全钒液流电池长寿命、不衰减的特点，减少锂离子电池的消耗。

我国钒电池的研究始于 20 世纪 90 年代，中国工程物理研究院电子工程研究所、中国科学院大连化学物理研究所、中国科学院金属研究所、中南大学和清华大学等先后开展了钒电池研究。中国科学院大连化学物理研究所在国内首先成功研制出了 10kW 电池模块和100kW 级的全钒液流储能电池系统，并与大连博融产业投资有限公司合作成立大连融科储能技术发展有限公司，专门从事液流储能电池工程化和产业化开发。目前在全钒液流储能电池关键材料、系统集成、测试方法及应用示范等方面取得一系列进展，已掌握了百千瓦级自主知识产权的全钒液流储能电池系统设计、集成技术。2021 年，融科储能在大连瓦房店建成了当时国内最大规模的全钒液流电池系统——大唐国际镇海网源友好型风电场 10MW/40MW·h 和国电投驼山网源友好型风电场 10MW/40MW·h 全钒液流电池系统，并建设200MW/800MW·h 的全钒液流储能电池调峰电站，用于商业化运行示范。2009 年 1 月，北京普能公司实现对加拿大 VRB Power System 公司（VRB Power 公司）的资产收购，拥有钒液流电池储能领域内的众多核心专利，已在全球 12 个国家和地区成功安装运营项目 70多个，累计安全稳定运行接近 100 万个小时，总容量接近 100MW·h，处于开发阶段的项目总容量达到 3GW·h。

在国家金太阳重点项目——张北国家风光储输示范工程中，北京普能公司提供了当时国内第一套 MW 级的全钒液流电池储能系统（规模为 2MW/8MW·h）。该系统自交付投运以来已运行超 10 年，可根据调度需求实现平滑风光发电功率输出、跟踪计划发电、削峰填谷、参与辅助调频等各项功能，达到项目规划设定的各项指标。2023 年，湖北绿动中钒新能源有限公司襄阳高新区 100MW/500MW·h 全钒液流电池储能电站项目将启动主体建设。前期的项目验证表明，未来全钒液流电池有望成为大型电力集团重点布局的长时储能技术之一。

其他类型液流电池在可再生能源发电和电动车领域也有一定数量的应用示范。20 世纪90 年代初，英国 Innogy 公司开始规模化开发 PSB 储能技术，并将 PSB 电池技术注册为商标 Regenesys™，已经成功开发出 5kW、20kW 和 100kW 3 个系列的电堆。2000 年 8 月，Regenesys 公司在 Little Barford 建造了商业规模的多硫化钠/溴电池储能调峰电厂，它与一座 680MW 燃气轮机发电厂配套。该储能系统储能容量为 120MW·h，最大输出功率15MW，可满足 1 万户家庭一整天的用电需求。2001 年，Regenesys 公司与美国田纳西流域管理局签订合同，为哥伦比亚空军基地建造一座储能容量为 120MW·h、最大输出功率为12MW 的 PSB 储能电池系统。但由于该体系存在难以解决的硫沉积和溴腐蚀等隐患，上述相关研究被迫暂停。目前 PSB 技术基本上被英国 Innogy 公司所垄断。

锌/溴液流电池目前还处于规模应用前期，世界上只有少数几家公司从事锌/溴液流电池的商业化开发，有美国的 ZBB Energy Corporation、Primus Power 和澳大利亚的 RedflowEnergy Pty Ltd、韩国的乐天化学等，国内安徽美能、百能汇通、大连化物所和陕西华银科技等公司也在开展相关工作。这些公司已经成功开发出容量为 10~400kW·h 不等的锌/溴液流电池示范系统。美国 ZBB 能源公司已经成功开发出 50kW·h 电池组并设计了 500kW·h电池系统，其中 1 个 400kW·h 电池系统安置在美国密歇根州用于负荷的管理。PremiumPower 公司是另一家能够生产锌/溴液流电池产品的美国公司，在加州、纽约等地微网系统中设立了 5 套 500kW/3MW·h 储能电池系统，用于满足用电高峰需求，同时保证电力的可靠性，目前主要产品为 25kW/125kW·h 模块。Redflow Energy Pty Ltd 公司设计的锌/溴液流电池产品主要针对太阳能、风能等新能源独立小电网的并网应用，小型家用光伏发电锌溴液流电池储能系统（5kW/10kW·h）已在澳大利亚、新西兰、美国等地成功实施。2022

年大连化物所成功开发出 10kW/30kW·h 用户侧锌溴液流电池系统。百能汇通在黄河水电百兆瓦光伏发电实证基地 20MW 储能项目和华能拓日格尔木光伏电站的复合型储能系统中分别提供了 1MW·h 和 4MW·h 的锌溴液流电池系统。

液流储能电池的大规模商业化应用还受到一定的限制，主要包括电极材料（稳定性好、机械性好、电化学活性高以及成本低）、隔膜（高选择性、高导电性、寿命长）和电解液（高浓度和高稳定性的电解液）和电池组结构优化等。受高材料成本、工作电流密度过低、稳定性差等因素影响，液流储能电池产业化技术还没有十分成熟。

11.5.8 锂离子电池

锂离子电池（lithium ion battery，LIB）是在锂电池基础上发展而来的。从 1970 年前后发现层状 TiS_2 等嵌入型化合物首次作为正极材料，到 1971 年日本松下电器公司首先发明锂氟化碳电池，锂电池逐渐走向实用化和商品化。较早发明的锂电池以锂单质作为负极，存在较大的安全隐患。1989 年，因为以金属锂为负极的 Li-MoS_2 二次电池发生起火事故，导致 Moli 公司破产。20 世纪 90 年代初由日本索尼能源技术公司发明并推出高比能量、长寿命的锂离子电池，使锂电池工业的发展大为改观。2019 年诺贝尔化学奖颁给了 John B. Goodenough、M. StanleyWhittingham、Akira Yoshino，以表彰他们对发明锂离子电池做出的贡献。

锂离子电池具有能量密度高、寿命长、自放电小、无记忆效应等优点，作为目前发展最快亦最受重视的新型蓄能电池，已广泛应用于手机、数码相机、摄像机和笔记本电脑等便携式电子设备领域，并向纯电动车和智能电网用储能电池等领域多元化方向推进。在交通领域，锂离子电池已成为支撑新能源汽车发展的支柱技术；在新型储能技术中，锂离子电池储能技术处于绝对的主导地位。

锂离子电池电能储存在嵌入（或插入）锂的化合物电极中，充放电时锂离子经过电解液在正负极之间进行脱嵌，也形象地称为摇椅式电池。基于锂离子迁移的特点，电池正负极活性物质应该具备让锂离子嵌入和脱出的特性。以手机中常用的 $LiCoO_2$-C 材料为例（见图 11-20），锂离子电池发生的电极和电池反应如下。

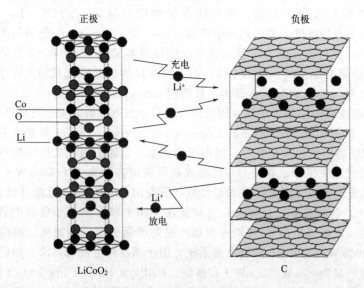

图 11-20　锂离子电池原理示意

正极：

$$Li_{1-x}CoO_2 + xLi^+ + xe^- \underset{充电}{\overset{放电}{\rightleftharpoons}} LiCoO_2$$

负极：

$$Li_xC_6 \underset{充电}{\overset{放电}{\rightleftharpoons}} xLi^+ + xe^- + C_6$$

电池反应：

$$Li_xC_6 + Li_{1-x}CoO_2 \underset{充电}{\overset{放电}{\rightleftharpoons}} C_6 + LiCoO_2$$

电池电压为 3.7V，容量和功率分别达到 $150mA \cdot h/g$ 和 $200W \cdot h/kg$。

从锂离子电池的发展来看，锂离子电池的电化学性能主要取决于所用电极材料和电解质材料的结构和性能，尤其是电极材料的选择和质量。廉价而性能优良的正负极材料的开发一直是锂离子电池研究的重点，图 11-21 给出了锂二次电池中可能作为正负极材料的电压（相对于金属 Li）和容量，目前商业化的锂离子电池负极材料主要是碳材料，正极材料包括 $LiCoO_2$、$LiMn_2O_4$、$LiNi_xCo_yMn_zO_2$ 和 $LiFePO_4$ 等，所用电解液为含有锂盐（如 $LiPF_6$、$LiBF_4$、$LiClO_4$、$LiBOB$、$LiFAP$ 等）的有机电解液（如 EC、DMC、DEC、EMC 等）。

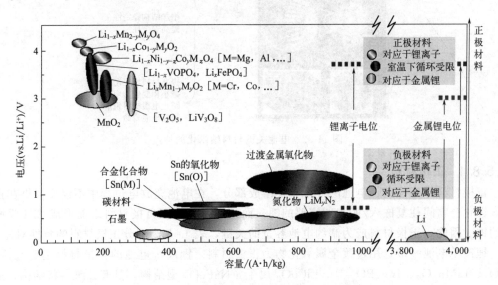

图 11-21　锂二次电池正负极材料的电压和容量

锂离子电池在充放电过程中包括锂离子的扩散和电子传导两个过程。锂离子在电极材料中的扩散与锂离子扩散系数和扩散长度有关，扩散时间可表示为：

$$\tau = \frac{L_{ion}^2}{D_{Li}}$$

式中，L_{ion} 是锂离子扩散长度，与嵌入化合物的粒子尺寸有关；D_{Li} 锂离子的扩散系数，与嵌入化合物的物质本性有关。离子在介质中输运的最短时间与扩散距离的平方成正比，与扩散系数成反比。离子在电极固相中的扩散一般是电极反应的最慢步骤。目前锂离子电池中的电极材料，颗粒直径一般为 $10\mu m$，显然，如果电极材料的尺寸降低到 100nm，离子输运最短时间将缩短 4 个数量级。而且由于单位质量的物质，其比表面积与尺寸成反比关系，小尺寸材料具有较大的比表面积，这使得在同样质量的情况下，小尺寸材料允许更高的单位面积电流密度。因此，电极材料纳米化是提升速率容量的有效方法之一。

在电极活性材料发生锂离子嵌入/脱出和电子的传输，可是，大多数电极活性材料特别是正极材料（例如 $LiMn_2O_4$ 或 $LiFePO_4$）是半导体甚至绝缘体，导致电极材料和活性材料界面间的电阻很大，限制了锂离子电池的高功率性能。纳米材料缩短了电子传输的距离，可以减轻低电子传导的限制。同时，通过包覆碳等导电性材料，形成薄的电子传导层，可有效减小界面电阻，是改善电极电子传输的有效方法。

纳米技术作为改善电池性能的关键因素之一，从电极过程动力学角度考虑，电极材料的微纳化，可以提升动力学性能，提高结构稳定性，改善电极材料与电解质溶液的浸润性，显著提高材料的电化学容量（见图11-22）。通过电池关键材料微纳化，以及单体材料与微纳多体结构组合，可以提升电池的综合性能。纳米技术已广泛应用于电极、电解质和隔膜等材料的制备过程中。

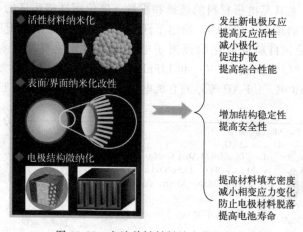

图 11-22　电池关键材料纳米化的特点

11.5.8.1　正极材料

正极材料作为锂离子电池的一个重要组成部分，在电池充放电过程中不仅要提供在正负极嵌锂化合物间往复嵌入/脱出所需要的锂，而且还要负担在负极材料表面形成 SEI 膜所需要的锂。因此，正极材料成为制约电池容量的关键，表11-8为部分正极材料的特性对比。

锂离子电池一般选用过渡金属氧化物为正极材料。锂离子电池的正极材料主要包括 $LiCoO_2$、$LiMn_2O_4$、$LiFePO_4$ 等。$LiCoO_2$ 属于 α-$NaFeO_2$ 型结构，具有二维层状结构，适宜锂离子的脱嵌。市场上流通的 $LiCoO_2$ 主要有两种类型，一类是球径为 $5\sim10\mu m$ 的材料，材料的堆积密度较高，主要用在笔记本电脑的圆筒形高能量密度电池；另一类是由球径为 $1\sim2\mu m$ 的颗粒组成二次球径为 $5\sim10\mu m$ 的新型材料，这类材料主要用于移动电话用的锂离子电池。由于移动电话多功能的需要，要求电池具有高功率放电特性，例如现有 GSM 体系的移动电话，脉冲放电时电流可达 2A 左右，电池的放电倍率为 $3\sim4C$。一次颗粒的小颗粒化，提高了其倍率放电性能，而团聚的二次颗粒则提高了堆积密度，现在移动电话用锂离子电池正极材料主流是二次球的 $LiCoO_2$。

表 11-8　锂离子电池用正极材料的特性对比

材料	理论容量 /(A·h/kg)	实际容量 /(A·h/kg)	堆积密度 /(kg/L)	体积容量密度 /(A·h/L)	电压 /V	安全性	成本
$LiCoO_2$	275	160	5.05	808	3.7	一般	高
$LiNiO_2$	274	220	4.80	1056	3.4	差	居中
$LiMn_2O_4$	148	110	4.20	462	3.8	好	低

续表

材料	理论容量 /(A·h/kg)	实际容量 /(A·h/kg)	堆积密度 /(kg/L)	体积容量密度 /(A·h/L)	电压 /V	安全性	成本
$LiCo_{0.2}Ni_{0.8}O_2$	274	180	4.85	873	3.4	稍差	居中
$LiMn_{0.5}Ni_{0.5}O_2$	280	160	4.70	752	3.8	好	较低
$LiFePO_4$	170	160	3.70	592	3.4	非常好	低

$LiCoO_2$ 充电产物 $Li_{1-x}CoO_2$ 中 x 的范围为 $0 \leqslant x \leqslant 0.5$，$LiCoO_2$ 的嵌锂容量与其结构有关，通过多种掺杂改性，例如 P、V、Mn、Ni、Cr、Al 或 Li 等取代，可以改善 $LiCoO_2$ 的电子传导率、层的有序性、可逆容量、脱嵌锂时的稳定性和循环性能。$LiCoO_2$ 常用的制作方法有高温固相法、共沉淀法、溶胶-凝胶法、喷雾干燥法和水热法等。由于层状 $LiCoO_2$ 材料存在热稳定性和安全性差、钴资源匮乏且 Co 有毒等缺点，大大限制了钴系锂离子电池的使用范围，尤其是在电动汽车和大型储能电池方面。

与 $LiCoO_2$ 相比，$LiNiO_2$ 的体积容量密度高，在价格和储量上占优势，且自放电率低、无污染，但受到工作电压低和制备困难的限制。由于很难批量制备理想的 $LiNiO_2$ 层状结构，循环容量衰退较快，以及安全性和热稳定性较差，其实用化进程一直较缓慢。为了提高 $LiNiO_2$ 的热稳定性和耐过充电性能，常用掺杂的方法进行改性，包括过渡金属（如 Co、Mn、Ti、Al 等）和碱土金属（如 Mg、Ca、Sr 等）掺杂。含部分 Co、Al 元素的 $LiM_xNi_{2-x}O_2$（M＝Co，Al）比 $LiNiO_2$ 的安全性和循环性都有所提高，其典型组成为 $LiNi_{0.8}Co_{0.15}Al_{0.05}O_2$，即 NCA 材料。NCA 材料综合了 $LiNiO_2$ 和 $LiCoO_2$ 的优点，不仅可逆比容量高，同时铝掺杂后增强了材料的结构稳定性和安全性，进而提高了材料的循环稳定性，是目前商业化正极材料中研究最热门的材料之一。目前 NCA 产品主要的应用领域为电动汽车和小型电池，如 AESC 为日产（Leaf）、Panasonic 为美国 Tesla、PEVE 为丰田（Pruis α）等车型供应的动力锂电池，小型电池主要为电动工具和充电宝使用的圆柱形电池。另一种三元类复合氧化物 [Li(NiMnCo)O_2] 材料（NCM 材料），该类材料充电到 4.2V 时容量可达 150mA·h/g，充电到 4.6V 时容量为 190mA·h/g，兼有 Ni 系材料大容量、Mn 系材料高安全性的特点。NCM 材料组成（$LiNi_xCo_yMn_zO_2$，$x+y+z=1$）由镍、钴、锰三元素配比决定，如 523、811 等，其中 523 指镍∶钴∶锰比例为 5∶2∶3，811 则是 8∶1∶1。NCM 三元锂离子电池作为新能源汽车的动力电池被广泛使用。随着人们对电动汽车续航里程的要求越来越高，高镍体系的 NCM 和 NCA 材料的研发也越来越迫切。

尖晶石型 $LiMn_2O_4$ 具有三维隧道结构，更适宜锂离子的脱嵌。$LiMn_2O_4$ 常用的制备方法有高温固相法、共沉淀法、溶胶-凝胶法、Pechini 法、乳液干燥法等，此外还有燃烧法、机械化学法、微波合成法等新方法。研究表明，Mn 溶解、姜-泰勒（Jahn-Teller）效应及电解液的分解是导致锂锰氧化物作为正极材料的锂离子电池容量损失的最主要原因。$LiMn_2O_4$ 在充放电过程中晶格不稳定性和可逆性差，当锂离子在 3V 电压区嵌入/脱出时，由于 Mn^{3+} 的 Jahn-Teller 效应引起尖晶石结构由立方对称向四方对称性转变，材料的循环性能恶化。通过材料纳米化，并向 $LiMn_2O_4$ 中引入适当的金属离子和氧、氟、硫、硒等阴离子进行掺杂，或进行颗粒表面包覆改性，可有效提高在高温下的循环稳定性。金属掺杂的高电压正极材料——尖晶石型 $LiMn_{2-x}M_xO_4$（M＝Ni，Fe，Cr，Co，Cu，Al 或 Li 等），电压大多在 4V 附近，有的还在 5V 左右。掺杂离子不参与锂离子（4V 区）脱嵌过程的电化学变化，只对尖晶石结构起支撑和"钉扎"作用，使其始终保持立方对称，保证晶体单胞在结构不变条件下的膨胀和收缩，较小的体积变化保证了较长的循环稳定寿命，同时掺杂也利于抑制电解液分解和 Mn 的溶解，减缓容量的衰减现象。尤其是 $LiMn_{1.5}Ni_{0.5}O_4$，通过 Ni^{2+} 氧化到 Ni^{4+} 以维持电荷平衡，减少

Mn^{3+} 的姜-泰勒（Jahn-Teller）效应，有助于稳定结构，电压平台在 4.7V，增大了电池容量（比容量达 147mA·h/g），室温下有较好的循环性能和倍率保持能力，有希望用于电动车用正极材料，但目前还存在提高温度时容量显著衰减的问题。锰酸锂电池能量密度低、高温下的循环稳定性和存储性能较差的问题，大大限制了其产业化发展，因而锰酸锂仅作为国际第 1 代动力锂电池的正极材料。

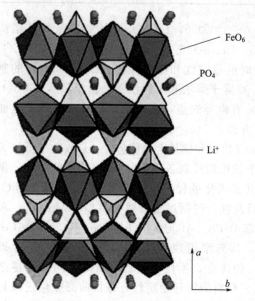

FeO₆

PO₄

Li⁺

图 11-23　LiFePO₄ 结构示意

橄榄石型 $LiFePO_4$ 具有充放电平台平稳，充放电过程中结构稳定，更安全，更环保，更廉价，可以在高温环境下使用等多种优势，是目前最热门的电动汽车电池技术之一，也是电力储能系统的热门候选技术之一。$LiFePO_4$ 为 *Pnmb* 正交空间群，磷原子占据四面体结构，铁和锂均占据八面体结构，FeO_6 八面体在 *bc* 面上共用一个顶点，并且 FeO_6 在 *ac* 面中形成平行于 *c* 轴的 *Z* 型链。铁离子位于八面体的 *Z* 字链上，锂离子位于交替平面八面体位置的直线链上。所有的锂均可发生脱嵌，得到层状 $FePO_4$ 型结构（见图 11-23），容量可达 160 mA·h/g（达到理论容量的 90%），放电电压相对金属锂为 3.4V。$LiFePO_4$ 的合成方法主要有固相合成法、水热法、共沉淀法、乳化干燥法、机械化学激活法和微波加热法等。

$LiFePO_4$ 真实密度（3.7kg/L）相对其他电极材料较小，从而导致材料振实密度低，并且材料的导电性能差。对于 $LiFePO_4$ 真实密度较小这一问题，可从工艺上增加材料的振实密度。目前研究工作集中在解决它的电导率问题上。$LiFePO_4$ 本身的电子导电能力和锂离子传导能力较差，克服上述限制的方法之一是使它在适当的高温下工作，另一方法是通过适当的合成工艺和控制材料粒径等途径强化材料的电子和离子传导能力，如添加导电剂、掺杂金属离子、氟离子或加入金属粉末诱导成核等，提高 $LiFePO_4$ 的电导率。

通过原位聚合方法合成的核壳结构的 $LiFePO_4$/碳复合材料，高度结晶的 $LiFePO_4$ 核直径为 20～40nm，壳结构为半石墨化碳，厚度为 1～2nm，碳层包覆保证了电子沿着每一个 $LiFePO_4$ 颗粒表面传导，减小了界面电阻，而且锂离子也很容易通过包覆薄的碳层在 $LiFePO_4$ 网络进行脱嵌。在 100mA/g 的电流密度（约 0.6C）下，$LiFePO_4$/碳复合材料的比容量达 168mA·h/g，在 10A/g 的电流密度（约 60C）下，仍能释放出 90mA·h/g 的容量，图 11-24 为 $LiFePO_4$/碳复合材料的结构特征和不同电流密度的充放电曲线。

碳包覆或金属包覆仅是从外观上改变了粒子的大小以及粒子间的紧密结合程度，减小了锂离子在固相中的扩散路径，使锂离子的传导率提高，而金属离子掺杂不仅改变了粒子的大小，而且通过掺杂造成了材料的晶格缺陷，从而有效提高了材料自身的离子导电性。通过有效控制，掺杂金属（Mg、Al、Ti、Nb、W）离子的 $LiFePO_4$ 电导率可提高 8 个量级，合成的材料在低倍率下几乎达到理论容量，在 40C（6000mA/g）的高倍率下仍有明显的 3V 放电电压平台。

相比于 $LiFePO_4$，其他橄榄石型 $LiMPO_4$（M＝Mn、Co、Ni）材料具有较高的脱嵌锂电位，$LiMnPO_4$、$LiCoPO_4$ 和 $LiNiPO_4$ 放电平台分别达到 4.1V、4.8V 和 5.1V（vs. Li/Li^+），从而提高正极材料的能量密度。但这些材料除了离子导电性很低外，电子导电性也

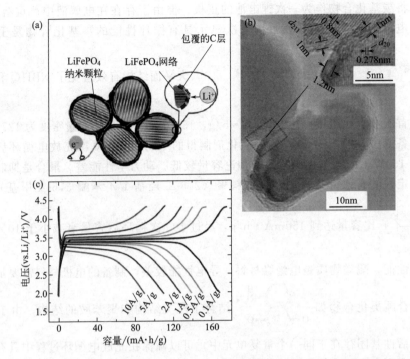

图 11-24 LiFePO$_4$/碳复合材料的结构特征示意（a）、TEM 图（b）和不同电流密度的充放电曲线（c）

低于 LiFePO$_4$，电化学活性较差，因此，需要通过粒子尺寸纳米化、换位掺杂、增强粒子之间的电子接触等来改善这些问题。LiMnPO$_4$ 和 LiCoPO$_4$ 在高电压高能量密度锂离子电池方面具有较强的竞争力，但目前离实际应用还有很长距离。

考虑到橄榄石型结构 LiMPO$_4$ 中，M^{n+}/M^{n+1} 氧化还原电势能够通过聚阴离子配位来调控，由此研究人员发展了 Li$_2$Mn$_{1-x}$Fe$_x$SiO$_4$ 系列硅酸盐正极材料体系，实现了 Li$_2$MnSiO$_4$、Li$_2$Mn$_x$Fe$_{1-x}$SiO$_4$ 的多电子交换（>1.6e$^-$）。当 $x=0.5$ 时，分子可以迁移 1.29 个电子，容量达到 214mA·h/g，为理论容量的 86%。

NASCION 结构的 Li$_3$V$_2$(PO$_4$)$_3$ 具有结构稳定、工作电位高（3.6~4.5V，vs. Li/Li$^+$）、理论比容量高、可逆性好等特点，开放的 NASCION 框架结构有利于锂离子的扩散和传输，是很有发展潜力的锂离子电池正极材料之一。

此外，因为有机化学可以调控材料的结构和功能，有目的地设计电极材料，因此有机正极材料也开始受人关注。有机化合物正极材料的反应机理与普通的锂离子电池相同，不仅具有高的能量密度（理论容量大，可接近 1000mA·h/g）和功率密度，而且不使用重金属，质量较轻，资源限制也比较小。通常，有机羰基化合物和共轭的多羰基化合物（如醌类）发生的可逆脱/嵌锂反应如下：

早期曾将羰基化合物作为一次锂电池的正极，但由于存在在电解液中严重溶解等问题，限制了有机电极材料的进一步发展。首次显示具有循环性能的羰基化合物是壬苯并六醌（NBHQ，），大平面结构有效避免了 NBHQ 和部分还原态的溶解，首次放电比容量可达 377mA·h/g，150 次循环后平均能量密度为 127W·h/kg。通过改进制备方法，加入 H_2SO_4 作为氧化剂制得的 NBHQ，500 次充放电循环后平均能量密度增加到 160W·h/kg。但该材料的理论容量较低、动力学性能差。聚合是抑制溶解进而提高循环稳定性的有效方式。聚合物材料聚（2,5-二羟基-1,4-苯醌-3,6-亚甲基）（PDBM，）比容量达到 150mA·h/g，经过 100 次循环后容量衰减小于 10%，表现出良好的循环性能。醌类物质是电绝缘材料，导电性能较差，制备的电极材料需要加入大量的导电剂。聚合醌类化合物如 结合了醌类结构和聚苯胺的结构，由于聚苯胺导电骨架与醌活性基团存在于同一个重复单元中，可以确保在充放电循环过程中具有氧化还原活性的醌基团不会离开电极，在增加导电性的同时又降低了材料的溶解，初始发电容量达到 300mA·h/g，接近于其理论容量，循环过程中的平均容量约为 200mA·h/g，放电电压从 2.5V 升高到 2.7V。大的多环醌类结构可以提高小分子的 π-体系，从而提高其理论容量。同时，用 S 替代—NH—基，可以形成另一类含硫的羰基聚合物电极材料，所得材料显示了很好的循环稳定性和导电性。除聚合以外，通过形成锂盐增加极性也可以减少有机电极材料的溶解。对于能形成分子间氢键的有机电极材料来说，构建分子间氢键以抑制有机活性物质的溶解，也是获得高稳定性有机正极材料的潜在策略。以芘-4,5,9,10-四酮（PTO）为活性单体（理论容量 408mA·h/g）、氨基（—NH₂）为氢键供体合成的 2,7-二氨基-4,5,9,10-四酮（PTO-NH₂）正极材料，C=O 和 NH₂ 间电子离域极化有助于分子间氢键形成，在分子间氢键作用下 PTO—NH₂ 晶体呈现横向二维伸展和纵向 π-π 堆积结构。氢键网络结构的引入，可以稳定材料在电化学过程中的两电子中间反应态，更有利于两电子态向四电子态发生稳定转变，因而 PTO—NH₂ 比 PTO 具有更稳定的循环性能。此外，—NH₂ 的引入扩大了共轭平面，缩小了过电位，加快了电子传导和 Li⁺ 嵌入过程，提高材料活性中心利用率至 95%。

有机化合物能够实现双电子以上反应，其间还发现有四电子参与反应的物质。如二锂盐的氧碳化合物（玫棕酸二锂盐，）能够可逆地进行四电子反应，初始放电容量达 580mA·h/g，该材料具有比容量高、能量密度高、热稳定性好等优点，而且可以从可再生材料中合成。玫棕酸四锂盐 $Li_4C_6O_6$，可以还原为 $Li_2C_6O_6$，氧化到 $Li_6C_6O_6$，对锂显示出非常好的电化学性能，可逆容量达到约 200mA·h/g，50 次循环之后容量只衰减了 10%。四锂盐为二锂盐和六锂盐的氧化还原中间状态，以二锂盐作为正极，六锂盐作为负极可以组装成正负极全部为有机材料的锂离子电池，开路电压虽然不到 1V，但为构建全部为有机材料的锂离子电池提供了思路。

　　基于金属有机框架（MOF）和共价有机框架（COF）的电极材料具有活性位点和孔道丰富、结构稳定、合成可控等优势，作为一类具有高度对称性的聚合物分子，能够有效地改善有机小分子易溶于有机电解液的问题，从而受到了人们的广泛关注和研究。基于金属和配体双活性位点的二维 MOF-Fe-TABQ（TABQ＝tetraamino-benzoquinone，四胺基对苯醌）用于锂离子电池正极材料，该材料以对苯胺为桥梁，通过金属铁离子与配体间的 d-π 共轭相互作用连接成链状结构，再通过链间分子间相互作用最终形成交错堆叠的二维层状结构。测试结果表明，Fe-TABQ 中的金属离子和 TABQ 配体中的共轭羰基及亚胺键同时具有电化学活性，能够在 $1.3 \sim 3.6V$（vs. Li^+/Li）电压区间连续可逆地嵌入/脱出 3 个电子。在 $50mA/g$ 电流密度下，Fe-TABQ 展现出 $250mA \cdot h/g$ 的高可逆比容量。在 200、500、800mA/g 电流密度下经历 200 次充放电循环，其容量保持率均大于 95%。

　　以 s-茚二烯-1,3,5,7(2H,6H)-四酮（ICTO，Janus dione）为边，1,3,6,8-四(4-甲酰苯基)芘（TFPPy）或 2,5,8,11-四(4-甲酰苯基)苝（TFPPer）为顶点，通过 Knoevenagel 缩合反应分别得到基于 Janus 二酮的 TFPPy-ICTO-COF（理论容量 $361mA \cdot h/g$）和 TFPPer-ICTO-COF（理论容量 $341mA \cdot h/g$）正极材料。这些 COF 材料通过烯烃单元 sp^2 碳连接，是完全共轭的，具备二维晶体结构、优异的孔隙率和丰富的氧化还原活性基团，其中 TFPPy-ICTO-COF 具有高的电子电导率（10^{-3} S/cm）和离子迁移率 [$7.8cm^2/(Vs)$]，在 0.1C 倍率下容量高达 $338mA \cdot h/g$，循环 1000 次容量保持率高达 100%，作为锂离子电池正极材料具备良好的电化学性能。

　　聚合物锂离子电池是指在正极、负极与电解质这三种主要构造中，至少有一项或一项以上使用高分子材料作为主要的电池系统。目前所开发的聚合物锂离子电池系统中，高分子材料主要应用于正极及电解质。正极材料包括导电高分子聚合物或一般锂离子电池所采用的无机化合物，电解质则可以使用固态或胶态高分子电解质。由于用固体电解质代替了液体电解质，聚合物锂离子电池具有可薄化、任意面积化与任意形状化等优点，也不会产生漏液与燃烧爆炸等安全上的问题，因此可以用铝塑复合薄膜制造电池外壳，从而提高整个电池的比容量。

　　聚合物正极材料主要包括导电型聚合物和自由基聚合物、无机硫化物、有机多硫化物等。导电型聚合物主要有聚苯胺、聚吡咯、聚噻吩和聚丙苯等，材料本身既能导电，又是活性物质，因此可提高活性物质的利用率。目前主要通过对正极进行改性处理、制备复合正极和开发新活性物质来提高电极性能。

　　自由基聚合物通过得失电子反复发生氧化还原反应时，分子链不断裂，不产生单个阴离子或阳离子，因而具有优良的充放电循环稳定性。快速的反应动力学性能是自由基聚合物电极材料最主要的优势，通过提高容量、工作电压、稳定性等，有希望和传统锂离子电池电极材料相比。研究的大部分自由基聚合物是氮氧基聚合物材料，如合成的自由基聚合物——聚

4-甲基丙烯酸-2,2,6,6-四甲基哌啶-1-氮氧自由基（PTMA，），电极能够在 1min 内充放电，且具有极好的容量，充放电时无分子链的断裂，经过 1000 次循环，容量能保持初始容量的 89%，表现出良好的循环稳定性和快速充放电性能。目前自由基聚合物用作锂离子电池正极材料研究较少。

无机硫化物理论比容量可达 $1672mA \cdot h/g$，但生成的多硫化锂易溶于液体电解质，造成电池循环性能较差。目前解决的途径主要有：①使用聚合物电解质，减少活性物质溶解；②采用低的电解液与硫质量之比（E/S），以及选择合适电解液，降低贫液条件锂硫电池正极反应的电化学极化；③将多硫化物嵌入到导电性材料的微孔中；④通过添加无机材料或采用其他方法，改变材料的孔径、比表面积和形貌，提高电性能。

有机多硫化物正极材料分为线形多硫化物和网状多硫化物。在线形多硫化物中，研究最多的是聚 2,5-二巯基-1,3,4-噻二唑（PDMcT）。它通过 S—S 键的反复断裂与键合，进行能量的释放与储存，缺点是反应速率慢，氧化还原的动力学性能较差，S—S 键断裂后，分子易溶解。用聚苯胺（PAn）作为电催化剂，可加快反应速率，加入纳米钯，可提高比容量和循环稳定性。通过内部结构改变，将有机二硫化物和导电化合物共聚，制备共轭型有机多硫化物，有利于提高单体及聚合物中双硫键的还原反应速率，聚合物形成的网络结构能使断裂的硫硫基更容易结合。PDMcT/PAn 添加到氧化石墨烯层中形成层状结构可以提高材料的循环稳定性。聚丙苯和聚苯的二硫化物中，聚蒽 [1',9',8']-[4',10',5']-双-[1,6,6a(S^{IV})-三硫]环戊二烯（PABTH，）理论容量达到 $441mA \cdot h/g$（假设 6 电子反应过程），依赖于溶解情况，PABTH 在醚类电解液中的循环性能要好于碳酸盐类电解液。苯和 1,2,4-二噻唑的聚合物（）具有不饱和的 7π 电子二噻唑片段，不但能提高聚合物的导电性（$2.7 \times 10^{-2}S/cm$），而且作为参与两电子还原及单电子氧化的氧化还原活性中心，相应的理论容量达到 $452mA \cdot h/g$。在聚合过程中，[$\,-(SRS)_n + 2ne^- + 2nLi^+ \rightleftharpoons nLiSRSLi\,$]，通过改变 R 基团的电子结构，例如从供电子的羟基变为拉电子的羟基，开路电压可以从 2.3V 增加到 3.0V（vs. Li/Li^+）。有机二硫聚合物电极材料曾用于较高温度下（典型的为 $80 \sim 130℃$）的固态锂电池的测试。由于有机结构框架本身的质量和二价硫的限制，有机二硫聚合物的理论容量一般低于 $500mA \cdot h/g$，采用聚硫化物替代二硫化物，可以增加电极材料中硫的含量，提高有机多硫化物的电化学容量（通常达到 $500 \sim 900mA \cdot h/g$），但容量衰减很快。

在氩气保护条件下，将升华硫和聚丙烯腈（PAN）的混合物加热可以形成具有共轭电子的导电聚合物-硫复合物（SPAN）。硫是有效的脱氢剂，脱氢导致 PAN 发生环化，有助于形成骨架结构和硫的规则分布，并能达到较高的硫负载量。虽然硫和 PAN 都绝缘，但 SPAN 具有 $10^{-4}S/cm$ 的优异电导率。在放电过程中，断开的—S_x—链先生成—S_yLi 段，随后 y 的值逐渐降低直到 C-S 键断裂，最终形成不溶的 Li_2S。在充电过程中，碳共轭键先失去电子生成自由基，再迅速和 Li_2S 结合生成 C—SLi，并通过进一步充电重新生成—S_x—链。腈类衍生的有机硫聚合物的化学结构可以看作是短链—S_x—共价键合到含有吡啶 N 单元的环化碳骨架上，共聚物直接转化为不溶性 Li_2S，从而避免了多硫化锂的穿梭，所得电池具有良好的循环性能。然而与其他共聚物相比，腈类衍生的有机硫聚合物有一些明显的缺点，主要是硫含量较低、放电电压相对较低（约 1.85V），低于典型锂硫电池的平均电压（2.1V）。

硫醚经过可逆电子得失可以形成稳定的阳离子基团：

$$RSR + X^- \rightleftharpoons RS^+ RX^- + e^-$$

式中，X^- 是电解液中的阴离子，用于平衡电荷，这一过程类似于 p-型聚合物例如聚苯胺和聚吡咯的掺杂-去掺杂过程，因此将硫醚类称之为 p 型有机硫聚合物。该类聚合物容量不受掺杂的限制，可以达到较高的能量密度和较好的容量保持率。其中聚四氢苯并双噻吩

(PTBDT, 结构式) 的最大容量达到 $820mA \cdot h/g$，稳定放电容量约为 $560mA \cdot h/g$，放电电压约 2.3V，硫杂环戊烷环和聚苯主链之间可以进行电子转移。

硫基正极具有理论比容量高、储量丰富、成本低廉等优点，但对于硫基正极材料，还存在如下关键问题：

① 单质硫在室温下为电子和离子绝缘体，制作电极时需添加大量的导电剂（如乙炔黑），致使电极体系的能量密度降低；

② 单质硫在放电过程中会被还原成易溶的多硫化物，造成活性物质流失，并且多硫化物溶于电解液后，会恶化其离子导电性；

③ 由于穿梭效应，溶于电解液的多硫化物会穿过隔膜直接接触金属锂负极，发生自放电反应；

④ 多硫化物与锂负极反应生成的硫化锂等产物导电性差且不溶解，引起电池负极的腐蚀和电池内阻增加，导致电池循环性能变差，容量逐步衰减；

⑤ 充放电过程中硫电极会发生相应的收缩和膨胀，一定程度上破坏电极的物理结构。

这些问题导致硫活性物质利用率低、电化学可逆性差以及容量衰减快等，制约了锂硫二次电池的发展，这也成为目前锂硫二次电池研究的重点之一。

目前，硫基复合材料已成为锂硫二次电池正极材料研究的主流，如多孔-介孔碳/硫、聚合物/硫等，其基本思想是将单质硫以纳米尺寸与基体材料复合或化合，以达到提高硫基正极的电化学活性、可逆性和循环稳定性的目的。

11.5.8.2　负极材料

现在商品化锂离子电池广泛使用的负极材料是碳材料。碳材料因其化学成分、石墨化程度、微晶结构和表面形态不同，可以分为软碳和硬碳。软碳中石墨微晶间取向差别小，结合力弱，在高温下微晶容易排列为石墨晶体，这一类碳也称为易石墨化碳，例如石油焦、中间相碳微球（MCMB）和气相生长碳纤维（MCF）等；硬碳中石墨微晶间取向差别大，存在交联，结合力强，即使在高温下也不容易转动，很难转变为石墨，也称为非石墨化碳或难石墨化碳，例如聚糠醇树脂碳、酚醛树脂碳和聚苯胺碳纤维等，这类碳容量可超过石墨的理论容量，由于硬碳中具有可以储存锂原子的微孔，将使电池工作电压窗口变宽，在不同倍率下充放电均具有高功率，但也存在不可逆容量大、密度小和锂嵌入电位高等缺点，表 11-9 列出了几种高比容量的难石墨化碳材料。

表 11-9　高比容量的难石墨化碳材料

材料	比容量/(A·h/kg)
糠醇树脂热解	450
含硫聚合物	500
聚苯酚	580
PVC，聚对亚苯基(PPP)，环氧酚醛树脂	≥700

碳负极材料的发展主要经历了三代：第一代中间相碳微球（MCMB）和微碳纤维（MCF），材料可逆容量约为 $310mA \cdot h/g$，不可逆容量约为 $20mA \cdot h/g$，这类材料的电极

制备工艺简单，电极倍率放电性能好，但价格比较高。第二代是低表面积的人造石墨，可逆容量约为 330mA·h/g，不可逆容量约为 30mA·h/g，价格比较便宜，现在是负极碳材料的主流之一。第三代材料是高堆积密度的天然石墨，可逆容量约为 350mA·h/g，不可逆容量约为 40mA·h/g，单纯的天然石墨不能直接用于锂离子电池负极材料，必须通过造型、表面修饰、氧化处理和掺杂等改性处理，提高电极的充放电特性和降低不可逆容量。天然石墨、人造石墨及中间相碳微球总计约占负极材料市场的 95% 以上，其中电动工具和 3C 用电池一般采用天然石墨，而动力电池则主要采用人造石墨及中间相碳微球。

石墨烯（graphene）是一种新型碳纳米材料，由 sp^2 杂化的单层碳原子紧密堆积成二维蜂窝状结构，锂离子不仅可以被束缚在石墨烯单层的两面，而且可以被束缚在石墨烯单层的边缘和共价位置，其理论储锂容量约为传统石墨材料的 2 倍，因此，石墨烯材料将极大地提高负极材料的储锂容量，进而提高锂离子电池的能量密度和倍率性能，在锂离子电池领域中具有潜在的应用。

目前，碳材料的能量密度已接近其理论比容量，而且由于嵌入电压较低，易造成电解液的分解和负极表面形成固体电解质膜（SEI 层）。电解液释放的气体增加了电压内部的压力，在长期的循环过程中，不稳定的 SEI 层促进了电解液的分解，恶化了电池系统的安全性。快速充电时（特别是在低温下），将导致锂沉积在负极表面，使电池性能退化，严重时将导致热失控。为了实现电池高能量密度化，高容量新型负极材料如 Sn 基、Si 基、Ti 基材料等也在研究开发中。随着技术的进步，目前锂离子电池负极材料已经从单一的人造石墨发展到了天然石墨、中间相碳微球、人造石墨为主，软碳/硬碳、无定形碳、钛酸锂、硅碳合金等多种负极材料共存的局面。

1996 年，日本富士胶片公司曾推出 STALION 品牌的以非晶态锡基复合氧化物 ACTO（amorphous tin composite oxides）为负极的锂离子电池，这种电池与以碳材料为负极的锂离子蓄电池相比具有更高的体积和质量比能量（可达 500mA·h/g 以上），但首次不可逆容量也较大。通过向锡氧化物中掺入 B、P、Al 及金属元素，制备出非晶态（无定形）结构的锡基复合氧化物，其可逆容量达到 600mA·h/g 以上，体积比容量大约 2200mA·h/cm^3，是碳材料负极（500～1200mA·h/cm^3）的 2 倍以上，循环性能也较好。以 $LiCoO_2$ 为正极，组装的电池在 2.8～4.1V 电压范围内充放电 100 次后，容量仍保持 90% 以上，显示出较好的应用前景。该材料需要解决的问题是首次不可逆容量仍较高，充放电循环性能也有待进一步提高。

过渡金属氮化物和磷化物具有较低的金属氧化态和较强的金属-磷属元素共价键，能给出较低的嵌锂电位。MnP_4 具有简单的层状结构和良好的电导率（约为 10^{-2} S/cm），将其作为负极材料组装成锂离子电池，当嵌锂还原时，MnP_4 结构中的 P—P 键断裂形成 Li_7MnP_4，脱锂氧化时又可逆形成 MnP_4。在室温下 MnP_4 和 Li_7MnP_4 可发生一级规整转变，其晶相间的可逆转变受电化学氧化还原过程控制。CoP_3 的可逆容量达到 1000mA·h/g，大约循环 10 次以后容量衰减到 600mA·h/g，然后在 400mA·h/g 以上达到稳定。含锂过渡金属氮化物负极材料最具代表性的是 Li_7MnN_4 和 $Li_{3-x}Co_xN$，该类材料在充放电过程中，以过渡金属价态变化来保持电中性，充放电电压平坦，没有不可逆容量，且循环性能较好，特别是这种材料作为锂离子电池负极时，还可以与不能提供锂源的正极材料匹配组成电池。但过渡金属氮化物材料处于富锂状态，在空气中不稳定，电池的实际制备工艺非常困难，目前这种材料的脱嵌机理及充放电循环性能还有待于进一步研究。

锂离子可以嵌入到 IVA 族元素 Sn、Si 等形成金属间化合物，例如 Sn 形成 $Li_{22}Sn_5$，容量可达 994mA·h/g，Si 形成 $Li_{4.4}Si$，容量达 4200mA·h/g。如果上述材料能够应用，完全可能实现电池高能化。但该类材料充放电时面临体积严重膨胀（300%～400%），结构稳定性差和锂残留的难题。高容量化的同时必然引起大的体积膨胀，随着充放电循环进行，较大的体积膨胀导致合金粉化，电极材料容量衰减。目前提高这类材料性能的基本思路主要是：①材料纳米化。通过减小活性物质的颗粒尺寸，降低微粉化程度，其循环性能将会得到改善，并且小颗粒通过相对松散的堆积方式，整体电极的体积膨胀会有所抑制，这没有从本质上解决体积膨胀问题；②利用"缓冲骨架"来补偿材料的膨胀，这种缓冲行为是通过两种合金来实现的，通过能与锂合金化的相分散到不跟锂合金化的非活性相中，不跟锂合金化的非活性相缓冲和抑制活性成分的体积膨胀，形成颗粒间的导电通路，提高其循环性能。

锂电池技术的不断进步以及下游锂电池的细分应用领域进一步拓展，促使负极材料不断进行着技术、工艺和新产品的升级，以满足不同类型应用场景和市场的需求。新能源汽车动力电池负极材料使用量增长，拉动了动力电池对人造石墨负极材料的需求。目前，石墨材料的比容量性能逐渐趋于理论值，为进一步提升动力电池的能量密度，新型负极材料正在积极研发中。硅负极可以分成硅碳（Si/C）和硅氧（SiO/C）两种，商业化的硅碳和硅氧选择纳米化的硅与氧化亚硅与石墨材料的复合。硅碳负极单品能量密度可以达到 $1000mA \cdot h/g$ 以上，实验室可以做到 $1800mA \cdot h/g$。只要能够解决硅碳的长循环、低膨胀，加之本身容量很高的性能，很适用于动力电池、电动工具等领域。目前，硅基负极材料主要应用在高端 3C 数码、电动工具、高端动力电池等领域，随着高镍三元材料 NCM811、NCA 及其他配套材料的技术逐渐成熟，硅碳负极搭配高镍三元材料的体系将成为未来锂离子电池发展趋势。

不同于便携式电子设备和电动车应用，固定储能系统可降低在质量和空间方面的苛求，因此可使用金属氧化物作为负极材料，如 Fe_2O_3、V_2O_5、TiO_2、$Li_4Ti_5O_{12}$ 等。与石墨相比，这些金属氧化物负极材料更安全。金属氧化物负极材料嵌入电压较高，虽然降低了电池的开路电压，但提高了电池安全性和稳定性，更适于固定储能应用。$Li_4Ti_5O_{12}$ 作为长寿命的负极材料，具有非常平坦的电压平台（$1.55V$ vs. Li/Li^+），在锂嵌入/脱出时几乎是"零结构应变"，极大地延长了 $Li_4Ti_5O_{12}$ 电池的循环寿命。钛酸锂（$Li_4Ti_5O_{12}$）具有尖晶石结构所特有的三维锂离子扩散通道，具有功率特性优异和高低温性能佳等优点，图 11-25 为 $Li_4Ti_5O_{12}$ 在不同放电倍率下的充放电曲线。

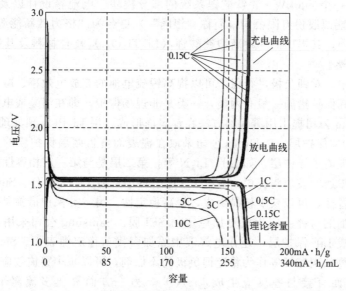

图 11-25　$Li_4Ti_5O_{12}$ 在不同放电倍率下的充放电曲线（充电倍率 $0.15C$）

钛酸锂电池虽然能量密度偏低，但兼顾大倍率和长寿命的要求，倍率循环寿命是传统锂离子电池的 6～8 倍，应用市场主要有电动车（巴士、轨道交通等）、储能市场（调频、电网质量、风场等）及工业应用（港口机械、叉车等）。国际上能够批量生产钛酸锂电池的厂家并不多，主要以美国奥钛纳米技术公司与日本东芝集团为代表。美国奥钛在钛酸锂电池制造方面有其独特的核心技术，在国际上大规格钛酸锂电池制造方面处于领先地位，并已解决了所谓的"胀气"问题。目前其第 4 代 65A·h 单体钛酸锂电池已用于储能系统，在 65C 循环上万次仍无明显的容量衰减。奥钛还为美国能源企业 AES 提供了 2 套用于电网调频能量存储系统，其 1MW 大容量高功率储能机组是目前在美国电网（PJM，ILP）中唯一得到 2 年多实地商业运作和性能质量检验通过的大容量钛酸锂电池产品。储能系统循环次数超过 500000 次，充放电总电量超过 3300MW·h，系统容量损失小于 2%，且功率并没有明显的衰减。

日本东芝批量生产以 "SCiB" 为品牌的钛酸锂电池。其中 3.2A·h、10A·h 及 20A·h 铝壳方形电池主要用于电动摩托、电动汽车及汽车启停电池。SCiB 电池有着快速充电和长寿命的优势，10min 即可充电 90% 以上，反复充放电 3000 次电量容量衰减不足 10%，已经批量应用于 "EV-neo" 电动摩托车上。在储能方面，东芝借日本新阳光计划正在将钛酸锂电池应用到大规模储能电站及家庭储能系统。另一家日本企业（村田）开发了采用 5V 镍锰酸锂为正极的新型钛酸锂电池。其电压差为 3.2V，能量密度可达到 130W·h/kg，超过了目前磷酸铁锂电池的水平。

国内钛酸锂电池生产厂家主要有湖州微宏、珠海银隆、天津市捷威动力工业有限公司、四川兴能、中信国安盟固利电源技术有限公司、湖南杉杉及安徽和深圳周边的多家规模较小的电池生产厂家。湖州微宏的 10min 快速充电电池系统已装备了超过 3000 辆混合动力为主的电动大巴，主要销往英国、荷兰及中国重庆等地。在储能市场方面，湖州微宏分别在美国的佛蒙特州及中国重庆安装了用于电网调频及电网需求管理的 LpTOTM 钛酸锂电池储能系统。珠海银隆生产的钛酸锂电池依靠安全、耐低温、充电快、寿命长等优势，已经在新能源汽车、储能等领域应用，其生产的新能源汽车在北京、天津、成都、哈尔滨、海口等全国 220 多个城市运营。在储能市场，为张北风光储输示范站和深圳宝清电池储能站分别提供了 2 个 2MW·h 和一个 600kW·h 钛酸锂系统的部分模块、电池箱设计以及系统解决方案。2021 年，银隆新能源股份有限公司（简称"银隆"）更名为"格力钛新能源股份有限公司"（简称"格力钛"），其提出的一种新型钛酸锂（$Li_4Ti_5O_{12}$）复合材料及其制备方法，获第 23 届中国专利金奖。

在锂硫电池中，对锂负极进行保护可以提高锂硫电池的充放电效率、减小自放电，提高电池的安全性。其保护措施一般有两类，一类是非现场保护，即在组装成电池之前对锂进行保护，如 Samsung 公司提出用溅射的方法在锂表面形成一层 Li_3PO_4 预处理层，后通 N_2 在锂表面形成 LiPON 保护层。Polyplus 公司采取在锂表面覆盖两层保护膜的方案，第一层是与锂相容性好的锂离子导体层，如 LiI、Li_3N 等，第二层是与第一层相容性好、能传导锂离子且能防电解液渗透的玻璃陶瓷层，含有 P_2O_5、SiO_2、Al_2O_3 等成分。Sion Power 公司还提出以锂合金代替锂，可以减少枝晶生成，提高稳定性。另一类保护措施是现场保护，即通过电解液中的添加剂与锂反应生成更加稳定的 SEI 膜。Samsung 公司采用含氟隔膜，可以在锂负极表面生成 LiF 保护层，还在电解液中添加卤代苯稳定锂表面。Sion Power 公司用含 N—O 键化合物如硝酸锂等作为稳定锂负极的添加剂，可以减小穿梭效应。这类添加剂的作用机制是一方面直接与锂反应生成 Li_xNO_y，另一方面氧化多硫离子在锂表面生成 Li_xSO_y，二者均可加速锂的钝化。

在高倍率或长时间循环状态下，金属锂上仍有可能生长枝晶或粉化，带来安全隐患。通过使用金属锂与高容量嵌锂材料组合，形成"硫-锂离子电池"，有可能会降低锂硫电池的安全性问题。电池首先放电，然后进入与通常锂离子电池相似的工作状态。例如以 $Li_2S/CMK-3$ 纳米复合材料为正极、以硅纳米线为负极的原理性电池，理论比能量为 $1550W \cdot h/kg$，接近 $LiCoO_2$/石墨电池理论比能量的 4 倍。该电池实际比能量达到 $630W \cdot h/kg$（基于活性物计算），20 次循环容量衰减至 52%，显示出较差的循环性能。而 $Sn-C/PEO-ZrO_2/Li_2S-C$ 电池体系，容量达到 $600mA \cdot h/g$，电压为 2V，电池体系表现出良好的循环稳定性，在 C/5 倍率下放电，Li_2S 循环 80 次容量保持 $400mA \cdot h/g$，之后放电倍率降至 C/20，容量又回升至 $1000mA \cdot h/g$，这说明在适当的电解质体系中，"硫-锂离子电池"可具有很好的循环性能。

11.5.8.3　隔膜

隔膜是电池的重要组成部分，其性能决定了电池的界面结构、内阻等，直接影响电池的容量、循环性能等特性。锂离子电池隔膜的材料主要有聚丙烯、聚乙烯单层微孔膜，以及它们的多层复合微孔膜。微孔膜的生产方法主要有相分离法和拉伸致孔法，主要包括湿法隔膜和干法隔膜两大技术路线。隔膜制备关键技术包括造孔技术及基体材料等，造孔技术包括隔膜造孔工艺、生产设备及产品稳定性；而基体材料包括聚丙烯、聚乙烯和添加剂。所采用基体材料与隔膜力学性能以及与电解液的浸润度有直接联系。通过隔膜的表面改性和设计新型电解质隔膜，可以改善隔膜的润湿性，提高电池的循环性能。如采用浸渍法将掺有纳米 SiO_2 的 PEO 涂覆在 PP 微孔膜（Celgard 2000）表面，可明显改善隔膜的润湿性能，提高隔膜对电解液的吸附率，并进一步提高了隔膜的室温电导率。具有热关闭特性的电池隔膜还具有自我保护功能，当电池意外短路时会关闭复合膜两侧的孔，使膜变成绝缘体，防止电池进一步反应。隔膜制备关键技术目前仍被日本和美国垄断，主要包括日本旭化成（Asahi Kasei）、美国 Polypore（Celgard）、日本东燃化学（Tonen）世界前三大隔膜生产商。国内隔膜生产企业有恩捷股份、星源材质、中材科技等，在湿法隔膜市场，恩捷股份的国内市占率高达 50% 左右。

电池隔膜是随着锂离子电池的需求不断变化而不断发展的，从体积上看，锂离子电池正在向着小和大两个截然相反的方向发展。在一些小型电子产品中（如手机、数码相机等），为迎合美观、便于携带的需求，电池厂将电池的电芯做得非常小巧，为追求高能量密度，则需要在有限的空间中容纳更多的电极材料，希望隔膜的厚度越薄越好，但又不至于影响电池的容量、循环性能以及安全性能等，因此体积更小对隔膜来说是一个挑战。而与此相反，随着电动汽车、混合电动汽车和储能电池系统等的发展，为了获得高能量、提供大功率，通常一个电池需要使用几十甚至上百个电芯进行串联。由于锂电池具有潜在的爆炸危险，隔膜的安全性至关重要，因此隔膜不能做得很薄，同时对技术的要求也越来越高，这为多层隔膜、有机/无机复合膜提供了发展平台。无机材料主要有陶瓷（勃姆石、氧化铝），有机材料主要有 PVDF、芳纶等。无机涂覆材料是在原有锂离子电池隔膜上面（包括干法湿法隔膜）以超细氧化铝和黏结剂以及去离子水混合搅拌为浆料，采用微凹版挤压涂布的方式，在基材隔膜上面做一层或者两面各一层的陶瓷面，厚度为 $2 \sim 4\mu m$。通过涂覆加工处理，不仅可提升隔膜的热稳定性、改善其机械强度，防止隔膜收缩而导致的正负极大面积接触，还能提高隔膜的耐刺穿能力，防止电池长期循环工况下锂枝晶刺穿隔膜引发的短路。同时，涂覆工艺有利于增强隔膜的保液性和浸润性，从而延长电池循环寿命。

11.5.8.4　电解液（质）

电解质的作用是在电池内部正负极之间形成良好的离子导电通道。凡是能够成为离子导体的材料，如水溶液、有机溶液、聚合物、熔盐或固体材料，均可作为电解质，锂离子电池通常是将有机溶剂中溶有电解质锂盐的离子型导体作为电解质，常用的是 $LiPF_6$、$LiBF_4$、双氟磺酰亚胺锂（LiFSI）、二草酸硼酸锂（LiBOB）、二氟草酸硼酸锂（LiDFOB）、二氟磷酸锂（$LiPO_2F$）、双三氟甲基磺酰亚胺锂（LiTFSI）等，从成本、安全性等多方面考虑，$LiPF_6$ 是目前商业化使用最多的电解质。能溶解锂盐的有机溶剂较多，主要是非质子、高极性的乙腈和碳酸酯类，如碳酸乙烯酯（EC）、碳酸丙烯酯（PC）、碳酸二乙烯酯（DEC）、碳酸二甲酯（DMC）、碳酸甲乙酯（EMC）和碳酸亚乙酯（VC）等。常用的电解液体系有 EC＋DMC、EC＋DEC、EC＋DMC＋EMC、EC＋DMC＋DEC 等。电解液是二次电池的关键组成部分，可以控制电池的内阻，并影响电池的安全性能。通过改变电解液的组成，采用功能性电解液，可以促进电极材料固体电解质界面膜（SEI）的形成，减少材料和电解液的反应。主要添加剂类型包括阻燃添加剂、导电添加剂、成膜添加剂、耐过充过放添加剂、耐高/低温添加剂等。

离子液体是一种在室温或近室温条件下（$-30 \sim 50$℃）呈液态的离子化合物，无可燃性、不挥发、电导率高、电化学稳定窗口宽，可作为锂离子电池的电解质使用，以提高电池的安全性。用作锂离子电池电解质研究较多的离子液体主要是咪唑类、季铵盐类、哌啶类和吡咯类。咪唑类离子液体黏度小、电导率高，满足锂离子电池电解质的要求，但存在电化学窗口较窄、对金属锂的稳定性较差等不足，限制了咪唑类离子液体在锂离子电池体系中的应用。哌啶类离子液体具有熔点低、电导率较大、电化学窗口宽（5.8V）的优点，较适合作高电位锂离子电池的电解质。离子液体对常用的电极黏结剂的浸润性不好，它们的合成制备和提纯相对比较困难，且价格昂贵。因此，需要开发低成本、易合成、与正负极材料和黏结剂相容性好的离子液体。

液态电解质存在漏液和安全性的问题，电解质的半固态化和全固态化是锂离子电池体系另一个发展趋势。聚合物电解质是一类处于固体状态，但能像液体那样溶解支持电解质，并能发生离子迁移现象的高分子材料。聚合物电解质要求具有高的离子传导率、适宜的机械强度、柔韧性、孔结构和化学及电化学稳定性等。聚合物电解质的性能与聚合物本体、电解质盐和其他添加成分的种类、形态等密切相关。聚合物电解质按其形态大致可分为凝胶聚合物电解质（GPE）和固态聚合物电解质（SPE），其重要差别在于是否含有增塑剂。

凝胶态聚合物电解质（GPE）是由聚合物、增塑剂与溶剂通过互溶方法形成的具有适宜微观结构的聚合物网络，利用固定在微观结构中的液态电解质分子实现离子传导。它具有固体聚合物的稳定性、可塑性特点，又具有液态电解质的高离子导电特性（即液态电解质分子固定在聚合物网络中，而电极和电解质内部具有高离子导电性）。凝胶态聚合物电解质中，增塑剂通常是高介电常数、低挥发性、对聚合物/盐复合物具有可混性和对电极具有稳定性的有机溶剂，常选用的增塑剂有碳酸酯类（如 EC、PC、DMC、DEC）、乙二醇二甲醚（EGDME）、二甲基亚砜（DMSO）和邻苯二甲酸二丁酯（DBP）等，常用的锂盐有 $LiPF_6$、$LiN(CF_3SO_2)_2$、$LiC(CF_3SO_2)_3$、$LiCF_3SO_3$ 和 $LiClO_4$ 等。聚合物在凝胶型电解质中主要起载体作用，常见的有聚氧化乙烯（PEO）、聚偏氟乙烯（PVDF）、聚丙烯腈（PAN）、聚甲基丙烯酸甲酯（PMMA）和聚氯乙烯（PVC），以及由它们衍生出来的共聚物如偏氟乙烯-六氟丙烯共聚物［P(VDF-HFP)］等。其中，PMMA 系列凝胶电解质能够包含大量的液体电解质，具有很好的相溶性，对锂电极有较好的界面稳定性，与金属锂电极的界面阻抗低，加上 PMMA 原料丰富，制备简单，价格便宜，从而引起研究者对 PMMA 基凝胶电解质的广泛兴趣。凝胶态聚合物电解质可持续生产，安全性高，不仅可充当隔膜，还能取代液体电解质，应用范围广。

将纳米级超细无机粉末，如 TiO_2、SnO_2、Al_2O_3、SiO_2、ZnO、$LiAlO_2$、沸石和蒙脱土等（质量分数为 0.1% ~ 1%）掺入到凝胶聚合物电解质中，可以提高电解质的电导率、机械性能和电化学稳定性。为进一步提高聚合物电解质的电导率和安全稳定性，将离子液体与聚合物材料复合开发离子液体基聚合物电解质材料成为聚合物锂二次电池研究领域的一个重要方向。

固态聚合物电解质（SPE）是由高分子基质与掺杂的纳米级锂盐混合形成的络合物，其体系不含增塑剂。一般的聚合物基体有醚基聚合物、腈基聚合物、硅氧烷基聚合物、碳酸盐基聚合物、偏氟乙烯基聚合物等。这种电解质在室温下的电导率较低（10^{-5} ~ 10^{-8} S/m），组装的电池只适宜在 60 ~ 140℃的中温环境下工作。提高固态聚合物电解质的离子电导率主要途径有两种：①通过抑制聚合物结晶，降低玻璃化转变温度（T_g），提高聚合物的链段运动能力，以提高导电载流子的迁移率。导电机理研究表明，固体聚合物电解质中离子的输运主要发生在聚合物非晶区，借助链段的蠕动，部分离子得以跨越能垒跃迁到邻近位置，从而实现离子传导过程。获得具有高离子传导率的聚合物电解质的关键是降低固体电解质的玻璃化转变温度和增加非晶相的比例，可采用接枝、交联和共聚等方法实现。②通过增加导电载流子的数目，可采用合成晶格能较低的锂盐，或者适量增加锂盐的用量。目前商业领域主要适配的材料体系为 PEO（聚环氧乙烷）基固态聚合物电解质。

现已实现商品化生产的聚合物锂离子电池多使用含有液体增塑剂的凝胶态聚合物电解质（GPE）。不含液体组分的固态聚合物电解质（SPE）尚不能满足聚合物锂离子电池的应用要求。从锂离子电池长期发展来看，固态聚合物电解质能够从根本上克服液体电解质的安全性问题，仍是研究的努力方向。

除固态聚合物电解质（SPE）外，固态电解质还包括含锂离子的氧化物、硫化物和卤化物等无机材料。

氧化物固态电解质由氧化物类无机盐组成，可分为晶态电解质和非晶态电解质。除可用在薄膜电池中的锂磷氧氮（LiPON）型非晶态电解质外，当前商用化主要聚焦在晶态电解质材料的研究，主流的晶态电解质材料体系有：石榴石（LLZO）结构固态电解质、钙钛矿（LLTO）结构固态电解质、钠超离子导体型（NASICON）固态电解质和锂超离子导体型（LISICON）固体电解质等。整体上，氧化物固态电解质室温离子导电率较高，达到 10^{-5} ~ 10^{-3} S/cm，并且电化学窗口宽、化学稳定性高、机械强度较大，是理想的固态电解质材料体系，但也存在烧结温度较高和机械加工容易脆裂风险。

硫化物电解质由氧化物固体电解质衍生而来，即氧化物电解质中的氧元素被硫元素所取代。S^{2-} 与 O^{2-} 相比，半径更大，导致离子传导通道更大；电负性更小，与 Li^+ 的相互作用更小，极大提高电解质的室温离子电导率。按结晶形态硫化物电解质分为晶态、玻璃态及玻璃陶瓷电解质。晶态固体电解质的典型代表是 Thio-LISICON 和 $Li_2SiP_2S_{12}$ 体系。Thio-LISICON 化学通式为 $Li_{4-x}A_{1-y}B_yS_4$（A=Ge、Si 等，B=P、Al、Zn 等），室温离子电导率最高达 $2.2×10^{-3}$ S/cm；$Li_2SiP_2S_{12}$ 体系对金属 Li 和高电压正极都具良好的兼容性。玻璃态及玻璃陶瓷电解质以 $Li_2S-P_2S_5$ 体系为主要代表，组成变化范围宽，离子电导率可达 10^{-4} ~ 10^{-2} S/cm。但是硫化物遇空气会迅速水解生成 H_2S 气体，因此电解质合成需在惰性气氛环境下进行，造成研发、制造、运输及储存成本高昂。同时，由于 S^{2-} 比 O^{2-} 容易氧化，硫化物电解质在高电压下更易氧化分解，电化学窗口更窄。

在卤化锂 LiX（X=Br、Cl、F）中引入高价态的过渡金属元素 M 阳离子，调节 Li^+ 及空位浓度可形成通式为 Li_a-M-X_b 的卤化物电解质。相较于氧化物及硫化物，一价卤素阴离

子与 Li^+ 的相互作用比 S^{2-} 或 O^{2-} 更弱且半径较更大，极大提高电解质的室温离子电导率，电解质理论离子电导率可达 $10^{-2}S/cm$ 量级。同时，卤化物一般具有较高的氧化还原电位，与高压正极材料具有更好的兼容性，可以实现在高电压窗口下的稳定循环，被认为是全固态锂离子电池中非常有发展潜力的材料。目前常见卤化物电解质有三类：Li_a-M-Cl_6、Li_a-M-Cl_4 及 Li_a-M-Cl_8 类卤化物，前两类的离子电导率可达到 $10^{-3}S/cm$。但卤化物电解质在不同温度下易发生相转变从而影响电导率，并且在空气中易水解，因此合成成本高昂。此外，过渡金属与锂金属反应导致锂负极兼容性较差。

几类固态电解质材料的性能对比如表 11-10 所示。

表 11-10　固态电解质材料的性能对比

类型	有机物电解质	无机物电解质		
	固态聚合物	氧化物	硫化物	卤化物
示例	PEO	$Li_7La_3Zr_2O_{12}$ NASICON	$Li_2SiP_2S_{12}$ Li_2S-P_2S_5 Thio-LISICON	Li_a-M-Cl_6 Li_a-M-Cl_4 Li_a-M-Cl_8
电化学窗口	较窄(3.8V)	较宽(可达 5.5V)	较窄	较宽
室温离子电导率/(S/cm)	$10^{-8}\sim10^{-6}$（高温下变高）	$10^{-5}\sim10^{-3}$	$10^{-3}\sim10^{-2}$	部分可达 10^{-3}，理论可达 10^{-2}
界面阻抗	较大	大	大	大
热稳定性	高	高	高	较差
安全性	较高(PEO 可燃)	高	高	较高
空气稳定性	高	高	较差(水解生成 H_2S)	较差
金属锂负极相容性	好	LLZO 好，NASICON 和钙钛矿型较差	好	较差
机械强度	较低	高	高	高
能量密度	较低	高	高	高
制作难度	简单	较高	高	较高
成本	较高	较低	高	较高
总体评价	柔韧性好，质量轻，电位低，室温电导率较差	电化学窗口宽稳定性好，强度/硬度大但易脆裂	室温电导率高，空气稳定性较差	耐高压，电导率高，对湿度和温度敏感

以固态电解质组装的固态电池相对于液态电池来说，最本质区别是将液态电池的电解液与隔膜替换成固态电解质，实现不用或者少用隔膜及电解液。固态电池优势主要体现在：①消除液态电解液泄漏和腐蚀的隐患，热稳定性更高；②稳定且较宽的电化学窗口，可匹配高电压正极材料和金属锂等负极材料；③固态电解质一般为单离子导体，副反应少，循环寿命更长；④全固态锂电池可通过多层堆垛技术实现内部串联，获得更高的输出电压。固态电解质的安全性可以减少系统热管理系统需求，成组效率大幅提升，更有效利用空间。但固态电池尤其是全固态电池目前还有科学层面的问题尚未解决，固态锂电池的应用大体还处于实验室阶段，商业领域仍属于小批量制造，实现真正意义上的产业化还需要一个过程。

由于单质硫具有电子离子绝缘性，要求电解液对多硫离子有一定的溶解性，才能使活性物与导电剂充分接触，锂离子传导通畅，从而保证电化学反应顺利进行。与锂离子电池常用的碳酸酯类电解液相比，含乙二醇二甲醚（DME）、环氧乙烷（DOL）等醚类溶剂的电解液能较好地溶解多硫离子，因此大多数锂硫电池均采用醚类电解液。当硫的颗粒足够小，或化合到导电基体上时，离子的传导将不成问题，此时对电解液的要求是降低对多硫离子的溶解度，提高循环稳定性，可以选用碳酸酯类电解液。离子液体也被应用在锂硫电池中，例如以离子液体 1-甲基-3-乙基咪唑二（三氟甲基磺酰）亚胺（EMITFSI）与双三氟甲烷磺酰亚胺锂 $[LiN(SO_2CF_3)_2, LiTFSI]$ 配制的电解质与液态电解质 $1mol/L\ LiN(SO_2CF_3)_2/$聚乙二醇二甲醚相比，循环稳定性明显提高。离子液体中的咪唑阳离子可以提高多硫化物的电化学反应速率和锂负极表面形貌的稳定性，可以用作电解液添加剂。凝胶和全固态电解质中不含有流动的电解液，可以避免硫及多硫化物的溶解问题，曾经被作为解决锂硫电池循环性能的出路。

采用水溶液电解质也被认为是提高锂离子电池安全性的一个有效途径。通过对水系锂离子电池工作原理的研究，发现在水和氧气存在下，作为电池负极的电极材料会被氧气氧化是造成水系锂离子电池容量衰减的主要原因。通过消除氧（电池密封）和选择合适的负极材料及碳包覆正极，可大幅提高电池的循环性能。$LiTi_2(PO_4)_3/Li_2SO_4/LiFePO_4$ 水溶液锂离子电池 10min 倍率从充放电 100 次容量维持率低于 50% 提高到可充放电 1000 次循环，容量维持率在 90% 以上。这对提高水溶液锂离子电池的循环性能提供了重要指导，但是水系锂离子电池电解液电化学窗口窄、电池能量密度低，当前的性能参数多停留在实验室阶段，真正能实际应用还有一定距离。

锂离子电池是 20 世纪 90 年代开发成功的新型绿色二次电池，近十几年来发展迅猛，已成为化学电源应用领域中最具竞争力的电池。锂离子电池按照应用领域分类可分为动力、消费和储能电池。动力电池主要应用于动力领域，服务的市场包括新能源汽车、电动叉车等；消费电池涵盖消费与工业领域，包括电子产品（手机、笔记本电脑等电子数码产品）、智能表计、智能安防、智能交通、物联网、智能穿戴设备、无人机、人形机器人等；储能电池涵盖通信储能、电力储能、分布式能源系统等。

在动力电池领域，受益于全球新能源汽车市场的强劲增长，全球锂离子电池行业处于快速发展阶段。根据高工锂电数据，2022 年全球锂电池出货量达到 920GW·h，同比增长 69.4%，其中动力电池出货量达到 685GW·h。新能源汽车作为我国的战略性新兴产业之一，肩负着引领汽车产业转型升级的重任，近年来在国家相关产业政策的大力扶持与消费需求的拉动下，新能源汽车发展突飞猛进，产销规模迅速扩大。根据中国汽车工业协会的数据，2020 年至 2022 年度我国新能源汽车销量分别为 136.7 万辆、352.1 万辆和 688.7 万辆，纯电动汽车、插电式混合动力汽车产销两旺。动力电池已成为锂离子电池的主要应用领域，产品体系涵盖长续航高能量密度比的三元材料体系、低成本长寿命的磷酸铁锂材料体系和磷酸锰铁锂材料体系。2022 年我国锂离子电池出货量为 658GW·h，其中动力电池出货量为 480GW·h，动力电池占比为 73%。新能源汽车市场的发展以及结构的持续优化将带动锂电池行业保持总体增长态势。

在储能领域，可再生能源与分布式能源在大电网中的大量接入，结合微网与电动车的普及应用，使储能技术成为协调这些应用至关重要的一环。电化学储能功率范围较广、能量密度高，相较其他新型储能技术成熟度更高，因此适用场景更广泛。此外，相较抽水蓄能来说，电化学储能安装更为便捷、不受区位限制，正成为储能产业发展新动力。其中，锂离子电池在循环寿命、快速充放电效、比能量方面均大幅优于铅酸电池，将对铅酸电池形成大规模替代，更好地应用于储能领域。早期储能电池行业市场规模较小，储能电池以度电成本低的铅酸电池为主，2020 年后，磷酸铁锂成为储能电池行业主流。据国家能源局统计，截至 2022 年末，全国已投运新型储能项目装机规模达 8.7GW 中，锂离子电池储能占比 94.5%，在电化学储能中大幅领先其他二次电池。在"双碳"目标驱动下，能源结构变化、低碳清洁新能源推广等使得以锂离子电池为主导的电化学储能技术成为催生国内能源新业态，抢占国际战略新高地的重要领域。

锂离子电池产业相关企业已经形成了从锂电池材料、电芯、模组到系统集成的完整产业链，特别是近年来由于电动汽车产业的带动，锂离子电池成本快速下降，从而极大地推动了其在电力储能方面的应用。全球主要的锂离子电池储能生产商来自日本（松下、三菱）、韩国（三星 SDI、LGChem）、美国（特斯拉）和中国（宁德时代新能源、比亚迪、力神等）。目前，锂离子电池在电力储能方面的应用主要包括电网调频和电网侧储能等。此外，虽然锂离子电池市场份额最大，但其在大规模应用过程中也会出现安全、可靠性等问题，急需布局相关课题重点攻关该难题。

11.5.9　金属-空气电池

空气中的氧气具有氧化性，是天然的正极活性物质，只要在负极设计一种具有还原性的物质，便可与之构成电池，有效利用自然存在的氧气进行电能储存。以空气（氧）作为正极活性物质，金属作为负极活性物质的电池统称为金属-空气电池，由于特点与燃料电池相似，所以也称为金属燃料电池。某些金属在一定条件下若能实现在电解液中的可逆电化学溶解与沉积，同时空气电极具备氧还原和氧析出双功能特性，就有可能实现金属-空气电池循环充放电，作可充电池使用。所研究的金属一般是镁、铝、锂、锌、铁等，研究相对成熟的金属-空气电池有锌空气电池和铝空气电池。目前，采用有机电解液体系的锂空气电池作为新一代大容量可充电池备受瞩目。

11.5.9.1　锌空气电池

锌空气电池（简称锌空电池）是以空气中的氧作为正极活性物质，锌作为负极活性物质，氢氧化钾溶液作为电解液的高能化学电源。其中以纯氧为正极活性物质的锌空气电池又称锌氧电池。锌空气电池既是储能工具，又是一种燃料电池；既可以作为一次电池使用，又可用作可充电池，只要不断提供燃料锌，就能连续地输出电能，显示出比能量高的特点（理论质量比能量为 $1350W \cdot h/kg$）。

锌空气电池一般以锌（Zn）为负极，吸附于碳电极上的氧为正极，氢氧化钾（KOH）为电解质，发生的化学反应与普通碱性电池类似，电池的负极锌与电解液中的 OH^- 发生电化学反应（阳极反应）生成 ZnO，同时释放出电子到外电路；同时空气中的氧经由电解液扩散到空气电极或气体扩散电极上，在催化剂的作用下得到电子，发生阴极反应，如图 11-26 所示。

正、负极上的电极反应和电池的总反应表示如下。

$$负极： \quad Zn + 2OH^- \longrightarrow ZnO + H_2O + 2e^-$$

$$正极： \quad 1/2O_2 + H_2O + 2e^- \longrightarrow 2OH^-$$

$$电池反应： \quad Zn + 1/2O_2 \longrightarrow ZnO$$

锌空电池的标准电动势约为 1.6V，实际使用中，电池的开路电压多在 1.4～1.5V 之间，主要原因是氧电极的反应很难达到标准状态下的热力学平衡。随着放电条件的不同，电池的工作电压在 1.0～1.2V 之间。

在碱性介质中，氧发生还原反应的总表达式为：

$$O_2 + 2H_2O + 4e^- \longrightarrow 4OH^-$$

实际上，气相的氧必须先溶解在溶液中，然后在电极表面化学吸附后，电极反应才能进行，简单地表示为：

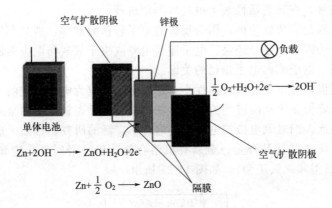

图 11-26　锌空气电池基本原理

$$O_2 \xrightarrow{\text{溶解}} O_2(\text{溶}) \xrightarrow{\text{化学吸附}} O_2(\text{吸}) \xrightarrow{\text{电化学还原}} 4OH^-$$

由此可见，氧在空气电极上的还原反应机理是相当复杂的，随着电极材料和反应条件的不同，氧的电化学还原反应历程也不尽相同。

在碱性溶液中，氧在电极上的还原反应历程分为两大类：一类是四电子反应机理，即氧分子得到 4 个电子直接还原成 OH^-：

$$O_2 + 2H_2O + 4e^- \longrightarrow 4OH^-$$

另一类为二电子反应机理，即氧分子得到 2 个电子直接还原成 HO_2^-：

$$O_2 + H_2O + 2e^- \longrightarrow HO_2^- + OH^-$$

生成的 HO_2^- 可能继续被还原或者分解：

$$HO_2^- + H_2O + 2e^- \longrightarrow 3OH^-$$

$$HO_2^- \longrightarrow OH^- + 1/2O_2$$

在某些反应条件下，中间产物 HO_2^- 可以十分稳定，甚至成为反应的最终产物。HO_2^- 存在的危害性很大，主要表现为：①若 HO_2^- 未分解掉，就会在空气电极的周围积累起来，使空气电极电位向负移动；②一部分 HO_2^- 会被催化分解释放出氧气；③HO_2^- 在电解液中可能向负极移动，使锌电极直接氧化造成电池容量的损失和热量的增加；④由于 HO_2^- 具有强烈的氧化作用，会损坏隔膜而影响电池的循环寿命。

另外，氧分子也有可能通过电极表面吸附或生成氧化物（或氢氧化物），再分解为原子，吸附在表面的氧原子直接还原为 OH^- 或水分子，即 $-O-O-$ 键裂开而不生成过氧化氢，即不生成过氧化氢中间产物的反应历程。反应历程可表示如下：

$$O_2 + 2M \longrightarrow 2MO_{\text{吸}}$$

$$MO_{\text{吸}} + H_2O + 2e^- \longrightarrow 2OH^-（\text{碱性溶液}） + M$$

或

$$M + H_2O + 1/2O_2 \longrightarrow M(OH)_2$$

$$M(OH)_2 + 2e^- \longrightarrow M + 2OH^-$$

同位素实验已经证明，O_2 分子接受 2 个电子转变为过氧化物时，双键 $O\!=\!\!O$ 并不断裂，这一步是可逆的，但过氧化物进一步还原却受到很大的阻力，必须在高过电位下才能进行，因为氧分子双键的断裂需要很高的能量。因此人们认为氧的阴极还原过程的速率控制步骤是氧双键的断裂。对于不产生过氧化物中间物的反应机理，近年来随着半导体催化剂的研究而取得较大的进展，在某些活性炭上也发现类似机理。

四电子反应机理是期望发生的，因为反应的电子转移数越多，能量利用率越高。

氧气还原是经历四电子途径还是二电子途径主要取决于氧气与电极表面的作用方式，催化剂的选择是实现二电子或四电子途径的关键。

作为电池的正极，氧电极过程可逆性小，还原困难，成为电池反应的主要障碍。如何提高氧电极的活性，降低正极反应过程的电化学极化，一直是燃料电池和金属空气电池领域研究的重点之一。为此人们对氧电极的电催化剂进行了广泛的研究。目前大量研究的催化剂主要包括以下几类：贵金属及其合金、金属有机络合物、单一金属氧化物和金属复合氧化物（尖晶石型、烧绿石型和钙钛矿型），如图 11-27 所示。

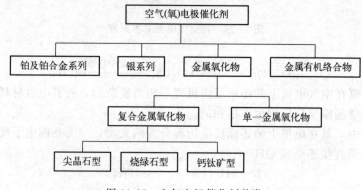

图 11-27 空气电极催化剂种类

金属铂是催化活性和稳定性最好的电催化剂，这是由于铂原子结构中存在着 d 键轨道空穴的缘故。早期的空气电极都以纯铂黑为催化剂，作为氧还原催化剂的利用率并不高，后来采用碳负载铂技术极大地降低了 Pt 的用量，提高了 Pt 的利用率。由于铂的价格十分昂贵，并且资源稀缺，难以实现大规模应用，因此进一步降低铂的负载量以及开发其他高性能的廉价催化剂是制成实用化空气扩散电极的前提。

在碱性溶液中，Ag 也具有良好的对氧还原的催化活性。早期的氧电极使用银替代铂催化剂较为普遍。银催化剂制备的关键是要尽可能地提高银的比表面积，使银均匀散布在载体上。采用合适的方法可使银结晶趋向于无定形化，从而在银晶粒上产生更多的晶格缺陷，这些晶格缺陷很容易成为催化反应的活性点，同时也使银晶粒尺寸减小，催化剂的比表面积增大，催化活性显著提高。相反，由于银的堆垛层错能较高，容易引起重结晶，银微粒之间发生聚结和长大，致使催化剂稳定性变差，添加适当的助催化剂可以消除或缓解银的聚集。

亚纳米厚且高端卷曲的双金属钯钼纳米片材料，在碱性电解质中也展现出卓越的氧还原反应电催化活性和稳定性，突破了阴极反应的缓慢动力学对于相关电化学能源转换/存储器件的限制，显著提升了锌空电池的性能。

含有四个氮原子的大环有机物的过渡金属螯合物被认为有希望取代铂而成为空气电极的催化剂，如卟啉、酞菁及其衍生物等。常用的过渡金属有 Cr、Mn、Fe、Ni、Co 等。以过渡金属螯合物为催化剂的空气电极具有良好的放电特性、贮存性能及较高的工作电压，如以四苯基卟啉络钴（CoTPP）为催化剂制成的空气电极在 20℃以 $50mA/cm^2$ 放电时的过电位约为 100mV，工作寿命可达 7000h。这种催化剂适用于要求长期贮存、小电流长期放电的电池中，如助听器的扣式电池等。

锰氧化物由于其优良的氧还原催化性能以及低廉的价格，很早即被作为空气电极氧还原催化剂。研究发现，氧原子的还原可以通过锰离子在 Mn^{4+}/Mn^{3+} 两种价态之间的转换实现，也有研究认为锰氧化物作为空气电极催化剂主要是对 HO_2^- 的水解有较好的电催化作用。但是以锰氧化物为催化剂制成的锌空气电池，放电电流密度仅 $30 \sim 60 mA/cm^2$，所以此类催化剂只适用于小功率的锌空气电池，如扣式电池和小型圆柱形电池。

除单一金属氧化物外，许多尖晶石型、烧绿石型和钙钛矿型复合金属氧化物也都具有较高的催化活性，而且成本低廉，因此受到了广泛关注，成为最有希望替代贵金属的一类催化剂。这类氧化物的另一优点在于它们对析氧反应（OER）和氧还原反应（ORR）均具有较高的催化活性，因此可以用作双功能氧电极的催化剂。

尖晶石型催化剂通式为 AB_2O_4，A 位为二价金属离子，如 Mg、Fe、Ni、Mn、Zn 等；B 位为三价金属离子，如 Al、Fe、Cr、Mn 等。目前作为催化剂研究的主要有 $Cu_{1.4}Mn_{1.6}O_4$、$Mn_xCo_{3-x}O_4 (0 < x < 1)$、$Ni_xAl_{1-x}Mn_2O_4 (0 < x < 1)$ 等。研究发现：在碱性介质中，一定过电位下，$Mn_xCo_{3-x}O_4$ 电极上的电催化电流密度随着 x 的增加而增大。$Mn_xCo_{3-x}O_4$ 电极上存在着 Co^{3+}/Co^{2+} 和 Mn^{4+}/Mn^{3+} 固态氧化还原对时，其催化活性随着密度的增加而增强。

传统制备尖晶石材料的方法通常需要较高的加热温度和较长的反应时间，合成步骤复杂，并且产物粒径大、比表面积小、电化学活性低。而基于可控还原-转晶的合成方法，可在室温和常压条件下实现了锰系尖晶石纳米材料的快速制备。采用 NaH_2PO_2 还原剂得到的钴锰氧化物 CoMnO-P 和 $NaBH_4$ 还原剂得到的钴锰氧化物 CoMnO-B，产物晶型和形貌可控，具有大比表面积和丰富的金属离子缺陷，与四方结构的 $CoMn_2O_4$（HT-T-spinel）和立方结构的 Co_2MnO_4（HT-C-spinel）相比，对氧还原/氧析出反应展现出良好的电化学催化性能（见图 11-28），作为氧还原/氧析出电化学反应的廉价双功能催化剂，在金属-空气电池、燃料电池等方面有潜在的应用前景。

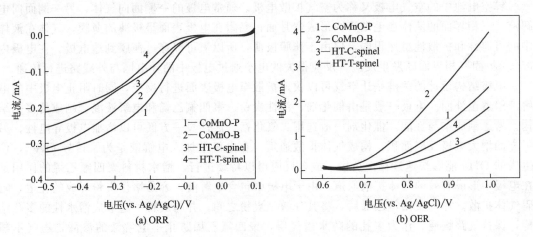

图 11-28　$Co_xMn_{3-x}O_4$ 双功能催化剂电化学性能

钙钛矿型氧化物的结构为 ABO_3（A＝La、Pr、Ca、Sr、Ba；B＝Co、Fe、Mn、Ni），理想的 ABO_3 钙钛矿结构具有立方晶格。离子半径大的稀土金属离子 A 占据体心位置，周围有 12 个氧离子配位，A 与 O 形成最密堆积。B 离子（主要是过渡金属离子）占据立方顶点位置，氧原子占据立方结构棱的中心，以 B 原子为中心，形成 BO_6 八面体，如图 11-29 所示。

钙钛矿型复合氧化物通常在室温下具有较高的电导率（$10^{-4} S/cm$），并且结构存在氧缺

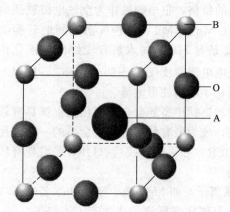

图 11-29　ABO₃ 复合氧化物的
立方单胞结构示意

陷。钙钛矿结构多样的催化作用主要来自于其晶体结构的特殊性。A 位的稀土元素几乎不作为催化活性点，主要作为晶体稳定点阵的组成部分，间接发挥作用。在保持原晶体结构的情况下，元素 A、B 可被化合价不同的其他金属离子置换，如果 A 元素被置换，可导致 B 元素的化合价变化，从而诱生出一些阴离子空位缺陷，即氧缺陷。当氧缺陷达到一定程度时，会形成缺陷的有序化结构。这种氧缺陷是构成催化作用的重要组成部分。一般认为，起催化作用的主要是 B 位离子。研究表明：当 A＝La 和 Pr 时，其催化活性最高；若以 Ca、Sr、Ba 对 A 进行部分取代，其催化活性和稳定性都有所提高。对于组分 B，在碱性介质中对氧的催化活性顺序为 Co＞Mn＞Fe，而其稳定性顺序为 Fe＞Mn＞Co，因此只有当 B＝Mn 时氧化物才兼具较好的催化活性和化学稳定性；而且研究表明，Mn 为 4 价时的催化活性最高。

　　近年来，有关钙钛矿型氧化物的研究已经取得了很大的进展，也得到了许多有价值的结果。大部分催化剂粒径都能达到纳米级，电化学性能良好，但作为双功能氧电极的电催化剂仍然需要进一步深入研究。例如，虽然很多钙钛矿型氧化物催化剂都已制成纳米级，但如何使其在载体上分布得更均匀，使催化剂的载量和活性都达到最优化仍有待继续研究。此外，目前研制的钙钛矿型双功能氧电极基本上都是应用于碱性介质，但碱性电解质存在着碳酸化的隐忧。开发高效的且在酸性环境中对氧还原和氧析出反应具有催化活性的钙钛矿型电催化剂，并将其应用于酸性环境中的固体电解质燃料电池，将会显著降低燃料电池的成本，促进燃料电池的应用和产业化发展。

　　锌空电池中的空气电极又称为空气扩散电极。通常电极的一侧面向气体，另一侧面向电解液。三相界面的液体在毛细管内形成弯月面，黏附在电极表面呈极薄的薄膜，气体在液体中的可溶性和扩散性虽然很弱，但由于薄膜极薄，所以氧可以穿过薄膜到达电极，在电极内部气-液-固三相界面区发生反应，反应得失的电子通过电极中的导电网与外线路进行传递。

　　电极结构设计的关键是让空气可以快速扩散至电极表面进行反应，同时阻止电极中的电解液渗透至外面。电极一般是由催化剂、活性炭粉、聚四氟乙烯和电解液混合制成的多孔结构。考虑到成本与性能，催化剂一般选用二氧化锰。活性炭一方面可以增加电极导电性，另一方面增大电极反应面积，构成气体扩散通道。在电极中加入电解液是为了传导 OH⁻，使生成的 OH⁻ 能够快速迁移至负极，放电反应得以持续进行。憎水材料聚四氟乙烯的作用是在电极中形成有效的气体扩散通道。由于电极中包含电解液，容易堵住炭粉形成的孔道，阻碍气体扩散。加入聚四氟乙烯后，将其分散于炭粉之间，并与炭粉一起形成憎水性的多孔结构，保持气路畅通。作为多孔的防水透气层，聚四氟乙烯防止了电解液的渗漏，透气不漏液，并使催化层中形成大量的液膜。显然，催化层中聚四氟乙烯含量越高，气孔的总截面积越大，电极表面的扩散层厚度减薄，气体扩散的阻力减小，这有利于氧向电极表面传递。但是聚四氟乙烯的含量提高，必然会引起电池内阻的增大，所以其用量有一个最佳值。不同工作条件下的最佳值有所不同，因为在交换电流密度较大的条件下工作时，物质的传递及欧姆极化的影响占主要地位；而在小的电流密度下工作时，电极的电化学极化决定电极的极化特性，催化剂将起主要作用。空气电极的寿命主要取决于加工工艺，即如何控制其透气性和疏水性，如何控制聚四氟乙烯的纤维化程度，既增强正极的憎水性，又对电流的影响最小。

负极活性物质锌一般以板状或粉末状形式存在，多孔锌电极的阳极反应除了形成锌酸盐外，最终产物主要为固相的氧化锌。

$$Zn + 2OH^- \longrightarrow Zn(OH)_2 + 2e^-$$

$$Zn(OH)_2 + 2OH^- \longrightarrow Zn(OH)_4^{2-}$$

$$Zn(OH)_4^{2-} \longrightarrow ZnO + H_2O + 2OH^-$$

总反应：
$$Zn + 2OH^- \longrightarrow ZnO + H_2O + 2e^-$$

反应中 ZnO 比 $Zn(OH)_2$ 稳定。

在 KOH 电解液中，锌电极的极限钝化电流为 $100mA/cm$。因此，为了获得高放电率，一般将锌电极做成多孔结构。

充电过程是将锌电极的阳极反应产物还原成金属锌的反应。此时不仅 ZnO 被还原为 Zn，锌酸盐离子也被还原。

$$ZnO + H_2O + 2e^- \longrightarrow Zn + 2OH^-$$

$$Zn(OH)_4^{2-} \longrightarrow Zn(OH)_2 + 2OH^-$$

$$Zn(OH)_2 + 2e^- \longrightarrow Zn + 2OH^-$$

充电后期，由于锌极电位逐渐变负，电极上还会发生析出 H_2 的副反应。

$$2H_2O + 2e^- \longrightarrow H_2 \uparrow + 2OH^-$$

影响锌电极循环寿命的因素很多，主要包括两个方面，即锌电极在充放电过程中的形变，以及锌电极在充放电过程中形成锌枝晶而造成电池短路。

电极材料的主体是锌与氧化锌，除此以外还有高分子黏结剂、金属氧化物添加剂等。金属氧化物添加剂的作用是抑制氢气的析出，改善锌电极的润湿性。典型的锌电极组成是超过 90%（质量分数）的锌粉，小于 5% 的高分子黏结剂，以及小于 5% 的金属氧化物添加剂。粉末状锌电极一般是直接将锌粉与黏结剂混合构成电极主体，纽扣式电池采用的就是粉末状锌电极结构。板状锌电极则是采用烧结、涂布或电镀等特殊工艺制成的具有多孔结构的锌板，孔隙率一般在 60%～75% 之间。

除了碱性电解质外，也有非碱性可充电锌空气电池的研究，如使用具有疏水特性的三氟甲磺酸锌 $[Zn(OTf)_2]$ 为电解液，在空气正极表面构筑锌离子富集的特征双电层结构，从而实现了高效的非质子二电子转移过程，放电产物为过氧化锌（ZnO_2）。在 $0.1mA/cm^2$ 电流密度下，该非碱性锌空电池在空气中稳定循环 1600 小时，具有优异的电化学可逆性。

锌空气电池具有稳定的放电电压，连续放电性能良好，不但能够大电流放电，而且适合大电流脉冲式放电，因而被广泛应用于航海中的航标灯、无线电中继站等许多领域。此外，锌空气电池还具有一次性使用寿命长的特点，可用于助听器等多种小型用电设备。

由于锌空气电池的成本低，在大规模储能中具有相当大的优势。因此开发大规模的锌空气电池成为电池行业的热门研究方向。大容量锌空气电池的设计思路是更换锌电极，采用特殊的结构设计，使得金属锌能够得到快速、有效的更换，真正实现像燃料电池一样的工作方式。

在机械再充式锌空气电池中，所开发的金属板更换式电池在多项关键技术上获得了长足进展。金属板更换式电池（可更换负极电池）在电池放电完毕后，返回电池燃料服务工厂，把电池卸装、拆出锌板、打碎、电解还原为锌粉、压板、重新装入电池壳后返回到电池换电站。这样就可以将用过的金属电极更换成一个新的金属电极，实现了电池的"快速充电"，整个过程如图 11-30 所示。

以色列电燃料公司（Electric Fuel Ltd.，EFL）对电动车用机械再充式锌空气电池进行

图 11-30　Powerzinc 锌空气电池的锌板消耗与再生循环过程

了深入的研究，提出了一种插卡式更换金属电极的方法。即将电池的锌极连同集流体一起插入隔膜封套中，做成插卡式负极，然后置入电池中，如图 11-31 所示。电池放电完毕（锌负极被消耗完）后，被送到专门的锌"燃料"更换站（如同加油站），由一个自动更换燃料的机器取出用过的负极卡，插入新的锌极卡，完成机械再充过程。整个过程与普通汽车加油所耗时间差不多，保证了电池的实际使用。更换下来的负极卡在回收站经过电化学处理，电解回收锌，并重新制成负极卡供电动车使用，实现燃料锌的消耗与再生循环。

　　除了更换金属板机械再充式电池外，人们还研制出了金属粒更换式电池。其工作方式为：自动添加金属颗粒/粉→放电→用泵输送电解液→更新电解液并排出废料，如此循环进行，源源不断地释放出电能。

　　美国劳伦斯-莱佛莫国家实验室（Lawrence Livermore National Laboratory，LLNL）设计出一种循环活性物质锌粉和电解液的锌空气可再充电池，如图 11-32 所示。

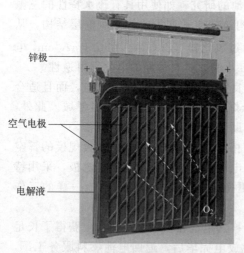

图 11-31　EFL 公司的机械再
充式锌空气电池结构

图 11-32　LLNL 锌空气电池示意

　　该电池由多个制成标准组件的单体电池组成，每个单体电池都有一个很轻的塑料框架、电路板、加料口、加料室、电池反应区、薄如纸形的空气电极和空气出入口等组件（见图

11-33)。根据实际需要，多个（如 12 个或 6 个）单体电池相互连接构成一个电池模块，此模块与一个电液储罐相连，成为独立电源。电堆上半部分是储锌室，顶部的两个通孔用来加注含有锌粉的电解液。实际使用中，锌粉的直径为 0.2～1mm，与电解液混合在一起进入储锌室，可增大锌粉的流动性。电堆下半部分为电池部分，是整个模块的核心区域。空气电极是其中最贵的组件，大约占电池成本的一半。加料室起缓冲作用，有助于保护空气电极，以免在加料等操作过程中或者在车辆行驶中由于振动而造成损坏。

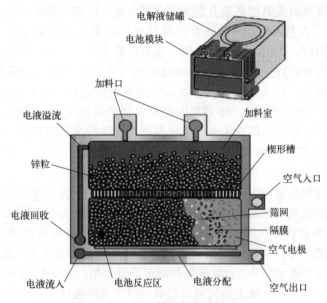

图 11-33　LLNL 锌空气电池的端视图

该电池最显著的特点是具有楔形的阳极室自动填充床（见图 11-34）。在重力作用下，锌粉随着电解液自动从电池上部的加料室进入楔形阳极室。这种结构尤其能适应车辆实际运行的情况，即颠簸和加速所产生的振动。

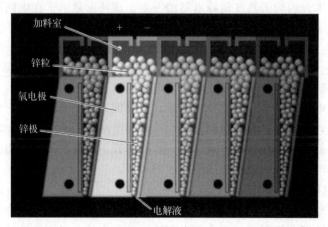

图 11-34　锌粒随电解液进入楔形阳极室自动填充床

电池工作时，锌粉随电解液一起被泵入加料室，经过楔形槽进入反应区。由于进入锌粒的大小只有不到 1mm，而楔形槽的槽口宽度不超过 3mm，这就限制了锌粒的加入速度，使锌粒可以均匀地进入反应区，形成一个疏松而开放的锌粒电极结构，有利于电解液的流动。锌的放电产物被流动的电解液经溢流口带出，从而防止电极的活性表面被阻塞，保证锌粒完全被氧化。空气则通过风机输送到氧电极，从顶部进去，再从底部出来，以确保氧气供应充足。这种工作方式可以实现电池快速充电，当负极储锌室内的锌粉用完后，只需补充新的锌粉就可以使电池重新放电。电液流动和空气输送所消耗的电能少于电池输出电能的0.5%，几乎可以忽略不计。

这种独特的模块化设计使得电池组的功率和能量容量相互独立，电池模块决定电池组的功率，储罐则决定了电池组的质量和能量容量。

锌空气电池是发展最成熟也是最有潜力的空气电池，已经或即将应用在新能源汽车与供电系统中。1995年，以色列电燃料公司首次将锌空气电池用于电动汽车，使电动车用锌空气电池进入实用化阶段，美国、德国、法国、瑞典、荷兰、芬兰、西班牙和南非等国家也都在电动汽车上推广使用过锌空气电池。Powerzinc电气有限公司致力于研究、开发锌空气燃料电池和整个生产设施，以及燃料电池"加油"服务平台，其DQFC系列锌空气电池产品已应用于电动汽车。2010年3月，中国航空工业集团公司旗下中航国际（香港）集团与北京长力联合能源技术有限公司联合成立北京中航长力能源科技有限公司（以下简称"中航长力"），并设立"北京锌空气电池研究中心"，正式投入锌空气电池的产业化运作阶段。除了中航长力外，国内另一家较早开展锌空气电池生产的博信电池（上海）有限公司已经落户上海浦东新区，博信将和数家国内外的产业链关联公司一起，在浦东新区建立一个战略合作项目公司，开展锌燃料空气电池驱动城市电动巴士运行、锌燃料生产和物流体系的示范和试运营工作。2010年上海世博会期间，博信公司研制的锌空气燃料电池电动巴士作为清洁能源汽车穿梭于各个场馆之间。2011年，国内首辆锌空气电动公交车正式下线，投入示范运营。锌空气电池售价仅为锂电池的1/3，续航里程却多了近一倍。由于比功率不足，非常适合公交车和微型动力车。另外，一批上市公司也已对锌空气电池进行了技术和产业布局，如鹏辉能源、雄韬股份、德赛电池、尖峰集团、中国动力等。

锌空气电池除车用外，也将应用于新能源发电平衡电能中，特别是风力和太阳能发电领域。美国EOS储能公司开发的锌空气电池，通过改进电解液的化学性质和电池设计，一个0.3kW的电池可以实现2700次充放电没有性能衰减，大大延长了电池寿命。锌空气电池用于电网储能所需成本大约为天然气调峰电站的一半。该技术显示了在电网储能和电动车方面的应用前景。2021年，EOS储能公司与另一家美国企业EnerSmart签署了在加利福尼亚州安装10个锌空气电池储电设备的订单，每个储电设备3MW，可为2000户家庭供能。2022年加拿大Zinc8 Energy Solutions宣布其独立研发的锌空气电池将为纽约市新建一个1.5MW·h的储能设施，结合锌空气电池和现有太阳能发电为当地公寓楼供电。

可再充锌空气电池是一个较为复杂的体系，经过世界各国研究者数十年的努力，至今已取得了很大的进展，但要将它实际应用于电动车辆和电网储能，还需要在氧化还原催化剂催化活性、空气湿度的控制和热管理方面作进一步的研究。随着技术的日趋成熟，锌空气电池也将成为电动车和电网储能用电池系列中发展的对象。

11.5.9.2 铝空气电池

铝空气电池的原理和锌空气电池类似，只是负极活性物质换成了铝合金，正极仍然为空气电极。铝空气电池可利用碱性或者中性电解质。其发生的电极、电池反应如下。

正极：
$$3O_2 + 6H_2O + 12e^- \longrightarrow 12OH^-$$

负极：
$$4Al + 16OH^- \longrightarrow 4Al(OH)_4^- + 12e^- \text{（碱性）}$$
$$4Al + 12OH^- \longrightarrow 4Al(OH)_3 + 12e^- \text{（中性）}$$

电池反应：
$$4Al + 3O_2 + 6H_2O + 4OH^- \longrightarrow 4Al(OH)_4^- \text{（碱性）}$$

$$4Al + 3O_2 + 6H_2O \longrightarrow 4Al(OH)_3 （中性）$$

铝空气电池的负极采用铝合金，在电池放电时被不断消耗，并生成 $Al(OH)_3$；正极采用多孔氧电极，电池放电时，从外界进入电极的氧（空气）发生电化学反应，生成 OH^-。

中性电解质的电导率较低，电池放电后会产生 $Al(OH)_3$ 沉淀，过多的 $Al(OH)_3$ 会形成糊状物，进一步影响电解质导电。中性电解质适合于中小功率电池。

碱性电解质有助于溶解金属铝表面的钝化膜，提高反应速率。相对来讲，使用碱性电解质的电池输出电压及功率均较高，适合作为高功率电源，如车用电源等。但碱性电解质同时也会加重铝的腐蚀，铝在碱性溶液中会发生如下腐蚀反应：

$$2Al + 6H_2O + 2OH^- \longrightarrow 2Al(OH)_4^- + 3H_2$$

腐蚀现象使得铝将电子转移给 H_2O 而不是电极，造成负极自放电，从而使电池的效率降低。由于腐蚀反应的发生，负极电位向正方向移动，再加上正负极极化，使电池的工作电压比标准电动势低得多。一般来说，单电池的电压只有 1.2V 左右。由于腐蚀反应放出热量和氢气，电池系统中必须增加换热和除氢单元。

铝空气电池的电解液，可采用中性电解液（NaCl 或 NH_4Cl 水溶液或海水），也可采用碱性电解液。正极使用的氧化剂，因电池工作环境的不同而有差异。在陆地上工作时主要使用空气；而在水下工作时可使用液氧、压缩氧、过氧化氢或海水中溶解的氧。铝空气电池的理论质量比容量达 $2290W \cdot h/kg$，实际应用中可达到 $350W \cdot h/kg$。

铝负极必须要解决钝化膜活化和抑制腐蚀问题，目前采用的主要方法是合金化。需要的合金元素既能提高铝电化学活性，又能抗腐蚀。现在研究较多的元素有 Ga、In、Mg、Zn、Ti、Sn、Hg、Mn、Bi、La、Ce 等元素。铝合金材料的研究主要集中在二元、三元合金上，铝负极的电化学性能与合金元素的种类、含量及负极的显微组织结构有关。添加合金元素多是经验性的，Hg、Ga、In 和 Ti 等元素的加入，可使铝合金的电位大幅度负移，加入 Zn、Sn、Pb 和 Bi 等高析氢过电位元素，可抑制负极的析氢反应。合金元素对 Al 的电化学活性的影响机理还不完全明确，多元合金元素之间的相互作用及合金元素与 Al 之间的作用还有待研究。随着电动车用铝空气电池问世，逐步开发出了用于中性盐溶液和碱性水溶液中的高效铝合金负极材料，目前可用于铝空气电池的 Al-Ga-Mg 合金、Al-Ga-Sn 合金和 BDW 合金等都已商业化。

铝负极的结构对铝空气电池的容量也有很大影响。目前，关于铝负极结构的设计有三种方案。最普遍的一种是采用定期更换负极；另一种为采用楔形负极，即在倾斜放置的两片正极之间，通过重力来实现自动进料；第三种方案是采用铝屑、铝珠或铝颗粒作负极，自动进料。随着电解质中 $Al(OH)_3$ 的生成，电导率下降，且累积的 $Al(OH)_3$ 由于形成过饱和溶液，而使电解质变成糊状甚至半固体状，因此需要采取措施对 $Al(OH)_3$ 进行处理。常用的方法有定期更换电解质、循环电解质或向电解质中添加晶种来沉淀 $Al(OH)_3$ 等。相应的电池设计也应该包括沉淀和过滤装置等。此外还应考虑到电池的干式储放、启动和散热等问题。

铝空气电池采用的电解质主要有碱液和中性两种。在碱性电解质中空气正极和铝负极的极化都比较小，因而电池的能量密度较高。常用 KOH 溶液作为电解液，也可采用 NaOH 溶液。采用 NaOH 溶液时，浓度通常为 $3\sim5mol/L$，以便于氢氧化铝的沉淀。为了降低铝的腐蚀速率，常在电解质中加入 Cl^-、F^-、SO_4^{2-}、Sn^{2+} 和 Bi^{3+} 等无机离子，以及 EDTA、乙醇、葡萄糖、酒石酸盐等有机物添加剂。对于中性电解质，一般采用 12%（质量分数）的氯化钠溶液或直接用海水。虽然盐水电解质的腐蚀性较小，但一个主要问题是产物 $Al(OH)_3$ 的富集会导致电解质的胶体化。为了促使 $Al(OH)_3$ 沉淀，常引用电解质添加剂，如 NaF、Na_2SO_4、$NaHCO_3$ 和 Na_3PO_4 等。此外，除了常用的 Zn^{2+}、In^{3+} 等添加剂之外，人们发现溶液的微酸性对电池行为有益。向电解液中添加 Na_2SnO_3，既可以减慢铝的腐蚀，又可以延迟负极的钝化。Na_2SnO_3 存在一个最佳浓度，为 $0.05\sim0.1mol/L$。

氧电极是铝空气电池的核心，也是制约其产业化的关键因素。氧电极的研究主要集中在两个方面：①电极结构优化，提高氧的气相传质速率；②高效催化剂，克服氧还原过程中严重的电化学极化。

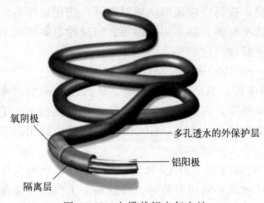

氧阴极
多孔透水的外保护层
铝阳极
隔离层

图 11-35　电缆状铝空气电池

采用中性电解质的铝空气电池已经在便携式设备、固定电源等海洋环境中得到应用。这种电池采用低极化的铝合金阳极，可以使电池的理论容量利用率达到 $50\%\sim80\%$。采用海水中溶解的氧作为阴极（正极）反应物的水下铝空气电池（见图 11-35），电池做成电缆形状，铝芯为阳极（负极），从内到外依次为隔离层、氧阴极和多孔透水的外保护层。据报道，一种直径 3cm 的电缆电池可长达数百米，每米质量为 1kg，功率密度为 $640W\cdot h/kg$，将其置于海水中可使用半年之久。

碱性铝空气电池的能量密度高，除用作备用电源之外，也适用于机动车辆和水下装置等驱动。作为备用电源，已在欧美国家用于通信网站等野外电源的即时充电装置。作为水下电源，已用于舰艇、监视器、远距鱼雷和潜水设施的能源。

Voltek 公司是知名的铝空气电池研发机构，20 世纪 90 年代，该公司开发了世界上第一个车用铝空气电池系统 Voltek Fuel pak（见图 11-36），不但提高了电池的输出特性，而且将电池寿命延长了近 10 倍，"充电"次数由 200 次提高到 3000 次以上，加上氧电极催化剂成本下降，铝电极利用率提高，使电池的成本大幅度下降，电池体系输出比能量达到 $300\sim400W\cdot h/kg$。加拿大 Aluminum Power 公司也曾开发出车用铝空气电池，并将 8 个铅酸电池共同组成车用电源系统，铝空气电池的加入使得系统质量变轻，容量从 $12.5kW\cdot h$ 增加到 $30kW\cdot h$，相应电动车行程也增加了 3 倍。

图 11-36　Voltek Fuel pak 型铝空气电池系统

Altek Fuel 公司（AFG）生产的铝空气电池产品 APS100（见图 11-37）功率超过 $300W\cdot h/kg$，可用于移动和固定式电源。APS 100 左侧为铝空气电池堆，右侧为电解质储槽。系统工作时，电解质从上至下在电堆内部循环，APS 100-24 型号电池容量为 $240A\cdot h/3kW\cdot h$，放电时间达 24h，使用寿命超过 3000h。

美铝公司（Alcoa）和以色列 Phinergy 公司 2017 年发布了一台测试电动车，该车搭载

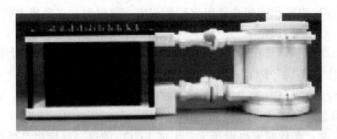

图 11-37　Altek Fuel 公司 APS100 铝空气电池系统

了两家公司联合开发的铝空气电池，其续航里程可以增加到 994 英里（约合 1600 公里）。2016 年，德阳东深新能源科技有限公司与中国铁塔德阳分公司签订了用金属铝作为燃料电源的电池采购合同，为其提供 1000 台铁塔基站电源。云南冶金集团创能金属燃料电池股份有限公司研发的低成本空气电极寿命达到 7000 小时，该电池采用的低成本特种铝合金阳极性能可与美铝公司的高纯铝媲美。

　　铝空气电池具有比能量高、质量轻、体积小以及对环境友好等特点，是一种高性能的环保型化学电源，可用于多种用电设备和电动装置。而且近年来开发的多种新型铝电极及相应的电解质添加剂，使铝空气电池技术取得了突破性进展。特别是采用水溶液电解质的铝空气电池，已经广泛用于应急电源、备用电源、机动车辆、无人机和水下设施的驱动电源，构成了铝的应用电化学的一个重要方面。

11.5.9.3　锂空气电池

　　锂空气电池作为新一代大容量电池而备受瞩目。其工作原理是用金属锂做负极，由碳基材料组成的多孔电极做正极。放电过程中，锂在负极失去电子成为锂离子，电子通过外电路到达多孔正极，并将空气中的氧气还原，向负载提供能量；充电过程正好相反，锂离子在负极被还原成金属锂。锂空气电池主要包含有机体系和水体系两大类，其工作原理如图 11-38 所示。

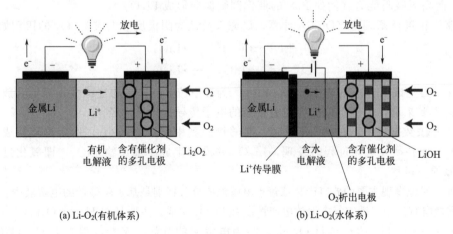

图 11-38　锂空气电池原理示意

11.5.9.3.1　有机锂空气电池

（1）反应机理

有机锂空气电池体系主要由金属锂负极、含有可溶性锂盐的有机电解液以及空气电极

（即正极，通常由高比表面积的多孔碳组成）所构成，放电时，在负极上将发生氧化反应：

负极 $\qquad\qquad\qquad\qquad$ $Li \longrightarrow Li^+ + e^-$

电子通过外电路迁移，在正极上 Li^+ 与氧气反应生成 Li_2O_2（也有可能是 Li_2O）：

正极 $\qquad$ $2Li^+ + 2e^- + O_2 \longrightarrow Li_2O_2$ $\qquad$ $E^\ominus = 2.96V$（vs. Li/Li^+）

$\qquad\qquad$ $4Li^+ + 4e^- + O_2 \longrightarrow 2Li_2O$ $\qquad$ $E^\ominus = 2.91V$（vs. Li/Li^+）

该反应也称为氧还原反应（oxygen reduction reaction，ORR）。

在催化剂存在时，在较高充电电压下，生成 Li_2O_2 的这一反应将是可逆的，即：

$$Li_2O_2 \longrightarrow 2Li^+ + 2e^- + O_2$$

而生成 Li_2O 的这一反应发生可逆较为困难。

锂空气充电时将发生析氧反应（oxygen evolution reaction，OER）。因此，有机体系可以实现锂空气电池的再充电。

根据循环伏安和旋转圆盘电极（RDE）技术，也有人提出了下面可能的反应机理。

首先形成弱的吸附物种——超氧化物中间体：

$$O_2 + e^- \longrightarrow O_2^-$$

随后，超氧化物中间体与阳离子盐或溶剂等形成溶剂化物，并扩散到电解液体相中。超氧化物中间体和 Li^+ 反应形成表面吸附物种 LiO_2：

$$O_2^- + Li^+ \longrightarrow LiO_2$$

表面吸附物种 LiO_2 进一步还原为固体 Li_2O_2，并受氧在催化剂表面的吸附状态的强烈影响：

$$LiO_2 + e^- + Li^+ \longrightarrow Li_2O_2$$
$$Li_2O_2 + 2e^- + 2Li^+ \longrightarrow 2Li_2O$$

或

$$2Li_2O \longrightarrow Li_2O_2 + 2Li$$

氧还原反应的产物依赖于催化剂种类，较低氧吸附能力（例如 C）的催化剂易于形成 Li_2O_2，而高氧吸附能力（例如 Pt）的催化剂则偏向形成 Li_2O。

而基于密度泛函理论（DFT）计算，研究人员认为阴极反应生成 Li_2O_2 的机理如下：

$$O_2 + e^- + Li^+ + {}^* \longrightarrow LiO_2{}^*$$
$$Li^+ + e^- + LiO_2{}^* \longrightarrow Li_2O_2$$

其中 * 为生成 Li_2O_2 的表面位置，$LiO_2{}^*$ 为锂空位。Li_2O_2 的绝缘性是充电和放电过程中极化的主要来源，而锂空位的存在为正极的电子传导提供了途径。

在线光谱数据表明，在 O_2 还原时，能够检测到中间产物 LiO_2，然后再转换成最终产物 Li_2O_2。而在研究氧化过程时发现，Li_2O_2 并没有生成中间产物 LiO_2，即氧化过程没有经历还原的逆过程。

另外，研究发现主要的放电产物依赖于电解液成分，特别是基于碳酸盐的电解液中。例如在烷基碳酸盐电解液中，锂空气电池放电产物没有 Li_2O_2 生成，主要是 $C_3H_6(OCO_2Li)_2$、Li_2CO_3、HCO_2Li、CH_3CO_2Li、CO_2 和 H_2O，可以归为电解液的分解。充电过程中 $C_3H_6(OCO_2Li)_2$、Li_2CO_3、HCO_2Li、CH_3CO_2Li 发生氧化生成 CO_2 和 H_2O。充电和放电经历不同的路径，如图 11-39 所示。

醚类电解液比有机碳酸盐电解液稳定，在首次放电过程中，伴随着醚类电解液的分解却可以观察到 Li_2O_2 的生成，电解液中含有 Li_2CO_3、HCO_2Li、CH_3CO_2Li、聚醚/酯、CO_2 和 H_2O 等的混合物，但循环 5 次后已经没有 Li_2O_2 存在的证据。

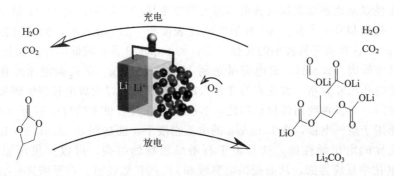

图 11-39　基于碳酸盐电解液的充放电机理

目前，有关在有机锂空气电池体系中 O_2 的反应机理还不大明确，存在着许多争议。由于电解液、催化剂，有时甚至是电池操作环境的不同，测试结果都会存在很大差异。根据电化学测量的结果，O_2 在含有锂离子电解液中的反应至今已有不少于五种不同的反应机理，其中大多数学者倾向于接受 Li_2O_2 的可逆生成与分解是锂空气电池实现可循环充放电的关键。因此，澄清阴极的反应机理是非常迫切和具有挑战性的。

（2）空气电极

空气电极通常由高比表面积的多孔碳组成（见图 11-40）。多孔碳结构可以提供 O_2 向碳-电解液界面扩散的气体传输通道，同时多孔结构可以为放电过程中形成的 Li_2O_2 提供存储空间。有机体系中放电产物不溶于有机电解液，沉积在阴极（正极）表面从而抑制氧的扩散过程。O_2 在空气电极内的扩散动力学将决定电池的性能，当碳材料的孔道完全被生成的 Li_2O_2 所填充，放电过程将会终止。此外，电解液是充放电过程中在正极与负极之间传输锂离子的唯一媒介，因此电解液在空气电极多孔孔道内的传输也将是决定锂-空气电池能量储存的另一重要参数。多孔碳材料的微观形貌和结构都将严重影响电池的性能，研究新型的多孔碳电极材料，对于提高空气电极的动力学性能，提高锂空气电池的容量、能量及功率密度，以及改善体系的稳定性具有重要意义。

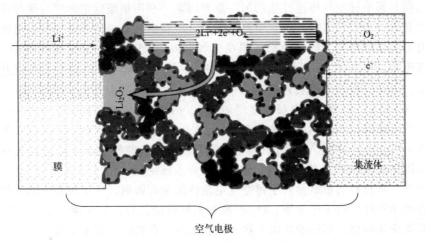

图 11-40　多孔碳空气电极结构示意

不同种类的商业化碳材料，如活性炭（AC）、Super P、Vulcan XC-72、科琴黑（KB）、碳纳米管（CNTs）和石墨烯等都曾用于锂空气电池的研究。结果表明，多孔碳材料的结构、孔容、孔径以及比表面积都对放电容量与放电电压产生影响，表 11-11 给出了一些碳材料的表面积、孔径和放电容量。AC 有最大的比表面积（$2100m^2/g$），但放电容量是最低的（$414mA \cdot h/g$），这是由于其较小的孔径尺寸；而 Super P 具有较低的比表面积（$62m^2/g$），由于其孔径尺寸较大（50nm），放电容量达到 $1736mA \cdot h/g$。多孔碳泡沫具有二级介孔孔道结构以及窄的孔尺寸分布，大孔容与非常大的介孔孔道可以为放电过程中锂氧化物的沉积提供更多的空间，与多种商用碳材料相比，多孔碳泡沫具有更大的放电容量（$2500mA \cdot h/g$）。将石墨烯用于空气电极，在 75mA/g 的电流密度下，能达到 $8705.9mA \cdot h/g$ 的放电容量，显示出优异的电化学性能，这是由于石墨烯独特的结构，可以提供理想的三维三相（固-液-气）电化学反应界面，从而提供电解液和 O_2 的扩散通道。石墨烯具有很高的理论比表面积、非常稳定的结构以及超强的导电性，同时也是优异的催化剂载体材料，在锂空气电池正极材料方面具有良好的应用前景。

表 11-11　碳材料的表面积、孔径和放电容量（放电电流密度为 $0.1mA/cm^2$）

碳材料	表面积/（m^2/g）	孔径/nm	放电容量/（$mA \cdot h/g$）
Super P	62	50	1736
Vulcan XC-72	250	2	762
AC	2100	2	414
CNTs	40	10	583
石墨	6	—	560
球磨后的石墨	480	2	1136
多孔碳泡沫	824	30	2500

电化学阻抗谱分析表明，多孔碳材料的孔容对阻抗谱的形状与阻抗大小有着重要的影响。随着充放电的反复循环，锂-空气电池的内阻不断增加，同时循环寿命不断减小。这是由于在充放电过程中，随着放电产物不断地堵塞碳材料的孔道，电极的孔容以及氧气与锂离子在电极内的传输能力将会发生变化，从而导致电池阻抗明显增加。这将导致动力学降低，同时极化增大，造成容量的衰减以及循环性能的下降。在碳材料表面修饰一些长链憎水分子基团，可以避免电极的钝化，增加放电容量。

阴极结构是影响锂空气电池性能的另一重要因素。利用单壁碳纳米管与碳纤维制备成复合纸状的多孔碳作为空气电极，电化学测试表明，纸状空气电极的厚度以及放电电流密度对放电容量有着重要的影响。放电产物沉积在空气电极/空气界面，仅能延伸到 O_2 的扩散长度，当空气电极的厚度比 O_2 扩散长度大时，在 O_2 扩散长度之外的碳不能有效利用，导致较低的容量。例如，在空气电极厚度为 $20\mu m$、放电电流密度为 $0.1mA/cm^2$ 时，放电容量高达 $2500mA \cdot h/g$。而当空气电极厚度增加到 $220\mu m$ 时，放电容量降至 $400mA \cdot h/g$。对于 $66\mu m$ 的空气电极，当放电电流密度从 $0.1mA/cm^2$ 增加到 $0.5mA/cm^2$ 时，其放电容量从 $1600mA \cdot h/g$ 降至 $340mA \cdot h/g$。当电池完全放电后，空气电极中靠近空气一侧的空间几乎完全被固体沉积物所填充，而膜一侧的空间则未被完全填充。

除此以外，碳材料的负载量对于锂空气电池性能也有影响。一定负载量的碳材料可以保持空气电极的多孔性、电子电导率、O_2 扩散和电解液的传输。如果碳负载量太低，仅仅用于黏附多孔集流体网络，不溶的放电产物不能完全沉积在孔内，减少了放电容量。如果碳负载量太高，将会淹没集流体的开放结构，阻止了 O_2 的流动。在碳的负载量与放电速率固定的情况下，随着电解液量的增加，电池容量明显增加。孔尺寸的均一性对于电池的性能也起到重要的作用。

上述结果显示，孔容（尤其是介孔孔容）是决定多孔碳空气电极性能最重要的结构参数，一般来说，碳材料的孔容越大，其比容量也越大，这主要是由于孔含量越高，存储锂氧化物的空间越大。此外，比表面积、孔径、电极厚度对放电容量也有重要的影响。因此，设计具有高比表面积、合适孔结构与孔尺寸的碳电极，对于提高电解液与空气在多孔结构内的传输，降低内阻，提高锂空气电池容量至关重要。

（3）电催化剂

基于热力学数据，典型的有机体系锂空气电池放电电压为 2.96V，而实际组装的电池电压为 2.5～2.7V，充电电压在 4.0V 以上，具有很高的过电压。充放电循环过程中，较高的极化电压严重影响电化学效率，因此需要寻找优异的电催化剂来降低过电压，从而提高能量效率。目前研究的催化剂主要有金属氧化物、金属酞菁复合物和贵金属催化剂三种类型。

锰氧化物以其低成本、低毒性、容易制备和高催化活性而被广泛用于锂空气电池催化剂的研究，包括块体 MnO_2（α-、β-、γ-和 λ-型）、商业 Mn_2O_3 和 Mn_3O_4，以及 α-和 β-MnO_2 纳米线，其中 α-MnO_2 纳米线具有最好的电化学性能，在 70mA/g 的电流密度下，初始容量达 3000mA·h/g，10 次循环后容量约 1500mA·h/g（见图 11-41）。

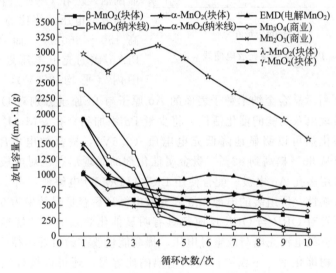

图 11-41 不同种类的 MnO_x 的放电容量比较

有研究表明，在放电过程中，α-MnO_2 能和放电产物 Li_2O 反应生成 Li_2MnO_3，而充电时 α-MnO_2 和 Li_2O 又得以再生，从而提升了充电行为。类似地，由锂-金属氧化物和高 Li_2O 含量组成的化合物，如 Li_5FeO_4（5Li_2O-Fe_2O_3）和 Li_2MnO_3-$LiFeO_2$［(Li_2O-MnO_2)-(Li_2O-Fe_2O_3)］显示出较好的电化学性能。

其他过渡金属氧化物材料，如 Fe_3O_4、CuO 与 Co_3O_4 也具有一定的催化效果，Fe_2O_3 具有最高的初始容量，但循环性能非常差。传统的 O_2 还原电催化剂金属钙钛矿 $Li_{0.8}Sr_{0.2}MnO_3$ 并不具有良好的催化性能，而 $LaCrO_3$ 和 $LaFeO_3$ 在金属空气电池氧还原（ORR）过程中具有较好的催化性能，因此通过合理设计，开发用于 ORR 和 OER 的双功能催化剂，钙钛矿型金属氧化物也有可能用于锂空气电池。此外，烧绿石型复合金属氧化物用于有机锂空气电池也展现出优异的电化学性能。组成为 $Pb_2Ru_2O_{7-\delta}$ 的介孔烧绿石材料由于具有高导电性、丰富的表面缺陷和孔道结构，有利于电荷传导及含氧物种的扩散，提供了大量催化反应位点，有效催化了 Li_2O_2 的生成与分解，显著降低了充电过电位。使用氧缺陷介孔 $Pb_2Ru_2O_{7-\delta}$ 的锂空气电池能量密度达到 3000W·h/kg。

金属酞菁复合物主要是 FeCu-酞菁复合物，在 $0.2mA/cm^2$ 电流密度下，热处理过的 FeCu-酞菁复合物放电电压比纯碳至少高 0.2V。而且，将 FeCu-大环化合物热解后负载在科琴黑（KB）上，放电电压比 KB 碳和 Super P 分别提高 0.2V 和 0.5V。

研究发现，放电时贵金属 Au 能提升氧的 ORR 过程，而充电时 Pt 能促进 OER 反应。利用商品化的 Vulcan XC-72 碳材料为载体，负载贵金属 Au、Pt 纳米粒子作为空气电极双功能催化剂，Au/碳催化剂对于 ORR 反应有明显的活性，而 Pt/碳催化剂却对 OER 反应有着非常显著的活性。将 Pt-Au 纳米粒子制成合金负载在 Vulcan XC-72 碳材料上，合金催化剂对 ORR 与 OER 也都有着非常明显的活性。在 ORR 过程中，PtAu/碳电池的放电电压始终比纯 Vulcan XC-72 碳高 $150\sim360mV$，而在 OER 过程中，PtAu/碳的充电电压处于 $3.4\sim3.8V$ 范围内（平均 3.6V），远低于纯碳的

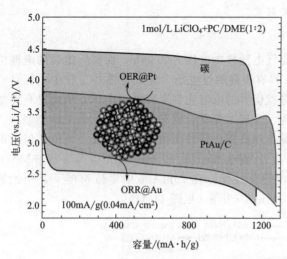

图 11-42　PtAu/碳和碳充放电曲线

4.5V，如图 11-42 所示。合金纳米粒子表面的 Au 原子与 Pt 原子分别对 ORR 与 OER 动力学产生了作用，表现出双功能的催化活性。将少量 Pd 添加到介孔 α-MnO_2 中，制备的复合物作为空气电极催化剂可以明显地降低充电电压（3.6V），提高放电电压（$2.7\sim2.9V$），电池的能量效率也从 65% 提高到 82%。贵金属催化剂的微观形态也对电极性能有着重要影响。研究表明，采用多孔 Au 电极，配合使用 $LiClO_4$-DMSO 电解液，可实现 Li_2O_2 生成与分解反应的高度可逆性，所组装的电池 100 周充放电循环后容量保持率为 95%。

可以看出，开发对 ORR 与 OER 反应都具有明显催化效果的双功能纳米催化剂，是有效降低有机体系锂空气电池充电与放电过电压、提高能量效率的很好途径。通过在空气电极中添加合适的氧化物催化剂，不仅可以提高电池的比容量，还可以较好地改善电池循环性能。此外，贵金属纳米粒子的使用，可以很好地改善 ORR 与 OER 过程的动力学，降低过电压，从而有效提高电池的能量效率。但采用上述方法来评价催化剂固有的电化学催化活性，常常强烈依赖于放电电流的变化、催化剂或碳的质量，电极和电池的装置结构等，因此，需要建立一种定量确定催化剂固有的电化学催化活性的方法，以适应不同种类催化剂在锂空气电池中使用的需要。

也有报道指出，反应产物 Li_2O_2 在不同晶面有着不同的氧化电位。晶面指数越低，相对应的氧化电位也就越低。因此，当反应产物 Li_2O_2 沿着低晶面指数方向生长，可以有效降低氧析出（OER）的过电位。寻找催化 Li_2O_2 沿指定方向生长的催化剂也是未来催化剂发展的一个方向。

（4）电解液

有机电解液用于稳定阳极（负极）、传导 Li^+、溶解 O_2 和提供反应界面，是充放电过程中在正极与负极之间传输锂离子唯一媒介，是决定锂空气电池能量储存的另一重要参数。电解液的性质如离子电导率、O_2 溶解性、动力学黏度和接触角等强烈影响电池的放电性能。锂空气电池电解液中溶解氧的量将决定电池的实际运转，氧气的传输速率将直接影响倍率性

能与放电容量。为了使电解液成分变化、放电过程中锂电极与水之间的反应减到最少，需要选择具有低挥发性与低吸湿性的有机溶剂，并通过优化电解液的黏度，实现对倍率性能的有效改善。

与电解液其他性质（如氧溶性、黏度、离子电导率）相比，选择具有高极性的电解液也非常关键。电池的性能由 O_2、电解液、活性炭（带有催化剂）形成的三相区的数量所决定。氧气在空旷通道（与溶剂的极性密切相关）内的传输速率比其在液相电解液中传输速率高数个数量级。高极性可以提供更多的三相反应区域，降低碳基空气电极的吸湿与漏液，从而改善电池性能，提高电化学容量。有机电解质的性质对锂空气电池性能的影响概括于表 11-11。

表 11-12　有机电解质性质对锂空气电池性能的影响

电解质性质	对电池性能影响
吸水性	吸收的水分会与负极锂片产生副反应
挥发速率	减少电解液量并使电解质成分发生变化
黏度	高黏度导致高的氧传输阻抗，降低扩散速率
离子电导率、氧在其中的溶解度和扩散速率	影响反应的快慢，高的氧溶解度和扩散速率能支持高倍率放电并获得高的放电容量
溶剂的极性、电解质与正极的接触角	溶剂极性越大，其与正极的接触角越大，对应的电解质越难润湿空气电极表面，能形成更多的三相界面，获得更高的放电容量

有机溶剂包括酯类［如碳酸乙烯酯（EC）、碳酸丙烯酯（PC）、碳酸二甲酯（DMC）、γ-丁内酯］，醚类［如四氢呋喃（THF）、二氧戊烷］，一般使用的锂盐包括 $LiPF_6$、$LiClO_4$、$C_2F_6LiNO_4S_2$ 和 $LiSO_3CF_3$ 等。电池内电解液的用量对于电池的放电性能也有重要影响，合适的电解液用量可以得到最大的容量值。在线光谱测试表明，基于酯类的电解液在放电过程中会发生分解，并有系列副产物产生，严重影响了电池的可逆性。鉴于此，人们将研究转向了醚类溶剂。醚类电解液具有较好的稳定性、倍率性能和高的 O_2 溶解能力，特别是在相似的氧溶解能力下，醚类电解液的黏性比有机碳酸盐类低。添加少量的冠醚还可以改善锂离子的配位能力，增加电解液的离子电导率，提高电池容量。

通常放电产物（Li_2O、Li_2O_2）不溶于有机溶剂，放电产物不断堵塞碳材料的孔道，使放电反应终止。一些添加剂或共溶剂可以部分溶解放电产物，改善电池性能。在电解液中添加三（五氟苯基）硼烷（TPFPB）作为功能化的添加剂与助溶剂，通过与氧化物或过氧化物离子产生配位作用，可以帮助部分溶解放电过程中形成的 Li_2O 与 Li_2O_2，提高放电容量。这种添加也会增加电解液黏度、降低传导率和接触角，但容量仍高于没有添加 TPFPB 的电解液。将四硫富瓦烯（TTF）添加到 DMSO 电解液中，大幅提高了锂-空气电池的整体性能。在 $1mA/cm^2$ 电流密度下，不仅实现了在 3.5V 左右充放电的可逆过程，而且实现了 100 次可逆循环，保持充电电位基本没有变化。

憎水离子液体由于其憎水性能和可忽略的蒸气压，能够有效地防止水汽的渗入，从而很好地保护金属锂。用疏水性离子液体-SiO_2-PVdF-HFP 聚合物复合电解液组装的锂空气电池，在环境气氛中测试时的放电容量高达 $2800mA \cdot h/g$（按照碳的质量计算，未使用 O_2 催化剂），当使用 α-MnO_2 作为催化剂时，初始放电容量能够达到 $4080mA \cdot h/g$（按照碳的质量计算）。憎水离子液体 1-乙基-3-甲基咪唑二（三氟甲基磺酰）亚胺（EMITFSI）具有高的传导率，可以避免锂阳极水解，显示出优异电化学性能，在空气中电池工作 56 天，阳极碳材料（以酞菁钴为催化剂）的放电容量仍能达到 $5360mA \cdot h/g$（电流密度为 $0.01mA/cm^2$）。离子液体最大的缺点是黏度太高，导致锂离子电导率相对较低。而且离子液体作为电解质使用时必须加入锂盐以提高电解质的锂离子导电性，锂盐的高度吸湿性也是离子液体用作电解质的一个问题。

电解液量也是影响锂空气电池容量的一个重要因素。增加电解液量可以促进 O_2 的溶解和锂离子的传输，改善电池性能，当电解液量超过最佳值后，碳阴极的孔会被淹没，减少了三相反应区域，降低电池性能。

以上相关的研究表明，有机体系的电解液通常需要具备以下一些特点：①具有高极性，这样可以降低碳基空气电极的吸湿与漏液；②具有低的黏度，从而尽可能增大离子电导率；③尽可能低的吸湿性；④尽可能多的溶解氧。⑤化学和电化学稳定性高，对 O_2^- 稳定，且不与任何 O_2 还原态物质反应，能够承受较高的充电电压。确定稳定的、与电极材料相匹配的电解液是锂空气电池面临的挑战之一。

（5）隔膜

有机体系锂空气电池的大部分研究工作都是在干燥的 O_2 或空气环境中进行测试的，而实际空气中却含有大量的水，因此，需要在空气电极上碾压一层多孔膜作为水的阻挡层。理想的隔膜应有良好的阻气阻水、锂离子传输和电解液保持能力，目前研究的隔膜主要有无机陶瓷膜、聚合物-陶瓷复合膜（PC）和聚合物隔膜 3 类。无机陶瓷膜通常具有快的离子传导能力，例如 LISICON（lithium super-ionic conductor，锂快离子导体）和 LIPON（lithium phosphorous oxynitride，锂磷氧氮）薄膜，但该类膜易脆、成本高，不适宜广泛应用。聚合物-陶瓷复合膜改善了膜的机械强度，同时降低了成本，多层 LIPON/PC 复合膜达到了非常好的阻气阻水效果。传统锂离子电池隔膜（如 Celgard 多孔聚烯烃隔膜）由于具有高的离子传导性、低阻抗和低成本，也曾应用于锂空气电池研究，但这些隔膜不能有效阻隔气体，导致锂阳极氧化，而且聚烯烃隔膜的孔过大，不能保持足够的电解液。目前，隔膜仍需进一步改性或修饰处理，以提高其性能。

（6）阳极

对金属锂的保护是制作阳极（负极）材料的关键。与其他金属-空气电池一样，掺杂或合金化可用于保护金属锂。这些措施虽然能提高锂在工作中的安全性能，但降低了电池的输出性能。在充放电过程中，形成锂枝晶是金属锂阳极电池共有的难题，枝晶的形成有可能造成正负极短路，使循环寿命衰减，电池安全也受到考验。缓解枝晶形成的常用方法是使金属锂与液态电解质隔开，如在金属锂表面包覆一层均匀稳定的、高锂离子传导率的固体电解质界面膜（SEI 膜），或者使用固态电解质取代液态电解质，即全固态锂空气电池，使用离子液体也能缓解锂枝晶的形成。

11.5.9.3.2　水体系锂空气电池

水体系锂空气电池阴极（正极）发生的反应为：

$$O_2 + 2H_2O + 4e^- \Longrightarrow 4OH^-$$

电压约为 3.45V（pH=14），具有高的理论比能量，电解液廉价且具有不燃性，避免了大气中 H_2O 的副反应，放电生成物为 LiOH，具有溶解于水的特性，不会在空气电极处堆积。水性电解质中没有正极孔洞堵塞的问题，且氧在水性电解质中溶解度和扩散速率较高，为高倍率放电提供了支持。

无论水体系还是有机电解质体系，对金属锂的保护作用都极为重要。作为金属锂负极的保护膜，$Li_{1+x+y}Al_xTi_{2-x}Si_yP_{3-y}O_{12}$（$x=0.3$，$y=0.2$）组成的 LISICON 结构锂离子导电体膜，室温下显示出较高的电导率，对电子绝缘，而且能在水中保持稳定。它是 $LiTi_2(PO_4)_3$ 及 $Li_4Ti_2(SiO_4)_3$ 的固溶体 Ti 的位置被部分 Al 置换的产物，通常记为 LTAP。LTAP 结构中含有 Ti^{4+}，直接和还原力强的金属锂接触会被还原为 Ti^{3+}，变得不稳定，所以必须在金属锂和 LTAP 之间放置一个缓冲层。缓冲层要求具有高的锂离子传导率，而且和金属锂接触是稳定的。由聚环氧乙烷（PEO）聚合物和双三氟甲烷磺酰亚胺锂［$Li(CF_3SO_2)_2N$，LiTFSI］组成的锂离子导体电解质 $PEO_{18}LiTFSI(O/Li=18/1)$ 缓冲层，在 60℃时离子电导率达到 $5\times10^{-4}S/cm$。通过添加纳米 Al_2O_3、SiO_2、$BaTiO_3$ 或室温离子液体，可以提高缓冲层的电导率。导电聚合物电解质缓冲层对金属锂比较稳定且易于成型，有利于大面积涂布生产，便于产业化。图 11-43 为水体系锂空气电池的模型。

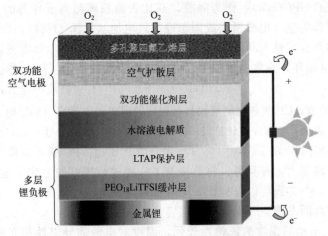

图 11-43　水体系锂空气电池的结构及被封装的复合锂负极

在强酸及强碱性中 LTAP 表面会发生溶解，电导率大幅度降低。强酸性中不稳定的直接原因是质子和锂的离子交换反应；强碱中不稳定因素是析出了强酸中所没有的 Li_3PO_4。只有在高浓度 LiCl 和 $LiNO_3$ 的锂盐水溶液中，LTAP 长期稳定存在并且电导率不发生变化。

随着放电的进行，正极生成氢氧离子的浓度增大，电解液的 pH 值变大。因此使用 LTAP 作保护膜时，需要在电解液及电池系统上采取改进措施，抑制 pH 值的增大，如在电解液中加入 HAc/LiAc 酸性溶液，使用充足的锂盐溶解到电解液中并呈中性，抑制保护膜被腐蚀的问题。

与有机电解质相同，充放电过程中也会面临锂枝晶生成及 CO_2 浸入等问题，特别是锂金属的保护使负极一侧过电压增大，造成结构复杂。

在水性电解质体系中，O_2 在正极还原成 OH^-，需要克服高的活化能，催化剂的使用必不可少。常用的贵金属催化剂（如 Pt、Au 等）在水性电解质中有很好的催化活性，一些其他廉价的催化剂如金属氧化物、钙钛矿、尖晶石和烧绿石也有不错的效果。

水性电解质体系的锂空气电池减轻了正极的负担，充放电过程的低极化为获得高能量转换效率提供了保证，但电化学可充性不好，放电时消耗电解质，电解质的含量控制和补充麻烦，实际的总放电容量将低于非水电解质体系。而且在电池操作温度下，LiOH 在水中的溶解度较小，深度放电会有 LiOH 固体析出，这也是该体系的不足之处。

将有机体系和水性电解质体系相结合，发展了有机-水混合锂空气电池体系，金属锂电极一侧为有机电解液，空气电极一侧为水相电解液。该体系放电反应的产物具有很好的溶解性，因此不存在电极堵塞的问题。对于有机-水混合锂空气电池，其最关键的问题在于要完全消除金属锂与 H_2O、O_2 之间的反应。为了防止锂与 H_2O、O_2 反应，在该体系中核心问题之一就是要寻找合适的有机相与水相的隔膜，该隔膜需要具有良好的室温 Li^+ 导通性，又能很好地阻止 H_2O 与 O_2 通过，对有机与水相电解液均具有极好的抗化学腐蚀性，此外还需具备高的机械强度。目前，有机-水混合体系的相关研究工作主要使用超级锂离子导通玻璃膜（lithium super-ionic conductor glass film）作为隔膜。

固态电池一直是锂离子二次电池领域的一个研究热点，全固态锂空气电池也是人们研究的一个方向。全固态锂-空气电池一般负极采用金属锂，正极是碳与玻璃纤维粉末的复合物，电解液是由两种聚合物和玻璃纤维膜构成的三明治结构的固态电解液（SSE）。例如，由金属锂作为负极，玻璃陶瓷（GC）与聚合物-陶瓷材料碾压制备的高锂离子导通的固态电解液膜［$PC(Li_2O)+GC+PC(BN)$］作为隔膜，高比表面积碳与离子导通的 GC 粉末混合所制备的固态复合材料作为空气电极所组成固态锂空气电池（见图 11-44），在 $30\sim105$℃温度范围内表现出极好的热稳定性与可充电性。在 $0.05\sim0.25mA/cm^2$ 的电流密度范围内，可以进行 40 次的充放电循环。充放电过程中，电池具有较低的极化，其充放电电压可逆性较好。GC 膜由 $18.5Li_2O：6.07Al_2O_3：37.05GeO_2：37.05P_2O_5$（物质的量比）混合并经过一定的高温热处理制备而成，GC 固体电解液膜具有很好的锂离子电导率（30℃时大约为 $10^{-2}S/cm$）。$PC(Li_2O)$ 膜的组成为：PEO：LiBETI（8.5：1）-［1%（质量分数）Li_2O］，$PC(BN)$ 膜的组成为：PEO：LiBETI（8.5：1）-［1%（质量分数）BN］。PC 膜可以降低电池的阻抗，增强负极上的电荷传输能力，并且可以将负极与 GC 膜进行很好的电化学连接。利用 Al 箔包覆在金属锂的表面，一方面可以保护锂，同时可以保证电池的阻抗稳定。对高比表面积的碳进行氮掺杂，可提高固态锂空气电池的放电容量。

全固态锂-空气电池对温度的依赖性较强，温度对电池的导电性和充放电过程的动力学都有重大影响，升高温度可以有效改善倍率性能和减小电极反应过电位，但也会加剧副反应的发生。另一方面，界面接触电阻也是限制其性能提高的一大障碍。通过在 PEO-LiTFSI 基质中与 $Li_{10}GeP_2S_{12}$（LGPS）纳米颗粒化学结合，使用硅烷偶联剂 mPEO-TMS{3-[methoxy(polyethyleneoxy)$_{6\sim9}$propyl] trimethoxysilane}，合成了与阴极界面良好的复合聚合物固态电解质（CPE）。合成的 CPE 的离子电导率比聚合物电解质高约 15 倍。电化学稳定性测试显示 CPE 具有 5.27V 的电化学氧化还原稳定窗口，CPE 的 Li 转移数（t_{Li+}）为 0.73，比没有 LGPS 的 SSE 高约 2 倍。该固态锂-空气电池可以在室温、空气中以低极化间隙、高速率进行 1000 次可逆四电子 Li_2O 反应。单元的工作容量可达 $\sim10.4mA \cdot h/cm^2$，比能量为 $\sim685W \cdot h/kg_{cell}$，电池的体积能量密度为 $\sim614W \cdot h/L_{cell}$。此外，在正极和玻璃纤维膜之间不使用聚合物电解液，使用热压方法将二者结合，也可以减小界面电阻，提高电池性能。

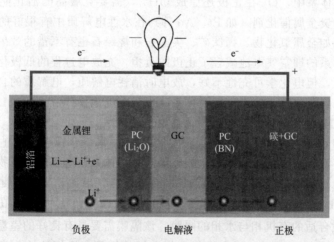

图 11-44　固态锂空气电池结构示意

2008 年 6 月，丰田公司设立"电池研究部"，开始积极推进锂空气电池、全固态电池及锂离子电池新材料等新一代电池的研究。2009 年，日本产业技术综合研究所（AIST）将非金属石墨烯纳米片（GNS）材料应用于锂空气电池中，表现出良好的氧还原催化作用。如果对其进行预热处理，则该材料的循环性能将大大改善，稳定性将显著提高。同时，AIST 开发了一种新型的具备混合电解质的大容量锂空气电池，电池负极采用金属锂条，正极由微细化后的碳和低价氧化物催化剂组成，电解液靠近金属锂电极一侧为含有锂盐的有机电解液，空气电极一侧的水性电解液使用碱性水溶性凝胶，两者中间用固体电解质隔离。采用固体电解质是为了防止两种电解液混合，同时防止金属锂电极生成的枝晶刺穿隔膜后导致短路，以保证电池反应平稳进行。电池在空气中以 0.1A/g 放电，可连续放电 20 天，其放电比容量约为 50000mA·h/g。这种新型锂空气电池无需直接充电，只需通过底座更换正极的水性电解液，通过卡盒等方式更换负极的金属锂就可以连续使用，可缩短电动车的充电时间，更换后即可行驶。在配置充电专用正极时，还可防止因充电导致空气电极的腐蚀和老化。这样就解决了以往锂空气电池固体反应生成物阻碍电解液与空气接触的问题。正极生成的氢氧化锂可以从使用过的水性电解液中回收，再提炼出金属锂，金属锂则可再次作为燃料循环使用。

美国麻省理工学院（MIT）的研究人员开发的 Au-Pt 合金纳米粒子催化剂，可使锂空气电池的充放电效率得到显著提高，有可能实现商用锂空气电池 85%～90% 的放电效率要求。由于锂空气电池使用了碳基空气电极和空气流替代锂离子电池较重的传统部件，因此电池质量更轻，这也使得包括 IBM 和通用（GM）汽车等大企业纷纷投身于锂空气电池技术的开发当中。IBM 的"Battery 500 project"旨在研发出一种支持电动汽车每充电一次即可跑 500mile/800km 的锂空气电池，该电池使用的技术能极大提高电动汽车电池的效率。日本旭化成株式会社和 Central 硝子株式会社两家企业也参加了美国 IBM Almaden Reseach Center 正在进行的锂空气电池研究项目。按项目研究分工，旭化成将利用其掌握的先进膜技术，负责开发重要的有关膜部件；Central 硝子负责开发新型电解液和高性能添加剂。

锂空气电池在电动汽车、储能等领域展现出重要的应用前景，目前该领域的研究已经取得了一定的进展，但该领域在工作机制、循环稳定性、能量效率、空气过滤膜、高性能离子传导膜、金属锂防护等方面还都处于初始阶段，特别在锂负极安全性、腐蚀问题及其相关材料设计和制备方面，仍有很多需要迫切解决的关键科学与技术问题。

11.5.10　钠离子电池

随着锂离子电池逐渐应用于电动汽车及在智能电网和可再生能源大规模储能领域的示范应用，尤其是受益于新能源汽车的发展，锂资源需求量将保持持续快速增长状态。然而，锂在地壳中的储量有限（图 11-45），且分布不均匀。考虑到锂资源消费的复合增长率及可开采锂资源，对于发展应用在智能电网或可再生能源大规模电能储存的长寿命储能电池来说，锂资源将会是一个瓶颈。因此，从能源发展和利用的长远需求来看，利用地球储量丰富的元素发展低成本、高安全和长循环寿命的化学电源体系是一个重要的任务。

钠离子电池具有资源丰富、性价比高、安全性好等优点，具有与锂相似的物理化学性质（表 11-12）。早在 20 世纪 70～80 年代，钠离子电池和锂离子电池曾同时得到广泛研究，随着锂离子电池的商业化及快速发展，钠离子电池的研究逐渐被放弃。但是自 2010 年以来，钠离子电池重新受到国内外学术界和产业界的广泛关注。2022 年 2 月国家发展改革委、国家能源局正式发布《"十四五"新型储能发展实施方案》，将钠离子电池列为"十四五"新型储能核心技术装备攻关的重点方向之一，并提出钠离子电池新型储能技术试点示范要求。因此，发展资源丰富型钠离子电池技术已成为国家重大战略需求。

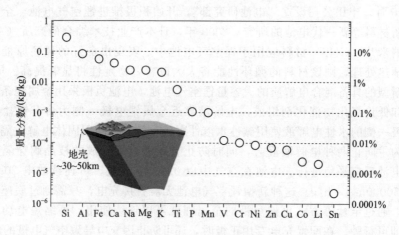

图 11-45　地壳中的元素丰度

表 11-13　金属锂和钠物理化学性质、分布及成本比较

	Na	Li
离子半径/Å	1.02	0.76
原子质量/(g/mol)	23	6.9
E_0(vs. SHE)/V	-2.71	-3.04
金属电极理论容量/(mA·h/g)	1166	3861
金属电极理论容量/(mA·h/cm³)	1131	2062
A-O 配位	八面体或三棱柱	八面体或四面体
熔点/℃	97.7	180.5
储量丰度/(mg/kg)	$23.6×10^3$	20
分布	广泛	70%位于南美洲
成本(碳酸盐)/(元/kg)	≈2	≈40

　　钠离子电池与锂离子电池类似，都是通过离子的嵌入和脱出实现其储能过程（图 11-46），但 Na^+ 半径大于 Li^+，会影响相的稳定性、传输性能和中间相的形成。Na 原子也比 Li 原子重，标准电极电势比锂高约 0.3V，因此，钠离子电池的质量和体积能量密度均难以

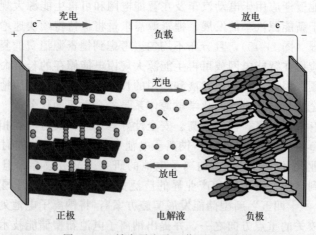

图 11-46　钠离子电池工作原理示意图

超过锂离子电池，在对能量密度有较高需求的便携式电源设备和电动汽车领域，钠离子电池可能难以胜任，但在对能量密度和体积要求不高的大规模储能领域，低成本的钠离子电池可能是储能电池中期或远期的发展目标。而且，不同于锂离子电池只能用 Cu 作为负极的集流体（Al 作为负极集流体时会与锂反应），在钠离子电池中 Al 可以代替 Cu 集流体，既可以用在正极也可以用在负极，这可以降低电池的成本和重量。

钠离子电池电极材料一般均借鉴锂离子电池进行研究，主要包括正极材料、负极材料、电解液和添加剂等。

11.5.10.1　钠离子电池正极材料

正极材料是钠离子电池的关键材料之一，直接影响电池的工作电压和比容量。目前研究较多的正极材料主要包括过渡金属氧化物、聚阴离子型化合物、普鲁士蓝类似物以及有机类正极材料等，其理论容量和电压关系如图 11-47 所示。

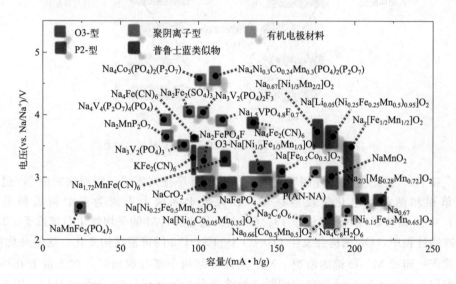

图 11-47　钠离子电池正极材料理论容量和电压关系图

（1）层状氧化物正极材料

过渡金属氧化物按其结构主要分为层状氧化物和隧道结构氧化物，当钠含量较高时，一般以层状结构为主。层状氧化物是研究较多的正极材料之一，以 Na_xMO_2（M＝Fe，Co，Mn，Cr，V 等过渡金属）为主。层状氧化物由共边排列的 MO_6 组成过渡金属层，钠离子位于 MO_6 八面体层间，根据 Na^+ 的配位环境和氧的堆垛方式不同，一般把层状氧化物分为 On 型和 Pn 型（n＝2、3）（图 11-48），O、P 分别代表 O 与 Na 是八面体（octahedral）和三棱柱（prismatic）配位，n 为过渡金属占据不同位置的数目。O3 型层状氧化物由"三个不同的 MO_2 层"（AB，CA，BC 层）组成，Na 离子位于 MO_2 层间的八面体位点；当 MO_2 层发生滑移时形成新的堆垛形式（AB，AC，AB 层），晶体结构中有 AB 和 AC 两种不同的 MO_2 层，AB 和 AC 间留有八面体位置，形成 O2 型相。O2 型和 O3 型相都具有氧的密堆积排列。P3 型的排列方式为 ABBCCA 堆积，P2 结构为 ABBA 堆积。由于充放电过程中时常发生晶胞的畸变或扭曲，这时需要在配位多面体类型上面加角分符号（'）。例如，O'3 和 P'3 表示 O3 和 P3 相的单斜形变。

伴随 Na_xMO_2 中 Na 的脱出，碱金属层会出现 Na^+ 空位，不同于 Li 从 Li_xMO_2 中脱

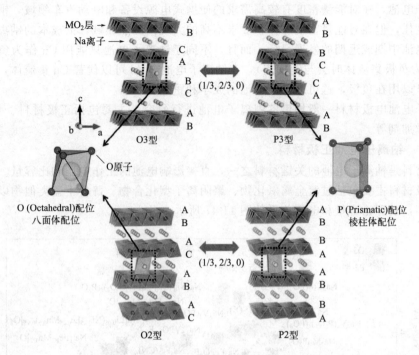

图 11-48　Na-M-O 层状氧化物 O 型和 P 型结构示意图

出，Na^+ 和 Na^+ 空位（V_{Na+}）间容易出现不同的有序排列方式，因而在脱嵌 Na 过程中出现多个单相和两相的电化学反应区域，在充放电曲线上表现为多个斜坡和平台。当 Na_xMO_2 中 x 值较高时（x 接近于 1），O3 型是稳定相，M 的平均氧化态接近于 +3 价，电化学脱嵌钠过程中，O3 结构会发生 $O3 \leftrightarrow O'3 \leftrightarrow P3 \leftrightarrow P'3$ 的可逆结构变化，这些变化由 MO_2 层的滑移产生而非 M—O 键的断裂。Na^+ 从晶体结构中部分脱出时，在能量上有利于形成三棱柱配位，从而产生 Na^+ 空位。同时，钠的脱出引起 Na 层中氧的强烈排斥，因此层间距扩大。相比于 O3 相，$P'3$ 相层间距更大一些，Na^+ 扩散相对较快。

目前，研究的层状氧化物正极材料主要是 O3 和 P2 相。与 O3 相正极材料相比，P2 相一般具有较高的比容量和较好的循环性能，这可能与 P2 相和 O3 相的结构区别有关。一方面，Na^+ 在 P2 相中的三棱柱配位空间大于其在 O3 相中的八面体配位空间，使 P2 相中 Na^+ 扩散相对容易；另一方面，P2 相相变需要伴随 MO_6 八面体 $\pi/3$ 角度的旋转，这在能量上不利，从而使 P2 相在脱嵌钠过程中更易保持结构稳定。在储钠层状氧化物材料的研究中，主要工作集中于材料体相元素掺杂或取代，以此来减弱相转变，提高材料的结构稳定性。

P2 型 $Na_x[Fe_{0.5}Mn_{0.5}]O_2$ 在充电到 $3.8 \sim 4.2V$ 时，可逆容量能够达到 $190mA \cdot h/g$，能量密度约 $520W \cdot h/kg$，与 $LiFePO_4$ 相当，但密度（$4.1g/cm^3$）高于 $LiFePO_4$（$3.6g/cm^3$）。$3.8V$ 时通过 $Mn^{3+/4+}$ 的氧化，P2 相可以保持稳定；在 $4.2V$ 时导致 P2 相向 OP4 相转变。也有研究指出，脱钠电压到 $4.3V$ 后形成的不是 OP4 相，而是一个新的、没有索引号的 "Z" 相（$Na_x[Fe_{0.5}Mn_{0.5}]O_2$，$0.25<x<0.35$），该相形成是由于 Fe^{3+} 移动到邻近层间四面体位置的结果，尽管会引起电池极化，但这一移动过程是高度可逆的。Ni 取代 Fe 能有效缓解 Fe^{3+} 的移动，从而改善循环性能。P2 型 $Na_{2/3}[Ni_{1/3}^{2+}Mn_{2/3}^{4+}]O_2$ 材料基于 $Ni^{2+/4+}$ 的氧化还原反应，在 $2 \sim 4.5V$ 电压范围内容量约 $160mA \cdot h/g$，平均工作电压为 $3.5V$。因为

Ni^{2+} 和 Mn^{3+} 的离子尺寸相似，Ni^{2+} 倾向于占据 Mn^{3+} 的位置，不同于 P2 型 $Na_{2/3}MnO_2$ 充放电时发生 Mn^{3+} 的 Jahn-Teller 形变，其充放电表现为 P2-O2 的相转变反应（图 11-49）。通过制备复合相的 P2/P3 型 $Na_{2/3}[Co_{0.5}Mn_{0.5}]O_2$ 化合物也能改善容量和循环性能，与纯 P2 型 $Na_{2/3}[Co_{0.5}Mn_{0.5}]O_2$ 相比，双相化合物在 1.5～4.3V 电压范围，0.1C 倍率下容量可以达到 $180mA·h/g$，5C 倍率下循环 100 次容量保持在 $125mA·h/g$，容量保持率为 91%。

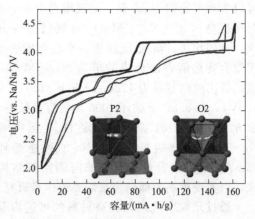

图 11-49　P2 型 $Na_{2/3}[Ni_{1/3}Mn_{2/3}]O_2$ 的充放电曲线

与 O3 型层状结构相比，P2 型层状化合物脱/嵌钠是简单的相变过程，在循环过程中保持初始结构方面有明显优势。但 P2 型材料也存在体积变化较大、制备样品时钠缺乏（富钠相是亚稳相）造成第一个循环不可逆容量过大的固有问题，有研究建议添加牺牲性的盐如 NaN_3 作为额外的 Na^+ 源，以补偿 P2 型结构的缺 Na 问题。

中国科学院物理研究所在国际上首次发现含钠层状氧化物中 Cu^{2+}/Cu^{3+} 氧化还原电对高度可逆，并基于这一现象，设计和制备了低成本、环境友好的 $Na_xCu_iFe_jMn_kM_yO_{2+\beta}$ 系列层状氧化物正极材料（M 为对过渡金属位进行掺杂取代的元素）。通过适量 Cu 的引入有效提升了材料的导电性能和电化学性能，具有类似 Ni 或 Co 的功能，而 Cu 的原材料成本远低于 Co/Ni。该系列层状氧化物代表性材料有 O3-$Na_{0.9}[Cu_{0.22}Fe_{0.30}Mn_{0.48}]O_2$、P2-$Na_{7/9}Cu_{2/9}Fe_{1/9}Mn_{2/3}O_2$、O3-$Na[Cu_{1/9}Ni_{2/9}Fe_{1/3}Mn_{1/3}]O_2$ 等，其中 O3-$Na_{0.9}[Cu_{0.22}Fe_{0.30}Mn_{0.48}]O_2$ 正极材料可以实现 0.4 个 Na^+ 的可逆脱嵌，可逆容量为 $100mA·h/g$，平均工作电压 3.2V，首周效率 90.4%，倍率性能良好，循环性能优异（100 周后容量保持率在 97%）。并且该正极材料在空气中相比其他 O3 相层状氧化物材料表现出了良好的循环稳定性。

因层状氧化物的工作电压和结构稳定性受到 O-2p 轨道的制约，与锂离子电池中情形相同，Na_xMO_2 在电化学过程中的结构稳定性较差是在实际应用中需要考虑的问题。目前，针对这类材料主要是采用离子掺杂或取代（如 Li^+、Mg^{2+}、Ca^{2+}、Zn^{2+}、Al^{3+} 和 Ti^{4+} 等）的方式来减弱相变的影响，从而提高层状氧化物的结构稳定性。另外，绝大部分层状含钠氧化物在空气中容易吸水或不稳定，如何提高其稳定性也是这类材料得到应用所需要解决的问题。

（2）隧道结构正极材料

隧道结构正极材料通常具有开放结构，允许 Na^+ 可逆嵌入/脱出，尤其是三维结构，Na^+ 可以沿着 x，y，z 方向快速扩散。而且大部分材料可以在较低温度下合成，具有大的比表面积和小的颗粒尺寸分布，倍率性能优良。

低 Na/Mn 比的 Na-Mn-O 化合物如 $Na_{0.2}MnO_2$、$Na_{0.4}MnO_2$ 或 $Na_{0.44}MnO_2$ 具有三维隧道结构，其中研究较多的是 $Na_{0.44}MnO_2$。$Na_{0.44}MnO_2$ 中全部的 Mn^{4+} 和一半的 Mn^{3+} 占据八面体位置（MnO_6），另一半 Mn^{3+} 占据四方锥形多面体位置（MnO_5），它通过角共享形成两种类型的隧道结构：每个单元中包含带有四个 Na 位点的 S 形通道和两个相同的五边形隧道结构，不规则的小通道 Na 位点几乎被全部占满，S 形隧道结构被占据一半，Na^+ 沿 c 轴快速移动，贡献容量（图 11-50）。在 $0.18 \leqslant x \leqslant 0.64$ 范围内，$Na_{0.44}MnO_2$（2～3.8V）

可以实现可逆的 Na 存储，表现出至少 6 个不同的两相反应区域。$Na_{0.44}MnO_2$ 可通过多种方法合成，如固相法、溶胶-凝胶法、水热合成法等，利用聚合物热解方法合成的单晶 $Na_{0.44}MnO_2$ 纳米线，首次放电容量为 $128mA \cdot h/g$（$0.1C$，$2.0 \sim 4.0V$），在 $0.5C$ 下循环 1000 次后容量保持 77%，显示了良好的循环稳定性。全电池中，$Na_{0.44}MnO_2$ 只能实现 $0.22Na$ 的可逆循环（$\approx 45mA \cdot h/g$），容量较低。如何调制该结构和组成，以实现更高的储钠容量需要进一步研究。

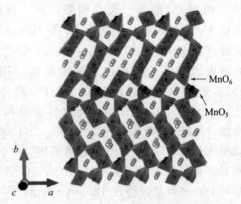

图 11-50　$Na_{0.44}MnO_2$ 晶体结构示意图

通过元素取代可以提高材料的可逆容量，如用 Ti 取代得到的 $Na_{0.54}Mn_{0.50}Ti_{0.51}O_2/C$ 正极材料比容量提高至 $137mA \cdot h/g$，循环 400 次后容量保持率在 85%。通过 Ti^{4+} 部分取代 Mn^{4+} 得到的 $Na_{0.44}[Mn_{0.61}Ti_{0.39}]O_2$ 可以再嵌入 0.17 个 Na^+，将钠的含量提高到 0.61，得到 $Na_{0.61}[Mn_{0.61}Ti_{0.39}]O_2$，有效提高了可逆容量。同时，钛的取代改变了材料在充放电过程中的电荷补偿机制，打破了材料中 Mn^{3+}/Mn^{4+} 的电荷有序性，得到了较为平滑的充放电曲线。

α-MnO_2 和 β-MnO_2 因具有 2×2 和 1×1 的隧道结构，作为无钠的锰氧化物也用于正极材料研究。α-MnO_2 纳米棒首次放电容量约 $280mA \cdot h/g$，但 100 次循环后容量仅剩 $75mA \cdot h/g$；而 β-MnO_2 纳米棒首次放电容量约 $300mA \cdot h/g$，100 次循环后容量仍保持在 $145mA \cdot h/g$，这主要是由于 β-MnO_2 中存在较多的空隧道以容纳 Na^+。此外，其他三维隧道结构 β-$Na_xV_2O_5$、VO_2(B)、金属氟化物 $NaMF_3$（M＝Fe，Mn，Ni）等也得到了人们的研究。

（3）聚阴离子型正极材料

聚阴离子型正极材料包括橄榄石结构的 $NaMPO_4$、NASICON 结构的 $Na_3V_2(PO_4)_3$、焦磷酸盐 $[Na_2MP_2O_7$，$Na_4M_3(PO_4)_2P_2O_7]$、氟化磷酸盐 $[NaVPO_4F$，Na_2MPO_4F，$Na_3(VO_x)_2(PO_4)_2F_{3-2x}]$（M＝Fe，Co，Mn）等，具有强共价键连接成的三维网络结构以及 PO_4^{3-} 四面体的诱导效应，相对层状氧化物，具备更高的电压、良好的结构稳定性和热稳定性。同时，相对于氧化物，聚阴离子型材料的电子电导率较低，需要使用导电性好的碳材料等进行表面包覆或改性。

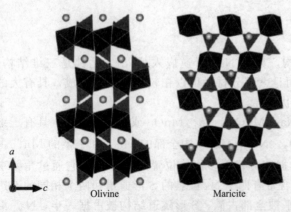

图 11-51　$NaFePO_4$ 的两种结构示意图

$NaFePO_4$ 热力学稳定的结构并非橄榄石结构（olivine），而是磷铁钠矿结构（maricite）。沿 b 方向，olivine-$NaFePO_4$ 具有一维的 Na^+ 传输通道，而 maricite-$NaFePO_4$ 缺少 Na^+ 传输通道（图 11-51），因此，maricite-$NaFePO_4$ 一般表现为非电化学活性。olivine-$NaFePO_4$ 一般难以直接合成，可以通过软化学方法制备，例如采用 olivine-$LiFePO_4$ 化学或电化学脱 Li 后再通过电化学嵌 Na 的方法获得 olivine-$NaFePO_4$。电化学性能依赖于其晶体结构，

无定形 $NaFePO_4$ 显示出高放电容量（～150mA·h/g），但电压较低（2.4V）、放电平台倾斜；而 olivine-$NaFePO_4$ 具有高的放电电压和两个明显的电压平台（平均电压为 3V），放电容量超过 120mA·h/g。但与 $LiFePO_4$ 不同的是，在充电过程中，首先通过固溶体反应生成 $Na_{0.7}FePO_4$ 中间相，再经两相反应得到 $FePO_4$；放电时发生 $FePO_4$、$Na_{0.7}FePO_4$ 和 $NaFePO_4$ 三相共存的反应，导致 $NaFePO_4$ 在充放电过程中的不对称性，使其实际容量受限。与 $LiFePO_4$ 相比，$NaFePO_4$ 的电荷转移电阻高，Na^+ 扩散系数约低两个数量级，因此需要采用纳米结构设计和碳包覆来提高其电化学性能。

焦磷酸盐类 $Na_2MP_2O_7$（M＝Fe，Co 和 Mn 等）具有多种不同的结构构型（图 11-52），包括三斜结构（空间群：$P1$）、单斜结构（空间群：$P2_1/c$）和四方结构（$P4_2/mnm$）等，$P1$-$Na_2MP_2O_7$ 由 MO_6 八面体和 PO_4 以交错方式连接，其中 M_2O_{11} 二聚体（MO_6 八面体共顶点连接）与 P_2O_7（两个 PO_4 四面体共顶点连接）分别以共顶点和共棱连接，（011）投影方向为 Na 存储方向。$P2_1/c$-$Na_2MP_2O_7$ 具有层状结构，可以看作每个 FeO_6 八面体与 6 个 P_2O_7 共顶点连接，沿（001）方向 FeO_6 八面体层与 P_2O_7 层平行交替排列，（110）投影方向为 Na^+ 的通道方向。$P4_2/mnm$-$Na_2MP_2O_7$ 具有较高的结构对称性，与前两者不同，M^{3+} 为四面体配位，每个 MO_4 四面体与 4 个 P_2O_7 连接，（001）方向为 Na^+ 的通道方向。三种不同结构的 $Na_2MP_2O_7$ 均具有 Na^+ 传输的通道方向，因此均可实现可逆的 Na 存储。

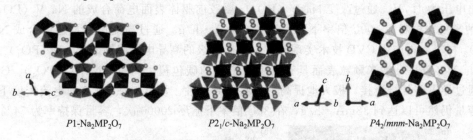

$P1$-$Na_2MP_2O_7$ $P2_1/c$-$Na_2MP_2O_7$ $P4_2/mnm$-$Na_2MP_2O_7$

图 11-52 $Na_2MP_2O_7$ 的三种结构示意图

$P1$-$Na_2MP_2O_7$ 具有 3V 左右的平均脱嵌钠电位，容量为 83mA·h/g，具有单相和两相两种反应机制。随后，$P1$-$Na_{2-x}Fe_{1+x/2}P_2O_7$、$P1$-$Na_2MnP_2O_7$、$P2_1/c$-$Na_2CoP_2O_7$ 和混合磷酸盐的 $Na_4M_3(PO_4)_2P_2O_7$（M＝Mn，Co，Ni）等被相继报道，$Na_4Fe_3(PO_4)_2P_2O_7$ 能获得 105mA·h/g 的容量和 3.2V 的电压，$Na_4Co_3(PO_4)_2P_2O_7$ 工作电压能达到 4.5V，在钠正极体系中几乎是最高的，而且在 25C 倍率（4.25A/g）下容量也能达到 80mA·h/g，通过 Ni 和 Mn 取得部分 Co{$Na_4[Co_{2.4}Mn_{0.3}Ni_{0.3}](PO_4)_2P_2O_7$} 可以减轻电压平台的数量。

其他焦磷酸盐如 $Na_7V_4(P_2O_7)PO_4$ 中，由 $(VP_2O_7)_4PO_4$ 基本单元组成了 Na^+ 扩散的三维通道，基于 $V^{3+/4+}$ 的氧化还原反应，$Na_7V_4(P_2O_7)PO_4$ 在 3.88V 显示出双相反应的电压平台，容量约 90mA·h/g，通过添加还原石墨烯后，循环 1000 次容量保持率可以维持在 78%。焦磷酸盐类正极材料平均电位和容量均较低（＜100mA·h/g），作为实际钠离子电池正极能量密度较低，导电性及动力学性能较差。

NASICON（Na super ionic conductor）结构化合物是一种快离子导体材料，一般具有较高的离子扩散速率，具有三维开放离子输运通道。NASICON 结构式可表示为 $A_xM_2(PO_4)_3$（A＝Li，Na 等；M＝过渡金属 TM），每个 MO_6 八面体与 6 个 PO_4 四面体通过共顶点连接构成 NASICON 三维骨架结构，其中碱金属离子 A^+ 可占据六配位（A1，$6b$）和八配位（A2，$18e$）两种不同的骨架空隙位置（图 11-53）。

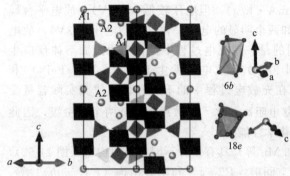

图 11-53 NASICON $A_x M_2(PO_4)_3$ 晶体结构示意图

$Na_3 V_2(PO_4)_3$ 是一种典型的 NASICON 材料，能够实现两个 Na^+ 的可逆脱嵌（A2 位置），展现出 $3.3 \sim 3.4V$ 的充放电平台和 $117mA \cdot h/g$ 的理论比容量。原位 XRD 研究表明，材料储钠机制为典型的两相反应 $[Na_3 V_2(PO_4)_3$ 和 $NaV_2(PO_4)_3]$，其充放电过程中体积形变较小，约为 8.3%，是一种有前途的钠离子储能电池正极材料。通过表面碳包覆、纳米化、阳/阴离子取代以及设计多孔结构，并通过电解液优化，可以有效提升 $Na_3 V_2(PO_4)_3$ 的电化学性能。利用水热辅助溶胶凝胶法合成的核壳结构的纳米 $Na_3 V_2(PO_4)_3$@C（Nano NVP@C）在 0.5C 下，放电容量达到 $104mA \cdot h/g$，5C 下首次放电容量约 $95mA \cdot h/g$，循环 700 次后容量仍可维持在 $92mA \cdot h/g$（图 11-54）。通过基于溶液模板的方法制备多孔 $Na_3 V_2(PO_4)_3/C$，40C（4.68A/g）倍率下放电容量为 $61.5mA \cdot h/g$（$2.3 \sim 3.9V$），能稳定循环 30000 次（容量保持率 50%），其作为负极材料（电压约 1.6V）也能稳定循环超过 5000 次，组装的对称全电池输出电压为 1.7V。通过改变 $Na_3 V_2(PO_4)_3$ 凝胶前驱体表面电荷合成的 $Na_3 V_2(PO_4)_3$@rGO 纳米复合材料在 100C 倍率下容量高达 $73mA \cdot h/g$。通过高能球磨预还原合成 $Na_3 V_2(PO_4)_3$ 材料，再应用 CVD 技术实现原位生长出分级的高导电碳修饰的 $Na_3 V_2(PO_4)_3/C$ 材料，$Na_3 V_2(PO_4)_3$ 纳米颗粒表面具有高度石墨化的碳包覆，同时，$Na_3 V_2(PO_4)_3/C$ 颗粒之间通过导电碳纤维连接，极大地提高了材料的导电性。该材料在 500C 的电流密度下，可逆比容量仍然可以达到 $38mA \cdot h/g$，在 30C 倍率下循环 20000 次，容量保持率为 54%。

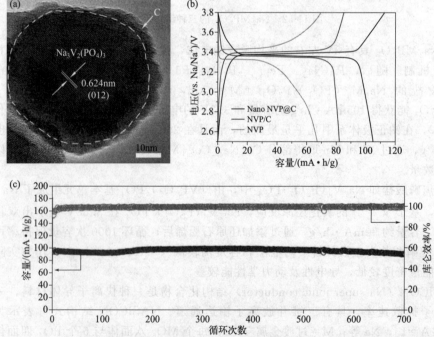

图 11-54 核壳结构的纳米 $Na_3 V_2(PO_4)_3$@C 的 TEM 图（a），0.5C 下不同样品的充放电曲线（b）和 5C 条件下 $Na_3 V_2(PO_4)_3$@C 的循环寿命曲线（c）

NASICON 结构电极材料具有优良的动力学和循环性能，但 V 的大规模使用可能会带来环境和安全问题，因此，设计无毒害、地壳含量丰富的过渡金属 NASICON 结构材料将是一个有意义的研究方向。

氟化磷酸盐类具有特殊的结构及较高的过渡金属氧化还原电位，与锂离子电池中相似，其在钠离子电池中也引起广泛的研究兴趣，多种氟化磷酸盐类如 Na_2FePO_4F（$\approx 3V$，$120mA \cdot h/g$）、$Na_2Fe_{0.5}Mn_{0.5}PO_4F$（$\approx 3V$ 和 $3.53V$，$120mA \cdot h/g$）、$NaVPO_4F$（$\approx 3.5V$，$80mA \cdot h/g$）、$Na_3V_2O_{2x}(PO_4)_2F_{3-2x}$（$\approx 3.6V$ 和 $4.0V$，$100mA \cdot h/g$）和 $Na_3V_2(PO_4)_2F_3$（$\approx 3.7V$ 和 $4.2V$，$120mA \cdot h/g$）等作为钠离子电池正极材料研究。

碳包覆的 Na_2FePO_4F 容量（$110mA \cdot h/g$）能达到理论容量的 90%，两个电压平台分别位于 $3.06V$ 和 $2.91V$，而且极化小。Mn 可以取代部分 Fe 形成 $Na_2Fe_{1-x}Mn_xPO_4F$ 固溶体，但随着 Mn 含量的增加，其动力学性能变差，结构也从四角结构退化为单斜结构。$Na_3V_2(PO_4)_2F_3$ 具有四方晶系，能够可逆脱嵌 2 个 Na^+，具有 3.6 和 $4.1V$ 两个电压平台，平均约 $3.9V$，理论容量为 $128mA \cdot h/g$，该材料具备优异的电极动力学和结构特性（体积变化率仅为 2.56%）。$Na_3V_2(PO_4)_2O_2F$ 与 $Na_3V_2(PO_4)_2F_3$ 结构相同，处于 $Na_3V_2(PO_4)_2O_2F$ 和 $Na_3V_2(PO_4)_2F_3$ 间的 $Na_3V_2(PO_4)_2O_{1.6}F_{1.4}$ 固溶体相可逆容量约 $130mA \cdot h/g$，甚至在 $60℃$ 也能表现出极好的容量保持率，这主要源于其小的体积变化（小于 3%）。

SO_4^{2-} 比 PO_4^{3-} 具有更大的离子性，SO_4^{2-} 取代 PO_4^{3-} 会带来较高的工作电压。基于 $Fe^{2+/3+}$ 氧化还原反应，$Na_2Fe_2(SO_4)_3$ 的工作电压为 $3.8V$，是基于 $Fe^{2+/3+}$ 反应的材料中最高的，在 C/20 电流密度下，容量能达到理论容量（$120mA \cdot h/g$）的 85%。该结构不仅限于 Fe，还可以扩展到 Ni、Co、V、Mn 等过渡金属元素。

（4）普鲁士蓝类

普鲁士蓝及其衍生物的化学通式为 $A_x[M_AM_B(CN)_6] \cdot zH_2O$（A 代表碱金属离子 Na、Li、K 等，$M_A$ 和 M_B 为 Fe、Ni、Cu、Co 等过渡金属离子），普鲁士蓝 $KFeFe(CN)_6$ 属于立方晶系，Fe^{2+} 和 Fe^{3+} 依次交替占据立方体心，高价的 Fe^{3+} 只与 C 相连，低价的 Fe^{2+} 只与 N 相连，以 Fe^{3+} 和 Fe^{2+} 为中心的八面体分别与 $(C≡N)^-$ 阴离子桥连。每个立方单元面上的 C≡N 键，为位于立方体心的 K^+（半占据）在不同的立方单元之间的自由传输提供跃迁平面（图 11-55）。

普鲁士蓝及其衍生物具有三维开放式框架结构，立方体空隙的尺寸较大，有利于碱金属离子的快速传输和存储，因此是一种有前途的钠离子电池正极材料，其在钠离子电池中的研究可分为水系和有机体系两大类。早先报道 $KMFe(CN)_6$（M = Fe，Mn，Ni，Cu，Co，Zn）在有机电解液中的储能行为，但由于这些框架被大量的 K^+ 占据且不含有 Na^+，所以表现出较低的可逆容量（$30 \sim 80mA \cdot h/g$）。随后开发的富钠态正极材料如 $Na_2MFe(CN)_6$（M = Fe，Co，Ni）化合物，其储能能力得到明显提升（可逆容量约为 $110 \sim 150mA \cdot h/$

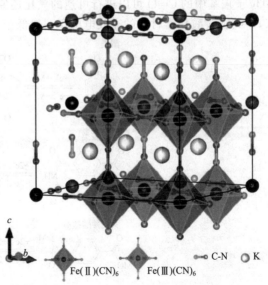

c
b
$Fe(Ⅱ)(CN)_6$　　$Fe(Ⅲ)(CN)_6$　　C-N　　K

图 11-55　$KFeFe(CN)_6$ 晶体结构示意图

g），如 $Na_{1.72}MnFe(CN)_6$ 可逆容量达到 $130mA \cdot h/g$，平均工作电压 3.2V，倍率性能良好。在充放电过程中，随着材料中钠离子含量的增加，材料的晶型从立方晶系转变为菱方晶系，而且晶型可逆转换。$Na_{1.32}Mn[Fe(CN)_6]_{0.83}$ 薄膜电极在嵌钠脱钠的过程中晶格结构非常稳定，几乎没有相变的发生，电极最高放电比容量达 $109mA \cdot h/g$，平均放电平台为 3.4V，循环性能良好，充放电库仑效率在 95％以上。大尺寸介孔的 $NaNiFe(CN)_6$ 作为钠离子电池正极材料时，其在低电流下的可逆比容量为 $65mA \cdot h/g$，在 $100mA/g$ 电流密度下充放电 180 圈后几乎没有容量衰减。$K_xCuFe(CN)_6$ 和 $Na_4Fe(CN)_6$（电压平台 3.4V，$\sim 90mA \cdot h/g$）作为钠离子电池正极也表现出良好的电化学循环和倍率性能，这与其开放的三维结构密不可分，而且普鲁士蓝类材料在钠电池中极化很小。通过原位 XRD 技术和相应的电化学检测方法证实 $K_{0.09}Ni[Fe(CN)_6]_{0.71}$ 在充放电过程中以及充放电 200 圈后，材料的晶格参数变化范围在 1％以内，说明该材料具有非常优异的长期循环稳定性。Na^+ 嵌入普鲁士蓝及其衍生物中的电荷转移活化能高度依赖于使用的电解液，基于水溶液的电解液活化能仅 5kJ/mol。

（5）有机正极材料

按照氧化还原机理，有机正极材料可以分为两类，一类是阳离子嵌入型，如玫棕酸二钠盐（$Na_2C_6O_6$），二羟基对苯二甲酸四钠盐（$Na_4C_8H_2O_6$）；另一类是阴离子嵌入型，如聚对苯撑，苯胺-硝基苯胺共聚物。

羰基化合物的氧化还原反应机理为羰基（C=O）的烯醇化反应，每一个 C=O 单元对应于一个电子的得失，并与 Na^+ 等金属阳离子结合。根据官能团差异，羰基化合物电极材料主要可分为醌类、酰亚胺类和共轭羧酸盐类三类（图 11-56）。醌类化合物结构中的羰基一般位于共轭芳香环的邻位或对位，理论比容量高。酰亚胺类化合物一般具有较大的芳香共轭平面，结构中有 4 个羰基，且均具有电化学活性。然而，如果酰亚胺材料结构中的 4 个 C=O 双键均发生还原反应，会引起电荷的排斥作用，造成结构的不可逆破坏。因此，通常情况下，将酰亚胺类材料的氧化还原电位限制在一个较高的范围（1.0～2.5V），从而只发生 2 个 C=O 的烯醇化反应，保证材料在充放电过程中的结构稳定性。共轭羧酸盐类化合物结构中位于羧基中的 C=O 可以进行可逆的氧化还原反应。由于具有供电子基团—OM（M=Na、K），共轭羧酸盐类材料的充放电电压一般低于 1V，因此多作为二次电池的负极材料使用。

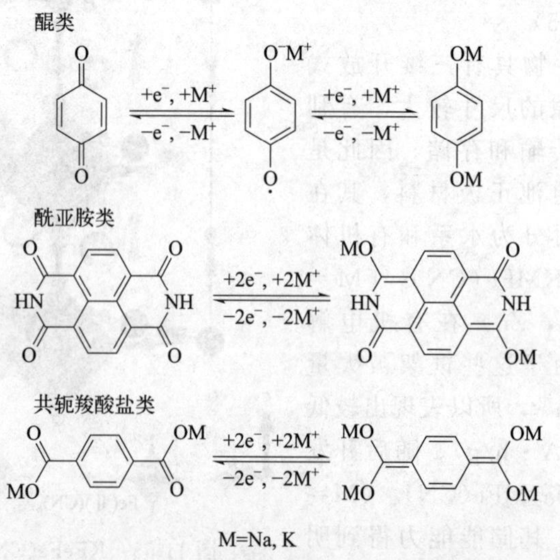

图 11-56 三类羰基化合物的典型结构和储钠机理

　　然而，由于有机电极材料导电性差且易于溶解在有机电解液中，导致了较差的电化学性能。在电极材料中添加导电碳，将有机化合物聚合，成盐，纳米化以及优化电解液等是提升材料导电性、克服溶解的常用方法。现阶段，研究者们普遍采用将有机电极材料（羰基化合物）与导电碳材料复合，以提高活性材料的电子电导率。使用较多的导电碳材料为有序介孔碳（CMK-3）、还原氧化石墨烯（rGO）和碳纳米管（CNTs）等。

　　有机四钠盐 $Na_4C_8H_2O_6$（Na_4DHTPA）作为正极材料的可逆容量为 $180mA \cdot h/g$，工作电压 2.3V。通过调节电压窗口，其既可以作为钠离子电池正极（$1.6 \sim 2.8V$，利用 $Na_2C_8H_2O_6/Na_4C_8H_2O_6$ 电对），也可为作为负极材料（$0.1 \sim 1.8V$，利用 $Na_4C_8H_2O_6/Na_6C_8H_2O_6$ 电对）（图 11-57），组装成全有机钠离子电池展现出 1.8V 的工作电压和 $65W \cdot h/kg$ 的能量密度，可以稳定循环 100 次，库仑效率能够稳定在 99%，显示了良好的应用前景。

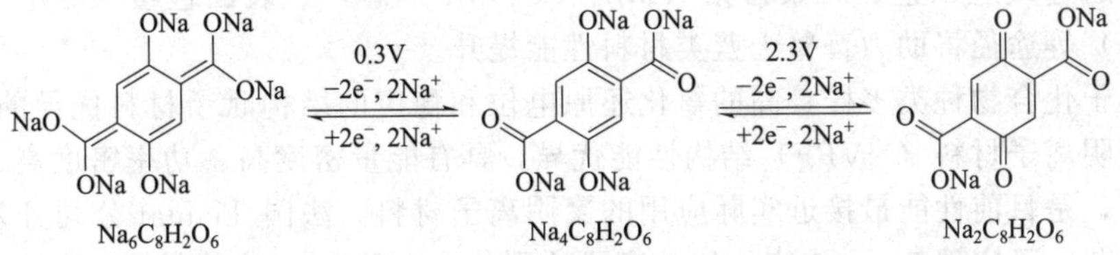

图 11-57　$Na_4C_8H_2O_6$ 的氧化还原机理

　　除含有 C=O 键的酮、醌、羧酸、酸酐等化合物外，还可以通过对基于 C=N 键的席夫碱和蝶啶衍生物、基于 N=N 键的偶氮衍生物进行分子结构设计和修饰，开发出电化学活性可调、高容量和高倍率的新型电极材料。

　　对于大分子聚合物，常见的主要有硝基自由基聚合物、导电聚合物、有机金属聚合物、共轭微孔聚合物、共价有机框架（COF）和金属-有机框架化合物（MOF）等。有机自由基聚合物和有机金属聚合物通常表现出更快的动力学性质，但其容量通常很低。COF 和 MOF 衍生材料具有一定的结构优势，稳定性好，其易于调控的纳米结构和形貌则可以容纳更多的 Na^+。

　　导电聚合物有聚氧乙炔、聚多苯、聚苯胺、聚吡咯、聚噻吩及其衍生物等。有机聚合物具有很长的链段结构，难溶于有机电解液，具有更好的稳定性。例如，苯胺-硝基苯胺共聚物材料具有 3.2V 的放电电压，首周可逆容量可以达到 $180mA \cdot h/g$，循环 50 次仍有 $173mA \cdot h/g$ 的容量，证明聚合物确实具有有效的储钠性能。随后，通过向电活性的聚合物中掺入不溶的和氧化还原活性的铁氰根离子，直接改变了导电聚合物的反应机制，从传统的 p 掺杂/脱杂转为阳离子的嵌入脱出、$Fe(CN)_6^{3-}/Fe(CN)_6^{4-}$ 的氧化还原和阴离子掺杂的协同进行，使得聚合物的电化学活性得到极大应用，也提高了材料的循环稳定性。

　　苝四酰亚胺分子由于具有大的共轭苝环结构而难溶于电解液，该材料具有 2V 左右的电压平台和 $140mA \cdot h/g$ 的可逆比容量，在 300 次循环后的容量保持率为 90%。3,4,9,10-苝四甲酸二酐（PTCDA）基聚酰亚胺材料（PI2）在钠离子电池中保持 $137.6mA \cdot h/g$ 的稳定容量，循环 400 次后库仑效率达到 100%，在 $200mA/g$ 的电流密度下进行充放电循环测试 5000 周后，容量保持率为 87.5%，具有优异的循环稳定性。密度泛函理论（DFT）研究表明，随着芳香共轭平面的增大，材料的最低未占据轨道（LUMO）能级降低，最高占据轨道（HOMO）能级增加，LUMO 和 HOMO 能级差（E_g）变小，电子导电性增强。

　　在材料选择方面，钠离子电池正极材料路径多样，主要包括层状氧化物、普鲁士蓝类和聚阴离子型化合物，不同企业采用的材料体系各有不同。英国 FRADION 公司基于 Ni-Mn-

Ti 基层状氧化物，开发出了 10A·h 软包电池样品，该电池比能量达到 140W·h/kg，在 80% 放电深度下的循环寿命预测可超过 1000 周。中科海钠科技有限责任公司依托中国科学院物理研究所已开发出基于层状氧化物的系列钠离子电池产品，该电池比能量达到 140W·h/kg 以上。浙江钠创新能源有限公司制备的 $Na[Ni_{1/3}Fe_{1/3}Mn_{1/3}]O_2$ 层状氧化物基钠离子电池软包的比能量为 $100 \sim 120W·h/kg$，循环 1000 周后容量保持率超过 92%。层状氧化物材料凭借优异的综合性能以及与锂电正极工艺设备的高兼容性，大部分企业已经完成了从小试到中试的过程，有望率先实现产业化。

普鲁士蓝类化合物原料充足且具有成本优势，是钠离子电池正极材料的理想选项之一。宁德时代新能源科技股份有限公司于 2021 年 7 月发布的普鲁士白基电芯，比能量达到 160Wh/kg。但是普鲁士蓝类材料的吸水性较强，其结晶水问题和循环稳定性一直困扰着材料的进步。通过改进工艺、元素掺杂（Mn、Co、V、Ni 等）、表面包覆（导电聚合物、无机氧化物等）等途径将助力普鲁士蓝类材料性能提升。

聚阴离子化合物种类多样，高的氧化还原电位和稳定的结构赋予材料优异的综合性能，其中含钒聚阴离子材料（NVPF）结构性能优异，具有能量密度高、功率密度高、稳定性好等潜在优点，是目前性能最接近实际应用的聚阴离子材料。法国 Tiamat 公司开发出的氟磷酸钒钠基电芯，可实现 5min 快充，比功率可达到 $2 \sim 5kW/kg$，比能量为 120W·h/kg。大连化学物理研究所基于磷酸盐基聚阴离子型化合物正极，先后研制出比能量约为 127W·h/kg 的磷酸钒钠基软包电池和比能量超过 143W·h/kg 并可实现 6min 快充的氟磷酸钒钠基软包电池。由于原材料五氧化二钒价格较高，远高于层状氧化物和普鲁士蓝类材料，限制了其大规模应用。硫酸盐聚阴离子材料具有较强的电负性和氧化还原电势，是一种潜力较大的储钠材料。

11.5.10.2　钠离子电池负极材料

与钠离子电池正极材料相比，目前可行的负极材料较少，因此，探索合适的负极材料成为紧迫的任务。在负极材料方面，主要包括碳材料、钛基材料、合金材料、转化反应类材料和有机化合物等（图 11-58），根据脱嵌钠过程的反应机理，负极材料可分为嵌入反应、转化反应和合金型反应三类。

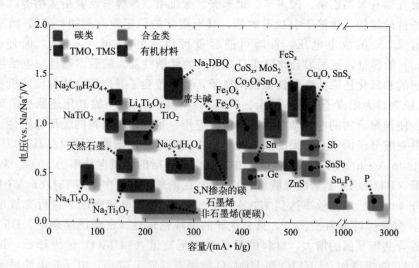

图 11-58　钠离子电池负极材料研究分类

(1) 碳基负极材料

碳基材料可以大致分为石墨、软碳和硬碳、石墨烯、杂原子掺杂的碳材料等类别。石墨是常用的锂离子电池的负极材料，其可逆容量约为 350mA·h/g，储锂电位约为 0.1V (vs. Li$^+$/Li)，但用于钠离子电池负极时，钠离子半径比锂离子大，使得钠离子在石墨层间脱嵌困难，可能由于热力学原因，钠在石墨层可逆存储性能较差。第一性原理计算表明形成 Na-GICs 的能量不稳定（NaC$_6$ 和 NaC$_8$ 是热力学不稳定的），钠几乎不能嵌入石墨。通过改变溶剂，研究发现基于醚类的电解液能够抑制电解液的分解，在石墨表面形成可以忽略的 SEI 膜，使溶剂化的 Na$^+$ 进入石墨晶格。通过溶剂化钠离子的共嵌效应（C$_n$ + e$^-$ + A$^+$ + $y$solu $\longrightarrow$ A$^+$(solu)$_y$C$_n^-$），可以形成三阶层间化合物（GICs），实现石墨对钠的可逆存储。在含有 NaPF$_6$ 盐的醚类（DEGDME）电解液中，限制条件下天然石墨能提供 150mA·h/g 的容量，可实现 2500 次循环，在 10A/g 电流密度下容量也能达到 75mA·h/g。将石墨的层间距膨胀，在 20mA/g 电流密度下容量能达到 284mA·h/g，且好的容量保持能超过 2000 圈。相比于石墨作为常用的锂离子电池负极材料，受溶剂和容量（通常低于 100mA·h/g）限制，石墨难以在钠离子电池中得到实际应用。

软碳和硬碳与石墨结构不同，具有较多的缺陷态，可能会对 Na 的可逆存储有利。硬碳在钠/锂离子电池中有类似的充放电行为，通过葡萄糖裂解制备的硬碳可逆容量约 300mA·h/g，工作电压接近 0V (vs. Na$^+$/Na)，但首周效率较低，充放电曲线包括平台和斜坡两个区域。由此认为硬碳的储钠机理是"纸牌屋"（house of cards）机理，它由无序硬碳结构中的两个区域组成，没有石墨中阶的转变。首先 Na$^+$ 嵌入到硬碳平行层或接近平行层间（对应于电压斜坡部分），然后 Na$^+$ 在无序堆积的纳米微孔中存储（低电位平台部分）（图 11-59）。这一推测得到了 ^{23}Na NMR 结果的验证。此外，也有人根据计算和实验认为，硬碳"纸牌屋"储钠机理包含三个过程：①在电压平台范围对应于 Na$^+$ 在缺陷位的吸附；在电压倾斜范围对应于②Na$^+$ 嵌入硬碳晶格内和③Na$^+$ 吸附在微孔表面。对于 Na$^+$ 在硬碳中的嵌入机理还存在争议，需通过理论和实验进一步证实。

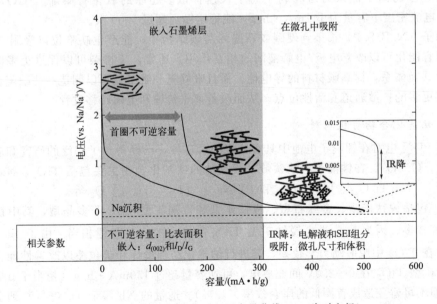

图 11-59　硬碳材料的典型电压容量曲线（Na 为对电极）

通过电解液优化可提高硬碳的电化学性能，首周效率最高可达 90%，放电容量约为 240mA·h/g（25mA/g，0～2V），循环 100 次后容量仍能稳定在 200mA·h/g。高度无序的硬碳材料由于具有高的比容量和长循环寿命等优良的综合性能而被认为是最有应用前景的一种负极材料。

目前常用的硬碳前驱体主要是生物基，如毛竹、椰壳、淀粉、核桃壳等，同时也可以使用无烟煤、沥青、酚醛树脂、聚丙烯腈等化工原料。原料和技术不同，性能和成本也有显著差别。生物质基路线性能适中，物料来源广泛，成本相对合适；酚醛树脂等合成聚合物前驱体路线性能较优，但成本相对高昂；无烟煤、沥青、煤焦油等化石燃料基路线成本低廉，但产出的硬碳材料性能一般。生物质基前驱体路线是当下制备硬碳材料的主流路线。

硬碳材料发展面临的挑战还包括：硬碳具有较低的储钠电位（一半的容量来自接近 0V vs. Na^+/Na 平台的贡献）和倍率性能，全电池在过充或快速充电过程中容易造成金属钠在负极表面沉积（实际钠的沉积电位只有 -0.03V），从而带来安全隐患；硬碳的可逆性取决于碳前驱体、碳化温度、粒度和制造过程，适当低的孔体积和表面积能提供较高的可逆容量，并且可逆存储 Na^+ 合适的添加剂和电解液是非常需要的；另一方面，硬碳的成本相对较高，若廉价的软碳或焦炭等材料可以实现可逆的 Na 存储，可能会更具吸引力。

研究表明，通过石油焦高温分解制备的无序软碳具有储钠性能。中国科学院物理研究所采用成本更加低廉的无烟煤作为前驱体，通过简单的粉碎和一步碳化得到了一种具有优异储钠性能的软碳材料，该材料不同于来自于沥青的软碳材料，在 1600℃ 以下仍具有较高的无序度，产碳率高达 90%，储钠容量达到 220mA·h/g，循环稳定性优异。以其作为负极和 Cu 基层状氧化物作为正极制作的 2A·h 软包电池，能量密度达到 100W·h/kg，在 1C 充放电倍率下容量保持率为 80%，-20℃ 下放电容量为室温的 86%，循环稳定，并通过了一系列适于锂离子电池的安全试验。裂解无烟煤得到的软碳材料在所有的碳基负极材料中具有非常高的性价比，在钠离子电池碳基负极材料的应用前景方面取得了突破。

石墨烯作为一种新型碳材料，比表面积大，具有超强的电子导电性和化学稳定性，这些优势带来更多的离子嵌入通道和利于离子快速扩散。还原的氧化石墨烯（rGO）负极在 40mA/g 电流密度下容量为 141mA·h/g，能稳定循环超过 1000 次。

杂原子（N.B.S.P）掺杂到硬碳或石墨烯类碳结构中，能产生缺陷位以吸附 Na^+，通过碳表面官能化可以改善电极/电解液间的相互作用。通常，N 掺杂可以促进更多的电子进入碳的 π 共轭体系，提高碳材料的导电性，而且吡啶氮和吡咯氮可以制造一些缺陷位点，为 Na^+ 提供更多的扩散通道和活性位点，从而改善离子传输和电荷转移过程。

（2）钛基化合物负极材料

Ti^{4+}/Ti^{3+} 电对在锂离子电池中具有良好的可逆性，已经得到了广泛的研究和应用，如 $Li_4Ti_5O_{12}$（LTO）。在钠离子电池领域，代表性的钛基化合物主要包括 TiO_2、$Na_2Ti_3O_7$、$Na_2Ti_6O_{13}$、$Na_4Ti_5O_{12}$、$Li_4Ti_5O_{12}$ 和 $P2$-$Na_{0.66}$ $[Li_{0.22}Ti_{0.78}]$ O_2 等。

TiO_2 包括锐钛矿型、金红石型、板钛矿型和青铜矿型（B）等多晶型，其中锐钛矿型 TiO_2 研究较多，因为 Na^+ 进入锐钛矿型 TiO_2 晶格内的能垒与锂相当。由于 Na^+ 尺寸较大，Na^+ 在 TiO_2 中脱嵌动力学较差，需进行纳米化结构设计和碳包覆以改善性能。纳米尺寸的锐钛矿型 TiO_2 在 0～2.0V 间充放电，可逆容量超过 150mA·h/g（相当于 0.5mol Na 嵌入），但不可避免造成首圈低的库仑效率（42%）。适量的 Nb 掺杂（0.06%）到金红石型 TiO_2 材料中能显著改善电子导电性，$Ti_{0.94}Nb_{0.06}O_2$ 电极在循环 50 周容量保持在 160mA·h/g。掺杂降低 Ti 的平均氧化态是提升 TiO_2 可逆储钠性能的另一策略。氟掺杂的锐钛矿纳米颗粒（$TiO_{2-\delta}F_\delta$）植入到碳纳米管中，由于形成了电子传导的三价 Ti^{3+}，导致 Na^+ 容易嵌入到 TiO_2 结构中，而且碳纳米管也提升了电子导电率。其他元素如 B，S 也有相同的效果，S 掺杂到 TiO_2 纳米管中可以减小带隙（$S\text{-}TiO_2$：2.6eV；TiO_2：3.0eV），提高导电性，该材料在 33.5mA/g 下容量达到 320mA·h/g，在 3.35A/g 高电流密度下循环超过 4400 次，容量保持率为 91%。

$Na_2Ti_3O_7$ 和 $Na_2Ti_6O_{13}$ 可以表示为 $Na_2O·nTiO_2$（$n=3$ 和 6）。层状氧化物 $Na_2Ti_3O_7$ 具有"Z"字形通道，1mol $Na_2Ti_3O_7$ 可嵌入 2mol Na，对应容量 177mA·h/g，平均储钠电位约为 0.3V（vs. Na^+/Na）。在脱嵌钠过程中，出现了 $Na_{3-x}Ti_3O_7$ 中间相，基于 XRD 结果，两个放电平台分别对应于 $Na_2Ti_3O_7 \rightarrow Na_{3-x}Ti_3O_7$ 和 $Na_{3-x}Ti_3O_7 \rightarrow Na_4Ti_3O_7$。通过控制截止电压到 0.155～2.5V，使 $Na_{3-x}Ti_3O_7 \rightarrow Na_4Ti_3O_7$ 的低电压平台不出现，$Na_2Ti_3O_7 \leftrightarrow Na_{3-x}Ti_3O_7$ 的电压平台为 0.2V（vs. Na^+/Na），具有 89mA·h/g 的容量，该种情况下具有极好的倍率性能，80C 倍率下能够循环 1500 周。$Na_2Ti_3O_7$ 材料具有尺寸效应，也有观察到纳米尺寸的 $Na_2Ti_3O_7$ 没有中间相生成，$Na_4Ti_3O_7$ 脱钠过程中直接转变为 $Na_2Ti_3O_7$。但这种材料总体导电性比较差，需添加较多的导电添加剂（约 30%）来提高电子电导率，如何提高材料自身的电子电导率是实用化比较难的一步，而且循环性能不稳定。在 $Na_2Ti_3O_7$ 中，$(Ti_3O_7)^{2-}$ 链是孤立的，由此形成层状结构，而 $Na_2Ti_6O_{13}$ 中 $(Ti_3O_7)^{2-}$ 单元通过 TiO_6 八面体的角共享，形成隧道结构（图 11-60）。$Na_2Ti_6O_{13}$ 单元能提供 0.85molNa 的存储，放电容量超过 65mA·h/g，平台电压约 0.8V。添加碳的 $Na_2Ti_6O_{13}$ 复合电极在 20C 倍率下能循环超过 5000 次，但能量密度偏低。

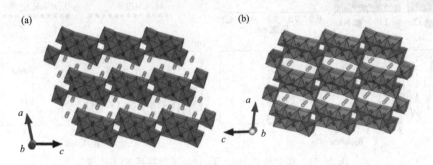

图 11-60　$Na_2Ti_3O_7$（a）和 $Na_2Ti_6O_{13}$（b）的晶体结构示意图

尖晶石结构的 $Li_4Ti_5O_{12}$ 不仅可以可逆脱嵌锂，还可以实现可逆脱嵌钠，并保持尖晶石结构稳定，平均储钠电位为 0.93V，可逆比容量约为 150mA·h/g。利用先进的球差校正透射电镜亮场成像技术（annular bright field scanning transmission electron microscopy，ABF-STEM）探究了脱嵌钠的反应机理，该过程为新型的三相反应机制：

$$2Li_4Ti_5O_{12} + 6Na^+ + 6e^- \longrightarrow Li_7Ti_5O_{12} + Na_6LiTi_5O_{12}$$

即伴随 Na 嵌入尖晶石 $Li_4Ti_5O_{12}$ 的 16c 位置（由于 Na^+ 离子半径较大，只能占据 16c 位置），形成岩盐结构的 $Na_6LiTi_5O_{12}$［图 11-61（h）～（j）］，与此同时，由于库仑排斥作用，8a 位置的 Li 迁移到邻近 $Li_4Ti_5O_{12}$ 中的 16c 位置，形成 $Li_7Ti_5O_{12}$［图 11-61（e）～（g）］，在三相共存区域，$Li_7Ti_5O_{12}$ 与 $Li_4Ti_5O_{12}$ 由于晶格失配小（约 0.1%），两者之间形成完全共格的界面，而 $Li_7Ti_5O_{12}$ 与 $Na_6LiTi_5O_{12}$ 尽管存在约为 12.5% 的晶格失配，但仍能保持界面完全共格［图 11-61（k）］，表明含钠的相能容纳大的点阵应变。密度泛函理论计算也表明，$Li_4Ti_5O_{12}$ 的三相嵌钠反应在热力学上是有利的。

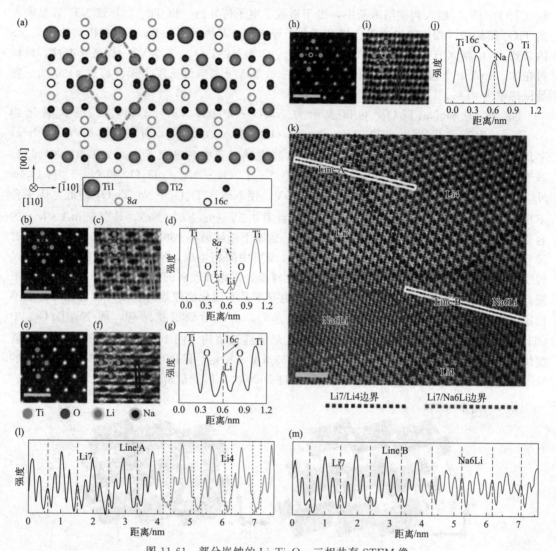

图 11-61　部分嵌钠的 $Li_4Ti_5O_{12}$ 三相共存 STEM 像

(a) 尖晶石 $Li_4Ti_5O_{12}$ 沿 [110] 方向的晶体结构；(b)~(d) $Li_4Ti_5O_{12}$ (Li4) 的 STEM 像；
(e)~(g) $Li_7Ti_5O_{12}$ (Li7) 的 STEM 像；(h)~(j) $Na_6LiTi_5O_{12}$ (Na_6Li) 的 STEM 像；(k) 三相共存的 ABF 像；
(l)、(m) 相边界对应的衬度曲线

层状氧化物 $P2\text{-}Na_{0.66}[Li_{0.22}Ti_{0.78}]O_2$ 作为钠离子电池负极材料可实现 $0.34Na$ 可逆存储，锂的引入有助于钠离子的传输（Na^+ 表观扩散系数约为 $1\times10^{-10}\ cm^2/s$）。该材料嵌 Na 机制表现为准单相反应行为，平均储钠电位为 $0.75V$（vs. Na^+/Na），可逆比容量为 $116mA \cdot h/g$，在 2C 倍率下循环 1200 周后容量保持率为 75%。该材料嵌钠前后体积形变率仅为 0.77%，近似一种零应变负极材料，这对电极长期循环稳定性有重要意义。

钛基负极材料具有结构稳定、循环性好、安全性高等优点，由于自身晶体结构中 Na 储存位点有限，作为钠离子电池负极时这类材料面临着储钠容量低（普遍低于 $200mA \cdot h/g$）以及导电率较低的问题。为了提高钛基材料的电化学性能，目前研究主要围绕三个方面展开。一是将材料尺寸纳米化，缩短电子和离子的扩散路径并在插层过程中减缓体积膨胀；二是设计成多孔状，扩大电极与电解液的接触面积；三是将材料与导电物质复合，提高整个电极的导电性和结构稳定性。

（3）磷酸盐负极材料

磷酸盐作为钠离子电池的负极主要分为两大类：一类为 NASICON 结构，如 $NaTi_2$$(PO_4)_3$；另一类为层状结构，如 $Na_3Fe_3(PO_4)_4$。

$NaTi_2(PO_4)_3$ 可以实现 2 个 Na^+ 可逆脱嵌，平均储钠电压平台为 2.1V，对应的理论容量为 133mA·h/g。但该材料导电性能比较差，材料颗粒尺寸比较大时极化比较大，制约其高倍率循环性能。为了同时实现高倍率性能和稳定的循环性能，一个有效的策略就是将纳米级的 $NaTi_2(PO_4)_3$ 粒子嵌入到高导电性的碳框架中。例如，利用蔗糖裂解包覆碳或者 CVD 对 $NaTi_2(PO_4)_3$ 包覆碳大大降低了电化学极化，通过简便的喷雾干燥方法制备 $NaTi_2$$(PO_4)_3$@还原氧化石墨烯（NTP@RGO）微球，即用三维石墨烯包裹的 $NaTi_2(PO_4)_3$ 纳米立方体，具有优异的电化学性能和较高的可逆容量（在 0.1C 倍率下容量达到 130mA·h/g）、长循环寿命（20C 下循环 1000 次容量保持率为 77%）以及高倍率性能（200C 下容量为 38mA·h/g）。此外，全 NASION 型全电池 NTP@rGO//$Na_3V_2(PO_4)_3$@C 的放电容量为 128mA·h/g，充放电电压平台 1.2V，功率密度为 7.6W/kg（0.1C）时全电池的能量密度达到 73W·h/kg（基于正负极活性物质质量），在功率密度为 3167W/kg（50C）下能量密度能保持 38.6W·h/kg，具有高功率性能（50C 下容量为 88mA·h/g）以及长周期循环寿命（10C 下循环 1000 次容量保持率为 80%）（图 11-62）。

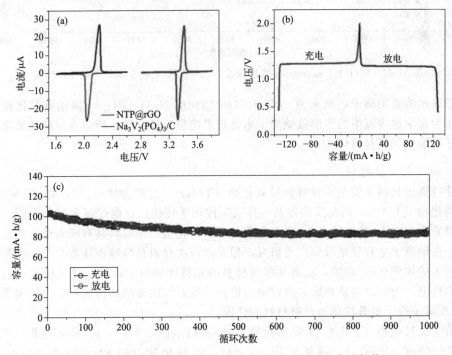

图 11-62　NTP@rGO//$Na_3V_2(PO_4)_3$@C 全电池电化学性能

（a）NTP@rGO 和 $Na_3V_2(PO_4)_3$@C 电极在 0.1mV/s 扫速下的 CV 曲线；

（b）0.1C 倍率下 NTP@rGO//$Na_3V_2(PO_4)_3$@C 全电池充放电曲线，（c）0.4～2V 间、10C 下全电池的循环性能

金红石相（rutile）是 TiO_2 中最稳定的晶型，利用金红石相 TiO_2 和碳层协同包覆 $NaTi_2(PO_4)_3$ 纳米立方体（NTP-RT nanocubes），具有规则形貌的 $NaTi_2(PO_4)_3$ 立方体结构表面特殊的原子排布对材料的电化学性能起到了积极作用：材料表面厚度约 2nm 的 TiO_2 层降低了材料在电解液中的溶解，对生成的 SEI 膜可起到稳定的作用，提高了材料的循环稳

定性，最外面的碳层提供了电子导电网络结构，可提高钠离子的迁移速率，有助于提升材料的倍率性能。$NaTi_2(PO_4)_3$ 电极材料在 0.5C 的充放电电流下比容量达到 $110mA \cdot h/g$，100 次充放电循环后材料的比容量基本没有衰减。在 10C 倍率下，循环 10000 次后仍能保持其初始容量的 89.3%，金红石相 TiO_2 和碳层两者的协同作用显著材料的循环寿命和倍率性能（图 11-63）。

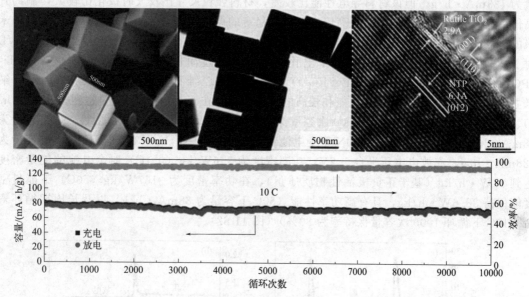

图 11-63　NTP-RT nanocubes 的形貌及 NTP-RT/C 电极在 10C 下的循环性能

对于非水溶液钠离子电池来说，NASICON 结构的 $NaTi_2(PO_4)_3$ 储钠电位比较高，但是将其作为在中性溶液中的水溶液钠离子电池负极电位比较合适，所以该材料经常作为水溶液钠离子电池的负极材料研究。

（4）转化型负极材料

转化型负极材料主要包括过渡金属氧化物（TMO）、过渡金属硫/硒化物（TMS）和过渡金属磷化物（TMP），转化反应涉及一种或多种化学转化，根据过渡金属的不同，伴随转化反应可能发生嵌入/脱出或合金/去合金化过程。转化型负极材料具有成本低、理论容量高的优势，在钠离子电池领域得到广泛研究，但是，该类材料自身导电性较差，在循环过程中会产生较大的体积膨胀/收缩，会破坏电极材料的完整性和电子接触，导致较差的循环稳定性和倍率性能。为解决这些难题，可以通过设计一些新型的微纳结构材料，采用纳米技术和/或碳包覆等手段，提升转化型负极材料的性能。

过渡金属氧化物（TMO）主要包括铁氧化物（Fe_3O_4、Fe_2O_3）、钴氧化物（Co_3O_4）、锡氧化物（SnO、SnO_2）、铜氧化物（CuO）、钼氧化物（MoO_2、MoO_3）、镍氧化物（NiO）、锰氧化物（Mn_3O_4）和二元氧化物等，转化类金属氧化物储钠机理可分为两类，一类是 M 为电化学非活性元素（如 Fe、Co、Ni 和 Cu），在电化学反应中，这些氧化物经历转化机理：

$$M_xO_y + 2yNa^+ + 2ye^- \longrightarrow yNa_2O + xM$$

另一类是 M 为电化学活性元素（如 Sn 和 Sb），这类物质先经过转化机理，然后再进行合金化反应：

$$M_xO_y + 2yNa^+ + 2ye^- \longrightarrow yNa_2O + xM$$

$$M + zNa^+ + ze^- \longrightarrow Na_zM$$

最初报道的 Fe_3O_4 应用于钠离子电池是基于在 $1.2 \sim 4.0V$ 间的嵌入反应,当放电电压达到 $0.04V$ 时,和 Na^+ 可发生转化反应机理:

$$Fe_3O_4 + 8Na^+ + 8e^- \longrightarrow 4Na_2O + 3Fe$$

通过转化反应,初始的放电达到 $643mA \cdot h/g$,库仑效率为 57%。将 Fe_3O_4 量子点植入到杂化的碳纳米层上,在 $100mA/g$ 电流密度下容量为 $416mA \cdot h/g$,$1.0A/g$ 下循环 1000 次后容量保持率为 70%。

与过渡金属氧化物相比,过渡金属硫/硒化物(TMS)在钠化/脱钠过程中有较大优势:M—S 键比相应的 M—O 键弱,这对于和 Na^+ 的转化反应是有利的。由于在钠化/脱钠过程中 Na_2S 的可逆性比 Na_2O 好,其体积变化相对较小,初始库仑效率较高,过渡金属硫/硒化物改善了机械性能稳定性。

MoS_2 为层状结构,层与层之间通过范德华力连接,因此很容易嵌入大的 Na^+。依赖于工作电压窗口,MoS_2 可通过嵌入和/或转化反应储钠,电化学反应过程可表示为:

$$MoS_2 + xNa^+ + xe^- \Longrightarrow Na_xMoS_2 \quad (在 0.4V 以上)$$

$$Na_xMoS_2 + (4-x)Na^+ + (4-x)e^- \Longrightarrow 2Na_2S + Mo \quad (在 0.4V 以下)$$

层状 MoS_2 的储钠容量为 $500 \sim 800mA \cdot h/g$,作为负极材料具有较高比容量。

为克服 $0.4V$ 以下 MoS_2 发生转化带来较大的体积变化问题,可添加导电性的碳以及纳米分级结构设计,使 MoS_2 与碳材料及部分金属纳米颗粒复合或耦合,形成片-片、片-纳米管及片-颗粒等结构。

TiS_2 同 MoS_2 类似,也为三明治结构的层状材料。采用剪切-混合方法制备的超薄 TiS_2 纳米片层,这些纳米片具有纳米尺寸的宽度和较大的表面积,为钠离子提供了进入 TiS_2 内部空间的便捷通道。以 $1mol/L$ $NaClO_4$/TEGDME 为电解液,这种薄的 TiS_2 纳米片能够快速可逆地嵌入和脱嵌 Na^+,且在 $200mA/g$ 电流密度下循环 200 次容量保持在 $386mA \cdot h/g$,表现出稳定的循环性能。通过高温固相烧结法合成 TiS_2,在 $NaPF_6$/DME 电解液中,$0.3 \sim 3.0V$(vs. Na/Na^+)电压区间内 TiS_2 具有最优的储钠性能:在 $0.2A/g$ 电流密度下可逆容量为 $1040mA \cdot h/g$;在 $20A/g$ 电流密度下循环 9000 周后容量无明显衰减;当电流密度提高到 $40A/g$ 时,可逆容量仍然达到 $621.1mA \cdot h/g$。非原位 XRD、TEM 和 XPS 测试表明,在嵌钠过程中,TiS_2 首先发生多步嵌入反应生成 Na_xTiS_2,之后进一步发生转换反应生成 $Ti_{0.77}S$ 和 Na_2S。DFT 计算表明,相对于 TiS_2,Ti 的低价态中间产物具有更高的电子电导率,随着反应的进行,电极材料活化程度加深,$Ti_{0.77}S$ 进一步还原生成 Ti 和 Na_2S,容量利用率进一步提高。同时,Ti 基化合物的高导电性以及 $NaPF_6$/DME 的高离子导电性使 TiS_2 具有优异的倍率性能;另一方面,TiS_2 多硫离子的吸附性测试表明,TiS_2 材料对于中间产物多硫离子具有较强的吸附作用,避免了活性物质组分在醚类电解液中的溶解流失,保证了材料的长期循环稳定性。TiS_2 作为转换负极应用于钠离子电池,实现了转换反应负极材料的高可逆容量以及长期稳定循环。

锡基硫化物(SnS、SnS_2)可以发生转化和合金化反应,提供更高的理论比容量。SnS-C 复合材料显示出高储钠能力($20mA/g$ 电流密度下容量为 $568mA \cdot h/g$)和循环稳定性(80 个循环容量保持 97.8%)。SnS_2 为 CdI_2 层状六方结构,硫原子紧密堆积形成两个层,锡原子夹在中间形成八面体结构,层内为共价键结合,层与层之间存在弱的范德华力,较大的层间距($5.90Å$)有利于钠离子的嵌入。此外,无定形的 Na_2S 中间产物也可抑制 Na-Sn 合金化反应中的粉化/团聚。SnS_2 能通过以下三个过程储钠:

$$SnS_2 + xNa^+ + xe^- \longrightarrow Na_xSnS_2 \text{（嵌入反应）}$$

$$Na_xSnS_2 + (4-x)Na^+ + (4-x)e^- \longrightarrow 2Na_2S + Sn \text{（转化反应）}$$

$$Sn + 3.75Na^+ + 3.75e^- \longrightarrow Na_{3.75}Sn \text{（合金化反应）}$$

过渡金属磷化物（TMP）主要包括 M-P（M＝Ni，Fe，Co，Cu 和 Sn），在充放电过程中，形成的 Na_xM 或 Na_xP（$x \geqslant 0$）可部分缓解粉碎的累积，转化反应对合金化过程有一定的自愈作用，因此转化和合金化反应的联合也是克服巨大的体积膨胀的有效方法。

（5）合金类负极材料

合金类负极材料具有较高的理论容量（质量比容量和体积比容量）和良好的导电性，如 $Sn(Na_{15}Sn_4, 847mA \cdot h/g)$、$Ge(NaGe, 369mA \cdot h/g)$、$Sb(Na_3Sb, 660mA \cdot h/g)$、$Bi(Na_3Bi, 385mA \cdot h/g)$、$P(Na_3P, 2596mA \cdot h/g)$ 等，是一类高比能的钠离子电池负极材料。但这类材料在发生合金化反应时体积膨胀严重，电极材料易粉化脱落，从而影响电化学性能，目前主要采用纳米化、碳复合以及开发高效的黏结剂或电解液添加剂等方式来缓解这一问题。

Sn 的理论容量为 $847mA \cdot h/g$，在合金类负极材料中研究最为广泛。Na-Sn 相图显示 Sn 钠化过程中经过一系列步骤：$Sn \rightarrow NaSn_5 \rightarrow NaSn \rightarrow Na_9Sn_4 \rightarrow Na_{15}Sn_4$。基于 DFT 计算和原位 XRD 结果，认为 Na 和 Sn 的电化学反应过程为：

$$Na + Sn \longrightarrow NaSn_3^* \text{（平台1）}$$

$$Na + NaSn_3^* \longrightarrow a\text{-}NaSn \text{（平台2）}$$

$$5Na + 4(a\text{-}NaSn) \longrightarrow Na_9Sn_4^* \text{（平台3）}$$

$$6Na + Na_9Sn_4^* \longrightarrow Na_{15}Sn_4 \text{（平台4）}$$

其"a"表示非晶相的形成，"*"表示通过库仑法测定的具有近似化学计量的新结晶相。

通过原位透射电镜技术观察 Sn 纳米颗粒在电化学钠化过程中，伴随 Sn 体积膨胀微观结构演变和相变情况（图 11-64），认为 Sn 首先经历两步钠化过程形成无定形 $NaSn_2$（56%膨胀），随后形成无定形 Na_9Sn_4（252%膨胀），Na_3Sn（336%膨胀）和结晶相 $Na_{15}Sn_4$（420%膨胀）。

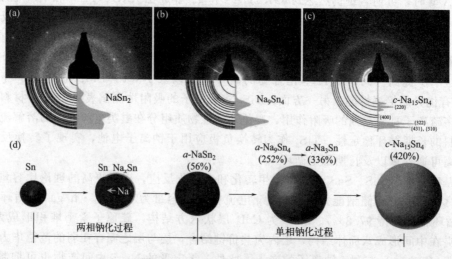

图 11-64　Sn 钠化过程及体积变化

可以看出，人们尝试使用多种测试手段以阐明 Sn 的电化学反应机理，但是，在计算和实验工作之间仍然存在较大差异。

Bi 具有独特的层状结构及大的层间距，Bi 和 Na 经过两步反应（$Bi + Na^+ + e^- \leftrightarrow NaBi$，$NaBi + 2Na^+ + 2e^- \leftrightarrow Na_3Bi$）形成 Na_3Bi，理论容量为 385mA·h/g。利用 K、Bi 共插层石墨形成 G-K-Bi-K-G 的石墨三元插层物（KBi-GIC），然后将 K 从插层中去除，制备出一种 Bi 金属颗粒嵌入石墨层间的 Bi@Graphite 材料（图 11-65）。该材料不同于石墨烯包覆或负载金属纳米颗粒，制备过程中 Bi 纳米颗粒嵌入石墨层间，具有和原料石墨类似的形貌，并未明显将石墨剥离或破坏，仍存在石墨结构，石墨的缺陷也无明显增加。Bi@Graphite 用作 SIBs 负极时，具有 0.5V（vs. Na/Na⁺）左右的工作电压，首次放电和充电容量分别为 220mA·h/g 和 164mA·h/g，库仑效率约为 75%，在 300C 的电流密度（12s 内完全充/放电）下，其容量保持率也能达到 1C 容量的 70%。Bi@Graphite 良好的倍率性能与其独特的结构密切相关，石墨共嵌入相关的过程基本可认为是电容型容量，速度很快；另一方面，Bi 嵌钠过程为扩散控制，纳米颗粒尺寸减少了扩散所需时间，二者结合导致了材料的高倍率性能。同时，Bi@Graphite 具有优异的循环稳定性，在初始 0.5C 循环后，库仑效率大于 99.9%，在 20C 循环 10000 次后，容量保持率依然大于 90%。而且，Bi@Graphite 可以在宽温度范围（−20~60℃）内工作。但是，由于酯基电解液会在石墨表面形成一层比较致密的 SEI，溶剂化的 Na⁺ 无法共嵌入石墨中，因此与石墨类似，Bi@graphite 只能应用于醚基电解液中。

P 与 Na 发生电化学反应生成 Na_3P，理论容量为 2596mA·h/g，高于其他负极材料。P 存在白磷、红磷和黑磷三种主要的同素异形体，其中白磷易挥发、不稳定；黑磷在 550℃ 以下是热力学稳定态，高温转化为红磷，因此红磷和黑磷常用于钠离子电池负极材料研究。然而，红磷和黑磷在嵌脱钠过程中会发生巨大的体积膨胀（490%），而且红磷的导电性很差（1×10^{-14}S/cm 以下），制约其电化学性能。黑磷具有类似石墨的层状结构且层间距（3.08Å）更大，意味着钠离子（1.04Å）能存储在磷烯层间，导电性也强于红磷，因此可能更具有吸引力。与纯红磷和黑磷相比，磷的无定形结构可有效缓冲循环过程中强烈的体积膨胀，无定形红磷-碳复合材料（a-P/C）改善了 P 的电化学活性。采用剪切乳化和静电纺丝法制备多孔 N 掺杂的 P/C 纳米纤维，循环 1000 次后容量保持率仍为 81%。

将纳米结构的各种无定形磷和具有高导电性的 2D 或 3D 碳基质（如石墨烯、碳纳米管、多孔碳等）结合，可达到进一步提高容量和改善循环寿命的目的。此外，使用羧甲基纤维素（CMC）、聚丙烯酸（PAA）和聚丙烯酸钠（PANa）作为黏结剂，以及在电解液中添加 FEC，均可以缓解材料体积膨胀造成的不利影响。

（6）有机负极材料

有机电极材料如羰基化合物的氧化还原反应受碱金属离子尺寸的影响较小，共轭羧酸盐类、酰亚胺类、醌类和席夫碱类等有机化合物被广泛用于钠离子负极材料研究。由于有机材料低的电子导电性、在有机溶剂中的化学不稳定性以及 Na⁺ 嵌入/脱出引起的体积变化，导致有机负极材料的反应动力学缓慢，循环过程中容量衰减快、寿命低。同有机正极材料类似，改善有机负极材料电化学性能的手段主要有碳等导电剂包覆、分子结构设计、聚合和成盐化等。

共轭羧酸盐化合物表现出低的氧化还原电位（0.2~0.5V, vs. Na⁺/Na）和稳定的充放电行为，由对二苯甲酸二钠（$Na_2C_8H_4O_4$）（理论容量 255mA·h/g）和科琴黑（ketjen black，KB）组成的钠离子电池负极材料 $Na_2C_8H_4O_4$/KB，可逆储钠容量约 250mA·h/g，

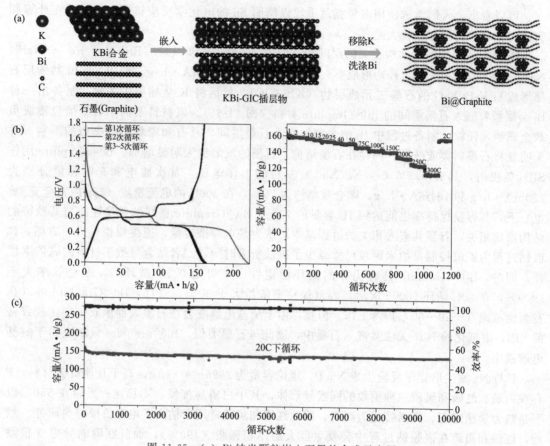

图 11-65 （a）Bi 纳米颗粒嵌入石墨的合成示意图；
（b）Bi@Graphite 复合材料的充放电曲线和不同充放电倍率下容量；
（c）0.5C 循环 20 圈后，在 20C 电流密度下的循环性能

相应于两个电子的转移，平均脱嵌钠电位 0.43V，且循环稳定。由于该材料导电性较差，使用时需要混合大量的导电添加剂，且储钠电位低于 0.8V，易于生成 SEI 膜，导致其首周库仑效率较低。利用原子层沉积技术（ALD），对其电极表面进行几个纳米的 Al_2O_3 包覆，部分抑制了 SEI 膜的生长，可提高其首周库仑效率、倍率性能和循环性能。

一些对二苯甲酸二钠盐的衍生物如 NO_2-Na_2TP、NH_2-Na_2TP 和 Br-Na_2TP 也用于负极材料研究，苯环上的取代基（NH_2—、Br— 和 NO_2—官能团）和二羧酸盐的异构化形式（间位和对位）可影响对苯二甲酸二钠的热力学和动力学性质，NO_2-Na_2TP 和 Br-Na_2TP 电极容量可达到 300mA·h/g，而 NH_2-Na_2TP 的容量仅有 200mA·h/g。为了提高 Na^+ 在高电流密度下的快速脱嵌能力，使用 4,4'-二苯乙烯-二羧酸钠（SSDC）来扩展 π-共轭体系，提高材料的固有电子导电性，改善了电荷传输和充电/放电态的稳定性，分子间 π-π 相互作用的增强形成了堆积的层状结构，这两者均可促进 Na^+ 的嵌入/脱出（图 11-66），显著提升高倍率性能和可逆容量（2A/g 下 105mA·h/g，10A/g 下 72mA·h/g）。

把小分子羰基化合物单体聚合为大分子聚合物，是改善羰基化合物在电解液中的溶解性问题的一种有效策略。其中，聚硫化醌类和聚酰亚胺类在钠离子电池中的研究最为广泛。在钠离子电池中，聚硫化蒽醌（PAQS）在 1600mA/g 的大电流密度下，可逆比容量达 190mA·h/g，相应的材料活性约 85%，且经过 200 周充放电循环测试容量几乎保持不变。由 1,4,5,8-萘四甲酸二酐（NTCDA）衍生的聚酰亚胺类材料 PNTCDA，由于其固有的稳

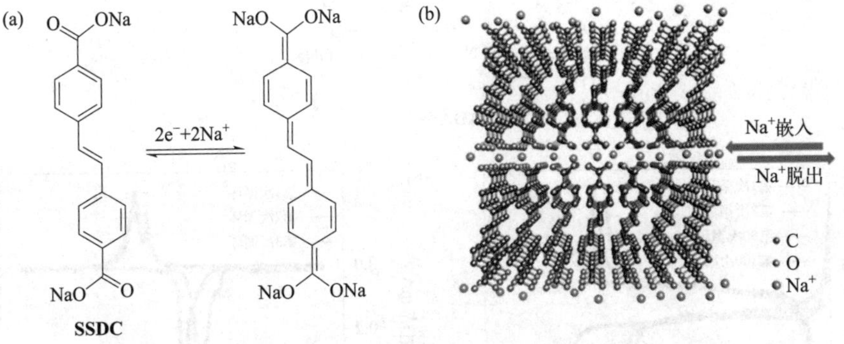

图 11-66　SSDC 钠化反应（a）及分子堆积形成 Na$^+$ 通道示意图

定性和在电解液中的不溶性，因此具有优异的循环稳定性和高的初始库仑效率（97.6%）。将 1,2,4,5-均苯四甲酸二酐（PMDA）、1,4,5,8-萘四甲酸二酐（NTCDA）和三聚氰胺聚合得到了三维网状聚酰亚胺材料，进一步提高了该类电极材料的结构稳定性。值得注意的是，部分聚酰亚胺类有机电极材料的工作电压在 1.0～2.5V（vs. Na$^+$/Na）左右，可作为水系钠离子电池电极材料使用。

传统的有机电极材料的反应机理主要包括 C=O 反应、C=N 反应和掺杂反应，区别于这些反应机理，基于偶氮基团的有机负极材料与钠离子反应时，氮-氮双键会发生向氮-氮单键的可逆转化。偶氮苯-4,4'-二羧酸钠盐（ADASS）在小电流密度（0.2C）的条件下，在钠离子电池中的可逆容量为 170mA·h/g，放电过程包含 1.2V 和 1.26V 两个平台，充电平台为 1.37V 和 1.43V。这与循环伏安曲线中宽的阴极峰（1.2V）和尖的阳极峰（1.37V 和 1.43V）是一致的。当电流密度增加 100 倍时（20C），该化合物还能保持 58% 的可逆容量，而且在大电流密度的条件下，该化合物能实现高达 2000 次的稳定电化学循环，可逆容量保持在 98mA·h/g，每次循环容量仅衰减 0.0067%，电化学性能已经超越了大多数无机负极材料（图 11-67）。与传统的无机材料相比，该偶氮化合物中不含有任何过渡金属元素，并且可以通过简单地修饰功能基团来实现调节电化学性能的目的。

11.5.10.3　钠离子电池电解液、黏结剂和添加剂

钠离子电池关键材料除正、负极材料外，还包括隔膜材料、电解质材料和黏结剂等（图 11-68），电解质溶液作为电池的关键材料，在电池中起着传导电荷输送电流的作用。基于有机液体电解质的钠离子电池是主要的研究类型。

钠离子电池电解液由钠盐、有机溶剂和功能添加剂组成。可用的钠盐主要有高氯酸钠（NaClO$_4$）、六氟磷酸钠（NaPF$_6$）、三氟甲基磺酸钠（NaCF$_3$SO$_3$）和双三氟甲基磺酰亚胺钠 [NaN(SO$_2$CF$_3$)$_2$，NaTFSI]、含硼钠盐（NaBF$_4$、NaBOB、NaDFOB）等，常见的有机溶剂包括酯类小分子化合物如碳酸乙烯酯（EC）、碳酸丙烯酯（PC）、碳酸二甲酯（DMC）、碳酸甲乙酯（EMC）、碳酸二乙酯（DEC）和甲基磺酸乙酯（EMS）等，醚类小分子化合物如四甘醇二甲醚（TEGDME）、二甘醇二甲醚（DEGDME）和乙二醇二甲醚（DME）等，功能添加剂主要有氟代碳酸乙烯酯（FEC）等。酯类和醚类电解液是最常用的两种有机电解液，作为与电极材料同样重要的电池组成部分，将直接影响到电极材料电化学性能的有效发挥和电池的稳定、安全运转。

酯类电解液具有种类多、热稳定性好、离子电导率高（约 10^{-2} mS/cm）、电化学窗口宽（0.2～5.0V vs. Na$^+$/Na）等特点，广泛应用于钠离子电池研究。对于碳酸酯类电解液，溶剂组分对其离子导电性和电化学稳定性有重要影响，优化溶剂组分是改善电解液性能最重要

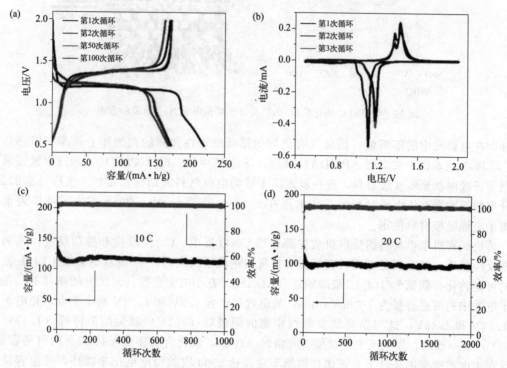

图 11-67　ADASS 的电化学性能

（a）0.2C 倍率下的充放电性能；（b）0.1mV/s 下 CV 曲线；（c）10C 和（d）20C 下的循环性能

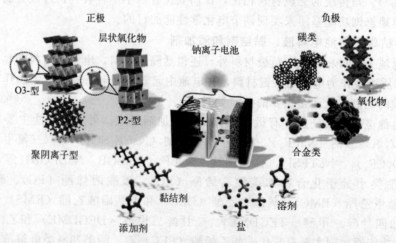

图 11-68　钠离子电池组成

的手段之一，通常使用一种环状碳酸酯与一种或多种链状碳酸酯的混合液构成良好溶剂体系。由于 EC 介电常数远大于 PC，可促进形成良好的 SEI 膜，成为环状碳酸酯主选。目前常用的是 EC、DMC 和 EMC 的混合溶剂材料。但是，在低温下，以 PC 作为溶剂的电解质更适用于钠离子电池。另外，磺酸酯类电解液［如 $NaClO_4$/EMS（ethyl methanesulfonate，甲磺酸乙酯）〕由于起始氧化电位高（5.6V vs. Na^+/Na）和高的离子传导率（6.0×10^{-3} S/cm），在正极材料研究中也逐渐得到使用。

醚类电解液的电化学窗口比较窄，起始氧化电位比较低，在高电位正极材料和高电压钠离子电池中应用很少。但是，它对改善有机正极材料、硫族化合物以及石墨负极材料的电化学性能有明显效果。在醚类电解液中，钠离子和醚类溶剂分子可以高度可逆地在石墨中发生共插层反应，形成稳定的石墨插层化合物；且有效地在其他负极材料表面构建稳定的电极/电解液界面（SEI 膜），降低如硫化物等中间产物的溶解度，减小电化学极化等。

尽管酯类电解液和醚类电解液在优化材料储钠性能方面取得了一定进展，但是缺乏系统的研究，还有很多科学和技术问题需要突破，包括醚类溶剂分解形成 SEI 的机制及表征，进一步提升醚类电解液高电压稳定性以及添加剂的系统研究等。

值得注意的是，电解液容易在高电位正极发生氧化分解反应，在低电位负极发生还原分解反应，分解产物覆盖在电极材料表面会增加电池的电化学阻抗，降低电池寿命。使用带有添加剂的功能电解液，可以在电极表面构建一薄层能传导离子和绝缘电子的、性质稳定的固态电解质膜（SEI），有效抑制电解液副反应的发生，提高电池安全性，减少可燃性和防止过度充电过程等，增强电池的电化学稳定性。在锂电领域，市场上常用电解液添加剂如 VC、FEC 已经应用较为广泛，针对钠电池电解液添加剂，氟代碳酸乙烯酯（FEC）是目前钠离子电池研究中最常见的添加剂，使用量一般为 2%～5%（质量分数）。

改善电极性能的另一个重要关键因素是黏结剂的选择。通常，大多数电极使用聚偏氟乙烯（PVDF）作为黏结剂，将 PVDF 溶解在挥发性的有机溶剂（N-甲基吡咯烷酮，NMP）中以形成浆料。最近，水溶性的黏结剂如羧甲基纤维素钠（Na-CMC）、聚丙烯酸钠（PAANa）和海藻酸钠（Na-Alg）也用于钠离子电池。由于这些黏结剂交联的三维互连结构，能够承受合金类材料钠化/脱钠过程中大的体积变化，提升循环性能。电化学反应过程中，Na-CMC 能改善 SEI 钝化层的性能，减少不可逆容量。Na-Alg 是一种高模量的天然多糖，比 Na-CMC 极性更强，从而确保黏结剂与颗粒间更好的界面相互作用，以及电极与铜基体间较强的粘附力。PAA 为弹性黏结剂，涂覆在电极表面可形成稳定的、能变形的 SEI 层，该聚合物弹性基质可防止体积变化时 SEI 的开裂。而且，由于形成稳定的 SEI 层，与 PVDF 黏结剂相比电解液的分解反应也相应减少。以硬碳（HC）为电极材料，1mol/L $NaPF_6$ PC 为电解液，通过比较 PVDF、CMC 和 PAANa 黏结剂对电化学性能的影响可以看出，使用 PAANa 和 CMC 黏结剂可以使电极的电化学性能更加稳定（图 11-69）。

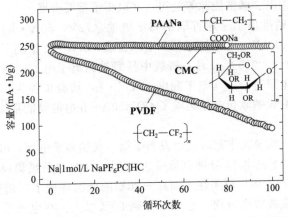

图 11-69　黏结剂对 Na｜1M $NaPF_6$ PC｜HC 电池电化学性能的影响

离子液体电解质相对于碳酸酯类有机溶剂电解质具有电化学窗口宽、不易燃、不易挥发等优点，用在钠离子电池中可有效解决有机溶剂的稳定性和安全性问题。咪唑类离子液体相对于其他的离子液体具有黏度小、电导率高等优点。以二（三氟甲基磺酰）1-乙基-3-甲基咪唑 EMImTFSI 和二（三氟甲基磺酰）1-丁基-3-甲基咪唑 BMImTFSI 混合离子液体作为溶剂，NaTFSI 作为盐的电解质电导率为 5.5mS/cm，在 $-86\sim150$℃温度范围内热力学稳定。此外，研究较多的离子液体还有二(三氟甲基磺酰)1-丁基-1-甲基吡咯 BMPTFSI，N-甲基-N-丙基吡咯二(三氟甲基磺酰)亚胺 PYR14TFSI 等。PYR14TFSI 与 NaTFSI 组成的电解液室温下电导率达到 1mS/cm，具有低可燃性和低挥发性，其凝固点达到 -30℃，有可能实现低温下的应用。但是，由于离子液体在室温下的高黏性和高的生产成本制约着其在钠离子电池中的大规模应用。

相对来说，钠盐类型对电解液性能的影响较小。不同钠盐 $NaPF_6$、$NaClO_4$、$NaCF_3SO_3$ 在有机溶剂 EC＋DMC（30：70，质量比）中的电导率与钠盐的种类和浓度有关，以 $NaPF_6$ 作为电解质盐的电解液表现出更高的离子电导率，$NaClO_4$ 次之，$NaCF_3SO_3$ 最低。$NaPF_6/(EC：DMC)$（30：70，质量比）在 $-20\sim40$℃温度下都有较好的电导率，更适用于实际应用。通常，基于 $NaPF_6$ 电解液的电池具有更高的比容量和更好的循环稳定性，而基于 $NaClO_4$ 电解液的电池具有更高的库仑效率，但 $NaClO_4$ 的安全性问题一定程度限制其在钠离子电池中使用。考虑钠离子电池电解液与锂离子电池电解液化学体系差异不大，多数可以锂/钠产线共用，$NaPF_6$ ＋碳酸酯＋FEC 更适合对钠离子电池电解液的需求。与 $NaPF_6$ 相比，NaFSI（双氟磺酰亚胺钠）黏度小，动力学性能好，有利于提升钠离子电池能量密度，并且在大倍率充放电工况下容量保持率更高，循环寿命更长，是发展前景较好的新型钠盐之一。

早在 2011 年，全球首家钠离子电池公司 Faradion 于英国成立，标志着钠离子电池正式进入产业化探索阶段。2015 年，全球首颗 18650 圆柱形钠离子电池诞生，该电芯能量密度达到 90Wh/kg，循环寿命超过 2000 次，再一次推进了钠离子的产业化进程。经过 10 余年的发展，钠离子电池已逐步实现了从基础研究到工程应用的跨越，正处于从实验室走向商业化阶段。国内外已有超过 20 多家企业进行钠离子电池产业化的相关布局，代表性的企业和机构有英国 Faradion 公司、美国 Natron Energy 公司、法国 Tiamat 公司，日本岸田化学、丰田、松下、三菱等公司，我国的中科海钠科技有限责任公司（中科海钠）、浙江钠创新能源有限公司、宁德时代新能源科技股份有限公司、传艺科技、鹏辉能源、多氟多、立方新能源、众钠能源、星空钠电、珈钠能源等公司，并取得了重要进展。

2018 年，中科海钠推出了全球首辆钠离子电池（72V，80A·h）驱动的低速电动车，随后又推出了 30kW/100kW·h 储能电站和全球首套 1MW·h 钠离子电池光储充智能微网系统，并成功投入运行。2023 年 2 月，搭载中科海钠钠离子电池的思皓花仙子电动车试验车亮相第二届全国钠电研讨会，其整车配电 25kW·h，续航里程为 252 公里。大连化学物理研究所将基于氟磷酸钒钠软包电池集成了 48V/10A·h 电池储能系统，并作为电源成功应用于低速电动车中。

全球锂离子动力电池龙头宁德时代也发布了第一代钠离子电池，电芯单体能量密度可达到 160W·h/kg，常温下充电 15 分钟电量可达 80%，同时在系统集成效率方面，也可以达到 80% 以上，引起了产业界广泛关注。而在 -20℃的低温环境下，仍然有 90% 以上的放电保持率，同时在系统集成效率方面，也可以达到 80% 以上。在电池系统集成方面，宁德时代还开发了 AB 电池解决方案，将钠离子电池与锂离子电池按一定的比例和排列进行混搭，集成到同一个电池系统里。AB 电池系统解决方案可以弥补钠离子电池在现阶段的能量密度短板，也发挥出了它高功率、低温性能好的优势，为锂钠电池系统拓展更多应用场景。2023年 6 月，工信部发布第 372 批《道路机动车辆生产企业及产品公告》，宁德时代配套奇瑞新能源的 QQ 冰淇淋和孚能科技配套的江铃集团的玉兔皆搭载钠离子电池产品。

与锂离子电池相比，钠离子电池存在能量密度、循环寿命等先天性不足，但由于钠离子电池具备成本优势，而且在倍率性能、低温性能和安全性能等领域优于锂离子电池，因此未来钠离子电池有望应用于中低速电动车、储能、电动船等对能量密度要求较低，但成本敏感性较强的领域。根据现有技术成熟度和制造规模，钠离子电池将首先从各类中低速电动车领域进入市场。随着钠离子电池技术上下游产业链的逐步完善和规模化，其应用将逐步切入到用户侧、大规模储能等各类应用领域。

除使用有机电解液的钠离子电池外，水系钠离子电池兼具钠资源储量丰富和水系电解液本质安全的双重优势，被视为大规模储能体系之一。推进水系钠离子电池产业化发展的公司包括美国 Aquion Energy 公司、Natron Energy 公司，新加坡赉安能源公司，以及我国的恩力能源、为方能源和寒暑科技等。美国 Aquion Energy 公司是全球第一家批量生产水系钠离子电池的公司。他们以锰基氧化物作为正极，碳材料为负极材料，Na_2SO_4 水溶液为电解质组装的电池取得了较好的测试结果，可以持续充放电循环 5000 次以上，而且效率超过85%，其成本不到锂离子电池使用成本的三分之一。受到锂电池价格与融资失败的双重打击，该公司于 2017 年宣告破产。2022 年 10 月，Natron Energy 推出了为数据中心、调峰和其他工业电源环境等应用场景而设计的 BlueRack^{TM} 电池柜，并提供 250kW 和 500kW 两种型号配置。Natron Energy 普鲁士蓝电池用于数据中心和可再生能源存储在 North Carolina建造了一座钠离子电池工厂生产的。

赉安能源总部在新加坡，在中国及美国设有全球研发中心，开展无机（水系）钠盐电池的材料、电芯和结构的研发工作。其水系钠离子电池已经从第一代 BAP1 系列（额定电压为6V，额定容量 53A·h），第二代 BAP2 系列（按照 12V 标准电堆设计，额定容量为 85A·h），发展到第三代 BAP3 系列（按照 12V 标准电堆设计，额定容量为 120A·h）。

我国首家量产水系离子电池的企业为恩力能源科技有限公司，该公司 2015 年完成了国内第一条水系离子电池生产线投产。

由于水的热力学电化学分解窗口在 1.23V 左右，为了避免发生水的分解反应，同时考虑动力学方面因素，水系钠离子电池的电压通常为 1.5V，最高一般不超过 2V。受到水系电解液电压窗口窄的制约，进而限制了水系钠离子电池的输出电压、能量密度和循环寿命等关键电化学性能指标提升。此外，电极材料决定了水系钠离子电池的能量密度和循环稳定性，低成本是水系钠离子电池实用化需要跨越的最重要挑战。因此，开发出宽电压窗口水系电解液、适合于高电压的正极材料和低电压的负极材料是实现高性能的水系钠离子电池主要关键技术。

11.6　储能逆变器

电池储能系统（battery energy storage system，BESS）是利用锂离子电池、铅酸电池/铅碳电池、液流电池等作为能量储存载体，一定时间内存储电能和一定时间内供应电能的系统，具有平抑波动、削峰填谷、调频调压等功能。BESS 主要由储能单元和监控与调度管理单元组成：储能单元包含储能电池组（BA）、电池管理系统（BMS）、储能逆变器/储能变流器（PCS）等；监控与调度管理单元包括中央控制系统（MGCC）、能量管理系统（EMS）等。

储能逆变器/储能变流器是电网与储能装置之间的接口，能够应用在不同的场合（并网系统、孤岛系统和混合系统），具有一系列特殊功能的逆变器。储能逆变器以双向逆变为基本特点，适用于各种需要动态储能的应用场合，就是在电能富余时将电能存储，电能不足时将存储的电能逆变后向电网输出，在微网中起到应急独立逆变作用。引入储能逆变器的智能电网系统如图 11-70 所示。

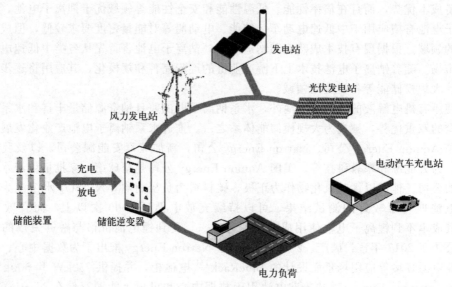

图 11-70　智能电网与储能系统示意

储能逆变器的主要功能和性能指标如下：

① 功率平抑主动控制方式，适于间歇式能源输出功率短时波动平抑；

② 功率平抑被动控制方式，接受电网调度系统控制，参与电网的削峰填谷；

③ 充放电一体化设计，可根据储能元件的特性选择充放电策略（如恒流充放电、恒功率充放电、自动充放电等）；

④ 并网运行，无功自动或调度补偿功能，低电压穿越功能；

⑤ 离网运行：独立供电，电压和频率可调；多机并联组合供电，多机间功率可自动分配；

⑥ 具备以太网、CAN 和 RS485 接口，提供开放式的通信规约，便于电池管理系统（battery management systems，BMS）和监控系统间的信息交互；

⑦ 完备的保护功能，在各种故障情况下能保护变流器及储能元件的安全。

储能逆变器（储能变流器）的主要功能和作用是实现交流电网电能与储能电池电能之间的能量双向传递，既可以把储能电池中的直流电逆变为交流电输送至电网，也可以把电网中交流电整流为直流电给储能系统充电。储能逆变器作为一种双向变流器，可以适配多种直流储能单元，如超级电容器组、蓄电池组、飞轮等，其不仅可以快速有效地实现平抑分布式发电系统随机电能的波动，提高电网对大规模可再生能源发电（风能、光伏）的接纳能力，且可以灵活接受电网的调度指令，吸纳或补充电网的峰谷电能，实现削峰填谷，时移功能，动、静态电网支撑以及无功功率补偿等，以提高电网的供电质量和经济效益。在电网故障或停电时，还具备独立组网供电功能，以提高负载的供电安全性。在大规模工商业储能领域储能逆变器一般也称为 PCS（power conversion system，PCS）。按照应用场景的不同，PCS 可以分为储能电站、集中式、工商业及户用四大类，主要区别是功率大小。

根据储能逆变器的运行模式，其工作模式可分为并网模式、孤岛系统模式和混合系统模式。储能逆变器主要用于化学储能（储能电池）。

在并网系统模式（见图 11-71）中，储能系统（battery energy storage system，BESS）连接在一个大容量公用电网中，大容量是指该电网的总容量至少比 BESS 容量大 10 倍。并网模式的主要特征是 BESS 必须与存在的电网频率同步。要做到与电网同步，BESS 相对于电网来说作为一个电流源。有些情况下，BESS 必须能通过无功控制为电网提供电压支持。该模式常用于负载整形、滤波、调峰和调节电能质量。

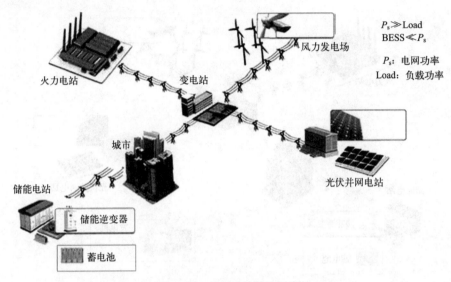

图 11-71　并网系统模式示意

孤岛系统模式（见图 11-72）是 BESS 与一个或多个发电系统并联形成一个局部的"微网"。孤岛系统的主要特征是局部电网与大电网脱离，BESS 的额定功率与局部电网产生的总功率大致相等。在这个系统中，BESS 必须可以充当网络电源，给"微网"提供电压和频率控制。孤岛系统的特征是 BESS 与局部电网相连，这些情形可能存在于偏远山区或小岛屿。常见应用包括平滑由可变电源和/或可变负载引起的功率波动，稳定电网，优化燃料的使用和调节电能质量。

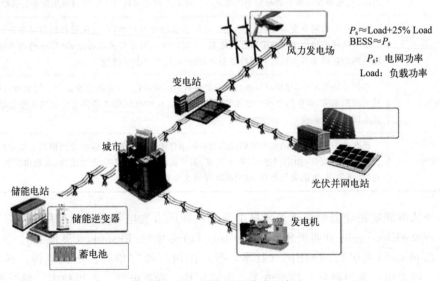

图 11-72　孤岛系统模式示意

混合系统模式（见图 11-73）必须能够在并网系统和孤岛系统之间进行切换。混合系统的主要特征是 BESS 与小的局部网相连，该电网轮流与公共大电网连接。正常工作状态下，BESS 与大电网并联作为并网系统运行。如果电网掉电，局部电网与大电网脱离，BESS 工作在孤岛系统控制局部电网。常见应用包括滤波、稳定电网、调节电能质量和创造自愈网，特别适用于电网不稳定或电网供电成本较高的场合。

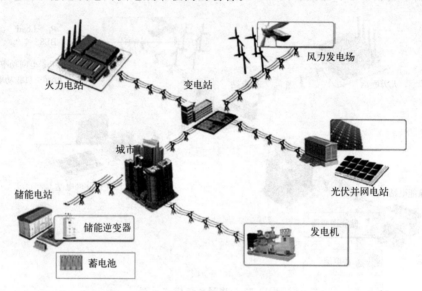

图 11-73　混合系统模式示意

储能逆变器可适用于以下场合，如表 11-14 所示。

表 11-14　储能逆变器场合

分　类	用　途
平抑波动	可根据电网出力计划，控制储能电池的充放电功率，使得电池的实际功率输出尽可能接近计划出力，从而增加可再生能源输出的确定性。可显著提高电网对大规模可再生能源的接纳能力
削峰填谷	储能可与电网调度系统相配合，根据系统负荷的峰谷特性，在负荷低谷期储存多余的发电量，在负荷高峰期释放出电池中储存的能量，从而减少电网负荷的峰谷差，降低电网的供电负担，实现电网的削峰填谷。同时利用峰谷差价，提高电能利用的经济性
不间断供电	电网故障情况下，储能可以独立为重要负荷不间断供电，保证其安全运行。储能也可作为微电网的组网单元，提供微电网的电压和频率支撑，实现微电网模式切换过程的快速能量缓冲，保证微电网的平滑切换
辅助服务	配置电力电子接口的大容量储能作为一种柔性输配电装置，可以配合当前的智能电网建设，提供一些辅助服务，如电网电压、频率支撑、阻尼振荡，提供暂态功角稳定性，实现电网静动态无功控制，热备用，电能质量治理、电网扰动穿越支撑等

国内外从事储能逆变器的企业主要集中于光伏和风力发电等新能源应用领域，如 SMA（德国）、PowerElectronics（西班牙）、Ingeteam（西班牙）、Fronius（奥地利）、SolarEdge（美国）、Enphase（美国）、TMEIC（日本）等；国内厂商有华为、阳光电源、科华数据、上能电气、固德威、锦浪科技、特变电工、古瑞瓦特、索英电气、汇川技术、盛弘股份、南瑞继保等。经过多年发展，国产逆变器的质量达到甚至超越了海外老牌厂商的同类产品。伴

随着储能产业的快速发展，储能逆变器新技术迭出。储能逆变器可以依据不同的应用场景适配不同的电压等级、容量大小、网络拓扑结构和工作模式。根据技术路线一般包括集中式逆变器、组串式逆变器和微型逆变器，根据电压等级包括直流 1000V 和直流 1500V 系统架构，按照应用场景分为户用小额定输出功率（<10kW）、工商业中额定输出功率（10～250kW）、集中式大额定输出功率（250kW～1MW）、储能电站超大额定输出功率（>1MW）四大类。

新能源配合储能系统能够增强发电的稳定性、连续性和可控性，赋予电力系统瞬时功率平衡的能力以稳定支撑电网运行，而储能逆变器在保证储能系统电能传输质量和动态特性控制方面起着关键作用。我国储能逆变器于 2012 年开始起步，多以建设示范项目为主，随着示范项目的成功探索，储能技术的成熟和电池储能系统成本的下降，以及未来储能电站容量的上升，储能逆变器将由分布式储能路线向大功率大容量方向发展，市场逐渐走向成熟。

11.7 电池管理系统

电池储能系统的核心设备主要包括储能电池、能量转换系统（储能逆变器）和电池管理系统。电池管理系统（battery management systems，BMS）关系着电池本体的安全、稳定和可靠运行，主要包括储能电池 BMS 和动力电池 BMS。虽然储能电池 BMS 和动力电池 BMS 都有管理电池的目的，但根据具体的应用要求，它们的设计有不同的重点和考虑。

动力电池 BMS 用于为高功率应用设计的电池，如电动汽车（EV）或混合动力汽车（HEV），强调高功率输送、性能和安全性。动力电池的 BMS 优先提供高功率，以满足车辆加速、减速和整体性能的苛刻要求，它侧重于管理高充电和放电率，监测电池温度、平衡电池电压，并防止过流或过热情况，同时确保电池组的安全和寿命。

储能电池 BMS 则是为固定式储能系统的电池而设计的，侧重于优化固定式储能系统的能效、寿命和安全性。这些系统通常用于存储从可再生能源（如太阳能或风能）产生的多余能量，并在需要时释放。它强调最大限度地提高能源效率，通常更加关注长期储能、缓慢的充电和放电速率以及延长循环寿命，保持电池健康，并确保安全。储能电池 BMS 主要功能如下。

① 估算电池荷电状态（state of charge，SOC）　SOC 是防止电池过充和过放的主要依据。在充放电过程中对蓄电池组的各种参数（单体或模块电池电压、温度、电流等）进行实时在线测量，在此基础上进行 SOC 的实时在线估算，同时实施必要的控制，将电池 SOC 的工作范围控制在 40%～80%。

② 过流、过压、温度保护　当电池系统出现过流、过压和温度超标时，能自动切断电池充放电回路，并通知管理系统发出示警信号，防止电池出现过充电和过放电。

③ 自动充电控制　当电池的荷电量不足 40% 时，根据当前电压，对充电电流提出要求，当达到或超过 80% 的荷电量时停止充电。

④ 充电均衡　在充电过程中，通过调整单节电池充电电流方式，保证系统内所有电池的电池端电压在每一时刻都具有良好的一致性。

⑤ 自检报警　自动检测电池功能是否正常，及时地对电池的有效性进行判断，若发现系统中有电池失效或将要失效或与其他电池不一致增大时，则通知管理系统发出示警信号。

⑥ 通信功能和参数设置　采用 CAN（controller area network，CAN）总线的方式与整体管理系统进行通信，并且可以设置系统运行的各种参数。

⑦ 上位机管理系统　电池管理系统设计了相应的上位机管理系统，可以通过串口读取实时数据，实现 BMS 数据的监控、数据转储和电池性能分析等功能，数据可灵活接口监视器、充电器、警报器、变频器、功率开关、继电器开关等，并可与这些设备联动运行。

电池管理系统由多个功能单元彼此之间相互协调，有机地组合在一起。其系统构成如图 11-74 所示。电池测量及传感单元对电池的电压、电流、温度等进行测量或传感，并将数据传递给主控 CPU 单元，主控 CPU 单元对数据处理后分析电池的安全状态和能量状态，并根据电池的状态及动力要求对电池的安全和能量予以管理和控制。同时主控 CPU 单元还将根据电池的状态提示是否需要对电池进行充电和均衡的维护，并控制充电和均衡过程。存储单元用来存储电池的电量、故障原因、循环寿命、使用历史等重要信息。通信单元用于系统内部和系统之间信息的交互。信息显示单元用于系统的调试和电池信息的监视和查询。有一些外部的环境可能会干扰 BMS 系统的正确输出，例如环境温度对 SOC 计算精度的影响，或者是接触器并没有按照指令正确动作等，这就要求 BMS 系统有非常强的鲁棒性。

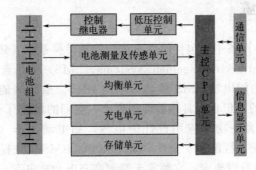

图 11-74　电池管理系统的系统构成

电池管理系统从结构上可以分为分布式和集中式两种方案，分别适用于不同电池结构形式。分布式电池管理系统在中央处理器（电池综合管理器）总的控制下，使用多个控制单元分别实现电池管理系统所需的各种功能，如数据采集、均衡充电、电量估计及通信显示等；各个控制单元通过 CAN 总线进行数据通信，实现单个电池及电池组模块电压、总电压、充放电电流、温度等数据的采集和测量、电量估算；同时，分布式电池管理系统具有很强的扩展性，可以进行具体电池诊断和电池安全性能保护等功能扩张。集中式电池管理系统将电池信息测量与采样模块和主控制模块集中在一起，通过设计多路控制，选择开关分时完成对单个电池及电池组数据采集和测量，然后在数据处理模块中进行数据加工和处理，如电量估算等，集中式管理系统具有高性能、高可靠性的特点，但可扩展性不强。

电池管理系统的设计可以分为硬件部分和软件部分。硬件部分包括嵌入式采集电路、主控电路和均衡电路以及电气设备的断路器、接触器等，其中电芯电压和温度采集的精度尤为重要，这是给软件部分提供的基础数据也是保护动作的基本依据。软件部分包括电芯 SOC、SOH 的计算、电芯状态的智能化分析等。SOC 和 SOH 值给电池的均衡提供了依据，SOC/SOH 计算的精度会影响储能系统的均衡效率。

通过电池管理系统的监控和管理，可使蓄电池始终保持在最佳工作状态，最大限度延长电池寿命，并将电池信息传输给相关子系统，为系统整体决策提供判断依据。

大规模储能系统的 BMS 是一个非常复杂的系统，它需要考虑储能系统的各种失效工况并对应做出合理的保护动作，从而使得储能系统运行在一个合理和安全的范围内。分布式储能类型多样，储能系统具有系统强非线性、不确定性和时空尺度多样性等复杂技术特征。传统基于数学模型的储能系统分析和控制手段需要获取系统内部具体的参数和状态，但实践过程中精确的参数辨识较为困难，很多状态往往不可观测，此外，大规模、多尺度和高维的数值模拟仿真也对算力提出了较高要求。在大数据、云计算和智能算法的推动下，人工智能（artificial intelligence，AI）正在全面改变可再生能源行业，特别是在储能解决方案方面。

人工智能在电力系统中的应用方向包括分类、拟合和优化。就具体场景而言，人工智能已应用于负荷和新能源发电预测、暂态稳定性分析、电力设备故障诊断、电网优化运行和储能控制方法等多种不同场合。特别是在储能侧，人工智能技术在其建模、分析和控制应用中适配性高，具体体现为：①储能设备内部物理和电化学机理复杂，传统数学模型法难以完整且准确地描述多变的真实工况，而人工智能则是以数据驱动方法构建储能模型，将储能视作"黑箱"系统进行输入与输出的关系拟合，这个过程中仅需储能外部端口的电压、电流等可观测变量，即可重构系统内外的复杂映射关系；②储能类型多样，具有多时空尺度特点，且常与电力电子设备耦合，在进行稳定性和暂态响应分析时，一般使用数值积分法和实验分析，但算力和成本代价要求高，当可以获取足够多的数据作为样本时，人工智能能够高效率、低成本地深度挖掘储能的静态和动态特性，实现稳定性能分析；③大规模、分布式储能的协调控制是一个多变量、多目标的时序控制问题，经典优化方法、基于规划的方法和启发式算法难以求解。人工智能中的深度强化学习（deep reinforcement learning，DRL）主要优点是不依赖于先验知识，可以满足实时调度要求，将储能协调控制转化为动态规划问题，通过数据和环境交互，实现价值函数的不断优化，表现出高效、准确的求解性能。

人工智能和大数据分析将为 EMS 提供更强大的能力，使其能够更准确地预测能源需求、优化能源系统，甚至实现智能的能源自动化控制。许多新的 EMS 使用人工智能帮助这些系统从过去的行动中学习，看到趋势并预测未来需求，优化支持智能决策。特斯拉和 SunPower 等大公司已经在开发人工智能驱动的储能系统。特斯拉公司开发了电池储能管理软件平台 Autobidder，该平台融合了机器学习、优化算法等技术，其目标是最大化用户利益，在市场环境下根据不同用户的需求以及风险大小进行电池组运行优化。

随着电力系统中先进通信和计算机硬件技术的不断更新发展，以及海量电力大数据的积累，新一代人工智能由传统知识表示转向深度、自主知识学习，深度学习/强化学习方式，在帮助以更高效和更具成本效益的方式存储和分配能源方面发挥着更大的作用，储能＋AI 智能化为新能源行业注入了全新的活力。

11.8　储能系统的消防管理

锂离子电池为代表的电化学储能技术由于其灵活、快速的优点，成为目前电力储能领域装机容量增长最快的储能技术。与此同时，国内外关于锂离子电池引起的火灾和爆炸事件频发。据不完全统计，全世界范围内锂电池储能火灾安全事故已超过 30 多起，造成了重大的财产损失。电力储能系统火灾引起大家对锂离子电池储能系统消防安全的普遍关注。在锂离子电池成本降低到商业化的拐点后，储能系统的消防安全问题将成为制约锂离子电池电力储能大规模推广的关键瓶颈。

锂离子电池火灾与普通火灾具有较大的不同，其作为能量聚集体，在密闭的空间存储大量的能量，具有危险的本质。"热失控"是导致锂离子电池安全隐患的根本原因，有机小分子引发的副反应的链式反应导致电池热失控的发生，图 11-75 简要表示了锂离子电池热失控过程。

锂离子电池的热失控机理包括三个阶段：在热失控的初期阶段，由于内外因素引起电池内部温度迅速高达 $90 \sim 100^\circ\text{C}$ 左右，此时，负极表面的 SEI 钝化层分解释放出巨大热量引起

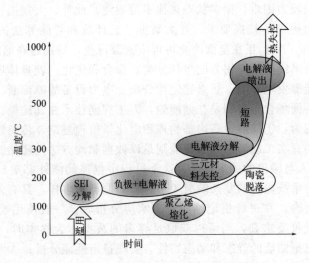

图 11-75　锂离子电池热失控机理示意图

电池内部温度快速升高，促进电解液与正极进行反应，SEI 膜失去保护。当温度分别达到 135℃和 166℃时，PE 和 PP 隔膜开始融化，随着温度进一步升高，隔膜收缩，正极与负极之间相互接触造成短路，从而引发电池的持续放热。在高温下，LiC_6 与 $LiPF_6$-EC：DEC 电解液、黏结剂的分解反应，造成电池体系的温度继续高涨到 150℃。此时，$LiPF_6$ 电解质分解生成 PF_5，产物与其他有机溶剂发生放热反应，释放 CO_2、HF 和碳氢化合物等气态产物。

第二阶段为电池鼓包阶段，在温度约为 250～350℃时锂与电解液中的有机溶剂［碳酸乙烯酯（EC）、碳酸丙烯酯（PC）和碳酸二甲酯（DMC）］发生反应，挥发出可燃的碳氢化合物气体（甲烷、乙烷）。

第三阶段为电池热失控，爆炸失效阶段。在这个阶段中，充电状态下的正极材料与电解液继续发生剧烈的氧化分解反应，产生高温和大量有毒气体，导致电池剧烈燃烧甚至爆炸。

储能电池系统由十几组电芯以串并联方式构成电池箱，电池箱进行串联连接成电池组串，随后电池组串通过并联集成系统安置在一个储能电池柜内。火灾蔓延过程，主要是由于电池单体热失控，热量通过热传质、热辐射引发相邻电池单体相继发生热失控，最终导致整个锂电池储能系统的发生火灾事故。锂离子电池储能系统火灾具有与其他场景不同的特点：①燃烧剧烈、热蔓延迅速；②毒性强、烟尘大、危险性大；③易复燃、扑救难度大。热失控发生后因电池内部产热引起的火灾，用常规的物理稀释隔绝氧气或切断燃烧链的方法并不能彻底扑灭锂电池火灾。

锂电池火灾与普通火灾具有较大的区别，锂电池是一种含能物质，具有燃烧激烈、热蔓延迅速；毒性强、烟尘大、危险性大；易复燃、扑救难度大等特征。表 11-15 分析比较了不同类型灭火剂的灭火原理以及对锂离子电池火灾的适用性。现有的灭火剂如干粉灭火剂对锂电池灭火几乎没有效果；卤代烷 1301、CO_2、七氟丙烷只能扑灭明火，无法从根本上抑制火灾发生，往往稍后会出现复燃，不具备降温和灭火的双重功能，对锂电池的火灾不具有适用性；水喷淋系统技术比较成熟，降温灭火效果明显，成本低廉且环境友好，但以水作为灭火介质的弊端也很明显，耗水量大，扑救时间长，扑灭火灾后将导致储能电站内的电池短路损坏而无法正常使用。

表 11-15　不同类型灭火剂的灭火原理及优缺点

灭火剂种类	常用灭火剂名称	灭火机理	优缺点
气体灭火剂	卤代烷 1301、哈龙 1211	销毁燃烧过程中产生的游离基，形成稳定分子或低活性游离基	降温效果有限，无法抑制锂离子电池的复燃。对臭氧层破坏，已在我国全面禁止使用
	CO_2、IG-541、IG-100	稀释燃烧区外的空气，室息灭火	灭火效果较差，出现复燃，对金属设备具冷激效应（即对高热设备元件具破坏性），同时对火灾场景密封环境要求高，不环保
	洁净气体灭火剂如：HFC-227ea/FM-200（七氟丙烷）、HFC-236fa（六氟丙烷）、Novec1230、ZF2088	分子汽化迅速冷却火焰温度，室息并化学抑制	无冷刺激效应，不造成被保护设备的二次损害。燃烧初期有大量氟化氢等毒性气体生产，需要考虑灭火剂浓度设置
水基灭火剂	水、AF-31、AF-32、A-B-D 灭火剂	瞬间蒸发火场大量热量，表面形成水膜，隔氧降温，双重作用	降温灭火效果明显，成本低廉且环境友好，但耗水量大，扑救时间长。喷雾强度为 2.0L/(min·m^2)，安装高度为 2.4m 条件下，细水雾灭火系统无效
	水成膜泡沫灭火剂	特定发泡剂与稳定剂，强化室息作用	3% 水成膜泡沫灭火剂无法解决电池复燃问题
干粉灭火剂	超细干粉（磷酸铵盐、氯化钠、硫酸铵）	化学抑制或隔离窒息灭火	微颗粒、严重残留物、湿度大、对设备具腐蚀性。干粉灭火剂对锂电池火灾几乎没有效果
气溶胶灭火剂	固体或液体小质点分散并悬浮在气体介质中形成的胶体分散体系（混合金属盐、二氧化碳、氮气）	氧化还原反应大量产生烟雾窒息	亚纳米微颗粒（霾），金属盐，具残留物、对设备具腐蚀性及产高热性损坏，伴有大量烟气，污染周围环境。与水基灭火剂结合使用可有效提高锂电池火灾扑救效率，减少耗水量

　　总体而言，在锂离子电池储能系统的火灾扑救方面，固体灭火剂几乎没有效果；气体灭火剂的灭火效率较差，降温效果有限；水基灭火剂除环保、成本低廉外，降温灭火效果明显。因此，针对锂电池，特别是大型储能锂电池系统的火灾隐患进行灭火防护，需要设计开发新型高效、防复燃灭火剂及灭火剂释放系统和装置，以利于锂离子电池储能系统的大规模商业化应用。

　　集装箱锂电池储能系统是一种以锂离子电池电化学反应为能量转换形式的储能系统，具有容量高、可靠性强、环保、适应性强、灵活性高、方便安装、维修等独特优势，在电力储能系统中具有良好的应用前景，锂离子电池储能系统主要以集装箱为代表的预制仓式储能系统为主。集装箱锂电池储能系统一般包含监控设备管理系统、电池管理系统、专用应急消防系统、专用集装中央空调、储能电池隔离电力变流器及隔离变压器等设备封装在集装箱内的储能装置。图 11-76 给出了集装箱储能系统的主要结构示意图。

　　锂电池储能系统火灾危险性主要分为锂电池火灾危险性和电气系统火灾危险性两类。锂离子电池储能系统由大量的电气系统构成，电气设备高度集成化及较多数量的通信线路是造成电气系统高电压、大电流（雷电、浪涌）侵入的主要原因，会损坏烧坏储能元件，导致电气系统火灾的发生。电气火灾的诱因还包括线路短路、负荷过载、接触电阻过大、电火花电弧以及电动机发热起火。电气火灾则可能诱发更严重的锂电池火灾，因此，锂离子储能电气系统火灾诱因亟需重视。电气消防灭火技术对提高锂电池储能系统安全性能具有重要意义。

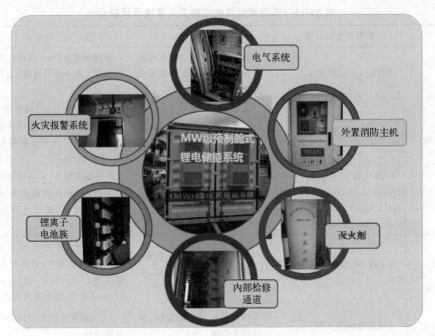

图 11-76 典型锂电池集装箱储能系统组件示意图

电气火灾监控系统的基本组成应包括：电气火灾监控设备、剩余电流式电气火灾监控探测器以及测温式电气火灾监控探测器等。消防装置主要包括室内外消火栓等设施，如自动喷水与灭火系统、CO_2 气体自动灭火系统、水喷雾自动灭火系统、泡沫灭火系统等。防火目标物的电气设备的占地面积在 $100m^2$ 以下，装设小型灭火器、干砂器；面积超过 $200m^2$ 时，选用气体灭火剂（七氟丙烷、三氟甲烷、IG-541 或二氧化碳）对电气火灾进行消防扑救。针对系统中存在超温失控的元件、部位，配置温度探测报警系统，及时监测温度变化，发现异常立即发出报警响应，通过操控使该位置的设备处于退出工作状态，避免发生严重故障。

对于锂离子电池储能系统而言，消防安全必须同时考虑电气火灾安全与电池火灾安全。目前正在探索多级预警（从电池到储能柜）及组合灭火（气液灭火结合）综合解决方案。多级预警是从电池包内部、电池簇（封闭式电池簇）和电池舱空间进行分区探测预警的方式，目的是在电池单体发生热失控时得以快速识别。电池端的预警是从电池单体发生电解液泄漏、热失控早期就进行预警。在电池包中安装探测控制器，单体电池发生电解液泄漏和热失控时，初期单体火灾很容易做到扑灭或早期的抑制。采用多级消防处理控制，降低储能系统大范围的起火风险，可有效保障储能系统的安全。组合灭火综合气体灭火器和液体灭火器，气体灭火器起到灭火和隔绝作用，液体灭火器起到降温作用。

与传统消防技术相比，智慧消防建设蓬勃兴起，基本实现了动态感知、智能研判与精准防控，为新世纪消防领域进一步发展奠定了良好的基础。5G 技术不仅给智慧消防的发展带来了崭新的机遇，推动智慧消防领域产业的转型升级，而且使得消防技术从平面化向立体化提升。科技与消防的深度融合，为消防安全提供全新的整体解决方案，极大提升储能安全性。

新型消防技术及装备的研发，不仅为加强社会消防安全管理提供保障，而且对促进新能源转型发挥着不可或缺的作用，将拓展锂电池储能系统在电力储能领域中的大规模及产业化应用，推动未来智能电网的迅速发展。

第12章 氢能和燃料电池

氢能是指以氢及其同位素为主体的反应中或氢状态变化过程中所释放的能量，氢能包括氢核能和氢化学能两大部分。氢是一种洁净的二次能源载体，燃料电池则是高效、洁净利用氢能的新技术平台。通过燃料电池能将氢方便地转换成电和热，具有较高的能源效率，能实现低污染甚至是零排放。以燃料电池为代表的氢能开发利用技术为实现零排放的能源利用提供了重要解决方案，因此，需要牢牢把握全球能源变革发展大势和机遇，加快培育发展氢能产业，加速推进我国能源清洁低碳转型。

氢能系统建立的源头既可依赖于化石能源，又可依赖于可再生能源，有利于实现我国的能源多元化战略。而在化石资源向可再生能源过渡的过程中，除源头改变以外，其他环节包括氢的分离、输运、分配、存储、转化和应用均不需要很大改变。因此，氢能是连接化石能源向可再生或未来能源过渡的重要桥梁。

12.1 氢能特点

氢位于元素周期表之首，它的原子序数为1，氢气在常温常压下为气态，在超低温或超高压下可成为液态。作为能源，氢具有以下特点。

① 氢在所有元素中质量最小。在标准状态下，氢气的密度为 $0.0899g/L$。在 $-252.7℃$ 时，可成为液体，若将压力增大到数十兆帕，液氢可变为金属氢。

② 在所有气体中，氢气的导热性最好，比大多数气体的热导率高出 10 倍，因此在能源工业中氢是极好的传热载体。

③ 氢是自然界存在最普遍的元素，据估计它构成了宇宙质量的 75%，除空气中含有少量氢气外，它主要以化合物的形态贮存于水中，而水是地球上最广泛的物质。据推算，如把海水中的氢全部提取出来，它所产生的总热量比地球上所有化石燃料放出的热量还大9000 倍。

④ 除核燃料外，氢的发热值为 $1.4×10^5kJ/kg$，是汽油发热值的 3 倍，是所有化石燃料、化工燃料和生物燃料中最高的。

⑤ 氢燃烧性能好，点燃快，与空气混合时有广泛的可燃范围，而且燃点高，燃烧速度快。

⑥ 氢燃烧后的产物是水，无环境污染问题，而且燃烧生成的水还可以继续制氢，可反复循环使用。

⑦ 氢能利用形式多，氢能利用既包括氢与氧燃烧所放出的热能，在热力发动机中产生机械功，又包括氢与氧发生电化学反应用于燃料电池直接获得的电能。用氢代替煤和石油，不需对现有的技术装备作重大的改造，现在的内燃机稍加改装即可使用。

⑧ 氢存储方式多样，可以气态、液态或固态的金属氢化物形式出现，能适应储运及各种应用环境的不同要求。

　　从以上特点可以看出，氢是一种理想的含能体能源，目前液氢已广泛用作航天动力的燃料。大气中二氧化碳浓度的增加是由化石燃料的大量消费引起的，而支撑氢能体系的是大量的水循环，氢作为化学能的载体，可以弥补电难以大量储藏和远距离输送的缺点，起到与电互补的作用。如果把氢作为二次能源来利用，就有可能构筑面向可持续发展社会的低环境负荷能源体系。目前构想的能源体系如图 12-1 所示。氢能正逐步成为全球能源转型发展的重要载体之一。

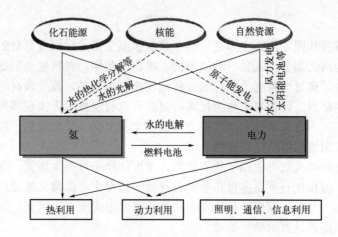

图 12-1　与电互为补充的氢能源体系构想

　　氢作为能源应有一个完整的系统，包括氢的制取、存储、运输和应用技术。

12. 2　氢的制取

　　氢气无论是在实验室中还是工业中都是一种重要物质，特别是近年来，氢能研究在国际上受到广泛重视。关于氢的制备方法已有许多种，而新的研究又层出不穷。氢气必须消耗大量的能量将含氢物质分解后才能得到，需要寻找一种低能耗、高效率的制氢方法。因此，制备氢气既是一个老化学问题，又是一个崭新的研究课题，充满了新的生命力，并日益取得新的进展。

12. 2. 1　实验室中制备氢气

　　氢气有许多实验室制备的方法，但除了实验和演示目的外，这些方法很少用于实际。下面介绍比较方便的实验室制备氢气的方法。主要包括金属（金属氢化物）与水/酸的反应或金属与强碱的反应，反应式如下：

$$2Na + 2H_2O \longrightarrow 2NaOH + H_2 \uparrow$$
$$Zn + 2HCl \longrightarrow ZnCl_2 + H_2 \uparrow$$
$$LiH + H_2O \longrightarrow LiOH + H_2 \uparrow$$
$$LiAlH_4 + 4H_2O \longrightarrow LiOH + Al(OH)_3 + 4H_2 \uparrow$$
$$2Al + 2NaOH + 2H_2O \longrightarrow 2NaAlO_2 + 3H_2 \uparrow$$
$$Si + 2NaOH + H_2O \longrightarrow Na_2SiO_3 + 2H_2 \uparrow$$

在反应过程中，要使用极少量的活泼金属或金属氢化物颗粒，否则容易发生爆炸。

12.2.2　氢气的工业生产

在工业生产中，氢气制取包括化石能源制氢、工业副产提纯制氢、电解水制氢三种方式。根据生产来源和碳排放量的不同，人们一般将氢气分为灰氢、蓝氢、绿氢三种类型。灰氢是通过化石燃料（煤炭、石油、天然气等）制取的氢气，在生产过程中会有二氧化碳等排放。蓝氢是指工业副产氢气或将天然气通过蒸汽甲烷重整、自热蒸汽重整制成的氢气。虽然天然气也属于化石燃料，生产蓝氢时也会产生温室气体，但在生产过程中使用了碳捕集、利用与封存（CCUS）等先进技术，捕获温室气体，实现了低排放生产。绿氢是通过使用可再生能源（太阳能、风能、核能等）制造的氢气。例如通过可再生能源发电进行电解水制氢，在生产绿氢的过程中基本没有碳排放，因此这种类型的氢气也被称为"零碳氢气"。以煤、石油及天然气为原料的制氢技术较为简单，生产成本较低，是当下大规模制取氢气最主要的方法。

12.2.2.1　水煤气法制氢

以煤为原料制氢的方法中主要有煤的焦化和气化。煤的焦化是在隔绝空气的条件下，于 900~1000℃ 制取焦炭，并获得焦炉煤气。按体积比计算，焦炉煤气中的含氢量约为 60%，其余为 CH_4 和 CO 等，因而可作为城市煤气使用。

过热水蒸气在高于 1000℃ 的温度下通过赤热的焦炭，即发生水煤气反应：

$$H_2O(g) + C(s) \longrightarrow CO(g) + H_2(g)$$

式中，g 代表气体；s 代表固体。这个反应是吸热的。在实际生产中是交替地向发生炉通入空气，使焦炭燃烧成 CO_2 来产生足够的炉温，再通入水蒸气进行水煤气反应。

将水煤气和水蒸气一起通过装填有氧化铁钴催化剂的变换炉（400~600℃），将 CO 变换成 H_2 和 CO_2：

$$CO(g) + H_2O(g) \longrightarrow H_2(g) + CO_2(g)$$

在加压下用水洗除 CO_2，然后经过铜洗塔，用氯化亚铜的氨水溶液洗除最后痕量的 CO 和 CO_2。因这样得到的氢气中含有来自空气中的氮气，所以将其主要用做合成氨工业的原料气。

12.2.2.2　天然气或裂解石油气制氢

从含烃类的天然气或裂解石油气制取氢气是现时大规模工业制氢的主要方法。虽然上述两种原料都可以通过热分解产生氢气，但最常用的是它们与水蒸气在较高温度（1100℃）下进行反应：

$$CH_4(g) + H_2O(g) \longrightarrow 3H_2(g) + CO(g)$$

这个反应是吸热反应，热量一般用甲烷在空气中燃烧生成 CO_2 来提供。气体产物中的 CO 可通过变换反应转化为 H_2 和 CO_2：

$$CO(g) + H_2O(g) \longrightarrow H_2(g) + CO_2(g)$$

最终产物中的 CO_2 可通过高压水洗除去（作为制取纯碱或尿素的原料气），所得氢气可直接用做工业原料气。

天然气水蒸气重整过程的能耗与装置投资，高达整个制氢过程的 50% 左右。因此，天然气制氢技术的创新与进步，将提高制氢效率，降低成本，研究开发更先进的廉价制氢新工艺和新技术具有重要意义。

以轻质油为原料，在催化剂的作用下，制氢的主要反应为：

$$C_n H_{2n+2} + n H_2O \longrightarrow nCO + (2n+1) H_2$$

采用该方法制氢，反应温度一般在 800℃，制得氢气的体积一般达 75%。

采用重油为原料，可使其与水蒸气及氧气反应制得含氢的气体产物，含氢量一般为 50%。部分重油在燃烧时放出的热量可为制氢反应所利用，而且重油价格较低，为人们所重视。

12.2.2.3 耦合 CCUS 制氢

我国氢的需求主要来自化工与炼油行业，当前生产氢的过程具有高碳排放量的特征。要使氢气为我国碳中和目标实现做出贡献，将制氢过程转向低排放至关重要。最具前景的低排放制氢路线包括可再生电力电解水制氢，或耦合 CCUS 的化石燃料制氢。我国现有很多煤制氢工厂，碳排放量大，且可能在未来数十年运行，加装 CCUS 将对这些工厂的减排具有关键作用。

CCUS 技术可以通过以下三个关键方面支持并扩大低排放制氢及其利用的规模：①减少现役制氢设施的排放。为工厂加装 CCUS 技术能够使其继续运行，同时显著减少 CO_2 排放；②为部分地区新增制氢产能提供一种具有成本效益的手段。如果煤炭开采过程产生的甲烷排放能够降至足够低，则可以利用煤制氢结合 CCUS 技术扩大低排放制氢的规模。在 CO_2 封存能力高、可获取低成本化石燃料和可再生资源有限的地区，煤制氢结合 CCUS 技术在中短期内可能仍然是一种具有成本效益的选择。目前，全球多个地区正在规划或建设加装 CCUS 技术的化石燃料增制氢新产能，预计每年生产超过 1000 万吨/年的氢气，并捕集超过 8000 万吨/年的 CO_2；③提供捕集的 CO_2 和氢气生产运输燃料。CO_2 可以用来将氢气转化为碳基合成燃料，其易于处理并可作为气态或液态化石燃料的替代品，并具有更少的 CO_2 足迹。为了实现碳中和，CO_2 需要逐步从生物源或空气中捕集。

煤气化炉可产生高浓度高压的 CO_2 气流，这意味着去除杂质（如硫、氮）后的 CO_2 捕集会相对容易，总体 CO_2 捕集率可达 90%～95%。甲烷水蒸气重整（steam methane reforming，SMR）制氢工厂捕集 CO_2 有多种途径。一个可行方案是利用燃烧前捕集系统，从高 CO_2 浓度合成气中回收整个工艺排放的大约 60% 的 CO_2。同时，还可以采用燃烧后捕集技术从更稀释的炉膛烟气中捕集 CO_2，捕集率可达 90%～95%。

在捕集率为 90%～95%、考虑上游燃料排放的情况下，我国化石能源耦合 CCUS 技术制取的低排放氢温室气体（GHG）排放强度为：煤制氢 3.5～4.5kg CO_2/kg H_2，天然气制氢 2.6～3.1kg CO_2/kg H_2，可满足目前"清洁氢"标准——低于 4.9kg CO_2/kg H_2 要求。

生物质制氢耦合 CCUS 具备碳移除效应，可抵消其他经济部门排放。氢气可以利用各种生物质来源通过多种技术路线来生产，如生物化学转化工艺（厌氧消化、发酵）和热化学转化工艺（气化、热解、水热处理）等。对于如航空等其他难以实现产业脱碳的行业，生物航油是为数不多的低排放能源，生物质制氢结合 CCUS 是一种潜在的负排放技术，可能在实现碳中和目标进程中发挥重要作用。

12.2.2.4 甲醇制氢

在天然气资源缺乏或石油产品价格低廉的情况下，可使用液态烃类化合物制氢。液态烃类化合物有完善的生产和销售网络，而且能量密度高、能量转换效率高，容易运输、补充和储存，在经济性、安全性等方面也具有很明显的优势，是最现实的燃料电池氢源技术。在液体燃料制氢方面，利用绿色甲醇制氢的技术路线正在被全球企业广泛采纳。

绿色甲醇可由生物质气化制合成气，然后氢气和一氧化碳加压催化合成：

$$CO + 2H_2 \xrightarrow{\text{铜基催化剂}} CH_3OH$$

工业上利用甲醇制氢有 3 种途径：甲醇裂解、甲醇部分氧化和甲醇水蒸气重整，其制氢原理和特点如表 12-1 所示。

表 12-1　甲醇制氢的原理及特点

制氢方法	原理	特点
甲醇裂解	$CH_3OH \longrightarrow CO+2H_2$ $\Delta H = 90.5kJ/mol$	①合成甲醇的催化剂均可用作其分解催化剂,其中以铜基催化剂体系为主; ②该类催化剂对甲醇分解显示出较好的活性和选择性,且催化剂在受热时有较好的弹性形变; ③在高温下,反应速率加快,易分解为 CO 和 H_2
甲醇部分氧化	$CH_3OH+1/2O_2 \longrightarrow$ CO_2+2H_2 $\Delta H = -192.2kJ/mol$	①甲醇部分氧化法制氢的优点是放热反应,反应速度快,反应条件温和,易于操作、启动; ②缺点是反应气中氢的含量比水蒸气重整反应低,由于通入空气氧化,空气中氮气的引入降低了混合气中氢气的含量,使其可能低于 50%
甲醇水蒸气重整	$CH_3OH(g)+H_2O(g) \longrightarrow$ $CO_2(g)+3H_2(g)$ $\Delta H = 49.4kJ/mol$	①该工艺以来源方便的甲醇和水为原料; ②在 220~280℃下,专用催化剂上催化转化为主要含 CO_2 和 H_2 的转化气; ③甲醇的单程转化率可达 99% 以上,H_2 的选择性高于 99.5%,利用变压吸附或钯膜提纯技术,可以得到纯度为 99.999% 的 H_2,CO 含量低于 5×10^{-4}%

在三类甲醇制氢技术中，以甲醇水蒸气重整制氢技术的氢气含量最高（由反应式可以看出其产物的氢气组成可接近 75%），且能量利用合理，过程控制简单，便于工业操作，技术成熟，是当前甲醇制氢的最佳选择。从甲醇水蒸气重整生产氢气的装置流程如图 12-2 所示。甲醇制氢可适用于中小型规模用氢，生产技术成熟，运行安全可靠，原料来源容易，运输贮存方便，广泛应用于石化、气体、制药等行业。2023 年 2 月，我国首个甲醇制氢加氢一体站投入使用，该站每天可生产 1000 公斤 99.999% 高纯度氢气。甲醇在线制氢具有无需储氢、燃料加注便捷、氢气成本低的优势，搭载在重卡物流车上，可以降低氢能重卡的用车成本，推动氢能汽车产业发展。

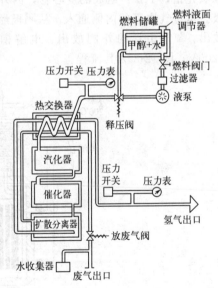

图 12-2　甲醇制氢的设备流程

12.2.2.5 电解水制氢

在大自然中，水是氢的大"仓库"。水是氢含量最丰富的物质之一，分解产物只有氢和氧，是理想的制氢原料，而且产品纯度高、操作灵活。从热力学上讲，水作为一种化合物十分稳定，要使水分解需外加很大的能量。水解制氢主要有直接的电解水制氢和光解水制氢。

电解水制氢是目前应用较广且比较成熟的方法之一。按照工作原理和电解质的不同，电解水制氢技术可分为 4 种：碱性电解水（ALK）、质子交换膜电解水（PEM）、高温固体氧化物电解水（SOEC）和固体聚合物阴离子交换膜电解水（AEM）。纯水是电的不良导体，所以电解时需向水中加入强电解质以提高导电性，但酸对电极和电解槽有腐蚀性，盐会在电解过程中生成副产物，故一般多以氢氧化钾水溶液作为电解液。碱性电解水电极反应为：

阴极　　　　　　　　　　　$2H_2O + 2e^- \longrightarrow 2OH^- + H_2$

阳极　　　　　　　　　　　$2OH^- \longrightarrow H_2O + 1/2 O_2 + 2e^-$

总反应　　　　　　　　　　$H_2O \longrightarrow H_2 + 1/2 O_2$

作为电解水的最理想金属是铂系金属，但这些金属都很昂贵，在实际工作中无法采用。现在通用的水电解槽都采用镍电极。

为了提高电解效率，可对工艺及设备作不断的改进。例如采用固体高分子离子交换膜（PEM），既可作为电解质，又可作为电解池阴阳极的隔膜。

质子交换膜电解水电极反应为：

阴极　　$4H^+ + 4e^- \longrightarrow 2H_2$

阳极　　$2H_2O \longrightarrow O_2 + 4H^+ + 4e^-$

总反应　$2H_2O \longrightarrow 2H_2 + O_2$

与碱性水溶液电解相比，固体高分子电解质水电解只需要供给水即可，不需要高腐蚀性的电解质溶液。而且由于阴阳极与膜合为一体，电极间没有气体阻抗，容易大幅度提高电流密度。生成气体纯度高，容易实现高压化。但作为电解质的高分子膜具有强酸性，因此与膜相结合的电极从耐酸性及催化活性方面考虑仅限于铂系电极催化剂，加上膜材料等组成电解槽的材料价格昂贵，降低这些材料的成本是当前的重要课题。

在电解工艺上，可采用高温高压以利于电解反应的进行。水蒸气高温电解制氢的研究目前已经基本达到成熟阶段。高温电解水蒸气的电极是由固体电解质（掺有氧化钇的多孔熔结二氧化锆，YSZ）组成的空心管，内外侧镀有适当的导电金属膜，内侧为阴极，外侧为阳极。水蒸气由管的内侧通入，从阴极经固体电解质而流向阳极。电解产生的氢气由管的内侧放出，氧气由管的外侧放出。电解槽由许多电解管平行并联组成，总体电压最高可达1200V。图 12-3 为其流程。

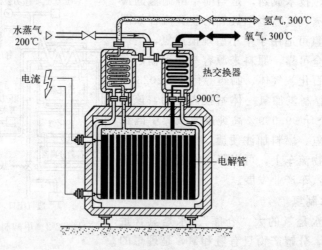

图 12-3　高温电解水蒸气的流程

将 200℃的过热水蒸气通过热交换器，在 1000℃的电极室经电极反应将水分解成氢气和氧气。由电极放出的高温氢气和氧气通过导管输入热交换器，再将输入的水蒸气预热到900℃，并使水蒸气进入电解槽，而氢气和氧气降温后导出电解槽。在高温电解中，分解水所需的能量很大一部分是热能而不是电能，因此提高了工艺效率，该过程还可以提供废热回收。据报道，此工艺比常温电解水可节省电力 20%。

在水力资源丰富的国家或地区，为了充分利用廉价的水力发电，可采用过剩的电力来电解水制氢。电解水制氢在水电和核电资源丰富的国家和地区会发挥巨大作用，但从能量转换的全过程看，如果按照"核能→热能→机械能→电能→氢化学能"的模式进行，因转换步骤多，尤其热功转换的限制，总效率一般低于 20%。即使热功转换效率提高到 40%、电解效率 80%，总效率也仅为 32% 左右。

近年来，碱性电解水（ALK）、质子交换膜电解水（PEM）、高温固体氧化物电解水（SOEC）和固体聚合物阴离子交换膜电解水（AEM）都得到极大的发展。四种电解水制氢技术参数及进展情况如表 12-2 所示。目前碱性电解水技术最为成熟，已完全实现商业化，PEM 电解水技术处于商业化初期，SOEC、AEM 技术还处于研发和示范阶段，在国内尚未进行商业化应用。1000N·m³/h 的碱性电解槽产品已趋于成熟，2022 年 10 月明阳智能已下线单体产氢量为 1500～2500N·m³/h 的碱性电解槽。当前行业普遍电耗水平在 4.5～4.6kW·h/Nm³，降低电解槽的直流电耗是电解槽技术升级的重要方向，同时也是碱性电解水制氢走向规模化的前提。PEM 电解水技术动态响应速度快、电流密度大、氢气纯度高，相较碱性电解水技术更加适配风电、光伏等波动性电源。随着 PEM 电解水技术的完善，将逐步成为电解水制氢的主流路线。

表 12-2　四种电解水制氢技术

	ALK	PEM	SOEC	AEM
电解质	30% KOH 溶液	质子交换膜	陶瓷材料 YSZ(钇稳定的氧化锆)	苯乙烯类聚合物(DVB)
电流密度/(A/m²)	3000～6000	10000 以上	—	—
氢气纯度	99.80%	99.99%	99.99%	—
产氢压力/MPa	1.6	4	4	3.5
直流能耗/[kW·h/(N·m³)]	4.2～5.5	4.3～6	3.0～4.0	4.5～5.5
发展进度	完全商业化	商业化初期	研发和示范阶段	研发和示范阶段
最大单槽制氢规模/(N·m³/h)	1500～2500	400	—	—
电源稳定性需求	需要稳定电源	可快速启停	需要稳定电源	可快速启停
维护需求	强碱性溶液腐蚀性强，维护成本高	无腐蚀性介质，维护成本低	—	—

电解水制氢成本受多种因素影响，包括电力成本、转换效率、资本投入和年运行小时数等。其中电力成本是影响最大的因素，占总制氢成本的 50%～90%。电是最昂贵的能源之一，目前电能产生效率为 35%～40%，电解水制氢的效率一般在 75%～85%，并且耗电量很大，生产 1m³ 的 H_2 要消耗 4.5～5kW·h 的电能。通过水电解和其他过程的联产（如利用水电解生成的氧气用于其他工业过程）可降低氢的生产成本，另外，还可以利用太阳能、风能、地热和海洋能等可再生能源的电力电解水，这样氢能将可能或接近达到碳中和。将水电解技术作为蓄能手段，把源于可再生能源的不稳定电能和剩余电能转换成氢能，起到电网调峰的作用，在电网用电低谷时电解水产生并储存氢，在供电高峰时利用氢能通过燃料电池向外供电。随着技术的进步和清洁电力资源成本的下降，可再生能源制氢将在 2030 年之前逐步成为的最主要新增制氢路径。

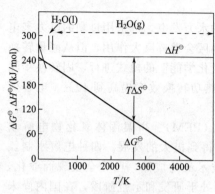

图 12-4　水的热力学数据

12.2.2.6　热化学分解水制氢

纯水的热分解避开了热功转换，将热能直接转换为氢的化学能，理论转换率要高得多。要使水依靠吸收热能分解为氢和氧，须使 $\Delta G \leqslant 0$。为此，温度应高于 4300K，反应才能发生（见图 12-4）。

由于核反应堆技术的发展，德、美等国科学家便注意到如何利用反应堆的高温进行水分解。为了降低水的分解温度，他们设想在热分解过程中引入一些热化学循环，要求这些循环的高温点必须低于核反应堆或太阳炉的最高极限温度。现在高温石墨反应堆的温度已高于 900℃，太阳炉的温度可达 1200℃，这将有利于热化学循环分解水工艺的发展。在目前提出的太阳能收集和转换方法中，太阳能热分解水（STWS）是利用整个太阳光谱来分解水，而没有中途能量形式转换带来的损失。因此，STWS 有潜力实现理论上较高的太阳能-氢气效率。

这些新发展起来的多步骤热驱动制氢化学原理可以归纳如下：

$$AB + H_2O + 热 \longrightarrow AH_2 + BO$$
$$AH_2 + 热 \longrightarrow A + H_2$$
$$2BO + 热 \longrightarrow 2B + O_2$$
$$A + B + 热 \longrightarrow AB$$

式中，AB 称为循环试剂。对这一系列反应的探索就是希望驱动反应的温度能处在工业上常用温度的范围内，这样就可以避免水在耗能极高的条件下热分解，或者说通过采用热化学的方法可在相对温和的条件下将水分解成氢气和氧气。太阳能热化学多步循环制氢可以将水的分解分为两个或两个以上的步骤，分别产生 H_2 和 O_2，从而避免高温气体分离的问题。

例如，利用太阳能分解金属氧化物的热化学循环为：

$$2CuO(s) \xrightarrow{1800℃} Cu_2O(s) + 1/2O_2(g)$$
$$Cu_2O(s) + I_2(g) + Mg(OH)_2(s) \xrightarrow{175℃} 2CuO(s) + MgI_2(aq) + H_2O(g)$$
$$MgI_2(aq) + H_2O(g) \xrightarrow{400℃} MgO(s) + 2HI(g)$$
$$2HI(g) \xrightarrow{995℃} H_2(g) + I_2(g)$$
$$MgO(s) + H_2O(l) \xrightarrow{室温} Mg(OH)_2(s)$$

循环生成的金属氧化物可直接在太阳炉中辐射热分解，简化了过程中的热传导问题，应用了廉价能源。

1980 年，美国化学家提出了如下的硫-碘热化学循环：

$$2H_2O + SO_2 + I_2 \longrightarrow H_2SO_4 + 2HI$$
$$H_2SO_4 \longrightarrow H_2O + SO_2 + 1/2O_2$$
$$2HI \longrightarrow H_2 + I_2$$

总反应为：

$$H_2O \longrightarrow H_2 + 1/2O_2$$

硫-碘循环制氢可与多种热源进行耦合，如太阳能、核能和工业余热等。多种不同能源的适应特性，使其具有广泛而全面的推广特性，可适用于不同地区不同气候。

近年来已先后研究开发了 20 多种热化学循环法，有的已进入中试阶段。热化学反应器是实现太阳能到化学能转换的关键设备，设计制造需要综合考虑材料的热力学、动力学性能和反应温度、气体流动等因素，对温度场分布和气密性均有严格的要求。

12.2.2.7　太阳能光电转换制氢及光化学分解水制氢

太阳能取之不尽，可将无限分散的太阳能转化成电能，再利用电能来电解水制氢。随着太阳能电池转换效率的提高、成本的降低及使用寿命的延长，其用于制氢的前景不可估量。

同时，也可利用太阳能进行光化学分解水制氢。具体反应是先进行光化学反应，再进行热化学反应，最后进行电化学反应，即可在较低温度下获得氢和氧。在上述 3 个步骤中可分别利用太阳能的光化学作用、热化学作用和光电作用。太阳能分解水制氢可以通过光电化学池（PEC）和半导体光催化两种途径，光电化学池是在太阳光的照射下，使电池的电极能够维持恒定的电流，并将水离解而获得氢气。上述方法为实现大规模利用太阳能制氢提供了基础，研制光解效率高、性能稳定、价格低廉的光敏催化剂材料是光解水制氢实现突破的关键。

关于太阳能的光电转换制氢及光化学分解水制氢已在太阳能部分做过介绍。

12.2.2.8　生物质制氢

生物质资源丰富，是重要的可再生能源。植物生物质主要是由纤维素、半纤维素和木质素构成的。生物质制氢主要分为生物质气化法和微生物法制氢。

生物质气化制氢是将生物质通过热化学方式转化为合成气。其所用原料可以是含碳有机物、城市生活垃圾和一些难降解的高聚物等，将薪柴、锯末、麦秸、稻草等原料压制成型，在气化炉中进行气化或裂解反应制得含氢的燃料气。目前研究的方法有生物质裂解催化重整、超临界水部分氧化和热压载气化等。

微生物法制氢主要分为厌氧发酵法和光合生物法制氢。厌氧发酵制氢是多种底物在氮化酶或氢化酶的作用下，利用酶催化反应将底物分解制取氢气；而光合细菌和藻类制氢都是在光照条件下将底物分解产生氢气。

厌氧发酵制氢的基质是各种碳水化合物、蛋白质等，这些微生物能够利用有机物获取其生命活动所需要的能量。例如一种叫酪酸梭状芽孢杆菌的细菌，发酵 1g 质量的葡萄糖可以产生约 0.25L 氢气。目前已有利用烃类化合物发酵制氢的专利，并可利用所产生的氢气作为发电的能源。光合微生物产氢是利用相关微生物（如微型藻类）和光合作用的联系制氢。在厌氧且黑暗的条件下，小球藻或衣藻等绿藻在氢化酶的作用下不仅生成氧气，还能生成氢气。同样，蓝藻中的淡水藻与螺旋藻等在固氮酶作用下，在从氮产生氨的过程中由水产生氢气。另外，光合成细菌在固氮酶的作用下，从乳酸及苹果酸等有机物中产生氢气。在光合细菌中，已发现约 13 种紫色硫细菌和紫色非硫细菌可以产生氢气。这部分细菌可利用有机物或硫化物，有的在光照下，有的并不一定需要光照，经过一系列生化反应而生成氢气。有些藻类通过自身产生的脱氢酶，利用取之不尽的水和无偿的太阳能来产生氢气。不妨说，这是太阳能在微生物作用下转换能量的一种形式，这个产氢过程可以在 $15 \sim 40^\circ\text{C}$ 的较低温度下进行。在国外，已利用光合作用设计了细菌产氢的优化生物反应器，其规模可达日产氢 2800m^3。该法采用各种工业和生活废水及农副产品的废料为基质进行光合细菌连续培养，在产氢的同时还净化废水和获得单细胞蛋白，一举三得，极有发展前景。

生物质制氢不仅能给人们提供清洁的能源，又能处理有机废物，保护环境，是代替化石燃料的理想方式。目前从国内外生物质制氢技术的研究现状看，虽然利用微生物产氢尚处于研究探索或小规模试产阶段，离大规模工业化生产尚有不少距离。但是，有关这方面的研究进展，展现了利用微生物生产清洁燃料氢气的广阔前景。在探索利用微生物生产氢气的道路上，需要不断寻找产氢能力高的各种微生物，深入研究微生物产氢的原理和条件，完成天然菌种的人工驯化，并在此基础上，设计出相应的大规模生产装置系统，达到实现高产、稳产、低成本的目的。

12.2.2.9 其他方法制氢

在多种化工过程中，如电解食盐制碱工业、发酵制酒工业、合成氨化肥工业、石油炼制工业、钢铁行业等，均有大量副产氢气。如果能采取适当的措施对上述副产物进行氢气的分离回收，每年可获得数亿立方米的氢气。另外，研究表明从硫化氢中亦可制得氢气。总之，制氢方法的多样性使得氢能源的研究开发充满了新的生命活力。

我国是世界上最大的制氢国，2021年制氢产量约3300万吨。煤气化制氢是目前主流的制氢方式，以焦炉煤气、轻烃裂解副产氢气和氯碱化工尾气等为主的工业副产氢由于产量相对较大且稳定，也成为现阶段氢气的供给来源之一，而绿氢在氢能供应结构中占比很小（电解水制氢占比仅为1%）。在碳中和背景下，我国将逐步推动构建清洁化、低碳化、低成本的多元制氢体系。

制氢研究的新进展将不断促进氢能源的综合利用与开发，而氢能应用领域的逐步成熟与扩大也必然推动制氢方法的研究与开发。适合我国国情的廉价的氢源供应又将会更进一步促进氢能的应用，为改善环境造福人民做出贡献。我国可再生能源装机量全球第一，在清洁低碳的氢能供给上具有巨大潜力。

12.2.2.10 氢的分离与纯化

从烃类化合物的水蒸气改质生成的气体中，除了氢气主要成分外，还含有 CO、CO_2、CH_4、H_2O 等物质，因此要获得纯氢，就必须除去这些物质。目前，工业规模氢的分离和纯化技术，主要是吸收法、深冷分离技术、变压吸附技术（PSA）和气体膜分离技术。

吸收法是很早就用于气体纯化的一种成熟技术，常用在较大规模的装置上。利用溶剂吸收 CO_2 的方法有化学吸收法和物理吸收法。CO_2 的化学吸收法有热碳酸钾法和乙醇胺溶液吸收法等。使用碳酸钾水溶液的 CO_2 吸收，如下式所示：

$$K_2CO_3 + CO_2 + H_2O \rightleftharpoons 2KHCO_3$$

$KHCO_3$ 溶液加热后可再释放出 CO_2。在使用碳酸钾水溶液的本菲尔德法（Benfield法）中，利用30%左右的碳酸钾水溶液，在常压条件下，可将 CO_2 气体浓度降至0.1%～0.2%。

CO_2 的物理吸收法是使用甲醇溶剂的低温甲醇洗法（Rectisol法），在高压下清洗气体吸收 CO_2，在常压下释放出来。

CO 的吸收有铜氨法，以及利用 $CuCl \cdot AlCl_3$ 的甲苯溶液的 COSORB 法，在常压下吸收 CO，在减压加热时释放出 CO，并进行回收：

$$CuAlCl_4\text{-}C_7H_8 + CO \rightleftharpoons CuAlCl_4\text{-}CO + C_7H_8$$

深冷分离法是一种物理分离方法，应用较早，1925年由德国林德公司开发成功。它是利用各种气体组分的沸点差异，通过低温精馏来实现气体混合物的分离。与甲烷和其他轻烃相比，氢具有较高的相对挥发度。随着温度的降低，碳氢化合物、二氧化碳、一氧化碳、氮气等气体先于氢气凝结分离出来。目前，深冷分离系统能量回收率低，大量的能量以低品位的能量形式放出，利用价值低。

变压吸附技术（pressure swing adsorption，PSA）是利用不同气体具有不同的吸附特性的性质，利用压力的周期性变化进行吸附和解吸，从而实现气体的分离和提纯。在一定压力（2MPa）下，将多种吸附剂组成复合吸附床，对含 H_2 的混合气进行选择吸附，难被吸附的氢从吸附塔出口作为产品气输出，从而达到提纯氢气的目的。PSA工艺流程一般包括原料气预处理、变压吸附、吸附剂再生等步骤。根据原料气中不同杂质种类，使用的吸附剂有沸石、活性炭、分子筛、活性氧化铝等，在加压条件下吸附除氢以外的不纯气体，并可以解吸再生。使用的吸附剂有沸石、活性炭、分子筛、活性氧化钨等，在加压条件下吸附除氢以外的不纯气体，并可以解吸再生。连续运转需要交替使用充填有吸附剂的多个容器。

利用 PSA 技术制氢工艺如图 12-5 所示，在 700～800℃下进行水蒸气重整反应，生成氢浓度为 70%～80%（干气体基准）的重整气体，然后在 PSA 中利用吸附方法去除气体中氢气以外的成分，生产纯氢气（99.999%）。此系统的装置操作费用低、操作弹性大，连续稳定运行时间长，生产成本低，经济效益显著，而且生产过程中几乎没有污染，符合国家清洁化工生产的要求。在现阶段，变压吸附技术已经在许多加氢站中得到应用。

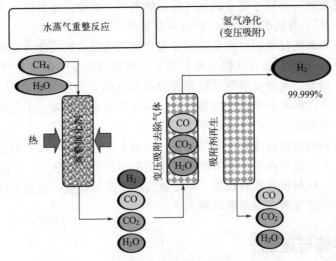

图 12-5　利用 PSA 技术的制氢工艺

气体膜分离技术是基于气体透过薄膜的速率不同而实施的分离。主要涉及无机膜、有机膜、金属膜。分离膜与反应器组合成统一的反应分离单元，反应产物能在生成的同时，部分或全部脱离反应器，使得化学反应平衡不断向生成物方向移动，形成"化学平衡漂移"，打破化学热力学平衡的转化率限制，可以得到很高的转化率。金属钯及其合金膜可以从混合气中分离氢气，其分离机理如图 12-6 所示。氢分子在膜表面解离成氢原子，经过溶解、扩散，在膜的另一侧再结合为氢分子，而其他分子则无法渗透，从而达到分离的目的，钯膜可生产 99.9999999% 的纯氢气，用于半导体和 LED 工业对于超高纯度氢的需要。

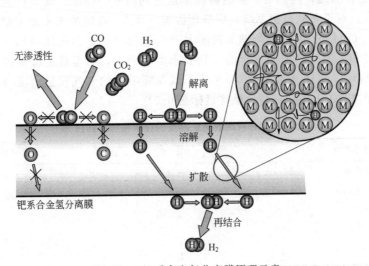

图 12-6　钯系合金氢分离膜原理示意

利用膜分离技术具有良好的能源效率，可以达到很好的节能效果，设备投资与操作成本低，操作方便。在燃料电池中，提供通过金属膜获得的高纯度氢气，可以减少铂催化剂的使用。但目前，膜的分离选择性低，H_2 与其他小分子气体分离系数一般只有几十，同时氢透率低。因此，膜分离技术虽然在氢的分离与纯化中显示了良好的应用前景，但欲实现其工业规模的应用，仍需攻克许多技术难关。对于氢分离与纯化，研究开发高透量、高选择性和长期稳定的膜材料是研究重点。目前商业化应用的膜材料主要是中空纤维膜和螺旋缠绕膜。随着材料领域的研究发展，出现了更多的氢气分离膜类型，如致密金属膜、无机多孔膜、金属有机框架（MOF）膜、有机聚合物膜、混合基质膜等。

金属氢化物分离和纯化氢的原理是利用储氢合金可逆吸放氢的能力提纯氢气。在降温升压的条件下，氢分子在储氢合金（稀土系、钛系、镁系等合金）的催化作用下分解为氢原子，然后经扩散、相变、化合反应等过程生成金属氢化物，杂质气体吸附于金属颗粒之间。当升温减压时，杂质气体从金属颗粒间排出后，氢气从晶格里出来。工艺流程一般包括原料气预处理、储氢合金吸放氢、产品氢收集等步骤。

金属氢化物法同时具有提纯和存储的功能，适用于有色金属（钛、钨、钼等）的还原制取、玻璃工业等行业。也可以用于制备燃料电池用的不含 CO 的氢气。金属氢化物法具有安全可靠、操作简单，材料价格相对较低，产出氢气纯度高等优势，但是金属合金存在容易粉化，释放氢气缓慢、需要较高温度等问题。

12.3 氢的存储与运输

氢能的储存是氢能应用的前提。氢在一般条件下以气态形式存在，且易燃、易爆，这就为储存和运输带来很大的困难。氢的储存与运输是氢能系统的关键。当氢作为一种燃料时，必然具有分散性和间歇性使用的特点，因此必须解决储存和运输问题。储氢及输氢技术要求能量密度大（包含单位体积和质量储存的氢含量大）、能耗少、安全性高。由于氢具有易燃、易扩散和质轻等特征，人们在实际应用中要优先考虑氢储存和运输中的安全、高效和无泄漏损失。

燃氢汽车和氢燃料电池汽车是未来氢能的一个重要应用领域。当作为车载燃料使用（如燃料电池动力汽车）时，应符合车载状况所需的要求。目前燃油汽车加满油一次可以行驶 $400\sim500km$。很自然地，人们希望氢燃料汽车也达到同样的标准。储氢技术的关键在于提高氢气能量密度。对于车载氢源系统，国际能源署（IEA）规定的未来新型储氢材料的储氢质量标准为 5%（质量分数），体积储氢密度大于 $50kgH_2/m^3$。美国能源部（DOE）在燃料电池技术的发展和人们对新能源汽车的最新要求的基础上，对车载氢源系统提出了最新目标，如表 12-3 所示。DOE 希望到 2025 年，车载氢能电池的氢气质量密度（即释放出的氢气质量与总质量之比）达到 5.5%，最终目标是 6.5%。

表 12-3　DOE 对车载储氢系统的技术指标（2011 年）

技术指标	2025 年	最终目标
质量储氢容量（质量分数）/%	5.5	6.5
体积储氢容量/（kg H_2/m^3）	40	70
最低/最高工作温度/℃	−40/85	−40/85
吸氢时间/min	3.3	2.5
使用寿命/次数	1500	1500

氢可以气态、液态或固体氢化物的形式存在。根据氢的这一特性，人们开发了高压气态储氢、低温液化储氢和氢化物固态储氢 3 种储氢技术，又可分为物理法和化学法两大类。氢气的物理储存方法主要有液氢储存、高压氢气储存、活性炭吸附储存、碳纤维和碳纳米管储存、玻璃微球储存、地下岩洞储存等。化学储存方法有金属氢化物储存、有机液态氢化物储存、无机物储存等，主要材料的质量和体积储氢密度如图 12-7 所示。表 12-4 为 3 种主要储氢技术的优缺点及应用对比。氢能储存场景主要包括在加氢站的储存、在运输车的储存和燃料电池车的储存等几种场景，目前已经形成加氢站及车载氢系统、气液固储氢等相关标准（表 12-5）。

表 12-4　3 种主要储氢技术的优缺点及应用

储氢技术		优点	缺点	目前主要应用
气态储氢	高压气态储氢	技术成熟，结构简单，充放氢速度快，成本及能耗低	体积储氢密度低，安全性能较差	普通钢瓶，少量储存，轻质高压储氢罐，多用于氢燃料电池车
液态储氢	低温液态储氢	储氢密度高，运输简单，安全性高	转化过程能耗较高，储氢装置要求较高，装置投入较大，经济性较低	主要用于航天工程领域，如火箭低温推进剂
	有机液态储氢	储氢量大，能量密度高，储存设备简单	成本高，能耗大，操作条件苛刻	还没有得到广泛应用
固态储氢	物理吸附储氢	可利用的材料较多，选择多样性	常温或高温储氢性能差，储氢不牢固	实验研究阶段
	化学氢化物储氢	单位体积储氢密度大，能耗低，安全性好	温度要求较高，技术不成熟	实验研究阶段

表 12-5　一些储氢标准体系

类型		文件/标准号	主要内容
加氢站及车载氢系统技术标准		《加氢站安全技术规范》GB/T 34584—2017	规定氢能车辆加氢站的氢气输送、站内制氢、氢气存储、压缩、加注以及安全与消防等方面的安全技术要求。本标准适用于采用各种供氢方法的氢能车辆加氢站，也适用于加氢加油、加氢加气、加氢充电合建站等两站合建或多站合建的加氢站
		《燃料电池电动汽车车载氢系统技术条件》GB/T 26990—2011	2020 年 7 月 21 日，车载储氢系统的两项国标修改后正式实施，将原范围中的工作压力不超过 35MPa 修改为 70MPa。两项标准修改内容均于 2020 年 7 月 21 日已开始实施
		《燃料电池电动汽车车载氢系统试验方法》GB/T 29126—2012	
气态存储	固定式储氢容器技术标准	《固定式高压储氢用钢带错绕式容器》GB/T 26466—2011	适用于同时满足以下条件的固定式高压储氢用钢带错绕式容器：①设计压力大于或等于 10MPa 且小于 100MPa；②设计温度大于或等于 −40℃ 且小于或等于 80℃；③内直径大于或等于 300mm 且小于或等于 1500mm，设计压力（MPa）与内直径（mm）的乘积不大于 7500
		《加氢站用储氢装置安全技术要求》GB/T 34583—2017	规定加氢站用气态氢储存装置的安全技术要求，加氢站中用于充装高压氢气且安全在固定位置的装置，包括储气罐储氢装置和无缝管式储气瓶储氢装置。适用于设计压力不大于 100MPa，使用温度不低于 −40℃ 不高于 60℃，充装高压氢气的加氢站用固定式储气罐储氢装置和无缝管式储气瓶储氢装置

类型		文件/标准号	主要内容
气态存储	铝内胆碳纤维全缠绕气瓶（Ⅲ型瓶）技术标准	《车用压缩氢气铝内胆碳纤维全缠绕气瓶》GB/T 35544—2017	规定车用压缩氢气铝内胆碳纤维全缠绕气瓶的型式和参数、技术要求、试验方法、检验规定、标志、包装、运输和储存等要求。适用于设计制造公称工作压力不超过 70MPa、公称容积不大于 450L、贮存介质为压缩氢气、工作温度不低于 -40℃ 且不高于 85℃、固定在道路车辆上用作燃料箱的可重复充装气瓶
	塑料内胆碳纤维全缠绕气瓶（Ⅳ型瓶）技术标准	《车用压缩氢气塑料内胆碳纤维全缠绕气瓶》T/CATSI 02007—2020	规定了车用压缩氢气塑料内胆碳纤维全缠绕气瓶（以下简称气瓶）的型式和参数、技术要求、运输和储存等要求。除对气瓶性能提出要求外，该标准还对气瓶建造过程提出了技术要求，如气瓶塑料内胆与氢气相容性评定方法、气瓶塑料内胆焊接工艺评定和无损检测方法、气瓶气密性氢泄漏检测方法、气瓶用密封件性能试验方法等。适用于设计制造公称工作压力不超过 70MPa、公称容积不大于 450L、贮存介质为压缩氢气、工作温度不低于 -40℃ 且不高于 85℃、固定在道路车辆上用作燃料箱的可重复充装气瓶
液态存储	液氢技术标准	《氢能汽车用燃料液氢》GB/T 40045—2021	国家市场监督管理总局（国家标准化管理委员会）批准发布了《氢能汽车用燃料液氢》《液氢生产系统技术规范》和《液氢贮存和运输安全技术要求》三项国家标准，于 2021 年 11 月 1 日起实施
		《液氢贮存和运输技术要求》GB/T 40060—2021	
		《液氢生产系统技术规范》GB/T 40061—2021	
固态存储	固态储氢技术标准	《可运输储氢装置-金属氢化物可逆吸附氢》ISO 16111—2008	国内固态储氢技术标准缺失，国际标准有《可运输储氢装置-金属氢化物可逆吸附氢》
		《通信用氢燃料电池固态储氢系统》YDB 053—2010	2010 年由北京有色金属研究总院、工业和信息化部电信研究院等单位联合编制
		《燃料电池备用电源用金属氢化物储氢系统》GB/T 33292—2016	2011 年国家标准化管理委员会下达了《燃料电池备用电源用金属氢化物储氢系统》标准的制定计划，2017 年 7 月 1 日实施

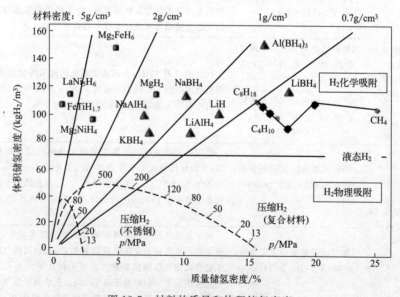

图 12-7　材料的质量和体积储氢密度

12.3.1　压缩气体储氢

根据气体状态方程，对于一定量的气体，当温度一定时，升高压力会减小气体所占的体积，从而提高氢气密度。高压气态储氢是目前广泛应用的储氢方式，主要通过高压储气瓶来实现氢气的储存和释放。高压储氢瓶分为纯钢制金属瓶（Ⅰ型）、钢制内胆纤维缠绕瓶（Ⅱ型）、金属内胆纤维缠绕瓶（Ⅲ型）和塑料内胆纤维缠绕瓶（Ⅳ型）4种。

高压钢瓶储氢压力一般为 $12\sim15$MPa，有的可达到 20MPa。高压气态储氢是一种应用广泛、简便易行、技术相对成熟的储氢方式，而且成本低，充放氢速度快，在常温下就可进行。但其缺点是需要厚重的耐压容器，并要消耗较大的氢气压缩功，存在氢气易泄漏和容器爆破等不安全因素。一个充气压力为 15MPa 的标准高压钢瓶储氢质量仅约占 1.0%；供太空用的钛瓶储氢质量也仅为 5%。可见，高压钢瓶储氢的能量密度一般都比较低。

由于瓶内高压，所以要控制钢瓶壁的厚度。近年来开发的由碳纤维复合材料组成的新型轻质耐压储氢容器（见图 12-8），其储氢压力可达 $35\sim70$MPa。工业界制定了耐受 70MPa 压力、质量储氢密度为 6%（质量分数）的预期目标。浙江大学研制成功 5m³ 固定式高压（42MPa）储氢罐，并服务于北京奥运会的氢燃料示范车加氢。这个固定式储氢罐，为一辆大巴车充气只要花 15min。耐压容器是由碳纤维、玻璃、陶瓷等组成的薄壁容器，而且复合储氢容器不需要内部热交换装置。

国内外车载储氢气瓶中，Ⅲ型瓶和Ⅳ型瓶是制造的主流气瓶。Ⅲ/Ⅳ型瓶由内至外包括内衬材料（内胆）、过渡层、纤维缠绕层、外壳保护层组成。Ⅲ型瓶的内胆为铝合金，Ⅳ型的内胆为聚合物（高密度聚乙烯、聚酰胺基聚合物等）。内层之外又称为复合材料层，一般分为两层，内层为碳纤维缠绕层，一般由碳纤维和环氧树脂构成；外层为玻璃纤维保护层，一般由玻璃纤维和环氧树脂构成。纤维复合材料以螺旋和环箍的方式缠绕在内胆的外围，通过对环氧树脂加热固化，以增加内胆的结构强度。目前，高压气态储氢技术比较成熟，一定时间内都将是国内主推的储氢技术。Ⅲ型瓶是我国发展的重点，已开发出 35MPa 和 70MPa，其中 35MPa 已被广泛用于氢燃料电池车，70MPa 开始推广，质量储氢密度 $3.8\%\sim4.5\%$。2022 年北京冬奥会部分氢燃料电池大巴车使用的铝内胆碳纤维全缠绕型储氢罐（70MPa），满足了燃料电池车对储氢罐的轻量化、高压力、大容量的需求。中材科技、京城股份等公司已能量产此类高压储氢瓶。Ⅳ型瓶在国外的研发和应用较早，挪威 Hexagon、日本丰田、韩国 ILJIN 等都已研发出 70MPa 的Ⅳ型瓶产品，质量储氢密度已达5.7%，我国还处于研发阶段。

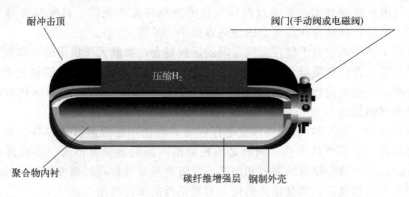

图 12-8　复合材料组成的储氢容器示意

气体的压力、温度及体积之间一般具有如下关系：

$$z = \frac{pV}{RT}$$

式中，z 为压缩因子（也称压缩系数）；p 为压力；T 为热力学温度；V 为 1mol 气体的体积。压缩因子用来表示实际气体对理想气体的偏差，理想气体 $z = 1$。氢的压缩因子如表 12-6 所示。

表 12-6　氢的压缩因子

压力/MPa	0.1013	10	25	35	70	100
压缩因子	1	1.065	1.166	1.236	1.489	1.702

从上面的压缩率可知，压力为 35MPa 的压缩氢气容器所容纳的只是相当于压力为 28MPa 的能力，耐受 70MPa 压力的高压容器也只能储存相当于 47MPa 的氢气。现在正在研究能耐压 80MPa 的轻型材料，这样氢的体积密度可达到 36kg/m³。但这类高压钢瓶的主要缺点是需要较大的体积和如何构筑理想的圆柱形外形，另外，还需要解决阀体与容器的接口及快速加氢等关键技术。因此高压压缩储氢容器还需要进一步的发展。从车载储氢瓶材料成本来看，碳纤维成本占比较大。对于储氢质量均为 5.6kg 的 35MPa、70MPa 高压储氢 IV 型瓶成本构成来看，碳纤维复合材料成本分别占系统总成本的 75% 和 78%。随着储氢瓶的量产以及碳纤维国产化，储氢瓶制造成本将逐步下降。

固定式储氢高压容器（储氢罐）是加氢站中的重要装置之一，钢带错绕式储氢罐目前有 45MPa 和 98MPa 两种型号，一般采用 45MPa 型号的储氢罐。储氢罐一般有两种方式，一种是用较大容积的气瓶（单个容积在 600～1500L 之间），为无缝锻造压力容器；另一种是采用小容积的气瓶，单个气瓶容积在 45～80L。储氢罐多以容器组形式使用。当燃料电池车加氢时，以站内储氢瓶和车载氢气瓶之间的压差为驱动力，为燃料电池汽车加注氢气。浙江大学与巨化集团制造生产了两台国内最高压力等级 98MPa 立式高压储罐，安装在江苏常熟丰田加氢站中。

12.3.2　低温液氢储存

低温液态储氢具有较高的体积能量密度。常温、常压下液氢的密度为气态氢的 845 倍，，储氢密度可达 70.6kg/m³，与同一体积的储氢容器相比，其储氢质量大幅度提高。氢能以液态储存能够同时满足质量密度和体积密度的要求。低温液态储氢是一种深冷储存技术。氢气液化和空气液化原理相似，是通过高压气体的绝热膨胀实现的。将氢气冷却到 $-253℃$，即可呈液态，然后将其储存在高真空的绝热容器中（见图 12-9）。

液氢储存工艺特别适宜于储存空间有限的运载场合，如航天飞机用的火箭发动机和洲际飞行运输工具等。若仅从质量和体积上考虑，液氢储存是一种极为理想的储氢方式。但是由于氢气液化要消耗很大的冷却能量（液化 1kg 氢约耗电 4～10kW·h），液化过程所需的能耗约是储存氢气热值的 50%，增加了储氢和用氢的成本。

液氢的熔点为 $-259.2℃$，使得液氢储存容器必须使用超低温特殊容器。由于储槽内液氢与环境温差大，必须严格绝热，同时必须控制槽内液氢的蒸发损失，并确保储槽的安全（抗冻、承压）。由于液氢储存的装料和绝热不完善容易导致较高的蒸发损失，其储存成本较高，安全技术也比较复杂。高度绝热的储氢容器是目前研究的重点。

现在已有一种壁间充满中空微珠的绝热容器问世。这种二氧化硅微珠直径为 30～150μm，中间空心，壁厚 1～5μm。在部分微珠上镀上厚度为 1μm 的铝。由于这种微珠热导

图 12-9　液化储氢

率极小，其颗粒又非常细，可完全抑制颗粒间的对流换热。将部分镀铝微珠（一般为 3%～5%）混入不镀铝的微珠中可有效切断辐射传热。这种新型的热绝缘容器不需抽真空，但绝热效果远优于普通高真空的绝热容器，是一种理想的液氢储存罐。美国宇航局已广泛采用这种新型的储氢容器。

液氢可以通过管道输送，但必须保证管道包装具有极好的绝热性能。输送管道一般是由同心的双层套管组成，内管用于液氢的传送，内外管间的夹层有 2～5cm 厚的空隙，用一层一层的镀铝塑料薄膜包缠起来，在每两层镀铝塑料薄膜之间又隔以一层层尼龙网带。外管包在这些绝热材料之外，以构成绝热层的严密真空容器。将绝热层减压抽至真空后可将这种管道用于较长距离的液氢输送。用类似的绝热技术也已经制成输送液氢的可伸缩软管，用于从固定储存液氢的设施向宇航器燃料舱或槽车充装液氢。

12.3.3　金属氢化物储氢

金属氢化物材料具有这样一种特性，当把它们在一定温度和压力下曝置在氢气气氛中时，可吸收大量的氢气，生成金属氢化物；生成的金属氢化物加热后释放出氢气。以 MgH_2 储氢为例，其体积储氢密度可达 $106kg/m^3$，为标准状态下氢气密度的 1191 倍，70MPa 高压储氢的 2.7 倍，液氢的 1.5 倍。基于氢化物的固态储氢技术由于其独有的安全性和高体积储氢密度，是最具商业化发展前景的储氢方式之一。

自 20 世纪 60 年代后期荷兰菲利浦公司发现 $LaNi_5$ 以及美国布鲁克海文国家实验室发现 TiFe、Mg_2Ni 等金属间化合物的储氢特性后，世界各国竞相研究开发了不同的金属储氢材料，并迅速应用到氢储存、净化、分离、压缩、热泵和金属氢化物镍（Ni/MH）二次电池中。储氢合金在电池领域的产业化，更激起了人们对储氢合金的高度重视。新型储氢合金层出不穷，性能在不断提高，应用领域也在不断扩大。

金属氢化物中氢以原子状态储存于合金内，重新释放出来时经历扩散、相变、化合等过程。受热效应与速率的制约，金属氢化物储氢比液氢和高压氢安全，并且有很高的储存容量。表 12-7 列出了一些金属氢化物的储氢能力。可以看出，某些金属氢化物的储氢密度是标准状态下氢气的 1000 倍，与液氢相同，甚至超过液氢。

表 12-7　某些金属氢化物的储氢能力

储 氢 介 质	氢原子密度/(10^{22} 个/cm³)	储氢相对密度	含氢量(质量分数)/%
标准状态下的氢气	0.0054	—	100
氢气钢瓶(15MPa)	0.81	150	100
−253℃液态氢	4.2	778	100
$LaNi_5H_6$	6.2	1148	1.37
$FeTiH_{1.95}$	5.7	1056	1.85
Mg_2NiH_4	5.6	1037	3.6
MgH_2	6.6	1222	7.65

　　称得上"储氢合金"的材料应具有像海绵吸收水那样能可逆地吸放大量氢气的特性。其特征是由一种吸氢元素或与氢有很强亲和力的元素（A）和另一种吸氢量小或根本不吸氢的元素（B）共同组成。A 金属容易与氢反应，大量吸氢，形成稳定的氢化物，这些金属主要是 ⅠA～ⅤB 族金属，如 Ti、Zr、Ca、Mg、V、Nb、RE（稀土元素）等，它们与氢的反应为放热反应（$\Delta H < 0$）。B 金属与氢的亲和力小，如 Fe、Co、Ni、Cr、Cu、Al 等，氢溶于这些金属时为吸热反应（$\Delta H > 0$），但氢很容易在其中移动。一般把在一定条件下氢溶解度随温度上升而减小的金属称为放热型金属（A），反之则称为吸热型金属（B）。A 控制着储氢量，是组成储氢合金的关键元素；B 控制着吸放氢的可逆性，起调节生成热与分解压力的作用。

　　在一定温度和压力下，储氢合金与氢接触首先形成含氢固溶体（MH_x）（α 相），其溶解度 $[H]_M$ 与固溶体平衡氢压 p_{H_2} 的平方根成正比，即

$$p_{H_2}^{1/2} \propto [H]_M$$

　　随后，固溶体 MH_x 继续与氢反应，产生相变，生成金属氢化物（β 相），这一反应可写成：

$$\frac{2}{y-x}MH_x + H_2 \rightleftharpoons \frac{2}{y-x}MH_y + Q$$

　　式中，x 是固溶体中氢的平衡浓度；y 是合金氢化物中氢的浓度，一般 $y \geqslant x$。再提高氢压，金属中的氢含量略有增加。

　　这个反应是一个可逆反应，正向反应吸氢，放出热量；逆向反应解吸，吸收热量。储氢合金的吸放氢反应与碱金属、碱土金属或稀土金属所进行的氢化反应的主要差别即在于其可逆性。不论是吸氢反应还是放氢反应，都与系统温度、压力及合金组成有关。根据 Gibbs 相律，如果温度一定，上式反应将在一定压力下进行，该压力即为反应平衡压力。金属与氢的反应平衡用压力/组成/温度（PCT）曲线表示（见图 12-10）。

　　图 12-10(a) 表示合金-氢系的等温线形状。横轴表示固相中的氢与金属的原子比；纵轴为氢压，图中 $T_1 < T_2 < T_3$。温度不变时，随着氢压的增加，氢溶于金属的数量逐渐变大，金属吸氢，形成含氢固溶体（α 相）。当到达氢在金属中的极限溶解度（A 点）时，α 相与氢反应，生成氢化物相，即 β 相。继续加氢时，系统压力不变，而氢在恒压下被金属吸收。当所有 α 相都变为 β 相时，组成到达 B 点。AB 段为两相（α+β）互溶的体系，到达 B 点时 α 相最终消失，全部金属都变成金属氢化物。这段曲线呈平直状，故称为平台区，相应的曲线上平台（相变区）压力即为平衡压力。该段氢浓度（H/M）代表了合金在温度 T 时的有效储氢容量。在全部组成变成 β 相组成后，如再提高氢压，则 β 相组成就会逐渐接近化学计量组成，氢化物中的氢仅有少量增加。B 点以后，氢化反应结束，氢压显著增加。

　　温度升高时，平台向图的上方移动，当温度升至某一点时平台消失，即出现拐点（又称

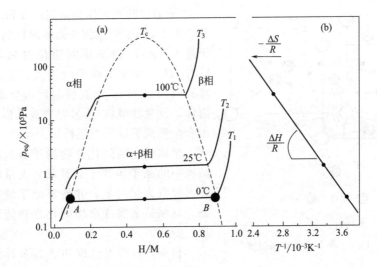

图 12-10　合金储氢的压力/组成/温度（PCT）曲线（a）和热力学温度倒数与平台氢压对数（b）

临界点）；温度降低时，平台向图的下方移动。因此，温度低有利于吸氢，温度高有利于放氢。这也就是说，一般合金氢化物的生成过程是放热反应，而氢化物的放氢过程是吸热反应。

PCT 曲线是衡量储氢材料热力学性能的重要特性曲线，通过图 12-10 可以了解金属氢化物中能含多少氢（%）以及任一温度下的分解压力值。PCT 曲线的特征，如平台压力、平台宽度与倾斜度、平台起始浓度和滞后效应（吸氢曲线与放氢曲线的差别）等，既是常规鉴定储氢合金吸放氢性能的主要指标，又是探索新的储氢合金的依据。

根据 $\Delta G^{\ominus} = \Delta H^{\ominus} - T \Delta S^{\ominus}$

$$\Delta G^{\ominus} = -RT \ln K_p = RT \ln p_{H_2}$$

可近似求出温度与分解压力的关系：

$$\ln p_{H_2} = \frac{\Delta H^{\ominus}}{RT} - \frac{\Delta S^{\ominus}}{R}$$

将 PCT 曲线中不同温度下的热力学温度倒数与平台氢压对数作图，经线性回归，可得一条直线，如图 12-10(b) 所示。从该直线的斜率和截距即可求出储氢合金的热力学函数，包括（吸氢或放氢）反应焓和反应熵。这不但对储放氢有理论指导意义，而且对储氢材料的研究、开发和利用也有极重要的实际意义。生成焓就是合金形成氢化物的生成热，负值越大，氢化物越稳定。反应焓的大小对探索不同目的的金属氢化物具有重要意义。反应熵表示形成氢化物反应进行的趋势，在同类合金中若数值越大，其平衡分解压越低，生成的氢化物越稳定。

氢占据的位置可通过中子衍射实验得知。当母体金属为面心立方晶格（FCC）时，氢进入八面体间隙位置（O 位置）；当母体金属为体心立方晶格（BCC）或六方最密堆积（HCP）时，氢进入四面体间隙位置（T 位置）。由于氢的排斥作用，使得氢只能占据上述部分晶格间隙位置。

氢在储氢合金中以原子状态存在，处于合金八面体或四面体间隙位置上。正是由于氢以原子状态存在于合金中，金属氢化物储氢技术才具有高储氢体积密度和特有的安全性。图 12-11 为氢在 LaNi$_5$ 合金中的占有位置。在 $Z=0$ 或 $Z=1$ 面上，由 4 个 La 原子和 2 个 Ni 原子构成一层；在 $Z=1/2$ 面上，由 5 个 Ni 原子构成一层。氢原子位于由 2 个 La 原子与 2 个

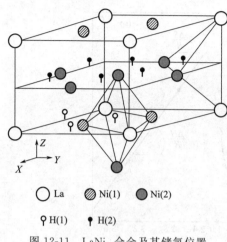

La ○　　Ni(1) ◍　　Ni(2) ⬤

H(1) ♀　　H(2) ♀

图 12-11　LaNi₅ 合金及其储氢位置

Ni 原子形成的四面体晶格间位置和由 4 个 Ni 原子和 2 个 La 原子形成的八面体晶格间位置。当氢原子进入 $LaNi_5$ 的晶格间隙位置后，成为氢化物 $LaNi_5H_6$。由于氢原子的进入，使金属晶格发生膨胀（约 23%）；而在放氢后，金属晶格又收缩。因此，反复的吸氢/放氢将导致晶格细化，即表现出合金形成裂纹甚至微粉化。

金属或金属间化合物属于金属晶体，其晶体结构中的原子排列十分紧密，大量的晶格间隙位置可吸收大量的氢，并使氢处于最致密的填充状态。这就是金属或金属间化合物能致密地吸收大量氢的原因。

目前，世界上已成功研制多种储氢合金，它们大致可分为稀土镧镍系、钛/锆系、钛铁系、镁系和钒基固溶体等几种类型。

稀土镧镍系储氢合金的典型代表是 $LaNi_5$。该合金为 $CaCu_5$ 型六方结构，由荷兰飞利浦实验室于 20 世纪 60 年代研制成功。该类合金的最大特点是活化容易，平台压力适中且平坦，吸氢/放氢平衡压差小，动力学性能优良以及抗杂质气体中毒性能较好。在 25℃ 及 0.2MPa 压力下，$LaNi_5$ 吸氢形成 $LaNi_5H_{6.0}$，储氢质量分数约为 1.4%（质量分数），分解热为 $30kJ/mol\ H_2$，非常适合于在室温下操作。$LaNi_5$ 合金的另一个特点是能够吸收中等纯度如 99.9% 的氢气，杂质可以是水分、CO_2 和 CH_4 等，而放出的氢气纯度可以超过 99.999%。因此，利用该合金可以制备超纯氢。

$LaNi_5$ 合金的抗粉化、抗氧化性能较差，而这些性能经元素部分取代后，如 $MmNi_{3.55}Co_{0.75}Mn_{0.4}Al_{0.3}$（Mm 为混合稀土，主要成分为 La、Ce、Pr、Nd），可得到明显改善。$MmNi_5$ 系合金已广泛用于镍/氢电池的负极活性材料。近年来，对该系合金的研究开发着重于进一步调整和优化合金的化学组成（包括合金 A 侧混合稀土的组成及合金 B 侧组成的优化）、合金的组织结构及合金的表面改性处理等，力求使合金的综合性能进一步提高。

钛/锆系储氢合金一般是指具有拉夫斯（Laves）相结构的金属间化合物。以 $ZrMn_2$ 为代表的 AB_2 型 Laves 相储氢合金具有储氢容量高（储氢质量分数为 1.8%，理论容量为 $482mA \cdot h/g$）、循环寿命长等优点，是高容量新型储氢电极合金的研究、开发热点。AB_2 型合金的 Laves 相属于拓扑结构相，晶体结构具有很高的对称性及空间充填密度。Laves 相的结构有 C14（$MgZn_2$ 型，六方晶）、C15（$MgCu_2$ 型，正方晶）及 C36（$MgNi_2$ 型，六方晶）3 种类型，用于储氢的 Laves 相合金只涉及 C14 与 C15 型两种结构。由于原子排列紧密，C14 与 C15 型 Laves 相的原子间隙均由四面体构成，且氢原子占据的四面体间隙较多，因而 Laves 相合金具有储氢容量较大的特点。

AB_2 型 Laves 相储氢合金有锆基和钛基两大类，Ti/Zr 占据 A 位置，过渡金属 V、Cr、Mn 和 Fe 等占据 B 位置。锆基 AB_2 型 Laves 相合金主要有 Zr-V 系、Zr-Cr 系和 Zr-Mn 系。其中 $ZrMn_2$ 是一种吸氢量较大的合金。20 世纪 80 年代末，为适应电极材料的发展，在 $ZrMn_2$ 合金的基础上开发了一系列电极材料。这类材料具有放电容量高、活化性能好的优点，具有较好的应用前景。钛基 AB_2 型储氢合金主要有 TiMn 基储氢合金和 TiCr 基储氢合金，通过其他元素替代开发出一系列多元合金。日本松下公司在优化 Ti-Mn 成分时发现 Mn/Ti=1.5 的合金在室温时储氢容量最大，达到 $TiMn_{1.5}H_{2.5}$（含氢质量分数约为

1.8%）。在此基础上，松下公司发现 $Ti_{0.9}Zr_{0.1}Mn_{1.4}V_{0.2}Cr_{0.4}$ 合金性能最佳，该合金不需高温退火就可获得斜率小的平台。该类合金由于 A 侧 Ti/Zr 元素的非整比过量，显著改善了合金的活化性能。另外热碱浸渍、氟化处理等表面改性对合金的活化及快速充放氢性能均有显著改进。目前，此类合金大都应用于氢汽车的金属氢化物储氢箱，而在电池的生产应用方面主要是美国的 Ovonic 公司。Ovonic 公司已研制出各种型号的圆柱形和方形 MH/Ni 电池，所研制的方形 MH/Ni 电池的能量密度可达 $70W \cdot h/kg$，已在电动汽车中试运行。2012年 Ovonic 电池公司被巴斯夫公司收购，收购 Ovonic 电池公司将使巴斯夫在镍氢电池技术方面处于行业领先地位。

虽然 AB_2 型合金目前还存在初期活化困难、高倍率放电性能较差以及合金的原材料价格相对偏高等问题，但由于 AB_2 型合金具有储氢量高和循环寿命长等优势，对其综合性能的研究改进工作正在取得新的进展。

AB_3 型合金结构包含 AB_5 及 AB_2 两种单元，如 $AB_5 + 2AB_2 \Longrightarrow 3AB_3$，其结构可看作是由三分之一 AB_5 结构和三分之二 AB_2 结构组成的，因而其储氢性能介于两者之间，储氢量和稳定性优于 AB_5，活化性能优于 AB_2。其典型代表为 $LaNi_3$、$CaNi_3$ 等。由于 AB_3 合金晶格的 c 轴较长，在 A 侧可包含 Mm、Ca、Mg、Ti、Mn，理论储氢容量可达 $500mA \cdot h/g$，而且价格低廉，具有广阔的发展前景。但目前对 AB_3 型合金研究工作主要是在气-固反应条件下的吸/放氢性能，在电化学条件的性能研究较少，实际测量时一般只达到 $300 \sim 360mA \cdot h/g$，循环寿命有待于进一步改进。

钛铁系储氢合金的典型代表是 TiFe。该合金是由美国布鲁克海文国家实验室于 1968 年发现，具有体心立方（BCC）结构。TiFe 价格低廉，在室温下能可逆地吸收和释放氢，最大吸氢质量分数可达 1.9%。TiFe 在室温附近与氢反应生成氢化物 $TiFeH_{1.04}$（β 相）和 $TiFeH_{1.95}$（γ 相），前者为正方晶结构，后者为立方晶结构，其氢化物的分解热分别为 $28kJ/mol \ H_2$ 和 $31.4kJ/mol \ H_2$。反应生成物很脆，为灰色金属状，在空气中会慢慢分解并放出氢而失去活性。

TiFe 容易被氧化形成 TiO_2 层，而且当成分不均匀或偏离化学计量时，储氢容量将明显降低。另外，TiFe 合金还存在活化困难和抗杂质气体中毒能力差等缺点，为了改善 TiFe 的储氢性能，特别是活化性能，在实际应用中一般要对合金进行处理。最基本的手段仍然是元素的替代，即用过渡金属、稀土金属等部分替代 Fe 或 Ti；其次是改变传统的冶炼方式，采用机械合金化法制取合金；再者是对 TiFe 合金进行表面改性。

镁基储氢合金的代表是 Mg_2Ni，储氢量为 3.6%，亦是由美国布鲁克海文国家实验室于 20 世纪 60 年代末首次报道。这类合金的特点是储氢容量高（按 Mg_2NiH_4 计算，储氢质量分数达 7.7%，理论容量近 $1000mA \cdot h/g$），资源丰富以及价格低廉。因此，各国科学家均高度重视，纷纷致力于新型镁基合金的开发。但它们的缺点是放氢需要在相对高的温度下进行，一般为 $250 \sim 300℃$，且放氢动力学性能较差，因此难以在储氢领域得到应用，目前的研究主要是降低脱氢温度和改善脱氢/再氢化反应。研究发现，通过使晶态 Mg-Ni 合金非晶化，利用非晶合金表面的高催化性，可以显著改善 Mg 基合金吸放氢的热力学和动力学性能。如用溅射法制备的非晶 $Mg_{52}Ni_{48}$ 薄膜在 50mA/g 电流密度下的电化学容量为 $500mA \cdot h/g$。采用机械合金化方法也可以使性能得到明显改善，这主要是因为在球磨过程中形成了均一的非晶结构，使合金的比表面积及缺陷增多，减少了氢化物的稳定性，利于氢在材料中的扩散，改善了氢的吸附/脱附动力学。在镁基合金中加入一定量 TiFe 和 $CaCu_5$ 进行球磨，可以明显地催化镁基合金的吸放氢性能，使它们吸放氢的动力学性能得到有效改善。

纳米尺寸效应使材料具有新的性能，纳米氢化物提升了氢化反应动力学，在温度相同

（300℃）和不活化的条件下，晶粒尺寸大于 1 μm 的镁几乎不吸氢，当晶粒尺寸细化到 50nm 时镁的吸氢速率明显加快，吸氢容量也显著增加；晶粒越细，吸氢性能改善的效果越显著，其放氢动力学性能也同样得到了改善。同时，Mg 纳米线的吸/放氢速率随着直径的减小而大大提高，放氢的活化能也随着直径的减小而降低。

当多相复杂体系（包括添加催化剂相）具有非平衡结构时，储氢材料的性能可得到有效调制。球磨制备 Mg 和 La_2Mg_{17} 的复合储氢合金，在吸/放氢过程中各相之间会发生复杂的相互作用并有相结构变化，各相之间的协同作用对 Mg 的吸/放氢动力学性能改善起到关键作用。而球磨制备的纳米多相 $Mg/MmNi_{5-x}(CoAlMn)_x$ 合金，纳米多相储氢合金的氢扩散系数比熔铸合金高出数十倍，且纳米多相合金的氢化是自催化反应控制的过程。

镁基储氢合金的电化学储氢研究表明，其初期电化学容量较高，但该类合金因 Mg 在碱液中易受氧化腐蚀，可导致合金电极的容量迅速衰减，循环寿命与实用化的要求尚有较大距离。进一步提高合金的循环稳定性是目前国内外研究的热点课题。

钒基固溶体型合金具有可逆储氢量大、氢在氢化物中的扩散速率较快等优点，已在氢的储存、净化、压缩以及氢的同位素分离等领域较早地得到应用。Ti-V 系固溶体合金有近 4.0% 的储氢质量分数，通过在 V_3Ti 合金中添加适量的催化元素 Ni 并优化控制合金的相结构，利用在合金中形成的一种三维网状分布的第二相的导电和催化作用，可使以 V-Ti-Ni 为主要成分的钒基固溶体型合金具备良好的吸放氢能力。

在研究的 V_3TiNi_x（$x=0\sim0.75$）合金中，当在 V_3Ti 中添加 Ni 至形成 $V_3TiNi_{0.25}$ 合金时，即开始有 TiNi 基第二相（含有少量 V）沿着 V 基固溶体主相（含有少量 Ni）的晶界析出，使合金具有一定的充放电能力。当 V_3TiNi_x 合金中的 Ni 含量进一步增加至 $x>0.5$ 时，由于大量析出的 TiNi 基第二相覆盖了 V 基的晶界，使合金形成了由 V 基固溶体主相和呈三维网状分布的 TiNi 基第二相组成的组织结构 [见图 12-12(a)]，使合金具有良好的充放电能力。在上述合金中，V 基固溶体主相是合金的主要吸氢相（可逆储氢约为 500mA·h/g），而由 TiNi 基第二相形成的三维网状组织在充放电过程中起着导电集流体和电催化的作用，构成了进行电极反应所需的氢原子和电子的进出通道 [见图 12-12(b)]，是促使 V 基固溶体主相能够实现电化学吸放氢反应的必要条件。因此，在 V_3TiNi_x 合金中，TiNi 基第二相的组成、结构及析出量（第二相与主相的比例）对于合金的电极性能具有重要的作用。

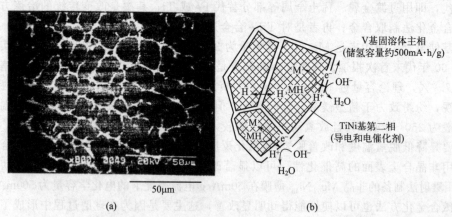

图 12-12 V_3TiNi 合金的组织结构与电极性能

(a) 由 V 基固溶体主相（暗灰色）和 TiNi 基第二相（亮灰色）组成的 $V_3TiNi_{0.56}$ 合金的显微组织；

(b) V 基固溶体型合金的电极反应机制示意

对 V-Ti-Ni 合金进行热处理及进一步多元合金化（包括添加 Al、Si、Mn、Fe、Co、Nb、Mo、Pd、Hf 和 Ta 等），优化控制 V 基固溶体主相（吸氢相）和三维网状分布的第二相（导电集流体及催化相）的协同作用，已使合金的循环稳定性及高倍率放电性能显著提高。Ti-10Cr-18Mn-27V-5Fe 和 Ti-10Cr-18Mn-32V 的储氢容量分别达到 3.01%（质量分数）和 3.36%（质量分数），增加 V 的量可以促进氢的吸收，提高吸氢容量，降低脱氢压力。北京有色金属研究总院研制的 $(Ti_{32}Cr_{46}V_{22})_{94}Mn_6$ 合金的室温最大储氢容量达到 3.8%（质量分数），在 125℃ 和 0.1MPa 条件下的有效放氢容量达到 2.6%（质量分数）。

由于 V 在电解液中的氧化/溶解一直难以克服，所以钒基固溶体型合金电极材料循环稳定性仍旧较差。另外，钒基固溶体储氢材料均以价格昂贵的纯 V 为原料，在成本上缺乏竞争优势。因此，高性能低钒系列固溶体合金和以钒铁为原料的钛钒铁系固溶体合金的研究日益受到重视，也成为此类合金的重点研究方向。

完整的储氢系统单体包括储氢合金、外壳、阀门、气体管道及过滤器、鳍片、金属泡沫、加热管等强化传热介质，预置空余空间和其他附属装置等。固态储氢的工作压力低、安全性能好，所以氢化物储罐、阀门、配管管路等附属装置的研发生产难度较低。但是，金属氢化物储氢材料的技术还有待成熟，如重量储氢率、可逆性等，此外，尽管储氢合金本身的体积储氢密度很高，但组成储氢系统后的加热和冷却都是通过在储氢罐内部设置换热管道实现，换热管道中的介质流经不同位置的热交换将影响储氢合金的反应速率，因此储氢系统对吸放氢温度、吸放氢速度、吸放氢循环等的控制提出了较高的要求。储氢合金材料的研发和固态储氢系统控制集成仍是主要掣肘，如何优化储氢材料性能及储氢系统的控制管理是研发的重点。根据金属的化学特性和应用场景特点，金属氢化物储氢发展出了低成本、易推广的钛铁材料固态储氢，以及储氢性能、充放性能优越的镁基材料固态储氢等技术路线。

近年来，一种新的金属氢化物储氢技术——薄膜金属氢化物储氢取得了较快的进展。采用厚度为数十纳米至数百纳米的薄膜金属氢化物储氢可克服传统金属氢化物储氢充放氢速度慢、易于粉化、传热效果不佳等缺点，而且通过在薄膜金属氢化物表面喷涂保护层，可起到活化薄膜金属氢化物和保护氢化物不受 SO_2、CO_2、HCl、O_2、H_2O 等杂质组分毒害的双重作用。采用射频磁控溅射法制备的 Pd/Mg 和 Pd/Mg/Pd 纳米复合薄膜，Mg 在 100℃ 即可实现吸/放氢。氢化后，在 0.1MPa 氢压和 100℃ 下，Pb 层仅含 0.15%～0.30%（质量分数）H_2，而 Mg 层薄膜包含 5.0%（质量分数）H_2。薄膜金属氢化物储氢技术在光电功能玻璃、新型电极、气敏元件等方面具有潜在的应用前景。薄膜制备通常采用物理气相沉积法，但目前物理气相沉积成本高、工艺复杂、生产量低，不利于大规模工业生产，需要开发实用化的薄膜工艺。

12.3.4　复合氢化物储氢

进入 20 世纪 90 年代，随着氢燃料电池汽车的发展，为实现燃氢汽车与燃油汽车相近的性能指标，对高容量储氢材料的需求与日俱增。传统的储氢合金，如 AB_5 型和 AB_2 型合金等，虽具有高的体积储氢密度，但温和条件下的有效质量储氢容量多低于 3%，难以满足移动式氢源等能量转换的需求。而由轻元素组成的复合氢化物（配位氢化物）材料，如铝氢化物、硼氢化物、氨基氢化物（M-N-H，其中 M 为金属元素）、氨硼烷等，理论储氢容量均达到 5%（质量分数）以上（见表 12-8），为固态储氢材料与技术的突破带来了希望。图 12-13 为室温下 Na(Li)AlH$_4$、Na(Li)BH$_4$、LiNH$_2$ 和 NH$_3$BH$_3$ 的晶体结构示意。

表 12-8　一些复合氢化物的理论储氢量

复合氢化物	含氢量（质量分数）/%	复合氢化物	含氢量（质量分数）/%
$LiAlH_4$	10.6	$LiAlH_2(BH_4)_2$	15.3
$NaAlH_4$	7.5	$Mg(BH_4)_2$	14.9
$Mg(AlH_4)_2$	9.3	$Ti(BH_4)_3$	13.1
AlH_3	10.1	$Zr(BH_4)_3$	8.9
$NaBH_4$	10.6	$LiNH_2$	8.7
$LiBH_4$	18.5	$Mg(NH_2)_2$	7.1
$Al(BH_4)_3$	16.9	NH_3BH_3	19.6

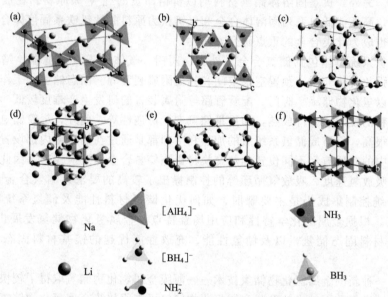

图 12-13　$NaAlH_4$(a)、$LiAlH_4$(b)、$NaBH_4$(c)、$LiBH_4$(d)、
$LiNH_2$(e) 和 NH_3BH_3(f) 的单胞结构示意

（1）铝氢化物

铝氢化物是一类含 Al 的金属复合氢化物（或称配位氢化物、络合氢化物、Alanates），
如 $LiAlH_4$、$NaAlH_4$、$KAlH_4$、$Mg(AlH_4)_2$、$Ca(AlH_4)_2$ 等，其中以 $LiAlH_4$ 和 $NaAlH_4$
为代表。由于这些铝氢化物可通过简单的操作迅速生成氢气，所以作为有机合成反应的氢化
试剂已有几十年的历史。不过，由反应后的碱金属氢化物与铝反应合成铝氢化物这一逆反应
速率极慢，并且需要高温高压，因此作为可逆的储氢材料长时间没有得到重视。$NaAlH_4$ 和
Na_3AlH_6 在室温附近是较稳定的氢化物，分解速率很低。只有在加入催化剂降低反应的活
化能之后，才能提高其分解速率。1997 年，Bogdanović 等在乙醚中将 $Ti(OBu^n)_4$ 作为催化
剂添加到 $NaAlH_4$ 中，显著提高了反应速率，由此开启了配位氢化物储氢材料研究的大门，
使得与轻金属相关的轻质储氢材料备受关注。

不同于金属间化合物，这些复合氢化物放氢通过一系列的分解反应，例如 $NaAlH_4$ 的
脱氢反应为：

$$NaAlH_4 \Longleftrightarrow 1/3Na_3AlH_6 + 2/3Al + H_2 \quad 180\sim230℃ \quad （放氢质量分数 3.7\%）$$

$$Na_3AlH_6 \Longleftrightarrow 3NaH + Al + 3/2H_2 \quad\quad\quad\quad 260℃ \quad\quad （放氢质量分数 1.9\%）$$

有关催化剂的研究，主要包括 Ti 醇盐作为催化剂前驱体，尤其是 $Ti(OBu^n)_4$，以

及 $TiCl_3$ 和胶体 Ti 催化剂前驱体，而且催化剂前驱体和掺杂方法强烈影响铝氢化物的吸放氢性能。除了 Ti 及其前驱体可作为 $NaAlH_4$ 脱氢/再氢化催化剂，其他一些金属（特别是 Zr 和 Fe）也曾作为催化剂研究。通过研究元素周期表中第一行过渡金属作为掺杂剂催化 $NaAlH_4$ 的行为发现，大部分元素所起的作用与 Ti 相比都很差。但也发现一些低成本的传统金属作为掺杂剂使用，在动力学和可逆储氢容量上，效率接近或超过大多数 Ti 化合物。

催化剂的制备方法包括湿法和干法。将催化剂前驱体和 $NaAlH_4$ 在 THF 中混合，或者与 $NaAlH_4$ 浆体在有机溶剂中混合进行湿法制备。后来又开发了 $NaAlH_4$ 和催化剂直接球磨进行机械混合的干法制备。由于干法实验比湿法容易，拓宽了铝氢化物的研究范围。

$LiAlH_4$ 由于高的理论储氢容量而受人关注。$LiAlH_4$ 和 Li_3AlH_6 的储氢容量分别为 10.5%（质量分数）和 11.2%（质量分数）。可是，$LiAlH_4$ 有非常高的氢平衡压，是一个热力学不稳定的氢化物，很容易分解。与 $NaAlH_4$ 类似，分解反应分为两步进行：

$$LiAlH_4 \rightleftharpoons 1/3Li_3AlH_6 + 2/3Al + H_2 \qquad 187 \sim 218℃$$
$$Li_3AlH_6 \rightleftharpoons 3LiH + Al + 3/2H_2 \qquad 228 \sim 282℃$$

实验证实，在 $LiAlH_4$ 的脱氢反应中，放氢动力学性能明显受到晶粒尺寸的影响。通过适当的球磨处理，使 $LiAlH_4$ 纳米化，可以不同程度地降低分解温度，改善动力学性能。同时，添加 TiH_2、$TiCl_4$、$TiCl_3$、$AlCl_3$、$FeCl_3$、Ni、V 以及焦炭也可以不同程度、有效地降低 $LiAlH_4$ 的分解温度。

相对于铝氢化物的开发研究，Ti 系催化剂反应机理研究更受重视。Ti、Zr 和 Fe 的金属离子均能催化铝氢化物的分解反应和分解后的加氢反应，但其中的催化机理迄今仍不清楚。通过 XRD 和 X 射线吸收精细结构光谱（EXAFS）研究显示催化剂中有零价态的金属形成，由此认为反应生成了活性极高的 $[Ti^*]$ 或 $[Ti^*]$ 与 Al 形成了 Ti-Al 合金，并附着在 $NaAlH_4$ 的表面，因而催化分解过程，其中形成 $[Ti^*]$ 或 Ti-Al 合金相是重要的步骤，掺杂材料的催化效应提升了 $NaAlH_4$ 的动力学。在 Ti、TiH_2 和 $TiCl_3 \cdot 1/3AlCl_3$ 掺杂的 $LiAlH_4$ 和 Li_3AlH_6 的吸放氢研究中，催化剂也具有类似行为，Ti^{3+} 被还原，形成 Ti 和 Al 相，进而形成 Ti_xAl_y 相，$LiAlH_4$ 通过 Al 和 H 扩散转变为 Li_3AlH_6，产生孤立不稳定的 AlH_3，最后形成 LiH、Al 和 H_2，其中 $Ti^0/Ti^{2+}/Ti^{3+}$ 缺陷位以及微纳米结构的形成，有效改善了可逆吸放氢热力学性能。

也有观点认为是掺杂引起点阵变形，改变了其体积性能，从而提升脱氢动力学而不是催化效应。因为利用 XRD 比较了掺杂 Ti 和 Zr 的性能影响，发现掺杂后 $NaAlH_4$ 的点阵参数出现了明显变化。

DFT 和分子动力学模拟的方法也用于储氢体系中催化剂的催化机理研究，重点关注 $NaAlH_4$ 的体相扩散动力学行为、在可释放氢的温度下，材料中发生的原子过程以及氢和 $NaAlH_4$ 间化学键的变化。结果显示 Al 经过 AlH_3 空位协助的质量传输活化能是 $Q = 85kJ/molH_2$，和实验测得的在 Ti 催化的 $NaAlH_4$ 活化能一致。而经过 NaH 空位替代分解，其活化能高很多（$Q = 112kJ/molH_2$），如图 12-14 所示。由此认为在 Ti 催化的 $NaAlH_4$ 到 Na_3AlH_6 的脱氢反应中，Al 物种的体相扩散是速率决定步骤。钛的催化作用能够促进这一过程，从而使复合物材料在较低温度下开始释放出氢。

由于储氢材料及添加的催化剂成分、结构较为复杂，目前还很难说催化反应机理已经被认识清楚。理论计算还不能准确地预测氢化物的性质，难以直接指导设计高性能的新型储氢材料。

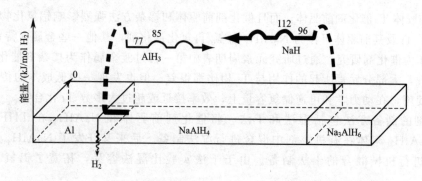

图 12-14　NaAlH$_4$ 经过 AlH$_3$ 和 NaH 空位脱氢路径的能量曲线

（2）硼氢化物

硼氢化物以 LiBH$_4$ 和 NaBH$_4$ 为代表，LiBH$_4$ 具有 18%（质量分数）的质量储氢密度。由于强的、高度有序的 B—H 共价键和离子键相互作用，使硼氢化物具有非常高的热力学稳定性，严重影响了硼氢化物可逆吸放氢反应的动力学和热力学。碱金属及碱土金属硼氢化物整个的脱氢过程可以表示如下：

$$M(BH_4) \longrightarrow MH+B+3/2H_2$$

或

$$M(BH_4) \longrightarrow MB+2H_2$$
$$M(BH_4)_2 \longrightarrow MH_2+2B+3H_2$$

或

$$M(BH_4)_2 \longrightarrow MB_2+4H_2$$

或

$$M(BH_4)_2 \longrightarrow 2/3MH_2+1/3MB_6+10/3H_2$$

LiBH$_4$ 晶体具有正交晶系结构，空间群为 $Pnma$，每个扭曲的 [BH$_4$]$^-$ 周围有四个 Li$^+$，而每个 Li$^+$ 周围有四个 [BH$_4$]$^-$，二者具有四面体构型。根据键的性质，LiBH$_4$ 在不同的温度范围内会出现不同的脱氢步骤。纯 LiBH$_4$ 在 105～112℃ 吸热发生从正交晶系向六方晶系转变，在 275～278℃ 熔化，在相转变和熔化过程中伴随轻微的氢化物分解。低温仅能放出少量的氢（质量分数为 0.3%），高温阶段（温度超过 450℃）放出 13.5%（质量分数）的氢（3molH/LiBH$_4$），剩余总氢量的 4.5%（质量分数）氢保留在 LiH 中。图 12-15

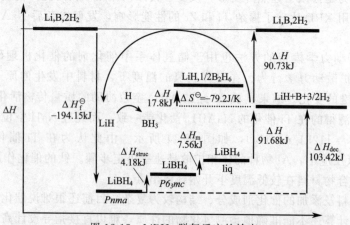

图 12-15　LiBH$_4$ 脱氢反应的焓变

概括了 $LiBH_4$ 脱氢反应的熵变。最稳定的状态是在低温下的正交结构（$Pnma$），在 118℃ 转变为六方晶系（$P6_3mc$），然后在 280℃ 熔化。随后，观察到分解放氢，经过中间相，生成 LiH 和固体硼。由于 LiH 的高稳定性（$\Delta H_{LiH} = -181.4$ kJ/mol H_2），其分解放氢在 727℃ 以上，通常不考虑它的应用。近期的理论和实验研究认为，$LiBH_4$ 脱氢过程中，会伴随 $LiBH_2$ 或 $Li_2B_{12}H_{12}$ 等中间相的生成。

为了容易进行复合氢化物的氢交换反应，需要修正氢化物脱氢和化学键的断裂/再构建的能垒，改善热力学和动力学限制，使可逆脱氢/再氢化容易进行。研究发现通过添加包含 2%～3%（摩尔分数）$TiCl_3$ 的 MgH_2，和 $LiBH_4$ 混合球磨制备出多相复合体系，可以成功地降低 $LiBH_4$ 吸放氢的反应熵变。反应过程中形成了 MgB_2 稳定相，中间产物 MgB_2 对 $LiBH_4$ 的去稳定作用使得 $LiBH_4$ 的吸放氢条件有效降低，可以在 315～400℃ 之间进行可逆吸/放氢，容量高达 8%～10%（质量分数）。不过，$LiBH_4/MgH_2$ 体系的循环性能较差，当在真空或低氢压下，在脱氢/氢化循环过程中出现了严重的容量损失，而且吸放氢动力学性能太慢，吸氢时间达 6000min，阻碍了实际应用，仍有待于解决。

由于 $LiBH_4/MgH_2$ 体系的成功，使人们想到进一步扩展到其他适当的去稳定剂如 CaH_2 和 ScH_2 等，虽然理论上预言了这些去稳定剂类似于 MgH_2，但还没有实验证实。另外，纳米尺度材料可以通过最短的质量传输距离，达到提升动力学性能的目的。理论计算也显示，减小颗粒尺寸到纳米级，能够显著增加表面能，改变金属氢化物的热力学性能。将熔化的 $LiBH_4$ 注入纳米多孔的碳气凝胶中，与传统的块体 $LiBH_4$ 材料相比，限制在气凝胶中的 $LiBH_4$ 脱氢温度降低到 70℃，吸氢速度也大大提高。

为了改变金属阳离子与 $[BH_4]^-$ 之间的键合作用力，Nakamori 等系统研究了金属硼氢化物 $M(BH_4)_n$（$M=Li$、Na、K、Mg、Ca、Al、Zn、Zr 等；$n=1～4$）的热力学稳定性与中心金属原子 M 的电负性 χ_p 的相关性。结果显示，在 $M(BH_4)_n$ 中 M^{n+} 和 $[BH_4]^-$ 之间是离子键，电荷从 M^{n+} 向 $[BH_4]^-$ 转移是造成 $M(BH_4)_n$ 稳定的原因。随着金属元素电负性 χ_p 的增加，MCl_n 和 $LiBH_4$ 球磨合成的 $M(BH_4)_n$ 的脱氢温度降低。按照上述考虑，使用元素替代的方法，在 $LiBH_4$ 中加入去稳定剂，可以抑制 $Li^+ \rightarrow [BH_4]^-$ 的电荷转移。

也有观点认为采用改变阴离子的方法可以调控 $LiBH_4$ 和相关复合物的热力学性能。根据第一原理计算，$LiBH_4$ 和 F^- 一起掺杂，F^- 可以取代 $LiBH_4$ 和脱氢后 LiH 中氢化物的点阵格子，因此有利于热力学的改变。例如 $LiBH_{3.75}F_{0.25}$ 具有 9.6%（质量分数）的氢容量，计算的脱氢熵约为 36.5 kJ/mol H_2（ZPE 修正），这预示着在 0.1MPa 的压力下，氢的分解温度约为 100℃。可是，在 $LiBH_4$ 可逆脱氢过程中 F^- 阴离子的状态，还没有令人信服的实验证据。

与 $LiBH_4$ 相比，$NaBH_4$ 水解产氢因为安全和低成本，在实际产氢路线中有希望作为随车携带的氢源系统。$NaBH_4$ 是白色、容易吸湿的固体材料，密度 1.04～1.074g/cm³，在真空条件下纯 $NaBH_4$ 可稳定到 400℃，可是容易和水反应产生氢气：

$$NaBH_4 + 4H_2O \longrightarrow NaBO_2 \cdot 2H_2O + 4H_2 + 210kJ$$

$NaBH_4$ 在碱性溶液中很稳定，可安全储存在装置中。通过添加催化剂，在环境温度能加速水解反应，产生的氢气 [理论上 7.3%（质量分数）] 能直接用于燃料电池，包含的水蒸气有益于质子交换膜燃料电池的操作运转。

很明显，催化剂是最重要的影响因素，一系列物质被发现能加速 $NaBH_4$ 的水解反应，包括 Ru、Pt、Pt-Pd 和 Pt-Ru 合金，Raney Co 和 Ni，Co 和 Ni 的硼化物，氟化的 Mg_2Ni 合金等。但是直到现在，还没有达到制备不同的高性能催化剂的制备技术，能够基本满足实际应用需求的产氢体系，使催化剂能够容易从燃料溶液中分离，而且能够控制产氢和催化剂的再利用过程。

各种各样的相对高表面积和高化学稳定性的轻材料被作为催化剂载体，例如基于阴离子交换树脂、蜂巢状结构独居石、泡沫镍、金属氧化物小球等，更复杂的过程，可以将支持体表面功能化以提高催化剂/载体的黏合力，确保催化剂有效地分散在载体材料上。

$NaBH_4$ 催化水解放氢是一个复杂的过程，包括固相分解、反应物和副产物的液相转移，反应发生在催化剂表面，特别在溶液环境和升高温度的情况下。水解动力学依赖于一系列因素相互作用，包括催化剂种类/数量、$NaBH_4$ 和碱溶液浓度、燃料溶液的总量、仪器装置等。定量描述可以使用产氢速率 [L/(min·g) 催化剂] 和表观活化能 E_a(kJ/mol)，通常高的产氢速率对应低的 E_a 值。关于水解动力学的研究，反应级数和 $NaBH_4$ 浓度的关系是一个主要的争论课题，一些不一致甚至是相反的结论说明水解反应体系的复杂性。作为一个高放热的反应，溶液温度和 pH 值是不断改变的，当然也改变了反应物和副产物的溶解性，这些因素对于准确地确定水解反应动力学是一个挑战，特别是在燃料溶液和高 $NaBH_4$ 浓度时。

关于催化机理，大多数人所公认的机理模型为生成 $BH_3(OH)^-$ 和 M-H 中间相过程（见图 12-16）。金属（M）催化的 $NaBH_4$ 水解反应，包括 BH_4^- 可逆化学吸附在催化剂表面、生成 $M\text{-}BH_3^-$ 和 M-H 中间相，随后 $M\text{-}BH_3^-$ 和 OH^-、H_2O 反应，经过 BH_3 中间态，产生 $BH_3^-(OH)$ 和 M-H 中间相，进一步通过 $B\text{-}OH^-$ 键置换 B-H 键，最终产生 $B(OH)_4^-$，随后产生氢气和提供再生活性位置，以此来理解不同金属催化剂体系的水解反应动力学。但最近也有人提出了不同的中间反应路径，认为 M-H 物种和 H_2O 反应产生 H_2，包含 BH_3 以及 $BH_3(OH)^-$ 中间态是不需要的。因此，全面了解 $NaBH_4$ 水解过程及催化机理，还需要详细了解催化剂的表面信息，确定 $M\text{-}BH_4^-$ 相互作用的电子结构和表面状态。

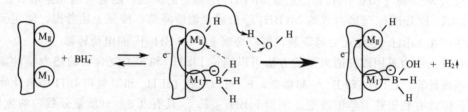

图 12-16 金属（M）催化 $NaBH_4$ 水解反应的机理示意

与可逆储氢材料相比，$NaBH_4$ 水解产氢不能随车恢复，需要复杂的场外再生过程，这从本质上带来了材料成本问题和能量效率。但是另一方面，这些特点允许产氢和氢化物再生分开处理，因此较大地降低了技术限制。

（3）氨基化物

氨基化物 Li-N-H 储氢体系基于氨基化锂（$LiNH_2$）。2002 年，陈萍等首次报道了金属氨基物 Li-N-H 的可逆吸放氢容量在 528K 达到 6.5%（质量分数），激起了国际上对新型金属氮氢化物储氢材料的研究热潮。图 12-17 给出了 Li_3N 样品的氢吸附/脱附过程中的质量变化，其可逆吸放氢反应为：

$$LiNH_2 + LiH \Longrightarrow Li_2NH + H_2$$

氨基化锂在 Li^+ 和共价键键合的 $[NH_2]^-$ 之间具有强的离子特征，导致其放氢温度较高，放氢动力学缓慢。通过添加金属、金属盐或氧化物等来改善动力学和可逆性能，可以降

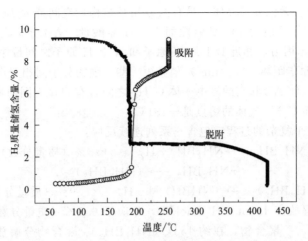

图 12-17　Li₃N 样品的氢吸附/脱附过程中的质量变化

低反应的脱氢温度。催化剂如 TiCl₃ 和 VCl₃ 等可以改善氢脱附性能，掺有 1%（摩尔分数）TiCl₃ 的 LiNH₂/LiH 混合物在 150～250℃ 放出 5.5%～6.0%（质量分数）H₂，具有较好的动力学和可逆性，没有 NH₃ 放出。

此外，用其他高电负性的元素部分取代 Li 也可以提高 LiNH₂ 的脱氢性能，例如 Mg。Mg 的 Pauling 电负性为 1.31，Li 的 Pauling 电负性为 0.98，通过电荷补偿，削弱 Li^+ 和 $[NH_2]^-$ 之间的相互作用力，达到去稳定的目的。与 LiNH₂/LiH 混合物相比，Mg(NH₂)₂/LiH 体系在较低温度下就能释放大量的氢。当 Mg(NH₂)₂ 和 LiH 以 3∶8 的摩尔比混合时，在 573K 以下能产生约 7.0%（质量分数）的氢。因此，阳离子取代对于降低 LiNH₂（或者 LiBH₄）的脱氢温度是有效的方法。

对于金属氨基化物的脱氢反应机理，一种观点认为是氨间接反应机理。第一步，随着温度升高，LiNH₂ 不断分解成 Li₂NH（甚至 Li₃N），放出氨气：

$$2LiNH_2 \longrightarrow Li_2NH + NH_3 \quad \Delta H = +84 kJ/mol$$

第二步，氨气和共存的氢化物（LiH）反应，导致脱氢，反应是一个超快反应：

$$LiH + NH_3 \longrightarrow LiNH_2 + H_2 \quad \Delta H = -42 kJ/mol$$

在 Li₃N 氢化过程中，NH₃ 和 LiH 之间的超快反应抑制了 NH₃ 的形成。在静态的气体环境中，形成的 NH₃ 是自我限制的。

另一种观点则认为金属氨基化物的脱氢反应机理即氧化还原或酸碱对机理。LiNH₂ 带部分正电荷（$H^{\delta+}$），LiH 带部分负电荷（$H^{\delta-}$）。一对 $H^{\delta+}$ 和 $H^{\delta-}$ 之间容易结合形成氢分子，同时，$N^{\delta-}$ 和 $Li^{\delta+}$ 结合形成 Li₃N。

其他氨基氢化物体系也被广泛研究，包括 Mg(NH₂)₂ 和 MgH₂、LiNH₂ 和 MgH₂、Mg(NH₂)₂ 和 NaH、Ca(NH₂)₂ 和 CaH₂、LiNH₂ 和 LiBH₄ 等。通常，氨基-氢化物体系脱氢温度明显低于相应的纯氨基和氢化物。清楚地理解氨基化物和氢化物之间的相互作用机理对于研究新型金属-N-H 储氢体系具有重要意义。

（4）氨硼烷类储氢材料

氨硼烷（ammonia borane，NH₃BH₃，AB）具有非常高的质量和体积储氢密度 [19.6%（质量分数）和 0.145kgH₂/L]，远超过 DOE 对车载储氢系统的技术指标，而且在适中的温度范围内能释放 2/3 键合的氢。这些性质使 AB 和相关材料可作为一种现场制氢应用的候选材料。

AB 在室温下是一无色分子晶体，具有四方晶系结构，空间群为 $I4mm$，计算的密度为 $0.74g/cm^3$。在 AB 分子内 B—H 显碱性而 N—H 显酸性，AB 分子之间存在 N—H$^{\delta+}$…H$^{\delta-}$-B 分子间相互作用力，邻近 B 上的 H 原子和 N 上 H 原子之间最短的 H—H 接触距离是 0.202nm，比范德华距离（0.24nm）稍微短一些。强的分子间相互作用力和不同的 B 和 N 之间的固有极性，使 AB 和它的等电子体 C_2H_6 之间具有明显不同的物理性质。纯 AB 在 110～114℃熔化，而 C_2H_6 气体的熔点是 -181℃。

AB 热分解是一个复杂的过程，包含一系列连续反应：

$$NH_3BH_3 \longrightarrow NH_2BH_2 + H_2 \qquad 6.5\%（质量分数）$$
$$xNH_2BH_2 \longrightarrow (NH_2BH_2)_x$$
$$(NH_2BH_2)_x \longrightarrow (NHBH)_x + xH_2 \qquad 6.9\%（质量分数）$$

第一步快速分解放出 1.0mol H_2/molAB，相应于 6.5%（质量分数）H_2。在约 125℃ 自发形成 $(NH_2BH_2)_x$ 聚合物，在约 155℃ $(NH_2BH_2)_x$ 聚合物分解放出 6.9%（质量分数）H_2，温度超过 500℃，$(NHBH)_x$ 释放残留的氢形成 BN。TG/FTIR 和 TG/MS 测量表明，NH_2BH_2、$(NHBH)_3$ 和 B_2H_6 是同时释放出来的，特别是在第二个分解步骤。较高的加热速率会增加 H_2 的量，但同时非氢的挥发性副产物也会随之增加。

在 AB 热分解放氢反应中，最近的研究倾向于双分子反应机理。通过标记 B 和 N 键连的氢，分析挥发产物的成分，该双分子反应路径分解类似于早期报道的二甲胺-硼。通过原位 [11]BMAS-NMR 研究认为，AB 分解包括感应、成核和生长过程（见图 12-18）。首先，两个 AB 分子之间的氢键断裂，放出 H_2 形成二聚物。同时，两个 AB 分子异构化产生具有反应活性的异构体二氨基二硼烷（DADB）。随后 AB 和 DADB 反应放出氢气，形成 $(NH_2BH_2)_x$ 聚合物。计算研究认为两个单分子 AB 形成离子性的异构体 DADB，在 AB 放氢过程中扮演着重要角色，部分支持了这一机理。

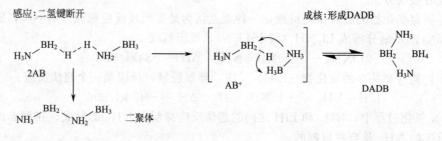

图 12-18　AB 热分解脱氢机理示意

使用纳米材料可以改变 AB 的热力学性能。将 AB 载入介孔的 SiO_2 或碳气凝胶中，显著改善了放氢性能，表现为降低脱氢温度、提高脱氢动力学和抑制挥发性副产物气体的释放。AB 在 SBA-15 中放氢温度降到 100℃以下，而纯 AB 出现在 110℃。AB：SBA-15 样品第一步放氢几乎是热中性的（$\Delta H = -1kJ/mol \pm 1kJ/mol$），而纯 AB 的 $\Delta H = -21kJ/mol \pm 1kJ/$

mol，这预示着形成 AB 材料的逆反应是更有利的。将纳米结构的 AB 植入具有几何学纳米结构的 SBA-15，氢化物/基体相互作用导致了分解路径的改变。将 NH_3BH_3 与聚甲基丙烯酸酯（PMA）复合，形成了一种新型柔性储氢材料（PMA-AB），其在空气中非常稳定，放氢温度在 95℃左右，为此类材料的实用化奠定了基础。

利用金属原子强的供电子性能，通过金属原子部分替代胺上的质子氢可以提高化学活性，这对于氨硼烷储氢体系的发展是更有希望的可行方法。通过添加少量的 LiH 或 $LiNH_2$，可以促使反应生成 $H_2NBH_3^-$，然后促进阴离子的去氢化聚合作用，同时放氢，提升 AB 放氢性能。按计量比混合 AB/LiH 可以形成 $LiNH_2BH_3$，NH_3 中的 H 被供电子的 Li 替代，显著改变了 B—N、B—H、N—H 之间的作用力和分子间氢键的作用力。与纯 AB 比较，$LiNH_2BH_3$ 改善了脱氢性能，能在 80℃快速放氢，在 100℃以下 5h 以内氢产量接近 10%（质量分数）。平行的质量/体积测量，放氢过程中没有环硼氮六烷（borazine）和乙硼烷（diborane）等杂质气体放出。脱氢反应的热焓显著降低（$-3\sim-8kJ/mol$ vs. $-21kJ/mol\ H_2$），从能量角度考虑很容易促进场外材料再生。类似地，通过固态或溶液合成方法，人们也制备了 $NaNH_2BH_3$ 和 $Ca(NH_2BH_3)_2$，这两种氨基化物性能也超过纯 AB，而且发现 $Ca(NH_2BH_3)_2$ 放氢是一吸热过程。

此外，在有机溶剂中，使用过渡金属（如 Ru、Rh、Ir 等）、酸或离子液体也能催化 AB 脱氢，降低 AB 的热分解温度。Ni-N-杂环卡宾（NHC）催化剂体系，具有超强的脱氢量，在 60℃ AB 能放出 18%（质量分数）的氢（$>2.5molH_2/mol\ AB$），比其同类的 Ru、Rh 催化剂活性更高。强的 Lewis 或 Bronsted 酸可以和 AB 反应形成硼阳离子 $[BH_2(NH_3)(溶剂)]^+$，放出 H_2，形成 BNH_x 低聚体，但酸的负载量增多会促进挥发性副反应发生。虽然过渡金属和酸在中等条件下能促进 AB 在溶液相中脱氢，但受到挥发性有机溶剂的较大限制。离子液体是一种低熔点和极低蒸气压的盐类，使用离子液体代替有机溶剂，也可以增强 AB 的放氢程度和速率。

除热分解反应放氢外，AB 也可以发生催化水解放氢反应：

$$NH_3BH_3 + 2H_2O \longrightarrow NH_4^+ + BO_2^- + 3H_2$$

最近，相当多的异相金属催化剂用于在 AB 的水溶液中可控产氢反应，催化剂活性高度依赖于金属种类、粒子尺寸、晶态、催化剂前驱体以及载体材料。如 Pt(0) 担载在 γ-Al_2O_3 上具有高活性，Pt/γ-Al_2O_3 催化剂（Pt/AB=0.018）可以使 AB 在 1min 内放出 $3mol\ H_2/mol\ AB$。类似鸟巢样的 $Ni_{0.88}Pt_{0.12}$ 空心球催化剂在 453K 可释放出 $2.2mol\ H_2$。$[\{Ph(\mu\text{-}Cl)(1,5\text{-}cod)\}_2]$ 的 THF 溶液具有显著的催化活性，在室温下，使用 3%（摩尔分数）的催化剂，10s 内 AB 溶液就能放出 $2.8\sim3.0molH_2/mol\ AB$。非贵金属 Co 或 Ni 也具有催化活性，但是需要较长的反应时间。催化活性的不同与明显不同的活化能是一致的，对于贵金属催化剂活化能约为 20kJ/mol，而对于 Co 类催化剂约为 60kJ/mol。通过在 AB 水溶液中用 $NaBH_4$ 还原 Fe 盐，原位合成的无定形 Fe 纳米粒子催化 AB 水解放氢速率可以和 Pt 催化剂相比，在 8min 内的放氢量 $H_2/AB=3.0$。这说明便宜而且丰富的过渡金属也具有极好的催化活性，这些发现鼓励人们进一步努力发展有效的和经济的非贵金属过渡金属催化剂。

对于 AB 的实际应用，有效的低成本的再生技术是决定因素。作为运输的燃料，AB 的商业应用不仅要提升现场制氢，更重要的是有效的场外再生技术。放氢的程度和条件不同，形成了不同的聚合状态和非常多的化学反应，造成分子的多样性，这对于有效的再生技术是一个挑战。

表 12-9 对比了固态化学氢化物材料的放氢性能。

表 12-9　固态化学氢化物材料性能对比

	储氢材料	储氢容量/%	放氢压力/MPa及温度/℃	完成90%放氢所需时间/min	循环寿命	成本	应用对比
储氢合金	LaNi₅	1.5~1.6	0.2~0.8;20	≤3	好	较低	应用成熟,放氢平台好,成本较钛锰系高
	TiFe	1.8~1.9	0.2~0.3, 0.8~1.0;20	≤5	较好	低	应用成熟,活化较复杂,易毒化
	TiMn₂	2.0~2.1	0.5~1.0;20	≤3	好	低	应用成熟,放氢平台好,成本适中
	V-Ti-Cr（BCC 固溶体）	3.5~3.8	0.1~0.3(高平台);20	≤5	较好	高	小批量示范,钒熔点高,炼完后还需要热处理
轻质储氢材料	MgH₂	7.6	0.1;290	≤20	较好	较高	小批量示范,生产设备要求较高,批量生产难度大
	Mg₂NiH₄	3.6	0.1;250	≤20	较好	较高	小批量示范
	MAlH₄（M=Li、Na）	7.5~10.6	0.1;150,多步放氢	≤120	较好	高	小批量示范
	Li-Mg-N-H	5.6	0.1;90	≤120	较好	较高	小批量示范
	MBH₄（M=Li、Na、K、Mg 等）	7.5~18.5	0.1;≥250,多步放氢	≥180	差	高	研发阶段
	NH₃BH₃	19.6	0.1;≥250	≥180	不可逆	高	研发阶段

固态储氢整体处于研发示范的早期阶段,适用的场景有工程车、乘用车、通信基站等备用/应急电源、分布式供能、电力调峰电站等。固态储氢在氢能自行车、两轮车、叉车、物流车、重卡、环卫车、大巴车、加氢站等均有示范项目;在备用电源领域,主要应用于数据中心、医院、社区等工商业示范项目,一些单位开发的燃料电池和固态储氢装置组成的备用电源,一次能够供给通信基站运行 17 个小时左右;华电集团、云南电科院、有研科技集团等在四川泸定、昆明、张家口建设了固态储氢在电力调峰领域的相关示范项目,固态储氢和200MW 以上的燃料电池配套,用作调峰电站能够供电 4~5 个小时以上。2023 年,国家重点研发计划固态储氢开发项目率先在广州和昆明实现并网发电,这是我国首次利用光伏发电制成固态氢能并成功应用于电力系统,同时具备给燃料电池汽车加氢能力,解决"绿电"与"绿氢"灵活转换的难题。

国内生产固态储氢罐的企业有浩运金能、有研工研院、华硕能源、安泰创明、永安行、氢枫能源、辚萧科技和华硕能源等,容量覆盖 0.1~1000N·m³。浩运金能开发的固态储氢罐储氢容量在 30~800L,可实现≥200L/min 的快速大流量放氢性能;有研工研院具备年产2 万立方储氢装置的生产能力,产品范围覆盖便携式固态储罐、大容量固态储罐、备用电源固态储氢装置、分布式发电固态储氢装置等,开发的固态储罐已应用在冷链物流车、大巴车上;安泰创明推出了固态储氢为氢源的氢能共享车示范工程项目,开发的固态储氢瓶应用于两轮车上，续航可达 80km，外卖车和共享车续航 120km；氢枫能源的镁合金高密度储氢技术产业化项目的首条生产线已投产，开发的镁合金固态储氢运输车搭载 14 个储氢罐，总储氢量高达 1.2 吨；永安行固态低压储氢瓶生产线已实现规模化生产，低压储氢瓶已用于氢能自行车。

12.3.5 有机液体储氢

有机液体氢化物储氢技术始于 20 世纪 80 年代。主要包括：

(1) 有机液体氢化物

有机液体氢化物储氢是借助不饱和液体有机物与氢的可逆反应（即加氢反应和脱氢反应）实现的。加氢反应实现氢的储存（化学键合），脱氢反应实现氢的释放。不饱和有机液体化合物做储氢剂，可循环使用。烯烃、炔烃、芳烃等不饱和有机液体和杂环化合物（如 N-烷基咔唑）等均可做储氢材料，从储氢过程的能耗、储氢量、储氢剂、物性等方面考虑，以芳烃特别是单环芳烃做储氢剂为佳，现有的有机液体储氢剂主要是苯和甲苯。苯和甲苯的理论储氢质量分数分别为 7.19% 和 6.18%，与其他储氢材料相比是相差不多的，接近美国能源部对储氢系统的要求。甲苯的加氢和脱氢反应为：

$$C_7H_8(l) + 3H_2(g) \Longleftrightarrow C_7H_{14}(l) \qquad (T_{脱氢} = 300 \sim 400℃)$$

该反应体积储氢容量达到 43 kgH_2/m^3。加氢过程为放热反应，脱氢过程为吸热反应，加氢反应过程中释放出的热量可以回收作为脱氢反应中所需的热量，从而有效地减少热量损失，使整个循环系统的热效率提高。氢载体可以利用现有的设备进行储存和运输，适合于长距离氢能的输送。与当前燃料电池的输出温度 80℃相比，在释放氢气的反应中需要非常高的温度条件，为此需要利用催化剂来提高反应速率、降低反应温度。另外，由于甲基环己烷（C_7H_{14}）是无色液体，容易和强氧化剂剧烈反应，导致着火甚至爆炸，因此需要详细研究其安全性和毒性、在低温下脱氢和可行的压力下产氢、最佳的脱氢/加氢催化剂以及脱氢/再氢化过程等。氢阳新能源公司的有机物储氢介质生产装置已达千吨级规模，拥有常温常压有机液态储氢材料生产技术（LOHC）专利，就宜都 10000t/a "储油"项目——液体有机储氢材料与中国五环工程有限公司签约了 EPC 总承包合同，建成后可年产 100 万吨液体有机储氢材料。

(2) 液氨储氢

液氨储氢技术是指将氢气与氮气反应生成液氨，作为氢能的载体进行利用 [储氢密度达 17.7%（质量分数）]。液氨在常压、400℃的条件下即可得到 H_2，常用的催化剂包括钌系、铁系、钴系与镍系，其中钌系的活性最高。液氨的储存条件与丙烷类似，可直接利用丙烷的技术基础设施，大大降低了设备投入，远远缓和于液氢。因此，液氨储氢技术被视为具有前景的储氢技术之一。2022 年德国与阿联酋合作开发液氨-氢气技术，日本重点研发液氨技术以期为氢寻找更好的载体。

液氨燃烧产物为氮气和水，无对环境有害气体。2015 年 7 月，作为氢能载体的液氨首次作为直接燃料用于燃料电池中。通过对比，发现液氨燃烧涡轮发电系统的效率（69%）与液氢系统效率（70%）近似。但液氨储氢易腐蚀易挥发，氨分解制氢能耗高，设备要求高。

(3) 甲醇储氢

甲醇储氢技术是指将一氧化碳与氢气在一定条件下反应生成液体甲醇，作为氢能的载体进行利用。在一定条件下，甲醇可分解得到氢气用于燃料电池，甲醇还可直接用作燃料。从氢储量来讲，每 7kg 的甲醇燃料制 1kg 氢气 [储氢密度达 12.5%（质量分数）]，较之高压或低温液态储氢方式具有更高的储氢能量密度。甲醇能量密度高，且便于运输储存和加注，是氢气最佳的液态载体之一。

甲醇重整制氢为氢能源的落地应用提供了更为快捷、经济的路径。2017 年，北京大学科研团队研发了一种铂-碳化钼双功能催化剂，使甲醇与水反应，不仅能释放出甲醇中的氢，还可以活化水中的氢，最终得到更多的氢气。中集安瑞科与大连化学物理研究所大化所合作建造的冬奥会站内制氢项目就是甲醇制氢。但甲醇储氢也存在腐蚀性和挥发性强以及使用场景有限等问题，催化剂有待突破。

有机物液体储氢技术可以利用传统的石油基础设施进行运输、加注，方便建立像加油站那样的加氢网络，相比于其他技术而言，具有独一无二的安全性和运输便利性，未来看极具应用前景，但该技术尚有较多技术难题（如多次循环使用后储氢性能下降、脱氢反应温度及能耗偏高、脱氢催化剂研发难度大等）需要解决，还处于从实验室向工业化生产的过渡阶段。

12.3.6 物理吸附为主的储氢材料

物理吸附主要是靠材料表面与氢分子之间的范德华力完成的，属于弱的分子间相互作用力，不发生氢分子的解离，在电子轨道模式上没有显著改变。由于 H_2 分子是最小的分子，仅有两个电子，难以极化，产生的色散力和临时偶极相对较弱，在室温及更高温度下氢气很容易脱附。但是，如果材料有很大的比表面，还是可以表现出较好的储氢性能的。为增大其表面积，人们倾向于将其颗粒缩小至纳米尺度，通过范德华力，氢气吸附在微孔介质或纳米材料的孔洞中。纳米材料的高比表面积优势，以及在分子水平设计氢的化学和空间环境，使微孔材料物理吸附储氢成为一种储氢方法。当前研究的物理吸附材料主要有纳米碳、沸石、金属有机框架、共价有机骨架和插合物等。

20 世纪 90 年代，人们研究了各种活性炭以及具有纳米尺度微观结构的碳材料（如纳米碳纤维、富勒烯和碳纳米管等）对氢气的吸附特性。高比表面积的活性炭能物理吸附分子氢，并用作吸氢介质。但这种吸附必须在低温（小于 150K）和高压下才能大量储氢。活性炭经金属钯改性后可使储氢能力增强，且随压力增大储氢量也增大。由于该技术具有压力适中、储存容器自重轻、形状选择余地大、成本低等优点，曾引起广泛关注。

1998 年，曾报道石墨纳米纤维的储氢容量高达 67%（质量分数），此后，许多实验数据也被报道，但都没有这么高的值，而且这种超乎寻常的储氢能力并不为理论所支持，因此该报道的真实性受到很大的质疑。碳纳米管的高储氢容量也引起人们的广泛兴趣，碳纳米管是一种具有很大表面积的碳材，有单壁碳纳米管（SWNT）和多壁碳纳米管（MWNT）之分。单壁碳纳米管的结构如图 12-19 所示。碳纳米管具有独特的晶格排列结构，材料尺寸非常细小，有非常大的表面积，同时碳纳米管中含有许多尺寸均一的微孔。当氢到达材料表面时，一方面被吸附在材料表面上，另一方面在毛细力的作用下氢被压缩到微孔中，氢可由气态变

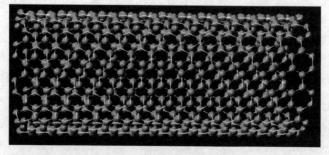

图 12-19 单壁碳纳米管的结构

为固态。因此这种材料可以储存相当多的氢。目前的实验结果表明，在 82K 和 0.07MPa 的氢压下，储氢质量分数可达 8.4%，其储氢量大大超过了传统的储氢系统。

纳米碳管的微观结构，如直径大小、孔径分布，单壁纳米碳管的成束情况，多壁纳米碳管的碳层数和阵列等均影响纳米碳管的储氢性能，而且对于纳米碳管的高储氢容量也存在争议。

除了纳米碳，还有一些非碳纳米材料也在研究之中，如类石墨结构的 BN、MoS_2 和 TiS_2 纳米管等。在室温下采用 MoS_2 纳米管进行气固反应储氢时，可获得 $H_{3.0}MoS_2$（相当于质量分数 1.8% 的吸氢量），即一个 MoS_2 分子可储存 1.5 个氢分子。而当采用 MoS_2 纳米材料在室温进行电化学储氢时，检测结果为：在 50mA/g 的放电电流密度下，放电容量为 260mA·h/g；当放电电流密度为 200mA/g 时，放电容量为 178mA·h/g；经 30 次 100% 充/放电循环后，电极容量的损失仅为 2%。因此，MoS_2 纳米管无论是在气固储氢还是电化学储氢方面均显示出较好的可逆吸放氢性能。但由于钼是较重的金属，MoS_2 的分子量较大，其质量储氢密度低。若采用分子量较小的 TiS_2 纳米管储氢，可获得 $H_{2.8}TiS_2$（相当于质量分数 2.5% 的吸氢量）。

MoS_2 和 TiS_2 等二元组分纳米管的储氢与碳纳米管有些不同，即表现出明显的化学吸附。MoS_2 的晶体结构与石墨极其类似（见图 12-20），故氢可进行物理吸附，即吸附于由范德华力连接的两个相邻 S—S 层中的空隙。与此同时，MoS_2 的晶体中包含与氢作用较强的硫和与氢作用较弱的钼，且钼又有催化作用，即对氢分子裂解形成 S—H 化学吸附具有催化作用。另外，纳米管的层状套管结构可为氢的储存提供特殊的空间。因此，MoS_2 和 TiS_2 等二元组分纳米管是一种具有应用前景的新型储氢材料。

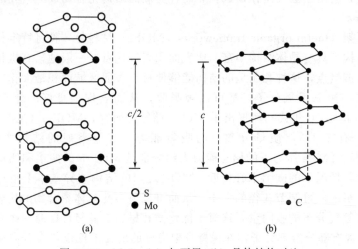

图 12-20　MoS_2（a）与石墨（b）晶体结构对比

MXene 是一种新型二维材料，其前驱体是 MAX 相，MXene 的命名基于其组成元素和类石墨烯结构。MAX 相是一系列三元层状化合物的总称，其中 M 代表过渡族金属元素，A 为 Al、Si 等主族元素，X 为碳和/或氮。MXene 属于过渡金属碳/氮化物（TMC/TMN），兼具导电性、亲水性和表面（官能团）结构可调的性质，在储能、催化、吸附、生物医药等方面展现出极大的应用前景。由于存在大量不饱和配位键和一定的层间距，MXene 材料可直接应用于储氢。

Ti_2C 作为 MXene 的代表，是通过去除母体 Ti_2AlC 结构中的 Al 元素得到的二维薄片。Ti_2C 中所有 Ti 原子处于不饱和配位状态，通过 Kubas 吸附作用，采用金属修饰提高氢在吸附基上的结合能，使氢与过渡金属的结合能介于物理吸附和化学吸附之间，从而达到一种理想的状态，从而表现出一定的储氢能力。计算表明，氢可以吸附在 Ti_2C 层状结构两侧的不同位置，所有被吸附的氢原子和氢气分子的含量可达 8.6%（质量分数）。Kubas 型相互作用可获得 3.4%（质量分数）的可逆储氢容量，具有很高的实用价值。第一性原理计算和实验结果表明，相邻的两片 Ti_2C 纳米片所产生的纳米泵效应可以将氢气引入 Ti_2CT_x 薄片中。在室温、60bar H_2 中实现了 8.8%（质量分数）的氢存储性能。在室温、1bar 空气气氛中，仍可以实现 $\sim 4\%$ 的氢存储。不同的层间距具有不同的吸氢量，证明纳米泵效应对 Mxene 的层间距离非常敏感，此外，官能团（如 F、O）也会影响储氢性能。窄的层间距（亚纳米层）和 F 官能团诱导了纳米效应辅助的弱化学吸附，在 Ti_2CT_x 片层间产生适当的相互作用，从而在近环境条件下使大量氢气可逆地存储在 Ti_2CT_x 片层空间内。MXene 自身可以储氢，但更多的还是作为催化剂，如作为 MgH_2 等的催化剂，降低材料的吸放氢温度和表观活化能，提高储氢可逆性。

在沸石中可逆吸附气体是普遍现象，但很少有人关注它在储氢方面的应用。NaA 或 NaX 型沸石每克含 3.58×10^{20} 个沸石笼，方钠石则含 1.41×10^{20} 个。对于不同的材料每笼包含 H_2 分子数在 0.1 和 0.25 之间。在 573K 和 10MPa 氢压力下，方钠石显示最高的吸氢容量，为 $9.2cm^3/g$ [0.082%（质量分数）]，这说明仅 $1/5 \sim 1/4$ 的笼被氢气分子占据。沸石在常温附近的储氢容量距离 6.5%（质量分数）的目标相差甚远，而且潜力甚微。沸石材料储氢容量的限制因素在于其骨架相对较大的质量，该结构包含了大量的 Si、Al、O 以及重的阳离子。另外，许多材料的空穴直径对于氢分子来说过大，对储氢不利。以上事实表明，它们不太适合应用于氢气储存领域。然而，类似的结构化合物成为研究的对象，如金属有机框架材料。

金属有机框架（metal-organic frameworks，MOFs）材料是一种将特定材料通过相互铰链形成的支架结构，具有晶体结构丰富、比表面积高等优点。一般地，有机材料作为支架边而金属原子作为链接点，这种孔洞型的结构能够使材料表面区域面积最大化。由于连接体相互独立，从任何一边靠近氢分子，都可以被吸收，从而表现出良好的储氢性能。美国的 Yaghi 教授在 20 世纪 90 年代初就提出了 MOFs 储氢的研究，MOF-5（见图 12-21）在 77K 及温和压力下，有 1.3%（质量分数）的吸氢能力。其他类似的结构中，IRMOF-6 和 IRMOF-8 在室温、2MPa 压力下的储氢能力大约分别是 MOF-5 的两倍和四倍，室温下这些结构的储氢能力与低温下的碳纳米管相近。MOF 之间的结构差异基本上由连接体决定，通过改变连接的有机配体可调节孔径的大小，从而可调节多孔配体聚合物的比表面积，增加存储空间，提高对氢气分子的吸附量，这对于优化微孔材料的储氢性能是一个莫大的便利。由于 MOF 框架内含有部分溶剂分子，在保持骨架完好的前提下仅仅依靠升温来除去骨架中的全部溶剂分子是困难的，因此，需要寻找合适的脱除溶剂的方法。完全脱除溶剂分子，从而达到高的比表面积，才能表现出良好的储氢性能，此外还需要明确比表面积及吸氢量的测量方法。

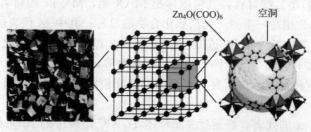

(a) 晶体外形　　(b) 具有三维立方点阵结构　　(c) 晶体结构示意

图 12-21　MOF-5 的晶体结构

共价有机骨架材料（covalent organic frameworks，COFs）是一类新型的基于共价键连接的晶态有机多孔聚合物，COFs 骨架全部由轻元素（H、O、C、B、Si 等）构成，晶体密度较 MOFs 要低得多。和 MOFs 相似，COFs 材料有着独特的孔道结构，大的比表面积和易功能化的特点使其有望用于吸附氢气。Yaghi 课题组研究结果表明，无论是低压范围还是高压范围，COFs 对氢气的吸附过程都是可逆的物理过程。圆柱状的卟啉 2D COFs 由独立的单元块通过多层堆叠的方式构建起来，层与层之间由范德华力连接，有效增加的材料比表面积便于存储氢气。蒙特卡罗模拟和实验结果表明，经过吡啶掺杂之后，2D 卟啉 COFs 的储氢容量有了显著提升。4 个吡啶分子掺杂的卟啉 COFs 有着最高的储氢容量。在 298K 和 100bar 下，它的容量/比容量达到了 5.1%（质量分数）和 20g H_2/L。

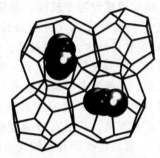

图 12-22　四氢呋喃稳定的
Ⅱ-型笼形水合物结构

在"插合水合物"中，冰晶格可容纳氢气分子。一些有两个不同大小分子笼的Ⅱ-型结构的水合物，已经具有了很好的储氢功能。理论研究表明，在 H_2 分子和水之间的色散力作用形成笼壁，增加了氢在插合物中的稳定性，在 2.5MPa 和 150K 时插合物是稳定的。然而，插合物的合成和性能所要求的严格条件，使得这种材料的实际应用相当不现实。现在，研究人员开发出了具有Ⅱ-型结构的气体水合物，并通过向这种材料的组成中引入一种水溶性客体物质（四氢呋喃），使其稳定（见图 12-22）。四氢呋喃的存在能使插合物的大笼和小笼都含有氢，所组成的插合物在 280K 和 5MPa 压力下稳定存在，在合理的压力条件下能使氢的吸收量达到质量分数 4%，但在室温下还需进一步发展。

12.3.7　氢气输送体系

氢气输送也是氢能系统中关键之一，它与氢的储存技术密不可分。虽然氢气有其本身的独特物理性质和化学性质，但它的储存和输运所需的技术条件却基本上与储存和输运天然气的技术大致相同。氢气像天然气一样，可以通过管道输送、以高压装在气体钢瓶中或以液氢形式储存和输运。道路输氢设备通过公路、铁路等输送/分配氢气，适用于距离短、氢气使用量较少的场合，主要包括长管拖车和管束式集装箱。氢气长管拖车是由大容积钢制无缝气瓶通过框架与走行装置或直接与走行装置固定在一起而组成的高压氢气运输设备。我国已有较成熟的长管拖车和管束式集装箱设计制造和使用经验，该类设备的公称工作压力通常为 20～30MPa，容积不大于 30m³，单车运氢量不超过 500kg。氢气长管拖车具有灵活机动、方便快捷等优势，是目前技术最成熟、使用最广泛的高压氢气输送方式。安全和效率是未来发展氢气长管拖车输送技术的重要发展方向。为提高单车氢气运输量，已将"公路运输用高压、大容量管束集装箱氢气储存技术"列入"可再生能源与氢能技术"重点专项，研制 50MPa 以上大容量碳纤维缠绕储氢瓶与管束式集装箱。

氢气的管道运输，是指在制氢工厂与氢气站、用氢单位等之间建设一定的管道，氢气以气态形式进行运输的方式。管道输送适于短距离、用量较大、用户集中、使用连续而稳定的地区，无论在成本上还是在能量消耗上都将是非常有利的方法。氢气管道分为工业管道、长输管道、公用管道和专用管道。工业管道用于制氢、冶金、电子、建材、电力、化工等企业内输送氢气；长输管道用于远距离集中输送氢气；公用管道是指城镇氢气管道；专用管道是指加氢站、氢燃料电池汽车供氢系统、氢安全试验设备等的氢气管道。氢气管道具有种类多、管径和压力范围大、量大面广等特点。在大型工业联合企业内，氢气的管道输送已经实用化。

　　管道运输氢可根据输送距离和氢气纯度分为多种方式。根据输送距离，管道输氢可分为长距离管道和短距离管道，前者主要用于制氢工厂与氢气站之间的长距离运输，输氢压力较高、管道直径较大；后者则主要用于氢气站与各个用户之间的氢气配送，输氢压力较低，管道直径较小。根据氢气纯度，管道输氢可分为纯氢管道和天然气掺氢管道，纯氢管道是指专门用于纯氢气运输的管道，是氢能管网建设的终极目标形态，但铺设难度大、投资成本较高。管道输氢具有运输成本低、能耗小、可实现氢能连续性、规模化、长距离输送等优势。

　　目前，欧美地区已建成多条氢气长输管线，总长度逾 5000km。相比之下，我国虽然在氢气工业管道、专用管道方面积累了较为丰富的管道设计、施工、运行和维护经验，但氢气长输管道建设起步较晚，总里程约 500km。具有代表性的纯氢管道有 2014 年建成投产的巴陵-长岭输氢管道（目前最长的在役纯氢管道）及 2015 年建成投产的济源-洛阳输氢管道（目前管径最大、压力最高、输量最大的在役纯氢管道）（表 12-10），随着大规模输氢需求的增长，我国规划和建设了一批纯氢管道，如玉门油田氢气输送管道、定州-高碑店氢气管道工程、达茂工业区氢气管道工程、乌兰察布绿电制氢项目氢气管道等。其中，乌兰察布绿电制氢项目推动了我国"西氢东送"，该项目中输氢管道全长超过 400km，是我国首条跨省区、大规模、长距离的纯氢输送管道，已被纳入《石油天然气"全国一张网"建设实施方案》。管道建成后有望替代京津冀地区现有的化石能源制氢，大力缓解我国绿氢供需错配的问题。

表 12-10　一些氢气长输管道建设情况

管线	长度/km	设计压力/MPa	管径/mm	介质	建成时间
金陵-扬子	32	4	325	氢气	2007 年
巴陵-长岭	42	3	457	氢气	2014 年
济源-洛阳	24	4	508	氢气	2015 年
定州-高碑店	145	4	508	氢气	规划中
乌海-银川	217.5	3	610	煤气和氢气混合气	2012 年
义马-郑州	194	2.5	426	煤气和氢气混合气	2001 年

　　将氢气以一定比例掺入天然气，利用现有天然气管网输氢可以大幅降低建设成本，是解决氢气大规模运输的方案之一。掺氢天然气管道技术已经引起国内外高度重视，如欧盟的 NaturallHy、荷兰的 VG2、法国的 GRHYD、英国的 HyDeploy 等项目相继开展了不同掺氢比的天然气管道掺氢试验。我国先后在辽宁朝阳、河北张家口、广东海底等地开展了掺氢天然气输送示范，尤其是 2023 年中国石油在宁夏银川宁东天然气掺氢管道示范项目，实现了最高掺氢比（24%）并安全平稳运行 100 天。据《天然气管道掺氢输送及终端利用可行性研究报告》预测，"十四五"时期我国将新增天然气管道掺氢示范项目 15～25 个，掺氢比例为 3%～20%，氢气消纳量 15 万 t/a，总长度超过 1000km。目前，掺氢天然气输送仍面临材料与氢相容性、混合与计量、安全评估等技术难题，尚未进入商业应用。科技部于 2021 年将"中低压纯氢与掺氢燃气管道输送及其应用关键技术"列入"氢能技术"重点专项，开展中低压（≤4MPa）和高压（>4MPa）纯氢与掺氢燃气管道输送及其应用关键技术研究。

　　氢气储存于有机液体中，储氢量大，用管道或贮罐等输送更为方便。利用甲基环己烷-甲苯系的输送体系如图 12-23 所示。首先在炼油厂等制氢厂通过甲苯吸收氢气合成甲基环己烷，往加氢站输送的是甲基环己烷，输送方法通常与汽油输送一样。使用 20000L 的油罐车，则可输送约 1t 的氢气。而且，从油罐车到加氢站的转移不存在什么问题，可以在室温及空气中稳定地操作。在氢气再生时可从氢气中分离回收所生成的芳香族化合物，并可以循环利用。如果在脱氢/加氢催化剂及吸放氢温度方面有所突破，有机液体氢化物输送体系在输送方面将是一种很好的方法。

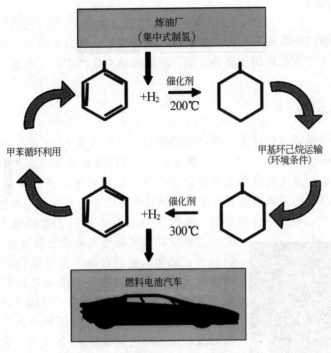

图 12-23　利用有机液体氢化物的输送体系

　　根据用途不同，储氢装置主要分为固定式和移动式两类。在固定式储氢装置中，一般采用不锈钢列管结构，内装复合储氢材料。德国制造了 $2000m^3$ 的 $TiMn_2$ 型多元合金氢储存装置，日本使用 $LaNi_5$ 系合金开发了一种商用金属氢化物氢集装箱。该集装箱放置于一辆 4.5t 的卡车上，由 6 台储氢容器并联组成，而每台储氢容器的储氢量为 $70m^3$。该容器的设计工作压力为 5MPa，共输氢 $420m^3$。与高压钢瓶相比，采用这种集装箱输送氢不但使输送能力大为提高，而且降低了运输成本，并保证了安全。移动式储氢装置要兼顾储存与运输，因而要求储氢容器一方面要轻，而另一方面则要求储氢量要大。以液氢作为燃料可以携带更多的推进能量以保证长续航要求。2023 年 4 月未势能源推出"木星"车载液氢储氢系统，单瓶储氢质量高达 80kg 以上，液氢系统质量储氢密度≥8%（质量分数），续航里程超 1000km；5 月奥扬科技推出 1200L 液氢瓶，储氢密度≥10%（质量分数），储氢量 75kg，续航里程 750km。与高压气态储氢瓶相比，1200L 液氢储氢瓶续航里程接近于 8 个 70MPa 下 270L（2160L）高压储氢瓶的续航里程，更适合于长距离运输，且当储氢量容量相等时，装载液氢瓶的运输车装载质量更轻。

　　考虑氢气的自身特性，在使用过程中需注意以下问题：

　　① 氢特别轻，与其他燃料相比在运输和使用过程中单位能量所占的体积特别大，即使是液态氢也是如此。

　　② 氢特别容易泄漏，以氢作燃料的汽车行驶试验证明，即使是真空密封的氢燃料箱，也存在泄漏问题。因此对储氢容器和输氢管道、接头、阀门等都要采取特殊的密封

措施。

③ 液氢的温度极低，只要有一点滴掉在皮肤上就会发生严重的冻伤，因此在运输和使用过程中应特别注意采取各种安全措施。

12.4 氢的利用

氢能作为一种清洁的新能源和可再生能源，其利用途径和方法很多。氢可直接应用于化学工业生产中，也可作为燃料用于交通运输、热能和动力生产中，显示出高效率和高效益的特点。

12.4.1 液氢的使用

氢是一种高效燃料，每公斤氢燃烧产生的能量为 33.6kW·h，是汽油的 3 倍左右，这意味着燃料的自重可减轻 2/3；而且氢气燃烧具有火焰传播速度快和点火能量低，燃烧产物无污染等特性。如超音速飞机使用氢燃料比使用常规燃料效率要高 38%，这对航天飞机无疑是极为重要的。液氢的需求量随着宇航事业的发展而增加。早在第二次世界大战期间，氢就被用作 A-2 火箭发动机的液体推进剂。美国从 1950 年开始以工业规模生产液氢，除供应大型火箭发动机试验场和火箭发射基地外，还供应大学、研究所、化学工业、食品工业等部门。1960 年液氢首次用作航天动力燃料。液氢与液氧是火箭推进系统中优越的高能燃料/高能氧化剂组合。美国"阿波罗"登月计划中登月飞船使用的起飞火箭以及"土星五号"登月舱的前两级使用的推进剂就是氢/氧组合，它们的应用使探月计划顺利完成。后来法国的阿里亚娜火箭、日本的 H_2 火箭以及中国长城工业总公司拥有的长征系列运载火箭，都是采用液氢作为推进剂的。现在液氢已是火箭领域的常用燃料。图 12-24 为使用液氢作为燃料的火箭发射时的场景。液氢在航空航天上显示出诱人的应用前景，未来的空间计划都将会使用氢/氧组合作为推进剂或辅助推进剂。

图 12-24　使用液氢燃料的火箭

国内液氢主要用于航空航天和军事领域，民用领域只有零星的示范项目。相比天然气，液氢还可作为工业特种气体使用。液氢纯度可达 99.9999% 以上，可用于特殊领域，如半导体行业的退火、外延和干蚀刻等工艺。

现在科学家们也在研究一种"固态氢"的宇宙飞船。固态氢既作为飞船的结构材料，又作为飞船的动力燃料。在飞行期间，飞船上所有的非重要零件都可以转作能源而"消耗掉"。这样飞船在宇宙中就能飞行更长的时间。

12.4.2 化学工业用氢

氢是石油、化工、化肥和冶金工业中的重要原料。当今氢的最大应用是在合成氨工业上。首次把氮和氢合成氨由理论转化为实际工业生产的是德国化学家哈伯，他经过 15 年的努力，寻找到合适的催化剂，使得氢和氮的分子在适中的温度下能够化合形成稳定的氨分子。合成氨反应需要在高压下进行，以利于反应的发生。氮和氢合成氨的化学反应方程式为：

$$N_2 + 3H_2 \longrightarrow 2NH_3$$

使用大量氢气的石油精制工艺过程是炼制汽油的催化裂解工艺。在原始的直接蒸馏工艺中，依赖原油的组成，所得汽油的质量约占石油质量的 $15\% \sim 50\%$。而剩余的重油大部分可以通过催化裂解转化成汽油。如果将原油的高沸点馏分在催化剂存在下再加热到高温，碳原子长链会断裂变成短链，这种"不饱和"汽油的氢碳比值低于 2.2，在汽车中使用时燃烧性能不良，并且在存储过程中会变质。这就需要在催化剂的作用下在高压下进行加氢反应，使得产物中的氢碳比值处于 $2.2 \sim 2.4$ 之间，以获得优质汽油。

另外，石油产品中由于原料来源常常含硫，在石油工业中需要对许多含硫原料进行加氢脱硫反应。原油中有许多不同类型的硫化合物，如硫醇（RCH_2SH）、硫醚（RSR）、硫化物、硫酸酯等，通常采用高压氢在高温下处理原油组分，把原料中的硫转化成硫化氢，并通过碱性物质加以吸收，以获得高质量的清洁燃料。其所涉及的化学反应如下：

$$-S- + H_2 \longrightarrow H_2S$$
$$H_2S + Ca^{2+} \longrightarrow CaS + 2H^+$$

钢铁冶炼是指在高温下，用还原剂将铁矿石还原得到生铁，再将生铁按一定工艺熔炼以控制其含碳量（一般小于 2%），最终得到钢的生产过程。传统的高炉炼铁通过焦炭燃烧提供还原反应所需要的热量并产生还原剂一氧化碳（CO），将铁矿石还原得到铁，并产生大量的二氧化碳气体（CO_2）。

$$3CO + Fe_2O_3 \longrightarrow 2Fe + 3CO_2$$

从全球范围看，平均每生产 1 吨钢需排放 1.8 吨二氧化碳。钢铁生产是温室气体及其他污染物排放的主要来源之一。在双碳背景下，作为仅次于发电行业的高碳排放行业，亟需对钢铁生产行业进行转型升级，而氢气冶金或将实现二氧化碳"零排放"。

$$3/2H_2 + 1/2Fe_2O_3 \longrightarrow Fe + 3/2H_2O$$

氢能炼钢利用氢气替代一氧化碳做还原剂，其还原产物为水，没有二氧化碳排放，炼铁过程绿色无污染，是实现钢铁生产过程节能减排的最佳方案之一。

目前氢气炼钢已经被应用到成熟的工业生产方案中，主要的方案有两种：部分使用氢气和完全使用氢气。在部分使用氢气的设计方案中，氢气占到还原剂的 80%，其余气体原料为天然气，因此该设计方案下依然会有部分二氧化碳排出。如果完全使用氢气炼钢，则可以实现二氧化碳的"零排放"。

作为全球"排放大户"，工业领域中的冶金和化工行业正积极以氢能促变革，减少二氧化碳排放。德国蒂森克虏伯钢铁集团是全球首家在炼钢工艺中使用氢气代替煤炭以减少碳排放的钢铁集团。2019 年 11 月 11 日，该公司启动了氢能冶金测试，将氢气注入杜伊斯堡 9 号高炉，这是全球范围内钢铁公司第一次在炼钢工艺中使用氢气代替煤炭。奥钢联集团的 SuSteel 项目寻求在炼铁工序中应用氢等离子还原技术。我国冶金行业也在积极转型，已有宝武、河钢、鞍钢等钢铁龙头企业开始布局氢冶金，开展富氢碳循环高炉工艺、氢基竖炉直接还原和尾气 CO_2 捕集及资源化利用等方面的技术推广和示范。其中，内蒙古赛思普科技有限公司于 2021 年 4 月实现了年产 30 万吨氢基熔融还原高纯铸造生铁项目并成功出铁，标志着氢基熔融还原冶炼技术成功落地转化。

从中长期来看，我国可再生能源资源丰富，在绿氢的供给上具有巨大潜力，将有助于实现化工、冶金等工业难以减排领域的深度脱碳。

12.4.3　镍/氢电池的负极储氢材料

镍/金属氢化物（简称镍氢，Ni/MH）电池以金属氢化物为负极活性材料，以 Ni

（OH）$_2$ 为正极活性材料，KOH 水溶液为电解质。充电时由于水的电化学反应生成的氢原子（H）立刻扩散进入合金中，形成氢化物，实现负极储氢；放电时，氢化物分解出的氢原子又在合金表面氧化为水，不存在气体状的氢分子（H$_2$）。镍氢电池的工作原理示于图 12-25。具体反应为：

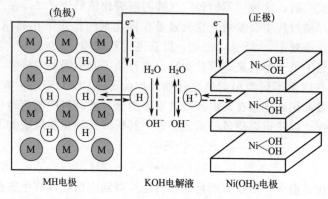

图 12-25 Ni/MH 电池的工作原理示意

正极

$$Ni(OH)_2 + OH^- \underset{放电}{\overset{充电}{\rightleftharpoons}} NiOOH + H_2O + e^-$$

负极

$$M + H_2O + e^- \underset{放电}{\overset{充电}{\rightleftharpoons}} MH + OH^-$$

电池反应

$$Ni(OH)_2 + M \underset{放电}{\overset{充电}{\rightleftharpoons}} NiOOH + MH$$

目前商品 Ni/MH 电池的形状有圆柱形、方形和扣式等多种类型。图 12-26 和图 12-27 分别为圆柱及方形 Ni/MH 电池的结构示意。

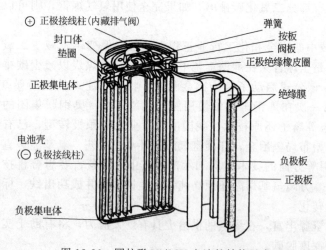

图 12-26 圆柱形 Ni/MH 电池的结构示意

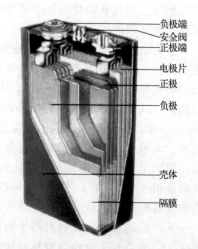

图 12-27 方形 Ni/MH 电池的结构示意

镍氢电池的负极主要采用稀土系 AB$_5$ 型合金，也有个别厂家采用 AB$_2$ 型储氢合金。镍氢电池用途较为广泛，主要应用于民用零售（电动玩具、照明灯具、遥控器、个人护理及数码相机等）、混合动力汽车和车载 T-Box 等领域。目前，全球镍氢电池生产主要集中在中国和日本，我国以生产小型镍氢电池为主，日本则以生产大型镍氢电池为主。我国具有丰富的稀土资源，为发展稀土镍系储氢合金及镍/氢电池提供了有力的保障。

12.4.4　氢能汽车

在汽车、火车和舰船等运输工具中，用氢能产生动力来驱动车、船，无论从能源开发、节能及环境保护等方面都可带来很大的环境效益、经济效益和社会效益。

根据用氢方式不同，氢能汽车有液氢汽车、高压氢汽车、金属氢化物汽车及掺氢汽油汽车以及 Ni-MH 电池汽车等。氢能汽车，由于其排气对环境的污染小，噪声低，特别适用于行驶距离不太长而人口稠密的城市、住宅区及地下隧道等地方。美国、德国、法国、日本等国早已推出以氢作燃料的示范汽车，并进行了几十万公里的道路运行试验。

氢能汽车包括氢内燃机汽车（hydrogen internal combustion engine vehicle，HICEV）和氢燃料电池车（fuel cell vehicle，FCEV）。氢内燃机汽车以内燃机燃烧氢气，氢发动机在活塞做往复运动时供给氢和空气，并把燃烧时产生的热能转换成动能作为动力源，但存在如何抑制 NO_x 的生成、控制回火等异常燃烧以及提高输出功率等技术课题有待解决。NO_x 的生成量取决于燃烧温度和时间、反应时的氧浓度和氮浓度。燃烧温度由空气量和氢量决定，对于汽车发动机，按氢和空气混合的方式分为吸气管内预混合的吸气管喷射方式（外部混合）和向发动机汽缸内喷射氢的缸内喷射方式（内部混合）。上述两种方式，可灵活设定最佳运行条件，充分发挥氢的特性，降低污染排放、提高效率和输出功率。作为向燃料电池车普及的过渡产品，目前正在实施把汽油发动机汽车改造为氢发动机混合动力汽车的计划。高速车辆、巴士、潜水艇和火箭已经在不同形式使用氢。

12.4.5　家庭用氢

氢能进入家庭有两种形式：电池与燃料。二次电池的 Ni/MH 电池已经进入大规模生产阶段，并伴随各种电器进入家庭。

另一种形式是氢能作为燃料进入家庭。氢进入家庭，既可作燃料燃烧，又可通过燃料电池发电供家庭取暖、空调、冰箱和热水等使用，实现（冷）热电联产。图 12-28 展示了一幅未来的家庭用氢的前景。

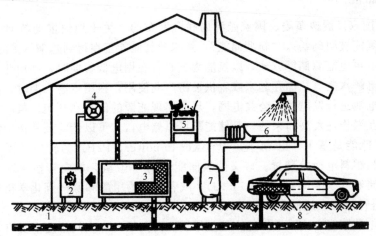

图 12-28　家庭用氢前景

1—输氢干道；2—冰箱；3—金属氢化物储罐；4—空调；5—炊具；6—热水洗浴；7—热水箱；8—汽车用储氢箱

不过，氢焰燃烧要解决氢的安全、无公害燃烧方法。氢是一种理想的清洁燃料，燃烧过程中不生成 CO、CO_2、SO_2 及烟尘等污染物。但是，如果采用常规扩散焰燃烧，燃烧产物中会产生大量的对人体有害的气体污染物 NO_x；如采用混焰燃烧，可以大幅度降低产物中 NO_x 的生成，但容易造成回火而烧坏燃烧器，不能保证安全燃烧。

为了解决回火和实现低 NO_x 燃烧这一对矛盾，可以采用两种方法：一是改进空气吸入型燃烧器的结构，使空气由火焰内部和火焰外部两路供入，使得 NO_x 的生成量降低。这种燃烧器适用于高温（＞1200℃）和供热强度大的装置，但操作时需控制好燃烧条件，以免回火。另一种方法是采用催化燃烧器，使氢气与空气通过固体催化剂床层进行无焰燃烧，此类燃烧安全性好，NO_x 生成量少，适合于温度低（＜500℃）、热强度小的燃烧装置。应用性能优良的 Pt-Pd 催化剂可以在室温下将氢气和空气点燃，考虑到民用，也可采用廉价的催化剂，如 MnO_2-CuO-CoO_2-Ag_2O 等，既可防止回火，又可获得较高的燃烧效率。

12.4.6 燃料电池

采用氢燃料箱的燃料电池于 1988 年在德国海军的潜艇中首次应用成功，所制燃料电池的功率为 100kW，氧以液氧形式存在，而氢则以 TiFe 合金储存。氢能应用技术在 1990 年由于质子交换膜燃料电池技术的突破而得到快速发展。以氢燃料电池为动力的汽车最引人重视，它可达到零排放，完全符合环境保护的要求。氢燃料电池动力汽车的效率高，不受卡诺循环的限制，实际效率可达 50%～80%。世界各大汽车公司竞相开发氢燃料电池汽车，并已推出各种样车。

根据安装地区的能源供给基础设施的不同，作为燃料电池的燃料，通常采用燃气、液化石油气（LPG）、煤油等，因此，对应各种燃料的燃料电池系统也在开发中。

随着燃料电池系统技术的进步与发展，大规模利用氢将成为现实。氢燃料电池在固定动力站应用中效率可达 80%，在催化加热器中的热效率可接近 100%。采用燃料电池和氢气-蒸汽联合循环发电，其能量转换效率将远高于现有的火电厂。氢的规模制备是氢能应用的基础，氢的规模储运是氢能应用的关键，氢燃料电池汽车是氢能应用的主要途径和最佳表现形式，三方面只有有机结合才能使氢能迅速走向实用化。

12.4.7 氢储能

2021 年，国家发展改革委、国家能源局联合发布的《关于加快推动新型储能发展的指导意见》中，氢能被明确纳入"新型储能"，意味着氢储能正在得到越来越多的关注和认可。氢储能是一种可再生能源储能方式，以氢能为核心，在用电低谷期时，利用低谷期富余的新能源电能进行电解水制氢，储存起来或者供下游产业使用；在用电高峰期时，储存起来的氢能可利用燃料电池进行发电并入公共电网，从而实现能源的储存和利用。氢储能技术是利用电力和氢能的互操作性发展而来的，氢储能既可以储电，又可以储氢及其衍生物（如氨、甲醇）。狭义的氢储能是基于"电-氢-电"（power-to-power，P2P）的转换过程，主要包含电解槽、储氢罐和燃料电池等装置。广义的氢储能强调"电-氢"单向转换，以气态、液态或固态等形式存储氢气（power-to-gas，P2G），或者转化为甲醇和氨气等化学衍生物（power-to-X，P2X）进行更安全地储存。

作为一种化学储能方式，氢储能在能量维度、时间维度和空间维度上具有突出优势，可在长时储能中发挥重要作用。相较于以锂离子电池为代表的电化学储能，氢储能在容量规模（百吉瓦级别）和储能时长（小时至季度）上具有较大优势，但在能量转换效率、响应速度等方面则相对较差。对于现阶段主流的电化学储能而言,氢储能互补性强于竞争性。

氢能在空间上的转移也更为灵活。氢气的运输不受输配电网络的限制,可实现能量跨区域、长距离、不定向地转移。可采用长管拖车、管道输氢、天然气掺氢、液氨等储运方式,更为灵活。再次,氢能的应用范围也更为广泛。可根据不同领域的需求转换为电能、热能、化学能等。

氢能储能的方式主要有三种,分别是压缩储氢、液态储氢和化学氢化物储氢,前面已经介绍。

氢储能技术是一种具有发展潜力的大规模储能技术,可用于可再生能源消费、电网削峰填谷、用户冷暖供电、微电网等多种场景。氢能储能在全球范围内正得到越来越多的关注和应用。欧洲、日本、美国等国家纷纷加大对氢能储能技术的研究和投资力度,推动氢能储能技术的发展和应用。在我国,氢能储能技术也被视为未来能源发展的重要方向之一,政府和企业纷纷加大对氢能储能技术的投入和研发,积极开展储能领域示范应用发挥氢能调节周期长、储能容量大的优势,开展氢储能在可再生能源消纳、电网调峰等应用场景的示范,探索培育"风光发电+氢储能"一体化应用新模式,逐步形成抽水蓄能、电化学储能、氢储能等多种储能技术相互融合的电力系统储能体系。同时,探索氢能跨能源网络协同优化潜力,促进电能、热能、燃料等异质能源之间的互联互通。

12.5　燃料电池概述

氢能是未来能源发展的重要方向之一,燃料电池及分布式发电系统是当前发展氢能应用的关键技术。分布式电源主要有燃料电池、光伏电池、风力发电等类型,其中燃料电池是很具发展前途的新型动力电源。

燃料电池是一种将氢和氧的化学能通过电极反应直接转换成电能的装置。与传统能源相比,燃料电池反应过程中不涉及燃烧,因而能量转换效率不受卡诺循环的限制,具有高效、洁净的显著特点,作为一种洁净高效的发电方式,受到各国政府的高度重视。

电池是一种提供能源供应的装置,它通常包含原电池(一次电池)、蓄电池(二次电池)和燃料电池。热力学定律说明能量不可能凭空产生,所以电池本身也需要能量支持,而这也正是各种电池相互联系及区别的地方。燃料电池(fuel cell)与其他电池(battery)的相似之处是都通过化学反应将化学能转变为电能,不同之处则在于燃料电池是能量转换装置,而电池是能量储存装置。

原电池与蓄电池是将化学能储存在电池之中。原电池经过连续放电或间歇放电后不能用充电的方法将两极的活性物质恢复到初始状态,即反应是不可逆的,因此正、负极上的活性物质只能利用一次。原电池的特点是小型、携带方便,但放电电流不大,一般用于仪器及各种电子器件。广泛应用的原电池有锌/锰、锌/银电池等。蓄电池在放电时通过化学反应可以产生电能,而充电(通以反向电流)时则可使体系恢复到原来状态,即将电能以化学能形式重新储存起来,从而实现电池两极的可逆充放电反应。蓄电池充电和放电可反复多次,因而可循环使用。常用的蓄电池有铅酸、镍/镉、镍/氢和锂离子电池等。

与一般电池不同的是,燃料电池更像是一种发电装置。燃料电池的关键部件与其他种类的电池相同,也包括阴极、阳极和电解质等。图 12-29 给出了典型的(单个)燃料电池的构造,其阳极为氢电极,阴极为氧电极。通常,阳极和阴极上都含有一定量的催化剂,目的是用来加速电极上发生的电化学反应。两极之间是离子导电而非电子导电的电解质。液态电解质分为碱性和酸性电解液,固态电解质有质子交换膜和氧化锆隔膜等。在液体电解质中应用

0.2～0.5mm 厚的微孔膜，固体电解质为无孔膜，薄膜厚度约为 $20\mu m$。电解质可分为碱型、磷酸型、固体氧化物型、熔融碳酸盐型和质子交换膜型五大类型。燃料有气态（如氢气、一氧化碳、二氧化碳和烃类）、液态（如液氢、甲醇、肼、高价烃类和液态金属），还有固态（如碳）等。燃料按电化学活性强弱的排列次序为：肼＞氢＞醇＞一氧化碳＞烃＞煤。燃料的化学结构越简单，建造燃料电池时可能出现的问题越少。氧化剂为纯氧、空气和卤素。

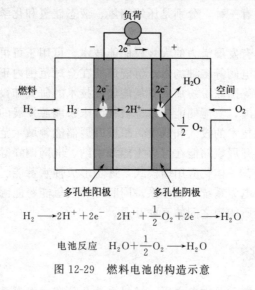

$$H_2 \longrightarrow 2H^+ + 2e^- \qquad 2H^+ + \frac{1}{2}O_2 + 2e^- \longrightarrow H_2O$$

$$\text{电池反应} \quad H_2O + \frac{1}{2}O_2 \longrightarrow H_2O$$

图 12-29　燃料电池的构造示意

　　燃料电池不是封闭体系，它最大的特点是正负极本身不包含活性物质，活性物质被连续地注入电池，即通过"燃料"的添加将反应物从外界不断输送到电极上进行反应，从而可持续提供电能。因此，燃料电池又称为连续电池。当然，在实际应用中，由于受电极材料和电池元件的限制等原因，燃料电池还是有一定的寿命。

12.6　燃料电池的特性

　　燃料电池之所以受世人瞩目，是因为它具有其他能量发生装置不可比拟的优越性，主要表现在效率、安全性、可靠性、清洁度、操作性能、灵活性及未来发展潜力等方面。

　　（1）能量转换效率高

　　燃料电池发电装置的最大优点是电化学反应过程中能量转换效率不受卡诺循环的限制，不存在因动能做功造成的损失，因而与热机和发电机相比能量转换效率极高。目前汽轮机或柴油机的效率最大值为 40%～50%，当用热机带动发电机时效率仅为 35%～40%，而燃料电池的有效能效可达 60%～70%，其理论能量转换效率可达 90%，实际使用效率则是普通内燃机的 2～3 倍。其他物理电池，如温差电池效率为 10%，太阳能电池效率为 20%，均无法与燃料电池相比。

　　（2）污染小，噪声低

　　燃料电池作为大、中型发电装置使用时，一个突出的优点就是可减少化学污染排放。对于氢燃料电池而言，发电后的产物只有水，可实现零污染。在航天系统中还可生成水，供宇航员使用，液氧系统又可供生命保障备用。

　　如果通过矿物燃料来制取富氢气体，则在其制备过程中可减少 CO_2 的排放量 40% 以上，这对缓解地球的温室效应是十分重要的。由于燃料电池的燃料气在反应前必须脱除硫及其化合物，而且燃料电池是按电化学原理发电，不经过热机的燃烧过程，根本不会产生在传统方式中常见的 SO_2、NO_x、烃类、粉尘等物。如果采用太阳能光分解水制氢，则可完全避免温室气体的产生。

另外，由于燃料电池无热机活塞引擎等机械传动部分，故操作环境没有噪声污染，且无机械磨损，11MW 大功率磷酸燃料电池发电系统的噪声水平低于 55dB。燃料电池工作安静，适用于潜水艇等军事系统的应用。燃料电池能全自动运行，无需人看管，很适合用于孤僻处、恶劣环境和用作空间电源。

（3）模块结构、方便耐用

燃料电池发电系统由单个电池堆叠至所需规模的电池组构成，堆集是发电系统的单元，堆集量决定了发电系统的规模。电站采用模块结构，由工厂生产各种模块，在电站现场简单施工安装即成。因各个模块可以更换，维修方便，可靠性也高。在燃料电池设计中最重要的是稳定性，要充分保证电解质和催化剂的稳定不变质。这与一般化学电池不同，燃料电池要求纯粹的氢氧化反应或燃料氧化反应，不发生其他副反应。

（4）响应性好，供电可靠

燃料电池发电系统对负载变动响应速度快。当燃料电池的负载有变动时，它会很快响应，故无论处于额定功率以上过载运行或低于额定功率运行，它都能承受且效率变化不大。在电力系统供电中，电力需要变动的部分可由燃料电池承担。燃料电池供电功率范围极广，大到大中型电站，小到应急电源和不间断电源，甚至携带式电源。

（5）适用能力强

燃料电池可以使用多种多样的初级燃料，如天然气、煤气、甲醇、乙醇、汽油；也可使用发电厂不宜使用的低质燃料，如褐煤、废木、废纸，甚至城市垃圾，但需经专门装置对它们重整制取。而且燃料电池系统不需要复杂的机械部件，后期的运行维护较为容易。

虽然燃料电池有上述种种优点，在小范围应用中也取得了良好的效果，但由于技术问题，至今一切已有的燃料电池均还没有达到大规模民用商业化程度。其亟待优化的关键技术包括：①成本太高，致使燃料电池无法普及；②高温时寿命及稳定性不理想；③没有完善的燃料供应体系。

12.7 燃料电池类型

燃料电池的分类有很多种，最常用的分类方法是根据电解质的性质将燃料电池划分为五大类：碱性燃料电池（alkaline fuel cell，AFC）、磷酸燃料电池（phosphorous acid fuel cell，PAFC）、熔融碳酸盐燃料电池（molten carbonate fuel cell，MCFC）、固体氧化物燃料电池（solid oxide fuel cell，SOFC）、质子交换膜燃料电池（proton exchange membrane fuel cell，PEMFC）[又称为高分子电解质膜燃料电池（polymer electrolyte membrane fuel cell，PEMFC）]。表 12-11 列出了燃料电池的类型及应用。

表 12-11　燃料电池的类型、应用及性能

项目	低温燃料电池 (60~120℃)		中温燃料电池 (160~220℃)	高温燃料电池 (600~1000℃)	
类型	AFC (碱性燃料电池)	PEMFC (质子交换膜燃料电池)	PAFC (磷酸燃料电池)	MCFC (熔融碳酸燃料电池)	SOFC (固态氧化物燃料电池)

项目	低温燃料电池 （60～120℃）		中温燃料电池 （160～220℃）	高温燃料电池 （600～1000℃）	
应用	太空飞行、国防	汽车、潜水艇、移动电话、笔记本电脑、家庭加热器、热电联产电厂	热电联产电厂	联合循环热电厂、铁路用车	电厂、家庭电源传送
开发状态	在太空飞行中的应用	家庭电源试验项目、小汽车、公共汽车、试验的热电联产电厂	具有200kW功率的电池在工业中的应用	容量为280kW～2MW的试验电厂	100kW的试验电厂
特性	无污染排放 电效率高 少维护 制造费用非常高 不适合于工业应用	污染排放量极低 噪声水平低 固体电解质适合于大规模生产 与常规技术相比很贵	污染排放低 噪声水平低 费用是热电联产电厂的3倍 连续运行电效率会降低	有效利用能源 噪声水平低 没有外部气体配置 电解液腐蚀性强	有效利用能源 噪声水平低 没有外部气体配置 电解液腐蚀性强 材料要求苛刻
电解质	氢氧化钾溶液	质子可渗透膜	磷酸	碳酸锂和碳酸钾	固体陶瓷体
燃料	纯氢	氢,甲醇、天然气	天然气,氢	天然气、煤气、沼气	天然气、煤气、沼气
氧化剂	纯氧	大气中的氧气	大气中的氧气	大气中的氧气	大气中的氧气
系统效率	60%～90%	43%～58%	37%～42%	＞50%	50%～65%

如按工作温度不同又可将燃料电池划分为低温燃料电池（包括碱性与质子交换膜燃料电池）、中温燃料电池（包括培根型碱性燃料电池和磷酸燃料电池）、高温燃料电池（包括熔融碳酸盐燃料电池和固体氧化物燃料电池）。

① 碱性燃料电池（AFC） 采用氢氧化钾水溶液作为电解液。这种电池的工作效率很高，可达60%～90%，但对二氧化碳很敏感。

② 磷酸燃料电池（PAFC） 采用200℃高温下的磷酸作为电解质。很适合用于分散式的热电联产系统。

③ 熔融碳酸燃料电池（MCFC） 工作温度可达650℃，这种电池的效率很高，但材料要求高。

④ 固态氧化物燃料电池（SOFC） 采用固态电解质（金属氧化物），性能很好。因为电池的工作温度约为1000℃，需要采用相应的材料和工程处理技术。

⑤ 质子交换膜燃料电池（PEMFC） 采用极薄的塑料薄膜作为电解质，具有高的功率/质量比和低工作温度，适用于固定和移动装置。

根据燃料电池的输出功率，其应用范围如表12-12所示。

表12-12 燃料电池的主要应用范围

输出功率	应用
瓦级	小型便携式电源
十瓦级	便携式电源,如单兵电源、应急作业灯、警用装备等
百瓦级	初步代步工具动力源,如电动自行车、电动摩托车等;展览演示用电源;小型服务器、终端、微机的不间断动力源
千瓦级	各种移动式动力源,如家用电源、野外作业动力源、前沿坑道动力源、游船动力源、水下作业平台动力源等
十千瓦级	电动车动力源,中型通信站的后备电源

输出功率	应用
百千瓦级	大型电动交通工具动力源,如水面舰艇、潜艇、公共汽车等;小型移动电站;小型分立固定电站
兆瓦级	局域分散电站

12.8 燃料电池发展简史

　　燃料电池并不是一个新概念,它的提出可以追溯到 19 世纪,甚至比人们心目中的许多古老的化学电源模式更为久远。1802 年,戴维(H. Davy)试验了碳氧电池,以碳和氧为燃料、硝酸为电解质,电池反应为 $C + O_2 \longrightarrow CO_2$,这指出了制造燃料电池的可能性。1839 年,英国人格罗夫(W. Grove)通过将水的电解过程逆转而发现了燃料电池的原理(见图 12-30)。他研制的单电池用镀制的铂作电极,在试管中分别盛有氢气和氧气,浸在硫酸溶液中,使气体和铂丝电极以及溶液相互接触,从氢气和氧气中获取电能。他把多只单电池串联起来作电源,点亮了伦敦讲演厅的照明灯,拉开了燃料电池发展的序幕。他还指出,强化在气体、电解液与电极三者之间的相互作用是提高电池性能的关键。

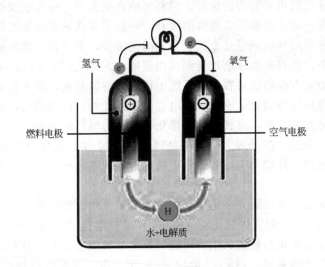

图 12-30　Grove 燃料电池原理

　　由于氢气在自然界不能自由地得到,在随后的几年中,人们一直试图用煤气作为燃料,但均未获得成功。

　　1889 年,英国人蒙德(L. Mond)和朗格尔(C. Langer)首先提出燃料电池(fuel cell)这个名称,他们采用浸有电解质的多孔非传导材料为电池隔膜,以铂黑为电催化剂,以钻孔的铂或金片为电流收集器组装出燃料电池。该电池以氢作为燃料,氧作为氧化剂,当工作电流密度为 $3.5 mA/cm^2$ 时,电池的输出电压为 0.73V,他们研制的电池结构已接近现代的燃料电池了。

　　1894 年,奥斯特瓦尔德(W. Ostwald)从热力学理论上证实,燃料电池的直接发电效率高达 $50\% \sim 80\%$,而一般由热能做功发电,受卡诺循环限制,效率在 50% 以下。燃料的低温电化学氧化优于高温燃烧,电化学电池的能量转换效率高于热机。燃料电池的效率不受卡诺循环的限制,其能量转化效率是传统高温燃烧模式永远也达不到的。

20 世纪初，人们就期望将化石燃料的化学能直接转变为电能。一些杰出的物理化学家，如能斯特（Nernst）、哈伯（Harber）等，对直接碳-燃料电池做了许多努力。1920 年以后，由于在低温材料性能研究方面的成功，对气体扩散电极的研究重新开始。1933 年，鲍尔（Baur）设想出一种在室温下用碱性电解质、以氢为燃料的电化学系统。英国剑桥大学的培根（F. T. Bacon）对氢氧碱性燃料电池进行了长期卓有成效的研究，主要贡献在 3 个方面：提出新型镍电极，采用双孔结构，改善气体输运特性；提出新型制备工艺，锂离子嵌入镍板预氧化焙烧，解决电极氧化腐蚀问题；提出新型排水方案，保证了电解液的工作质量。20 世纪 50 年代，他成功地开发了多孔镍电极，并成功地制备了 5kW 碱性燃料电池系统，寿命达 1000h。这是第一个实用型燃料电池。培根的成就奠定了现代燃料电池的技术思想，鼓舞人们努力实现燃料电池的实用化和商品化。他的研究成果是美国国家航空航天局（NASA）阿波罗（Apollo）计划中燃料电池的基础。正是在此基础上，20 世纪 60 年代普拉特-惠特尼（Pratt & Whitney）公司研制成功了阿波罗登月飞船上作为主电源的燃料电池系统，为人类首次登上月球做出了贡献。

20 世纪 60 年代，由于航天和国防的需求，燃料电池得到真正的实际应用，开发了液氢和液氧的小型燃料电池，并应用于空间飞行和潜水艇。最早的碱性燃料电池的研发成功为当时突飞猛进的航天领域提供了有力的保证。燃料电池在航天飞行中大获成功，进一步推动了燃料电池的开发热潮。由于后期军备竞赛的缓和，导致了碱性燃料电池发展放缓，但其研发一直在进行。所以碱性燃料电池是迄今为止开发时间最长，也是最为成熟的技术。

随后的几十年中，燃料电池逐渐过渡到民用领域。20 世纪 70 年代，中东战争后出现了能源危机，燃料电池多方面的优势在电力系统中体现得淋漓尽致，使人们更加看好燃料电池发电技术。美、日等国纷纷制定了发展燃料电池的长期计划，以美国为首的发达国家大力支持民用燃料电池发电站的开发，重视研究以净化重整气为燃料的磷酸燃料电池，建立一批中小型电站运行试验，并进一步开展大中型电站试验。1977 年，美国首先建成了民用兆瓦级磷酸燃料电池试验电站，开始为工业和民用提供电力，现在已有上百台磷酸燃料电池发电站在世界各地运行。

同时，美、日等国亦重点研究采用净化煤气和天然气作为燃料的高温燃料电池。自此以后，熔融碳酸盐（MCFC）和固体氧化物（SOFC）燃料电池也都有了较大进展。固体氧化物燃料电池技术是建立在化石燃料、生物质能以及未来氢能基础上的分布式能源系统中的核心技术，是新能源工业的基础。到了 20 世纪 90 年代，质子交换膜燃料电池（PEMFC）采用立体化电极和薄的质子交换膜之后，使燃料电池技术取得了一系列突破性进展，极大地加快了燃料电池的实用化进程。由于信息产业和汽车工业的迫切需求，燃料电池出现了向小型便携和动力型方面发展的趋势。近年来，质子交换膜燃料电池的开发效果更为明显，现已出现商品化的样品，包括移动通信产品和燃料电池汽车。预期燃料电池会在国防和民用的电力、汽车、通信等多领域发挥重要作用。

12.9 碱性燃料电池

碱性燃料电池（alkaline fuel cell，AFC），是以 KOH 水溶液为电解质的燃料电池。KOH 的质量分数一般为 $30\%\sim45\%$，最高可达 85%。在碱性电解质中氧化还原比在酸性电解质中容易。AFC 是 20 世纪 60 年代大力研究开发并在载人航天飞行中获得成功应用的一种燃料电池，可以为航天飞机提供动力和饮用水，并且具有高的比功率和比能量。

12.9.1 原理

AFC 是最先研究、开发并成功应用的燃料电池。20 世纪 50 年代中期英国工程师培根研制出 5kW 系统,是 AFC 技术发展中的里程碑。AFC 的最初应用是在空间技术领域,其中最著名的是阿波罗登月计划。到了 20 世纪 60 年代以后,AFC 陆续应用到叉车、小型货车、汽车和潜艇等,这时大多以燃料电池-蓄电池混合方式,其工作温度和压力已降到周围环境值,温度为 50~80℃,压力为常压。由于电解质是循环使用,AFC 电池堆多为单极结构。图 12-31 为碱性氢氧燃料电池原理。碱性燃料电池以氢氧化钾或氢氧化钠为电解质,导电离子为 OH^-。

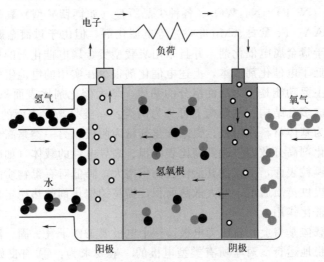

图 12-31 碱性氢氧燃料电池原理

阳极氢的氧化反应为:
$$H_2 + 2OH^- \longrightarrow 2H_2O + 2e^- \quad (E_1 = -0.828V)$$
阴极上氧的还原反应为:
$$1/2O_2 + H_2O + 2e^- \longrightarrow 2OH^- \quad (E_2 = 0.401V)$$
电池反应为:
$$H_2 + 1/2O_2 \longrightarrow H_2O + 电能 + 热量 \quad (E_0 = E_2 - E_1 = 1.229V)$$

由此看出,在电池工作时必须随时排除电极反应产生的水和热量。这可由蒸发和 KOH 的循环实现。

在碱性介质中,因吸收 CO_2 生成碳酸盐:
$$CO_2 + 2OH^- \longrightarrow CO_3^{2-} + H_2O$$

生成的碳酸盐会堵塞电解质通路和多孔电极的孔隙,这是使 AFC 长期运行稳定性降低的主要原因。因此反应气体在进入 AFC 之前,必须进行预处理,以使其 CO_2 质量浓度降至 mg/m^3 级。

氢的储存可用碳纤维增强铝瓶,或使用储氢合金、活泼金属氢化物。

在碱性电解质中,可能使用的液体燃料是联胺(也称为肼,N_2H_4)。因其在阳极极易分解成 H_2 和 N_2,也可视为氢的液态储存形式。但由于其剧毒性和高昂的价格以及材料等问题,到 20 世纪 70 年代已停止使用。

碱性系统在室温下有良好的工作性能。AFC 电池和电极材料可以用低成本的碳或塑料制得，催化剂的选择范围也比酸性电池大。

12.9.2 AFC 关键部件

12.9.2.1 电极

电极作为电化学反应进行的场所，对反应起到高效催化的作用，是体系的灵魂。阳极和阴极的类型及制作方式与所选择的催化剂相关。催化剂的效能决定了整个体系的性能。AFC 的催化剂选择比较灵活，不仅贵金属（铂、铑、金、银）及其合金适用，非贵金属（钴、镍、锰）也适用。在探索碱性燃料电池在地面或水下应用时，为降低电池成本，曾对各种过渡金属及其合金（如 Ni-Mn、Ni-Cr、Ni-Co 等）进行了广泛研究，也曾研究过碳化钨（WC）、硼化镍（Ni_2B）、Na_xWO_3、各种尖晶石型（如钙钛矿型）氧化物、过渡金属大环化合物（如 CoTAA、Fe 酞菁、Mn 卟啉）等电催化剂。但由于过渡金属及其合金电催化剂活性与寿命均低于贵金属电催化剂，并且采用炭载型贵金属电催化剂的贵金属担载量的大幅度降低，进而降低了电催化剂成本，上述电催化剂很少在实用的电池组中应用。

催化剂载体的主要功能是作为活性组分的基体，增大催化剂比表面积，分散活性组分，常用方法是将它制成多孔结构。从结构上可分为两类：一类是高比表面的雷尼（Raney）金属，通常以雷尼镍为基体材料作阳极，银基催化剂粉为阴极；另一类是高分散的担载型催化剂，即将铂类电催化剂高分散地担载到高比表面积、高导电性的载体（如碳）上。铂类电催化剂分散在活性炭颗粒表面，不仅使其活性表面积增大，降低对有毒物质的敏感性，同时活性炭还为反应产物提供传质通道，增大散热面积，提高铂催化剂的热稳定性，此外，活性炭本身也具有良好的催化作用。

催化剂分散于载体基材上，就成为电极。整个电极要工作于气、固、液三相界面，并且要保证反应高效平稳地运行。对于所有类型电极的一般要求为：① 有良好的导电能力，以降低电阻；② 有较高的机械强度和适当的孔隙率；③ 在碱性电解质中化学性质稳定；④ 有长期的电化学稳定性，包括催化剂的稳定性及与电极组成一体后的稳定性。

另一重要性质是电极材料的亲水性和疏水性。亲水电极通常是金属电极，由于碳基电极中通常有聚四氟乙烯，电极只是部分润湿，以含聚四氟乙烯催化层的适当构造来维持其足够的疏水性对于保持疏水电极的寿命是很重要的。此外还要求电极有合理的结构模式。在碱性燃料电池的发展过程中，先后开发成功了两种不同结构的气体扩散电极：双孔结构电极和黏结型憎水电极。

（1）双孔结构电极

这种结构的电极是由培根发明的，在阿波罗登月飞行用的燃料电池中得到了应用。这种电极分为两层：粗孔层与细孔层。粗孔层面向气室，细孔层与电解质接触。

培根用不同粒度的雷尼合金制备粗孔层与细孔层，粗孔层孔径为 $30\mu m$，细孔层孔径为 $16\mu m$。电极工作时控制适宜的反应气压力，让粗孔层内充满反应气体，细孔层内填充电解液。细孔层的电解液浸润粗孔层，并形成弯月面。这个弯月面形状的电解液浸润薄膜，越靠近气室侧越薄，厚度仅为微米级。粗孔层中的反应气先溶解到电解液薄膜内，再扩散至反应点发生电化学反应。电子依靠构成粗孔层和细孔层两者的雷尼合金骨架进行传导。离子与水在电解液薄膜与细孔层内的电解液中进行传递。因此，这种电极结构满足了多孔气体扩散电极的要求，并能使其保持反应界面的稳定。

（2）黏结型憎水电极

这种电极是将亲水并且具有电子传导能力的电催化剂（如铂/碳）与具有憎水作用和一

定黏合能力的防水剂（如聚四氟乙烯乳液）按一定比例混合，采用特殊的工艺（如滚压、喷涂等）制成具有一定厚度的电极。它可简单地视为在微观尺度上是相互交错的两相体系。由防水剂构成的憎水网络为反应气的进入提供了电极内部的扩散通道。由电催化剂构成的能被电解液完全浸润的亲水网络为其提供水与导电离子 OH⁻ 的通道。由于电催化剂是电的良导体，它也为电子传导提供了通道。电催化剂浸润液膜很薄，这种结构的电极具有较高的极限电流密度。同时，因为电催化剂是一种高分散体系，具有高的比表面，因此这种电极也具有较高的反应区（三相界面）。

12.9.2.2　隔膜

隔膜允许电解质通过，用于传递离子，并且约束阴阳极物质，避免接触而发生内部放电。它是隔膜型碱性燃料电池的关键部件。常规的隔膜主要由石棉构成，主要成分为氧化镁和氧化硅的水合物（$3MgO \cdot 2SiO_2 \cdot 2H_2O$），是电的绝缘体。长期在强碱性（如 KOH）水溶液中，其酸性组分（SiO_2）会与碱反应生成微溶物（K_2SiO_3），影响膜的通透性，而且会最终导致隔膜的解体。为了避免这种情况，可以在制膜之前将石棉预先用浓碱处理，或是在碱溶液中加入少量硅酸盐，以抑制平衡向不利方向移动。

因为石棉对人体有害，而且会在浓碱中缓慢腐蚀，为改进碱性隔膜电池的寿命与性能，已成功开发出钛酸钾微孔隔膜，并成功地用于美国航天飞机用碱性燃料电池中。

12.9.2.3　电解质

碱性燃料电池的电解质通常是 KOH 水溶液。之所以选择 KOH，是因为与 NaOH 相比，它的使用寿命长，不易形成溶解度小的杂质，而且溶液蒸气压低，可以在高温下使用。此外，在高温和高浓度下，可以获得高的电流密度。

同体系所用的燃料气一样，电解质溶液也需要纯化，以避免杂质使催化剂中毒。在电池反应中有水生成，致使电解质溶液浓度漂移，对燃料电池的一系列指标均造成影响。综合上述两方面的原因，一般采用电解质循环使用。这方面也一直是技术改进的一个重点。现在成熟的方案中，不但通过循环过程稳定控制了电解质，而且还合理利用这个过程满足其他方面的要求，比如用来冷却电池组。这些措施起到了一举多得的作用，也提高了能源利用率，降低了成本。

12.9.2.4　支持和控制系统

由于使用碱性电解质，所以酸性气体会造成严重的影响。燃料气中通常会含有 CO_2，在导入电极进行反应前必须予以清除。为了降低成本，一些民用系统中使用空气来代替纯氧，就要考虑到空气中约 $300 \mu g/mL$ CO_2 的问题。可以采用多级吸收的方法，以不同的吸收剂分多次将 CO_2 除去。常用的吸收剂有碱石灰、乙醇胺等。乙醇胺类化合物与 CO_2 的反应为：

$$2RNH_2 + CO_2 \rightleftharpoons RNH-CO-NHR + H_2O$$

该反应是一可逆反应，可以通过加热再生。

碱性燃料电池系统会有大量余热产生，如果另加冷却装置，就会增加额外的原始和运行成本，也浪费了能量。现在较为成熟的技术中，都是利用体系中的流动元素，例如利用空气和电解质溶液带走大量的余热，并将其加以利用。

在燃料电池开发前期，控制系统在很长一段时间内被忽略。但当前的各类燃料电池一般均配有相应的控制系统，其作用是可在正常状态下对燃料电池的启动、运行及停机等各项操作进行完全程序化的控制，以获得最高的效率和寿命，而且可以预防事故的发生。目前，控制系统的智能水平越来越高，这方面的开发已经成为燃料电池研发的一项重要指标。

12.9.3　阿波罗系统

提到碱性燃料电池，就不能不提美国的阿波罗登月计划。有很多人就是从这个项目中第一次接触到燃料电池这个概念。在20世纪60年代，航天探索是几个发达国家竞争的焦点。由于将物质送入太空代价高昂，迫切需要研制高比功率、高比能量、高可靠性的电池作为宇宙飞船上的主电源。与一般的民用项目不同的是，在电源的选择上不需要过多地考虑成本，只是严格考察性能。通过对各种化学电池、太阳能电池，甚至核能等的全面对比，结果认定燃料电池最适合宇宙飞船使用。而且电池反应生成的水还可供宇航员饮用，作为燃料的液氧系统同时可与生命保障系统互为补充。于是美国国家航空航天局（NASA）与普拉特-惠特尼（Pratt-Whitney）公司联合开发阿波罗登月计划所需的燃料电池。

该燃料电池由英国的培根所研制的系统为蓝本改进而成。阿波罗系统使用纯氢作燃料，纯氧作氧化剂。阳极为双孔结构的镍电极，阴极为双孔结构的氧化镍，并添加了铂，以提高电极催化反应活性。双孔电极的粗孔兼有约束电解质的作用，以消除生成水的影响。普拉特-惠特尼公司对电池的主要改进是采用85%的KOH作电解质，它在室温下为固体，在工作温度下熔化，封闭在电池中不循环。图12-32为其单池结构的示意图。

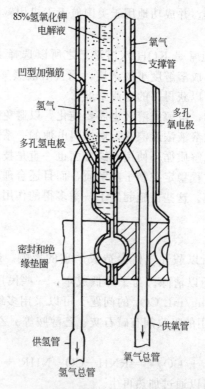

图 12-32　普拉特-惠特尼公司的单池结构示意图

电池组由31个单电池组成，按压滤机方式组装，采用聚四氟乙烯密封。电池工作温度为 $220 \sim 230\,^{\circ}\mathrm{C}$，工作压力为 0.33MPa，电压为 $27 \sim 31\mathrm{V}$。排水与导热都是靠气体循环来完成。3个电池组并联组成阿波罗系统，正常输出功率为 1.5kW，最大输出功率为 2.2kW。其外观呈圆柱状，直径 57cm，高 112cm，质量约 100kg。图12-33为阿波罗飞船用培根型燃料电池的照片。这套系统为阿波罗登月计划提供了全程的电力供应，事实证明了燃料电池的性能和可靠性，为以后在其他领域的应用奠定了基础。

图 12-33　阿波罗飞船用培根型燃料电池

12.9.4　其他 AFC 系统

20 世纪 60 年代初美国 Allis-Chalmers 公司进行了碱性石棉膜型氢氧燃料电池的研制与开发。他们采用抗碱腐蚀的石墨膜（厚度为 0.8～0.25mm）作为电解质隔膜，当它浸入 35％KOH 电解液后，具有良好的离子导电性与阻气性能。碱性石墨膜型氢氧燃料电池的关键技术之一是排水，为此开发出两种方法。一种是采用氢循环排水，称动态排水；另一种是将水在真空或减压下蒸发，称为静态排水。

在美国航天飞机的主电源投标中，碱性石棉膜型氢氧燃料电池因其性能优越而一举中标，并于 1981 年 4 月首次用于航天飞行。航天飞机的机上电源由三组独立的碱性石棉膜型氢氧燃料电池系统提供，使用液氢作燃料，液氧作氧化剂，电池反应生成的水经净化供宇航员饮用和飞机返回地球时冷却用。仅一组电池系统提供的动力就可供航天飞机安全返回地球。美国国际燃料电池（IFC）公司生产的第三代航天飞机用碱性石棉膜氢氧燃料电池（见图 12-34），其单组电池的尺寸为 34cm×37cm×110cm，质量约 117kg。单组电池系统的正

图 12-34　航天飞机用碱性石棉膜型氢氧燃料电池

常输出功率已提高到 12kW，峰值功率为 16kW，电池输出电压为 28V，电池效率可达 70%。

在航天事业的推动下，我国燃料电池的研究出现第一次高潮，中国科学院大连化学物理研究所从 1969 年开始进行石棉膜型氢氧燃料电池的研制，至 1978 年完成了两种型号（A 型和 B 型）航天用石棉膜型氢氧燃料电池系统（千瓦级 AFC）的研究与试制，并通过了例行的地面航天环境模拟试验。电池组采用静态排水，A 型电池采用液氢为燃料，液氧为氧化剂，用于载人航天飞行，净化水供宇航员饮用。B 型电池用于无人的航天飞行，它采用在线肼分解制取的氢为燃料，液氧为氧化剂。

碱性燃料电池在载人航天飞行中的成功应用，不但证明了碱性燃料电池具有高的质量比功率、体积比功率和高的能量转化效率（50%～70%）；而且运行高度可靠，展示出燃料电池作为一种新型、高效、环境友好的发电装置的可能性。加拿大的 Astris 公司从 1983 年开始研发小型（1～10kW）氢气-空气 AFC 系统，并克服了传统 AFC 对 CO_2 敏感的不足之处，同时采用炭-塑料材质，改进制造工艺，使 AFC 成本大幅降低。他们推出 1kW AFC 移动电源以及为家庭等提供电、热及热水的 4kW 系统。1kW 可移动 AFC 原为军方设计，最低工作温度可达到 -40℃，而 4kW 系统尺寸仅为 120cm×140cm×75cm（见图 12-35），既可以发电，放出的余热又可为住宅供暖，燃料利用率接近 100%。

图 12-35　Astris 公司的 4kW AFC 系统

碱性燃料电池在航天方面的成功应用曾推动了人们探索它在地面和水下应用的可行性。但是由于它以浓碱为电解液，在地面应用必须脱除空气中的微量 CO_2，而且它只能以纯氢或 NH_3、N_2H_4 等分解气为燃料，若以各种烃类化合物重整气为燃料，则必须分离出混合气中的 CO_2。

由于碱性燃料电池系统中的电解质对 CO_2 等酸性杂质气体的敏感性，若以天然气重整后的富氢气体代替纯氢，以空气代替纯氧，则必须针对这些廉价的燃料气开发相关的净化系统，这无疑会使成本增加。为此，研究者们设想将电解质更换为对 CO_2 不敏感的物质，这就推动了其他燃料电池的发展。

12.10　磷酸燃料电池

12.10.1　简介

磷酸燃料电池（phosphorous acid fuel cell，PAFC）是以磷酸为电解质的燃料电池，图 12-36 为磷酸型燃料电池工作原理示意。阳极通以富氢并含有 CO_2 的重整气体，阴极通以空气，氢和氧在各自多孔气体扩散电极的气（反应气体）-液（磷酸）-固（铂催化剂）三相界面上发生电化学反应，分别生成氢离子和水，工作温度在 200℃ 左右。发生的电化学反应如下：

阳极反应：
$$H_2 \longrightarrow 2H^+ + 2e^-$$

阴极反应：
$$1/2\,O_2 + 2H^+ + 2e^- \longrightarrow H_2O$$

电池反应：
$$H_2 + 1/2\,O_2 \longrightarrow H_2O$$

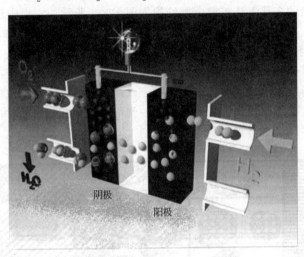

阴极　　　阳极

图 12-36　PAFC 工作原理示意

12.10.2　关键部件

磷酸燃料电池的关键部件包括电极、电解质基质、双极板、冷却板、管路系统等（见图 12-37）。基本的燃料电池结构是含有磷酸电解质的基质材料置于阴阳极板之间。基质材料的作用一是作为电池结构主体承载磷酸，二是防止反应气体进入相对的电极中。

12.10.2.1　电极

电极由载体和催化剂层组成。用化学附着法将催化剂沉积在载体表面，电化学反应就发生在催化剂层上。磷酸燃料电池的阴阳极均使用 Pt 为电化学反应催化剂。载体的主要作用是分散催化剂，并为电极提供大量微孔，同时增加催化层的导电性能。最初使用钽网作为载体，价格昂贵。现在普遍使用碳载体，其优点是导电性好，耐酸腐蚀，比表面积高，密度及成本低。这样可提高 Pt 的分散和利用率，进而导致电催化剂贵金属 Pt 的用量大幅度降低。对碳载体的工艺处理决定了 Pt 的用量。

电化学反应发生在电极表面的三相界面上，即气相（反应气体 H_2、O_2）-液相（磷酸）-固相（铂催化剂）。为了增大电流密度，必须尽可能提高反应物接触点的数量，增加反应气体分压，缩短扩散路径，催化层也需有较高的导电性，以减小电极的欧姆损失。再有，电极的亲

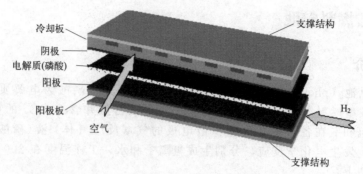

冷却板
阴极
电解质(磷酸)
阳极
阳极板
空气
支撑结构
支撑结构
H₂

图 12-37　PAFC 的关键构件

水性必须适当，以获得最大的气体扩散速度及控制电极的湿润性。

　　人们在电极结构的改进方面取得了突破性的进展，成功地研制出多层结构的电极。现今磷酸燃料电池所采用的多孔气体扩散电极结构如图 12-38 所示，它由碳纸层、扩散层和催化剂层 3 层结构组成。第一层通常采用碳纸，其孔隙率高达 90%。将碳层浸入聚四氟乙烯（PTFE）乳液来控制微孔孔径。孔隙率降至 60% 左右，平均孔径为 $12.5 \mu m$。碳纸层起着收集、传导电流和支撑催化剂层的作用，其厚度为 $0.2 \sim 0.4 mm$。为便于在支撑层上制备催化层，需按照孔径逐渐减小的顺序叠加多个碳层，以构成扩散层，在扩散层上覆盖厚度为几十微米的催化剂层。这样可以使气体从大孔径的一侧可控制地在极板中扩散，最大效率地利用催化剂表面对电化学反应进行催化。

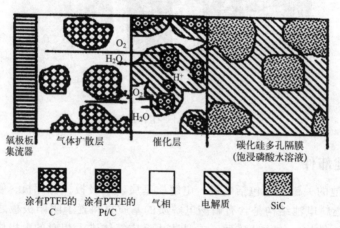

O₂
H₂O
H⁺
O₂
H₂O

氧极板
集流器　　气体扩散层　　　催化层　　　碳化硅多孔隔膜
（饱浸磷酸水溶液）

涂有PTFE的　　涂有PTFE的　　气相　　电解质　　SiC
C　　　　　　Pt/C

图 12-38　多孔气体扩散电极结构示意（一侧）

　　双极板的作用是分隔氢气和氧气，并传导电流使两极导通。其两面加工的流场将反应气均匀分配至电极各处。与碱性燃料电池不同，由于酸的腐蚀性，不能采用一般的金属材料。20 世纪 80 年代初，采用铸模工艺由石墨粉和酚醛树脂制备带流场的双极板。为了提高抗腐蚀能力和延长电池寿命，MW 级 PAFC 已采用纯石墨双极板。

　　双极板通常使用玻璃态的碳板，厚度应尽可能薄以减少对电或热的阻力，双极板的表面应平整光滑，以利于同电池的其他部件均匀接触。具有隔离和集流双重功能的复合双极板，中间一层为无孔薄板，两侧加置带气体分配孔道的多孔碳板作流场板。在磷酸型燃料电池中，由多孔碳板所制备的流场板内部还可贮存一定容量的磷酸。当电池隔膜中的磷酸因蒸发等原因损失时，贮存在多孔碳板中的磷酸就会依靠毛细力的作用迁移到电解质隔膜内，以延长电池的工作寿命。

12.10.2.2　隔膜和电解质

最初，人们沿用碱性燃料电池中的石棉隔膜，但其中的碱性氧化物会缓慢地与磷酸反应，影响电池性能，甚至最终导致隔膜解体。随后采用了化学性质极为稳定的 SiC 和聚四氟乙烯（PTFE）制备的微孔结构隔膜，饱和浓磷酸作电解质。新型的 SiC-PTFE 隔膜有直径极小的微孔，兼顾了分隔效果和电解质传输。隔膜与电极紧贴组装后，电解质就会透过微孔进入氢氧多孔气体扩散电极的催化层形成稳定的三相界面。

磷酸燃料电池的电解质是浓磷酸溶液。磷酸是无色、黏稠、有吸水性的液体。磷酸在水溶液中易离解出电池工作的导电离子（氢离子）。磷酸在常温下的导电性小，在高温下有良好的离子导电性，所以要求工作温度在 200℃左右。

磷酸的固化温度与其质量分数有很大关系。对于质量分数为 100% 的磷酸（含 72.43% P_2O_5，20℃时密度 1.863g/cm^3）具有较高的凝固点（42℃），因而被用在 PAFC 电池堆中。若电池堆在环境温度下使用，电解质会发生固化，体积也随之增加。磷酸质量分数降低时，其固化温度也迅速下降，通常为避免固化，从工厂到电厂之间的运输采用低质量分数的磷酸，在输入电池前将其转化为高质量分数磷酸。电解质在固化后，会对电极产生不可逆的损伤，导致电池性能的降低。所以电池堆一旦启动，就必须保持温度，包括在无负载时。磷酸燃料电池即使不工作，体系也要维持在 45℃以上，因此必须对其装备适当的加热设备。

磷酸电解质一般封装在电池隔膜围成的腔内，由聚四氟乙烯黏合的碳化硅等保持材料吸附。虽然磷酸本身蒸气压低，但在高工作温度和长时间运行时电解质损耗较大。一种比较灵活的方法就是在多孔极板内储存一定量的磷酸，靠毛细作用迁移到隔膜内，以补充因蒸发等原因而造成的损耗。

12.10.2.3　冷却系统

磷酸燃料电池由多节单电池按压滤机方式组装，以构成电池组。磷酸电池的工作温度一般在 200℃左右，能量转化效率约为 40%。因此，为保证电池组的工作稳定，必须连续地排出电池所产生的废热。一般而言，每 2～5 节电池间可加入一片排热板，在排热板内通水、空气或绝缘油进行电池冷却。水冷是最常用的冷却方法，尤其对于大型电厂。水冷又分沸水冷却与加压水冷却。采用沸水冷却时，电池废热通过水的汽化潜热带出电池。由于水的汽化潜热很大，所以冷却水的用量较低。而采用加压水冷却时，则要求水的流量较大。采用水冷时，为防止腐蚀发生，对水质要求颇高。

12.10.2.4　燃料气

磷酸燃料电池对 CO_2 有较好的承受力，没有 CO_2 中毒的问题。阳极通常可用天然气等矿物燃料经裂化或重整转化为包含 CO_2 的富氢气体为燃料，阴极则以空气为氧化剂，二者均不需要作 CO_2 提纯处理，有利于民用燃料电池的发展。但 CO 和 H_2S 等杂质气体对电极活性的抑制作用较大，CO 含量不能超过 1%，H_2S 浓度限于 0.002%，否则会毒化铂催化剂，使电池性能恶化。

12.10.3　应用

磷酸燃料电池具有构造简单、稳定、电解质挥发度低等优点，适于安装在居民区或用户密集区。高效、紧凑、无污染是其主要特征。磷酸燃料电池是技术较为成熟、已经实现商业化的燃料电池品类，可以应用在汽车、电厂、分布式发电、公共场所供电等领域。由于磷酸易得，反应温和，已有许多发电能力为 0.2～20 MW 的磷酸燃料电池被安装在世界各地，为医院、学校和小型电站提供动力。

美国、日本、西欧建造了许多试验电厂，功率从数千到数兆瓦。定型产品有功率为200kW 的 PC25，已投放市场，可以向国际燃料电池公司（IFC）订购。这种电站，在世界各地运行的多达几百台，试验表明可长期运行（工作几万小时）。PC25 型 PAFC 发电装置技术基本成熟，我国也从日本引进了该发电装置，安装在广州市番禺的养猪场内，利用沼气进行发电运行试验。大规模利用生物沼气的磷酸燃料电池可望在将来应用于垃圾回收等领域。

发展 PAFC 的目的一是建造 5~20MW 的以天然气重整富氢气体为燃料的分散电站；二是建造 50~100kW 的电站，为旅馆、公寓和工厂实现热电联供，PAFC 的发电效率为 40%~50%，热电联供时其燃料的利用率可提高到 70%~80%。美国 UTC Power 公司的固定磷酸燃料电池产品是 PureCell 模型系统，这个固定燃料电池可以提供 400kW 的电力和 170 万 kW/h 的热量。

磷酸燃料电池还可用做公共汽车的动力，有许多这样的系统正在运行。图 12-39 为 PAFC 巴士。PAFC 巴士由国际燃料电池（IFC）公司制造，功率 100kW，预期寿命 25000h，蓄电池为凝胶型铅酸电池，使用 185kW 交流感应电机（见图 12-40）。

图 12-39　PAFC 公共汽车

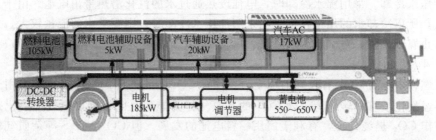

图 12-40　IFC 公共汽车混合燃料系统线路

12.11　熔融碳酸盐燃料电池

12.11.1　简介

熔融碳酸盐燃料电池（molten carbonate fuel cell，MCFC）的概念最早出现于 20 世纪 40 年代。20 世纪 50 年代，Broes 等人演示了世界上第一台熔融碳酸盐燃料电池。80 年代，加压工作的熔融碳酸盐燃料电池开始运行。预期它将继第一代 FC——磷酸燃料电池（PAFC）之后进入商业化阶段，所以通常称作第二代燃料电池。

熔融碳酸盐燃料电池的工作原理如图 12-41 所示。

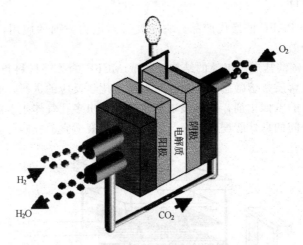

图 12-41　熔融碳酸盐燃料电池的工作原理

熔融碳酸盐燃料电池以碳酸锂（Li_2CO_3）、碳酸钾（K_2CO_3）及碳酸钠（Na_2CO_3）等熔融碳酸盐为电解质，采用镍粉烧结体作电极材料。发电时，向阳极输入燃料气体，向阴极提供空气与 CO_2 的混合气。在阴极，氧化剂接受外电路电子，并与 CO_2 反应生成碳酸根离子（CO_3^{2-}），碳酸根离子在电场力作用下经过电解质向阳极迁移。在阳极，氢气与碳酸根离子（CO_3^{2-}）反应生成 CO_2 和水蒸气（H_2O），同时向外电路释放电子。熔融碳酸盐燃料电池的电化学反应如下：

阴极反应：$1/2\ O_2 + CO_2 + 2e^- \longrightarrow CO_3^{2-}$

阳极反应：　　$H_2 + CO_3^{2-} \longrightarrow H_2O + CO_2 + 2e^-$

总反应：　　　$H_2 + 1/2\ O_2 \longrightarrow H_2O$

由电极反应可知，熔融碳酸盐燃料电池的导电离子为 CO_3^{2-}，总反应是氢和氧化合生成水。与其他类型燃料电池的区别是：在阴极 CO_2 为反应物，在阳极 CO_2 为产物，即 CO_2 从阴极向阳极转移，从而在电池工作中构成了一个循环。为确保电池稳定连续地工作，必须将在阳极产生的 CO_2 返回到阴极。通常采用的办法是将阳极室所排出的尾气经燃烧消除其中的氢和 CO 后，进行分离除水，然后再将 CO_2 送回阴极。

与低温燃料电池相比，MCFC 的成本和效率很有竞争力，其优点主要体现在 4 个方面。首先，在工作温度下，MCFC 可以进行内部重整（IR）。燃料的重整，如甲烷的重整反应，可以在阳极反应室进行，重整反应所需热量由电池反应的余热提供。这既降低了系统成本，又提高了效率。其次，MCFC 的工作温度为 $600 \sim 650℃$，能够产生有价值的高温余热，可用来压缩反应气体，以提高电池性能，也可用于供暖或锅炉循环。第三，几乎所有燃料重整都产生 CO，它可使低温燃料电池电极催化剂中毒，但却成为 MCFC 的燃料。第四，电催化剂以镍为主，不使用贵金属。

在内部重整 MCFC 中，空速较低，重整反应速率适当，可以采用脱硫煤气或天然气为燃料。它的电池隔膜与电极均采用带铸方法制备，工艺成熟，易于大批量生产。若能成功地解决电池关键材料的腐蚀等技术难题，将使电池使用寿命从现在的 1 万～2 万小时延长到 4 万小时。

尽管 MCFC 在反应动力学上有明显的优势，但也有其缺点，主要体现在高温工作时电解质腐蚀性高，密封技术苛刻，阴极需不断供应 CO_2。

12.11.2 关键部件

MCFC 被认为是 PAFC 的换代产品，它主要针对电力方面的应用，在设计中就有意识地考虑了系统的整合效应。

图 12-42 为熔融碳酸盐燃料电池的结构。构成 MCFC 的关键材料与部件为阳极、阴极、隔膜和双极板等。电解质是熔融态碳酸盐。为加速电化学反应的进行，必须有能耐受熔盐腐蚀、电催化性能良好的电催化剂，并由该电催化剂制备出多孔气体扩散电极。为确保电解质在隔膜、阴极和阳极间的良好匹配，电极与隔膜必须具有适宜的孔匹配率。

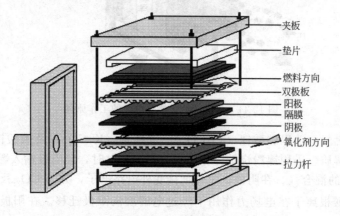

图 12-42　熔融碳酸盐燃料电池结构

12.11.2.1 电极

电极是 H_2 或 CO 氧化及 O_2 还原的场所。在阳极和阴极上分别进行氢（或一氧化碳）阳极氧化反应和氧阴极还原反应，由于反应温度为 $650℃$，反应有电解质（CO_3^{2-}）参与，要求电极材料有很高的耐腐蚀性能和较高的电导。阴极上氧化剂和阳极上燃料气均为混合气，尤其是阴极的空气和 CO_2 混合气体在电极反应中浓差极化较大，因此电极均为多孔气体扩散电极结构。气体扩散电极的多孔结构有利于反应气体、电解质熔盐及电催化剂之间形成气-液-固三相反应界面，增大电化学反应面积，减小电池的活化与浓差极化。

在 MCFC 中，电极反应温度为高温，电极催化活性比较高，所以电极材质采用非贵金属。阳极早先采用多孔烧结纯 Ni 板。但在高温和电池组装压力下，金属晶体结构产生微形变，即产生蠕变。蠕变破坏了阳极结构，减少电解质储存量，导致电极性能衰减。因此需要对纯 Ni 阳极进行改性，克服蠕变应力。一般在 Ni 中掺杂其他元素（如 Cr、Al 或 Cu 等），在还原气氛中形成 Ni-Cr 或 Ni-Al 合金阳极，以防止烧结，克服工作时的蠕变。

阴极一般采用 NiO，由多孔镍在电池升温过程中氧化而成，而且被部分锂化。NiO 阴极具有良好的导电性和高结构强度，但它在使用过程中可溶解、沉淀，Ni^{2+} 在电解质基底中被经电池隔膜渗透过来的氢还原为金属镍，在电解质基底中形成枝状晶体，导致电池性能降低、寿命缩短，现象严重时将会导致电池短路。为此，正在开发和试验如偏钴酸锂（$LiCoO_2$）、偏锰酸锂（$LiMnO_2$）、氧化铜（CuO）、二氧化铈（CeO_2）等新的阴极电催化剂。

电极用带铸法制备。将一定粒度分布的电催化剂粉料，如羰基镍粉，用高温反应制备的偏钴酸锂（$LiCoO_2$）粉料或用高温还原法制备的镍-铬（Ni-Cr，铬质量分数为 8%）粉料与一定比例的黏合剂、增塑剂和分散剂混合，在正丁醇和乙醇的混合溶剂中经长时间研磨制得浆料，浆料在带铸机上成膜，之后于高温、还原气氛下去除有机物，最终制成多孔气体扩散电极。

12.11.2.2　隔膜和电解质

隔膜是熔融碳酸盐燃料电池的核心部分，它必须强度高，耐高温熔盐腐蚀，浸入熔盐电解质后能阻气密封，并且具有良好的离子导电性。目前已普遍采用偏铝酸锂（$LiAlO_2$）制备电池隔膜。

偏铝酸锂（$LiAlO_2$）有 α、β 和 γ 三种晶型，分别属于六方、单斜和四方晶系。它们的密度分别为 $3.400\ g/cm^3$、$2.610 g/cm^3$ 和 $2.615\ g/cm^3$，其外形分别为球状、针状和片状。在 650℃电池工作温度下，偏铝酸锂粉体不发生烧结。由于隔膜由偏铝酸锂粉体堆积而成，要确保隔膜耐受一个大气压（0.1MPa）的压差，隔膜孔径最大不得超过 $3.96\mu m$，偏铝酸锂粉体的粒度就应尽量细小，必须将其粒度严格控制在一定的范围内。采用纳米合成技术来制备粒径分布均匀、晶相稳定、抗烧结性强的超细 $LiAlO_2$ 粉材，并开发新的加工制造技术以提高隔膜的稳定性。为增加电解质隔膜的强度，有时向基体中添加一定数量的 Al_2O_3 颗粒或纤维作增强剂，形成颗粒或纤维增强的复合材料。

稳定的偏铝酸锂隔膜的研制成功加速了熔融碳酸盐燃料电池试验电站的建设。隔膜材质包含偏铝酸锂和碱金属碳酸盐的混合物，可采用多种方法来制备，如热压、电沉积、带铸等。带铸法制膜的过程是在 $\gamma\text{-}LiAlO_2$ 中掺入 5%～15% 的 $\alpha\text{-}LiAlO_2$，同时加入一定比例的黏结剂、增塑剂和分散剂等。用正丁醇和乙醇的混合物作溶剂，经长时间球磨制备出适于带铸用的浆料。然后，将浆料以带铸机铸膜。在制膜过程中控制其中所含溶剂的挥发度，使膜快速干燥。将制得的膜数张叠合，热压成厚度为 0.5～0.6mm，堆密度为 $1.75～1.85g/cm^3$ 的电池用隔膜。

电解质通常采用碳酸锂（Li_2CO_3）和碳酸钾（K_2CO_3）的混合物（简称 Li/K）或者碳酸锂（Li_2CO_3）和碳酸钠（Na_2CO_3）的混合物（简称 Li/Na），其熔点在 500℃左右，熔融碳酸盐电解质依靠毛细作用力保持在氧化铝基的隔膜中。在 Li/K 电解质中，NiO 和氧的溶解度比在 Li/Na 中大一倍，这两个指标对 MCFC 寿命和阴极动力学的影响非常大，目前典型的电解质是含有约 40% 的碳酸锂和 60% 的其他碳酸盐（摩尔比）。

12.11.2.3　双极板

双极板分隔氧化剂（如空气）和还原剂（如重整气），并提供气体的流动通道，同时还起着集流导电的作用。双极板的两面都做成波纹状，供反应气体通过，如图 12-43 所示。双

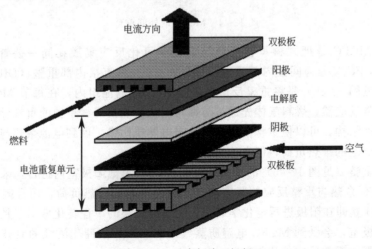

图 12-43　垂直气路双极板

极板波纹与电解质接触，施加恒定的压力以减少接触电阻。双极板通常由不锈钢或镍基合金钢制成，为减缓双极板的腐蚀速率，抑制因腐蚀层增厚所导致的接触电阻增大以致电池的欧姆极化加剧，可采用表面镀镍加以保护。熔融碳酸盐燃料电池靠浸入熔盐的偏铝酸锂隔膜密封，通称为湿密封。为防止在湿密封处造成电池腐蚀，双极板的湿密封处通常采用铝涂层保护。在电池的工作条件下，该铝涂层会生成致密的偏铝酸锂绝缘层。

熔融碳酸盐燃料电池组均按压滤机方式进行组装，将阴极和阳极分置于隔膜的两侧，之后放上双极板，然后再循环叠加装配制成。氧化气体（如空气）和燃料气体（如净化煤气）进入电池组各节电池孔道。在电池组与气体管道的连接处要注意安全密封技术，需要加入由偏铝酸锂和氧化锆制成的密封垫。氧化与还原气体在电池内的相互流动有并流、对流和错流三种方式，在设计制造时，一般采用错流方式。

12.11.3 重整

熔融碳酸盐燃料电池是一种高温电池（$600\sim700℃$），它使用的燃料多样化，如氢气、煤气、天然气和生物燃料等。当以烃类（如天然气）为 MCFC 燃料时，烃类经重整反应转化为氢与一氧化碳。最简单的形式为外重整（见图 12-44），通过 MCFC 电池组外部的重整器把天然气等燃料转化为富氢气体，再将制得的 H_2 与 CO 送入 MCFC，简称 ER-MCFC。采用此种方式，重整器与电池组分开设置，因重整反应为吸热反应，只能通过各种形式的热交换或利用 MCFC 尾气燃烧达到 MCFC 余热的综合利用，重整反应与 MCFC 电池耦合很小。

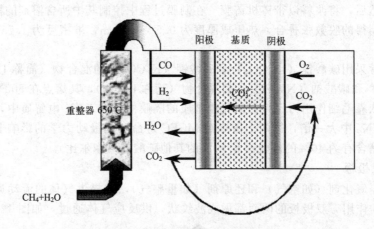

图 12-44　MCFC 的外部重整

内部重整 MCFC 是把燃料重整反应与电化学氧化反应集成在同一装置内，简称 IR-MCFC。IR-MCFC 又分为间接内部重整（IIR-MCFC）和直接内部重整（DIR-MCFC）。间接内部重整（见图 12-45）是将重整反应器置于 MCFC 电池组内，在每节 MCFC 单池阳极侧加置烃类重整反应器，燃料气体先通过与燃料电池换热良好、单独的重整反应室，之后再进入阳极。这种结构，可以使重整催化剂不会被电解质污染，做到电池余热与重整反应的紧密耦合，减少电池的排热负荷，但电池结构复杂。

直接内部重整（见图 12-46）的重整反应在 MCFC 单池阳极室内进行，采用这种方式不仅可做到 MCFC 余热与重整反应的紧密耦合，减少电池的排热负荷，而且因为内重整反应生成的氢与 CO 立即在阳极进行电化学氧化，能提高烃类的单程转化率。但是由于重整反应催化剂置于阳极室，会受到 MCFC 电解质蒸气的影响，导致催化活性的衰减，因此必须研制抗碳酸盐盐雾的重整反应催化剂。

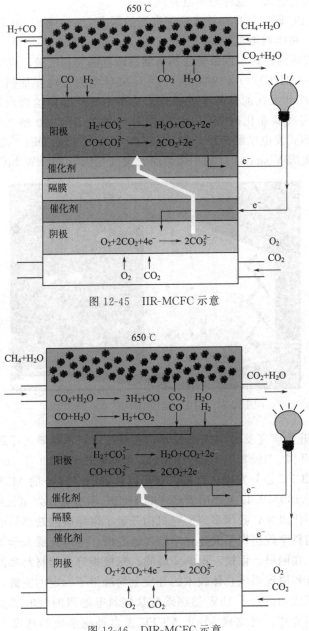

图 12-45　IIR-MCFC 示意

图 12-46　DIR-MCFC 示意

12.11.4　应用

由于良好的商业化前景，MCFC 研发活动备受发达国家关注。以天然气、煤气和各种碳氢化合物（如柴油）为燃料的 MCFC 在建立高效、环境友好的 $50 \sim 10000 kW$ 的分散电站方面具有显著的优势，非常适用于大规模及高效率的电站应用。它不但可减少 40% 以上的二氧化碳排放，而且还可实现热电联供或联合发电，将燃料的有效利用率提高到 $70\% \sim 80\%$。对于发电能力在 $50 kW$ 左右的小型 MCFC 电站，则可用于地面通信、气象台站等。发电能力为 $200 \sim 500 kW$ 的 MCFC 中型电站，可用于水面舰船、机车、医院、海岛和边防的热电联供。而发电能力在 $1000 kW$ 以上的 MCFC 电站，可与热机构成联合循环发电，可作为区域性供电电站，也可与市电并网。

美国是从事 MCFC 研究最早和技术高度发展的国家之一，开发 MCFC 的公司主要有 M-C 电力公司（MCP）和燃料电池能源（Fuel Cell Energy，FCE）公司。M-C 电力公司采用外重整器制取富氢气体为燃料，以带铸法制备偏铝酸锂隔膜和电极，双极板采用内分配管热交换器构型的设计（IMHEX®）。1994 年 12 月，M-C 电力公司在加州 Brea 建成了 250kW 的 MCFC 电站，1997 年又在加州的圣地亚哥建造了由 250 节单池构成的 250kW MCFC 电站。FCE 公司已经实现商业化的 MCFC，其主打产品为 DFC300 型 250kW 发电模块，从 2001 年开始进入分布式发电电源市场，图 12-47 为 FCE 公司的 DFC®-300 MCFC 外貌。此外，FCE 也参加了美国 Vision21 计划中微型涡轮燃气轮机与 250kW MCFC 联合发电项目。

图 12-47　FCE 公司的 DFC®-300 MCFC

日本从 1981 年开始研究发展 MCFC 技术，在月光计划和新阳光计划的框架中，都有关于 MCFC 的研究与开发。1987 年 10kW MCFC 开发成功，1993 年 100kW 外部重整型和 30kW 内部重整型 MCFC 也开发成功。按"新阳光计划"，1MW 的 MCFC 中间试验电厂现正在实施中，并进行 100MW 以上燃用天然气的 MCFC 联合循环发电机组的研究。

自 20 世纪 90 年代以来，我国多家研究机构开展了熔融碳酸盐燃料电池的研究工作。科技部、教育部和中国科学院组织了大连化学物理研究所、上海交通大学等单位进行熔融碳酸盐燃料电池的研究，在阴极、阳极、电解质隔膜、双极板等关键材料和部件的制备，电池组的设计、组装、运行和电池系统总体技术的开发上均取得了一定的突破，上海交通大学和大连化学物理研究所都成功进行了 1kW 熔融碳酸盐燃料电池组的发电试验，上海交通大学与上海汽轮机有限公司合作，已完成 50kW MCFC 发电外围系统的建设，10kW 的 MCFC 电池组已经制作完成。我国是一个产煤大国，充分利用煤炭资源作燃料发展熔融碳酸盐燃料电池对国家的发展具有战略意义。

12.12　固体氧化物燃料电池

12.12.1　简介

固体氧化物燃料电池（solid oxide fuel cell，SOFC）是以固体氧化物作为电解质的高温燃料电池，它适用于大型发电厂及工业应用。SOFC 不但具有其他燃料电池高效、环境友好的优点，而且还具有以下突出优点：① SOFC 是全固体结构，由于没有液相存在，不存在三相界面的问题；② 氧化物电解质很稳定，无使用液体电解质带来的材料腐蚀和电解质流失问题；③ 电解质组成不受燃料和氧化气体成分的影响，可望实现长寿命运行。

SOFC 在 800～1000℃的高温下工作，燃料能迅速氧化并达到热力学平衡，电催化剂无需采用贵金属。SOFC 燃料适用范围广，包含天然气、煤气和碳氢化合物等，燃料可在电池内重整，简化了电池系统。由于固体氧化物电解质气体渗透性低，电导率小，开路时 SOFC 电压可达到理论值的 96%。与 MCFC 相比，SOFC 的内部电阻损失小，可以在电流密度较高的条件下运行，燃料利用率高，也不需要 CO_2 循环，因而系统更简单。SOFC 还可以承受超载、低载，甚至短路。

由于 SOFC 运行温度高，其耐受硫化物的能力比其他燃料电池至少高两个数量级。SOFC 对杂质的耐受能力，使其能使用重燃料（如柴油）。SOFC 排出的副产品是高质量的热和水蒸气，在满足电力需求的同时，还可以提供热水、取暖或与煤气化、燃气、蒸汽轮机等构成联合循环发电系统，建造中心电站或分散电站，使其综合效率可由 50% 提高到 70% 以上。这样既能提高能源利用率，又能消除对环境的污染。

SOFC 工作原理如图 12-48 所示。SOFC 采用固体氧化物作电解质，这种氧化物在高温下具有传递 O^{2-} 的能力，在电池中起着传导 O^{2-} 和分隔氧化剂和燃料的作用。

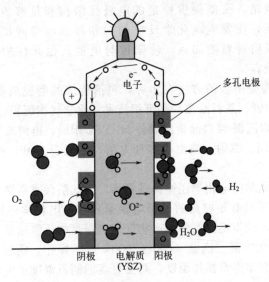

图 12-48　固体氧化物燃料电池的原理

在阴极，氧分子得到电子被还原为氧离子：

$$O_2 + 4e^- \longrightarrow 2O^{2-}$$

氧离子在电解质隔膜两侧电势差与氧浓度差驱动力的作用下，通过电解质隔膜中的氧空位，定向跃迁到阳极侧，并与燃料（如氢）进行氧化反应：

$$2O^{2-} + 2H_2 \longrightarrow 2H_2O + 4e^-$$

总反应为：

$$2H_2 + O_2 \longrightarrow 2H_2O$$

固体氧化物燃料电池技术的难点也源于它的高工作温度。电池的关键部件阳极、隔膜、阴极和连接材料等在电池的工作条件下必须具备化学与热的相容性。即在电池工作条件下，电池构成材料间不但不能发生化学反应，而且其热胀系数也应相互匹配。

12.12.2 关键部件

构成 SOFC 的关键部件为阴极、阳极、固体氧化物电解质隔膜（如氧化钇稳定的氧化锆-YSZ）和双极板及连接材料等。SOFC 工作温度高，因而对构成电池的元件及材料要求很高，主要包括在高温氧化还原环境中的化学稳定性、导电性及密封性等。

12.12.2.1 电极

SOFC 阳极的主要作用是为燃料的电化学氧化提供反应场所，所以 SOFC 阳极材料必须在还原气氛中稳定，具有足够高的电子电导率和对燃料氧化反应的催化活性，还必须具有足够高的孔隙率，以确保燃料的供应及反应产物的排出。对于直接甲烷 SOFC，其阳极还必须能够催化甲烷的重整反应或直接氧化反应，并有效地避免积炭的产生。由于 SOFC 在中温、高温下操作，阳极材料还必须与其他电池材料在室温至操作温度乃至更高的制备温度范围内化学上相容、热胀系数相匹配。

在中温、高温 SOFC 中，适合作为阳极催化剂的材料主要有金属、电子导电陶瓷和混合导体氧化物等。常用的阳极催化剂有 Ni、Co 和贵金属材料，其中金属 Ni 由于具有高活性、低价格的特点，应用最为广泛。在 SOFC 中，阳极通常由金属镍及氧化钇稳定的氧化锆（yttria-stibilized zirconia，YSZ）骨架组成。这种复合金属氧化物电极既能防止金属催化剂颗粒的烧结，又能提供稳定的电极孔结构和足够的孔隙率，从而充分扩展电极电化学反应界面，使发生电化学反应的三相界面向空间扩展，以实现电极的立体化。同时，由于电解质材料的加入，使阳极与电池其他元件的热胀系数相一致以实现电极与电池的相互兼容。

制备 Ni-YSZ 金属陶瓷阳极的方法有多种，包括传统的陶瓷成型技术（流延法、轧膜法）、涂膜技术（丝网印刷、浆料涂覆）和沉积技术（化学气相沉积、等离子体溅射）。管式 SOFC 通常采用化学气相沉积-浆料涂覆法制备 Ni-YSZ 阳极；电解质自支撑平板型 SOFC 的阳极制备可采用丝网印刷、溅射、喷涂等多种方法，平板型 SOFC 的阳极制备一般采用轧膜、流延等方法。

阴极的作用是为氧化剂的电化学还原提供场所，因此阴极材料必须在氧化气氛下保持稳定，在 SOFC 操作条件下具有足够高的电子电导率和对氧电化学还原反应的催化活性，还必须具有足够的孔隙率，使得反应气体与产物气体有很高的传质速度，确保反应活性位上氧气的供应。由于 SOFC 在中温、高温（600~1000℃）下操作，阴极材料与阳极材料一样，也必须与其他电池材料在室温至操作温度，乃至更高的制备温度范围内化学上相容、热胀系数相匹配。

能够用于 SOFC 阴极的材料除了贵金属外，还有离子电子混合导电的钙钛矿型复合氧化物材料。目前 SOFC 研究与开发中使用最广泛的阴极材料是 Sr 掺杂的 $LaMnO_3$（LSM），它的热胀系数可与 YSZ 的热胀系数相匹配。为了增加氧电化学还原反应的活性位——电极材料-电解质材料-反应气体的反应界面，调整 LSM 的热胀系数，通常在 LSM 中掺入一定量的 YSZ 或其他电解质材料，制成 LSM-电解质复合阴极使用。对中温 SOFC，通常采用 Sr、Fe 掺杂的 $LaCoO_3$（LSCF）、$SrCoFeO_{3-x}$（SCF）、Sr 掺杂的 $SmCoO_3$（SSC）等离子-电子混合导电材料作阴极。这些材料在中温下均具有较高的电导率和对氧电化学还原反应的催化活性，但大多存在与电解质及其他电池材料的化学相容性、长期操作电极催化活性、微观结构、形貌尺寸稳定性较差等问题。

阴极材料可用化学共沉淀、冷冻干燥、溅射热解、甘氨酸/硝酸盐燃烧、溶胶-凝胶和固相反应等方法制备。我国拥有丰富的稀土资源，采用以稀土元素为主要成分的钙钛矿型复合氧化物作 SOFC 的阴极材料，既能降低电池系统的开发成本，又能带动我国稀土产业的发展。

12.12.2.2　电解质和连接材料

在 SOFC 中，电解质材料的主要作用是在阴极和阳极之间传递氧离子和对燃料及氧化剂的有效隔离。为此，要求固体氧化物电解质材料在氧化性气氛和还原性气氛中均具有足够的稳定性，电解质隔膜具有足够的致密性及在操作温度下具有足够高的离子电导率。此外，作为 SOFC 电解质材料的金属氧化物还必须在高温下与其他电池材料化学上相容，热胀系数相匹配。

目前，绝大多数固体氧化物燃料电池均以 $6\%\sim10\%$ 三氧化二钇掺杂的氧化锆（YSZ）为固体电解质。当 Y_2O_3 与 ZrO_2 混合后，晶格中一部分 Zr^{4+} 被 Y^{3+} 取代，当 2 个 Zr^{4+} 被 2 个 Y^{3+} 取代，相应地，3 个 O^{2-} 取代 4 个 O^{2-}，空出一个 O^{2-} 位置，因而，晶格中产生一些氧离子空位。在 SOFC 系统中，电解质里移动的离子是 O^{2-}。Y_2O_3 保持结构的稳定性，同时在 ZrO_2 晶格内形成大量的氧离子空位，以保持材料整体的电中性。YSZ 粉料的合成有多种方法，常用的有共沉淀法、水解法、醇盐水解法、热解法、溶胶-凝胶法、水热法等，不同方法制备的粉体具有不同的特性。目前，高活性、组成均匀、不同细度的 YSZ 粉体在市场上均有销售。YSZ 膜通常采用带铸法或刮膜法来制备，也可采用其他如电化学气相沉积、喷涂等技术来制成更薄的电解质膜。

当 SOFC 在 1000℃ 左右工作时，YSZ 具有很高的氧离子导电性。随着工作温度的降低，其离子导电性逐渐下降。在低于 700℃ 的工作温度下，很难满足 SOFC 的性能要求。只有通过改善制作工艺，将电解质层的厚度降低到微米量级或细化 YSZ 晶粒，从而减小其欧姆损失。此外，具有较高氧离子导电性的电解质材料也受到极大的关注，如 Sc_2O_3 稳定的 ZrO_2（SSZ）和氧化铈电解质（$Ce_xGd_{1-x}O_y$，GDC）等。SSZ 的氧离子导电性成倍高于 YSZ，但其成本偏高，来源不足，而且高温强度不如 YSZ。GDC 的氧离子导电性高于 YSZ，但在相对高的温度下，GDC 在阳极气氛中不稳定，容易产生电子导电（尤其在 600℃ 以上），降低开路电压和输出功率。

在 SOFC 电池组中，双极连接材料的主要作用是连接相邻两个单电池的阳极与阴极，实现"电子导通"，分隔相邻单电池氧化剂与燃料。连接材料应具有如下特性：① 具有足够高的电子电导率，以减小电池的欧姆压降；② 在氧化或还原气氛下均保持优良的化学稳定性，并具有足够高的致密度，防止燃料与氧化剂通过连接体互窜；③ 与电解质和电极等材料化学上相容，并具有相匹配的热胀系数。对管型 SOFC，双极连接材料称为连接体；对平板型 SOFC，双极连接材料称为双极板。

SOFC 连接材料一般采用掺镧铬酸盐（如 $La_{1-x}Ca_xCrO_3$，简称 LCC），以保证电池在高温工作时的连接、导电、阻气和密封。随着 SOFC 技术的发展，工作温度降低，金属材料逐渐成为连接体材料的选择对象。连接体对金属材料的一般要求是抗氧化性、导电性、高温机械强度、热胀系数相匹配以及与相接触材料之间的化学相容性等。含 Cr 的铁素体不锈钢和高温合金是最有希望的材料。为了满足连接体功能的要求，金属连接体的抗氧化性、氧化物的导电性、氧化物与基体的结合强度、铬化物挥发对阴极的毒化等多方面性能还有待于进一步提高。

12.12.3　类型

固体氧化物燃料电池是全固体结构，因而在电池组装时可以制成管式、平板式、套管式、瓦楞式等多种结构。通常采用的结构类型有管式（见图 12-49）和平板式（见图 12-50）两种，两种电池结构各自具有不同的特点，其应用范围也有所不同。

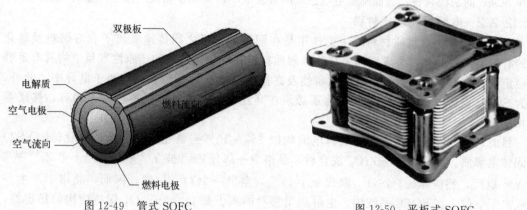

电解质
空气电极
空气流向
燃料电极
双极板
燃料流向

图 12-49　管式 SOFC

图 12-50　平板式 SOFC

管式 SOFC 电池组由一端封闭的管状单电池以串联、并联方式组装而成。每个单电池从内到外由多孔支撑管、空气电极、固体电解质薄膜和金属陶瓷阳极组成。管式 SOFC 电池组的结构如图 12-51 所示。多孔管起支撑作用，并允许空气自由通过，到达空气电极。空气电极支撑管、电解质膜和金属陶瓷阳极通常分别采用挤压成型、电化学气相沉积（EVD）、喷涂等方法制备，经高温烧结而成。在管式 SOFC 中，单电池间的连接体设在还原气氛一侧，这样可以使用廉价的金属材料作电流收集体。单电池采用串联、并联方式组合到一起，可以避免当某一单电池损坏时电池束或电池组完全失效。用镍毡将单电池的连接体连接起来，可以减小单电池间的应力。管式 SOFC 电池组相对简单（如不涉及高温密封这一技术难题），容易通过电池单元之间并联和串联组合成大功率的电池组。管式 SOFC 一般在很高的温度（900～1000℃）下进行操作，主要用于固定电站系统，所以高温 SOFC 一般采用管式结构。管式结构的缺点是电流通过的路径较长，限制了 SOFC 的性能。

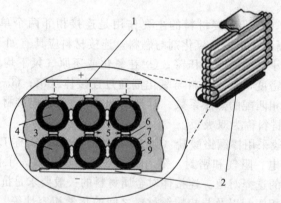

图 12-51　管式 SOFC 电池组的结构

1—阴极母线；2—阳极母线；3—燃料；4—空气；5—镍毡；

6—连接体；7—阳极；8—电解质；9—阴极

平板式 SOFC 的空气电极/YSZ 固体电解质/燃料电极烧结成一体，组成"三合一"结构（positive electrolyte negative plate，PEN）。PEN 间用开设导气沟槽的双极板连接，使之相互串联成电池组，如图 12-52 所示。空气和燃料气体在 PEN 的两侧交叉流过。PEN 与双极板间通常采用高温无机黏合材料密封，以有效地隔离燃料和氧化剂。平板式 SOFC 分成两大类：自支撑结构和外支撑结构。在自支撑结构中，电池组件之一（通常是最厚的一层）作为电池结构的支撑体。因此，单电池可以设计成电解质支撑、阳极支撑或阴极支撑。在外支撑结构中，薄层构成的单电池制备在连接体或多孔基板上。

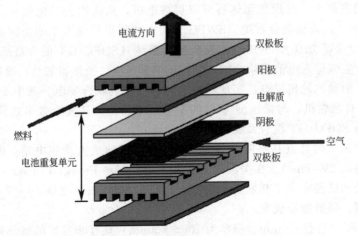

图 12-52 平板式 SOFC 电池组结构

平板式 SOFC 的优点是 PEN 制备工艺简单，造价低。由于电流收集均匀，流经路径短，致使平板式电池的输出功率密度较管式高。平板式 SOFC 的主要缺点是密封困难、抗热循环性能差及难以组装成大功率电池组。但是，当 SOFC 的操作温度降低到 600～800℃后，可以在很大程度上扩展电池采用材料的选择范围、提高电池运行的稳定性和可靠性，降低电池系统的制造和运行成本。近年来研究与开发的中温 SOFC 大都采用平板式结构。

12.12.4 应用

固体氧化物燃料电池采用陶瓷电解质，全固型结构，无需使用贵金属，燃料适应性广，热电联用效率一般可达 80% 以上，可应用于分布式电站及大型发电厂。SOFC 发电技术还没有进入商业应用阶段，目前与固体氧化物电解质技术联系最为密切的商业应用是氧传感器，已广泛应用于汽车尾气排放的控制。氧传感器实际是基于氧化钇稳定氧化锆电解质的单电池，对应汽车尾气中氧的浓度，它相应输出一个很小的电压。类似的氧传感器也用于食品、冶金和燃烧等工业。

不同功率的 SOFC 系统有不同的潜在市场。在 1～10W 的低功率等级中，小型 SOFC 装置用于边远地区替代电池。在稍微高一点的功率水平上（100W～1kW），SOFC 电源可用于军事领域、部队携带的通信或武器的电源。大型 SOFC 应用于大型发电厂。作为第三代燃料电池，不同类型的 SOFC 正在积极研制开发中。小型移动式、家庭和辅助电源系统，特别是使用天然气、丙烷和生物质气的 SOFC 已经成为现实。开发的典型实例有 Sulzer 公司、Adelan 公司、Delphi 公司、通用电气（GE）公司和西门子西屋动力公司等。

1991 年 6 月，美国能源部（DOE）和西屋（Westinghouse）公司投资 1.4 亿美元加速固体燃料电池的商业化。1998 年，德国西门子（Siemens）公司收购美国的西屋电气公司（Westinghouse），组建西门子-西屋动力公司（SWPC）。该公司是高温管式 SOFC 技术的先锋，已经制造和运行了多套标称功率至 220kW 的完整电站系统，并形成了单班每年 4MW 的生产能力。该公司于 1998 年 3 月生产了置于南加利福尼亚 Edison 的 25kW 联合循环 SOFC 发电系统，创下运行 13000 多小时的纪录。2001 年在荷兰成功地完成了 100kW 电站的连续 16612h 的运行试验，后来该系统转移到德国的埃森（Essen）继续运行了 3700h，累积时间达到 20000h 以上。100kW SOFC 电池堆由 1152 个管式单电池组成，每 8 个单电池串联成一扎，每 3 扎并联成一束，共 48 束。该发电系统不仅提供 109kW 的输出电力（峰值输出 140kW），还提供相当于 65kW 的供热系统来为当地采暖供应热水。

在 SOFC 的发展中，发现加压运行可以提高电压，从而改善发电效率。这一原理被运用于加压型 SOFC/汽轮机混合系统。SWPC 公司在加利福尼亚大学的美国国家燃料电池研究中心运行了 220kW 加压型 SOFC/汽轮机混合系统（SOFC/GT 混合系统）。在这个高度综合的系统中，空气进入电池模块之前，先用压缩泵加压、换热器加热，通过电池组后排出热的高压气体，驱动汽轮机发电，实现燃料电池和汽轮机联合发电。其中 200kW 来自燃料电池，20kW 来自汽轮机，与常压型 47% 的发电效率相比，其发电效率达到 53%。但制造出可行、可靠的 SOFC/GT 混合系统仍需进一步研究。

管式 SOFC 最大的特点是不需要高温密封，并可望建成大功率电站。但是，它的面功率密度很低（约 $0.2W/cm^2$）。在美国的 SECA(Solid State Energy Conversion Alliance) 计划中，SWPC 公司已经专注于开发新型扁管式 SOFC，运行温度也从 1000℃ 降至 800℃，以期提高功率密度，降低制造成本。

微管式 SOFC（直径 <5mm、壁厚为 $100\sim200\mu m$）具有非常好的抗热震性能，电堆能够在很短的时间内（如几分钟）启动，与大直径管式 SOFC 相比，体积功率密度增加，适宜制备小功率的发电装置。自 1993 年以来，已组装和示范了多个微管式 SOFC 电池堆。美国 Acumentrics 公司是国际上从事微管 SOFC 研究开发的主要公司之一，2000 年，Acumentrics 公司组装了 1000 个单电池的电池堆，证明了为计算机系统备份提供可靠电源的可能性。目前已经为用户设计并组装了几个 $2\sim5kW$ 的微管式电池堆系统，用作宽带和计算机系统的备用电源。微管式 SOFC 的缺点是单电池的面比电阻（area specific resistance，ASR）高，导线长，将许多小单电池连接在一起集成大电堆十分困难。

为了降低 SOFC 的工作温度（低于 850℃），平板式 SOFC 设计越来越受到人们的重视，逐渐成为 SOFC 技术发展的主流方向。中温平板式 SOFC($700\sim800$℃) 已被纳入美国能源部的 SECA 计划。General Electric HPGS 公司于 2005 年年底建成了净功率 5.4kW（甲烷重整气）、发电效率 41%(LHV)、电堆可用率 90%、衰减率为 1.8%/500h 的平板式 SOFC 模块。瑞士 Sulzer Hexis 公司从 1989 年就开始 SOFC 的开发，现在已到市场进入阶段。Sulzer Hexis 公司已经得到 400 多套 HXS1000Premiere 燃料电池装置的订单，客户主要分布在德国、奥地利和瑞士的公用事业公司。图 12-53 是一台由 Sulzer Hexis 公司开发并投入市场的 1kW 家居 SOFC 装置。它由 70 个单独的圆盘式单电池连接在一起组成，电池间通过连接片分开，这种连接片把电流收集器、空气气道、燃料气道和热交换器连为一体。送入电池堆的是低压脱硫天然气，在电池堆的周围，未反应的燃料和空气一起燃烧产生附加热。蒸汽重整器和电池堆集成在一起，系统还配置了冷凝锅炉、储热罐、热交换器、电力转换器和功率管理控制等。加拿大的 Global 热电公司在中温 SOFC 研发领域具有举足轻重的地位，主要面向分散供电、家庭热电联供市场。目前该公司已经形成 1MW/a 的生产能力，并开始向市场提供 5kW 汽车辅助电源。平板式 SOFC 既适合于小型分散发电（$1\sim10kW$），也在大型固定发电领域展示着广阔的应用前景。

美国 Bloom Energy 公司基于其专有的固体氧化物燃料电池技术，构建了 Bloom Energ 服务器，形成从数百 kW 到数十 MW 的解决方案。每台能源服务器产生 $200\sim300kW$ 的电力，提供全天候、24×7 的清洁能源。其家用 BloomBox SOFC 从 2009 年夏季开始，一直在 eBay 总部运行。

一些公司还打算把 SOFC 和储氢合金结合起来，用于开发汽车用燃料电池。图 12-54 为 ZTEK 公司固体氧化物燃料电池-汽轮机发电示意。天然气经过重整后进入燃料电池堆，空气经过压缩后进入燃料电池堆，发生电化学反应，产生直流电，同时放出热量。排出电池堆的废热和废气经过汽轮机发电。余热经过热交换器循环利用，最后排出清洁的尾气。

图 12-53　Sulzer Hexis 公司用平板式 SOFC 电池堆制造的 1kW 家居发电装置

A—隔热层；B—平板式 SOFC 电池堆；C—热交换器；D—储热罐；E—控制系统
F—辅助锅炉；G—交直流转换器；H—燃气脱硫单元；I—尾气

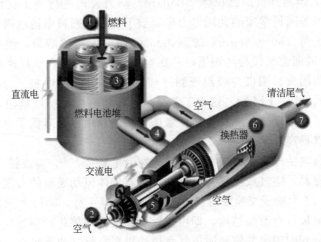

图 12-54　ZTEK 公司固体氧化物燃料电池-汽轮机发电示意

1—天然气进入燃料处理器，然后进入燃料电池堆；2—空气被压缩后经换热器加热
进入燃料电池堆；3—随着燃料和空气进入燃料电池堆，发生电化学反应产生直流电力和热能；
4—废热从燃料电池堆排出，并通过燃气轮机；5—由燃气轮机驱动发电机产生电力；
6—废热气通过换热器；7—清洁尾气排出

基于固态燃料电池比液态电解质具有本质上的优越性，安全稳定，坚固耐用，成为未来燃料电池的发展方向。固体氧化物电解质燃料电池在开发过程中，电极材料、电解质材料、双极连接材料和密封技术是比较关键的研究课题。由于电解质的电导率低，要获得具有商业意义的输出功率密度，电池必须在相对高温工作下（800～1000℃）。而当固体氧化物燃料电池操作温度过高时，所发生的电极/电解质、电极/双极板、电极、双极板与高温密封胶界面反应，以及电极在高温下的烧结退化等都会降低电池的工作效率和稳定性。同时亦使电极等关键材料的选择受到较大的限制。如果将固体氧化物电解质燃料电池的工作温度降低至 800℃以下，就可避免电池组件间的相互作用及电极的烧结退化，从而使电池结构材料选择的范围得以扩大。在研究过程中，需要充分考虑减小电解质隔膜的电阻、提高电解质材料的离子电导率和电极的催化活性，以加速中温固体氧化物燃料电池的发展。

12.13 质子交换膜燃料电池

12.13.1 简介

质子交换膜燃料电池（proton exchange membrane fuel cell，PEMFC），又称聚合物电解质膜燃料电池（polymer electrolyte membrane fuel cell，PEMFC），最早由通用电气（General Electric）公司为美国宇航局开发。20 世纪 60 年代，美国首次将质子交换膜燃料电池用于双子星座（Gemini）航天飞船，并作为船上的主电源。但该电池当时采用的是聚苯乙烯磺酸膜，在电池工作过程中该膜发生了降解。膜的降解不但导致电池寿命缩短，而且还污染了电池反应生成的水，使宇航员无法饮用。其后，通用电气公司曾采用杜邦（Du Pont）公司的全氟磺酸膜，延长了电池寿命，解决了电池生成水被污染的问题，并用小电池在生物卫星上进行了搭载实验。但在航天飞机使用电源的强烈竞争中，美国宇航局选择了石棉膜型碱性氢氧燃料电池（AFC）用于阿波罗计划，造成质子交换膜燃料电池的研究基本处于停滞状态。

1983 年，加拿大国防部资助巴拉德（Ballard）动力公司进行质子交换膜燃料电池的研究。在加拿大、美国等国科学家的共同努力下，质子交换膜燃料电池取得了突破性进展。首先，采用电导率高、薄（50～150μm）的 Nafion 和 Dow 全氟磺酸膜，使电池性能提高了数倍。接着又采用铂/碳催化剂代替纯铂黑，并在电极催化层中加入全氟磺酸树脂，实现了电极的立体化。同时将阴极、阳极与膜热压到一起，组成电极-膜-电极三合一组件（即 membrane-electrode-assembly，EMA）。这种工艺减少了膜与电极的接触电阻，并在电极内建立起质子通道，扩展了电极反应的三相界面，增加了铂的利用率，降低了电极铂的担载量，从而使电池性能大幅度提高。

质子交换膜燃料电池以全氟磺酸型固体聚合物为电解质，铂/碳或铂-钌/碳为电催化剂，氢或净化重整气为燃料，空气或纯氧为氧化剂，带有气体流动通道的石墨或表面改性的金属板为双极板。图 12-55 为质子交换膜燃料电池的工作原理示意，阴极和阳极均为多孔气体扩散电极，气体扩散电极具有双层结构，即由扩散层和反应（催化）层组成。

电池工作时，分别向阳极气室和阴极气室供给燃料（氢气或重整气）和氧化剂（空气或氧气），氢气和氧气在各自的电极上发生电化学反应，阳极催化层中的氢气在催化剂作用下发生电极反应，裂解成氢离子（质子）和电子：

$$H_2 \longrightarrow 2H^+ + 2e^-$$

该电极反应产生的电子经外电路流动到达阴极，提供电力。而 H^+ 则通过电解质膜转移到阴极与 O_2 及电子发生反应生成水：

$$1/2\,O_2 + 2H^+ + 2e^- \longrightarrow H_2O$$

电池总反应为：

$$H_2 + 1/2\,O_2 \longrightarrow H_2O$$

生成的水不稀释电解质，而是通过电极随反应尾气排出。

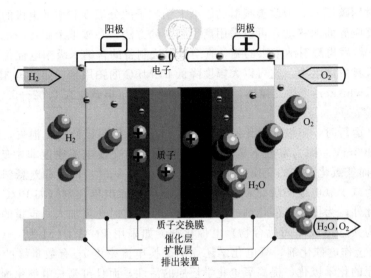

图 12-55 质子交换膜燃料电池的工作原理示意

质子交换膜燃料电池不但具有燃料电池的一般特点，如不受卡诺循环的限制，无污染，能量转化效率高等，同时还具有可室温快速启动，无电解液流失及腐蚀问题，水易排出，寿命长，比功率与比能量高等突出特点。因此，质子交换膜燃料电池不仅可用于建设分散电站，也特别适宜于用作可移动式动力源，是电动车和不依靠空气推进潜艇的理想候选电源之一。质子交换膜燃料电池是军、民通用的一种新型可移动电源，也是利用氯碱厂副产物氢气发电的最佳候选电源。在未来的以氢作为主要能量载体的氢能时代，它将是最佳的家庭动力源。

12.13.2 关键部件

构成质子交换膜燃料电池的关键材料与部件为：电催化剂、电极、质子交换膜及双极集流板。

12.13.2.1 电催化剂及电极

电催化剂的功能是加速电极与电解质界面上的电化学反应速率，改善电池性能。对 PEMFC 使用的电催化剂，要求活性高、选择性好、耐腐蚀、寿命长、电子导电性良好，而且成本低。

PEMFC 的电催化剂采用以铂为主体的催化组分，到目前为止，铂是 H_2 氧化和 O_2 还原的最好催化剂。为提高铂的利用率和减少铂用量，铂均以纳米级颗粒的形式高度分散于导电、抗腐蚀的载体上，至今所采用的载体均为碳材料（如 Vulcan XC-72 炭黑、碳纳米管或纳米碳纤维等）。有时为增加载体的石墨特性，需经高温处理；为增加载体表面的活性基团和孔结构，也可用各种氧化剂如 $KMnO_4$、HNO_3 处理，或用水蒸气、CO_2 高温处理。

将铂高度分散到载体上，主要通过胶体法、化学还原法、电化学还原法、离子交换法和物理法等。至今广泛使用的铂/碳类电催化剂主要以化学法制备，物理法正处于发展中。采用化学方法制备铂/碳电催化剂，其原料一般采用氯铂酸。按制备路线可分为两大类不同的方法：其一是先将氯铂酸转化为铂的络合物，再由络合物制备高分散的铂/碳电催化剂；其二是直接从氯铂酸出发，采用特定方法制备高分散的铂/碳电催化剂。

真空溅射法是成熟的物理方法。它以要溅射的金属（如铂）为溅射源，作为阴极，被溅射物体（如作为电极扩散层的碳纸）为阳极，在两极间加以高压，可使溅射源上 Pt 粒子以纳米级粒度溅射到碳纸上。为改善溅射到碳纸上铂粒子的分散度和增加电极的厚度，以适应电极在工作时反应界面的移动，可以采用离子刻蚀的方法，在碳纸上制备一薄层纳米级的碳须（whisker），然后再溅射纳米级的铂。真空溅射法制备的含纳米级铂电催化剂的电极，适于批量生产，极具发展潜力，它可以大幅度降低 PEMFC 的铂用量。如美国 3M 公司采用纳米结构的碳须（whiskers）作支撑体，可在其表面制备 Pt 担载量在 $0.02\sim0.2mg/cm^2$ 间的超薄催化层。

在 PEMFC 运行时，阳极的极化损失仅为几十 mV；但阴极的极化损失，即使在低电流密度时也超过 300mV。因为常温下氧还原反应在铂上的交换电流密度非常低，为 $10^{-10}\sim10^{-12}A/cm^2$，而氢氧化反应的交换电流密度约为 $10^{-2}A/cm^2$，两者相差悬殊，极化主要发生在氧电极。为减少氧电极的极化，需提高氧电化学还原电催化剂（如 Pt/C）的活性和改进电极结构。此外，为提高电催化剂的活性与稳定性，有时还需加入一定量的过渡金属，制成合金型（多为共熔体或晶间化合物）电催化剂。如采用 Pt-M/C(M 为 Cr、Co、Ni、V、Mn、Fe 等）合金作电催化剂，氧电化学还原的交换电流密度 i_0 有数量级的提高，不但减小氧电化学还原的化学极化，提高氧电化学还原的活性，而且可延长电催化剂的寿命。

以各种烃类或醇类的重整气体作为 PEMFC 的燃料时，重整获得的富氢气体中含有一定浓度的 CO。CO 可导致 Pt 电催化剂的中毒，增加氢电化学氧化的过电位，尤其是对工作温度不超过 100℃ 的 PEMFC。为提高在低温工作的质子交换膜电池阳极电催化剂耐受一氧化碳中毒的性能，至今已研究过阳极注入氧化剂、重整气预净化消除 CO 和采用抗 CO 电催化剂三种方法来解决或缓解阳极电催化剂 CO 中毒问题。阳极注入少量 O_2、H_2O_2 等氧化剂，可以在催化剂作用下，除去燃料中的少许 CO，使电池的性能得到明显提高。但氧化剂与燃料的直接混合，会导致燃料的利用率降低，同时带来系统安全性问题，放出的热量还会导致电催化剂烧结，对质子交换膜造成损伤。

研制抗 CO 电催化剂是从根本上解决 CO 中毒问题的方法，因此抗 CO 电催化剂的研究成为 PEMFC 开发的热点之一。这方面有两个基本思路：其一是以 Pt 催化剂为基础，通过掺入各种助催化剂降低 CO 的电氧化电势和/或减弱催化剂表面 CO 的吸附强度，其二是研制非 Pt 或非贵金属的新型电催化剂。由于现阶段非贵金属催化剂尚无突破性进展，研究工作主要集中在 Pt-M(M 是贵金属或过渡金属）二组分合金或多组分合金电催化剂抗 CO 性能，比较成功并已获实际应用的是 Pt-Ru/C 贵金属合金电催化剂。

质子交换膜燃料电池的电极是典型的气体扩散电极，它一般包含扩散层和催化层。扩散层的作用是支撑催化层、提供气体通道、提供电子通道并收集电流、提供排水通道等。扩散层一般由碳纸或碳布制作，其中以碳纸更普遍。碳纤维纸（简称碳纸）是以短的聚丙烯腈（PAN）碳纤维丝和有机树脂为原料，在惰性气氛中烧结而成的外观类似硬纸质的多孔材料。原则上扩散层越薄，越有利于传质和减小电阻，但考虑到对催化层的支撑与强度的要求，一般其厚度选在 $100\sim300\mu m$。目前广泛采用的碳纸是日本东丽（Toray）公司生产的 TGP 系列和加拿大巴拉德电力系统公司（Ballard Power Systems Inc.）AvCarb Grade-P50T 系列，TGP 系列较硬，AvCarb Grade-P50T 系列较软，能以成卷的形式供货。因为碳布有不同的经纬编织情况，碳布种类较多，通常碳布的电导率低一些。

电极扩散层的制备方法是将碳纸或碳布多次浸入聚四氟乙烯（PTFE）乳液中，对其作疏水处理，用称重法确定 PTFE 的含量。再将浸好 PTFE 的碳纸，置于温度为 $330\sim340℃$ 烘箱内焙烧，使浸渍在碳纸或碳布中的 PTFE 乳液所含的表面活性剂被除掉，同时使 PTFE 热熔烧结并均匀分散在碳纸或碳布的纤维上，从而达到良好的憎水效果。焙烧后的碳纸中 PTFE 的含量（质量分数）约为 50%。由于碳纸或碳布表面凹凸不平，对制备催化层有影响，因此需要对其进行整平处理。

催化层是电化学反应发生的场所，也是电极的核心部分。早期的催化层是由纯铂黑与聚四氟乙烯乳液制备的，电极中的铂担量为 $4mg/cm^2$，后来都使用碳担载铂催化剂，将电催化剂附着在细小的活性炭表面，制成铂/碳电催化剂，再与 PTFE 乳液及质子导体聚合物（如 Nafion 溶液）按一定比例分散在水和乙醇的混合溶剂中，搅拌、超声混合均匀，然后采用丝网印刷、涂布和喷涂等方法，在扩散层上制备 $30\sim50\mu m$ 厚的催化层。采用铂/碳电催化剂的 Pt 质量分数在 $10\%\sim60\%$ 之间，通常采用 20%（质量分数）铂/碳电催化剂，氧电极 Pt 担量控制在 $0.3\sim0.5mg/cm^2$，氢电极在 $0.1\sim0.3mg/cm^2$ 之间。PTFE 在催化层中的质量分数一般控制在 $10\%\sim50\%$ 之间。

全球燃料电池催化剂主要生产商为美国的 3M、Gore，英国的 Johnson Matthery，德国的 BASF，日本的 Tanaka，比利时的 Umicore 等，国内大连化学物理研究所具备小规模生产的能力。

为了克服厚层憎水催化层离子电导率低和催化层与膜间树脂变化梯度大的缺点，美国 Las-Alamos 国家实验室提出一种薄（厚度小于 $5\mu m$）亲水催化层的制备方法。该方法的主要特点是催化层内不加憎水剂 PTFE，而用 Nafion 树脂作黏合剂和 H^+ 导体。具体制备方法是将质量分数为 5% 的 Nafion 溶液与 Pt/C 电催化剂混合，Pt/C 电催化剂与 Nafion 树脂质量比控制在 $3:1$ 左右。再加入水和醇，超声振荡混合均匀，然后采用印刷、喷涂或压延技术，将电催化剂涂布在扩散层或者质子交换膜上。在经典的疏水电极催化层中，气体是在聚四氟乙烯的憎水网络所形成的气体通道中传递的。而在薄层亲水电极催化层中，气体是通过在水或 Nafion 类树脂中的溶解扩散进行传递的。薄的催化层可以减少催化层内气体传输和质子扩散产生的电位损失，这种薄层亲水催化层与上述憎水厚层催化剂相比，Pt 担量可大幅度降低，一般在 $0.1\sim0.05mg/cm^2$ 之间。

采用物理方法（如真空溅射）可制备超薄催化层电极，将 Pt 溅射到扩散层上或特制的具有纳米结构的碳须（whiskers）扩散层上。Pt 催化层的厚度 $<1\mu m$，一般为几十纳米。

12.13.2.2　质子交换膜

质子交换膜是 PEMFC 关键部件，它直接影响电池的性能与寿命。它的功能是传导质子（H^+），同时将阳极的燃料与阴极的氧化剂隔离开。质子交换膜要求具有高的 H^+ 传导能力，一般电导率要达到 $0.1S/cm$ 的数量级；不论膜在干态或湿态（饱吸水）均应具有低的反应气体（如氢气、氧气）的渗透系数，以保证电池具有高的法拉第（库仑）效率；膜表面的黏弹性质能满足电极与膜间的黏结要求，以利在制备膜电极"三合一"组件时电催化剂与膜的结合，减少接触电阻。

燃料电池用的质子交换膜最早是在 20 世纪 60 年代初由美国通用电气公司研制的聚苯甲醛磺酸膜，该种膜很脆，干燥时容易龟裂。1962 年美国杜邦（DuPont）公司研制成功全氟磺酸型质子交换膜，1964 年开始用于氯碱工业，1966 年首次用于氢氧燃料电池。从而为研制长寿命、高比功率的质子交换膜燃料电池创造了坚实的物质基础。至今各国研制 PEMFC 电池组用的质子交换膜仍以 DuPont 公司生产、销售的全氟磺酸型质子交换膜为主，其商品型号为 Nafion。

Nafion 膜的化学结构如下：

$$-(CF_2-CF_2)_x-(CF-CF_2)_y-$$
$$O(CF_2CF)_z-OCF_2CF_2SO_3H$$
$$CF_3$$

其中 $x=6\sim10$，$y=z=1$。Nafion 的摩尔质量（equivalent weight，EW 值）表示含 1mol 磺酸基团的树脂质量（g），一般为 1100g/mol。调整 x、y、z 可改变树脂的 EW 值。一般而言，EW 值越小，树脂的电导越大，但膜的强度越低。

日本旭化成与旭硝子公司也生产与 Nafion 类似的长侧链全氟质子交换膜，代号为 Flemin® 和 Aciplex®，用来制膜的树脂的 EW 值在 $900\sim1100g/mol$ 之间。

Dow Chemical 公司采用四氟乙烯与乙烯醚单体聚合，制备了 Dow 膜，其化学结构如下：

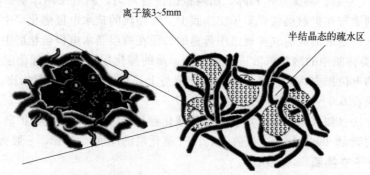

$$-(CF_2-CF_2)_x-(CF-CF_2)_y-$$
$$OCF_2CF_2SO_3H$$

其中 $x=3\sim10$，$y=1$。与 Nafion 膜化学结构相比，Dow 膜化学结构的突出特点是 $z=0$，即侧链缩短。这种树脂的 EW 值在 $800\sim850g/mol$ 之间，电导率为 $0.20\sim0.12S/cm$。Dow 膜用于 PEMFC 时，电池性能明显优于用 Nafion 膜的电池，但由于 Dow 膜的树脂单体合成比 Nafion 的单体复杂，膜的成本远高于 Nafion 膜。

质子交换膜的微观结构颇为复杂，随膜的母体和加工工艺而变化。在描述质子膜结构及其传质关系的各种理论中，普遍接受的是反胶囊离子簇网络（cluster-network）模型，如图 12-56 所示。

离子簇3~5mm

半结晶态的疏水区

图 12-56　质子交换膜的微观结构示意

网络结构模型认为：质子交换膜主要由高分子母体，即疏水区（hydrophobic region）、离子簇（ionic cluster）和离子簇间形成的网络结构构成。疏水的碳氟主链形成晶相疏水区，磺酸根与吸收的水形成水核反胶囊离子簇，部分碳氟链与醚支链构成中间相。离子簇的直径约为 4.0nm，分布在碳氟主链构成的疏水相中，离子簇间距一般在 5nm 左右。在全氟质子交换膜中，各离子簇间形成的网络结构是膜内离子和水分子迁移的唯一通道。由于离子簇的周壁带有负电荷的固定离子，而各离子簇之间的通道短而窄，因而对于带负电且水合半径较大的 OH^- 的迁移阻力远远大于 H^+，这也正是离子膜具有选择透过性的原因。显然，这些网络通道的长短及宽窄，以及离子簇内离子的多少及其状态，都将影响离子膜的性能。

杜邦公司生产的 Nafion 质子交换膜是全氟聚合物，其结构如图 12-57 所示。质子的迁移是通过水合

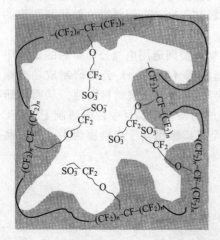

图 12-57　全氟聚合物 Nafion 的结构示意

质子从一个固定的磺酸根位置跃迁到另一个固定的磺酸根位置来实现的。质子的迁移速度与可移动的质子数量、固定的磺酸根相互作用（迁移能垒）以及膜的微观结构等因素密切相关。Nafion 有非常优越的化学和热学稳定性，如在 125℃ 和强酸、强碱或强氧化还原环境中性能十分稳定。膜的厚度一般为 $50\sim175\mu m$，电导率一般在 $0.5\sim1.1S/cm$ 之间，使用方便安全。

为降低 PEMFC 成本，提高膜的性能，各国科学家正在研究部分氟化或非氟化质子交换膜、有机-无机复合膜，以及能够在 100℃ 以上使用的所谓高温膜。

对 PEMFC 来说，由于隔膜为高分子聚合物，仅靠电池组的组装力，不但电极与质子交换膜之间的接触不好，而且质子导体也无法进入多孔气体电极的内部。因此，为实现电极的立体化，必须向多孔气体电极内部加入质子导体（如全氟磺酸树脂）。同时，为改善电极与膜的接触，通常采用热压的方法。即在全氟磺酸树脂玻璃化温度下施加一定压力，将已加入全氟磺酸树脂的氢电极（阳极）、隔膜（全氟磺酸型质子交换膜）和已加入全氟磺酸树脂的氧电极（阴极）压合在一起，形成电极-膜-电极三合一组件（见图 12-58），或称 MEA（membrane-electrode-assembly，MEA）。MEA 是 PEMFC 的核心部件，优化 MEA 的组成与结构将直接改善 PEMFC 的工作性能与使用寿命。

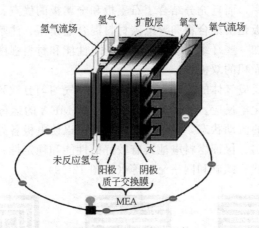

图 12-58 电极-膜-电极三合一组件——MEA

12. 13. 2. 3 双极板与流场

双极板又称集流板，其作用是收集电流，传送气体，排放热量并引导氧化剂与还原剂在电池内电极表面流动。如今质子交换膜燃料电池广泛采用的双极板材料是石墨板，正在开发表面改性的金属板和复合型双极板。

一般采用石墨粉、粉碎的焦炭与可石墨化的树脂或沥青混合，在石墨化炉中按严格的升温程序，升温至 $2500\sim2700℃$，制备无孔或低孔隙率（不大于 1%）、仅含纳米级孔的石墨块，再经切割和研磨，制备厚度为 $2\sim5mm$ 的石墨板，然后在其表面刻绘需要的流场。这种石墨双极板的制备工艺复杂、耗时、费用高，难以批量生产。为降低双极板成本和适于批量生产，可以采用模压成型的方法制备带流场的双极板。此法是用石墨粉与热固性或热塑性树脂混合，经热模压加工制成，适于批量制作。这种双极板的电导率一般低于石墨双极板，需要协调它的电导率与机械强度。膨胀石墨是一种导电、抗腐蚀、自密封碳质材料，特别适于批量生产廉价的石墨双极板。它的气道加工可以通过模压、切割、冲压以及滚压浮雕等方法，并且当电池组紧压后，每个薄片都是阻气的密封件。目前 Ballard 和 Toshiba 公司均开发出膨胀石墨双极板。

石墨双极板因石墨的脆性而不能做得很薄，从而限制了进一步减轻电池组的质量和体积。金属材料同石墨材料相比具有更好的导电及热传导性能，可提高燃料电池的输出功率，改善电池热量管理，金属的气体不透过性使其成为阻隔氧化剂和还原剂的理性材料。采用薄金属板作双极板材料，易于加工，成本低，不仅易于批量生产，而且双极板的厚度可大大降低，从而可大幅度提高电池组的比能量和比功率。金属双极板已成为各国发展的重点。目前的主要问题是金属被腐蚀后释放出金属离子与质子交换膜中的质子交换，增加质子传导阻力，影响电池性能。此外，靠近阴极一侧的双极板易氧化导致接触电阻增加。解决金属板在PEMFC工作条件下的腐蚀问题，关键技术是金属的表面改性。通过改性可防止轻微腐蚀的产生，而且使接触电阻保持恒定。

复合双极板综合了纯石墨板和金属双极板的优点，具有耐腐蚀、体积小、质量轻、强度高等优点。复合双极板可以分为金属基复合双极板和碳基复合双极板。金属基复合双极板采用薄金属板（如 $0.1 \sim 0.2\,mm$ 的不锈钢板）作分隔板，采用聚砜、聚碳酸酯等注塑成型的边框，廉价的多孔石墨板作为流场板，金属板与碳流场板之间以一层极薄的导电胶进行黏合。由于这层多孔石墨流场板在电池工作时充满水，既有利于膜的保湿，也阻止反应气（如氢和氧）与作为分隔板的薄金属板接触，因而减缓了它的腐蚀。这样不但可以提高电池组的体积比功率和质量比功率，而且充分结合了石墨板和金属板的优点。

碳基复合材料双极板是由聚合物和导电碳材料混合经模压、注塑等方法制作成型，不进行石墨化，有时经常添加一些纤维来改善极板的导电性能和材料强度。碳基复合材料双极板制备工艺不适合加工大面积的双极板。

流场的功能是引导反应气体的流动方向，确保反应气均匀分散到电极的各处，经电极扩散层到达催化层参与电化学反应，气体流场直接关系到 MEA 的运行状况。流场结构决定反应物与生成物在流场内的流动状态，设计合理的流场可以使电极各处均能获得充足的反应物并及时把电池生成水排出，保证燃料电池具有较好的性能和稳定性。至今已开发蛇形、平行沟槽、平行蛇形、交指状、螺旋和网格流场等（见图12-59）。

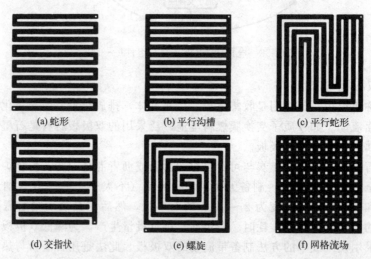

(a) 蛇形　　　　　　　(b) 平行沟槽　　　　　　(c) 平行蛇形

(d) 交指状　　　　　　(e) 螺旋　　　　　　　(f) 网格流场

图 12-59　各种形式的流场示意

PEMFC 广泛采用的流场以平行沟槽流场和蛇形流场为主。对于平行沟槽流场可通过改变沟与脊的宽度比和平行沟槽的长度来改变流经流场沟槽反应气的线速度，并将液态水排出电池。对蛇形流场可用改变沟与脊的宽度比、通道的多少和蛇形沟槽总长度来调整反应气在流场中流动的线速度，确保将液态水排出电池。

PEMFC 电池组一般按压滤机方式组装，而且大多采用内共用管道形式，如图 12-60 所示。电池组的主体为 MEA、双极板及相应的密封件单元的重复，一端为氧电极板，可兼作电流导出板，为电池组的正极；另一端为氢电极板，也兼作电流导出板，为电池组的负极。与这两块导流板相邻的是电池组端板，也称夹板，在其上除布有反应气与冷却液进出通道外，周边还均布一定数目的圆孔。在组装电池组时，圆孔内穿入螺杆，给电池施加一定的组装力。若两块端板用金属（如不锈钢、钛板、超硬铝等）制作，还需在导流板与端板之间加入由工程塑料制备的绝缘板。

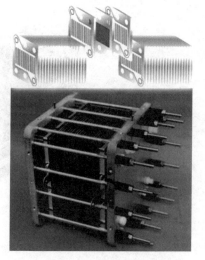

图 12-60 电池组结构示意

12.13.3 应用

作为一种清洁、高效而且性能稳定的电源技术，燃料电池已经在航空航天领域以及军事领域得到了成功的应用，现在世界各国正在加速其在民用领域的商业开发。PEMFC 具有运行温度较低、启动时间较短等优势，能够作为氢燃料电池汽车的发电装置及移动电源等。

燃料电池电动车的样车实验证明，以 PEMFC 为动力的电动车性能完全可与内燃机汽车相媲美。巴拉德动力系统公司于 1993 年首次研制出概念车，1997 年该公司的 16 辆燃料电池公共汽车分别在美国的芝加哥和加拿大的温哥华试运行。在此基础上，1997 年 8 月，该公司与戴姆勒-奔驰公司组建合资企业，利用各自的特长开发燃料电池发动机市场。

戴姆勒-克莱斯勒（DC）公司在 Necar1～Necar4 的基础上，开发出以 PEMFC 发动机为动力，车载 CH_3OH 重整制氢为燃料的 Necar5 轿车。Necar5 采用的 PEMFC 发动机是加拿大 Ballard 公司的 MK900 型燃料电池，功率为 75kW。该汽车最高时速可达 152～160km/h，一般行驶车速为 112km/h，一次加甲醇（208 L）可行驶 640～720km，在 2001 年 5 月末完成了横穿美国（从旧金山金门大桥出发到华盛顿），全程 5203km 的行驶。在该公司的新一代燃料电池车 F-Cell 车中，采用了压缩储氢的方案。从 2003 年开始，戴姆勒-克莱斯勒公司向日本、新加坡、德国和美国提供 F-Cell 燃料电池车。2011 年 1 月 30 日，梅赛德斯-奔驰启动了一场前所未有的长途旅行——穿越 4 大洲、14 个国家，总行程超过三万千米的奔驰 B 级燃料电池车环球之旅。作为首款量产型燃料电池车，B 级燃料电池车使用氢燃料作为动力来源，车身底部安装有三个巨大的储氢罐（见图 12-61），每个储氢罐装可储存约 4kg 的气态燃料，续航里程达到了 400km，而每次充满燃料仅需 3min，非常适合日常使用。

2002 年，美国通用汽车（GM）开发出采用线传技术的新型燃料电池电动车"Hy-Wire"，该车是 5 座轿车，采用 3 个压缩氢气罐，燃料电池堆在底盘的后部，功率 94kW，它融合了燃料电池与用电力控制刹车及方向盘操作的"线传（X-by-Wire）"技术。2004 年，通用汽车的燃料电池车 HydroGen3 改进型完成了近万千米的马拉松测试。

丰田（Toyota）汽车公司于 1997 年推出了全燃料电池（FCEV）汽车，2002 年制造的"Toyota FCHV-4"开始在公路上进行实验行驶。"Toyota FCHV"车以运动型多功能车为基型，只需将氢气填充在车内配置的高压罐内，充满 1 次可行驶大约 300km，最高时速 155km。本田公司一直致力于电池驱动的电动车研究开发，该公司推出的燃料电池电动车

图 12-61　梅赛德斯-奔驰 B 级燃料电池车剖面图

"FCX"（见图 12-62），可乘坐 4 人，最高时速 150km，一次填充高压氢气后的行驶里程为 355km，"FCX" 车已在美国和日本获准销售。现代的氢燃料电池重卡 XCIENT 已出口到瑞士、美国运营，氢燃料电池巴士 ELEC CITY 已在韩国普及应用。丰田 2014 年 11 月发布了 Mirai 燃料电池汽车，其性能已经与电动车 Tesla Moedls 60 车型媲美。目前，世界上已有丰田 Mirai、本田 Clarity、现代 NEXO 等氢燃料电池车实现量产，商业化进程正在加速。

图 12-62　本田公司的 FCX 燃料电池电动车

我国 "863" 与 "973" 高科技发展计划及《氢能产业发展中长期规划（2021—2035 年）》中，均将燃料电池及其相关材料与技术作为重大研究开发方向。中国科学院大连化学物理研究所、上海神力公司、武汉理工大学、同济大学、中国科学院电工研究所、武汉东风汽车工程研究院和上海汽车集团等多家高校、企业、科研机构，在大功率燃料电池及能源系统方面具有优势。上海神力和武汉理工大学的燃料电池新能源发动机系统安装在 "超越三号" 和 "楚天一号" 新能源汽车上，在 2006 年北京 "国际清洁汽车能源展" 上得到了很好的展示。在 2008 年北京奥运会和 2010 年上海世博会期间，上海大众燃料电池轿车和北汽福田/清华燃料电池大客车作为公交车进行了示范运行，充分显示了我国在燃料电池关键技术以及燃料电池新能源技术开发与应用方面取得的重大进展。目前我国燃料电池汽车数量已突破一万辆，整体应用呈现快速扩展的态势。上汽大通继燃料电池轻客车型 FCV80 率先实现商用化运营之后，又将燃料电池技术运用至乘用车领域，打造"高端氢燃料电池 MPV" MIFA。

我国氢燃料电池汽车市场主体以商用车（如重型卡车、长途卡车和巴士车队、叉车等）为主，主要应用于固定线路及特定场景如港口、矿山等场所的运输，物流特种车占氢燃料电池车的 60% 以上。2020 年，财政部、工信部、科技部、国家发改委、国家能源局联合发布了《关于开展燃料电池汽车示范应用的通知》，并于 2021 年先后批复了京津冀、上海、广东、郑州、河北 5 个城市群的燃料电池汽车示范工作。燃料电池将在长三角、珠三角及京津冀地区率先展开示范应用，每个示范城市群可得 17 亿元奖励用以推进燃料电池产业化。

燃料电池正成为不断增加的移动电器的主要能源，主要是替代目前常用的普通一次电池和二次电池，以应用于常温下使用的各类仪表和通信设备。微型燃料电池因其具有比功率和比能量高，使用寿命长，质量轻和充电方便等优点，比常规电池具有得天独厚的优势。PEMFC 在移动电源方面应用潜力很大，世界各燃料电池研究集团正在开发 1kW 至数十千瓦的 PEMFC 可移动电源，用作部队、海岛、矿山的移动电源。对于数十瓦至百千瓦级的 PEMFC 可移动电源还可广泛用储氢材料储氢作为氢源，这可大大推进小型 PEMFC 电源的商品化。

以天然气重整制氢为燃料，作为家庭使用的分散电源，并可同时提供家庭用热水，这样可将天然气的能量利用率提高到 70%～80%（见图 12-63）。美国 Plug 公司正在开发 5～7kW PEMFC 系统，图 12-64 是普拉格动力（Plug Power）公司 7kW 的家用燃料电池发电系统。

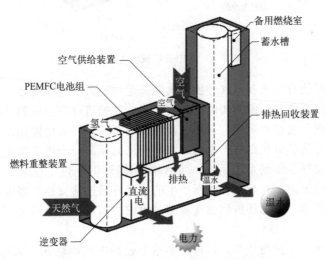

图 12-63　家庭用燃料电池的热电联供系统

小型分散式配置电站主要是为了确保电力的可靠性，作为大型企业或商业用户的现场动力装置和发电装置，或者作为备用电源来使用。为了有利于该技术的应用，可以用天然气销售网作为氢燃料源。燃料电池技术的独立性对于那些国家电网不能覆盖，或国家电网不够稳定而需要备用电力设备的地区而言具有特殊的意义。

图 12-64 普拉格动力公司 7kW 家用燃料电池发电系统

PEMFC 试验电厂包括如下 6 个分单元：发电（燃料电池组）、燃气制备、空气压缩机、水再生利用、逆变器、测量与控制系统（见图 12-65）。

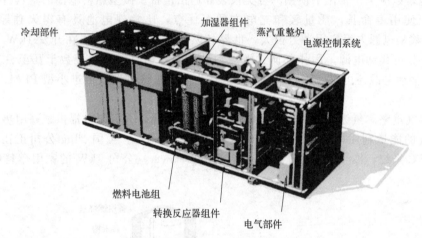

图 12-65 PEMFC 试验电厂模型

由于燃料电池只能将氢气和氧气转换为电能，采用的天然气原料必须将其先转换为浓度很高的氢气。天然气必须被压缩到所需的系统压力，并被清理脱掉硫和其他化学物质。在蒸发器和重整炉中，燃气充以水蒸气，天然气被转换为氢气、一氧化碳和二氧化碳。之后，在转换反应器中利用合适的氧化剂将产生的一氧化碳除去至高分子质子膜能安全工作的浓度。

涡轮增压器将空气压缩到系统压力，然后将气体冷却到 80℃ 的温度，并加以湿润化之后，输送给负极的电池组。在此过程中所产生的热量可通过热交换器将水加热用于区域供热网络或空调系统。之后，水循环流回燃气重整过程中。而未使用完的氢气则用于加热重整炉和蒸发器。

为了获得一定输出电压与功率，可将许多单个燃料电池串联在一起组装成燃料电池组。燃料电池组产生的直流电压再通过逆变器被转换为电力系统所需要的交流电。而开关设备、测量传感器、控制元件及全部控制系统都可集成在燃料电池系统之中。燃料电池可在一秒钟之内迅速提供满负荷动力，并可承受短时过负荷（几秒钟）。其特性很适合作为备用电源或安全保证电源。为实现这些动态特性，在供电侧必须有独立的氢气来源。

加拿大的巴拉德动力公司从 20 世纪 90 年代中期就开始开发 PEMFC 固定电站系统，其 250kW PEMFC 发电系统（见图 12-66）采用天然气重整制氢，同时提供 237kW 的热量，系统电效率可达 40％，可供 50～60 户家庭使用。当家庭与公寓等分散供电系统遇到自然灾害或战争时，一旦天然气供应遭到破坏，则可采用以甲醇部分氧化重整制氢为燃料，用于临时的热水与电力供应。

图 12-66 安装在柏林 250kW PEMFC 电站

高效、多面性、使用时间长，以及宁静的工作，这些特点极适合于军事工作对电力的需要。燃料电池以多种形态可为绝大多数军事装置使用，包括为战场上的移动手提装备及海陆运输等提供动力。

在军事上，微型燃料电池要比普通的固体电池具有更大的优越性，其增长的使用时间就意味着在战场上无需麻烦的备品供应。此外，对于燃料电池而言，添加燃料也是轻而易举的事情。同样，燃料电池的运输能效可以极大地减少活动过程中所需的燃料用量，在进行下一次加油之前，车辆可以行驶得更远，或在遥远的地区活动更长的时间。这样，战地所需的支持车辆、人员和装备的数量便可以显著地减少。

2003 年 4 月 7 日，世界第一艘燃料电池潜艇 U-31（见图 12-67）在德国基尔港下水并首次试航，这艘潜艇被誉为世界上最先进的常规动力潜艇。燃料电池动力系统向海水辐射的热能很少，因此其红外特征很小；基本不向艇外排放废物，尾流特征也很小；它能超安静运

图 12-67 PEMFC 驱动的常规潜艇 U-31

行，其声信号特征比柴-电推进装置低，所以 U-31 潜航不易被发现。

传统的柴-电动力潜艇在水下潜航 2～3 天，就会耗尽常规电池的能量，因而必须浮上水面给蓄电池充电。显然，这增加了潜艇暴露的危险性。而 U31 就没有这种烦恼，燃料电池系统由 9 组 PEMFC、14t 液氧贮存柜和 1.7t 气态氢储存柜 3 部分组成，它的尺寸小，无腐蚀，功率密度大，使用寿命长。它不用空气，而是将氢燃料和氧放到特殊燃烧室内进行电化学反应，直接转换成电能，输出的直流电直接驱动电动机，电动机带动桨轴，推进潜艇航行。每组燃料电池的输出功率为 34 kW，9 组总功率 306 kW。用燃料电池提供的动力驱动，U31 可在水下连续潜行 3 周。因为它在水下就能自行充电，取得了"不依赖空气"的技术突破。

氢燃料电池船舶在能源效率和零排放方面表现出巨大的潜力。日本的氢燃料电池客运船"羽田 2 号"（Haida 2）具备令人瞩目的特性，可容纳 200 名乘客，续航里程达到 300km，而且完全零排放。在挪威，世界上第一艘氢燃料电池货船"MS Viking Energy"已投入运营。它配备了大型氢燃料电池系统，每年可以减少将近 1000 吨 CO_2 排放。2019 年，总部位于加州的金门零排放船舶公司（Golden Gate Zero Emission Marine）建造了完全使用 PEM 燃料电池的"海洋变革（Sea Change）"号客运渡轮。该渡轮搭载康明斯 360kW 燃料电池动力系统，最高时速可达 22 海里/时，将挖掘旧金山水道的公共交通潜力，缓解传统通勤系统的压力，并减少碳总排放量。

2004 年 5 月 21 日，美国 Aero Vironment 公司对一架由燃料电池作为动力的微型飞行器"大黄蜂"（Hornet）进行了试飞，目的是验证用燃料电池作为动力作长时间飞行的可能性。"大黄蜂"的质量为 170g(6oz)，翼展 38cm(15in)，其机翼的底部是标准结构，机翼的上表面顺序排列着薄的 18 节燃料电池，电池内储有低压氢，机翼的外层作为空气阴极，与外界空气中的氧结合产生电和水；电池串联在一起，每一节产生 0.5～0.6V 的电压。在实验室条件下，"大黄蜂"的燃料电池可以产生 400W·h/kg 的能量密度。但是锂离子聚合电池可以在实际环境下达到同样的功率，而燃料电池才刚刚接近其潜在功率。这次试验中共飞行了三次，在每次飞行之间燃料电池都必须先恢复到一定的湿度，这表明燃料电池还需要进一步发展。

波音公司于 2008 年 4 月 3 日成功试飞以氢燃料电池为动力源的一架小型飞机。飞机内安装了质子交换膜燃料电池和锂离子电池。飞机起飞及爬升过程使用传统电池与氢燃料电池提供的混合电力。爬升至海拔 1000m 巡航高度后，飞机切断传统电池电源，只靠氢燃料电池提供动力。飞机在 1000m 高空飞行了约 20min，时速约 100km。虽然氢燃料电池可以为小型飞机提供飞行动力，不太可能为大型客机提供主要动力，但这一技术对波音公司意义重大，也让航空工业的未来"充满绿色希望"。

无人机广泛应用于航拍、巡检、反恐、军事等领域，发展如火如荼，但电池的续航能力一直限制着无人机功能发挥，而燃料电池技术将有望使无人机产业进入一个全新的发展阶段。氢动力无人机是在常规无人机的基础上，将动力系统升级为氢燃料电池，借助氢燃料电池的高功率密度和高环境适应性，使无人机在续航时间、起飞重量、巡航速度上得到提升。氢动力无人机是氢燃料电池使用最多，也是性能提升最大的使用场景，可应用于长时间侦查、线路巡检、航测、物流运输及火灾预警等场景。常规锂电池无人机一般续航时间约 30 分钟，但升级到氢燃料动力系统后，续航时间可达 2～6h。

德国航空航天中心（DLR）与其国际伙伴（新加坡地平线燃料电池技术公司）合作开发，实现了 Hyfish 无人机的首次试飞。超轻型、紧凑燃料电池使该飞机总重量仅为 6kg。Hyfish 在试飞时，以 200km/h 的速度完成了垂直上升、翻圈飞行和其他航空飞行特技，使它成为具有喷气式飞机机翼，用燃料电池作为唯一能源的第一架高速飞行的飞机。利用氢燃料电池供电，为 Hyfish 无人机提供了 1kW 的电功率输出。由美国海军研究实验室研制的 Iong Tiger 无人机完成了 23h17min 的飞行，飞机总重量仅为 37 磅，有效载荷 4～5 磅，使用氢质子交换膜燃料电池，实现了 550W 的电功率输出。

质子交换膜燃料电池因其高效、清洁、安全、可靠等优点，在固定电站、备用电源、电动车、军用特种电源、可移动电源、无人机等方面都有广阔的应用前景，尤其是电动车和潜艇不依赖空气推进的最佳动力源。国家发展改革委发布的《氢能产业发展中长期规划（2021—2035 年）》中首次提到，要积极探索燃料电池在航空器领域的应用，推动大型氢能航空器研发。质子交换膜燃料电池的研究已经成为诸类燃料电池研究大潮中的主流，有希望最快实现商业化，为提高燃料的利用率、降低全球的污染做出独具特色的贡献。

12.14　直接甲醇燃料电池

12.14.1　简介

在 20 世纪 90 年代，PEMFC 在关键材料与电池组方面取得了突破性的进展，但在向商业化迈进的过程中，氢源问题异常突出，氢供应设施建设投资巨大，氢的储存与运输技术以及氢的现场制备技术等还远落后于 PEMFC 的发展，氢源问题成为阻碍 PEMFC 广泛应用与商业化的重要原因之一。20 世纪末，在 PEMFC 基础上，直接以醇类为燃料代替纯氢，尤其是直接甲醇燃料电池成为研究与开发的热点，并取得了长足的进展。

直接甲醇燃料电池（direct methanol fuel cell，DMFC）是质子交换膜燃料电池的一个延伸。图 12-68 为 DMFC 的原理，其中心部位是质子交换膜，两侧是微孔性催化电极。它直接以气态或液态甲醇为燃料，甲醇在阳极转换成二氧化碳和氢，同标准的质子交换膜燃料电池一样，氢再与氧反应。电极及电池反应如下：

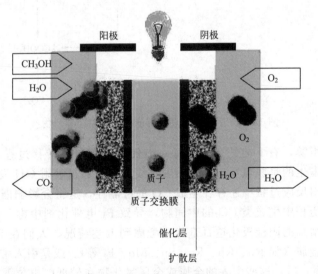

图 12-68　DMFC 工作原理

阳极反应：$CH_3OH + H_2O \longrightarrow CO_2\uparrow + 6H^+ + 6e^-$　$\varphi^{\ominus} = 0.046V$

阴极反应：$3/2O_2 + 6H^+ + 6e^- \longrightarrow 3H_2O$　$\varphi^{\ominus} = 1.229V$

电池反应：$CH_3OH + 3/2O_2 \longrightarrow CO_2\uparrow + 2H_2O$　$E^{\ominus} = 1.183V$

总反应相当于甲醇燃烧生成 CO_2 和 H_2O，反应的可逆电动势为 1.183V，与氢氧燃烧反应的可逆电动势（1.23V）相近。

由 CH_3OH 阳极电化学氧化方程可知，每消耗 1mol 的甲醇，同时也需 1mol 的水参与反应。依据甲醇与水的阳极进料方式不同，DMFC 可分为液相（甲醇水溶液）和气相（甲醇蒸气）两种供给方式。

以气态甲醇和水蒸气为燃料时，由于水的汽化温度在常压下为 100℃，所以这种 DMFC 工作温度一定要高于 100℃。至今实用的质子交换膜（如 Nafion 膜）传导 H^+ 均需有液态水存在，所以在电池工作温度超过 100℃时反应气工作压力要高于大气压，这样不但导致电池系统的复杂化，而且当以空气为氧化剂时，增加空压机的功耗，降低电池系统的能量转化效率。因此采用这种以气态 CH_3OH 和水蒸气进料的 DMFC 研究工作相对较少。

采用不同浓度甲醇水溶液为燃料运行的 DMFC，在室温及 100℃之间可以采用常压进料系统。但当电池工作温度高于 100℃时，为防止水汽化蒸发导致膜失水，也必须采用加压系统。

12.14.2 关键部件

由甲醇阳极电化学氧化方程可知，甲醇完全氧化成 CO_2 涉及 6 个电子向电极转移的过程，这正是直接甲醇燃料电池相对于其他燃料电池的优越之处。同时甲醇氧化也是一个复杂的过程，它必须按不同的反应途径经过多个步骤才能完成，图 12-69 给出甲醇氧化过程的可能路径和产物。

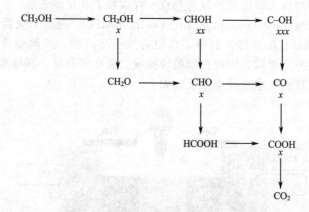

图 12-69　甲醇氧化过程可能的反应路径和产物

图中左上端是甲醇，右下端是 CO_2，每一步代表一个电子转移过程，稳定的物种位于斜边上，从左到右发生的是脱氢反应，而沿着垂线方向上通过吸附 OH 发生的是氧化反应。

从图中可以看出反应过程中还存在生成 CO 的可能性，这将会影响催化剂的选择性。甲醇阳极电化学氧化历程中生成类 CO 的中间物，导致 Pt 电催化剂中毒，严重降低了甲醇的电化学氧化速率，增加的阳极极化达百毫伏。考虑到上述情况，人们在 Pt 催化剂中引入容易吸附含氧物种的金属（如 Ru、Rh、Re、Sn、Mo、Bi 等），或是引入带有富氧基团的金属氧化物（如 WO_3 等）后，这些引入的金属或金属氧化物在较低的电位下能以较快的速率提供活性含氧物种，如—OH_{ads}，以使 Pt 催化剂不易中毒。在 Pt 表面修饰 Ru、Sn 等其他金属原子形成合金、掺入金属氧化物或将 Pt 分散到聚合物中，还可改变 Pt 的表面电子状态，使解离吸附产生的 CO_{ads} 与 Pt 表面的 d-π 反馈键减弱，降低 CO_{ads} 在 Pt 表面的吸附强度，使吸附的 CO_{ads} 容易氧化，从而降低 Pt 中毒的可能性。

影响阳极催化剂对甲醇氧化的电催化活性的因素很多，除催化剂的组分、各组分比例、各组分分布的均匀性、金属的载量、催化剂与载体之间的相互作用等因素外，催化剂中金属粒子的结构因素对催化剂性能也会产生较大的影响。

在 DMFC 中广泛应用的是 Pt-Ru/C 或 Pt-Ru 黑，Pt 与 Ru 原子比为 1：1。Pt 上吸附甲基逐步脱氢，产生 Pt-CO。Pt-CO 在 DMFC 工作电位下不能进一步氧化成 CO_2，由于 Ru^0 比 Pt^0 可在更低的电位下催化吸附水的氧化，Ru 氧化 H_2O 产生 Ru-OH，它进一步氧化 Pt-CO 产生 CO_2，如下述反应式所示：

$$Ru + H_2O \longrightarrow Ru-OH + H^+ + e^-$$
$$Ru-OH + Pt-CO \longrightarrow Ru + Pt + CO_2 \uparrow + H^+ + e^-$$

甲醇氧化反应取决于阳极表面上适当的 OH 与 CO 类似物种的覆盖度，所以，与 Pt 成键的 CO 类似物种和吸附在 Ru 上的 OH 之间的表面反应成为反应的控制步骤，必须合理搭配 Pt 和 Ru 的活性中心才能满足吸附中间物之间的化学反应。在制备 Pt-Ru 或 Pt-Ru/C 电催化剂时应尽量扩大纳米级 Pt 与 RuO_xH_y 的接触界面，而不是实现 Pt-Ru 的合金化，这样才能获得高活性电催化剂。

另外，CO 在 Pt 上的吸附强度和吸附量随温度升高而明显降低，因此适当提高电池工作温度，能明显提高电池的性能。

甲醇非常容易与水混合，而水对质子交换膜结构起着重要的作用，燃料甲醇会通过浓差扩散和电迁移由膜的阳极侧迁移至阴极侧（甲醇渗透），在阴极电位与 Pt/C 或 Pt 电催化剂作用下发生电化学氧化，并与氧的电化学还原构成短路电池，在阴极产生混合电位。甲醇经膜渗透发生的氧化过程，不仅是燃料的浪费，而且会导致氧电极产生混合电位，降低 DMFC 的开路电压，增加氧阴极极化和降低电池的电流效率。虽然甲醇氧化可逆电位与氢电极的可逆电位仅相差 40mV，但在相近的氧分压和电池温度下，DMFC 的开路电压（OCV）比 PEMFC 低 150～200mV，在 90～130℃时，DMFC 的 OCV 在 0.7～0.9V 之间，DMFC 单位面积的输出功率仅为 PEMFC 的 1/10～1/5。降低甲醇渗透的主要方法如下。

① 在合理造价范围内，尽量提高阳极催化剂的活性，使甲醇在阳极充分反应，减少穿过电解质到达阴极的概率。

② 控制阳极燃料供给。阳极处甲醇的浓度越低，电解质和阴极区的甲醇浓度就越低，这样在低电流时没有多余的甲醇。

③ 采用比常规 PEMFC 更厚的电解质膜，以及改变膜的组成。

④ 采用非 Pt 型阴极电催化剂，消除混合电位导致的电压损失。

DMFC 电极均为多孔气体扩散电极，也是 PEMFC 中广泛采用的厚层憎水电极或薄层亲水电极。DMFC 采用甲醇水溶液作燃料，CH_3OH 是以液体传递方式到达反应区的，依靠亲水通道传递，因此用于 DMFC 的阳极催化层组分中应增加 Nafion 含量，有利于传导 H^+、传递 CH_3OH，并增强电极与膜的结合能力。但也应含有少量的 PTFE，以利于 CO_2 的析出。由于采用甲醇水溶液作燃料，水的电迁移与浓差扩散均是由膜的阳极侧迁移到阴极侧，所以 DMFC 阴极侧的排水量远大于电化学反应生成水。若渗透到阴极的甲醇经短路电流也氧化成水和 CO_2，则阴极排水量更大。DMFC 的这一特点导致在选择 DMFC 操作条件时，一般氧化剂（如氧或空气）压力要高于甲醇水溶液压力，以减少水由阳极向阴极的迁移。

DMFC 要求电解质具有高的离子导电性和低的甲醇透过性。Nafion 系列的全氟磺酸膜用于 DMFC 的一个主要缺点是醇类（如甲醇）的高渗透性，为克服全氟磺酸膜的上述缺点、提高 DMFC 的性能，可以进行全氟磺酸膜组成的改进，以及探索、开发各种低透醇膜。考虑到 Pd 能透过质子而能有效阻挡甲醇的渗透，因此，Pd-Nafion 复合膜可能在降低甲醇渗透率的同时，保持较好的质子电导率，如在两层 Nafion 膜中间夹一层 Pd 膜或将 Pd 颗粒填充到 Nafion 膜微孔中，但多界面产生的附加电势也使电池内阻增大。Nafion 膜改性的另一个思路是在 Nafion 膜的阳极一侧修饰聚合物膜，如采用丝网印刷法在 Nafion 117 膜表面植入一层薄的聚苯并咪唑（PBI）阻挡层来减少甲醇的透过，同时保持质子电导率不降低。也可以通过低剂量电子束辐射来改变膜的表面结构，形成一层甲醇阻挡层。

与此同时，还在研发高于 100℃ 的条件下稳定工作的质子交换膜。普通的 Nafion 膜因为在高于 100℃ 的温度下严重失水，电导率大为降低，将 SiO_2、Al_2O_3、ZrO_2 等一些亲水性较好的无机化合物纳米粒子修饰到 Nafion 膜中，由于它们具有较好的吸水性，当 DMFC 在较高温度下运行时，还能保持 Nafion 膜的湿润性，以保持高的质子电导率。全氟磺酸树脂中掺杂 SiO_2，虽然不能从根本上解决甲醇渗透问题，但使电池工作温度可在 100℃ 以上。这样，在高的温度下甲醇反应活性提高，甲醇渗透比例随之降低。

聚芳环类化合物具有良好的热稳定和化学稳定性，易被改性（一般为磺化）使其具有良好的质子导电能力，且价格较低，因而被研究开发为 DMFC 质子交换膜，主要有聚苯并咪唑（PBI）膜、聚醚醚酮（PEEK）膜、聚醚砜（PSU）膜和聚芳环酸碱交联复合膜等。PBI 是碱性聚合物，具有极好的化学和热等稳定性及一定的机械柔韧性。PBI 经硝酸、磷酸、硫酸等酸掺杂，在苯环上接入酸根基团。或者用化学方法在 N 原子上接入甲基苯磺酸基团后具有质子导电能力。磷酸掺杂的聚苯并咪唑膜具有可在低水蒸气分压下传导质子，耐热温度高（可在 150～200℃ 下工作）等突出优点。其机械强度差的问题可通过共混加以改进，但是在电池运行中 H_3PO_4 的流失和 PBI 在电池工作条件下的稳定性等是这种膜进入实际应用的主要技术难点。PEEK 是带芳环的醚酮聚合物，具有优良的化学稳定性与力学性能，用硫酸、磺酰氯等进行磺化，在苯环上引入磺酸基团，就得磺化聚醚醚酮（SPEEK）膜。由于结构的原因，SPEEK 膜甲醇渗透率低于 Nafion 膜，其质子导电能力随磺化程度的增加而升高，但磺化程度过高（超过 60%）会降低其稳定性，使膜变脆易碎。用磺化程度为 39%～47% 的 SPEEK 膜制成的 DMFC 性能优于 Nafion 115 膜的电池性能。

DMFC 的阴极电催化剂与 PEMFC 一样，至今仍采用纳米级纯 Pt 黑和 Pt/C 作氧电化学还原的催化剂。透过 Nafion 膜到达阴极的甲醇会在阴极氧化，使阴极产生混合电位，与此同时，甲醇电氧化过程中形成的类 CO 物种毒化 Pt/C 电催化剂，大大降低 Pt 催化剂对氧还原的电催化活性。因此对 DMFC，迫切需要开发一类具有选择催化氧电化学还原，而阻滞甲醇电化学氧化的电催化剂，以提高对氧还原的电催化活性，降低对甲醇的氧化能力。

Pt-M/C 电催化剂（M 为过渡金属，如 Co、Fe、Cr、Mn 等）可提高氧电化学还原的交换电流密度，增加氧电极的活性。一些 Pt 与过渡金属氧化物的复合催化剂，如 Pt-WO_3、Pt-TiO_2、Pt-WO_x 等对氧还原也有很高的电催化活性。某些杂多酸如磷钨酸（PWA）等，有阻止甲醇扩散的作用，使甲醇不易到达 Pt 粒子表面，而且 PWA 有富氧能力，因此活性炭载 Pt-PWA 的复合催化剂对氧还原的电催化活性比 Pt/C 催化剂要高，显示出较好的抗甲醇能力。

另外，过渡金属的大环化合物（如 Co、Fe 的酞菁和卟啉络合物）对氧电化学还原也具有活性，而且经高温热解后，作为氧电化学还原电催化剂的活性与稳定性均有所提高。这类催化剂的缺点主要是化合物制备比较困难，对氧还原的电催化活性一般来说要比 Pt 低，而且在氧还原过程中会不同程度地产生 H_2O_2，对该类化合物的结构造成一定的破坏作用，因此稳定性较差。

　　近年来，人们开始研究 Cheverl 相材料作为这类氧电化学还原电催化剂，这种材料是八面体金属簇化合物，通式为 M_6X_8，M 为高价过渡金属（如 Mo 等），X 代表硫族元素（如 S、Se、Te 等），在这一金属簇内，由于电子具有很高的离域作用，使其具有高的电子导电能力，对氧还原表现出良好的电催化活性和耐甲醇性。采用其他过渡金属取代中心原子的方法也可优化其电催化性能。

12.14.3　结构

　　目前研制的 DMFC 结构基本上是从 PEMFC 演变而来，与 PEMFC 结构相似，DMFC 的单体电池主要由阳极、阴极、质子交换膜、流场板、双极板和其他一些辅助部件组成。图 12-70 为 DMFC 单电池的结构，一般采用 Pt-Ru/C 或 Pt-Ru 黑作阳极电催化剂，Pt/C 或 Pt 黑作阴极电催化剂，与 Nafion 树脂，有时（尤其是对阴极）加入一定量的 PTFE 制备催化层。以 PTFE 处理的碳布或碳纸作扩散层组合成电极，DMFC 的贵金属担量为 2～5mg/cm^2，比 PEMFC 高约一个数量级，并与 Nafion 类全氟磺酸膜经热压制备 MEA。由于 Nafion 类全氟磺酸膜在 DMFC 中还存在一定问题，对于 DMFC 中使用的质子交换膜还在不断改进中。双极板材料用石墨或金属板制备，流场以蛇形流场或平行沟槽流场为主。目前研制的 DMFC 的功率比较小，一般采用双极板和流场板结合在一起的结构。

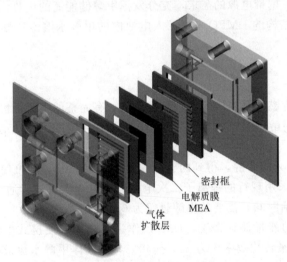

密封框
电解质膜
MEA

气体
扩散层

图 12-70　DMFC 单电池结构

　　将 DMFC 按压滤机方式组装成电池组（见图 12-71），阳极的燃料室和阴极的氧化剂室都只有一个，燃料和氧化剂不需循环。在阴极表面覆盖防水透气的 PTFE 膜，使空气中的氧源源不断地扩散进入阴极催化层，而产生的水可挥发到空气中。在燃料用完后，只要在阳极室内加入新的燃料就可继续工作。这种设计就可避免使用其他的辅助设备，而像一般一次或二次电池那样工作。与 PEMFC 相比，由于排热可由循环的燃料——甲醇水溶液担任，无需构造排热腔，所以双极板厚度一般仅为 2mm 左右，这样有利于提高电池组的体积比功率。

　　在设计电池组时，一般取单池平均工作电压为 0.5V，比 PEMFC 低 200mV 左右，工作电流密度取 100～300mA/cm^2，仅为 PEMFC 的 1/3～1/2。为减少 CH_3OH 由阳极向阴极的渗透，甲醇水溶液浓度一般约为 1mol/L。在上述的工作条件下，电池组的法拉第效率可达 80%。

图 12-71　DMFC 电池组

上述采用压滤机式结构的 DMFC 电池组必须与氧化剂（如空气、纯氧）和燃料供给等系统组合，形成一个 DMFC 系统，才能为用户提供电力，它适用于中等功率（如几百瓦到千瓦级）和大功率（如几十千瓦）的用户需求。为适应几瓦至几十瓦用户（如笔记本电脑、单兵电源等）对微型可携带电源的需求，充分发挥甲醇储能高的优势，人们开发了集成式或携带式 DMFC。这种结构的 DMFC 采用贮入电池内的甲醇水溶液作燃料，由大气供氧，自然散热。

12.14.4　应用

甲醇作为一种低价燃料其来源丰富，价格便宜，有完整的生产销售网，水溶液易于携带和储存。因此，直接甲醇燃料电池特别适宜于作为各种用途的可移动动力源，其研究与开发越来越受到重视。

理论上，消耗 1mol 的甲醇，得到的电量约为 195.1W·h，这可使耗电量为 1W 的手机连续使用将近 200h。采用现行的锂离子二次电池，充电一次可连续通话 160min，如果使用 DMFC 达到同样的通话时间，需要的甲醇量仅为 0.44g。

由于甲醇具有高的能量储存密度，DMFC 作为小功率、便携式电源具有较多优点，所以尽管目前 DMFC 能量转化效率仅为 20%～40%，以液体甲醇水溶液为燃料的微型 DMFC 在储能方面与各种常规蓄电池相比仍显示明显优势。一般二次电池充电需几小时，即使近年发展的快速充电也需几十分钟，而更换燃料则仅需几分钟甚至几秒钟即可完成。当前 DM-FC 最具竞争力的应用领域是功率从几个毫瓦到几瓦的移动电源。

目前，世界上有许多单位都在进行 DMFC 的研发工作，目标主要针对小型仪器设备的电源。燃料电池的产业链包括材料、元件、子系统和系统四部分，多数全球领先的消费电子产品公司（例如日本的 NEC、东芝和富士通，韩国的三星电子）都从事 DMFC 燃料电池系统的研发，以确保其电子产品在未来的竞争力。也有一些专门从事系统开发的公司，包括德国的 Smart Fuel Cell、西门子，美国的 MTI、Angstrom Power，中国台湾的 Antig、加拿大的 Tekion 等。

2002 年，美国 MTI Mirco 燃料电池公司展示了空气自呼吸式用于 PDA、手机电源的 DMFC 样机（见图 12-72）。

德国西门子公司致力于改善催化剂性能、优化电极结构和改进电池设计的研究。其高温增压 DMFC 在 140℃和加压纯氧条件下，单电池功率密度达 200mW/cm^2（0.5V，400mA/cm^2）。在 80℃和常压空气条件下，单电池功率密度为 50mW/cm^2（0.5V，100mA/cm^2）。西门子公司已将阳极催化剂贵金属担载量降至 1mg Pt-Ru/cm^2，但阴极担载量仍为 4mg Pt/cm^2。

燃料电池作为笔记本电脑的电源可以使电脑具有更长的工作时间。目前，德、日两国的 DMFC 技术比较超前。

德国斯马特燃料电池（Smart Fuel Cell，SFC）公司已经向数百家特定客户出售了平均输出功率为 25W，质量为 1.1kg 的 DMFC，可作为内置于笔记本电脑中的电源连续工作 8～10h，燃料为没有经过水稀释的纯甲醇。SFC 公司还开发了 DMFC 移动电源，一个甲醇燃料罐可为一台笔记本电脑供电一整天，而其甲醇燃料罐的更换可在几秒钟内完成，针对露营与休闲市场研发的辅助动力单元（APU）发

图 12-72　使用 DMFC 作
电源的移动电话

货量已达到 10000 套。在 CeBIT 2004 展会上，SFC 公司推出并展示了名为 "SFC Power-Boy" 的便携式 DMFC（见图 12-73），尺寸大小只有 168mm×81mm×40mm。燃料电池电压为 12V，平均输出功率为 25W，最大输出功率为 50W。电池面向笔记本电脑和 PDA 设计，可以提供两种机型：一种是输出功率为 100W·h、最长可使用 5.5h 的 "M90"（外形尺寸为 50mm×77mm×27mm，质量为 150g）；另一种是输出功率为 220W·h、可使用 12h 的 "M180"。

2009 年年初，SFC 公司推出 Jenny 士兵军用便携式燃料电池系统（见图 12-74），Jenny 基本上属于公司 EFOY 系列中 DMFC 设备的一种耐用型产品，EFOY 具有工作安静、自动充电等特点，并可通过遥控器对其状态进行遥控，能用作旅行车、游艇、监控和测试仪器、国防设备、消费电子设备的移动电源。据称与锂离子电池相比，能在很大程度上减轻士兵的负重，这是一款专为国际国防机构研发的设备，已经被北大西洋公约组织（NATO）的多个军事机构运用于野外作业。

图 12-73　SFC 公司开发的 "SFC PowerBoy" 的便携式 DMFC

图 12-74　SFC 公司推出的 DMFC

日本东芝公司 2002 年展示了正在开发的便携式 DMFC 驱动的 PDA，如图 12-75 所示。图片左侧的盒状部分嵌入了 DMFC，最大输出功率 8W，平均为 3～5W。采用直接添加甲醇水溶液燃料的加入方式，用电机驱动的泵来强化甲醇水溶液传输。电池分别配备有甲醇和水的容器，为内部使用。用 10mL 甲醇水溶液（质量分数为 90％）发出的电量相当于 1000mA·h 锂离子电池的 5 倍。东芝下一代燃料电池产品将把 DMFC 单元集成到手机与笔记本电脑中。东芝公司发布的采用 DMFC 的笔记本电脑 PORTEGE M100，燃料电池位于笔记本电脑后边。燃料电池用甲醇含量在 3％～6％达到最佳的发电效率，100mL 的甲醇大约可支持笔记本电脑正常工作 10h。嵌入的电路可与笔记本电脑中内置的锂离子充电电池配合控制输出功率的变化，稳定提供约 12W 的输出功率。

日本 NEC 公司与日本科学技术振兴事业团及日本财团法人产业创造研究所共同研发，成功地用碳纳米管开发出小型 DMFC，并应用于笔记本电脑中。研究人员把碳纳米管做成牛角形，这种结构形式的碳纳米管被命名为"纳米角（nanohorn）"。在碳纳米角的表面涂上铂族催化剂（化学性黏着），做成 DMFC 电极。这种电极不仅能够扩大表面积，而且气体和液体都能够很容易地渗透，因此可以提高电极的效率。在碳纳米角结构上形成的铂催化剂颗粒尺寸，与采用常规的活性炭作电极支撑所形成的铂催化剂颗粒相比，大约可以缩小一半。由于这种材料性质比现在使用的活性炭优越，采用纳米角以后的聚合物电解质电池的能量密度，可以比锂离子电池提高 10 倍。

NEC 内置燃料电池笔记本电脑（见图 12-76），是在普通的笔记本电脑底部配置了燃料电池，电池背面设有注入式的燃料箱。燃料电池外形尺寸为 272mm×274mm×15mm，包括燃料在内的质量约为 900g。燃料箱的容量为 300mL，使用含量约为 10％的甲醇燃料时，可以驱动平均耗电量 12W 的笔记本电脑达 5h。圆筒状容器内装有补充用燃料，这个装置可以轻松从电池中取下来，以方便补充燃料或更换燃料装置，补充完毕后可以反复使用。DMFC 的标准为：输出密度为 40mW/cm^2、平均输出功率为 14W、最大输出功率为 34W、输出电压为 12V。

图 12-75　东芝公司开发的使用 DMFC 的 PDA　　图 12-76　NEC 内置燃料电池的笔记本电脑试制机

日本的日立、东芝、NEC、佳能、卡西欧、夏普、索尼、松下、富士通等公司都加入各种燃料电池标准联盟。可见，燃料电池在笔记本电脑应用领域的竞争格局正在形成，将是电脑市场的一个新的经济增长点。

2006 年 12 月，为了在手机领域扩大竞争优势，韩国三星电子与专门开发面向携带型设备燃料电池的美国 MTI 结成联盟，并推出了 DMFC 燃料电池，其能量密度为 650W·h/L，储能量达到 12000W·h。韩国三星集团旗下的三星 SDI 有限公司于 2009 年年初宣布已研制出一款军用 DMFC 电源（见图 12-77），其耐久性高达现有产品的 8 倍，此设备可以供士兵在野外连续使用 3 天，并计划推出军用领域的商业化运营。

　　韩国三星集团的三星尖端技术研究所（SAIT）还试制成功了可支持笔记本正常工作 10h、面向便携式设备的 DMFC 系统。单位面积的输出密度达到 $110mW/cm^2$（70℃条件下），单位体积的能量密度约为 $200W \cdot h/L$，固体高分子电解质膜采用的是自主开发的产品。SAIT 称，甲醇的渗透（Cross Over）现象与美国杜邦的 Nafion 115 相比，控制在 1/20 之内，在 $30\sim75$℃的温度范围内，离子的传导速度为 $0.07\sim0.14S/cm$。燃料使用 100mL 甲醇水溶液，燃料电池的最大输出功率为 20W，一次燃料供给能够支持三星电子的笔记本电脑正常工作 10h。

图 12-77　三星推出的 DMFC 电源

　　美国喷气推进实验室（JPL）自 1991 年开始研究 DMFC，主要目标是开发军用小型 DMFC。2003 年，JPL 试验了装甲车用 300W DMFC，并在装甲车上进行试验，包括扬尘环境、剧烈颠簸条件下运行、战场"加油"、在额定功率运行等试验项目。

　　我国 DMFC 的研究始于 20 世纪 90 年代末期，起步较晚，目前仍处于基础研究阶段。中国科学院长春应用化学研究所对催化剂、隔膜、电极/膜集合体及单体电池的结构优化等方面进行了系统研究，并已制备成百瓦级 DMFC 样机。

　　近年来，国内外对 DMFC 进行了大量的研究，并开发出了一些样机，但目前 DMFC 研发中仍存在一些问题，制约 DMFC 的商业化进程。首先，在 DMFC 中，常用的催化剂是 Pt 基催化剂，而且担载量很高，甲醇低温转换反应比常规的质子交换膜燃料电池需要更多的铂催化剂。Pt 对作为燃料的醇类和有机小分子氧化的电催化活性较低，易被氧化的中间物种毒化。因此，降低 DMFC 的生产成本，研究对醇类和有机小分子氧化具有高的电催化活性和抗氧化中间物种毒性的阳极催化剂、对透过的甲醇等燃料氧化的电催化活性小的阴极催化剂是必须解决的问题，选择性能优良的催化剂和迅速排除 CO_2 在 DMFC 中非常重要。其次，目前 DMFC 中，一般使用的质子交换膜是 Nafion 膜，甲醇很容易透过，这不但浪费了燃料，而且透过的燃料会在阴极上氧化，使阴极产生混合电位，降低电池性能，研制低的燃料透过率的隔膜也是一个重要的课题。第三，甲醇作为燃料虽然有很多优点，但也存在有毒，易挥发，易透过 Nafion 膜、可燃性和燃烧性等问题，如同对氢气燃料安全性的要求一样，甲醇作为供给便携式电子设备等能量的消费类产品，在应用中对甲醇的安全性也提出了一定的要求，因此可考虑寻找合适的甲醇替代燃料。

　　人们在继续致力于研究甲醇作燃料的同时，也把目光投向其他有机小分子，力图寻求一种比较合适的甲醇替代燃料。目前已研究过的甲醇替代燃料有乙醇、乙二醇、丙醇、2-丙醇、1-甲氧基-2-丙醇、丁醇、2-丁醇、异丁醇、叔丁醇、二甲醚、二甲氧基甲烷、三甲氧基甲烷、甲酸、甲醛、草酸、二甲基草酸等，这些替代燃料的毒性和对 Nafion 膜的渗透率均比甲醇低，但这些燃料易氧化的性能大多比甲醇差。从总体情况来看，甲酸和乙醇最有可能成为甲醇的替代燃料。

　　总之，以 DMFC 为代表的直接醇类燃料电池技术仍处于发展的早期，但已成功地显示出可以用于移动电话和笔记本电脑的电源等方面。DMFC 实用化的环境也正在得到迅速完善，燃料电池用甲醇燃料盒已经通过国际民用航空组织（ICAO）的审议。2007 年 1 月 1 日起，甲醇、甲酸、液化气（丁烷）燃料盒取得了飞机登机许可，最多可携带 2 个 200mL 的燃料盒。相信在不久的将来，DMFC 作为电子产品电源（手机、摄像机、PDA、笔记本电脑等）、移动电源（国防通讯电源、单兵作战武器电源、车载武器电源等）、MEMS 器件微电源以及传感仪器等领域取得商业化成功。

早期燃料电池的应用主要集中在潜艇、航天等特殊领域，且技术已相对成熟，而在民用领域主要包括固定式领域、交通运输领域和便携式领域三大类。受益于各国政策支持，以 PEMFC 为动力的叉车是当前燃料电池在交通应用内最大的部门之一，国外已有大批量物流公司（如 Fedex）正在使用燃料电池物流搬运车。表 12-13 列出了燃料电池应用领域的技术类型。

表 12-13　燃料电池应用分类

应用类型	便携式	固定式能源站	交通领域
定义	可移动的便携式电源装置,如辅助充电装置	固定式提供电能或热电联产的供给站	为交通工具提供主驱动力或辅助驱动力
功率等级	5w～20kW	0.5kW～400kW	1kW～150kW
技术类型	PEMFC、DMFC	MCFC、PAFC PEMFC、SOFC	PEMFC、DMFC
应用	辅助充电设备(露营、船只、照明) 军事用途(便携电源、发电装置) 便携式产品(火炬、电池充电装置、个人电子产品)	大型固定式热电联产供给站 (CHP) 小型固定式热电联产供给站 (Micro-CHP) 不间断电源(UPS)	物料搬运车(MHV) 燃料电池车(FCV) 卡车/客车

12.15　其他燃料电池

12.15.1　再生型燃料电池

再生型（可逆）燃料电池（regenerative fuel cell，RFC）技术与普通燃料电池的相同之处在于它也用氢和氧来生成电、热和水。其不同的地方是它还进行逆反应，也就是电解。燃料电池中生成的水再送回到以太阳能为动力的电解池中，在那里分解成氢和氧组分，然后这种组分再送回到燃料电池。这种方法就构成了一个封闭的系统，不需要外部生成氢。

中国科学院大连化学物理研究所燃料电池工程中心通过研究双效催化剂和双效氧电极的制备方法，研制出双薄层电极与隔膜三合一组件，进一步降低电极的铂担量（约为 0.02mg/cm^2）。同时进行固体电解质的水电解技术开发，已掌握水电解用膜电极的制备技术，并研制出国内第一套百瓦级再生燃料电池系统。

再生氢氧燃料电池将水电解技术（电能 + $2H_2O \longrightarrow 2H_2 + O_2$）与氢氧燃料电池技术（$2H_2 + O_2 \longrightarrow H_2O$ + 电能）相结合，使氢氧燃料电池的燃料 H_2、氧化剂 O_2 生成的水可通过电解过程得以"再生"，起到蓄能作用，因而可以用作空间站电源（见图 12-78）。

卫星在燃料耗尽、轨道下降后，就变得没有价值，美国军方正在开发一种延长其间谍卫星寿命的技术。五角大楼考虑的不是创造一种复杂的化学推进剂，而是以水作为燃料，新型的自支持卫星工作时间可以更长，并能为军队提供全世界范围内更为灵活的监视。

目前所有卫星的运行主要依靠两种动力。当它日常执行任务时，靠的是太阳能电池储存的能量。白天太阳能电池板捕捉阳光，将能量储存到电池中，多余的能量还可供卫星在晚间执行任务。但是卫星保持运行轨道或者在接到指令后调整轨道时，仅靠太阳能是不够的，它

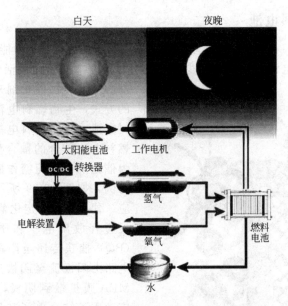

白天　　　　　夜晚

太阳能电池　　工作电机

DC/DC 转换器

氢气

电解装置　　　　　　　　　　燃料电池

氧气

水

图 12-78　再生型燃料电池能量储存系统示意

必须依靠自身携带的液体燃料来驱动推进器，进行姿态或轨道位置的调整。

因为液体推进剂会增加卫星的体积和质量，提高发射的成本与难度。而且卫星携带的推进剂毕竟有限，一旦被用完，卫星就失去了机动性，这时地面控制人员不得不使它脱离轨道，成为太空垃圾，直至在大气中烧毁。尽管卫星上面的侦察设备可以工作几十年，但是受推进剂的限制，今天的卫星通常能持续工作 5～10 年并具有有限的灵活性。

为了解决这个问题，美国国防部高级研究计划局（Darpa）与质子能源系统公司（Proton Energy Systems）合作开展水火箭计划（Water Rocket Program）。该项目的核心是采用封闭循环再生燃料电池能源系统。它首先利用太阳能将水电解产生氢和氧，再使氢和氧发生化合反应生成电和水，电能用来为推进器和任何其他特殊任务运行提供动力。目前质子能源系统公司已经研制出电池原型，它可以产生 1000W 的电力，足够使卫星保持轨道或进行"短途旅行"。

封闭循环再生燃料电池使间谍卫星的侦察能力大幅提升。首先它的机动性将更强，由于不必再携带大量的液体燃料，卫星的整体质量可减少 20%，因此它将更加机动灵活。由于机动性增强，美军可更加灵活地控制卫星的运行轨道和时间，使被侦察的目标摸不清规律，来不及实施隐藏或欺骗。

新型卫星的寿命可达 25 年，是目前卫星的 2～3 倍，它可以为五角大楼节省巨额资金，还能减少太空垃圾的数量。据报道，目前美国国防部高级研究计划局还准备开发太空加水技术，进一步延长这种卫星的使用寿命。

目前，可逆燃料电池商业化开发已经走了一段路程，但仍有许多问题尚待解决，例如成本，进一步改进太阳能利用的稳定性等问题。

此外，可逆氢燃料电池将氢燃料电池和水电解制氢技术有机整合，具有能量转化效率高、安全、环保等优势，是一项清洁的储能技术。它实现了能源以氢气的形式进行存储和使用，有望解决"风光弃电"和能源匮乏、环境保护等问题，可作为人类从以碳能源为主的化石能源时代迈向氢能时代的起点。

12.15.2　生物燃料电池

生物燃料电池是一种以生物电化学的方式将生物质的生物和化学能转化为电能的体系或装置，其中生物燃料电池的结构中至少有一部分以酶、非酶蛋白质活细胞或微生物为催化剂。根据生物催化剂来源和生物燃料提供的方式，生物燃料电池可分为微生物型燃料电池、酶型燃料电池和生物催化单元与燃料电池结合的耦合型燃料电池等。以酶为催化剂、葡萄糖作底物的生物燃料电池为例，如图 12-79 所示，阳极发生氧化反应，葡萄糖和固定化葡萄糖氧化酶（GO_x）反应释放出电子和质子，电子通过苯醌（BQ）捕获传递至阳极集流体，然后经外电路由阳极流至阴极产生电流，质子通过 MEA 膜扩散到阴极，在阴极发生还原反应，质子结合电子和氧气生成水。反应过程中，通过生物代谢过程，不断向电解液里补充反应所需的各种离子，促进循环电路的电流不断产生。通常，生物燃料电池

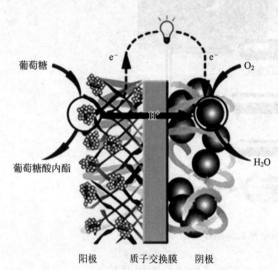

图 12-79　生物燃料电池工作原理示意

是利用微生物的细胞外酶和分离酶等作为催化剂，无需使用 Pt 之类的贵金属催化剂，酶可以固定在固体电极的表面。

英国植物学家马克·皮特在 1910 年首先发现有几种细菌的培养液能够产生电流。于是他以铂作电极，放进大肠杆菌或普通酵母菌的培养液里，成功地制造出世界上最早的生物燃料电池。1931 年，Conen 通过系列单元组成的微生物燃料电池产生了大于 35V 的电压。在 20 世纪 50 年代末和 60 年代初，美国的太空计划激起了人们对燃料电池的兴趣，推动了微生物燃料电池的发展。美国 1984 年设计出一种供遨游太空用的细菌电池，原料是宇航员的尿液和活细菌。作为一种实用技术，人们建立了一个能够为太空飞行提供电能的垃圾处理系统。日本也研制过用特制糖浆做原料的细菌电池。在 20 世纪 60 年代末，由于活细胞的效率和使用等方面的限制，生物燃料电池的无细胞酶系统开始研究，初期目标是为植入式人工心脏提供永久能源。

直到 20 世纪 80 年代末，英国化学家彼得·彭托在细菌发电研究方面才取得了重大进展，他让细菌在电池组里分解电子，以释放出电子向阳极运动产生电能。在糖液中他还添加了某些诸如染料之类的芳香族化合物作稀释剂，来提高生物系统中输送电力的能力。在细菌发电期间，还要往电池里不断充入空气，用于搅拌细菌培养液和氧化物质的混合物。只要不断给这种细菌电池里添入糖，就可获得电流，且能持续数月之久。此后，各种细菌电池相继问世。

2004 年，酶基微型植入式生物燃料电池问世。这种生物燃料电池是为体内植入装置提供电能的微系统，它利用双碳纤维为阴阳极，利用葡萄糖/氧气的反应产生电能，该研究在生物燃料电池和生物传感器领域应用前景广阔。同年，美国宾夕法尼亚大学科研人员在污水生物燃料电池发电方面取得突破，该电池系统的工作原理是：污水中的细菌以有机物为食，有机污水被细菌酶分解，在此过程中释放出电子和质子。在电子流向正极的同时，质子通过质子交换膜流向负极，并在那里与空气中的氧及电子结合成水。在完成上述分解污水过程的同时，罐内电极之间的电子交换产生电压，使该设备能够给外部电路供电。

　　用微生物做生物催化剂，可以在常温常压下进行能量转换。理论上，各种微生物都有可能作为生物燃料的催化剂，经常使用的有普通变形菌、枯草芽孢杆菌、大肠埃希杆菌、腐败希瓦菌、硫还原泥土杆菌（*Geobacteraceae sulfurreducens*）和 *Rhodoferax ferrireducens* 等属的细菌。*Rhodoferax ferrireducens* 是一种氧化铁还原有机物（见图 12-80），这种嗜糖微生物可以把葡萄糖液转化为二氧化碳的同时产生电子。而且无需催化剂即可将电子直接转移到电极上。在这种细菌新陈代谢的过程中，可直接实现电子向电极转移，所以将糖类所含能量转换为电能的效率可高达 80% 以上，这与以前多数嗜糖

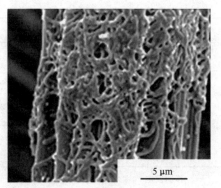

图 12-80　电子显微镜下的
Rhodoferax ferrireducens

的微生物燃料电池 10% 的能效形成鲜明对照。这种微生物不仅能靠水果、甜菜和甘蔗里的蔗糖、果糖和葡萄糖来完成工作，也可以依靠木头和稻草里的木糖，以及餐饮和食品工业的生物质垃圾来完成工作。由于稳定性强，这种细菌可以在 4~30℃ 存活，最佳生长温度为 25℃。由微生物制成的燃料电池不仅比用化学材料制成的电池毒性低，操作上也更为简便。2007 年，Sony 公司宣布开发出一种新型的生物燃料电池，这种电池通过使用生化酶作为催化剂，将碳水化合物（糖）转换为电能输出。2009 年，在 FC expo（国际氢燃料电池展）上，Sony 公司演示了喝"可乐"的生物电池，所发的电力可以带动与马达连接的风扇。理论上，微生物燃料电池将一茶杯糖转化的能量足以将一个 60W 的灯泡点亮 17h，生成的副产品是 CO_2。剩下来的问题就是寻求出如何获得足够高的电压以及加快糖类转化为能量速度的方案。

　　传统的微生物燃料电池以葡萄糖或蔗糖为原料，利用电介质从细胞代谢过程中接受并传递电子，产生电流。近年来，出现了一些形式新颖的微生物燃料电池，其中具有代表性的是利用光合作用和含酸废水产生电能的装置。通过微生物燃料电池既可以处理污水，又可以生产能量和进行资源的循环利用，实现污水处理的可持续发展。在采用污水作为原料的微生物燃料电池中，通过阳极的微生物修饰将有效提高其输出功率。各种生物燃料电池的应用领域见表 12-14。

表 12-14　生物燃料电池的应用领域

生物燃料电池	燃料	应用
体内能量供应	血液葡萄糖和氧气	起搏器、葡萄糖传感器
		低电流装置
废物修复	渣油	能源恢复（酶燃料电池）
	尿液	偏远区域的废物能源利用
便携式能源电池	醇类	为移动电话或其他电力消耗提供能源，瞬间补给，每月更换。没有昂贵的金属需要，可以稳定的循环或放弃
生物传感器	目标分子	能够作为一种特定的传感器（以酶为基础）或者一种非特定的传感器（以微生物为基础），或者可以无限期使用

续表

生物燃料电池	燃料	应用
静态发电	纤维素材料	潜在的纤维素材料（如秸秆和树木）能够被分解并且直接用来产生能量
	污水	污水厌氧和好氧生物都能进行氧化还原反应产生能量，但还没有被很好地利用
	海洋污泥	海洋沉积的有机物在产电微生物的作用下，发生生物电化学反应，通过回收这些电能，长期提供远距离电能
移动发电	有机物质	应用于手机与运载工具的电能供给

生物燃料电池作为一种清洁、高效而且性能稳定的电源技术，已经在航空航天等领域得到了应用，目前世界各国都在加速其在民用领域的商业开发。生物燃料电池技术的进步，不仅可以净化环境污染，还可以促进新兴产业的成长和生产力的发展。尽管这些生物燃料电池还有诸多问题存在，离实用阶段差距较远，但随着生物技术和其他相关科学的高速发展，相信在不久的将来，生物燃料电池一定会成功应用于实际生活，为人类社会做出巨大贡献。

⇥ 结束语

科技与社会依靠能源为动力在飞速发展，能源不仅是国民经济的基础产业，而且是综合国力的重要支撑。能源产业能否实现持续健康发展，直接关系国家的经济安全和可持续发展，具有全局影响和战略意义。

传统化石能源在日趋枯竭，化石能源的有限性和人类能源需求的无限之间的矛盾越来越突出。世界之变、时代之变、历史之变正以前所未有的方式展开，能源和气候变化、环境问题的挑战性随着国际地缘政治局势的一系列新变化进一步增强，人类社会面临前所未有的挑战。尽管如此，全球迈向碳中和的共识在动荡中不断强化。现阶段至今后相当长的时期内，解决能源与气候变化、环境危机要从两方面着手，即"开源节流"与积极开发利用新能源来调整能源产业结构。前一方面主要是增强节能意识，提高能源效率，通过清洁燃烧减少能源消耗和污染排放；而后一方面则主要是充分开发利用新能源与可再生能源，实现能量的清洁、高效转换，发展以低能耗、低污染、低排放为基础的低碳经济发展模式。

习近平主席在 2020 年 9 月联合国大会一般性辩论上的讲话中宣布，中国将提高国家自主贡献力度，采取更加有力的政策和措施，二氧化碳排放力争于 2030 年前达到峰值，努力争取 2060 年前实现碳中和（简称"双碳目标"）。

对我国而言，实现"双碳目标"，发展低碳经济和低碳能源技术的实质是：化石能源的洁净、高效利用和可再生能源的开发，特别是以煤为主的能源结构和以重化工为主的产业结构，决定了我国目前发展低碳能源技术的重点在于煤炭的洁净高效转化利用和节能减排技术。我国实现低碳经济的现实之路，是发展多元化的能源战略，同时着眼于构建智能电网，注重能源结构和产业结构的调整。

化学、化工在能源开发和利用方面扮演着极为重要的角色。能源的高效、清洁利用将是 21 世纪化学科学与工程的前沿性课题，这也正是能源化学面临的光荣而又艰巨的任务。能源化学是利用化学与化工的理论与技术来解决能量转换、能量储存及能量传输问题，以更好地为人类生活服务。能源化学是研究常规能源的综合利用、新能源的研究开发及与之相关的新材料、新工艺的核心科学与技术。"物质不灭，能量永恒"。物质可以从一种形式转化为另一种形式，而能量也可以从一种能量转化为另一种能量。在这些转化、转换过程中，能源化学是通过化学反应及化学制备材料技术直接或间接地实现能量的转换与储存。正如本书前面所述，不管是在常规能源的合理利用中，还是新能源的研究开发过程中，能源化学都担当重任。

中国作为世界最大的发展中国家和最大的能源消费国，正在坚定不移地推动能源转型。我国把碳减排行动视作一场深刻的经济社会变革，出台了确保

"双碳目标"实现的 $1+N$ 政策体系文件，陆续发布了包括能源绿色转型行动、工业领域碳达峰行动、交通运输绿色低碳行动、循环经济降碳行动等重点领域和行业碳达峰的实施方案。这些政策措施加大了我国以太阳能和风能为主的清洁能源的开发力度，也加快了中国传统能源的绿色低碳转型步伐，同时也为电动汽车、氢能、储能和各种分布式能源的大发展扩展了更加广阔的空间和前景。2023 年，非化石能源发电装机占比提高到 51.9% 左右，风电、光伏、水电发电装机容量均居世界首位。提高电网、热网的储能能力、调峰能力、需求侧灵活性、增强能源系统韧性已成为稳步推进能源转型的必然选择。新能源加储能、基地电源配储能、"互联网＋储能"、"分布式智能电网＋储能"等新型储能的应用场景和商业模式不断涌现。绿色发展是新质生产力的内在要求，也是高质量发展的底色。在经济全球化的推动下，"绿色化"能源的科技发展关系到全人类的共同命运。开拓新一代的"绿色化"能源动力系统，解决好能源利用与环境协调相容的难题，实现人与自然和谐可持续发展，能源化学将发挥更加重要的作用。

对于新能源、新材料的研究开发，可以通过科技的发展，从巨量的存在物中获得所需要的原料和能源。众所周知，材料的物理与化学性质均同材料的尺寸相关。当材料尺寸降至纳米量级，将会出现许多新奇的特性。纳米微粒具有大的比表面积，而表面原子数、表面能和表面张力随粒径的下降急剧增加，从而导致纳米微粒的力、热、电、磁、光、化学、生物等特性不同于正常粒子。另外，纳米材料本身具有小尺寸效应、表面效应、量子尺寸效应、宏观量子隧道效应等，因而展现许多特有的性质，特别是在光吸收、磁性、催化、新材料、新能源等方面有着广阔的应用前景。

通过纳米技术，人们可以用普通材料制成需要的特殊材料，并实现从浩瀚的海洋中提取能量和从深邃的太空中获得能量。今后，人类利用能源的趋势是从陆地走向海洋，从地球走向太空。这样一来，有限的有特殊作用的自然资源将被无限的普通物质所代替，也就使得特殊资源不再成为经济运行的负担，从而使国家经济摆脱受特殊自然资源的制约。

纳米科技的最终目的是以原子、分子为起点，实现新材料的分子组装和制造具有特殊功能的产品。能源化学是充分利用参与化学反应原料的原子来最大限度地获得能量转化与储存。为了实现这一设计，可以从电子、光子出发，也可以从原子、原子团簇出发，还可以从微观、显微到宏观来实现，而所有这些均与纳米有着直接的联系。因此，以纳米科技及先进材料制备与应用技术为契机的能源化学，特别是在能源催化、太阳能、氢能、生物质能、海洋能等以及与之相关的储能技术开发方面，必将充满迷人的魅力，也必将取得重大突破。

参考文献

[1] 陈军，陶占良. 能源化学. 2 版. 北京：化学工业出版社，2014.

[2] 《能源百科全书》编辑委员会，中国大百科全书出版社编辑部. 能源百科全书. 北京：中国大百科全书出版社，1997.

[3] 袁权. 能源化学进展. 北京：化学工业出版社，2005.

[4] 王大中. 21 世纪中国能源科技发展展望. 北京：清华大学出版社，2007.

[5] 江泽民. 对中国能源问题的思考. 上海交通大学学报，2008，42：345-359.

[6] 王革华. 新能源概论. 2 版. 北京：化学工业出版社，2012.

[7] 倪健民，郭云. 能源安全. 杭州：浙江大学出版社，2009.

[8] 郝吉明，马广大，王书肖. 大气污染控制工程. 3 版. 北京：高等教育出版社，2023.

[9] 王金南，曹东. 能源与环境中国 2020. 北京：中国环境科学出版社，2004.

[10] 王春霞，朱利中，江桂斌. 环境化学学科前沿与展望. 北京：科学出版社，2011.

[11] 美国能源信息署（EIA），国际能源展望 2010(International Energy Outlook 2010).

[12] BP 世界能源统计 2010.

[13] 林伯强. 2011 中国能源发展报告. 北京：中国计量出版社，2011.

[14] 崔民选，王军生，陈义和. 能源蓝皮书：中国能源发展报告(2012). 北京：社会科学文献出版社，2012.

[15] 中国科学院能源领域战略研究组. 中国至 2050 年能源科技发展路线图. 北京：科学出版社，2009.

[16] 中国能源中长期发展战略研究项目组. 中国能源中长期（2030、2050）发展战略研究 综合卷. 北京：科学出版社，2011.

[17] 国际能源署. 能源技术展望——面向 2050 年的情景与战略. 张阿玲，原鲲，石琳，等译. 北京：清华大学出版社，2009.

[18] 郑新业，宋枫. 能源经济学. 北京：科学出版社，2022.

[19] 谢克昌. 煤的结构与反应性. 北京：科学出版社，2002.

[20] 姚强，陈超. 洁净煤技术. 北京：化学工业出版社，2005.

[21] Wang W，Lu B N，Zhang N，et al. A review of multiscale CFD for gas-solid CFB modeling. Int. J. Multiphase Flow，2010，36(2)：109-118.

[22] 祁君田. 现代烟气除尘技术. 北京：化学工业出版社，2008.

[23] Yao X J，Gao F，Cao Y，et al. Tailoring copper valence states in CuO delta/gamma-Al$_2$O$_3$ catalysts by an in situ technique induced superior catalytic performance for simultaneous elimination of NO and CO. Physical Chemistry Chemical Physics Pccp，2013，15：14945-14950.

[24] Sun S M，Yang L，Pang G S，et al. Surface properties of Mg doped LaCoO$_3$ particles with large surface areas and their enhanced catalytic activity for CO oxidation. Applied Catalysis A General，2011，401(1/2)：199-203.

[25] 吴春来. 现代煤化工技术丛书——煤炭直接液化. 北京：化学工业出版社，2010.

[26] 朱吉茂，孙宝东，张军，等. "双碳"目标下我国煤炭资源开发布局研究. 中国煤炭，2023，49(1)：44-50.

[27] 余国琮. 传质分离过程的强化、节能与创新. 化工学报，2012，63(1)：1-2.

[28] 邢爱华，林泉，朱伟平，等. 甲醇制烯烃反应机理研究进展. 天然气化工，2011，36(1)：59-65.

[29] 2050 中国能源和碳排放研究课题组. 2050 中国能源和碳排放报告. 北京：科学出版社，2009.

[30] 国际能源署(IEA). 二氧化碳捕集与封存碳减排的关键选择. 能源与环境政策研究中心(CEEP)，译. 北京：中国环境科学出版社，2010.

[31] Hart C，Liu H W. Advancing carbon capture and sequestration in China：A global learning laboratory. China Environment Series，2010，(99)：99-130.

[32] 费维扬，艾宁，陈健. 温室气体 CO_2 的捕集和分离——分离技术面临的挑战与机遇. 化工进展，2005，24(1)：1-4.

[33] Liao P Q, Zhou D D, Zhu A X, et al. Strong and dynamic CO_2 sorption in a flexible porous framework possessing guest chelating claws. Journal of the American Chemical Society, 2012, 134(42)：17380-17383.

[34] 蔡启瑞，彭少逸. 碳一化学中的催化作用. 北京：化学工业出版社，1995.

[35] 赖向军，戴林. 石油与天然气——机遇与挑战. 北京：化学工业出版社，2005.

[36] 林世雄. 石油炼制工程. 3版. 北京：石油工业出版社，2000.

[37] 何鸣元. 石油炼制和基本有机化学品合成的绿色化学. 北京：中国石化出版社，2006.

[38] 陈俊武. 催化裂化工艺与工程. 2版. 北京：中国石化出版社，2007.

[39] 闵恩泽，吴巍. 绿色化学与化工. 北京：化学工业出版社，2000.

[40] 辛勤，林励吾. 中国催化三十年进展：理论和技术的创新. 催化学报，2013，34：401-435.

[41] 何良年. 二氧化碳化学. 北京：科学出版社，2013.

[42] 徐如人，庞文琴. 分子筛与多孔材料化学. 北京：科学出版社，2004.

[43] 赵东元，万颖，周午纵. 有序介孔分子筛材料. 北京：高等教育出版社，2013.

[44] 李清平，周守为，赵佳飞，等. 天然气水合物开采技术研究现状与展望. 中国工程科学，2022，24(3)：214-224.

[45] 樊栓狮. 天然气水合物储存与运输技术. 北京：化学工业出版社，2005.

[46] 邱中建，方辉. 中国天然气大发展——中国石油工业的二次创业. 天然气工业，2009，29(10)：1-4.

[47] 王升辉，孙婷婷，孟刚，等. 我国煤层气产业发展规律研究及趋势预测. 中国矿业，2012，21(6)：46-50.

[48] A technology roadmap for generation IV nuclear energy systems.

[49] 马进，王兵树，马永光，等. 核能发电原理. 2版. 北京：化学工业出版社，2011.

[50] 杜祥琬，叶奇蓁，徐銤，等. 核能技术方向研究及发展路线图. 中国工程科学，2018，20(3)：17-24.

[51] Chen C Y, Li Y F, Qu Y, et al. Advanced nuclear analytical and related techniques for the growing challenges in nanotoxicology. Chemical Society Reviews, 2013, 42(21)：8266-8303.

[52] Mario P, Giovanni P, Rosaria C. 柔性太阳能电池. 高扬，译. 上海：上海交通大学出版社，2010.

[53] Liu W Z, Liu Y J, Yang Z Q, et al. Flexible solar cells based on foldable silicon wafers with blunted edges. Nature, 2023, 617(7962)：717-723.

[54] Hagfeldt A, Boschloo G, Sun L C, et al, Pettersson H. Dye-sensitized solar cells. Chemical Reviews, 2010, 110 (11)：6595-6663.

[55] 李俊峰，王斯成. 2011 中国光伏发展报告. 北京：中国环境科学出版社，2011.

[56] 熊绍珍，朱美芳. 太阳能电池基础与应用. 北京：科学出版社，2009.

[57] 国家太阳能光热产业技术创新战略联盟. 中国太阳能热发电行业蓝皮书 2022.

[58] Zhan W W, Kuang Q, Zhou J Z, et al. Semiconductor metal-organic framework core-shell heterostructures：A case of ZnO ZIF-8 nanorods with selective photoelectrochemical response. Journal of the American Chemical Society, 2013, 135(5)：1926-1933.

[59] Chen J W, Cao Y. Development of novel conjugated donor polymers for high-efficiency bulk-heterojunction photovoltaic devices. Accounts of Chemical Research, 2009, 42(11)：1709-1718.

[60] 王嘉宇，占肖卫. 非富勒烯受体光伏材料. 科学观察，2022，17(6)：43-45.

[61] 刘峰，张俊，李承辉，等. 光伏组件封装材料进展. 无机化学学报，2012，28(3)：429-436.

[62] Kim J Y, Lee K, Coates N E, et al. Efficient tandem polymer solar cells fabricated by all-solution processing. Science, 2007, 317(5835)：222-225.

[63] Sista S, Hong Z R, Chen L M, et al. Tandem polymer photovoltaic cells-current status, challenges and future outlook. Energy & Environmental Science, 2011, 4(5)：1606-1620.

[64] Irwin M D, Buchholz D B, Hains A W, et al. p-Type semiconducting nickel oxide as an efficiency-enhancing anode interfacial layer in polymer bulk-heterojunction solar cells. Proceeding of the National Academy of Sciences of the USA, 2008, 105(8)：2783-2387.

[65] Hardin B E, Hoke E T, Armstrong P B, et al. Increased light harvesting in dye-sensitized solar cells with energy relay dyes. Nature Photonics, 2009, 3(7)：406-411.

[66] Zhao G J, He Y J, Li Y F. 6.5% Efficiency of polymer solar cells based on poly(3-hexylthiophene)and indene-C-60 bisadduct by device optimization. Advanced Materials, 2010, 22(39)：4355-4358.

[67] Wang C L, Dong H L, Hu W P, et al. Semiconducting pi-conjugated systems in field-effect transistors：A material odyssey of organic electronics. Chemical Reviews, 2012, 112 (4)：2208-2267.

［68］ 岳根田，吴季怀，肖尧明，等. 基于 PCBM/P3HT 异质结的柔性染料敏化太阳能电池. 科学通报，2010，55(9)：835-840.

［69］ Ning Z J，Fu Y，Tian H. Improvement of dye-sensitized solar cells：what we know and what we need to know. Energy & Environmental Science，2010，3(9)：1170-1181.

［70］ 宋礼成，王佰全. 金属有机化学原理及应用. 北京：高等教育出版社，2012.

［71］ 张耀红，朱俊，戴松元. 染料敏化太阳能电池用固态及准固态电解质的研究进展. 化学通报，2010，73(12)：1059-1065.

［72］ 潘旭，戴松元，王孔嘉，等. 染料敏化纳米薄膜太阳电池中离子液体基电解质的研究进展. 物理化学学报，2005，21(6)：697-702.

［73］ Wang P，Zakeeruddin S M，Moser J E，et al. A stable quasi-solid-state dye-sensitized solar cell with an amphiphilic ruthenium sensitizer and polymer gel electrolyte. Nature Materials，2003，2(6)：402-407.

［74］ Bai Y，Cao Y M，Zhang J，et al. High-performance dye-sensitized solar cells based on solvent-free electrolytes produced from eutectic melts. Nature Materials，2008，7(8)：626-630.

［75］ Yella A，Lee H W，Tsao H N，et al. Porphyrin-sensitized solar cells with cobalt(II/III)-based redox electrolyte exceed 12 percent efficiency. Science，2011，334(6056)：629-634.

［76］ Yum J H，Chen P，Grätzel M，et al. Recent developments in solid-state dye-sensitized solar cells. ChemSusChem，2008，1(8/9)：699-707.

［77］ Han J B，Fan F R，Xu C，et al. ZnO nanotube-based dye-sensitized solar cell and its application in self-powered devices. Nanotechnology，2010，21(40)：405203.

［78］ 周娜，张一多，孙惠成，等. 染料敏化太阳能电池器件的研究进展. 物理，2011，40(11)：726-733.

［79］ 张美荣，祝曾伟，郁晓琦，等. 高效率双结钙钛矿叠层太阳能电池研究进展. 复合材料学报，2023，40(2)：726-740.

［80］ Cai T，Sun H B，Qiao J，et al. Cell-free chemoenzymatic starch synthesis from carbon dioxide. Science，2021，373(6562)：1523-1527.

［81］ Yang J H，Wang D G，Han H X，et al. Roles of cocatalysts in photocatalysis and photoelectrocatalysis. Accounts of Chemical Research，2013，46(8)：1900-1909.

［82］ Huang J D，Wen S H，Liu J Y，et al. Band gap narrowing of TiO_2 by compensated codoping for enhanced photocatalytic activity. Journal of Natural Gas Chemistry，2012，21(3)：302-307.

［83］ 谢英鹏，王国胜，张恩磊，等. 半导体光解水制氢研究：现状、挑战及展望. 无机化学学报，2017，33(2)：177-209.

［84］ Wang Y，Sun H J，Tan S J，et al. Role of point defects on the reactivity of reconstructed anatase titanium dioxide (001)surface. Nature Communications，2013，4：2214.

［85］ Nishiyama H，Yamada T，Nakabayashi M，et al. Photocatalytic solar hydrogen production from water on a 100-m^2 scale. Nature，2021，598(7880)：304-307.

［86］ Yerga R M N，M Galván C Á，del Valle F，et al. Water splitting on semiconductor catalysts under visible-light irradiation. ChemSusChem，2009，2(6)：471-485.

［87］ Chen X B，Shen S H，Guo L J，et al. Semiconductor-based photocatalytic hydrogen generation. Chemical Reviews，2010，110(11)：6503-6570.

［88］ Gust D，Moore T A，Moore A L. Solar fuels via artificial photosynthesis. Accounts of Chemical Research，2009，42(12)：1890-1898.

［89］ Youngblood W J，Lee S-H A，Maeda K，et al. Visible light water splitting using dye-sensitized oxide semiconductors. Accounts of Chemical Research，2009，42(12)：1966-1973.

［90］ Artero V，Chavarot-Kerlidou M，Fontecave M. Splitting water with cobalt. Angewandte Chemie International Edition，2011，50(32)：7238-7266.

［91］ Wang X，Xu Q，Li M R，et al. Photocatalytic overall water splitting promoted by an α-β phase junction on Ga_2O_3. Angewandte Chemie (International Ed)，2012，51(52)：13089-13092.

［92］ Bak T，Nowotny J，Rekas M，et al. Photo-electrochemical hydrogen generation from water using solar energy. Materials-related aspects. International Journal of Hydrogen Energy，2002，27(10)：991-1022.

［93］ Leung D Y C，Fu X L，Wang C F，et al. Hydrogen production over titania-based photocatalysts. ChemSusChem，2010，3(6)：681-694.

［94］ Xu C B，Yang W S，Guo Q，et al. Molecular hydrogen formation from photocatalysis of methanol on TiO_2(110). Journal of the American Chemical Society，2013，135(28)：10206-10209.

[95] Wang J H, Leng J, Yang H P, et al. Long-lifetime and asymmetric singlet oxygen photoluminescence from aqueous fullerene suspensions. Langmuir, 2013, 29(29): 9051-9056.

[96] To W P, Tong G S M, Lu W, et al. Luminescent organogold(Ⅲ)complexes with long-lived triplet excited states for light-induced oxidative C—H bond functionalization and hydrogen production. Angewandte Chemie (International Ed), 2012, 51(11): 2654-2657.

[97] Zong X, Han J, Seger B, et al. An integrated photoelectrochemical‐chemical loop for solar-driven overall splitting of hydrogen sulfide. Angewandte Chemie (International Ed), 2014, 53(17): 4399-4403.

[98] 中国光伏行业协会. 2022-2023 年中国光伏产业发展路线图.

[99] 魏静, 赵清, 李恒, 等. 钙钛矿太阳能电池：光伏领域的新希望. 中国科学:技术科学, 2014, 44(8): 801-821.

[100] "十四五"可再生能源发展规划(发布稿).

[101] 李俊峰. 风光无限：中国风电发展报告(2011 年). 北京:中国环境科学出版社, 2011.

[102] Global wind energy outlook 2010.

[103] 刘万琨, 张志英, 李银凤, 等. 风能与风力发电技术. 北京:化学工业出版社, 2006.

[104] 吴佳梁, 曾赣生, 余铁辉. 风光互补与储能系统. 北京:化学工业出版社, 2012.

[105] 中华人民共和国科学技术部. 中国地热能利用技术及应用.

[106] 张克冰, 赵素萍, 薛江波, 等. 我国地热能源开发和节约问题研究. 西安:陕西人民出版社, 2004.

[107] 美国国家可再生能源实验室. 现代生物能源技术——美国国家可再生能源实验室生物能源技术报告. 鲍杰,译. 北京:科学出版社, 2009.

[108] 中国科学院生物质资源领域战略研究组. 中国至 2050 年生物质资源科技发展路线图. 北京:科学出版社, 2009.

[109] 邓勇, 陈方, 王春明, 等. 美国生物质资源研究规划与举措分析及启示. 中国生物工程杂志, 2010, 30(1): 111-116.

[110] 张百良. 生物质能源技术与工程化. 北京:科学出版社, 2011.

[111] Wang A Q, Zhang T. One-pot conversion of cellulose to ethylene glycol with multifunctional tungsten-based catalysts. Accounts of Chemical Research, 2013, 46(7): 1377-1386.

[112] 曲音波. 纤维素乙醇产业化. 化学进展, 2007, 19(S2): 1098-1108.

[113] 贺心燕. 生物质热解液化的研究进展. 纤维素科学与技术, 2010, 18(1): 62-69.

[114] 美国能源部生物质项目署. 藻类生物质能源——基本原理、关键技术与发展路线图. 胡洪营,李鑫,等译. 北京:科学出版社, 2011.

[115] 日本能源学会. 生物质和生物能源手册. 史仲平, 华兆哲,译. 北京:化学工业出版社, 2007.

[116] 赵檀, 张全国, 孙生波. 生物柴油的最新研究进展. 化工技术与开发, 2011, 40(4): 22-26.

[117] 李海滨, 袁振宏, 马晓茜, 等. 现代生物质能利用技术. 北京:化学工业出版社, 2012.

[118] 李书恒, 郭伟, 朱大奎. 潮汐发电技术的现状与前景. 海洋科学, 2006, 30(12): 82-86.

[119] 余志. 海洋波浪能发电技术进展. 海洋工程, 1993, 11(1): 86-93.

[120] 李成魁, 廖文俊, 王宇鑫. 世界海洋波浪能发电技术研究进展. 装备机械, 2010,(2): 68-73.

[121] 苏佳纯, 曾恒一, 肖钢, 等. 海洋温差能发电技术研究现状及在我国的发展前景. 中国海上油气, 2012, 24(4): 84-98.

[122] 陈凤云, 刘伟民, 彭景平. 海洋温差能发电技术的发展与展望. 绿色科技, 2012,14(11): 246-248.

[123] 刘伯羽, 李少红, 王刚. 盐差能发电技术的研究进展. 可再生能源, 2010, 28(2): 141-144.

[124] 刘赐贵. 发展海洋经济 建设海洋强国. 中国海洋报, 2013 年 1 月 21 日/第 001 版.

[125] 倪国江. 基于海洋可持续发展的中国海洋科技创新战略研究. 北京:海洋出版社, 2012.

[126] 秦立军, 马其燕. 智能配电网及其关键技术. 北京:中国电力出版社, 2010.

[127] 钟清. 智能电网关键技术研究. 北京:中国电力出版社, 2011.

[128] Hadjipaschalis I, Poullikkas A, Efthimiou V. Overview of current and future energy storage technologies for electric power applications. Renewable and Sustainable Energy Reviews, 2009, 13(6/7): 1513-1522.

[129] 唐跃进, 石晶, 任丽. 超导磁储能系统(SMES)及其在电力系统中的应用. 北京:中国电力出版社, 2009.

[130] 郭祚刚, 马溪原, 雷金勇, 等. 压缩空气储能示范进展及商业应用场景综述. 南方能源建设, 2019, 6(3): 17-26.

[131] Yang Z G, Zhang J L, Kintner-Meyer M C W, et al. Electrochemical energy storage for green grid. Chemical Reviews, 2011, 111(5): 3577-3613.

[132] 陶占良, 陈军. 智能电网储能用二次电池体系. 科学通报, 2012, 57(27): 2545-2560.

[133] 郑琼, 江丽霞, 徐玉杰, 等. 碳达峰、碳中和背景下储能技术研究进展与发展建议. 中国科学院院刊, 2022, 37(4):

529-540.

[134] 梅生伟，公茂琼，秦国良，等. 基于盐穴储气的先进绝热压缩空气储能技术及应用前景. 电网技术，2017，41(10)：3392-3399.

[135] 查全性. 化学电源选论. 武汉：武汉大学出版社，2005.

[136] 田昭武. 田昭武院士论著选集—拓宽视野的电化学. 厦门：厦门大学出版社，2007.

[137] 洪茂椿，陈荣，梁文平. 21世纪的无机化学. 北京：科学出版社，2005.

[138] 钱逸泰. 结晶化学导论. 3版. 合肥：中国科学技术大学出版社，2005.

[139] Chang Y, Mao X X, Zhao Y F, et al. Lead-acid battery use in the development of renewable energy systems in China. Journal of Power Sources, 2009, 191(1)：176-183.

[140] Moseley P T, Nelson R F, Hollenkamp A F. The role of carbon in valve-regulated lead-acid battery technology. Journal of Power Sources, 2006, 157(1)：3-10.

[141] Yao Y G, Li Q W, Zhang J, et al. Temperature-mediated growth of single-walled carbon-nanotube intramolecular junctions. Nature Materials, 2007, 6(4)：283-286.

[142] Lam L T, Louey R. Development of ultra-battery for hybrid-electric vehicle applications. Journal of Power Sources, 2006, 158(2)：1140-1148.

[143] Young K, Fierro C, Fetcenko M A. Status of Ni/MH battery research and industry.

[144] 徐光宪. 将稀土资源转变为经济优势. 中国经济和信息化，2013，3(3)：40-41.

[145] 陈军，陶占良. 镍氢二次电池. 北京：化学工业出版社，2006.

[146] 张宇，白纪军，何维国，等. 镍氢电池储能监控系统的开发与应用. 供用电，2011，28(3)：5-8.

[147] Wen Z Y, Cao J D, Gu Z H, et al. Research on sodium sulfur battery for energy storage. Solid State Ionics, 2008, 179(27/28/29/30/31/32)：1697-1791.

[148] 张华民，张宇，刘宗浩，等. 液流储能电池技术研究进展. 化学进展，2009，21(11)：2333-2340.

[149] Qiu J Y, Li M Y, Ni J F, et al. Preparation of ETFE-based anion exchange membrane to reduce permeability of vanadium ions in vanadium redox battery. Journal of Membrane Science, 2007, 297(1/2)：174-180.

[150] Feng X J, Jiang L. Design and creation of superwetting/antiwetting surfaces. Advanced Materials, 2006, 18(23)：3063-3078：3063-3078.

[151] 文越华，程杰，张华民，等. 液流储能电池电化学体系的进展. 电池，2008，38(4)：247-249.

[152] Derek P, Richard W. A novel flow battery: a lead acid battery based on an electrolyte with soluble lead(Ⅱ)part Ⅱ. Flow cell studies. Physical Chemistry Chemical Physics, 2004, 6(8)：1779-1785.

[153] 张胜涛，李文坡，封雪松，等. 液流电池的研究进展. 电源技术，2008，32(9)：569-572.

[154] Cheng F Y, Liang J, Tao Z L, et al. Functional materials for rechargeable batteries. Advanced Materials, 2011, 23(15)：1695-1715.

[155] Guo Y G, Hu J S, Wan L J. Nanostructured materials for electrochemical energy conversion and storage devices. Advanced Materials, 2008, 20(15)：2878-2887.

[156] Xin S, Guo Y G, Wan L J. Nanocarbon networks for advanced rechargeable lithium batteries. Accounts of Chemical Research, 2012, 45(10)：1759-1769.

[157] Li H, Wang Z X, Chen L Q, et al. Research on Advanced Materials for Li-ion Batteries. Advanced Materials, 2009, 21(45)：4593-4607.

[158] Chen J, Cheng F Y. Combination of lightweight elements and nanostructured materials for batteries. Accounts of Chemical Research, 2009, 42(6)：713-723.

[159] Liu C, Li F, Ma L P, et al. Advanced materials for energy storage. Advanced Materials, 2010, 22(8)：E28-E62.

[160] Huang Y H, Goodenough J B. High-rate LiFePO$_4$ lithium rechargeable battery promoted by electrochemically active polymers. Chemistry of Materials, 2008, 20(23)：7237-7241.

[161] Wang Y G, Wang Y R, Hosono E, et al. Structure and its synthesis by an in situ polymerization restriction method. Angewandte Chemie (International Edition), 2008, 47(39)：7461-7465.

[162] 陈军，陶占良. 化学电源——原理、技术与应用. 2版. 北京：化学工业出版社，2022.

[163] 施志聪，杨勇. 聚阴离子型锂离子电池正极材料研究进展. 化学进展，2005，17(4)：604-613.

[164] 陈军，陶占良，袁华堂. 锂离子二次电池电极材料的研究进展. 电源技术，2007，31：946-950.

[165] 万惠霖. 固体表面物理化学若干研究前沿. 厦门：厦门大学出版社，2006.

[166] Zheng S, Shi D, Sun T, et al. Hydrogen bond networks stabilized high-capacity organic cathode for lithium-ion bat-

teries. Angewandte Chemie (International Edition)，2023，62(9)：e202217710.

[167] Geng J，Ni Y，Zhu Z，et al. Reversible metal and ligand redox chemistry in two-dimensional iron-organic framework for sustainable lithium-ion batteries. Journal of the American Chemical Society，2023，145(3)：1564-1571.

[168] Jayaprakash N，Shen J，Moganty S S，et al. Porous hollow carbonsulfur composites for high-power lithium-sulfur batteries. Angewandte Chemie (International Edition)，2011，50(26)：2371-2374.

[169] Hassoun J，Scrosati B. A high-performance polymer tin sulfur lithium ion battery. Angewandte Chemie (International Edition)，2010，49(13)：5904-5908.

[170] Elazari R，Salitra G，Garsuch A，et al. Sulfur-impregnated activated carbon fiber cloth as a binder-free cathode for rechargeable Li-S batteries. Advanced Materials，2011，23(47)：5641-5644.

[171] Xu X，Zhang S，Ku K，et al. Janus dione-based conjugated covalent organic frameworks with high conductivity as superior cathode materials. Journal of the American Chemical Society，2023，145(2)：1022-1030.

[172] Zhang G Q，Xia B Y，Xiao C，et al. General formation of complex tubular nanostructures of metal oxides for the oxygen reduction reaction and lithium-ion batteries. Angewandte Chemie (International Edition)，2013，52(33)：8643-8647；5904-5908.

[173] Lee J，Lee J，Kim J，et al. Covalent connections between metal – organic frameworks and polymers including covalent organic frameworks. Chemical Society Reviews，2023，52：6379-6416.

[174] Nair J，Imholt L，Brunklaus G，et al. Lithium metal polymer electrolyte batteries：opportunities and challenges. The Electrochem Electrochemical Society Interface，2019，28(2)：55-61.

[175] Cao A M，Hu J S，Liang H P，et al. V_2O_5 Hollow microsphere self-assembled by nanorods and its potential in Lithium ion battery. Angewandte Chemie (International Edition)，2005，44：4392-4395.

[176] Wang D H，Choi D，Li J，et al. Self-assembled TiO2-graphene hybrid nanostructures for enhanced Li-ion insertion. ACS Nano，2009，3(4)：907-914.

[177] Nakahara K，Nakajima R，Matsushima T，et al. Preparation of particulate Li4Ti5O12 having excellent characteristics as an electrode active material for power storage cells. Journal of Power Sources，2003，117(1/2)：131-136.

[178] Armand M，Grugeon S，Vezin H，et al. Conjugated dicarboxylate anodes for Li-ion batteries. Nature Materials，2009，8(2)：120-125.

[179] Liang Y L，Tao Z L，Chen J. Organic electrode materials for rechargeable lithium batteries. Advanced Energy Materials，2012，2(7)：742-769.

[180] Chen H Y，Armand M，Courty M，et al. Lithium salt of tetrahydroxybenzoquinone：toward the development of a sustainable Li-ion battery. Journal of the American Chemical Society，2009，131 (25)：8984-8988.

[181] Luo J Y，Cui W J，He P，et al. Raising the cycling stability of aqueous lithium-ion batteries by eliminating oxygen in the electrolyte. Nature Chemistry，2010，2(9)：760-765.

[182] Luo M，Zhao Z，Zhang Y，et al. PdMo bimetallene for oxygen reduction catalysis. Nature，2019，574(7776)：81-85.

[183] Cheng F Y，Shen J，Peng B，et al. Rapid room-temperature synthesis of nanocrystalline spinels as oxygen reduction and evolution electrocatalysts. Nature Chemistry，2011，3(1)：79-84.

[184] Yin X，Sarkar S，Shi S，et al. Sodium-ion batteries：recent progress in advanced organic electrode materials for sodium-ion batteries：synthesis，mechanisms，challenges and perspectives. Advanced Functional Materials，2020，30 (11)：2070071.

[185] 朱子岳，符冬菊，陈建军，等. 锌空气电池非贵金属双功能阴极催化剂研究进展. 储能科学与技术，2020，9(5)：1489-1496.

[186] 马景灵，许开辉，文九巴，等. 铝空气电池的研究进展. 电源技术，2012，36(1)：139-141.

[187] Sun W，Wang F，Zhang B，et al. A rechargeable zinc-air battery based on zinc peroxide chemistry. Science，2021，371(6524)：46-51.

[188] Kondori A，Esmaeilirad M，Harzandi A M，et al. A room temperature rechargeable Li_2O-based lithium-air battery enabled by a solid electrolyte. Science，2023，379(6631)，499-505.

[189] Lu Y C，Xu Z C，Gasteiger H A，et al. Platinum-gold nanoparticles：A highly active bifunctional electrocatalyst for rechargeable lithium-air batteries. Journal of the American Chemical Society，2010，132(35)：12170-12171.

[190] Freunberger S A，Chen Y H，Drewett N E，et al. The lithium – oxygen battery with ether-based electrolytes. Angewandte Chemie (International Edition)，2011，50(37)：8609-8613.

[191] Wang Y G, Xia Y Y. LiO$_2$ batteries: An agent for change. Nature Chemistry, 2013, 5(6): 445-447.

[192] Sheng H, Ji H W, Ma W H, et al. Direct four-electron reduction of O$_2$ to H$_2$O on TiO$_2$ surfaces by pendant proton relay. Angewandte Chemie (International Edition), 2013, 52(37): 9686-9690.

[193] 陈梅. 水体系锂空气电池的发展现状. 电源技术, 2011, 35(1): 15-17.

[194] Girishkumar G, McCloskey B, Luntz A C, et al. Lithium-air battery: Promise and challenges. The Journal of Physical Chemistry Letters, 2010, 1(14): 2193-2203.

[195] 李先锋, 张洪章, 郑琼, 等. 能源革命中的电化学储能技术. 中国科学院院刊, 2019, 34(4): 443-449.

[196] 储能逆变器在智能电网系统中的应用.

[197] 李首顶, 李艳, 田杰, 等. 锂离子电池电力储能系统消防安全现状分析. 储能科学与技术, 2020, 9(5): 1505-1516.

[198] 霍龙, 张誉宝, 陈欣. 人工智能在分布式储能技术中的应用. 发电技术, 2022, 43(5): 707-717.

[199] 李星国. 氢与氢能. 北京: 机械工业出版社, 2012.

[200] Shukla A, Karmakar S, Biniwale R B. Hydrogen delivery through liquid organic hydrides: Considerations for a potential technology. International Journal of Hydrogen Energy, 2012, 37(4): 3719-3726.

[201] 许炜, 陶占良, 陈军. 储氢研究进展. 化学进展, 2006, 18(S1): 200-210.

[202] 毛宗强. 氢能——21世纪的绿色能源. 北京: 化学工业出版社, 2005.

[203] 陈俊良, 方方, 张晶, 等. 纳米贮氢材料及其发展. 稀有金属材料与工程, 2007, 36(6): 1119-1123.

[204] 蒋利军. 加快固态储氢技术创新和应用. 工程(英文), 2021, 7(6): 66-71.

[205] Orimo S I, Nakamori Y, Eliseo J R, et al. Complex hydrides for hydrogen storage. Chemical Reviews, 2007, 107(10): 4111-4132.

[206] van den Berg A W C, Areán C O. Materials for hydrogen storage: current research trends and perspectives. Chemical Communications, 2008, 668-681.

[207] Murray L J, Dinc M, Long J R. Hydrogen storage in metal-organic frameworks. Chemical Society Reviews, 2009, 38(5): 1294-1314.

[208] 陈军, 朱敏. 高容量储氢材料的研究进展. 中国材料进展, 2009, 28(5): 2-10.

[209] 陶占良, 彭博, 梁静, 等. 高密度储氢材料研究进展. 中国材料进展, 2009, 28(S1): 26-40.

[210] Umegaki T, Yan J M, Zhang X B, et al. Boron- and nitrogen-based chemical hydrogen storage materials. International Journal of Hydrogen Energy, 2009, 34(5): 2303-2311.

[211] 刘永锋, 李超, 高明霞, 等. 高容量储氢材料的研究进展. 自然杂志, 2011, 33(1): 2-10.

[212] Liu S Y, Liu J Y, Liu X F, et al. Hydrogen storage in incompletely etched multilayer Ti$_2$CT$_x$ at room temperature. Nature Nanotech nology, 2021, 16(3): 331-336.

[213] 胡帅成, 程宏辉, 韩兴博, 等. 二维材料MXene在储氢领域的应用研究. 功能材料, 2022, 53(5): 5160-5172.

[214] Ghosh S, Singh J K. Hydrogen adsorption in pyridine bridged porphyrin-covalent organic framework. International Journal of Hydrogen Energy, 2019, 44(3): 1782-1796.

[215] Peng B, Chen J. Functional materials with high-efficiency energy storage and conversion for batteries and fuel cells. Coordination Chemistry Reviews, 2009, 253(23/24): 2805-2813.

[216] Demirci U B, Miele P. Sodium borohydride versus ammonia borane, in hydrogen storage and direct fuel cell applications. Energy & Environmental Science, 2009, 2(6): 627-637.

[217] Guo S J, Wang E K. Functional micro/nanostructures: Simple synthesis and application in sensors, fuel cells, and gene delivery. Accounts of Chemical Research, 2011, 44(7): 491-500.

[218] 詹姆斯·拉米尼, 安德鲁·迪克斯. 燃料电池系统——原理·设计·应用(原书第2版). 朱红, 译. 北京: 科学出版社, 2006.

[219] Bing Y H, Liu H S, Zhang L, et al. Nanostructured Pt-alloy electrocatalysts for PEM fuel cell oxygen reduction reaction. Chemical Society Reviews, 2010, 39(6): 2184-2202.

[220] Zhang H W, Shen P K. Recent development of polymer electrolyte membranes for fuel cells. Chemical Reviews, 2012, 112(5): 2780-2832.

[221] Tian N, Zhou Z Y, Sun S G, et al. Synthesis of tetrahexahedral platinum nanocrystals with high-index facets and high electro-oxidation activity. Science, 2007, 316(5825): 732-735.

[222] Fu Q, Li W X, Yao Y X, et al. Interface-confined ferrous centers for catalytic oxidation. Science, 2010, 328: 1141-1144.

[223] Wang Y J, Wilkinson D P, Zhang J J. Noncarbon support materials for polymer electrolyte membrane fuel cell elec-

trocatalysts. Chemical Reviews, 2011, 111(12): 7625-7651.

[224] Debe M K. Electrocatalyst approaches and challenges for automotive fuel cells. Nature, 2012, 486(7401): 43-51.

[225] Münch W, Frey H, Edel M, et al. Stationary fuel cells-Results of 2 years of operation at EnBW. Journal of Power Sources, 2006, 155(1): 77-82.

[226] Jacobson A J. Materials for solid oxide fuel cells. Chemistry of Materials, 2010, 22(3): 660-674.

[227] Wachsman E D, Lee K T. Lowering the temperature of solid oxide fuel cells. Science, 2011, 334(6058): 935-939.

[228] 汪国雄, 孙公权, 辛勤, 等. 直接甲醇燃料电池. 物理, 2004, 33(3): 165-169.

[229] 符显珠, 李俊, 卢成慧, 等. 直接甲醇燃料电池质子膜研究进展. 化学进展, 2004, 16(1): 77-82.

[230] Wang F, Li C H, Sun L D, et al. Porous single-crystalline palladium nanoparticles with high catalytic activities. Angewandte Chemie International Edition, 2012, 51(20): 4872-4876.

[231] Bianchini C, Shen P K. Palladium-based electrocatalysts for alcohol oxidation in half cells and in direct alcohol fuel cells. Chemical Reviews, 2009, 109: 4183-4206.

[232] Zhao F, Slade R C T, Varcoe J R. Techniques for the study and development of microbial fuel cells: an electrochemical perspective. Chemical Society Reviews, 2009, 38(7): 1926-1939.

[233] Burke K A. Unitized regenerative fuel cell system development.

[234] Cracknell J A, Vincent K A, Armstrong F A. Enzymes as working or inspirational electrocatalysts for fuel cells and electrolysis. Chemical Reviews, 2008, 108(7): 2439-2461.

[235] Ma W, Ying Y L, Qin L X, et al. Investigating electron-transfer processes using a biomimetic hybrid bilayer membrane system. Nature Protocols, 2013, 8(3): 439-450.

[236] 布鲁斯. 洛根. 微生物燃料电池. 冯玉杰, 王鑫, 等译. 北京: 化学工业出版社, 2009.

[237] 王黎, 姜彬慧. 环境生物燃料电池理论技术与应用. 北京: 科学出版社, 2010.

[238] 陈军, 严振华. 新能源科学与工程导论. 北京: 科学出版社, 2021.

[239] 牛志强. 燃料电池科学与技术. 北京: 科学出版社, 2021.

[240] 李文翠, 胡浩权, 郝广平, 等. 能源化学工程概论. 2版. 北京: 化学工业出版社, 2021.

[241] 胡勇胜, 陆雅翔, 陈立泉. 钠离子电池科学与技术. 北京: 科学出版社, 2020.

[242] 李福军. 二次电池科学与技术. 北京: 科学出版社, 2022.

[243] 谢微等. 新能源管理科学与工程. 北京: 科学出版社, 2022.

[244] 张凯, 王欢. 储能科学与工程. 北京: 科学出版社, 2023.

[245] 张剑辉, 钱昊, 吕喆, 等. 储能系统集成技术与工程实践. 北京: 化学工业出版社, 2023.

[246] 陈军, 张凯, 严振华. 金属离子电池. 北京: 科学出版社, 2024.

[247] 国家自然科学基金委员会工程与材料科学部. 工程热物理与能源利用学科发展战略研究报告(2021～2030). 北京: 科学出版社, 2024.